컴퓨팅 사고력을 키우는

이산수학

3판

박주미 지음

지은이 **박주미** pjmhappy@naver.com

상명대학교에서 정보과학을 전공하고 동 대학원에서 석사학위를 취득하고 박사 과정을 수료하였다. 상명대학교, 국민대학교 외 다수의 대학교에서 이산수학, C언어, 컴퓨터 개론, 논리회로 등을 강의하였다.

컴퓨팅 사고력을 키우는 이산수학 3판

초판발행 2021년 12월 26일
6쇄발행 2026년 1월 29일

지은이 박주미 / **펴낸이** 전태호
펴낸곳 한빛아카데미(주) / **주소** 서울시 서대문구 연희로2길 62 한빛아카데미(주) 2층
전화 02-336-7112 / **팩스** 02-336-7199
등록 2013년 1월 14일 제2017-000063호 / **ISBN** 979-11-5664-590-0 93410

총괄 · 책임편집 김은정 / **기획 · 편집** 조우리 / **교정** 노희준 / **진행** 조우리 / **자문** 김봉균, 김신욱, 박화진
베타리딩 강찬석, 김민규, 김소희, 김수영, 김용회, 김인환, 김효진, 모세웅, 박선종, 송혁중, 유재환, 이주영, 이준호, 장대혁, 전경호, 허민, 황나라
디자인 표지 윤혜원 내지 이아란 / **전산편집** 임희남 / **제작** 박성우, 김정우
영업 김성삼, 이정훈, 임현기, 이성훈, 김주성, 심지연

이 책에 대한 의견이나 오탈자 및 잘못된 내용은 출판사 홈페이지나 아래 이메일로 알려주십시오.
파본은 구매처에서 교환하실 수 있습니다. 책값은 뒤표지에 표시되어 있습니다.
홈페이지 www.hanbit.co.kr / 이메일 question@hanbit.co.kr

Published by HANBIT Academy, Inc. Printed in Korea

컴퓨팅 사고력을 키우는

이산수학

3판

박주미 지음

한빛아카데미
Hanbit Academy, Inc.

지은이 머리말

이산수학, 컴퓨터를 이해하는 첫 단계

어떤 사람의 배경, 언어, 행동, 생각을 잘 알수록 그 사람을 이해하기 쉬운 것처럼 이산수학을 공부하면 컴퓨터와 관련 분야들의 운용방식을 쉽게 이해할 수 있습니다. 이산수학의 이산(離散)이라는 말은 연속성이 없는 분리된 상태를 말하는 것으로 이산수학은 실수와 같은 연속적인 성질을 가진 값에 대해 공부하는 학문이 아닌, 정수와 같이 분리된 값에 대해 공부하는 학문입니다. 이렇게 분리된 값을 다룬다는 사실은 0과 1의 분리된 값으로 모든 데이터를 표현하고 처리하는 컴퓨터의 특징과 공통을 이룹니다.

그래서 컴퓨터에서 다루는 명령의 설계부터 입력, 처리, 결과 출력까지 컴퓨터와 관련된 모든 작업을 이해하는 데에 이산수학에서 다루는 모든 개념들이 도움이 됩니다. 사실 이산수학을 공부하는 동안은 이산수학에서 공부하는 개념들이 컴퓨터와 어떤 관계가 있는지 당장에 감이 오지 않을 수 있습니다. 그러나 우리가 무심코 사용하던 컴퓨터의 프로그램 명령어나 자료 표현이 모두 수학적 개념에서 시작되었다는 것을 기억하고 공부한다면 컴퓨터가 하는 모든 작업들을 이론적으로 이해할 수 있습니다. 그래서 이산수학은 컴퓨터와 그 관련 분야를 공부하기 위해 반드시 필요한 분야입니다.

2011년 처음 초판이 나온 이후 지금까지 독자 여러분의 많은 관심 덕분에 지난 2017년 개정판에 이어 이번에 3판 개정을 했습니다. 이산수학 초판을 집필할 때부터 변함없이 가지고 있는 집필 목표는 컴퓨터를 이해하기 위해 필요한 다양한 수학 개념을 조금 더 쉽고 상세하게 이해시킬 수 있는 설명과 예제를 제공하는 것이었습니다. 3판을 집필하는 과정도 이 초심을 계속 되새기며 진행하였습니다. 더불어 그동안 독자 여러분께서 보내주신 많은 격려와 피드백을 통해 이전 이산수학 교재들의 장단점을 분명하게 인지하여 이전 책들의 장점을 더욱 발전시켜 반영하면서 더 정확한 이산수학 교재가 될 수 있도록 집필을 진행하였습니다.

이번 이산수학 3판에서는 상세하게 정리하여 개념을 설명한 후 예제를 통해 개념을 적용하고 연습하는 이전 교재들의 구성을 그대로 가져왔습니다. 여기에 더하여 개념 설명과 문제 풀이를 더 정확하고, 더 상세하게 제공했으며, 필요한 경우 부가 설명이나 TIP을 추가하기도 했습니다. 그래서 이산수학의 다양한 개념들을 공부하면서 생길 수 있는 궁금증을 최소화할 수 있도록 하였습니다.

또한 다양한 형태의 연습문제를 이전 교재들보다 더 추가함으로써 독자들이 공부한 내용을 스스로 점검하며 폭넓게 연습할 수 있도록 구성하였습니다. 이러한 연습문제들은 개념적으로만 이해된 내용을 실제 반영하는 좋은 도구가 될 것입니다.

특히 이해된 개념을 실제에 반영하는 과정에서 생길 수 있는 궁금증을 해결하는 데에 도움이 되도록 일부 연습문제는 해답을 QR코드로 제공하였습니다. 다만, 문제를 독자 여러분이 스스로 풀어내고 정리할 수 있기를 바라는 마음에서 해답 전체를 공유하지는 않습니다. 그러니 최대한 각 장에서 공부한 내용을 적용하여 연습문제를 풀어보시고 필요한 경우 제공되는 해답을 참고하여 비슷한 유형의 문제들을 해결해보시면 큰 도움이 될 것입니다.

이렇게 이전 교재들보다 상세해지고 문제의 구성이 풍부해짐에 따라 분량의 부담을 줄이기 위해 각 장의 핵심요약은 QR코드를 이용해 제공하였습니다. 각 장의 내용을 한눈에 보고 정리하고 싶다면 핵심요약을 활용하면 좋을 것 같습니다.

독자 여러분께 도움이 될 수 있는 방향들을 고심하여 이산수학 3판을 완성하였습니다. 독자 여러분이 이산수학에서 다루는 개념들을 쉽고 확실하게 학습하고 적용하는 데에 이산수학 3판이 도움이 되기를 바라면서 더 나아가 컴퓨터를 이해하는 동기부여의 역할을 할 수 있기를 기대합니다. 감사합니다.

감사의 글

항상 격려해주시고 더 좋은 책을 집필할 수 있도록 지원을 아끼지 않으시는 한빛아카데미(주) 전태호 대표님께 존경과 감사의 마음을 전합니다. 또한 이 책의 기획부터 집필 과정에서 더 좋은 책이 될 수 있도록 지원해주시고 애써주신 기획4팀 모든 분께 진심으로 감사드립니다. 특히 작은 부분까지도 꼼꼼히 체크하고, 여러 가지 어려운 상황에서도 침착하게 일의 진행을 담당해주신 이산수학 담당 조우리 님께 정말 고생 많으셨고 감사하다는 말씀을 전하고 싶습니다. 그리고 정확한 교재가 될 수 있도록 검토해주신 많은 교수님들과 베타리더분들께 이 페이지를 통해 감사 인사드립니다.

그리고 항상 기도로 응원하고 믿어주시는 사랑하는 가족들과 언제나 이해해주고 내 편이 되어주는 소중한 친구들에게 감사와 사랑의 마음을 전합니다. 마지막으로 매 순간 함께하시고 인도해주신 하나님 아버지께 감사와 찬송 올립니다.

지은이 **박주미**

미리보기

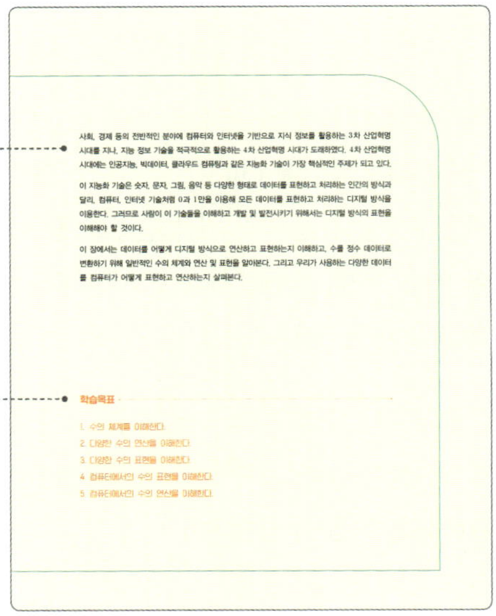

도입글

해당 장을 학습하기 전에
기본 개념과 배울 내용을 소개합니다.

학습목표

해당 장을 학습함으로써
얻고자 하는 목표를 소개합니다.

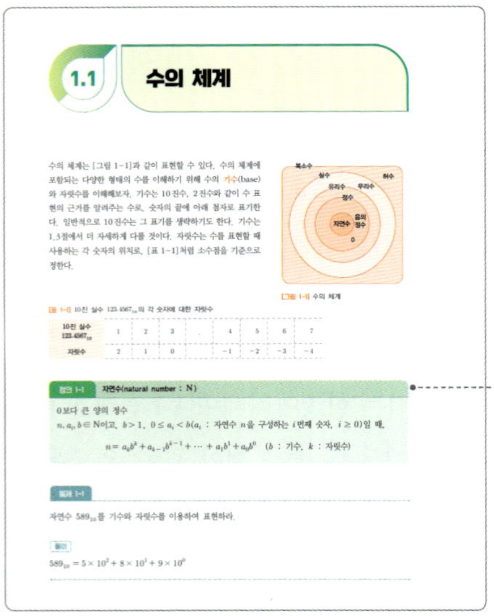

정의

해당 주제에서 기억해두어야 할 핵심
용어를 정의합니다. 본문의 주요 용어는
주황색으로 별도 표시하였습니다.

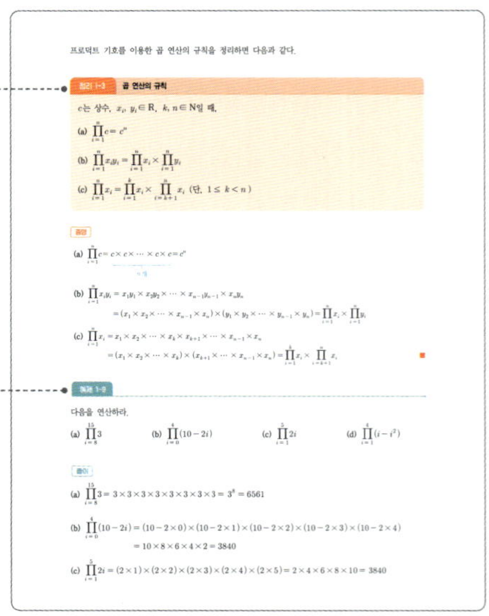

정리

해당 주제의 주요 개념과
수식을 정리하여 보여줍니다.

예제

본문에서 다룬 개념들을
적용한 문제와
상세한 풀이를 담았습니다.

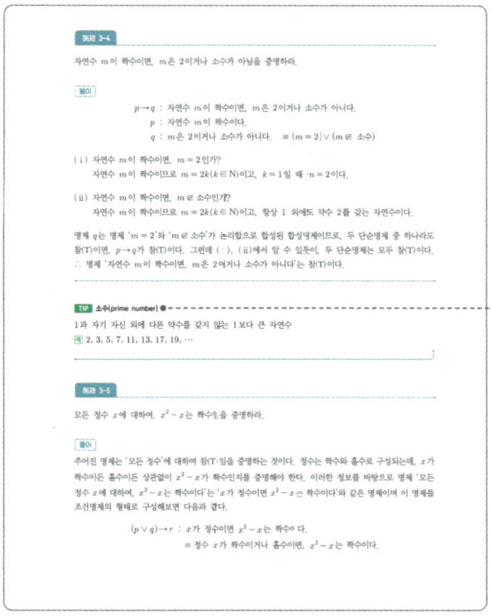

TIP

본문을 보충하는 설명이나
참고할 만한 내용을 보여줍니다.

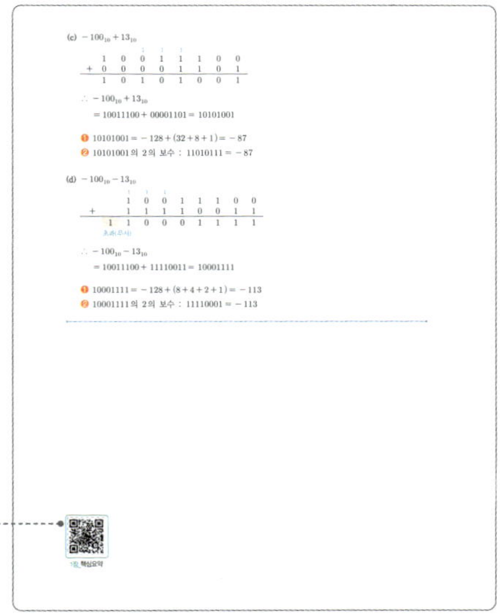

핵심요약

해당 장의 핵심 내용을 정리하여
QR코드를 통해 보여줍니다.

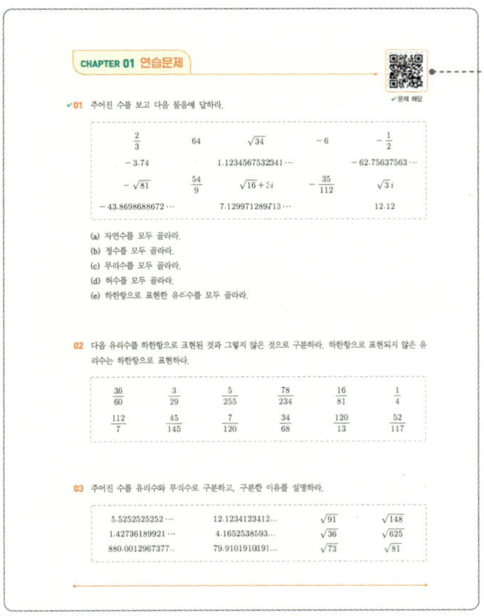

연습문제

해당 장이 끝날 때마다 본문에서
익힌 내용을 문제를 통해 정리합니다.
초록색 체크(✔) 문제는 QR코드로
해답을 제공합니다.

이 책의 사용 설명서

■ 누구를 위한 책인가

컴퓨터 연산을 이해하기 위해 필요한 수학 이론을 쉽게 풀어낸 이산수학 입문서이므로, 누구나 볼 수 있습니다. 기본적인 수학 지식과 컴퓨터 관련 지식을 이해하고 있다면 학습하는 데 많은 도움이 될 것입니다.

■ 무엇을 다루는가

기초 개념 학습(1~5장) : 데이터 표현 및 연산과 증명

컴퓨터의 데이터 표현 및 연산을 위한 수학 개념과 표현, 처리 과정에 대한 기본 증명 개념을 공부합니다.

기초 개념 적용(6~8장) : 데이터 관리 및 처리

데이터를 어떻게 관리하며, 입출력 데이터의 관계와 처리 과정을 정의하기 위해 알아야 하는 수학 개념을 살펴봅니다.

개념 응용 및 활용(9~12장) : 입출력 데이터의 예측 및 명령에 대한 설계

입력 데이터에 대한 효율적이고 정확한 출력을 예측하는 방법과 표현 방법을 배우고, 컴퓨터에 제시할 명령을 설계하기 위한 개념을 익힙니다.

■ 강의보조자료

한빛아카데미 홈페이지에서 '교수회원'으로 가입하신 분은 인증 후 교수용 강의교안과 추가 연습문제를 제공받을 수 있습니다. 한빛아카데미 홈페이지 상단의 〈교수전용공간〉 메뉴를 클릭하세요.

http://www.hanbit.co.kr/academy

■ 연습문제 해답

본 도서는 대학 강의용 교재로 개발되었으므로 전체 연습문제 해답은 제공하지 않습니다. 단, 일부 문제는 QR코드 또는 아래의 경로를 통해 해답을 제공합니다.

한빛아카데미 홈페이지 접속 → [도서명] 검색 → 도서 상세 페이지의 [부록/예제소스]

■ 참고문헌

- Susanna S. Epp (2013). 이산수학 및 응용(4th edition)(김환구 외, 번역). 한티미디어.
- Kenneth H. Rosen (2019). Rosen의 이산수학(8th edition)(공은배 외, 번역). McGraw-Hill Korea.

목차

목차

CHAPTER 03 증명

CHAPTER 04 집합

CHAPTER 05 행렬

CHAPTER 06 관계

CHAPTER 07 함수

목차

CHAPTER 11

순열, 조합, 확률

CHAPTER 12

알고리즘

CHAPTER 01

수의 표현과 연산

• Contents

사회, 경제 등의 전반적인 분야에 컴퓨터와 인터넷을 기반으로 지식 정보를 활용하는 3차 산업혁명 시대를 지나, 지능 정보 기술을 적극적으로 활용하는 4차 산업혁명 시대가 도래하였다. 4차 산업혁명 시대에는 인공지능, 빅데이터, 클라우드 컴퓨팅과 같은 지능화 기술이 가장 핵심적인 주제가 되고 있다.

이 지능화 기술은 숫자, 문자, 그림, 음악 등 다양한 형태로 데이터를 표현하고 처리하는 인간의 방식과 달리, 컴퓨터, 인터넷 기술처럼 0과 1만을 이용해 모든 데이터를 표현하고 처리하는 디지털 방식을 이용한다. 그러므로 사람이 이 기술들을 이해하고 개발 및 발전시키기 위해서는 디지털 방식의 표현을 이해해야 할 것이다.

이 장에서는 데이터를 어떻게 디지털 방식으로 연산하고 표현하는지 이해하고, 수를 정수 데이터로 변환하기 위해 일반적인 수의 체계와 연산 및 표현을 알아본다. 그리고 우리가 사용하는 다양한 데이터를 컴퓨터가 어떻게 표현하고 연산하는지 살펴본다.

학습목표

1. 수의 체계를 이해한다.
2. 다양한 수의 연산을 이해한다.
3. 다양한 수의 표현을 이해한다.
4. 컴퓨터에서의 수의 표현을 이해한다.
5. 컴퓨터에서의 수의 연산을 이해한다.

1.1 수의 체계

수의 체계는 [그림 1-1]과 같이 표현할 수 있다. 수의 체계에 포함되는 다양한 형태의 수를 이해하기 위해 수의 기수(base)와 자릿수를 이해해보자. 기수는 10진수, 2진수와 같이 수 표현의 근거를 알려주는 수로, 숫자의 끝에 아래 첨자로 표기한다. 일반적으로 10진수는 그 표기를 생략하기도 한다. 기수는 1.3절에서 더 자세하게 다룰 것이다. 자릿수는 수를 표현할 때 사용하는 각 숫자의 위치로, [표 1-1]처럼 소수점을 기준으로 정한다.

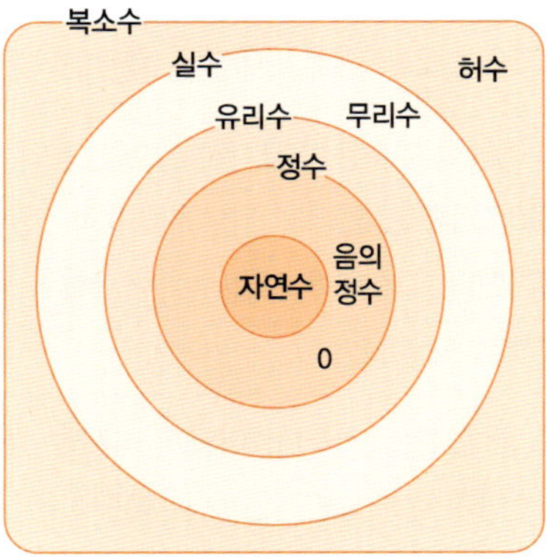

[그림 1-1] 수의 체계

[표 1-1] 10진 실수 123.4567_{10}의 각 숫자에 대한 자릿수

10진 실수 123.4567_{10}	1	2	3	.	4	5	6	7
자릿수	2	1	0		−1	−2	−3	−4

정의 1-1 자연수(natural number : N)

0보다 큰 양의 정수, $n, b \in \mathrm{N}$, $a_i \in \mathrm{N} \cup \{0\}$이고, $b > 1$, $0 \le a_i < b$(a_i : 자연수 n을 구성하는 i번째 숫자, $i \ge 0$)일 때,

$$n = a_k b^k + a_{k-1} b^{k-1} + \cdots + a_1 b^1 + a_0 b^0 \quad (b \text{ : 기수, } k \text{ : 자릿수})$$

예제 1-1

자연수 589_{10}를 기수와 자릿수를 이용하여 표현하라.

풀이

$589_{10} = 5 \times 10^2 + 8 \times 10^1 + 9 \times 10^0$

정의 1-2 **정수(integer : $\mathbb{Z}$)**

양의 정수, 0, 음의 정수로 구성된 수

0은 양의 정수나 음의 정수에 속하지 않는 수로, $+$나 $-$와 같은 부호가 붙지 않는다. 음의 정수는 숫자 앞에 $-$ 부호가 붙는 0보다 작은 수이고, 양의 정수는 숫자 앞에 $+$ 부호가 붙거나 부호가 생략된 0보다 큰 수로, 자연수와 같은 범위의 수이다.

예제 1-2

절댓값 $|28|$을 갖는 모든 정수를 구하라.

풀이

$+28$과 -28

정의 1-3 **유리수(rational number : $\mathbb{Q}$)**

$a, b \in \mathbb{Z}$ 이고 $a \neq 0$일 때 $\frac{b}{a}$인 수

- **하한항**(lowest) : 1 이외의 공약수가 존재하지 않는 분모와 분자

앞서 설명한 정수 집합은 유리수 집합에 포함된다. 예를 들어, 양의 정수 2는 유리수 $\frac{2}{1}(1,\ 2 \in \mathbb{Z},\ 1 \neq 0)$로 표현할 수 있다.

또한 유리수는 같은 값을 다르게 표현할 수도 있다. 예를 들어, $\frac{6}{27} = \frac{2}{9}$이고 $\frac{12}{24} = \frac{4}{8} = \frac{1}{2}$이다. $\frac{6}{27}$, $\frac{12}{24}$, $\frac{4}{8}$는 분자와 분모 사이에 1 이외의 공약수가 존재하여 약분이 가능하므로, 하한항으로 표현되지 않은 유리수이다. 반면, 이 유리수들은 분자와 분모의 최대공약수로 분자와 분모를 약분하면 하한항으로 구성된 유리수가 된다. 따라서 $\frac{2}{9}$, $\frac{1}{2}$은 하한항으로 표현된 유리수이다.

예제 1-3

주어진 유리수가 하한항으로 표현되었는지 확인하고, 그렇지 않은 경우 하한항으로 표현하라.

(a) $\frac{25}{70}$

(b) $\frac{7}{10}$

풀이

(a) 25와 70의 공약수는 1, 5이므로, 1 이외의 공약수가 존재한다.

$\therefore$ $\frac{25}{70}$는 하한항으로 표현되지 않았다. $\frac{25}{70}$의 하한항 표현은 $\frac{5}{14}$이다.

(b) 7과 10의 공약수는 1만 존재한다.

$\therefore$ $\frac{7}{10}$은 하한항으로 표현된 유리수이다.

정의 1-4 무리수(irrational number : $\mathbb{I}$)

$a, b \in \mathbb{Z}$이고 $a \neq 0$일 때 $\frac{b}{a}$로 표현할 수 없는 수

유리수 집합과 무리수 집합은 모두 실수 집합에 포함된다. 실수는 [표 1-2]와 같이 소수점을 기준으로 정수부와 소수부로 구분하여 표현할 수 있다.

[표 1-2] 실수의 구성

10진 실수 123.4567_{10}	123	.	4567
	정수부	소수점	소수부

실수는 분수 형태($\frac{b}{a}$, $a, b \in \mathbb{Z}$, $a \neq 0$)로 표현할 수 있으면 유리수, 그렇지 않으면 무리수로 구분한다. 유리수는 소수로 표현했을 때 소수부의 숫자가 유한하게 나열되거나 규칙성을 갖고 무한히 나열되는 형태로 나타나 분수로도 표현 가능하지만, 무리수는 소수부의 숫자가 규칙성 없이 무한히 나열되어 분수로 표현할 수 없다.

예를 들어 $\frac{3}{4}$을 소수로 표현하면 0.75로 소수부가 유한하고, $\frac{1}{7}$을 소수로 표현하면 0.142857142857142857 $\cdots$로 소수부에서 142857이 규칙적으로 반복된다. $\sqrt{9}$는 정수 3과 같다. 그러므로 $\frac{3}{4}$, $\frac{1}{7}$, $\sqrt{9}$는 모두 분수 형태로 표현할 수 있는 실수인 유리수이다.

반면, $\sqrt{2}$는 1.414213562373 $\cdots$, $\sqrt{23}$은 4.795831523312 $\cdots$로 두 수 모두 소수부의 숫자가 규칙

없이 나열되어 있음을 알 수 있다. 그러므로 $\sqrt{2}$, $\sqrt{23}$은 모두 분수 형태로 표현할 수 없는 실수인 무리수이다.

예제 1-4

주어진 수를 유리수와 무리수로 구분하라.

(a) $\frac{5}{7}$

(b) $12.345345345\cdots$

(c) $4.1947247326\cdots$

(d) $\sqrt{11}$

풀이

(a) $\frac{5}{7} = 0.714285714285\cdots$로 소수부에서 714285가 반복된다.
$\therefore$ 유리수

(b) $12.345345345\cdots$의 소수부에서 345가 반복된다.
$\therefore$ 유리수

(c) $4.1947247326\cdots$의 소수부에서 숫자가 규칙성 없이 무한히 나열된다.
$\therefore$ 무리수

(d) $\sqrt{11} = 3.3166247903\cdots$으로 소수부에서 숫자가 규칙성 없이 무한히 나열된다.
$\therefore$ 무리수

정의 1-5 **실수(real number : $\mathbb{R}$)**

유리수와 무리수를 모두 포함하는 수 체계
소수점을 기준으로 정수부와 실수부로 표현
$r \in \mathbb{R}$, $a_i \in \mathbb{Z}$, $b \in \mathbb{N}$이고 $b > 1$, $0 \le a_i < b$(a_i : 실수 r을 구성하는 i번째 숫자, $i \in \mathbb{Z}$)일 때,

$$r = a_k b^k + a_{k-1} b^{k-1} + \cdots + a_1 b^1 + a_0 b^0 + a_{-1} b^{-1} + a_{-2} b^{-2} + \cdots \quad (b \text{ : 기수, } k \text{ : 자릿수})$$

예제 1-5

실수 34.8125_{10}를 기수와 자릿수를 이용하여 표현하라.

풀이

$$34.8125_{10} = 3 \times 10^1 + 4 \times 10^0 + 8 \times 10^{-1} + 1 \times 10^{-2} + 2 \times 10^{-3} + 5 \times 10^{-4}$$

정의 1-6 **허수 단위(imaginary unit)**

$i^2 = -1$을 만족하는 수 i

제곱하여 음수가 되는 실수는 없다. 그러나 물리학, 전자공학 등에서는 제곱했을 때 0보다 작은 값이 되는 가상의 수가 필요한 경우가 있어 이러한 허수 개념을 다양한 방정식에 적용하기도 한다.

정의 1-7 **복소수(complex number : $\mathbb{C}$)**

실수와 허수를 모두 포함하는 수 체계

$$\underset{\text{복소수}}{c} = \underset{\text{실수부}}{\underline{a}} + \underset{\text{허수부}}{\underline{bi}} \quad (a,\ b \in \mathbb{R},\ c \in \mathbb{C})$$

$b=0$이면 실수, $b \neq 0$이면 **허수**(imaginary number)

- **복소수의 사칙연산**$(a,\ b,\ c,\ d \in \mathbb{R})$

(a) **덧셈** : $(a+bi)+(c+di)=(a+c)+(b+d)i$

(b) **뺄셈** : $(a+bi)-(c+di)=(a-c)+(b-d)i$

(c) **곱셈** : $(a+bi)(c+di)=ac+adi+bci+bdi^2=(ac-bd)+(ad+bc)i$

(d) **나눗셈** : $\dfrac{a+bi}{c+di}=\dfrac{(a+bi)(c-di)}{(c+di)(c-di)}=\dfrac{ac-adi+bci+bd}{c^2-cdi+cdi+d^2}=\left(\dfrac{ac+bd}{c^2+d^2}\right)+\left(\dfrac{bc-ad}{c^2+d^2}\right)i$

(단, $c+di \neq 0$)

예제 1-6

다음 복소수의 사칙연산을 구하라.

(a) $3+6i+12i$ (b) $3+6i-12i$ (c) $(3+6i)\times 12i$ (d) $\dfrac{3+6i}{12i}$

풀이

(a) $3+6i+12i=3+18i$

(b) $3+6i-12i=3-6i$

(c) $(3+6i)\times 12i=36i+72i^2=-72+36i$

(d) $\dfrac{3+6i}{12i}=\dfrac{72}{144}+\dfrac{-36}{144}i=\dfrac{2-i}{4}$

1.2 수의 연산

연산의 성질

수를 연산한 결과는 수의 체계와 연산자의 종류에 따라 결정된다. 연산에 피연산자로 사용한 수, 그리고 연산 결과로 나오는 수의 체계와 연산자의 관계는 닫힘 성질로 정의할 수 있다.

정의 1-8 닫힘 성질

수 체계 S에 속하는 어떤 수 a, b를 연산자 O로 연산한 결과가 S에 속하면 '수 체계 S는 연산자 O에 대해 **닫혀 있다**(closed)'고 하고, 그렇지 않으면 '수 체계 S는 연산자 O에 대해 **닫혀 있지 않다**'고 한다.

예를 들어, 자연수 a, b를 더한 결과인 $a+b$도 자연수이므로 자연수는 덧셈에 대해 닫혀 있다고 할 수 있다. 그러나 자연수 $a, b(a \leq b)$에 대하여 a에서 b를 뺀 결과인 $a-b$는 자연수가 아닐 수 있으므로 자연수는 뺄셈에 대해 닫혀 있지 않다. 다음 [표 1-3]은 수 체계별로 사칙연산의 닫힘 성질을 정리한 결과이다.

[표 1-3] 수 체계별 사칙연산의 닫힘 성질

	덧셈	뺄셈	곱셈	나눗셈
자연수 $\mathbb{N}$	○	×	○	×
정수 $\mathbb{Z}$	○	○	○	×
유리수 $\mathbb{Q}$	○	○	○	○
무리수 $\mathbb{I}$	×	×	×	×
실수 $\mathbb{R}$	○	○	○	○
복소수 $\mathbb{C}$	○	○	○	○

[표 1-3]에서 볼 수 있듯이, 무리수를 제외한 모든 수 체계가 덧셈과 곱셈에 대해 닫혀 있다. 덧셈과 곱셈 연산의 특징을 정리하면 다음과 같다.

정리 1-1　합(덧셈)과 곱(곱셈)의 연산 법칙

$a, b, c \not\in \mathbb{I}$일 때,

(a) **교환법칙** : $a+b=b+a$, $ab=ba$

(b) **결합법칙** : $(a+b)+c=a+(b+c)$, $(ab)c=a(bc)$

(c) **분배법칙** : $a(b+c)=ab+ac$

또한 합과 곱에 대해서는 항등원과 역원이 존재한다.

정의 1-9　항등원(identity element)

$a, b \not\in \mathbb{I}$이고 a, b가 연산자 O에 대해 닫혀 있을 때, 모든 수 a에 대하여 $a\ O\ b=b\ O\ a=a$를 만족하는 b

(a) **합에 대한 항등원** : 0

(b) **곱에 대한 항등원** : 1

항등원은 임의의 수 a와 연산했을 때 결과가 그대로 a가 나오게 만드는 수로, $a+0=0+a=a$이므로 합에 대한 항등원은 0이고, $a \cdot 1=1 \cdot a=a$이므로 곱에 대한 항등원은 1이다.

정의 1-10　역원(inverse element)

$a, b, c \not\in \mathbb{I}$이고 a, b가 연산자 O에 대해 닫혀 있으면서 c가 연산자 O에 대한 항등원일 때, $a\ O\ b=b\ O\ a=c$를 만족하는 b

(a) **a의 합에 대한 역원** : $-a$

(b) **a의 곱에 대한 역원** : $\frac{1}{a}$ (단, $a \neq 0$)

역원은 어떤 수 a와 연산했을 때 항등원이 나오게 만드는 수로, $a+(-a)=(-a)+a=0$이므로 a의 합에 대한 역원은 $-a$이고, $a \cdot \frac{1}{a}=\frac{1}{a} \cdot a=1$이므로 a의 곱에 대한 역원은 $\frac{1}{a}$이다.

일정한 규칙이 있는 수열은 연산할 수와 연산자를 일일이 나열하여 연산할 수도 있지만, 수열의 합은 $\sum$(시그마), 곱은 $\prod$(프로덕트), !(팩토리얼)과 같은 특정 기호를 이용해 표현하고 연산할 수 있다.

합 연산 Σ

정의 1-11　합 연산 Σ : 시그마(sigma)

일정한 규칙이 있는 수열의 합

$$\sum_{i=1}^{n} a_i = a_1 + a_2 + \cdots + a_{n-1} + a_n \quad (i \text{ : 합의 색인})$$

합 연산 $\sum_{i=1}^{n} a_i$는 n개의 항을 나열한 수열의 모든 항을 합하는 것이다. 예를 들어, 1보다 크거나 같고 20보다 작거나 같은 홀수의 합은 다음과 같이 나타낼 수 있다.

$$\sum_{i=1}^{10} (2i-1) = 1+3+5+\cdots+15+17+19$$

시그마 기호를 이용한 합 연산의 규칙을 정리하면 다음과 같다.

정리 1-2　합 연산의 규칙

c는 상수, x_i, $y_i \in \mathbb{R}$, $k, n \in \mathbb{N}$일 때,

(a) $\sum_{i=1}^{n} c = nc$

(b) $\sum_{i=1}^{n} cx_i = c\sum_{i=1}^{n} x_i$

(c) $\sum_{i=1}^{n} (x_i + y_i) = \sum_{i=1}^{n} x_i + \sum_{i=1}^{n} y_i$

(d) $\sum_{i=1}^{n} x_i = \sum_{i=1}^{k} x_i + \sum_{i=k+1}^{n} x_i$ (단, $1 \le k < n$)

증명

(a) $\sum_{i=1}^{n} c = \underbrace{c + c + \cdots + c + c}_{n\text{개}} = nc$

(b) $\sum_{i=1}^{n} cx_i = cx_1 + cx_2 + \cdots + cx_{n-1} + cx_n$

$$= c(x_1 + x_2 + \cdots + x_{n-1} + x_n) = c\sum_{i=1}^{n} x_i$$

(c) $\sum_{i=1}^{n}(x_i+y_i)=(x_1+y_1)+(x_2+y_2)+\cdots+(x_{n-1}+y_{n-1})+(x_n+y_n)$

$$=(x_1+x_2+\cdots+x_{n-1}+x_n)+(y_1+y_2+\cdots+y_{n-1}+y_n)$$

$$=\sum_{i=1}^{n}x_i+\sum_{i=1}^{n}y_i$$

(d) $\sum_{i=1}^{n}x_i=x_1+x_2+\cdots+x_k+x_{k+1}+\cdots+x_{n-1}+x_n$

$$=(x_1+x_2+\cdots+x_k)+(x_{k+1}+\cdots+x_{n-1}+x_n)$$

$$=\sum_{i=1}^{k}x_i+\sum_{i=k+1}^{n}x_i$$ ■

예제 1-7

다음을 연산하라.

(a) $\sum_{i=1}^{10}5$ (b) $\sum_{i=2}^{5}4i$ (c) $\sum_{i=1}^{4}i^2+9$ (d) $\sum_{i=1}^{4}(i^2+9)$

풀이

(a) $\sum_{i=1}^{10}5=5+5+5+5+5+5+5+5+5+5=5\times 10=50$

(b) $\sum_{i=2}^{5}4i=(4\times 2)+(4\times 3)+(4\times 4)+(4\times 5)=4(2+3+4+5)=4\sum_{i=2}^{5}i=56$

(c) $\sum_{i=1}^{4}i^2+9=(1^2+2^2+3^2+4^2)+9=1+4+9+16+9=39$

(d) $\sum_{i=1}^{4}(i^2+9)=(1^2+9)+(2^2+9)+(3^2+9)+(4^2+9)$

$$=(1^2+2^2+3^2+4^2)+(9+9+9+9)=\sum_{i=1}^{4}i^2+\sum_{i=1}^{4}9=66$$

예제 1-8

다음 식을 합 연산 기호 시그마로 표현하라.

(a) $4+8+12+16+20+24+28$

(b) $(3+6)+(6+6)+(9+6)+(12+6)$

(c) $(5\times 1)+(5\times 2)+(5\times 4)+(5\times 8)+(5\times 16)$

풀이

(a) $4+8+12+16+20+24+28 = 4(1+2+3+4+5+6+7) = 4\sum_{i=1}^{7} i = \sum_{i=1}^{7} 4i$

(b) $$\begin{aligned}(3+6)+(6+6)+(9+6)+(12+6) &= (3+6+9+12)+(6+6+6+6) \\ &= 3\sum_{i=1}^{4} i + \sum_{i=1}^{4} 6 = \sum_{i=1}^{4} 3i + \sum_{i=1}^{4} 6 \\ &= \sum_{i=1}^{4}(3i+6) = 3\sum_{i=1}^{4}(i+2)\end{aligned}$$

(c) $(5\times 1)+(5\times 2)+(5\times 4)+(5\times 8)+(5\times 16) = 5(1+2+4+8+16) = 5\sum_{i=0}^{4} 2^i$

곱 연산 Π 와 !

정의 1-12 곱 연산 Π : 프로덕트(product)

일정한 규칙이 있는 수열의 곱

$$\prod_{i=1}^{n} a_i = a_1 \times a_2 \times \cdots \times a_{n-1} \times a_n \quad (i \text{ : 곱의 색인})$$

곱 연산 $\prod_{i=1}^{n} a_i$는 n개의 항을 나열한 수열의 모든 항을 곱하는 것이다. 1보다 크거나 같고 20보다 작거나 같은 홀수의 곱은 다음과 같이 나타낼 수 있다.

$$\prod_{i=1}^{10}(2i-1) = 1\times 3\times 5\times \cdots \times 15\times 17\times 19$$

프로덕트 기호를 이용한 곱 연산의 규칙은 [정리 1-3]과 같이 정리할 수 있다.

정리 1-3 **곱 연산의 규칙**

c는 상수, x_i, $y_i \in \mathbb{R}$, $k, n \in \mathbb{N}$일 때,

(a) $\prod_{i=1}^{n} c = c^n$

(b) $\prod_{i=1}^{n} x_i y_i = \prod_{i=1}^{n} x_i \times \prod_{i=1}^{n} y_i$

(c) $\prod_{i=1}^{n} x_i = \prod_{i=1}^{k} x_i \times \prod_{i=k+1}^{n} x_i$ (단, $1 \le k < n$)

증명

(a) $\prod_{i=1}^{n} c = \underbrace{c \times c \times \cdots \times c \times c}_{n\text{개}} = c^n$

(b) $\prod_{i=1}^{n} x_i y_i = x_1 y_1 \times x_2 y_2 \times \cdots \times x_{n-1} y_{n-1} \times x_n y_n$

$= (x_1 \times x_2 \times \cdots \times x_{n-1} \times x_n) \times (y_1 \times y_2 \times \cdots \times y_{n-1} \times y_n) = \prod_{i=1}^{n} x_i \times \prod_{i=1}^{n} y_i$

(c) $\prod_{i=1}^{n} x_i = x_1 \times x_2 \times \cdots \times x_k \times x_{k+1} \times \cdots \times x_{n-1} \times x_n$

$= (x_1 \times x_2 \times \cdots \times x_k) \times (x_{k+1} \times \cdots \times x_{n-1} \times x_n) = \prod_{i=1}^{k} x_i \times \prod_{i=k+1}^{n} x_i$ ■

예제 1-9

다음을 연산하라.

(a) $\prod_{i=8}^{15} 3$ (b) $\prod_{i=0}^{4} (10 - 2i)$ (c) $\prod_{i=1}^{5} 2i$ (d) $\prod_{i=1}^{4} (i - i^2)$

풀이

(a) $\prod_{i=8}^{15} 3 = 3 \times 3 \times 3 \times 3 \times 3 \times 3 \times 3 \times 3 = 3^8 = 6561$

(b) $\prod_{i=0}^{4} (10 - 2i) = (10 - 2 \times 0) \times (10 - 2 \times 1) \times (10 - 2 \times 2) \times (10 - 2 \times 3) \times (10 - 2 \times 4)$

$= 10 \times 8 \times 6 \times 4 \times 2 = 3840$

(c) $\prod_{i=1}^{5} 2i = (2 \times 1) \times (2 \times 2) \times (2 \times 3) \times (2 \times 4) \times (2 \times 5) = 2 \times 4 \times 6 \times 8 \times 10 = 3840$

(d) $\prod_{i=1}^{4} (i - i^2) = (1 - 1^2) \times (2 - 2^2) \times (3 - 3^2) \times (4 - 4^2) = 0 \times (-2) \times (-6) \times (-12) = 0$

정의 1-13 **팩토리얼(factorial, !) / 계승**

$n \in \mathbb{N}$ 일 때, 1부터 n까지 1씩 증가하는 수열의 곱 (단, $0! = 1$)

$$n! = 1 \times 2 \times 3 \times \cdots \times n = \prod_{i=1}^{n} i$$

팩토리얼 연산에 사용되는 수는 1보다 크거나 같은 자연수이지만, 연산식에 따라 $0!$을 계산할 수 있도록 $0!$을 1로 정의한다.

예제 1-10

다음을 연산하라.

(a) $5!$

(b) $13!$

풀이

(a) $5! = 1 \times 2 \times 3 \times 4 \times 5 = 120$

(b) $13! = 1 \times 2 \times 3 \times \cdots \times 11 \times 12 \times 13 = 6227020800$

나누기 연산 : |, div, mod

수를 나누면 몫(quotient)과 나머지(remainder)를 구할 수 있다. 이때 나머지가 0이면 '나누어떨어진다'고 하고, 그렇지 않으면 '나누어떨어지지 않는다'고 한다.

정의 1-14 **'나누어떨어진다'와 '나누어떨어지지 않는다'**

정수 n을 자연수 d로 나누었을 때의 몫을 q, 나머지를 r이라고 하면,

$$n = dq + r \quad (n, q \in \mathbb{Z},\ d, r \in \mathbb{N},\ 0 \leq r < d)$$

(a) $r = 0$ 일 때, n은 d로 **나누어떨어진다**고 하고, $d \mid n$으로 표기한다.

(b) $r \neq 0$ 일 때, n은 d로 **나누어떨어지지 않는다**고 하고, $d \nmid n$으로 표기한다.

정리 1-4 '나누어떨어진다'에 관한 정리

$a, b, c, d, m, n \in \mathbb{Z}$에 대하여,

(a) $d|m$이고 $d|n$이면, $d|(m+n)$

$d|m$이고 $d|n$이면, $d|(m-n)$

(b) $d|m$이면, $d|mn$

(c) $a|b$이고 $b|c$이면, $a|c$

증명

(a) $d|m$이면 $m=dk(k\in\mathbb{Z})$이고 $d|n$이면 $n=dl(l\in\mathbb{Z})$이다.

$m+n=dk+dl=d(k+l)$이므로, $m+n$은 d로 나누어떨어진다. $\therefore d|(m+n)$

$m-n=dk-dl=d(k-l)$이므로, $m-n$은 d로 나누어떨어진다. $\therefore d|(m-n)$

(b) $d|m$이면, $m=dk(k\in\mathbb{Z})$이다.

$mn=dkn$이므로, mn은 d로 나누어떨어진다. $\therefore d|mn$

(c) $a|b$이면 $b=ak(k\in\mathbb{Z})$이고, $b|c$이면 $c=bl(l\in\mathbb{Z})$이다. $c=bl$에 $b=ak$를 대입하면 $c=bl=akl$이므로, c는 a로 나누어떨어진다. $\therefore a|c$ ■

예제 1-11

다음과 같은 표현이 맞는지를 판단하라.

(a) $3|9$ (b) $7\nmid 42$ (c) $8|10$ (d) $6\nmid 15$

풀이

(a) $3|9$: 9는 3으로 나누어떨어지므로 맞는 표현이다.

(b) $7\nmid 42$: 42는 7로 나누어떨어지므로 틀린 표현이다.

$\therefore$ 맞는 표현은 $7|42$이다.

(c) $8|10$: 10은 8로 나누어떨어지지 않으므로 틀린 표현이다.

$\therefore$ 맞는 표현은 $8\nmid 10$이다.

(d) $6\nmid 15$: 15는 6으로 나누어떨어지지 않으므로 맞는 표현이다.

앞에서 언급한 것처럼 나누기 연산을 하면 몫과 나머지를 구할 수 있다.

정의 1-15 **몫을 구하는 연산 : div**

$n = dq + r$ ($n \in \mathbb{Z}$, $d \in \mathbb{N}$, $0 \leq r < |d|$)을 만족하는 몫 q를 구하는 연산

$$q = n \text{ div } d$$

정의 1-16 **나머지를 구하는 연산 : mod**

$n = dq + r$ ($n \in \mathbb{Z}$, $d \in \mathbb{N}$, $0 \leq r < |d|$)을 만족하는 나머지 r을 구하는 연산

$$r = n \text{ mod } d$$

예제 1-12

다음과 같이 n과 d가 주어질 때, n을 d로 나눈 몫 q와 나머지 r을 구하라.

(a) $n = 38$, $d = 14$ (b) $n = 113$, $d = 3$ (c) $n = 62$, $d = 31$

풀이

(a) $38 \text{ div } 14 = 2$, $38 \text{ mod } 14 = 10$

$\therefore\ q = 2$, $r = 10$

(b) $113 \text{ div } 3 = 37$, $113 \text{ mod } 3 = 2$

$\therefore\ q = 37$, $r = 2$

(c) $62 \text{ div } 31 = 2$, $62 \text{ mod } 31 = 0$

$\therefore\ q = 2$, $r = 0$

1.3 진법별 표현

수는 그 표현에 사용하는 숫자의 범위에 따라 다양하게 표현될 수 있다. 사람은 일반적으로 0에서 9까지의 숫자 10개로 수를 표현하지만, 컴퓨터는 2개의 숫자 0과 1로 수를 표현한다. 이와 같이 몇 개의 숫자를 이용하여 수를 표현하느냐에 따라 진법이 결정된다.

정의 1-17 **n진법과 n진수**

0부터 $n-1$까지의 숫자로 수를 표현하는 방법과 그렇게 표현한 수

현재 사용하고 있는 진법의 표기를 **기수**(base)라고 한다. 만약 n진법을 사용하고 있다면 기수는 n으로, 표현한 수의 오른쪽 끝에 아래 첨자로 표기한다. 예를 들어, 10진수 1365는 1365_{10}로 표기하고 8진수 1365는 1365_8로 표기하는데, 이때 1365_{10}와 1365_8는 전혀 다른 수이다. 단, 10진수의 경우 기수를 생략하여 1365로만 작성할 수 있다.

기수에 따라 읽는 방법도 다르다. 10진수 1365_{10}는 '천삼백육십오'로 천, 백, 십, 일 단위를 붙여 읽지만, 8진수 1365_8는 '8진수 일삼육오'로 숫자를 하나씩 순서대로 읽는다. 2진수와 16진수도 8진수와 마찬가지로 나열된 순서대로 숫자를 읽는다.

기수 n은 어떤 값이든 제한이 없으나 이 장에서는 10진수, 2진수, 8진수, 16진수에 대해서만 살펴볼 것이다. 그 이유는 컴퓨터의 발전으로 인해 컴퓨터에서 표현하고 연산해야 하는 데이터의 종류가 다양해지고 그에 따라 데이터의 크기도 커지면서 2진법만을 이용하여 모든 데이터를 표현하기에는 표현 길이가 너무 길어졌다. 그래서 컴퓨터에서는 길어진 데이터 표현을 간략하게 만들어 효율적으로 활용하기 위해 8진수와 16진수를 사용하게 되었기 때문이다.

정의 1-18 **10진법(decimal number system)과 10진수(decimal number)**

기수를 10으로 하여 0부터 9까지의 숫자로 수를 표현하는 방법과 그렇게 표현한 수

(a) $n_{10} \in \mathbb{Z}\,(k > 0,\ 0 \le a_i \le 9)$일 때,

$$n_{10} = a_k a_{k-1} \cdots a_1 a_0 = a_k 10^k + a_{k-1} 10^{k-1} + \cdots + a_1 10^1 + a_0 10^0 \quad (k : \text{자릿수})$$

(b) $n_{10} \in \mathbb{R}\ (k, l > 0,\ 0 \le a_i \le 9)$일 때,

$$n_{10} = a_k a_{k-1} \cdots a_1 a_0 \cdot a_{-1} a_{-2} \cdots a_{-l} a_{-(l+1)} \cdots$$
$$= a_k 10^k + a_{k-1} 10^{k-1} + \cdots + a_1 10^1 + a_0 10^0$$
$$+ a_{-1} 10^{-1} + a_{-2} 10^{-2} + \cdots + a_{-l} 10^{-l} + a_{-(l+1)} 10^{-(l+1)} + \cdots \quad (k\ :\ \text{자릿수})$$

예제 1-13

다음 10진수를 기수와 자릿수를 이용하여 풀어써라.

(a) 1582_{10}

(b) 523.62183_{10}

풀이

(a) $1582_{10} = 1 \times 10^3 + 5 \times 10^2 + 8 \times 10^1 + 2 \times 10^0$

(b) $523.62183_{10} = 5 \times 10^2 + 2 \times 10^1 + 3 \times 10^0 + 6 \times 10^{-1} + 2 \times 10^{-2} + 1 \times 10^{-3} + 8 \times 10^{-4} + 3 \times 10^{-5}$

정의 1-19 2진법(binary number system)과 2진수(binary number)

기수를 2로 하여 0과 1만으로 수를 표현하는 방법과 그렇게 표현한 수

(a) $n_2 \in \mathbb{Z}\ (k > 0,\ a_i = 1$ 또는 $0)$일 때,

$$n_2 = a_k a_{k-1} \cdots a_1 a_0 = a_k 2^k + a_{k-1} 2^{k-1} + \cdots + a_1 2^1 + a_0 2^0 \quad (k\ :\ \text{자릿수})$$

(b) $n_2 \in \mathbb{R}\ (k, l > 0,\ a_i = 1$ 또는 $0)$일 때,

$$n_2 = a_k a_{k-1} \cdots a_1 a_0 \cdot a_{-1} a_{-2} \cdots a_{-l} a_{-(l+1)} \cdots$$
$$= a_k 2^k + a_{k-1} 2^{k-1} + \cdots + a_1 2^1 + a_0 2^0$$
$$+ a_{-1} 2^{-1} + a_{-2} 2^{-2} + \cdots + a_{-l} 2^{-l} + a_{-(l+1)} 2^{-(l+1)} + \cdots \quad (k\ :\ \text{자릿수})$$

예제 1-14

다음 2진수를 기수와 자릿수를 이용하여 풀어써라.

(a) 1101001_2 (b) 10001.001101_2

풀이

(a) $1101001_2 = 1\times 2^6 + 1\times 2^5 + 0\times 2^4 + 1\times 2^3 + 0\times 2^2 + 0\times 2^1 + 1\times 2^0$

(b) $$10001.001101_2 = 1\times 2^4 + 0\times 2^3 + 0\times 2^2 + 0\times 2^1 + 1\times 2^0 + 0\times 2^{-1} + 0\times 2^{-2} + 1\times 2^{-3} + 1\times 2^{-4} + 0\times 2^{-5} + 1\times 2^{-6}$$

정의 1-20 8진법(octal number system)과 8진수(octal number)

기수를 8로 하여 0부터 7까지의 숫자로 수를 표현하는 방법과 그렇게 표현한 수

(a) $n_8 \in \mathbb{Z}(k > 0,\ 0 \le a_i \le 7)$일 때,

$$n_8 = a_k a_{k-1} \cdots a_1 a_0 = a_k 8^k + a_{k-1} 8^{k-1} + \cdots + a_1 8^1 + a_0 8^0 \quad (k : \text{자릿수})$$

(b) $n_8 \in \mathbb{R}(k, l > 0,\ 0 \le a_i \le 7)$일 때,

$$\begin{aligned} n_8 &= a_k a_{k-1} \cdots a_1 a_0 \cdot a_{-1} a_{-2} \cdots a_{-l} a_{-(l+1)} \cdots \\ &= a_k 8^k + a_{k-1} 8^{k-1} + \cdots + a_1 8^1 + a_0 8^0 \\ &\quad + a_{-1} 8^{-1} + a_{-2} 8^{-2} + \cdots + a_{-l} 8^{-l} + a_{-(l+1)} 8^{-(l+1)} + \cdots \quad (k : \text{자릿수}) \end{aligned}$$

예제 1-15

다음 8진수를 기수와 자릿수를 이용하여 풀어써라.

(a) 6351_8 (b) 712.3654_8

풀이

(a) $6351_8 = 6\times 8^3 + 3\times 8^2 + 5\times 8^1 + 1\times 8^0$

(b) $712.3654_8 = 7\times 8^2 + 1\times 8^1 + 2\times 8^0 + 3\times 8^{-1} + 6\times 8^{-2} + 5\times 8^{-3} + 4\times 8^{-4}$

정의 1-21 **16진법(hexadecimal number system)과 16진수(hexadecimal number)**

기수를 16으로 하여 0부터 9까지의 숫자와 A(10)부터 F(15)까지의 문자로 수를 표현하는 방법과 그렇게 표현한 수

(a) $n_{16} \in \mathbb{Z}(k > 0,\ 0 \leq a_i \leq 9$ 또는 $\mathrm{A} \leq a_i \leq \mathrm{F})$일 때,

$$n_{16} = a_k a_{k-1} \cdots a_1 a_0 = a_k 16^k + a_{k-1} 16^{k-1} + \cdots + a_1 16^1 + a_0 16^0 \quad (k \text{ : 자릿수})$$

(b) $n_{16} \in \mathbb{R}(k, l > 0,\ 0 \leq a_i \leq 9$ 또는 $\mathrm{A} \leq a_i \leq \mathrm{F})$일 때,

$$\begin{aligned} n_{16} &= a_k a_{k-1} \cdots a_1 a_0 \cdot a_{-1} a_{-2} \cdots a_{-l} a_{-(l+1)} \cdots \\ &= a_k 16^k + a_{k-1} 16^{k-1} + \cdots + a_1 16^1 + a_0 16^0 \\ &\quad + a_{-1} 16^{-1} + a_{-2} 16^{-2} + \cdots + a_{-l} 16^{-l} + a_{-(l+1)} 16^{-(l+1)} + \cdots \quad (k \text{ : 자릿수}) \end{aligned}$$

16진수는 0부터 15까지의 숫자를 이용하여 표현한 수이다. 0부터 9까지의 숫자는 그대로 사용하지만, 10부터 15까지의 숫자는 앞에서 사용하는 0부터 5까지의 숫자를 중복하여 사용한다. 즉, 13이 16진수에서 1과 3으로 구성된 수인지 13을 나타내는 수인지를 구분할 필요가 있다. 그래서 16진수에서는 10부터 15까지의 숫자 대신 A에서 F까지의 영문 대문자를 사용하여 10은 A, 11은 B, 12는 C, 13은 D, 14는 E, 15는 F로 표현한다. 이렇게 하면 13_{16}은 '16진수 일삼'이지만 D_{16}은 '16진수 13'을 의미한다.

예제 1-16

다음 16진수를 기수와 자릿수를 이용하여 풀어써라.

(a) 6921_{16} (b) $\mathrm{A4C}_{16}$ (c) $\mathrm{9BF.3E}_{16}$

풀이

(a) $6921_{16} = 6 \times 16^3 + 9 \times 16^2 + 2 \times 16^1 + 1 \times 16^0$

(b) $$\begin{aligned} \mathrm{A4C}_{16} &= \mathrm{A} \times 16^2 + 4 \times 16^1 + \mathrm{C} \times 16^0 \\ &= 10 \times 16^2 + 4 \times 16^1 + 12 \times 16^0 \end{aligned}$$

(c) $$\begin{aligned} \mathrm{9BF.3E}_{16} &= 9 \times 16^2 + B \times 16^1 + F \times 16^0 + 3 \times 16^{-1} + E \times 16^{-2} \\ &= 9 \times 16^2 + 11 \times 16^1 + 15 \times 16^0 + 3 \times 16^{-1} + 14 \times 16^{-2} \end{aligned}$$

1.4 진법 간 변환

사람이 사용하는 수로 컴퓨터에 데이터를 입력하거나 연산을 요구하면, 컴퓨터는 자신이 사용하는 2진수로 변환하여 처리하며 데이터가 방대해짐에 따라 8진수나 16진수로 표현하기도 한다. 이러한 데이터 표현의 변환을 이해하려면 진법 간의 변환 방식을 알아야 한다. [그림 1-2]는 진법 간의 변환 관계를 나타낸 것이다.

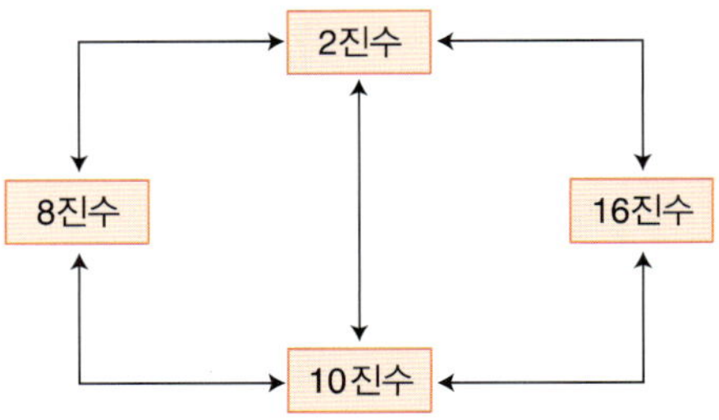

[그림 1-2] 진법 간의 변환 관계

[그림 1-2]에서 볼 수 있듯이 10진수와 2진수는 어떤 진법으로든 변환이 가능하지만 8진수와 16진수는 서로 직접 변환이 불가능하다. 그러므로 8진수를 16진수로, 또는 16진수를 8진수로 변환하기 위해서는 먼저 10진수나 2진수로 변환한 후에 8진수나 16진수로 변환해야 한다.

10진수 → 2진수 / 8진수 / 16진수

10진 실수를 2진수, 8진수 또는 16진수로 변환할 때는 정수부와 소수부를 변환하는 방법이 다르다. 10진 실수의 정수부는 몫이 0이 될 때까지 변환하려는 기수로 나누면서 각 단계마다 나오는 나머지를 나열하는 방식으로 구한다. 이때 가장 먼저 얻은 나머지는 변환된 진수의 가장 오른쪽 자리(정수부 최하위 자리)에, 가장 나중에 얻은 나머지는 변환된 진수의 가장 왼쪽 자리(정수부 최상위 자리)에 위치한다.

10진 실수의 소수부는 소수부가 0이 될 때까지 변환하려는 기수로 곱하면서 각 단계마다 나오는 정수부의 값을 나열하는 방식으로 구한다. 가장 먼저 얻은 정숫값은 변환된 진수 표현의 소수점에 가장 가까운 자리(소수부 최상위 자리)에, 가장 나중에 얻은 정숫값은 가장 멀리 있는 자리(소수부 최하위 자리)에 위치한다.

예를 들어, 83.125_{10}를 2진수로 변환해보자. 83.125_{10}는 다음과 같이 구성되므로 정수부와 소수부를 각각 진수 변환한다.

$$\underset{\text{}}{83.125_{10}} = \underset{\text{정수부}}{83} + \underset{\text{소수부}}{0.125}$$

83은 정수부이므로 2로 나눈 나머지를 이용해 2진수 1010011을 구할 수 있다.

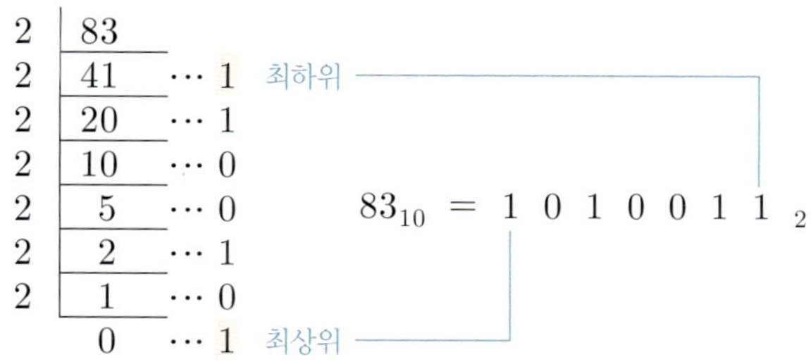

0.125는 소수부이므로 2로 곱하여 나오는 결과의 정수부를 이용해 2진수 0.001을 구할 수 있다. 이때 앞 단계의 소수부가 0이 아닌 경우에는 다음 단계에서 소수부에 대해서만 2를 곱하며, 이 과정을 소수부가 0이 될 때까지 반복한다.

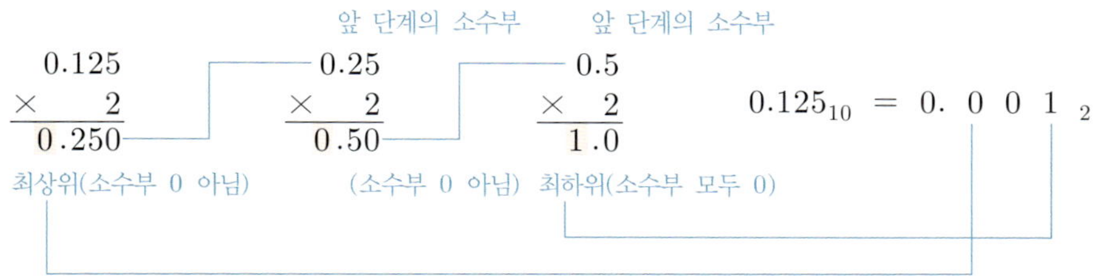

그러므로 83_{10}의 2진수에 해당하는 1010011_2은 2진수의 정수부, 0.125_{10}의 2진수에 해당하는 0.001_2은 2진수의 소수부에 해당하므로 두 수를 더하면 다음과 같이 83.125_{10}의 2진수를 구할 수 있다.

$$83.125_{10} = 83_{10} + 0.125_{10} = 1010011_2 + 0.001_2 = 1010011.001_2$$

그러므로 83.125_{10}의 2진수는 1010011.001_2이다.

예제 1-17

10진수 163.875_{10}를 (a) 2진수, (b) 8진수, (c) 16진수로 변환하라.

풀이

$163.875_{10} = 163 + 0.875$

(a) 163.875_{10}의 2진수

2	163
2	81 ⋯ 1 최하위
2	40 ⋯ 1
2	20 ⋯ 0
2	10 ⋯ 0
2	5 ⋯ 0
2	2 ⋯ 1
2	1 ⋯ 0
	0 ⋯ 1 최상위

$163_{10} = 1\ 0\ 1\ 0\ 0\ 0\ 1\ 1_{2}$

	앞 단계의 소수부	앞 단계의 소수부
0.875	0.75	0.5
× 2	× 2	× 2
1.750	1.50	1.0
최상위(소수부 0 아님)	(소수부 0 아님)	최하위(소수부 모두 0)

$0.875_{10} = 0.\ 1\ 1\ 1_{2}$

$\therefore\ 163.875_{10} = 10100011_2 + 0.111_2 = 10100011.111_2$

(b) 163.875_{10}의 8진수

8	163
8	20 ⋯ 3 최하위
8	2 ⋯ 4
	0 ⋯ 2 최상위

$163_{10} = 2\ 4\ 3_{8}$

$$\begin{array}{r} 0.875 \\ \times\quad 8 \\ \hline 7.000 \end{array}$$

$0.875_{10} = 0.\ 7_{8}$

$\therefore\ 163.875_{10} = 243_8 + 0.7_8 = 243.7_8$

(c) 163.875_{10}의 16진수

16	163
16	10 ⋯ 3 최하위
	0 ⋯ 10 = A 최상위

$163_{10} = A\ 3_{16}$

$$\begin{array}{r} 0.875 \\ \times\quad 16 \\ \hline 5250 \\ 875 \\ \hline 14.000 \end{array}$$

$0.875_{10} = 0.\ E_{16}$

$\therefore\ 163.875_{10} = A3_{16} + 0.E_{16} = A3.E_{16}$

2진수/8진수/16진수 → 10진수

1.3절에서 살펴본 진법별 표현 방법을 이용하면 2진수, 8진수, 16진수를 10진수로 변환할 수 있다. 즉, 2진수, 8진수, 16진수를 각각의 기수와 자릿수로 표현한 식을 계산하면 10진수로 변환된다.

2진수 1010011.001_2을 10진수로 변환해보자. 1010011.001_2을 구성하는 각 숫자의 기수가 2라는 것과 자릿수를 이용해 식으로 풀어쓰고 계산하면 다음과 같다.

$$\begin{aligned}1010011.001_2 &= 1\times2^6+0\times2^5+1\times2^4+0\times2^3+0\times2^2+1\times2^1+1\times2^0+0\times2^{-1}\\&\quad+0\times2^{-2}+1\times2^{-3}\\&=83.125_{10}\end{aligned}$$

8진수와 16진수를 10진수로 변환하는 방법도 기수가 각각 8과 16이라는 점을 제외하면 모두 동일하다.

예제 1-18

주어진 수를 10진수로 변환하라.

(a) 10100011.111_2 (b) 243.7_8 (c) $A3.E_{16}$

풀이

(a) $$\begin{aligned}10100011.111_2 &= 1\times2^7+0\times2^6+1\times2^5+0\times2^4+0\times2^3+0\times2^2+1\times2^1+1\times2^0\\&\quad+1\times2^{-1}+1\times2^{-2}+1\times2^{-3}=163.875_{10}\end{aligned}$$

(b) $243.7_8=2\times8^2+4\times8^1+3\times8^0+7\times8^{-1}=163.875_{10}$

(c) $$\begin{aligned}A3.E_{16}&=A\times16^1+3\times16^0+E\times16^{-1}\\&=10\times16+3\times1+14\times\frac{1}{16}=163.875_{10}\end{aligned}$$

2진수와 8진수/16진수 간의 변환

2진수를 8진수/16진수로 변환하거나 8진수/16진수를 2진수로 변환하는 방법은 먼저 10진수로 변환한 다음 다른 진수로 변환하는 것이다. 하지만 이보다 더 간단한 방법은 **비트**(bit, binary digit)[1] 단위로 나누어 변환하는 것이다.

1 컴퓨터에서 사용하는 가장 작은 정보 표현 단위로, 0 또는 1을 표현할 수 있다.

8진수는 0과 7까지의 숫자로 표현한 수로, 이 범위에서 가장 큰 수인 7을 2진수로 변환하면 111_2로 3비트가 필요하다. 즉, 한 자리의 8진수를 2진수로 표현하려면 최대 3비트가 필요하다. 그러므로 8진수를 구성하는 각 자리의 숫자를 3비트로 구성된 2진수로 표현하면 8진수를 2진수로 변환할 수 있다.

반대로 2진수를 8진수로 변환할 때는 2진수를 소수점 기준으로 3비트씩 한 단위로 묶고 각 단위를 10진수로 표현하여 8진수로 변환한다.

8진수 123.1_8을 2진수로 변환해보자. 앞에서 설명한 것처럼 한 자리의 8진수는 3비트의 2진수로 표현할 수 있다. 먼저 8진수 123.1_8의 첫 번째 자리 숫자 1을 3비트의 2진수로 표현하면 001이다. 같은 방식으로 8진수 123.1_8의 각 자리 숫자를 2진수로 표현하면 다음과 같다.

8진수 123.1_8	1	2	3	.	1
2진수	001	010	011	.	001

앞의 0은 생략 가능

위에서 표현한 2진수를 모두 붙여서 쓰면 1010011.001_2이며, 이는 8진수 123.1_8의 2진수 표현이다.

반대로 2진수 1010011.001_2을 8진수로 변환해보자. 앞에서 설명한 것처럼 2진수를 소수점 기준으로 3비트씩 한 단위로 묶는다. 2진수 1010011.001_2을 소수점 기준으로 3비트씩 묶으면 왼쪽 첫 번째의 1비트인 1이 남는데, 이런 경우에는 그 앞에 0을 2개 붙여 3비트로 만든다. 각 단위를 10진수로 표현하고 모두 붙여서 쓰면 8진수 표현이 된다.

첫 번째 비트에서 두 자리가 남으므로 앞 부분을 0으로 채운다.

2진수 1010011.001_2	001	010	011	.	001
8진수	1	2	3	.	1

위에서 표현된 8진수를 모두 붙여서 쓰면 123.1_8이며. 이는 2진수 1010011.001_2의 8진수 표현이다.

예제 1-19

다음 8진수를 2진수로 변환하라.

(a) 157.32_8 (b) 3321.704_8

풀이

(a)

8진수 157.32_8	1	5	7	.	3	2
2진수	001	101	111	.	011	010

0은 생략 가능

$\therefore\ 157.32_8 = 1101111.01101_2$

(b)

8진수 3321.704_8	3	3	2	1	.	7	0	4
2진수	011	011	010	001	.	111	000	100

0은 생략 가능

$\therefore\ 3321.704_8 = 11011010001.1110001_2$

예제 1-20

다음 2진수를 8진수로 변환하라.

(a) 10100011.111_2

(b) 11100101.0100111101_2

풀이

(a)

3비트로 만들기 위해 0을 채운다.

2진수 10100011.111_2	010	100	011	.	111
8진수	2	4	3		7

$\therefore\ 10100011.111_2 = 243.7_8$

(b)

3비트로 만들기 위해 0을 채운다.

2진수 11100101.0100111101_2	011	100	101	.	010	011	110	100
8진수	3	4	5		2	3	6	4

$\therefore\ 11100101.0100111101_2 = 345.2364_8$

16진수는 0부터 9까지의 수, 그리고 10부터 15까지의 수를 의미하는 A부터 F까지의 영문 대문자를 이용해 표현한 수이다. 한 자리의 16진수가 표현할 수 있는 수의 범위에서 가장 큰 수인 15(F)를 2진수로 변환하면 1111_2이다. 그러므로 한 자리의 16진수를 2진수로 표현하려면 최대 4비트가 필요하다. 따라서 2진수와 8진수 간의 변환 방법과 동일한 방법으로 16진수를 구성하는 각 자리의 숫자를 4비트로 구성된 2진수로 표현하면 16진수를 2진수로 변환할 수 있다.

반대로 2진수를 16진수로 변환할 때는 2진수를 소수점 기준으로 4비트씩 한 단위로 묶어 각 단위를 10진수로 표현하여 16진수로 변환한다.

16진수 53.2_{16}를 2진수로 변환해보자. 앞에서 설명한 것처럼 한 자리의 16진수는 4비트의 2진수로 표현할 수 있다. 먼저 16진수 53.2_{16}의 첫 번째 자리 숫자 5를 4비트의 2진수로 표현하면 0101이다. 같은 방식으로 16진수 53.2_{16}의 각 자리 숫자를 2진수로 표현하면 다음과 같다.

16진수 53.2_{16}	5	3	.	2
2진수	0101	0011	.	0010

앞이나 뒤의 0은 생략 가능

위에서 표현한 2진수를 모두 붙여서 쓰면 1010011.001_2이며, 이는 16진수 53.2_{16}의 2진수 표현이다.

반대로 2진수 1010011.001_2을 16진수로 변환해보자. 2진수를 소수점 기준으로 4비트씩 한 묶음으로 묶고, 이후에는 8진수 변환 방법과 동일하게 변환한다.

양 끝 비트에서 한 자리씩 남으므로 앞뒤를 0으로 채운다.

2진수 1010011.001_2	0101	0011	.	0010
16진수	5	3	.	2

예제 1-21

다음 16진수를 2진수로 변환하라.

(a) $6F.38A_{16}$ (b) $1D4C.AB_{16}$

풀이

(a)

16진수 $6F.38A_{16}$	6	F(15)	.	3	8	A(10)
2진수	0110	1111	.	0011	1000	1010

0은 생략 가능

$\therefore\ 6F.38A_{16} = 1101111.00111000101_2$

(b)

16진수 $1D4C.AB_{16}$	1	D(13)	4	C(12)	.	A(10)	B(11)
2진수	0001	1101	0100	1100	.	1010	1011

0은 생략 가능

$\therefore\ 1D4C.AB_{16} = 1110101001100.10101011_2$

예제 1-22

다음 2진수를 16진수로 변환하라.

(a) 10100011.111_2

(b) $1101110001001.0101000111001_2$

풀이

(a)

4비트로 만들기 위해 0을 채운다.

2진수 10100011.111_2	1010	0011	.	1110
16진수	A(10)	3	.	E(14)

$\therefore 10100011.111_2 = A3.E_{16}$

(b)

4비트로 만들기 위해 0을 채운다.

2진수 $1101110001001.0101000111001_2$	0001	1011	1000	1001	.	0101	0001	1100	1000
16진수	1	B(11)	8	9	.	5	1	C(12)	8

$\therefore 1101110001001.0101000111001_2 = 1B89.51C8_{16}$

8진수와 16진수 간의 변환

[그림 1-2]에서 확인할 수 있듯이 8진수와 16진수 간의 직접적인 변환은 불가능하다. 앞에서 살펴본 10진수 또는 2진수로의 변환을 거쳐야 변환이 가능하다. 여기서는 2진수 변환 후 다른 진수로 변환하는 방법으로 정리해보자.

8진수 123.1_8을 16진수로 변환해보자. 먼저 8진수 123.1_8을 2진수로 변환하고, 그 2진수를 4비트씩 묶어 16진수로 변환한다.

8진수 123.1_8	1			2			3			.	1			
2진수	0	0	1	0	1	0	0	1	1	.	0	0	1	0
16진수		5				3				.		2		

16진수 53.2_{16}를 8진수로 변환하는 방법도 유사하다. 16진수를 변환한 2진수를 3비트씩 묶어 8진수로 변환한다.

16진수 53.2_{16}		5				3				.		2		
2진수	0	0	1	0	1	0	0	1	1	.	0	0	1	0
8진수	1			2			3			.	1			

예제 1-23

주어진 8진수를 16진수로, 16진수를 8진수로 변환하라.

(a) 3321.704_8 (b) $1D4C.AB_{16}$

풀이

(a)

3321.704_8	3			3			2			1			.	7			0			4		
2진수	0	1	1	0	1	1	0	1	0	0	0	1	.	1	1	1	0	0	0	1	0	0
16진수	6				D(13)				1				.	E(14)				2				

$\therefore\ 3321.704_8 = 6D1.E2_{16}$

(b)

$1D4C.AB_{16}$	1				D(13)				4				C(12)				.	A(10)				B(11)				
2진수	0	0	0	1	1	1	0	1	0	1	0	0	1	1	0	0	.	1	0	1	0	1	0	1	1	0
8진수		1			6			5			1			4			.	5			2			6		

$\therefore\ 1D4C.AB_{16} = 16514.526_8$

1.5 진법별 사칙연산

기본적으로 사칙연산의 원리는 진법에 상관없이 같다. 다만 진법별로 덧셈에서 올림수가 발생하는 경우나 뺄셈에서의 빌림수가 다를 뿐이다. 10진수의 덧셈에서는 두 수의 합이 10 이상이면 올림수가 발생하는데 2진수, 8진수, 16진수는 각각 두 수의 합이 2, 8, 16 이상이면 올림수가 발생한다. 뺄셈의 경우, 10진수에서의 빌림수는 10이고 2진수, 8진수, 16진수에서의 빌림수는 각각 2, 8, 16이다.

예를 들어, 365_{10}와 17_{10}의 사칙연산은 다음과 같다.

$$\begin{array}{rccc} & & {\scriptstyle 1} & \\ & 3 & 6 & 5_{10} \\ + & & 1 & 7_{10} \\ \hline & 3 & 8 & 2 \end{array} \qquad \begin{array}{rccc} & & {\scriptstyle 5} & {\scriptstyle 10} \\ & 3 & \not 6 & 5_{10} \\ - & & 1 & 7_{10} \\ \hline & 3 & 4 & 8 \end{array} \qquad \begin{array}{rcccc} & & 3 & 6 & 5_{10} \\ \times & & & 1 & 7_{10} \\ \hline & {\scriptstyle 1} & {\scriptstyle 1} & & \\ & 2 & 5 & 5 & 5 \\ & 3 & 6 & 5 & \\ \hline & 6 & 2 & 0 & 5 \end{array} \qquad \begin{array}{r|ccc} & & 2 & 1 \\ \hline 17_{10} & 3 & 6 & 5_{10} \\ & 3 & 4 & \\ \hline & & {\scriptstyle 10} & \\ & & \not 2 & 5 \\ & & 1 & 7 \\ \hline & & & 8 \end{array}$$

예제 1-24

다음 2진수를 연산하라.

(a) $101_2 + 11_2$

(b) $100_2 - 10_2$

(c) $1101_2 \times 101_2$

(d) $10110011_2 \div 101_2$

풀이

(a)

$$\begin{array}{rcccc} & {\scriptstyle 1} & {\scriptstyle 1} & {\scriptstyle 1} & \\ & & 1 & 0 & 1_2 \\ + & & & 1 & 1_2 \\ \hline & 1 & 0 & 0 & 0_2 \end{array}$$

(b)

$$\begin{array}{rccc} & & {\scriptstyle 2} & \\ & 1 & 0 & 0_2 \\ - & & 1 & 0_2 \\ \hline & & 1 & 0_2 \end{array}$$

(c)

$$\begin{array}{r} 1\,1\,0\,1_2 \\ \times \quad 1\,0\,1_2 \\ \hline {\scriptstyle 1\ 1\ 1}\quad\quad \\ 1\,1\,0\,1 \\ 0\,0\,0\,0\ \ \\ 1\,1\,0\,1\ \ \ \ \\ \hline 1\,0\,0\,0\,0\,0\,1_2 \end{array}$$

(d)

$$\begin{array}{r} 1\,0\,0\,0\,1\,1 \\ 101_2 \overline{\big)\,1\,0\,1\,1\,0\,0\,1\,1_2} \\ 1\,0\,1\quad\quad\quad\quad\ \\ \hline {\scriptstyle 2}\quad\ \ \\ \not{1}\,0\,0\,1\quad\ \ \\ 1\,0\,1\quad\ \ \\ \hline {\scriptstyle 2}\quad \\ \not{1}\,0\,0\,1 \\ 1\,0\,1 \\ \hline 1\,0\,0_2 \end{array}$$

예제 1-25

다음 8진수를 연산하라.

(a) $137_8 + 73_8$

(b) $124_8 - 75_8$

(c) $46_8 \times 13_8$

(d) $164_8 \div 25_8$

풀이

(a)

$$\begin{array}{r} {\scriptstyle 1\ 1}\quad\ \\ 1\,3\,7_8 \\ +\quad 7\,3_8 \\ \hline 2\,3\,2_8 \end{array}$$

(b)

$$\begin{array}{r} {\scriptstyle 8}\quad\quad \\ {\scriptstyle 1\ \ 8}\quad \\ \not{1}\,\not{2}\,4_8 \\ -\quad 7\,5_8 \\ \hline 2\,7_8 \end{array}$$

(c)

$$\begin{array}{r} 4\,6_8 \\ \times\quad 1\,3_8 \\ \hline {\scriptstyle 1}\quad\quad \\ 1\,6\,2 \\ 4\,6\ \ \\ \hline 6\,4\,2_8 \end{array}$$

(d)

$$\begin{array}{r} 5 \\ 25_8 \overline{\big)\,1\,6\,4_8} \\ 1\,5\,1 \\ \hline 1\,3_8 \end{array}$$

예제 1-26

다음 16진수를 연산하라.

(a) $939_{16} + F9_{16}$　　(b) $5A4_{16} - CE_{16}$

(c) $D82_{16} \times 27_{16}$　　(d) $BA3 \div 4C_{16}$

풀이

(a)
$$
\begin{array}{rccc}
 & 1 & 1 & \\
 & 9 & 3 & 9_{16} \\
+ & & F & 9_{16} \\
\hline
 & A & 3 & 2_{16}
\end{array}
$$

(b)
$$
\begin{array}{rccc}
 & & 16 & \\
 & 4 & 9 & 16 \\
 & \not{5} & \not{A} & 4_{16} \\
- & & C & E_{16} \\
\hline
 & 4 & D & 6_{16}
\end{array}
$$

(c)
$$
\begin{array}{rccccc}
 & & & D & 8 & 2_{16} \\
\times & & & & 2 & 7_{16} \\
\hline
 & & 5 & E & 8 & E \\
 & 1 & B & 0 & 4 & \\
\hline
 & 2 & 0 & E & C & E_{16}
\end{array}
$$

(d)
$$
\begin{array}{r|ccc}
 & & 2 & 7 \\
\cline{2-4}
4C_{16} & B & A & 3_{16} \\
 & 9 & 8 & \\
\cline{2-4}
 & & 1 & 16 \\
 & 2 & \not{2} & 3 \\
 & 2 & 1 & 4 \\
\cline{2-4}
 & & & F_{16}
\end{array}
$$

1.6 컴퓨터에서의 수의 표현과 연산

컴퓨터에서의 연산은 앞에서 살펴본 2진수 표현만으로는 덧셈과 곱셈 연산만 가능하다. 그렇다면 뺄셈과 나눗셈 연산은 어떻게 할까? 기본적인 2진수 표현에 대한 보수 표현으로 바꿔서 연산할 수 있다. 그러므로 컴퓨터의 연산을 이해하기 위해서는 주어진 데이터 표현에 대한 보수 변환을 알아야 한다.

보수

보수(complement)는 보충해주는 수를 의미하는 것으로, 어떤 수 a에 대한 n의 보수는 a와의 합이 n이 되는 수를 말한다. 혹은 기수가 n인 어떤 수 a에 대한 n의 보수는 n으로부터 a까지 떨어진 거리라고도 할 수 있다. 예를 들어, 10진수 1에 대한 10의 보수는 9이고, 5진수 3에 대한 5의 보수는 2이다.

- 10진수 1에 대한 10의 보수 : $1+x=10 \quad \therefore x=9$

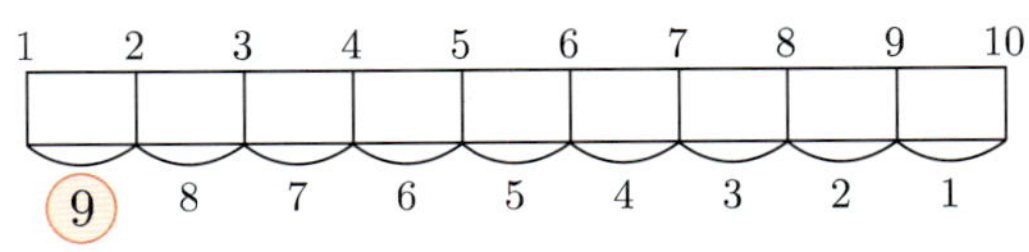

- 5진수 3에 대한 5의 보수 : $3+x=5 \quad \therefore x=2$

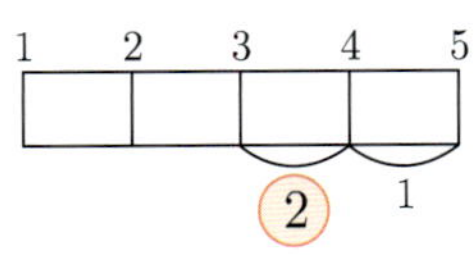

n진수에서의 보수는 n의 보수와 $n-1$의 보수가 존재한다. 10진수에는 10의 보수와 9의 보수가 존재하고, 5진수에는 5의 보수와 4의 보수가 존재하는 것처럼 2진수를 사용하는 컴퓨터에서는 2의 보수와 1의 보수가 존재한다. 2진수의 보수를 자세히 알아보자.

정의 1-22 **1의 보수(1's complement)**

어떤 2진수 a와의 합이 $1(1_2)$이 되는 수

정의 1-23 **2의 보수(2's complement)**

어떤 2진수 a와의 합이 $2(10_2)$가 되는 수

2진수를 구성하는 숫자 0_2과 1_2에 대한 1의 보수는 다음과 같다.

$$0_2\text{에 대한 1의 보수 : } 0_2 + x = 1_2 \qquad \therefore\ x = 1_2$$
$$1_2\text{에 대한 1의 보수 : } 1_2 + x = 1_2 \qquad \therefore\ x = 0_2$$

위 결과로 0_2에 대한 1의 보수는 1_2이고, 1_2에 대한 1의 보수는 0_2임을 알 수 있다. 그러므로 2진수의 각 자리 숫자를 0은 1로, 1은 0으로 바꾸면 주어진 2진수의 1의 보수가 된다. 예를 들어, 53_{10}의 2진수는 110101_2이고 이 수에 대한 1의 보수는 각 자리 숫자를 반대 숫자로 바꾼 001010_2이다.

2진수를 구성하는 숫자 0_2과 1_2에 대한 2의 보수는 다음과 같다. 단, 두 수의 합이 2가 나와야 하고 2의 2진수 표현은 10_2이므로, 합의 결과의 마지막 비트가 0인지 확인한다.

$$0_2\text{에 대한 2의 보수 : } 0_2 + x = 0_2 \qquad \therefore\ x = 0_2$$
$$1_2\text{에 대한 2의 보수 : } 1_2 + x = 10_2 \qquad \therefore\ x = 1_2$$

위 결과를 보면 2의 보수는 1의 보수에 1_2을 더한 결과와 같음을 알 수 있다. 0_2에 대한 2의 보수는 0_2으로, 0_2에 대한 1의 보수 1_2에 1_2을 더한 결과와 같다($1_2 + 1_2 = 10_2$). 1_2에 대한 2의 보수는 1_2로, 1_2에 대한 1의 보수 0_2에 1_2을 더한 결과와 같다($0_2 + 1_2 = 1_2$). 그러므로 주어진 2진수의 2의 보수는 2진수의 1의 보수에 1_2을 더한 결과이다.

예를 들어, 53_{10}의 2진수 110101_2에 대한 1의 보수는 001010_2이고, 1의 보수에 1_2을 더한 001011_2 $(001010_2 + 1_2)$은 2의 보수이다.

예제 1-27

다음 2진수에 대한 1의 보수와 2의 보수를 구하라.

(a) 1101011_2

(b) 100110110_2

풀이

(a) 1의 보수 : 0010100_2, 2의 보수 : 0010101_2

(b) 1의 보수 : 011001001_2, 2의 보수 : 011001010_2

컴퓨터에서의 수의 표현

컴퓨터는 데이터를 처리할 때 **워드**(word)[2] 단위로 처리하는데, 워드의 기본 구조는 [그림 1-3]과 같다. 워드의 가장 왼쪽에 위치한 최상위 비트는 숫자에 대해서는 부호로, 문자에 대해서는 구분 기준으로 사용되며, 워드의 나머지 비트는 데이터 값을 표현하는 데 사용된다.

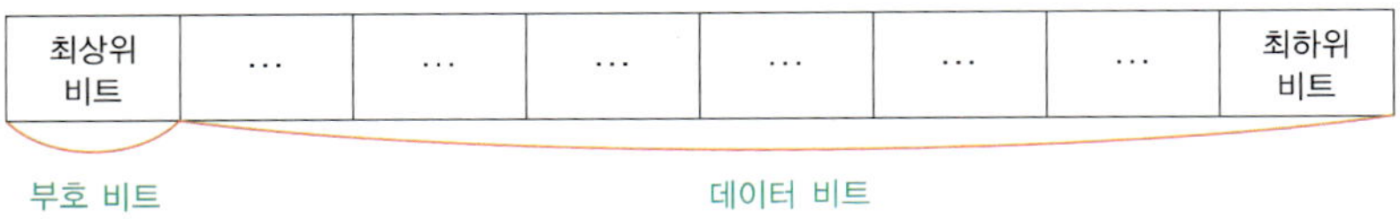

[그림 1-3] 워드의 기본 구조

이 절에서는 1워드가 1바이트(=8비트)인 컴퓨터에서의 정수 표현만을 다룬다. 그러므로 최상위 비트는 부호를 나타내는 비트로 양수인 경우에는 0, 음수인 경우에는 1로 표현되며, 나머지 7비트는 데이터 비트가 된다.

컴퓨터에서는 정수 데이터를 부호-절댓값, 부호-1의 보수, 부호-2의 보수 형태로 표현한다. 각 표현 방식을 알아보자.

정의 1-24 부호-절댓값 표현(sign-magnitude)

워드의 데이터 비트를 정수 데이터의 절댓값으로 표현하는 방식

양수 $+53_{10}$과 음수 -53_{10}의 절댓값은 $|53_{10}|$이며 2진수로는 110101_2이다. 이를 이용해 부호-절댓값 표현을 작성하면 다음과 같다.

$+53_{10}$	0	0	1	1	0	1	0	1
	부호(양수)	$\|53_{10}\|$						

-53_{10}	1	0	1	1	0	1	0	1
	부호(음수)	$\|53_{10}\|$						

최상위 비트는 부호를 의미하므로 양수 $+53_{10}$에 대해서는 0, 음수 -53_{10}에 대해서는 1로 표시한다. 그리고 나머지 7비트의 데이터 비트 영역에는 절댓값 $|53_{10}|$의 2진수 표현이 표시될 것이다. 그런데 절댓값 $|53_{10}|$의 2진수인 110101_2은 6개의 비트로, 7비트의 데이터 비트를 모두 채우지 못한다. 이때 왼쪽의 남는 비트(색깔 표시 부분)는 0으로 채운다.

2 컴퓨터에서 한 번에 처리할 수 있는 1바이트(byte) 이상 크기의 데이터 단위

정의 1-25 **부호-1의 보수(sign-1's complement) 표현**

워드의 데이터 비트를 정수 데이터의 절댓값에 대한 1의 보수로 표현하는 방식

정의 1-26 **부호-2의 보수(sign-2's complement) 표현**

워드의 데이터 비트를 정수 데이터의 절댓값에 대한 2의 보수로 표현하는 방식

부호-1의 보수 표현이나 부호-2의 보수 표현에서는 워드를 구성하는 비트 중 데이터 비트의 영역이 1의 보수나 2의 보수로 채워지고, 부호 비트의 값은 바뀌지 않는다. 또한 양수의 경우 부호-1의 보수와 부호-2의 보수 표현은 부호-절댓값 표현과 같고, 음수의 경우 부호-1의 보수, 부호-2의 보수 표현이 다르다.

양수 $+53_{10}$과 음수 -53_{10}에 대한 부호-1의 보수 표현은 다음과 같다.

<table>
<tr><td rowspan="2">$+53_{10}$</td><td>0</td><td>0</td><td>1</td><td>1</td><td>0</td><td>1</td><td>0</td><td>1</td></tr>
<tr><td>부호(양수)</td><td colspan="7">$|53_{10}|$</td></tr>
</table>

<table>
<tr><td rowspan="2">-53_{10}</td><td>1</td><td>1</td><td>0</td><td>0</td><td>1</td><td>0</td><td>1</td><td>0</td></tr>
<tr><td>부호(음수)</td><td colspan="7">$|53_{10}|$의 1의 보수</td></tr>
</table>

양수 $+53_{10}$과 음수 -53_{10}에 대한 부호-2의 보수 표현은 다음과 같다.

<table>
<tr><td rowspan="2">$+53_{10}$</td><td>0</td><td>0</td><td>1</td><td>1</td><td>0</td><td>1</td><td>0</td><td>1</td></tr>
<tr><td>부호(양수)</td><td colspan="7">$|53_{10}|$</td></tr>
</table>

<table>
<tr><td rowspan="2">-53_{10}</td><td>1</td><td>1</td><td>0</td><td>0</td><td>1</td><td>0</td><td>1</td><td>1</td></tr>
<tr><td>부호(음수)</td><td colspan="7">$|53_{10}|$의 2의 보수</td></tr>
</table>

양수 $+53_{10}$과 음수 -53_{10}에 대한 부호-1의 보수와 부호-2의 보수 표현에서 알 수 있듯이, 부호 비트와 양수 $+53_{10}$에 대한 표현은 부호-절댓값과 같다.

예제 1-28

1워드가 8비트일 때, 주어진 10진수를 부호-절댓값, 부호-1의 보수, 부호-2의 보수로 표현하라.

(a) $+89_{10}$ (b) -119_{10}

풀이

(a) $+89_{10}$의 절댓값은 $|89_{10}| = 1011001_2$이고, 양수이므로 비트는 0이다.

∴ 부호-절댓값, 부호-1의 보수, 부호-2의 보수 표현은 모두 01011001이다.

(b) -119_{10}의 절댓값은 $|119_{10}| = 1110111_2$이고, 음수이므로 부호 비트는 1이다.

∴ 부호-절댓값 표현 : 11110111
부호-1의 보수 표현 : 10001000
부호-2의 보수 표현 : 10001001

이처럼 컴퓨터에서 워드 단위로 데이터를 처리하면서 세 가지 방법으로 데이터를 표현할 때 표현할 수 있는 데이터의 범위가 각각 다르다. 데이터의 표현 범위는 [정리 1-5]와 같다.

정리 1-5 워드 크기에 따른 데이터의 표현 범위

1워드가 n비트인 컴퓨터에서 다음이 성립한다.

(a) 부호-절댓값 표현 범위 : $-(2^{n-1}-1) \sim (2^{n-1}-1)$

(b) 부호-1의 보수 표현 범위 : $-(2^{n-1}-1) \sim (2^{n-1}-1)$

(c) 부호-2의 보수 표현 범위 : $-2^{n-1} \sim (2^{n-1}-1)$

예를 들어, 1워드가 8비트이면 부호-절댓값과 부호-1의 보수는 10진수 -127부터 127까지 표현할 수 있고, 부호-2의 보수는 -128부터 127까지 표현할 수 있다. 그런데 왜 부호-절댓값과 부호-1의 보수가 부호-2의 보수보다 표현 범위가 작을까? 그리고 컴퓨터에서는 어떤 표현 방식으로 연산을 할까? 이 질문에 대한 답을 알아보자. 편의를 위해 1워드를 4비트라고 가정한다.

(1) 연산 결과가 틀리는 부호-절댓값 표현

1워드가 4비트인 컴퓨터에서 $-3_{10} - 4_{10} = (-3)_{10} + (-4)_{10}$를 연산해보자. 10진수 -3과 -4의 세 가지 표현 방식에 따른 덧셈 연산 결과는 다음 [표 1-4]와 같다.

[표 1-4] $-3_{10} - 4_{10}$의 세 가지 표현

	부호-절댓값	부호-1의 보수	부호-2의 보수
-3 $+\ -4$ -7	(자리올림 1) 1 0 1 1 + 1 1 0 0 1 0 1 1 1 (맨 앞 1: 무시)	(자리올림 1) 1 1 0 0 + 1 0 1 1 1 0 1 1 1 + 1 1 0 0 0 (초과)	(자리올림 1 1) 1 1 0 1 + 1 1 0 0 1 1 0 0 1 (맨 앞 1: 무시)

TIP 초과(overflow)

입력이나 연산의 결과가 1워드를 넘는 경우로, 1워드가 n비트일 때 $n+1$비트가 되는 경우를 말한다. 이때 컴퓨터가 읽는 범위는 $n+1$비트 중 하위 1워드이다.

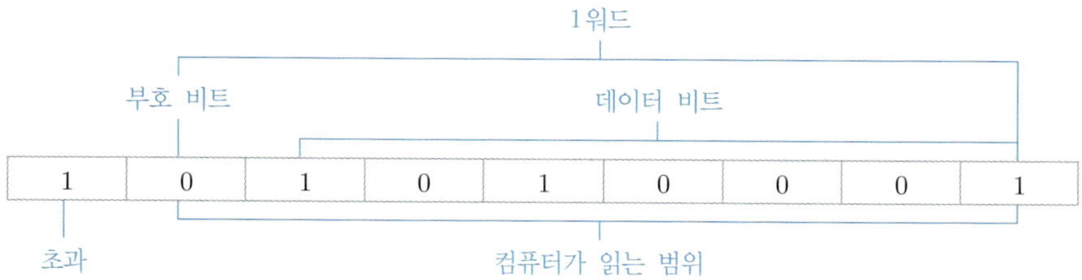

[표 1-4]에서 확인할 수 있듯이 연산 결과 모두 초과가 발생한다. 이때 어떤 표현 방식을 이용하느냐에 따라 초과에 대한 처리 방식이 달라진다. 부호-절댓값 표현과 부호-2의 보수 표현을 이용한 연산에서 발생하는 초과는 무시한다.

반면, 부호-1의 보수 표현을 이용한 연산에서는 1차 연산 결과의 최하위 비트에 초과한 비트를 더하여 연산을 완료한다. 따라서 부호-절댓값 표현의 연산 결과는 0111, 부호-1의 보수 표현의 연산 결과는 1000, 부호-2의 보수 표현의 연산 결과는 1001이다.

각 연산 결과가 정확한지 확인해보자.

우선 부호-1의 보수 표현의 연산 결과인 1000과 부호-2의 보수 표현의 연산 결과인 1001은 10진수로 변환하면 -7_{10}이다(변환 방법은 다음 절에서 살펴본다). 즉, $-3_{10}-4_{10}$에 대한 정확한 연산 결과를 보여준다.

그러나 부호-절댓값 표현의 연산 결과인 0111은 10진수로 변환하면 $+7_{10}$로, $-3_{10}-4_{10}=-7_{10}$이 아닌 틀린 결과를 얻는다. 따라서 부호-절댓값 표현을 이용한 연산은 정확한 결과를 출력하지 못한다는 사실을 알 수 있다.

(2) 0에 대한 표현이 두 가지인 부호-절댓값 표현, 부호-1의 보수 표현

0은 양수도, 음수도 아니므로 +0 또는 −0이라는 표현은 존재하지 않는다. 그런데 0_{10}의 부호-절댓값 표현은 0000($+0_{10}$)과 1000(-0_{10})으로 두 가지이며, 부호-1의 보수 표현 또한 0000($+0_{10}$)과 1111(-0_{10})로 두 가지이다. 즉, +0과 −0이라는 표현이 존재하지 않음에 위배된다.

그러나 부호-2의 보수 표현에서는 다음과 같이 초과되는 비트를 무시하므로, 10진수 0_{10}은 0000 하나로 표현된다.

		1	1	1	1	: 부호-1의 보수 표현
+					1
	1	0	0	0	0
	초과 (무시)				

(1)과 (2)의 이유로 컴퓨터에서는 부호-2의 보수 표현을 이용하여 연산한다.

보수의 10진수 변환

보수 표현과 부호-절댓값 표현이 동일한 양수의 경우 앞에서 살펴본 2진수를 10진수로 변환하는 방법을 이용하여 10진수로 변환한다. 반면, 보수 표현과 부호-절댓값 표현이 다른 음수의 경우 다음 방법을 이용하여 10진수로 변환한다.

■ 부호-1의 보수로 표현한 값의 10진수 변환

부호-1의 보수로 표현한 값을 10진수로 변환하는 방법은 다음 두 가지가 있다. 두 방법 중 하나를 선택하여 구하면 된다.

❶ $-(2^{n-1}-1)$ + (데이터 비트의 10진수 표현)
❷ 1의 보수 표현의 데이터 비트 부분을 다시 1의 보수로 변환한 후, 이를 10진수로 변환

예를 들어, 1워드가 1바이트(= 8비트)이면서 부호-1의 보수로 표현된 11001010을 각 방법을 이용해 10진수로 변환해보자.

❶ $-(2^{8-1}-1)+(1\times2^6+0\times2^5+0\times2^4+1\times2^3+0\times2^2+1\times2^1+0\times2^0)$
$=-127+(64+0+0+8+0+2+0)=-53$

❷ 11001010에 대한 1의 보수 : 10110101(최상위 비트가 1이므로 음수)

$$10110101=-(0\times2^6+1\times2^5+1\times2^4+0\times2^3+1\times2^2+0\times2^1+1\times2^0)$$
$$=-(0+32+16+0+4+0+1)=-53$$

예제 1-29

1워드가 1바이트일 때, 다음과 같이 부호-1의 보수로 표현한 값을 10진수로 변환하라.

(a) 11101001　　　(b) 00000111

풀이

(a) ❶ $-(2^{8-1}-1)+(1\times2^6+1\times2^5+0\times2^4+1\times2^3+0\times2^2+0\times2^1+1\times2^0)$
$=-127+(64+32+0+8+0+0+1)=-22$

❷ 11101001에 대한 1의 보수 : 10010110

$$10010110=-(0\times2^6+0\times2^5+1\times2^4+0\times2^3+1\times2^2+1\times2^1+0\times2^0)$$
$$=-(0+0+16+0+4+2+0)=-22$$

∴ 11101001을 10진수로 변환하면 -22이다.

(b) 최상위 비트가 0으로 양수이므로 바로 10진수로 변환할 수 있다.

$$\begin{aligned}00000111 &= 0\times2^6+0\times2^5+0\times2^4+0\times2^3+1\times2^2+1\times2^1+1\times2^0\\ &= 0+0+0+0+4+2+1=7\end{aligned}$$

∴ 00000111을 10진수로 변환하면 7이다.

■ 부호-2의 보수로 표현한 값의 10진수 변환

부호-2의 보수로 표현한 값을 10진수로 변환하는 방법은 다음 두 가지가 있다. 두 방법 중 하나를 선택하여 구하면 된다.

> ❶ -2^{n-1} + (데이터 비트의 10진수 표현)
> ❷ 2의 보수 표현의 데이터 비트 부분을 다시 2의 보수로 변환한 후, 이를 10진수로 변환

예를 들어, 1워드가 1바이트(=8비트)이면서 부호-2의 보수로 표현된 11001011을 각 방법을 이용해 10진수로 변환해보자.

❶ $-2^{8-1}+(1\times2^6+0\times2^5+0\times2^4+1\times2^3+0\times2^2+1\times2^1+1\times2^0)$
$=-128+(64+0+0+8+0+2+1)=-53$

❷ 11001011에 대한 2의 보수 : 10110101(최상위 비트가 1이므로 음수)

$$\begin{aligned}10110101 &= -(0\times2^6+1\times2^5+1\times2^4+0\times2^3+1\times2^2+0\times2^1+1\times2^0)\\ &= -(0+32+16+0+4+0+1)=-53\end{aligned}$$

예제 1-30

1워드가 1바이트일 때, 다음 부호-2의 보수로 표현한 값을 10진수로 변환하라.

(a) 10001001　　　　(b) 01110111

풀이

(a) ❶ $-2^{8-1}+(0\times2^6+0\times2^5+0\times2^4+1\times2^3+0\times2^2+0\times2^1+1\times2^0)$
$=-128+(0+0+0+8+0+0+1)=-119$

❷ 10001001에 대한 2의 보수 : 11110111

$$\begin{aligned}11110111 &= -(1\times2^6+1\times2^5+1\times2^4+0\times2^3+1\times2^2+1\times2^1+1\times2^0)\\ &= -(64+32+16+0+4+2+1)=-119\end{aligned}$$

∴ 10001001을 10진수로 변환하면 −119이다.

(b) 최상위 비트가 0으로 양수이므로 바로 10진수로 변환할 수 있다.

$$\begin{aligned}01110111 &= 1\times2^6+1\times2^5+1\times2^4+0\times2^3+1\times2^2+1\times2^1+1\times2^0\\ &= 64+32+16+0+4+2+1=119\end{aligned}$$

∴ 01110111을 10진수로 변환하면 119이다.

보수의 연산

앞서 살펴본 것처럼 부호-2의 보수는 연산도 정확하고 0에 대한 표현도 한 가지라서 컴퓨터에서는 2의 보수를 이용해 표현하고 연산한다. 그리고 부호-1의 보수는 0에 대한 표현이 통일되지 않지만 연산은 정확하다. 그러므로 이 두 가지 표현을 이용하여 연산하는 방법을 알아본다. 연산 방법을 알아보기 전에, 보수 연산 시 발생하는 초과를 처리하는 방법을 정리해보자.

- 부호-1의 보수에서 발생한 초과는 1차적으로 구한 결과에 더한다.
- 부호-2의 보수에서 발생하는 초과는 무시한다.

각 표현의 연산 결과는 그 표현 방식을 따른다. 즉, 부호-1의 보수 표현으로 연산하면 그 결과는 부호-1의 보수 표현이고, 부호-2의 보수 표현으로 연산하면 그 결과는 부호-2의 보수 표현이다.

1워드가 1바이트일 때, $-15_{10}-66_{10}=(-15)_{10}+(-66)_{10}$을 구해보자. $|15_{10}|=1111$이고 $|66_{10}|=1000010$이며, 부호-절댓값 표현은 각각 $-15_{10}=10001111$, $-66_{10}=11000010$이다. 이를 이용하여 부호-1의 보수와 부호-2의 보수를 연산하면 다음과 같다.

	부호-1의 보수	부호-2의 보수
	(자리올림) 1 1 1	(자리올림) 1 1 1
−15	1 1 1 1 0 0 0 0	1 1 1 1 0 0 0 1
+ −66	+ 1 0 1 1 1 1 0 1	+ 1 0 1 1 1 1 1 0
−81	초과 1 1 0 1 0 1 1 0 1 ···(*)	1 1 0 1 0 1 1 1 1 (초과 1: 무시)
	+ 1	
	1 0 1 0 1 1 1 0	

위 연산 과정을 관찰해보면 두 연산 과정 모두 1워드를 벗어나는 초과가 발생한다. 이때 부호-1의 보수에서의 연산은 그 초과를 1차적인 결과인 (*)에 더하여 최종 결과 10101110을 구한다. 반면에, 부호-2의 보수 연산에서 발생한 초과는 무시하여 최종 결과 10101111을 구한다.

또한 부호-1의 보수 연산의 최종 결과인 10101110은 부호-1의 보수 표현이고, 부호-2의 보수 연산의 최종 결과인 10101111은 부호-2의 보수 표현이다. 그러므로 10진수로 변환하려면 앞에서 살펴본 두 가지 변환 방식을 이용하면 된다.

부호-1의 보수 연산의 결과 10101110을 10진수로 변환하면 다음과 같다.

❶ $-(2^{8-1}-1)+(0\times2^6+1\times2^5+0\times2^4+1\times2^3+1\times2^2+1\times2^1+0\times2^0)$
$=-127+(0+32+0+8+4+2+0)=-81$

❷ 10101110에 대한 1의 보수 : 11010001

$$11010001=-(1\times2^6+0\times2^5+1\times2^4+0\times2^3+0\times2^2+0\times2^1+1\times2^0)$$
$$=-(64+0+16+0+0+0+1)=-81$$

부호-2의 보수 연산의 결과 10101111을 10진수로 변환하면 다음과 같다.

❶ $-2^{8-1}+(0\times2^6+1\times2^5+0\times2^4+1\times2^3+1\times2^2+1\times2^1+1\times2^0)$
$=-128+(0+32+0+8+4+2+1)=-81$

❷ 10101111에 대한 2의 보수 : 11010001

$$11010001=-(1\times2^6+0\times2^5+1\times2^4+0\times2^3+0\times2^2+0\times2^1+1\times2^0)$$
$$=-(64+0+16+0+0+0+1)=-81$$

예제 1-31

1워드가 1바이트 일 때, 부호-1의 보수를 이용하여 다음을 연산하라.

(a) $100_{10}+13_{10}$ (b) $100_{10}-13_{10}$

(c) $-100_{10}+13_{10}$ (d) $-100_{10}-13_{10}$

풀이

$|100_{10}|=1100100$, $|13_{10}|=1101$이고 각 수에 대한 부호-절댓값 표현과 부호-1의 보수 표현은 다음과 같다.

	부호-절댓값	부호-1의 보수
$+100_{10}$	01100100	01100100
-100_{10}	11100100	10011011
$+13_{10}$	00001101	00001101
-13_{10}	10001101	11110010

(a) $100_{10}+13_{10}$

$$
\begin{array}{cccccccccc}
 & & & & 1 & 1 & & & \\
 & 0 & 1 & 1 & 0 & 0 & 1 & 0 & 0 \\
+ & 0 & 0 & 0 & 0 & 1 & 1 & 0 & 1 \\
\hline
 & 0 & 1 & 1 & 1 & 0 & 0 & 0 & 1
\end{array}
$$

$\therefore\ 100_{10}+13_{10}$

$=01100100+00001101$

$=01110001=113_{10}$

(b) $100_{10}-13_{10}$

$$
\begin{array}{cccccccccc}
 & & 1 & 1 & & & & & & \\
 & & 0 & 1 & 1 & 0 & 0 & 1 & 0 & 0 \\
+ & & 1 & 1 & 1 & 1 & 0 & 0 & 1 & 0 \\
\hline
 & 1 & 0 & 1 & 0 & 1 & 0 & 1 & 1 & 0 \\
+ & \text{초과} & \cdots & \cdots & \cdots & \cdots & \cdots & \cdots & \cdots & 1 \\
\hline
 & & 0 & 1 & 0 & 1 & 0 & 1 & 1 & 1
\end{array}
$$

$\therefore\ 100_{10}-13_{10}$

$=01100100+11110010$

$=01010111=87_{10}$

(c) $-100_{10}+13_{10}$

$$
\begin{array}{ccccccccc}
 & & & 1 & 1 & 1 & 1 & 1 & \\
 & 1 & 0 & 0 & 1 & 1 & 0 & 1 & 1 \\
+ & 0 & 0 & 0 & 0 & 1 & 1 & 0 & 1 \\
\hline
 & 1 & 0 & 1 & 0 & 1 & 0 & 0 & 0
\end{array}
$$

$\therefore\ -100_{10}+13_{10}$

$=10011011+00001101=10101000$

❶ $10101000=-127+(32+8)=-87$

❷ 10101000 의 1의 보수 : $11010111=-87$

(d) $-100_{10}-13_{10}$

$$
\begin{array}{cccccccccc}
 & & 1 & 1 & 1 & & & 1 & & \\
 & & 1 & 0 & 0 & 1 & 1 & 0 & 1 & 1 \\
+ & & 1 & 1 & 1 & 1 & 0 & 0 & 1 & 0 \\
\hline
 & & & & & & & & 1 & \\
 & 1 & 1 & 0 & 0 & 0 & 1 & 1 & 0 & 1 \\
+ & \text{초과} & \cdots & \cdots & \cdots & \cdots & \cdots & \cdots & \cdots & 1 \\
\hline
 & & 1 & 0 & 0 & 0 & 1 & 1 & 1 & 0
\end{array}
$$

$\therefore\ -100_{10}-13_{10}$

$=10011011+11110010=10001110$

❶ $10001110=-127+(8+4+2)=-113$

❷ 10001110의 1의 보수 : $11110001=-113$

예제 1-32

1워드가 1바이트일 때, 부호-2의 보수를 이용하여 다음을 연산하라.

(a) $100_{10} + 13_{10}$　　(b) $100_{10} - 13_{10}$

(c) $-100_{10} + 13_{10}$　　(d) $-100_{10} - 13_{10}$

풀이

$|100_{10}| = 1100100$, $|13_{10}| = 1101$이고 각 수에 대한 부호-절댓값 표현과 부호-2의 보수 표현은 다음과 같다.

	부호-절댓값	부호-2의 보수
$+100_{10}$	01100100	01100100
-100_{10}	11100100	10011100
$+13_{10}$	00001101	00001101
-13_{10}	10001101	11110011

(a) $100_{10} + 13_{10}$

$$\begin{array}{cccccccccc}
 & & & & 1 & 1 & & & \\
 & 0 & 1 & 1 & 0 & 0 & 1 & 0 & 0 \\
+ & 0 & 0 & 0 & 0 & 1 & 1 & 0 & 1 \\
\hline
 & 0 & 1 & 1 & 1 & 0 & 0 & 0 & 1
\end{array}$$

$\therefore\ 100_{10} + 13_{10}$

$= 01100100 + 00001101$

$= 01110001 = 113_{10}$

(b) $100_{10} - 13_{10}$

$$\begin{array}{cccccccccc}
 & & 1 & 1 & & & & & & \\
 & & 0 & 1 & 1 & 0 & 0 & 1 & 0 & 0 \\
+ & & 1 & 1 & 1 & 1 & 0 & 0 & 1 & 1 \\
\hline
 & & & & & & & 1 & 1 & 1 \\
 & 1 & 0 & 1 & 0 & 1 & 0 & 1 & 1 & 1
\end{array}$$

초과(무시)

$\therefore\ 100_{10} - 13_{10}$

$= 01100100 + 11110010$

$= 01010111 = 87_{10}$

(c) $-100_{10}+13_{10}$

$$
\begin{array}{rcccccccc}
 & & & {\scriptstyle 1} & {\scriptstyle 1} & {\scriptstyle 1} & & & \\
 & 1 & 0 & 0 & 1 & 1 & 1 & 0 & 0 \\
+ & 0 & 0 & 0 & 0 & 1 & 1 & 0 & 1 \\
\hline
 & 1 & 0 & 1 & 0 & 1 & 0 & 0 & 1
\end{array}
$$

$\therefore -100_{10}+13_{10}$

$= 10011100 + 00001101 = 10101001$

❶ $10101001 = -128 + (32+8+1) = -87$

❷ 10101001의 2의 보수 : $11010111 = -87$

(d) $-100_{10}-13_{10}$

$$
\begin{array}{rccccccccc}
 & & {\scriptstyle 1} & {\scriptstyle 1} & {\scriptstyle 1} & & & & & \\
 & & 1 & 0 & 0 & 1 & 1 & 1 & 0 & 0 \\
+ & & 1 & 1 & 1 & 1 & 0 & 0 & 1 & 1 \\
\hline
 & 1 & 1 & 0 & 0 & 0 & 1 & 1 & 1 & 1
\end{array}
$$

초과(무시)

$\therefore -100_{10}-13_{10}$

$= 10011100 + 11110011 = 10001111$

❶ $10001111 = -128 + (8+4+2+1) = -113$

❷ 10001111의 2의 보수 : $11110001 = -113$

1장_핵심요약

CHAPTER 01 연습문제

✔ 문제 해답

✔ **01** 주어진 수를 보고 다음 물음에 답하라.

$\frac{2}{3}$	64	$\sqrt{34}$	-6	$-\frac{1}{2}$
-3.74		$1.1234567532341\cdots$		$-62.75637563\cdots$
$-\sqrt{81}$	$\frac{54}{9}$	$\sqrt{16}+3i$	$-\frac{35}{112}$	$\sqrt{3}\,i$
$-43.8698688672\cdots$		$7.129971289713\cdots$		12.12

(a) 자연수를 모두 골라라.

(b) 정수를 모두 골라라.

(c) 무리수를 모두 골라라.

(d) 허수를 모두 골라라.

(e) 하한항으로 표현한 유리수를 모두 골라라.

02 다음 유리수를 하한항으로 표현된 것과 그렇지 않은 것으로 구분하라. 하한항으로 표현되지 않은 유리수는 하한항으로 표현하라.

$\frac{36}{60}$	$\frac{3}{29}$	$\frac{5}{255}$	$\frac{78}{234}$	$\frac{16}{81}$	$\frac{1}{4}$
$\frac{112}{7}$	$\frac{45}{145}$	$\frac{7}{120}$	$\frac{34}{68}$	$\frac{120}{13}$	$\frac{52}{117}$

03 주어진 수를 유리수와 무리수로 구분하고, 구분한 이유를 설명하라.

$5.5252525252\cdots$	$12.1234123412\ldots$	$\sqrt{91}$	$\sqrt{148}$
$1.42736189921\cdots$	$4.1652538593\ldots$	$\sqrt{36}$	$\sqrt{625}$
$880.0012967377\ldots$	$79.9101910191\ldots$	$\sqrt{73}$	$\sqrt{81}$

04 다음을 연산하라.

$A=5$	$B=13+8i$	$C=2+2i$	$D=9i$

(a) $A+B$ (b) $B-A$ (c) AB (d) $\dfrac{B}{A}$

(e) $C+D$ (f) $D-C$ (g) CD (h) $\dfrac{C}{D}$

05 다음을 연산하라.

$A=10i+1$	$B=4$	$C=23i$	$D=17i+5$

(a) $B+C$ (b) $D-A$ (c) AC (d) $\dfrac{D}{C}$

(e) $A+D$ (f) $B-C$ (g) BD (h) $\dfrac{A}{C}$

06 다음을 연산하라.

(a) $\sum_{i=1}^{5} 4$ (b) $\sum_{j=-2}^{3} 3^j$ (c) $\sum_{j=-2}^{3} 3j$

(d) $\sum_{i=1}^{8} (3+i)$ (e) $\sum_{i=6}^{9} i^2+5$ (f) $\sum_{i=-5}^{0} 10+7$

07 다음을 연산하라.

(a) $\sum_{k=4}^{6} 15k+7$ (b) $\sum_{k=4}^{6} (15k+7)$ (c) $\sum_{k=-2}^{1} (k^2+3k)$

(d) $\sum_{i=3}^{10} i^2 + \sum_{i=1}^{4} 15i$ (e) $\sum_{i=-5}^{5} i + \sum_{i=5}^{5} 5$ (f) $\sum_{i=0}^{5} i^i$

✔**08** 다음을 연산하라.

(a) $\prod_{i=1}^{5} 8$ (b) $\prod_{j=-2}^{3} 2j$ (c) $\prod_{i=-2}^{3} i+3$

(d) $\prod_{i=-2}^{3} (i+3)$ (e) $\prod_{k=-3}^{0} (k+2)$ (f) $\prod_{i=1}^{10} i$

09 다음을 연산하라.

(a) $\prod_{i=1}^{5} (3i^2-i)$ (b) $\prod_{j=-2}^{3} 2^j$ (c) $\prod_{i=1}^{3} (i+1)^i$

(d) $\prod_{i=0}^{3} (i!)$ (e) $0!$ (f) $10!$

10 다음을 연산하라.

✔(a) $\prod_{i=0}^{2}\left(\prod_{k=-2}^{-1} 2k\right)$ (b) $\sum_{i=1}^{3}\left(\sum_{k=3}^{7} (i+k)\right)$ ✔(c) $\sum_{k=0}^{2}\left(\prod_{i=1}^{3} (2i+1)\right)$

(d) $\prod_{k=0}^{2}\left(\sum_{i=1}^{3} (2i+1)\right)$ ✔(e) $\prod_{i=1}^{3}\left(\sum_{k=3}^{7} (i+k)\right)$ (f) $\sum_{i=1}^{2}\left(\prod_{k=3}^{5} (i+k)\right)$

11 다음을 합, 곱 또는 팩토리얼 기호로 표현하라.

✔(a) $3+4+5+6+7+8+9+10+11+12$

(b) $(-5)+(-4)+(-3)+(-2)+(-1)+0$

✔(c) $(3+9)+(4+16)+(5+25)+(6+36)+(7+49)$

(d) $(-5)\times(-4)\times(-3)\times(-2)\times(-1)$

✔(e) $1\times2\times3\times4\times5\times6\times7$

✔(f) $(1+3)\times(4+6)\times(9+9)\times(16+12)\times(25+15)$

12 다음을 합 또는 곱 연산 기호로 표현하라.

(a) $10+20+30+40+50+7$

(b) $10\times20\times30\times40\times50\times7$

(c) 7^7

(d) $7+7+7+7+7+7+7$

✔(e) $11+15+19+23+27+31$

✔(f) $21\times42\times63\times84\times105$

✔(g) $i\in\mathbb{Z}$, $-3\le i\le3$일 때, $-3+0+3+6+9+12+15$

✔(h) $\frac{-15}{(-125+25)^3}\times\frac{-12}{(-64+16)^3}\times\frac{-9}{(-27+9)^3}\times\frac{-6}{(-8+4)^3}$

13 다음을 합 또는 곱 연산 기호로 표현하라.

(a) $\{(1-3)+(1-2)+(1-1)\}+\{(2-3)+(2-2)+(2-1)\}+\{(3-3)+(3-2)+(3-1)\}$

(b) $\{(1-3)\times(1-2)\times(1-1)\}\times\{(2-3)\times(2-2)\times(2-1)\}\times\{(3-3)\times(3-2)\times(3-1)\}$

✔(c) $\{(1-3)+(1-2)+(1-1)\}\times\{(2-3)+(2-2)+(2-1)\}\times\{(3-3)+(3-2)+(3-1)\}$

✔(d) $\{(1-3)\times(1-2)\times(1-1)\}+\{(2-3)\times(2-2)\times(2-1)\}+\{(3-3)\times(3-2)\times(3-1)\}$

14 정수 n을 자연수 d로 나누는 연산을 한다고 할 때, 다음과 같이 주어진 n과 d를 보고 나누어떨어지는지, 그렇지 않은지를 판단하고 몫과 나머지를 구하라.

✔(a) $n=72$, $d=6$

(b) $n=90$, $d=8$

✔(c) $n=124$, $d=4$

(d) $n=211$, $d=10$

✔(e) $n=9$, $d=2$

(f) $n=142$, $d=6$

✔(g) $n=198$, $d=18$

(h) $n=294$, $d=6$

15 정수 n을 자연수 d로 나누는 연산을 한다고 할 때, 다음과 같이 주어진 n과 d를 보고 나누어떨어지는지, 그렇지 않은지를 판단하고 몫과 나머지를 구하라.

✔(a) $n=-113$, $d=4$

(b) $n=-86$, $d=43$

✔(c) $n=-333$, $d=9$

(d) $n=-712$, $d=11$

✔(e) $n=-49$, $d=3$

(f) $n=-529$, $d=88$

✔(g) $n=-218$, $d=8$

(h) $n=-1274$, $d=32$

16 다음을 기수와 자릿수를 이용하여 표현하라.

✔(a) 17.5_{10}
(b) 11.01_2
✔(c) 890.5625_{10}
(d) 1001.11101_2
✔(e) 3921.2711_{10}
(f) 11011.101101_2

17 다음을 기수와 자릿수를 이용하여 표현하라.

✔(a) 42.1_8
(b) $D0.12_{16}$
✔(c) 302.107_8
(d) $BF9.CE31_{16}$
✔(e) 716.24_8
(f) $A40E.10C_{16}$

✔**18** 다음 10진수를 2진수, 8진수, 16진수로 변환하라.

(a) 19.5_{10}
(b) 23.375_{10}
(c) 149.6875_{10}
(d) 311.65625_{10}
(e) 823.7265625_{10}
(f) 1377.34375_{10}

19 다음 10진수를 2진수, 8진수, 16진수로 변환하라.

(a) 48.75_{10}
(b) 93.5625_{10}
(c) 157.40625_{10}
(d) 299.34375_{10}
(e) 516.515625_{10}
(f) 1001.625_{10}

✔**20** 다음 2진수를 10진수로 변환하라.

(a) 10.01_2
(b) 101.1011_2
(c) 1110.111_2
(d) 10101.101_2
(e) 1011101.1101_2
(f) 11100111.101011_2

21 다음 2진수를 10진수로 변환하라.

(a) 11.1111_2

(b) 1011.110111_2

(c) 11011.1001_2

(d) 101100.11_2

(e) 1110001.00101_2

(f) 1000110.0011_2

✔**22** 다음 8진수를 10진수로 변환하라.

(a) 4.2_8

(b) 56.32_8

(c) 263.156_8

(d) 711.653_8

(e) 1020.75_8

(f) 2153.2667_8

23 다음 8진수를 10진수로 변환하라.

(a) 22.56_8

(b) 146.73_8

(c) 376.14_8

(d) 1035.712_8

(e) 1433.103_8

(f) 3147.52_8

✔**24** 다음 16진수를 10진수로 변환하라.

(a) 48.091_{16}

(b) $9D0.5C_{16}$

(c) $FED.BCA_{16}$

(d) 16.15_{16}

(e) $E9.4902_{16}$

(f) $5CB.101_{16}$

25 다음 16진수를 10진수로 변환하라.

(a) $5A.39_{16}$

(b) $BB.AC_{16}$

(c) $15A.269_{16}$

(d) $34D.E_{16}$

(e) $D01.18_{16}$

(f) $20AC.19E_{16}$

✔ **26** 다음 2진수를 8진수와 16진수로 변환하라.

(a) 11001.11_2

(b) 1001111.101011_2

(c) 11101111.11010111_2

(d) 101001110110.110000111_2

(e) $1100111010110.10111111001_2$

(f) $101100100011110.0001010001011_2$

27 다음 2진수를 8진수와 16진수로 변환하라.

(a) 101.11001_2

(b) 1011010.001101_2

(c) 11111110.001101111_2

(d) 1000001110.11111101_2

(e) $1010101100101.11101010111_2$

(f) 1111110110001.10101011_2

✔ **28** 다음 8진수를 2진수와 16진수로 변환하라.

(a) 15.36_8 (b) 67.1234_8

(c) 125.3623_8 (d) 713.5272_8

(e) 1623.7715_8 (f) 51623.1622_8

29 다음 8진수를 2진수와 16진수로 변환하라.

(a) 67.214_8 (b) 105.772_8

(c) 471.32511_8 (d) 2012.7054_8

(e) 5123.637_8 (f) 6410.7123_8

✔**30** 다음 16진수를 2진수와 8진수로 변환하라.

(a) 12.34_{16}　(b) $68.EE_{16}$
(c) $9C.709B_{16}$　(d) $1AC.053A_{16}$
(e) $39E.8AD2_{16}$　(f) $B0A.19D3_{16}$

31 다음 16진수를 2진수와 8진수로 변환하라.

(a) 396.12_{16}　(b) $BB.AC_{16}$
(c) $AE.FCD_{16}$　(d) $4A79.C15_{16}$
(e) $C04B.100F_{16}$　(f) $FE13.ABCD_{16}$

32 1워드가 1바이트일 때, 다음 10진 정수를 각각 부호-1의 보수와 부호-2의 보수로 표현하라.

✔(a) 9_{10}　✔(b) -13_{10}　✔(c) -48_{10}　✔(d) 84_{10}
(e) -97_{10}　(f) -103_{10}　(g) -118_{10}　(h) 125_{10}

33 다음은 1워드가 1바이트일 때, 부호-절댓값 표현으로 작성한 연산식이다. 각각 부호-1의 보수 표현과 부호-2의 보수 표현을 이용해 연산하고, 그 결과의 10진수 표현까지 구하라.

✔(a) $00111010 + 10100100$　✔(b) $10001000 + 11100100$
✔(c) $01010111 + 00001101$　(d) $10000111 + 11001111$
(e) $10110100 + 00110011$　(f) $11010010 + 10011110$

✔**34** 1워드가 1바이트일 때, 부호-1의 보수와 부호-2의 보수 표현을 이용하여 다음을 연산하고, 그 결과의 10진수 표현까지 구하라.

(a) $42_{10} + 77_{10}$　(b) $-42_{10} + 77_{10}$
(c) $42_{10} - 77_{10}$　(d) $-42_{10} - 77_{10}$

35 1워드가 1바이트일 때, 부호-1의 보수와 부호-2의 보수 표현을 이용하여 다음을 연산하고, 그 결과의 10진수 표현까지 구하라.

(a) $12_{10} + 51_{10}$

(b) $-12_{10} + 51_{10}$

(c) $12_{10} - 51_{10}$

(d) $-12_{10} - 51_{10}$

36 1워드가 1바이트일 때, 부호-1의 보수와 부호-2의 보수 표현을 이용하여 다음을 연산하고, 그 결과의 10진수 표현까지 구하라.

(a) $101_{10} + 14_{10}$

(b) $-101_{10} + 14_{10}$

(c) $101_{10} - 14_{10}$

(d) $-101_{10} - 14_{10}$

CHAPTER 02

명제와 논리

• Contents

컴퓨터 시스템은 현실 세계를 이산적으로 구현하는 시스템으로, 컴퓨터 시스템을 구현하기 위해서는 현실 세계에 대한 수학적 모델링이 필요하다. 수학적 모델링을 가능하게 하는 많은 요소 중 하나가 바로 명제이며, 명제를 논리적으로 나열함으로써 현실 세계를 컴퓨터 시스템에 반영할 수 있다. 그러므로 어떤 문제에 대한 정확한 결과를 얻기 위해서는 입력으로 사용되는 명제와 그 명제의 논리적 나열이 정확해야 한다.

이러한 명제와 논리는 인공지능에서 가장 기본적이면서도 핵심인 필수 개념으로, 인공지능이 생성하는 최종 결과의 정확성과 정당성은 명확하게 정의된 명제와 명제를 전개한 논리의 타당성으로 결정된다.

이 장에서는 명제가 무엇인지 이해하고, 복잡한 현실 세계를 논리적으로 표현하여 연산하는 방법을 공부한다.

학습목표

1. 명제를 이해하고 진릿값을 판별한다.
2. 논리 연산자를 이용하여 합성명제를 만들고 그 진릿값을 판별한다.
3. 논리적 동치를 이해하고 동치인 명제를 작성한다.
4. 논의영역에 따른 명제함수의 진릿값을 판별한다.
5. 추론을 이해하여 결론을 유도한다.

2.1 명제

명제는 현실 세계를 간략하고 정확하게 판별하도록 표현한 문장이며, 수학적 논리를 구성하는 가장 기본적인 단위이다. 그러므로 명제는 누구나 객관적으로 참(T)과 거짓(F)을 구분할 수 있어야 한다.

정의 2-1 진릿값(truth value)

참(true : T)이나 거짓(false : F)을 가리키는 값

정의 2-2 명제(proposition)

객관적인 기준으로 진릿값을 구분할 수 있는 문장이나 수식
일반적으로 명제는 영문 소문자 $p, q, r, \cdots$로 표현

명제는 객관적으로 참(T)과 거짓(F)을 구분할 수 있는 문장이어야 한다. 예를 들어, '짜장면은 맛있다'와 같은 문장은 주관적 판단에 따라 답이 달라질 수 있는 문장이다. '$x+1=2$'와 같은 식도 미지수 x값에 따라 참(T)과 거짓(F)이 달라질 수 있다. 따라서 이처럼 참, 거짓을 판단할 수 없는 문장은 명제라고 할 수 없다. 반면, '서울은 대한민국의 수도이다'는 참(T)으로, '$1+1=3$'이라는 식은 거짓(F)으로 명백하게 답할 수 있으므로 이와 같은 문장들은 명제의 예이다.

다음 문장이 명제인지 생각해보자.

'정수 x에 대하여, $|x| \leq 0$을 만족하는 정수가 적어도 한 개는 있다'

위 문장은 x값에 따라 진릿값이 결정되는 것이 아니라, $|x| \leq 0$을 만족하는 정수가 존재하느냐 존재하지 않느냐에 따라 진릿값이 결정된다. 그러므로 위 문장은 미지수 x를 포함하지만 참(T)과 거짓(F)을 구분할 수 있으므로 명제이다.

예제 2-1

다음 문장이 명제인지 아닌지 구분하고, 명제인 경우 진릿값을 구하라.

(a) 컴퓨터의 가격은 비싸다.

(b) 사계절은 봄, 여름, 가을, 겨울이다.

(c) $x > 10$

(d) $5+2=8$

(e) 모든 실수 a에 대하여, $a^2=1$을 만족하는 경우는 오로지 $a=1$뿐이다.

풀이

(a) 개인의 기준에 따라 진릿값이 달라질 수 있으므로 명제가 아니다.

(b) 사계절은 봄, 여름, 가을, 겨울임을 객관적으로 판단할 수 있으므로, 진릿값이 참(T)인 명제이다.

(c) 미지수 x에 대입하는 값에 따라 진릿값이 달라질 수 있으므로 명제가 아니다.

(d) $5+2 \neq 8$임을 객관적으로 판단할 수 있으므로, 진릿값이 거짓(F)인 명제이다.

(e) $a^2=1$을 만족하는 실수 a가 1 외에 -1도 존재함을 객관적으로 판단할 수 있으므로, 진릿값이 거짓(F)인 명제이다.

2.2 논리 연산자

일반적으로 명제 하나를 **단순명제**(simple proposition)라고 한다. 하나 이상의 단순명제를 부정, 논리곱, 논리합, 배타적 논리합과 같은 논리 연산자로 결합하면 새로운 하나의 명제가 되기도 하는데, 이를 합성명제라고 한다.

정의 2-3 합성명제(compound proposition)

하나 이상의 명제들이 논리 연산자에 의해 결합된 명제

합성명제를 구성하는 단순명제의 진릿값과 논리 연산자에 따라 합성명제의 진릿값은 달라진다. 그러므로 합성명제의 진릿값을 판별하기 위해 진리표를 사용한다.

정의 2-4 진리표(truth table)

합성명제를 구성하는 단순명제의 진릿값에 따른 논리 연산 결과를 나타낸 표

이제 합성명제를 결합하는 데 사용하는 논리 연산자를 자세히 알아보자.

부정

정의 2-5 부정(NOT : $\neg p$ 또는 $\sim p$)

명제 p에 대하여 'p가 아니다'를 의미
명제 p와 반대의 진릿값을 갖는 연산

부정 ¬은 명제 하나에 대해 사용하는 단항 연산자이다. 명제 $\neg p$는 명제 p와 반대의 의미를 가지므로, 'p가 아니다', 'not p' 혹은 'p의 부정'이라고 읽으며, 명제 p와 반대의 진릿값을 갖는다. 부정 연산자의 진리표는 다음 [표 2-1]과 같다.

[표 2-1] 부정 연산자의 진리표

p	$\neg p$
T	F
F	T

다음 [표 2-2]는 명제 p에 대한 명제 $\neg p$와 그 진릿값을 보여주는 예이다.

[표 2-2] 부정 연산의 예

명제	의미	진릿값
p	지구는 태양 주변을 도는 행성이다.	참(T)
$\neg p$	지구는 태양 주변을 도는 행성이 아니다.	거짓(F)

예제 2-2

주어진 명제의 부정 명제를 기호와 문장으로 나타내고 그 진릿값을 구하라.

(a) p : $+4$는 양수이다.

(b) q : $3+4=5$

(c) r : 뉴욕은 미국의 동부에 있다.

풀이

(a) 부정 명제 기호 : $\neg p$
부정 명제 문장 : $+4$는 양수가 아니다.
진릿값 : 명제 p가 참(T)이므로, 명제 $\neg p$는 거짓(F)이다.

(b) 부정 명제 기호 : $\neg q$
부정 명제 문장 : $3+4 \neq 5$
진릿값 : 명제 q가 거짓(F)이므로, 명제 $\neg q$는 참(T)이다.

(c) 부정 명제 기호 : $\neg r$
부정 명제 문장 : 뉴욕은 미국의 동부에 있지 않다.
진릿값 : 명제 r이 참(T)이므로, 명제 $\neg r$은 거짓(F)이다.

논리곱

정의 2-6 **논리곱(AND : $p \wedge q$)**

명제 p, q에 대하여, 'p 그리고 q'를 의미
명제 p, q의 진릿값이 모두 참(T)일 때만 결과가 참(T)인 연산

논리곱은 두 명제를 결합하는 데 사용하는 이항 연산자로, '그리고'의 의미를 갖는다. 따라서 명제 $p \wedge q$는 'p 그리고 q', 'p이고 q' 혹은 'p and q'라고 읽는다. 명제 $p \wedge q$의 진릿값은 두 단순명제 p, q의 진릿값이 모두 참(T)일 때만 참(T)이고, 두 단순명제 중 하나라도 거짓(F)이면 거짓(F)이다. 논리곱 연산자의 진리표는 다음 [표 2-3]과 같다.

[표 2-3] 논리곱 연산자의 진리표

p	q	$p \wedge q$
T	T	T
T	F	F
F	T	F
F	F	F

다음 [표 2-4]는 진릿값이 모두 참(T)인 두 명제 p, q에 대한 합성명제 $p \wedge q$와 그 진릿값을 보여주는 예이다.

[표 2-4] 논리곱 연산의 예

명제	의미	진릿값
p	지구는 태양의 행성이다.	참(T)
q	달의 실제 크기는 지구보다 작다.	참(T)
$p \wedge q$	지구는 태양의 행성이다. 그리고 달의 실제 크기는 지구보다 작다. 또는 지구는 태양의 행성이고 달의 실제 크기는 지구보다 작다.	참(T)

또 다른 예로 다음 [표 2-5]는 진릿값이 서로 다른 두 명제 p, q에 대한 합성명제 $p \wedge q$와 진릿값을 보여준다. 하나의 명제라도 진릿값이 거짓(F)이면 논리곱 연산의 결과는 거짓(F)이다.

[표 2-5] 논리곱 연산의 예

명제	의미	진릿값
p	지구는 태양의 행성이다.	참(T)
q	달의 실제 크기는 지구보다 크다.	거짓(F)
$p \wedge q$	지구는 태양의 행성이다. 그리고 달의 실제 크기는 지구보다 크다. 또는 지구는 태양의 행성이고 달의 실제 크기는 지구보다 크다.	거짓(F)

다음 [표 2-6]은 진릿값이 모두 거짓(F)인 두 명제 p, q에 대한 합성명제 $p \wedge q$와 진릿값을 보여주는 예로, 두 명제의 진릿값이 모두 거짓(F)이면 당연히 논리곱 연산의 결과도 거짓(F)이다.

[표 2-6] 논리곱 연산의 예

명제	의미	진릿값
p	태양은 지구의 행성이다.	거짓(F)
q	달의 실제 크기는 지구보다 크다.	거짓(F)
$p \wedge q$	태양은 지구의 행성이다. 그리고 달의 실제 크기는 지구보다 크다. 또는 태양은 지구의 행성이고 달의 실제 크기는 지구보다 크다.	거짓(F)

예제 2-3

주어진 명제의 논리곱 명제를 기호와 문장으로 나타내고 그 진릿값을 구하라.

(a) p : $+4$는 양수이다. s : 부산은 서울보다 남쪽에 있다.

(b) q : $3+4=5$ t : 0은 부호$(+, -)$를 갖지 않는다.

(c) r : 밴쿠버는 캐나다의 동부에 있다. u : $2-6=0$

풀이

(a) 논리곱 명제 기호 : $p \wedge s$

논리곱 명제 문장 : $+4$는 양수이고 부산은 서울보다 남쪽에 있다.

진릿값 : 명제 p, s 모두 참(T)이므로, 명제 $p \wedge s$는 참(T)이다.

(b) 논리곱 명제 기호 : $q \wedge t$

논리곱 명제 문장 : $3+4=5$이고 0은 부호$(+, -)$를 갖지 않는다.

진릿값 : 명제 q는 거짓(F)이고 명제 t는 참(T)으로 두 명제 중 하나의 진릿값이 거짓(F)이므로, 명제 $q \wedge t$는 거짓(F)이다.

(c) 논리곱 명제 기호 : $r \wedge u$

논리곱 명제 문장 : 밴쿠버는 캐나다의 동부에 있고 $2-6=0$이다.

진릿값 : 명제 r, u 모두 거짓(F)이므로, 명제 $r \wedge u$는 거짓(F)이다.

논리합

정의 2-7 **논리합(OR : $p \vee q$)**

명제 p, q에 대하여, 'p 또는 q'를 의미
명제 p, q의 진릿값 중 하나라도 참(T)이면 결과가 참(T)인 연산

논리합 역시 두 명제를 결합하는 데 사용하는 이항 연산자로, '또는'의 의미를 갖는다. 따라서 $p \vee q$는 'p 또는 q', 'p이거나 q' 혹은 'p or q'라고 읽는다. 명제 $p \vee q$의 진릿값은 두 단순명제 p, q의 진릿값 중 하나라도 참(T)이면 참(T)이고, 두 단순명제의 진릿값이 모두 거짓(F)인 경우에만 거짓(F)이다. 논리합 연산자의 진리표는 다음 [표 2-7]과 같다.

[표 2-7] 논리합 연산자의 진리표

p	q	$p \vee q$
T	T	T
T	F	T
F	T	T
F	F	F

두 명제의 진릿값이 같은 경우에는 논리곱 연산의 예에서 확인한 것과 같은 결과가 나온다. 즉, 두 명제의 진릿값이 모두 참(T)인 경우에는 논리합 연산의 결과도 참(T)이고 두 명제의 진릿값이 모두 거짓(F)인 경우에는 논리합 연산의 결과도 거짓(F)이다.

그러나 두 명제의 진릿값이 서로 다른 경우에는 연산 결과가 다른데, 다음 [표 2-8]은 진릿값이 다른 두 명제 p, q에 대한 합성명제 $p \vee q$와 그 진릿값을 보여주는 예이다.

[표 2-8] 논리합 연산의 예

명제	의미	진릿값
p	지구는 태양의 행성이다.	참(T)
q	달의 실제 크기는 지구보다 크다.	거짓(F)
$p \vee q$	지구는 태양의 행성이다. 또는 달의 실제 크기는 지구보다 크다. 또는 지구는 태양의 행성이거나 달의 실제 크기는 지구보다 크다.	참(T)

예제 2-4

주어진 명제의 논리합 명제를 기호와 문장으로 나타내고 그 진릿값을 구하라.

(a) p : $+4$는 양수이다. s : 부산은 서울보다 남쪽에 있다.

(b) q : $3+4=5$ t : 0은 부호($+, -$)를 갖지 않는다.

(c) r : 밴쿠버는 캐나다의 동부에 있다. u : $2-6=0$

풀이

(a) 논리합 명제 기호 : $p \vee s$

논리합 명제 문장 : $+4$는 양수이거나 부산은 서울보다 남쪽에 있다.

진릿값 : 명제 p, s 모두 참(T)이므로, 명제 $p \vee s$는 참(T)이다.

(b) 논리합 명제 기호 : $q \vee t$

논리합 명제 문장 : $3+4=5$이거나 0은 부호($+, -$)를 갖지 않는다.

진릿값 : 명제 q는 거짓(F)이고 명제 t는 참(T)으로 두 명제 중 하나의 진릿값이 참(T)이므로, 명제 $q \vee t$는 참(T)이다.

(c) 논리합 명제 기호 : $r \vee u$

논리합 명제 문장 : 밴쿠버는 캐나다의 동부에 있거나 $2-6=0$이다.

진릿값 : 명제 r, u 모두 거짓(F)이므로, 명제 $r \vee u$는 거짓(F)이다.

배타적 논리합

정의 2-8 **배타적 논리합(Exclusive OR, XOR : $p \oplus q$)**

두 명제 p, q의 진릿값 중 하나만 참(T)일 때 결과가 참(T)이고, 그 외의 경우에는 모두 결과가 거짓(F)인 연산

배타적 논리합 역시 두 명제를 결합하는 데 사용하는 이항 연산자로, 'p xor q'라고 읽는다. 배타적 논리합 연산자의 진리표는 다음 [표 2-9]와 같다.

[표 2-9] 배타적 논리합 연산자의 진리표

p	q	$p \oplus q$
T	T	F
T	F	T
F	T	T
F	F	F

여기서 배타적 논리합 연산의 문장 표현은 다루지 않는다. 왜냐하면 배타적 논리합은 다음과 같이 부정, 논리곱, 논리합 연산으로 표현할 수 있는데, 포함하는 연산의 의미를 한 문장으로 표현하기는 복잡하기 때문이다.

$$p \oplus q \equiv (\neg p \wedge q) \vee (p \wedge \neg q)$$

TIP 동치(equivalence)

≡ (동치) : 진릿값이 같아서 두 식이 동일함을 의미하는 기호

예 $p \oplus q \equiv (\neg p \wedge q) \vee (p \wedge \neg q)$

$p \oplus q$와 $(\neg p \wedge q) \vee (p \wedge \neg q)$는 진릿값이 같으므로 $p \oplus q$와 $(\neg p \wedge q) \vee (p \wedge \neg q)$를 서로 대체하여 사용할 수 있다.

위 식을 진리표로 증명하면 다음과 같다.

[표 2-10] $p \oplus q \equiv (\neg p \wedge q) \vee (p \wedge \neg q)$의 증명 진리표

p	q	$p \oplus q$	$\neg p$	$\neg q$	$\neg p \wedge q$	$p \wedge \neg q$	$(\neg p \wedge q) \vee (p \wedge \neg q)$
T	T	F	F	F	F	F	F
T	F	T	F	T	F	T	T
F	T	T	T	F	T	F	T
F	F	F	T	T	F	F	F

예제 2-5

주어진 명제의 배타적 논리합 명제를 기호로 나타내고 그 진릿값을 구하라.

(a) p : $+4$는 양수이다. s : 부산은 서울보다 남쪽에 있다.

(b) q : $3+4=5$ t : 0은 부호$(+, -)$를 갖지 않는다.

(c) r : 밴쿠버는 캐나다의 동부에 있다. u : $2-6=0$

풀이

(a) 배타적 논리합 명제 기호 : $p \oplus s$

진릿값 : 두 명제 p, s는 모두 참(T)으로 진릿값이 같기 때문에 명제 $p \oplus s$는 거짓(F)이다.

(b) 배타적 논리합 명제 기호 : $q \oplus t$

진릿값 : 명제 q는 거짓(F), 명제 t는 참(T)으로 두 명제의 진릿값이 다르기 때문에 명제 $q \oplus t$는 참(T)이다.

(c) 배타적 논리합 명제 기호 : $r \oplus u$

진릿값 : 두 명제 r, u는 모두 거짓(F)으로 진릿값이 같기 때문에 명제 $r \oplus u$는 거짓(F)이다.

2.3 조건명제

앞 절에서 합성명제를 구성하는 각 단순명제에 대해 어떤 역할을 부여하지 않았다. 그러나 단순명제에 역할을 부여해 그 단순명제의 역할이 무엇이냐에 따라 진릿값이 결정되는 합성명제도 있는데 조건명제가 그것이다. 이 절에서는 조건명제에 대해 다룬다.

정의 2-9 조건명제(conditional proposition : $p \to q$) / 함축(implication)

명제 p, q에 대하여, 명제 p가 전제(premise) 또는 가정(hypothesis)이고 명제 q가 결론(conclusion) 또는 결과(consequence)인 명제

'지구의 자전축이 기울어져 있다면, 지구의 계절은 바뀐다'는 '지구의 자전축이 기울어져 있다'와 '지구의 계절은 바뀐다'라는 두 명제를 결합한 합성명제이다. 여기서 '지구의 자전축이 기울어져 있다'는 합성명제의 전제이고 '지구의 계절은 바뀐다'는 결론이다. 이처럼 전제와 결론의 관계로 결합된 합성명제를 조건명제라고 한다.

참고로 조건명제 $p \to q$를 표현하는 문장은 다음과 같다.

- p이면 q이다 (if p, then q)
- p는 q를 함축한다 (p implies q)
- q일 경우에만 p이다 (p only if q)
- p는 q이기에 충분하다 (p is sufficient for q)
- q는 p를 위해 필요하다 (q is necessary for p)

다음 [표 2-11]은 조건명제에 대한 진리표이다.

[표 2-11] 조건명제의 진리표

p	q	$p \to q$
T	T	T
T	F	F
F	T	T
F	F	T

조건명제 $p \to q$는 전제 명제 p가 참(T)이고 결론 명제 q가 거짓(F)인 경우에만 거짓(F)이고, 그 외의 경우에는 모두 참(T)이다. 조건명제의 진리표를 쉽게 이해하기 위해 한 가지 예를 생각해보자.

'양궁 과녁의 정 가운데를 맞추면 점수는 10점이다'라는 조건명제가 있다고 하자. '양궁 과녁의 정 가운데를 맞춘다'를 명제 p, '점수는 10점이다'를 명제 q라고 하면, 명제 p는 전제이고 명제 q는 결론이다. 이 전제와 결론을 이용하여 각 경우에 따른 조건명제의 진릿값을 판별해보면 다음과 같다.

(1) 양궁 과녁의 정 가운데를 맞춰서[명제 p가 참(T)], 점수가 10점[명제 q가 참(T)]이면 확실히 참(T)인 상태이다. [조건명제 $p \to q$가 참(T)]
(2) 양궁 과녁의 정 가운데를 맞추지 않아도[명제 p가 거짓(F)], 점수가 10점[명제 q가 참(T)]인 경우는 과녁의 정 가운데가 아니더라도 가장 작은 원 안에만 맞추면 10점이므로 참(T)이다. [조건명제 $p \to q$가 참(T)]
(3) 양궁 과녁의 정 가운데를 맞추지 않는 경우[명제 p가 거짓(F)] 중 점수가 10점이 아닌 경우[명제 q가 거짓(F)]는 과녁에서 9점 이하인 영역을 맞추는 경우가 있으므로 참(T)이다. [조건명제 $p \to q$가 참(T)]
(4) 양궁 과녁의 정 가운데를 맞췄는데도[명제 p가 참(T)], 점수가 10점이 아닌 경우[명제 q가 거짓(F)]는 있을 수 없으므로 거짓(F)이다. [조건명제 $p \to q$가 거짓(F)]

그러므로 전제에 해당하는 명제가 참(T)일 때 결론에 해당하는 명제가 거짓(F)인 경우를 제외한 모든 경우에 조건명제의 진릿값은 참(T)이다.

예제 2-6

주어진 명제의 조건명제 $p \to q$와 $q \to p$를 각각 문장으로 작성하고 그 진릿값을 구하라.

(a) p : $+4$는 양수이다. q : 부산은 서울보다 남쪽에 있다.
(b) p : $3+4=5$ q : 0은 부호$(+, -)$를 갖지 않는다.
(c) p : 밴쿠버는 캐나다의 동부에 있다. q : $2-6=0$

풀이

(a) 조건명제 $p \to q$: $+4$가 양수이면, 부산은 서울보다 남쪽에 있다.
진릿값 : 명제 p, q가 모두 참(T)이므로, $p \to q$는 참(T)이다.

조건명제 $q \to p$: 부산이 서울보다 남쪽에 있으면, $+4$는 양수이다.
진릿값 : 명제 p, q가 모두 참(T)이므로, $q \to p$는 참(T)이다.

(b) 조건명제 $p \to q$: $3+4=5$이면, 0은 부호$(+, -)$를 갖지 않는다.
진릿값 : 전제 명제 p가 거짓(F)이고 결론 명제 q가 참(T)이므로, $p \to q$는 참(T)이다.

조건명제 $q \to p$: 0이 부호$(+, -)$를 갖지 않으면, $3+4=5$이다.
진릿값 : 전제 명제 q가 참(T)이고 결론 명제 p가 거짓(F)이므로, $q \to p$는 거짓(F)이다.

(c) 조건명제 $p \to q$: 밴쿠버가 캐나다의 동부에 있으면, $2-6=0$이다.
진릿값 : 명제 p, q가 모두 거짓(F)이므로, $p \to q$는 참(T)이다.

조건명제 $q \to p$: $2-6=0$이면, 밴쿠버가 캐나다의 동부에 있다.
진릿값 : 명제 p, q가 모두 거짓(F)이므로, $q \to p$는 참(T)이다.

조건명제는 어떤 사실을 증명하거나 추론할 때 유용하게 쓰인다. 이를 위해 조건명제를 역, 이, 대우와 같은 형태의 명제로 변형할 수 있다. 다음과 같은 명제 p, q와 조건명제 $p \to q$를 예로, $p \to q$에 대한 역, 이, 대우 명제를 알아보자.

명제 p : 지구의 자전축은 기울어져 있다.
명제 q : 지구의 계절이 바뀐다.
조건명제 $p \to q$: 지구의 자전축이 기울어져 있다면, 지구의 계절은 바뀐다.

정의 2-10 역(converse)

조건명제 $p \to q$에 대하여, $q \to p$ 형태의 명제

역은 조건명제 $p \to q$에서 전제 명제 p가 결론이 되고, 결론 명제 q가 전제가 되는 명제를 말한다. 그러므로 앞에서 예로 다룬 조건명제 $p \to q$에 대한 역 $q \to p$는 다음과 같다.

$q \to p$: 지구의 계절이 바뀌면, 지구의 자전축이 기울어져 있다.

정의 2-11 이(inverse)

조건명제 $p \to q$에 대하여, $\neg p \to \neg q$ 형태의 명제

이는 조건명제 $p \to q$에서 명제 p의 부정 $\neg p$를 전제로, 명제 q의 부정 $\neg q$를 결론으로 하는 명제를 말한다. 그러므로 앞에서 예로 다룬 조건명제 $p \to q$에 대한 이 $\neg p \to \neg q$는 다음과 같다.

$\neg p \to \neg q$: 지구의 자전축이 기울어져 있지 않다면, 지구의 계절은 바뀌지 않는다.

정의 2-12 대우(contraposition)

조건명제 $p \to q$에 대하여, $\neg q \to \neg p$ 형태의 명제

대우는 조건명제 $p \to q$에서 전제 명제 p의 부정 $\neg p$가 결론이 되고, 결론 명제 q의 부정 $\neg q$가 전제가 되는 명제를 말한다. 그러므로 앞에서 예로 다룬 조건명제 $p \to q$에 대한 대우 $\neg q \to \neg p$는 다음과 같다.

$\neg q \to \neg p$: 지구의 계절이 바뀌지 않으면, 지구의 자전축이 기울어져 있지 않다.

본 명제와 역, 이, 대우 명제 간의 관계를 진릿값을 이용해 확인해보면 [표 2-12]와 같다.

[표 2-12] 역, 이, 대우의 진리표

p	q	조건명제	역	이	대우
		$p \to q$	$q \to p$	$\neg p \to \neg q$	$\neg q \to \neg p$
T	T	T	T	T	T
T	F	F	T	T	F
F	T	T	F	F	T
F	F	T	T	T	T

[표 2-12]에서 확인할 수 있듯이, 본 명제와 대우 명제의 진릿값은 같다. 따라서 본 명제를 이용하여 증명 또는 추론하기 어려운 경우에는 대우 명제로 바꿔서 할 수 있다.

예제 2-7

조건명제 $p \to q$에 대한 역, 이, 대우 명제를 쓰고 각각의 진릿값을 구하라.

(a) p : $+4$는 양수이다. q : 부산은 서울보다 남쪽에 있다.

(b) p : $3+4=5$ q : 0은 부호$(+, -)$를 갖지 않는다.

(c) p : 밴쿠버는 캐나다의 동부에 있다. q : $2-6=0$

풀이

(a) 조건명제 $p \to q$: $+4$가 양수이면, 부산은 서울보다 남쪽에 있다.
진릿값 : 명제 p, q가 모두 참(T)이므로, $p \to q$는 참(T)이다.

역 $q \to p$: 부산이 서울보다 남쪽에 있으면, $+4$는 양수이다.
진릿값 : 명제 p, q가 모두 참(T)이므로, $q \to p$는 참(T)이다.

이 $\neg p \to \neg q$: $+4$가 양수가 아니면, 부산은 서울보다 남쪽에 있지 않다.
진릿값 : 명제 $\neg p$, $\neg q$가 모두 거짓(F)이므로, $\neg p \to \neg q$는 참(T)이다.

대우 $\neg q \to \neg p$: 부산이 서울보다 남쪽에 있지 않으면, $+4$는 양수가 아니다.
진릿값 : 명제 $\neg p$, $\neg q$가 모두 거짓(F)이므로, $\neg q \to \neg p$는 참(T)이다.

(b) 조건명제 $p \to q$: $3+4=5$이면, 0은 부호(+, −)를 갖지 않는다.
진릿값 : 전제 명제 p가 거짓(F)이고 결론 명제 q가 참(T)이므로, $p \to q$는 참(T)이다.

역 $q \to p$: 0은 부호(+, −)를 갖지 않으면, $3+4=5$이다.
진릿값 : 전제 명제 q가 참(T)이고 결론 명제 p가 거짓(F)이므로, $q \to p$는 거짓(F)이다.

이 $\neg p \to \neg q$: $3+4 \neq 5$이면, 0은 부호(+, −)를 갖는다.
진릿값 : 전제 명제 $\neg p$가 참(T)이고 결론 명제 $\neg q$가 거짓(F)이므로, $\neg p \to \neg q$는 거짓(F)이다.

대우 $\neg q \to \neg p$: 0이 부호(+, −)를 가지면, $3+4 \neq 5$이다.
진릿값 : 전제 명제 $\neg q$가 거짓(F)이고 결론 명제 $\neg p$가 참(T)이므로, $\neg q \to \neg p$는 참(T)이다.

(c) 조건명제 $p \to q$: 밴쿠버가 캐나다의 동부에 있으면, $2-6=0$이다.
진릿값 : 명제 p, q가 모두 거짓(F)이므로, $p \to q$는 참(T)이다.

역 $q \to p$: $2-6=0$이면, 밴쿠버가 캐나다의 동부에 있다.
진릿값 : 명제 p, q가 모두 거짓(F)이므로, $q \to p$는 참(T)이다.

이 $\neg p \to \neg q$: 밴쿠버가 캐나다의 동부에 있지 않으면, $2-6 \neq 0$이다.
진릿값 : 명제 $\neg p$, $\neg q$가 모두 참(T)이므로, $\neg p \to \neg q$는 참(T)이다.

대우 $\neg q \to \neg p$: $2-6 \neq 0$이면, 밴쿠버가 캐나다의 동부에 있지 않다.
진릿값 : 명제 $\neg p$, $\neg q$가 모두 참(T)이므로, $\neg q \to \neg p$는 참(T)이다.

쌍방조건명제

정의 2-13 **쌍방조건명제(biconditional proposition : $p \leftrightarrow q$)**

명제 p, q가 모두 전제이면서 동시에 결론인 명제

다음과 같은 합성명제가 있다고 하자.

$$\underbrace{(p \to q)}_{①} \land \underbrace{(q \to p)}_{②}$$

①에서는 단순명제 p가 전제, q가 결론이고, ②에서는 단순명제 q가 전제, p가 결론이다. 두 명제 ①, ②를 논리곱(AND)한 결과가 위의 합성명제이다. 그러므로 이 합성명제는 p, q가 모두 전제이면서 결론인 명제이다. 이렇게 하나의 명제가 전제이면서 결론일 수 있는 합성명제를 쌍방조건명제라고 한다.

쌍방조건명제 $p \leftrightarrow q$를 표현하는 문장은 다음과 같다.

- p이면 q이며, 그 반대도 성립한다 (if p then q, and conversely)
- p는 q의 필요충분조건이다.(p is necessary and sufficient for q)

다음 [표 2-13]은 쌍방조건명제의 진리표이다.

[표 2-13] 쌍방조건명제의 진리표

p	q	$p \leftrightarrow q$
T	T	T
T	F	F
F	T	F
F	F	T

쌍방조건명제에 대한 설명 도입부에서 소개한 합성명제 $(p \rightarrow q) \wedge (q \rightarrow p)$는 쌍방조건명제 $p \leftrightarrow q$의 또 다른 표현이다. [표 2-14]의 진리표를 이용하여 두 명제가 동치임을 증명해보자.

[표 2-14] $p \leftrightarrow q \equiv (p \rightarrow q) \wedge (q \rightarrow p)$의 증명 진리표

p	q	$p \leftrightarrow q$	$p \rightarrow q$	$q \rightarrow p$	$(p \rightarrow q) \wedge (q \rightarrow p)$
T	T	T	T	T	T
T	F	F	F	T	F
F	T	F	T	F	F
F	F	T	T	T	T

2.4 합성명제

논리 연산자의 우선순위

합성명제는 하나 이상의 단순명제를 논리 연산자로 결합한 명제를 말한다. 합성명제의 진릿값은 각 단순명제의 진릿값에 따라 달라지지만, 논리 연산자의 연산 순서 또한 합성명제의 진릿값을 결정하는 데 영향을 미친다. 다음 [표 2-15]는 논리 연산자의 우선순위를 나타낸다.

[표 2-15] 논리 연산자의 우선순위

우선순위	논리 연산자
1	$\neg$
2	$\wedge$
3	$\vee$
4	$\rightarrow$
5	$\leftrightarrow$

합성명제에서 괄호로 묶은 연산은 먼저 해야 한다. 예를 들어, $(\neg p \vee q) \wedge r$이라는 합성명제가 주어질 때, [표 2-15]에 따라 $\vee$가 $\wedge$보다 우선순위가 낮지만, $\vee$는 괄호 안의 연산이므로 $\neg p$와 q를 $\vee$ 연산한 후 r과 $\wedge$ 연산한다. 그러므로 합성명제 $(\neg p \vee q) \wedge r$과 $\neg p \vee q \wedge r$의 진릿값은 전혀 다르다. [표 2-16]과 [표 2-17]을 통해 두 합성명제의 진리표를 확인해보자.

[표 2-16] $(\neg p \vee q) \wedge r$의 진리표

p	q	r	① $\neg p$	② $(\neg p \vee q)$	③ $(\neg p \vee q) \wedge r$
T	T	T	F	T	T
T	T	F	F	T	F
T	F	T	F	F	F
T	F	F	F	F	F
F	T	T	T	T	T
F	T	F	T	T	F
F	F	T	T	T	T
F	F	F	T	T	F

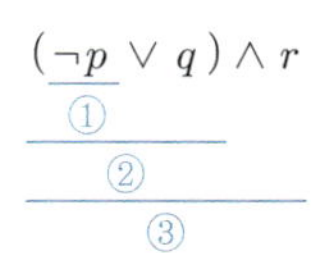

[표 2-17] $\neg p \vee q \wedge r$의 진리표

p	q	r	① $\neg p$	② $q \wedge r$	③ $\neg p \vee q \wedge r$
T	T	T	F	T	T
T	T	F	F	F	F
T	F	T	F	F	F
T	F	F	F	F	F
F	T	T	T	T	T
F	T	F	T	F	T
F	F	T	T	F	T
F	F	F	T	F	T

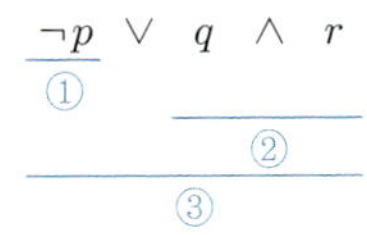

예제 2-8

다음 합성명제의 진리표를 작성하라.

(a) $\neg(p \wedge q) \oplus (\neg p \vee q)$ (b) $\neg p \vee q \rightarrow \neg q$ (c) $q \leftrightarrow \neg q \rightarrow \neg p$

풀이

(a)

p	q	① $\neg p$	② $p \wedge q$	③ $\neg(p \wedge q)$	④ $\neg p \vee q$	⑤ $\neg(p \wedge q) \oplus (\neg p \vee q)$
T	T	F	T	F	T	T
T	F	F	F	T	F	T
F	T	T	F	T	T	F
F	F	T	F	T	T	F

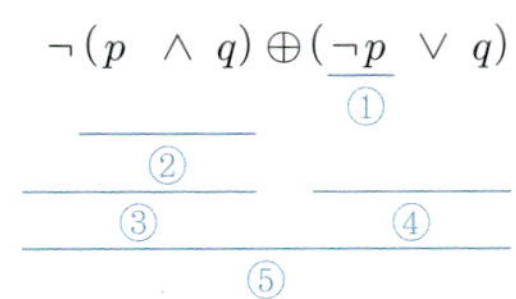

(b)

p	q	① $\neg p$	① $\neg q$	② $\neg p \vee q$	③ $\neg p \vee q \rightarrow \neg q$
T	T	F	F	T	F
T	F	F	T	F	T
F	T	T	F	T	F
F	F	T	T	T	T

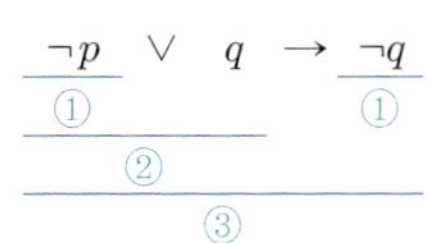

(c)

p	q	① $\neg p$	① $\neg q$	② $\neg q \rightarrow \neg p$	③ $q \leftrightarrow \neg q \rightarrow \neg p$
T	T	F	F	T	T
T	F	F	T	F	T
F	T	T	F	T	T
F	F	T	T	T	F

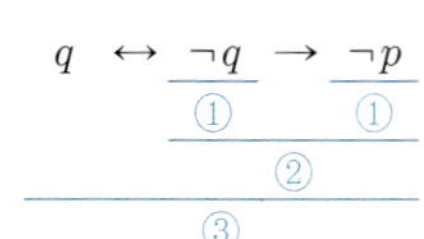

합성명제의 종류

합성명제는 진릿값에 따라 세 가지 종류로 구분할 수 있다.

정의 2-14　항진명제(tautology : $\mathbb{T}$)

합성명제를 구성하는 단순명제의 진릿값에 상관없이 합성명제의 진릿값이 항상 참(T)인 명제

다음 [표 2-18]에서 합성명제 $p \vee \neg p$의 진리표를 살펴보면, 단순명제 p의 진릿값이 참(T)이든 거짓(F)이든 상관없이 $p \vee \neg p$의 진릿값은 참(T)이다. 그러므로 합성명제 $p \vee \neg p$는 항진명제($\mathbb{T}$)이다.

[표 2-18] $p \vee \neg p$의 진리표

p	$\neg p$	$p \vee \neg p$
T	F	T
F	T	T

정의 2-15　모순명제(contradiction : $\mathbb{F}$)

합성명제를 구성하는 단순명제의 진릿값에 상관없이 합성명제의 진릿값이 항상 거짓(F)인 명제

다음 [표 2-19]에서 합성명제 $p \wedge \neg p$의 진리표를 살펴보면, 단순명제 p의 진릿값이 참(T)이든 거짓(F)이든 상관없이 $p \wedge \neg p$의 진릿값은 거짓(F)이다. 그러므로 합성명제 $p \wedge \neg p$는 모순명제($\mathbb{F}$)이다.

[표 2-19] $p \wedge \neg p$의 진리표

p	$\neg p$	$p \wedge \neg p$
T	F	F
F	T	F

정의 2-16　사건명제(contingency)

항진명제도 모순명제도 아닌 합성명제

앞 절에서 살펴본 합성명제들은 합성명제를 구성하는 단순명제의 진릿값에 따라 그 진릿값이 달랐다. 이러한 합성명제를 사건명제라고 한다.

2.5 논리적 동치

합성명제는 하나 이상의 단순명제를 논리 연산자로 결합한 형태이므로 복잡한 형태일 수도 있다. 합성명제가 복잡하다는 것은 컴퓨터 시스템에서 표현하고 연산해야 하는 논리 연산의 수가 많음을 의미한다. 이렇게 많은 논리 연산으로 복잡하게 표현된 합성명제를 진릿값이 같으면서 단순한 논리 연산으로 표현된 합성명제로 대체한다면, 컴퓨터 시스템에서도 같은 결과를 내면서 간단하고 빠르게 표현하고 연산할 수 있을 것이다.

정의 2-17 **논리적 동치(logically equivalence : $P \equiv Q$)**

두 합성명제 P와 Q의 진릿값이 서로 같은 경우

두 합성명제 P, Q에 대하여 $P \equiv Q$일 때 '합성명제 P와 Q는 동치이다' 또는 '합성명제 P와 Q는 같다'라고 읽는다. 이렇게 두 합성명제 P, Q가 논리적 동치관계이면 진릿값이 같음을 의미하므로, P와 Q는 서로를 대체해서 사용할 수 있다.

두 합성명제가 동치인지를 판별하는 방법에는 진리표를 이용하는 방법과 논리적 동치법칙을 이용하는 방법이 있다.

진리표를 이용한 논리적 동치 판별

진리표는 두 합성명제가 서로 동치관계인지를 파악하는 가장 기본적인 도구로 사용된다. 앞 절에서 배타적 논리합 $p \oplus q$과 부정, 논리곱, 논리합으로 표현한 합성명제 $(\neg p \wedge q) \vee (p \wedge \neg q)$가 동치라는 것을 진리표를 이용해 확인한 바 있다. [표 2-20]은 바로 그 진리표이다.

[표 2-20] $p \oplus q \equiv (\neg p \wedge q) \vee (p \wedge \neg q)$의 증명 진리표

p	q	$\neg p$	$\neg q$	$\neg p \wedge q$	$p \wedge \neg q$	$(\neg p \wedge q) \vee (p \wedge \neg q)$	$p \oplus q$
T	T	F	F	F	F	F	F
T	F	F	T	F	T	T	T
F	T	T	F	T	F	T	T
F	F	T	T	F	F	F	F

[표 2-20]에서 회색 음영 표시된 부분은 단순명제 p, q의 진릿값에 따라 $p \oplus q$의 진릿값과 $(\neg p \wedge q) \vee (p \wedge \neg q)$의 진릿값이 같음을 보여준다. 이와 같이 단순명제 p, q의 진릿값에 따라 결과로 나오는 두 합성명제의 진릿값이 같으면, 두 합성명제는 동치로 판단하며 서로 대체하여 표현할 수 있다. 다음 [표 2-21]과 같이 하나의 진릿값이라도 다르면 두 합성명제 $p \oplus q$와 $(\neg p \vee q) \vee (p \vee \neg q)$는 동치가 아니다.

[표 2-21] $p \oplus q$와 $(\neg p \vee q) \vee (p \vee \neg q)$의 진리표

p	q	$\neg p$	$\neg q$	$\neg p \vee q$	$p \vee \neg q$	$(\neg p \vee q) \vee (p \vee \neg q)$	$p \oplus q$
T	T	F	F	T	T	T	F
T	F	F	T	F	T	T	T
F	T	T	F	T	F	T	T
F	F	T	T	T	T	T	F

두 합성명제의 진릿값이 다르다.

예제 2-9

진리표를 이용하여 두 합성명제가 서로 논리적 동치인지 아닌지를 확인하라.

(a) $p \rightarrow q$와 $\neg p \vee q$

(b) $(p \rightarrow q) \wedge (p \rightarrow \neg q)$와 $\neg p$

(c) $p \rightarrow \{(p \wedge q) \oplus q\}$와 $\mathbf{T}$

풀이

(a) $p \rightarrow q$와 $\neg p \vee q$

p	q	$\neg p$	$p \rightarrow q$	$\neg p \vee q$
T	T	F	T	T
T	F	F	F	F
F	T	T	T	T
F	F	T	T	T

$\therefore\ p \rightarrow q \equiv \neg p \vee q$

(b) $(p \rightarrow q) \wedge (p \rightarrow \neg q)$와 $\neg p$

p	q	$\neg q$	$p \rightarrow q$	$p \rightarrow \neg q$	$(p \rightarrow q) \wedge (p \rightarrow \neg q)$	$\neg p$
T	T	F	T	F	F	F
T	F	T	F	T	F	F
F	T	F	T	T	T	T
F	F	T	T	T	T	T

$\therefore\ (p \rightarrow q) \wedge (p \rightarrow \neg q) \equiv \neg p$

(c) $p \to \{(p \wedge q) \oplus q\}$와 $\mathbf{T}$

p	q	$p \wedge q$	$\{(p \wedge q) \oplus q\}$	$p \to \{(p \wedge q) \oplus q\}$
T	T	T	F	F
T	F	F	F	F
F	T	F	T	T
F	F	F	F	T

$\therefore$ $p \to \{(p \wedge q) \oplus q\}$와 항진명제($\mathbf{T}$)는 동치가 아니다.

논리적 동치법칙을 이용한 논리적 동치 판별

합성명제들 중 항상 동치인 합성명제를 모아 법칙으로 정리한 것이 논리적 동치법칙이다. 이 논리적 동치법칙을 이용하면 복잡하게 표현된 합성명제를 단순한 표현의 합성명제로 바꿀 수 있다.

[표 2-22] 논리적 동치법칙

논리적 동치		법칙
$p \wedge \mathbf{T} \equiv p$	$p \vee \mathbf{F} \equiv p$	항등법칙(identity law)
$p \wedge \mathbf{F} \equiv \mathbf{F}$	$p \vee \mathbf{T} \equiv \mathbf{T}$	지배법칙(domination law)
$p \wedge \neg p \equiv \mathbf{F}$	$p \vee \neg p \equiv \mathbf{T}$	부정법칙(negation law)
$\neg(\neg p) \equiv p$		이중 부정법칙(double negation law)
$p \wedge p \equiv p$	$p \vee p \equiv p$	멱등법칙(idempotent law)
$p \wedge q \equiv q \wedge p$	$p \vee q \equiv q \vee p$	교환법칙(commutative law)
$(p \wedge q) \wedge r \equiv p \wedge (q \wedge r)$	$(p \vee q) \vee r \equiv p \vee (q \vee r)$	결합법칙(associative law)
$p \vee (q \wedge r) \equiv (p \vee q) \wedge (p \vee r)$	$p \wedge (q \vee r) \equiv (p \wedge q) \vee (p \wedge r)$	분배법칙(distributive law)
$\neg(p \wedge q) \equiv \neg p \vee \neg q$	$\neg(p \vee q) \equiv \neg p \wedge \neg q$	드 모르간의 법칙(De Morgan's law)
$p \wedge (p \vee q) \equiv p$	$p \vee (p \wedge q) \equiv p$	흡수법칙(absorption law)
$p \to q \equiv \neg p \vee q$		함축법칙(implication law)

논리적 동치법칙을 합성명제에 적용할 때, 결합법칙을 적용해야 하는 경우와 분배법칙을 적용해야 하는 경우를 잘 구분해야 하는데, 괄호 안의 논리 연산자와 괄호 밖의 논리 연산자가 같은 경우는 결합법칙을 적용하고 괄호 안의 논리 연산자와 괄호 밖의 논리 연산자가 다른 경우는 분배법칙을 적용한다.

- **결합법칙을 적용해야 하는 경우**

$$(p \wedge q) \wedge r$$

같은 논리 연산자

- **분배법칙을 적용해야 하는 경우**

$$(p \vee q) \wedge r$$

다른 논리 연산자

논리적 동치법칙을 이용하여 흡수법칙 $p \wedge (p \vee q)$가 p와 동치임을 증명해보자. 오른쪽에 명시된 법칙은 각 단계에서 적용한 법칙이다.

$$\begin{aligned} p \wedge (p \vee q) &\equiv (p \vee \mathbf{F}) \wedge (p \vee q) && (\because \text{ 항등법칙}) \\ &\equiv p \vee (\mathbf{F} \wedge q) && (\because \text{ 분배법칙}) \\ &\equiv p \vee \mathbf{F} && (\because \text{ 지배법칙}) \\ &\equiv p && (\because \text{ 항등법칙}) \end{aligned}$$

진리표를 이용하여 위 식이 동치임을 확인할 수 있다.

[표 2-23] $p \wedge (p \vee q) \equiv p$의 증명 진리표

p	q	$p \vee q$	$p \wedge (p \vee q)$
T	T	T	T
T	F	T	T
F	T	T	F
F	F	F	F

예제 2-10

논리적 동치법칙을 이용하여 다음 합성명제의 논리적 동치관계가 성립함을 증명하라.

(a) $p \vee p \equiv p$

(b) $(p \rightarrow q) \wedge (p \rightarrow \neg q) \equiv \neg p$

(c) $p \rightarrow \{(p \wedge q) \rightarrow q\} \equiv \mathbf{T}$

풀이

(a)
$$\begin{aligned} p \vee p &\equiv (p \vee p) \wedge \mathbf{T} && (\because \text{ 항등법칙}) \\ &\equiv (p \vee p) \wedge (p \vee \neg p) && (\because \text{ 부정법칙}) \\ &\equiv p \vee (p \wedge \neg p) && (\because \text{ 분배법칙}) \\ &\equiv p \vee \mathbf{F} && (\because \text{ 부정법칙}) \\ &\equiv p && (\because \text{ 항등법칙}) \end{aligned}$$

(b) $(p \to q) \wedge (p \to \neg q) \equiv (\neg p \vee q) \wedge (\neg p \vee \neg q)$ (∵ 함축법칙)

$\equiv \neg p \vee (q \wedge \neg q)$ (∵ 분배법칙)

$\equiv \neg p \vee \mathbf{F}$ (∵ 부정법칙)

$\equiv \neg p$ (∵ 항등법칙)

(c) $p \to \{(p \wedge q) \to q\} \equiv \neg p \vee \{\neg(p \wedge q) \vee q\}$ (∵ 함축법칙)

$\equiv \neg p \vee \{(\neg p \vee \neg q) \vee q\}$ (∵ 드 모르간의 법칙)

$\equiv \neg p \vee \{\neg p \vee (\neg q \vee q)\}$ (∵ 결합법칙)

$\equiv \neg p \vee (\neg p \vee \mathbf{T})$ (∵ 부정법칙)

$\equiv \neg p \vee \mathbf{T}$ (∵ 지배법칙)

$\equiv \mathbf{T}$ (∵ 지배법칙)

2.6 명제함수와 한정자

명제의 정의에 따라 식 '$x > 10$'은 x값이 정해지지 않았으므로 진릿값을 판별할 수 없어 명제가 아니다. 그러나 x의 값이나 범위가 주어진다면 진릿값을 판별할 수 있으므로 명제가 될 수 있다. 이와 같이 범위가 주어진 변수를 포함하는 명제를 명제함수라 하고, 주어진 범위를 논의영역이라 한다.

정의 2-18 **명제함수(propositional function : $P(x)$)**

논의영역이 주어진 변수 x를 포함하여 진릿값을 판별할 수 있는 문장이나 수식

정의 2-19 **논의영역(domain of discourse : D)**

명제함수에 포함된 변수 x의 범위나 값

명제함수는 일반적으로 P, Q, R, $\cdots$과 같은 대문자와 명제함수에 포함된 변수를 함께 표시한다. 다음은 명제함수의 예이다.

$P(x)$: 정수 x에 대하여 $|x| \le 0$을 만족하는 정수가 적어도 한 개는 있다.

$Q(x, y)$: 실수 x, y에 대하여 $x = 2y$를 만족하는 x, y는 하나도 없다.

예제 2-11

주어진 논의영역에 대한 명제함수의 진릿값을 구하라.

(a) $x = 3$일 때, $P(x)$: $x^2 - 3x = 0$

(b) $x = -5$, $y = 1$일 때, $R(x, y)$: $x > 3y$

(c) $x = 36$, $y = 2$, $z = 0$일 때, $S(x, y, z)$: $z = \sqrt{x} - 3y$

풀이

(a) $P(3)\ :\ 3^2 - 3 \times 3 = 0$
$\therefore\ x = 3$일 때, 명제함수 $P(x)$는 참(T)

(b) $R(-5, 1)\ :\ -5 < 3 \times 1$
$\therefore\ x = -5,\ y = 1$일 때, 명제함수 $R(x, y)$는 거짓(F)

(c) $S(36, 2, 0)\ :\ 0 = \sqrt{36} - 3 \times 2$
$\therefore\ x = 36,\ y = 2,\ z = 0$일 때, 명제함수 $S(x, y, z)$는 참(T)

한정자

[예제 2-11]과 같이 논의영역이 특정 값으로 주어질 수도 있으나, 다음과 같이 값이나 원소의 범위 형태로 주어질 수도 있다.

$$D = \{x \mid 0 \leq x \leq 100,\ x \in \mathbb{Z}\}$$

논의영역이 범위 형태로 주어지는 경우 주어진 범위에 포함되는 값들이 모두 명제함수를 참(T)으로 만드는지, 아니면 일부 값만이 명제함수를 참(T)으로 만드는지, 혹은 범위 내의 어느 값도 명제함수를 참(T)으로 만들지 않는지에 따라 명제함수의 진릿값이 달라질 수 있다. 그러므로 범위 형태로 논의영역이 주어지는 경우 명제함수가 논의영역의 전체 값(원소)에 대한 것인지, 혹은 일부에 대한 것인지를 표시해야 하는데, 이를 한정자라고 한다.

정리하면 논의영역이 범위 형태로 주어지는 경우, 명제함수에 포함되는 모든 변수가 한정자에 의해 제한된 구속변수여야만 명제함수의 정확한 진릿값을 판별할 수 있다.

TIP 구속변수와 자유변수

명제함수를 구성하는 변수는 다음과 같이 구분할 수 있다.

- **구속변수**(binding variable) : 한정자에 의해 범위가 제한되는 변수
- **자유변수**(free variable) : 한정자에 의해 범위가 제한되지 않는 변수

한정자는 전체 한정자와 존재 한정자로 구분된다.

정의 2-20 **전체 한정자(universal quantifier : ∀)**

논의영역에 포함되는 모든 값(원소)을 의미
논의영역 D에 포함되는 **모든** x에 대한 명제 $P(x)$: $\forall xP(x)$

전체 한정자로 논의영역의 범위가 주어진 명제함수 $P(x)$는 $\forall xP(x)$로 표기하며 '모든 x에 대하여 $P(x)$이다'라고 읽는다. $\forall xP(x)$는 명제함수 $P(x)$의 진릿값이 논의영역에 포함된 모든 원소에 대하여 참(T)이면 명제함수의 진릿값을 참(T)으로 판단한다. 그러나 논의영역에 포함되는 원소 중 하나에 대해서라도 명제함수가 거짓(F)이면 그 명제함수는 거짓(F)으로 판단한다.

예를 들어, 논의영역 D가 정수 집합이고 명제함수 $P(x)$가 'x는 실수이다'라고 하자. 그러면 $\forall xP(x)$는 '논의영역 D의 모든 x는 실수이다'이고 논의영역 D에 포함되는 정수는 모두 실수에 포함되므로 $\forall xP(x)$의 진릿값은 참(T)이다.

이번에는 논의영역 D가 정수 집합이고 명제함수 $P(x)$가 'x는 자연수이다'라고 하자. 그러면 $\forall xP(x)$는 '논의영역 D의 모든 x는 자연수이다'이고 논의영역 D에 포함되는 정수 중 일부인 0과 음수는 자연수가 아니므로, 즉 논의영역 D의 모든 값이 자연수인 것은 아니므로 $\forall xP(x)$의 진릿값은 거짓(F)이다.

정의 2-21 **존재 한정자(existential quantifier : ∃)**

논의영역에 포함되는 모든 값(원소) 중 일부를 의미
논의영역 D에 포함되는 **어떤** x에 대한 명제 $P(x)$: $\exists xP(x)$

존재 한정자로 논의영역의 범위가 주어진 명제함수는 $\exists xP(x)$로 표기하며, '어떤 x에 대하여 $P(x)$이다'로 읽는다. $\exists xP(x)$는 명제함수 $P(x)$의 진릿값이 논의영역에 포함된 일부(하나 이상) 원소에 대하여 참(T)이면 명제함수의 진릿값을 참(T)으로 판단한다. 그러나 논의영역의 모든 원소에 대하여 명제함수가 거짓(F)이면 그 명제함수는 거짓(F)으로 판단한다.

예를 들어, 논의영역 D가 정수 집합이고, 명제함수 $P(x)$가 'x는 자연수이다'라고 하자. 그러면 $\exists xP(x)$는 '논의영역 D의 어떤 x는 자연수이다'이고 논의영역 D에 포함되는 정수 중 일부인 양수는 곧 자연수이므로, $\exists xP(x)$의 진릿값은 참(T)이라고 판단한다.

이번에는 논의영역 D가 정수 집합이고, 명제함수 $P(x)$가 'x는 허수이다'라고 하자. 그러면 $\exists xP(x)$는 '논의영역 D의 어떤 x는 허수이다'이고 논의영역 D에 포함되는 정수 모두는 허수가 아니므로 $\exists xP(x)$의 진릿값은 거짓(F)이라고 판단한다.

예제 2-12

다음과 같이 논의영역 D와 명제함수 $P(x)$가 주어질 때, $\forall xP(x)$와 $\exists xP(x)$의 진릿값을 구하라.

(a) $D=\{x \mid x<0, x\in\mathbb{Z}\}$, $P(x)$: $x^2<0$

(b) $D=\mathbb{N}$, $P(x)$: $\sqrt{x}\in\mathbb{R}$

(c) $D=\mathbb{R}$, $P(x)$: $\sqrt{x}\in\mathbb{R}$

풀이

(a) 모든 음수에 대하여 $x^2>0$이다.

$\therefore$ $\forall xP(x)$: 논의영역의 모든 원소에 대하여 $x^2<0$이 거짓(F)이므로, 거짓(F)

$\exists xP(x)$: 논의영역의 모든 원소에 대하여 $x^2<0$이 거짓(F)이므로, 거짓(F)

(b) 모든 자연수의 제곱근은 실수에 포함된다.

$\therefore$ $\forall xP(x)$: 논의영역의 모든 원소에 대하여 $\sqrt{x}\in\mathbb{R}$이 참(T)이므로, 참(T)

$\exists xP(x)$: 논의영역의 모든 원소에 대하여 $\sqrt{x}\in\mathbb{R}$이 참(T)이므로, 참(T)

(c) 음의 실수 집합 $\{x \mid x<0, x\in\mathbb{R}\}$의 원소에 대하여 $\sqrt{x}\notin\mathbb{R}$이다.

$\therefore$ $\forall xP(x)$: 논의영역의 원소 중 $\{x \mid x<0, x\in\mathbb{R}\}$에 대하여 $\sqrt{x}\in\mathbb{R}$이 거짓(F)이므로, 거짓(F)

$\exists xP(x)$: 논의영역의 원소 중 $\{x \mid x\geq 0, x\in\mathbb{R}\}$에 대하여 $\sqrt{x}\in\mathbb{R}$이 참(T)이므로, 참(T)

논의영역이 범위 형태로 주어진 명제함수의 진릿값을 판별하기 위해서는 명제함수를 구성하는 변수들이 구속변수여야 한다고 앞에서 설명하였다. 그러므로 명제함수에 포함되는 변수가 두 개 이상인 경우에는 모든 변수에 대하여 한정자를 표시해야 한다. 예를 들어 변수 x, y를 갖는 명제함수 $P(x,y)$에 대해서는 8가지의 한정된 명제함수 표현이 존재하며 각 표현에 대한 문장 표현은 다음과 같다.

[표 2-24] 한정된 명제함수의 문장 표현

한정된 명제함수	문장 표현
$\forall x\forall yP(x,y)$	모든 x와 모든 y에 대하여, $P(x,y)$가 성립한다.
$\forall x\exists yP(x,y)$	모든 x에 대하여, $P(x,y)$를 만족하는 y가 적어도 하나 존재한다.
$\exists x\forall yP(x,y)$	어떤 x가 존재하여 모든 y에 대해, $P(x,y)$가 성립한다.
$\exists x\exists yP(x,y)$	어떤 x에 대하여, $P(x,y)$를 만족하는 y가 적어도 하나 존재한다.
$\forall y\forall xP(x,y)$	모든 y와 모든 x에 대하여, $P(x,y)$가 성립한다.
$\forall y\exists xP(x,y)$	모든 y에 대하여, $P(x,y)$를 만족하는 x가 적어도 하나 존재한다.
$\exists y\forall xP(x,y)$	어떤 y가 존재하여 모든 x에 대해, $P(x,y)$가 성립한다.
$\exists y\exists xP(x,y)$	어떤 y에 대하여, $P(x,y)$를 만족하는 x가 적어도 하나 존재한다.

예를 들어, 논의영역 D인 $\{d|0 < d \leq 3, d \in \mathbb{N}\}$에서 변수 x, y를 갖는 명제함수 $P(x, y)$가 $xy > 5$인 경우를 살펴보자. 우선 논의영역의 각 값을 명제함수 $P(x, y)$에 입력한 결과는 다음과 같다.

$x = 1$, $y = 1$일 때, $1 \cdot 1 < 5$ ∴ 거짓(F)
$y = 2$일 때, $1 \cdot 2 < 5$ ∴ 거짓(F)
$y = 3$일 때, $1 \cdot 3 < 5$ ∴ 거짓(F)
$x = 2$, $y = 1$일 때, $2 \cdot 1 < 5$ ∴ 거짓(F)
$y = 2$일 때, $2 \cdot 2 < 5$ ∴ 거짓(F)
$y = 3$일 때, $2 \cdot 3 > 5$ ∴ 참(T)
$x = 3$, $y = 1$일 때, $3 \cdot 1 < 5$ ∴ 거짓(F)
$y = 2$일 때, $3 \cdot 2 > 5$ ∴ 참(T)
$y = 3$일 때, $3 \cdot 3 > 5$ ∴ 참(T)

위 결과를 통해 8가지 한정된 명제함수 표현의 진릿값을 구해보자.

(1) $\forall x \forall y P(x, y)$: 모든 x의 각 값이 모든 y값에 대하여 참(T)인 경우에만 참(T)으로 판별할 수 있는데, x값 중 어느 값도 모든 y에 대해 참(T)인 경우는 없다.
∴ 거짓(F)

(2) $\forall x \exists y P(x, y)$: 모든 x의 각 값이 적어도 하나의 y에 대하여 참(T)인 경우가 있다면 참(T)으로 판별할 수 있는데, $x = 1$인 경우에는 모든 y에 대하여 거짓(F)이다.
∴ 거짓(F)

(3) $\exists x \forall y P(x, y)$: x값 중 모든 y에 대하여 참(T)인 경우가 하나라도 존재하면 참(T)으로 판별할 수 있는데, 어떤 x값도 모든 y에 대하여 참(T)인 경우는 없다.
∴ 거짓(F)

(4) $\exists x \exists y P(x, y)$: x값 중 적어도 하나의 y값에 대하여 참(T)인 경우가 하나라도 존재하면 참(T)으로 판별할 수 있는데, $x = 2, y = 3$인 경우, $x = 3, y = 2$인 경우, $x = 3, y = 3$인 경우에 참(T)이다.
∴ 참(T)

(5) $\forall y \forall x P(x, y)$: 모든 y의 각 값이 모든 x값에 대하여 참(T)인 경우에만 참(T)으로 판별할 수 있는데, y값 중 어느 값도 모든 x에 대해 참(T)인 경우는 없다.
∴ 거짓(F)

(6) $\forall y \exists x P(x, y)$: 모든 y의 각 값이 적어도 하나의 x에 대하여 참(T)인 경우가 있다면 참(T)으로 판별할 수 있는데, $y = 1$인 경우에는 모든 x에 대하여 거짓(F)이다.
∴ 거짓(F)

(7) $\exists y \forall x P(x, y)$: y값 중 모든 x에 대하여 참(T)인 경우가 하나라도 존재하면 참(T)으로 판별할 수 있는데, 어느 y값도 모든 x에 대하여 참(T)인 경우는 없다.
∴ 거짓(F)

(8) $\exists y \exists x P(x, y)$: y값 중 적어도 하나의 x에 대하여 참(T)인 경우가 하나라도 존재하면 참(T)으로 판별할 수 있는데, $y=2$, $x=3$인 경우, $y=3$, $x=2$인 경우, $y=3$, $x=3$인 경우에 참(T)이다.
∴ 참(T)

예제 2-13

x와 y의 논의영역이 각각 $D_x = \{x \mid -2 \le x \le 0, x \in \mathbb{Z}\}$, $D_y = \{y \mid 0 \le y \le 2, y \in \mathbb{Z}\}$이고, 변수 x, y를 갖는 명제함수 $P(x, y)$가 $x - y \ge -2$일 때, 표현 가능한 한정된 명제함수 표현의 진릿값을 구하라.

풀이

논의영역 $D_x = \{-2, -1, 0\}$, $D_y = \{0, 1, 2\}$의 각 값을 명제함수 $P(x, y)$의 변수 x, y에 대입하면 다음과 같다.

$x=-2$,	$y=0$일 때,	$(-2)-0 \ge -2$	∴ 참(T)
	$y=1$일 때,	$(-2)-1 < -2$	∴ 거짓(F)
	$y=2$일 때,	$(-2)-2 < -2$	∴ 거짓(F)
$x=-1$,	$y=0$일 때,	$(-1)-0 \ge -2$	∴ 참(T)
	$y=1$일 때,	$(-1)-1 \ge -2$	∴ 참(T)
	$y=2$일 때,	$(-1)-2 < -2$	∴ 거짓(F)
$x=0$,	$y=0$일 때,	$0-0 \ge -2$	∴ 참(T)
	$y=1$일 때,	$0-1 \ge -2$	∴ 참(T)
	$y=2$일 때,	$0-2 \ge -2$	∴ 참(T)

(1) $\forall x \forall y P(x, y)$: 거짓(F)
∵ $x=-2$이고 $y=1$ 또는 $y=2$일 때, $x=-1$이고 $y=2$일 때 거짓(F)

(2) $\forall x \exists y P(x, y)$: 참(T)
∵ $x=-2$이고 $y=0$일 때, $x=-1$이고 $y=0$ 또는 $y=1$일 때, $x=0$이고 $y=0$, $y=1$ 또는 $y=2$일 때 참(T)

(3) $\exists x \forall y P(x, y)$: 참(T)
∵ $x=0$일 때, $y=0$, $y=1$, $y=2$인 경우 모두 참(T)

(4) $\exists x \exists y P(x, y)$: 참(T)

$\because$ $x = -2$이고 $y = 1$일 때, $x = -1$이고 $y = 0$ 또는 $y = 1$일 때, $x = 0$이고 $y = 0$, $y = 1$ 또는 $y = 2$일 때 참(T)

(5) $\forall y \forall x P(x, y)$: 거짓(F)

$\because$ $y = 1$이고 $x = -2$일 때, $y = 2$이고 $x = -1$ 또는 $x = -2$일 때 거짓(F)

(6) $\forall y \exists x P(x, y)$: 참(T)

$\because$ $y = 0$이고 $x = -2$, $x = -1$ 또는 $x = 0$일 때, $y = 1$이고 $x = -1$ 또는 $x = 0$일 때, $y = 2$이고 $x = 0$일 때 참(T)

(7) $\exists y \forall x P(x, y)$: 참(T)

$\because$ $y = 0$이고 $x = -2$, $x = -1$ 또는 $x = 0$일 때 참(T)

(8) $\exists y \exists x P(x, y)$: 참(T)

$\because$ $y = 0$이고 $x = -2$, $x = -1$ 또는 $x = 0$일 때, $y = 1$이고 $x = -1$ 또는 $x = 0$일 때, $y = 2$이고 $x = 0$일 때 참(T)

한정자와 논리합(OR)/논리곱(AND)

명제함수도 명제이므로 논리 연산이 가능하다. 그러므로 논리 연산이 한정자에 미치는 영향도 이해해야 한다. 한정자로 제한된 명제함수의 논리합(OR)과 논리곱(AND) 연산은 다음 [표 2-25]와 같다.

[표 2-25] 한정자를 적용한 명제함수의 논리합(OR), 논리곱(AND)에 대한 정리

$$\forall x(P(x) \wedge Q(x)) \equiv \forall x P(x) \wedge \forall x Q(x)$$
$$\exists x(P(x) \vee Q(x)) \equiv \exists x P(x) \vee \exists x Q(x)$$

[표 2-25]에서 $\forall x(P(x) \wedge Q(x)) \equiv \forall x P(x) \wedge \forall x Q(x)$를 증명해보자. 이 식이 성립함을 증명하려면 다음의 쌍방조건명제가 성립해야 한다.

$$\{\forall x(P(x) \wedge Q(x)) \equiv \mathbf{T}\} \leftrightarrow \{\forall x P(x) \wedge \forall x Q(x) \equiv \mathbf{T}\}$$

이 쌍방조건명제는 다음과 같이 두 개의 조건명제를 논리곱으로 연산하는 논리식과 동치이다.

$$\underbrace{\{\forall x(P(x) \wedge Q(x)) \equiv \mathbf{T}\} \rightarrow \{\forall x P(x) \wedge \forall x Q(x) \equiv \mathbf{T}\}}_{(1)}$$
$$\wedge \underbrace{\{\forall x P(x) \wedge \forall x Q(x) \equiv \mathbf{T}\} \rightarrow \{\forall x(P(x) \wedge Q(x)) \equiv \mathbf{T}\}}_{(2)}$$

그러므로 쌍방조건명제 $\{\forall x(P(x) \wedge Q(x)) \equiv \mathbf{T}\} \leftrightarrow \{\forall x P(x) \wedge \forall x Q(x) \equiv \mathbf{T}\}$가 성립함을 증명하기 위해서는 조건명제 (1), (2)가 모두 참(T)임을 증명하면 된다. 이때 명제함수 $P(x)$와 $Q(x)$의 논의영역은 같다.

(1) $\{\forall x(P(x) \wedge Q(x)) \equiv \mathbf{T}\} \rightarrow \{\forall x P(x) \wedge \forall x Q(x) \equiv \mathbf{T}\}$가 참(T)임을 증명

$\forall x(P(x) \wedge Q(x)) \equiv \mathbf{T}$라고 가정하면 논의영역에 속하는 모든 x에 대하여 $P(x) \wedge Q(x)$가 참(T)임을 의미하고, 이는 논의영역에 속하는 모든 x에 대하여 $P(x)$도 참(T)이고 $Q(x)$도 참(T)이므로 성립한다. 즉, $\forall x P(x)$도 참(T), $\forall x Q(x)$도 참(T)이므로 $\forall x P(x) \wedge \forall x Q(x) \equiv \mathbf{T}$가 성립한다.

(2) $\{\forall x P(x) \wedge \forall x Q(x) \equiv \mathbf{T}\} \rightarrow \{\forall x(P(x) \wedge Q(x)) \equiv \mathbf{T}\}$가 참(T)임을 증명

$\forall x P(x) \wedge \forall x Q(x) \equiv \mathbf{T}$라고 가정하면 논의영역에 속하는 모든 x에 대하여 $P(x)$도 참(T)이고 $Q(x)$도 참(T)이다. 그러면 논의영역에 속하는 모든 x에 대하여 $P(x) \wedge Q(x)$가 참(T)이므로 $\forall x(P(x) \wedge Q(x)) \equiv \mathbf{T}$가 성립한다.

결론적으로 조건명제 (1)과 (2)가 모두 참(T)이므로 쌍방조건명제 $\{\forall x(P(x) \wedge Q(x)) \equiv \mathbf{T}\} \leftrightarrow \{\forall x P(x) \wedge \forall x Q(x) \equiv \mathbf{T}\}$가 참(T)이다. 따라서 전체 한정자($\forall$)에 대한 논리곱(AND) 연산 $\forall x(P(x) \wedge Q(x)) \equiv \forall x P(x) \wedge \forall x Q(x)$가 성립한다고 정리할 수 있다. 존재 한정자($\exists$)에 대한 논리합(OR) 연산 또한 같은 방법으로 증명할 수 있다.

한편, [표 2-25]를 보면 전체 한정자($\forall$)의 경우에는 논리합(OR)에 대하여($\forall x(P(x) \vee Q(x))$와 $\forall x P(x) \vee \forall x Q(x)$), 존재 한정자($\exists$)의 경우에는 논리곱(AND)에 대하여($\exists x(P(x) \wedge Q(x))$와 $\exists x P(x) \wedge \exists x Q(x)$) 논리식이 언급되지 않음을 알 수 있다. 그 이유는 $\forall x(P(x) \vee Q(x))$와 $\forall x P(x) \vee \forall x Q(x)$, $\exists x(P(x) \wedge Q(x))$와 $\exists x P(x) \wedge \exists x Q(x)$ 사이에 동치관계가 성립되지 않기 때문이다. 이 중 $\exists x(P(x) \wedge Q(x))$와 $\exists x P(x) \wedge \exists x Q(x)$ 사이에 왜 동치관계가 성립하지 않는지 다음 예를 통해 알아보자.

논의영역이 $D = \{x | x \in \mathbb{R}\}$이고 명제함수 $P(x)$와 $Q(x)$가 다음과 같다고 하자.

$$P(x) : x > 0, \quad Q(x) : x < 0$$

이때 $P(x) \wedge Q(x)$가 성립하는 x값은 존재하지 않으므로 $\exists x(P(x) \wedge Q(x))$는 거짓(F)이다. 반면, 논의영역 D에 속하는 값 중 양의 실수 x에 대해서는 $P(x)$가 참(T)이므로 $\exists x P(x)$는 참(T)이고, 논의영역 D에 속하는 값 중 음의 실수 x에 대해서는 $Q(x)$가 참(T)이므로 $\exists x Q(x)$도 참(T)이다. 그러므로 $\exists x P(x) \wedge \exists x Q(x)$는 참(T)이다. 결과적으로 $\exists x(P(x) \wedge Q(x))$의 진릿값과 $\exists x P(x) \wedge \exists x Q(x)$의 진릿값이 서로 다르므로, $\exists x(P(x) \wedge Q(x)) \not\equiv \exists x P(x) \wedge \exists x Q(x)$이다. 마찬가지로 $\forall x(P(x) \vee Q(x)) \not\equiv \forall x P(x) \vee \forall x Q(x)$가 성립한다.

한정자와 부정(NOT)

한정자로 제한된 명제함수의 부정(NOT) 연산은 다음 [표 2-26]과 같다.

[표 2-26] 한정자를 적용한 명제함수의 부정(NOT)에 대한 정리

$$\neg \forall x P(x) \equiv \exists x(\neg P(x))$$
$$\neg \exists x P(x) \equiv \forall x(\neg P(x))$$

예를 들어, 논의영역이 $D=\{d \mid d \in 과일\}$이고 명제함수 $P(x)$가 '이 상자에 있는 x는 사과이다'라고 하면 '이 상자에 있는 모든 과일은 사과이다'라는 명제는 다음과 같이 기호로 표현할 수 있다.

'이 상자에 있는 모든 과일은 사과이다' : $\forall x P(x)$

명제 $\forall x P(x)$의 부정(NOT)은 기호로 $\neg \forall x P(x)$로 표현할 수 있다. $\neg \forall x P(x)$를 문장으로 표현하면 '이 상자에 있는 모든 과일은 사과가 아니다'일까? 아니다. $\neg \forall x P(x)$의 정확한 문장 표현은 '이 상자에 있는 어떤 과일은 사과가 아니다'이다. 왜냐하면 '이 상자에 있는 모든 과일은 사과이다'라는 명제는 상자 안에 사과 외에 다른 과일이 하나라도 있다면 거짓(T)이기 때문이다. '이 상자에 있는 어떤 과일은 사과가 아니다'에 대한 기호 표현은 다음과 같다.

'이 상자에 있는 어떤 과일은 사과가 아니다' : $\exists x(\neg P(x))$

그러므로 $\forall x P(x)$의 부정(NOT)인 $\neg \forall x P(x)$는 $\exists x(\neg P(x))$와 동치이다.

둘 이상의 변수를 구속변수로 한정한 명제함수에 대해서는 부정(NOT) 연산자를 적용한 한정자부터 순차적으로 오른쪽으로 부정(NOT) 연산을 적용한다고 생각하면 쉽다. 예를 들어, $\neg \forall x \forall y P(x, y)$는 다음과 같이 부정(NOT) 연산을 적용한다.

$$\neg \forall x \forall y P(x, y) \equiv \exists x \neg \forall y P(x, y) \equiv \exists x \exists y \neg P(x,y)$$

$\exists x \neg \forall y \exists z P(x, y, z)$의 경우는 다음과 같이 부정(NOT) 연산을 적용한다.

$$\exists x \neg \forall y \exists z P(x, y, z) \equiv \exists x \exists y \neg \exists z P(x, y, z) \equiv \exists x \exists y \forall z \neg P(x, y, z)$$

만약 명제함수의 논리합(OR) 또는 논리곱(AND)이 적용되어 있다면 어떨까? 논리 연산에 대해서는 드 모르간의 법칙을 적용한다. 하나의 예를 들면 다음과 같다.

$$\begin{aligned}\neg(\forall x \exists y P(x, y) \wedge \exists y \forall z Q(y, z)) &\equiv \neg \forall x \exists y P(x, y) \vee \neg \exists y \forall z Q(y, z) \\ &\equiv \exists x \neg \exists y P(x,y) \vee \forall y \neg \forall z Q(y, z) \\ &\equiv \exists x \forall y \neg P(x,y) \vee \forall y \exists z \neg Q(y, z)\end{aligned}$$

2.7 추론

컴퓨터 시스템으로 구현한 것 중 인간의 학습, 추론, 지각 등의 능력을 구현한 것이 바로 인공지능이다. 인공지능은 이미 참(T)으로 판별된 명제와 반박할 수 없는 논리 규칙을 이용하여 새로운 참(T)인 명제를 정보로 획득하는 방식으로 지능을 높인다. 이처럼 참(T)인 명제와 논리 규칙을 이용하여 또 다른 참(T)인 명제를 유도해가는 과정을 추론이라고 한다. 이 절에서는 새로운 지식을 유도하기 위해 적용하는 규칙을 살펴본다.

정의 2-22 추론(inference) / 논증(reasoning)

참(T)인 명제를 근거로 하여 다른 명제가 참(T)임을 유도하는 과정 또는 방식

추론에서 사용하는 명제는 추론의 근거로 사용하는 명제와 결론으로 나오는 명제로 구성된다.

정의 2-23 전제(hypothesis)와 결론(conclusion)

(a) **전제** : 결론의 근거가 되는 참(T)인 명제
(b) **결론** : 주어진 전제에 의해 유도된 최종적인 참(T)인 명제

유효추론과 허위추론

추론에서 전제로 사용되는 명제는 항상 참(T)이다. 그러나 참(T)인 명제를 전제로 추론한다고 해도 추론 과정의 오류 등으로 인해 결론이 거짓(F)일 수도 있다. 결론이 거짓(F)인 추론은 올바른 추론이 아니므로 결론이 참(T)이 될 수 있도록 다른 전제를 이용하여 새로 추론해야 한다. 이처럼 추론의 결론이 참(T)이냐 아니냐는 그 추론이 정당한지 아닌지를 의미한다.

정의 2-24 유효추론(valid inference) / 정당한 추론

진릿값이 참(T)인 주어진 전제를 이용하여 유도한 결론이 모두 참(T)인 추론

정의 2-25 **허위추론(fallacious inference) / 부당한 추론**

진릿값이 참(T)인 주어진 전제를 이용하여 유도한 결론이 거짓(F)인 추론

앞서 설명했듯이 추론에 사용하는 전제는 항상 참(T)인 명제여야 한다. 이 명제를 이용하여 추론했을 때 결론의 진릿값이 모두 참(T)이면 그 추론은 정확하다고 판단하여 '유효추론' 또는 '정당한 추론'이라 하고 결론의 진릿값 중 하나라도 거짓(F)이면 정확하지 않은 추론이라고 판단하여 '허위추론' 또는 '부당한 추론'이라고 한다.

다음과 같이 두 개의 전제 명제를 이용하여 결론을 얻은 추론이 있다고 하자.

- 전제 : 태양이 달보다 지구와 멀면 지구는 자전한다.
  태양은 달보다 지구와 멀다.
- 결론 : 지구는 자전한다.

위 추론에서 명제 p를 '태양은 달보다 지구와 멀다', 명제 q를 '지구는 자전한다'로 정의하여 추론을 기호화하고 진릿값을 구하면 다음 [표 2-27]과 같다.

[표 2-27] 유효추론의 예

전제		결론
$p \rightarrow q$	p	q
T	T	T
F	T	F
T	F	T
T	F	F

$$\begin{array}{l} p \rightarrow q \\ p \\ \therefore\ q \end{array}$$

[표 2-27]에서 회색 음영 표시된 부분은 전제 명제 p와 $p \rightarrow q$가 모두 참(T)인 경우로, 이때 결론 q 또한 진릿값이 참(T)이다. 그러므로 이 추론은 유효추론이다.

다음 추론을 살펴보자.

- 전제 : 태양이 달보다 지구와 멀면 지구는 자전한다.
  지구는 자전한다.
- 결론 : 태양은 달보다 지구와 멀다.

위 추론에서 명제 p를 '태양은 달보다 지구와 멀다', 명제 q를 '지구는 자전한다'로 정의하여 추론을 기호화하고 진릿값을 구하면 다음 [표 2-28]과 같다.

[표 2-28] 허위추론의 예

전제		결론
$p \rightarrow q$	q	p
T	T	T
F	F	T
T	T	F
T	F	F

$$\begin{array}{l} p \rightarrow q \\ q \\ \therefore\ p \end{array}$$

[표 2-28]의 회색 음영 표시된 부분은 전제 명제 $p \rightarrow q$와 q가 모두 참(T)인 경우로, 이때 결론 p의 진릿값들 중 거짓(F)이 있다. 따라서 이 추론은 허위추론이다.

이와 같이 추론이 정당한지 부당한지를 판단할 때는 전제에 해당하는 모든 명제의 진릿값들 중 참(T)인 경우에 대하여 결론이 모두 참(T)이어야만 유효추론으로 정의할 수 있다.

예제 2-14

다음 추론이 정당한지 판별하라.

(a) $p \vee (q \vee r)$

$\neg r$

$\therefore\ p \vee q$

(b) $p \rightarrow q \vee \neg r$

$q \rightarrow p \wedge r$

$\therefore\ p \rightarrow r$

풀이

(a)

p	q	r	$q \vee r$	전제		결론
				$p \vee (q \vee r)$	$\neg r$	$p \vee q$
T	T	T	T	T	F	T
T	T	F	T	T	T	T
T	F	T	T	T	F	T
T	F	F	F	T	T	T
F	T	T	T	T	F	T
F	T	F	T	T	T	T
F	F	T	T	T	F	F
F	F	F	F	F	T	F

회색 음영 표시된 부분은 전제가 모두 참(T)인 경우이다. 이에 해당하는 결론도 모두 참(T)이므로 이 추론은 정당하다.

$\therefore$ 유효추론

(b)

p	q	r	$\neg r$	$q \vee \neg r$	$p \wedge r$	전제		결론
						$p \to q \vee \neg r$	$q \to p \wedge r$	$p \to r$
T	T	T	F	T	T	T	T	T
T	T	F	T	T	F	T	F	F
T	F	T	F	F	T	F	T	T
T	F	F	T	T	F	T	T	F★
F	T	T	F	T	F	T	F	T
F	T	F	T	T	F	T	F	T
F	F	T	F	F	F	T	T	T
F	F	F	T	T	F	T	T	T

회색 음영 표시된 부분은 전제가 모두 참(T)인 경우이다. 그러나 이에 해당하는 결론 중 ★로 표시한 결론은 거짓(F)이므로, 전제가 참(T)인 경우에 대한 결론이 모두 참(T)은 아니다. 그러므로 이 추론은 부당하다.

∴ 허위추론

논리적 추론법칙

논리적 동치법칙과 마찬가지로 추론에서 항상 성립하는 유효추론을 논리적 추론법칙이라고 한다. 다음 [표 2-29]는 논리적 추론법칙을 정리한 것이다.

[표 2-29] 논리적 추론법칙

법칙 이름	추론	항진명제
논리곱 (conjunction)	p q $\therefore\ p \wedge q$	$(p \wedge q) \to (p \wedge q)$
선언적 부가 (disjunctive addition)	p $\therefore\ p \vee q$	$p \to (p \vee q)$
단순화 (simplification)	$p \wedge q$ $\therefore\ p$ (또는 q)	$(p \wedge q) \to p$(또는 q)
긍정논법 (modus ponens)	p $p \to q$ $\therefore\ q$	$\{p \wedge (p \to q)\} \to q$
부정논법 (modus tollens)	$\neg q$ $p \to q$ $\therefore\ \neg p$	$\{\neg q \wedge (p \to q)\} \to \neg p$
선언적 삼단논법 또는 소거 (disjunctive syllogism)	$p \vee q$ $\neg q$ $\therefore\ p$	$\{(p \vee q) \wedge \neg q\} \to p$
가설적 삼단논법 또는 추이 (hypothetical syllogism)	$p \to q$ $q \to r$ $\therefore\ p \to r$	$\{(p \to q) \wedge (q \to r)\} \to (p \to r)$

유효추론의 전제와 결론은 모두 진릿값이 참(T)이다. 그러므로 유효추론의 전제에 해당하는 명제를 논리곱(AND)으로 연산한 결과는 항상 참(T)이다. 또한 조건명제에서 조건인 명제가 참(T)이면 결론인 명제도 참(T)이어야 조건명제의 진릿값이 참(T)이다. 이 논리를 이용하여 추론의 전제와 결론을 논리곱(AND) 연산과 조건명제로 표현한 것이 [표 2-29]에서의 항진명제 항목이다.

예제 2-15

주어진 추론법칙과 명제를 보고 빈칸에 알맞은 내용을 써라.

(a) **논리곱**

희영이는 영어를 공부한다.

시진이는 야구를 한다.

∴ ______________________

(b) **긍정논법**

영수가 수학을 공부하면, 희영이는 영어를 공부한다.

__________①__________

∴ __________②__________

(c) **부정논법**

재성이가 국어를 공부하면, 시진이는 야구를 한다.

__________①__________

∴ __________②__________

(d) **가설적 삼단논법 / 추이**

여준이가 축구를 하면, 승주는 수영을 한다.

____

∴ 여준이가 축구를 하면, 시진이는 야구를 한다.

(e) **선언적 삼단논법 / 소거**

____

영수는 수학을 공부하지 않는다.

∴ 재성이는 국어를 공부한다.

풀이

위 물음에서 사용한 명제를 정리하면 다음과 같다.

p : 영수는 수학을 공부한다.	q : 희영이는 영어를 공부한다.
r : 재성이는 국어를 공부한다.	s : 시진이는 야구를 한다.
t : 여준이는 축구를 한다.	u : 승주는 수영을 한다.

(a) 전제로 주어진 명제는 p, s이다. 두 전제에 논리곱 추론법칙을 적용하면 $p \wedge s$이다.
∴ 희영이는 영어를 공부하고 시진이는 야구를 한다.

(b) 전제로 주어진 명제는 $p \rightarrow q$이다. 이 전제에 긍정논법을 적용하려면 전제 p가 필요하고 긍정논법을 통해 얻는 결론은 q이다.
∴ ① 영수가 수학을 공부한다.
② 희영이가 영어를 공부한다.

(c) 전제로 주어진 명제는 $r \rightarrow s$이다. 이 전제에 부정논법을 적용하려면 전제 $\neg s$가 필요하고 부정논법을 통해 얻는 결론은 $\neg r$이다.
∴ ① 시진이는 야구를 하지 않는다.
② 재성이가 국어를 공부하지 않는다.

(d) 전제로 주어진 명제는 $t \rightarrow u$이고, 결론으로 주어진 명제는 $t \rightarrow s$이다. 이 전제와 결론에 적용된 추론법칙은 가설적 삼단논법(추이)이므로 $u \rightarrow s$가 전제로 필요하다.
∴ 승주가 수영을 하면 시진이는 야구를 한다.

(e) 전제로 주어진 명제는 $\neg p$이고 결론으로 주어진 명제는 r이다. 이 전제와 결론에 적용된 추론법칙은 선언적 삼단논법(소거)이므로 $p \vee r$이 전제로 필요하다.
∴ 영수가 수학을 공부하거나 재성이가 국어를 공부한다.

논리적 추론법칙은 항상 유효추론이므로, 주어진 추론이 유효추론인지 허위추론인지를 판별하거나 전제를 이용하여 결론을 유도하는 과정 등에 사용할 수 있다. 단, 전제들에 추론법칙을 적용하여 정당한지 부당한지를 판별하거나 결론을 유도할 때에는 주어진 전제 모두를 최소 한 번 이상 사용해야 한다.

하나 이상의 전제가 주어질 때 그 전제들을 이용한 추론이 유효추론인지 알아보려면 우선 주어진 전제에 추론법칙이나 논리법칙을 적용한다. 그러면 새로운 참(T)인 명제가 만들어지며, 새롭게 만들어진 명제를 추론의 전제로 추가하여 이어서 추론 과정을 진행한다. 이러한 과정은 모든 전제가 추론 과정에 사용될 때까지 반복한다. 다음 전제와 결론을 이용하여 추론의 예를 들어보자.

전제 A : $(\neg p \vee \neg q) \rightarrow \neg r$
전제 B : $\neg r \rightarrow \neg s$
전제 C : s
결론 : p

주어진 전제와 결론을 이용한 추론 과정은 다음과 같다.

❶ 전제 A와 B에 가설적 삼단논법 적용 : $(\neg p \vee \neg q) \rightarrow \neg s$ (전제 D)
❷ 전제 D와 C에 부정논법 적용 : $\neg(\neg p \vee \neg q)$
❸ ❷의 결과에 드 모르간의 법칙 적용 : $p \wedge q$ (전제 E)
❹ 전제 E에 단순화 적용 : p

앞의 ❶에서 전제 A와 B에 가설적 삼단논법(추이)을 적용하면 명제 $(\neg p \vee \neg q) \rightarrow \neg s$가 나오며, 이를 전제 D로 이 추론의 전제에 추가한다. ❶ 이후에는 추론에 사용할 수 있는 전제가 A, B, C, D로 4개이다.

반면, ❷에서 얻은 명제 $\neg(\neg p \vee \neg q)$는 논리법칙(드 모르간의 법칙)으로 정리하면 명제 $p \wedge q$이고, 명제 $p \wedge q$는 또 다른 추론법칙(단순화)을 적용하여 결론으로 유도할 수 있다. 따라서 ❷에서 얻은 명제 $\neg(\neg p \vee \neg q)$를 전제 E로 이 추론의 전제에 추가하는 대신, ❸에서 드 모르간의 법칙을 적용한 결과 얻은 명제 $p \wedge q$를 전제 E로 추가한다.

❹에서 명제 p까지 유도하고 추론을 마무리한 이유는 주어진 결론 p와 같은 결론이 나와 유효추론임을 확인해서이기도 하지만, ❹의 직전 단계까지에서 주어진 전제 A, B, C, D, E를 추론 과정에 모두 사용하여 더 진행할 필요가 없기 때문이기도 하다.

예제 2-16

다음 추론이 유효추론인지 허위추론인지 판별하라.

(a)
$p \rightarrow r$
$p \wedge \neg q$
$\therefore r$

(b)
p
$r \rightarrow (\neg q \wedge r)$
$\neg(q \rightarrow p) \vee r$
$\therefore \neg q$

(c)
$q \rightarrow \neg(p \rightarrow r)$
$\neg p \rightarrow q$
$\neg q \vee (r \rightarrow \neg p)$
$\neg p \vee r$
$\therefore \neg p$

풀이

(a) 전제 A : $p \rightarrow r$
전제 B : $p \wedge \neg q$

❶ 전제 B에 단순화 적용 : p (전제 C)
❷ 전제 A와 C에 긍정논법 적용 : r
$\therefore$ 유효추론

(b) 전제 A : p
전제 B : $r \rightarrow (\neg q \wedge r)$
전제 C : $\neg(q \rightarrow p) \vee r$

❶ 전제 A에 선언적 부가 적용 : $p \vee \neg q$
❷ ❶의 결과에 논리법칙 중 함축법칙 적용 : $p \vee \neg q \equiv q \rightarrow p$ (전제 D)
❸ 전제 C와 D에 선언적 삼단논법(소거) 적용 : r (전제 E)
❹ 전제 B와 E에 긍정논법 적용 : $\neg q \wedge r$ (전제 F)
❺ 전제 E에 단순화 적용 : $\neg q$
$\therefore$ 유효추론

(c) 전제 A : $q \rightarrow \neg(p \rightarrow r)$

전제 B : $\neg p \rightarrow q$

전제 C : $\neg q \vee (r \rightarrow \neg p)$

전제 D : $\neg p \vee r$

❶ 전제 D에 논리법칙 중 함축법칙 적용 : $\neg p \vee r \equiv p \rightarrow r$

❷ 전제 A와 D에 부정논법 적용 : $\neg q$ (전제 E)

❸ 전제 B와 E에 부정논법 적용 : p (전제 F)

❹ 전제 C에 함축법칙, 결합법칙, 드 모르간의 법칙 적용 : $(q \wedge r) \rightarrow \neg p$

❺ 전제 C와 F에 부정논법 적용 : $\neg(q \wedge r)$

$\therefore$ 허위추론

예제 2-17

다음 전제는 모두 참(T)이다. 열쇠가 어디에 있는지 찾으라.

전제 A : 열쇠가 서랍에 있었다면, 출근할 때 열쇠를 보았다.

전제 B : 내가 아침을 먹었다면, 열쇠는 서랍에 있다.

전제 C : 나는 샤워를 했거나 아침을 먹었다.

전제 D : 내가 샤워를 했다면, 열쇠는 가방 속에 있다.

전제 E : 나는 출근할 때 열쇠를 보지 못했다.

풀이

주어진 전제를 구성하는 단순명제를 정리하면 다음과 같다.

p : 열쇠는 서랍에 있다.	q : 출근할 때 열쇠를 보았다.
r : 나는 아침을 먹었다.	s : 나는 샤워를 했다.
t : 열쇠는 가방 속에 있다.	

위의 단순명제 기호를 이용하여 주어진 전제를 기호로 표현하면 다음과 같다.

전제 A : $p \rightarrow q$

전제 B : $r \rightarrow p$

전제 C : $s \vee r$

전제 D : $s \rightarrow t$

전제 E : $\neg q$

❶ 전제 A와 E에 부정논법 적용 : $\neg p$ (전제 F)

❷ 전제 B와 F에 부정논법 적용 : $\neg r$ (전제 G)

❸ 전제 C와 G에 선언적 삼단논법(소거) 적용 : s (전제 H)

❹ 전제 D와 H에 긍정논법 적용 : t

∴ 열쇠는 가방 속에 있다.

2장_핵심요약

CHAPTER 02 연습문제

✔ 문제 해답

✔ **01** 다음 문장이 명제인지 판별하고, 명제라면 진릿값을 구하고 명제가 아니라면 그 이유를 설명하라.

(a) 지금 날씨가 어떻습니까?

(b) 4는 소수(prime number)이다.

(c) 대한민국은 살기 좋은 나라이다.

(d) $x^2 - 3 = 6$

(e) 7은 홀수이다.

(f) 런던은 영국의 수도이다.

(g) $x^2 = 3$을 만족하는 정수 x가 존재한다.

02 다음 문장이 명제인지 판별하고, 명제라면 진릿값을 구하고 명제가 아니라면 그 이유를 설명하라.

(a) 책이 두껍고 무겁다.

(b) $\sqrt{2x-1} < 10$을 만족하는 실수 x는 무수히 많다.

(c) 신발을 사야 할 것 같아.

(d) 부산은 서울의 남서쪽에 위치한다.

(e) 빨간 장미가 노란 장미보다 더 향기롭다.

(f) $+4$는 양수이다.

(g) $53 \text{ div } 7 = 9$

✔ **03** 명제 p, q, r이 다음과 같을 때, 주어진 명제를 합성명제 형태로 나타내고 진릿값을 구하라.

명제 p : $3+8 \leq 11$
명제 q : $100 \times 4 \neq 3800$
명제 r : 10월 9일은 한글날이다.

(a) $100 \times 4 \neq 3800$

(b) $3+8 > 11$이고, 10월 9일은 한글날이다.

(c) $3+8 \leq 11$이고, $100 \times 4 \neq 3800$

(d) $100 \times 4 = 3800$이고 10월 9일이 한글날이면, $3+8 > 11$이다.

(e) 10월 9일이 한글날이 아니면, $100 \times 4 = 3800$이거나 $3+8 \leq 11$이다.

04 명제 p, q, r이 다음과 같을 때, 주어진 명제를 합성명제 형태로 나타내고 진릿값을 구하라.

명제 p : 오렌지 주스는 하얀색이다
명제 q : 원주율은 약 3.141592이다.
명제 r : 자연수는 0보다 크거나 같다.

(a) 원주율이 약 3.141592가 아니거나, 오렌지 주스가 하얀색이다.
(b) 자연수가 0보다 크거나 같거나, 원주율이 약 3.141592가 아니다.
(c) 자연수가 0보다 크거나 같으면, 오렌지 주스는 하얀색이 아니다.
(d) 원주율이 약 3.141592이거나 오렌지 주스가 하얀색이 아님을 모두 부정하고 자연수는 0보다 크거나 같다.
(e) 오렌지 주스가 하얀색이면 자연수가 0보다 크거나 같음을 모두 부정하는 조건이 있을 때, 원주율이 약 3.141592가 아니면 자연수는 0보다 크거나 같다.

✔ **05** 다음 합성명제의 진리표를 작성하고, 합성명제의 종류를 구분하라.

(a) $\neg(\neg p \wedge q)$
(b) $(p \wedge q) \wedge \neg(q \vee r)$
(c) $(\neg p \vee r) \rightarrow \neg q$
(d) $\neg(p \vee \neg q) \rightarrow \neg q$

06 다음 합성명제의 진리표를 작성하고, 합성명제의 종류를 구분하라.

(a) $p \wedge q \rightarrow p$
(b) $p \vee q \rightarrow \neg q$
(c) $p \wedge \neg q \wedge (p \rightarrow q)$
(d) $\neg(p \vee q) \rightarrow (\neg p \wedge q)$

✔ **07** 다음 합성명제의 진리표를 작성하고, 합성명제의 종류를 구분하라.

(a) $(r \rightarrow \neg p) \wedge \neg(p \vee q) \wedge q$
(b) $p \oplus \neg q \vee p$
(c) $(p \oplus \neg q) \leftrightarrow (\neg p \oplus q)$
(d) $(\neg p \oplus q) \leftrightarrow \{(p \wedge q) \rightarrow \neg p\}$

08 다음 합성명제의 진리표를 작성하고, 합성명제의 종류를 구분하라.

(a) $\neg(p \vee r) \rightarrow (\neg q \rightarrow r)$

(b) $\neg p \vee q \wedge (p \oplus \neg q)$

(c) $\neg\{(p \oplus q) \vee (p \leftrightarrow \neg q)\}$

(d) $\{(p \leftrightarrow \neg q) \oplus (p \leftrightarrow \neg r) \oplus r\} \leftrightarrow q$

09 다음 명제의 역, 이, 대우 명제를 구하고, 각각의 진릿값을 구하라.

✔(a) 순수한 물의 어는점(빙점)이 섭씨 0℃ 이면, 섭씨 0℃ 이하에서는 반드시 비가 온다.

✔(b) 관악산이 제주도에 있으면, 설악산은 강원도에 있다.

(c) 모든 실수 x에 대하여 $x^2 \geq 0$이면, 36의 제곱근은 ± 6이다.

(d) 한강이 동해로 유입되면, 호주는 유럽연합에 속한다.

(e) 8비트가 1바이트이면, 월요일의 다음날은 토요일이다.

10 명제 p, q가 다음과 같을 때, $p \rightarrow q$의 역, 이 대우 명제를 작성하고 진릿값을 구하라.

✔(a) p : 부산은 대한민국의 수도이다.
q : 워싱턴 D.C.는 미국의 수도이다.

✔(b) p : $3 \times 13 < 11$
q : 삼각형 내각의 합은 200° 이다.

(c) p : 자연수는 0보다 큰 정수이다.
q : 직선은 두 점을 지난다.

(d) p : 모든 실수 x는 $\dfrac{\sqrt{4x}}{5} > 5$를 만족한다.
q : $2x + 1 = k$일 때 모든 정수 x에 대하여 k는 짝수이다.

(e) p : 모든 정수 x에 대하여 $2x$는 항상 짝수이다.
q : 독도는 대한민국 땅이다.

11 진리표와 논리적 동치법칙을 이용하여 다음 합성명제의 동치관계가 성립함을 보여라.

(a) $\neg(p \oplus q) \equiv p \leftrightarrow q$

(b) $\neg(p \vee \neg q) \vee (\neg p \wedge \neg q) \equiv \neg p$

(c) $[p \wedge \{\neg(\neg p \vee q)\}] \vee (p \wedge q) \equiv p$

(d) $(p \rightarrow q) \wedge (\neg p \leftrightarrow q) \equiv \neg p \wedge q$

(e) $(p \wedge q) \oplus (p \vee q) \equiv p \oplus q$

12 진리표와 논리적 동치법칙을 이용하여 다음 합성명제의 동치관계가 성립함을 보여라.

(a) $(p \vee q) \rightarrow r \equiv (p \rightarrow r) \wedge (q \rightarrow r)$

(b) $\{(\neg p \wedge r) \rightarrow \neg q\} \vee \{p \rightarrow (q \vee \neg r)\} \equiv \mathbf{T}$

(c) $\{(p \rightarrow q) \vee (p \rightarrow r)\} \rightarrow (q \vee r) \equiv p \vee q \vee r$

(d) $(p \wedge r) \vee \{(p \vee q) \wedge \neg r\} \vee (q \wedge r) \equiv p \vee q$

(e) $(p \vee r) \oplus (q \vee r) \equiv (p \oplus q) \wedge \neg r$

13 다음 합성명제를 최대한 간략히 정리하라. 그리고 진리표를 이용하여 원래 명제와 간략히 정리한 결과가 동치인지 확인하라.

(a) $(\neg p \vee q) \rightarrow \neg q$

(b) $\{\neg p \wedge (p \rightarrow q)\} \wedge p$

(c) $(p \wedge q) \vee \{p \rightarrow (p \wedge \neg q)\}$

(d) $\neg(p \oplus q) \rightarrow (\neg p \rightarrow q)$

(e) $(\neg p \oplus q) \rightarrow (p \vee q)$

14 다음 합성명제를 최대한 간략히 정리하라. 그리고 진리표를 이용하여 원래 명제와 간략히 정리한 결과가 동치인지 확인하라.

(a) $(p \vee r) \rightarrow \{(q \wedge \neg r) \rightarrow p\}$

(b) $(p \leftrightarrow \neg q) \wedge (p \wedge q)$

(c) $\neg(p \wedge q) \oplus (\neg p \vee q)$

(d) $\{p \wedge (p \rightarrow q)\} \rightarrow q$

(e) $\neg p \leftrightarrow (p \vee \neg p)$

15 명제함수가 다음과 같을 때, 주어진 값에 대하여 진릿값을 구하라.

$P(x)$: $\sqrt{x} > 10$, $Q(x, y)$: $(x > 3) \rightarrow (y \leq 10)$, $R(x, y, z)$: $(x < 15 \wedge y \geq 5) \vee (z = 7)$

✔(a) $P(121)$
(b) $P(9)$
✔(c) $Q(6, 2)$
(d) $Q(1, 1)$
✔(e) $Q(15, 12)$
(f) $R(21, 8, 3)$
✔(g) $R(7, 7, 7)$
(h) $R(0, 0, -7)$

✔**16** 주어진 논의영역과 명제함수에 대하여, 한정자를 적용한 명제함수의 진릿값을 구하라. 단, 주어진 모든 변수의 논의영역은 D이다.

$\forall x \forall y P(x, y)$	$\forall x \exists y P(x, y)$	$\exists x \forall y P(x, y)$	$\exists x \exists y P(x, y)$
$\forall y \forall x P(x, y)$	$\forall y \exists x P(x, y)$	$\exists y \forall x P(x, y)$	$\exists y \exists x P(x, y)$

(a) $D = \{d \mid d \in \mathbb{R}\}$, $P(x, y)$: $x^2 < y^2$
(b) $D = \{d \mid -10 \leq d \leq 10, d \in \mathbb{Z}\}$, $P(x, y)$: $x + y = 2x - y$
(c) $D = \{d \mid -10 \leq d \leq 10, d \in \mathbb{R}\}$, $P(x, y)$: $x + y = 2x - y$
(d) $D = \{d \mid d < -10 \vee d > 10, d \in \mathbb{R}\}$, $P(x, y)$: $(0 < x < 15) \rightarrow (-10 \leq y < 5)$

17 주어진 명제함수에 대하여, 다음과 같이 한정자를 적용한 명제의 진릿값을 구하라.

$\forall x \forall y P(x, y)$	$\forall x \exists y P(x, y)$	$\exists x \forall y P(x, y)$	$\exists x \exists y P(x, y)$
$\forall y \forall x P(x, y)$	$\forall y \exists x P(x, y)$	$\exists y \forall x P(x, y)$	$\exists y \exists x P(x, y)$

(a) $X = \{x \mid x \in \mathbb{Z}\}$, $Y = \{y \mid y \in \mathbb{N}\}$일 때, $P(x, y)$: $x^2 - y^2 > 0$
(b) $X = \{x \mid x \in \mathbb{R}\}$, $Y = \{y \mid y \in \mathbb{R}\}$일 때, $P(x, y)$: $x^2 - y^2 > 0$
(c) $X = \{x \mid x \in \mathbb{N}\}$, $Y = \{y \mid y \in \mathbb{Z}\}$일 때, $P(x, y)$: $x^2 - y^2 > 0$
(d) $X = \{x \mid x \in \mathbb{R}\}$, $Y = \{y \mid y \in \mathbb{R}\}$일 때, $P(x, y)$: $x^2 + y^2 \geq 0$
(e) $X = \{x \mid x \in \mathbb{Z}\}$, $Y = \{y \mid y \in \mathbb{Z}\}$일 때, $P(x, y)$: $x - y = 2x + y$

18 논의영역과 명제함수가 다음과 같을 때, 주어진 한정된 명제함수의 기호 표현을 문장으로 나타내고 진릿값을 구하라.

$$D = \{d \mid d \in \mathbb{Z}\}$$
$P(x)$: x는 소수
$Q(x)$: x의 약수의 합(x는 제외)은 x이다.

✔(a) $\neg \exists x P(x)$
(b) $\exists x \neg Q(x)$
✔(c) $\exists x (P(x) \wedge Q(x))$
(d) $\forall x (P(x) \vee Q(x))$
✔(e) $\forall x \neg (P(x) \wedge Q(x))$
(f) $\neg \forall x (P(x) \vee Q(x))$

19 다음 괄호 안에 알맞은 내용을 작성하라.

✔(a) $\neg \exists x \exists y \forall z P(x, y, z) \equiv (\quad) \neg P(x, y, z)$
✔(b) $\forall x \neg \forall y \forall z Q(x, y, z) \equiv (\quad) \neg Q(x, y, z)$
(c) $\neg \forall x \exists y (P(x, y) \wedge Q(x, y)) \equiv (\quad)(\neg P(x, y)(\quad) \neg Q(x, y))$
(d) $\neg \exists x \exists y (P(x, y) \wedge \neg Q(x, y)) \equiv (\quad) Q(x, y))$
(e) $\exists x \neg \exists y \exists z (P(x, y, z) \rightarrow Q(x, y, z)) \equiv (\quad) \neg Q(x, y, z)$

20 다음 문장을 보고 사용한 추론법칙을 찾고 빈칸에 필요한 문장을 작성하라.

✔(a) 4월 5일은 식목일이다.
____
∴ 4월 5일은 식목일이고, 봄에는 새싹이 나온다.

✔(b) 하늘이 흐리다.
하늘이 흐리면, 비가 온다.
∴ ______________________

(c) ______________________
냉장고에 요리 재료가 없으면, 마트에 가서 장을 본다.
∴ 냉장고에 요리 재료가 있다.

(d) ____________________

어제 공연을 보았다.

∴ 백화점에서 쇼핑을 했다.

(e) 기상청의 슈퍼컴퓨터가 정확하면, 개인용 컴퓨터로 영화를 볼 수 있다.

개인용 컴퓨터로 영화를 볼 수 있다면, 스마트폰으로 전화를 할 수 있다.

∴ ____________________

21 진리표를 이용하여 다음 추론이 유효추론인지 허위추론인지 판별하라.

(a) $q \wedge \neg r$

$r \rightarrow \neg p$

$\therefore\ p \rightarrow q$

(b) $r \rightarrow \neg p$

$(p \wedge \neg q) \rightarrow \neg r$

$\therefore\ q \vee r$

(c) $q \vee r \rightarrow \neg p$

$p \vee \neg q$

$q \rightarrow r$

$\therefore\ \neg p \vee \neg q$

(d) $p \vee \neg q \vee r$

$(\neg p \vee \neg r) \wedge q$

$(\neg p \wedge \neg q) \vee r$

$\therefore\ p \wedge \neg q$

✔**22** 다음 추론이 유효추론인지 허위추론인지 판별하라.

(a) $p \rightarrow q$

$q \rightarrow p$

$\therefore\ \mathbf{T}$

(b) $\neg p \vee \neg q$

$\neg q \rightarrow r$

$\neg r$

$\therefore\ p$

(c) $p \vee \neg r$

$r \wedge q$

$q \rightarrow s$

$\therefore\ p$

(d) $(q \rightarrow p) \rightarrow \neg r$

p

$q \vee r$

$\therefore\ q$

23 다음 추론이 유효추론인지 허위추론인지 판별하라.

(a) $(p \to q) \to r$

$q \to s$

$\neg t$

$\neg p \lor t$

$p \lor \neg(r \land s)$

$\therefore\ \neg q$

(b) $p \lor q$

$q \to r$

$\neg(p \land s) \lor t$

$\neg r$

$q \lor (u \land s)$

$\therefore\ u \to \neg t$

(c) $\{\neg(p \land t) \lor r\} \lor s$

$u \to p$

$\neg q \lor (u \land t)$

$\neg s$

$\therefore\ q \to (t \to r)$

(d) $\neg p \lor q$

$q \to s$

$(\neg p \land r) \to s$

$\neg s$

$\therefore\ \neg r$

✔**24** 다음과 같이 전제가 주어진 추론의 결론을 유도하라.

(a) 전제 A : 변수를 정수형으로 선언하지 않고 조건에 따라 연산한다.
전제 B : 변수를 정수형으로 선언하지 않으면, 반복문이 무한히 실행된다.
전제 C : 반복문이 무한히 실행되면, 프로그램을 강제 종료한다.

(b) 전제 A : 마트에서 장을 보거나 영화를 본다.
전제 B : 마트에서 장을 보면, 저녁에 스테이크를 먹는다.
전제 C : 영화를 보면, 저녁에 햄버거를 먹는다.
전제 D : 저녁에 햄버거를 먹지 않고 샐러드를 먹는다.

(c) 전제 A : 운동을 하고 떡볶이를 먹지 않으면, 몸무게가 줄어든다.
전제 B : 몸무게가 줄어들지 않고 배가 나온다.
전제 C : 떡볶이를 먹으면, 배가 나오지 않는다.
전제 D : 퇴근을 하면, 운동을 한다.
전제 E : 퇴근을 하지 않으면, 야근을 하고 떡볶이를 먹지 않는다.

(d) 전제 A : 계속 직진을 하고 두 블록을 더 간다.
전제 B : 유턴을 하지 않으면, 두 블록을 더 가지 않거나 길을 잃는다.
전제 C : 유턴을 하면, 목적지에 도착한다.
전제 D : 목적지에 도착하면, 계속 직진하지 않는다.
전제 E : 목적지에 도착하지 않거나 두 블록을 더 간다.

25 다음과 같이 전제가 주어진 추론의 결론을 유도하라.

(a) 비상금은 어디에 있는가?

전제 A : 집이 단독주택이면, 비상금은 침실에 있지 않다.

전제 B : 거실에 난초가 있으면, 비상금은 침실에 있다.

전제 C : 집은 단독주택이다.

전제 D : 거실에 난초가 있거나 비상금이 주방에 있다.

(b) 선희가 해야 할 일은 무엇인가?

전제 A : 선희가 퇴근을 하지 않는다면, 영수와 저녁을 먹고 쇼핑은 하지 않는다.

전제 B : 영화 티켓을 영수에게 주면, 선희는 쇼핑을 한다.

전제 C : 선희가 회사 보고서를 작성해야 한다면, 선희는 퇴근을 하지 않는다.

전제 D : 영수는 운동하러 가지 않는다.

전제 E : 선희가 회사 보고서를 작성하거나 영수가 운동하러 간다.

(c) 시영이가 퇴근한 후에 하지 않을 일은 무엇인가?

전제 A : 방을 치우지 않으면, 설거지를 하고 책을 읽지 않는다.

전제 B : 설거지를 하지 않거나 음악을 듣지 않는다.

전제 C : 방을 치우거나 책을 읽으면, 그림을 그린다.

전제 D : 그림을 그리지 않는다.

(d) 다이어트를 위해 먹지 않는 것은 무엇인가?

전제 A : 양념치킨과 콜라를 모두 먹지 않으면, 샐러드를 먹지 않는다.

전제 B : 샐러드를 먹는다. 그리고 양념치킨을 먹으면, 고구마를 먹는다.

전제 C : 고구마를 먹는 조건 하에 빵을 먹으면, 콜라를 마시지 않는다.

전제 D : 콜라를 마시는 조건 하에 아이스크림을 먹으면, 고구마를 먹지 않는다.

CHAPTER 03

증명

• Contents

개발자가 어떤 프로그램을 개발하면, 그 프로그램의 처리 속도, 효율성, 유지 보수성 등 여러 객관적인 검증 자료를 정리하여 이전 프로그램보다 향상되었음을 보여야 한다. 인공지능의 경우 새로운 지식을 생성 또는 획득했을 때 그 지식이 정확하게 맞는지를 판별하는 과정도 필요하다. 이러한 과정을 증명이라고 한다.

증명은 어떠한 명제가 참(T) 또는 거짓(F)임을 밝히는 모든 과정으로, 증명을 위해 전제로 사용되는 명제는 반드시 참(T)이어야 한다. 증명에 사용되는 전제 또는 증명해야 하는 내용과 수식에 따라 증명 방법은 달라질 수 있으나, 어떤 방법을 사용하든 증명 과정은 반드시 논리적이고 정확해야만 한다.

이 장에서는 다양한 증명 방법을 공부한다.

학습목표

1. 공리, 정의, 정리를 이해하여 증명에 활용한다.
2. 다양한 방식의 증명을 이해한다.
3. 주어진 명제에 적당한 증명 방법을 선택하여 증명한다.

3.1 증명의 이해

증명은 어떤 사실이 참(T)임을 보이는 것으로서 증명에 사용되는 모든 내용들이 타당해야만 정당한 증명이 된다. 증명에 필요한 기본적인 내용들을 살펴보자.

정의 3-1 증명(proof)

하나의 명제가 참(T)임을 확인하는 과정

증명의 과정에는 앞에서 공부한 추론 방식이 적용된다. 추론은 참(T)으로 판별된 전제를 이용하여 결론이 참(T) 또는 거짓(F)임을 판별하는 과정을 말한다. 그러므로 증명 과정에서도 참(T)인 전제를 사용해야 하며, 이 전제를 이용하여 주어진 명제가 참(T)임을 보여야 한다. 증명에서 사용되는 전제로는 공리, 정의, 정리가 있다.

정의 3-2 공리(axiom)

별도의 증명 없이도 항상 참(T)이라고 판단되는 명제

다음 명제들은 공리의 대표적인 예이다.

- 명제 p가 참(T)이면, 명제 $p \vee q$도 참(T)이다.
- 두 점이 주어질 때, 그 두 점을 통과하는 직선을 그을 수 있다.
- $a, b, c \in \mathbb{R}$이고 $a = b$이면, $a + c = b + c$이다.
- 임의의 자연수 n에 대하여, 자연수 $n + 1$이 존재한다.

정의 3-3 정의(definition)

개념이나 기호의 의미를 확실하게 규정한 문장이나 식

다음 명제는 정의의 예이다.

- 한 내각의 크기가 직각인 삼각형을 직각삼각형이라고 한다.
- 명제는 객관적인 기준으로 진릿값을 판별할 수 있는 문장이나 수식이다.
- $\sum_{i=1}^{n} = 1 + 2 + 3 + \cdots + (n-1) + n$
- $n! = 1 \times 2 \times 3 \times \cdots \times (n-1) \times n$

정의 3-4 정리(theorem)

공리와 정의를 통해 참(T)으로 확인된 명제

다음 명제는 정리의 예이다.

- **피타고라스 정리** : 직각삼각형에 대하여, (빗변의 길이)^2 = (밑변의 길이)^2 + (높이의 길이)^{2}이 성립한다.
- **이항정리** : $(a+b)^n = {}_nC_0 a^n b^0 + {}_nC_1 a^{(n-1)} b^1 + \cdots + {}_nC_k a^{(n-k)} b^k + \cdots + {}_nC_{n-1} a^1 b^{(n-1)} + {}_nC_n a^0 b^n$
- **나머지 정리** : x에 대한 다항식을 일차다항식 $x-a$로 나눈 나머지는 그 다항식에 a를 대입하여 얻은 값과 같다.

이 절에서는 공리, 정의, 정리를 이용하여 어떤 사실을 증명하는 과정을 살펴본다. 증명 방법으로는 직접 증명법, 간접 증명법, 수학적 귀납법이 있고, 간접 증명법에는 모순 증명법, 대우 증명법, 존재/반례 증명법이 있다. 명제의 형태에 따라 증명 방법은 달라진다.

- **직접 증명법** : 명제의 조건을 그대로 이용하여 증명이 가능한 경우
- **간접 증명법** : 직접 증명법을 이용해 증명하기 애매한 경우
  - **모순 증명법** : 주어진 명제의 결론을 모순 형태로 만들어 증명이 가능한 경우
  - **대우 증명법** : 명제를 대우 명제로 바꾼 후에 증명이 가능한 경우
  - **존재/반례 증명법** : 어떤 식이나 문장에 대하여 참(T) 또는 거짓(F)이 되는 값이나 원소의 존재 유무로 증명이 가능한 경우
- **수학적 귀납법** : 어떤 식이나 문장이 특정 범위의 모든 값이나 원소에 대하여 만족하는지를 증명해야 하는 경우

3.2 직접 증명법

직접 증명법은 주어진 명제를 변형하거나 예를 구하는 것이 아니라, 공리, 정의, 정리 등을 이용하여 주어진 그대로 증명하는 방식이다.

정의 3-5 직접 증명법(direct proof)

조건명제 $p \rightarrow q$가 참(T)임을 증명하기 위해 전제 p를 참(T)으로 가정했을 때, 결론 q도 참(T)임을 증명하는 방법

두 홀수 m과 n의 곱이 홀수임을 증명해보자. '두 홀수 m과 n의 곱은 홀수이다'라는 명제를 조건명제의 형태로 나타내면 다음과 같다.

$p \rightarrow q$: 두 정수 m, n이 홀수이면, m과 n의 곱은 홀수이다.
p : 두 정수 m, n은 홀수이다.
q : m과 n의 곱은 홀수이다.

홀수 m과 n은 홀수의 정의에 따라 다음과 같이 표현할 수 있다.

$$m = 2k+1 (k \in \mathbb{Z}), \quad n = 2l+1 (l \in \mathbb{Z})$$

위와 같이 표현한 두 홀수 m과 n의 곱 mn을 구하면 다음과 같다.

$$mn = (2k+1)(2l+1) = 4kl + 2k + 2l + 1 = 2\underbrace{(2kl + k + l)}_{2kl+k+l\text{을 } a\text{로 치환}} + 1 = 2a + 1$$

홀수 정의에 따라 계산 결과인 $2a+1$은 홀수이다. 따라서 홀수 m과 n의 곱 mn은 홀수이므로, 주어진 명제 '두 홀수 m과 n의 곱은 홀수이다'가 참(T)임을 증명할 수 있다.

이 예에서는 조건에 해당하는 명제 p(두 정수 m, n은 홀수이다)를 그대로 이용하여 결론 q(m과 n의 곱은 홀수이다)가 참(T)임을 판단할 수 있다. 이처럼 조건으로 주어진 명제를 증명에 직접 이용할 수 있는 경우에 직접 증명법을 사용한다.

예제 3-1

두 유리수의 합은 유리수임을 증명하라.

풀이

'두 유리수의 합은 유리수이다'는 '두 유리수 m, n의 합은 유리수이다'와 같은 명제이다. 이 명제를 조건 명제의 형태로 나타내면 다음과 같다.

$p \to q$: m과 n이 유리수이면 $m+n$은 유리수이다.
p : m과 n은 유리수이다.
q : $m+n$은 유리수이다.

두 수 m과 n을 유리수의 정의에 따라 표현하면 다음과 같다.

$$m = \frac{a}{b}(a, b \in \mathbb{Z},\ b \neq 0), \quad n = \frac{c}{d}(c, d \in \mathbb{Z},\ d \neq 0)$$

이렇게 표현한 m과 n을 이용하여 $m+n$을 구하면 다음과 같다.

$$m+n = \frac{a}{b} + \frac{c}{d} = \frac{ad}{bd} + \frac{bc}{bd} = \frac{ad+bc}{bd}$$

계산 결과인 $\dfrac{ad+bc}{bd}$가 유리수인지를 판단하기 위해 유리수의 정의를 이용한다.

(i) $ad+bc$와 bd는 정수인가?
m과 n의 표현에서 $a, b, c, d \in \mathbb{Z}$라고 가정하였고, 정수는 덧셈과 곱셈에 대해 닫혀 있으므로 $ad+bc$와 bd는 정수이다.

(ii) $bd \neq 0$인가?
m과 n의 표현에서 $b \neq 0$, $d \neq 0$으로 가정하였으므로 $bd \neq 0$이다.

(i)과 (ii)에 따라 $\dfrac{ad+bc}{bd}$는 유리수임을 알 수 있다.
$\therefore$ 명제 '두 유리수의 합은 유리수이다'는 참(T)이다.

예제 3-2

정수 m이 4로 나누어떨어지면, $5m+4$도 4로 나누어떨어짐을 증명하라.

풀이

$p \to q$: 정수 m이 4로 나누어떨어지면, $5m+4$도 4로 나누어떨어진다.
p : 정수 m이 4로 나누어떨어진다.
q : $5m+4$가 4로 나누어떨어진다.

조건 p에 따라 정수 m은 4로 나누어떨어지므로, m은 다음과 같이 표현할 수 있다.

$$m = 4k(k \in \mathbb{Z}) \quad \cdots \text{①}$$

$5m+4$에 식 ①을 대입하면 다음과 같다.

$$5m+4 = 5(4k)+4 = 20k+4 = 4\underbrace{(5k+1)}_{5k+1\text{을 } a\text{로 치환}} = 4a$$

$4a$는 4로 나누어떨어지므로 $5m+4$는 4로 나누어떨어진다.
∴ 명제 '정수 m이 4로 나누어떨어지면, $5m+4$도 4로 나누어떨어진다'는 참(T)이다.

예제 3-3

자연수 m, n에 대하여 $m \le 36$이고 $n \le 36$이면, $m+n \le 72$임을 증명하라.

풀이

$p \to q$: 자연수 m, n에 대하여 $m \le 36$이고 $n \le 36$이면, $m+n \le 72$이다.
p : 자연수 m, n에 대하여 $m \le 36$이고 $n \le 36$이다. $\equiv (m \le 36) \land (n \le 36)$
q : $m+n \le 72$이다.

자연수 m과 n의 최댓값이 모두 36이므로, $m+n$의 합이 72보다 클 수 없다. 즉, $m+n$의 최댓값은 72이다.
∴ 명제 '자연수 m, n에 대하여 $m \le 36$이고 $n \le 36$이면, $m+n \le 72$이다'는 참(T)이다.

예제 3-4

자연수 m이 짝수이면, m은 2이거나 소수가 아님을 증명하라.

풀이

$p \to q$: 자연수 m이 짝수이면, m은 2이거나 소수가 아니다.
p : 자연수 m이 짝수이다.
q : m은 2이거나 소수가 아니다. $\equiv (m=2) \vee (m \notin$ 소수$)$

(ⅰ) 자연수 m이 짝수이면, $m=2$인가?
자연수 m이 짝수이므로 $m=2k(k \in \mathbb{N})$이고, $k=1$일 때 $m=2$이다.

(ⅱ) 자연수 m이 짝수이면, $m \notin$ 소수인가?
자연수 m이 짝수이므로 $m=2k(k \in \mathbb{N})$이고, 항상 1 외에도 약수 2를 갖는 자연수이다.

명제 q는 명제 '$m=2$'와 '$m \notin$ 소수'가 논리합으로 합성된 합성명제이므로, 두 단순명제 중 하나라도 참(T)이면, $p \to q$가 참(T)이다. 그런데 (ⅰ), (ⅱ)에서 알 수 있듯이, 두 단순명제는 모두 참(T)이다.
∴ 명제 '자연수 m이 짝수이면, m은 2이거나 소수가 아니다'는 참(T)이다.

TIP 소수(prime number)

1과 자기 자신 외에 다른 약수를 갖지 않는 1보다 큰 자연수

예 2, 3, 5, 7, 11, 13, 17, 19, ⋯

예제 3-5

모든 정수 x에 대하여, x^2-x는 짝수임을 증명하라.

풀이

주어진 명제는 '모든 정수'에 대하여 참(T)임을 증명하는 것이다. 정수는 짝수와 홀수로 구성되는데, x가 짝수이든 홀수이든 상관없이 x^2-x가 짝수인지를 증명해야 한다. 이러한 정보를 바탕으로 명제 '모든 정수 x에 대하여, x^2-x는 짝수이다'는 'x가 정수이면 x^2-x는 짝수이다'와 같은 명제이며 이 명제를 조건명제의 형태로 구성해보면 다음과 같다.

$(p \vee q) \to r$: x가 정수이면 x^2-x는 짝수이다.
$\equiv$ 정수 x가 짝수이거나 홀수이면, x^2-x는 짝수이다.

p : 정수 x는 짝수이다.
q : 정수 x는 홀수이다.
r : x^2-x는 짝수이다.

$(p \vee q) \rightarrow r \equiv (p \rightarrow r) \wedge (q \rightarrow r)$이므로 '모든 정수 x에 대하여, x^2-x는 짝수이다'라는 명제는 다음 두 명제로 구성된다.

$p \rightarrow r$: 정수 x가 짝수이면, x^2-x는 짝수이다.
$q \rightarrow r$: 정수 x가 홀수이면, x^2-x는 짝수이다.

이 두 명제가 모두 참(T)이면 '모든 정수 x에 대하여, x^2-x는 짝수이다'도 참(T)이다.

(i) $p \rightarrow r$: 정수 x가 짝수이면, x^2-x는 짝수이다.
x가 짝수이므로 $x=2k(k \in \mathbb{Z})$로 표현할 수 있다. 이를 x^2-x에 대입하면 다음과 같다.

$$x^2-x=(2k)^2-2k=4k^2-2k=2\underbrace{(2k^2-k)}_{2k^2-k\text{를 }a\text{로 치환}}=2a$$

짝수의 정의에 따라 $2a$는 짝수이다.
∴ 명제 '정수 x가 짝수이면, x^2-x는 짝수이다'는 참(T)이다.

(ii) $q \rightarrow r$: 정수 x가 홀수이면, x^2-x는 짝수이다.
x가 홀수이므로 $x=2k+1(k \in \mathbb{Z})$로 표현할 수 있다. 이를 x^2-x에 대입하면 다음과 같다.

$$x^2-x=(2k+1)^2-(2k+1)=4k^2+4k+1-2k-1=4k^2+2k=2\underbrace{(2k^2+k)}_{2k^2+k\text{를 }a\text{로 치환}}=2a$$

짝수의 정의에 따라 $2a$는 짝수이다.
∴ 명제 '정수 x가 홀수이면, x^2-x는 짝수이다'는 참(T)이다.

(i), (ii)에서 보는 것처럼 명제 $p \rightarrow r$과 $q \rightarrow r$이 모두 참(T)이므로 $(p \rightarrow r) \wedge (q \rightarrow r)$도 참(T)이다.
∴ 명제 '모든 정수 x에 대하여, x^2-x는 짝수이다'는 참(T)이다.

3.3 간접 증명법

간접 증명법은 증명해야 하는 명제를 변형하여 증명하는 방법으로, 모순 증명법, 대우 증명법 그리고 존재/반례 증명법이 있다. 모순 증명법은 증명해야 하는 조건명제에서 결론에 해당하는 명제를 부정하여 증명하는 방법이고, 대우 증명법은 증명해야 하는 조건명제를 대우 명제로 변형하여 증명하는 방법이다. 존재/반례 증명법은 명제를 참(T)으로 만드는 원소가 있는지, 혹은 명제를 거짓(F)으로 만드는 원소가 있는지를 판단하여 증명하는 방법이다.

모순 증명법

모순 증명법은 조건명제 $p \rightarrow q$가 $\neg(p \wedge \neg q)$와 동치임을 이용한 증명법이다.

$$\begin{aligned} \neg(p \wedge \neg q) &\equiv \neg p \vee \neg(\neg q) && (\because \text{ 드 모르간의 법칙}) \\ &\equiv \neg p \vee q && (\because \text{ 이중 부정법칙}) \\ &\equiv p \rightarrow q && (\because \text{ 함축법칙}) \end{aligned}$$

$\neg(p \wedge \neg q)$에서 알 수 있듯이, 모순 증명법은 결론에 해당하는 명제 q를 부정(NOT)하여 증명하는 방식으로, $p \wedge \neg q$의 진릿값이 거짓(F)이면 증명해야 하는 본 명제 $p \rightarrow q$가 참(T)이라고 확인할 수 있는 증명법이다.

정의 3-6 모순 증명법(proof by contradiction)

조건명제 $p \rightarrow q$와 $\neg(p \wedge \neg q)$가 동치임을 이용해, $p \wedge \neg q$가 거짓(F)임을 보임으로써 증명하는 방법

앞서 직접 증명법으로 증명한 명제 '두 홀수 m과 n의 곱은 홀수'를 모순 증명법으로 증명해보자. 이 명제에서 증명을 위해 필요한 단순명제와 모순명제의 형태는 다음과 같다.

p : 두 정수 m, n은 홀수이다.
q : m과 n의 곱은 홀수이다.
$\neg q$: m과 n의 곱은 홀수가 아니다(짝수이다).
$p \wedge \neg q$: 두 정수 m, n은 홀수이고, m과 n의 곱은 홀수가 아니다(짝수이다).

명제 p는 '두 정수 m, n은 홀수이다'이므로 홀수 m과 n을 홀수의 정의에 따라 다음과 같이 표현할 수 있다.

$$m = 2k+1\,(k \in \mathbb{Z}), \quad n = 2l+1\,(l \in \mathbb{Z})$$

이렇게 표현한 두 홀수 m과 n의 곱 mn은 다음과 같다.

$$mn = (2k+1)(2l+1) = 4kl + 2k + 2l + 1 = 2\underbrace{(2kl+k+l)}_{2kl+k+l\text{을 } a\text{로 치환}} + 1 = 2a+1$$

홀수의 정의에 따라 $2a+1$은 홀수이다. 그러므로 명제 $p \wedge \neg q$ '두 정수 m, n은 홀수이고, m과 n의 곱은 홀수가 아니다(짝수이다)'는 거짓(F)이다. 결국 $\neg(p \wedge \neg q)$는 참(T)이고, 이 명제와 동치인 본 명제 '두 홀수의 곱은 홀수이다'는 참(T)이라고 결론지을 수 있다.

이 절에서 살펴보는 예제는 직접 증명법과 모순 증명법을 비교하기 위해 앞의 직접 증명법에서 다룬 예제를 그대로 사용한다. 그러므로 모순 증명법으로 증명한 증명 과정의 일부가 직접 증명법으로 증명한 내용과 일치할 수 있다.

예제 3-6

두 유리수의 합은 유리수임을 증명하라. ([예제 3-1] 참고)

풀이

이 명제에서 모순 증명을 위해 필요한 명제들을 작성하면 다음과 같다.

p : m과 n은 유리수이다.
q : $m+n$은 유리수이다.
$\neg q$: $m+n$은 유리수가 아니다.
$p \wedge \neg q$: m과 n은 유리수이고, $m+n$은 유리수가 아니다.

두 수 m과 n을 유리수의 정의에 따라 표현하면 다음과 같다.

$$m = \frac{a}{b}\,(a, b \in \mathbb{Z},\ b \neq 0), \quad n = \frac{c}{d}\,(c, d \in \mathbb{Z},\ d \neq 0)$$

이렇게 표현한 m과 n을 이용하여 $m+n$을 구하면 다음과 같다.

$$m+n = \frac{a}{b} + \frac{c}{d} = \frac{ad}{bd} + \frac{bc}{bd} = \frac{ad+bc}{bd}$$

결과 $\dfrac{ad+bc}{bd}$의 m과 n에 대한 표현에서 $a, b, c, d \in \mathbb{Z}$라고 가정하였고, 정수는 덧셈과 곱셈에 대해 닫혀 있으므로 $ad+bc$와 bd는 정수이다. 또한 m과 n에 대한 표현에서 $b \neq 0$, $d \neq 0$으로 가정했으므로 $bd \neq 0$이다. 그러므로 $\frac{ad+bc}{bd}$는 유리수임을 알 수 있다.

∴ 명제 $p \wedge \neg q$ 'm과 n은 유리수이고, $m+n$은 유리수가 아니다'는 거짓(F)이다.
∴ 명제 $\neg(p \wedge \neg q)$는 참(T)이다.
∴ 본 명제 'm과 n이 유리수이면 $m+n$은 유리수이다'는 참(T)이다.

예제 3-7

정수 m이 4로 나누어떨어지면, $5m+4$도 4로 나누어떨어짐을 증명하라. ([예제 3-2] 참고)

풀이

p : 정수 m이 4로 나누어떨어진다.
q : $5m+4$는 4로 나누어떨어진다.
$\neg q$: $5m+4$는 4로 나누어떨어지지 않는다.
$p \wedge \neg q$: 정수 m은 4로 나누어떨어지고, $5m+4$는 4로 나누어떨어지지 않는다.

조건 p에 의해 정수 m이 4로 나누어떨어지므로 $m = 4k(k \in \mathbb{Z})$로 표현할 수 있고, 이 식을 $5m+4$에 대입하면 다음과 같다.

$$5m+4 = 5(4k)+4 = 20k+4 = 4\underbrace{(5k+1)}_{5k+1\text{을 } a\text{로 치환}} = 4a$$

$4a$는 4로 나누어떨어지므로 $5m+4$는 4로 나누어떨어진다.

∴ 명제 $p \wedge \neg q$ '정수 m은 4로 나누어떨어지고, $5m+4$는 4로 나누어떨어지지 않는다'는 거짓(F)이다.
∴ 명제 $\neg(p \wedge \neg q)$는 참(T)이다.
∴ 본 명제 '정수 m이 4로 나누어떨어지면, $5m+4$도 4로 나누어떨어진다'는 참(T)이다.

예제 3-8

자연수 m, n에 대하여 $m \le 36$이고 $n \le 36$이면, $m+n \le 72$임을 증명하라. ([예제 3-3] 참고)

풀이

p : 자연수 m, n에 대하여 $m \le 36$이고 $n \le 36$이다. $\equiv (m \le 36) \wedge (n \le 36)$

q : $m+n \le 72$이다.

$\neg q$: $m+n > 72 \equiv m+n \ge 73$

$p \wedge \neg q$: 자연수 m, n에 대하여 $m \le 36$이고 $n \le 36$이고, $m+n > 72$이다.

$\equiv (m \le 36) \wedge (n \le 36) \wedge (m+n \ge 73)$

자연수 m과 n의 최댓값이 모두 36이므로 $m+n$의 합이 72보다 클 수 없다. 그러므로 $m+n$의 결과는 73보다 크거나 같을 수 없다.

∴ 명제 $p \wedge \neg q$ '자연수 m, n에 대하여 $m \le 36$이고 $n \le 36$이고 $m+n > 72$이다'는 거짓(T)이다.
∴ 명제 $\neg(p \wedge \neg q)$는 참(T)이다.
∴ 본 명제 '자연수 m, n에 대하여 $m \le 36$이고 $n \le 36$이면, $m+n \le 72$이다'는 참(T)이다.

예제 3-9

자연수 m이 짝수이면 m은 2이거나 소수가 아님을 증명하라. ([예제 3-4] 참고)

풀이

p : 자연수 m이 짝수이다.

q : m은 2이거나 소수가 아니다. $\equiv (m = 2) \vee (m \notin \text{소수})$

$\neg q$: m은 2가 아니고 소수이다. $\left(\because \ \neg q \equiv \neg[(m=2) \vee (m \notin \text{소수})] \equiv \neg(m=2) \wedge \neg(m \notin \text{소수}) \equiv (m \ne 2) \wedge (m \in \text{소수}) \right)$

$p \wedge \neg q$: 자연수 m이 짝수이고 m은 2가 아니고 소수이다.

자연수 m이 짝수이면, $m = 2k(k \in \mathbb{N})$로 표현할 수 있다.

(i) $k=1$일 때 $m=2$이다.
(ii) $k \ge 2$일 때, $m=2k$이므로 m은 1과 자기 자신 외에 약수 2를 갖는 자연수이므로 소수가 아니다.

명제 $\neg q$는 단순명제 '$m \ne 2$'와 '$m \in \text{소수}$'가 논리곱으로 합성된 합성명제이므로, 두 단순명제 중 하나라도 진릿값이 거짓(F)이면, 명제 $\neg q$의 진릿값은 거짓(T)이다. 그런데 (i), (ii)에서 알 수 있듯이, 두 단순명제는 모두 거짓(F)이다.

∴ 명제 $p \wedge \neg q$ '자연수 m이 짝수이고 m은 2가 아니고 소수이다'는 거짓(F)이다.
∴ 명제 $\neg(p \wedge \neg q)$는 참(T)이다.
∴ 본 명제 '자연수 m이 짝수이면 m은 2이거나 소수가 아니다'는 참(T)이다.

예제 3-10

모든 정수 x에 대하여, $x^2 - x$는 짝수임을 증명하라. ([예제 3-5] 참고)

풀이

$(p \vee q) \rightarrow r$: x가 정수이면, $x^2 - x$는 짝수이다.
$\equiv$ 정수 x가 짝수이거나 홀수이면, $x^2 - x$는 짝수이다.
p : 정수 x는 짝수이다.
q : 정수 x는 홀수이다.
r : $x^2 - x$는 짝수이다.

$(p \vee q) \rightarrow r \equiv (p \rightarrow r) \wedge (q \rightarrow r)$이므로 다음 두 조건명제의 논리곱이다.

$p \rightarrow r$: 정수 x가 짝수이면, $x^2 - x$는 짝수이다.
$q \rightarrow r$: 정수 x가 홀수이면, $x^2 - x$는 짝수이다.

각 조건명제에 대하여 모순 증명법으로 증명하기 위해 필요한 표현을 작성하면 다음과 같다.

$\neg r$: $x^2 - x$는 짝수가 아니다(홀수이다).
$p \wedge \neg r$: 정수 x가 짝수이면, $x^2 - x$는 짝수가 아니다(홀수이다).
$q \wedge \neg r$: 정수 x가 홀수이면, $x^2 - x$는 짝수가 아니다(홀수이다).

(i) $p \wedge \neg r$: 정수 x가 짝수이면, $x^2 - x$는 짝수가 아니다(홀수이다).
x가 짝수이므로 $x = 2k(k \in \mathbb{Z})$로 표현되고, 이를 $x^2 - x$에 대입하면 다음과 같다.

$$x^2 - x = (2k)^2 - 2k = 4k^2 - 2k = 2\underbrace{(2k^2 - k)}_{2k^2 - k\text{를 } a\text{로 치환}} = 2a$$

짝수의 정의에 따라 $2a$는 짝수이다.

∴ 명제 $p \wedge \neg r$ '정수 x가 짝수이면, $x^2 - x$는 짝수가 아니다(홀수이다)'는 거짓(F)이다.
∴ 명제 $\neg(p \wedge \neg r)$은 참(T)이다.
∴ 본 명제 $p \rightarrow r$ '정수 x가 짝수이면, $x^2 - x$는 짝수이다'는 참(T)이다.

(ii) $q \wedge \neg r$: 정수 x가 홀수이면, $x^2 - x$는 짝수가 아니다(홀수이다).

x가 홀수이므로 $x = 2k+1(k \in \mathbb{Z})$로 표현되고, 이를 $x^2 - x$에 대입하면 다음과 같다.

$$x^2 - x = (2k+1)^2 - (2k+1) = 4k^2 + 4k + 1 - 2k - 1 = 4k^2 + 2k = 2\underbrace{(2k^2+k)}_{2k^2+k\text{를 } a\text{로 치환}} = 2a$$

짝수의 정의에 따라 $2a$는 짝수이다.

∴ 명제 $q \wedge \neg r$ '정수 x가 홀수이면, $x^2 - x$는 짝수가 아니다(홀수이다)'는 거짓(F)이다.
∴ 명제 $\neg(q \wedge \neg r)$은 참(T)이다.
∴ 본 명제 $q \rightarrow r$ '정수 x가 홀수이면, $x^2 - x$는 짝수이다'는 참(T)이다.

(i), (ii)에서 살펴본 것처럼 명제 $p \rightarrow r$과 $q \rightarrow r$은 모두 참(T)이므로 $(p \rightarrow r) \wedge (q \rightarrow r)$도 참(T)이다.
∴ 명제 '모든 정수 x에 대하여, $x^2 - x$는 짝수이다'는 참(T)이다.

지금까지 살펴본 예제는 직접 증명법으로도 증명이 가능한 명제를 모순 증명법으로 증명한 것이다. 그러나 조건이 없는 명제의 경우에는 모순 증명법이 유일한 증명법이라고 할 수 있다. 즉, 증명해야 하는 명제가 조건명제 $p \rightarrow q$의 형태가 아닌 단순히 명제 p의 형태로 주어질 때는 모순 증명법으로만 증명할 수밖에 없다. 이 경우에는 명제 p에 대해 명제 $\neg p$를 참(T)으로 가정하여 증명을 시작하고, 결국 명제 $\neg p$가 거짓(F)임을 증명함으로써 명제 p가 참(T)이라고 결론짓는다.

모순 증명법으로만 증명할 수 있는 가장 대표적인 예인 명제 '$\sqrt{2}$가 무리수이다'를 생각해보자.

p : $\sqrt{2}$가 무리수이다.
$\neg p$: $\sqrt{2}$가 무리수가 아니다(유리수이다).

명제 $\neg p$가 참(T)이라고 가정하면 $\sqrt{2}$는 유리수라고 가정하는 것과 같다. 그러므로 $\sqrt{2}$는 유리수의 정의에 따라 다음과 같이 표현할 수 있다.

$$\sqrt{2} = \frac{a}{b} \quad (a, b \in \mathbb{Z},\ b \neq 0,\ \frac{a}{b}\text{는 하한항으로 표현}) \cdots ①$$

위 식의 양변을 제곱해보자.

$$(\sqrt{2})^2 = 2 = \left(\frac{a}{b}\right)^2 = \frac{a^2}{b^2} \cdots ②$$

식 ②를 이항하여 정리하면 다음과 같다.

$$2b^2 = a^2 \cdots ③$$

식 ③에 의해 a^2은 짝수임을 알 수 있고, a^2이 짝수이므로 a는 짝수이다(3장 [연습문제 26]에서 증명). 그러므로 짝수의 정의에 의해 $a=2k(k\in\mathbb{Z})$로 표현할 수 있다. 이 a에 대한 식을 식 ③에 대입하여 정리해보자.

$$2b^2 = a^2 = (2k)^2 = 4k^2$$
$$b^2 = 2k^2 \ \cdots \ ④$$

식 ④에 따라 b^2은 짝수이고, b 또한 짝수이므로 $b=2l(l\in\mathbb{Z})$로 표현된다. 여기까지의 과정에서 $a=2k(k\in\mathbb{Z})$, $b=2l(l\in\mathbb{Z})$임을 확인하였다. 그러면 a와 b는 공통 약수 2를 가지므로, 식 ①에서 $\frac{a}{b}$는 하한항으로 표현된다는 사실에 위배된다. 이는 증명 초반에 가정한 식 ①에 위배되는 결과이다. 그러므로 모순명제 $\neg p$ '$\sqrt{2}$가 무리수가 아니다(유리수이다)'는 거짓(F)이고, 이에 따라 본 명제 p '$\sqrt{2}$가 무리수이다'는 참(T)이다.

예제 3-11

$\sqrt{3}$이 무리수임을 증명하라.

풀이

$$p \ : \ \sqrt{3}\text{이 무리수이다.}$$
$$\neg p \ : \ \sqrt{3}\text{이 무리수가 아니다(유리수이다).}$$

$\sqrt{3}$을 유리수라고 가정하면, 다음과 같이 표현할 수 있다.

$$\sqrt{3}=\frac{a}{b} \ \left(a, b\in\mathbb{Z},\ b\neq 0,\ \frac{a}{b}\text{는 하한항으로 표현}\right) \ \cdots \ ①$$

식 ①의 양변을 제곱하면 다음과 같다.

$$(\sqrt{3})^2 = 3 = \left(\frac{a}{b}\right)^2 = \frac{a^2}{b^2} \ \cdots \ ②$$

식 ②를 이항하여 정리하면 다음과 같다.

$$3b^2 = a^2 \ \cdots \ ③$$

식 ③에 의해 a^2은 3의 배수인 정수임을 알 수 있다. a^2이 3의 배수이므로 a는 3의 배수(3장 [연습문제 27]에서 증명), 즉 $a=3k(k\in\mathbb{Z})$이다. $a=3k$를 식 ③에 대입해보자.

$$3b^2 = (3k)^2 = 9k^2$$
$$b^2 = 3k^2 \ \cdots \ ④$$

식 ④에서 $b^2=3k^2$이므로 b도 3의 배수임을 알 수 있고 $b=3l(l\in\mathbb{Z})$로 표현할 수 있다. $a=3k$,

$b=3l$이므로 a, b는 공통 약수 3을 가지므로, 식 ①에서 $\frac{a}{b}$는 하한항으로 표현된다는 사실에 위배된다.

∴ 모순명제 $\neg p$ '$\sqrt{3}$이 무리수가 아니다(유리수이다)'는 거짓(F)이다.
∴ 본 명제 p '$\sqrt{3}$이 무리수이다'는 참(T)이다.

예제 3-12

$\sqrt{5}$가 무리수일 때, $\sqrt{5}+\sqrt{7}$이 무리수임을 증명하라.

풀이

p : $\sqrt{5}$가 무리수이다.
q : $\sqrt{5}+\sqrt{7}$이 무리수이다.
$\neg q$: $\sqrt{5}+\sqrt{7}$이 무리수가 아니다(유리수이다).
$p \wedge \neg q$: $\sqrt{5}$가 무리수이고 $\sqrt{5}+\sqrt{7}$이 무리수가 아니다(유리수이다).

$\sqrt{5}+\sqrt{7}$을 유리수라고 가정하면, 다음과 같이 표현할 수 있다.

$$\sqrt{5}+\sqrt{7}=a(a \in \mathbb{Q},\ a \neq 0) \ \cdots \ ①$$

식 ①에서 좌변에 $\sqrt{7}$을 남기고 이항하면 $\sqrt{7}=a-\sqrt{5}$이다. 이 식의 양변을 제곱해보자.

$$(\sqrt{7})^2=7=(a-\sqrt{5})^2=a^2-2\sqrt{5}a+5 \ \cdots \ ②$$

이번에는 식 ②에서 $\sqrt{5}$를 남기고 나머지 항을 이항하자.

$$\sqrt{5}=\frac{7-(a^2+5)}{-2}=\frac{a^2-2}{2} \ \cdots \ ③$$

식 ①에서 $a \in \mathbb{Q}$로 가정하였고, 유리수는 사칙연산에 대해 닫혀 있으므로 식 ③에서 $\frac{a^2-2}{2}$는 유리수이다. 그러나 식 ③에서 $\sqrt{5}=\frac{a^2-2}{2}$이었으므로, 이는 '$\sqrt{5}$가 무리수이다'라는 명제 p에 위배된다.

∴ 모순명제 $p \wedge \neg q$ '$\sqrt{5}$가 무리수이고 $\sqrt{5}+\sqrt{7}$이 무리수가 아니다(유리수이다)'는 거짓(F)이다.
∴ 명제 $\neg(p \wedge \neg q)$는 참(T)이다.
∴ 본 명제 '$\sqrt{5}$가 무리수일 때, $\sqrt{5}+\sqrt{7}$이 무리수이다'는 참(T)이다.

대우 증명법

명제에 따라서 주어진 조건으로는 증명하기 어려운 경우도 있다. 예를 들어, 명제 '두 정수 m과 n의 곱이 홀수이면, m과 n은 모두 홀수이다'는 조건에 해당하는 명제 '두 정수 m과 n의 곱이 홀수이다'를 이용하여 결론에 해당하는 명제 'm과 n은 모두 홀수이다'를 증명하는 것이 그리 간단하지는 않다. 이처럼 조건 그대로를 증명에 활용하기에 제약이 있는 경우 대우 명제의 형태로 바꿔서 증명해야 한다.

대우 증명법은 대우 명제가 본 명제와 같은 진릿값을 갖는다는 특징을 이용한 증명법이다. 그래서 본 명제에 대한 대우 명제를 구하고 대우 명제가 참(T)임을 증명함으로써 본 명제도 참(T)임을 증명한다.

정의 3-7 대우 증명법(proof by contrapositive)

조건명제 $p \rightarrow q$와 이에 대한 대우 명제 $\neg q \rightarrow \neg p$가 동치임을 이용하여 증명하는 방법

앞에서 예로 든 '두 정수 m과 n의 곱이 홀수이면, m과 n은 모두 홀수이다'를 대우 증명법으로 증명해보자. 조건명제 $p \rightarrow q$로 나타내면 다음과 같다.

$p \rightarrow q$: 두 정수 m과 n의 곱이 홀수이면, m과 n은 모두 홀수이다.
p : 두 정수 m과 n의 곱이 홀수이다.
q : m과 n은 모두 홀수이다.
$\neg p$: 두 정수 m과 n의 곱은 홀수가 아니다(짝수이다).
$\neg q$: m과 n 중 적어도 하나는 홀수가 아니다(짝수이다).
$\neg q \rightarrow \neg p$: m과 n 중 적어도 하나는 홀수가 아니면(짝수이면), 두 정수 m과 n의 곱은 홀수가 아니다(짝수이다).

대우 명제의 조건에 해당하는 명제 $\neg q$ 'm과 n 중 적어도 하나는 홀수가 아니다(짝수이다)'는 m과 n 중 하나만 짝수인 경우와 m과 n 모두 짝수인 경우를 모두 고려하여 증명해야 한다. 그래서 두 경우 모두에 대하여 대우 명제가 참(T)이라고 증명되면, 명제 'm과 n 중 적어도 하나는 홀수가 아니면(짝수이면), 두 정수 m과 n의 곱은 홀수가 아니다(짝수이다)'가 참(T)이라고 할 수 있다.

(i) m과 n 중 하나만 짝수인 경우

$m=2k(k \in \mathbb{Z})$, $n=2l+1(l \in \mathbb{Z})$로 가정하고 m과 n의 곱을 구하면 다음과 같다.

$$mn = 2k(2l+1) = 4kl + 2k = 2(2kl+k)$$

위 결과처럼 m과 n 중 하나만 짝수인 경우, m과 n의 곱 mn은 짝수이다. 그러므로 두 정수 m과 n 중 하나만 짝수이면, m과 n의 곱은 홀수가 아니다.

(ii) m과 n 모두 짝수인 경우

$m=2k(k\in\mathbb{Z})$, $n=2l(l\in\mathbb{Z})$로 가정하고 m과 n의 곱을 구하면 다음과 같다.

$$mn=2k\times 2l=4kl=2(2kl)$$

(i)과 마찬가지로 m과 n이 모두 짝수인 경우에도 m과 n의 곱 mn이 짝수이다. 그러므로 두 정수 m과 n이 모두 짝수이면, m과 n의 곱은 홀수가 아니다.

위의 두 가지 경우에 대한 증명을 통해 대우 명제 'm과 n 중 적어도 하나는 홀수가 아니면(짝수이면), 두 정수 m과 n의 곱은 홀수가 아니다(짝수이다)'가 참(T)임을 보였다. 그러므로 본 명제 '두 정수 m과 n의 곱이 홀수이면, m과 n은 모두 홀수이다'는 참(T)임 또한 증명된다.

이 예에서 살펴본 명제처럼 명제의 조건으로 직접 증명하기 어려운 경우 본 명제의 대우 명제를 이용하여 증명하는 방법이 대우 증명법이다.

이제부터 다룰 예제들은 직접 증명법, 모순 증명법과 대우 증명법을 비교하기 위해 앞에서 살펴본 예제를 대우 증명법으로 증명할 수 있도록 변형한 것이다. 그러므로 대우 증명법으로 증명한 내용의 일부가 직접 증명법으로 증명한 내용과 일치할 수 있다. 예제에 제시된 명제의 형태를 자세히 보고, 직접 증명법이나 모순 증명법으로 증명해야 하는 명제의 형태 및 증명과정과 대우 증명법으로 증명해야 하는 명제의 형태 및 증명 과정을 잘 구분하기를 바란다.

예제 3-13

$m+n$이 무리수이면, m과 n 중 적어도 하나는 무리수임을 증명하라. ([예제 3-1], [예제 3-6] 참고)

풀이

$p\to q$: $m+n$이 무리수이면, m과 n 중 적어도 하나는 무리수이다.

p : $m+n$이 무리수이다.

q : m과 n 중 적어도 하나는 무리수이다. $\equiv$ (m은 무리수이다) $\vee$ (n은 무리수이다)

$\neg p$: $m+n$은 무리수가 아니다. $\equiv$ $m+n$은 유리수이다.

$\neg q$: $\neg$[(m은 무리수이다) $\vee$ (n은 무리수이다)] $\equiv$ $\neg$(m은 무리수이다) $\wedge$ $\neg$(n은 무리수이다)

$\equiv$ (m은 유리수이다) $\wedge$ (n은 유리수이다)

$\equiv$ m과 n은 모두 유리수이다.

$\neg q\to\neg p$: m과 n이 모두 유리수이면, $m+n$은 유리수이다.

두 수 m과 n을 유리수의 정의에 따라 표현하면 다음과 같다.

$$m=\frac{a}{b}(a, b\in\mathbb{Z},\ b\neq 0),\quad n=\frac{c}{d}(c, d\in\mathbb{Z},\ d\neq 0)$$

이렇게 표현한 m과 n을 이용하여 $m+n$을 구하면 다음과 같다.

$$m+n=\frac{a}{b}+\frac{c}{d}=\frac{ad}{bd}+\frac{bc}{bd}=\frac{ad+bc}{bd}$$

결과 $\frac{ad+bc}{bd}$가 유리수인지를 판단하기 위해 유리수의 정의를 이용한다.

(i) $ad+bc$와 bd는 정수인가?
m과 n에 대한 표현에서 $a, b, c, d \in \mathbb{Z}$라고 가정하였고, 정수는 덧셈과 곱셈에 대해 닫혀 있으므로 $ad+bc$와 bd는 정수이다.

(ii) $bd \neq 0$인가?
m과 n에 대한 표현에서 $b \neq 0$, $d \neq 0$으로 가정하였으므로 $bd \neq 0$이다.

(i)과 (ii)에 따라 $\frac{ad+bc}{bd}$는 유리수임을 알 수 있다.

∴ 대우 명제 $\neg q \rightarrow \neg p$ 'm과 n이 모두 유리수이면, $m+n$은 유리수이다'는 참(T)이다.
∴ 본 명제 $p \rightarrow q$ '$m+n$이 무리수이면, m과 n 중 적어도 하나는 무리수이다'는 참(T)이다.

예제 3-14

$5m+4$가 4로 나누어떨어지지 않으면, 정수 m도 4로 나누어떨어지지 않음을 증명하라. ([예제 3-2], [예제 3-7] 참고)

풀이

$p \rightarrow q$: $5m+4$가 4로 나누어떨어지지 않으면, 정수 m도 4로 나누어떨어지지 않는다.
p : $5m+4$가 4로 나누어떨어지지 않는다.
q : 정수 m이 4로 나누어떨어지지 않는다.
$\neg p$: $5m+4$가 4로 나누어떨어진다.
$\neg q$: 정수 m이 4로 나누어떨어진다.
$\neg q \rightarrow \neg p$: 정수 m이 4로 나누어떨어지면, $5m+4$도 4로 나누어떨어진다.

조건 $\neg q$에 의해 정수 m이 4로 나누어떨어지므로 m은 다음과 같이 표현할 수 있다.

$$m=4k(k \in \mathbb{Z}) \quad \cdots \quad ①$$

$5m+4$에 식 ①을 대입하면 다음과 같다.

$$5m+4=5(4k)+4=20k+4=4\underbrace{(5k+1)=4a}_{5k+1\text{을 } a\text{로 치환}}$$

$4a$는 4로 나누어떨어지므로, $5m+4$는 4로 나누어떨어진다.

∴ 대우 명제 $\neg q \rightarrow \neg p$ '정수 m이 4로 나누어떨어지면, $5m+4$도 4로 나누어떨어진다'는 참(T)이다.

∴ 본 명제 $p \rightarrow q$ '$5m+4$가 4로 나누어떨어지지 않으면, 정수 m도 4로 나누어떨어지지 않는다'는 참(T)이다.

예제 3-15

자연수 m과 n에 대하여 $m+n> 72$이면, $m>36$이거나 $n>36$임을 증명하라. ([예제 3-3], [예제 3-8] 참고)

풀이

$p \rightarrow q$: 자연수 m과 n에 대하여 $m+n>72$이면, $m>36$이거나 $n>36$이다.

p : 자연수 m과 n에 대하여 $m+n>72$이다. $\equiv m+n \geq 73$

q : $m>36$이거나 $n>36$이다. $\equiv m \geq 37$이거나 $n \geq 37$이다.

$\equiv (m \geq 37) \vee (n \geq 37)$

$\neg p$: $\neg(m+n \geq 73) \equiv m+n<73$

$\equiv m+n \leq 72$

$\neg q$: $\neg[(m \geq 37) \vee (n \geq 37)] \equiv \neg(m \geq 37) \wedge \neg(n \geq 37)$

$\equiv (m<37) \wedge (n<37)$

$\equiv (m \leq 36) \wedge (n \leq 36)$

$\neg q \rightarrow \neg p$: 자연수 m과 n에 대하여 $m \leq 36$이고 $n \leq 36$이면, $m+n \leq 72$이다.

자연수 m과 n의 최댓값이 모두 36이므로 $m+n$의 합이 72보다 클 수 없다. 즉, $m+n$의 최댓값은 72이다.

∴ 대우 명제 $\neg q \rightarrow \neg p$ '자연수 m과 n에 대하여 $m \leq 36$이고 $n \leq 36$이면, $m+n \leq 72$이다'는 참(T)이다.

∴ 본 명제 $p \rightarrow q$ '자연수 m과 n에 대하여 $m+n>72$이면, $m>36$이거나 $n>36$이다'는 참(T)이다.

예제 3-16

자연수 m이 2가 아닌 소수이면, m은 홀수임을 증명하라. ([예제 3-4], [예제 3-9] 참고)

풀이

$p \rightarrow q$: 자연수 m이 2가 아닌 소수이면, m은 홀수이다.

p : 자연수 m이 2가 아닌 소수이다. $\equiv (m \neq 2) \wedge (m \in \text{소수})$

q : m은 홀수이다.

$\neg p$: 자연수 m은 2이거나 소수가 아니다. $\left(\begin{aligned} \because \neg p &\equiv \neg[(m \neq 2) \wedge (m \in \text{소수})] \\ &\equiv \neg(m \neq 2) \vee \neg(m \in \text{소수}) \\ &\equiv (m = 2) \vee (m \notin \text{소수}) \end{aligned}\right)$

$\neg q$: m은 짝수이다.

$\neg q \to \neg p$: 자연수 m이 짝수이면, m은 2이거나 소수가 아니다.

(i) 자연수 m이 짝수이면, $m=2$인가?
자연수 m은 짝수이므로 $m=2k(k \in \mathbb{N})$이고, $k=1$일 때 $m=2$이다.

(ii) 자연수 m이 짝수이면, $m \notin$ 소수인가?
자연수 m은 짝수이므로 $m=2k(k \in \mathbb{N})$이고, 항상 1 외에도 약수 2를 갖는 자연수이다.

명제 $\neg q$는 명제 '$m=2$'와 '$m \notin$ 소수'가 논리합으로 합성된 합성명제이므로, 두 단순명제 중 하나라도 참(T)이면, $\neg q \to \neg p$가 참(T)이다. 그런데 (i), (ii)에서 알 수 있듯이, 두 단순명제는 모두 참(T)이다.

∴ 대우 명제 $\neg q \to \neg p$ '자연수 m이 짝수이면, m은 2이거나 소수가 아니다'는 참(T)이다.
∴ 본 명제 $p \to q$ '자연수 m이 2가 아닌 소수이면, m은 홀수이다'는 참(T)이다.

예제 3-17

모든 정수 x에 대하여 x^2-x가 짝수이면, x는 짝수이거나 홀수임을 증명하라. ([예제 3-5], [예제 3-10] 참고)

풀이

$p \to q$: 모든 정수 x에 대하여 x^2-x가 짝수이면, x는 짝수이거나 홀수이다.

p : x^2-x가 짝수이다.

q : x는 짝수이거나 홀수이다. $\equiv (x\text{는 짝수이다.}) \vee (x\text{는 홀수이다.})$

$\neg p$: x^2-x는 짝수가 아니다(홀수이다).

$\neg q$: x는 짝수도 아니고 홀수도 아니다.

$\left(\begin{aligned} \because \neg q &\equiv \neg[(x\text{는 짝수이다.}) \vee (x\text{는 홀수이다.})] \\ &\equiv \neg(x\text{는 짝수이다.}) \wedge \neg(x\text{는 홀수이다.}) \\ &\equiv (x\text{는 홀수이다}) \wedge (x\text{는 짝수이다.}) \\ &\equiv x\text{는 홀수이고 짝수이다.} \\ &\equiv x\text{는 짝수도 아니고, 홀수도 아니다. } (\because \text{짝수이면서 홀수인 정수는 없으므로}) \end{aligned}\right)$

$\neg q \to \neg p$: x가 홀수이고 짝수이면, x^2-x는 짝수가 아니다(홀수이다).

이 명제의 증명을 시작하기 전에 조건명제의 가정에 해당하는 명제가 거짓(F)이면 결론에 해당하는 명제의 진릿값에 상관없이 조건명제는 항상 참(T)임을 기억하자.

위의 대우 명제 $\neg q \to \neg p$의 가정에 해당하는 명제 $\neg q$는 'x는 홀수이고 짝수이다'이다. 그런데 홀수이면서 동시에 짝수인 정수는 존재할 수 없으므로 $\neg q$의 진릿값은 거짓(F)이다. 그러므로 대우 명제 $\neg q \to \neg p$의 진릿값은 결론에 해당하는 명제 $\neg p$의 진릿값에 상관없이 참(T)이다.

$\therefore$ 대우 명제 $\neg q \to \neg p$ 'x가 홀수이고 짝수이면, $x^2 - x$는 짝수가 아니다(홀수이다)'는 참(T)이다.
$\therefore$ 본 명제 $p \to q$ '모든 정수 x에 대하여 $x^2 - x$가 짝수이면, x는 짝수이거나 홀수이다'는 참(T)이다.

명제의 진릿값은 명제를 한정하는 논의영역에 따라 달라질 수 있음을 앞에서 이야기하였다. 전체 한정자($\forall$)에 의해 한정되는 경우는 논의영역의 모든 값이나 원소에 대해 명제가 참(T)이어야 그 명제가 참(T)이라고 판단하지만, 존재 한정자($\exists$)에 의해 한정되는 경우는 논의영역의 일부 값이나 원소에 대해 명제가 참(T)이어도 참(T)이라고 판단한다. 이처럼 존재 유무를 이용하여 명제를 증명하는 방법에는 존재 증명법과 반례 증명법이 있다.

존재 증명법

존재 증명법은 증명이 필요한 명제를 참(T)으로 만드는 값이나 원소가 있음을 보여줌으로써 증명하는 방법이다.

정의 3-8 존재 증명법(existence proof : $\exists x P(x)$)

명제가 참(T)이 되는 예를 찾아서 증명하는 방법

예제 3-18

어떤 소수 n에 대하여, $n+4$도 소수인지 증명하라.

풀이

소수는 1과 자기 자신만을 약수로 갖는 자연수로, 예를 들어 2, 3, 5, 7, 11, 13, $\cdots$이다. 각 소수에 4를 더하면 6, 7, 9, 11, 15, 17, $\cdots$인데, 이 중 $7(3+4)$, $11(7+4)$, $17(13+4)$의 경우에는 여전히 소수이다. 그러므로 $n+4$를 소수로 만드는 소수 n이 있음을 알 수 있다.

$\therefore$ 명제 '어떤 소수 n에 대하여, $n+4$도 소수이다'는 참(T)이다.

예제 3-19

어떤 실수 x, y에 대하여 $x > y$이면, $x^2 > y^2$임을 증명하라.

풀이

$x > y$라는 조건에 대하여 $|x| \neq |y|$이고, $|x| > |y|$인 경우에는 항상 $x^2 > y^2$이 성립한다. 예를 들어, $x = 2$이고 $y = -1$인 경우에는 $2^2 = 4 > 1 = (-1)^2$으로 성립한다. $x > y$이면, $x^2 > y^2$이 성립하는 실수가 적어도 하나 이상 존재하므로 이 명제는 참(T)이다.

∴ 명제 '어떤 실수 x, y에 대하여, $x > y$이면 $x^2 > y^2$이다'는 참(T)이다.

예제 3-20

어떤 실수 a에 대하여, $(a+1)^2 \geq a^2$이 성립하는지 증명하라.

풀이

$a = 3$인 경우 $(3+1)^2 = 16 \geq 3^2 = 9$이다. 따라서 $(a+1)^2 \geq a^2$이 성립하는 실수가 적어도 하나 이상 존재한다.

∴ 명제 '어떤 실수 a에 대하여, $(a+1)^2 \geq a^2$이 성립한다'는 참(T)이다.

반례 증명법

반례 증명법은 존재 증명법과 달리 증명을 위해 주어진 명제를 거짓(F)으로 하는 예를 찾아서 명제가 거짓(F)임을 증명하는 방법이다.

정의 3-9 **반례 증명법(proof by counter-example : $\exists x \neg P(x)$)**

명제가 모순이 되는 예를 찾아서 증명하는 방법

예제 3-21

모든 소수 n에 대하여, $n+4$도 소수인지 증명하라.

풀이

소수는 1과 자기 자신만을 약수로 갖는 자연수로, 예를 들어 2, 3, 5, 7, 11, 13, $\cdots$이다. 각 소수에 4를 더하면 6, 7, 9, 11, 15, 17, $\cdots$인데, 이 중 6, 9, 15는 소수가 아니다. 그러므로 모든 소수 n에 대하여, $n+4$가 소수인 것은 아님을 알 수 있다.

$\therefore$ 명제 '모든 소수 n에 대하여, $n+4$도 소수이다'는 거짓(F)이다.

예제 3-22

모든 실수 x, y에 대하여, $x>y$이면 $x^2>y^2$인지 증명하라.

풀이

$x>y$라는 조건에 대하여 $|x|\le|y|$인 경우에는 $x^2>y^2$이 성립하지 않는다. 예를 들어, $x=1$이고 $y=-2$인 경우에는 $1^2=1<4=(-2)^2$으로 $1>-2$임에도 불구하고 $x^2>y^2$이 성립하지 않는다. 그러므로 모든 실수 x, y에 대하여, $x>y$이면 $x^2>y^2$이 성립하는 것은 아님을 알 수 있다.

$\therefore$ 명제 '모든 실수 x, y에 대하여, $x>y$이면 $x^2>y^2$이다'는 거짓(F)이다.

예제 3-23

모든 실수 a에 대하여, $(a+1)^2\ge a^2$이 성립하는지 증명하라.

풀이

$a=-3$인 경우 $(-3+1)^2=4<(-3)^2=9$이므로 $(a+1)^2\ge a^2$이 성립하지 않는다. 그러므로 모든 실수 a에 대하여 $(a+1)^2\ge a^2$이 성립하는 것은 아님을 알 수 있다.

$\therefore$ 명제 '모든 실수 a에 대하여, $(a+1)^2\ge a^2$이 성립한다'는 거짓(F)이다.

3.4 수학적 귀납법

끝이 보이지 않는 계단이 앞에 있다고 생각해보자. 첫 번째 계단을 밟고 올라서면 다음에 또 계단이 있음을 알 수 있다. 그리고 n번째 계단을 밟고 올라서면 그 다음에도 또 계단이 있다고 예상할 수 있을 것이다.

계단의 예처럼 첫 번째 단계가 성립하고 n번째 단계가 성립한다고 가정했을 때, $n+1$번째 단계도 성립함을 보이는 방식의 증명 방법을 수학적 귀납법이라고 한다. 수학적 귀납법은 0보다 크거나 같은 정수의 범위에서 발생하는 일정한 규칙을 증명하는 데 유용하다.

정의 3-10 수학적 귀납법(mathematical induction)

0보다 크거나 같은 정수 범위에서 발생하는 일정한 규칙을 나타내는 명제 $P(n)$이 성립함을 증명하는 방법

수학적 귀납법은 다음 세 단계로 증명한다.

❶ **기본 가정** : 명제의 논의영역 D의 첫 번째 값 d에 대하여, $P(d)$가 참(T)임을 보인다.
❷ **귀납 가정** : 논의영역에 속하는 임의의 값 k에 대하여, $P(k)$가 참(T)이라고 가정한다.
❸ **귀납 증명** : 기본 가정과 귀납 가정을 이용해 논의영역에 속하는 값 $k+1$에 대하여, $P(k+1)$이 참(T)임을 증명한다.

예를 들어, $n \geq 1$인 자연수 n에 대하여, $1+2+\cdots+n=\dfrac{n(n+1)}{2}$이 성립하는지 확인해보자. 여기서 제시된 논의영역 D와 명제 $P(n)$은 다음과 같다.

$$D=\{n \mid n \geq 1, n \in \mathbb{N}\}$$
$$P(n): 1+2+\cdots+n=\frac{n(n+1)}{2}$$

❶ **기본 가정** : 논의영역 D의 첫 번째 값은 1이므로 $P(1)$이 참(T)인지 확인한다.

$$P(1): 1=\frac{1(1+1)}{2}$$

$\therefore$ $P(1)$이 참(T)이다.

❷ **귀납 가정** : 논의영역 D에 속하는 임의의 값 k에 대하여, 다음이 참(T)이라고 가정한다.

$$P(k): 1+2+\cdots+k=\frac{k(k+1)}{2}$$

❸ **귀납 증명** : 기본 가정과 귀납 가정을 이용해 논의영역 D에 속하는 임의의 값 $k+1$에 대하여, $P(k+1)$이 참(T)인지 증명한다.

$$P(k+1): 1+2+\cdots+k+(k+1)=\frac{(k+1)\{(k+1)+1\}}{2}$$

귀납 가정에서 $P(k)$가 참(T)이라고 가정하였으므로 다음이 성립한다.

$$\begin{aligned}P(k+1): 1+2+\cdots+k+(k+1) &= P(k)+(k+1)\\ &=\frac{k(k+1)}{2}+(k+1)\\ &=\frac{k(k+1)+2(k+1)}{2}\\ &=\frac{k^2+k+2k+2}{2}\\ &=\frac{k^2+3k+2}{2}\\ &=\frac{(k+1)(k+2)}{2}\\ &=\frac{(k+1)\{(k+1)+1\}}{2}\end{aligned}$$

$\therefore$ $P(k+1)$이 참(T)이다.

$\therefore$ $n\geq 1$인 자연수 n에 대하여, $1+2+\cdots+n=\dfrac{n(n+1)}{2}$이 성립한다.

예제 3-24

$n\geq 0$인 정수 n에 대하여, $1+3+5+\cdots+(2n+1)=(n+1)^2$이 성립함을 보여라.

풀이

논의영역과 명제는 다음과 같다.

$$D=\{n\,|\,n\geq 0, n\in\mathbb{Z}\}$$
$$P(n): 1+3+5+\cdots+(2n+1)=(n+1)^2$$

❶ **기본 가정** : $P(0): 2\times 0+1=1=(0+1)^2$

$\therefore$ $P(0)$이 참(T)이다.

❷ **귀납 가정** : $k \in D$, $k \geq 0$일 때, $P(k)$: $1+3+5+\cdots+(2k+1)=(k+1)^2$이 참(T)이라고 가정한다.

❸ **귀납 증명** : 기본 가정과 귀납 가정을 이용해 다음이 참(T)인지 증명한다.

$$P(k+1): 1+3+5+\cdots+(2k+1)+\{2(k+1)+1\}=\{(k+1)+1\}^2$$

귀납 가정 $P(k)$가 참(T)이라고 가정하였으므로 다음이 성립한다.

$$\begin{aligned} P(k+1): 1+3+5+\cdots+(2k+1)+\{2(k+1)+1\} &= P(k)+\{2(k+1)+1\} \\ &= (k+1)^2+\{2(k+1)+1\} \\ &= (k^2+2k+1)+(2k+2+1) \\ &= k^2+4k+4 \\ &= (k+2)^2 \\ &= \{(k+1)+1\}^2 \end{aligned}$$

$\therefore$ $P(k+1)$이 참(T)이다.

$\therefore$ $n \geq 0$인 정수 n에 대하여, $1+3+5+\cdots+(2n+1)=(n+1)^2$이 성립한다.

예제 3-25

$n \geq 3$인 자연수 n에 대하여, $n^2 > 2n+1$이 성립함을 증명하라.

풀이

논의영역과 명제는 다음과 같다.

$$D=\{n \mid n \geq 3, n \in \mathbb{N}\}$$
$$P(n): n^2 > 2n+1$$

❶ **기본 가정** : $P(3): 9=3^2 > 2\times3+1=7$
$\therefore$ $P(3)$이 참(T)이다.

❷ **귀납 가정** : $k \in D$, $k > 3$일 때, $P(k)$: $k^2 > 2k+1$이 참(T)이라고 가정한다.

❸ **귀납 증명** : 기본 가정과 귀납 가정을 이용해 다음이 참(T)인지 증명한다.

$$P(k+1): (k+1)^2 > 2(k+1)+1 = 2k+3 \quad \cdots \text{①}$$

식 ①에서 $(k+1)^2=k^2+2k+1$이므로 귀납 가정의 좌변에 $2k+1$을 더한 것과 같은 형태이다. 그러므로 귀납 가정 $P(k)$: $k^2 > 2k+1$의 양변에 $2k+1$을 더해보자.

$$k^2+2k+1 > 2k+1+2k+1 = 4k+2 \quad \cdots \text{②}$$

식 ②의 $4k+2$가 식 ①의 $2k+3$보다 크다는 것을 증명하면 $(k+1)^2 > 2(k+1)+1$이 논의영역에서는 항상 참(T)이라고 할 수 있으므로 $4k+2 > 2k+3$을 증명한다.

$$4k+2 > 2k+3$$
$$2k > 1$$
$$\therefore\ k > \frac{1}{2}$$

논의영역 D의 모든 원소는 $k > \frac{1}{2}$을 만족한다. 그러므로 $4k+2 > 2k+3$이 성립한다.

$\therefore\ (k+1)^2 > 4k+2 > 2k+3$으로 $P(k+1)$은 참(T)이다.

$\therefore\ n \geq 3$인 자연수 n에 대하여, $n^2 > 2n+1$이 성립한다.

예제 3-26

$n \geq 0$인 정수 n에 대하여, n^2+n은 짝수임을 증명하라.

풀이

논의영역과 명제는 다음과 같다.

$$D = \{n \mid n \geq 0, n \in \mathbb{Z}\}$$
$$P(n) : n^2 + n\text{은 짝수}$$

❶ **기본 가정** : $P(0) : 0^2 + 0 = 2 \times 0$은 짝수
$\therefore\ P(0)$이 참(T)이다.

❷ **귀납 가정** : $k \in D$, $k > 0$일 때, $P(k) : k^2 + k$는 짝수가 참(T)이라고 가정한다.
$\therefore\ P(k) : k^2 + k = 2m \ (m > 0,\ m \in \mathbb{Z})$

❸ **귀납 증명** : 기본 가정과 귀납 가정을 이용해 다음이 참(T)인지 증명한다.

$$P(k+1) : (k+1)^2 + (k+1) = 2l \ (l > 0,\ l \in \mathbb{Z})$$

귀납 가정 $P(k)$가 참(T)이라고 가정하였으므로 다음이 성립한다.

$$\begin{aligned}(k+1)^2 + (k+1) &= (k^2+2k+1) + (k+1)\\ &= k^2 + 3k + 2\\ &= (k^2+k) + (2k+2)\\ &= P(k) + (2k+2)\\ &= 2m + (2k+2) \quad (\because P(k):\ k^2+k = 2m)\\ &= 2\underbrace{(m+k+1)}_{(m+k+1)\text{을 } l\text{로 치환}} = 2l\end{aligned}$$

$\therefore$ $P(k+1)$이 참(T)이다.

$\therefore$ $n \geq 0$인 정수 n에 대하여, n^2+n은 짝수임이 성립한다.

예제 3-27

n비트인 1워드로 표현할 수 있는 데이터의 최대 개수는 2^n임을 증명하라.

풀이

데이터를 표현하기 위해서는 1워드가 최소 1비트 이상이어야 한다. 이에 따른 논의영역과 명제는 다음과 같다.

$$D=\{n \mid n \geq 1, n \in \mathrm{N}\}$$

$P(n)$: n비트인 1워드로 표현 가능한 데이터의 최대 개수는 2^n개

❶ **기본 가정** : $P(1)$: 1비트로 표현 가능한 데이터는 0과 1로 2개이다. $(P(1): 2=2^1)$
$\therefore$ $P(1)$이 참(T)이다.

❷ **귀납 가정** : $k \in D$, $k>1$일 때, $P(k)$: k비트인 1워드로 표현 가능한 데이터의 최대 개수는 2^k개임이 참(T)이라고 가정한다.

❸ **귀납 증명** : 기본 가정과 귀납 가정을 이용해 다음이 참(T)인지 증명한다.

$P(k+1)$: $k+1$비트인 1워드로 표현 가능한 데이터의 최대 개수 2^{k+1}개

$$(P(k+1): 2^{k+1}=2 \times 2^k)$$

귀납 가정에서 k비트일 때 2^k개의 데이터 표현이 가능하다고 가정하였고, 기본 가정에서 1비트일 때 2개의 데이터 표현이 가능하다고 증명하였다. 그러므로 k개의 비트 외에 0 또는 1의 한 비트를 더 추가하여 표현할 수 있는 데이터의 개수는 2^k개의 2배이다. $(2^{k+1}=2 \times 2^k)$

$\therefore$ $P(k+1)$이 참(T)이다.

$\therefore$ n비트인 1워드가 표현할 수 있는 데이터의 최대 개수는 2^n임이 성립한다.

3장_핵심요약

CHAPTER 03 연습문제

✔ 문제 해답

[01~05] 주어진 명제를 적당한 증명법으로 증명하라.

✔ **01** 두 홀수의 차는 짝수이다.

02 짝수와 홀수의 합은 홀수이다.

03 모든 정수에 대하여, 짝수에서 홀수를 뺀 수는 홀수이다.

✔ **04** 정수 a에 대하여 a가 짝수이면, a^2도 짝수이다.

05 정수 a에 대하여 a가 홀수이면, a^3도 홀수이다.

[06~10] 주어진 명제를 적당한 증명법으로 증명하라.

06 정수 n이 3의 배수이면, n^2도 3의 배수이다.

✔ **07** 정수 a가 4의 배수이면, $3a^2+10a$도 4의 배수이다.

08 정수 a가 3의 배수이면, $3a^2+4a$도 3의 배수이다.

✔ **09** 정수 m, n에 대하여 $m-n$이 짝수이면, m^3-n^3이 짝수이다.

10 정수 a에 대하여 $a+4$가 짝수이면, $4a+3$은 홀수이다.

[11~15] 주어진 명제를 적당한 증명법으로 증명하라.

✔ **11** 정수 $a=5k+2$이면, a^2+1은 5로 나누어떨어진다.

12 정수 a, b, c에 대하여 $b|a$이고 $c|b$이면, $c|a$가 성립한다.

13 정수 a, b, c에 대하여 a, b가 각각 c로 나누어떨어지면, $a+b$도 c로 나누어떨어진다.

14 정수 a, b, c에 대하여 $a+b$는 홀수이고 $b+c$는 짝수이면, $a+c$는 홀수이다.

✔ **15** 0이 아닌 정수 a, b, c에 대하여, $\frac{ab}{c}+\frac{bc}{a}+\frac{ac}{b}$가 유리수이다.

[16~19] **주어진 명제를 적당한 증명법으로 증명하라.**

✓**16** 소수는 완전수가 아니다.

TIP 완전수(perfect number)

어떤 수의 약수 중 자신을 제외한 나머지 약수들의 합이 그 수가 되는 자연수

예 28의 약수 : 1, 2, 4, 7, 14, 28

28의 약수 중 28을 제외한 나머지 약수들의 합 : $1+2+4+7+14=28$

$\therefore$ 28은 완전수이다.

✓**17** 정수 a, b가 각각 완전제곱수이면, ab도 완전제곱수이다.

TIP 완전제곱수(perfect square number)

어떤 정수의 제곱이 되는 정수

예 1, 4, 9, 16, 25, ⋯

18 $a \geq b$인 정수 a, b에 대하여 $a \geq 36$이고 $b \geq 36$이면, $a-b \geq 0$이다.

19 정수 a, b에 대하여 $a^2 \leq 4$이고 $b^2 \leq 9$이면, $-5 \leq a+b \leq 5$이다.

[20~23] **주어진 명제를 적당한 증명법으로 증명하라.**

20 모든 정수 n에 대하여, $3n+2$는 3으로 나누어지지 않는다.

✓**21** $\sqrt{7}$은 무리수이다.

✓**22** $\sqrt{2}$가 무리수일 때, $1+3\sqrt{2}$가 무리수이다.

23 $\sqrt{3}$이 무리수일 때, $2+3\sqrt{3}$은 무리수이다.

[24~28] **주어진 명제를 적당한 증명법으로 증명하라.**

24 두 정수의 합이 홀수이면, 두 정수 중 적어도 하나는 홀수이다.

25 정수 n에 대하여 $3n+2$가 홀수이면, n이 홀수이다.

✓**26** 정수 a에 대하여 a^2이 짝수이면, a도 짝수이다.

✔ 27 정수 a에 대하여 a^2이 3의 배수이면, a도 3의 배수이다.

28 정수 a에 대하여 a^3+7이 짝수이면, a는 홀수이다.

[29~33] 주어진 명제를 적당한 증명법으로 증명하라.

✔ 29 정수 a, b에 대하여 $(ab)^2$이 4의 배수가 아니면, a, b는 모두 짝수이거나 모두 홀수이다.

30 $2+3\sqrt{3}$이 유리수이면, $\sqrt{3}$도 유리수이다.

✔ 31 두 자연수의 곱이 400보다 크면, 두 수 중 적어도 하나는 20보다 크다.

32 완전수는 소수가 아니다.

33 두 양의 실수의 곱이 100보다 크면, 두 수 중 적어도 하나는 10보다 크다.

[34~38] 주어진 명제를 적당한 증명법으로 증명하라.

34 모든 실수 a에 대하여, $a^2+1 \geq 1$이 성립한다.

✔ 35 2^a-a를 소수로 만드는 모든 자연수 a는 소수이다.

✔ 36 2^a-a를 소수로 만드는 어떤 자연수 a는 소수이다.

37 모든 소수 a에 대하여, $(-1)^a=-1$이 성립한다.

38 어떤 소수 a에 대하여, $(-1)^a=-1$이 성립한다.

[39~43] 주어진 명제를 적당한 증명법으로 증명하라.

✔ 39 n이 양의 정수일 때, n^2-n+19는 소수이다.

✔ 40 n^2-n+19를 소수로 만드는 양의 정수 n이 적어도 하나는 있다.

41 모든 홀수 n에 대하여, $\frac{n-1}{2}$은 홀수이다.

42 모든 자연수 a에 대하여, $a^2+(a-1)^2=41$이 성립한다.

43 $a^2+(a-1)^2=41$을 만족하는 자연수 a가 있다.

[44~48] 주어진 명제들을 적당한 증명법으로 증명하라.

✓**44** $n \geq 1$인 자연수 n에 대하여, $\sum_{i=1}^{n}(2i-1)=n^2$이다.

✓**45** $n \geq 1$인 자연수 n에 대하여, $\sum_{i=1}^{n} i^2 = \frac{n(n+1)(2n+1)}{6}$이다.

46 $n \geq 2$인 자연수 n에 대하여, $\sum_{i=1}^{n-1} i(i+1) = \frac{n(n-1)(n+1)}{3}$이다.

47 음이 아닌 정수 n에 대하여, $0+4+8+\cdots+4n=2n(n+1)$이다.

48 $n \geq 1$인 자연수 n에 대하여, $\sum_{i=1}^{n}(3i+2) = \frac{n(3n+7)}{2}$이다.

[49~53] 주어진 명제를 적당한 증명법으로 증명하라.

✓**49** $n \geq 7$인 자연수 n에 대하여, $3^n < n!$이다.

✓**50** $n \geq 6$인 자연수 n에 대하여, $n! > n^3$이다.

51 $n \geq 5$인 자연수 n에 대하여, $2^n > n^2$이다.

52 $n \geq 3$인 자연수 n에 대하여, $2n+1 < 2^n$이다.

53 $n \geq 4$인 자연수 n에 대하여, $n! > n^2$이다.

CHAPTER 04

집합

• Contents

컴퓨터가 인간처럼 사고하고 학습하여 어떤 문제를 해결하려면 데이터를 유연하게 활용할 수 있어야 한다. 그러기 위해서는 새로 생성되는 정보를 끊임없이 수집해야 하며, 수집한 데이터를 정확하고 논리적인 기준에 따라 분류해야 한다.

예를 들어, 인공지능이 새로 생성하거나 학습하는 지식은 이렇게 수집하여 분류한 데이터의 논리적 연산을 통해 얻는다. 만약 데이터의 분류가 정확하지 않다면 인공지능은 문제를 올바르게 해결할 수 없다. 인공지능이 어떤 문제를 정확히 해결하기 위해서는 데이터 분류뿐만 아니라, 분류한 데이터 집합 간의 연산, 여러 데이터 집합 중 특정 집합 범위에 포함되지 않는 데이터의 구분 및 처리 등 집합 개념을 이용한 과정이 필요하다.

이 장에서는 집합의 기본 개념과 연산, 집합 연산에 항상 적용할 수 있는 집합의 대수법칙을 알아보고, 집합의 분할 개념을 살펴보자.

학습목표

1. 집합의 기본 개념과 표현 방법을 이해한다.
2. 다양한 집합의 연산을 이해한다.
3. 집합의 분할과 집합류를 이해한다.

4.1 집합의 개념

컴퓨터가 활용하려는 데이터들은 정리되어 있지 않으면 효용가치가 없다. 그렇기 때문에 컴퓨터에서 데이터를 효율적이고 효과적으로 활용하기 위해서는 기준에 따라 데이터를 정리하여 관리할 필요가 있다. 이때 필요한 개념이 집합이다.

정의 4-1 **집합(set : $A, B, C, \cdots$)**

명확한 기준에 따라 공통 성질을 가지며 중복되지 않는 원소(element, member)의 모임

(a) **유한집합**(finite set) : 집합을 구성하는 원소의 개수가 유한개인 집합
(b) **무한집합**(infinite set) : 집합을 구성하는 원소의 개수가 무한히 많은 집합

집합은 공통 성질을 가지며, 중복되지 않는 원소로 구성된다. 그러므로 집합에 포함되는 원소들을 구분할 수 있는 명확한 기준이 있어야 하는데, 이 기준을 표현하는 방식에 따라 다양하게 집합을 표기할 수 있다. 집합의 정확한 표기는 집합에 포함된 원소 개수 및 집합이나 원소 간의 포함관계를 파악할 수 있는 좋은 정보가 된다.

정의 4-2 **집합의 표기방식**

(a) **원소나열법** : 집합에 포함되는 원소들을 일일이 나열하는 방법
예 $A = \{1, 2, 3, 4, 5\}$
(b) **조건제시법** : 집합에 포함되는 원소들의 공통 성질을 조건식으로 제시하는 방법
예 $A = \{x \mid 0 < x \leq 7, x \in \mathbb{R}\}$
(c) **벤 다이어그램**(Venn diagram) : 집합과 원소 또는 집합과 집합의 포함관계를 그림으로 보여주는 방법

일반적으로 원소나열법은 유한집합에 대해 주로 사용하는 표기법이지만, 무한집합에 대해서도 원소 간의 일정한 규칙을 예상할 수 있다면 말줄임표($\cdots$)를 이용하여 표현할 수도 있다.

조건제시법은 원소 간의 공통점이나 규칙이 있는 경우 그 내용으로 집합을 표기하는 것이다. 일반적으로 '|' 기호를 기준으로 왼쪽에는 원소를 대표하는 변수를, 오른쪽에는 원소들의 공통점이나 규칙에 대한 식 또는 설명을 작성한다. 다음 [그림 4-1]에서 조건제시법으로 나타낸 집합은 '집합 A에 포함되는 원소 x는 0보다 크고 7보다 작거나 같은 실수이다'라고 이해할 수 있다.

$$A = \{x \mid 0 < x \leq 7, x \in \mathbb{R}\}$$

원소들의 공통점이나 규칙

원소를 대표하는 변수

[그림 4-1] 조건제시법의 구조

벤 다이어그램은 원이나 사각형을 이용해 집합과 집합, 집합과 원소 사이의 포함관계를 표현하는 것이다. 다음 [그림 4-2]는 벤 다이어그램을 이용한 포함관계를 보여주는 예이다. [그림 4-2(a)]는 집합 A와 집합 B의 원소들의 포함관계를 표현한 것으로, $A = \{1, 2, 3, 4\}$이고 $B = \{4, 5, 6\}$임을 알 수 있다. [그림 4-2(b)]는 집합 U, A, B, C 사이의 포함관계를 표현한 것으로, 집합 A, B, C는 전체집합 U에 포함되고 집합 A와 B에 공통으로 포함되는 원소가 있으며 집합 C는 집합 A에 포함됨을 알 수 있다.

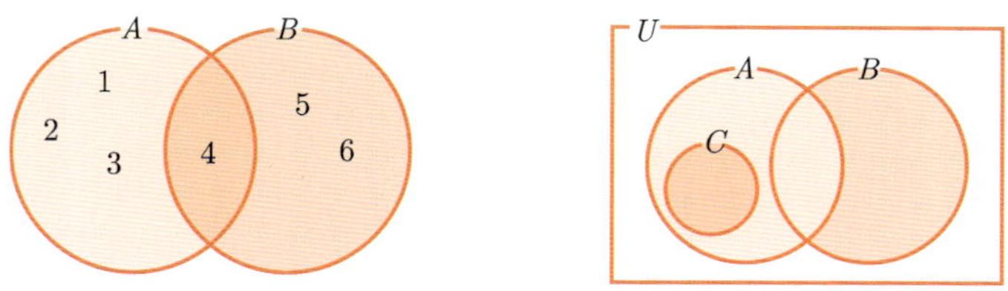

(a) 집합 A, B의 포함관계 (b) 집합 U, A, B, C의 포함관계

[그림 4-2] 벤 다이어그램의 예

예제 4-1

원소나열법으로 표기한 집합은 조건제시법으로, 조건제시법으로 표기한 집합은 원소나열법으로 표기하라.

(a) $A = \{1, 2, 3, 4, 5, 6, 7, 8, 9, 10\}$

(b) $B = \{\text{A, B, C, } \cdots \text{, X, Y, Z}\}$

(c) $C = \{c \mid c^2 = 16, c \in \mathbb{Z}\}$

(d) $D = \left\{d \middle| d = \frac{k}{3}, k \in \mathbb{Z}\right\}$

풀이

(a) 집합 A의 원소 a는 1보다 크거나 같고 10보다 작거나 같은 자연수(또는 정수)이다.
$\therefore A = \{a \mid 1 \leq a \leq 10, a \in \mathbb{N}\}$ 또는 $A = \{a \mid 1 \leq a \leq 10, a \in \mathbb{Z}\}$

(b) 집합 B의 원소 b는 영문 알파벳 대문자이다.
$\therefore B = \{b \mid b\text{는 영문 알파벳 대문자}\}$

(c) 집합 C의 원소 c는 $c^2 = 16$을 만족하는 정수로 -4와 4가 해당된다.
$\therefore C = \{-4, 4\}$

(d) 집합 D의 원소 d는 k가 정수일 때 $\frac{k}{3}$인 수이다.

$\therefore D=\left\{\cdots, -\frac{3}{3}, -\frac{2}{3}, -\frac{1}{3}, \frac{0}{3}, \frac{1}{3}, \frac{2}{3}, \frac{3}{3}, \cdots\right\}$

집합은 원소의 모음이므로 집합 내의 원소 개수는 집합의 특징을 결정하거나 집합에 관한 연산에 영향을 줄 수 있다.

정의 4-3 **기수(cardinality : $|A|$)**

집합 A에 포함되는 원소의 개수

유한집합의 기수는 항상 0보다 크거나 같은 정수 값이지만, 무한집합의 기수는 원소 개수를 셀 수 없으므로 무한대(∞)로 표기한다.

예제 4-2

다음 집합의 기수를 구하고 유한집합인지 무한집합인지 구분하라.

(a) $A=\{x \mid -4 \leq x \leq 4, x \in \mathbb{Z}\}$

(b) $B=\{y \mid -4 \leq y \leq 4, y \in \mathbb{Q}\}$

(c) $C=\{z \mid z^3=2, z \in \mathbb{Z}\}$

풀이

(a) 집합 A를 원소나열법으로 표기하면 $A=\{-4, -3, -2, -1, 0, 1, 2, 3, 4\}$로 원소 개수는 9개이다.

$\therefore |A|=9$, 유한집합

(b) 집합 B에 포함되는 원소는 -4보다 크거나 같고 4보다 작거나 같은 유리수이다.
그러므로 집합 B의 원소 개수는 무한대이다.

$\therefore |B|=\infty$, 무한집합

(c) $z^3=2$를 만족하는 정수 z는 없으므로 집합 C를 구성하는 원소 개수는 0이다.

$\therefore |C|=0$, 유한집합

집합을 구성하는 원소들은 공통된 특징을 갖는다. 그러므로 어떤 원소가 특정 집합에 포함되는지 아닌지를 파악해야 집합의 정의가 명확해진다. 어떤 집합에 대한 원소의 포함관계를 나타내는 표기는 다음 [정의 4-4]와 같다.

정의 4-4 **집합에 대한 원소의 포함관계**

(a) 원소 a가 집합 A의 원소이다 : $a \in A$
(b) 원소 a가 집합 A의 원소가 아니다 : $a \notin A$

예제 4-3

두 집합 $A = \{0, 3, 6, 9, 12, 15\}$, $B = \{x \mid 5 < x \leq 20,\ x \in \mathbb{R}\}$에 대하여 제시된 원소들의 포함관계를 표기하라.

(a) 3 (b) 9 (c) 11.5 (d) -15.3

풀이

(a) 3은 집합 A에는 포함되지만 집합 B에는 포함되지 않는 원소이다.
$\therefore\ 3 \in A,\ 3 \notin B$

(b) 9는 집합 A에도 포함되고 집합 B에도 포함되는 원소이다.
$\therefore\ 9 \in A,\ 9 \in B$

(c) 11.5는 집합 A에는 포함되지 않고 집합 B에는 포함되는 원소이다.
$\therefore\ 11.5 \notin A,\ 11.5 \in B$

(d) -15.3은 집합 A에도 포함되지 않고 집합 B에도 포함되지 않는 원소이다.
$\therefore\ -15.3 \notin A,\ -15.3 \notin B$

4.2 집합의 종류

집합은 구성되는 원소의 개수나 집합 간의 포함관계에 따라 명칭이 정의된다. 이 절에서는 다양한 집합의 종류에 대해 알아본다.

정의 4-5 **전체집합(universal set : U)**

논의 대상이 되는 원소 전체를 포함하는 집합

전체집합은 [정의 4-5]에서 언급한 바와 같이 논의 대상에 따라 달라질 수 있으므로, 주어지는 문제에 따라 달라질 수 있다. 예를 들어, 집합 $A=\{a \mid a>13,\ a\in\mathbb{N}\}$가 주어질 때 문제에 따라 집합 A에 대한 전체집합은 자연수 집합 $\mathbb{N}$이 될 수도 있고 집합 A 자체가 될 수도 있다. 그러므로 전체집합에 대한 판단은 문제에 따라 달라진다.

정의 4-6 **공집합(empty set : $\varnothing$ 또는 $\{\ \}$)**

원소를 하나도 포함하지 않는 집합으로 기수가 0인 집합 ($|\varnothing|=0$)

앞의 [예제 4-2(c)]에서 살펴본 $C=\{z \mid z^3=2,\ z\in\mathbb{Z}\}$는 기수가 0인 집합이었다. 이와 같이 원소를 하나도 포함하지 않아 기수가 0인 집합은 공집합이다.

정의 4-7 **상등(equal : $A=B$)**

두 집합 A, B 각각에 속하는 원소들이 모두 동일할 때, '두 집합 A와 B가 서로 같다' 또는 '두 집합 A와 B는 서로 상등이다'라고 한다.

$$A=B \iff \forall a\,(a\in A \iff a\in B)$$

예제 4-4

다음 중 상등인 집합끼리 짝지어라.

$$A = \{a \mid -3 < a \le 3,\ a \in \mathbb{Z}\}$$
$$B = \{1, 2, 4, 8, 16, 32, \cdots\}$$
$$C = \{c \mid c = 2^k,\ k \ge 0,\ k \in \mathbb{Z}\}$$
$$D = \{d \mid d \in \mathbb{R}\}$$
$$E = \{-2, -1, 0, 1, 2, 3\}$$
$$F = \{f \mid f^3 = 2,\ f \in \mathbb{Z}\}$$
$G = \{g \mid g$는 2020년 6월에서 8월 사이에 서울에 눈이 내린 날짜$\}$

$$H = \{h \mid h \in \mathbb{Q} \vee h \in \mathbb{I}\}$$

풀이

집합 A를 원소나열법으로 표기하면, $A = \{-2, -1, 0, 1, 2, 3\}$이므로 집합 A와 집합 E가 상등이다.
집합 C를 원소나열법으로 표기하면, $B = \{1, 2, 4, 8, 16, 32, \cdots\}$이므로 집합 B와 집합 C가 상등이다.
집합 H는 유리수이거나 무리수인 원소로 구성된 집합이므로, 집합 D와 집합 H가 상등이다.
집합 F와 집합 G는 모두 공집합이므로, 집합 F와 집합 G가 상등이다.

정의 4-8 부분집합(subset : $A \subseteq B$)

집합 A의 모든 원소가 집합 B에 포함될 때, 집합 A는 집합 B의 부분집합 ($|A| \le |B|$)

$$A \subseteq B \iff \forall a\,(a \in A \Rightarrow a \in B)$$

정의 4-9 진부분집합(proper subset : $A \subset B$)

집합 A의 모든 원소가 집합 B에 포함되지만 집합 A와 집합 B가 상등이 아닐 때, 집합 A는 집합 B의 진부분집합 ($|A| < |B|$)

$$A \subset B \iff \forall a\,(a \in A \Rightarrow a \in B) \wedge \exists a\,(a \in B \Rightarrow a \notin A)$$

[정의 4-8]과 [정의 4-9]처럼 진부분집합은 부분집합의 한 종류로 볼 수 있다. 부분집합은 두 집합이 상등인 경우도 포함하지만, 진부분집합은 두 집합이 상등이 아니면서 부분집합 관계가 있는 경우를 의미하므로 두 집합의 기수가 같은 경우는 없다.

다음 집합을 예로 들어보자.

$$A = \{a \mid a \in \mathbb{Z}\}$$
$$B = \{b \mid b \in \mathbb{N}\}$$
$$C = \{c \mid c\text{는 음수이거나 0이거나 양수}\}$$

우선 집합 A와 B의 포함관계를 살펴보자. 정수 집합 $\mathbb{Z}$는 양의 정수, 0, 음의 정수로 구성되며, 자연수 집합 $\mathbb{N}$은 정수 집합 $\mathbb{Z}$의 범위에서는 양의 정수에 해당한다. 집합 B의 원소는 집합 A의 양의 정수인 원소에만 해당하므로, 집합 A에 포함되기는 하지만 집합 A의 모든 원소와 동일하지는 않다. 그러므로 집합 B는 집합 A의 부분집합이면서 진부분집합이다.

집합 A와 C의 경우를 살펴보자. 앞에서 설명한 것처럼 정수 집합 $\mathbb{Z}$는 양의 정수, 0, 음의 정수로 구성되므로, 집합 C와 집합 A를 구성하는 원소가 동일하여 상등임을 알 수 있다. 집합 C는 집합 A의 부분집합이지만 진부분집합은 아니다.

위의 예를 벤 다이어그램으로 확인해보자. [그림 4-3(a)]는 집합 B가 집합 A의 부분집합이면서 진부분집합인 관계를 보여주고, [그림 4-3(b)]는 집합 A와 C가 상등이면서 동시에 집합 A가 집합 C의(또는 집합 C가 집합 A의) 부분집합임을 보여준다.

(a) 집합 A와 B의 포함관계 (b) 집합 A와 C의 포함관계

[그림 4-3] 부분집합과 진부분집합

TIP $\in$ 과 $\subset$ (또는 $\subseteq$)

종종 $\in$ 기호와 $\subset$ (또는 $\subseteq$) 기호를 혼동하여 사용하는 경우가 있다. 두 기호의 정의에 따라 명확히 구분하여 사용해야 한다.

- $\in$: 원소와 집합 간의 포함관계
- $\subset$ (또는 $\subseteq$) : 집합과 집합 간의 포함관계

다음은 집합 간의 포함관계를 정리한 것이다.

정리 4-1 집합 간의 포함관계

(a) 모든 집합 A에 대하여, $A \subseteq A$
(b) 모든 집합 A에 대하여, $\varnothing \subseteq A$
(c) 모든 집합 A에 대하여, $A \subseteq U$
(d) 집합 A, B, C에 대하여, $A \subseteq B$이고 $B \subseteq C$이면 $A \subseteq C$
(e) 집합 A, B에 대하여, $A = B \Leftrightarrow (A \subseteq B) \wedge (B \subseteq A)$

증명

(a) 집합 A에 속하는 모든 원소 a에 대하여, $a \in A$이다.
∴ 모든 집합은 자기 자신의 부분집합이 된다.

(b) $\varnothing \subseteq A$를 증명하기 위해 어떤 원소 a에 대하여 $a \in \varnothing \Rightarrow a \in A$임을 증명한다. 공집합은 원소가 하나도 없는 집합이므로 명제 $a \in \varnothing \Rightarrow a \in A$에서 조건에 해당하는 명제 $a \in \varnothing$은 거짓(F)이다. 조건이 거짓(F)인 조건명제는 항상 참(T)이므로, $a \in \varnothing \Rightarrow a \in A$는 참(T)이다.
∴ 공집합($\varnothing$)은 모든 집합의 부분집합이다.

(c) $A \subseteq U$를 증명하기 위해 어떤 원소 a에 대하여 $a \in A \Rightarrow a \in U$를 증명한다. 집합 U는 전체집합이므로 논의영역의 모든 원소를 포함한다. 따라서 논의영역에 속하는 원소 a에 대하여 $a \in A$이면, $a \in U$가 성립한다.
∴ 모든 집합은 전체집합 U의 부분집합이다.

(d) 어떤 원소 a에 대하여 $a \in A$이면, $A \subseteq B$에 의해 $a \in B$이다. $a \in B$이면 $B \subseteq C$에 의해 $a \in C$이다. 그러므로 $a \in A$이면 $a \in C$이다. 따라서 $A \subseteq C$가 성립한다.
∴ $A \subseteq B$이고 $B \subseteq C$이면, $A \subseteq C$이다.

(e) $A = B \Leftrightarrow (A \subseteq B) \wedge (B \subseteq A)$
$\equiv \{A = B \Rightarrow (A \subseteq B) \wedge (B \subseteq A)\} \wedge \{(A \subseteq B) \wedge (B \subseteq A) \Rightarrow A = B\}$

(i) $A = B \Rightarrow (A \subseteq B) \wedge (B \subseteq A)$
$A = B$이므로 모든 $a \in A$, $b \in B$에 대하여 $a = b$가 성립한다. 따라서 원소 a에 대해 $a \in B$가 성립하므로 $A \subseteq B$가 참(T)이고, 원소 b에 대해 $b \in A$가 성립하므로 $B \subseteq A$가 참(T)이다.
∴ $A = B \Rightarrow (A \subseteq B) \wedge (B \subseteq A)$는 참(T)이다.

(ii) $(A \subseteq B) \wedge (B \subseteq A) \Rightarrow A = B$
$A \subseteq B$이므로 모든 $a \in A$에 대하여 $a \in B$가 성립한다. 또한 $B \subseteq A$이므로 모든 $b \in B$에 대하여 $b \in A$가 성립한다. 따라서 모든 $a \in A$, $b \in B$에 대하여 $(A \subseteq B) \wedge (B \subseteq A)$이므로, $a = b$이다.
∴ $(A \subseteq B) \wedge (B \subseteq A) \Rightarrow A = B$는 참(T)이다.

∴ (i)과 (ii)에 의해 $A = B \Leftrightarrow (A \subseteq B) \wedge (B \subseteq A)$가 성립한다. ■

예제 4-5

집합 $X = \{x \mid -5 \leq x \leq 5,\ x \in \mathbb{Z}\}$와 다음 집합과의 포함관계를 작성하라.

(a) $A = \{x \mid -5 < x < 5,\ x \in \mathbb{Z}\}$

(b) $B = \{-5, -4, -3, -2, -1, 0, 1, 2, 3, 4, 5\}$

(c) $C = \{x \mid -5 \leq x \leq 5,\ x \in \mathbb{R}\}$

(d) $D = \{3, 4, 5, 6, 7, 8\}$

(e) $E = \{\ \}$

풀이

집합 X를 원소나열법으로 표기하면 $X = \{-5, -4, -3, -2, -1, 0, 1, 2, 3, 4, 5\}$이다.

(a) $A = \{x \mid -5 < x < 5,\ x \in \mathbb{Z}\} = \{-4, -3, -2, -1, 0, 1, 2, 3, 4\}$로, 집합 X에 포함된 원소 -5와 5에 대하여 $-5 \not\in A$, $5 \not\in A$이다.
$\therefore\ A \subset X$

(b) 집합 B에 포함된 모든 원소와 집합 X에 포함된 모든 원소가 같다.
$\therefore\ B \subseteq X$ 또는 $X \subseteq B$ 또는 $B = X$

(c) 집합 C는 -5보다 크거나 같고 5보다 작거나 같은 실수 집합이다.
$\therefore\ X \subset C$

(d) 집합 D와 X에 포함된 원소 중 3, 4, 5만 두 집합 모두에 포함된다.
$\therefore$ 집합 D와 X 사이에는 포함관계가 존재하지 않는다.

(e) 공집합은 모든 집합의 부분집합이다.
$\therefore\ E \subset X$

(a), (b), (c), (e)의 포함관계를 벤 다이어그램으로 나타내면 다음과 같다.

(a)
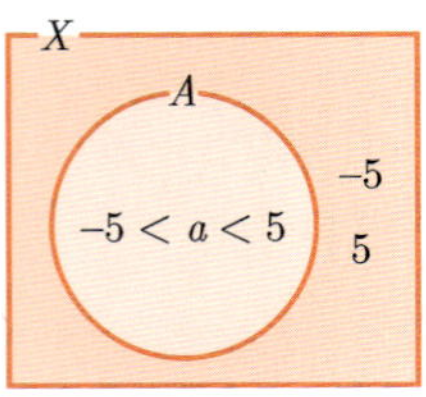

(b)
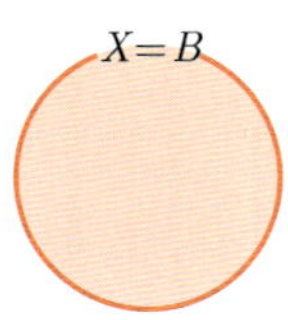

(c)
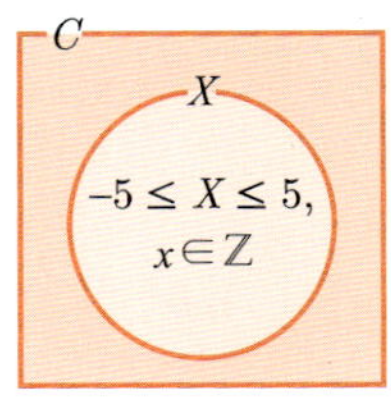

(e)
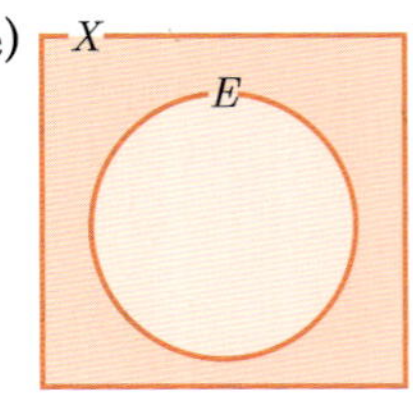

예제 4-6

집합 $A=\{\{a,b\},c,\{d\}\}$에 대하여, 다음 괄호 안을 채워라.

(a) $\{a,b\}(\quad)A$

(b) $c(\quad)A$

(c) $\{\{d\}\}(\quad)A$

(d) $\{\{a,b\},c,\{d\}\}(\quad)A$

(e) $\{c\}(\quad)A$

(f) $d(\quad)A$

풀이

집합 A는 $\{a,b\}$, c, $\{d\}$ 3개의 원소로 구성된다.

(a) $\{a,b\}$는 집합 A에 포함된 원소이다. $\therefore\ \{a,b\}\in A$

(b) c는 집합 A에 포함된 원소이다. $\therefore\ c\in A$

(c) $\{\{d\}\}$는 $\{d\}$를 원소로 갖는 집합이다. $\therefore\ \{\{d\}\}\subset A$

(d) $\{\{a,b\},c,\{d\}\}$는 집합 A와 상등인 집합이다. $\therefore\ \{\{a,b\},c,\{d\}\}=A$

(e) $\{c\}$는 c를 원소로 갖는 집합이다. $\therefore\ \{c\}\subset A$

(f) 집합 A는 d를 원소로 갖지 않는다. $\therefore\ d\not\in A$
(원소 d와 $\{d\}$는 다르므로, 집합 A는 $\{d\}$만을 원소로 포함한다.)

4.3 집합의 연산

집합과 집합의 연산을 통해 새로운 집합을 구할 수 있다. 집합에 관한 다양한 연산을 알아보자.

합집합과 교집합

합집합은 두 집합에 포함된 원소들을 모두 합쳐서 새로운 집합을 만드는 연산으로, 두 집합에 공통으로 존재하는 원소는 한 번만 작성한다.

정의 4-10 합집합(union : $A \cup B$)

집합 A와 B에 모두 속하거나 둘 중 한 집합에만 속하는 원소들로 이루어진 집합

$$A \cup B = \{x \mid x \in A \vee x \in B\}$$

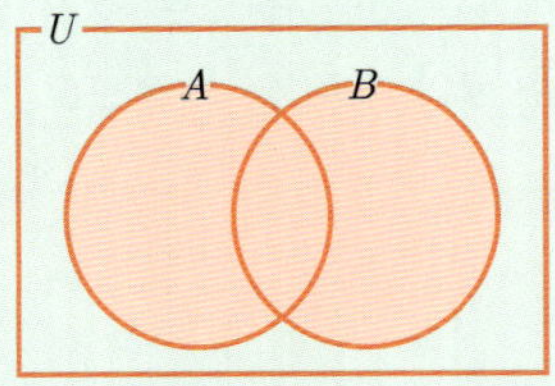

[그림 4-4] 합집합의 벤 다이어그램

예를 들어, 집합 $A = \{1, 2, 3, 4, 5\}$와 집합 $B = \{4, 5, 6, 7\}$의 합집합을 구해보자. 집합 A와 B에는 원소 4, 5가 공통으로 포함되는데, 합집합을 구하면 다음 결과와 같이 공통 원소는 하나씩만 포함한다.

$$A \cup B = \{1, 2, 3, 4, 5\} \cup \{4, 5, 6, 7\} = \{1, 2, 3, 4, 5, 6, 7\}$$

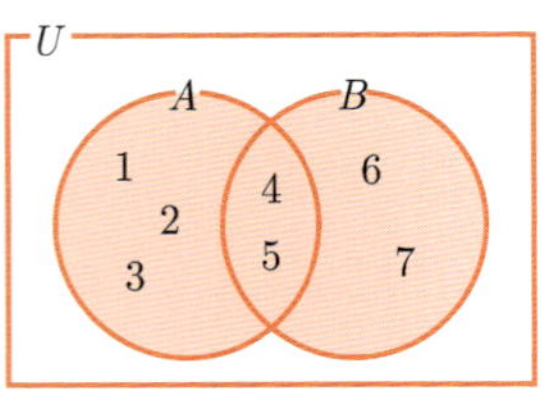

[그림 4-5] $A \cup B$의 벤 다이어그램

예제 4-7

주어진 집합 A, B, C를 보고 다음을 구하라.

$$A=\{a, b, c, d\},\quad B=\{e, f, g, h, i\},\quad C=\{c, d, e\}$$

(a) $A \cup B$ (b) $A \cup C$ (c) $A \cup B \cup C$

풀이

(a) $A \cup B$는 집합 A에만 포함되거나 집합 B에만 포함되거나, 집합 A와 B 모두에 포함되는 원소들로 구성된다. 이때 집합 A와 B 모두에 포함되는 원소는 없다.

$\therefore\ A \cup B=\{a, b, c, d\} \cup \{e, f, g, h, i\}=\{a, b, c, d, e, f, g, h, i\}$

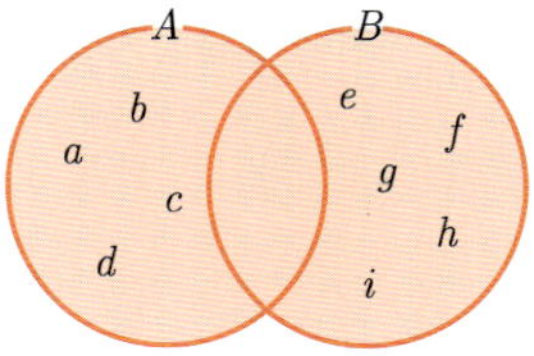

(b) $A \cup C$는 집합 A에만 포함되는 원소 a, b와 집합 C에만 포함되는 원소 e, 그리고 집합 A와 C 모두에 포함되는 원소 c, d로 구성된다.

$\therefore\ A \cup C=\{a, b, c, d\} \cup \{c, d, e\}=\{a, b, c, d, e\}$

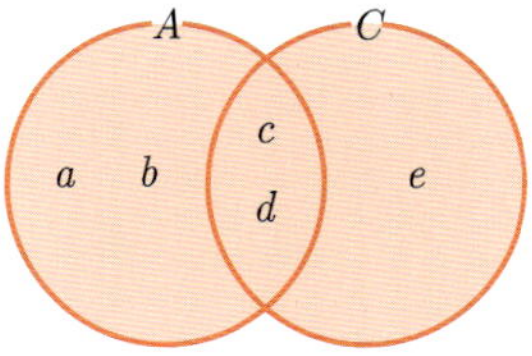

(c) $A \cup B \cup C$는 집합 A에만 포함되는 원소 a, b, 집합 B에만 포함되는 원소 f, g, h, i, 집합 A와 C 모두에 포함되는 원소 c, d 그리고 집합 B와 C에 모두에 포함되는 원소 e로 구성된다.

$\therefore\ A \cup B \cup C=\{a, b, c, d\} \cup \{e, f, g, h, i\} \cup \{c, d, e\}=\{a, b, c, d, e, f, g, h, i\}$

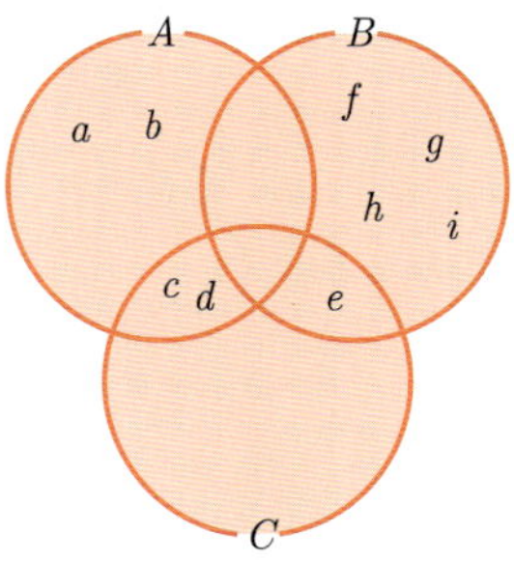

교집합은 두 집합에 공통으로 포함되는 원소들만으로 새로운 집합을 만드는 연산이다.

정의 4-11 **교집합(intersection : $A \cap B$)**

집합 A와 B에 모두에 속하는 원소들로 이루어진 집합

$$A \cap B = \{x \mid x \in A \land x \in B\}$$

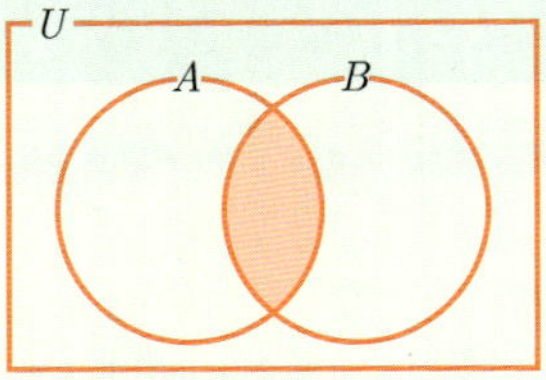

[그림 4-6] 교집합의 벤 다이어그램

예를 들어, 집합 $A = \{1, 2, 3, 4, 5\}$와 집합 $B = \{4, 5, 6, 7\}$의 교집합을 구해보자. 집합 A와 B에는 원소 4, 5가 공통으로 포함되므로 교집합을 구하면 다음과 같다.

$$A \cap B = \{1, 2, 3, 4, 5\} \cap \{4, 5, 6, 7\} = \{4, 5\}$$

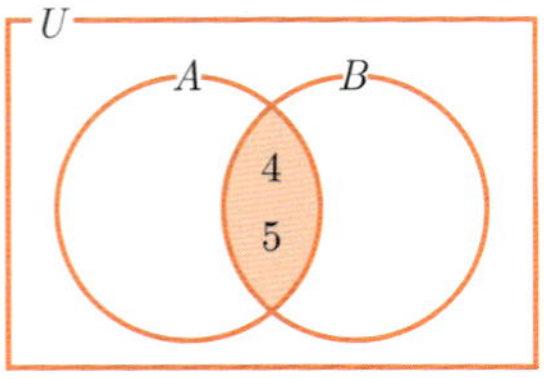

[그림 4-7] $A \cap B$의 벤다이어그램

예제 4-8

주어진 집합 A, B, C를 보고 다음을 구하라.

$$A = \{a, b, c, d\}, \quad B = \{d, e, f, g, h\}, \quad C = \{c, d, i, j\}, \quad D = \{i, j\}$$

(a) $A \cap B$ (b) $A \cap B \cap C$ (c) $B \cap D$

풀이

(a) $A \cap B$는 집합 A와 집합 B 모두에 공통으로 포함되는 원소들로 구성된다.

$\therefore\ A \cap B = \{a, b, c, d\} \cap \{d, e, f, g, h\} = \{d\}$

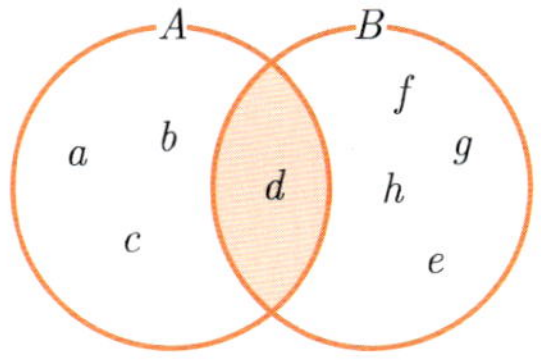

(b) $A \cap B \cap C$는 집합 A, 집합 B, 집합 C 모두에 공통으로 포함되는 원소들로 구성된다.

$\therefore\ A \cap B \cap C = \{a, b, c, d\} \cap \{d, e, f, g, h\} \cap \{c, d, i, j\} = \{d\}$

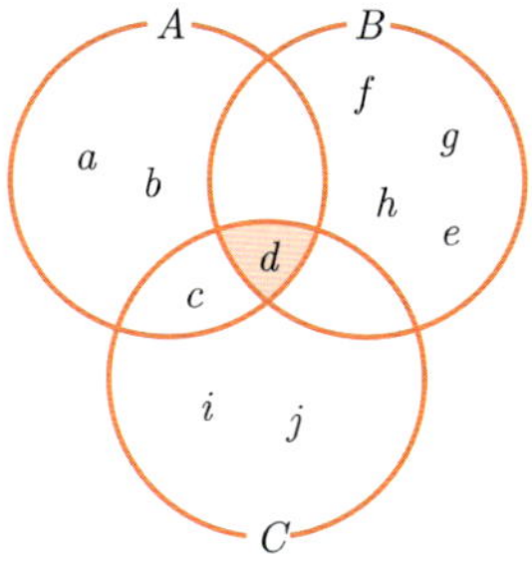

(c) $B \cap D$는 집합 B와 집합 D 모두에 공통으로 포함되는 원소들로 구성된다.

$\therefore\ B \cap D = \{d, e, f, g, h\} \cap \{i, j\} = \varnothing$

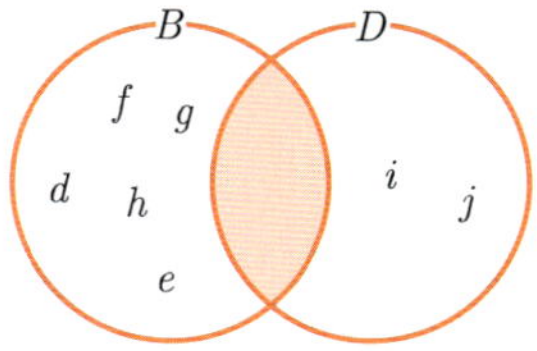

[예제 4-8(c)]의 결과처럼 교집합의 결과가 공집합인 경우도 있다. 이러한 경우를 서로소라고 한다. 그러므로 [예제 4-8(c)]에 대하여 '두 집합 B와 D의 교집합은 공집합이다'라는 말과 '두 집합 B와 D는 서로소이다'라는 말은 같은 의미이다.

정의 4-12 서로소(disjoint)

집합 A와 B에 공통으로 포함되는 원소가 하나도 없는 경우

$$A \cap B = \varnothing$$

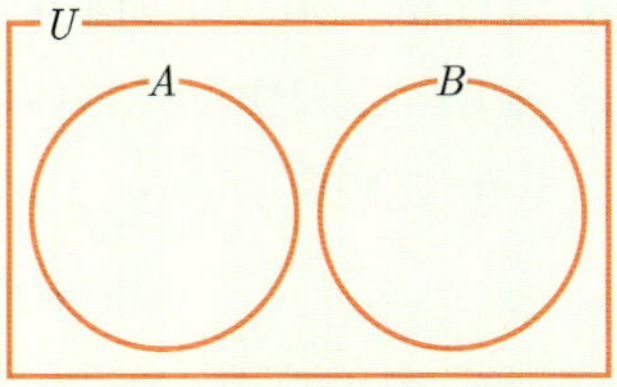

[그림 4-8] 서로소의 벤 다이어그램

합집합과 교집합의 결과로 나오는 집합의 원소 개수, 즉 기수는 다음 [정리 4-2]와 같이 구할 수 있다.

정리 4-2 **합집합과 교집합의 기수**

집합 A, B, C의 기수에 대하여 다음이 성립한다.

(a) $|A \cup B| = |A| + |B| - |A \cap B|$
(b) $|A \cap B| = |A| + |B| - |A \cup B|$
(c) $A \cap B = \varnothing$ 인 경우, $|A \cup B| = |A| + |B|$
(d) $|A \cup B \cup C| = |A| + |B| + |C| - |A \cap B| - |A \cap C| - |B \cap C| + |A \cap B \cap C|$
(e) $|A \cap B \cap C| = |A| + |B| + |C| - |A \cup B| - |A \cup C| - |B \cup C| + |A \cup B \cup C|$

증명

(a), (b), (c)를 증명하기 위해 오른쪽 벤 다이어그램을 이용하면 다음과 같이 정리할 수 있다.

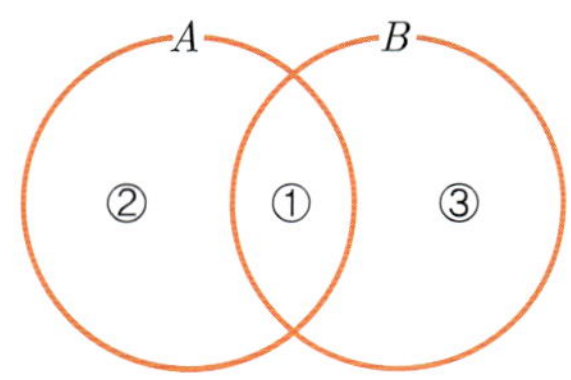

(i) $|A| =$ ① + ②
(ii) $|B| =$ ① + ③
(iii) $|A \cup B| =$ ① + ② + ③
(iv) $|A \cap B| =$ ①

(a) $|A \cup B| = |A| + |B| - |A \cap B|$

(iii)에서 정리한대로 $|A \cup B| =$ ① + ② + ③이다. (i)과 (ii)를 이용하여 $|A| + |B|$를 구하면, 다음과 같이 ①이 두 번 더해진다.

$$|A| + |B| = ② + ③ + 2 \times ①$$

그러므로 $|A| + |B|$에서 ①을 한 번 빼면 $|A \cup B|$를 구할 수 있다. ①은 (iv)에서 정리한대로 $|A \cap B|$이다.

(b) $|A \cap B| = |A| + |B| - |A \cup B|$

(iv)에서 정리한대로 $|A \cap B|$는 ①이다. (i)을 ①을 구하는 식(또는 (ii)를 ①을 구하는 식)으로 바꾸면 다음과 같다.

$$|A \cap B| = ① = |A| - ② \quad (\text{또는 } ① = |B| - ③) \qquad \cdots (*)$$

또한 (iii)를 ②를 구하는 식(또는 ③을 구하는 식)으로 바꾸면 다음과 같다.

$$② = |A \cup B| - (① + ③) = |A \cup B| - |B| \qquad (\because (ii))$$
$$(\text{또는 } ③ = |A \cup B| - (① + ②) = |A \cup B| - |A| \qquad (\because (iii)) \qquad \cdots (**)$$

식 (**)를 식 (*)의 식에 대입해보자.

$$|A \cap B| = ① = |A| - ②$$
$$= |A| - (|A \cup B| - |B|)$$
$$= |A| + |B| - |A \cup B|$$

또는

$$|A \cap B| = ① = |B| - ③$$
$$= |B| - (|A \cup B| - |A|)$$
$$= |A| + |B| - |A \cup B|$$

(c) $A \cap B = \varnothing$ 인 경우, $|A \cup B| = |A| + |B|$

(a)에 $A \cap B = \varnothing$ 을 대입하면 성립한다.

이제 (d), (e)를 증명하기 위해 오른쪽의 벤 다이어그램을 이용하면 다음과 같이 정리할 수 있다.

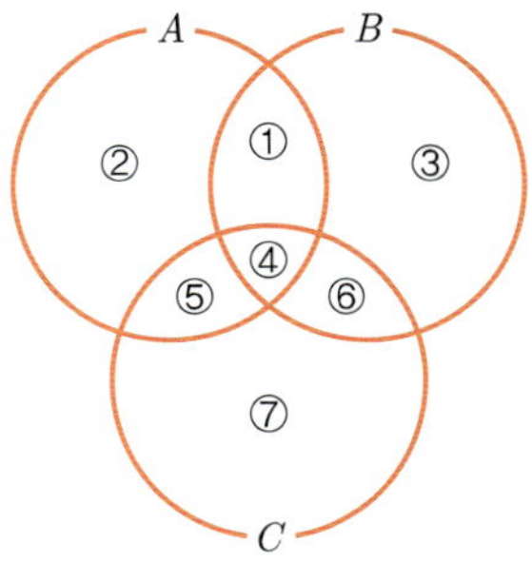

(i) $|A| = ① + ② + ④ + ⑤$

(ii) $|B| = ① + ③ + ④ + ⑥$

(iii) $|C| = ④ + ⑤ + ⑥ + ⑦$

(iv) $|A \cap B| = ① + ④$

(v) $|A \cap C| = ④ + ⑤$

(vi) $|B \cap C| = ④ + ⑥$

(vii) $|A \cup B| = ① + ② + ③ + ④ + ⑤ + ⑥$

(viii) $|A \cup C| = ① + ② + ④ + ⑤ + ⑥ + ⑦$

(ix) $|B \cup C| = ① + ③ + ④ + ⑤ + ⑥ + ⑦$

(x) $|A \cup B \cup C| = ① + ② + ③ + ④ + ⑤ + ⑥ + ⑦$

(xi) $|A \cap B \cap C| = ④$

(d) $|A \cup B \cup C| = |A| + |B| + |C| - |A \cap B| - |A \cap C| - |B \cap C| + |A \cap B \cap C|$

위의 (i), (ii), (iii)를 이용하여 $|A| + |B| + |C|$를 구하면 다음과 같다.

$$|A| + |B| + |C| = (① + ② + ④ + ⑤) + (① + ③ + ④ + ⑥) + (④ + ⑤ + ⑥ + ⑦) \quad \cdots (\dagger)$$
$$= ① + ② + ③ + ⑤ + ⑥ + ⑦ + \underbrace{(① + ④)}_{|A \cap B|} + \underbrace{(④ + ⑤)}_{|A \cap C|} + \underbrace{(④ + ⑥)}_{|B \cap C|} \quad \cdots (\dagger\dagger)$$

식 (†)에서 ①, ④, ⑤, ⑥과 같이 두 번 이상 더해지는 부분을 정리하면 식 (††)와 같다. 식 (††)에서 ①+④, ④+⑤, ④+⑥을 빼면 ④가 포함되지 않는다. 따라서 여기에 ④를 한 번 더하면 (x)의 $|A \cup B \cup C| = ① + ② + ③ + ④ + ⑤ + ⑥ + ⑦$과 같다. 이때 ④는 (xi)의 $|A \cap B \cap C|$이다.

$$\underbrace{① + ② + ③ + ⑤ + ⑥ + ⑦ + (① + ④) + (④ + ⑤) + (④ + ⑥)}_{|A| + |B| + |C|} - \underbrace{(① + ④)}_{|A \cap B|} - \underbrace{(④ + ⑤)}_{|A \cap C|} - \underbrace{(④ + ⑥)}_{|B \cap C|} + ④$$

(e) $|A\cap B\cap C| = |A|+|B|+|C|-|A\cup B|-|A\cup C|-|B\cup C|+|A\cup B\cup C|$

(xi)에서 정리한대로 ④가 의미하는 $|A\cap B\cap C|$를 구하기 위해 식 (†)를 이용해보자. 식 (†)는 (i), (ii), (iii)를 이용해 작성하였으므로, 앞서 정리한 (iv)부터 (ix)를 이용하여 식 (†)에서 ④를 하나만 남기려고 한다.

$|A|+|B|+|C|-|A\cup B|-|A\cup C|-|B\cup C|$

$= (①+②+④+⑤)+(①+③+④+⑥)+(④+⑤+⑥+⑦)$

$\quad -\underbrace{(①+②+③+④+⑤+⑥)}_{|A\cup B|}-\underbrace{(①+②+④+⑤+⑥+⑦)}_{|A\cup C|}-\underbrace{(①+③+④+⑤+⑥+⑦)}_{|B\cup C|}$

$= -(①+②+③+⑤+⑥+⑦)$ … (†††)

그런데 식 (†††)로 알 수 있듯이 결과는 음수이다. 그러므로 식 (†††)에 (x)를 더하면 ④만 남을 것이다.

$$\underbrace{-(①+②+③+⑤+⑥+⑦)}_{|A|+|B|+|C|-|A\cup B|-|A\cup C|-|B\cup C|}+\underbrace{(①+②+③+④+⑤+⑥+⑦)}_{|A\cup B\cup C|}=④$$ ■

예제 4-9

주어진 집합 A, B, C를 보고 다음을 구하라.

$$A=\{a,b,c,d,e,f,g\},\quad B=\{e,f,g,h,i,j,k,l\},\quad C=\{k,l,m,n\}$$

(a) $|A\cap B|$ (b) $|A\cup C|$ (c) $|A\cup B\cup C|$

풀이

$|A|=7$, $|B|=8$, $|C|=4$

(a) $A\cup B=\{a,b,c,d,e,f,g,h,i,j,k,l\}$로 $|A\cup B|=12$이다.

$\therefore |A\cap B|=|A|+|B|-|A\cup B|=7+8-12=3 \quad (\because A\cap B=\{e,f,g\})$

(b) $A\cap C=\varnothing$ 이다.

$\therefore |A\cup C|=|A|+|C|=7+4=11 \quad (\because |A\cap B|=0)$

(c) $A\cap B=\{e,f,g\}$ $\quad\therefore |A\cap B|=3$

$A\cap C=\varnothing$ $\quad\therefore |A\cap C|=0$

$B\cap C=\{k,l\}$ $\quad\therefore |B\cap C|=2$

$A\cap B\cap C=\varnothing$ $\quad\therefore |A\cap B\cap C|=0$

$\therefore |A\cup B\cup C|=|A|+|B|+|C|-|A\cap B|-|A\cap C|-|B\cap C|+|A\cap B\cap C|$

$=7+8+4-3-0-2+0=14$

$(\because A\cup B\cup C=\{a,b,c,d,e,f,g,h,i,j,k,l,m,n\})$

예제 4-10

$|A \cup B \cup C| = 20$일 때, 다음 정보를 이용하여 $|A \cap B \cap C|$를 구하라.

$|A| = 12$	$|B| = 10$	$|A \cap B| = 5$
$|A \cup C| = 19$	$|A \cap C| = 4$	$|B \cap C| = 6$

풀이

$|A \cap B \cap C| = |A| + |B| + |C| - |A \cup B| - |A \cup C| - |B \cup C| + |A \cup B \cup C|$이므로 위 정보 이외에 $|C|$, $|A \cup B|$, $|B \cup C|$가 필요하다.

(i) $|A \cup C| = |A| + |C| - |A \cap C|$이므로, $|C| = |A \cup C| + |A \cap C| - |A| = 19 + 4 - 12 = 11$
$\therefore\ |C| = 11$

(ii) $|A \cup B| = |A| + |B| - |A \cap B| = 12 + 10 - 5 = 17$
$\therefore\ |A \cup B| = 17$

(iii) $|B \cup C| = |B| + |C| - |B \cap C| = 10 + 11 - 6 = 15$

$$\begin{aligned} |A \cap B \cap C| &= |A| + |B| + |C| - |A \cup B| - |A \cup C| - |B \cup C| + |A \cup B \cup C| \\ &= 12 + 10 + 11 - 17 - 19 - 15 + 20 = 2 \end{aligned}$$

$\therefore\ |A \cap B \cap C| = 2$

예제 4-11

A 재단에서는 재단에 등록된 노인과 장애인을 일대일로 돌보는 자원봉사자를 모집한다. A 재단에 등록된 노인은 65명, 장애인은 55명이고, 이 중 장애가 있는 노인은 30명이다. A 재단에서는 몇 명의 자원봉사자를 모집해야 하는가?

풀이

$|$노인$| = 65$, $|$장애인$| = 55$, $|$노인 $\cap$ 장애인$| = 30$
$|$노인 $\cup$ 장애인$| = |$노인$| + |$장애인$| - |$노인 $\cap$ 장애인$| = 65 + 55 - 30 = 90$
$\therefore$ A 재단은 90명의 자원봉사자를 모집해야 한다.

차집합과 대칭차집합

사칙연산의 뺄셈처럼 집합에서 어느 한 집합에만 속하는 원소를 구하는 연산을 차집합이라고 한다.

정의 4-13 **차집합(difference : $A-B$)**

집합 A에는 포함되지만 집합 B에는 포함되지 않는 원소들의 집합

$$A-B=\{x \mid x \in A \wedge x \notin B\}$$

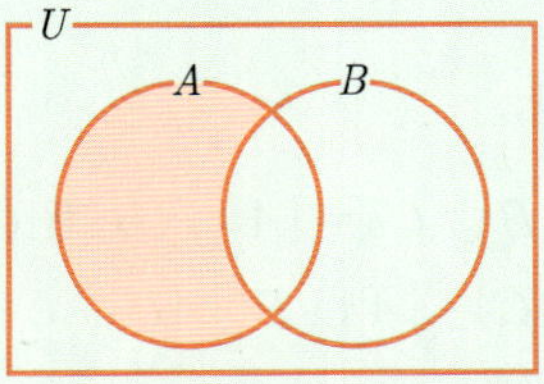

[그림 4-9] 차집합의 벤 다이어그램

차집합은 교집합, 합집합과는 달리 교환법칙이 성립하지 않는다. 즉, $A-B$와 $B-A$는 전혀 다른 원소로 구성된 집합이다.

예를 들어, 집합 $A=\{1,2,3,4,5\}$와 집합 $B=\{4,5,6,7\}$의 차집합을 구해보자. $A-B$는 집합 A에만 속하는 원소로 구성된 집합이므로, 집합 A의 원소 중 집합 B에도 포함되는 4, 5를 제외하여 구할 수 있다.

$$A-B=\{1,2,3,4,5\}-\{4,5,6,7\}=\{1,2,3\}$$

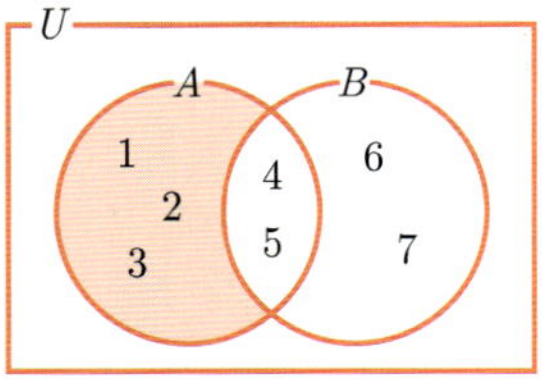

[그림 4-10] $A-B$의 벤 다이어그램

$B-A$의 경우 집합 B에만 속하는 원소로 구성된 집합이므로, 집합 B의 원소 중 집합 A에도 포함되는 4, 5를 제외하여 구할 수 있다.

$$B-A=\{4,5,6,7\}-\{1,2,3,4,5\}=\{6,7\}$$

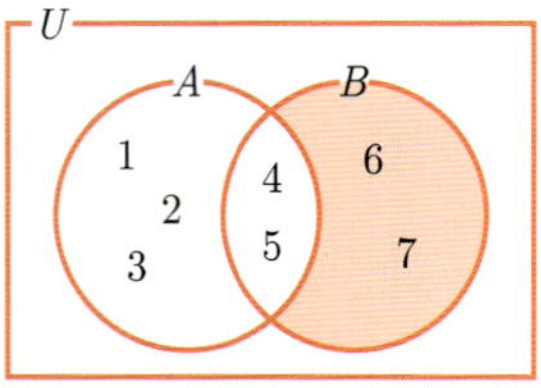

[그림 4-11] $B-A$의 벤 다이어그램

이처럼 $A-B$와 $B-A$는 전혀 다른 원소로 구성됨을 확인할 수 있다. 그러므로 차집합은 교환법칙이 성립하지 않는다.

예제 4-12

집합 A, B, C를 보고 다음을 구하라.

$$A=\{a, b, c, d, e, f, g, h, i, j\},\quad B=\{g, h, i, j, k, l, m, n\},\quad C=\{a, c, e, g, i\}$$

(a) $A-B$　　(b) $B-A$　　(c) $A-C$

(d) $C-A$　　(e) $B-C$　　(f) $C-B$

풀이

(a) 집합 A에만 포함되고 집합 B에는 포함되지 않는 원소로 구성된다.

$\therefore\ A-B=\{a, b, c, d, e, f, g, h, i, j\}-\{g, h, i, j, k, l, m, n\}=\{a, b, c, d, e, f\}$

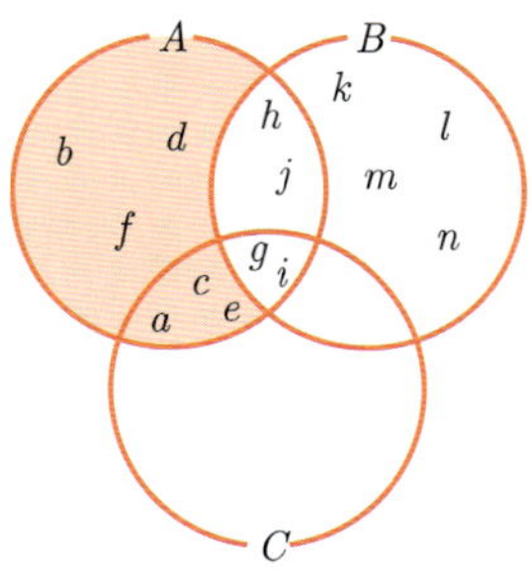

(b) 집합 B에만 포함되고 집합 A에는 포함되지 않는 원소로 구성된다.

$\therefore\ B-A=\{g, h, i, j, k, l, m, n\}-\{a, b, c, d, e, f, g, h, i, j\}=\{k, l, m, n\}$

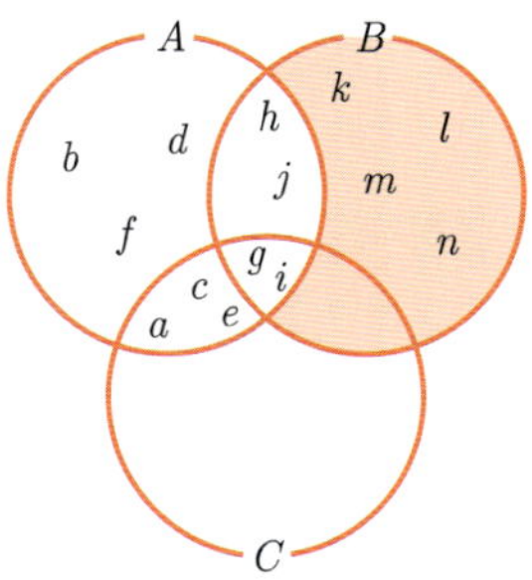

(c) 집합 A에만 포함되고 집합 C에는 포함되지 않는 원소로 구성된다.

$\therefore\ A-C=\{a, b, c, d, e, f, g, h, i, j\}-\{a, c, e, g, i\}=\{b, d, f, h, j\}$

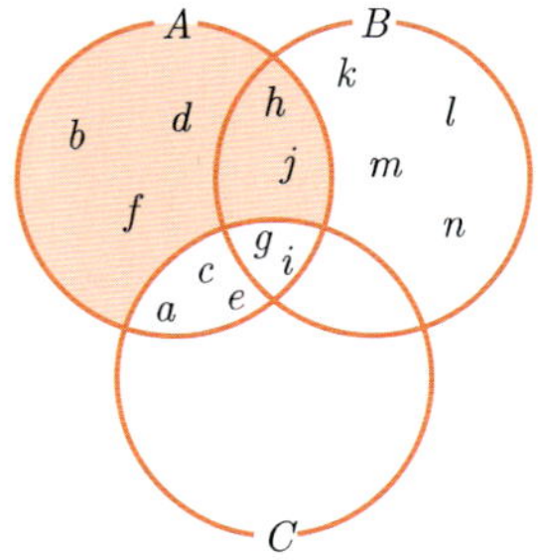

(d) 집합 C에만 포함되고 집합 A에는 포함되지 않는 원소로 구성된다.

$\therefore\ C-A=\{a, c, e, g, i\}-\{a, b, c, d, e, f, g, h, i, j\}=\varnothing$

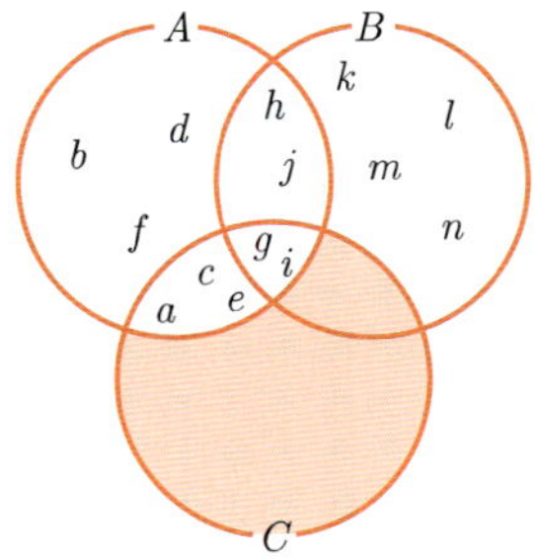

(e) 집합 B에만 포함되고 집합 C에는 포함되지 않는 원소로 구성된다.

$\therefore\ B-C=\{g, h, i, j, k, l, m, n\}-\{a, c, e, g, i\}=\{h, j, k, l, m, n\}$

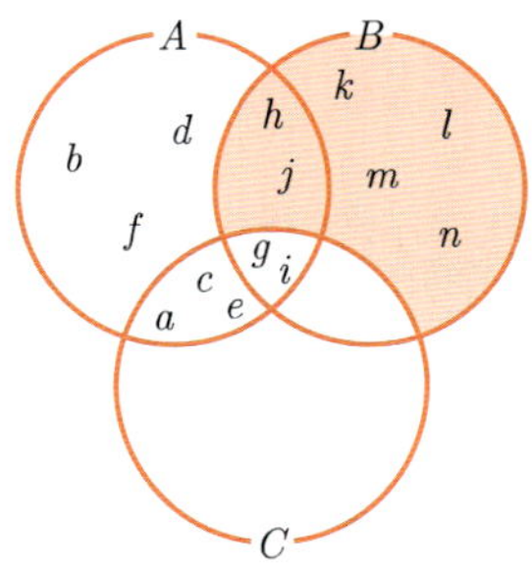

(f) 집합 C에만 포함되고 집합 B에는 포함되지 않는 원소로 구성된다.

$\therefore\ C-B=\{a, c, e, g, i\}-\{g, h, i, j, k, l, m, n\}=\{a, c, e\}$

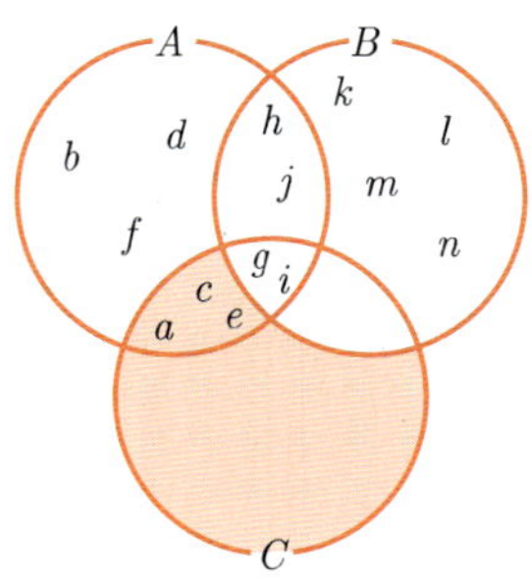

대칭차집합은 차집합의 합집합이라고 할 수 있다. 즉, 교집합에 해당하는 원소를 제외한 나머지 원소들을 구하는 연산이 대칭차집합이다.

정의 4-14 **대칭차집합(symmetric difference : $A \oplus B$)**

집합 A에만 포함되거나 집합 B에만 포함되는 원소들의 집합

$$A \oplus B = \{x \mid x \in (A-B) \vee x \in (B-A)\}$$

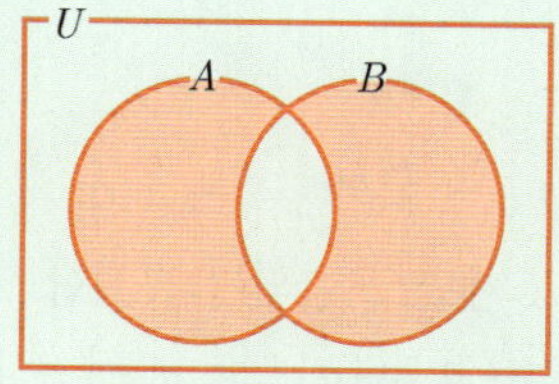

[그림 4-12] 대칭차집합의 벤 다이어그램

[정의 4-14]의 대칭차집합에 대한 조건제시법 내용을 다음과 같이 정리하면, 집합 A, B의 합집합에서 교집합을 제외하면 대칭차집합임을 알 수 있다.

$$\begin{aligned}
A \oplus B &= \{x \mid x \in (A-B) \vee x \in (B-A)\} \\
&= \{x \mid (x \in A \wedge x \notin B) \vee (x \notin A \wedge x \in B)\} && (\because \text{ 차집합의 정의}) \\
&= \{x \mid (x \in A \vee x \notin A) \wedge (x \in A \vee x \in B) \\
&\qquad \wedge (x \notin A \vee x \notin B) \wedge (x \notin B \vee x \in B)\} && (\because \text{ 분배법칙}) \\
&= \{x \mid U \wedge (x \in A \vee x \in B) \wedge (x \notin A \vee x \notin B) \wedge U\} && (\because \text{ 전체집합의 정의}) \\
&= \{x \mid (x \in A \vee x \in B) \wedge \neg(x \in A \wedge x \in B)\} && (\because \text{ 드 모르간의 법칙}) \\
&= \{x \mid x \in (A \cup B) \wedge \neg[x \in (A \cap B)]\} && (\because \text{ 합집합과 교집합의 정의}) \\
&= \{x \mid x \in (A \cup B) \wedge x \notin (A \cap B)\} && (\because \text{ 부정법칙}) \\
&= \{x \mid x \in [(A \cup B) - (A \cap B)]\} && (\because \text{ 차집합의 정의})
\end{aligned}$$

예제 4-13

주어진 집합 A, B, C를 보고 다음을 구하라.

$$A = \{a, b, c, d, e, f, g, h, i, j\}, \quad B = \{g, h, i, j, k, l, m, n\}, \quad C = \{a, c, e, g, i\}$$

(a) $A \oplus B$ (b) $C \oplus A$ (c) $B \oplus C$

풀이

(a) 집합 A에만 포함되거나 집합 B에만 포함되는 원소로 구성된다.

$$\begin{aligned}
\therefore\ A \oplus B &= \{a, b, c, d, e, f, g, h, i, j\} \oplus \{g, h, i, j, k, l, m, n\} \\
&= \{a, b, c, d, e, f, k, l, m, n\}
\end{aligned}$$

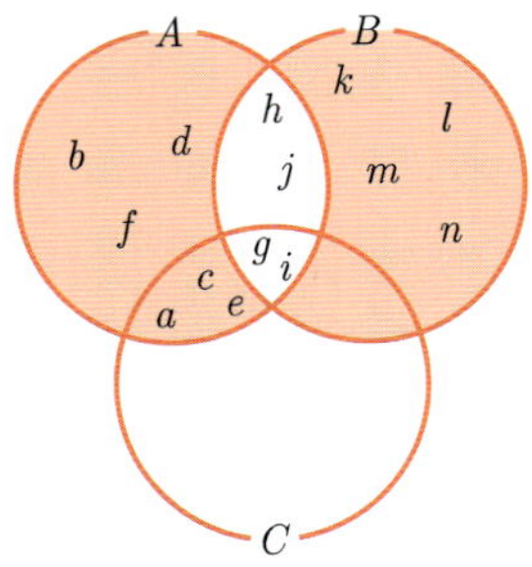

(b) 집합 C에만 포함되거나 집합 A에만 포함되는 원소로 구성된다.

$\therefore\ C \oplus A = \{a, c, e, g, i\} \oplus \{a, b, c, d, e, f, g, h, i, j\} = \{b, d, f, h, j\}$

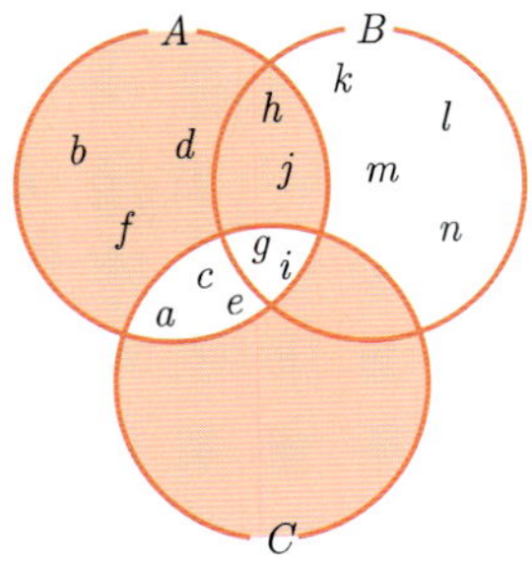

(c) 집합 B에만 포함되거나 집합 C에만 포함되는 원소로 구성된다.

$\therefore\ B \oplus C = \{g, h, i, j, k, l, m, n\} \oplus \{a, c, e, g, i\} = \{a, c, e, h, j, k, l, m, n\}$

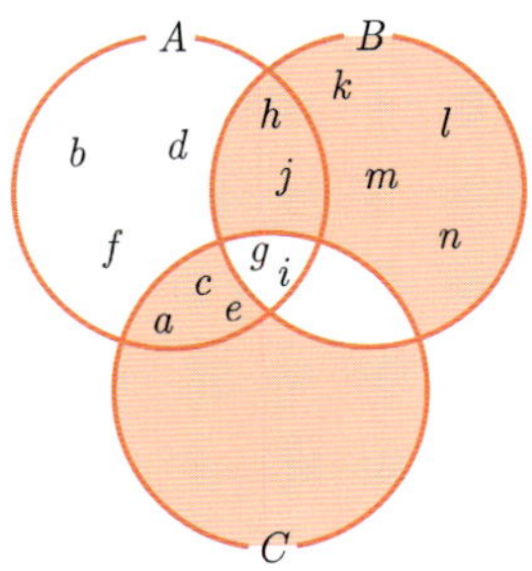

차집합과 대칭차집합의 기수는 각 집합과 합집합, 교집합의 기수를 이용하여 구할 수 있다. 예를 들어, $|A - B|$는 집합 A에만 포함되는 원소의 개수이므로 다음과 같이 구할 수 있다.

$$|A - B| = |A| - |A \cap B|$$

또한 $|A \oplus B|$는 집합 A에만 포함되거나 집합 B에만 포함되는 원소 개수의 합이므로 다음과 같이 합집합과 교집합 기수의 뺄셈 연산으로 구할 수 있다.

$$|A \oplus B| = |A \cup B| - |A \cap B|$$

예제 4-14

주어진 집합 A, B, C를 보고 다음을 구하라.

$$A=\{a,b,c,d,e,f,g,h,i,j\},\quad B=\{g,h,i,j,k,l,m,n\},\quad C=\{a,c,e,g,i\}$$

(a) $|A-B|$
(b) $|B-C|$
(c) $|C-A|$
(d) $|A\oplus B|$
(e) $|A\oplus C|$
(f) $|B\oplus C|$

풀이

필요한 연산을 위하여 각각의 기수를 구하면 다음과 같다.

$$|A|=10,\ |B|=8,\ |C|=5$$
$$|A\cup B|=14,\ |A\cup C|=10,\ |B\cup C|=11$$
$$|A\cap B|=4,\ \ |A\cap C|=5,\ \ |B\cap C|=2$$

(a) $|A-B|=|A|-|A\cap B|=10-4=6$
(b) $|B-C|=|B|-|B\cap C|=8-2=6$
(c) $|C-A|=|C|-|C\cap A|=5-5=0$
(d) $|A\oplus B|=|A\cup B|-|A\cap B|=14-4=10$
(e) $|A\oplus C|=|A\cup C|-|A\cap C|=10-5=5$
(f) $|B\oplus C|=|B\cup C|-|B\cap C|=11-2=9$

그 외 집합의 연산

전체집합의 범위에 포함되는 원소 중 특정 집합에 포함되지 않는 나머지 원소도 집합으로 구성할 수 있는데, 이를 여집합이라고 한다.

정의 4-15 여집합(complement set : $\overline{A}$ 또는 A') / 보집합

전체집합 U에는 포함되지만 집합 A에는 포함되지 않는 원소들로 구성된 집합

$$\overline{A}=A'=\{x\,|\,x\in U\wedge x\notin A\}=U-A$$
$$|\overline{A}|=|U|-|A|$$

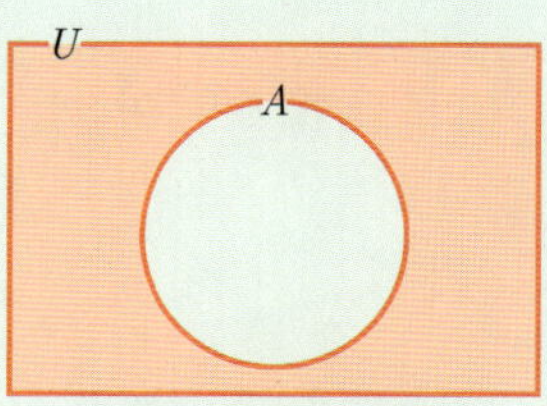

[그림 4-13] 여집합의 벤 다이어그램

예제 4-15

다음 집합의 여집합을 구하라.

(a) $U=\{u|u\in$ 영문 대소문자$\}$일 때, $A=\{a|a\in$ 영문 소문자$\}$

(b) $U=\mathbb{Z}$일 때, $B=\{b|b\geq 55,\ b\in\mathbb{Z}\}$

(c) $U=\mathbb{R}$일 때, $C=\{c|-33\leq c<72,\ c\in\mathbb{R}\}$

(d) $U=\mathbb{R}$일 때, $D=\{d|d<-10\vee d\geq 30,\ d\in\mathbb{R}\}$

(e) $U=\mathbb{C}$일 때, $E=\{e|e\in\mathbb{R}\}$

풀이

(a) 전체집합 U는 영문 대문자와 소문자를 모두 포함하는 집합이고, 집합 A는 영문 소문자만을 포함하는 집합이다. 그러므로 집합 A의 여집합 $\overline{A}$는 영문 대문자와 소문자 중 소문자를 제외한 원소들의 집합이므로 대문자만을 포함하는 집합이다.

$\therefore\ \overline{A}=\{a|a\in$ 영문 대문자$\}$

(b) 집합 B에 포함되는 원소는 정수 집합 $\mathbb{Z}$에서 55보다 크거나 같은 정수로, 수직선으로 표현하면 다음과 같다.

그러므로 집합 B의 여집합 $\overline{B}$는 55보다 작은 정수를 원소로 갖는 집합이다.

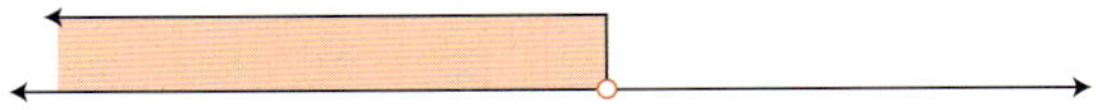

$\therefore\ \overline{B}=\{b|b<55,\ b\in\mathbb{Z}\}$

(c) 집합 C에 포함되는 원소는 실수 집합 $\mathbb{R}$에서 -33보다 크거나 같고 72보다 작은 실수로, 수직선으로 표현하면 다음과 같다.

그러므로 집합 C의 여집합 $\overline{C}$는 -33보다 작거나 72보다 크거나 같은 실수를 원소로 갖는 집합이다.

$\therefore\ \overline{C}=\{c|c<-33\vee c\geq 72,\ c\in\mathbb{R}\}$

(d) 집합 D에 포함되는 원소는 실수 집합 $\mathbb{R}$에서 -10보다 작거나 30보다 크거나 같은 실수로, 수직선으로 표현하면 다음과 같다.

그러므로 집합 D의 여집합 $\overline{D}$는 -10보다 크거나 같고 30보다 작은 실수를 원소로 갖는 집합이다.

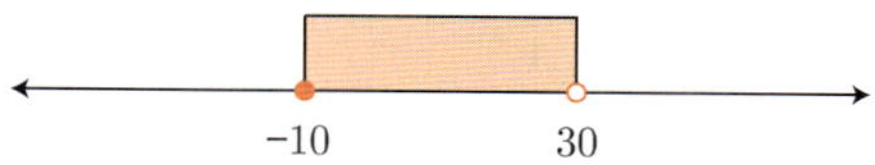

$\therefore\ \overline{D} = \{d \mid -10 \leq d < 30,\ d \in \mathbb{R}\}$

(e) 집합 E의 원소는 모든 실수로, 집합 E와 실수 집합 $\mathbb{R}$과 상등이다. 실수 집합은 복소수 집합 $\mathbb{C}$의 부분집합이므로, 복소수 집합 $\mathbb{C}$에서 실수를 제외하면 허수만 남는다. 그러므로 집합 E의 여집합 $\overline{E}$는 허수 집합이다.

$\therefore\ \overline{E} = \{e \mid e \in \mathbb{C} - \mathbb{R}\}$

두 집합의 원소들을 이용하여 순서쌍을 만들 수 있는데, 이때 사용되는 집합 연산이 곱집합이다. 곱집합 연산은 두 집합에 포함된 원소 간에 만들어질 수 있는 모든 순서쌍을 원소로 갖는 집합을 구성한다.

정의 4-16 곱집합(product set : $A \times B$)

집합 A, B에 대하여 $a \in A$, $b \in B$일 때, 순서쌍 (a, b)의 집합

$$A \times B = \{(a, b) \mid a \in A \wedge b \in B\}$$
$$|A \times B| = |A| \times |B|$$

순서쌍은 원소의 나열에 따라 달라진다. 즉, 순서쌍 (a, b)와 순서쌍 (b, a)는 전혀 다른 원소로 취급한다. [정의 4-16]에서 표현한 것처럼 집합 A, B에 대하여 $a \in A$, $b \in B$일 때 곱집합 $A \times B$로 만들어지는 순서쌍은 집합 A의 원소인 a가 순서쌍의 앞에 오고 집합 B의 원소인 b가 순서쌍의 뒤에 와서 (a, b)로 만들어진다. 그러나 곱집합 $B \times A$에 의해 만들어지는 순서쌍은 (b, a)로 (a, b)와는 전혀 다른 순서쌍이다. 그러므로 곱집합은 차집합과 마찬가지로 교환법칙이 성립하지 않는다.

하지만 기수의 경우 집합 A의 기수와 집합 B의 기수의 곱으로 구하기 때문에 $|A \times B|$와 $|B \times A|$가 항상 같다.

곱집합의 예를 들어보자. 두 집합 A, B가 다음과 같을 때, $A\times B$와 $B\times A$를 구해보자.

$$A=\{1,2\},\quad B=\{a,b,c\}$$

$A\times B$는 집합 A의 원소가 앞에 오고 집합 B의 원소가 뒤에 오는 순서쌍으로 구성되며, 각 집합의 모든 원소가 서로 순서쌍으로 만들어져야 한다.

$$A\times B=\{(1,a),(1,b),(1,c),(2,a),(2,b),(2,c)\}$$

$B\times A$는 집합 B의 원소가 앞에 오고 집합 A의 원소가 뒤에 오는 순서쌍으로 구성된다.

$$B\times A=\{(a,1),(a,2),(b,1),(b,2),(c,1),(c,2)\}$$

두 곱집합의 기수는 집합 A, B의 기수를 이용해 구할 수 있다.

$$|A\times B|=|B\times A|=|A|\times|B|=2\times3=6$$

예제 4-16

다음과 같은 옵션 집합이 주어질 때, 얼마나 다양한 종류를 만들 수 있는지 구하라.

(a) 하의 = { 청바지, 면바지, 스커트, 반바지 }, 상의 = { 셔츠, 블라우스, 티셔츠 }

(b) 도우 = { 씬, 팬 }, 크기 = { 스몰, 미디움, 라지 }, 재료 = { 불고기, 새우, 고구마, 파인애플 }

풀이

(a) 하의 × 상의 = { (청바지, 셔츠), (청바지, 블라우스), (청바지, 티셔츠), (면바지, 셔츠), (면바지, 블라우스), (면바지, 티셔츠), (스커트, 셔츠), (스커트, 블라우스), (스커트, 티셔츠), (반바지, 셔츠), (반바지, 블라우스), (반바지, 티셔츠) }

|하의| = 4, |상의| = 3

∴ |하의 × 상의| = |하의| × |상의| = 4 × 3 = 12

(b) 도우 × 크기 × 재료 = { (씬, 스몰, 불고기), (씬, 스몰, 새우), (씬, 스몰, 고구마), (씬, 스몰, 파인애플), (씬, 미디움, 불고기), (씬, 미디움, 새우), (씬, 미디움, 고구마), (씬, 미디움, 파인애플), (씬, 라지, 불고기), (씬, 라지, 새우), (씬, 라지, 고구마), (씬, 라지, 파인애플), (팬, 스몰, 불고기), (팬, 스몰, 새우), (팬, 스몰, 고구마), (팬, 스몰, 파인애플), (팬, 미디움, 불고기), (팬, 미디움, 새우), (팬, 미디움, 고구마), (팬, 미디움, 파인애플), (팬, 라지, 불고기), (팬, 라지, 새우), (팬, 라지, 고구마), (팬, 라지, 파인애플) }

|도우| = 2, |크기| = 3, |재료| = 4

∴ |도우 × 크기 × 재료| = |도우| × |크기| × |재료| = 2 × 3 × 4 = 24

모든 집합은 부분집합을 가질 수 있다. [정리 4-1]에서 공집합($\varnothing$)과 집합 자기 자신은 해당 집합의 부분집합이 됨을 정리하였다. 그 외에도 다양한 형태의 부분집합을 만들 수 있는데, 공집합($\varnothing$)과 집합 자신을 포함하여 하나의 집합에서 만들 수 있는 모든 부분집합을 원소로 갖는 집합을 멱집합이라고 한다.

정의 4-17 **멱집합(power set : $P(A)$)**

원소가 n개인 집합 A에 대하여, 가능한 모든 부분집합을 원소로 갖는 집합

$$P(A) = \{B \mid B \subseteq A\}$$
$$|P(A)| = 2^n$$

집합 $A = \{1, 2, 3\}$의 멱집합을 구해보자. 앞에서 설명했듯이 공집합 $\varnothing$과 집합 A 자체인 $\{1, 2, 3\}$은 집합 A의 부분집합이고, 그 외에도 집합 A의 원소인 1, 2, 3으로 만들 수 있는 집합들이 집합 A의 멱집합의 원소가 된다. 그러므로 집합 A의 멱집합 $P(A)$는 다음과 같다.

$$P(A) = \{\varnothing, \{1\}, \{2\}, \{3\}, \{1, 2\}, \{1, 3\}, \{2, 3\}, \{1, 2, 3\}\}$$

또한 집합 A의 멱집합 $P(A)$의 기수는 집합 A의 기수($|A| = 3$)를 이용해 구할 수 있으므로 다음과 같다.

$$|P(A)| = 2^3 = 8$$

예제 4-17

다음 집합의 멱집합과 멱집합의 기수를 구하라.

(a) $A = \{a, b, c, d\}$ (b) $B = \{\{1, 2\}, \{3\}, 4\}$ (c) $C = \{\varnothing, \{\varnothing\}\}$

풀이

(a) 집합 A의 멱집합은 공집합($\varnothing$)과 집합 A 자체 외에도 집합 A의 4개의 원소($|A| = 4$) a, b, c, d로 만들 수 있는 부분집합이 있다.

$\therefore\ P(A) = \{\varnothing, \{a\}, \{b\}, \{c\}, \{d\}, \{a, b\}, \{a, c\}, \{a, d\}, \{b, c\}, \{b, d\}, \{c, d\},$
$\{a, b, c\}, \{a, b, d\}, \{a, c, d\}, \{b, c, d\}, \{a, b, c, d\}\}$

$|P(A)| = 2^4 = 16$개

(b) 집합 B는 원소 4 이외에도 1, 2를 원소로 갖는 집합 $\{1, 2\}$와 3을 원소로 갖는 집합 $\{3\}$도 원소로 포함하여 총 3개의 원소($|B| = 3$)를 갖는다.

$\therefore\ P(B) = \{\varnothing, \{\{1, 2\}\}, \{\{3\}\}, \{4\}, \{\{1, 2\}, \{3\}\}, \{\{1, 2\}, 4\}, \{\{3\}, 4\}, \{\{1, 2\}, \{3\}, 4\}\}$

$|P(B)| = 2^3 = 8$

(c) 집합 C는 공집합($\varnothing$)과 공집합을 원소로 갖는 집합 $\{\varnothing\}$, 2개의 원소를 갖는다.

$\therefore\ P(C) = \{\varnothing, \{\varnothing\}, \{\{\varnothing\}\}, \{\varnothing, \{\varnothing\}\}\}$

$|P(C)| = 2^2 = 4$

4.4 집합의 대수법칙

수에 대한 사칙연산에도 일정한 규칙이 있듯이, 집합 연산에도 일정한 규칙이 있다. 이를 집합의 대수법칙이라고 하는데, 대수법칙을 이용하면 복잡한 집합 연산을 간단히 할 수 있다.

[표 4-1] 집합의 대수법칙

집합 연산		법칙
$A \cup \varnothing = A$	$A \cap U = A$	항등법칙(identity law)
$A \cup U = U$	$A \cap \varnothing = \varnothing$	지배법칙(domination law)
$A \cup A = A$	$A \cap A = A$	멱등법칙(idempotent law)
$A \cup B = B \cup A$	$A \cap B = B \cap A$	교환법칙(commutative law)
$A \cup (B \cup C) = (A \cup B) \cup C$ $A \cap (B \cap C) = (A \cap B) \cap C$		결합법칙(associative law)
$A \cup (B \cap C) = (A \cup B) \cap (A \cup C)$ $A \cap (B \cup C) = (A \cap B) \cup (A \cap C)$ $A \times (B \cap C) = (A \times B) \cap (A \times C)$ $A \times (B \cup C) = (A \times B) \cup (A \times C)$ $A \times (B - C) = (A \times B) - (A \times C)$		분배법칙(distributive law)
$\overline{\overline{A}} = A$		이중 보법칙(double complement law)
$A \cup \overline{A} = U$ $\overline{\varnothing} = U$	$A \cap \overline{A} = \varnothing$ $\overline{U} = \varnothing$	보법칙(complement law)
$\overline{A \cup B} = \overline{A} \cap \overline{B}$	$\overline{A \cap B} = \overline{A} \cup \overline{B}$	드 모르간의 법칙(De Morgan's law)
$A \cup (A \cap B) = A$	$A \cap (A \cup B) = A$	흡수법칙(absorption law)

집합의 대수법칙에서도 괄호 안의 집합 연산과 괄호 밖의 집합 연산이 같은 경우는 결합법칙을 적용하고 서로 다른 경우는 분배법칙을 적용한다.

- **결합법칙을 적용해야 하는 경우**

$$A \cup (B \cup C)$$

같은 집합 연산

- **분배법칙을 적용해야 하는 경우**

$$A \cup (B \cap C)$$

다른 집합 연산

$A \cup (B \cup C)$와 $A \cup (B \cap C)$의 차이점은 [그림 4-14]의 벤 다이어그램으로 쉽게 확인할 수 있다.

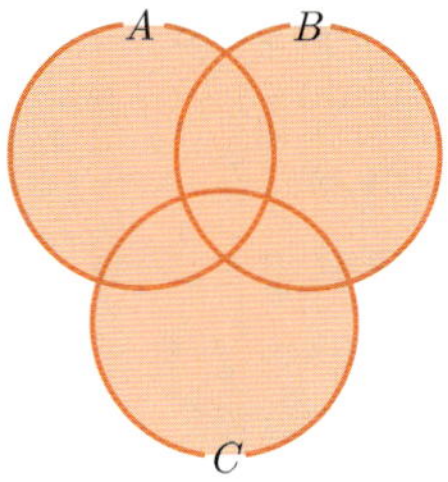

(a) $A \cup (B \cup C)$

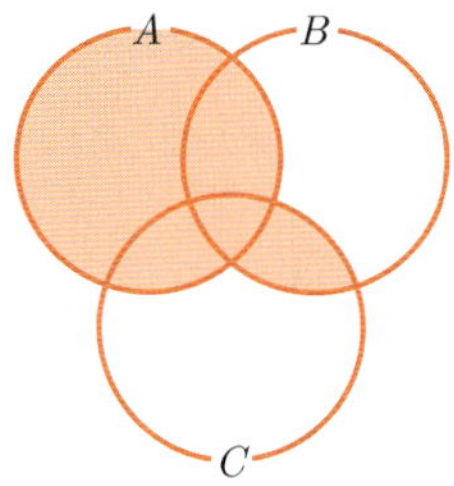

(b) $A \cup (B \cap C)$

[그림 4-14] $A \cup (B \cup C)$와 $A \cup (B \cap C)$의 벤 다이어그램

이중 보법칙에 대하여 벤 다이어그램으로 확인해보자. [그림 4-15(a)]는 집합 A의 여집합 $\overline{A}$의 벤 다이어그램이고, [그림 4-15(b)]는 $\overline{A}$의 여집합, 즉 $\overline{\overline{A}}$의 벤 다이어그램이다. 그러므로 $\overline{\overline{A}} = A$임을 알 수 있다.

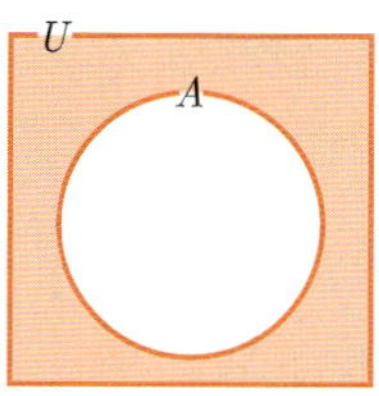

(a) $\overline{A}$

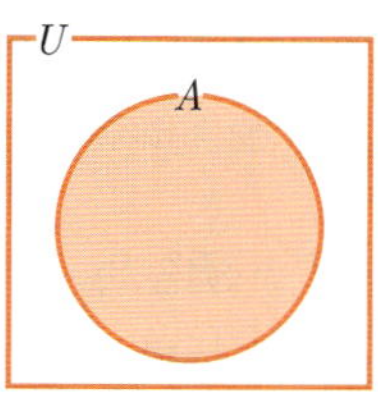

(b) $\overline{\overline{A}}$

[그림 4-15] $\overline{A}$와 $\overline{\overline{A}}$의 벤 다이어그램

이번에는 곱집합에 관한 분배법칙 $A \times (B \cap C) = (A \times B) \cap (A \times C)$를 증명해보자. 이 증명을 하려면 집합의 정의와 논리 연산에 대한 논리적 동치법칙을 이용해야 한다. 따라서 $A \times (B \cap C) = (A \times B) \cap (A \times C)$임을 보이기 위해 $(x, y) \in A \times (B \cap C) \Leftrightarrow (x, y) \in (A \times B) \cap (A \times C)$를 증명한다.

$$
\begin{aligned}
(x, y) \in A \times (B \cap C) &\Leftrightarrow x \in A \wedge y \in (B \cap C) && (\because \text{ 곱집합의 정의}) \\
&\Leftrightarrow x \in A \wedge (y \in B \wedge y \in C) && (\because \text{ 교집합의 정의}) \\
&\Leftrightarrow (x \in A \wedge y \in B) \wedge (x \in A \wedge y \in C) && (\because \text{ 논리 연산의 분배법칙}^{1}) \\
&\Leftrightarrow [(x, y) \in A \times B] \wedge [(x, y) \in A \times C] && (\because \text{ 곱집합의 정의}) \\
&\Leftrightarrow (x, y) \in (A \times B) \cap (A \times C) && (\because \text{ 교집합의 정의})
\end{aligned}
$$

TIP 기호 $\Rightarrow$ 와 $\Leftrightarrow$ 의 의미

$A \Rightarrow B$: A가 참이면, B는 항상 참이다.

$A \Leftrightarrow B$: $(A \Rightarrow B) \wedge (B \Rightarrow A)$는 항상 참이다.

1 괄호 안과 밖의 논리 연산자가 and($\wedge$)연산자로 같으나, 집합에 포함되는 원소의 기호가 x, y로 다르기 때문에 분배법칙으로 연산해야 한다.

예제 4-18

다음 집합의 대수법칙을 집합의 정의와 논리식을 이용하여 증명하라.

(a) 드 모르간의 법칙 $\overline{A \cup B} = \overline{A} \cap \overline{B}$ (b) $A - B = A \cap \overline{B}$

풀이

(a) $x \in \overline{A \cup B} \Leftrightarrow x \in \overline{A} \cap \overline{B}$를 증명한다.

$$
\begin{aligned}
x \in \overline{A \cup B} &\Leftrightarrow x \notin A \cup B && (\because \text{ 여집합의 정의}) \\
&\Leftrightarrow x \notin A \wedge x \notin B && (\because \text{ 원소 } x\text{가 집합 } A,\ B \text{ 모두에 포함되지 않아야 함}) \\
&\Leftrightarrow x \in \overline{A} \wedge x \in \overline{B} && (\because \text{ 여집합의 정의}) \\
&\Leftrightarrow x \in (\overline{A} \cap \overline{B}) && (\because \text{ 교집합의 정의})
\end{aligned}
$$

$\therefore$ 드 모르간의 법칙 $\overline{A \cup B} = \overline{A} \cap \overline{B}$가 성립한다.

(b) $x \in A - B \Leftrightarrow x \in A \cap \overline{B}$를 증명한다.

$$
\begin{aligned}
x \in A - B &\Leftrightarrow x \in A \wedge x \notin B && (\because \text{ 차집합의 정의}) \\
&\Leftrightarrow x \in (A \cap U) \wedge x \notin B && (\because \text{ 항등법칙}) \\
&\Leftrightarrow (x \in A \wedge x \in U) \wedge x \notin B && (\because \text{ 교집합의 정의}) \\
&\Leftrightarrow x \in A \wedge (x \in U \wedge x \notin B) && (\because \text{ 결합법칙}) \\
&\Leftrightarrow x \in A \wedge x \in \overline{B} && (\because \text{ 여집합의 정의}) \\
&\Leftrightarrow x \in A \cap \overline{B} && (\because \text{ 교집합의 정의})
\end{aligned}
$$

$\therefore$ $A - B = A \cap \overline{B}$가 성립한다.

집합의 대수법칙은 일반적으로 복잡한 식을 간단히 정리하여 주어진 식이 성립하는지를 확인하는 데 활용한다. 예를 들어 흡수법칙 $A \cap (A \cup B) = A$가 성립하는지 살펴보자.

$$
\begin{aligned}
A \cap (A \cup B) &= (A \cup \varnothing) \cap (A \cup B) && (\because \text{ 항등법칙}) \\
&= A \cup (\varnothing \cap B) && (\because \text{ 분배법칙}) \\
&= A \cup \varnothing && (\because \text{ 지배법칙}) \\
&= A && (\because \text{ 항등법칙})
\end{aligned}
$$

예제 4-19

다음 집합 연산을 간략히 정리하라.

(a) $(A \cap \overline{B}) \cup (\overline{A} \cap B) \cup (\overline{A} \cap \overline{B})$　　(b) $\overline{(\overline{A} \cup \overline{B})} - (\overline{A} \cap B)$

풀이

(a)
$$
\begin{aligned}
(A \cap \overline{B}) \cup (\overline{A} \cap B) \cup (\overline{A} \cap \overline{B}) &= (A \cap \overline{B}) \cup \{(\overline{A} \cap B) \cup (\overline{A} \cap \overline{B})\} && (\because \text{ 결합법칙}) \\
&= (A \cap \overline{B}) \cup \{\overline{A} \cap (B \cup \overline{B})\} && (\because \text{ 분배법칙}) \\
&= (A \cap \overline{B}) \cup (\overline{A} \cap U) && (\because \text{ 보법칙}) \\
&= (A \cap \overline{B}) \cup \overline{A} && (\because \text{ 항등법칙}) \\
&= (A \cup \overline{A}) \cap (\overline{B} \cup \overline{A}) && (\because \text{ 분배법칙}) \\
&= U \cap (\overline{B} \cup \overline{A}) && (\because \text{ 보법칙}) \\
&= \overline{B} \cup \overline{A} && (\because \text{ 항등법칙}) \\
&= \overline{A} \cup \overline{B} && (\because \text{ 교환법칙})
\end{aligned}
$$

(b)
$$
\begin{aligned}
\overline{(\overline{A} \cup \overline{B})} - (\overline{A} \cap B) &= (\overline{\overline{A}} \cap \overline{\overline{B}}) - (\overline{A} \cap B) && (\because \text{ 드 모르간의 법칙}) \\
&= (A \cap B) - (\overline{A} \cap B) && (\because \text{ 이중 보법칙}) \\
&= (A \cap B) \cap \overline{(\overline{A} \cap B)} && (\because A - B = A \cap \overline{B}) \\
&= (A \cap B) \cap (\overline{\overline{A}} \cup \overline{B}) && (\because \text{ 드 모르간의 법칙}) \\
&= (A \cap B) \cap (A \cup \overline{B}) && (\because \text{ 이중 보법칙}) \\
&= B \cap \{A \cap (A \cup \overline{B})\} && (\because \text{ 교환법칙, 결합법칙}) \\
&= B \cap A && (\because \text{ 흡수법칙}) \\
&= A \cap B && (\because \text{ 교환법칙})
\end{aligned}
$$

4.5 집합의 분할

인공지능에서 지식의 자원이 되는 데이터를 관리하려면 일정한 기준으로 전체 데이터를 분류하는 과정이 필요하다. 이 과정을 통해 분류한 데이터 집합은 반드시 하나 이상의 데이터를 포함해야 하고, 데이터 집합을 모두 합쳤을 때는 제외된 데이터가 없어야 한다. 또한 분류한 집합 사이에 공통으로 포함되는 데이터가 존재하지 않아야 한다. 이렇게 보유한 데이터를 정확하게 분류해서 관리해야 인공지능이 쓸데없는 추론 과정을 수행하지 않으면서 정확한 정보를 추론할 수 있다. 이러한 인공지능의 데이터 관리에 적용할 수 있는 수학 개념이 집합의 분할이다.

정의 4-18 **분할(partition : $A = \{A_1, A_2, \cdots, A_n\}$)**

공집합이 아닌 임의의 집합 A를 서로소이면서 공집합이 아닌 하나 이상의 부분집합($A_1, A_2, \cdots, A_n$)으로 나누는 것

※ **분할의 조건** ($i = 1, 2, \cdots, n$)

(a) $A_i \neq \varnothing$

(b) $i \neq j$이면, $A_i \cap A_j = \varnothing$

(c) $A_i \subseteq A$

(d) $A = A_1 \cup A_2 \cup \cdots \cup A_n$

정의 4-19 **집합류(set class : A_i)**

집합 A에 대하여 분할된 부분집합

[정의 4-18]에서 정리한 분할의 조건 4가지를 모두 만족하면 분할이라고 할 수 있고, 분할된 부분집합은 모두 집합류라고 한다.

집합 $A = \{1, 2, 3, 4, 5\}$에 대하여 다음과 같은 부분집합이 있다고 가정하자.

(1) $\{1, 2, 3\}, \{5\}$ (2) $\{1, 2, 3\}, \{3, 4\}, \{5\}$ (3) $\{1, 2\}, \{3\}, \{4, 5\}$

(1)의 경우 $A_1=\{1,2,3\}$, $A_2=\{5\}$라고 할 때 분할의 4가지 조건 중 다른 3가지는 만족하지만, $A_1\cup A_2=\{1,2,3,5\}\neq A$이므로 [정의 4-18]의 분할의 4가지 조건 중 (d)를 만족하지 않는다. 그러므로 (1)의 부분집합은 집합 A의 분할이 아니다.

(2)의 경우 $A_1=\{1,2,3\}$, $A_2=\{3,4\}$, $A_3=\{5\}$라고 할 때 (1)과 마찬가지로 다른 3가지 성질은 만족하지만, $A_1\cap A_2=\{3\}\neq\varnothing$이므로 부분집합 간에 교집합 원소가 없어야 하는 [정의 4-18]의 분할의 4가지 조건 중 (b)를 만족하지 않는다. 따라서 (2)의 부분집합 역시 집합 A의 분할이 아니다.

그러나 (3)의 경우 $A_1=\{1,2\}$, $A_2=\{3\}$, $A_3=\{4,5\}$라고 할 때 다음과 같이 분할의 4가지 조건을 모두 만족한다. 그러므로 $A_1=\{1,2\}$, $A_2=\{3\}$, $A_3=\{4,5\}$는 집합 A의 분할이며 집합 A_1, A_2, A_3는 집합 A의 집합류이다.

(a) $A_1\neq\varnothing$, $A_2\neq\varnothing$, $A_3\neq\varnothing$
(b) $A_1\cap A_2=\varnothing$, $A_1\cap A_3=\varnothing$, $A_2\cap A_3=\varnothing$
(c) $A_1\subseteq A$, $A_2\subseteq A$, $A_3\subseteq A$
(d) $A_1\cup A_2\cup A_3=\{1,2,3,4,5\}=A$

예제 4-20

집합 $A=\{a,b,c,d,e,f,g,h\}$에 대하여, 다음 집합이 A의 분할인지 확인하라.

(a) $P=\{\{\ \},\{a,b,c,d\},\{e,g\},\{f,h\}\}$
(b) $Q=\{\{a,b,c,d,e\},\{e,f,g\}\}$
(c) $R=\{\{a,b,c,i,j\},\{d,e,f,g,h\}\}$
(d) $S=\{\{a\},\{b,d\},\{c,e,f\}\}$
(e) $T=\{\{a,c,f\},\{b,d\},\{e,g\},\{h\}\}$

풀이

(a) $P_1=\{\ \}$, $P_2=\{a,b,c,d\}$, $P_3=\{e,g\}$, $P_4=\{f,h\}$라고 할 때 다음이 성립한다.

① $P_1=\varnothing$, $P_2\neq\varnothing$, $P_3\neq\varnothing$, $P_4\neq\varnothing$

따라서 $P_1=\varnothing$이므로 [정의 4-18]의 분할의 4가지 조건 중 (a)를 만족하지 않는다.
∴ 집합 P는 집합 A의 분할이 아니다.

(b) $Q_1=\{a,b,c,d,e\}$, $Q_2=\{e,f,g\}$라고 할 때 다음이 성립한다.

① $Q_1\neq\varnothing$, $Q_2\neq\varnothing$
② $Q_1\cap Q_2=\{e\}\neq\varnothing$

따라서 $Q_1\cap Q_2\neq\varnothing$이므로 [정의 4-18]의 분할의 4가지 조건 중 (b)를 만족하지 않는다.
∴ 집합 Q는 집합 A의 분할이 아니다.

(c) $R_1 = \{a, b, c, i, j\}$, $R_2 = \{d, e, f, g, h\}$라고 할 때 다음이 성립한다.

① $R_1 \neq \varnothing$, $R_2 \neq \varnothing$

② $R_1 \cap R_2 = \varnothing$

③ $R_1 \not\subseteq A$, $R_2 \subseteq A$

따라서 $R_1 \not\subseteq A$이므로 [정의 4-18]의 분할의 4가지 조건 중 (c)를 만족하지 않는다.

∴ 집합 R은 집합 A의 분할이 아니다.

(d) $S_1 = \{a\}$, $S_2 = \{b, d\}$, $S_3 = \{c, e, f\}$라고 할 때 다음이 성립한다.

① $S_1 \neq \varnothing$, $S_2 \neq \varnothing$, $S_3 \neq \varnothing$

② $S_1 \cap S_2 = \varnothing$, $S_1 \cap S_3 = \varnothing$, $S_2 \cap S_3 = \varnothing$

③ $S_1 \subseteq A$, $S_2 \subseteq A$, $S_3 \subseteq A$

④ $S_1 \cup S_2 \cup S_3 = \{a, b, c, d, e, f\} \neq A$

따라서 $S_1 \cup S_2 \cup S_3 \neq A$이므로 [정의 4-18]의 분할의 4가지 조건 중 (d)를 만족하지 않는다.

∴ 집합 S는 집합 A의 분할이 아니다.

(e) $T_1 = \{a, c, f\}$, $T_2 = \{b, d\}$, $T_3 = \{e, g\}$, $T_4 = \{h\}$라고 할 때 다음이 성립한다.

① $T_1 \neq \varnothing$, $T_2 \neq \varnothing$, $T_3 \neq \varnothing$, $T_4 \neq \varnothing$

② $T_1 \cap T_2 = \varnothing$, $T_1 \cap T_3 = \varnothing$, $T_1 \cap T_4 = \varnothing$, $T_2 \cap T_3 = \varnothing$, $T_2 \cap T_4 = \varnothing$, $T_3 \cap T_4 = \varnothing$

③ $T_1 \subseteq A$, $T_2 \subseteq A$, $T_3 \subseteq A$, $T_4 \subseteq A$

④ $T_1 \cup T_2 \cup T_3 \cup T_4 = \{a, b, c, d, e, f, g, h\} = A$

따라서 분할의 조건 4가지를 모두 만족한다.

∴ 집합 T는 집합 A의 분할이다.

4장_핵심요약

✔ 문제 해답

01 다음 설명을 집합 표기로 나타내고, 기수를 구하여 유한집합인지 무한집합인지 판단하라.

✔(a) -5보다 크거나 같고 10보다 작은 정수

✔(b) -5보다 크거나 같고 10보다 작은 실수

(c) 총 150명으로 구성된 한빛대학교 컴퓨터과학과 21학번 학생

(d) 2020년 6월에서 8월 사이에 눈이 내린 날짜

02 주어진 집합을 보고 다음 물음에 답하라.

$A=\{a \mid a<5, x\in \mathbb{N}\}$

$B=\{2, 3, 5, 7, 11, 13, 17, 19\}$

$C=\{c \mid c=3k+2, k\leq 10, k\in \mathbb{N}\}$

$D=\{$일, 월, 화, 수, 목, 금, 토$\}$

$E=\{e \mid e=$계절이름$\}$

$F=\{\cdots, -16, -12, -8, -4, 0, 4, 8, 12, 16, \cdots\}$

$G=\{g \mid g=k\div 3, -10\leq k\leq 10, k\in \mathbb{R}\}$

$H=\{\mathrm{a, e, i, o, u, A, E, I, O, U}\}$

$I=\{i \mid i<100, i\in \mathbb{Z}\}$

$J=\{1, \sqrt{2}, \sqrt{3}, 2, \sqrt{5}, \cdots\}$

(a) 주어진 집합은 유한집합인가, 무한집합인가?

✔(b) 원소나열법으로 표기된 집합은 조건제시법으로, 조건제시법을 표기된 집합은 원소나열법으로 표기하라.

(c) 주어진 집합의 기수를 구하라.

03 다음 집합을 보고 제시된 원소들의 포함관계를 표기하라.

$X=\{x\,|\,x$는 영문 대소문자$\}$, $Y=\{y\,|\,y$는 영문 대문자$\}$, $Z=\{z\,|\,z$는 영문 소문자$\}$

✔(a) a　　✔(b) B　　✔(c) 가　　(d) C
(e) 4.21　　(f) 10　　(g) e

04 집합 $X=\{x\,|\,1\le x\le 10,\ x\in\mathbb{R}\}$에 대하여, 다음 집합이나 원소의 포함관계를 작성하라.

(a) 집합 $A=\{5.55, 6.66, 7.77\}$
✔(b) 집합 $B=\{b\,|\,1\le b\le 10, b\in\mathbb{Z}\}$
(c) 집합 $C=\{c\,|\,1\le c\le 100,\ c\in\mathbb{R}\}$
✔(d) 집합 $D=\{\sqrt{d}\,|\,1\le d\le 100,\ d\in\mathbb{R}\}$
(e) 집합 $E=\{e\,|\,-10\le e\le 10,\ e\in\mathbb{Z}\}$
✔(f) 집합 $F=\{f\,|\,-10\le f\le 10,\ f\in\mathbb{R}\}$

05 다음 집합을 보고 괄호 안을 채워라.

$A=\{a\,|\,a\in\mathbb{R}\}$,	$B=\{\cdots, -12, -8, -4, 0, 4, 8, 12, \cdots\}$
$C=\{c\,|\,c=\sqrt{k},\ c\in\mathbb{N},\ k\in\mathbb{N}\}$,	$D=\{d\,|\,d$는 영문자$\}$
$E=\{e\,|\,e\in(\mathbb{Q}\cup\mathbb{I})\}$,	$F=\{$A, C, E, F$\}$
$G=\{g\,|\,g$는 홀수 번째 영문 대문자$\}$,	$H=\{h\,|\,h\in\mathbb{N}\}$
$I=\{w, x, y, z\}$,	$J=\{j\,|\,j=4k,\ k\in\mathbb{Z}\}$

✔(a) $A(\quad)E$　　✔(b) $B(\quad)J$　　✔(c) $C(\quad)H$　　✔(d) $F(\quad)D$
(e) $I(\quad)D$　　(f) $G(\quad)D$　　(g) $F(\quad)G$　　(h) $H(\quad)A$

06 다음 중 상등인 집합을 모두 찾으라.

(a) $A = \{12, 14, 16, 18, 20, 22, 24, 26, 30\}$

(b) $B = \{b \mid 10 \le b \le 30, b$는 짝수$\}$

(c) $C = \{c \mid c = 2k + 10, 0 < k \le 10, k \in \mathbb{Z}\}$

(d) $D = \{d \mid d = 2k, 5 < k \le 15, k \in \mathbb{Z}\}$

(e) $E = \{e \mid e = 2k + 10, 0 \le k \le 10, k \in \mathbb{Z}\}$

(f) $F = \{f \mid f = 2k, 5 \le k \le 15, k \in \mathbb{Z}\}$

07 주어진 집합 A, B, C, D, E, F에 대하여, 다음 연산을 하라.

> $A = \{a \mid -3 \le a \le 5, a \in \mathbb{Z}\}$, $B = \{b \mid b < 0, b \in \mathbb{Z}\}$
> $C = \{c \mid -10 \le c < 5, c \in \mathbb{R}\}$, $D = \{d \mid d > -3, d \in \mathbb{R}\}$
> $E = \{e \mid (e < -5) \vee (e > 5), e \in \mathbb{Z}\}$, $F = \{f \mid (f < -5) \vee (f > 5), f \in \mathbb{R}\}$

✔(a) $A \cap B$ ✔(b) $B \cap D$ ✔(c) $A \cup F$ ✔(d) $C \cup E$

(e) $B \cup D$ (f) $A \cup E$ (g) $B \cup F$ (h) $B \cap F$

08 전체집합이 $U = \{u \mid u \in$ 영문 대소문자$\}$이고 아래와 같이 집합이 주어질 때, 다음 집합 연산을 하라.

> $A = \{$a, b, c, d, e, f, g$\}$
> $B = \{$A, E, I, O, U$\}$
> $C = \{c \mid c \in$ 영문 대소문자 중 홀수 번째 문자$\}$

✔(a) $U - A$ ✔(b) $C - B$ ✔(c) $A \oplus B$ ✔(d) $C - (A \oplus B)$

(e) $A - B$ (f) $A - C$ (g) $B \oplus C$ (h) $(A \oplus B) - C$

09 다음 집합의 여집합을 구하라.

(a) $A=\{a|a>30,\ a\in\mathbb{N}\}$

(b) $U=\{u|u\in$ 영문 소문자$\}$일 때, $B=\{\mathrm{a,\ c,\ e,\ g,\ i,\ k,\ m,\ o,\ q,\ s,\ u,\ w,\ y}\}$

✔(c) $U=\{u|u\leq 10, u\in\mathbb{N}\}$일 때, $C=\{c|c=2k+1,\ k\in\mathbb{N},\ c\in U\}$

✔(d) $D=\{d|-50\leq d<20,\ d\in\mathbb{R}\}$

[10~12] 전체집합이 $U=\mathbb{R}$이고 집합 A, B, C, D, E가 다음과 같을 때, 주어진 물음에 답하라.

> $A=\{a|-30\leq a\leq 0,\ a\in\mathbb{R}\}$, $B=\{b|-10<b<20,\ b\in\mathbb{R}\}$
> $C=\{c|c<0\vee c>15,\ c\in\mathbb{R}\}$, $D=\{d|d<-30,\ d\in\mathbb{R}\}$
> $E=\{e|e\leq 20,\ e\in\mathbb{R}\}$

10 다음을 연산하라.

✔(a) $A\cup B$ ✔(b) $B\cup C$ ✔(c) $B\cap E$ ✔(d) $C\cap E$

(e) $A\cup D$ (f) $B\cup D$ (g) $A\cap B$ (h) $A\cap C$

11 다음을 연산하라.

(a) $A-B$ (b) $D-E$ (c) $E-B$ (d) $E-C$

(e) $A\oplus B$ (f) $B\oplus D$ (g) $C\oplus D$ (h) $C\oplus E$

12 다음을 연산하라.

✔(a) $\overline{B}$ ✔(b) $\overline{E-D}$ ✔(c) $\overline{B\oplus C}$ ✔(d) $\overline{A\cup B\cup C\cup D\cup E}$

(e) $\overline{C}$ (f) $\overline{D}$ (g) $\overline{A\cup B}$ (h) $\overline{B\cap C}$

13 주어진 정보를 이용하여 다음 기수를 구하라.

(a) $|A|=8$, $|B|=11$, $|A\cup B|=14$일 때, $|A\cap B|$

(b) $|A\cup B|=7$, $|A\cap B|=2$, $|B|=5$일 때, $|A|$

(c) $|A\cup B|=13$, $|A|=5$이고 A와 B가 서로소일 때, $|B|$

14 주어진 정보를 이용하여 다음 기수를 구하라.

(a) $|A|=4$, $|B|=9$, $|C|=9$, $|A\cup B|=12$, $|A\cup C|=13$, $|B\cup C|=10$, $|A\cup B\cup C|=16$일 때, $|A\cap B\cap C|$

✔(b) $|A|=11$, $|B|=7$, $|C|=9$, $|A\cap B|=2$, $|A\cap C|=3$, $|B\cap C|=1$, $|A\cup B\cup C|=21$일 때, $|A\cap B\cap C|$

✔(c) $|A\cup B|=14$, $|A\cap B|=4$, $|A\cup C|=12$, $|A\cap C|=6$, $|B\cup C|=13$, $|B\cap C|=5$ $|A\cap B\cap C|=3$일 때, $|A\cup B\cup C|$

15 주어진 정보를 이용하여 다음 기수를 구하라.

(a) $|A|=8$, $|A\cap B|=3$일 때, $|A-B|$

(b) $|A|=14$, $|A\cup B|=21$일 때, $|B-A|$

✔(c) $|B|=6$, $|A\cup B|=11$일 때, $|A-B|$

✔(d) $|B|=5$, $|A\cap B|=1$일 때, $|B-A|$

16 주어진 정보를 이용하여 다음 기수를 구하라.

(a) $|A\cup B|=24$, $|A\cap B|=8$일 때, $|A\oplus B|$

(b) $|A|=9$, $|B|=7$, $|A\cap B|=1$일 때, $|A\oplus B|$

✔(c) $|A|=11$, $|B|=10$, $|A\cap B|=4$일 때, $|A\oplus B|$

✔(d) $|A|=16$, $|B|=9$, $|A\cup B|=19$일 때, $|A\oplus B|$

17 다음 집합의 곱집합과 곱집합의 기수를 구하라.

(a) $A = \{$a, b, c, d, e$\}$, $B = \{$A, B, C, D, E$\}$

(b) 학년 $= \{1, 2, 3, 4\}$, 전공 $= \{$ 컴퓨터과학, 정보보안, AI $\}$

(c) $A = \{1, 2\}$, $B = \{a, b, c, d\}$, $C = \{v, w, x, y, z\}$

✔(d) 조건1 $= \{$ 참, 거짓 $\}$, 조건2 $= \{$ 참, 거짓 $\}$, 조건3 $= \{$ 참, 거짓 $\}$, 조건4 $= \{$ 참, 거짓 $\}$

18 주어진 집합에 대하여, 다음 물음에 답하라.

> 학년 $= \{1, 2, 3, 4\}$
> 전공 $= \{$ 컴퓨터과학, 정보과학, 게임 $\}$
> 관심분야 $= \{$ 프로그래밍, 게임기획, 데이터분석, 네트워크, 인공지능, 보안 $\}$

(a) 학년별 전공에 대한 선택 관계를 모두 나열하라. 모두 몇 개인가?

(b) 관심분야별 전공에 대해 가능한 연관 관계를 모두 나열하라. 모두 몇 개인가?

✔(c) 전공별 관심분야에 대한 학년의 연관 관계를 모두 나열하라. 모두 몇 개인가?

19 다음 집합의 멱집합과 멱집합의 기수를 구하라.

(a) $A = \{a, b, c, d, e\}$

(b) $B = \{x, y, \{\varnothing\}\}$

✔(c) $C = \{\varnothing, 1, \{\{\varnothing\}, 1\}\}$

20 간식 시간이 되어 학생 50명에게 빵과 우유를 제공하였다. 빵을 먹은 학생은 43명, 우유를 먹은 학생은 41명이었다. 이 중 빵과 우유를 모두 먹은 학생은 몇 명인가?

21 연구 분야 관련 논문 300편을 A, B 두 폴더로 구분하여 정리하였다. A 폴더에 정리된 논문은 156편이고 이 중 89편은 B 폴더에도 정리되어 있다. B 폴더에만 정리되어 있고 A 폴더에는 정리되어 있지 않은 논문은 모두 몇 편인가?

✔ **22** 컴퓨터과학과에서 졸업 프로젝트 수행을 위해 학생 100명을 대상으로 네트워크, 보안, 게임 중 관심 분야를 하나 이상 반드시 선택하도록 하는 설문조사를 진행하였다. 설문조사 결과 네트워크는 49명, 보안은 47명, 게임은 45명이 선택했고, 이 중 네트워크와 보안을 선택한 학생은 19명, 네트워크와 게임을 선택한 학생은 14명, 보안과 게임을 선택한 학생은 13명이었다. 세 분야를 모두 선택한 학생은 몇 명인가?

✔ **23** 세 가지 신호 A, B, C에 반응하는 비트가 128개 있다고 하자. 신호에 반응하는 비트 개수를 정리하면 다음과 같다.

신호 A와 B 모두에 반응하는 비트 : 21개 / 신호 A에 반응하거나 B에 반응하는 비트 : 99개
신호 A와 C 모두에 반응하는 비트 : 20개 / 신호 A에 반응하거나 C에 반응하는 비트 : 98개
신호 B와 C 모두에 반응하는 비트 : 21개 / 신호 B에 반응하거나 C에 반응하는 비트 : 105개
신호 A, B, C 모두에 반응하는 비트 : 8개

세 가지 신호 A, B, C 각각에 반응하는 비트는 몇 개인가?

24 프로젝트 수행을 위해 수집한 자료를 A 폴더와 B 폴더에 나누어 저장하였다. A 폴더에 58개, B 폴더에 63개의 자료를 저장하였고, A와 B 두 폴더에 동시에 저장한 자료는 14개였다. 프로젝트 수행을 위해 수집한 자료는 총 몇 개인가?

✔ **25** 시헌이의 옷장에는 30벌의 옷이 있다. 옷장 정리를 하면서 버려야 할 옷 4벌, 빨아야 할 옷 22벌, 수선해야 할 옷 10벌을 구분하였다. 다음 물음에 답하라.

(a) 수선도 하고 빨기도 해야 하는 옷은 모두 몇 벌인가?
(b) 빨기만 해야 하는 옷은 모두 몇 벌인가?
(c) 수선만 해야 하는 옷은 모두 몇 벌인가?

26 주변 놀이터 구조물의 색상 구성을 조사하였다. 총 115개의 구조물을 조사하였을 때 구조물에 빨간색 또는 노란색이 포함된 경우는 71개, 빨간색 또는 파란색이 포함된 경우는 68개, 노란색 또는 파란색이 포함된 경우는 77개이고, 빨간색과 노란색이 함께 포함된 경우는 17개, 빨간색과 파란색이 함께 포함된 경우는 16개, 노란색과 파란색이 함께 포함된 경우 19개이며, 빨간색, 노란색, 파란색 외의 다른 색이 포함된 경우는 23개였다. 다음 물음에 답하라.

(a) 빨간색, 노란색, 파란색만을 포함하는 경우는 각각 몇 개인가?

(b) 빨간색, 노란색, 파란색 3가지를 모두 포함하는 경우는 몇 개인가?

✔ **27** 학생들이 프로그래밍, 이산수학, 자료구조 세 과목 중 수강하고 싶은 과목을 선택하였다. 프로그래밍을 선택한 학생은 80명, 이산수학을 선택한 학생은 95명, 세 과목 중 어떤 과목도 선택하지 않은 학생은 13명, 세 과목 중 한 과목이라도 선택한 학생은 187명이다. 다음 물음에 답하라.

(a) 조사 대상인 전체 학생은 몇 명인가?

(b) 프로그래밍 또는 이산수학을 선택한 학생은 137명이다. 프로그래밍과 이산수학을 모두 선택한 학생은 몇 명인가?

(c) 프로그래밍 또는 자료구조를 선택한 학생은 130명이고 프로그래밍과 자료구조를 모두 선택한 학생은 40명이다. 자료구조를 선택한 학생은 몇 명인가?

(d) (a) ~ (c)의 정보와 함께 이산수학과 자료구조를 모두 선택한 학생은 38명이다. 세 과목 모두를 선택한 학생은 몇 명인가?

28 다음 집합의 대수법칙이 성립함을 증명하라.

(a) 드 모르간의 법칙 $\overline{A \cap B} = \overline{A} \cup \overline{B}$

(b) 보법칙 $A \cup \overline{A} = U$

✔ (c) 보법칙 $A \cap \overline{A} = \varnothing$

✔ (d) 분배법칙 $A \times (B - C) = (A \times B) - (A \times C)$

(e) 분배법칙 $A \cup (B \cap C) = (A \cup B) \cap (A \cup C)$

29 다음 식이 성립함을 보여라.

(a) $(A-B)\cap(A-C)=A-(B\cup C)$

(b) $\overline{\overline{(A\cap B)}\cap(\overline{A}\cap\overline{B})}=A\cup B$

(c) $(A-B)\cup(C-B)=(A\cup C)-B$

(d) $(A\cup B)-(A\cap B)=A\oplus B$

(e) $(A\cup B)-(B-A)=A$

30 다음 식을 간략히 정리하라.

(a) $\overline{A}\cup\overline{B}\cup B$

(b) $\{A\cup(\overline{A}\cap\overline{B})\}\cap B$

(c) $(A\cup B)-\overline{A\cap B}$

(d) $(A\oplus B)-(A\cup B)$

(e) $(A\cap B)\oplus\overline{B}$

31 다음 식을 간략히 정리하라.

(a) $\{(A\cap\overline{B})\cup C\}\cup\{(\overline{A}\cup B)\cap\overline{C}\}$

(b) $\{(A\cap\overline{C})\cap(\overline{A}\cup B)\}\cup C$

(c) $(C-A)\cap(A-B)$

(d) $(A-C)\cap(A-B)\cup(A\cap B)\cup(A\cap C)$

(e) $\{(A\cap B)-(C-B)\}-\{(B-A)\cup(B\cap C)\}$

CHAPTER 05

행렬

• Contents

행렬은 연립일차방정식을 풀기 위해 사용되는 수의 구조이다. 컴퓨터에서 방대한 데이터에 동일한 연산을 수행할 때 행렬은 매우 유용하다. 또한 2차원 배열 형태인 행렬은 두 개 이상의 집합을 구성하는 원소 간의 관계를 표현하기에 적합하다. 그래서 행렬은 데이터 연산 구조, 네트워크 모델, 선형 모델 등과 같은 수학적 모델을 표현하는 데 활용된다.

인공지능에서도 행렬 구조는 매우 유용한데, 수많은 입력 데이터로부터 정확한 결과를 도출하는 추론 과정에서 사용하는 복잡한 연산을 표현하거나, 주어진 데이터와 추론 등을 특정 응용에 적용할 수 있는지와 같은 적합성 판단 등에 활용한다.

이 장에서는 행렬 개념과 연산을 이해하고, 역행렬을 구하는 방법과 행렬을 이용하여 연립일차방정식의 해를 구하는 방법을 공부한다.

학습목표

1. 행렬의 형태와 개념을 이해한다.
2. 행렬 연산을 이해한다.
3. 행렬의 종류와 그 특징을 이해한다.
4. 행렬식의 의미를 이해한다.
5. 행렬식을 구하기 위해 필요한 다양한 개념과 방법을 이해한다.
6. 역행렬과 역행렬을 구하는 다양한 방법을 이해한다.
7. 연립일차방정식을 구하는 다양한 방법을 이해한다.

5.1 행렬의 개념

행렬은 다수의 동일한 타입의 데이터들에 동일한 연산을 수행하기에 적합하다.

정의 5-1 **행렬(matrix : $A = [a_{ij}]$)**

하나 이상의 원소를 1차원 또는 2차원의 형태로 나열한 배열
m행 n열로 나열한 실수의 2차원 배열 ($m > 0$, $n > 0$)

$$A = [a_{ij}] = \begin{bmatrix} a_{11} & a_{12} & \cdots & a_{1n} \\ a_{21} & a_{22} & \cdots & a_{2n} \\ \cdots & \cdots & \cdots & \cdots \\ a_{m1} & a_{m2} & \cdots & a_{mn} \end{bmatrix} \quad (1 \le i \le m,\ 1 \le j \le n)$$

– a_{ij} : 행렬의 **원소**(element) 또는 **성분**(component)

행렬은 일반적으로 영문 대문자($A, B, C, \cdots$)로 표현하거나, 행렬의 원소 표기를 이용하여 $[a_{ij}]$로 표현한다. 행렬에서 가로줄은 **행**(row), 세로줄은 **열**(column)이라고 하며, 한 행을 이루는 원소의 개수가 행 크기이고 한 열을 이루는 원소의 개수가 열 크기이다. 행렬의 크기는 행 크기와 열 크기를 이용하여 나타낼 수 있는데 m행, n열의 크기를 갖는 행렬을 **$m \times n$ 행렬**이라고 한다. 또한 행렬의 각 원소는 그 원소가 위치한 행 번호(i)와 열 번호(j)를 이용해 표기하는데 a_{ij}는 i행 j열에 위치한 원소를 의미한다.

다음 [그림 5-1]과 같은 행렬 A가 있다고 하자.

$$A = [a_{ij}] = \begin{bmatrix} 1 & 2 & 3 & 4 \\ 2 & 3 & 4 & 5 \\ 3 & 4 & 5 & 6 \end{bmatrix} \text{행}$$

열

[그림 5-1] 행렬의 구성

위 행렬 A는 행 3개와 열 4개로 구성된 행렬이므로, '크기가 3행 4열인 행렬' 또는 '3×4(3-by-4) 행렬'이라고 한다. 행렬 A의 1행은 $[1 \quad 2 \quad 3 \quad 4]$, 2행은 $[2 \quad 3 \quad 4 \quad 5]$, 3행은 $[3 \quad 4 \quad 5 \quad 6]$이고,

1열은 $\begin{bmatrix}1\\2\\3\end{bmatrix}$, 2열은 $\begin{bmatrix}2\\3\\4\end{bmatrix}$, 3열은 $\begin{bmatrix}3\\4\\5\end{bmatrix}$, 4열은 $\begin{bmatrix}4\\5\\6\end{bmatrix}$이다. 또한 원소 a_{12}는 2이고 원소 a_{33}는 5이다. 이처럼 원소 표기법을 이용하면 행렬에서 동일한 값을 갖는 원소가 있어도 원소를 구분할 수 있다. 예를 들어 [그림 5-1]의 행렬 A에서 a_{12}의 2와 a_{21}의 2는 동일한 값을 가지나, 서로 다른 원소로 구분된다.

예제 5-1

주어진 행렬 A를 보고 다음을 구하라.

$$A=\begin{bmatrix}1&3&5&7\\2&4&6&8\\3&6&9&12\\4&8&12&16\\5&10&15&20\end{bmatrix}$$

(a) 행렬의 크기 (b) 2행 (c) 3열

(d) 7에 대한 원소 표기 (e) a_{43}

풀이

(a) 5행 4열 또는 5×4

(b) $[2 \quad 4 \quad 6 \quad 8]$

(c) $\begin{bmatrix}5\\6\\9\\12\\15\end{bmatrix}$

(d) $a_{14}=7$

(e) $a_{43}=12$

행렬에서 자주 사용하는 기본적인 행렬을 알아보자.

정의 5-2 영행렬(zero matrix : O)

$m\times n$ 행렬 $A=[a_{ij}]$가 있을 때 모든 i, j에 대하여 $a_{ij}=0$인 행렬

$$O=\begin{bmatrix}0&0&\cdots&0\\0&0&\cdots&0\\\cdots&\cdots&\cdots&\cdots\\0&0&\cdots&0\end{bmatrix}$$

정의 5-3 **n차 정사각행렬(n-square matrix)**

$m \times n$ 행렬 $A = [a_{ij}]$가 있을 때 $m = n$인 행렬

$$A = \begin{bmatrix} a_{11} & a_{12} & \cdots & a_{1n} \\ a_{21} & a_{22} & \cdots & a_{2n} \\ \cdots & \cdots & \cdots & \cdots \\ a_{n1} & a_{n2} & \cdots & a_{nn} \end{bmatrix}$$

정사각행렬에서 행렬의 원소 a_{ij} 중 $i = j$인 원소를 **주대각 원소**(main diagonal element)라고 한다. 다음 두 행렬 A, B를 살펴보자.

$$A = \begin{bmatrix} 1 & 2 & 3 & 4 \\ 5 & 6 & 7 & 8 \\ 3 & 4 & 5 & 6 \end{bmatrix}, \quad B = \begin{bmatrix} 1 & 2 & 3 & 4 \\ 5 & 6 & 7 & 8 \\ 9 & 0 & 1 & 2 \\ 3 & 4 & 5 & 6 \end{bmatrix}$$

행렬 A는 행 크기가 3, 열 크기가 4로 행과 열의 크기가 다르므로 정사각행렬이 아니다. 그러나 행렬 B는 행 크기와 열 크기가 모두 4로 같기 때문에 4차 정사각행렬이다. 정사각행렬인 행렬 B의 원소 b_{11}, b_{22}, b_{33}, b_{44}에 해당하는 1, 6, 1, 6이 행렬 B의 주대각 원소이다.

정의 5-4 **단위행렬(unit matrix : I) / 항등행렬**

주대각 원소만 1이고 나머지 원소는 모두 0인 정사각행렬

$$I = \begin{bmatrix} 1 & 0 & \cdots & 0 \\ 0 & 1 & \cdots & 0 \\ \cdots & \cdots & \cdots & \cdots \\ 0 & 0 & \cdots & 1 \end{bmatrix}$$

단위행렬은 정사각행렬인 경우에만 존재하며 행렬의 곱셈에서 항등원 역할을 하므로 항등행렬이라고도 말한다.

5.2 행렬의 연산

행렬에서 가능한 연산은 덧셈, 뺄셈, 스칼라곱, 곱셈이 있다.

행렬의 덧셈과 뺄셈

행렬의 덧셈과 뺄셈이 가능하려면 두 행렬의 크기가 같아야 한다.

정의 5-5 행렬의 덧셈과 뺄셈

행렬의 크기가 $m \times n$인 두 행렬 A, B에서 같은 위치에 있는 원소끼리 더하거나 빼는 연산

$$A=[a_{ij}]=\begin{bmatrix} a_{11} & a_{12} & \cdots & a_{1n} \\ a_{21} & a_{22} & \cdots & a_{2n} \\ \cdots & \cdots & \cdots & \cdots \\ a_{m1} & a_{m2} & \cdots & a_{mn} \end{bmatrix},\quad B=[b_{ij}]=\begin{bmatrix} b_{11} & b_{12} & \cdots & b_{1n} \\ b_{21} & b_{22} & \cdots & b_{2n} \\ \cdots & \cdots & \cdots & \cdots \\ b_{m1} & b_{m2} & \cdots & b_{mn} \end{bmatrix}$$ 일 때,

$$A+B=\begin{bmatrix} a_{11} & a_{12} & \cdots & a_{1n} \\ a_{21} & a_{22} & \cdots & a_{2n} \\ \cdots & \cdots & \cdots & \cdots \\ a_{m1} & a_{m2} & \cdots & a_{mn} \end{bmatrix}+\begin{bmatrix} b_{11} & b_{12} & \cdots & b_{1n} \\ b_{21} & b_{22} & \cdots & b_{2n} \\ \cdots & \cdots & \cdots & \cdots \\ b_{m1} & b_{m2} & \cdots & b_{mn} \end{bmatrix}$$

$$=\begin{bmatrix} a_{11}+b_{11} & a_{12}+b_{12} & \cdots & a_{1n}+b_{1n} \\ a_{21}+b_{21} & a_{22}+b_{22} & \cdots & a_{2n}+b_{2n} \\ \cdots & \cdots & \cdots & \cdots \\ a_{m1}+b_{m1} & a_{m2}+b_{m2} & \cdots & a_{mn}+b_{mn} \end{bmatrix}$$

같은 위치의 원소

$$A-B=\begin{bmatrix} a_{11} & a_{12} & \cdots & a_{1n} \\ a_{21} & a_{22} & \cdots & a_{2n} \\ \cdots & \cdots & \cdots & \cdots \\ a_{m1} & a_{m2} & \cdots & a_{mn} \end{bmatrix}-\begin{bmatrix} b_{11} & b_{12} & \cdots & b_{1n} \\ b_{21} & b_{22} & \cdots & b_{2n} \\ \cdots & \cdots & \cdots & \cdots \\ b_{m1} & b_{m2} & \cdots & b_{mn} \end{bmatrix}$$

$$=\begin{bmatrix} a_{11}-b_{11} & a_{12}-b_{12} & \cdots & a_{1n}-b_{1n} \\ a_{21}-b_{21} & a_{22}-b_{22} & \cdots & a_{2n}-b_{2n} \\ \cdots & \cdots & \cdots & \cdots \\ a_{m1}-b_{m1} & a_{m2}-b_{m2} & \cdots & a_{mn}-b_{mn} \end{bmatrix}$$

다음과 같은 행렬 A, B, C가 있다고 하자.

$$A=\begin{bmatrix}1&0&4\\2&7&5\\-3&6&-8\end{bmatrix},\quad B=\begin{bmatrix}-2&6&3\\1&-1&2\\-3&4&5\end{bmatrix},\quad C=\begin{bmatrix}3&-5\\1&6\\-7&0\end{bmatrix}$$

행렬 A, B, C 중 크기가 3×2인 행렬 C는 크기가 3×3인 행렬 A, B와 크기가 달라서 덧셈이나 뺄셈을 할 수 없다. 그러나 행렬의 크기가 같은 A와 B는 서로 덧셈이나 뺄셈을 할 수 있다. 행렬 A, B의 덧셈과 뺄셈 결과는 다음과 같다.

$$A+B=\begin{bmatrix}1&0&4\\2&7&5\\-3&6&-8\end{bmatrix}+\begin{bmatrix}-2&6&3\\1&-1&2\\-3&4&5\end{bmatrix}=\begin{bmatrix}1+(-2)&0+6&4+3\\2+1&7+(-1)&5+2\\(-3)+(-3)&6+4&(-8)+5\end{bmatrix}$$
$$=\begin{bmatrix}-1&6&7\\3&6&7\\-6&10&-3\end{bmatrix}$$

$$B+A=\begin{bmatrix}-2&6&3\\1&-1&2\\-3&4&5\end{bmatrix}+\begin{bmatrix}1&0&4\\2&7&5\\-3&6&-8\end{bmatrix}=\begin{bmatrix}(-2)+1&6+0&3+4\\1+2&(-1)+7&2+5\\(-3)+(-3)&4+6&5+(-8)\end{bmatrix}$$
$$=\begin{bmatrix}-1&6&7\\3&6&7\\-6&10&-3\end{bmatrix}$$

$$A-B=\begin{bmatrix}1&0&4\\2&7&5\\-3&6&-8\end{bmatrix}-\begin{bmatrix}-2&6&3\\1&-1&2\\-3&4&5\end{bmatrix}=\begin{bmatrix}1-(-2)&0-6&4-3\\2-1&7-(-1)&5-2\\(-3)-(-3)&6-4&(-8)-5\end{bmatrix}$$
$$=\begin{bmatrix}3&-6&1\\1&8&3\\0&2&-13\end{bmatrix}$$

$$B-A=\begin{bmatrix}-2&6&3\\1&-1&2\\-3&4&5\end{bmatrix}-\begin{bmatrix}1&0&4\\2&7&5\\-3&6&-8\end{bmatrix}=\begin{bmatrix}(-2)-1&6-0&3-4\\1-2&(-1)-7&2-5\\(-3)-(-3)&4-6&5-(-8)\end{bmatrix}$$
$$=\begin{bmatrix}-3&6&-1\\-1&-8&-3\\0&-2&13\end{bmatrix}$$

실수의 덧셈, 뺄셈과 마찬가지로 행렬의 덧셈은 교환법칙이 성립하고 뺄셈은 교환법칙이 성립하지 않음을 위 결과를 통해 알 수 있다.

예제 5-2

다음 행렬 A, B, C, D를 이용하여 주어진 문제를 연산하라. 단, 연산할 수 없는 경우 그 이유를 작성하라.

$$A=\begin{bmatrix} 2 & 1 & 4 & 0 & -2 \\ -7 & 3 & 6 & 1 & 4 \\ 8 & -4 & -2 & 3 & 9 \end{bmatrix},\quad B=\begin{bmatrix} 7 & -1 & 2 & 4 & 5 \\ 2 & 8 & -5 & 1 & 9 \\ -3 & -4 & -3 & 9 & -6 \end{bmatrix}$$

$$C=\begin{bmatrix} 10 & -5 & 4 \\ -2 & 1 & 8 \\ -9 & -4 & -2 \end{bmatrix},\quad D=\begin{bmatrix} 1 & 7 & -5 \\ 3 & -1 & 2 \\ 8 & 9 & 4 \end{bmatrix}$$

(a) $A+B$ (b) $A+D$ (c) $D-C$ (d) $C-B$

풀이

(a)
$$A+B=\begin{bmatrix} 2 & 1 & 4 & 0 & -2 \\ -7 & 3 & 6 & 1 & 4 \\ 8 & -4 & -2 & 3 & 9 \end{bmatrix}+\begin{bmatrix} 7 & -1 & 2 & 4 & 5 \\ 2 & 8 & -5 & 1 & 9 \\ -3 & -4 & -3 & 9 & -6 \end{bmatrix}$$
$$=\begin{bmatrix} 2+7 & 1+(-1) & 4+2 & 0+4 & (-2)+5 \\ (-7)+2 & 3+8 & 6+(-5) & 1+1 & 4+9 \\ 8+(-3) & (-4)+(-4) & (-2)+(-3) & 3+9 & 9+(-6) \end{bmatrix}$$
$$=\begin{bmatrix} 9 & 0 & 6 & 4 & 3 \\ -5 & 11 & 1 & 2 & 13 \\ 5 & -8 & -5 & 12 & 3 \end{bmatrix}$$

(b) 행렬 A의 크기는 3×5, 행렬 D의 크기는 3×3으로, 두 행렬의 크기가 서로 다르다. 그러므로 $A+D$는 연산할 수 없다.

(c)
$$D-C=\begin{bmatrix} 1 & 7 & -5 \\ 3 & -1 & 2 \\ 8 & 9 & 4 \end{bmatrix}-\begin{bmatrix} 10 & -5 & 4 \\ -2 & 1 & 8 \\ -9 & -4 & -2 \end{bmatrix}$$
$$=\begin{bmatrix} 1-10 & 7-(-5) & (-5)-4 \\ 3-(-2) & (-1)-1 & 2-8 \\ 8-(-9) & 9-(-4) & 4-(-2) \end{bmatrix}=\begin{bmatrix} -9 & 12 & -9 \\ 5 & -2 & -6 \\ 17 & 13 & 6 \end{bmatrix}$$

(d) 행렬 C의 크기는 3×3, 행렬 B의 크기는 3×5로, 두 행렬의 크기가 서로 다르다. 그러므로 $C-B$는 연산할 수 없다.

행렬의 스칼라곱

스칼라(scalar)는 하나의 수로 표현할 수 있는 값을 말한다. 일반적으로 사용하는 실수는 스칼라에 해당한다. 행렬과 스칼라 사이에는 곱셈 연산이 가능하다.

정의 5-6 행렬의 스칼라곱(scalar multiplication)

행렬 A에 실수 k를 곱하는 연산

$$kA = k \times A = [ka_{ij}] = k \begin{bmatrix} a_{11} & a_{12} & \cdots & a_{1n} \\ a_{21} & a_{22} & \cdots & a_{2n} \\ \cdots & \cdots & \cdots & \cdots \\ a_{m1} & a_{m2} & \cdots & a_{mn} \end{bmatrix} = \begin{bmatrix} ka_{11} & ka_{12} & \cdots & ka_{1n} \\ ka_{21} & ka_{22} & \cdots & ka_{2n} \\ \cdots & \cdots & \cdots & \cdots \\ ka_{m1} & ka_{m2} & \cdots & ka_{mn} \end{bmatrix}$$

행렬의 스칼라곱은 행렬을 구성하는 원소마다 실수를 곱하여 구할 수 있다. 스칼라곱의 예를 들어보자.

(a) $3A = 3\begin{bmatrix} 5 & 0 & -2 \\ -1 & 3 & 4 \\ 2 & -9 & 1 \end{bmatrix} = \begin{bmatrix} 15 & 0 & -6 \\ -3 & 9 & 12 \\ 6 & -27 & 3 \end{bmatrix}$

(b) $-2B = -2\begin{bmatrix} 3 & 5 & 7 & 9 & 1 \\ -2 & -8 & -6 & -4 & 0 \end{bmatrix} = \begin{bmatrix} -6 & -10 & -14 & -18 & -2 \\ 4 & 16 & 12 & 8 & 0 \end{bmatrix}$

(a)는 3×3 행렬 A에 실수 3을 곱한 예로, 행렬 A의 각 원소에 3을 곱했다. (b)는 2×5 행렬 B의 각 원소에 실수 -2를 곱한 것이다.

예제 5-3

다음 행렬 A, B를 이용하여 주어진 문제를 연산하라.

$$A = \begin{bmatrix} 1 & 7 & -5 \\ 3 & -1 & 2 \\ 8 & 9 & 4 \end{bmatrix}, \quad B = \begin{bmatrix} 2 & 1 & 4 & -2 \\ -7 & 3 & 6 & 4 \\ 8 & -4 & -2 & 9 \end{bmatrix}$$

(a) $-2A$

(b) $5B$

풀이

(a) $-2A = (-2) \times \begin{bmatrix} 1 & 7 & -5 \\ 3 & -1 & 2 \\ 8 & 9 & 4 \end{bmatrix} = \begin{bmatrix} -2 & -14 & 10 \\ -6 & 2 & -4 \\ -16 & -18 & -8 \end{bmatrix}$

(b) $5B = 5 \times \begin{bmatrix} 2 & 1 & 4 & -2 \\ -7 & 3 & 6 & 4 \\ 8 & -4 & -2 & 9 \end{bmatrix} = \begin{bmatrix} 10 & 5 & 20 & -10 \\ -35 & 15 & 30 & 20 \\ 40 & -20 & -10 & 45 \end{bmatrix}$

행렬의 곱셈

행렬의 곱셈은 앞에서 다룬 덧셈이나 뺄셈의 방식과는 조금 다르다. 덧셈이나 뺄셈은 같은 위치에 있는 원소끼리 더하거나 빼는 방식으로 연산하지만, 곱셈은 연산 결과 행렬의 각 원소 c_{ij}를 구하기 위해 피연산자로 사용되는 두 행렬의 i행과 j열에 있는 원소 모두를 이용해 연산해야 한다.

정의 5-7 행렬의 곱셈

$m \times n$ 행렬 A와 $n \times r$ 행렬 B가 있을 때, 다음 연산식을 이용하여 구하는 $m \times r$ 행렬 C

$$AB = A \times B = C = [c_{ij}]$$
$$(c_{ij} = a_{i1}b_{1j} + a_{i2}b_{2j} + \cdots + a_{in}b_{nj} = \sum_{k=1}^{n} a_{ik}b_{kj})$$

$$A = [a_{ij}] = \begin{bmatrix} a_{11} & a_{12} & \cdots & a_{1n} \\ a_{21} & a_{22} & \cdots & a_{2n} \\ \cdots & \cdots & \cdots & \cdots \\ a_{m1} & a_{m2} & \cdots & a_{mn} \end{bmatrix}, \ B = [b_{ij}] = \begin{bmatrix} b_{11} & b_{12} & \cdots & b_{1r} \\ b_{21} & b_{22} & \cdots & b_{2r} \\ \cdots & \cdots & \cdots & \cdots \\ b_{n1} & b_{n2} & \cdots & b_{nr} \end{bmatrix} \text{일 때,}$$

$$AB = A \times B = \begin{bmatrix} a_{11} & a_{12} & \cdots & a_{1n} \\ a_{21} & a_{22} & \cdots & a_{2n} \\ \cdots & \cdots & \cdots & \cdots \\ a_{m1} & a_{m2} & \cdots & a_{mn} \end{bmatrix} \times \begin{bmatrix} b_{11} & b_{12} & \cdots & b_{1r} \\ b_{21} & b_{22} & \cdots & b_{2r} \\ \cdots & \cdots & \cdots & \cdots \\ b_{n1} & b_{n2} & \cdots & b_{nr} \end{bmatrix} = \begin{bmatrix} c_{11} & c_{12} & \cdots & c_{1r} \\ c_{21} & c_{22} & \cdots & c_{2r} \\ \cdots & \cdots & \cdots & \cdots \\ c_{m1} & c_{m2} & \cdots & c_{mr} \end{bmatrix}$$

$$= \begin{bmatrix} a_{11}b_{11} + a_{12}b_{21} + \cdots + a_{1n}b_{n1} & a_{11}b_{12} + a_{12}b_{22} + \cdots + a_{1n}b_{n2} & \cdots & a_{11}b_{1r} + a_{12}b_{2r} + \cdots + a_{1n}b_{nr} \\ a_{21}b_{11} + a_{22}b_{21} + \cdots + a_{2n}b_{n1} & a_{21}b_{12} + a_{22}b_{22} + \cdots + a_{2n}b_{n2} & \cdots & a_{21}b_{1r} + a_{22}b_{2r} + \cdots + a_{2n}b_{nr} \\ \cdots & \cdots & \cdots & \cdots \\ a_{m1}b_{11} + a_{m2}b_{21} + \cdots + a_{mn}b_{n1} & a_{m1}b_{12} + a_{m2}b_{22} + \cdots + a_{mn}b_{n2} & \cdots & a_{m1}b_{1r} + a_{m2}b_{2r} + \cdots + a_{mn}b_{nr} \end{bmatrix}$$

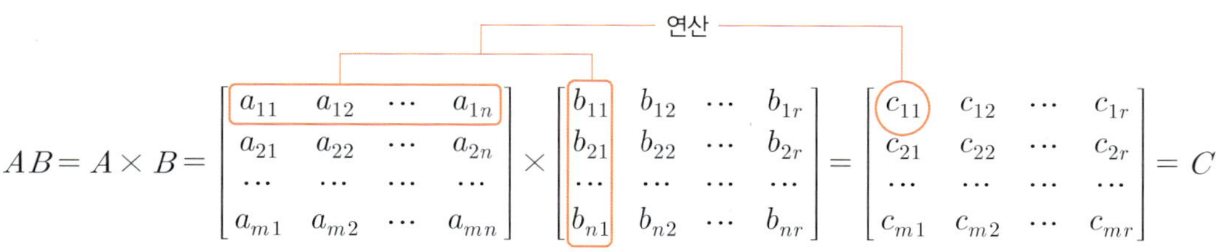

[그림 5-2] 행렬의 곱셈

[정의 5-7]의 행렬의 곱셈 AB에 대한 식과 [그림 5-2]를 보면, 곱셈 결과 행렬 C의 각 원소 c_{ij}는 행렬 A의 i행과 행렬 B의 j열의 대응하는 원소끼리 서로 곱한 후 더하는 방식으로 구함을 알 수 있다.

행렬의 곱셈에서는 피연산자로 사용되는 행렬 중 곱셈 기호 $\times$의 앞에 오는 행렬의 열 크기와 뒤에 오는 행렬의 행 크기가 같아야 한다. 즉, 크기가 $m \times n$인 행렬 A와 크기가 $n \times r$인 행렬 B의 곱셈인 AB는 행렬 A의 열 크기(n)와 행렬 B의 행 크기(n)가 같으므로 곱셈 연산을 할 수 있다. 만약 행렬 A의 열 크기와 행렬 B의 행 크기가 다르다면 곱셈 연산을 할 수 없다.

다음 행렬을 이용하여 AB와 BA를 구할 수 있는지 살펴보자.

$$A=\begin{bmatrix}1 & 0 & -2\\ 2 & -1 & 3\\ 3 & 5 & -2\end{bmatrix},\quad B=\begin{bmatrix}1 & 1 & -1\\ 7 & 3 & 2\end{bmatrix}$$

행렬 A의 크기는 3×3이고 행렬 B의 크기는 2×3이다. AB의 경우 곱셈 기호 $\times$의 앞에 오는 행렬 A의 열 크기는 3이고, 뒤에 오는 행렬 B의 행 크기는 2로 서로 다르기 때문에 연산할 수 없다. 반면 BA의 경우 곱셈 기호 $\times$의 앞에 오는 행렬 B의 열 크기는 3이고, 뒤에 오는 행렬 A의 행 크기도 3으로 서로 같기 때문에 연산할 수 있다. 이러한 이유로 행렬의 곱셈은 교환법칙이 성립하지 않음을 알 수 있다.

행렬의 곱셈에서 교환법칙이 성립하지 않는 또 다른 이유는 AB와 BA가 모두 연산이 가능하더라도 두 곱셈 결과가 다를 수 있다는 점이다. 다음 행렬 A, B를 이용해 알아보자.

$$A=\begin{bmatrix}1 & 0 & -2\\ 2 & -1 & 3\\ 3 & 5 & -2\end{bmatrix},\quad B=\begin{bmatrix}-3 & 8 & 2\\ 1 & -1 & 6\\ 4 & 1 & 0\end{bmatrix}$$

행렬 A, B 모두 크기가 3×3이므로, 행과 열의 크기가 같아서 AB와 BA의 연산이 모두 가능하다. AB와 BA를 구해보자.

$$\begin{aligned}AB=A\times B&=\begin{bmatrix}1 & 0 & -2\\ 2 & -1 & 3\\ 3 & 5 & -2\end{bmatrix}\times\begin{bmatrix}-3 & 8 & 2\\ 1 & -1 & 6\\ 4 & 1 & 0\end{bmatrix}\\ &=\begin{bmatrix}1\times(-3)+0\times 1+(-2)\times 4 & 1\times 8+0\times(-1)+(-2)\times 1 & 1\times 2+0\times 6+(-2)\times 0\\ 2\times(-3)+(-1)\times 1+3\times 4 & 2\times 8+(-1)\times(-1)+3\times 1 & 2\times 2+(-1)\times 6+3\times 0\\ 3\times(-3)+5\times 1+(-2)\times 4 & 3\times 8+5\times(-1)+(-2)\times 1 & 3\times 2+5\times 6+(-2)\times 0\end{bmatrix}\\ &=\begin{bmatrix}-11 & 6 & 2\\ 5 & 20 & -2\\ -12 & 17 & 36\end{bmatrix}\end{aligned}$$

$$\begin{aligned}BA=B\times A&=\begin{bmatrix}-3 & 8 & 2\\ 1 & -1 & 6\\ 4 & 1 & 0\end{bmatrix}\times\begin{bmatrix}1 & 0 & -2\\ 2 & -1 & 3\\ 3 & 5 & -2\end{bmatrix}\\ &=\begin{bmatrix}(-3)\times 1+8\times 2+2\times 3 & (-3)\times 0+8\times(-1)+2\times 5 & (-3)\times(-2)+8\times 3+2\times(-2)\\ 1\times 1+(-1)\times 2+6\times 3 & 1\times 0+(-1)\times(-1)+6\times 5 & 1\times(-2)+(-1)\times 3+6\times(-2)\\ 4\times 1+1\times 2+0\times 3 & 4\times 0+1\times(-1)+0\times 5 & 4\times(-2)+1\times 3+0\times(-2)\end{bmatrix}\\ &=\begin{bmatrix}19 & 2 & 26\\ 17 & 31 & -17\\ 6 & -1 & -5\end{bmatrix}\end{aligned}$$

위 결과에서 알 수 있듯이 행렬 A를 앞에 곱하는 연산식 AB와 행렬 B를 앞에 곱하는 연산식 BA의 연산 결과는 전혀 다르다. 그러므로 행렬의 곱셈에 대해 교환법칙이 성립하지 않는다.

두 행렬의 곱셈 결과인 행렬의 크기는 피연산자로 사용된 두 행렬의 행과 열의 크기에 영향을 받는다. 즉, 크기가 $m\times n$인 행렬 A와 $n\times r$인 행렬 B의 곱인 행렬 AB의 크기는 행렬 A의 행 크기와 행렬 B의 열 크기에 의해 결정되므로 행렬 AB의 크기는 $m\times r$이다.

앞에서 예로 살펴본 다음 행렬 A, B를 이용하여 BA를 구해보자.

$$A=\begin{bmatrix}1 & 0 & -2\\ 2 & -1 & 3\\ 3 & 5 & -2\end{bmatrix},\quad B=\begin{bmatrix}1 & 1 & -1\\ 7 & 3 & 2\end{bmatrix}$$

$$\begin{aligned}BA=B\times A&=\begin{bmatrix}1 & 1 & -1\\ 7 & 3 & 2\end{bmatrix}\times\begin{bmatrix}1 & 0 & -2\\ 2 & -1 & 3\\ 3 & 5 & -2\end{bmatrix}\\ &=\begin{bmatrix}1\times1+1\times2+(-1)\times3 & 1\times0+1\times(-1)+(-1)\times5 & 1\times(-2)+1\times3+(-1)\times(-2)\\ 7\times1+3\times2+2\times3 & 7\times0+3\times(-1)+2\times5 & 7\times(-2)+3\times3+2\times(-2)\end{bmatrix}\\ &=\begin{bmatrix}0 & -6 & 3\\ 19 & 7 & -9\end{bmatrix}\end{aligned}$$

BA에서 앞에 오는 행렬 B의 행 크기는 2이고 뒤에 오는 행렬 A의 열 크기는 3이다. 그러므로 행렬 BA의 크기는 위 결과처럼 2×3이다.

예제 5-4

다음 행렬 A, B, C를 이용하여 주어진 연산을 할 수 있는지 없는지 판단하고, 연산이 가능하면 연산하라.

$$A=\begin{bmatrix}1 & 3\\ 4 & 6\end{bmatrix},\quad B=\begin{bmatrix}1 & 0 & -2\\ 3 & -3 & 8\\ 4 & 7 & 5\end{bmatrix},\quad C=\begin{bmatrix}0 & 6 & 1\\ -3 & 5 & -2\end{bmatrix}$$

(a) BA (b) AC (c) CA (d) CB

풀이

행렬 A의 크기 : 2×2, 행렬 B의 크기 : 3×3, 행렬 C의 크기 : 2×3

(a) BA는 행렬 B의 열 크기(3)와 행렬 A의 행 크기(2)가 같지 않으므로 연산할 수 없다.

(b) AC는 행렬 A의 열 크기(2)와 행렬 C의 행 크기(2)가 같으므로 연산할 수 있다.

$$\begin{aligned}\therefore\ AC=A\times C&=\begin{bmatrix}1 & 3\\ 4 & 6\end{bmatrix}\times\begin{bmatrix}0 & 6 & 1\\ -3 & 5 & -2\end{bmatrix}\\ &=\begin{bmatrix}1\times0+3\times(-3) & 1\times6+3\times5 & 1\times1+3\times(-2)\\ 4\times0+6\times(-3) & 4\times6+6\times5 & 4\times1+6\times(-2)\end{bmatrix}=\begin{bmatrix}-9 & 21 & -5\\ -18 & 54 & -8\end{bmatrix}\end{aligned}$$

(c) CA는 행렬 C의 열 크기(3)와 행렬 A의 행 크기(2)가 같지 않으므로 연산할 수 없다.

(d) CB는 행렬 C의 열 크기(3)와 행렬 B의 행 크기(3)가 같으므로 연산할 수 있다.

$$\therefore\ CB = C \times B = \begin{bmatrix} 0 & 6 & 1 \\ -3 & 5 & -2 \end{bmatrix} \times \begin{bmatrix} 1 & 0 & -2 \\ 3 & -3 & 8 \\ 4 & 7 & 5 \end{bmatrix}$$

$$= \begin{bmatrix} 0\times1+6\times3+1\times4 & 0\times0+6\times(-3)+1\times7 & 0\times(-2)+6\times8+1\times5 \\ (-3)\times1+5\times3+(-2)\times4 & (-3)\times0+5\times(-3)+(-2)\times7 & (-3)\times(-2)+5\times8+(-2)\times5 \end{bmatrix}$$

$$= \begin{bmatrix} 22 & -11 & 53 \\ 4 & -29 & 36 \end{bmatrix}$$

정리 5-1 행렬 연산의 성질

행렬 A, B, C, 영행렬 O, 단위행렬 I와 스칼라 k, l에 대하여 다음이 성립한다.

(a) $A+B=B+A$

(b) $A+(B+C)=(A+B)+C$

(c) $A+O=O+A=A$

(d) $A+(-A)=(-A)+A=O$

(e) $(-1)A=-A$

(f) $k(A+B)=kA+kB$

(g) $(k+l)A=kA+lA$

(h) $(kl)A=k(lA)$

(i) $kAB=(kA)B=A(kB)$

(j) $AI=IA=A$

(k) $AO=OA=O$

예제 5-5

영행렬과 단위행렬의 정의와 다음 행렬 A를 이용하여 주어진 식이 성립함을 확인하라.

$$A = \begin{bmatrix} 3 & -1 & 0 \\ 4 & 5 & 2 \\ 9 & 1 & 6 \end{bmatrix}$$

(a) $A+O=O+A=A$　　(b) $AI=IA=A$　　(c) $AO=OA=O$

풀이

(a) $A+O=O+A=A$

$$A+O = \begin{bmatrix} 3 & -1 & 0 \\ 4 & 5 & 2 \\ 9 & 1 & 6 \end{bmatrix} + \begin{bmatrix} 0 & 0 & 0 \\ 0 & 0 & 0 \\ 0 & 0 & 0 \end{bmatrix} = \begin{bmatrix} 3+0 & (-1)+0 & 0+0 \\ 4+0 & 5+0 & 2+0 \\ 9+0 & 1+0 & 6+0 \end{bmatrix} = \begin{bmatrix} 3 & -1 & 0 \\ 4 & 5 & 2 \\ 9 & 1 & 6 \end{bmatrix} = A$$

$$O+A = \begin{bmatrix} 0 & 0 & 0 \\ 0 & 0 & 0 \\ 0 & 0 & 0 \end{bmatrix} + \begin{bmatrix} 3 & -1 & 0 \\ 4 & 5 & 2 \\ 9 & 1 & 6 \end{bmatrix} = \begin{bmatrix} 0+3 & 0+(-1) & 0+0 \\ 0+4 & 0+5 & 0+2 \\ 0+9 & 0+1 & 0+6 \end{bmatrix} = \begin{bmatrix} 3 & -1 & 0 \\ 4 & 5 & 2 \\ 9 & 1 & 6 \end{bmatrix} = A$$

(b) $AI = IA = A$

$$AI = \begin{bmatrix} 3 & -1 & 0 \\ 4 & 5 & 2 \\ 9 & 1 & 6 \end{bmatrix} \times \begin{bmatrix} 1 & 0 & 0 \\ 0 & 1 & 0 \\ 0 & 0 & 1 \end{bmatrix}$$

$$= \begin{bmatrix} 3\times1+(-1)\times0+0\times0 & 3\times0+(-1)\times1+0\times0 & 3\times0+(-1)\times0+0\times1 \\ 4\times1+5\times0+2\times0 & 4\times0+5\times1+2\times0 & 4\times0+5\times0+2\times1 \\ 9\times1+1\times0+6\times0 & 9\times0+1\times1+6\times0 & 9\times0+1\times0+6\times1 \end{bmatrix}$$

$$= \begin{bmatrix} 3 & -1 & 0 \\ 4 & 5 & 2 \\ 9 & 1 & 6 \end{bmatrix} = A$$

$$IA = \begin{bmatrix} 1 & 0 & 0 \\ 0 & 1 & 0 \\ 0 & 0 & 1 \end{bmatrix} \times \begin{bmatrix} 3 & -1 & 0 \\ 4 & 5 & 2 \\ 9 & 1 & 6 \end{bmatrix}$$

$$= \begin{bmatrix} 1\times3+0\times4+0\times9 & 1\times(-1)+0\times5+0\times1 & 1\times0+0\times2+0\times6 \\ 0\times3+1\times4+0\times9 & 0\times(-1)+1\times5+0\times1 & 0\times0+1\times2+0\times6 \\ 0\times3+0\times4+1\times9 & 0\times(-1)+0\times5+1\times1 & 0\times0+0\times2+1\times6 \end{bmatrix}$$

$$= \begin{bmatrix} 3 & -1 & 0 \\ 4 & 5 & 2 \\ 9 & 1 & 6 \end{bmatrix} = A$$

(c) $AO = OA = O$

$$AO = \begin{bmatrix} 3 & -1 & 0 \\ 4 & 5 & 2 \\ 9 & 1 & 6 \end{bmatrix} \times \begin{bmatrix} 0 & 0 & 0 \\ 0 & 0 & 0 \\ 0 & 0 & 0 \end{bmatrix}$$

$$= \begin{bmatrix} 3\times0+(-1)\times0+0\times0 & 3\times0+(-1)\times0+0\times0 & 3\times0+(-1)\times0+0\times0 \\ 4\times0+5\times0+2\times0 & 4\times0+5\times0+2\times0 & 4\times0+5\times0+2\times0 \\ 9\times0+1\times0+6\times0 & 9\times0+1\times0+6\times0 & 9\times0+1\times0+6\times0 \end{bmatrix}$$

$$= \begin{bmatrix} 0 & 0 & 0 \\ 0 & 0 & 0 \\ 0 & 0 & 0 \end{bmatrix} = O$$

$$OA = \begin{bmatrix} 0 & 0 & 0 \\ 0 & 0 & 0 \\ 0 & 0 & 0 \end{bmatrix} \times \begin{bmatrix} 3 & -1 & 0 \\ 4 & 5 & 2 \\ 9 & 1 & 6 \end{bmatrix}$$

$$= \begin{bmatrix} 0\times3+0\times4+0\times9 & 0\times(-1)+0\times5+0\times1 & 0\times0+0\times2+0\times6 \\ 0\times3+0\times4+0\times9 & 0\times(-1)+0\times5+0\times1 & 0\times0+0\times2+0\times6 \\ 0\times3+0\times4+0\times9 & 0\times(-1)+0\times5+0\times1 & 0\times0+0\times2+0\times6 \end{bmatrix}$$

$$= \begin{bmatrix} 0 & 0 & 0 \\ 0 & 0 & 0 \\ 0 & 0 & 0 \end{bmatrix} = O$$

5.3 행렬의 종류

행렬의 형태 혹은 구성 원소에 따라 다양한 종류의 행렬로 나눌 수 있다.

대각행렬

정의 5-8 대각행렬(diagonal matrix)

n차 정사각행렬에서 주대각 원소 $a_{11}, a_{22}, \cdots, a_{nn}$을 제외한 나머지 원소가 모두 0인 행렬

$$A = \begin{bmatrix} a_{11} & 0 & \cdots & 0 \\ 0 & a_{22} & \cdots & 0 \\ \cdots & \cdots & \cdots & \cdots \\ 0 & 0 & \cdots & a_{nn} \end{bmatrix}$$

[정의 5-8]에서 볼 수 있듯이 대각행렬은 반드시 정사각행렬이어야 한다. 다음 행렬 A, B, C, D를 살펴보자.

$$A = \begin{bmatrix} 1 & 3 \\ 2 & 4 \\ 3 & 6 \end{bmatrix}, \quad B = \begin{bmatrix} 6 & -3 & 9 \\ -2 & 8 & -4 \end{bmatrix}, \quad C = \begin{bmatrix} 4 & -1 & 2 \\ 0 & 0 & 1 \\ 3 & 7 & -6 \end{bmatrix}, \quad D = \begin{bmatrix} 4 & 0 & 0 \\ 0 & 0 & 0 \\ 0 & 0 & 2 \end{bmatrix}$$

위 행렬 중 크기가 3×2인 행렬 A와 2×3인 B는 행과 열의 크기가 같지 않으므로 정사각행렬이 아니다. 반면, 크기가 3×3인 행렬 C와 D는 행과 열의 크기가 3으로 같으므로 3차 정사각행렬이다. 특히, 행렬 D의 경우 행렬의 대각선에 위치한 주대각 원소 4, 0, 2를 제외한 모든 원소가 0이므로 대각행렬이다.

예제 5-6

다음 행렬 A, B, C, D 중 대각행렬을 찾으라.

$$A=\begin{bmatrix}0&0&0&0\\0&0&0&0\\0&0&0&0\\0&0&0&0\end{bmatrix},\quad B=\begin{bmatrix}1&0&0&0\\0&3&0&0\\0&0&6&0\\0&0&0&9\end{bmatrix},\quad C=\begin{bmatrix}1&0&0&0\\0&1&0&0\\0&0&1&0\\0&0&0&1\end{bmatrix},\quad D=\begin{bmatrix}0&-4&3&8\\-4&7&0&5\\3&0&3&-2\\8&5&-2&8\end{bmatrix}$$

풀이

행렬 A, B, C는 주대각 원소를 제외한 나머지 원소가 모두 0이므로 대각행렬이다. 특히 행렬 A는 영행렬 O이고 행렬 C는 단위행렬 I이다. 즉, 영행렬과 단위행렬은 대각행렬에 해당한다. 행렬 D는 주대각 원소를 제외한 나머지 원소가 모두 0인 것은 아니므로 대각행렬이 아니다.

$\therefore$ 대각행렬은 행렬 A, B, C이다.

전치행렬과 대칭행렬

정의 5-9 전치행렬(transpose matrix : A^{T})

$m\times n$ 행렬 $A=[a_{ij}]$의 행과 열의 위치를 바꾼 $n\times m$ 행렬

$$A=\begin{bmatrix}a_{11}&a_{12}&\cdots&a_{1n}\\a_{21}&a_{22}&\cdots&a_{2n}\\\cdots&\cdots&\cdots&\cdots\\a_{m1}&a_{m2}&\cdots&a_{mn}\end{bmatrix},\quad A^{\mathrm{T}}=\begin{bmatrix}a_{11}&a_{21}&\cdots&a_{m1}\\a_{12}&a_{22}&\cdots&a_{m2}\\\cdots&\cdots&\cdots&\cdots\\a_{1n}&a_{2n}&\cdots&a_{mn}\end{bmatrix}$$

정의 5-10 대칭행렬(symmetric matrix)

n차 정사각행렬 $A=[a_{ij}]$가 있을 때, $A^{\mathrm{T}}=A$인 행렬

전치행렬은 행의 원소와 열의 원소의 위치를 바꾼 행렬로 정사각행렬이 아니더라도 어떤 행렬이든 전치행렬을 구할 수 있다. 그러나 대칭행렬의 경우 원래 행렬과 전치행렬이 같은 형태여야 하므로, 정사각행렬인 경우에만 만들어질 수 있다. 다음 행렬 A, B, C를 살펴보자.

$$A=\begin{bmatrix}7&-2&1&2\\3&-3&0&6\\4&5&-1&-5\end{bmatrix},\quad B=\begin{bmatrix}6&4&1\\3&-6&2\\8&-1&0\end{bmatrix},\quad C=\begin{bmatrix}1&2&6\\2&3&0\\6&0&4\end{bmatrix}$$

위 행렬의 전치행렬을 구하면 다음과 같다.

$$A^{\mathrm{T}}=\begin{bmatrix}7 & 3 & 4\\ -2 & -3 & 5\\ 1 & 0 & -1\\ 2 & 6 & -5\end{bmatrix}\qquad B^{\mathrm{T}}=\begin{bmatrix}6 & 3 & 8\\ 4 & -6 & -1\\ 1 & 2 & 0\end{bmatrix}\qquad C^{\mathrm{T}}=\begin{bmatrix}1 & 2 & 6\\ 2 & 3 & 0\\ 6 & 0 & 4\end{bmatrix}$$

전치행렬 $A^{\mathrm{T}}, B^{\mathrm{T}}, C^{\mathrm{T}}$는 각각 행렬 A, B, C의 행과 열의 위치를 바꾼 형태임을 알 수 있다. 특히, 행렬 C^{T}는 원래 행렬 C와 같은 형태이므로 행렬 C는 대칭행렬이다.

예제 5-7

다음 행렬 A, B, C, D의 전치행렬을 구하고, 대칭행렬인지 확인하라.

$$A=\begin{bmatrix}9 & 0\\ 4 & 8\\ 5 & 0\end{bmatrix},\quad B=\begin{bmatrix}-5 & 3 & -1 & 0\\ 0 & -2 & 4 & 8\end{bmatrix},\quad C=\begin{bmatrix}1 & 0 & -2 & 6\\ -3 & 5 & 2 & -4\\ 0 & 4 & 4 & 8\\ 9 & -1 & 3 & 7\end{bmatrix},\quad D=\begin{bmatrix}1 & 2 & 3 & 4\\ 2 & 4 & 6 & 8\\ 3 & 6 & 9 & 12\\ 4 & 8 & 12 & 16\end{bmatrix}$$

풀이

$A^{\mathrm{T}}=\begin{bmatrix}9 & 4 & 5\\ 0 & 8 & 0\end{bmatrix}$, $A\neq A^{\mathrm{T}}$이므로 대칭행렬이 아니다.

$B^{\mathrm{T}}=\begin{bmatrix}-5 & 0\\ 3 & -2\\ -1 & 4\\ 0 & 8\end{bmatrix}$, $B\neq B^{\mathrm{T}}$이므로 대칭행렬이 아니다.

$C^{\mathrm{T}}=\begin{bmatrix}1 & -3 & 0 & 9\\ 0 & 5 & 4 & -1\\ -2 & 2 & 4 & 3\\ 6 & -4 & 8 & 7\end{bmatrix}$, $C\neq C^{\mathrm{T}}$이므로 대칭행렬이 아니다.

$D^{\mathrm{T}}=\begin{bmatrix}1 & 2 & 3 & 4\\ 2 & 4 & 6 & 8\\ 3 & 6 & 9 & 12\\ 4 & 8 & 12 & 16\end{bmatrix}$, $D=D^{\mathrm{T}}$이므로 대칭행렬이다.

부울행렬

정의 5-11 부울행렬(Boolean matrix)

행렬의 모든 원소가 부울값 0과 1로만 구성된 행렬

행렬의 원소로 부울값을 사용하는 부울행렬은 원소 간의 관계를 표현하거나 관계를 합성하는 데 유용하다. 그러므로 부울행렬은 부울값을 연산하는 방식으로 연산한다. 부울행렬에 관한 연산자는 다음 [정리 5-2]와 같다.

정리 5-2 부울행렬 연산자

부울행렬 $A=[a_{ij}]$와 $B=[b_{ij}]$에 대하여 다음이 성립한다.

(a) **합**(join) : $A \vee B=[a_{ij} \vee b_{ij}]$

(b) **교차**(meet) : $A \wedge B=[a_{ij} \wedge b_{ij}]$

(c) **부울곱**(Boolean product) : $A \odot B$

$m \times n$ 부울행렬 $A=[a_{ij}]$와 $n \times r$ 부울행렬 $B=[b_{ij}]$의 부울곱 결과는 $m \times r$ 부울행렬 $A \odot B=[c_{ij}]$

$$A \odot B=\begin{bmatrix} a_{11} & a_{12} & \cdots & a_{1n} \\ a_{21} & a_{22} & \cdots & a_{2n} \\ \cdots & \cdots & \cdots & \cdots \\ a_{m1} & a_{m2} & \cdots & a_{mn} \end{bmatrix} \odot \begin{bmatrix} b_{11} & b_{12} & \cdots & b_{1r} \\ b_{21} & b_{22} & \cdots & b_{2r} \\ \cdots & \cdots & \cdots & \cdots \\ b_{n1} & b_{n2} & \cdots & b_{nr} \end{bmatrix} = \begin{bmatrix} c_{11} & c_{12} & \cdots & c_{1r} \\ c_{21} & c_{22} & \cdots & c_{2r} \\ \cdots & \cdots & \cdots & \cdots \\ c_{m1} & c_{m2} & \cdots & c_{mr} \end{bmatrix}$$

$$(c_{ij}=(a_{i1} \wedge b_{1j}) \vee (a_{i2} \wedge b_{2j}) \vee \cdots \vee (a_{im} \wedge b_{mj}))$$

부울행렬의 합과 교차는 행렬의 덧셈 또는 뺄셈처럼 같은 위치에 있는 원소끼리 논리합($\vee$) 또는 논리곱($\wedge$)하는 방식으로 구한다.

- 합 연산 : 행렬 A의 원소 a_{ij}와 행렬 B의 원소 b_{ij} 중 하나라도 1이면 1이고 그 외의 경우는 0이다.
- 교차 연산 : 행렬 A의 원소 a_{ij}와 행렬 B의 원소 b_{ij}가 모두 1인 경우에만 1이고 그 외의 경우는 0이다.

부울행렬의 부울곱은 행렬의 곱셈처럼 곱셈 기호 ×의 앞에 오는 행렬의 행의 원소와 뒤에 오는 행렬의 열의 원소를 논리곱하거나 논리합하는 방식으로 구한다. 그러므로 부울행렬의 합과 교차 연산에서 피연산자로 사용되는 행렬의 크기는 서로 같아야 하고, 부울행렬의 부울곱 연산에서 피연산자로 사용되는 행렬의 경우에는 앞에 오는 피연산자 행렬의 열 크기와 뒤에 오는 피연산자 행렬의 행 크기가 같아야 한다.

부울행렬 $A=\begin{bmatrix} 1 & 0 \\ 0 & 1 \end{bmatrix}$와 $B=\begin{bmatrix} 0 & 0 \\ 1 & 1 \end{bmatrix}$를 이용하여 합, 교차, 부울곱을 연산해보자.

$$A \vee B=\begin{bmatrix} 1 & 0 \\ 0 & 1 \end{bmatrix} \vee \begin{bmatrix} 0 & 0 \\ 1 & 1 \end{bmatrix} = \begin{bmatrix} 1 \vee 0 & 0 \vee 0 \\ 0 \vee 1 & 1 \vee 1 \end{bmatrix} = \begin{bmatrix} 1 & 0 \\ 1 & 1 \end{bmatrix}$$

$$A \wedge B=\begin{bmatrix} 1 & 0 \\ 0 & 1 \end{bmatrix} \wedge \begin{bmatrix} 0 & 0 \\ 1 & 1 \end{bmatrix} = \begin{bmatrix} 1 \wedge 0 & 0 \wedge 0 \\ 0 \wedge 1 & 1 \wedge 1 \end{bmatrix} = \begin{bmatrix} 0 & 0 \\ 0 & 1 \end{bmatrix}$$

$$A \odot B=\begin{bmatrix} 1 & 0 \\ 0 & 1 \end{bmatrix} \odot \begin{bmatrix} 0 & 0 \\ 1 & 1 \end{bmatrix} = \begin{bmatrix} (1 \wedge 0) \vee (0 \wedge 1) & (1 \wedge 0) \vee (0 \wedge 1) \\ (0 \wedge 0) \vee (1 \wedge 1) & (0 \wedge 0) \vee (1 \wedge 1) \end{bmatrix} = \begin{bmatrix} 0 \vee 0 & 0 \vee 0 \\ 0 \vee 1 & 0 \vee 1 \end{bmatrix} = \begin{bmatrix} 0 & 0 \\ 1 & 1 \end{bmatrix}$$

예제 5-8

다음을 연산하라.

(a) $\begin{bmatrix} 1 & 1 & 0 \\ 0 & 1 & 0 \\ 0 & 1 & 1 \end{bmatrix} \vee \begin{bmatrix} 1 & 1 & 1 \\ 0 & 0 & 1 \\ 1 & 0 & 1 \end{bmatrix}$

(b) $\begin{bmatrix} 1 & 1 & 0 \\ 0 & 1 & 0 \\ 0 & 1 & 1 \end{bmatrix} \wedge \begin{bmatrix} 1 & 1 & 1 \\ 0 & 0 & 1 \\ 1 & 0 & 1 \end{bmatrix}$

(c) $\begin{bmatrix} 0 & 1 & 0 \\ 0 & 1 & 1 \end{bmatrix} \vee \begin{bmatrix} 1 & 1 & 1 \\ 0 & 0 & 1 \end{bmatrix}$

(d) $\begin{bmatrix} 0 & 1 & 0 \\ 0 & 1 & 1 \end{bmatrix} \wedge \begin{bmatrix} 1 & 1 & 1 \\ 0 & 0 & 1 \end{bmatrix}$

(e) $\begin{bmatrix} 1 & 1 & 0 \\ 0 & 1 & 0 \\ 0 & 1 & 1 \end{bmatrix} \odot \begin{bmatrix} 1 & 1 & 1 \\ 0 & 0 & 1 \\ 1 & 0 & 1 \end{bmatrix}$

(f) $\begin{bmatrix} 1 & 1 & 1 \\ 0 & 0 & 1 \end{bmatrix} \odot \begin{bmatrix} 1 & 1 & 0 \\ 0 & 1 & 0 \\ 0 & 1 & 1 \end{bmatrix}$

풀이

(a) $\begin{bmatrix} 1 & 1 & 0 \\ 0 & 1 & 0 \\ 0 & 1 & 1 \end{bmatrix} \vee \begin{bmatrix} 1 & 1 & 1 \\ 0 & 0 & 1 \\ 1 & 0 & 1 \end{bmatrix} = \begin{bmatrix} 1\vee 1 & 1\vee 1 & 0\vee 1 \\ 0\vee 0 & 1\vee 0 & 0\vee 1 \\ 0\vee 1 & 1\vee 0 & 1\vee 1 \end{bmatrix} = \begin{bmatrix} 1 & 1 & 1 \\ 0 & 1 & 1 \\ 1 & 1 & 1 \end{bmatrix}$

(b) $\begin{bmatrix} 1 & 1 & 0 \\ 0 & 1 & 0 \\ 0 & 1 & 1 \end{bmatrix} \wedge \begin{bmatrix} 1 & 1 & 1 \\ 0 & 0 & 1 \\ 1 & 0 & 1 \end{bmatrix} = \begin{bmatrix} 1\wedge 1 & 1\wedge 1 & 0\wedge 1 \\ 0\wedge 0 & 1\wedge 0 & 0\wedge 1 \\ 0\wedge 1 & 1\wedge 0 & 1\wedge 1 \end{bmatrix} = \begin{bmatrix} 1 & 1 & 0 \\ 0 & 0 & 0 \\ 0 & 0 & 1 \end{bmatrix}$

(c) $\begin{bmatrix} 0 & 1 & 0 \\ 0 & 1 & 1 \end{bmatrix} \vee \begin{bmatrix} 1 & 1 & 1 \\ 0 & 0 & 1 \end{bmatrix} = \begin{bmatrix} 0\vee 1 & 1\vee 1 & 0\vee 1 \\ 0\vee 0 & 1\vee 0 & 1\vee 1 \end{bmatrix} = \begin{bmatrix} 1 & 1 & 1 \\ 0 & 1 & 1 \end{bmatrix}$

(d) $\begin{bmatrix} 0 & 1 & 0 \\ 0 & 1 & 1 \end{bmatrix} \wedge \begin{bmatrix} 1 & 1 & 1 \\ 0 & 0 & 1 \end{bmatrix} = \begin{bmatrix} 0\wedge 1 & 1\wedge 1 & 0\wedge 1 \\ 0\wedge 0 & 1\wedge 0 & 1\wedge 1 \end{bmatrix} = \begin{bmatrix} 0 & 1 & 0 \\ 0 & 0 & 1 \end{bmatrix}$

(e) $\begin{bmatrix} 1 & 1 & 0 \\ 0 & 1 & 0 \\ 0 & 1 & 1 \end{bmatrix} \odot \begin{bmatrix} 1 & 1 & 1 \\ 0 & 0 & 1 \\ 1 & 0 & 1 \end{bmatrix}$

$$= \begin{bmatrix} (1\wedge 1)\vee(1\wedge 0)\vee(0\wedge 1) & (1\wedge 1)\vee(1\wedge 0)\vee(0\wedge 0) & (1\wedge 1)\vee(1\wedge 1)\vee(0\wedge 1) \\ (0\wedge 1)\vee(1\wedge 0)\vee(0\wedge 1) & (0\wedge 1)\vee(1\wedge 0)\vee(0\wedge 0) & (0\wedge 1)\vee(1\wedge 1)\vee(0\wedge 1) \\ (0\wedge 1)\vee(1\wedge 0)\vee(1\wedge 1) & (0\wedge 1)\vee(1\wedge 0)\vee(1\wedge 0) & (0\wedge 1)\vee(1\wedge 1)\vee(1\wedge 1) \end{bmatrix}$$

$$= \begin{bmatrix} 1\vee 0\vee 0 & 1\vee 0\vee 0 & 1\vee 1\vee 0 \\ 0\vee 0\vee 0 & 0\vee 0\vee 0 & 0\vee 1\vee 0 \\ 0\vee 0\vee 1 & 0\vee 0\vee 0 & 0\vee 1\vee 1 \end{bmatrix} = \begin{bmatrix} 1 & 1 & 1 \\ 0 & 0 & 1 \\ 1 & 0 & 1 \end{bmatrix}$$

(f) $\begin{bmatrix} 1 & 1 & 1 \\ 0 & 0 & 1 \end{bmatrix} \odot \begin{bmatrix} 1 & 1 & 0 \\ 0 & 1 & 0 \\ 0 & 1 & 1 \end{bmatrix}$

$$= \begin{bmatrix} (1\wedge 1)\vee(1\wedge 0)\vee(1\wedge 0) & (1\wedge 1)\vee(1\wedge 1)\vee(1\wedge 1) & (1\wedge 0)\vee(1\wedge 0)\vee(1\wedge 1) \\ (0\wedge 1)\vee(0\wedge 0)\vee(1\wedge 0) & (0\wedge 1)\vee(0\wedge 1)\vee(1\wedge 1) & (0\wedge 0)\vee(0\wedge 0)\vee(1\wedge 1) \end{bmatrix}$$

$$= \begin{bmatrix} 1\vee 0\vee 0 & 1\vee 1\vee 1 & 0\vee 0\vee 1 \\ 0\vee 0\vee 0 & 0\vee 0\vee 1 & 0\vee 0\vee 1 \end{bmatrix} = \begin{bmatrix} 1 & 1 & 1 \\ 0 & 1 & 1 \end{bmatrix}$$

정리 5-3 **부울행렬 연산의 특징**

부울행렬 A, B, C에 대하여 다음이 성립한다.

(a) $A \vee A = A$

(b) $A \wedge A = A$

(c) $A \vee B = B \vee A$

(d) $A \wedge B = B \wedge A$

(e) $(A \vee B) \vee C = A \vee (B \vee C)$

(f) $(A \wedge B) \wedge C = A \wedge (B \wedge C)$

(g) $(A \odot B) \odot C = A \odot (B \odot C)$

(h) $(A \vee B) \wedge C = (A \wedge C) \vee (B \wedge C)$

(i) $(A \wedge B) \vee C = (A \vee C) \wedge (B \vee C)$

5.4 행렬식

하나 이상의 수로 구성된 n차 정사각행렬에는 이 행렬을 대표하는 수를 대응할 수 있는데, 그 수를 구하는 식을 행렬식이라고 한다. 행렬식을 이용하면 역행렬이 존재하는지 여부를 판별할 수 있고, 연립일차방정식의 해가 유일하게 존재하는지도 판단할 수 있다.

정의 5-12 **행렬식(determinant : $\det(A)$ 또는 $|A|$)**

n차 정사각행렬에 대응하는 수를 구하는 식

$$\det(A) = |A| = \begin{vmatrix} a_{11} & a_{12} & \cdots & a_{1n} \\ a_{21} & a_{22} & \cdots & a_{2n} \\ \cdots & \cdots & \cdots & \cdots \\ a_{n1} & a_{n2} & \cdots & a_{nn} \end{vmatrix}$$

2차, 3차 정사각행렬의 기본 행렬식

정의 5-13 **2차, 3차 정사각행렬의 기본 행렬식**

(a) 2차 정사각행렬 $A = \begin{bmatrix} a_{11} & a_{12} \\ a_{21} & a_{22} \end{bmatrix}$의 행렬식

$$\det(A) = \begin{vmatrix} a_{11} & a_{12} \\ a_{21} & a_{22} \end{vmatrix} = \underbrace{a_{11}a_{22}}_{\text{실선 방향 원소}} - \underbrace{a_{12}a_{21}}_{\text{점선 방향 원소}}$$

(b) 3차 정사각행렬 $B = \begin{bmatrix} b_{11} & b_{12} & b_{13} \\ b_{21} & b_{22} & b_{23} \\ b_{31} & b_{32} & b_{33} \end{bmatrix}$의 행렬식

$$\det(B) = \begin{vmatrix} b_{11} & b_{12} & b_{13} \\ b_{21} & b_{22} & b_{23} \\ b_{31} & b_{32} & b_{33} \end{vmatrix} \begin{matrix} b_{11} & b_{12} \\ b_{21} & b_{22} \\ b_{31} & b_{32} \end{matrix}$$

$$= \underbrace{(b_{11}b_{22}b_{33} + b_{12}b_{23}b_{31} + b_{13}b_{21}b_{32})}_{\text{실선 방향 원소}} - \underbrace{(b_{13}b_{22}b_{31} + b_{11}b_{23}b_{32} + b_{12}b_{21}b_{33})}_{\text{점선 방향 원소}}$$

[정의 5-13]에서 정의한 행렬식은 기본 행렬식으로 2차 또는 3차 정사각행렬에만 사용할 수 있다. 기본 행렬식은 행렬의 실선 방향에 있는 원소들을 곱한 후 더한 값에서 점선 방향의 원소들을 곱한 후 더한 값을 빼는 방식으로 행렬을 대표하는 값을 구한다.

3차 정사각행렬 $A=\begin{bmatrix} 3 & 0 & 1 \\ -4 & 2 & 1 \\ 5 & -3 & 5 \end{bmatrix}$의 행렬식을 구해보자. 행렬식의 유도 과정을 쉽게 이해하기 위해 다음의 초록색 숫자 표시와 같이 행렬 A의 1, 2열을 3열 뒤에 한 번 더 쓴다고 가정한다. 이렇게 유도한 행렬 A의 행렬식은 다음과 같다.

$$\det(A)=\left|\begin{matrix} 3 & 0 & 1 \\ -4 & 2 & 1 \\ 5 & -3 & 5 \end{matrix}\right|\begin{matrix} 3 & 0 \\ -4 & 2 \\ 5 & -3 \end{matrix}$$

$$=\{3\times 2\times 5+0\times 1\times 5+1\times(-4)\times(-3)\}-\{1\times 2\times 5+3\times 1\times(-3)+0\times(-4)\times 5\}$$

$$=41$$

예제 5-9

다음 정사각행렬의 행렬식을 구하라.

(a) $A=\begin{bmatrix} 3 & 1 \\ 2 & -1 \end{bmatrix}$

(b) $B=\begin{bmatrix} -2 & 2 & -3 \\ 1 & 0 & 1 \\ -4 & 3 & -5 \end{bmatrix}$

(c) $C=\begin{bmatrix} 3 & -1 & -2 \\ -4 & 2 & 1 \\ 1 & 4 & -3 \end{bmatrix}$

(d) $D=\begin{bmatrix} 1 & 3 & 2 \\ -2 & 0 & -4 \\ -3 & 1 & -6 \end{bmatrix}$

풀이

(a) $\det(A)=\begin{vmatrix} 3 & 1 \\ 2 & -1 \end{vmatrix}=\{3\times(-1)\}-(1\times 2)=-5$

(b) $\det(B)=\begin{vmatrix} -2 & 2 & -3 \\ 1 & 0 & 1 \\ -4 & 3 & -5 \end{vmatrix}$

$$=[\{(-2)\times 0\times(-5)\}+\{2\times 1\times(-4)\}+\{(-3)\times 1\times 3\}]$$
$$-[\{(-3)\times 0\times(-4)\}+\{(-2)\times 1\times 3\}+\{2\times 1\times(-5)\}]=-1$$

(c) $\det(C)=\begin{vmatrix} 3 & -1 & -2 \\ -4 & 2 & 1 \\ 1 & 4 & -3 \end{vmatrix}$

$$=[\{3\times 2\times(-3)\}+\{(-1)\times 1\times 1\}+\{(-2)\times(-4)\times 4\}]$$
$$-[\{(-2)\times 2\times 1\}+(3\times 1\times 4)+\{(-1)\times(-4)\times(-3)\}]=17$$

(d) $\det(D) = \begin{vmatrix} 1 & 3 & 2 \\ -2 & 0 & -4 \\ -3 & 1 & -6 \end{vmatrix}$

$= [\{1\times 0\times(-6)\} + \{3\times(-4)\times(-3)\} + \{2\times(-2)\times 1\}]$

$\quad - [\{2\times 0\times(-3)\} + \{1\times(-4)\times 1\} + \{3\times(-2)\times(-6)\}] = 0$

3차 이상인 정사각행렬의 행렬식

행렬식을 구하는 다른 방법은 여인수라는 개념을 이용하는 것이다. 앞에서 공부한 [정의 5-13]의 기본 행렬식도 여인수 개념을 이용해 나온 공식이다. 다만, 4차 이상의 정사각행렬에 대해서는 기본 행렬식의 공식을 바로 적용할 수 없다. 그러므로 여인수 개념을 이해해야 한다. 3차 정사각행렬의 경우 기본 행렬식뿐 아니라 여인수를 이용해서도 행렬식을 구할 수 있으므로 3차 이상의 행렬식을 구하기 위해 필요한 개념을 하나씩 이해해보자.

여인수는 행렬의 소행렬을 이용하여 구할 수 있다.

정의 5-14 소행렬(minor matrix : M_{ij})

n차 정사각행렬에서 i행과 j열을 제거해서 얻은 $(n-1)\times(n-1)$ 행렬

행렬 $A = \begin{bmatrix} 11 & 12 & 13 & 14 \\ 21 & 22 & 23 & 24 \\ 31 & 32 & 33 & 34 \\ 41 & 42 & 43 & 44 \end{bmatrix}$를 예로 살펴보자.

소행렬 M_{11}을 구한다면, 행렬 A에서 1행과 1열을 제외한 나머지 부분으로 구할 수 있다.

$$A = \begin{bmatrix} 11 & 12 & 13 & 14 \\ 21 & 22 & 23 & 24 \\ 31 & 32 & 33 & 34 \\ 41 & 42 & 43 & 44 \end{bmatrix} \Rightarrow M_{11} = \begin{bmatrix} 22 & 23 & 24 \\ 32 & 33 & 34 \\ 42 & 43 & 44 \end{bmatrix}$$

또한 소행렬 M_{32}를 구하면 다음과 같다.

$$A = \begin{bmatrix} 11 & 12 & 13 & 14 \\ 21 & 22 & 23 & 24 \\ 31 & 32 & 33 & 34 \\ 41 & 42 & 43 & 44 \end{bmatrix} \Rightarrow M_{32} = \begin{bmatrix} 11 & 13 & 14 \\ 21 & 23 & 24 \\ 41 & 43 & 44 \end{bmatrix}$$

정의 5-15　소행렬식(minor determinant : $\det(M_{ij})$)

n차 정사각행렬의 소행렬 M_{ij}의 행렬식

행렬 $A=\begin{bmatrix}11&12&13&14\\21&22&23&24\\31&32&33&34\\41&42&43&44\end{bmatrix}$의 소행렬 $M_{11}=\begin{bmatrix}22&23&24\\32&33&34\\42&43&44\end{bmatrix}$, $M_{43}=\begin{bmatrix}11&12&14\\21&22&24\\31&32&34\end{bmatrix}$와 같이 소행렬이 2차 또는 3차 정사각행렬인 경우에는 앞에서 살펴본 기본 행렬식을 이용하여 구할 수 있다.

$$\det(M_{11})=\begin{vmatrix}22&23&24\\32&33&34\\42&43&44\end{vmatrix}$$
$$=\{(22\times33\times44)+(23\times34\times42)+(24\times32\times43)\}$$
$$-\{(24\times33\times42)+(22\times34\times43)+(23\times32\times44)\}$$

$$\det(M_{43})=\begin{vmatrix}11&12&14\\21&22&24\\31&32&34\end{vmatrix}$$
$$=\{(11\times22\times34)+(12\times24\times31)+(14\times21\times32)\}$$
$$-\{(14\times22\times31)+(12\times21\times34)+(11\times24\times32)\}$$

그러나 크기가 5차 이상인 행렬의 소행렬은 크기가 4차 이상이므로 이 경우는 이 소행렬에 대한 소행렬을 이용하여 구할 수 있다. 그러므로 크기가 4차 이상인 소행렬식은 여인수 개념을 알아본 후 구해보자.

예제 5-10

다음 정사각행렬 A, B, C에 대하여, 모든 소행렬과 소행렬식을 구하라.

(a) $A=\begin{bmatrix}-2&2&-3\\1&0&1\\-4&3&-5\end{bmatrix}$　(b) $B=\begin{bmatrix}3&-1&-2\\-4&2&1\\1&4&-3\end{bmatrix}$　(c) $C=\begin{bmatrix}1&-3&-3&4\\1&0&1&0\\-4&3&5&-5\\0&1&0&-1\end{bmatrix}$

풀이

(a) $M_{11}=\begin{bmatrix}0&1\\3&-5\end{bmatrix}$,　$\det(M_{11})=\{0\times(-5)\}-(1\times3)=0-3=-3$

$M_{12}=\begin{bmatrix}1&1\\-4&-5\end{bmatrix}$,　$\det(M_{12})=\{1\times(-5)\}-\{1\times(-4)\}=(-5)-(-4)=-1$

$M_{13}=\begin{bmatrix}1&0\\-4&3\end{bmatrix}$,　$\det(M_{13})=(1\times3)-\{0\times(-4)\}=3-0=3$

$M_{21}=\begin{bmatrix}2&-3\\3&-5\end{bmatrix}$,　$\det(M_{21})=\{2\times(-5)\}-\{(-3)\times3\}=(-10)-(-9)=-1$

$$M_{22} = \begin{bmatrix} -2 & -3 \\ -4 & -5 \end{bmatrix}, \quad \det(M_{22}) = \{(-2)\times(-5)\} - \{(-3)\times(-4)\} = 10 - 12 = -2$$

$$M_{23} = \begin{bmatrix} -2 & 2 \\ -4 & 3 \end{bmatrix}, \quad \det(M_{23}) = \{(-2)\times 3\} - \{2\times(-4)\} = (-6) - (-8) = 2$$

$$M_{31} = \begin{bmatrix} 2 & -3 \\ 0 & 1 \end{bmatrix}, \quad \det(M_{31}) = (2\times 1) - \{(-3)\times 0\} = 2 - 0 = 2$$

$$M_{32} = \begin{bmatrix} -2 & -3 \\ 1 & 1 \end{bmatrix}, \quad \det(M_{32}) = \{(-2)\times 1\} - \{(-3)\times 1\} = (-2) - (-3) = 1$$

$$M_{33} = \begin{bmatrix} -2 & 2 \\ 1 & 0 \end{bmatrix}, \quad \det(M_{33}) = \{(-2)\times 0\} - (2\times 1) = 0 - 2 = -2$$

(b) $$M_{11} = \begin{bmatrix} 2 & 1 \\ 4 & -3 \end{bmatrix}, \quad \det(M_{11}) = \{2\times(-3)\} - (1\times 4) = (-6) - 4 = -10$$

$$M_{12} = \begin{bmatrix} -4 & 1 \\ 1 & -3 \end{bmatrix}, \quad \det(M_{12}) = \{(-4)\times(-3)\} - (1\times 1) = 12 - 1 = 11$$

$$M_{13} = \begin{bmatrix} -4 & 2 \\ 1 & 4 \end{bmatrix}, \quad \det(M_{13}) = \{(-4)\times 4\} - (2\times 1) = (-16) - 2 = -18$$

$$M_{21} = \begin{bmatrix} -1 & -2 \\ 4 & -3 \end{bmatrix}, \quad \det(M_{21}) = \{(-1)\times(-3)\} - \{(-2)\times 4\} = 3 - (-8) = 11$$

$$M_{22} = \begin{bmatrix} 3 & -2 \\ 1 & -3 \end{bmatrix}, \quad \det(M_{22}) = \{3\times(-3)\} - \{(-2)\times 1\} = (-9) - (-2) = -7$$

$$M_{23} = \begin{bmatrix} 3 & -1 \\ 1 & 4 \end{bmatrix}, \quad \det(M_{23}) = (3\times 4) - \{(-1)\times 1\} = 12 - (-1) = 13$$

$$M_{31} = \begin{bmatrix} -1 & -2 \\ 2 & 1 \end{bmatrix}, \quad \det(M_{31}) = \{(-1)\times 1\} - \{(-2)\times 2\} = (-1) - (-4) = 3$$

$$M_{32} = \begin{bmatrix} 3 & -2 \\ -4 & 1 \end{bmatrix}, \quad \det(M_{32}) = (3\times 1) - \{(-2)\times(-4)\} = 3 - 8 = -5$$

$$M_{33} = \begin{bmatrix} 3 & -1 \\ -4 & 2 \end{bmatrix}, \quad \det(M_{33}) = (3\times 2) - \{(-1)\times(-4)\} = 6 - 4 = 2$$

(c) $$M_{11} = \begin{bmatrix} 0 & 1 & 0 \\ 3 & 5 & -5 \\ 1 & 0 & -1 \end{bmatrix}, \quad \begin{aligned} \det(M_{11}) &= [\{0\times 5\times(-1)\} + \{1\times(-5)\times 1\} + (0\times 3\times 0)] \\ &\quad - [\{0\times 5\times 1\} + \{0\times(-5)\times 0\} + \{1\times 3\times(-1)\}] \\ &= \{0 + (-5) + 0\} - \{0 + 0 + (-3)\} = -2 \end{aligned}$$

$$M_{12} = \begin{bmatrix} 1 & 1 & 0 \\ -4 & 5 & -5 \\ 0 & 0 & -1 \end{bmatrix}, \quad \begin{aligned} \det(M_{12}) &= [\{1\times 5\times(-1)\} + \{1\times(-5)\times 0\} + \{0\times(-4)\times 0\}] \\ &\quad - [(0\times 5\times 0) + \{1\times(-5)\times 0\} + \{1\times(-4)\times(-1)\}] \\ &= \{(-5) + 0 + 0\} - (0 + 0 + 4) = -9 \end{aligned}$$

$$M_{13} = \begin{bmatrix} 1 & 0 & 0 \\ -4 & 3 & -5 \\ 0 & 1 & -1 \end{bmatrix}, \quad \begin{aligned} \det(M_{13}) &= [\{1\times 3\times(-1)\} + \{0\times(-5)\times 0\} + \{0\times(-4)\times 1\}] \\ &\quad - [(0\times 3\times 0) + \{1\times(-5)\times 1\} + \{0\times(-4)\times(-1)\}] \\ &= \{(-3) + 0 + 0\} - \{0 + (-5) + 0\} = 2 \end{aligned}$$

$$M_{14}=\begin{bmatrix}1&0&1\\-4&3&5\\0&1&0\end{bmatrix},\quad \begin{aligned}\det(M_{14})&=[(1\times3\times0)+(0\times5\times0)+\{1\times(-4)\times1\}]\\&\quad-[(1\times3\times0)+(1\times5\times1)+\{0\times(-4)\times0\}]\\&=\{0+0+(-4)\}-(0+5+0)=-9\end{aligned}$$

$$M_{21}=\begin{bmatrix}-3&-3&4\\3&5&-5\\1&0&-1\end{bmatrix},\quad \begin{aligned}\det(M_{21})&=[\{(-3)\times5\times(-1)\}+\{(-3)\times(-5)\times1\}+(4\times3\times0)]\\&\quad-[(4\times5\times1)+\{(-3)\times(-5)\times0\}+\{(-3)\times3\times(-1)\}]\\&=(15+15+0)-(20+0+9)=1\end{aligned}$$

$$M_{22}=\begin{bmatrix}1&-3&4\\-4&5&-5\\0&0&-1\end{bmatrix},\quad \begin{aligned}\det(M_{22})&=[\{1\times5\times(-1)\}+\{(-3)\times(-5)\times0\}+\{4\times(-4)\times0\}]\\&\quad-[(4\times5\times0)+\{1\times(-5)\times0\}+\{(-3)\times(-4)\times(-1)\}]\\&=\{(-5)+0+0\}-\{0+0+(-12)\}=7\end{aligned}$$

$$M_{23}=\begin{bmatrix}1&-3&4\\-4&3&-5\\0&1&-1\end{bmatrix},\quad \begin{aligned}\det(M_{23})&=[\{1\times3\times(-1)\}+\{(-3)\times(-5)\times0\}+\{4\times(-4)\times1\}]\\&\quad-[(4\times3\times0)+\{1\times(-5)\times1\}+\{(-3)\times(-4)\times(-1)\}]\\&=\{(-3)+0+(-16)\}-\{0\times(-5)\times(-12)\}=-2\end{aligned}$$

$$M_{24}=\begin{bmatrix}1&-3&-3\\-4&3&5\\0&1&0\end{bmatrix},\quad \begin{aligned}\det(M_{24})&=[(1\times3\times0)+\{(-3)\times5\times0\}+\{(-3)\times(-4)\times1\}]\\&\quad-[\{(-3)\times3\times0\}+(1\times5\times1)+\{(-3)\times(-4)\times0\}]\\&=(0+0+12)-(0+5+0)=7\end{aligned}$$

$$M_{31}=\begin{bmatrix}-3&-3&4\\0&1&0\\1&0&-1\end{bmatrix},\quad \begin{aligned}\det(M_{31})&=[\{(-3)\times1\times(-1)\}+\{(-3)\times0\times1\}+(4\times0\times0)]\\&\quad-[(4\times1\times1)+\{(-3)\times0\times0\}+\{(-3)\times0\times(-1)\}]\\&=(3+0+0)-(4+0+0)=-1\end{aligned}$$

$$M_{32}=\begin{bmatrix}1&-3&4\\1&1&0\\0&0&-1\end{bmatrix},\quad \begin{aligned}\det(M_{32})&=[\{1\times1\times(-1)\}+\{(-3)\times0\times0\}+(4\times1\times0)]\\&\quad-[(4\times1\times0)+(1\times0\times0)+\{(-3)\times1\times(-1)\}]\\&=\{(-1)+0+0\}-(0+0+3)=-4\end{aligned}$$

$$M_{33}=\begin{bmatrix}1&-3&4\\1&0&0\\0&1&-1\end{bmatrix},\quad \begin{aligned}\det(M_{33})&=[\{1\times0\times(-1)\}+\{(-3)\times0\times0\}+(4\times1\times1)]\\&\quad-[(4\times0\times0)+(1\times0\times1)+\{(-3)\times1\times(-1)\}]\\&=(0+0+4)-(0+0+3)=1\end{aligned}$$

$$M_{34} = \begin{bmatrix} 1 & -3 & -3 \\ 1 & 0 & 1 \\ 0 & 1 & 0 \end{bmatrix}, \quad \begin{aligned} \det(M_{34}) &= [(1\times0\times0) + \{(-3)\times1\times0\} + \{(-3)\times1\times1\}] \\ &\quad -[\{(-3)\times0\times0\} + (1\times1\times1) + \{(-3)\times1\times0\}] \\ &= \{0+0+(-3)\} - (0+1+0) = -4 \end{aligned}$$

$$M_{41} = \begin{bmatrix} -3 & -3 & 4 \\ 0 & 1 & 0 \\ 3 & 5 & -5 \end{bmatrix}, \quad \begin{aligned} \det(M_{41}) &= [\{(-3)\times1\times(-5)\} + \{(-3)\times0\times3\} + (4\times0\times5)] \\ &\quad -[(4\times1\times3) + \{(-3)\times0\times5\} + \{(-3)\times0\times(-5)\}] \\ &= (15+0+0) - (12+0+0) = 3 \end{aligned}$$

$$M_{42} = \begin{bmatrix} 1 & -3 & 4 \\ 1 & 1 & 0 \\ -4 & 5 & -5 \end{bmatrix}, \quad \begin{aligned} \det(M_{42}) &= [\{1\times1\times(-5)\} + \{(-3)\times0\times(-4)\} + (4\times1\times5)] \\ &\quad -[\{4\times1\times(-4)\} + (1\times0\times5) + \{(-3)\times1\times(-5)\}] \\ &= \{(-5)+0+20\} - \{(-16)+0+15\} = 16 \end{aligned}$$

$$M_{43} = \begin{bmatrix} 1 & -3 & 4 \\ 1 & 0 & 0 \\ -4 & 3 & -5 \end{bmatrix}, \quad \begin{aligned} \det(M_{43}) &= [\{1\times0\times(-5)\} + \{(-3)\times0\times(-4)\} + (4\times1\times3)] \\ &\quad -[\{4\times0\times(-4)\} + (1\times0\times3) + \{(-3)\times1\times(-5)\}] \\ &= (0+0+12) - (0+0+15) = -3 \end{aligned}$$

$$M_{44} = \begin{bmatrix} 1 & -3 & -3 \\ 1 & 0 & 1 \\ -4 & 3 & 5 \end{bmatrix}, \quad \begin{aligned} \det(M_{44}) &= [(1\times0\times5) + \{(-3)\times1\times(-4)\} + \{(-3)\times1\times3\}] \\ &\quad -[\{(-3)\times0\times(-4)\} + (1\times1\times3) + \{(-3)\times1\times5\}] \\ &= \{0+12+(-9)\} - \{0+3+(-15)\} = 15 \end{aligned}$$

정의 5-16 여인수(cofactor : A_{ij})와 여인수행렬(cofactor matrix : $[A_{ij}]$)

n차 정사각행렬 $A = [a_{ij}]$에서 원소 a_{ij}에 관한 계수와 그 계수를 원소로 갖는 행렬

$$A_{ij} = (-1)^{i+j}\det(M_{ij})$$

[정의 5-16]의 여인수 구하는 공식에서 알 수 있듯이, 여인수는 각 행렬의 소행렬식 $\det(M_{ij})$와 각 원소의 위치에 따른 부호 $(-1)^{i+j}$에 의해 결정된다. 여인수행렬에서 각 원소의 위치에 따른 원소의 부호는 다음 그림과 같다.

$$\begin{bmatrix} + & - & + & - & \cdots \\ - & + & - & + & \cdots \\ + & - & + & - & \cdots \\ - & + & - & + & \cdots \\ \cdots & \cdots & \cdots & \cdots & \cdots \end{bmatrix}$$

앞에서 살펴본 행렬 $A = \begin{bmatrix} 11 & 12 & 13 & 14 \\ 21 & 22 & 23 & 24 \\ 31 & 32 & 33 & 34 \\ 41 & 42 & 43 & 44 \end{bmatrix}$에 대하여 a_{11}과 a_{43}의 여인수를 구하면 다음과 같다. 행렬식은 이미 앞에서 구했으므로 부호에 유의하여 다음 식을 관찰하자. 여인수 A_{11}의 부호는 $(-1)^{1+1}$이 되어 양수(+)이고, A_{43}의 부호는 $(-1)^{4+3}$이 되어 음수(−)이다.

$$\begin{aligned} A_{11} &= (-1)^{1+1}\det(M_{11}) = \det(M_{11}) \\ &= \{(22 \times 33 \times 44) + (23 \times 34 \times 42) + (24 \times 32 \times 43)\} \\ &\quad - \{(24 \times 33 \times 42) + (22 \times 34 \times 43) + (23 \times 32 \times 44)\} \end{aligned}$$

$$\begin{aligned} A_{43} &= (-1)^{4+3}\det(M_{43}) = -\det(M_{43}) \\ &= -[\{(11 \times 22 \times 34) + (12 \times 24 \times 31) + (14 \times 21 \times 32)\} \\ &\quad - \{(14 \times 22 \times 31) + (11 \times 24 \times 32) + (12 \times 21 \times 34)\}] \end{aligned}$$

예제 5-11

[예제 5-10]에서 살펴본 다음 정사각행렬 A, B, C에 대한 여인수행렬을 구하라.

(a) $A = \begin{bmatrix} -2 & 2 & -3 \\ 1 & 0 & 1 \\ -4 & 3 & -5 \end{bmatrix}$ (b) $B = \begin{bmatrix} 3 & -1 & -2 \\ -4 & 2 & 1 \\ 1 & 4 & -3 \end{bmatrix}$ (c) $C = \begin{bmatrix} 1 & -3 & -3 & 4 \\ 1 & 0 & 1 & 0 \\ -4 & 3 & 5 & -5 \\ 0 & 1 & 0 & -1 \end{bmatrix}$

풀이

[예제 5-10]에서 각 행렬의 원소에 대한 소행렬식을 구했으므로 그 결과를 이용한다.

(a) $A_{11} = (-1)^{1+1}\det(M_{11}) = -3$, $A_{12} = (-1)^{1+2}\det(M_{12}) = -(-1) = 1$

$A_{13} = (-1)^{1+3}\det(M_{13}) = 3$, $A_{21} = (-1)^{2+1}\det(M_{21}) = -(-1) = 1$

$A_{22} = (-1)^{2+2}\det(M_{22}) = -2$, $A_{23} = (-1)^{2+3}\det(M_{23}) = -2$

$A_{31} = (-1)^{3+1}\det(M_{31}) = 2$, $A_{32} = (-1)^{3+2}\det(M_{32}) = -1$

$A_{33} = (-1)^{3+3}\det(M_{33}) = -2$

$$\therefore [A_{ij}] = \begin{bmatrix} -3 & 1 & 3 \\ 1 & -2 & -2 \\ 2 & -1 & -2 \end{bmatrix}$$

(b) $A_{11} = (-1)^{1+1}\det(M_{11}) = -10$, $A_{12} = (-1)^{1+2}\det(M_{12}) = -11$

$A_{13} = (-1)^{1+3}\det(M_{13}) = -18$, $A_{21} = (-1)^{2+1}\det(M_{21}) = -11$

$A_{22} = (-1)^{2+2}\det(M_{22}) = -7$, $A_{23} = (-1)^{2+3}\det(M_{23}) = -13$

$A_{31} = (-1)^{3+1}\det(M_{31}) = 3$, $A_{32} = (-1)^{3+2}\det(M_{32}) = -(-5) = 5$

$$A_{33} = (-1)^{3+3}\det(M_{33}) = 2$$

$$\therefore\ [A_{ij}] = \begin{bmatrix} -10 & -11 & -18 \\ -11 & -7 & -13 \\ 3 & 5 & 2 \end{bmatrix}$$

(c) $A_{11} = (-1)^{1+1}\det(M_{11}) = -2,\quad A_{12} = (-1)^{1+2}\det(M_{12}) = -(-9) = 9$

$A_{13} = (-1)^{1+3}\det(M_{13}) = 2,\quad A_{14} = (-1)^{1+4}\det(M_{14}) = -(-9) = 9$

$A_{21} = (-1)^{2+1}\det(M_{21}) = -1,\quad A_{22} = (-1)^{2+2}\det(M_{22}) = 7$

$A_{23} = (-1)^{2+3}\det(M_{23}) = -(-2) = 2,\quad A_{24} = (-1)^{2+4}\det(M_{24}) = 7$

$A_{31} = (-1)^{3+1}\det(M_{31}) = -1,\quad A_{32} = (-1)^{3+2}\det(M_{32}) = -(-4) = 4$

$A_{33} = (-1)^{3+3}\det(M_{33}) = 1,\quad A_{34} = (-1)^{3+4}\det(M_{34}) = -(-4) = 4$

$A_{41} = (-1)^{4+1}\det(M_{41}) = -3,\quad A_{42} = (-1)^{4+2}\det(M_{42}) = 16$

$A_{43} = (-1)^{4+3}\det(M_{43}) = -(-3) = 3,\quad A_{44} = (-1)^{4+4}\det(M_{44}) = 15$

$$\therefore\ [A_{ij}] = \begin{bmatrix} -2 & 9 & 2 & 9 \\ -1 & 7 & 2 & 7 \\ -1 & 4 & 1 & 4 \\ -3 & 16 & 3 & 15 \end{bmatrix}$$

이제 여인수를 이용하여 행렬식을 구하는 공식을 알아보자.

정의 5-17 여인수를 이용한 행렬식

$n \geq 3$인 n차 정사각행렬 A의 행렬식은 다음과 같다.

$$\det(A) = a_{i1}A_{i1} + a_{i2}A_{i2} + \cdots + a_{in}A_{in} \quad : i\text{행을 선택한 경우}$$
$$= a_{1j}A_{1j} + a_{2j}A_{2j} + \cdots + a_{nj}A_{nj} \quad : j\text{열을 선택한 경우}$$

여인수를 이용하여 행렬식을 구할 때는 행렬의 한 행 또는 한 열을 선택하고, 그 행이나 열을 구성하는 각 원소와 그 원소에 대응되는 여인수를 곱한 다음 더하여 행렬식을 구한다. 이때 어떤 행 또는 어떤 열을 선택하더라도 행렬식 결과는 같으므로 연산하기 쉬운 행이나 열을 선택한다.

[예제 5-10(a)]에 해당하는 행렬 $A = \begin{bmatrix} -2 & 2 & -3 \\ 1 & 0 & 1 \\ -4 & 3 & -5 \end{bmatrix}$의 행렬식을 구해보자. 이때 행렬 A의 여인수행렬은 [예제 5-11(a)]에서 $[A_{ij}] = \begin{bmatrix} -3 & 1 & 3 \\ 1 & -2 & -2 \\ 2 & -1 & -2 \end{bmatrix}$로 구했으므로 이 여인수행렬을 활용하자.

행렬식을 구하기 위해 연산하기 쉬운 2행을 선택한다. 그러면 다음과 같이 행렬 A의 2행의 원소들과 행렬 A에 대한 여인수행렬의 2행의 원소들을 곱한 후 더해서 행렬식을 구할 수 있다.

$$\begin{aligned}\det(A) &= a_{21}A_{21} + a_{22}A_{22} + a_{23}A_{23} \\ &= a_{21}(-1)^{2+1}\det(M_{21}) + a_{22}(-1)^{2+2}\det(M_{22}) + a_{23}(-1)^{2+3}\det(M_{23}) \\ &= (1\times 1) + \{0\times(-2)\} + \{1\times(-2)\} = -1\end{aligned}$$

열을 선택해도 같은 행렬식이 나오는데 이를 확인하기 위해 역시 연산이 간단할 2열을 선택하여 행렬식을 구해보자.

$$\begin{aligned}\det(A) &= a_{12}A_{12} + a_{22}A_{22} + a_{32}A_{32} \\ &= a_{12}(-1)^{1+2}\det(M_{12}) + a_{22}(-1)^{2+2}\det(M_{22}) + a_{32}(-1)^{3+2}\det(M_{32}) \\ &= (2\times 1) + \{0\times(-2)\} + \{3\times(-1)\} = -1\end{aligned}$$

그러므로 여인수를 이용하여 행렬식을 구할 때는 어떤 행 또는 어떤 열을 선택해도 상관없다.

예제 5-12

[예제 5-10]에서 살펴본 다음 정사각행렬 B, C의 행렬식을 구하라.

(a) $B = \begin{bmatrix} 3 & -1 & -2 \\ -4 & 2 & 1 \\ 1 & 4 & -3 \end{bmatrix}$ (b) $C = \begin{bmatrix} 1 & -3 & -3 & 4 \\ 1 & 0 & 1 & 0 \\ -4 & 3 & 5 & -5 \\ 0 & 1 & 0 & -1 \end{bmatrix}$

풀이

[예제 5-11]에서 여인수행렬을 구했으므로 그 결과를 이용한다.

(a) 1행을 선택하여 행렬식을 구해보자.

$$\begin{aligned}\det(B) &= b_{11}A_{11} + b_{12}A_{12} + b_{13}A_{13} \\ &= b_{11}(-1)^{1+1}\det(M_{11}) + b_{12}(-1)^{1+2}\det(M_{12}) + b_{13}(-1)^{1+3}\det(M_{13}) \\ &= \{3\times(-10)\} + \{(-1)\times(-11)\} + \{(-2)\times(-18)\} \\ &= -30 + 11 + 36 = 17\end{aligned}$$

이번에는 3열을 선택하여 행렬식을 구해보자.

$$\begin{aligned}\det(B) &= b_{13}A_{13} + b_{23}A_{23} + b_{33}A_{33} \\ &= b_{13}(-1)^{1+3}\det(M_{13}) + b_{23}(-1)^{2+3}\det(M_{23}) + b_{33}(-1)^{3+3}\det(M_{33}) \\ &= \{(-2)\times(-18)\} + \{1\times(-13)\} + \{(-3)\times 2\} \\ &= 36 + (-13) + (-6) = 17\end{aligned}$$

(b) 2행을 선택하여 행렬식을 구해보자.

$$\begin{aligned}\det(C) &= c_{21}A_{21}+c_{22}A_{22}+c_{23}A_{23}+c_{24}A_{24}\\ &= c_{21}(-1)^{2+1}\det(M_{21})+c_{22}(-1)^{2+2}\det(M_{22})+c_{23}(-1)^{2+3}\det(M_{23})\\ &\quad +c_{24}(-1)^{2+4}\det(M_{24})\\ &= \{1\times(-1)\}+(0\times 7)+(1\times 2)+(0\times 7)=1\end{aligned}$$

이번에는 4열을 선택하여 행렬식을 구해보자.

$$\begin{aligned}\det(C) &= c_{14}A_{14}+c_{24}A_{24}+c_{34}A_{34}+c_{44}A_{44}\\ &= c_{14}(-1)^{1+4}\det(M_{14})+c_{24}(-1)^{2+4}\det(M_{24})+c_{34}(-1)^{3+4}\det(M_{34})\\ &\quad +c_{44}(-1)^{4+4}\det(M_{44})\\ &= \{1\times(-2)\}+\{1\times(-1)\}+\{(-4)\times(-1)\}+\{0\times(-3)\}=1\end{aligned}$$

5.5 역행렬

어떤 수의 곱셈에 대한 역원은 그 수와 곱했을 때 항등원이 나오는 수로, $a \neq 0$인 실수 a의 곱셈에 대한 항등원은 1이고 a의 역원은 $\frac{1}{a}\left(a \times \frac{1}{a} = 1\right)$임을 1장의 1.2절에서 공부한 바 있다. 행렬에서도 항등원과 역원의 역할을 하는 행렬이 있는데, 항등원인 행렬은 단위행렬 I이고 역원인 행렬은 역행렬이다.

정의 5-18 역행렬(inverse matrix : A^{-1})

정사각행렬 A에 대하여, $AB = BA = I$를 만족하는 행렬 B

$$AA^{-1} = A^{-1}A = I$$

행렬 $A = \begin{bmatrix} 1 & 2 \\ 1 & 3 \end{bmatrix}$와 $B = \begin{bmatrix} 3 & -2 \\ -1 & 1 \end{bmatrix}$의 곱을 구해보자.

$$AB = \begin{bmatrix} 1 & 2 \\ 1 & 3 \end{bmatrix} \times \begin{bmatrix} 3 & -2 \\ -1 & 1 \end{bmatrix} = \begin{bmatrix} 1 \times 3 + 2 \times (-1) & 1 \times (-2) + 2 \times 1 \\ 1 \times 3 + 3 \times (-1) & 1 \times (-2) + 3 \times 1 \end{bmatrix} = \begin{bmatrix} 1 & 0 \\ 0 & 1 \end{bmatrix} = I$$

$$BA = \begin{bmatrix} 3 & -2 \\ -1 & 1 \end{bmatrix} \times \begin{bmatrix} 1 & 2 \\ 1 & 3 \end{bmatrix} = \begin{bmatrix} 3 \times 1 + (-2) \times 1 & 3 \times 2 + (-2) \times 3 \\ (-1) \times 1 + 1 \times 1 & (-1) \times 2 + 1 \times 3 \end{bmatrix} = \begin{bmatrix} 1 & 0 \\ 0 & 1 \end{bmatrix} = I$$

위 결과에서 행렬 A와 B를 곱한 결과가 단위행렬 I임을 알 수 있다. 그러므로 행렬 B는 행렬 A의 역행렬이고 A^{-1}로 표기할 수 있다.

일반적으로 행렬의 곱셈은 교환법칙이 성립하지 않으나, 위 예에서 확인할 수 있듯이 행렬 A와 이 행렬의 역행렬 A^{-1}를 곱한 AA^{-1}와 $A^{-1}A$는 모두 단위행렬 I이므로 교환법칙이 성립한다.

이제 역행렬을 구하는 방법을 알아보자.

정의 5-19 행렬식을 이용한 역행렬

$$A^{-1} = \frac{1}{\det(A)}[A_{ij}]^{\mathrm{T}} \ (\text{단, } \det(A) \neq 0)$$

정의 5-20 **수반행렬(adjoint matrix : $[A_{ij}]^{\mathrm{T}}$)**

여인수행렬 $[A_{ij}]$의 전치행렬

[정의 5-19]의 식과 같이 행렬식과 수반행렬을 이용하면 정사각행렬의 크기가 무엇이든 상관없이 행렬의 역행렬을 구할 수 있다.

[예제 5-10(a)]의 행렬 $A=\begin{bmatrix}-2&2&-3\\1&0&1\\-4&3&-5\end{bmatrix}$의 역행렬을 구해보자. 이미 [예제 5-11]과 [정의 5-17]에 대한 설명에서 행렬 A의 여인수행렬을 구했고 그 결과를 이용해 행렬식도 구했다. 앞에서 구한 행렬 A의 여인수행렬과 행렬식은 다음과 같다.

$$[A_{ij}]=\begin{bmatrix}-3&1&3\\1&-2&-2\\2&-1&-2\end{bmatrix},\quad \det(A)=-1$$

여인수행렬의 행과 열을 바꿔서 수반행렬을 구하면 다음과 같다.

$$[A_{ij}]^{\mathrm{T}}=\begin{bmatrix}-3&1&2\\1&-2&-1\\3&-2&-2\end{bmatrix}$$

행렬식과 수반행렬을 이용하여 행렬 A의 역행렬을 구하면 다음과 같다.

$$A^{-1}=(-1)\times\begin{bmatrix}-3&1&2\\1&-2&-1\\3&-2&-2\end{bmatrix}=\begin{bmatrix}3&-1&-2\\-1&2&1\\-3&2&2\end{bmatrix}$$

예제 5-13

[예제 5-10]에서 살펴본 다음 정사각행렬 B, C의 역행렬을 구하라.

(a) $B=\begin{bmatrix}3&-1&-2\\-4&2&1\\1&4&-3\end{bmatrix}$

(b) $C=\begin{bmatrix}1&-3&-3&4\\1&0&1&0\\-4&3&5&-5\\0&1&0&-1\end{bmatrix}$

풀이

[예제 5-11]에서 여인수행렬을 구하였고, [예제 5-12]에서 행렬식을 구하였으므로, 그 결과를 이용한다.

(a) [예제 5-11]과 [예제 5-12]에서 구한 행렬 B의 여인수행렬과 행렬식은 다음과 같다.

$$[A_{ij}]=\begin{bmatrix}-10&-11&-18\\-11&-7&-13\\3&5&2\end{bmatrix},\quad \det(B)=17$$

여인수행렬에 대하여, 수반행렬은 $[A_{ij}]^{\mathrm{T}}=\begin{bmatrix}-10 & -11 & 3\\ -11 & -7 & 5\\ -18 & -13 & 2\end{bmatrix}$ 이다.

$$\therefore\ B^{-1}=\frac{1}{17}\times\begin{bmatrix}-10 & -11 & 3\\ -11 & -7 & 5\\ -18 & -13 & 2\end{bmatrix}=\begin{bmatrix}-\frac{10}{17} & -\frac{11}{17} & \frac{3}{17}\\ -\frac{11}{17} & -\frac{7}{17} & \frac{5}{17}\\ -\frac{18}{17} & -\frac{13}{17} & \frac{2}{17}\end{bmatrix}$$

(b) [예제 5-11]과 [예제 5-12]에서 구한 행렬 C의 여인수행렬과 행렬식은 다음과 같다.

$$[A_{ij}]=\begin{bmatrix}-2 & 9 & 2 & 9\\ -1 & 7 & 2 & 7\\ -1 & 4 & 1 & 4\\ -3 & 16 & 3 & 15\end{bmatrix},\quad \det(C)=1$$

여인수행렬에 대하여, 수반행렬은 $[A_{ij}]^{\mathrm{T}}=\begin{bmatrix}-2 & -1 & -1 & -3\\ 9 & 7 & 4 & 16\\ 2 & 2 & 1 & 3\\ 9 & 7 & 4 & 15\end{bmatrix}$ 이다.

$$\therefore\ C^{-1}=1\times\begin{bmatrix}-2 & -1 & -1 & -3\\ 9 & 7 & 4 & 16\\ 2 & 2 & 1 & 3\\ 9 & 7 & 4 & 15\end{bmatrix}=\begin{bmatrix}-2 & -1 & -1 & -3\\ 9 & 7 & 4 & 16\\ 2 & 2 & 1 & 3\\ 9 & 7 & 4 & 15\end{bmatrix}$$

모든 정사각행렬의 역행렬을 구할 수 있는 것은 아니다. 행렬식이 0인 경우에는 역행렬을 구할 수 없다.

정의 5-21　가역행렬(invertible matrix)과 특이행렬(singular matrix)

(a) **가역행렬** : 역행렬이 존재하는 행렬, $\det(A)\neq 0$인 행렬

(b) **특이행렬** : 역행렬이 존재하지 않는 행렬, $\det(A)=0$인 행렬

[예제 5-13]의 행렬 B와 C는 행렬식이 0이 아니었으므로 각각의 역행렬을 구할 수 있었다. 그러나 [예제 5-9(d)]의 행렬 $D=\begin{bmatrix}1 & 3 & 2\\ -2 & 0 & -4\\ -3 & 1 & -6\end{bmatrix}$는 행렬식이 0이므로 역행렬을 구할 수 없다. 그러므로 [예제 5-13]의 행렬 B와 C는 가역행렬이고, [예제 5-9(d)]의 행렬 D는 특이행렬이다.

예제 5-14

다음 행렬 A, B가 가역행렬인지 특이행렬인지 판별하고 가역행렬이면 역행렬을 구하라.

(a) $A=\begin{bmatrix}1 & -1 & 2\\ 2 & 1 & -3\\ 4 & 1 & 1\end{bmatrix}$ (b) $B=\begin{bmatrix}1 & 2 & 0\\ 3 & 4 & 0\\ 5 & 6 & 0\end{bmatrix}$

풀이

(a) $A_{11}=(-1)^{1+1}\det(M_{11})=\begin{vmatrix}1 & -3\\ 1 & 1\end{vmatrix}=(1\times1)-\{(-3)\times1\}=4$

$A_{12}=(-1)^{1+2}\det(M_{12})=-\begin{vmatrix}2 & -3\\ 4 & 1\end{vmatrix}=-[(2\times1)-\{(-3)\times4\}]=-14$

$A_{13}=(-1)^{1+3}\det(M_{13})=\begin{vmatrix}2 & 1\\ 4 & 1\end{vmatrix}=(2\times1)-(1\times4)=-2$

$A_{21}=(-1)^{2+1}\det(M_{21})=-\begin{vmatrix}-1 & 2\\ 1 & 1\end{vmatrix}=-[\{(-1)\times1\}-(2\times1)]=3$

$A_{22}=(-1)^{2+2}\det(M_{22})=\begin{vmatrix}1 & 2\\ 4 & 1\end{vmatrix}=(1\times1)-(2\times4)=-7$

$A_{23}=(-1)^{2+3}\det(M_{23})=-\begin{vmatrix}1 & -1\\ 4 & 1\end{vmatrix}=-[(1\times1)-\{(-1)\times4\}]=-5$

$A_{31}=(-1)^{3+1}\det(M_{31})=\begin{vmatrix}-1 & 2\\ 1 & -3\end{vmatrix}=[\{(-1)\times(-3)\}-(2\times1)]=1$

$A_{32}=(-1)^{3+2}\det(M_{32})=-\begin{vmatrix}1 & 2\\ 2 & -3\end{vmatrix}=-[\{1\times(-3)\}-(2\times2)]=7$

$A_{33}=(-1)^{3+3}\det(M_{33})=\begin{vmatrix}1 & -1\\ 2 & 1\end{vmatrix}=(1\times1)-\{(-1)\times2\}=3$

$\therefore\ [A_{ij}]=\begin{bmatrix}4 & -14 & -2\\ 3 & -7 & -5\\ 1 & 7 & 3\end{bmatrix},\quad [A_{ij}]^{\mathrm{T}}=\begin{bmatrix}4 & 3 & 1\\ -14 & -7 & 7\\ -2 & -5 & 3\end{bmatrix}$

2열을 선택하여 행렬 A의 행렬식을 구하면 다음과 같다.

$$\begin{aligned}\det(A)&=a_{12}A_{12}+a_{22}A_{22}+a_{32}A_{32}\\ &=\{(-1)\times(-14)\}+\{1\times(-7)\}+(1\times7)=14\end{aligned}$$

$\det(A)\neq0$이므로 행렬 A는 가역행렬이다.

$$\therefore\ A^{-1}=\frac{1}{14}\times\begin{bmatrix}4 & 3 & 1\\ -14 & -7 & 7\\ -2 & -5 & 3\end{bmatrix}=\begin{bmatrix}\frac{2}{7} & \frac{3}{14} & \frac{1}{14}\\ -1 & -\frac{1}{2} & \frac{1}{2}\\ -\frac{1}{7} & -\frac{5}{14} & \frac{3}{14}\end{bmatrix}$$

(b) $A_{11}=(-1)^{1+1}\det(M_{11})=\begin{vmatrix}4 & 0\\ 6 & 0\end{vmatrix}=(4\times 0)-(0\times 6)=0$

$A_{12}=(-1)^{1+2}\det(M_{12})=-\begin{vmatrix}3 & 0\\ 5 & 0\end{vmatrix}=-\{(3\times 0)-(0\times 5)\}=0$

$A_{13}=(-1)^{1+3}\det(M_{13})=\begin{vmatrix}3 & 4\\ 5 & 6\end{vmatrix}=(3\times 6)-(4\times 5)=-2$

$A_{21}=(-1)^{2+1}\det(M_{21})=-\begin{vmatrix}2 & 0\\ 6 & 0\end{vmatrix}=-\{(2\times 0)-(0\times 6)\}=0$

$A_{22}=(-1)^{2+2}\det(M_{22})=\begin{vmatrix}1 & 0\\ 5 & 0\end{vmatrix}=(1\times 0)-(0\times 5)=0$

$A_{23}=(-1)^{2+3}\det(M_{23})=-\begin{vmatrix}1 & 2\\ 5 & 6\end{vmatrix}=-\{(1\times 6)-(2\times 5)\}=4$

$A_{31}=(-1)^{3+1}\det(M_{31})=\begin{vmatrix}2 & 0\\ 4 & 0\end{vmatrix}=(2\times 0)-(0\times 4)=0$

$A_{32}=(-1)^{3+2}\det(M_{32})=-\begin{vmatrix}1 & 0\\ 3 & 0\end{vmatrix}=-\{(1\times 0)-(0\times 3)\}=0$

$A_{33}=(-1)^{3+3}\det(M_{33})=\begin{vmatrix}1 & 2\\ 3 & 4\end{vmatrix}=(1\times 4)-(2\times 3)=-2$

$\therefore\ [A_{ij}]=\begin{bmatrix}0 & 0 & -2\\ 0 & 0 & 4\\ 0 & 0 & -2\end{bmatrix},\quad [A_{ij}]^{\mathrm{T}}=\begin{bmatrix}0 & 0 & 0\\ 0 & 0 & 0\\ -2 & 4 & -2\end{bmatrix}$

1행을 선택하여 행렬 B의 행렬식을 구하면 다음과 같다.

$$\begin{aligned}\det(B)&=b_{11}A_{11}+b_{12}A_{12}+b_{13}A_{13}\\ &=(1\times 0)+(2\times 0)+\{0\times(-2)\}=0\end{aligned}$$

$\det(B)=0$이므로, 행렬 B는 특이행렬이며 역행렬을 구할 수 없다.

5.6 행렬과 연립일차방정식

행렬은 연립일차방정식을 풀기 위한 방법을 연구하면서 나온 개념이다. 이 절에서는 행렬을 이용하여 연립일차방정식의 해를 구하는 과정을 알아본다.

문제를 해결하기 위한 어떤 식이 한 개 이상의 변수를 포함할 때 이 식을 **방정식**(equation)이라고 하며, 포함하는 변수의 차수가 1일 때 이를 일차방정식 또는 선형방정식이라고 한다.

정의 5-22 일차방정식(linear equation) / 선형방정식

$a_1, a_2, \cdots, a_n, b$가 실수일 때, 다음과 같이 표현되는 식

$$a_1x_1 + a_2x_2 + \cdots + a_nx_n = b$$

$$(a_1, a_2, \cdots, a_n \ : \text{계수},\ b \ : \text{상수},\ x_1, x_2, \cdots, x_n \ : \text{변수})$$

일차방정식은 모든 미지수의 차수가 1이어야 한다. 다음 식을 살펴보자.

(1) $x+2y-z=9$ (2) $\frac{1}{3}x=3y$ (3) $x_1-x_2+4x_3=0$

(4) $x^2+3x+2=5$ (5) $x^3+y^5=0$ (6) $\sqrt{x}=8$

(7) $xy-4z=8$ (8) $y=\sin x$ (9) $\log_2 y=20$

위 식 중 (1), (2), (3)은 일차방정식이지만, (4)~(9)는 일차방정식이 아니다. (4)~(6)은 식에 포함된 변수의 차수가 1이 아니며, (7)은 서로 다른 변수 간의 곱이 포함된 방정식이므로 일차방정식일 수 없다. 또한 (8), (9)와 같이 삼각함수, 로그함수 등을 포함하는 방정식도 일차방정식이 아니다.

정의 5-23 해(solution)와 해집합(solution set)

일차방정식에 포함된 n개의 변수에 대응하는 값으로, 방정식을 참(T)으로 만드는 값과 그 값의 집합

[정의 5-23]처럼 일차방정식 $a_1x_1 + a_2x_2 + \cdots + a_nx_n = b$에 대하여, 이 방정식의 변수에 대입하였을 때 방정식을 참(T)으로 만드는 유일한 값 $x_1 = s_1,\ x_2 = s_2,\ \cdots,\ x_n = s_n$이 존재할 수 있다. 이

$s_1, s_2, \cdots, s_n$을 이 방정식의 해 또는 해집합이라고 한다. 일차방정식이 변수 하나만 포함하는 경우 유일한 해를 구하기 위해 하나의 방정식만 있으면 되지만, 변수를 2개 이상 포함한다면 동일한 변수를 갖는 방정식도 2개 이상 있어야 방정식의 유일한 해를 구할 수 있다. 이처럼 2개 이상의 변수로 구성된 일차방정식의 유한개의 집합을 연립일차방정식이라고 한다.

정의 5-24 연립일차방정식(system of linear equations)

m개의 일차방정식으로 구성된 방정식

$$\begin{cases} a_{11}x_1 + a_{12}x_2 + \cdots + a_{1n}x_n = b_1 \\ a_{21}x_1 + a_{22}x_2 + \cdots + a_{2n}x_n = b_2 \\ \cdots \\ a_{m1}x_1 + a_{m2}x_2 + \cdots + a_{mn}x_n = b_m \end{cases}$$

연립일차방정식에 포함된 방정식의 개수는 방정식으로 해결해야 하는 문제의 종류에 따라 달라질 수 있다. 즉, 연립일차방정식에 포함된 방정식의 개수와 방정식에 포함되는 변수의 개수가 항상 같지는 않다는 의미로, [정의 5-24]에서 방정식의 개수 m과 변수의 개수 n에 대하여 $m \neq n$일 수 있다. 단, $m = n$인 경우에는 연립일차방정식의 각 변수에 대응하는 유일한 해를 구할 수 있다. 이 절에서는 $m = n$인 경우만을 다루도록 한다.

연립일차방정식의 행렬 표현

연립일차방정식의 해를 구하는 방법에는 가감법이나 대입법과 같이 변수를 소거하나 하나의 방정식을 다른 방정식에 대입하는 방법도 있으나, 행렬을 이용하는 방법도 있다. 이 절에서는 행렬을 이용하여 해를 구하기로 한다. [정의 5-24]에서 정의한 연립일차방정식을 행렬 형태로 구성해보자.

정의 5-25 m개의 일차방정식으로 구성된 연립일차방정식의 행렬 표현

(a) **계수행렬**(coefficient matrix) : 연립일차방정식의 계수들로 구성된 $m \times n$ 행렬

$$A = \begin{bmatrix} a_{11} & a_{12} & \cdots & a_{1n} \\ a_{21} & a_{22} & \cdots & a_{2n} \\ \cdots & \cdots & \cdots & \cdots \\ a_{m1} & a_{m2} & \cdots & a_{mn} \end{bmatrix}$$

(b) **미지수행렬**(unknown value matrix) : 연립일차방정식의 미지수들로 구성된 $n \times 1$ 행렬

$$X = \begin{bmatrix} x_1 \\ x_2 \\ \cdots \\ x_n \end{bmatrix}$$

(c) **상수행렬**(constant matrix) : 연립일차방정식의 상수들로 구성된 $m \times 1$ 행렬

$$B = \begin{bmatrix} b_1 \\ b_2 \\ \cdots \\ b_m \end{bmatrix}$$

[정의 5-25]에서 정의한 행렬로 연립일차방정식을 표현하면 다음과 같다. 우리가 알고 있는 행렬의 곱셈으로 풀어내면 [정의 5-24]의 연립일차방정식 표현을 얻을 수 있다.

$$AX = \begin{bmatrix} a_{11} & a_{12} & \cdots & a_{1n} \\ a_{21} & a_{22} & \cdots & a_{2n} \\ \cdots & \cdots & \cdots & \cdots \\ a_{m1} & a_{m2} & \cdots & a_{mn} \end{bmatrix} \begin{bmatrix} x_1 \\ x_2 \\ \cdots \\ x_n \end{bmatrix} = \begin{bmatrix} b_1 \\ b_2 \\ \cdots \\ b_m \end{bmatrix} = B$$

연립일차방정식의 해를 구하기 위해 [정의 5-25]에서 정의한 행렬을 이용하여 첨가행렬을 구성할 수 있다.

정의 5-26 **첨가행렬(augmented matrix)**

연립일차방정식의 계수행렬 A와 상수행렬 B를 다음과 같은 형태로 구성한 행렬

$$\left[\begin{array}{cccc|c} a_{11} & a_{12} & \cdots & a_{1n} & b_1 \\ a_{21} & a_{22} & \cdots & a_{2n} & b_2 \\ \cdots & \cdots & \cdots & \cdots & \cdots \\ a_{m1} & a_{m2} & \cdots & a_{mn} & b_m \end{array}\right]$$

다음과 같은 연립일차방정식이 있다고 하자.

$$\begin{cases} x + 2y + \ \ 3z = 1 \\ x + 3y + \ \ 6z = 1 \\ 2x + 6y + 13z = 5 \end{cases}$$

이 연립일차방정식을 구성하는 요소들을 행렬로 표현하면 다음과 같다.

$$\text{계수행렬 } A = \begin{bmatrix} 1 & 2 & 3 \\ 1 & 3 & 6 \\ 2 & 6 & 13 \end{bmatrix}, \quad \text{미지수행렬 } X = \begin{bmatrix} x \\ y \\ z \end{bmatrix}, \quad \text{상수행렬 } B = \begin{bmatrix} 1 \\ 1 \\ 5 \end{bmatrix}$$

이 행렬들을 이용하여 첨가행렬을 구하면 다음과 같다.

$$\left[\begin{array}{ccc|c} 1 & 2 & 3 & 1 \\ 1 & 3 & 6 & 1 \\ 2 & 6 & 13 & 5 \end{array}\right]$$

예제 5-15

다음을 보고 연립일차방정식은 첨가행렬 형태로, 첨가행렬은 연립일차방정식 형태로 표현하라. (단, 미지수는 $x_1, x_2, \cdots$ 로 표현한다.)

(a) $\begin{cases} 3x_2+2x_3-7x_4=10 \\ x_1+x_2-2x_3+5x_4=-3 \\ -2x_1-3x_2=5 \\ 6x_1-3x_3+4x_4=-4 \end{cases}$

(b) $\left[\begin{array}{ccccc|c} 0 & 0 & 1 & -3 & 4 & 5 \\ 1 & 2 & 1 & 0 & -2 & 2 \\ -1 & 5 & 1 & 2 & -1 & 8 \\ 4 & 0 & 1 & 6 & 3 & 7 \\ 3 & -1 & 1 & 2 & 0 & 13 \end{array}\right]$

풀이

(a) 계수행렬 $A=\begin{bmatrix} 0 & 3 & 2 & -7 \\ 1 & 1 & -2 & 5 \\ -2 & -3 & 0 & 0 \\ 6 & 0 & -3 & 4 \end{bmatrix}$, 미지수행렬 $X=\begin{bmatrix} x_1 \\ x_2 \\ x_3 \\ x_4 \end{bmatrix}$, 상수행렬 $B=\begin{bmatrix} 10 \\ -3 \\ 5 \\ -4 \end{bmatrix}$

$\therefore$ 첨가행렬은 $\left[\begin{array}{cccc|c} 0 & 3 & 2 & -7 & 10 \\ 1 & 1 & -2 & 5 & -3 \\ -2 & -3 & 0 & 0 & 5 \\ 6 & 0 & -3 & 4 & -4 \end{array}\right]$

(b) 계수행렬 $A=\begin{bmatrix} 0 & 0 & 1 & -3 & 4 \\ 1 & 2 & 1 & 0 & -2 \\ -1 & 5 & 1 & 2 & -1 \\ 4 & 0 & 1 & 6 & 3 \\ 3 & -1 & 1 & 2 & 0 \end{bmatrix}$, 상수행렬 $B=\begin{bmatrix} 5 \\ 2 \\ 8 \\ 7 \\ 13 \end{bmatrix}$

미지수행렬을 $X=\begin{bmatrix} x_1 \\ x_2 \\ x_3 \\ x_4 \\ x_5 \end{bmatrix}$ 라 하면, 다음과 같이 표현할 수 있다.

$$AX=\begin{bmatrix} 0 & 0 & 1 & -3 & 4 \\ 1 & 2 & 1 & 0 & -2 \\ -1 & 5 & 1 & 2 & -1 \\ 4 & 0 & 1 & 6 & 3 \\ 3 & -1 & 1 & 2 & 0 \end{bmatrix}\begin{bmatrix} x_1 \\ x_2 \\ x_3 \\ x_4 \\ x_5 \end{bmatrix}=\begin{bmatrix} x_3-3x_4+4x_5 \\ x_1+2x_2+x_3-2x_5 \\ -x_1+5x_2+x_3+2x_4-x_5 \\ 4x_1+x_3+6x_4+3x_5 \\ 3x_1-x_2+x_3+2x_4 \end{bmatrix}=\begin{bmatrix} 5 \\ 2 \\ 8 \\ 7 \\ 13 \end{bmatrix}$$

$\therefore$ 연립일차방정식은 $\begin{cases} x_3-3x_4+4x_5=5 \\ x_1+2x_2+x_3-2x_5=2 \\ -x_1+5x_2+x_3+2x_4-x_5=8 \\ 4x_1+x_3+6x_4+3x_5=7 \\ 3x_1-x_2+x_3+2x_4=13 \end{cases}$

행렬을 이용하여 연립일차방정식의 해를 구하는 방법으로 가우스 소거법과 가우스-조단 소거법이 있다. 두 방법은 거의 동일하며 가우스 소거법에서 과정을 조금 더 진행하면 가우스-조단 소거법인데, 이 과정에서 필요한 행렬이 행 사다리꼴 행렬과 기약 행 사다리꼴 행렬이다.

정의 5-27 행 사다리꼴 행렬과 기약 행 사다리꼴 행렬

(a) **행 사다리꼴 행렬**(row echelon form matrix)

: 각 행의 0이 아닌 첫 번째 원소가 1이고, 그 1을 포함하는 열에서 1의 아래쪽 원소가 모두 0인 행렬

(b) **기약 행 사다리꼴 행렬**(reduced row echelon form matrix)

: 행 사다리꼴 행렬에서 각 행의 0이 아닌 첫 번째 원소 1을 포함한 열의 나머지 원소가 모두 0인 행렬

어떤 행렬이 행 사다리꼴 행렬이려면 다음 조건을 만족해야 한다.

❶ 어떤 행은 1열부터 0으로 구성된다.
❷ 모든 행의 0이 아닌 첫 번째 원소는 1이다.
❸ 모든 행의 0이 아닌 첫 번째 원소는 상위 행의 0이 아닌 첫 번째 원소보다 오른쪽 열에 위치한다.
❹ 모든 원소가 0인 행이 있다면 행렬의 가장 마지막 행에 위치한다.

위의 네 가지 조건을 만족하면 행 사다리꼴 행렬은 대각선의 왼쪽 아래 부분이 모두 0으로 구성된다. 다음 행렬을 살펴보자.

$$A=\begin{bmatrix}1 & -5 & 9 & 1\\ 0 & 0 & 1 & 2\\ 0 & 0 & 0 & 1\\ 0 & 0 & 0 & 0\end{bmatrix},\quad B=\begin{bmatrix}1 & 2 & 3 & 4\\ 0 & 1 & 6 & 7\\ 0 & 0 & 1 & 9\end{bmatrix},\quad C=\begin{bmatrix}1 & 2 & -3 & 1\\ 0 & 0 & 1 & 7\\ 0 & 0 & 0 & 1\\ 0 & 1 & 0 & -3\end{bmatrix},\quad D=\begin{bmatrix}1 & 2 & 3 & 4\\ 0 & 5 & 6 & 7\\ 0 & 0 & 8 & 9\end{bmatrix}$$

먼저 행렬 A의 경우 4행은 1열부터 0으로 구성되어 조건 ❶을 만족한다. 그리고 각 행의 0이 아닌 첫 번째 원소가 모두 1이므로 조건 ❷를 만족하며, 각 행의 0이 아닌 첫 번째 원소 1은 상위 행의 0이 아닌 첫 번째 원소 1보다 오른쪽 열에 위치하므로 조건 ❸도 만족한다. 또한 모든 원소가 0인 행은 가장 마지막 행에 위치하여 조건 ❹를 만족하므로 행렬 A는 행 사다리꼴 행렬이다. 행렬 B도 모든 원소가 0인 행이 없을 뿐 다른 모든 조건을 만족하므로 행 사다리꼴 행렬이다.

그러나 행렬 C는 4행의 0이 아닌 첫 번째 원소가 2행과 3행의 0이 아닌 첫 번째 원소보다 왼쪽 열에 있으므로 행 사다리꼴 행렬이 아니다. 또한 행렬 D는 2행과 3행의 0이 아닌 첫 번째 원소가 1이 아니므로 행 사다리꼴 행렬이 아니다.

기약 행 사다리꼴 행렬은 행 사다리꼴 행렬의 조건을 만족하면서 각 행의 0이 아닌 첫 번째 원소 1을 포함한 열의 나머지 원소가 모두 0인 행렬을 말한다. 다음 행렬은 모두 각 행의 0이 아닌 첫 번째 원소 1을 포함한 열의 나머지 원소가 0이므로 기약 행 사다리꼴 행렬이다.

$$A=\begin{bmatrix}1&0\\0&1\end{bmatrix},\quad B=\begin{bmatrix}0&1&0&0&0\\0&0&0&1&0\\0&0&0&0&1\end{bmatrix},\quad C=\begin{bmatrix}1&0&0&4\\0&1&0&6\\0&0&1&3\end{bmatrix}$$

가우스 소거법

가우스 소거법(Gaussian elimination)은 주어진 첨가행렬을 행 사다리꼴 행렬로 변환하고 그렇게 변환한 첨가행렬을 다시 연립일차방정식으로 만들어 후진 대입법으로 값을 대입하면서 해를 구한다.

TIP 후진 대입법(backward substitution)

가우스 소거법으로 얻은 행 사다리꼴 행렬을 이용하여 연립일차방정식을 구성하면, 다음 연립일차방정식의 식 ③ $x_3=b_3$처럼 미지수가 하나인 방정식을 얻는다.

$$\begin{cases}x_1+a_{12}x_2+a_{13}x_3=b_1 & \cdots ①\\ \qquad\quad x_2+a_{23}x_3=b_2 & \cdots ②\\ \qquad\qquad\qquad x_3=b_3 & \cdots ③\end{cases}$$

그러면 미지수 x_3가 b_3임을 알 수 있다. x_3의 값을 식 ②에 대입하여 x_2의 값 $b_2-a_{23}b_3$를 구하고 x_2, x_3의 값을 식 ①에 대입하여 x_1의 값 $b_1-a_{12}(b_2-a_{23}b_3)-a_{13}b_3$를 구할 수 있다. 이처럼 연립일차방정식의 가장 아래에 있는 방정식에서 마지막 미지수의 값을 구하기 시작하여 한 단계씩 위쪽에 있는 미지수의 해를 구하는 방법을 후진 대입법이라고 한다.

가우스 소거법을 이용하여 첨가행렬을 행 사다리꼴 행렬(또는 기약 행 사다리꼴 행렬)로 만드는 과정을 기본 행 연산이라고 하며 다음 [정리 5-4]의 과정으로 진행한다.

정리 5-4 기본 행 연산(elementary row operation)

(a) 한 행에 0이 아닌 스칼라를 곱한다.
(b) 스칼라곱을 한 행을 다른 행에 더한다.
※ 필요에 따라 행의 위치를 교환할 수도 있다.

앞에서 첨가행렬을 구한 연립일차방정식 $\begin{cases} x+2y+3z=1 \\ x+3y+6z=1 \\ 2x+6y+13z=5 \end{cases}$ 의 해를 가우스 소거법으로 구해보자. 앞에서 구한 첨가행렬은 다음과 같다.

$$\left[\begin{array}{ccc|c} 1 & 2 & 3 & 1 \\ 1 & 3 & 6 & 1 \\ 2 & 6 & 13 & 5 \end{array}\right]$$

이 첨가행렬에서 실선 부분을 1로 만들고, 점선 부분을 0으로 만들면 행 사다리꼴 행렬이 된다.

$$\left[\begin{array}{ccc|c} 1 & 2 & 3 & 1 \\ 1 & 3 & 6 & 1 \\ 2 & 6 & 13 & 5 \end{array}\right]$$

(1) 1행 1열 원소는 이미 1이다.

(2) 2행 1열 원소와 3행 1열 원소를 0으로 만들기 위해 이미 1인 1행 1열 원소를 이용하여 다음과 같이 연산한다. 이때 2행과 3행 연산 결과를 얻은 후 연산의 기준인 1행은 원래대로 작성한다.

❶ 2행 1열 원소를 0으로 만들기 위해, (2행)=(1행)×(−1)+(2행)

과정 / 결과

$$(1\text{행})\times(-1)\ \left[\begin{array}{ccc|c} -1 & -2 & -3 & -1 \\ 1 & 3 & 6 & 1 \\ 2 & 6 & 13 & 5 \end{array}\right] \Rightarrow \left[\begin{array}{ccc|c} 1 & 2 & 3 & 1 \\ 0 & 1 & 3 & 0 \\ 2 & 6 & 13 & 5 \end{array}\right] \begin{array}{l} 1\text{행 : 원래대로 작성} \\ 2\text{행 : }(1\text{행})\times(-1)+(2\text{행}) \\ \ \end{array}$$

❷ 3행 1열 원소를 0으로 만들기 위해, (3행)=(1행)×(−2)+(3행)

과정 / 결과

$$(1\text{행})\times(-2)\ \left[\begin{array}{ccc|c} -2 & -4 & -6 & -2 \\ 0 & 1 & 3 & 0 \\ 2 & 6 & 13 & 5 \end{array}\right] \Rightarrow \left[\begin{array}{ccc|c} 1 & 2 & 3 & 1 \\ 0 & 1 & 3 & 0 \\ 0 & 2 & 7 & 3 \end{array}\right] \begin{array}{l} 1\text{행 : 원래대로 작성} \\ \ \\ 3\text{행 : }(1\text{행})\times(-2)+(3\text{행}) \end{array}$$

❶, ❷에서 구한 첨가행렬의 결과를 보면 2행 1열 원소는 0, 2행 2열 원소는 1이다.

(3) 3행 2열 원소를 0으로 만들기 위해 2행 2열 원소 1을 이용하여 다음과 같이 연산한다. 연산의 기준인 2행은 원래대로 작성한다.

❸ 3행 2열 원소를 0으로 만들기 위해, (3행)=(2행)×(−2)+(3행)

과정 / 결과

$$(2\text{행})\times(-2)\ \left[\begin{array}{ccc|c} 1 & 2 & 3 & 1 \\ 0 & -2 & -6 & 0 \\ 0 & 2 & 7 & 3 \end{array}\right] \Rightarrow \left[\begin{array}{ccc|c} 1 & 2 & 3 & 1 \\ 0 & 1 & 3 & 0 \\ 0 & 0 & 1 & 3 \end{array}\right] \begin{array}{l} \ \\ 2\text{행 : 원래대로 작성} \\ 3\text{행 : }(2\text{행})\times(-2)+(3\text{행}) \end{array}$$

③에서 구한 첨가행렬은 행 사다리꼴 행렬 형태이다.

$$\left[\begin{array}{ccc|c} 1 & 2 & 3 & 1 \\ 0 & 1 & 3 & 0 \\ 0 & 0 & 1 & 3 \end{array}\right]$$

마지막 첨가행렬에서 계수행렬은 $\begin{bmatrix} 1 & 2 & 3 \\ 0 & 1 & 3 \\ 0 & 0 & 1 \end{bmatrix}$, 상수행렬은 $\begin{bmatrix} 1 \\ 0 \\ 3 \end{bmatrix}$, 미지수행렬은 $\begin{bmatrix} x \\ y \\ z \end{bmatrix}$이고, 이를 이용하여 다시 연립일차방정식을 표현하면 다음과 같다.

$$\begin{cases} x+2y+3z=1 \\ \qquad y+3z=0 \\ \qquad\quad z=3 \end{cases}$$

위 연립방정식에서 z를 이용하여 y를 구하고, y, z를 이용하여 x를 구한다. 이 방법이 후진 대입법이다. $z=3$을 $y+3z=0$에 대입하면 다음과 같다.

$$y+3\times 3=y+9=0 \qquad \therefore\ y=-9$$

$y=-9$, $z=3$을 $x+2y+3z=1$에 대입하면 다음과 같다.

$$x+2\times(-9)+3\times 3=1 \qquad \therefore\ x=10$$

그러므로 이 연립일차방정식의 해는 $x=10$, $y=-9$, $z=3$이다.

다른 예로, 연산의 편의를 위해서 행의 순서를 바꾸는 경우를 살펴보자. 다음과 같은 첨가행렬이 있다고 가정하자.

$$\left[\begin{array}{ccc|c} 0 & 2 & 3 & 7 \\ 2 & 6 & 8 & 10 \\ 1 & 5 & 6 & 1 \end{array}\right]$$

이 첨가행렬의 1행 1열 원소가 0이므로 이 형태로는 행 사다리꼴 행렬을 만들 수 없다. 마침 3행 1열 원소가 1이므로 1행과 3행의 자리를 바꾸면 행 사다리꼴 행렬 형태를 만들기 쉽다.

$$\left[\begin{array}{ccc|c} 1 & 5 & 6 & 1 \\ 2 & 6 & 8 & 10 \\ 0 & 2 & 3 & 7 \end{array}\right]$$

이 첨가행렬을 이용하여 행 사다리꼴 행렬을 만들어 연립일차방정식의 해를 구해보자.

❶ 2행 1열 원소를 0으로 만들기 위해, (2행)=(1행)×(−2)+(2행)

과정 / 결과

$$(1\text{행})\times(-2)\ \left[\begin{array}{ccc|c} -2 & -10 & -12 & -2 \\ 2 & 6 & 8 & 10 \\ 0 & 2 & 3 & 7 \end{array}\right] \Rightarrow \left[\begin{array}{ccc|c} 1 & 5 & 6 & 1 \\ 0 & -4 & -4 & 8 \\ 0 & 2 & 3 & 7 \end{array}\right]$$

1행 : 원래대로 작성
2행 : (1행)×(−2)+(2행)

② 2행 2열 원소를 1로 만들기 위해, (2행)=(2행)×$\left(-\frac{1}{4}\right)$

$$\left[\begin{array}{ccc|c} 1 & 5 & 6 & 1 \\ 0 & 1 & 1 & -2 \\ 0 & 2 & 3 & 7 \end{array}\right] \quad \text{2행 : (2행)}\times\left(-\frac{1}{4}\right)$$

③ 3행 2열 원소를 0으로 만들기 위해, (3행)=(2행)×(−2)+(3행)

과정 결과

$$(2\text{행})\times(-2)\ \left[\begin{array}{ccc|c} 1 & 5 & 6 & 1 \\ 0 & -2 & -2 & 4 \\ 0 & 2 & 3 & 7 \end{array}\right] \Rightarrow \left[\begin{array}{ccc|c} 1 & 5 & 6 & 1 \\ 0 & 1 & 1 & -2 \\ 0 & 0 & 1 & 11 \end{array}\right] \begin{array}{l} \text{2행 : 원래대로 작성} \\ \text{3행 : (2행)}\times(-2)+(3\text{행}) \end{array}$$

결과로 나온 첨가행렬은 행 사다리꼴 행렬이다. 이 행렬을 이용하여 다시 연립일차방정식을 표현하면 다음과 같다.

$$\begin{cases} x+5y+6z=1 \\ y+z=-2 \\ z=11 \end{cases}$$

후진 대입법을 이용하여 해를 구해보자. $z=11$을 $y+z=-2$에 대입하면 다음과 같다.

$$y+11=-2 \qquad \therefore\ y=-13$$

$y=-13$, $z=11$을 $x+5y+6z=1$에 대입하면 다음과 같다.

$$x+5\times(-13)+6\times11=1 \qquad \therefore\ x=0$$

그러므로 이 연립일차방정식의 해는 $x=0$, $y=-13$, $z=11$이다.

예제 5-16

다음 연립일차방정식의 해를 구하라.

(a) $\begin{cases} 2x_1+x_2-3x_3=0 \\ x_1-2x_2+x_3=-5 \\ 3x_1-4x_2+5x_3=1 \end{cases}$

(b) $\begin{cases} -2a-b+3c+d=-5 \\ 3a+4b+2c-3d=15 \\ a+b-c-d=4 \\ -3b+2d=-2 \end{cases}$

풀이

(a) 첨가행렬 : $\left[\begin{array}{ccc|c} 2 & 1 & -3 & 0 \\ 1 & -2 & 1 & -5 \\ 3 & -4 & 5 & 1 \end{array}\right]$

① 1행과 2행의 자리바꿈

$$\left[\begin{array}{ccc|c} 1 & -2 & 1 & -5 \\ 2 & 1 & -3 & 0 \\ 3 & -4 & 5 & 1 \end{array}\right]$$

❷ (2 행) = (1 행) × (−2) + (2 행)

과정 결과

$$\left[\begin{array}{ccc|c} -2 & 4 & -2 & 10 \\ 2 & 1 & -3 & 0 \\ 3 & -4 & 5 & 1 \end{array}\right] \Rightarrow \left[\begin{array}{ccc|c} 1 & -2 & 1 & -5 \\ 0 & 5 & -5 & 10 \\ 3 & -4 & 5 & 1 \end{array}\right]$$

❸ (3 행) = (1 행) × (−3) + (3 행)

과정 결과

$$\left[\begin{array}{ccc|c} -3 & 6 & -3 & 15 \\ 0 & 5 & -5 & 10 \\ 3 & -4 & 5 & 1 \end{array}\right] \Rightarrow \left[\begin{array}{ccc|c} 1 & -2 & 1 & -5 \\ 0 & 5 & -5 & 10 \\ 0 & 2 & 2 & 16 \end{array}\right]$$

❹ (2 행) = (2 행) × $\left(\frac{1}{5}\right)$

$$\left[\begin{array}{ccc|c} 1 & -2 & 1 & -5 \\ 0 & 1 & -1 & 2 \\ 0 & 2 & 2 & 16 \end{array}\right]$$

❺ (3 행) = (2 행) × (−2) + (3 행)

과정 결과

$$\left[\begin{array}{ccc|c} 1 & -2 & 1 & -5 \\ 0 & -2 & 2 & -4 \\ 0 & 2 & 2 & 16 \end{array}\right] \Rightarrow \left[\begin{array}{ccc|c} 1 & -2 & 1 & -5 \\ 0 & 1 & -1 & 2 \\ 0 & 0 & 4 & 12 \end{array}\right]$$

❻ (3 행) = (3 행) × $\left(\frac{1}{4}\right)$

$$\left[\begin{array}{ccc|c} 1 & -2 & 1 & -5 \\ 0 & 1 & -1 & 2 \\ 0 & 0 & 1 & 3 \end{array}\right]$$

위 첨가행렬은 행 사다리꼴 행렬이다. 이 행렬을 연립일차방정식으로 표현하면 다음과 같다.

$$\begin{cases} x_1 - 2x_2 + x_3 = -5 \\ \qquad\quad x_2 - x_3 = 2 \\ \qquad\qquad\quad x_3 = 3 \end{cases}$$

후진 대입법으로 연립일차방정식의 해를 구해보자. $x_3 = 3$을 $x_2 - x_3 = 2$에 대입하면 다음과 같다.

$$x_2 - 3 = 2 \qquad \therefore\ x_2 = 5$$

$x_2 = 5$, $x_3 = 3$을 $x_1 - 2x_2 + x_3 = -5$에 대입하면 다음과 같다.

$$x_1 - 2 \times 5 + 1 \times 3 = -5 \qquad \therefore\ x_1 = 2$$

∴ 연립일차방정식의 해는 $x_1 = 2$, $x_2 = 5$, $x_3 = 3$이다.

(b) 첨가행렬 : $\left[\begin{array}{cccc|c} -2 & -1 & 3 & 1 & -5 \\ 3 & 4 & 2 & -3 & 15 \\ 1 & 1 & -1 & -1 & 4 \\ 0 & -3 & 0 & 2 & -2 \end{array}\right]$

❶ 1행과 3행의 자리바꿈

$$\left[\begin{array}{cccc|c} 1 & 1 & -1 & -1 & 4 \\ 3 & 4 & 2 & -3 & 15 \\ -2 & -1 & 3 & 1 & -5 \\ 0 & -3 & 0 & 2 & -2 \end{array}\right]$$

❷ (2행)=(1행)×(−3)+(2행)

과정 / 결과

$$\left[\begin{array}{cccc|c} -3 & -3 & 3 & 3 & -12 \\ 3 & 4 & 2 & -3 & 15 \\ -2 & -1 & 3 & 1 & -5 \\ 0 & -3 & 0 & 2 & -2 \end{array}\right] \Rightarrow \left[\begin{array}{cccc|c} 1 & 1 & -1 & -1 & 4 \\ 0 & 1 & 5 & 0 & 3 \\ -2 & -1 & 3 & 1 & -5 \\ 0 & -3 & 0 & 2 & -2 \end{array}\right]$$

❸ (3행)=(1행)×2+(3행)

과정 / 결과

$$\left[\begin{array}{cccc|c} 2 & 2 & -2 & -2 & 8 \\ 0 & 1 & 5 & 0 & 3 \\ -2 & -1 & 3 & 1 & -5 \\ 0 & -3 & 0 & 2 & -2 \end{array}\right] \Rightarrow \left[\begin{array}{cccc|c} 1 & 1 & -1 & -1 & 4 \\ 0 & 1 & 5 & 0 & 3 \\ 0 & 1 & 1 & -1 & 3 \\ 0 & -3 & 0 & 2 & -2 \end{array}\right]$$

❹ (3행)=(2행)×(−1)+(3행)

과정 / 결과

$$\left[\begin{array}{cccc|c} 1 & 1 & -1 & -1 & 4 \\ 0 & -1 & -5 & 0 & -3 \\ 0 & 1 & 1 & -1 & 3 \\ 0 & -3 & 0 & 2 & -2 \end{array}\right] \Rightarrow \left[\begin{array}{cccc|c} 1 & 1 & -1 & -1 & 4 \\ 0 & 1 & 5 & 0 & 3 \\ 0 & 0 & -4 & -1 & 0 \\ 0 & -3 & 0 & 2 & -2 \end{array}\right]$$

❺ (4행)=(2행)×3+(4행)

과정 / 결과

$$\left[\begin{array}{cccc|c} 1 & 1 & -1 & -1 & 4 \\ 0 & 3 & 15 & 0 & 9 \\ 0 & 0 & -4 & -1 & 0 \\ 0 & -3 & 0 & 2 & -2 \end{array}\right] \Rightarrow \left[\begin{array}{cccc|c} 1 & 1 & -1 & -1 & 4 \\ 0 & 1 & 5 & 0 & 3 \\ 0 & 0 & -4 & -1 & 0 \\ 0 & 0 & 15 & 2 & 7 \end{array}\right]$$

❻ (3행)=(3행)×$\left(-\frac{1}{4}\right)$

$$\left[\begin{array}{cccc|c} 1 & 1 & -1 & -1 & 4 \\ 0 & 1 & 5 & 0 & 3 \\ 0 & 0 & 1 & \frac{1}{4} & 0 \\ 0 & 0 & 15 & 2 & 7 \end{array}\right]$$

❼ (4행)=(3행)×(−15)+(4행)

과정 / 결과

$$\left[\begin{array}{cccc|c} 1 & 1 & -1 & -1 & 4 \\ 0 & 1 & 5 & 0 & 3 \\ 0 & 0 & -15 & -\frac{15}{4} & 0 \\ 0 & 0 & 15 & 2 & 7 \end{array}\right] \Rightarrow \left[\begin{array}{cccc|c} 1 & 1 & -1 & -1 & 4 \\ 0 & 1 & 5 & 0 & 3 \\ 0 & 0 & 1 & \frac{1}{4} & 0 \\ 0 & 0 & 0 & -\frac{7}{4} & 7 \end{array}\right]$$

❽ (4행)=(4행)×$\left(-\frac{4}{7}\right)$

$$\left[\begin{array}{cccc|c} 1 & 1 & -1 & -1 & 4 \\ 0 & 1 & 5 & 0 & 3 \\ 0 & 0 & 1 & \frac{1}{4} & 0 \\ 0 & 0 & 0 & 1 & -4 \end{array}\right]$$

위 첨가행렬은 행 사다리꼴 행렬이다. 이 행렬을 연립일차방정식으로 표현하면 다음과 같다.

$$\begin{cases} a+b-c-d=4 \\ b+5c=3 \\ c+\frac{1}{4}d=0 \\ d=-4 \end{cases}$$

후진 대입법으로 연립일차방정식의 해를 구해보자. $d=-4$를 $c+\frac{1}{4}d=0$에 대입하면 다음과 같다.

$$c+\frac{1}{4}\times(-4)=0 \qquad \therefore c=1$$

$c=1$을 $b+5c=3$에 대입하면 다음과 같다.

$$b+5\times 1=3 \qquad \therefore b=-2$$

$b=-2$, $c=1$, $d=-4$를 $a+b-c-d=4$에 대입하면 다음과 같다.

$$a+(-2)-1-(-4)=4 \qquad \therefore a=3$$

∴ 연립일차방정식의 해는 $a=3$, $b=-2$, $c=1$, $d=-4$이다.

가우스-조단 소거법

가우스-조단 소거법(Gauss-Jordan elimination)은 첨가행렬의 계수행렬 부분을 기약 행 사다리꼴 행렬로 만들어 해를 구하는 방법이다. 가우스-조단 소거법을 모두 마친 후 최종 첨가행렬의 형태는 다음과 같다.

$$\left[\begin{array}{cccccccc|c} 1 & 0 & \dots & 0 & a_{1k} & \dots & a_{1n} & & s_1 \\ 0 & 1 & \dots & 0 & a_{2k} & \dots & a_{2n} & & s_2 \\ \dots & \dots & \dots & \dots & \dots & \dots & \dots & & \dots \\ 0 & 0 & \dots & 1 & a_{mk} & \dots & a_{mn} & & s_m \end{array}\right]$$

그런데 이 장에서는 방정식의 개수와 방정식을 구성하는 미지수의 개수가 같은 연립일차방정식만 다루기로 했으므로, 여기서 가우스-조단 소거법을 이용하여 기약 행 사다리꼴로 만들면 첨가행렬의 계수행렬 부분은 단위행렬 I가 될 것이다.

일반적으로 가우스-조단 소거법은 가우스 소거법에서 몇 단계의 연산 과정을 더 진행한다. 가우스 소거법에서 예로 들었던 연립일차방정식 $\begin{cases} x+2y+\ \ 3z=1 \\ x+3y+\ \ 6z=1 \\ 2x+6y+13z=5 \end{cases}$의 해를 가우스-조단 소거법으로 구해보자. 가우스 소거법에서 구한 행 사다리꼴 행렬은 다음과 같다.

$$\left[\begin{array}{ccc|c} 1 & 2 & 3 & 1 \\ 0 & 1 & 3 & 0 \\ 0 & 0 & 1 & 3 \end{array}\right]$$

위 첨가행렬에서 계수행렬 부분을 기약 행 사다리꼴 행렬로 만들기 위해 가우스 소거법과 같은 방식으로 연산한다.

❶ 1행 2열 원소를 0으로 만들기 위해, (1행)=(2행)×(−2)+(1행)

과정 / 결과

$$(2\text{행})\times(-2)\ \left[\begin{array}{ccc|c} 1 & 2 & 3 & 1 \\ 0 & -2 & -6 & 0 \\ 0 & 0 & 1 & 3 \end{array}\right] \Rightarrow \left[\begin{array}{ccc|c} 1 & 0 & -3 & 1 \\ 0 & 1 & 3 & 0 \\ 0 & 0 & 1 & 3 \end{array}\right]$$

1행 : (2행)×(−2)+(1행)
2행 : 원래대로 작성

❷ 1행 3열 원소를 0으로 만들기 위해, (1행)=(3행)×3+(1행)

과정 / 결과

$$(3\text{행})\times 3\ \left[\begin{array}{ccc|c} 1 & 0 & -3 & 1 \\ 0 & 1 & 3 & 0 \\ 0 & 0 & 3 & 9 \end{array}\right] \Rightarrow \left[\begin{array}{ccc|c} 1 & 0 & 0 & 10 \\ 0 & 1 & 3 & 0 \\ 0 & 0 & 1 & 3 \end{array}\right]$$

1행 : (3행)×3+(1행)
3행 : 원래대로 작성

❸ 2행 3열 원소를 0으로 만들기 위해, (2행)=(3행)×(−3)+(2행)

과정 / 결과

$$(3\text{행})\times(-3)\ \left[\begin{array}{ccc|c} 1 & 0 & 0 & 10 \\ 0 & 1 & 3 & 0 \\ 0 & 0 & -3 & -9 \end{array}\right] \Rightarrow \left[\begin{array}{ccc|c} 1 & 0 & 0 & 10 \\ 0 & 1 & 0 & -9 \\ 0 & 0 & 1 & 3 \end{array}\right]$$

2행 : (3행)×(−3)+(2행)
3행 : 원래대로 작성

마지막 첨가행렬에서 계수행렬은 $\begin{bmatrix}1&0&0\\0&1&0\\0&0&1\end{bmatrix}$, 상수행렬은 $\begin{bmatrix}10\\-9\\3\end{bmatrix}$이다. 미지수행렬을 $\begin{bmatrix}x\\y\\z\end{bmatrix}$라고 할 때, 다음과 같이 나타낼 수 있다.

$$AX=\begin{bmatrix}1&0&0\\0&1&0\\0&0&1\end{bmatrix}\times\begin{bmatrix}x\\y\\z\end{bmatrix}=\begin{bmatrix}10\\-9\\3\end{bmatrix}$$

따라서 이 연립일차방정식의 해는 $x=10$, $y=-9$, $z=3$이다.

예제 5-17

가우스-조단 소거법을 이용하여 [예제 5-16]에서 살펴본 다음 연립일차방정식의 해를 구하라.

(a) $\begin{cases}2x_1+\ \ x_2-3x_3=\ \ 0\\ \ \ x_1-2x_2+\ \ x_3=-5\\3x_1-4x_2+5x_3=\ \ 1\end{cases}$

(b) $\begin{cases}-2a-\ \ b+3c+\ \ d=-5\\ \ \ 3a+4b+2c-3d=\ \ 15\\ \ \ \ \ a+\ \ b-\ \ c-\ \ d=\ \ 4\\ \ \ \ \ \ \ -3b\ \ \ \ \ \ \ \ \ +2d=-2\end{cases}$

풀이

(a) [예제 5-16(a)]에서 구한 행 사다리꼴 행렬은 $\left[\begin{array}{ccc|c}1&-2&1&-5\\0&1&-1&2\\0&0&1&3\end{array}\right]$이므로, 이 다음 단계의 연산부터 진행한다.

❶ (1행)=(2행)×2+(1행)

과정		결과
$\left[\begin{array}{ccc\|c}1&-2&1&-5\\0&2&-2&4\\0&0&1&3\end{array}\right]$	$\Rightarrow$	$\left[\begin{array}{ccc\|c}1&0&-1&-1\\0&1&-1&2\\0&0&1&3\end{array}\right]$

❷ (1행)=(3행)×1+(1행)

과정		결과
$\left[\begin{array}{ccc\|c}1&0&-1&-1\\0&1&-1&2\\0&0&1&3\end{array}\right]$	$\Rightarrow$	$\left[\begin{array}{ccc\|c}1&0&0&2\\0&1&-1&2\\0&0&1&3\end{array}\right]$

❸ (2행)=(3행)×1+(2행)

과정		결과
$\left[\begin{array}{ccc\|c}1&0&0&2\\0&1&-1&2\\0&0&1&3\end{array}\right]$	$\Rightarrow$	$\left[\begin{array}{ccc\|c}1&0&0&2\\0&1&0&5\\0&0&1&3\end{array}\right]$

∴ 연립일차방정식의 해는 $x_1=2$, $x_2=5$, $x_3=3$이다.

(b) [예제 5-16(b)]에서 구한 행 사다리꼴 행렬은 $\left[\begin{array}{cccc|c} 1 & 1 & -1 & -1 & 4 \\ 0 & 1 & 5 & 0 & 3 \\ 0 & 0 & 1 & \frac{1}{4} & 0 \\ 0 & 0 & 0 & 1 & -4 \end{array}\right]$이므로, 이 다음 단계의 연산부터 진행한다.

❶ (1 행)=(2 행)×(−1)+(1 행)

과정 → 결과

$$\left[\begin{array}{cccc|c} 1 & 1 & -1 & -1 & 4 \\ 0 & -1 & -5 & 0 & -3 \\ 0 & 0 & 1 & \frac{1}{4} & 0 \\ 0 & 0 & 0 & 1 & -4 \end{array}\right] \Rightarrow \left[\begin{array}{cccc|c} 1 & 0 & -6 & -1 & 1 \\ 0 & 1 & 5 & 0 & 3 \\ 0 & 0 & 1 & \frac{1}{4} & 0 \\ 0 & 0 & 0 & 1 & -4 \end{array}\right]$$

❷ (1 행)=(3 행)×6+(1 행)

과정 → 결과

$$\left[\begin{array}{cccc|c} 1 & 0 & -6 & -1 & 1 \\ 0 & 1 & 5 & 0 & 3 \\ 0 & 0 & 6 & \frac{6}{4} & 0 \\ 0 & 0 & 0 & 1 & -4 \end{array}\right] \Rightarrow \left[\begin{array}{cccc|c} 1 & 0 & 0 & \frac{2}{4} & 1 \\ 0 & 1 & 5 & 0 & 3 \\ 0 & 0 & 1 & \frac{1}{4} & 0 \\ 0 & 0 & 0 & 1 & -4 \end{array}\right]$$

❸ (2 행)=(3 행)×(−5)+(2 행)

과정 → 결과

$$\left[\begin{array}{cccc|c} 1 & 0 & 0 & \frac{2}{4} & 1 \\ 0 & 1 & 5 & 0 & 3 \\ 0 & 0 & -5 & -\frac{5}{4} & 0 \\ 0 & 0 & 0 & 1 & -4 \end{array}\right] \Rightarrow \left[\begin{array}{cccc|c} 1 & 0 & 0 & \frac{2}{4} & 1 \\ 0 & 1 & 0 & -\frac{5}{4} & 3 \\ 0 & 0 & 1 & \frac{1}{4} & 0 \\ 0 & 0 & 0 & 1 & -4 \end{array}\right]$$

❹ (1 행)=(4 행)×$\left(-\frac{2}{4}\right)$+(1 행)

과정 → 결과

$$\left[\begin{array}{cccc|c} 1 & 0 & 0 & \frac{2}{4} & 1 \\ 0 & 1 & 0 & -\frac{5}{4} & 3 \\ 0 & 0 & 1 & \frac{1}{4} & 0 \\ 0 & 0 & 0 & -\frac{2}{4} & 2 \end{array}\right] \Rightarrow \left[\begin{array}{cccc|c} 1 & 0 & 0 & 0 & 3 \\ 0 & 1 & 0 & -\frac{5}{4} & 3 \\ 0 & 0 & 1 & \frac{1}{4} & 0 \\ 0 & 0 & 0 & 1 & -4 \end{array}\right]$$

❺ (2행)=(4행)$\times \frac{5}{4}$+(2행)

$$\overset{\text{과정}}{\left[\begin{array}{cccc|c} 1 & 0 & 0 & 0 & 3 \\ 0 & 1 & 0 & -\frac{5}{4} & 3 \\ 0 & 0 & 1 & \frac{1}{4} & 0 \\ 0 & 0 & 0 & \frac{5}{4} & -5 \end{array}\right]} \Rightarrow \overset{\text{결과}}{\left[\begin{array}{cccc|c} 1 & 0 & 0 & 0 & 3 \\ 0 & 1 & 0 & 0 & -2 \\ 0 & 0 & 1 & \frac{1}{4} & 0 \\ 0 & 0 & 0 & 1 & -4 \end{array}\right]}$$

❻ (3행)=(4행)$\times \left(-\frac{1}{4}\right)$+(3행)

$$\overset{\text{과정}}{\left[\begin{array}{cccc|c} 1 & 0 & 0 & 0 & 3 \\ 0 & 1 & 0 & 0 & -2 \\ 0 & 0 & 1 & \frac{1}{4} & 0 \\ 0 & 0 & 0 & -\frac{1}{4} & 1 \end{array}\right]} \Rightarrow \overset{\text{결과}}{\left[\begin{array}{cccc|c} 1 & 0 & 0 & 0 & 3 \\ 0 & 1 & 0 & 0 & -2 \\ 0 & 0 & 1 & 0 & 1 \\ 0 & 0 & 0 & 1 & -4 \end{array}\right]}$$

∴ 연립일차방정식의 해는 $a=3$, $b=-2$, $c=1$, $d=-4$이다.

가우스-조단 소거법으로 구하는 역행렬

가역행렬인 경우에는 가우스-조단 소거법을 이용하여 역행렬을 구할 수 있다. 첨가행렬의 왼쪽에 가역행렬, 오른쪽에 단위행렬을 놓고 첨가행렬의 왼쪽 부분이 단위행렬 형태가 될 때까지 가우스-조단 소거법을 수행하면 오른쪽 부분의 행렬이 처음 왼쪽에 놓은 가역행렬의 역행렬이 된다.

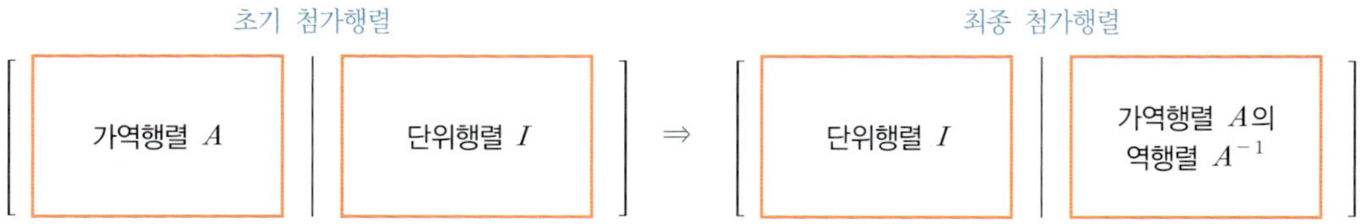

[그림 5-3] 가우스-조단 소거법으로 구하는 역행렬

[예제 5-10(a)]에 해당하는 행렬 $A=\begin{bmatrix}-2 & 2 & -3\\ 1 & 0 & 1\\ -4 & 3 & -5\end{bmatrix}$의 역행렬을 가우스-조단 소거법을 이용하여 구해보자. 우선 첨가행렬은 다음과 같다.

$$\left[\begin{array}{ccc|ccc}-2 & 2 & -3 & 1 & 0 & 0\\ 1 & 0 & 1 & 0 & 1 & 0\\ -4 & 3 & -5 & 0 & 0 & 1\end{array}\right]$$

❶ 첨가행렬의 왼쪽 부분 2행 1열 원소가 1이므로 1행과 2행의 자리를 바꾼다.

$$\left[\begin{array}{ccc|ccc}1 & 0 & 1 & 0 & 1 & 0\\ -2 & 2 & -3 & 1 & 0 & 0\\ -4 & 3 & -5 & 0 & 0 & 1\end{array}\right]$$

❷ 첨가행렬의 왼쪽 부분 2행 1열 원소를 0으로 만들기 위해, (2행)=(1행)×2+(2행)

과정 / 결과

$$\text{(1행)}\times 2\ \left[\begin{array}{ccc|ccc}2 & 0 & 2 & 0 & 2 & 0\\ -2 & 2 & -3 & 1 & 0 & 0\\ -4 & 3 & -5 & 0 & 0 & 1\end{array}\right] \Rightarrow \left[\begin{array}{ccc|ccc}1 & 0 & 1 & 0 & 1 & 0\\ 0 & 2 & -1 & 1 & 2 & 0\\ -4 & 3 & -5 & 0 & 0 & 1\end{array}\right]\begin{array}{l}\text{1행 : 원래대로 작성}\\ \text{2행 : (1행)}\times 2+\text{(2행)}\\ \ \end{array}$$

❸ 첨가행렬의 왼쪽 부분 3행 1열 원소를 0으로 만들기 위해, (3행)=(1행)×4+(3행)

과정 / 결과

$$\text{(1행)}\times 4\ \left[\begin{array}{ccc|ccc}4 & 0 & 4 & 0 & 4 & 0\\ 0 & 2 & -1 & 1 & 2 & 0\\ -4 & 3 & -5 & 0 & 0 & 1\end{array}\right] \Rightarrow \left[\begin{array}{ccc|ccc}1 & 0 & 1 & 0 & 1 & 0\\ 0 & 2 & -1 & 1 & 2 & 0\\ 0 & 3 & -1 & 0 & 4 & 1\end{array}\right]\begin{array}{l}\text{1행 : 원래대로 작성}\\ \ \\ \text{3행 : (1행)}\times 4+\text{(3행)}\end{array}$$

❹ 첨가행렬의 왼쪽 부분 2행 2열 원소를 1로 만들기 위해, (2행)=(2행)$\times\frac{1}{2}$

$$\left[\begin{array}{ccc|ccc}1 & 0 & 1 & 0 & 1 & 0\\ 0 & 1 & -\frac{1}{2} & \frac{1}{2} & 1 & 0\\ 0 & 3 & -1 & 0 & 4 & 1\end{array}\right]\ \text{2행 : (2행)}\times\frac{1}{2}$$

❺ 첨가행렬의 왼쪽 부분 3행 2열 원소를 0으로 만들기 위해, (3행)=(2행)×(−3)+(3행)

과정 / 결과

$$\text{(2행)}\times(-3)\left[\begin{array}{ccc|ccc}1 & 0 & 1 & 0 & 1 & 0\\ 0 & -3 & \frac{3}{2} & -\frac{3}{2} & -3 & 0\\ 0 & 3 & -1 & 0 & 4 & 1\end{array}\right] \Rightarrow \left[\begin{array}{ccc|ccc}1 & 0 & 1 & 0 & 1 & 0\\ 0 & 1 & -\frac{1}{2} & \frac{1}{2} & 1 & 0\\ 0 & 0 & \frac{1}{2} & -\frac{3}{2} & 1 & 1\end{array}\right]\begin{array}{l}\ \\ \text{2행 : 원래대로 작성}\\ \text{3행 : (2행)}\times(-3)+\text{(3행)}\end{array}$$

❻ 첨가행렬의 왼쪽 부분 3행 3열 원소를 1로 만들기 위해, (3행)=(3행)×2

$$\left[\begin{array}{ccc|ccc} 1 & 0 & 1 & 0 & 1 & 0 \\ 0 & 1 & -\frac{1}{2} & \frac{1}{2} & 1 & 0 \\ 0 & 0 & 1 & -3 & 2 & 2 \end{array}\right]$$

❼ 첨가행렬의 왼쪽 부분 1행 3열 원소를 0으로 만들기 위해, (1행)=(3행)×(−1)+(1행)

과정 / 결과

$$\begin{array}{r} \\ \\ (3\text{행})\times(-1) \end{array}\left[\begin{array}{ccc|ccc} 1 & 0 & 1 & 0 & 1 & 0 \\ 0 & 1 & -\frac{1}{2} & \frac{1}{2} & 1 & 0 \\ 0 & 0 & -1 & 3 & -2 & -2 \end{array}\right] \Rightarrow \left[\begin{array}{ccc|ccc} 1 & 0 & 0 & 3 & -1 & -2 \\ 0 & 1 & -\frac{1}{2} & \frac{1}{2} & 1 & 0 \\ 0 & 0 & 1 & -3 & 2 & 2 \end{array}\right]\begin{array}{l} 1\text{행} : (3\text{행})\times(-1)+(1\text{행}) \\ \\ 3\text{행} : \text{원래대로 작성} \end{array}$$

❽ 첨가행렬의 왼쪽 부분 2행 3열 원소를 0으로 만들기 위해, (2행)=(3행)×$\frac{1}{2}$+(2행)

과정 / 결과

$$\begin{array}{r} \\ \\ (3\text{행})\times\frac{1}{2} \end{array}\left[\begin{array}{ccc|ccc} 1 & 0 & 0 & 3 & -1 & -2 \\ 0 & 1 & -\frac{1}{2} & \frac{1}{2} & 1 & 0 \\ 0 & 0 & \frac{1}{2} & -\frac{3}{2} & 1 & 1 \end{array}\right] \Rightarrow \left[\begin{array}{ccc|ccc} 1 & 0 & 0 & 3 & -1 & -2 \\ 0 & 1 & 0 & -1 & 2 & 1 \\ 0 & 0 & 1 & -3 & 2 & 2 \end{array}\right]\begin{array}{l} 2\text{행} : (3\text{행})\times\frac{1}{2}+(2\text{행}) \\ 3\text{행} : \text{원래대로 작성} \end{array}$$

첨가행렬의 왼쪽 부분을 단위행렬로 만들었다. 따라서 첨가행렬의 오른쪽 부분은 행렬 A의 역행렬이다.

예제 5-18

[예제 5-13]과 [예제 5-14]에서 살펴본 다음 정사각행렬 A, B, C의 역행렬을 가우스-조단 소거법을 이용하여 구하라.

(a) $A=\begin{bmatrix} 1 & -1 & 2 \\ 2 & 1 & -3 \\ 4 & 1 & 1 \end{bmatrix}$ (b) $B=\begin{bmatrix} 3 & -1 & -2 \\ -4 & 2 & 1 \\ 1 & 4 & -3 \end{bmatrix}$ (c) $C=\begin{bmatrix} 1 & -3 & -3 & 4 \\ 1 & 0 & 1 & 0 \\ -4 & 3 & 5 & -5 \\ 0 & 1 & 0 & -1 \end{bmatrix}$

풀이

(a) 행렬 A의 첨가행렬은 다음과 같다.

$$\left[\begin{array}{ccc|ccc} 1 & -1 & 2 & 1 & 0 & 0 \\ 2 & 1 & -3 & 0 & 1 & 0 \\ 4 & 1 & 1 & 0 & 0 & 1 \end{array}\right]$$

❶ (2행)=(1행)×(−2)+(2행)

과정 / 결과

$$\left[\begin{array}{ccc|ccc} -2 & 2 & -4 & -2 & 0 & 0 \\ 2 & 1 & -3 & 0 & 1 & 0 \\ 4 & 1 & 1 & 0 & 0 & 1 \end{array}\right] \Rightarrow \left[\begin{array}{ccc|ccc} 1 & -1 & 2 & 1 & 0 & 0 \\ 0 & 3 & -7 & -2 & 1 & 0 \\ 4 & 1 & 1 & 0 & 0 & 1 \end{array}\right]$$

❷ (3행)=(1행)×(−4)+(3행)

과정 / 결과

$$\left[\begin{array}{ccc|ccc} -4 & 4 & -8 & -4 & 0 & 0 \\ 0 & 3 & -7 & -2 & 1 & 0 \\ 4 & 1 & 1 & 0 & 0 & 1 \end{array}\right] \Rightarrow \left[\begin{array}{ccc|ccc} 1 & -1 & 2 & 1 & 0 & 0 \\ 0 & 3 & -7 & -2 & 1 & 0 \\ 0 & 5 & -7 & -4 & 0 & 1 \end{array}\right]$$

❸ (2행)=(2행)×$\frac{1}{3}$

$$\left[\begin{array}{ccc|ccc} 1 & -1 & 2 & 1 & 0 & 0 \\ 0 & 1 & -\frac{7}{3} & -\frac{2}{3} & \frac{1}{3} & 0 \\ 0 & 5 & -7 & -4 & 0 & 1 \end{array}\right]$$

❹ (1행)=(2행)×1+(1행)

과정 / 결과

$$\left[\begin{array}{ccc|ccc} 1 & -1 & 2 & 1 & 0 & 0 \\ 0 & 1 & -\frac{7}{3} & -\frac{2}{3} & \frac{1}{3} & 0 \\ 0 & 5 & -7 & -4 & 0 & 1 \end{array}\right] \Rightarrow \left[\begin{array}{ccc|ccc} 1 & 0 & -\frac{1}{3} & \frac{1}{3} & \frac{1}{3} & 0 \\ 0 & 1 & -\frac{7}{3} & -\frac{2}{3} & \frac{1}{3} & 0 \\ 0 & 5 & -7 & -4 & 0 & 1 \end{array}\right]$$

❺ (3행)=(2행)×(−5)+(3행)

과정 / 결과

$$\left[\begin{array}{ccc|ccc} 1 & 0 & -\frac{1}{3} & \frac{1}{3} & \frac{1}{3} & 0 \\ 0 & -5 & \frac{35}{3} & \frac{10}{3} & -\frac{5}{3} & 0 \\ 0 & 5 & -7 & -4 & 0 & 1 \end{array}\right] \Rightarrow \left[\begin{array}{ccc|ccc} 1 & 0 & -\frac{1}{3} & \frac{1}{3} & \frac{1}{3} & 0 \\ 0 & 1 & -\frac{7}{3} & -\frac{2}{3} & \frac{1}{3} & 0 \\ 0 & 0 & \frac{14}{3} & -\frac{2}{3} & -\frac{5}{3} & 1 \end{array}\right]$$

❻ (3행)=(3행)×$\frac{3}{14}$

$$\left[\begin{array}{ccc|ccc} 1 & 0 & -\frac{1}{3} & \frac{1}{3} & \frac{1}{3} & 0 \\ 0 & 1 & -\frac{7}{3} & -\frac{2}{3} & \frac{1}{3} & 0 \\ 0 & 0 & 1 & -\frac{2}{14} & -\frac{5}{14} & \frac{3}{14} \end{array}\right]$$

❼ (1행)=(3행)×$\frac{1}{3}$+(1행)

과정 / 결과

$$\left[\begin{array}{ccc|ccc} 1 & 0 & -\frac{1}{3} & \frac{1}{3} & \frac{1}{3} & 0 \\ 0 & 1 & -\frac{7}{3} & -\frac{2}{3} & \frac{1}{3} & 0 \\ 0 & 0 & \frac{1}{3} & -\frac{2}{42} & -\frac{5}{42} & \frac{3}{42} \end{array}\right] \Rightarrow \left[\begin{array}{ccc|ccc} 1 & 0 & 0 & \frac{12}{42} & \frac{9}{42} & \frac{3}{42} \\ 0 & 1 & -\frac{7}{3} & -\frac{2}{3} & \frac{1}{3} & 0 \\ 0 & 0 & 1 & -\frac{2}{14} & -\frac{5}{14} & \frac{3}{14} \end{array}\right]$$

❽ (2행)=(3행)×$\frac{7}{3}$+(2행)

과정 / 결과

$$\left[\begin{array}{ccc|ccc} 1 & 0 & 0 & \frac{12}{42} & \frac{9}{42} & \frac{3}{42} \\ 0 & 1 & -\frac{7}{3} & -\frac{2}{3} & \frac{1}{3} & 0 \\ 0 & 0 & \frac{7}{3} & -\frac{14}{42} & -\frac{35}{42} & \frac{21}{42} \end{array}\right] \Rightarrow \left[\begin{array}{ccc|ccc} 1 & 0 & 0 & \frac{12}{42} & \frac{9}{42} & \frac{3}{42} \\ 0 & 1 & 0 & -1 & -\frac{21}{42} & \frac{21}{42} \\ 0 & 0 & 1 & -\frac{2}{14} & -\frac{5}{14} & \frac{3}{14} \end{array}\right]$$

$$\therefore A^{-1} = \begin{bmatrix} \frac{12}{42} & \frac{9}{42} & \frac{3}{42} \\ -1 & -\frac{21}{42} & \frac{21}{42} \\ -\frac{2}{14} & -\frac{5}{14} & \frac{3}{14} \end{bmatrix} = \begin{bmatrix} \frac{2}{7} & \frac{3}{14} & \frac{1}{14} \\ -1 & -\frac{1}{2} & \frac{1}{2} \\ -\frac{1}{7} & -\frac{5}{14} & \frac{3}{14} \end{bmatrix}$$

(b) 행렬 B의 첨가행렬은 다음과 같다.

$$\left[\begin{array}{ccc|ccc} 3 & -1 & -2 & 1 & 0 & 0 \\ -4 & 2 & 1 & 0 & 1 & 0 \\ 1 & 4 & -3 & 0 & 0 & 1 \end{array}\right]$$

❶ 1행과 3행의 자리바꿈

$$\left[\begin{array}{ccc|ccc} 1 & 4 & -3 & 0 & 0 & 1 \\ -4 & 2 & 1 & 0 & 1 & 0 \\ 3 & -1 & -2 & 1 & 0 & 0 \end{array}\right]$$

❷ (2행)=(1행)×4+(2행)

과정 / 결과

$$\left[\begin{array}{ccc|ccc} 4 & 16 & -12 & 0 & 0 & 4 \\ -4 & 2 & 1 & 0 & 1 & 0 \\ 3 & -1 & -2 & 1 & 0 & 0 \end{array}\right] \Rightarrow \left[\begin{array}{ccc|ccc} 1 & 4 & -3 & 0 & 0 & 1 \\ 0 & 18 & -11 & 0 & 1 & 4 \\ 3 & -1 & -2 & 1 & 0 & 0 \end{array}\right]$$

❸ (3행)=(1행)×(−3)+(3행)

과정 / 결과

$$\left[\begin{array}{ccc|ccc} -3 & -12 & 9 & 0 & 0 & -3 \\ 0 & 18 & -11 & 0 & 1 & 4 \\ 3 & -1 & -2 & 1 & 0 & 0 \end{array}\right] \Rightarrow \left[\begin{array}{ccc|ccc} 1 & 4 & -3 & 0 & 0 & 1 \\ 0 & 18 & -11 & 0 & 1 & 4 \\ 0 & -13 & 7 & 1 & 0 & -3 \end{array}\right]$$

❹ (2행)=(2행)×$\frac{1}{18}$

$$\left[\begin{array}{ccc|ccc} 1 & 4 & -3 & 0 & 0 & 1 \\ 0 & 1 & -\frac{11}{18} & 0 & \frac{1}{18} & \frac{4}{18} \\ 0 & -13 & 7 & 1 & 0 & -3 \end{array}\right]$$

❺ (1행)=(2행)×(−4)+(1행)

과정 / 결과

$$\left[\begin{array}{ccc|ccc} 1 & 4 & -3 & 0 & 0 & 1 \\ 0 & -4 & \frac{44}{18} & 0 & -\frac{4}{18} & -\frac{16}{18} \\ 0 & -13 & 7 & 1 & 0 & -3 \end{array}\right] \Rightarrow \left[\begin{array}{ccc|ccc} 1 & 0 & -\frac{10}{18} & 0 & -\frac{4}{18} & \frac{2}{18} \\ 0 & 1 & -\frac{11}{18} & 0 & \frac{1}{18} & \frac{4}{18} \\ 0 & -13 & 7 & 1 & 0 & -3 \end{array}\right]$$

❻ (3행)=(2행)×13+(3행)

과정 / 결과

$$\left[\begin{array}{ccc|ccc} 1 & 0 & -\frac{10}{18} & 0 & -\frac{4}{18} & \frac{2}{18} \\ 0 & 13 & -\frac{143}{18} & 0 & \frac{13}{18} & \frac{52}{18} \\ 0 & -13 & 7 & 1 & 0 & -3 \end{array}\right] \Rightarrow \left[\begin{array}{ccc|ccc} 1 & 0 & -\frac{10}{18} & 0 & -\frac{4}{18} & \frac{2}{18} \\ 0 & 1 & -\frac{11}{18} & 0 & \frac{1}{18} & \frac{4}{18} \\ 0 & 0 & -\frac{17}{18} & 1 & \frac{13}{18} & -\frac{2}{18} \end{array}\right]$$

❼ (3행)=(3행)×$\left(-\frac{18}{17}\right)$

$$\left[\begin{array}{ccc|ccc} 1 & 0 & -\frac{10}{18} & 0 & -\frac{4}{18} & \frac{2}{18} \\ 0 & 1 & -\frac{11}{18} & 0 & \frac{1}{18} & \frac{4}{18} \\ 0 & 0 & 1 & -\frac{18}{17} & -\frac{13}{17} & \frac{2}{17} \end{array}\right]$$

❽ (1행)=(3행)$\times \dfrac{10}{18}$+(1행)

과정 / 결과

$$\left[\begin{array}{ccc|ccc} 1 & 0 & -\dfrac{10}{18} & 0 & -\dfrac{4}{18} & \dfrac{2}{18} \\ 0 & 1 & -\dfrac{11}{18} & 0 & \dfrac{1}{18} & \dfrac{4}{18} \\ 0 & 0 & \dfrac{10}{18} & -\dfrac{10}{17} & -\dfrac{130}{306} & \dfrac{20}{306} \end{array}\right] \Rightarrow \left[\begin{array}{ccc|ccc} 1 & 0 & 0 & -\dfrac{10}{17} & -\dfrac{198}{306} & \dfrac{54}{306} \\ 0 & 1 & -\dfrac{11}{18} & 0 & \dfrac{1}{18} & \dfrac{4}{18} \\ 0 & 0 & 1 & -\dfrac{18}{17} & -\dfrac{13}{17} & \dfrac{2}{17} \end{array}\right]$$

❾ (2행)=(3행)$\times \dfrac{11}{18}$+(2행)

과정 / 결과

$$\left[\begin{array}{ccc|ccc} 1 & 0 & 0 & -\dfrac{10}{17} & -\dfrac{198}{306} & \dfrac{54}{306} \\ 0 & 1 & -\dfrac{11}{18} & 0 & \dfrac{1}{18} & \dfrac{4}{18} \\ 0 & 0 & \dfrac{11}{18} & -\dfrac{11}{17} & -\dfrac{143}{306} & \dfrac{22}{306} \end{array}\right] \Rightarrow \left[\begin{array}{ccc|ccc} 1 & 0 & 0 & -\dfrac{10}{17} & -\dfrac{198}{306} & \dfrac{54}{306} \\ 0 & 1 & 0 & -\dfrac{11}{17} & -\dfrac{126}{306} & \dfrac{90}{306} \\ 0 & 0 & 1 & -\dfrac{18}{17} & -\dfrac{13}{17} & \dfrac{2}{17} \end{array}\right]$$

$$\therefore B^{-1} = \begin{bmatrix} -\dfrac{10}{17} & -\dfrac{198}{306} & \dfrac{54}{306} \\ -\dfrac{11}{17} & -\dfrac{126}{306} & \dfrac{90}{306} \\ -\dfrac{18}{17} & -\dfrac{13}{17} & \dfrac{2}{17} \end{bmatrix} = \begin{bmatrix} -\dfrac{10}{17} & -\dfrac{11}{17} & \dfrac{3}{17} \\ -\dfrac{11}{17} & -\dfrac{7}{17} & \dfrac{5}{17} \\ -\dfrac{18}{17} & -\dfrac{13}{17} & \dfrac{2}{17} \end{bmatrix}$$

(c) 행렬 C의 첨가행렬은 다음과 같다.

$$\left[\begin{array}{cccc|cccc} 1 & -3 & -3 & 4 & 1 & 0 & 0 & 0 \\ 1 & 0 & 1 & 0 & 0 & 1 & 0 & 0 \\ -4 & 3 & 5 & -5 & 0 & 0 & 1 & 0 \\ 0 & 1 & 0 & -1 & 0 & 0 & 0 & 1 \end{array}\right]$$

❶ (2행)=(1행)$\times(-1)$+(2행)

과정 / 결과

$$\left[\begin{array}{cccc|cccc} -1 & 3 & 3 & -4 & -1 & 0 & 0 & 0 \\ 1 & 0 & 1 & 0 & 0 & 1 & 0 & 0 \\ -4 & 3 & 5 & -5 & 0 & 0 & 1 & 0 \\ 0 & 1 & 0 & -1 & 0 & 0 & 0 & 1 \end{array}\right] \Rightarrow \left[\begin{array}{cccc|cccc} 1 & -3 & -3 & 4 & 1 & 0 & 0 & 0 \\ 0 & 3 & 4 & -4 & -1 & 1 & 0 & 0 \\ -4 & 3 & 5 & -5 & 0 & 0 & 1 & 0 \\ 0 & 1 & 0 & -1 & 0 & 0 & 0 & 1 \end{array}\right]$$

❷ (3행)=(1행)×4+(3행)

과정 / 결과

$$\left[\begin{array}{cccc|cccc} 4 & -12 & -12 & 16 & 4 & 0 & 0 & 0 \\ 0 & 3 & 4 & -4 & -1 & 1 & 0 & 0 \\ -4 & 3 & 5 & -5 & 0 & 0 & 1 & 0 \\ 0 & 1 & 0 & -1 & 0 & 0 & 0 & 1 \end{array}\right] \Rightarrow \left[\begin{array}{cccc|cccc} 1 & -3 & -3 & 4 & 1 & 0 & 0 & 0 \\ 0 & 3 & 4 & -4 & -1 & 1 & 0 & 0 \\ 0 & -9 & -7 & 11 & 4 & 0 & 1 & 0 \\ 0 & 1 & 0 & -1 & 0 & 0 & 0 & 1 \end{array}\right]$$

❸ 2행과 4행의 자리바꿈

$$\left[\begin{array}{cccc|cccc} 1 & -3 & -3 & 4 & 1 & 0 & 0 & 0 \\ 0 & 1 & 0 & -1 & 0 & 0 & 0 & 1 \\ 0 & -9 & -7 & 11 & 4 & 0 & 1 & 0 \\ 0 & 3 & 4 & -4 & -1 & 1 & 0 & 0 \end{array}\right]$$

❹ (1행)=(2행)×3+(1행)

과정 / 결과

$$\left[\begin{array}{cccc|cccc} 1 & -3 & -3 & 4 & 1 & 0 & 0 & 0 \\ 0 & 3 & 0 & -3 & 0 & 0 & 0 & 3 \\ 0 & -9 & -7 & 11 & 4 & 0 & 1 & 0 \\ 0 & 3 & 4 & -4 & -1 & 1 & 0 & 0 \end{array}\right] \Rightarrow \left[\begin{array}{cccc|cccc} 1 & 0 & -3 & 1 & 1 & 0 & 0 & 3 \\ 0 & 1 & 0 & -1 & 0 & 0 & 0 & 1 \\ 0 & -9 & -7 & 11 & 4 & 0 & 1 & 0 \\ 0 & 3 & 4 & -4 & -1 & 1 & 0 & 0 \end{array}\right]$$

❺ (3행)=(2행)×9+(3행)

과정 / 결과

$$\left[\begin{array}{cccc|cccc} 1 & 0 & -3 & 1 & 1 & 0 & 0 & 3 \\ 0 & 9 & 0 & -9 & 0 & 0 & 0 & 9 \\ 0 & -9 & -7 & 11 & 4 & 0 & 1 & 0 \\ 0 & 3 & 4 & -4 & -1 & 1 & 0 & 0 \end{array}\right] \Rightarrow \left[\begin{array}{cccc|cccc} 1 & 0 & -3 & 1 & 1 & 0 & 0 & 3 \\ 0 & 1 & 0 & -1 & 0 & 0 & 0 & 1 \\ 0 & 0 & -7 & 2 & 4 & 0 & 1 & 9 \\ 0 & 3 & 4 & -4 & -1 & 1 & 0 & 0 \end{array}\right]$$

❻ (4행)=(2행)×(−3)+(4행)

과정 / 결과

$$\left[\begin{array}{cccc|cccc} 1 & 0 & -3 & 1 & 1 & 0 & 0 & 3 \\ 0 & -3 & 0 & 3 & 0 & 0 & 0 & -3 \\ 0 & 0 & -7 & 2 & 4 & 0 & 1 & 9 \\ 0 & 3 & 4 & -4 & -1 & 1 & 0 & 0 \end{array}\right] \Rightarrow \left[\begin{array}{cccc|cccc} 1 & 0 & -3 & 1 & 1 & 0 & 0 & 3 \\ 0 & 1 & 0 & -1 & 0 & 0 & 0 & 1 \\ 0 & 0 & -7 & 2 & 4 & 0 & 1 & 9 \\ 0 & 0 & 4 & -1 & -1 & 1 & 0 & -3 \end{array}\right]$$

❼ (3행)=(3행)×$\left(-\frac{1}{7}\right)$

$$\left[\begin{array}{cccc|cccc} 1 & 0 & -3 & 1 & 1 & 0 & 0 & 3 \\ 0 & 1 & 0 & -1 & 0 & 0 & 0 & 1 \\ 0 & 0 & 1 & -\frac{2}{7} & -\frac{4}{7} & 0 & -\frac{1}{7} & -\frac{9}{7} \\ 0 & 0 & 4 & -1 & -1 & 1 & 0 & -3 \end{array}\right]$$

❽ (1행)=(3행)×3+(1행)

과정

$$\left[\begin{array}{cccc|cccc} 1 & 0 & -3 & 1 & 1 & 0 & 0 & 3 \\ 0 & 1 & 0 & -1 & 0 & 0 & 0 & 1 \\ 0 & 0 & 3 & -\frac{6}{7} & -\frac{12}{7} & 0 & -\frac{3}{7} & -\frac{27}{7} \\ 0 & 0 & 4 & -1 & -1 & 1 & 0 & -3 \end{array}\right] \Rightarrow \left[\begin{array}{cccc|cccc} 1 & 0 & 0 & \frac{1}{7} & -\frac{5}{7} & 0 & -\frac{3}{7} & -\frac{6}{7} \\ 0 & 1 & 0 & -1 & 0 & 0 & 0 & 1 \\ 0 & 0 & 1 & -\frac{2}{7} & -\frac{4}{7} & 0 & -\frac{1}{7} & -\frac{9}{7} \\ 0 & 0 & 4 & -1 & -1 & 1 & 0 & -3 \end{array}\right]$$

결과

❾ (4행)=(3행)×(−4)+(4행)

과정

$$\left[\begin{array}{cccc|cccc} 1 & 0 & 0 & \frac{1}{7} & -\frac{5}{7} & 0 & -\frac{3}{7} & -\frac{6}{7} \\ 0 & 1 & 0 & -1 & 0 & 0 & 0 & 1 \\ 0 & 0 & -4 & \frac{8}{7} & \frac{16}{7} & 0 & \frac{4}{7} & \frac{36}{7} \\ 0 & 0 & 4 & -1 & -1 & 1 & 0 & -3 \end{array}\right] \Rightarrow \left[\begin{array}{cccc|cccc} 1 & 0 & 0 & \frac{1}{7} & -\frac{5}{7} & 0 & -\frac{3}{7} & -\frac{6}{7} \\ 0 & 1 & 0 & -1 & 0 & 0 & 0 & 1 \\ 0 & 0 & 1 & -\frac{2}{7} & -\frac{4}{7} & 0 & -\frac{1}{7} & -\frac{9}{7} \\ 0 & 0 & 0 & \frac{1}{7} & \frac{9}{7} & 1 & \frac{4}{7} & \frac{15}{7} \end{array}\right]$$

결과

❿ (4행)=(4행)×7

$$\left[\begin{array}{cccc|cccc} 1 & 0 & 0 & \frac{1}{7} & -\frac{5}{7} & 0 & -\frac{3}{7} & -\frac{6}{7} \\ 0 & 1 & 0 & -1 & 0 & 0 & 0 & 1 \\ 0 & 0 & 1 & -\frac{2}{7} & -\frac{4}{7} & 0 & -\frac{1}{7} & -\frac{9}{7} \\ 0 & 0 & 0 & 1 & 9 & 7 & 4 & 15 \end{array}\right]$$

⓫ (1행)=(4행)×$\left(-\frac{1}{7}\right)$+(1행)

과정

$$\left[\begin{array}{cccc|cccc} 1 & 0 & 0 & \frac{1}{7} & -\frac{5}{7} & 0 & -\frac{3}{7} & -\frac{6}{7} \\ 0 & 1 & 0 & -1 & 0 & 0 & 0 & 1 \\ 0 & 0 & 1 & -\frac{2}{7} & -\frac{4}{7} & 0 & -\frac{1}{7} & -\frac{9}{7} \\ 0 & 0 & 0 & -\frac{1}{7} & -\frac{9}{7} & -\frac{7}{7} & -\frac{4}{7} & -\frac{15}{7} \end{array}\right] \Rightarrow \left[\begin{array}{cccc|cccc} 1 & 0 & 0 & 0 & -\frac{14}{7} & -\frac{7}{7} & -\frac{7}{7} & -\frac{21}{7} \\ 0 & 1 & 0 & -1 & 0 & 0 & 0 & 1 \\ 0 & 0 & 1 & -\frac{2}{7} & -\frac{4}{7} & 0 & -\frac{1}{7} & -\frac{9}{7} \\ 0 & 0 & 0 & 1 & 9 & 7 & 4 & 15 \end{array}\right]$$

결과

⓬ (2행)=(4행)×1+(2행)

과정

$$\left[\begin{array}{cccc|cccc} 1 & 0 & 0 & 0 & -\frac{14}{7} & -\frac{7}{7} & -\frac{7}{7} & -\frac{21}{7} \\ 0 & 1 & 0 & -1 & 0 & 0 & 0 & 1 \\ 0 & 0 & 1 & -\frac{2}{7} & -\frac{4}{7} & 0 & -\frac{1}{7} & -\frac{9}{7} \\ 0 & 0 & 0 & 1 & 9 & 7 & 4 & 15 \end{array}\right] \Rightarrow \left[\begin{array}{cccc|cccc} 1 & 0 & 0 & 0 & -\frac{14}{7} & -\frac{7}{7} & -\frac{7}{7} & -\frac{21}{7} \\ 0 & 1 & 0 & 0 & 9 & 7 & 4 & 16 \\ 0 & 0 & 1 & -\frac{2}{7} & -\frac{4}{7} & 0 & -\frac{1}{7} & -\frac{9}{7} \\ 0 & 0 & 0 & 1 & 9 & 7 & 4 & 15 \end{array}\right]$$

결과

⑬ (3행)=(4행)$\times\dfrac{2}{7}$+(3행)

과정 / 결과

$$\left[\begin{array}{cccc|cccc} 1 & 0 & 0 & 0 & -\frac{14}{7} & -\frac{7}{7} & -\frac{7}{7} & -\frac{21}{7} \\ 0 & 1 & 0 & 0 & 9 & 7 & 4 & 16 \\ 0 & 0 & 1 & -\frac{2}{7} & -\frac{4}{7} & 0 & -\frac{1}{7} & -\frac{9}{7} \\ 0 & 0 & 0 & \frac{2}{7} & \frac{18}{7} & \frac{14}{7} & \frac{8}{7} & \frac{30}{7} \end{array}\right] \Rightarrow \left[\begin{array}{cccc|cccc} 1 & 0 & 0 & 0 & -\frac{14}{7} & -\frac{7}{7} & -\frac{7}{7} & -\frac{21}{7} \\ 0 & 1 & 0 & 0 & 9 & 7 & 4 & 16 \\ 0 & 0 & 1 & 0 & \frac{14}{7} & \frac{14}{7} & \frac{7}{7} & \frac{21}{7} \\ 0 & 0 & 0 & 1 & 9 & 7 & 4 & 15 \end{array}\right]$$

$$\therefore\ C^{-1} = \begin{bmatrix} -\frac{14}{7} & -\frac{7}{7} & -\frac{7}{7} & -\frac{21}{7} \\ 9 & 7 & 4 & 16 \\ \frac{14}{7} & \frac{14}{7} & \frac{7}{7} & \frac{21}{7} \\ 9 & 7 & 4 & 15 \end{bmatrix} = \begin{bmatrix} -2 & -1 & -1 & -3 \\ 9 & 7 & 4 & 16 \\ 2 & 2 & 1 & 3 \\ 9 & 7 & 4 & 15 \end{bmatrix}$$

5장_핵심요약

CHAPTER 05 연습문제

✔ 문제 해답

01 주어진 행렬에 대하여 다음을 구하라.

$$A=\begin{bmatrix}1 & 5 & -1\\ -5 & 0 & -5\\ -1 & 5 & 1\end{bmatrix},\quad B=\begin{bmatrix}6 & 2 & 8 & 3\\ 4 & 7 & 2 & 1\\ 0 & 9 & 7 & 6\\ 5 & 5 & 3 & 4\end{bmatrix}$$

(a) 각 행렬의 크기

(b) a_{13}, a_{23}, a_{31}, b_{14}, b_{22}, b_{31}, b_{43}

(c) 각 행렬의 3행

(d) 각 행렬의 1열

(e) 각 행렬의 원소 0에 대한 원소 표기

(f) 각 행렬의 원소 5에 대한 원소 표기

[02~03] 주어진 행렬에 대하여 다음 물음에 답하라.

$$A=\begin{bmatrix}-5 & 0\\ 1 & 2\end{bmatrix},\quad B=\begin{bmatrix}0 & 4 & 2\\ 7 & 1 & 5\\ -2 & -7 & 9\end{bmatrix},\quad C=\begin{bmatrix}6 & 3\\ 5 & -4\\ -2 & 9\end{bmatrix},\quad D=\begin{bmatrix}-1 & 2\\ 5 & -2\\ 0 & 3\end{bmatrix}$$

✔**02** 연산이 가능하면 연산 결과를 구하고 불가능하면 그 이유를 설명하라.

(a) $A+A$ (b) $A+B$ (c) $A+D$ (d) $B+B$ (e) $B+C$

(f) $A-C$ (g) $B-A$ (h) $B-B$ (i) $B-D$ (j) $C-B$

03 연산이 가능하면 연산 결과를 구하고 불가능하면 그 이유를 설명하라.

(a) $C+A$ (b) $C+D$ (c) $D+B$ (d) $D+C$ (e) $D+D$

(f) $C-C$ (g) $C-D$ (h) $D-A$ (i) $D-B$ (j) $D-D$

[04~07] 주어진 행렬 A, B, C, D에 대하여 다음 물음에 답하라.

$$A=\begin{bmatrix}1&3\\5&1\\8&0\end{bmatrix},\quad B=\begin{bmatrix}7&1\\4&5\end{bmatrix},\quad C=\begin{bmatrix}4&5&3\\8&0&1\\2&7&2\end{bmatrix},\quad D=\begin{bmatrix}0&1&2\\0&3&4\end{bmatrix}$$

✔**04** 연산이 가능하면 연산 결과를 구하고 불가능하면 그 이유를 설명하라.

(a) AA (b) AB (c) AC (d) AD (e) BA
(f) $2BD$ (g) $C-AD$ (h) $3(A+A)C$ (i) $DA+B$

05 다음이 성립함을 확인하라. (O : 영행렬, I : 단위행렬)

(a) $B+O=O+B$ (b) $BI=IB$
(c) $CO=OC$ (d) $C+I=I+C$

06 다음을 연산하라.

(a) $3A$ (b) $-6B$ (c) $4C$ (d) $-5D$

07 연산이 가능하면 연산 결과를 구하고 불가능하면 그 이유를 설명하라.

(a) BC (b) CC (c) CD (d) DC (e) DA
(f) $AD-B$ (g) $BD-DC$ (h) $5CA+AB$ (i) ABC

✔**08** 다음 행렬의 전치행렬을 구하고 각 행렬이 대칭행렬인지 판별하라.

$$A=\begin{bmatrix}1&5&8\\5&3&0\\8&0&7\end{bmatrix},\quad B=\begin{bmatrix}3&1&8\\2&3&7\\1&1&5\end{bmatrix},\quad C=\begin{bmatrix}0&1&1&0\\0&-3&1&-8\\8&2&3&7\\-5&1&1&5\end{bmatrix},\quad D=\begin{bmatrix}1&9&4&0\\9&2&-2&-8\\4&-2&-3&1\\0&1&-8&9\end{bmatrix}$$

09 다음 행렬의 전치행렬을 구하고 각 행렬이 대칭행렬인지 판별하라.

$$A=\begin{bmatrix} 1 & 0 & -1 & 7 \\ 0 & 2 & 6 & -3 \\ -1 & 6 & 3 & 5 \\ 7 & -3 & 5 & 4 \end{bmatrix},\quad B=\begin{bmatrix} 5 & 0 & -1 & -5 \\ 3 & 4 & 8 & 6 \\ 1 & -7 & 3 & 9 \\ -2 & -1 & 2 & 0 \end{bmatrix}$$

$$C=\begin{bmatrix} 3 & 1 & 2 & -7 \\ 1 & -2 & 6 & -3 \\ 5 & -4 & 1 & 8 \\ 7 & 2 & 5 & 4 \end{bmatrix},\quad D=\begin{bmatrix} -3 & 8 & -4 & 1 \\ 8 & 7 & 2 & 2 \\ -4 & 2 & 6 & 5 \\ 1 & 2 & 5 & 8 \end{bmatrix}$$

10 주어진 부울행렬에 대하여 다음 물음에 답하라.

$$A=\begin{bmatrix} 1 & 1 \\ 0 & 0 \end{bmatrix},\quad B=\begin{bmatrix} 0 & 1 & 0 \\ 1 & 1 & 1 \end{bmatrix},\quad C=\begin{bmatrix} 0 & 1 \\ 0 & 0 \end{bmatrix},\quad D=\begin{bmatrix} 1 & 1 \\ 0 & 0 \\ 0 & 1 \end{bmatrix}$$

(a) 위 행렬 중 두 개의 부울행렬을 이용하여 합과 교차가 가능한 모든 연산을 하라.

✔(b) 위 행렬 중 두 개의 부울행렬을 이용하여 부울곱이 가능한 모든 연산을 하라.

11 주어진 부울행렬에 대하여 다음을 연산하라.

$$A=\begin{bmatrix} 1 & 0 \\ 0 & 0 \end{bmatrix},\quad B=\begin{bmatrix} 0 & 0 \\ 1 & 1 \\ 1 & 1 \end{bmatrix},\quad C=\begin{bmatrix} 1 & 1 & 0 \\ 0 & 0 & 1 \end{bmatrix}$$

$$D=\begin{bmatrix} 1 & 1 & 0 \\ 0 & 0 & 1 \\ 0 & 1 & 1 \end{bmatrix},\quad E=\begin{bmatrix} 0 & 1 & 0 \\ 0 & 1 & 0 \end{bmatrix},\quad F=\begin{bmatrix} 0 & 0 & 1 \\ 1 & 1 & 1 \\ 0 & 1 & 0 \end{bmatrix}$$

(a) $(C \odot B) \vee A$

✔(b) $(C \odot B) \wedge A$

✔(c) $(B \odot C) \vee D$

(d) $(B \odot C) \wedge D$

12 기본 행렬식을 이용하여 다음 행렬의 행렬식을 구하라.

✔(a) $A=\begin{bmatrix} 8 & 3 \\ -2 & -2 \end{bmatrix}$

(b) $B=\begin{bmatrix} 3 & 4 \\ 6 & 8 \end{bmatrix}$

(c) $C=\begin{bmatrix} 6 & -1 \\ 2 & 3 \end{bmatrix}$

✔ **13** 주어진 행렬에 대하여 다음 물음에 답하라.

$$A=\begin{bmatrix}2&1&-1\\-3&5&3\\0&4&1\end{bmatrix},\quad B=\begin{bmatrix}1&2&3\\0&5&-4\\3&6&9\end{bmatrix},\quad C=\begin{bmatrix}0&-6&3\\0&2&4\\0&1&7\end{bmatrix},\quad D=\begin{bmatrix}1&2&4\\5&-3&6\\-2&1&-1\end{bmatrix}$$

$$E=\begin{bmatrix}3&4&2\\6&8&4\\-1&0&1\end{bmatrix},\quad F=\begin{bmatrix}-9&0&1\\2&-1&3\\7&-1&3\end{bmatrix},\quad G=\begin{bmatrix}3&-2&0\\6&-4&5\\4&-3&3\end{bmatrix}$$

(a) 각 행렬의 소행렬과 소행렬식을 구하라.

(b) 각 행렬의 여인수행렬을 이용하여 행렬식을 구하라.

(c) 각 행렬의 수반행렬을 구하라.

(d) 각 행렬의 행렬식을 이용하여 가역행렬과 특이행렬을 구분하라.

(e) 위 행렬 중 가역행렬의 역행렬을 구하라.

(f) 가우스-조단 소거법을 이용하여 가역행렬의 역행렬을 구하고, (e)의 결과와 같은지 확인하라.

14 주어진 행렬들을 보고 다음 물음에 답하라.

$$A=\begin{bmatrix}1&3&0&2\\0&-2&5&-1\\3&-4&4&0\\1&0&-5&2\end{bmatrix},\quad B=\begin{bmatrix}3&-1&5&2\\0&1&4&1\\4&2&2&-3\\-1&0&-3&-1\end{bmatrix}$$

$$C=\begin{bmatrix}1&-1&-4&2\\2&0&-5&3\\4&-2&-3&1\\2&1&-4&3\end{bmatrix},\quad D=\begin{bmatrix}5&9&0&-6\\6&4&4&-5\\1&2&-1&-2\\-2&1&0&3\end{bmatrix}$$

(a) 각 행렬의 소행렬과 소행렬식을 구하라.

(b) 각 행렬의 여인수행렬을 구하라.

(c) 각 행렬의 수반행렬을 구하라.

(d) 각 행렬의 행렬식을 구하라.

(e) 각 행렬의 역행렬을 구하라.

(f) 가우스-조단 소거법을 이용하여 역행렬을 구하고, (e)의 결과와 같은지 확인하라.

✔ **15** 가우스 소거법과 가우스-조단 소거법을 각각 이용하여 다음 연립일차방정식의 해를 구하라.

(a) $\begin{cases} 3x - 5y + z = -3 \\ 3x + 2y - z = 0 \\ -x - y + z = 1 \end{cases}$

(b) $\begin{cases} 5x - y + z = -6 \\ x + y + 3z = 0 \\ -2x + 2y + 4z = 2 \end{cases}$

(c) $\begin{cases} 3x + 2y - z = 5 \\ x - 3y + 4z = -9 \\ 2x - y + z = 2 \end{cases}$

(d) $\begin{cases} 2y + 3z = 7 \\ 2x + 6y + 8z = 10 \\ x + 5y + 6z = 1 \end{cases}$

16 가우스 소거법과 가우스-조단 소거법을 각각 이용하여 다음 연립일차방정식의 해를 구하라.

(a) $\begin{cases} 3x + 2y - 3z = 1 \\ -x - 5y + z = 4 \\ 2x - y - 4z = -3 \end{cases}$

(b) $\begin{cases} 2x - 2y + 3z = 1 \\ -x + 3y - 4z = -11 \\ x - y + z = -3 \end{cases}$

(c) $\begin{cases} x - y - 5z = -16 \\ 4x + 2y - 5z = -1 \\ -x + z = 4 \end{cases}$

(d) $\begin{cases} -5x - y + 8z = -9 \\ 3x + 2y - 5z = -2 \\ 8x + 3y - 9z = 15 \end{cases}$

17 가우스 소거법과 가우스-조단 소거법을 각각 이용하여 다음 연립일차방정식의 해를 구하라.

(a) $\begin{cases} 4w + 4x + 5y + 3z = 7 \\ 3w + 3x + 3y + 3z = 9 \\ 2w + x + 6y + 3z = 10 \\ 2w + 4y + 2z = 4 \end{cases}$

(b) $\begin{cases} 3w + x + 2y - 3z = 9 \\ -w + x - 3y + 2z = -12 \\ 2w - 3x + 5y + 6z = 17 \\ -w - 2x - 4y - 5z = -23 \end{cases}$

(c) $\begin{cases} w + x + y + z = -2 \\ -2w - x + 2y + 3z = 29 \\ w + 3x - y - z = -16 \\ w - 2x + 3y + 2z = 11 \end{cases}$

(d) $\begin{cases} 4w + 5x - 9y + z = -24 \\ -3w - 2x + 2y + 3z = 13 \\ -2w + 7x + 13y + 3z = -14 \\ -w + x + y + 2z = -1 \end{cases}$

CHAPTER 06

관계

• Contents

인공지능은 데이터베이스에 저장된 지식을 활용하여 새로운 지식을 생성하거나 문제를 해결한다. 데이터베이스는 자료를 효율적으로 처리할 수 있도록 관련 있는 자료를 중복 없이 통합한 집합으로, 구조화된 자료의 형태이다. 이처럼 구조화된 자료에 의미 있는 관계를 부여하면 새로운 정보를 만들 수 있고, 같은 자료 사이의 관계라고 하더라도 부여된 관계에 따라 전혀 다른 정보가 될 수 있다. 그러므로 데이터베이스에 저장된 자료 자체뿐 아니라 그 자료 사이의 관계는 인공지능이 지식을 생성하고 판단하는 데 큰 영향을 미친다.

이 장에서는 주어진 자료 집합 간의 관계를 표현하는 방법과 의미 있는 관계를 유도하는 방법을 알아보고, 이미 정의된 관계의 성질을 판별해본다.

학습목표

1. 관계의 개념을 이해하고 표현한다.
2. 관계의 성질을 이해하고 판별한다.
3. 여러 관계를 합성하여 새로운 관계의 도출을 유도한다.
4. 관계가 특정 성질을 갖도록 만든다.
5. 동치관계와 부분순서관계를 이해한다.

6.1 관계의 개념

다음 [그림 6-1]과 같은 자료 집합이 존재하고, 각 집합에 포함된 자료는 오류와 중복이 없어 정보를 제공하는 데 충분하다고 가정하자.

학생정보 집합	
학번	이름

전공정보 집합	
전공코드	전공명

과목정보 집합	
과목코드	과목명

교수정보 집합	
교수번호	교수명

[그림 6-1] 자료 집합 간 관계의 예

위 그림처럼 자료 집합을 개별적인 정보만으로 구성한다면 학생, 전공, 과목, 교수 각각에 관한 정보만 검색이 가능하다. 그러나 다음 [그림 6-2]처럼 앞에서 살펴본 각 집합의 관계를 의미 있게 설정한다면 학번을 이용하여 전공 또는 수강과목을 알 수 있고, 과목코드를 이용해 과목담당 교수를 알 수도 있다.

학생전공 정보	
학번	전공코드

수강과목 정보	
학번	과목코드

담당과목 정보	
교수번호	과목코드

[그림 6-2] 자료 집합 간 관계의 예

이처럼 개별적인 자료 집합 사이에 관계를 설정하여 새로운 정보를 생성할 수 있으므로 자료 간의 관계 정의는 매우 중요하다. 이제 관계에 대해 자세히 살펴보자.

정의 6-1 관계(relation : $R: A \rightarrow B$, ${}_aR_b$) / 이항관계(binary relation)

집합 A, B가 있을 때 집합 A에서 집합 B로 가는 관계로, R은 $A \times B$의 부분집합

$$a \in A,\ b \in B\text{일 때, } (a, b) \in R\text{이면 } {}_aR_b$$
$$(a, b) \notin R\text{이면 } {}_a\not{R}_b$$

두 집합 간의 관계를 이항관계라고 한다. 두 집합 간의 가능한 모든 이항관계는 두 집합의 곱집합으로 구할 수 있다. 예를 들어, 집합 $A=\{a, b, c\}$에서 집합 $B=\{1, 2\}$로 가는 가능한 모든 이항관계는 $A \times B$로 구할 수 있다. 만약 집합 B에서 집합 A로 가는 가능한 이항관계를 구한다면 $B \times A$를 구해야 한다.

$$A \times B = \{(a,1), (a,2), (b,1), (b,2), (c,1), (c,2)\}$$

$A \times B$는 집합 A와 집합 B의 원소로 만들 수 있는 모든 순서쌍의 모임으로, 집합 A에서 집합 B로 가는 가능한 모든 관계를 의미한다. 그러므로 집합 A에서 집합 B로의 관계 R은 $A \times B$의 모든 원소를 포함할 수도 있고 그렇지 않을 수도 있는 $A \times B$의 부분집합이다. 집합 A에서 집합 B로의 관계 R이 다음과 같다고 하자.

$$R = \{(a,2), (b,1), (c,2)\}$$

$A \times B$에 포함되는 원소 중 $(a,2)$, $(b,1)$, $(c,2)$는 관계 R에 포함되지만, 그 외의 원소 $(a,1)$, $(b,2)$, $(c,1)$은 관계 R에 포함되지 않는다. 즉, 집합 A에서 집합 B로 가는 관계 R이라고 해서 집합 A와 집합 B의 원소로 만들 수 있는 모든 순서쌍을 포함하지는 않는다. $A \times B$에 포함되는 원소 중 $(a,2)$, $(b,1)$, $(c,2)$처럼 관계 R에 포함되는 경우에는 ${}_aR_2$, ${}_bR_1$, ${}_cR_2$로 표기하고, $(a,1), (b,2), (c,1)$처럼 관계 R에 포함되지 않는 경우에는 ${}_a\not{R}_1$, ${}_b\not{R}_2$, ${}_c\not{R}_1$로 표기한다.

예제 6-1

집합 $A = \{a, b, c, d\}$, 집합 $B = \{p, q, r\}$에 대하여 집합 A에서 집합 B로 가는 관계 R이 다음과 같다고 하자. 집합 A에서 집합 B로 가는 가능한 모든 관계에 해당하는 원소가 관계 R에 포함되는지의 여부를 기호로 나타내라.

$$R = \{(a,p), (b,p), (b,r), (c,p), (d,r)\}$$

풀이

집합 A에서 집합 B로 가는 가능한 모든 관계는 다음과 같다.

$$A \times B = \{(a,p), (a,q), (a,r), (b,p), (b,q), (b,r), (c,p), (c,q), (c,r), (d,p), (d,q), (d,r)\}$$

$\therefore$ $A \times B$의 원소가 관계 R에 포함되는지의 여부를 기호로 나타내면 다음과 같다.

$$
\begin{array}{lll}
{}_aR_p \quad (\because (a,p) \in R) & {}_a\not{R}_q \quad (\because (a,q) \notin R) & {}_a\not{R}_r \quad (\because (a,r) \notin R) \\
{}_bR_p \quad (\because (b,p) \in R) & {}_b\not{R}_q \quad (\because (b,q) \notin R) & {}_bR_r \quad (\because (b,r) \in R) \\
{}_cR_p \quad (\because (c,p) \in R) & {}_c\not{R}_q \quad (\because (c,q) \notin R) & {}_c\not{R}_r \quad (\because (c,r) \notin R) \\
{}_d\not{R}_p \quad (\because (d,p) \notin R) & {}_d\not{R}_q \quad (\because (d,q) \notin R) & {}_dR_r \quad (\because (d,r) \in R)
\end{array}
$$

관계에 포함되는 원소는 일반적으로 순서쌍 형태이다. 순서쌍은 구성하는 원소의 순서가 바뀌면 전혀 다른 순서쌍이 되므로 구성 원소의 순서가 중요하다. 다음 두 순서쌍은 모두 a, b로 구성되지만 순서가 다르므로 서로 다른 순서쌍으로 판단한다.

$$(a,b) \neq (b,a)$$

그러므로 순서쌍을 원소로 갖는 관계를 정의할 때 집합 간의 방향성이 매우 중요하다. 방향성이란 순서쌍에서 앞에 오는 원소를 포함하는 집합과 뒤에 오는 원소를 포함하는 집합의 순서를 의미한다. 일반적으로 이항관계를 정의할 때 '집합 A에서 집합 B로 가는 관계 R'이라고 정의하고 'R: $A \rightarrow B$'로 표기한다. 이는 집합 A의 원소가 관계 R에 포함되는 순서쌍의 앞에 오고, 집합 B의 원소가 순서쌍의 뒤에 옴을 의미한다. 이때 집합 A를 정의역, 집합 B를 공역이라고 한다. 특히 공역의 원소 중 관계 R에 포함되는 순서쌍의 원소로 사용되는 원소들의 집합은 치역이라고 한다.

정의 6-2 **정의역(domain : $\text{dom}(R)$)**

집합 A에서 집합 B로 가는 이항관계 R에 속한 순서쌍의 첫 번째 원소가 포함된 집합, 즉 집합 A

$$\text{dom}(R) = \{a \mid a \in A\}$$

정의 6-3 **공역(codomain : $\text{codom}(R)$)**

집합 A에서 집합 B로 가는 이항관계 R에 속한 순서쌍의 두 번째 원소가 포함된 집합, 즉 집합 B

$$\text{codom}(R) = \{b \mid b \in B\}$$

정의 6-4 **치역(range : $\text{ran}(R)$)**

집합 A에서 집합 B로 가는 이항관계 R에 속한 순서쌍의 두 번째 원소를 모아놓은 집합, 즉 공역의 부분집합

$$\text{ran}(R) = \{b \mid (a, b) \in R\}$$

예제 6-2

[예제 6-1]에서 살펴본 집합 $A = \{a, b, c, d\}$, 집합 $B = \{p, q, r\}$와 관계 R의 정의역, 공역, 치역을 구하라.

풀이

$\text{dom}(R) = A = \{a, b, c, d\}$, $\text{codom}(R) = B = \{p, q, r\}$, $\text{ran}(R) = \{p, r\}$

관계가 항상 두 집합 사이에만 존재하는 것은 아니다. [그림 6-2]의 세 가지 정보 '학생전공 정보', '수강과목 정보', '담당과목 정보'를 이용하여 [그림 6-3]과 같이 관계를 설정하면 학생이 수강하는 과목의 담당교수에 대한 정보를 알 수 있다.

수강과목 담당교수 정보		
학번	과목코드	교수번호

[그림 6-3] 자료 집합 간 관계의 예

이처럼 관계의 정의에 사용되는 집합이 3개 이상일 때 n항 관계라고 한다.

정의 6-5 **n항 관계(n-ary relation)**

n개의 집합 $A_1, A_2, \cdots, A_n$이 있을 때 $A_1 \times A_2 \times \cdots \times A_n$의 부분집합

예를 들어 집합 $A=\{a, b, c\}$에서 집합 $B=\{1, 2\}$ 그리고 집합 $C=\{x, y, z\}$로 가는 가능한 모든 관계는 다음과 같다.

$$A \times B \times C = \{(a, 1, x), (a, 1, y), (a, 1, z), (a, 2, x), (a, 2, y), (a, 2, z), (b, 1, x), (b, 1, y), (b, 1, z), (b, 2, x), (b, 2, y), (b, 2, z), (c, 1, x), (c, 1, y), (c, 1, z), (c, 2, x), (c, 2, y), (c, 2, z)\}$$

예제 6-3

집합 $A=\{2, 3\}$, $B=\{$이산수학, 프로그래밍$\}$, $C=\{$강현, 장여훈, 최시진, 황서연$\}$이 있을 때, 세 집합 사이에 가능한 모든 관계를 구하라.

풀이

$A \times B \times C = \{$(2, 이산수학, 강현), (2, 이산수학, 장여훈), (2, 이산수학, 최시진), (2, 이산수학, 황서연), (2, 프로그래밍, 강현), (2, 프로그래밍, 장여훈), (2, 프로그래밍, 최시진), (2, 프로그래밍, 황서연), (3, 이산수학, 강현), (3, 이산수학, 장여훈), (3, 이산수학, 최시진), (3, 이산수학, 황서연), (3, 프로그래밍, 강현), (3, 프로그래밍, 장여훈), (3, 프로그래밍, 최시진), (3, 프로그래밍, 황서연)$\}$

[그림 6-2]에서 '수강과목 정보'는 각 학생이 수강하는 과목의 정보를 알 수 있는 집합 관계로, (학번, 과목코드) 형태의 순서쌍이 만들어진다. 그러나 각 과목별로 수강생의 정보를 알고 싶다면 (과목코드, 학번)의 순서쌍으로 구할 수도 있다. 이때 각 학생이 수강하는 과목에 대한 정보와 각 과목의 수강생에 대한 정보는 모두 [그림 6-1]의 '학생정보 집합'과 '과목정보 집합'을 사용하지만 관계의 방향성에 따라 전혀 다른 순서쌍을 만들어 새로운 정보를 제공한다. 이처럼 같은 집합에 대하여 방향성이 반대인 관계를 역관계라고 한다.

정의 6-6 **역관계(inverse relation : R^{-1})**

집합 A에서 집합 B로의 관계 R이 있을 때, 집합 B에서 집합 A로의 관계

$$R^{-1} = \{(b, a) \in B \times A \mid (a, b) \in R\}$$

역관계 R^{-1}는 반드시 관계 R이 있을 때 존재하며 관계 R을 구성하는 순서쌍과 순서가 반대인 순서쌍을 원소로 갖는다. 그러므로 관계 R의 정의역이 역관계 R^{-1}의 공역, 관계 R의 공역이 역관계 R^{-1}의 정의역이다. 즉, 관계 $R : A \rightarrow B$에 대하여 역관계는 $R^{-1} : B \rightarrow A$이다.

앞서 예로 살펴본 집합 $A = \{a, b, c\}$에서 집합 $B = \{1, 2\}$로 가는 관계 $R = \{(a, 2), (b, 1), (c, 2)\}$의 역관계는 $R^{-1} = \{(2, a), (1, b), (2, c)\}$로, 역관계 R^{-1}의 정의역은 집합 B이고 공역은 집합 A이며 치역은 $\{a, b, c\}$이다.

예제 6-4

집합 $A = \{1, 2, 3, 4, 5\}$에서 집합 $B = \{6, 7, 8, 9, 10\}$로 가는 관계 R이 다음과 같을 때, 관계 R의 역관계와 역관계의 정의역, 공역, 치역을 구하라.

$$R = \{(1, 6), (1, 8), (1, 10), (2, 7), (2, 9), (3, 8), (4, 7), (4, 9), (5, 6), (5, 8), (5, 10)\}$$

풀이

$R^{-1} = \{(6, 1), (8, 1), (10, 1), (7, 2), (9, 2), (8, 3), (7, 4), (9, 4), (6, 5), (8, 5), (10, 5)\}$

$\text{dom}(R^{-1}) = B$, $\text{codom}(R^{-1}) = A$, $\text{ran}(R^{-1}) = \{1, 2, 3, 4, 5\}$

6.2 관계의 표현

관계는 일반적으로 순서쌍의 집합으로 표현하지만 이 외에도 화살표 선도, 좌표도표, 관계행렬, 방향그래프 등 여러 가지 방식으로 표현할 수 있다.

화살표 선도를 이용한 관계 표기

정의 6-7 화살표 선도(arrow diagram)

집합 A에서 집합 B로 가는 관계 R이 있을 때,
두 집합의 원소 간의 관계를 화살표로 나타낸 도표

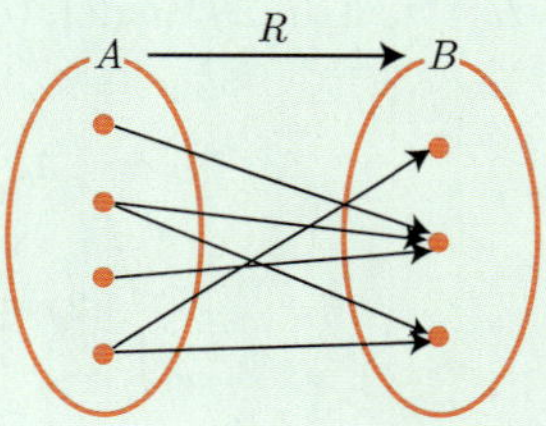

화살표 선도에서 화살표의 방향은 관계에 포함되는 순서쌍의 앞에 오는 원소에서 시작하여 뒤에 오는 원소로 향하도록 한다.

예를 들어 집합 $A=\{1,2,3\}$에서 집합 $B=\{a,b\}$로의 이항관계 $R=\{(1,b),(2,a),(2,b),(3,a)\}$과 이 관계의 역관계를 화살표 선도로 표현하면 다음 [그림 6-4]와 같다. 역관계의 경우 관계 R의 화살표 선도와 화살표 방향이 반대이다.

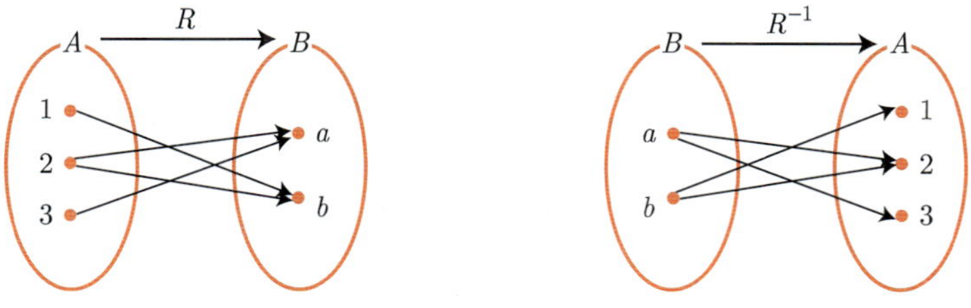

(a) 관계 R (b) 역관계 R^{-1}

[그림 6-4] 관계 R과 역관계 R^{-1}의 화살표 선도 표현

집합 $A=\{2,4\}$에서 집합 $B=\{a,b,c,d\}$로 가는 관계가 다음과 같을 때, 각 관계와 그 역관계를 화살표 선도로 나타내라.

(a) $R_1=\{(2,a),(2,c),(4,b),(4,d)\}$ (b) $R_2=\{(2,a),(2,b),(2,c),(4,d)\}$

풀이

(a) $R_1^{-1}=\{(a,2),(b,4),(c,2),(d,4)\}$

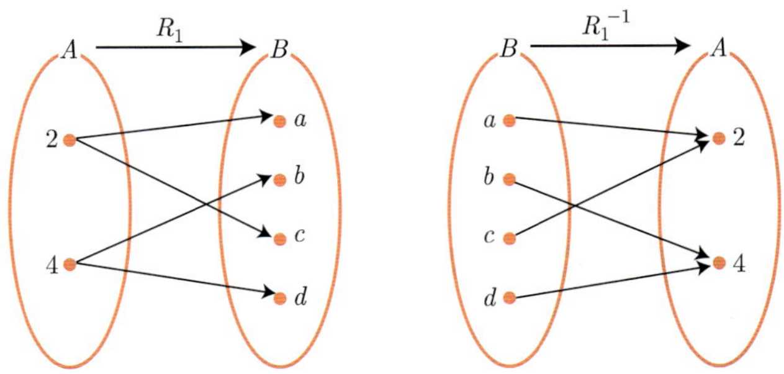

(b) $R_2^{-1}=\{(a,2),(b,2),(c,2),(d,4)\}$

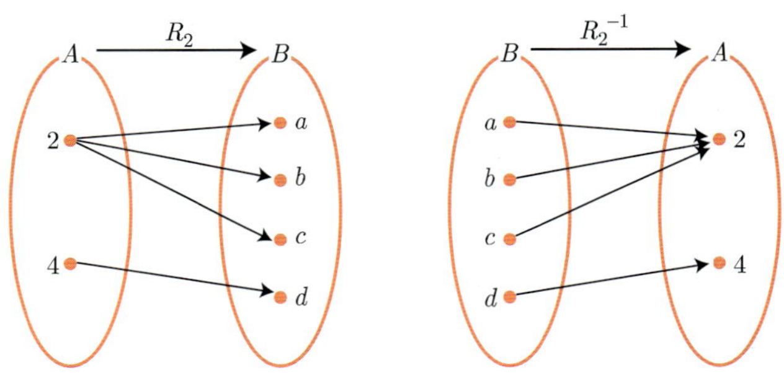

좌표도표를 이용한 관계 표기

정의 6-8 좌표도표(coordinate diagram)

집합 A에서 집합 B로 가는 관계 R이 있을 때, 집합 A(정의역)의 원소를 x축에, 집합 B(공역)의 원소를 y축에 표시하여 관계 R을 좌표로 나타낸 도표

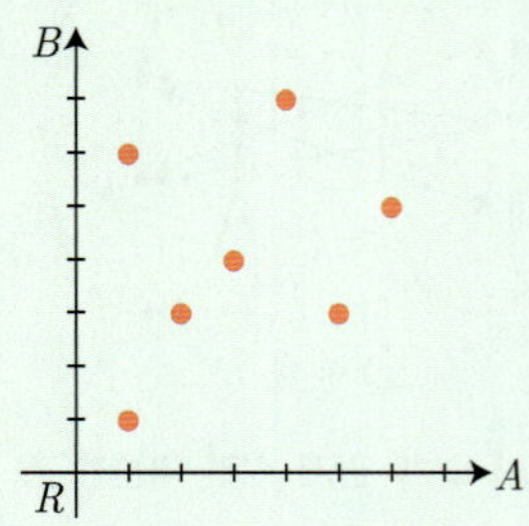

좌표도표는 x축은 정의역, y축은 공역으로 구성하여 관계 R을 나타내기 때문에 역관계를 좌표도표로 나타내면 관계 R의 x축과 y축이 서로 바뀐다.

예를 들어 집합 $A=\{1,2,3\}$에서 집합 $B=\{a,b\}$로의 이항관계 $R=\{(1,b),(2,a),(2,b),(3,a)\}$과 이 관계의 역관계를 좌표도표로 표현하면 다음 [그림 6-5]와 같다.

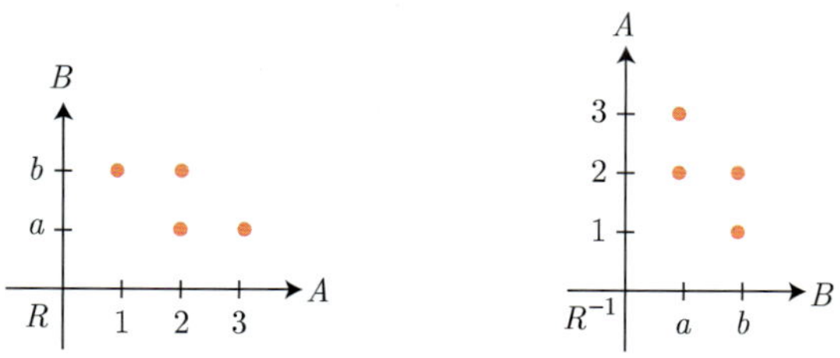

(a) 관계 R (b) 역관계 R^{-1}

[그림 6-5] 관계 R과 역관계 R^{-1}의 좌표도표 표현

예제 6-6

집합 $A=\{1,2,3,4\}$에서 집합 $B=\{a,b,c,d\}$로 가는 관계가 다음과 같을 때, 각 관계와 그 역관계를 좌표도표로 나타내라.

(a) $R_1=\{(1,a),(1,b),(2,c),(2,d),(3,b),(4,a),(4,d)\}$

(b) $R_2=\{(1,b),(1,c),(1,d),(2,a),(2,b),(3,b),(3,c),(4,a),(4,d)\}$

풀이

(a) $R_1^{-1}=\{(a,1),(a,4),(b,1),(b,3),(c,2),(d,2),(d,4)\}$

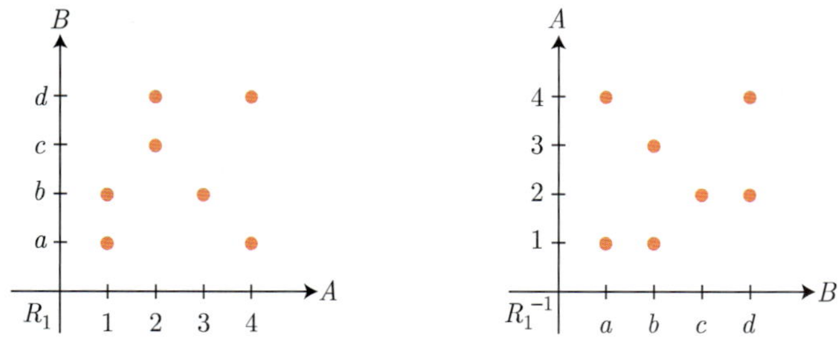

(b) $R_2^{-1}=\{(a,2),(a,4),(b,1),(b,2),(b,3),(c,1),(c,3),(d,1),(d,4)\}$

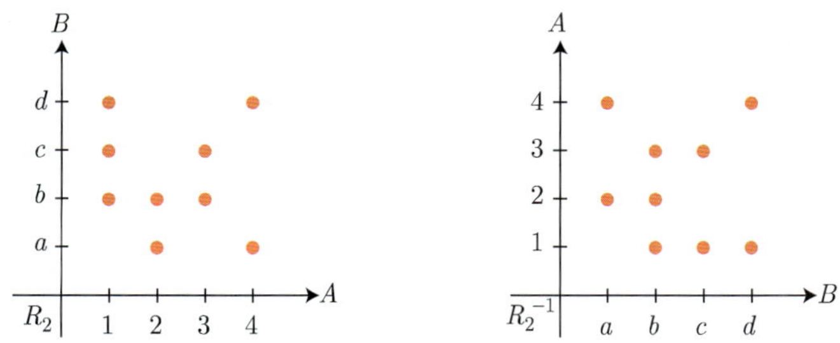

관계행렬을 이용한 관계 표기

정의 6-9 관계행렬(relation matrix)

원소가 m개인 집합 $A=\{a_1, a_2, \cdots, a_m\}$와 원소가 n개인 집합 $B=\{b_1, b_2, \cdots, b_n\}$가 있을 때, 집합 A에서 집합 B로 가는 관계 R을 나타낸 $m\times n$ 행렬 $M_R=[m_{ij}]$

$$m_{ij}=\begin{cases}1, & (a_i, b_j)\in R\\ 0, & (a_i, b_j)\notin R\end{cases}$$

관계행렬은 5장 행렬에서 살펴본 부울행렬과 형태가 같다. 관계행렬은 관계 R의 정의역 원소를 행으로 나열하고 공역 원소를 열로 나열하여 관계의 순서쌍에 해당하면 원소를 1로, 그렇지 않으면 0으로 표시한다. 즉, 관계행렬의 원소 m_{ij}가 1이면 관계 R에 (a_i, b_j)가 있고, 원소 m_{ij}가 0이면 관계 R에 (a_i, b_j)가 없다.

예를 들어 집합 $A=\{1, 2, 3\}$에서 집합 $B=\{a, b\}$로의 이항관계 $R=\{(1, b), (2, a), (2, b), (3, a)\}$과 이 관계의 역관계를 관계행렬로 표현하면 다음 [그림 6-6]과 같다.

$$M_R=\begin{array}{c} \\ 1\\ 2\\ 3\end{array}\begin{array}{c}\begin{array}{cc}a & b\end{array}\\ \begin{bmatrix}0 & 1\\ 1 & 1\\ 1 & 0\end{bmatrix}\end{array} \qquad M_{R^{-1}}=\begin{array}{c} \\ a\\ b\end{array}\begin{array}{c}\begin{array}{ccc}1 & 2 & 3\end{array}\\ \begin{bmatrix}0 & 1 & 1\\ 1 & 1 & 0\end{bmatrix}\end{array}$$

[그림 6-6] 관계 R과 역관계 R^{-1}의 관계행렬 표현

[그림 6-6]에서 확인할 수 있듯이 관계의 정의역은 행으로 나열하고 공역은 열로 나열한다. 관계 R의 정의역인 집합 A의 원소 개수가 3이고 공역인 집합 B의 원소 개수는 2이므로 관계행렬 M_R의 크기는 3×2이다. 또한 관계 R의 역관계 R^{-1}는 정의역이 집합 B, 공역이 집합 A이므로 관계행렬 $M_{R^{-1}}$의 크기는 2×3이다. 관계 R에 대한 관계행렬과 역관계 R^{-1}에 대한 관계행렬은 서로의 전치행렬이다.

예제 6-7

집합 $A=\{w, x, y, z\}$에서 집합 $B=\{1, 2, 3\}$로 가는 관계가 다음과 같을 때, 각 관계와 그 역관계를 관계행렬로 나타내라.

(a) $R_1=\{(w, 2), (w, 3), (x, 1), (x, 3), (y, 1), (y, 2), (y, 3), (z, 1), (z, 2)\}$

(b) $R_2=\{(w, 1), (w, 2), (x, 3), (y, 1), (y, 2), (z, 3)\}$

풀이

(a) $R_1^{-1} = \{(1, x), (1, y), (1, z), (2, w), (2, y), (2, z), (3, w), (3, x), (3, y)\}$

$$M_{R_1} = \begin{array}{c} \\ w \\ x \\ y \\ z \end{array}\!\!\begin{array}{c} \begin{matrix} 1 & 2 & 3 \end{matrix} \\ \begin{bmatrix} 0 & 1 & 1 \\ 1 & 0 & 1 \\ 1 & 1 & 1 \\ 1 & 1 & 0 \end{bmatrix} \end{array} \qquad M_{R_1^{-1}} = \begin{array}{c} \\ 1 \\ 2 \\ 3 \end{array}\!\!\begin{array}{c} \begin{matrix} w & x & y & z \end{matrix} \\ \begin{bmatrix} 0 & 1 & 1 & 1 \\ 1 & 0 & 1 & 1 \\ 1 & 1 & 1 & 0 \end{bmatrix} \end{array}$$

(b) $R_2^{-1} = \{(1, w), (1, y), (2, w), (2, y), (3, x), (3, z)\}$

$$M_{R_2} = \begin{array}{c} \\ w \\ x \\ y \\ z \end{array}\!\!\begin{array}{c} \begin{matrix} 1 & 2 & 3 \end{matrix} \\ \begin{bmatrix} 1 & 1 & 0 \\ 0 & 0 & 1 \\ 1 & 1 & 0 \\ 0 & 0 & 1 \end{bmatrix} \end{array} \qquad M_{R_2^{-1}} = \begin{array}{c} \\ 1 \\ 2 \\ 3 \end{array}\!\!\begin{array}{c} \begin{matrix} w & x & y & z \end{matrix} \\ \begin{bmatrix} 1 & 0 & 1 & 0 \\ 1 & 0 & 1 & 0 \\ 0 & 1 & 0 & 1 \end{bmatrix} \end{array}$$

방향그래프를 이용한 관계 표기

정의 6-10 방향그래프(directed graph)

하나의 집합 A에서 집합 A로 가는 관계 R을 꼭짓점과 화살표를 이용하여 나타낸 그래프

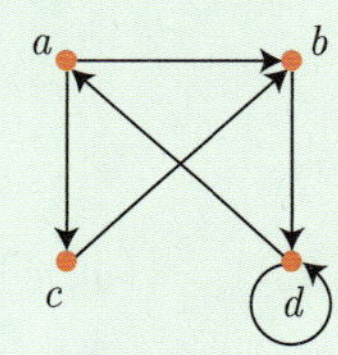

방향그래프는 관계를 만드는 집합이 하나인 경우에만 사용할 수 있는 관계 표기 방법이다. 즉, 정의역과 공역이 같은 집합인 경우를 말한다. 이때 집합의 원소는 꼭짓점으로 표현하고 순서쌍의 앞에 오는 원소에서 뒤에 오는 원소의 방향으로 화살표를 표시하면 방향그래프를 만들 수 있다. 특히 방향그래프는 하나의 집합을 이용하여 만들어지는 관계를 나타내는 방법이므로 (a, a)와 같이 어떤 원소가 자기 자신과 순서쌍을 이루는 경우도 있다. 이러한 원소는 [그림 6-7]의 꼭짓점 1처럼 그 원소에 해당하는 꼭짓점에서 시작하여 다시 그 꼭짓점으로 끝나는 화살표로 나타내는데, 이 화살표를 **루프**(loop)라고 한다.

예를 들어 집합 $A = \{1, 2, 3\}$에 대한 관계 $R = \{(1, 1), (1, 2), (1, 3), (2, 3), (3, 2)\}$과 그 역관계의 방향그래프는 [그림 6-7]과 같다.

(a) 관계 R (b) 역관계 R^{-1}

[그림 6-7] 관계 R과 역관계 R^{-1}의 방향그래프 표현

예제 6-8

집합 $A = \{w, x, y, z\}$에 대한 이항관계가 다음과 같을 때, 각 관계와 그 역관계를 방향그래프로 나타내라.

(a) $R_1 = \{(w,x), (w,z), (x,w), (x,x), (x,y), (y,x), (y,y), (z,w)\}$

(b) $R_2 = \{(w,w), (w,z), (x,y), (x,z), (y,w), (y,x), (y,z), (z,w), (z,x)\}$

풀이

(a) $R_1^{-1} = \{(w,x), (w,z), (x,w), (x,x), (x,y), (y,x), (y,y), (z,w)\}$

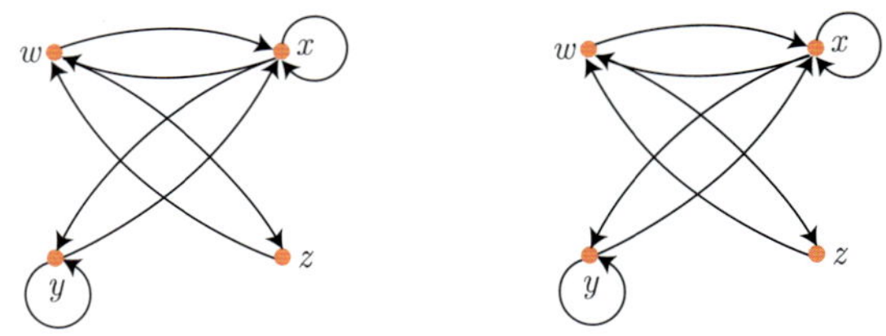

(b) $R_2^{-1} = \{(w,w), (w,y), (w,z), (x,y), (x,z), (y,x), (z,w), (z,x), (z,y)\}$

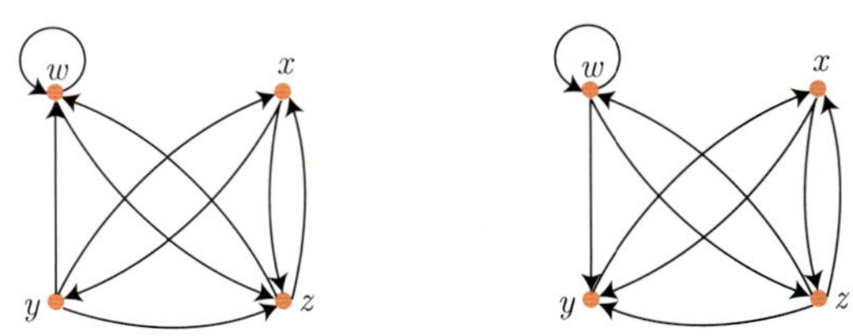

6.3 관계의 성질

하나의 집합에 대한 관계의 경우 순서쌍 원소의 구성에 따라 관계의 성질을 판별할 수 있다. 관계의 성질에는 반사, 비반사, 대칭, 반대칭, 추이 다섯 가지가 있다.

반사관계와 비반사관계

정의 6-11 반사관계(reflexive relation)

집합 A에 대한 관계 R이 있을 때, 모든 $a \in A$에 대해 $(a, a) \in R$인 관계

정의 6-12 비반사관계(irreflexive relation)

집합 A에 대한 관계 R이 있을 때, 모든 $a \in A$에 대해 $(a, a) \notin R$인 관계

집합 A에 대한 관계 R이 반사관계이려면 집합 A에 포함되는 모든 원소 a에 대해 자기 자신과 대응하는 순서쌍 (a, a)가 관계 R에 포함되어야 한다. 즉, 집합 A의 원소 중 하나에 대해서라도 자기 자신과 대응하는 순서쌍이 관계 R에 포함되지 않는다면 관계 R은 반사관계가 아니다.

반면, 관계 R을 만드는 집합 A의 모든 원소 a에 대해 자기 자신과 대응하는 순서쌍 (a, a)가 관계 R에 하나도 포함되지 않으면 관계 R은 비반사관계이다. 즉, 집합 A의 원소 중 하나에 대해서라도 자기 자신과 대응하는 순서쌍이 관계 R에 포함된다면 관계 R은 비반사관계가 아니다.

집합 $A = \{1, 2, 3\}$에 대하여 A에서 A로 가는 다음과 같은 관계가 있다고 가정하자.

$$R_1 = \{(1, 1), (1, 2), (2, 2), (2, 3), (3, 3)\}$$
$$R_2 = \{(1, 1), (2, 1), (2, 2), (3, 1), (3, 2)\}$$
$$R_3 = \{(1, 2), (1, 3), (2, 1), (2, 3), (3, 1), (3, 2)\}$$

관계 R_1의 경우 집합 A에 포함된 모든 원소 1, 2, 3에 대해 자기 자신과 대응하는 순서쌍 $(1, 1), (2, 2), (3, 3)$을 원소로 포함한다. 그러므로 관계 R_1은 반사관계이다.

반면, 관계 R_2는 집합 A의 원소 중 3에 대해 자기 자신과 대응하는 순서쌍 $(3, 3)$을 포함하지 않고, 관계 R_3는 집합 A의 모든 원소에 대해 자기 자신과 대응하는 순서쌍을 포함하지 않는다. 이렇게 관계 R_2와 R_3처럼 관계를 만드는 집합의 원소 중 하나라도 자기 자신과 대응하는 순서쌍을 관계에 포함하지 않으면 반사관계가 아니다.

다만, 관계 R_3의 경우 집합 A의 모든 원소에 대해 자기 자신과 대응하는 순서쌍을 하나도 포함하지 않으므로 비반사관계이다. 그러나 관계 R_1과 같이 집합 A의 모든 원소에 대해 자기 자신과 대응하는 순서쌍을 갖거나, 관계 R_2와 같이 집합 A의 원소 중 일부에 대해서만 자기 자신과 대응하는 순서쌍을 갖는 관계는 비반사관계가 아니다.

정리하면 관계 R_1은 반사관계이고 관계 R_3는 비반사관계이며, 관계 R_2는 반사관계도 비반사관계도 아니다.

반사관계의 경우 다음 [그림 6-8]처럼 관계행렬로 표현하면 행렬의 주대각 원소가 모두 1이고, 방향그래프로 표현하면 모든 꼭짓점이 루프를 갖는다.

$$\begin{bmatrix} 1 & & & \\ & 1 & & \\ & & \cdots & \\ & & & 1 \end{bmatrix}$$

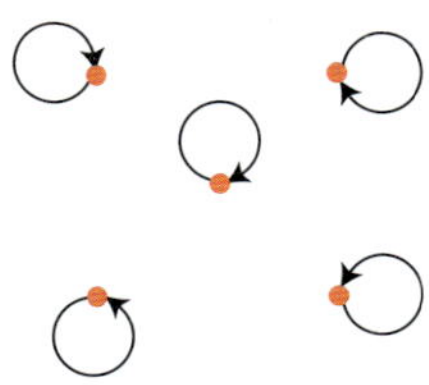

[그림 6-8] 반사관계의 관계행렬과 방향그래프

앞의 예에서 반사관계였던 관계 R_1을 관계행렬과 방향그래프로 표현하면 다음 [그림 6-9]와 같다.

$$M_{R_1} = \begin{array}{c} \\ 1 \\ 2 \\ 3 \end{array} \!\!\begin{array}{c} \begin{array}{ccc} 1 & 2 & 3 \end{array} \\ \begin{bmatrix} 1 & 1 & 0 \\ 0 & 1 & 1 \\ 0 & 0 & 1 \end{bmatrix} \end{array}$$

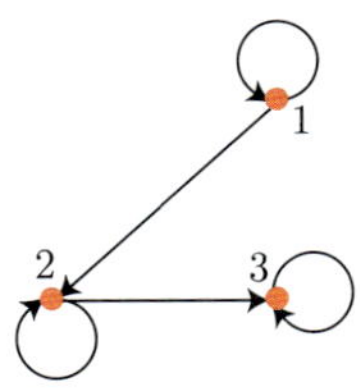

[그림 6-9] 반사관계 R_1의 관계행렬과 방향그래프

비반사관계의 경우 [그림 6-10]처럼 관계행렬의 주대각 원소는 모두 0이고, 방향그래프의 모든 꼭짓점은 루프를 갖지 않는다.

$$\begin{bmatrix} 0 & & & \\ & 0 & & \\ & & \cdots & \\ & & & 0 \end{bmatrix}$$

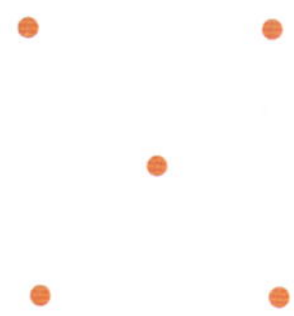

[그림 6-10] 비반사관계의 관계행렬과 방향그래프

앞의 예에서 비반사관계였던 관계 R_3를 관계행렬과 방향그래프로 표현하면 다음 [그림 6-11]과 같다.

$$M_{R_3} = \begin{matrix} & \begin{matrix} 1 & 2 & 3 \end{matrix} \\ \begin{matrix} 1 \\ 2 \\ 3 \end{matrix} & \begin{bmatrix} 0 & 1 & 1 \\ 1 & 0 & 1 \\ 1 & 1 & 0 \end{bmatrix} \end{matrix}$$

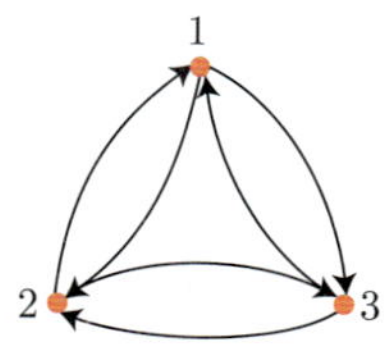

[그림 6-11] 비반사관계 R_3의 관계행렬과 방향그래프

TIP 반사관계도 비반사관계도 아닌 관계의 관계행렬과 방향그래프 표현

앞의 예에서 살펴본 관계 R_2는 반사관계도 아니고 비반사관계도 아니다. 왜냐하면 관계를 만드는 집합의 일부 원소에 대해서만 자기 자신과 대응하는 순서쌍을 포함하기 때문이다. 관계 R_2처럼 반사관계도, 비반사관계도 아닌 관계를 관계행렬이나 방향그래프로 표현하면 다음 그림처럼 주대각 원소에 0과 1이 섞인 관계행렬이거나, 루프가 있는 꼭짓점과 루프가 없는 꼭짓점이 섞인 방향그래프가 된다.

$$\begin{bmatrix} 1 & & & & \\ & 0 & & & \\ & & \cdots & & \\ & & & 1 & \\ & & & & 0 \end{bmatrix}$$

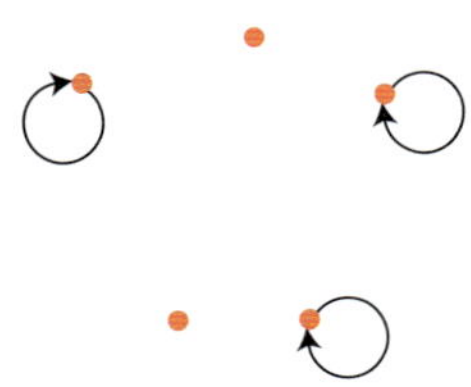

예제 6-9

집합 $A = \{a, b, c, d\}$에 대하여 다음 관계가 반사관계인지, 비반사관계인지 판별하라.

(a) $R_1 = \{(a, a), (a, d), (b, c), (c, c), (d, a), (d, b), (d, d)\}$

(b) $R_2 = \{(a, a), (a, d), (b, b), (c, c), (d, b), (d, d)\}$

(c) $R_3 = \{(a, d), (b, c), (c, a), (d, b)\}$

풀이

$A = \{a, b, c, d\}$이므로 반사관계이려면 $(a, a) \in R_x$, $(b, b) \in R_x$, $(c, c) \in R_x$, $(d, d) \in R_x$여야 한다.

(a) $(b, b) \notin R_1$ $\quad\quad$ ∴ 반사관계가 아니다.

$(a, a) \in R_1$, $(c, c) \in R_1$, $(d, d) \in R_1$ $\quad\quad$ ∴ 비반사관계가 아니다.

∴ 관계 R_1은 반사관계도 아니고 비반사관계도 아니다.

$$M_{R_1} = \begin{array}{c} \\ a \\ b \\ c \\ d \end{array} \begin{array}{c} \begin{array}{cccc} a & b & c & d \end{array} \\ \begin{bmatrix} 1 & 0 & 0 & 1 \\ 0 & 0 & 1 & 0 \\ 0 & 0 & 1 & 0 \\ 1 & 1 & 0 & 1 \end{bmatrix} \end{array}$$

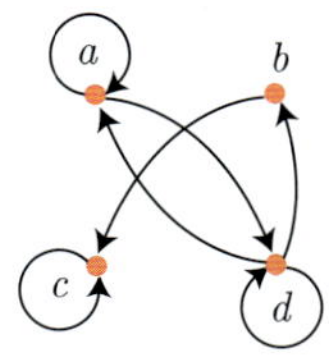

(b) $(a, a) \in R_2$, $(b, b) \in R_2$, $(c, c) \in R_2$, $(d, d) \in R_2$

∴ 관계 R_2는 반사관계이고 비반사관계가 아니다.

$$M_{R_2} = \begin{array}{c} \\ a \\ b \\ c \\ d \end{array} \begin{array}{c} \begin{array}{cccc} a & b & c & d \end{array} \\ \begin{bmatrix} 1 & 0 & 0 & 1 \\ 0 & 1 & 0 & 0 \\ 0 & 0 & 1 & 0 \\ 0 & 1 & 0 & 1 \end{bmatrix} \end{array}$$

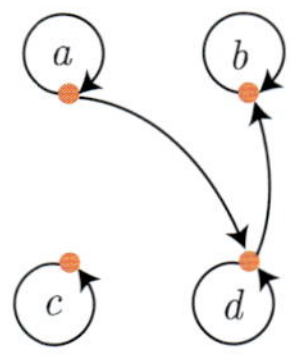

(c) $(a, a) \notin R_3$, $(b, b) \notin R_3$, $(c, c) \notin R_3$, $(d, d) \notin R_3$

∴ 관계 R_3는 반사관계가 아니고 비반사관계이다.

$$M_{R_3} = \begin{array}{c} \\ a \\ b \\ c \\ d \end{array} \begin{array}{c} \begin{array}{cccc} a & b & c & d \end{array} \\ \begin{bmatrix} 0 & 0 & 0 & 1 \\ 0 & 0 & 1 & 0 \\ 1 & 0 & 0 & 0 \\ 0 & 1 & 0 & 0 \end{bmatrix} \end{array}$$

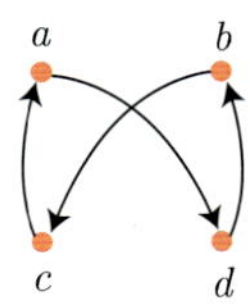

대칭관계와 반대칭관계

정의 6-13 **대칭관계(symmetric relation)**

집합 A에 대한 관계 R이 있을 때, 어떤 $a, b \in A$에 대해 $(a, b) \in R$이면 $(b, a) \in R$인 관계

정의 6-14 **반대칭관계(antisymmetric relation)**

집합 A에 대한 관계 R이 있을 때, 어떤 $a, b \in A$에 대해 $(a, b) \in R$이고 $(b, a) \in R$이면 $a = b$인 관계

관계 R이 대칭관계이려면 어떤 순서쌍 (a, b)가 관계 R에 포함될 때 (b, a)도 관계 R에 포함되어야 한다. 이때 $a = b$이든, $a \neq b$이든 상관없다. 반대칭관계의 경우에는 (a, b)가 관계 R에 포함될 때 $a \neq b$라면, (b, a)가 관계 R에 포함되지 않아야 한다.

집합 $A = \{1, 2, 3\}$에 대해 다음과 같은 관계가 있다고 가정하자.

$$R_1 = \{(1,1), (1,2), (1,3), (2,1), (2,3), (3,1), (3,2)\}$$
$$R_2 = \{(1,1), (1,2), (2,3), (3,1)\}$$
$$R_3 = \{(1,2), (1,3), (2,1), (3,1), (3,2)\}$$
$$R_4 = \{(1,1), (3,3)\}$$

관계 R_1에 포함된 순서쌍을 살펴보면 다음과 같다.

$(1,1) \in R_1$일 때 $1 = 1$이고 $(1,1) \in R_1$, $(1,2) \in R_1$일 때 $1 \neq 2$이고 $(2,1) \in R_1$
$(1,3) \in R_1$일 때 $1 \neq 3$이고 $(3,1) \in R_1$, $(2,1) \in R_1$일 때 $2 \neq 1$이고 $(1,2) \in R_1$
$(2,3) \in R_1$일 때 $2 \neq 3$이고 $(3,2) \in R_1$, $(3,1) \in R_1$일 때 $3 \neq 1$이고 $(1,3) \in R_1$
$(3,2) \in R_1$일 때 $3 \neq 2$이고 $(2,3) \in R_1$

위에서 알 수 있듯이 $a = b$이든, $a \neq b$이든 상관없이 관계 R_1에 포함된 모든 순서쌍 (a, b)에 대해 (b, a)가 관계 R_1에 포함되므로 관계 R_1은 대칭관계이다. 반면, $(1, 2), (2, 1)$처럼 $a \neq b$인데 순서쌍 (a, b)와 (b, a)가 모두 R_1에 포함되는 경우가 있으므로 관계 R_1은 반대칭관계가 아니다. 정리하면 관계 R_1은 대칭관계이지만 반대칭관계는 아니다.

관계 R_2에 포함된 순서쌍을 살펴보자.

$(1,1) \in R_2$일 때 $1 = 1$이고 $(1,1) \in R_2$, $(1,2) \in R_2$일 때 $1 \neq 2$이고 $(2,1) \notin R_2$
$(2,3) \in R_2$일 때 $2 \neq 3$이고 $(3,2) \notin R_2$, $(3,1) \in R_2$일 때 $3 \neq 1$이고 $(1,3) \notin R_2$

관계 R_2에 포함된 순서쌍 중 $a \neq b$인 (a, b)에 대해서는 (b, a)가 존재하지 않고, $(1, 1)$처럼 $a = b$인 순서쌍은 R_2에 포함되므로 관계 R_2는 대칭관계는 아니지만 반대칭관계이다. 관계 R_2와 같이 반대칭관계이려면 $a \neq b$인 (a, b)에 대해서는 (b, a)가 존재하지 않아야 한다.

관계 R_3의 경우도 살펴보자.

$(1,2) \in R_3$일 때 $1 \neq 2$이고 $(2,1) \in R_3$, $(1,3) \in R_3$일 때 $1 \neq 3$이고 $(3,1) \in R_3$
$(2,1) \in R_3$일 때 $2 \neq 1$이고 $(1,2) \in R_3$, $(3,1) \in R_3$일 때 $3 \neq 1$이고 $(1,3) \in R_3$
$(3,2) \in R_3$일 때 $3 \neq 2$이고 $(2,3) \notin R_3$

관계 R_3에 포함된 순서쌍은 모두 $a \neq b$이다. 관계 R_3의 순서쌍 $(1,2), (1,3), (2,1), (3,1)$은 (a, b)에 대해 (b, a)가 관계 R_3에 포함되지만, $(3, 2)$의 경우 $(2, 3)$이 관계 R_3에 포함되지 않는다. 그러므로 관

계 R_3는 대칭관계가 아니다. 또한 $(1, 2)$, $(1, 3)$은 이에 대칭되는 $(2, 1)$, $(3, 1)$이 관계 R_3에 포함되므로 반대칭관계도 아니다. 정리하면 관계 R_3는 대칭관계도 아니고 반대칭관계도 아니다.

그러면 관계 R_4는 어떨까? 앞에서 정리한 것처럼 $a = b$이든, $a \neq b$이든 상관없이 모든 순서쌍 (a, b)에 대해 (b, a)를 포함하므로 대칭관계임을 알 수 있고, 두 순서쌍 $(1, 1)$, $(3, 3)$ 모두 $a = b$이므로 반대칭관계임을 알 수 있다. 그러므로 관계 R_4는 대칭관계이면서 반대칭관계이다.

앞의 예에서 알 수 있듯이 대칭관계가 아니라고 해서 반대칭관계이거나, 반대칭관계가 아니라고 해서 대칭관계인 것은 아니다. 관계 R_3처럼 대칭관계도, 반대칭관계도 아닐 수 있고, R_4처럼 둘 다일 수도 있다.

대칭관계를 관계행렬이나 방향그래프로 표현하면 다음 [그림 6-12]와 같다. 대칭관계에 대한 관계행렬은 주대각 원소를 기준으로 서로 마주보는 원소가 같은 값인 형태이다. 방향그래프의 경우 루프가 존재하거나 두 점 사이에 반드시 양방향 화살표가 존재해야 한다.

[그림 6-12] 대칭관계의 관계행렬과 방향그래프

앞의 예에서 대칭관계였던 관계 R_1의 관계행렬과 방향그래프를 표현하면 다음 [그림 6-13]과 같다.

$$M_{R_1} = \begin{array}{c} \\ 1 \\ 2 \\ 3 \end{array} \begin{array}{c} \begin{array}{ccc} 1 & 2 & 3 \end{array} \\ \begin{bmatrix} 1 & 1 & 1 \\ 1 & 0 & 1 \\ 1 & 1 & 0 \end{bmatrix} \end{array}$$

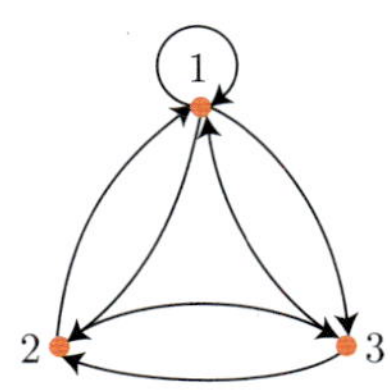

[그림 6-13] 대칭관계 R_1의 관계행렬과 방향그래프

반면, 반대칭관계의 관계행렬 표현은 주대각 원소를 기준으로 대칭으로 마주보는 원소가 모두 0이거나 서로 달라야 한다. 어떤 원소와 그에 대칭으로 대응하는 원소가 모두 0이면 관계에 해당 순서쌍들이 포함되지 않음을 의미하므로 상관없지만, 관계행렬의 어떤 원소가 1이면 이 원소와 대칭으로 마주보는 원소는 0이어야 반대칭관계로 판단할 수 있다. 반대칭관계의 방향그래프는 단방향화살표나 루프만 존재해야 한다.

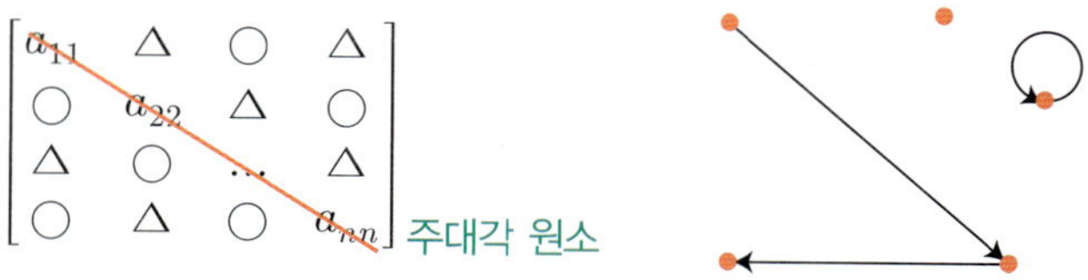

[그림 6-14] 반대칭관계의 관계행렬과 방향그래프

앞의 예에서 반대칭관계였던 관계 R_2의 관계행렬과 방향그래프를 표현하면 다음 [그림 6-15]와 같다.

$$M_{R_2} = \begin{array}{c} \\ 1 \\ 2 \\ 3 \end{array}\begin{array}{c} \begin{array}{ccc} 1 & 2 & 3 \end{array} \\ \begin{bmatrix} 1 & 1 & 0 \\ 0 & 0 & 1 \\ 1 & 0 & 0 \end{bmatrix} \end{array}$$

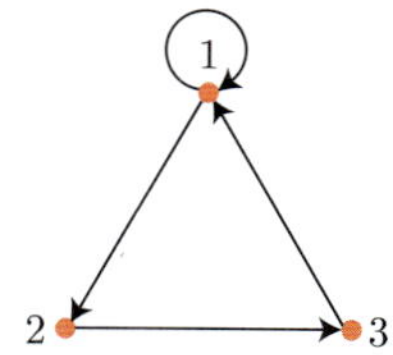

[그림 6-15] 반대칭관계 R_2의 관계행렬과 방향그래프

예제 6-10

집합 $A = \{a, b, c, d\}$에 대하여 다음 관계가 대칭관계인지, 반대칭관계인지 판별하라.

(a) $R_1 = \{(a, a), (a, d), (b, c), (c, c), (d, b), (d, d)\}$

(b) $R_2 = \{(b, b), (c, c), (d, d)\}$

(c) $R_3 = \{(a, a), (a, d), (b, c), (c, b), (d, a)\}$

(d) $R_4 = \{(a, d), (b, c), (c, a), (d, a)\}$

풀이

(a) $(a, a) \in R_1$일 때 $a = a$이고 $(a, a) \in R_1$, $(a, d) \in R_1$일 때 $a \neq d$이고 $(d, a) \notin R_1$

$(b, c) \in R_1$일 때 $b \neq c$이고 $(c, b) \notin R_1$, $(c, c) \in R_1$일 때 $c = c$이고 $(c, c) \in R_1$

$(d, b) \in R_1$일 때 $d \neq b$이고 $(b, d) \notin R_1$, $(d, d) \in R_1$일 때 $d = d$이고 $(d, d) \in R_1$

$\therefore$ 관계 R_1은 대칭관계가 아니고, 반대칭관계이다.

$$M_{R_1} = \begin{array}{c} \\ a \\ b \\ c \\ d \end{array}\begin{array}{c} \begin{array}{cccc} a & b & c & d \end{array} \\ \begin{bmatrix} 1 & 0 & 0 & 1 \\ 0 & 0 & 1 & 0 \\ 0 & 0 & 1 & 0 \\ 0 & 1 & 0 & 1 \end{bmatrix} \end{array}$$

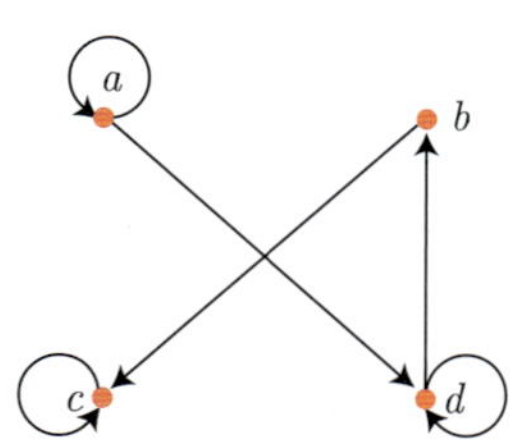

(b) $(b, b) \in R_2$일 때 $b = b$이고 $(b, b) \in R_2$, $(c, c) \in R_2$일 때 $c = c$이고 $(c, c) \in R_2$

$(d, d) \in R_2$일 때 $d = d$이고 $(d, d) \in R_2$

$\therefore$ 관계 R_2는 대칭관계이고 반대칭관계이다.

$$M_{R_2} = \begin{array}{c} \\ a \\ b \\ c \\ d \end{array}\begin{array}{c} \begin{array}{cccc} a & b & c & d \end{array} \\ \begin{bmatrix} 0 & 0 & 0 & 0 \\ 0 & 1 & 0 & 0 \\ 0 & 0 & 1 & 0 \\ 0 & 0 & 0 & 1 \end{bmatrix} \end{array}$$

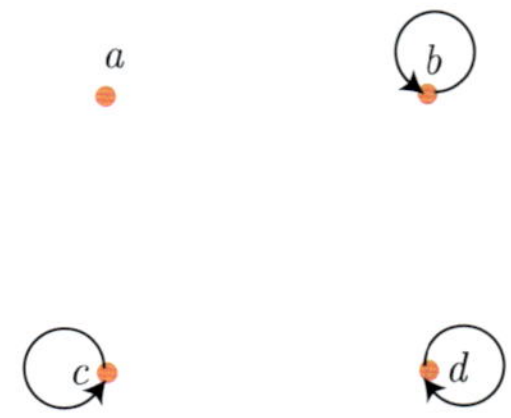

(c) $(a, a) \in R_3$일 때 $a = a$이고 $(a, a) \in R_3$, $(a, d) \in R_3$일 때 $a \neq d$이고 $(d, a) \in R_3$

$(b, c) \in R_3$일 때 $b \neq c$이고 $(c, b) \in R_3$, $(c, b) \in R_3$일 때 $c \neq b$이고 $(b, c) \in R_3$

$(d, a) \in R_3$일 때 $d \neq a$이고 $(a, d) \in R_3$

$\therefore$ 관계 R_3은 대칭관계이고 반대칭관계는 아니다.

$$M_{R_3} = \begin{array}{c} \\ a \\ b \\ c \\ d \end{array}\begin{array}{c} \begin{array}{cccc} a & b & c & d \end{array} \\ \begin{bmatrix} 1 & 0 & 0 & 1 \\ 0 & 0 & 1 & 0 \\ 0 & 1 & 0 & 0 \\ 1 & 0 & 0 & 0 \end{bmatrix} \end{array}$$

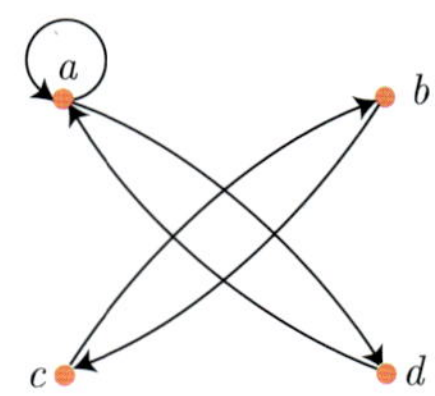

(d) $(a, d) \in R_4$일 때 $a \neq d$이고 $(d, a) \in R_4$, $(b, c) \in R_4$일 때 $b \neq c$이고 $(c, b) \notin R_4$

$(c, a) \in R_4$일 때 $c \neq a$이고 $(a, c) \notin R_4$, $(d, a) \in R_4$일 때 $d \neq a$이고 $(a, d) \in R_4$

$\therefore$ 관계 R_4는 대칭관계가 아니고 반대칭관계도 아니다.

$$M_{R_4} = \begin{array}{c} \\ a \\ b \\ c \\ d \end{array}\begin{array}{c} \begin{array}{cccc} a & b & c & d \end{array} \\ \begin{bmatrix} 0 & 0 & 0 & 1 \\ 0 & 0 & 1 & 0 \\ 1 & 0 & 0 & 0 \\ 1 & 0 & 0 & 0 \end{bmatrix} \end{array}$$

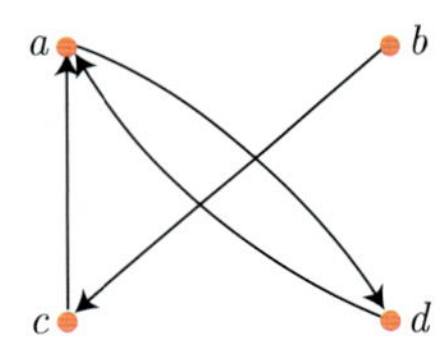

추이관계

정의 6-15 추이관계(transitive relation)

집합 A에 대한 관계 R이 있을 때, 어떤 $a, b, c \in A$에 대해 $(a, b) \in R$이고 $(b, c) \in R$이면 $(a, c) \in R$인 관계

추이관계인지 확인하려면 관계 R에 포함된 모든 순서쌍을 살펴보아야 한다. 집합 $A = \{1, 2, 3\}$에 대한 다음 관계를 예로 살펴보자.

$$R_1 = \{(1,1), (1,2), (1,3), (2,1), (2,2), (2,3)\}$$
$$R_2 = \{(1,2), (1,3), (2,3), (3,2)\}$$

우선 관계 R_1이 추이관계인지 확인해보자. 관계 R_1에서 첫 번째 순서쌍 $(1,1)$의 뒤의 원소 1을 앞의 원소로 갖는 순서쌍은 $(1,1)$, $(1,2)$, $(1,3)$이다. 이 중 $(1,2)$를 살펴보자. $(1,1)$에서 앞의 원소 1을 앞의 원소로 하고, $(1,2)$에서 뒤의 원소 2를 뒤의 원소로 하는 순서쌍 $(1,2)$가 관계 R_1에 있음을 확인할 수 있다. 이를 기호로 나타내면 다음과 같다.

$$(1,1) \in R_1 \text{이고 } (1,2) \in R_1 \text{일 때 } (1,2) \in R_1$$

이러한 방식으로 관계 R_1에 포함된 모든 순서쌍을 살펴보자.

(1) $(1,1)$의 뒤의 원소 1을 앞의 원소로 하는 순서쌍 : $(1,1)$, $(1,2)$, $(1,3)$
 ① $(1,1) \in R_1$이고 $(1,1) \in R_1$일 때 $(1,1) \in R_1$
 ② $(1,1) \in R_1$이고 $(1,2) \in R_1$일 때 $(1,2) \in R_1$
 ③ $(1,1) \in R_1$이고 $(1,3) \in R_1$일 때 $(1,3) \in R_1$

(2) $(1,2)$의 뒤의 원소 2를 앞의 원소로 하는 순서쌍 : $(2,1)$, $(2,2)$, $(2,3)$
 ① $(1,2) \in R_1$이고 $(2,1) \in R_1$일 때 $(1,1) \in R_1$
 ② $(1,2) \in R_1$이고 $(2,2) \in R_1$일 때 $(1,2) \in R_1$
 ③ $(1,2) \in R_1$이고 $(2,3) \in R_1$일 때 $(1,3) \in R_1$

(3) $(1,3)$의 뒤의 원소 3을 앞의 원소로 하는 순서쌍은 R_1에 없으므로 추이관계를 고려할 필요가 없다.

(4) $(2,1)$의 뒤의 원소 1을 앞의 원소로 하는 순서쌍 : $(1,1)$, $(1,2)$, $(1,3)$
 ① $(2,1) \in R_1$이고 $(1,1) \in R_1$일 때 $(2,1) \in R_1$
 ② $(2,1) \in R_1$이고 $(1,2) \in R_1$일 때 $(2,2) \in R_1$
 ③ $(2,1) \in R_1$이고 $(1,3) \in R_1$일 때 $(2,3) \in R_1$

(5) $(2,2)$의 뒤의 원소 2를 앞의 원소로 하는 순서쌍 : $(2,1)$, $(2,2)$, $(2,3)$
 ① $(2,2) \in R_1$이고 $(2,1) \in R_1$일 때 $(2,1) \in R_1$
 ② $(2,2) \in R_1$이고 $(2,2) \in R_1$일 때 $(2,2) \in R_1$
 ③ $(2,2) \in R_1$이고 $(2,3) \in R_1$일 때 $(2,3) \in R_1$

(6) $(2,3)$의 뒤의 원소 3을 앞의 원소로 하는 순서쌍은 R_1에 없으므로 추이관계를 고려할 필요가 없다.

그러므로 관계 R_1에 포함되는 순서쌍 중 추이관계를 고려할 필요가 없는 $(1,3)$과 $(2,3)$을 제외한 모든 순서쌍 사이에 추이관계가 성립하므로 관계 R_1은 추이관계이다. 여기서 추이관계를 고려할 필요가 없는 순서쌍은 그 순서쌍의 뒤의 원소를 앞의 원소로 하는 순서쌍이 없는 경우를 말한다. 예를 들어 $R = \{(1,3)\}$과 같은 관계가 있다고 하자. 관계 R에 포함된 순서쌍 $(1,3)$은 앞의 원소가 3인 다른 순서쌍이 관계 R에 없으므로 추이관계를 고려할 필요가 없는 순서쌍이다. 그러므로 관계 R은 추이관계가 성립한다고 할 수 있다.

다음으로 관계 R_2의 순서쌍을 살펴보자.

(1) $(1, 2)$의 뒤의 원소 2를 앞의 원소로 하는 순서쌍 : $(2, 3)$

① $(1, 2) \in R_2$이고 $(2, 3) \in R_2$일 때 $(1, 3) \in R_2$

(2) $(1, 3)$의 뒤의 원소 3을 앞의 원소로 하는 순서쌍 : $(3, 2)$

① $(1, 3) \in R_2$이고 $(3, 2) \in R_2$일 때 $(1, 2) \in R_2$

(3) $(2, 3)$의 뒤의 원소 3을 앞의 원소로 하는 순서쌍 : $(3, 2)$

① $(2, 3) \in R_2$이고 $(3, 2) \in R_2$일 때 $(2, 2) \notin R_2$

여기서 $(2, 3)$과 $(3, 2)$는 관계 R_2에 포함되지만 두 순서쌍으로 인해 만들어지는 순서쌍 $(2, 2)$는 관계 R_2에 포함되지 않는다. 그러므로 관계 R_2는 추이관계가 아니다. 관계 R_2처럼 하나의 순서쌍이라도 추이관계가 성립하지 않는다면 그 관계는 추이관계가 아니다.

예제 6-11

집합 $A = \{a, b, c, d\}$에 대하여 다음 관계가 추이관계인지 판별하라.

(a) $R_1 = \{(a, a), (a, d), (b, c), (c, a), (c, c), (d, b), (d, d)\}$

(b) $R_2 = \{(b, b), (c, c), (d, b), (d, d)\}$

(c) $R_3 = \{(a, a), (d, d)\}$

풀이

(a) $(a, a) \in R_1$이고 $(a, a) \in R_1$일 때 $(a, a) \in R_1$

$(a, a) \in R_1$이고 $(a, d) \in R_1$일 때, $(a, d) \in R_1$

$(a, d) \in R_1$이고 $(d, b) \in R_1$일 때, $(a, b) \notin R_1$

$\therefore$ 관계 R_1은 추이관계가 아니다.

(b) $(b, b) \in R_2$는 R_2에 앞의 원소가 b인 다른 순서쌍이 없으므로 추이관계를 고려할 필요가 없다.

$(c, c) \in R_2$는 R_2에 앞의 원소가 c인 다른 순서쌍이 없으므로 추이관계를 고려할 필요가 없다.

$(d, b) \in R_2$이고 $(b, b) \in R_2$일 때 $(d, b) \in R_2$

$(d, d) \in R_2$이고 $(d, b) \in R_2$일 때, $(d, b) \in R_2$

$\therefore$ 관계 R_2는 추이관계이다.

(c) $(a, a) \in R_3$는 R_3에 앞의 원소가 a인 다른 순서쌍이 없으므로 추이관계를 고려할 필요가 없다.

$(d, d) \in R_3$는 R_3에 앞의 원소가 d인 다른 순서쌍이 없으므로 추이관계를 고려할 필요가 없다.

$\therefore$ 관계 R_3는 추이관계이다.

TIP **집합 A에 대한 관계 $R=\varnothing$의 성질**

(1) 집합 A의 모든 원소 $a \in A$에 대해 $(a, a) \notin R$

$\therefore$ R은 반사관계가 아니고 비반사관계이다.

(2) 관계 R을 관계행렬로 표현하면 주대각 원소를 기준으로 대칭으로 마주보는 원소가 모두 0으로 서로 대응한다.

$$M_R = \begin{bmatrix} 0 & 0 & \cdots & 0 \\ 0 & 0 & \cdots & 0 \\ \cdots & \cdots & \cdots & \cdots \\ 0 & 0 & \cdots & 0 \end{bmatrix}$$

$\therefore$ R은 대칭관계이고 반대칭관계이다.

(3) 관계 R은 추이관계를 고려할 원소를 포함하지 않는다.

$\therefore$ R은 추이관계이다.

6.4 합성관계

앞에서 살펴본 [그림 6-2]와 [그림 6-3]의 자료 집합 간 관계의 예는 [그림 6-1]의 집합을 이용하여 새로 만든 관계이다. 이처럼 두 개 이상의 관계를 이용해 새로운 관계를 만드는 것을 '관계를 합성한다'고 하고 이렇게 만든 관계를 합성관계라고 한다.

정의 6-16 **합성관계(composite relation : $S \circ R$)**

집합 A에서 집합 B로의 관계 R과 집합 B에서 집합 C로의 관계 S가 있을 때, 이 두 관계를 이용해 구하는 집합 A에서 집합 C로의 관계

$$S \circ R = \{(a, c) \in A \times C \mid a \in A, b \in B, c \in C, (a, b) \in R, (b, c) \in S\}$$

합성관계를 구하려면 둘 이상의 관계 사이에 공통으로 사용되는 자료 집합이 있어야 한다. 예를 들어 [그림 6-3]에서 '수강과목 담당교수 정보'라는 관계는 [그림 6-2]의 '수강과목 정보'와 '담당과목 정보'라는 관계를 이용해 구할 수 있는데, 이 두 관계는 '과목코드'라는 공통 자료 집합을 사용한다. 이러한 공통 자료 집합이 두 관계를 연결하는 연결고리 역할을 하여 합성관계가 성립한다. 여기서 연결고리인 자료 집합은 합성에 사용되는 두 관계 중 한 관계에서는 정의역이고 다른 관계에서는 공역이어야 한다.

[표 6-1]은 두 관계 사이의 합성이 가능한 예로, (a)의 경우 관계 S의 정의역과 관계 R의 공역이 집합 B로 같으므로 합성관계 $S \circ R$이 가능하다. 또한 (b)의 경우 관계 R의 정의역과 관계 S의 공역이 집합 B로 같으므로 합성관계 $R \circ S$가 가능하다.

[표 6-1] 가능한 합성

(a)	(b)
관계 R의 공역 $R : A \to \underline{B}$ $S : \underline{B} \to C$ 관계 S의 정의역	관계 R의 정의역 $R : \underline{B} \to A$ $S : C \to \underline{B}$ 관계 S의 공역

반면, [표 6-2]는 두 관계의 합성이 불가능한 예로, 관계 R과 S 중 어느 한 관계의 정의역과 다른 관계의 공역이 같아야 하는데 서로 다르므로 합성관계 $S \circ R$과 $R \circ S$가 모두 불가능하다.

[표 6-2] 불가능한 합성

(a)	(b)
관계 R의 공역 $R: B \to \overline{A}$ $S: \underline{B} \to C$ 관계 S의 정의역	관계 R의 정의역 $R: \overline{B} \to A$ $S: B \to \underline{C}$ 관계 S의 공역

합성이 가능한 집합 A에서 집합 B로 가는 관계 R과 집합 B에서 집합 C로 가는 관계 S를 합성할 때, 관계 R의 공역이고 관계 S의 정의역인 집합 B가 두 관계의 연결고리이므로 [그림 6-16]처럼 합성할 수 있다. 이 합성의 결과는 집합 A에서 집합 C로 가는 관계이고 합성관계의 정의역은 집합 A, 공역은 집합 C이다.

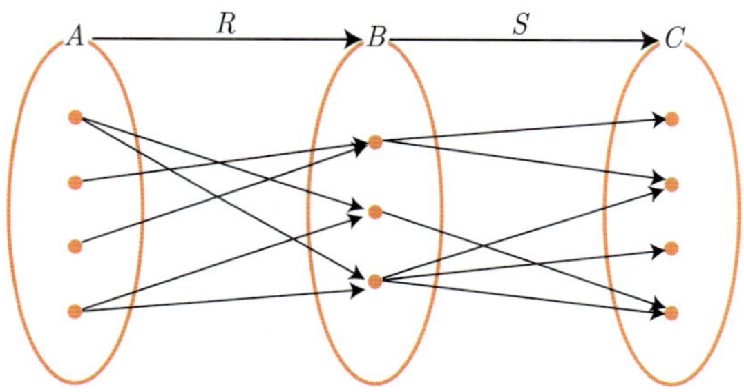

[그림 6-16] 관계의 합성

합성관계는 표기에 주의해야 한다. [그림 6-16]처럼 집합 A에서 집합 B로 가는 관계 R과 집합 B에서 집합 C로 가는 관계 S의 합성관계는 $S \circ R$로 표기한다. 즉, 합성관계를 표기할 때는 합성관계의 정의역을 가지는 관계(R)를 합성 연산자 $\circ$의 뒤에, 공역을 가지는 관계(S)를 합성 연산자 $\circ$의 앞에 쓴다고 생각하고 표기한다.

집합 $A = \{a, b, c, d\}$, $B = \{1, 2, 3\}$, $C = \{x, y, z\}$에 대한 관계 R과 S가 다음과 같다고 하자.

$$R: A \to B, \quad R = \{(a, 2), (b, 2), (b, 3), (c, 1), (d, 1), (d, 2), (d, 3)\}$$
$$S: B \to C, \quad S = \{(1, x), (1, z), (2, y), (2, z), (3, x), (3, y)\}$$

집합 B가 관계 R에서는 공역으로, 관계 S에서는 정의역으로 사용되므로 집합 B를 연결고리로 두 관계 R과 S를 합성할 수 있다.

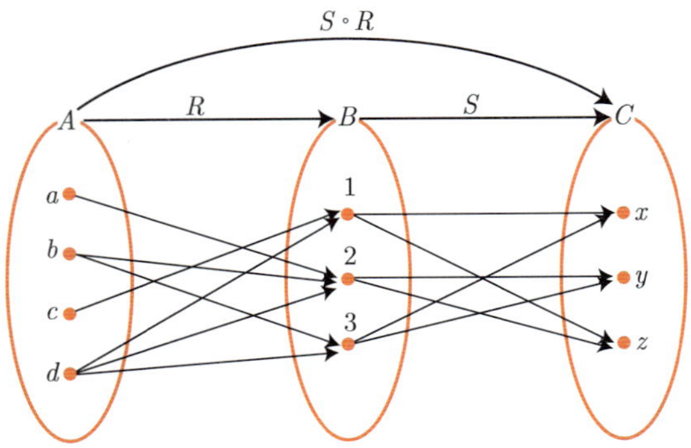

[그림 6-17] 합성관계 $S \circ R$

두 관계 R과 S를 합성한 결과는 다음과 같다.

$$S \circ R = \{(a, y), (a, z), (b, x), (b, y), (b, z), (c, x), (c, z), (d, x), (d, y), (d, z)\}$$

이 합성관계의 정의역, 공역, 치역은 다음과 같다.

$$\mathrm{dom}(S \circ R) = A, \quad \mathrm{codom}(S \circ R) = C, \quad \mathrm{ran}(S \circ R) = \{x, y, z\} = C$$

예제 6-12

집합 $A = \{1, 3, 6\}$, $B = \{2, 4, 8\}$에 대하여 관계 R과 S가 다음과 같을 때 가능한 모든 합성관계를 구하라.

$$R : A \to B, \quad R = \{(1, 4), (1, 8), (6, 2), (6, 8)\}$$
$$S : B \to A, \quad S = \{(2, 3), (4, 1), (8, 6)\}$$

풀이

집합 A는 관계 R의 정의역이고 관계 S의 공역이다. 집합 B는 관계 R의 공역이고 관계 S의 정의역이다. 따라서 합성관계 $R \circ S$와 $S \circ R$이 모두 가능하다.

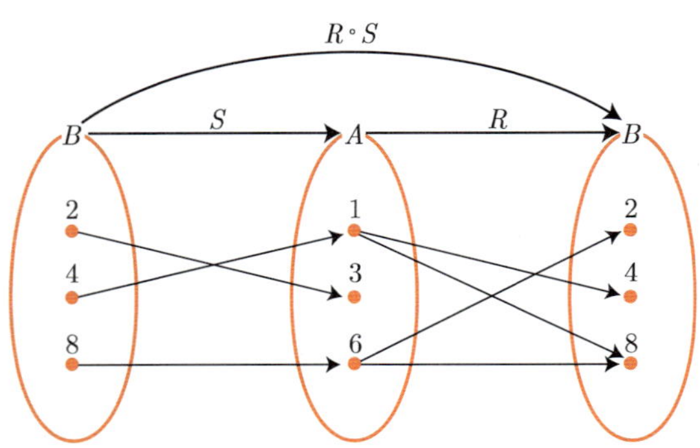

$\therefore\ R \circ S = \{(4, 4), (4, 8), (8, 2), (8, 8)\}$

$\mathrm{dom}(R \circ S) = B$

$\mathrm{codom}(R \circ S) = B$

$\mathrm{ran}(R \circ S) = \{2, 4, 8\} = B$

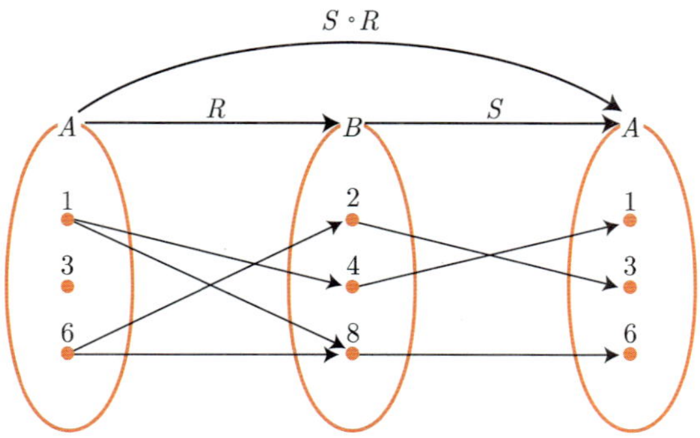

$\therefore\ S\circ R = \{(1,1), (1,6), (6,3), (6,6)\}$
$\text{dom}(S\circ R) = A$
$\text{codom}(S\circ R) = A$
$\text{ran}(S\circ R) = \{1, 3, 6\} = A$

[예제 6-12]에서 알 수 있듯이 합성관계는 교환법칙이 성립하지 않는다. 이는 집합 하나에 대한 관계이더라도 마찬가지이다. 예를 들어 집합 $A = \{1, 2, 3\}$에 대한 관계 R과 S가 다음과 같다고 가정하자.

$$R : A \rightarrow A, \quad R = \{(1, 1), (1, 3), (2, 3), (3, 1)\}$$
$$S : A \rightarrow A, \quad S = \{(1, 1), (2, 1), (2, 2), (3, 2), (3, 3)\}$$

관계 R과 S를 합성하면 집합 A가 두 관계에서 정의역이면서 공역이므로 다음과 같이 $R\circ S$와 $S\circ R$이 모두 가능하다.

$$R\circ S = \{(1, 1), (1, 3), (2, 1), (2, 3), (3, 1), (3, 3)\}$$
$$S\circ R = \{(1, 1), (1, 2), (1, 3), (2, 2), (2, 3), (3, 1)\}$$

위 결과를 보면 합성관계는 교환법칙이 성립하지 않는다.

합성관계의 거듭제곱

합성관계는 관계행렬을 이용하여 구할 수 있는데, 5장에서 살펴본 부울행렬의 부울곱을 이용한다. 집합 A에서 집합 B로 가는 관계 R과 집합 B에서 집합 C로 가는 관계 S의 합성은 관계 R에 대한 관계행렬 M_R과 관계 S에 대한 관계행렬 M_S의 부울곱으로 구한다.

관계 합성을 위해 부울곱 연산을 할 때 관계행렬의 순서는 부울곱 기호를 기준으로 합성관계의 정의역을 갖는 관계행렬이 앞에, 공역을 갖는 관계행렬이 뒤에 위치한다. 즉, 다음과 같이 합성관계 $S\circ R$을 구할 때 합성관계 $S\circ R$의 정의역(집합 A)을 포함하는 관계 R에 대한 관계행렬이 부울곱의 앞에, 합성관계의 공역(집합 C)을 포함하는 관계 S에 대한 관계행렬이 부울곱의 뒤에 위치한다.

$$S\circ R = M_{S\circ R} = M_R \odot M_S$$

앞에서 예로 들었던 집합 $A = \{a, b, c, d\}$, $B = \{1, 2, 3\}$, $C = \{x, y, z\}$에 대한 관계 R과 S의 합성관계를 구해보자.

$$R : A \rightarrow B, \quad R = \{(a, 2), (b, 2), (b, 3), (c, 1), (d, 1), (d, 2), (d, 3)\}$$
$$S : B \rightarrow C, \quad S = \{(1, x), (1, z), (2, y), (2, z), (3, x), (3, y)\}$$

$$S \circ R = M_{S \circ R} = M_R \odot M_S$$
$$= \begin{bmatrix} 0 & 1 & 0 \\ 0 & 1 & 1 \\ 1 & 0 & 0 \\ 1 & 1 & 1 \end{bmatrix} \odot \begin{bmatrix} 1 & 0 & 1 \\ 0 & 1 & 1 \\ 1 & 1 & 0 \end{bmatrix} = \begin{bmatrix} 0 & 1 & 1 \\ 1 & 1 & 1 \\ 1 & 0 & 1 \\ 1 & 1 & 1 \end{bmatrix} = \begin{matrix} & x & y & z \\ a & 0 & 1 & 1 \\ b & 1 & 1 & 1 \\ c & 1 & 0 & 1 \\ d & 1 & 1 & 1 \end{matrix}$$

합성관계 $S \circ R$의 행은 정의역 원소이고 열은 공역 원소이므로 이에 따라 합성관계를 순서쌍 집합으로 표현하면 다음과 같다.

$$S \circ R = \{(a, y), (a, z), (b, x), (b, y), (b, z), (c, x), (c, z), (d, x), (d, y), (d, z)\}$$

예제 6-13

[예제 6-12]에서 구한 집합 $A = \{1, 3, 6\}$, $B = \{2, 4, 8\}$에 대한 관계 R과 S의 합성관계를 관계행렬을 이용하여 구하고, [예제 6-12]의 결과와 같은지 확인하라.

$$R : A \rightarrow B, \quad R = \{(1, 4), (1, 8), (6, 2), (6, 8)\}$$
$$S : B \rightarrow A, \quad S = \{(2, 3), (4, 1), (8, 6)\}$$

풀이

$$M_R = \begin{bmatrix} 0 & 1 & 1 \\ 0 & 0 & 0 \\ 1 & 0 & 1 \end{bmatrix}, \quad M_S = \begin{bmatrix} 0 & 1 & 0 \\ 1 & 0 & 0 \\ 0 & 0 & 1 \end{bmatrix}$$

$$R \circ S = M_{R \circ S} = M_S \odot M_R = \begin{bmatrix} 0 & 1 & 0 \\ 1 & 0 & 0 \\ 0 & 0 & 1 \end{bmatrix} \odot \begin{bmatrix} 0 & 1 & 1 \\ 0 & 0 & 0 \\ 1 & 0 & 1 \end{bmatrix} = \begin{bmatrix} 0 & 0 & 0 \\ 0 & 1 & 1 \\ 1 & 0 & 1 \end{bmatrix}$$

$\therefore \ R \circ S = \{(4, 4), (4, 8), (8, 2), (8, 8)\}$

$$S \circ R = M_{S \circ R} = M_R \odot M_S = \begin{bmatrix} 0 & 1 & 1 \\ 0 & 0 & 0 \\ 1 & 0 & 1 \end{bmatrix} \odot \begin{bmatrix} 0 & 1 & 0 \\ 1 & 0 & 0 \\ 0 & 0 & 1 \end{bmatrix} = \begin{bmatrix} 1 & 0 & 1 \\ 0 & 0 & 0 \\ 0 & 1 & 1 \end{bmatrix}$$

$\therefore \ S \circ R = \{(1, 1), (1, 6), (6, 3), (6, 6)\}$

일반적인 스칼라의 거듭제곱처럼 하나의 집합에 대한 관계는 거듭해서 합성할 수 있는데 이를 '합성관계의 거듭제곱'이라고 한다.

정의 6-17 **합성관계의 거듭제곱 : R^n**

집합 A에 대한 관계 R에 대하여 n번의 합성으로 구하는 합성관계

$$R^n = \begin{cases} R & , n=1 \text{ 일 때} \\ R^{n-1} \circ R, & n>1 \text{ 일 때} \end{cases}$$

[정의 6-17]에 따라 집합 $A=\{1,2,3\}$에 대한 관계 R의 관계행렬이 $M_R = \begin{bmatrix} 0 & 1 & 1 \\ 1 & 0 & 0 \\ 0 & 0 & 1 \end{bmatrix}$ 일 때 관계 R의 거듭제곱 R^2, R^3, R^4을 구해보자.

$$R^2 = R \circ R = M_R \odot M_R = \begin{bmatrix} 0 & 1 & 1 \\ 1 & 0 & 0 \\ 0 & 0 & 1 \end{bmatrix} \odot \begin{bmatrix} 0 & 1 & 1 \\ 1 & 0 & 0 \\ 0 & 0 & 1 \end{bmatrix} = \begin{bmatrix} 1 & 0 & 1 \\ 0 & 1 & 1 \\ 0 & 0 & 1 \end{bmatrix}$$

R^3의 경우 R^2을 이용하되 거듭제곱식에서 R^2이 합성 연산자 $\circ$의 앞에 있어야 한다.

$$R^3 = R^2 \circ R = M_R \odot M_{R^2} = \begin{bmatrix} 0 & 1 & 1 \\ 1 & 0 & 0 \\ 0 & 0 & 1 \end{bmatrix} \odot \begin{bmatrix} 1 & 0 & 1 \\ 0 & 1 & 1 \\ 0 & 0 & 1 \end{bmatrix} = \begin{bmatrix} 0 & 1 & 1 \\ 1 & 0 & 1 \\ 0 & 0 & 1 \end{bmatrix}$$

$$R^4 = R^3 \circ R = M_R \odot M_{R^3} = \begin{bmatrix} 0 & 1 & 1 \\ 1 & 0 & 0 \\ 0 & 0 & 1 \end{bmatrix} \odot \begin{bmatrix} 0 & 1 & 1 \\ 1 & 0 & 1 \\ 0 & 0 & 1 \end{bmatrix} = \begin{bmatrix} 1 & 0 & 1 \\ 0 & 1 & 1 \\ 0 & 0 & 1 \end{bmatrix}$$

이러한 방식으로 구하는 합성관계의 거듭제곱은 어떤 관계의 추이관계 대한 여부를 판별할 수 있다. 원소가 n개인 집합 A에 대한 관계 R을 n번 합성한 결과가 관계 R의 부분집합이면 추이관계로 판별할 수 있다. 예를 들어, 집합 $A=\{1,2,3\}$에 대한 다음 관계 R과 S가 추이관계인지 판별해보자.

$$M_R = \begin{bmatrix} 0 & 1 & 1 \\ 1 & 0 & 0 \\ 0 & 0 & 1 \end{bmatrix}, \quad M_S = \begin{bmatrix} 1 & 1 & 0 \\ 1 & 1 & 0 \\ 0 & 0 & 1 \end{bmatrix}$$

집합 A의 원소는 3개이므로 관계 R과 S를 각각 세 번씩 합성한다. 관계 R에 대한 거듭제곱 R^3은 앞에서 구했으므로 관계 S에 대한 거듭제곱을 구한다.

$$S^2 = S \circ S = M_S \odot M_S = \begin{bmatrix} 1 & 1 & 0 \\ 1 & 1 & 0 \\ 0 & 0 & 1 \end{bmatrix} \odot \begin{bmatrix} 1 & 1 & 0 \\ 1 & 1 & 0 \\ 0 & 0 & 1 \end{bmatrix} = \begin{bmatrix} 1 & 1 & 0 \\ 1 & 1 & 0 \\ 0 & 0 & 1 \end{bmatrix}$$

$$S^3 = S^2 \circ S = M_S \odot M_{S^2} = \begin{bmatrix} 1 & 1 & 0 \\ 1 & 1 & 0 \\ 0 & 0 & 1 \end{bmatrix} \odot \begin{bmatrix} 1 & 1 & 0 \\ 1 & 1 & 0 \\ 0 & 0 & 1 \end{bmatrix} = \begin{bmatrix} 1 & 1 & 0 \\ 1 & 1 & 0 \\ 0 & 0 & 1 \end{bmatrix}$$

이렇게 구한 관계 R^3과 S^3은 각각 다음과 같다.

$$R^3 = \{(1,2),(1,3),(2,1),(2,3),(3,3)\}$$
$$S^3 = \{(1,1),(1,2),(2,1),(2,2),(3,3)\}$$

이 결과에 따라 관계 R^3은 R의 부분집합이 아니고($R^3 \not\subseteq R$), 관계 S^3은 S의 부분집합($S^3 \subseteq S$)임을 알 수 있다.

관계 R처럼 합성관계 R^3이 R의 부분집합이 되지 않는 경우 관계 R은 추이관계가 아니라고 할 수 있다. 반면 관계 S처럼 합성관계 S^3이 S의 부분집합인 경우 관계 S는 추이관계라고 할 수 있다.

정리 6-1 추이관계와 거듭제곱의 관계

집합 A에 대한 관계 R이 추이관계일 필요충분조건은 모든 양의 정수 n에 대하여 $R^n \subseteq R$인 것이다.

증명

다음 두 조건명제가 모두 참(T)임을 증명한다.

(i) 집합 A에 대한 관계 R이 추이관계이면, 모든 양의 정수 n에 대하여 $R^n \subseteq R$이다.
(ii) 모든 양의 정수 n에 대하여 $R^n \subseteq R$이면, 집합 A에 대한 관계 R이 추이관계이다.

(i) ❶ **기본 가정** : $n=1$일 때 집합 A에 대한 관계 R이 추이관계이면 $R^1 \subseteq R$이다.

❷ **귀납 가정** : $n=k$일 때 집합 A에 대한 관계 R이 추이관계이면, $R^k \subseteq R$이라고 가정한다.

❸ **귀납 증명** : $n=k+1$일 때 집합 A에 대한 관계 R이 추이관계이면, $R^{k+1} \subseteq R$임을 증명한다. $(a,c) \in R^{k+1}$이면 $(a,c) \in R^k \circ R$이다($\because\ R^{k+1} = R^k \circ R$). 그러면 $(a,b) \in R$이고 $(b,c) \in R^k$을 만족하는 $b \in A$가 존재한다. 귀납 가정에서 $R^k \subseteq R$이 성립한다고 가정했으므로 $(b,c) \in R$이다. $(a,b) \in R$, $(b,c) \in R$이고 R이 추이관계이므로 $(a,c) \in R$이다. 즉, $(a,c) \in R^{k+1}$이면 $(a,c) \in R$이므로 $R^{k+1} \subseteq R$이 성립한다.

$\therefore$ 조건명제 (i)은 참(T)이다.

(ii) 모든 양의 정수 n에 대하여 $R^n \subseteq R$이므로 $R^2 \subseteq R$이 성립한다. $(a,b) \in R$, $(b,c) \in R$이라고 가정하면, 합성의 정의에 따라 $(a,c) \in R^2$이다($\because\ R^2 = R \circ R$). 이때 $R^2 \subseteq R$이므로 $(a,c) \in R$이다. 따라서 $(a,b) \in R$, $(b,c) \in R$이면 $(a,c) \in R$이므로 관계 R은 추이관계이다.

$\therefore$ 조건명제 (ii)는 참(T)이다. ■

예제 6-14

다음은 [예제 6-11]에서 집합 $A = \{a, b, c, d\}$에 대해 추이관계인지 판별했던 관계이다. 합성관계의 거듭제곱을 이용하여 [예제 6-11]의 결과와 같은지 확인하라.

(a) $R_1 = \{(a, a), (a, d), (b, c), (c, a), (c, c), (d, b), (d, d)\}$

(b) $R_2 = \{(b, b), (c, c), (d, b), (d, d)\}$

(c) $R_3 = \{(a, a), (d, d)\}$

풀이

집합 A의 기수가 $|A| = 4$이므로 모든 관계를 네 번씩 거듭제곱하여 추이관계인지 확인한다.

(a) $$M_{R_1} = \begin{array}{c} \\ a \\ b \\ c \\ d \end{array}\begin{array}{c} \begin{matrix} a & b & c & d \end{matrix} \\ \begin{bmatrix} 1 & 0 & 0 & 1 \\ 0 & 0 & 1 & 0 \\ 1 & 0 & 1 & 0 \\ 0 & 1 & 0 & 1 \end{bmatrix} \end{array}$$

$$R_1^2 = R_1 \circ R_1 = M_{R_1} \odot M_{R_1} = \begin{bmatrix} 1 & 0 & 0 & 1 \\ 0 & 0 & 1 & 0 \\ 1 & 0 & 1 & 0 \\ 0 & 1 & 0 & 1 \end{bmatrix} \odot \begin{bmatrix} 1 & 0 & 0 & 1 \\ 0 & 0 & 1 & 0 \\ 1 & 0 & 1 & 0 \\ 0 & 1 & 0 & 1 \end{bmatrix} = \begin{bmatrix} 1 & 1 & 0 & 1 \\ 1 & 0 & 1 & 0 \\ 1 & 0 & 1 & 1 \\ 0 & 1 & 1 & 1 \end{bmatrix}$$

$$R_1^3 = R_1^2 \circ R_1 = M_{R_1} \odot M_{R_1^2} = \begin{bmatrix} 1 & 0 & 0 & 1 \\ 0 & 0 & 1 & 0 \\ 1 & 0 & 1 & 0 \\ 0 & 1 & 0 & 1 \end{bmatrix} \odot \begin{bmatrix} 1 & 1 & 0 & 1 \\ 1 & 0 & 1 & 0 \\ 1 & 0 & 1 & 1 \\ 0 & 1 & 1 & 1 \end{bmatrix} = \begin{bmatrix} 1 & 1 & 1 & 1 \\ 1 & 0 & 1 & 1 \\ 1 & 1 & 1 & 1 \\ 1 & 1 & 1 & 1 \end{bmatrix}$$

$$R_1^4 = R_1^3 \circ R_1 = M_{R_1} \odot M_{R_1^3} = \begin{bmatrix} 1 & 0 & 0 & 1 \\ 0 & 0 & 1 & 0 \\ 1 & 0 & 1 & 0 \\ 0 & 1 & 0 & 1 \end{bmatrix} \odot \begin{bmatrix} 1 & 1 & 1 & 1 \\ 1 & 0 & 1 & 1 \\ 1 & 1 & 1 & 1 \\ 1 & 1 & 1 & 1 \end{bmatrix} = \begin{bmatrix} 1 & 1 & 1 & 1 \\ 1 & 1 & 1 & 1 \\ 1 & 1 & 1 & 1 \\ 1 & 1 & 1 & 1 \end{bmatrix}$$

$\therefore$ $R_1^4 \not\subseteq R_1$이므로, 관계 R_1은 추이관계가 아니다.

(b) $$M_{R_2} = \begin{array}{c} \\ a \\ b \\ c \\ d \end{array}\begin{array}{c} \begin{matrix} a & b & c & d \end{matrix} \\ \begin{bmatrix} 0 & 0 & 0 & 0 \\ 0 & 1 & 0 & 0 \\ 0 & 0 & 1 & 0 \\ 0 & 1 & 0 & 1 \end{bmatrix} \end{array}$$

$$R_2^2 = R_2 \circ R_2 = M_{R_2} \odot M_{R_2} = \begin{bmatrix} 0 & 0 & 0 & 0 \\ 0 & 1 & 0 & 0 \\ 0 & 0 & 1 & 0 \\ 0 & 1 & 0 & 1 \end{bmatrix} \odot \begin{bmatrix} 0 & 0 & 0 & 0 \\ 0 & 1 & 0 & 0 \\ 0 & 0 & 1 & 0 \\ 0 & 1 & 0 & 1 \end{bmatrix} = \begin{bmatrix} 0 & 0 & 0 & 0 \\ 0 & 1 & 0 & 0 \\ 0 & 0 & 1 & 0 \\ 0 & 1 & 0 & 1 \end{bmatrix}$$

$$R_2^3 = R_2^2 \circ R_2 = M_{R_2} \odot M_{R_2^2} = \begin{bmatrix} 0 & 0 & 0 & 0 \\ 0 & 1 & 0 & 0 \\ 0 & 0 & 1 & 0 \\ 0 & 1 & 0 & 1 \end{bmatrix} \odot \begin{bmatrix} 0 & 0 & 0 & 0 \\ 0 & 1 & 0 & 0 \\ 0 & 0 & 1 & 0 \\ 0 & 1 & 0 & 1 \end{bmatrix} = \begin{bmatrix} 0 & 0 & 0 & 0 \\ 0 & 1 & 0 & 0 \\ 0 & 0 & 1 & 0 \\ 0 & 1 & 0 & 1 \end{bmatrix}$$

$$R_2^4 = R_2^3 \circ R_2 = M_{R_2} \odot M_{R_2^3} = \begin{bmatrix} 0 & 0 & 0 & 0 \\ 0 & 1 & 0 & 0 \\ 0 & 0 & 1 & 0 \\ 0 & 1 & 0 & 1 \end{bmatrix} \odot \begin{bmatrix} 0 & 0 & 0 & 0 \\ 0 & 1 & 0 & 0 \\ 0 & 0 & 1 & 0 \\ 0 & 1 & 0 & 1 \end{bmatrix} = \begin{bmatrix} 0 & 0 & 0 & 0 \\ 0 & 1 & 0 & 0 \\ 0 & 0 & 1 & 0 \\ 0 & 1 & 0 & 1 \end{bmatrix}$$

$\therefore$ $R_2^4 \subseteq R_2$이므로, 관계 R_2는 추이관계이다.

(c) $M_{R_3} = \begin{array}{c} \\ a \\ b \\ c \\ d \end{array}\begin{array}{c} \begin{array}{cccc} a & b & c & d \end{array} \\ \begin{bmatrix} 1 & 0 & 0 & 0 \\ 0 & 0 & 0 & 0 \\ 0 & 0 & 0 & 0 \\ 0 & 0 & 0 & 1 \end{bmatrix} \end{array}$

$$R_3^2 = R_3 \circ R_3 = M_{R_3} \odot M_{R_3} = \begin{bmatrix} 1 & 0 & 0 & 0 \\ 0 & 0 & 0 & 0 \\ 0 & 0 & 0 & 0 \\ 0 & 0 & 0 & 1 \end{bmatrix} \odot \begin{bmatrix} 1 & 0 & 0 & 0 \\ 0 & 0 & 0 & 0 \\ 0 & 0 & 0 & 0 \\ 0 & 0 & 0 & 1 \end{bmatrix} = \begin{bmatrix} 1 & 0 & 0 & 0 \\ 0 & 0 & 0 & 0 \\ 0 & 0 & 0 & 0 \\ 0 & 0 & 0 & 1 \end{bmatrix}$$

$$R_3^3 = R_3^2 \circ R_3 = M_{R_3} \odot M_{R_3^2} = \begin{bmatrix} 1 & 0 & 0 & 0 \\ 0 & 0 & 0 & 0 \\ 0 & 0 & 0 & 0 \\ 0 & 0 & 0 & 1 \end{bmatrix} \odot \begin{bmatrix} 1 & 0 & 0 & 0 \\ 0 & 0 & 0 & 0 \\ 0 & 0 & 0 & 0 \\ 0 & 0 & 0 & 1 \end{bmatrix} = \begin{bmatrix} 1 & 0 & 0 & 0 \\ 0 & 0 & 0 & 0 \\ 0 & 0 & 0 & 0 \\ 0 & 0 & 0 & 1 \end{bmatrix}$$

$$R_3^4 = R_3^3 \circ R_3 = M_{R_3} \odot M_{R_3^3} = \begin{bmatrix} 1 & 0 & 0 & 0 \\ 0 & 0 & 0 & 0 \\ 0 & 0 & 0 & 0 \\ 0 & 0 & 0 & 1 \end{bmatrix} \odot \begin{bmatrix} 1 & 0 & 0 & 0 \\ 0 & 0 & 0 & 0 \\ 0 & 0 & 0 & 0 \\ 0 & 0 & 0 & 1 \end{bmatrix} = \begin{bmatrix} 1 & 0 & 0 & 0 \\ 0 & 0 & 0 & 0 \\ 0 & 0 & 0 & 0 \\ 0 & 0 & 0 & 1 \end{bmatrix}$$

$\therefore\ R_3^4 \subseteq R_3$ 이므로, 관계 R_3는 추이관계이다.

6.5 관계의 폐포

학번을 입력하면 학생의 이름을 비롯한 학생의 기타 정보를 검색할 수 있는 시스템이 있다고 하자. 그런데 이 시스템은 등록된 전체 학생 중 재학생만 검색할 수 있다. 이 시스템에서 휴학생의 정보도 검색할 수 있으려면 휴학생의 학번과 정보도 추가해야 할 것이다. 이처럼 자료 집합에 필요한 원소를 추가하여 특정 조건을 만족하도록 만드는 것을 관계의 폐포라고 한다.

정의 6-18 관계의 폐포(closure)

집합 A에 대한 관계를 R이라 하고 관계 R이 가져야 하는 성질을 P라고 할 때, 관계 R을 포함하면서 성질 P를 갖는 집합 A에 대한 관계 S

성질 P를 갖지 않는 관계 R이 성질 P를 갖도록 순서쌍을 추가할 때는 반드시 필요한 최소한의 순서쌍만 추가한다. 예를 들어 집합 A에 대한 관계 R이 반사관계가 아닐 때 관계 R의 반사폐포 S를 구하려면 반사관계이기 위해 반드시 필요한 순서쌍 $(a, a)(a \in A)$만 추가한다. 즉, 관계 R에 없으면서 반사관계를 만드는 데도 전혀 상관이 없는 순서쌍은 절대 추가하지 않는다.

앞에서 관계에 대한 성질에는 반사, 비반사, 대칭, 반대칭, 추이가 있다고 공부했다. 이 중에서 폐포를 만들 수 있는 성질은 반사, 대칭, 추이이다.

반사폐포

정의 6-19 반사폐포(reflexive closure)

집합 A에 대한 관계 R을 포함하면서 반사관계를 갖는 관계 S

$$S = R \cup \{(a, a) | a \in A\}$$

반사폐포는 반사관계가 아닌 집합 A에 대한 관계 R에 반사관계를 만족하는 데 필요한 순서쌍 원소 (a, a)를 추가하여 만든 새로운 관계 S를 말한다. 예를 들어 집합 $A = \{1, 2, 3\}$에 대한 다음과 같은 관계 R이 있다고 가정하자.

$$R = \{(1, 1), (1, 3), (2, 1), (3, 2)\}$$

관계 R은 $(2,2) \notin R$, $(3,3) \notin R$이므로 반사관계가 아니다. 그러므로 $(2,2), (3,3)$을 추가한다면 관계 R은 반사관계가 될 것이다. 관계 R에 순서쌍 원소 $(2,2), (3,3)$을 추가한 새로운 관계 S는 다음과 같다.

$$\begin{aligned} S &= R \cup \{(2,2), (3,3)\} \\ &= \{(1,1), (1,3), (2,1), (3,2)\} \cup \{(2,2), (3,3)\} \\ &= \{(1,1), (1,3), (2,1), (2,2), (3,2), (3,3)\} \end{aligned}$$

이렇게 구한 관계 S는 관계 R의 반사폐포이다.

반사폐포를 구하거나 표현하기 위해 관계행렬이나 방향그래프를 활용할 수 있다. [그림 6-18(a)]처럼 반사관계가 아닌 관계 R에 대한 관계행렬의 경우 주대각 원소 중 1이 아닌 원소가 존재하고, 방향그래프의 경우 루프가 없는 원소가 존재할 수 있다. 관계 R이 반사관계가 되도록 관계행렬의 주대각 원소를 모두 1로 만들고, 방향그래프의 모든 원소가 루프를 갖도록 나타내면 [그림 6-18(b)]의 반사폐포 S가 된다.

$$M_R = \begin{array}{c} \\ 1 \\ 2 \\ 3 \end{array} \begin{array}{c} \begin{array}{ccc} 1 & 2 & 3 \end{array} \\ \begin{bmatrix} 1 & 0 & 1 \\ 1 & 0 & 0 \\ 0 & 1 & 0 \end{bmatrix} \end{array}$$

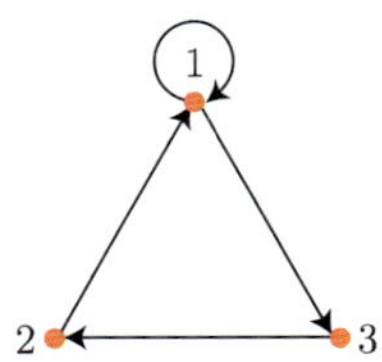

(a) 관계 R

$$M_S = \begin{array}{c} \\ 1 \\ 2 \\ 3 \end{array} \begin{array}{c} \begin{array}{ccc} 1 & 2 & 3 \end{array} \\ \begin{bmatrix} 1 & 0 & 1 \\ 1 & 1 & 0 \\ 0 & 1 & 1 \end{bmatrix} \end{array}$$

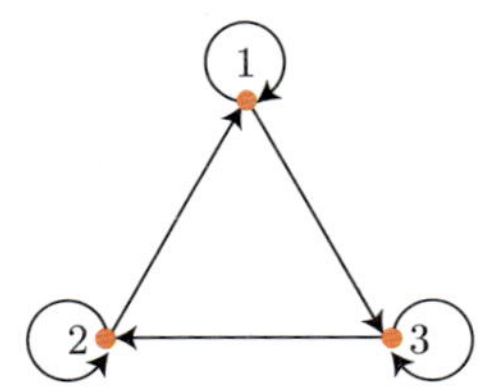

(b) 관계 R의 반사폐포 S

[그림 6-18] 관계 R과 반사폐포 S의 관계행렬과 방향그래프

예제 6-15

집합 $A = \{a, b, c, d\}$에 대한 다음 관계의 반사폐포 S_1, S_2, S_3를 구하라.

(a) $R_1 = \{(a,b), (b,b), (b,c), (d,a), (d,c)\}$

(b) $R_2 = \{(a,b), (b,c), (c,d)\}$

(c) $R_3 = \{(a,a), (b,a), (c,a), (c,d), (d,d)\}$

풀이

집합 A에 대한 관계가 반사관계이려면 $(a,a), (b,b), (c,c), (d,d)$를 모두 포함해야 한다.

(a) 관계 R_1의 관계행렬과 방향그래프는 다음과 같다.

$$M_{R_1} = \begin{array}{c} \\ a \\ b \\ c \\ d \end{array} \begin{array}{c} \begin{array}{cccc} a & b & c & d \end{array} \\ \begin{bmatrix} 0 & 1 & 0 & 0 \\ 0 & 1 & 1 & 0 \\ 0 & 0 & 0 & 0 \\ 1 & 0 & 1 & 0 \end{bmatrix} \end{array}$$

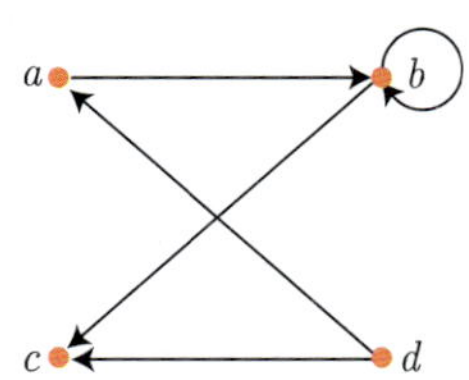

$(a, a) \notin R_1, (c, c) \notin R_1, (d, d) \notin R_1$ 이므로 이 세 원소를 모두 포함해야 한다. 세 원소를 포함한 관계행렬과 방향그래프는 다음과 같다.

$$M_{S_1} = \begin{array}{c} \\ a \\ b \\ c \\ d \end{array}\!\!\begin{array}{c} \begin{array}{cccc} a & b & c & d \end{array} \\ \begin{bmatrix} 1 & 1 & 0 & 0 \\ 0 & 1 & 1 & 0 \\ 0 & 0 & 1 & 0 \\ 1 & 0 & 1 & 1 \end{bmatrix} \end{array}$$

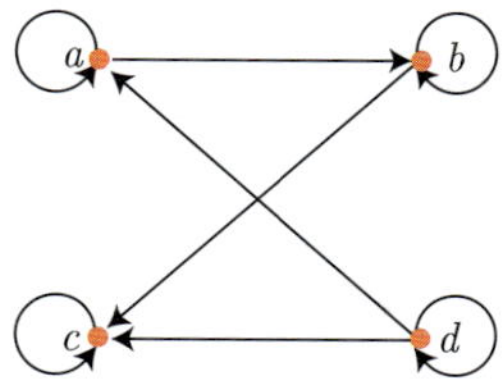

$\therefore\ S_1 = \{(a, b), (b, b), (b, c), (d, a), (d, c)\} \cup \{(a, a), (c, c), (d, d)\}$
$= \{(a, a), (a, b), (b, b), (b, c), (c, c), (d, a), (d, c), (d, d)\}$

(b) 관계 R_2의 관계행렬과 방향그래프는 다음과 같다.

$$M_{R_2} = \begin{array}{c} \\ a \\ b \\ c \\ d \end{array}\!\!\begin{array}{c} \begin{array}{cccc} a & b & c & d \end{array} \\ \begin{bmatrix} 0 & 1 & 0 & 0 \\ 0 & 0 & 1 & 0 \\ 0 & 0 & 0 & 1 \\ 0 & 0 & 0 & 0 \end{bmatrix} \end{array}$$

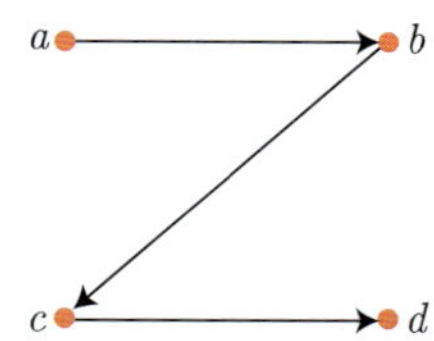

$(a, a) \notin R_2, (b, b) \notin R_2, (c, c) \notin R_2, (d, d) \notin R_2$ 이므로 이 네 원소를 모두 포함해야 한다. 네 원소를 포함한 관계행렬과 방향그래프는 다음과 같다.

$$M_{S_2} = \begin{array}{c} \\ a \\ b \\ c \\ d \end{array}\!\!\begin{array}{c} \begin{array}{cccc} a & b & c & d \end{array} \\ \begin{bmatrix} 1 & 1 & 0 & 0 \\ 0 & 1 & 1 & 0 \\ 0 & 0 & 1 & 1 \\ 0 & 0 & 0 & 1 \end{bmatrix} \end{array}$$

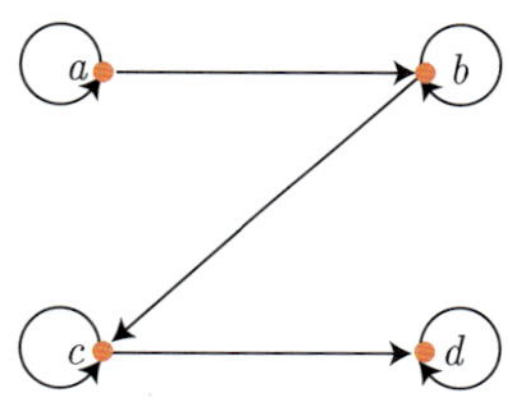

$\therefore\ S_2 = \{(a, b), (b, c), (c, d)\} \cup \{(a, a), (b, b), (c, c), (d, d)\}$
$= \{(a, a), (a, b), (b, b), (b, c), (c, c), (c, d), (d, d)\}$

(c) 관계 R_3의 관계행렬과 방향그래프는 다음과 같다.

$$M_{R_3} = \begin{array}{c} \\ a \\ b \\ c \\ d \end{array}\!\!\begin{array}{c} \begin{array}{cccc} a & b & c & d \end{array} \\ \begin{bmatrix} 1 & 0 & 0 & 0 \\ 1 & 0 & 0 & 0 \\ 1 & 0 & 0 & 1 \\ 0 & 0 & 0 & 1 \end{bmatrix} \end{array}$$

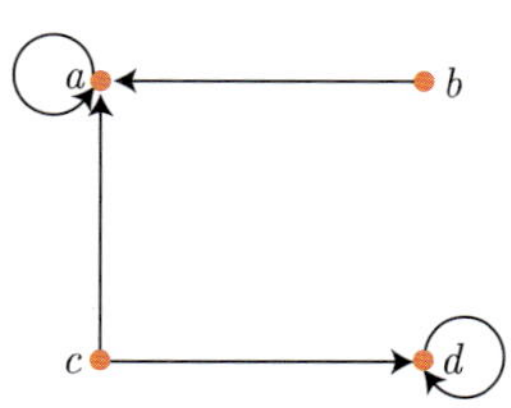

$(b, b) \notin R_3$, $(c, c) \notin R_3$이므로 이 두 원소를 모두 포함해야 한다. 두 원소를 포함한 관계행렬과 방향그래프는 다음과 같다.

$$M_{S_3} = \begin{matrix} & a & b & c & d \\ a & 1 & 0 & 0 & 0 \\ b & 1 & 1 & 0 & 0 \\ c & 1 & 0 & 1 & 1 \\ d & 0 & 0 & 0 & 1 \end{matrix}$$

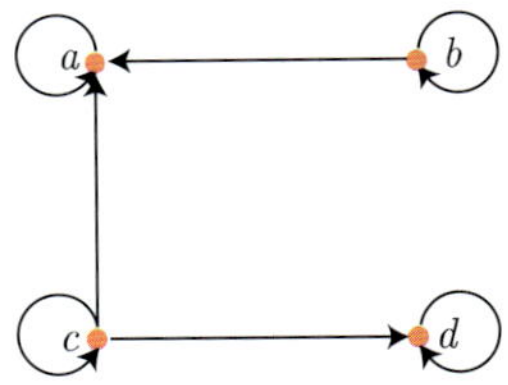

$$\therefore\ S_3 = \{(a, a), (b, a), (c, a), (c, d), (d, d)\} \cup \{(b, b), (c, c)\}$$
$$= \{(a, a), (b, a), (b, b), (c, a), (c, c), (c, d), (d, d)\}$$

대칭폐포

정의 6-20 대칭폐포(symmetric closure)

집합 A에 대한 관계 R을 포함하면서 대칭관계를 갖는 관계 S

$$S = R \cup \{(b, a) \in A \times A \mid (a, b) \in R\} = R \cup R^{-1}$$

대칭폐포는 대칭관계가 아닌 집합 A에 대한 관계 R에 대칭관계를 만족하는 데 필요한 순서쌍 원소를 추가하여 만든 새로운 관계 S를 말한다. 앞서 예로 들었던 집합 $A = \{1, 2, 3\}$에 대한 관계 R을 살펴보자.

$$R = \{(1, 1), (1, 3), (2, 1), (3, 2)\}$$

관계 R은 다음과 같은 이유로 대칭관계가 아니다.

$(1, 1) \in R$일 때 $1 = 1$이고 $(1, 1) \in R$, $(1, 3) \in R$일 때 $1 \neq 3$이고 $(3, 1) \notin R$
$(2, 1) \in R$일 때 $2 \neq 1$이고 $(1, 2) \notin R$, $(3, 2) \in R$일 때 $3 \neq 2$이고 $(2, 3) \notin R$

그러므로 관계 R이 대칭관계이려면 $(1, 2), (2, 3), (3, 1)$을 추가해야 한다.

$$\begin{aligned} S &= R \cup \{(1, 2), (2, 3), (3, 1)\} \\ &= \{(1, 1), (1, 3), (2, 1), (3, 2)\} \cup \{(1, 2), (2, 3), (3, 1)\} \\ &= \{(1, 1), (1, 2), (1, 3), (2, 1), (2, 3), (3, 1), (3, 2)\} \\ &= \{(1, 1), (1, 3), (2, 1), (3, 2)\} \cup \{(1, 1), (1, 2), (2, 3), (3, 1)\} \\ &= R \cup R^{-1} \end{aligned}$$

이렇게 구한 관계 S는 관계 R의 대칭폐포가 된다. 위에서 알 수 있듯이 대칭폐포는 관계 R의 역관계

R^{-1}와 관계 R의 합집합으로 구할 수도 있다.

대칭폐포 또한 관계행렬이나 방향그래프를 활용해 구하거나 표현할 수 있다. [그림 6-19(a)]처럼 대칭관계가 아닌 관계 R에 대한 관계행렬의 경우 주대각 원소를 기준으로 마주보는 원소가 서로 다르고, 방향그래프의 경우 단방향 화살표로만 표현된다. 관계 R을 대칭관계로 만들기 위해 관계행렬에서 주대각 원소를 기준으로 마주보는 원소가 서로 다른 경우에 해당 원소를 모두 1로 나타내면 [그림 6-19(b)]의 대칭폐포 S가 된다. 또한 방향그래프의 경우 단방향 화살표를 모두 양방향 화살표로 바꿔 그리면 [그림 6-19(b)]의 대칭폐포 S가 된다.

$$M_R = \begin{array}{c} \\ 1 \\ 2 \\ 3 \end{array}\begin{array}{c} \begin{array}{ccc} 1 & 2 & 3 \end{array} \\ \begin{bmatrix} 1 & 0 & 1 \\ 1 & 0 & 0 \\ 0 & 1 & 0 \end{bmatrix} \end{array}$$

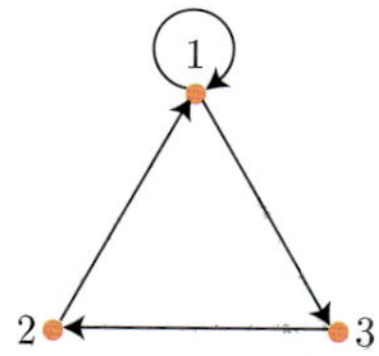

(a) 관계 R

$$M_S = \begin{array}{c} \\ 1 \\ 2 \\ 3 \end{array}\begin{array}{c} \begin{array}{ccc} 1 & 2 & 3 \end{array} \\ \begin{bmatrix} 1 & 1 & 1 \\ 1 & 0 & 1 \\ 1 & 1 & 0 \end{bmatrix} \end{array}$$

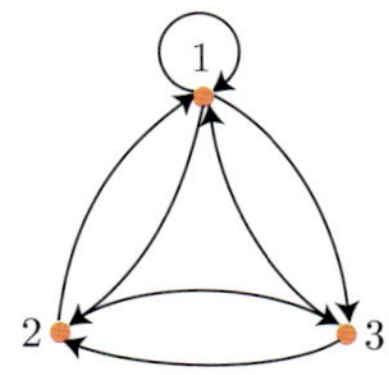

(b) 관계 R의 대칭폐포 S

[그림 6-19] 관계 R과 대칭폐포 S의 관계행렬과 방향그래프

예제 6-16

[예제 6-15]에서 살펴본 집합 $A = \{a, b, c, d\}$에 대한 다음 관계의 대칭폐포 S_1, S_2, S_3를 구하라.

(a) $R_1 = \{(a, b), (b, b), (b, c), (d, a), (d, c)\}$

(b) $R_2 = \{(a, b), (b, c), (c, d)\}$

(c) $R_3 = \{(a, a), (b, a), (c, a), (c, d), (d, d)\}$

풀이

(a) 관계 R_1의 관계행렬과 방향그래프는 다음과 같다.

$$M_{R_1} = \begin{array}{c} \\ a \\ b \\ c \\ d \end{array}\begin{array}{c} \begin{array}{cccc} a & b & c & d \end{array} \\ \begin{bmatrix} 0 & 1 & 0 & 0 \\ 0 & 1 & 1 & 0 \\ 0 & 0 & 0 & 0 \\ 1 & 0 & 1 & 0 \end{bmatrix} \end{array}$$

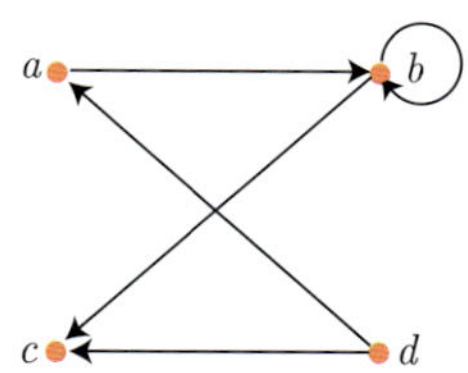

$(a, d) \notin R_1, (b, a) \notin R_1, (c, b) \notin R_1, (c, d) \notin R_1$이므로 이 네 원소 또는 관계 R_1의 역관계 R_1^{-1}를 포함해야 한다. 네 원소 또는 R_1^{-1}를 포함한 관계행렬과 방향그래프는 다음과 같다.

$$M_{S_1} = \begin{array}{c} \\ a \\ b \\ c \\ d \end{array}\begin{array}{c} \begin{array}{cccc} a & b & c & d \end{array} \\ \begin{bmatrix} 0 & 1 & 0 & 1 \\ 1 & 1 & 1 & 0 \\ 0 & 1 & 0 & 1 \\ 1 & 0 & 1 & 0 \end{bmatrix} \end{array}$$

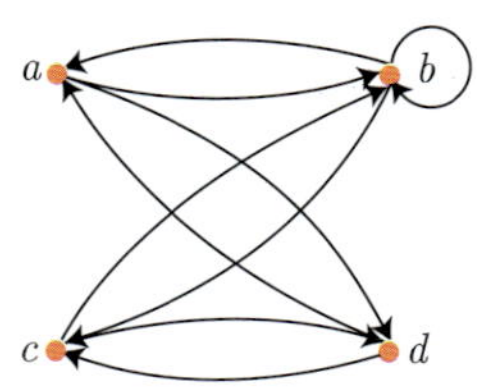

$$\therefore\ S_1 = \{(a,b),(b,b),(b,c),(d,a),(d,c)\} \cup \{(a,d),(b,a),(c,b),(c,d)\}$$
$$= \{(a,b),(a,d),(b,a),(b,b),(b,c),(c,b),(c,d),(d,a),(d,c)\}$$

(b) 관계 R_2의 관계행렬과 방향그래프는 다음과 같다.

$$M_{R_2} = \begin{matrix} & a & b & c & d \\ a & 0 & 1 & 0 & 0 \\ b & 0 & 0 & 1 & 0 \\ c & 0 & 0 & 0 & 1 \\ d & 0 & 0 & 0 & 0 \end{matrix}$$

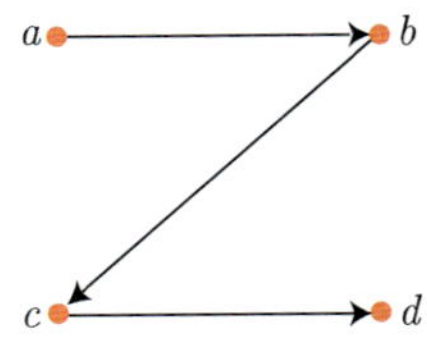

$(b,a) \not\in R_2$, $(c,b) \not\in R_2$, $(d,c) \not\in R_2$이므로 이 세 원소 또는 관계 R_2의 역관계 R_2^{-1}를 포함해야 한다. 세 원소 또는 R_2^{-1}를 포함한 관계행렬과 방향그래프는 다음과 같다.

$$M_{S_2} = \begin{matrix} & a & b & c & d \\ a & 0 & 1 & 0 & 0 \\ b & 1 & 0 & 1 & 0 \\ c & 0 & 1 & 0 & 1 \\ d & 0 & 0 & 1 & 0 \end{matrix}$$

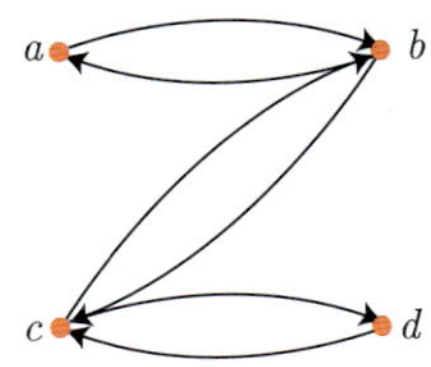

$$\therefore\ S_2 = \{(a,b),(b,c),(c,d)\} \cup \{(b,a),(c,b),(d,c)\}$$
$$= \{(a,b),(b,a),(b,c),(c,b),(c,d),(d,c)\}$$

(c) 관계 R_3의 관계행렬과 방향그래프는 다음과 같다.

$$M_{R_3} = \begin{matrix} & a & b & c & d \\ a & 1 & 0 & 0 & 0 \\ b & 1 & 0 & 0 & 0 \\ c & 1 & 0 & 0 & 1 \\ d & 0 & 0 & 0 & 1 \end{matrix}$$

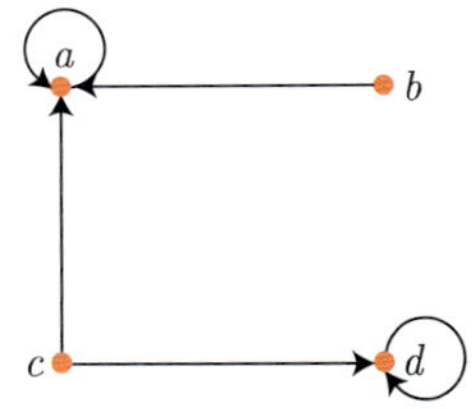

$(a,b) \not\in R_3$, $(a,c) \not\in R_3$, $(d,c) \not\in R_3$이므로 이 세 원소 또는 관계 R_3의 역관계 R_3^{-1}를 포함해야 한다. 세 원소 또는 R_3^{-1}를 포함한 관계행렬과 방향그래프는 다음과 같다.

$$M_{S_3} = \begin{matrix} & a & b & c & d \\ a & 1 & 1 & 1 & 0 \\ b & 1 & 0 & 0 & 0 \\ c & 1 & 0 & 0 & 1 \\ d & 0 & 0 & 1 & 1 \end{matrix}$$

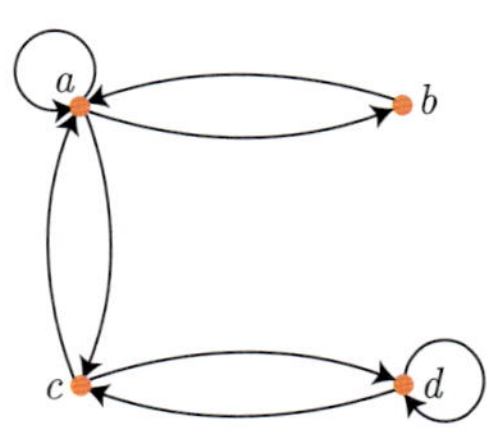

$$\therefore\ S_3 = \{(a,a),(b,a),(c,a),(c,d),(d,d)\} \cup \{(a,b),(a,c),(d,c)\}$$
$$= \{(a,a),(a,b),(a,c),(b,a),(c,a),(c,d),(d,c),(d,d)\}$$

추이폐포

정의 6-21 추이폐포(transitive closure)

집합 A에 대한 관계 R을 포함하면서 추이관계를 갖는 관계 S

$$S= R \cup \{(a,c) \in A \times A \mid (a,b) \in R \wedge (b,c) \in R\}$$

추이폐포는 추이관계가 아닌 집합 A에 대한 관계 R에 추이관계를 만족하는 데 필요한 순서쌍 원소를 추가하여 만든 새로운 관계 S를 말한다. 앞서 예로 들었던 집합 $A=\{1,2,3\}$에 대한 관계 R을 다시 살펴보자.

$$R=\{(1,1),(1,3),(2,1),(3,2)\}$$

관계 R이 추이관계인지 판별해보자.

$(1,1) \in R$이고 $(1,1) \in R$일 때 $(1,1) \in R$, $(1,1) \in R$이고 $(1,3) \in R$일 때 $(1,3) \in R$
$(1,3) \in R$이고 $(3,2) \in R$일 때 $(1,2) \notin R$, $(2,1) \in R$이고 $(1,1) \in R$일 때 $(2,1) \in R$
$(2,1) \in R$이고 $(1,3) \in R$일 때 $(2,3) \notin R$, $(3,2) \in R$이고 $(2,1) \in R$일 때 $(3,1) \notin R$

관계 R이 추이관계이려면 우선 $(1,2),(2,3),(3,1)$을 추가해야 한다.

$$\begin{aligned} S &= R \cup \{(1,2),(2,3),(3,1)\} \\ &= \{(1,1),(1,3),(2,1),(3,2)\} \cup \{(1,2),(2,3),(3,1)\} \\ &= \{(1,1),(1,2),(1,3),(2,1),(2,3),(3,1),(3,2)\} \end{aligned}$$

그런데 이렇게 1차적으로 필요한 원소를 추가했다고 해서 관계 S가 반드시 추이폐포인 것은 아니라는 점을 주의해야 한다. 다시 말해 관계 S는 추이폐포일 수도 있고 아닐 수도 있으므로 다음과 같이 1차적으로 구한 관계 S가 추이관계인지 판별해야 한다.

$(1,1) \in S$이고 $(1,1) \in S$일 때 $(1,1) \in S$, $(1,1) \in S$이고 $(1,2) \in S$일 때 $(1,2) \in S$
$(1,1) \in S$이고 $(1,3) \in S$일 때 $(1,3) \in S$, $(1,2) \in S$이고 $(2,1) \in S$일 때 $(1,1) \in S$
$(1,2) \in S$이고 $(2,3) \in S$일 때 $(1,3) \in S$, $(1,3) \in S$이고 $(3,1) \in S$일 때 $(1,1) \in S$
$(1,3) \in S$이고 $(3,2) \in S$일 때 $(1,2) \in S$, $(2,1) \in S$이고 $(1,1) \in S$일 때 $(2,1) \in S$
$(2,1) \in S$이고 $(1,2) \in S$일 때 $(2,2) \notin S$, $(2,1) \in S$이고 $(1,3) \in S$일 때, $(2,3) \in S$
$(2,3) \in S$이고 $(3,1) \in S$일 때 $(2,1) \in S$, $(2,3) \in S$이고 $(3,2) \in S$일 때 $(2,2) \notin S$
$(3,1) \in S$이고 $(1,1) \in S$일 때 $(3,1) \in S$, $(3,1) \in S$이고 $(1,2) \in S$일 때 $(3,2) \in S$
$(3,1) \in S$이고 $(1,3) \in S$일 때 $(3,3) \notin S$, $(3,2) \in S$이고 $(2,1) \in S$일 때 $(3,1) \in S$
$(3,2) \in S$이고 $(2,3) \in S$일 때 $(3,3) \notin S$

앞의 과정을 통해 1차적으로 구한 관계 S는 추이관계가 아님을 알 수 있다. 그러므로 관계 S가 추이관계가 되어 관계 R의 추이폐포이려면 순서쌍 $(2, 2), (3, 3)$을 더 추가해야 한다.

$$S' = S \cup \{(2, 2), (3, 3)\} = \{(1, 1), (1, 2), (1, 3), (2, 1), (2, 2), (2, 3), (3, 1), (3, 2), (3, 3)\}$$

이렇게 구한 관계 S'이 추이관계인지 살펴보면 추이관계임을 확인할 수 있다. 따라서 관계 S'은 관계 R의 추이폐포가 된다.

예제 6-17

[예제 6-15]에서 살펴본 집합 $A = \{a, b, c, d\}$에 대한 다음 관계의 추이폐포 S_1, S_2, S_3를 구하라.

(a) $R_1 = \{(a, b), (b, b), (b, c), (d, a), (d, c)\}$

(b) $R_2 = \{(a, b), (b, c), (c, d)\}$

(c) $R_3 = \{(a, a), (b, a), (c, a), (c, d), (d, d)\}$

풀이

(a) $(a, b) \in R_1$이고 $(b, b) \in R_1$일 때 $(a, b) \in R_1$, $(a, b) \in R_1$이고 $(b, c) \in R_1$일 때 $(a, c) \notin R_1$
$(b, b) \in R_1$이고 $(b, b) \in R_1$일 때 $(b, b) \in R_1$, $(b, b) \in R_1$이고 $(b, c) \in R_1$일 때 $(b, c) \in R_1$
$(b, c) \in R_1$는 추이관계를 고려할 필요 없음, $(d, a) \in R_1$이고 $(a, b) \in R_1$일 때 $(d, b) \notin R_1$
$(d, c) \in R_1$는 추이관계를 고려할 필요 없음

$\therefore$ $(a, c) \notin R_1$, $(d, b) \notin R_1$이므로 R_1에 $(a, c), (d, b)$를 추가하여 S_1을 만든다.

$$S_1 = \{(a, b), (a, c), (b, b), (b, c), (d, a), (d, b), (d, c)\}$$

S_1이 추이관계인지 판별해본다. (앞 단계에서 살펴본 순서쌍은 제외하고 판별한다.)

$(a, b) \in S_1$이고 $(b, c) \in S_1$일 때 $(a, c) \in S_1$, $(d, a) \in S_1$이고 $(a, b) \in S_1$일 때 $(d, b) \in S_1$
$(d, a) \in S_1$이고 $(a, c) \in S_1$일 때 $(d, c) \in S_1$, $(d, b) \in S_1$이고 $(b, b) \in S_1$일 때 $(d, b) \in S_1$
$(d, b) \in S_1$이고 $(b, c) \in S_1$일 때 $(d, c) \in S_1$

$\therefore$ S_1은 추이관계이다.
$\therefore$ 관계 R_1의 추이폐포는 $S_1 = \{(a, b), (a, c), (b, b), (b, c), (d, a), (d, b), (d, c)\}$이다.

(b) $(a, b) \in R_2$이고 $(b, c) \in R_2$일 때 $(a, c) \notin R_2$
$(b, c) \in R_2$이고 $(c, d) \in R_2$일 때 $(b, d) \notin R_2$
$\therefore$ $(a, c) \notin R_2$, $(b, d) \notin R_2$이므로 R_2에 (a, c), (b, d)를 추가하여 S_2를 만든다.

$$S_2 = \{(a, b), (a, c), (b, c), (b, d), (c, d)\}$$

S_2가 추이관계인지 판별해본다.

$(a, b) \in S_2$이고 $(b, c) \in S_2$일 때 $(a, c) \in S_2$,　$(a, b) \in S_2$이고 $(b, d) \in S_2$일 때 $(a, d) \notin S_2$
$(a, c) \in S_2$이고 $(c, d) \in S_2$일 때 $(a, d) \notin S_2$,　$(b, c) \in S_2$이고 $(c, d) \in S_2$일 때 $(b, d) \in S_2$

$\therefore$ $(a, d) \notin S_2$이므로 S_2에 (a, d)를 추가한다.

$$S_2' = \{(a, b), (a, c), (a, d), (b, c), (b, d), (c, d)\}$$

S_2'이 추이관계인지 판별해본다.

$(a, b) \in S_2'$이고 $(b, c) \in S_2'$일 때 $(a, c) \in S_2'$, $(a, b) \in S_2'$이고 $(b, d) \in S_2'$일 때 $(a, d) \in S_2'$
$(a, c) \in S_2'$이고 $(c, d) \in S_2'$일 때 $(a, d) \in S_2'$, $(b, c) \in S_2'$이고 $(c, d) \in S_2'$일 때 $(b, d) \in S_2'$

$\therefore$ S_2'은 추이관계이다.
$\therefore$ 관계 R_2의 추이폐포는 $S_2' = \{(a, b), (a, c), (a, d), (b, c), (b, d), (c, d)\}$이다.

(c) $(a, a) \in R_3$는 추이관계를 고려할 필요 없음,　$(b, a) \in R_3$이고 $(a, a) \in R_3$일 때 $(b, a) \in R_3$
$(c, a) \in R_3$이고 $(a, a) \in R_3$일 때 $(c, a) \in R_3$,　$(c, d) \in R_3$이고 $(d, d) \in R_3$일 때 $(c, d) \in R_3$
$(d, d) \in R_3$는 추이관계를 고려할 필요 없음

$\therefore$ R_3는 추이관계이다.
$\therefore$ 관계 R_3의 추이폐포는 $S_3 = \{(a, a), (b, a), (c, a), (c, d), (d, d)\}$이다.

[예제 6-17(b)]처럼 어떤 관계 R의 추이폐포 S를 구할 때 필요한 순서쌍의 포함 여부를 확인하고 추가하는 작업을 여러 번 반복해야 하는 경우도 있어 추이폐포를 구하는 과정이 쉽지 않을 수 있다. 추이폐포를 구하기 위한 조금 더 간단한 방법으로 연결관계라는 개념을 이용해보자.

정의 6-22　연결관계(connectivity relation : R^*)

집합 A에 대한 관계 R에 대하여,

$$R^* = \bigcup_{n=1}^{\infty} R^n = R^1 \cup R^2 \cup R^3 \cup \cdots$$

일반적으로 집합 A의 기수가 n일 때 관계 R의 연결관계 R^*는 다음과 같이 구한다.

$$R^* = \bigcup_{k=1}^{n} R^k = R^1 \cup R^2 \cup \cdots \cup R^{n-1} \cup R^n$$

정리 6-2 연결관계와 추이폐포의 관계

관계 R의 연결관계 R^*는 관계 R의 추이폐포이다.

증명

연결관계 R^*가 관계 R의 추이폐포임을 증명하려면 다음 두 명제를 모두 증명해야 한다.

(i) 관계 R의 연결관계 R^*는 추이관계이다.
(ii) 관계 R의 추이폐포 S가 있다면 $R^* \subseteq S$이다.

(i) $(a,b) \in R^*$, $(b,c) \in R^*$라고 가정하면 자연수 p, q에 대하여 $(a,b) \in R^p$, $(b,c) \in R^q$이다.
$(a,b) \in R^p$의 경우, 어떤 $x_1, x_2, \cdots, x_{p-1}$에 대하여 다음을 만족한다.

$$(a,x_1) \in R,\ (x_1,x_2) \in R,\ \cdots,\ (x_{p-2},x_{p-1}) \in R,\ (x_{p-1},b) \in R$$

$(b,c) \in R^q$의 경우, $y_1, y_2, \cdots, y_{q-1}$에 대하여 다음을 만족한다.

$$(b,y_1) \in R,\ (y_1,y_2) \in R,\ \cdots,\ (y_{q-2},y_{q-1}) \in R,\ (y_{q-1},c) \in R$$

따라서 $(a,c) \in R^{p+q}$이고, $R^* = R \cup R^p \cup R^q \cup R^{p+q}$이므로 $(a,b) \in R^*$, $(b,c) \in R^*$, $(a,c) \in R^*$이다.
$\therefore$ 관계 R의 연결관계 R^*는 추이관계이다.

(ii) 관계 R의 추이폐포 S가 있다면 $R^* \subseteq S$이다. 관계 S는 관계 R의 추이폐포이므로 관계 R에 관한 집합 A의 기수가 n일 때 S^n도 추이관계이다. 따라서 $S^n \subseteq S$이므로 다음이 성립한다.

$$S^* = \bigcup_{n=1}^{\infty} S^n \qquad \therefore\ S^* \subseteq S$$

또한 관계 S가 관계 R의 추이폐포이므로 관계 S는 관계 R을 포함한다. 따라서 $R^* \subseteq S^*$이다.
$\therefore\ R^* \subseteq S^* \subseteq S$

따라서 연결관계 R^*는 관계 R의 추이폐포이다. ■

앞에서 예로 들었던 집합 $A = \{1,2,3\}$에 대한 관계 $R = \{(1,1),(1,3),(2,1),(3,2)\}$의 추이폐포를 연결관계를 이용하여 구해보자. 집합의 기수가 3이므로 거듭제곱을 세 번하여 연결관계를 구한다.

$$M_R = \begin{bmatrix} 1 & 0 & 1 \\ 1 & 0 & 0 \\ 0 & 1 & 0 \end{bmatrix}$$

$$R^2 = R \circ R = \begin{bmatrix} 1 & 0 & 1 \\ 1 & 0 & 0 \\ 0 & 1 & 0 \end{bmatrix} \odot \begin{bmatrix} 1 & 0 & 1 \\ 1 & 0 & 0 \\ 0 & 1 & 0 \end{bmatrix} = \begin{bmatrix} 1 & 1 & 1 \\ 1 & 0 & 1 \\ 1 & 0 & 1 \end{bmatrix}$$

$$R^3 = R^2 \circ R = \begin{bmatrix} 1 & 0 & 1 \\ 1 & 0 & 0 \\ 0 & 1 & 0 \end{bmatrix} \odot \begin{bmatrix} 1 & 1 & 1 \\ 1 & 0 & 1 \\ 1 & 0 & 1 \end{bmatrix} = \begin{bmatrix} 1 & 1 & 1 \\ 1 & 1 & 1 \\ 1 & 0 & 1 \end{bmatrix}$$

$$\therefore\ R^* = \bigcup_{n=1}^{3} R^n = R^1 \cup R^2 \cup R^3 = \{(1,1),(1,2),(1,3),(2,1),(2,2),(2,3),(3,1),(3,2),(3,3)\}$$

∴ 관계 R의 추이폐포는 $S=\{(1,1),(1,2),(1,3),(2,1),(2,2),(2,3),(3,1),(3,2),(3,3)\}$이다.

예제 6-18

[예제 6-15]에서 살펴본 집합 $A=\{a,b,c,d\}$에 대한 다음 관계의 추이폐포 S_1, S_2, S_3를 연결관계를 이용하여 구하라.

(a) $R_1=\{(a,b),(b,b),(b,c),(d,a),(d,c)\}$

(b) $R_2=\{(a,b),(b,c),(c,d)\}$

(c) $R_3=\{(a,a),(b,a),(c,a),(c,d),(d,d)\}$

풀이

집합 A의 기수는 4이므로 거듭제곱을 네 번하여 연결관계를 만든다.

(a) 관계 R_1의 관계행렬을 거듭제곱하면 다음과 같다.

$$R_1 = M_{R_1} = \begin{array}{c} \\ a \\ b \\ c \\ d \end{array}\!\!\begin{array}{c} \begin{array}{cccc} a & b & c & d \end{array} \\ \begin{bmatrix} 0 & 1 & 0 & 0 \\ 0 & 1 & 1 & 0 \\ 0 & 0 & 0 & 0 \\ 1 & 0 & 1 & 0 \end{bmatrix} \end{array}$$

$$R_1^2 = R_1 \circ R_1 = M_{R_1} \odot M_{R_1} = \begin{bmatrix} 0 & 1 & 0 & 0 \\ 0 & 1 & 1 & 0 \\ 0 & 0 & 0 & 0 \\ 1 & 0 & 1 & 0 \end{bmatrix} \odot \begin{bmatrix} 0 & 1 & 0 & 0 \\ 0 & 1 & 1 & 0 \\ 0 & 0 & 0 & 0 \\ 1 & 0 & 1 & 0 \end{bmatrix} = \begin{bmatrix} 0 & 1 & 1 & 0 \\ 0 & 1 & 1 & 0 \\ 0 & 0 & 0 & 0 \\ 0 & 1 & 0 & 0 \end{bmatrix}$$

$$R_1^3 = R_1^2 \circ R_1 = M_{R_1} \odot M_{R_1^2} = \begin{bmatrix} 0 & 1 & 0 & 0 \\ 0 & 1 & 1 & 0 \\ 0 & 0 & 0 & 0 \\ 1 & 0 & 1 & 0 \end{bmatrix} \odot \begin{bmatrix} 0 & 1 & 1 & 0 \\ 0 & 1 & 1 & 0 \\ 0 & 0 & 0 & 0 \\ 0 & 1 & 0 & 0 \end{bmatrix} = \begin{bmatrix} 0 & 1 & 1 & 0 \\ 0 & 1 & 1 & 0 \\ 0 & 0 & 0 & 0 \\ 0 & 1 & 1 & 0 \end{bmatrix}$$

$$R_1^4 = R_1^3 \circ R_1 = M_{R_1} \odot M_{R_1^3} = \begin{bmatrix} 0 & 1 & 0 & 0 \\ 0 & 1 & 1 & 0 \\ 0 & 0 & 0 & 0 \\ 1 & 0 & 1 & 0 \end{bmatrix} \odot \begin{bmatrix} 0 & 1 & 1 & 0 \\ 0 & 1 & 1 & 0 \\ 0 & 0 & 0 & 0 \\ 0 & 1 & 1 & 0 \end{bmatrix} = \begin{bmatrix} 0 & 1 & 1 & 0 \\ 0 & 1 & 1 & 0 \\ 0 & 0 & 0 & 0 \\ 0 & 1 & 1 & 0 \end{bmatrix}$$

$$\therefore\ S_1 = R_1^* = \bigcup_{n=1}^{4} R_1^n = R_1^1 \cup R_1^2 \cup R_1^3 \cup R_1^4 = M_{R_1^1} \vee M_{R_1^2} \vee M_{R_1^3} \vee M_{R_1^4}$$

$$= \begin{bmatrix} 0 & 1 & 0 & 0 \\ 0 & 1 & 1 & 0 \\ 0 & 0 & 0 & 0 \\ 1 & 0 & 1 & 0 \end{bmatrix} \vee \begin{bmatrix} 0 & 1 & 1 & 0 \\ 0 & 1 & 1 & 0 \\ 0 & 0 & 0 & 0 \\ 0 & 1 & 0 & 0 \end{bmatrix} \vee \begin{bmatrix} 0 & 1 & 1 & 0 \\ 0 & 1 & 1 & 0 \\ 0 & 0 & 0 & 0 \\ 0 & 1 & 1 & 0 \end{bmatrix} \vee \begin{bmatrix} 0 & 1 & 1 & 0 \\ 0 & 1 & 1 & 0 \\ 0 & 0 & 0 & 0 \\ 0 & 1 & 1 & 0 \end{bmatrix} = \begin{bmatrix} 0 & 1 & 1 & 0 \\ 0 & 1 & 1 & 0 \\ 0 & 0 & 0 & 0 \\ 1 & 1 & 1 & 0 \end{bmatrix}$$

$$= \{(a,b),(a,c),(b,b),(b,c),(d,a),(d,b),(d,c)\}$$

(b) 관계 R_2의 관계행렬을 거듭제곱하면 다음과 같다.

$$R_2 = M_{R_2} = \begin{array}{c} \\ a \\ b \\ c \\ d \end{array}\begin{array}{c} \begin{matrix} a & b & c & d \end{matrix} \\ \begin{bmatrix} 0 & 1 & 0 & 0 \\ 0 & 0 & 1 & 0 \\ 0 & 0 & 0 & 1 \\ 0 & 0 & 0 & 0 \end{bmatrix} \end{array}$$

$$R_2^2 = R_2 \circ R_2 = M_{R_2} \odot M_{R_2} = \begin{bmatrix} 0 & 1 & 0 & 0 \\ 0 & 0 & 1 & 0 \\ 0 & 0 & 0 & 1 \\ 0 & 0 & 0 & 0 \end{bmatrix} \odot \begin{bmatrix} 0 & 1 & 0 & 0 \\ 0 & 0 & 1 & 0 \\ 0 & 0 & 0 & 1 \\ 0 & 0 & 0 & 0 \end{bmatrix} = \begin{bmatrix} 0 & 0 & 1 & 0 \\ 0 & 0 & 0 & 1 \\ 0 & 0 & 0 & 0 \\ 0 & 0 & 0 & 0 \end{bmatrix}$$

$$R_2^3 = R_2^2 \circ R_2 = M_{R_2} \odot M_{R_2^2} = \begin{bmatrix} 0 & 1 & 0 & 0 \\ 0 & 0 & 1 & 0 \\ 0 & 0 & 0 & 1 \\ 0 & 0 & 0 & 0 \end{bmatrix} \odot \begin{bmatrix} 0 & 0 & 1 & 0 \\ 0 & 0 & 0 & 1 \\ 0 & 0 & 0 & 0 \\ 0 & 0 & 0 & 0 \end{bmatrix} = \begin{bmatrix} 0 & 0 & 0 & 1 \\ 0 & 0 & 0 & 0 \\ 0 & 0 & 0 & 0 \\ 0 & 0 & 0 & 0 \end{bmatrix}$$

$$R_2^4 = R_2^3 \circ R_2 = M_{R_2} \odot M_{R_2^3} = \begin{bmatrix} 0 & 1 & 0 & 0 \\ 0 & 0 & 1 & 0 \\ 0 & 0 & 0 & 1 \\ 0 & 0 & 0 & 0 \end{bmatrix} \odot \begin{bmatrix} 0 & 0 & 0 & 1 \\ 0 & 0 & 0 & 0 \\ 0 & 0 & 0 & 0 \\ 0 & 0 & 0 & 0 \end{bmatrix} = \begin{bmatrix} 0 & 0 & 0 & 0 \\ 0 & 0 & 0 & 0 \\ 0 & 0 & 0 & 0 \\ 0 & 0 & 0 & 0 \end{bmatrix}$$

$$\therefore\ S_2 = R_2^* = \bigcup_{n=1}^{4} R_2^n = R_2^1 \cup R_2^2 \cup R_2^3 \cup R_2^4 = M_{R_2^1} \vee M_{R_2^2} \vee M_{R_2^3} \vee M_{R_2^4}$$

$$= \begin{bmatrix} 0 & 1 & 0 & 0 \\ 0 & 0 & 1 & 0 \\ 0 & 0 & 0 & 1 \\ 0 & 0 & 0 & 0 \end{bmatrix} \vee \begin{bmatrix} 0 & 0 & 1 & 0 \\ 0 & 0 & 0 & 1 \\ 0 & 0 & 0 & 0 \\ 0 & 0 & 0 & 0 \end{bmatrix} \vee \begin{bmatrix} 0 & 0 & 0 & 1 \\ 0 & 0 & 0 & 0 \\ 0 & 0 & 0 & 0 \\ 0 & 0 & 0 & 0 \end{bmatrix} \vee \begin{bmatrix} 0 & 0 & 0 & 0 \\ 0 & 0 & 0 & 0 \\ 0 & 0 & 0 & 0 \\ 0 & 0 & 0 & 0 \end{bmatrix} = \begin{bmatrix} 0 & 1 & 1 & 1 \\ 0 & 0 & 1 & 1 \\ 0 & 0 & 0 & 1 \\ 0 & 0 & 0 & 0 \end{bmatrix}$$

$$= \{(a, b), (a, c), (a, d), (b, c), (b, d), (c, d)\}$$

(c) 관계 R_3의 관계행렬을 거듭제곱하면 다음과 같다.

$$R_3 = M_{R_3} = \begin{array}{c} \\ a \\ b \\ c \\ d \end{array}\begin{array}{c} \begin{matrix} a & b & c & d \end{matrix} \\ \begin{bmatrix} 1 & 0 & 0 & 0 \\ 1 & 0 & 0 & 0 \\ 1 & 0 & 0 & 1 \\ 0 & 0 & 0 & 1 \end{bmatrix} \end{array}$$

$$R_3^2 = R_3 \circ R_3 = M_{R_3} \odot M_{R_3} = \begin{bmatrix} 1 & 0 & 0 & 0 \\ 1 & 0 & 0 & 0 \\ 1 & 0 & 0 & 1 \\ 0 & 0 & 0 & 1 \end{bmatrix} \odot \begin{bmatrix} 1 & 0 & 0 & 0 \\ 1 & 0 & 0 & 0 \\ 1 & 0 & 0 & 1 \\ 0 & 0 & 0 & 1 \end{bmatrix} = \begin{bmatrix} 1 & 0 & 0 & 0 \\ 1 & 0 & 0 & 0 \\ 1 & 0 & 0 & 1 \\ 0 & 0 & 0 & 1 \end{bmatrix}$$

$$R_3^3 = R_3^2 \circ R_3 = M_{R_3} \odot M_{R_3^2} = \begin{bmatrix} 1 & 0 & 0 & 0 \\ 1 & 0 & 0 & 0 \\ 1 & 0 & 0 & 1 \\ 0 & 0 & 0 & 1 \end{bmatrix} \odot \begin{bmatrix} 1 & 0 & 0 & 0 \\ 1 & 0 & 0 & 0 \\ 1 & 0 & 0 & 1 \\ 0 & 0 & 0 & 1 \end{bmatrix} = \begin{bmatrix} 1 & 0 & 0 & 0 \\ 1 & 0 & 0 & 0 \\ 1 & 0 & 0 & 1 \\ 0 & 0 & 0 & 1 \end{bmatrix}$$

$$R_3^4 = R_3^3 \circ R_3 = M_{R_3} \odot M_{R_3^3} = \begin{bmatrix} 1 & 0 & 0 & 0 \\ 1 & 0 & 0 & 0 \\ 1 & 0 & 0 & 1 \\ 0 & 0 & 0 & 1 \end{bmatrix} \odot \begin{bmatrix} 1 & 0 & 0 & 0 \\ 1 & 0 & 0 & 0 \\ 1 & 0 & 0 & 1 \\ 0 & 0 & 0 & 1 \end{bmatrix} = \begin{bmatrix} 1 & 0 & 0 & 0 \\ 1 & 0 & 0 & 0 \\ 1 & 0 & 0 & 1 \\ 0 & 0 & 0 & 1 \end{bmatrix}$$

$$\therefore\ S_3 = R_3^* = \bigcup_{n=1}^{4} R_3^n = R_3^1 \cup R_3^2 \cup R_3^3 \cup R_3^4 = M_{R_3^1} \vee M_{R_3^2} \vee M_{R_3^3} \vee M_{R_3^4}$$

$$= \begin{bmatrix} 1 & 0 & 0 & 0 \\ 1 & 0 & 0 & 0 \\ 1 & 0 & 0 & 1 \\ 0 & 0 & 0 & 1 \end{bmatrix} \vee \begin{bmatrix} 1 & 0 & 0 & 0 \\ 1 & 0 & 0 & 0 \\ 1 & 0 & 0 & 1 \\ 0 & 0 & 0 & 1 \end{bmatrix} \vee \begin{bmatrix} 1 & 0 & 0 & 0 \\ 1 & 0 & 0 & 0 \\ 1 & 0 & 0 & 1 \\ 0 & 0 & 0 & 1 \end{bmatrix} \vee \begin{bmatrix} 1 & 0 & 0 & 0 \\ 1 & 0 & 0 & 0 \\ 1 & 0 & 0 & 1 \\ 0 & 0 & 0 & 1 \end{bmatrix} = \begin{bmatrix} 1 & 0 & 0 & 0 \\ 1 & 0 & 0 & 0 \\ 1 & 0 & 0 & 1 \\ 0 & 0 & 0 & 1 \end{bmatrix}$$

$$= \{(a, a), (b, a), (c, a), (c, d), (d, d)\}$$

6.6 동치관계와 부분순서관계

관계 R이 어떤 성질을 갖느냐에 따라 관계에 의미를 부여하여 그 의미에 따라 관계의 순서쌍을 구성하는 원소들을 활용할 수 있다. 관계에 부여되는 의미에는 동치관계나 부분순서관계가 있는데 동치관계의 경우 그 관계의 순서쌍을 구성하는 원소들이 같은 의미라는 것을 뜻하며, 부분순서관계의 경우는 그 관계의 순서쌍을 구성하는 원소들 사이에 순서가 존재한다는 것을 뜻한다.

동치관계

동치는 표현이 달라도 의미가 같아서 동등하게 사용할 수 있음을 의미한다. 예를 들어 10진수 7_{10}과 2진수 111_2이 표현은 다르지만 같은 값으로 사용되는 것과 마찬가지다. 관계에서 동치관계라고 하면 관계에 포함된 어떤 순서쌍 (a, b)에서 a와 b가 같은 의미임을 말한다.

정의 6-23 동치관계(equivalence relation)

반사관계, 대칭관계, 추이관계가 모두 성립하는 관계

집합 $A = \{1, 2, 3\}$에 대한 관계 $R = \{(1,1), (1,2), (2,1), (2,2), (3,3)\}$이 동치관계인지 살펴보자. 이 관계 R을 관계행렬로 표현하여 반사, 대칭, 추이관계인지를 알아본다.

$$M_R = \begin{bmatrix} 1 & 1 & 0 \\ 1 & 1 & 0 \\ 0 & 0 & 1 \end{bmatrix}$$

① 주대각 원소가 모두 1이다.
  $\therefore$ 관계 R은 반사관계이다.

② 주대각 원소를 기준으로 마주보는 원소가 같은 값이다.
  $\therefore$ 관계 R은 대칭관계이다.

③ 합성의 거듭제곱으로 추이관계인지 판별한다.

$$R^2 = R \circ R = M_R \odot M_R = \begin{bmatrix} 1 & 1 & 0 \\ 1 & 1 & 0 \\ 0 & 0 & 1 \end{bmatrix} \odot \begin{bmatrix} 1 & 1 & 0 \\ 1 & 1 & 0 \\ 0 & 0 & 1 \end{bmatrix} = \begin{bmatrix} 1 & 1 & 0 \\ 1 & 1 & 0 \\ 0 & 0 & 1 \end{bmatrix}$$

$$R^3 = R^2 \circ R = M_R \odot M_{R^2} = \begin{bmatrix} 1 & 1 & 0 \\ 1 & 1 & 0 \\ 0 & 0 & 1 \end{bmatrix} \odot \begin{bmatrix} 1 & 1 & 0 \\ 1 & 1 & 0 \\ 0 & 0 & 1 \end{bmatrix} = \begin{bmatrix} 1 & 1 & 0 \\ 1 & 1 & 0 \\ 0 & 0 & 1 \end{bmatrix}$$

$\therefore$ $R^3 \subseteq R$이므로 관계 R은 추이관계이다.

위 과정에서 관계 R이 반사, 대칭, 추이관계를 모두 만족함을 확인하였다. 그러므로 관계 R은 동치관계이다. 만약 어떤 관계 R이 반사, 대칭, 추이관계 중 하나라도 만족하지 못한다면 그 관계는 동치관계가 아니다.

예제 6-19

집합 $A = \{1, 2, 3, 4\}$에 대한 다음 관계가 동치관계인지 판별하라.

(a) $R_1 = \{(1, 1), (1, 2), (2, 1), (2, 2), (3, 3), (3, 4), (4, 3), (4, 4)\}$

(b) $R_2 = \{(1, 1), (1, 3), (2, 1), (2, 3), (3, 4), (4, 2), (4, 4)\}$

풀이

(a) $M_{R_1} = \begin{bmatrix} 1 & 1 & 0 & 0 \\ 1 & 1 & 0 & 0 \\ 0 & 0 & 1 & 1 \\ 0 & 0 & 1 & 1 \end{bmatrix}$

① 주대각 원소가 모두 1이다.

$\therefore$ 관계 R_1은 반사관계이다.

② 주대각 원소를 기준으로 마주보는 원소가 같은 값이다.

$\therefore$ 관계 R_1은 대칭관계이다.

③ 합성의 거듭제곱으로 추이관계인지 판별한다.

$$R_1^2 = R_1 \circ R_1 = M_{R_1} \odot M_{R_1} = \begin{bmatrix} 1 & 1 & 0 & 0 \\ 1 & 1 & 0 & 0 \\ 0 & 0 & 1 & 1 \\ 0 & 0 & 1 & 1 \end{bmatrix} \odot \begin{bmatrix} 1 & 1 & 0 & 0 \\ 1 & 1 & 0 & 0 \\ 0 & 0 & 1 & 1 \\ 0 & 0 & 1 & 1 \end{bmatrix} = \begin{bmatrix} 1 & 1 & 0 & 0 \\ 1 & 1 & 0 & 0 \\ 0 & 0 & 1 & 1 \\ 0 & 0 & 1 & 1 \end{bmatrix}$$

$$R_1^3 = R_1^2 \circ R_1 = M_{R_1} \odot M_{R_1^2} = \begin{bmatrix} 1 & 1 & 0 & 0 \\ 1 & 1 & 0 & 0 \\ 0 & 0 & 1 & 1 \\ 0 & 0 & 1 & 1 \end{bmatrix} \odot \begin{bmatrix} 1 & 1 & 0 & 0 \\ 1 & 1 & 0 & 0 \\ 0 & 0 & 1 & 1 \\ 0 & 0 & 1 & 1 \end{bmatrix} = \begin{bmatrix} 1 & 1 & 0 & 0 \\ 1 & 1 & 0 & 0 \\ 0 & 0 & 1 & 1 \\ 0 & 0 & 1 & 1 \end{bmatrix}$$

$$R_1^4 = R_1^3 \circ R_1 = M_{R_1} \odot M_{R_1^3} = \begin{bmatrix} 1 & 1 & 0 & 0 \\ 1 & 1 & 0 & 0 \\ 0 & 0 & 1 & 1 \\ 0 & 0 & 1 & 1 \end{bmatrix} \odot \begin{bmatrix} 1 & 1 & 0 & 0 \\ 1 & 1 & 0 & 0 \\ 0 & 0 & 1 & 1 \\ 0 & 0 & 1 & 1 \end{bmatrix} = \begin{bmatrix} 1 & 1 & 0 & 0 \\ 1 & 1 & 0 & 0 \\ 0 & 0 & 1 & 1 \\ 0 & 0 & 1 & 1 \end{bmatrix}$$

$\therefore R_1^4 \subseteq R_1$ 이므로 관계 R_1은 추이관계이다.

따라서 관계 R_1은 반사, 대칭, 추이관계를 모두 만족하므로 동치관계이다.

(b) $M_{R_2} = \begin{bmatrix} 1 & 0 & 1 & 0 \\ 1 & 0 & 1 & 0 \\ 0 & 0 & 0 & 1 \\ 0 & 1 & 0 & 1 \end{bmatrix}$

① 1이 아닌 주대각 원소가 있다.

$\therefore$ 관계 R_2는 반사관계가 아니다.

따라서 관계 R_2는 반사관계를 만족하지 않으므로 동치관계가 아니다.

예제 6-20

자연수 집합 $\mathbb{N}$에 대한 다음 관계가 동치관계인지 판별하라.

(a) $R_1 = \{(a, b) \in \mathbb{N} \times \mathbb{N} \mid (a+b) \geq 2\}$

(b) $R_2 = \{(a, b) \in \mathbb{N} \times \mathbb{N} \mid a|b\}$

풀이

(a) ① $a+a=2a$이고 $a \geq 1$이므로 $(a+a) \geq 2$이다.

$\therefore$ 관계 R_1은 반사관계이다.

② $(a+b) \geq 2$일 때 자연수의 덧셈은 교환법칙이 성립하므로 $(b+a) \geq 2$도 성립한다.

$\therefore$ 관계 R_1은 대칭관계이다.

③ $(a+b) \geq 2$이고 $(b+c) \geq 2$일 때 $a, b, c \geq 1$이므로 $(a+c) \geq 2$도 성립한다.

$\therefore$ 관계 R_1은 추이관계이다.

따라서 관계 R_1은 반사, 대칭, 추이관계를 모두 만족하므로 동치관계이다.

(b) ① $a=b$일 때 $a|b$는 $b=ka$를 만족하는 정수 $k=1$이 존재하므로 성립한다.

$\therefore$ 관계 R_2는 반사관계이다.

② $a \neq b$일 때 $a|b$를 만족하면 $b|a$가 성립하지 않는다.

예를 들어 $a=1, b=2$일 때 $1|2$이지만 $2 \nmid 1$이다.

$\therefore$ 관계 R_2는 대칭관계가 아니다.

따라서 관계 R_2는 대칭관계가 아니므로 동치관계가 아니다.

동치관계에 포함되는 순서쌍 원소는 같은 의미를 갖는다. 이렇게 같은 의미인 원소를 모아놓은 집합을 동치류라고 한다.

정의 6-24 **동치류(equivalence class : $[a]$)**

집합 A에 대한 관계 R이 동치관계일 때, 집합 A의 각 원소 a와 순서쌍을 이루는 원소들의 집합

$$[a] = \{x \mid (a, x) \in R\}$$

4장 집합에서 분할에 대해 알아보았다. 동치류는 분할의 일부 특징을 갖는다.

정리 6-3 **동치류와 분할**

집합 A에 대한 관계 R이 동치관계일 때, 동치류 집합 $S = \{A_1, A_2, \cdots, A_k\}$는 다음과 같은 특징을 갖는다.

(a) $i = 1, 2, \cdots, k$일 때, $A_i \neq \varnothing$

(b) $A_i \subseteq A$

(c) $i \neq j$이면, $A_i \cap A_j = \varnothing$

앞에서 집합 $A = \{1, 2, 3\}$에 대한 관계 $R = \{(1,1), (1,2), (2,1), (2,2), (3,3)\}$은 동치관계임을 증명했다. 집합 A의 각 원소에 대한 동치류는 다음과 같다.

$$[1] = \{1, 2\}, \quad [2] = \{1, 2\}, \quad [3] = \{3\}$$

이 동치류에 대한 동치류 집합 S는 $\{\{1,2\}, \{3\}\}$으로, $A_1 = \{1, 2\}$, $A_2 = \{3\}$라 할 때 다음과 같이 분할의 특징을 갖는다.

(a) $A_1 \neq \varnothing$, $A_2 \neq \varnothing$

(b) $A_1 \subseteq A, A_2 \subseteq A$

(c) $A_1 \cap A_2 = \varnothing$

예제 6-21

[예제 6-19]에서 집합 $A = \{1, 2, 3, 4\}$에 대한 다음 관계가 동치관계였다. 동치류 집합 S를 구하고 분할의 특징을 갖는지 확인하라.

$$R_1 = \{(1,1), (1,2), (2,1), (2,2), (3,3), (3,4), (4,3), (4,4)\}$$

풀이

집합 A의 각 원소에 대한 동치류는 다음과 같다.

$$[1] = [2] = \{1, 2\}, \quad [3] = [4] = \{3, 4\}$$

∴ 동치류 집합은 $S=\{\{1,2\},\{3,4\}\}$이다. $A_1=\{1,2\}$, $A_2=\{3,4\}$라 하면 다음이 성립하므로 분할의 특징을 갖는다.

(a) $A_1 \neq \varnothing$, $A_2 \neq \varnothing$
(b) $A_1 \subseteq A, A_2 \subseteq A$
(c) $A_1 \cap A_2 = \varnothing$

부분순서관계

관계의 원소인 순서쌍은 나열 순서에 의미가 있으므로 (a,b)와 (b,a)는 전혀 다른 순서쌍이다. 관계가 어떻게 정의되느냐에 따라 그 관계 안의 순서쌍을 구성하는 집합 원소가 항상 앞에만 오는 경우가 있을 수 있다. 예를 들어 어떤 관계 안에 순서쌍 (a,b)는 존재하고 (b,a)는 존재하지 않는다면, 이 관계에서 a는 항상 b보다 앞에 오는 원소라고 판단한다. 이러한 형태의 순서쌍을 포함하는 관계를 '순서관계를 갖는다'고 말한다.

정의 6-25 부분순서관계(partial order relation)

반사관계, 반대칭관계, 추이관계가 성립하는 관계

앞서 설명한 것처럼 어떤 관계 R이 순서관계를 가지려면, $a \neq b$일 때 $(a,b) \in R$이면 $(b,a) \notin R$이어야 한다. 그러므로 관계 R이 반대칭관계여야만 순서관계가 성립한다.

집합 $A=\{1,2,3\}$에 대한 관계 $R=\{(1,1),(1,2),(1,3),(2,2),(3,3)\}$이 부분순서관계인지 살펴보자.

$$M_R = \begin{bmatrix} 1 & 1 & 1 \\ 0 & 1 & 0 \\ 0 & 0 & 1 \end{bmatrix}$$

① 주대각 원소가 모두 1이다.
　∴ 관계 R은 반사관계이다.
② 주대각 원소를 기준으로 마주보는 원소가 서로 다른 값이다.
　∴ 관계 R은 반대칭관계이다.

③ 거듭제곱으로 추이관계인지 판별한다.

$$R^2 = R \circ R = M_R \odot M_R = \begin{bmatrix} 1 & 1 & 1 \\ 0 & 1 & 0 \\ 0 & 0 & 1 \end{bmatrix} \odot \begin{bmatrix} 1 & 1 & 1 \\ 0 & 1 & 0 \\ 0 & 0 & 1 \end{bmatrix} = \begin{bmatrix} 1 & 1 & 1 \\ 0 & 1 & 0 \\ 0 & 0 & 1 \end{bmatrix}$$

$$R^3 = R^2 \circ R = M_R \odot M_{R^2} = \begin{bmatrix} 1 & 1 & 1 \\ 0 & 1 & 0 \\ 0 & 0 & 1 \end{bmatrix} \odot \begin{bmatrix} 1 & 1 & 1 \\ 0 & 1 & 0 \\ 0 & 0 & 1 \end{bmatrix} = \begin{bmatrix} 1 & 1 & 1 \\ 0 & 1 & 0 \\ 0 & 0 & 1 \end{bmatrix}$$

$\therefore$ $R^3 \subseteq R$이므로 관계 R은 추이관계이다.

그러므로 관계 R은 반사, 반대칭, 추이관계이므로 부분순서관계이다. 만약 관계 R이 반사, 반대칭, 추이관계 중 하나라도 만족하지 않는다면 관계 R은 부분순서관계일 수 없다.

예제 6-22

집합 $A = \{1, 2, 3, 4\}$에 대한 다음 관계가 부분순서관계인지 판별하라.

(a) $R_1 = \{(1, 1), (2, 1), (2, 2), (3, 3), (4, 3), (4, 4)\}$

(b) $R_2 = \{(1, 1), (1, 2), (1, 3), (2, 1), (2, 3), (3, 4), (4, 2), (4, 4)\}$

풀이

(a) $M_{R_1} = \begin{bmatrix} 1 & 0 & 0 & 0 \\ 1 & 1 & 0 & 0 \\ 0 & 0 & 1 & 0 \\ 0 & 0 & 1 & 1 \end{bmatrix}$

① 주대각 원소가 모두 1이다.

$\therefore$ 관계 R_1은 반사관계이다.

② 주대각 원소를 기준으로 마주보는 원소가 서로 다른 값이다.

$\therefore$ 관계 R_1은 반대칭관계이다.

③ 거듭제곱으로 추이관계인지 판별한다.

$$R_1^2 = R_1 \circ R_1 = M_{R_1} \odot M_{R_1} = \begin{bmatrix} 1 & 0 & 0 & 0 \\ 1 & 1 & 0 & 0 \\ 0 & 0 & 1 & 0 \\ 0 & 0 & 1 & 1 \end{bmatrix} \odot \begin{bmatrix} 1 & 0 & 0 & 0 \\ 1 & 1 & 0 & 0 \\ 0 & 0 & 1 & 0 \\ 0 & 0 & 1 & 1 \end{bmatrix} = \begin{bmatrix} 1 & 0 & 0 & 0 \\ 1 & 1 & 0 & 0 \\ 0 & 0 & 1 & 0 \\ 0 & 0 & 1 & 1 \end{bmatrix}$$

$$R_1^3 = R_1^2 \circ R_1 = M_{R_1} \odot M_{R_1^2} = \begin{bmatrix} 1 & 0 & 0 & 0 \\ 1 & 1 & 0 & 0 \\ 0 & 0 & 1 & 0 \\ 0 & 0 & 1 & 1 \end{bmatrix} \odot \begin{bmatrix} 1 & 0 & 0 & 0 \\ 1 & 1 & 0 & 0 \\ 0 & 0 & 1 & 0 \\ 0 & 0 & 1 & 1 \end{bmatrix} = \begin{bmatrix} 1 & 0 & 0 & 0 \\ 1 & 1 & 0 & 0 \\ 0 & 0 & 1 & 0 \\ 0 & 0 & 1 & 1 \end{bmatrix}$$

$$R_1^4 = R_1^3 \circ R_1 = M_{R_1} \odot M_{R_1^3} = \begin{bmatrix} 1 & 0 & 0 & 0 \\ 1 & 1 & 0 & 0 \\ 0 & 0 & 1 & 0 \\ 0 & 0 & 1 & 1 \end{bmatrix} \odot \begin{bmatrix} 1 & 0 & 0 & 0 \\ 1 & 1 & 0 & 0 \\ 0 & 0 & 1 & 0 \\ 0 & 0 & 1 & 1 \end{bmatrix} = \begin{bmatrix} 1 & 0 & 0 & 0 \\ 1 & 1 & 0 & 0 \\ 0 & 0 & 1 & 0 \\ 0 & 0 & 1 & 1 \end{bmatrix}$$

$\therefore\ R_1^4 \subseteq R_1$ 이므로 관계 R_1은 추이관계이다.

따라서 관계 R_1은 반사, 반대칭, 추이관계를 모두 만족하므로 부분순서관계이다.

(b) $M_{R_2} = \begin{bmatrix} 1 & 1 & 1 & 0 \\ 1 & 0 & 1 & 0 \\ 0 & 0 & 0 & 1 \\ 0 & 1 & 0 & 1 \end{bmatrix}$

① 1이 아닌 주대각 원소가 있다.

$\therefore$ 관계 R_2는 반사관계가 아니다.

따라서 관계 R_2는 반사관계를 만족하지 않으므로 부분순서관계가 아니다.

예제 6-23

자연수 집합 N에 대한 다음 관계가 부분순서관계인지 판별하라.

(a) $R_1 = \{(a, b) \in \mathbb{N} \times \mathbb{N} \mid (a+b) \geq 2\}$

(b) $R_2 = \{(a, b) \in \mathbb{N} \times \mathbb{N} \mid a|b\}$

풀이

(a) ① $a+a=2a$이고 $a \geq 1$이므로 $(a+a) \geq 2$이다.

$\therefore$ 관계 R_1은 반사관계이다.

② $(a+b) \geq 2$일 때 자연수의 덧셈은 교환법칙이 성립하므로 $(b+a) \geq 2$도 성립한다.

$\therefore$ 관계 R_1은 반대칭관계가 아니다.

따라서 관계 R_1은 반대칭관계를 만족하지 않으므로 부분순서관계가 아니다.

(b) ① $a|a$이면 $a = ka$를 만족하는 정수 $k=1$이 존재한다.

$\therefore$ 관계 R_2는 반사관계이다.

② $a \neq b$일 때 $a|b$를 만족하면 $b|a$가 성립하지 않는다.

예를 들어 $a=1$, $b=2$일 때 $1|2$이지만 $2 \nmid 1$이다.

$\therefore$ 관계 R_2는 반대칭관계이다.

③ $a|b$이면 $b = ka$를 만족하는 $k \in \mathbb{N}$가 존재하고, $b|c$이면 $c = lb$를 만족하는 $l \in \mathbb{N}$이 존재한다.

$b = ka$를 $c = lb$에 대입하면, $c = lb = l(ka) = kla$이므로 $a|c$가 성립한다.

$\therefore$ 관계 R_2는 추이관계이다.

따라서 관계 R_2는 반사, 반대칭, 추이관계를 모두 만족하므로 부분순서관계이다.

정의 6-26 **부분순서집합(partial order set)**

집합 A에 대한 관계 R이 부분순서관계일 때, 집합 A

부분순서관계가 성립하는 경우 그 관계에 사용된 집합을 부분순서집합이라고 한다. [예제 6-22]에서 부분순서관계 R_1의 부분순서집합은 집합 A이고, [예제 6-23]에서 부분순서관계 R_2의 부분순서집합은 자연수 집합 $\mathbb{N}$이다. 부분순서관계가 성립하면 부분순서집합의 원소 사이에 순서가 정해지는데, 이는 원소끼리 비교가 가능하기 때문이다.

정의 6-27 **비교 가능(comparable)과 비교 불가능(noncomparable)**

집합 A에 대한 관계 R이 부분순서관계이고 $a, b \in A$이고, $(a, b) \in R$ 또는 $(b, a) \in R$일 때, 'a와 b는 **비교 가능**'이라 하고 $a \preccurlyeq b((a, b) \in R$일 때) 또는 $b \preccurlyeq a((b, a) \in R$일 때)로 표기한다. 반면, $(a, b) \notin R$ 또는 $(b, a) \notin R$일 때 'a와 b는 **비교 불가능**'이라 하고 $a \not\preccurlyeq b$ 또는 $b \not\preccurlyeq a$로 표기한다.

비교 가능한 원소 a, b에 대해 $a \preccurlyeq b$는 a의 값이 b보다 작다는 의미가 아니라 순서쌍에서 a가 b보다 앞에 옴을 의미한다. [예제 6-22]에서 부분순서관계인 $R_1 = \{(1, 1), (2, 1), (2, 2), (3, 3), (3, 4), (4, 4)\}$에서 $(2, 1)$의 경우 '2와 1은 비교 가능'이라고 하며 $2 \preccurlyeq 1$로 표기한다. 또한 [예제 6-23]에서 부분순서관계인 $R_2 = \{(a, b) \in \mathbb{N} \times \mathbb{N} \mid a|b\}$에서 $(2, 4)$의 경우 '2와 4는 비교 가능'이라고 하며 $2 \preccurlyeq 4$로 표기한다. 반면 $(2, 5)$는 관계 R_2에 포함되지 않으므로 '2와 5는 비교 불가능'이라 하고 $2 \not\preccurlyeq 5$로 표기한다. 단, $a \neq b$인 경우 $a < b$로 표기하기도 하는데, 이때 $a \neq b$는 원소 a, b의 값이 다름이 아닌 순서가 다른 위치임을 의미한다.

집합 A에 대한 관계 R이 있을 때, 집합 A의 일부 원소끼리만 비교 가능하면 관계 R을 부분순서관계라고 한다. 예를 들어 [예제 6-22]에서 부분순서관계인 R_1의 원소 중 1과 3 또는 2와 4는 비교 불가능하다. 만약 부분순서집합의 모든 원소가 서로 비교 가능하면 그 관계를 완전순서관계라고 한다.

정의 6-28 **완전순서관계(total order relation)과 완전순서집합(total order set)**

집합 A에 대한 관계 R이 부분순서관계일 때, 집합 A의 모든 원소가 그 관계에서 비교 가능하면 그 관계 R을 **완전순서관계**라 하고 집합 A를 **완전순서집합**이라고 한다.

예를 들어 관계 $R = \{(a, b) \in \mathbb{N} \times \mathbb{N} \mid a \leq b\}$을 살펴보자. 이 관계 R은 반사, 반대칭, 추이관계가 성립하는 부분순서관계로, 자연수 집합 $\mathbb{N}$에서 $a \leq b$인 모든 원소 b가 원소 a와 비교 가능하다. 즉, $a = 5$일 때 자연수 집합 $\mathbb{N}$의 원소 중 5보다 크거나 같은 모든 원소는 a와 비교 가능하다. 그러므로 관계 R은 부분순서관계이면서 완전순서관계이다.

관계를 표기하는 방법 중 하나인 방향그래프와 부분순서관계의 특징을 이용하여 도표로 나타내는 방법을 알아보자.

정의 6-29 **하세도표(Hasse diagram)**

방향그래프에 부분순서관계의 특징을 적용한 부분순서관계 표기 방법

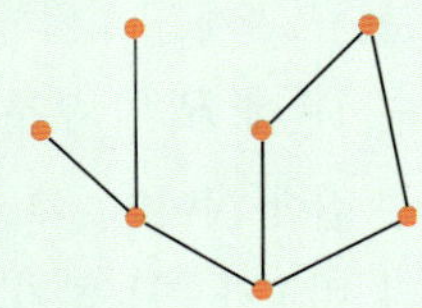

하세도표는 독일의 수학자 헬무트 하세(Helmut Hasse)가 착안한 표기 방식으로 다음과 같은 규칙을 따라 그린다.

정리 6-4 **하세도표 그리는 규칙**

(a) 방향그래프에서 루프를 생략한다.

(b) $a \neq b$인 부분순서집합의 원소 $a, b \in A$에 대하여 $(a, b) \in R$이면 정점 a를 정점 b보다 아래쪽에 그린다.

(c) $a \neq b \neq c$인 부분순서집합의 원소 $a, b, c \in A$에 대하여 $(a, b) \in R$, $(b, c) \in R$, $(a, c) \in R$일 때, 정점 a에서 정점 c로 가는 선은 생략하고 정점 a에서 정점 b, 정점 b에서 정점 c로 가는 선을 그린다.

어떤 관계의 하세도표를 그릴 수 있다는 것은 이미 그 관계가 부분순서관계라는 의미이다. 그러므로 하세도표를 그리는 규칙은 부분순서관계가 성립하는 특징인 반사관계, 반대칭관계, 추이관계를 그대로 적용한 것이라고 생각하면 된다. [정리 6-4]의 각 규칙에 대한 이유는 다음과 같다.

규칙 (a) : 부분순서관계가 성립하는 관계 R은 반사관계가 당연히 성립하므로 굳이 표시하지 않는다.
규칙 (b) : 부분순서관계가 성립하는 관계 R은 반대칭관계가 당연히 성립하므로 $(a, b) \in R$일 때 $(b, a) \notin R$이고 $a \preccurlyeq b$이므로 a가 b보다 앞에 온다는 개념으로 아래쪽에 표시한다.
규칙 (c) : 부분순서관계가 성립하는 관계 R은 추이관계가 당연히 성립하므로 $(a, b) \in R$, $(b, c) \in R$, $(a, c) \in R$일 때, 정점 a에서 정점 c로 가는 두 종류의 경로 중 짧은 경로 하나만 표시한다.

앞에서 예로 들었던 집합 $A = \{1, 2, 3\}$에 대한 관계 $R = \{(1, 1), (1, 2), (1, 3), (2, 2), (3, 3)\}$은 부분순서관계였다. 관계 R의 하세도표를 그려보자.

① 관계 R에 포함된 순서쌍 중 $(1, 2), (1, 3)$에서 $1 \preccurlyeq 2$, $1 \preccurlyeq 3$임을 알 수 있으므로 1을 2나 3보다 아래쪽에 표시한다.

② $(2,3) \not\in R$, $(3,2) \not\in R$이므로 2와 3은 비교 불가능한 원소이다. 이렇게 비교 불가능한 원소 사이에는 선을 그리지 않는다.

③ $(1,1), (2,2), (3,3)$에 대한 루프를 표시하지 않아도 된다.

④ $(1,2), (1,3)$에 대해 1과 2, 1과 3 사이에 직선을 그린다.

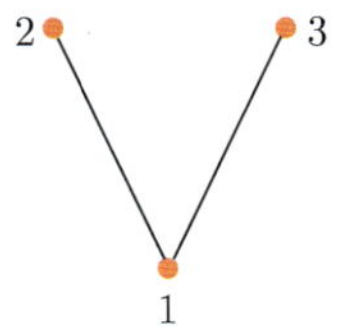

[그림 6-20] 관계 R의 하세도표

예제 6-24

다음은 [예제 6-22], [예제 6-23]에서 부분순서관계로 증명된 관계이다. 주어진 부분순서집합을 이용해 각 관계의 하세도표를 그려라.

(a) $A = \{1, 2, 3, 4\}$에 대한 관계 $R_1 = \{(1,1), (2,1), (2,2), (3,3), (3,4), (4,4)\}$

(b) $B = \{b | 1 \leq b \leq 10, b$는 짝수$\}$에 대한 관계 $R_2 = \{(a, b) \in B \times B \mid a | b\}$

풀이

(a) ① $(2,1)$에 의해 $2 \preccurlyeq 1$이므로 2는 1보다 아래쪽에, $(3,4)$에 의해 $3 \preccurlyeq 4$이므로 3은 4보다 아래쪽에 표시한다.

② 1과 3, 1과 4, 2와 3, 2와 4는 비교 불가능하므로 각 원소 사이에는 선을 그리지 않는다.

③ $(1,1), (2,2), (3,3), (4,4)$에 대한 루프를 표시하지 않는다.

④ 2와 1, 3과 4 사이에 직선을 그린다.

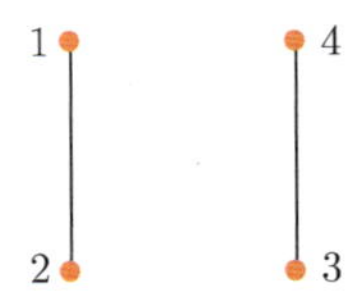

(b) $B = \{b | 1 \leq b \leq 10, b$는 짝수$\} = \{2, 4, 6, 8, 10\}$

$R_2 = \{(a, b) \in B \times B \mid a | b\}$

$= \{(2,2), (2,4), (2,6), (2,8), (2,10), (4,4), (4,8), (6,6), (8,8), (10,10)\}$

① $(2,2), (2,4), (2,6), (2,8), (2,10)$에 의해 $2 \preccurlyeq 4$, $2 \preccurlyeq 6$, $2 \preccurlyeq 8$, $2 \preccurlyeq 10$이므로 2는 4, 6, 8, 10의 아래쪽에 표시한다. 단, $(2,4), (4,8)$에 의해 $2 \preccurlyeq 4 \preccurlyeq 8$이므로 2, 4, 8은 2를 가장 아래, 4를 중간, 8을 가장 위에 표시한다.

② 4와 6, 4와 10, 6과 8, 6과 10, 8과 10은 비교 불가능하므로 각 원소 사이에는 선을 그리지 않는다.

③ $(2, 2), (4, 4), (6, 6), (8, 8), (10, 10)$에 대한 루프를 표시하지 않는다.

④ 관계 R_2에 순서쌍으로 존재하는 원소 사이에 직선을 그린다.

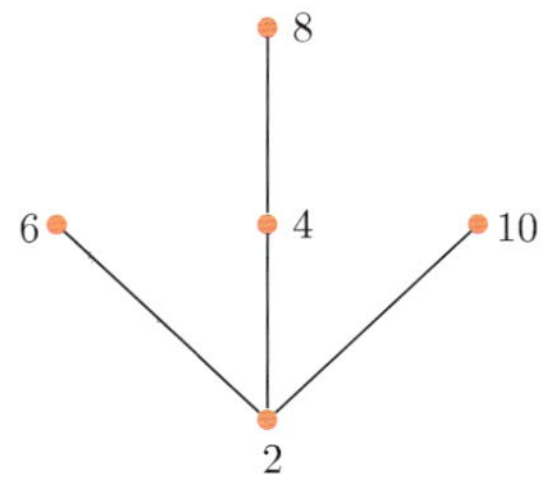

부분순서관계는 부분순서집합에 속한 원소 사이의 순서를 알 수 있는 관계이다. 그러므로 어떤 원소가 위쪽에 위치하는지, 혹은 가장 아래쪽에 위치하는지에 따른 의미를 부여할 수 있는 관계이기도 하다.

정의 6-30 **극대원소(maximal element)**

부분순서집합 A의 원소 a에 대해 $a < b$인 원소 b가 집합 A에 존재하지 않을 때 원소 a

정의 6-31 **극소원소(minimal element)**

부분순서집합 A의 원소 a에 대해 $b < a$인 원소 b가 집합 A에 존재하지 않을 때 원소 a

정의 6-32 **최대원소(greatest element)**

부분순서집합 A의 원소 a에 대해 $a \preccurlyeq b$인 집합 A의 원소 b

정의 6-33 **최소원소(least element)**

부분순서집합 A의 원소 a에 대해 $b \preccurlyeq a$인 집합 A의 원소 b

하세도표에서 극대원소나 최대원소는 선으로 연결된 원소 중 가장 위에 표시된 부분순서집합의 원소를 말하는데, 극대원소는 가장 위에 위치한 모든 원소를 말하지만 최대원소는 가장 위에 위치한 원소가 오직 하나만 있을 때만 의미한다. 그러므로 부분순서집합에서 극대원소는 한 개 이상이지만 최대원소는 한 개이거나 없을 수도 있다.

하세도표에서 극소원소나 최소원소는 선으로 연결된 원소 중 가장 아래에 표시된 부분순서집합의 원소이다. 극대원소, 최대원소와 마찬가지로 극소원소는 아래에 위치하는 모든 원소로 한 개 이상이지만 최소원소는 한 개이거나 없을 수도 있다.

[예제 6-24]에서 나타낸 각 관계에서 극대원소, 극소원소, 최대원소, 최소원소를 구해보자.

- (a)의 관계 R_1의 경우
  극대원소 : 1, 4 / 극소원소 : 2, 3 / 최대원소 : 없음 / 최소원소 : 없음
- (b)의 관계 R_2의 경우
  극대원소 : 6, 8, 10 / 극소원소 : 2 / 최대원소 : 없음 / 최소원소 : 2

예제 6-25

다음 하세도표를 보고 극대원소, 극소원소, 최대원소, 최소원소를 구하라.

(a)

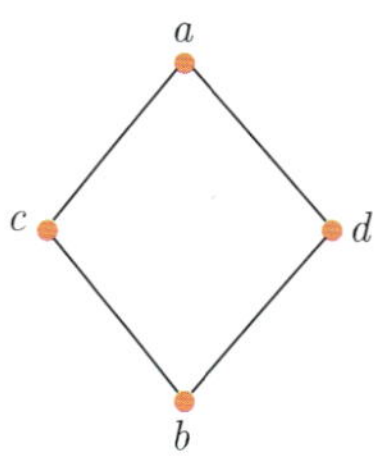

(b)

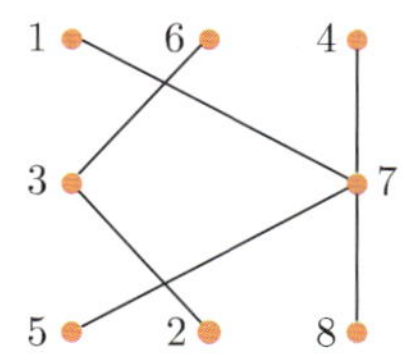

(c)

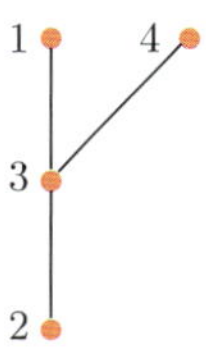

(d)

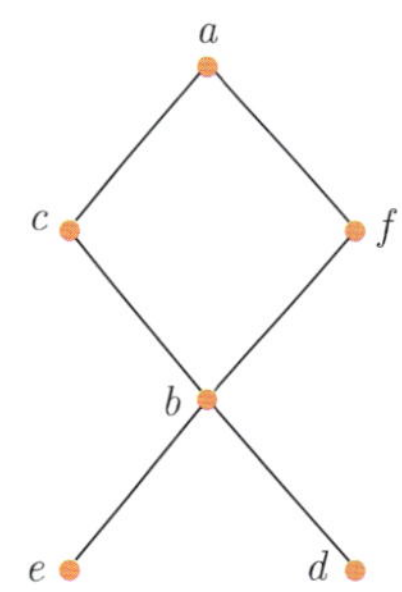

풀이

(a) 최상위에 위치하는 정점은 a로 하나, 최하위에 위치하는 정점은 b로 하나이다.
∴ 극대원소 : a / 극소원소 : b / 최대원소 : a / 최소원소 : b

(b) 최상위에 위치하는 정점은 1, 4, 6으로 세 개, 최하위에 위치하는 정점은 2, 5, 8로 세 개이다.
∴ 극대원소 : 1, 4, 6 / 극소원소 : 2, 5, 8 / 최대원소 : 없음 / 최소원소 : 없음

(c) 최상위에 위치하는 정점은 1, 4로 두 개, 최하위에 위치하는 정점은 2로 하나이다.
∴ 극대원소 : 1, 4 / 극소원소 : 2 / 최대원소 : 없음 / 최소원소 : 2

(d) 최상위에 위치하는 정점은 a로 하나, 최하위에 위치하는 정점은 e, d로 두 개이다.
∴ 극대원소 : a / 극소원소 : e, d / 최대원소 : a / 최소원소 : 없음

6장_핵심요약

CHAPTER 06 연습문제

✔ 문제 해답

01 다음 집합 사이에 가능한 관계 R을 구하라.

(a) 집합 $A = \{x, y, z\}$, $B = \{1, 2, 3\}$

(b) 집합 $A = \{x \mid 1 \le x \le 5, x \in \mathbb{N}\}$, $B = \{a, b, c\}$, $C = \{m, n\}$

✔**02** 집합 $A = \{1, 2, 3, 4\}$에서 집합 $B = \{a, b, c\}$로 가는 관계가 다음과 같을 때 주어진 물음에 답하라.

$$R_1 = \{(1, a), (1, c), (2, b), (3, c), (4, a), (4, b)\}$$
$$R_2 = \{(1, a), (2, a), (2, b), (3, b)\}$$
$$R_3 = \{(2, c), (4, c)\}$$
$$R_4 = \{(1, b), (1, c), (2, a), (2, c), (3, a), (3, b)\}$$
$$R_5 = \{(1, a), (1, b), (1, c), (2, b), (3, b), (4, a), (4, b), (4, c)\}$$

(a) 집합 A에서 집합 B로 가는 가능한 모든 관계에 대하여 위 관계의 포함관계를 기호로 나타내라.

(b) 각 관계의 정의역, 공역, 치역을 구하라.

(c) 각 관계의 역관계를 구하라.

(d) 각 관계의 역관계의 정의역, 공역, 치역을 구하라.

(e) 관계 R_n과 역관계 R_n^{-1}를 화살표 선도, 좌표도표, 관계행렬로 표현하라.

03 집합 $A = \{a, b, c, d\}$에서 집합 $B = \{w, x, y, z\}$로 가는 관계가 다음과 같을 때 주어진 물음에 답하라.

$$R_1 = \{(a, w), (a, y), (b, w), (b, x), (b, z), (c, x), (c, z), (d, x), (d, y)\}$$
$$R_2 = \{(a, x), (a, y), (a, z), (b, w), (b, z), (c, w), (c, x), (c, z), (d, x), (d, y)\}$$
$$R_3 = \{(a, z), (b, x), (c, w), (d, y)\}$$
$$R_4 = \{(a, w), (a, z), (b, w), (b, x), (b, z), (c, y), (c, z), (d, w), (d, y)\}$$
$$R_5 = \{(a, y), (a, z), (b, x), (b, z), (c, w), (c, y), (d, x), (d, y)\}$$

(a) 집합 A에서 집합 B로 가는 가능한 모든 관계에 대하여 위 관계의 포함관계를 기호로 나타내라.

(b) 각 관계의 정의역, 공역, 치역을 구하라.

(c) 각 관계의 역관계를 구하라.

(d) 각 관계에 대한 역관계의 정의역, 공역, 치역을 구하라.

(e) 관계 R_n과 역관계 R_n^{-1}를 화살표 선도, 좌표도표, 관계행렬로 표현하라.

04 두 집합 $A=\{1,2,3,4\}$, $B=\{a,b,c\}$가 있을 때 다음 관계와 역관계를 화살표 선도, 좌표도표, 관계행렬, 방향그래프 중 가능한 모든 표기 방식으로 나타내라.

(a) 집합 A에서 집합 B로 가는 관계 $R_1=\{(1,a),(2,a),(2,b),(3,a),(3,b),(3,c),(4,a),(4,b),(4,c)\}$

(b) 집합 A에서 집합 B로 가는 관계 $R_2=\{(1,b),(1,c),(2,a),(3,a),(4,b),(4,c)\}$

(c) 집합 A에서 집합 B로 가는 관계 $R_3=\{(1,a),(1,c),(2,a),(2,c),(3,a),(4,c)\}$

(d) 집합 A에서 집합 A로 가는 관계 $R_4=\{(1,1),(1,2),(2,2),(2,3),(3,4),(4,3)\}$

(e) 집합 A에서 집합 A로 가는 관계 $R_5=\{(1,3),(2,1),(3,2),(4,1)\}$

(f) 집합 B에서 집합 B로 가는 관계 $R_6=\{(a,a),(b,b),(c,c)\}$

05 집합 $A=\{1,2,3,4\}$에 대한 다음 관계의 성질을 판별하라.

(a) $R_1=\{(1,1),(2,1),(2,2),(3,1),(3,3),(4,1),(4,4)\}$

(b) $R_2=\{(2,2),(2,3),(3,2)\}$

(c) $R_3=\{(1,1),(2,2),(3,3),(4,4)\}$

(d) $R_4=\{(1,1),(1,2),(2,1),(2,2),(2,3),(3,2),(3,3),(3,4),(4,3),(4,4)\}$

(e) $R_5=\{(1,2),(2,4),(3,1),(4,1)\}$

06 집합 $A=\{1,2,3,4\}$에 대한 다음 관계의 성질을 판별하라.

(a) $R_1=\{(1,1),(2,2),(3,4)\}$

(b) $R_2=\{(3,3)\}$

(c) $R_3=\{(1,1),(2,2),(3,3),(3,4),(4,4)\}$

(d) $R_4=\{(1,4),(2,2),(2,3),(3,2),(4,1)\}$

(e) $R_5=\{(1,4),(2,3),(4,1),(4,2)\}$

07 집합 $A = \{1, 2, 3, 4, 5\}$에 대한 다음 관계의 관계행렬과 방향그래프를 작성하고, 각 관계의 성질을 판별하라.

✔(a) $R_1 = \{(1,2), (1,3), (1,4), (1,5), (2,3), (2,4), (2,5), (3,4), (3,5), (4,5)\}$

✔(b) $R_2 = \{(1,1), (2,2), (3,3), (4,4), (5,5)\}$

(c) $R_3 = \{(1,1), (1,2), (2,1), (2,2), (3,1), (3,3), (3,5), (4,4), (4,5), (5,4), (5,5)\}$

(d) $R_4 = \varnothing$

(e) $R_5 = \{(1,2), (1,4), (2,2), (2,4), (3,1), (3,2), (3,4), (3,5), (4,2), (4,4), (5,2), (5,4)\}$

[08~09] 세 집합 $A=\{a,b,c,d\}$, $B=\{w,x,y,z\}$, $C=\{o,p,q,r\}$에 대하여 다음과 같은 관계가 있다고 하자.

$R : A \to B$, $R = \{(a,x), (a,y), (a,z), (b,y), (b,z), (c,x), (c,y), (d,w), (d,x), (d,y)\}$
$S : A \to C$, $S = \{(a,q), (a,r), (c,o), (c,p), (c,r), (d,p), (d,q)\}$
$T : B \to A$, $T = \{(w,a), (x,b), (y,c), (z,d)\}$
$U : B \to C$, $U = \{(w,r), (x,o), (x,q), (y,o), (y,p), (y,r), (z,p), (z,q)\}$
$V : C \to A$, $V = \{(o,a), (o,b), (p,a), (p,b), (q,c), (q,d), (r,c), (r,d)\}$
$W : C \to B$, $W = \{(p,w), (p,y), (q,x), (q,z)\}$

✔**08** 주어진 합성에 대하여 다음 물음에 답하라.

① $R \circ R$	② $R \circ S$	③ $R \circ T$	④ $R \circ U$	⑤ $R \circ V$	⑥ $R \circ W$
⑦ $S \circ U$	⑧ $S \circ V$	⑨ $S \circ W$	⑩ $T \circ R$	⑪ $T \circ T$	⑫ $T \circ V$

(a) 주어진 합성 중 합성이 불가능한 경우를 찾고 그 이유를 설명하라.

(b) 합성이 가능한 관계의 정의역, 공역, 치역을 구하라.

09 주어진 합성에 대하여 다음 물음에 답하라.

① $(W \circ S) \circ R$	② $T \circ (U \circ W)$	③ $W \circ (S \circ T)$
④ $(T \circ W) \circ S$	⑤ $(V \circ U) \circ R$	⑥ $R \circ (V \circ S)$
⑦ $(R \circ V) \circ S$	⑧ $U \circ (W \circ T)$	⑨ $(U \circ W) \circ (R \circ V)$
⑩ $(W \circ U) \circ (R \circ U)$	⑪ $(U \circ R) \circ (T \circ R)$	

(a) 주어진 합성 중 합성이 불가능한 경우를 찾고 그 이유를 설명하라.

(b) 합성이 가능한 관계의 정의역, 공역, 치역을 구하라.

✔**10** 집합 $A = \{a, b, c\}$에 대한 다음 관계가 추이관계인지 합성의 거듭제곱을 이용하여 판별하라.

(a) $R_1 = \{(a, a), (a, b), (b, a), (b, b)\}$

(b) $R_2 = \{(a, b), (b, c), (c, c)\}$

(c) $R_3 = \{(a, b), (c, b), (c, a), (c, c)\}$

(d) $R_4 = \{(a, a), (a, c), (b, a), (b, c), (c, c)\}$

(e) $R_5 = \{(a, a), (a, b), (a, c), (b, b), (c, b), (c, c)\}$

11 집합 $A = \{w, x, y, z\}$에 대한 다음 관계가 추이관계인지 합성의 거듭제곱을 이용하여 판별하라.

(a) $R_1 = \{(w, w), (w, z), (x, x), (x, y), (y, y), (z, z)\}$

(b) $R_2 = \{(y, y)\}$

(c) $R_3 = \{(w, w), (w, z), (x, y), (y, w), (y, y), (z, x), (z, z)\}$

(d) $R_4 = \{(w, w), (x, z), (y, y)\}$

(e) $R_5 = \{(w, z), (x, y), (z, w), (z, x)\}$

✓ **12** 집합 $A = \{1, 2, 3, 4\}$에 대한 관계가 다음과 같을 때 주어진 물음에 답하라.

$$R_1 = \{(1,1), (1,2), (2,3), (3,1), (3,4), (4,2), (4,4)\}$$
$$R_2 = \{(1,2), (1,4), (2,1), (2,2), (2,4), (3,3), (4,3)\}$$
$$R_3 = \{(1,3), (2,1), (3,4), (4,2)\}$$
$$R_4 = \{(1,1), (1,3), (2,1), (2,4), (3,2), (3,3), (4,1), (4,4)\}$$
$$R_5 = \{(1,1), (2,2), (2,3), (3,2), (3,4), (4,3)\}$$

(a) 각 관계의 반사폐포 S_n을 구하라.

(b) 각 관계의 대칭폐포 T_n을 구하라.

(c) 각 관계의 추이폐포 U_n을 구하라.

(d) 각 관계가 동치관계가 되도록 원소를 추가하여 동치관계 O_n을 구하고 그 동치류를 구하라.

13 집합 $A = \{a, b, c, d, e\}$에 대한 관계가 다음과 같을 때 주어진 물음에 답하라.

$$R_1 = \{(a,b), (c,c), (c,d), (d,e)\}$$
$$R_2 = \{(a,a), (b,d), (d,a)\}$$
$$R_3 = \{(a,a), (b,a), (b,b), (c,b), (c,c), (d,d)\}$$
$$R_4 = \{(a,b), (b,c), (c,d), (d,e), (e,a)\}$$
$$R_5 = \{(a,a), (a,b), (b,a), (b,c), (c,d), (c,e), (e,a), (e,b), (e,e)\}$$

(a) 각 관계의 반사폐포 S_n을 구하라.

(b) 각 관계의 대칭폐포 T_n을 구하라.

(c) 각 관계의 추이폐포 U_n을 구하라.

(d) 각 관계가 동치관계가 되도록 원소를 추가하여 동치관계 O_n을 구하고 그 동치류를 구하라.

[14~16] 주어진 관계에 대하여 다음 물음에 답하라.

① 집합 $A=\{1,2,3,4\}$에 대한 관계
$R_1=\{(1,1),(1,2),(2,1),(2,2),(3,3),(3,4),(4,3),(4,4)\}$

② 집합 $B=\{a,b,c,d,e\}$에 대한 관계
$R_2=\{(a,a),(a,c),(a,e),(b,b),(b,c),(b,d),(b,e),(c,c),(c,e),(d,d),(d,e),(e,e)\}$

③ 집합 $C=\{c \mid 1\le c\le 5, c\in\mathbb{N}\}$에 대한 관계 $R_3=\{(a,b)\in C\times C \mid a+b\text{는 짝수}\}$

④ 집합 $D=\{d \mid 1\le d\le 10, d\in\mathbb{N}\}$에 대한 관계 $R_4=\{(a,b)\in D\times D \mid b \mid a\}$

⑤ 정수 집합 $\mathbb{Z}$에 대한 관계 $R_5=\{(a,b)\in\mathbb{Z}\times\mathbb{Z} \mid a=b\}$

⑥ 자연수 집합 $\mathbb{N}$에 대한 관계 $R_6=\{(a,b)\in\mathbb{N}\times\mathbb{N} \mid b\le a\}$

✔**14** 각 관계에 대하여 반사, 비반사, 대칭, 반대칭, 추이관계의 여부를 판별하라.

15 [연습문제 14]에서 동치관계로 판별된 관계는 동치류 및 동치류 집합 S_n을 구하라.

16 [연습문제 14]에서 부분순서관계로 판별된 관계에 대하여 다음 물음에 답하라.

(a) 각 관계에서 비교 가능 원소와 비교 불가능 원소를 구분하라.

(b) 각 관계의 하세도표를 그려라.

(c) 각 관계의 극대원소, 극소원소, 최대원소, 최소원소를 구하라.

✔ **17** 주어진 하세도표를 보고 다음 물음에 답하라.

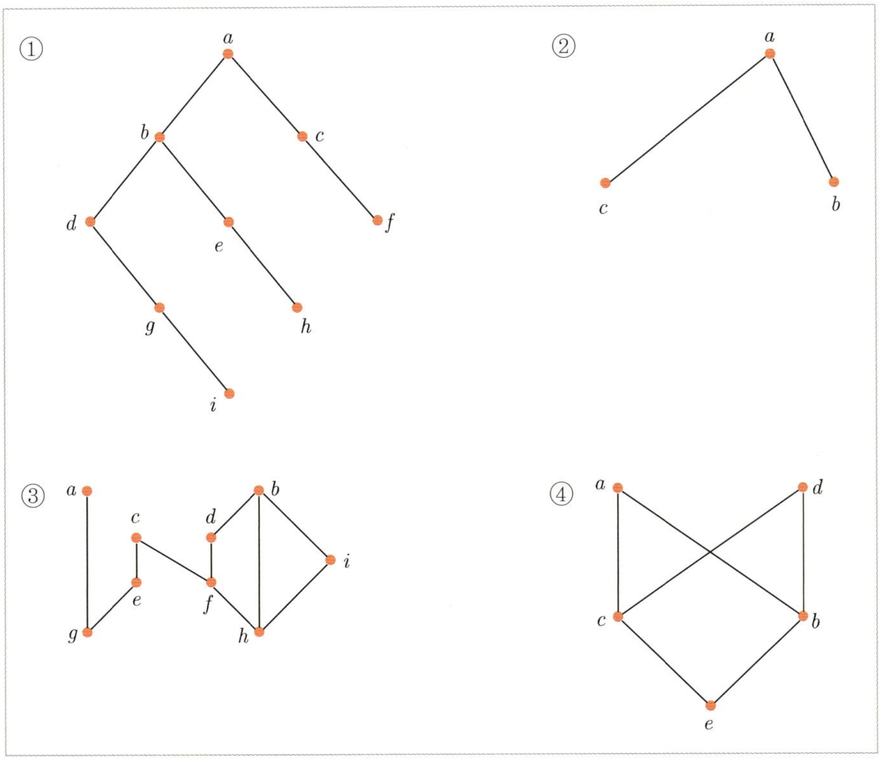

(a) 각 하세도표에서 극대원소, 극소원소, 최대원소, 최소원소를 구하라.

(b) 각 하세도표에 대한 관계의 순서쌍을 구하라.

18 주어진 하세도표를 보고 다음 물음에 답하라.

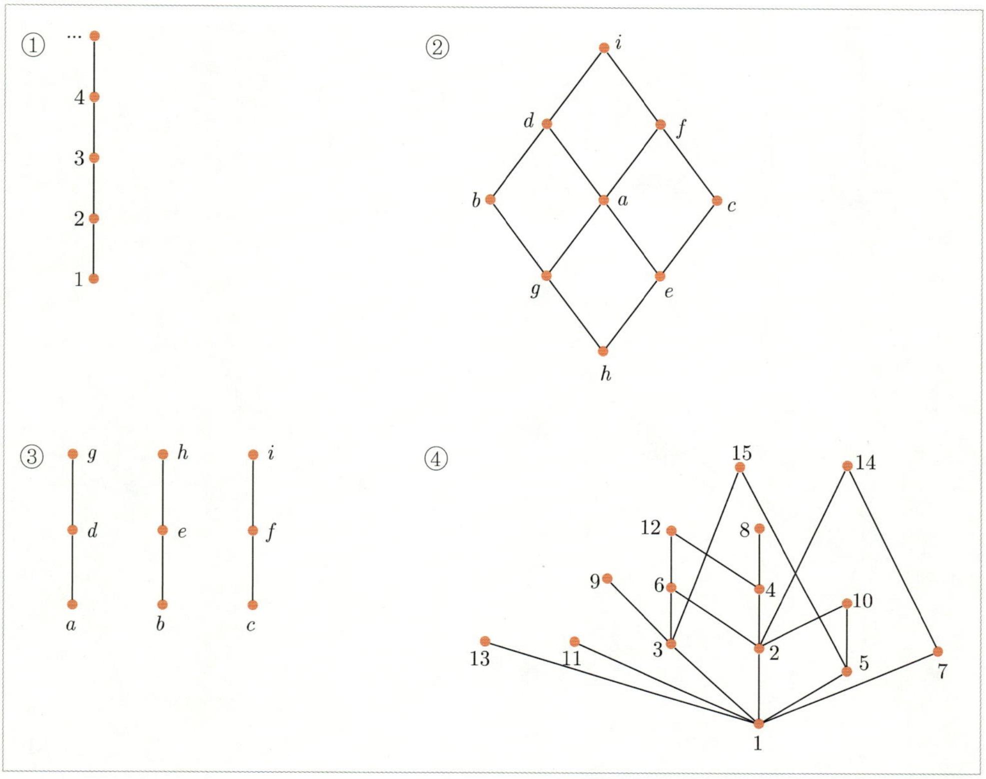

(a) 각 하세도표에서 극대원소, 극소원소, 최대원소, 최소원소를 구하라.

(b) 각 하세도표에 대한 관계의 순서쌍을 구하라.

CHAPTER 07

함수

• Contents

함수는 쉽게 생각하면 자판기의 원리를 수학적으로 풀어놓은 것이라 할 수 있다. 자판기에 동전을 넣고 버튼을 누르면 원하는 물건이 나오듯 수학에서 함수는 $y=f(x)$의 형태로 입력 x를 이용하여 출력 y를 얻는 식 또는 과정을 말한다. 그래서 함수는 입력이 반드시 필요하며 그 입력에 대해 반드시 하나의 출력이 대응되어야만 한다. 즉, 함수는 입력과 출력의 대응 관계로 6장에서 공부한 관계 개념이 함수 개념에 활용된다.

함수는 명령을 입력하면 적합한 처리 과정을 거쳐 결과를 출력하는 컴퓨터 시스템의 기본 원리와도 같다. 인공지능에서도 수많은 함수를 활용하여 필요한 정보를 걸러 내거나 새로운 지식을 생성하며, 프로그래밍에서도 구조적인 프로그램을 만들기 위해 함수를 활용한다.

이 장에서는 함수의 정확한 정의와 특성을 이해하여 판별하는 방법을 공부하며, 기존의 함수를 합성하여 새로운 함수를 만드는 방식과 다양한 종류의 함수를 알아본다.

학습목표

1. 함수의 개념을 이해하여 정의역과 공역의 대응을 이해한다.
2. 단사함수, 전사함수, 전단사함수를 판별한다.
3. 함수를 합성하고 합성함수의 특징을 이해한다.
4. 다양한 종류의 함수를 알아본다.

7.1 함수의 개념

앞 장에서 공부한 관계는 두 집합의 원소들 사이의 대응을 정의한 것이었다. 함수는 입력과 출력이 일대일로 대응하는 관계의 한 형태이다.

정의 7-1 함수(function : $f: A \to B$)

집합 A에서 집합 B로 가는 관계가 성립할 때, 집합 A의 원소 a에 대하여 집합 B의 원소 b 하나가 대응되는 관계

정의 7-2 원상(preimage), 상(image), 정의역(domain), 공역(codomain), 치역(range)

집합 A에서 집합 B로 가는 함수 $f: A \to B$에 대하여,

(a) **원상** : 집합 B의 원소 b와 대응하는 집합 A의 원소 a

(b) **상** : 집합 A의 원소 a에 대응하는 집합 B의 원소 b

(c) **정의역**($\mathrm{dom}(f)$) : 원상의 집합, 집합 A

(d) **공역**($\mathrm{codom}(f)$) : 상이 포함된 집합, 집합 B

(e) **치역**($\mathrm{ran}(f)$) : 상의 집합, 집합 B의 부분집합, $\mathrm{ran}(f) = \{f(a) \mid a \in A\}$

집합 A에서 집합 B로의 함수 f에서 입력 원소를 포함하는 집합 A가 정의역이고 출력 원소를 포함하는 집합 B가 공역이다. 또한 집합 B의 원소 중 출력 원소만 모아 놓은 집합을 치역이라고 하며 치역은 집합 B의 부분집합이다. 여기까지는 6장 '관계'에서 공부한 내용과 같다.

단, 함수에서는 상과 원상이라는 개념이 추가된다. 함수에서 입력으로 사용되는 정의역의 원소 하나하나를 원상이라고 하며, 원상에 대한 함수의 출력값인 치역의 원소 하나하나를 상이라고 한다. 상은 원상 하나에 대해 반드시 하나만 존재할 수 있다. 이는 함수와 관계를 구분하는 중요한 기준이다.

정리 7-1 관계와 함수의 차이

집합 A에서 집합 B로의 관계	집합 A에서 집합 B로의 함수
집합 A(정의역)의 어떤 원소는 집합 B(공역)의 원소와 전혀 대응하지 않거나 하나 이상의 원소와 대응할 수 있다.	집합 A(정의역)의 모든 원소는 집합 B(공역)의 원소 하나와 반드시 대응해야 한다.

TIP 원상과 상의 관계

거울 앞에 어떤 사람이 섰을 때 거울에는 그 사람의 모습이 비친다. 일반적으로 거울에 비친 모습을 '상'이라고 한다. 상은 한 사람이 섰을 때는 한 사람의 모습만 비친다. 한 사람이 섰는데 거울에 두 사람 이상이 비치거나 아무것도 비치지 않는다면 매우 괴기한 일일 것이다. 함수의 원상과 상의 관계도 마찬가지이다. 반드시 하나의 원상에는 하나의 상이 대응되어야 한다.

집합 $A=\{a,b,c\}$에서 집합 $B=\{1,2,3\}$로 가는 관계가 다음과 같다고 하자.

$$f_1=\{(a,2),(b,1),(c,1)\}$$
$$f_2=\{(a,2),(a,3),(c,1),(c,2),(c,3)\}$$

관계 f_1의 경우 정의역인 집합 A의 모든 원소가 집합 B의 하나의 원소와 대응하고 있다. 관계 f_1에 포함된 각 순서쌍에 대한 식은 다음 [표 7-1]과 같다.

[표 7-1] 관계 f_1에 포함된 순서쌍

순서쌍에 대한 식 표현	원상	상
$f_1(a)=2$	a	2
$f_1(b)=1$	b	1
$f_1(c)=1$	c	1

[표 7-1]에서 알 수 있듯이 원상은 관계 f_1의 정의역인 집합 A의 원소이고 상은 f_1의 공역인 집합 B의 원소이다. 집합 A의 모든 원소가 원상으로 사용되며 각 원상은 오직 하나의 상과 대응한다. 그러므로 관계 f_1은 함수이다. 여기서 원상 b와 c가 같은 상 1과 대응하거나 공역인 집합 B의 원소 중 3이 어떤 원상과도 대응하지 않다는 점은 중요하지 않다. 정의역의 모든 원소가 원상이 되어 공역의 원소 중 단 하나의 원소와 대응하면 함수라고 판단하면 된다. 함수 f_1의 정의역, 공역, 치역은 다음과 같다.

$$\text{dom}(f_1)=A,\quad \text{codom}(f_1)=B,\quad \text{ran}(f_1)=\{1,2\}$$

이 내용을 바탕으로 관계 f_2를 살펴보면 다음 두 가지 이유로 관계 f_2는 함수가 아니다.

(1) 관계 f_2의 정의역인 집합 A의 원소 중 b는 대응하는 공역 원소를 갖지 않는다.
(2) 관계 f_2의 정의역인 집합 A의 원소 중 a와 c는 모두 두 개 이상의 공역 원소와 대응한다.

위 두 가지 이유는 어떤 관계가 함수가 되지 못하는 주요한 이유이기도 하다.

예제 7-1

집합 $A=\{a, b, c, d\}$에서 집합 $B=\{1, 2, 3, 4\}$로 가는 다음 관계가 함수인지 판별하고, 함수이면 정의역, 공역, 치역, 원상, 상을 모두 구하라.

(a) $f_1=\{(a, 4), (b, 1), (c, 3)\}$

(b) $f_2=\{(a, 3), (b, 4), (c, 2), (d, 2)\}$

(c) $f_3=\{(a, 1), (a, 3), (b, 2), (c, 2), (d, 4)\}$

(d) $f_4=\{(a, 2), (b, 1), (c, 4), (d, 3)\}$

풀이

(a) 관계 f_1의 정의역 A의 원소 중 d에 대응하는 공역 원소가 없다.

∴ 관계 f_1은 함수가 아니다.

(b) 관계 f_2에 포함된 각 순서쌍에 대한 식 표현은 다음과 같다.

순서쌍에 대한 식 표현	원상	상
$f_2(a)=3$	a	3
$f_2(b)=4$	b	4
$f_2(c)=2$	c	2
$f_2(d)=2$	d	2

관계 f_2의 정의역 A의 모든 원소가 원상으로 하나의 상과 대응한다.

∴ 관계 f_2는 함수이다.

$\mathrm{dom}(f_2)=A$, $\mathrm{codom}(f_2)=B$, $\mathrm{ran}(f_2)=\{2, 3, 4\}$

(c) 관계 f_3의 정의역 A의 원소 중 a가 공역 B의 원소 중 두 개의 원소 1, 3과 대응한다.

∴ 관계 f_3는 함수가 아니다.

(d) 관계 f_4에 포함된 각 순서쌍에 대한 식 표현은 다음과 같다.

순서쌍에 대한 식 표현	원상	상
$f_4(a)=2$	a	2
$f_4(b)=1$	b	1
$f_4(c)=4$	c	4
$f_4(d)=3$	d	3

관계 f_4의 정의역 A의 모든 원소가 원상으로 하나의 상과 대응한다.

∴ 관계 f_4는 함수이다.

$\mathrm{dom}(f_4)=A$, $\mathrm{codom}(f_4)=B$, $\mathrm{ran}(f_4)=\{1, 2, 3, 4\}=B$

예제 7-2

다음이 함수인지 아닌지 판별하고, 함수가 아닌 경우에는 함수가 될 수 있도록 정의역을 수정하라.

(a) $f_1 : \mathbb{R} \to \mathbb{R}$일 때, $f_1(x) = \sqrt{9 - x^2}$

(b) $f_2 : \mathbb{Z} \to \mathbb{R}$일 때, $f_2(x) = \dfrac{3}{5x - 2}$

(c) $f_3 : \mathbb{Z} - \{0\} \to \mathbb{N}$일 때, $f_3(x) = x^2$

(d) $f_4 : \mathbb{N} \to \mathbb{N}$일 때, $f_4(x) = x - 3$

풀이

(a) $\sqrt{a}$는 $a \geq 0$일 때 성립한다. $x \in \mathbb{R}$일 때 $9 - x^2 < 0$이면 x에 대한 상 $\sqrt{9 - x^2}$을 구할 수 없다.

$\therefore$ $f_1 : \mathbb{R} \to \mathbb{R}$일 때 $f_1(x) = \sqrt{9 - x^2}$는 함수가 아니다.

$x \in \mathbb{R}$이고 $9 - x^2 \geq 0$인 경우에는 $f_1(x) = \sqrt{9 - x^2}$가 함수이다.

$\therefore$ $f_1 : \{x \mid -3 \leq x \leq 3, x \in \mathbb{R}\} \to \mathbb{R}$일 때, $f_1(x) = \sqrt{9 - x^2}$는 함수이다.

$\therefore$ $\text{dom}(f_1) = \{x \mid -3 \leq x \leq 3, x \in \mathbb{R}\}$, $\text{codom}(f_1) = \mathbb{R} = \{y \mid y \in \mathbb{R}\}$,

$\text{ran}(f_1) = \{f(x) \mid 0 \leq f(x) \leq 3, f(x) \in \mathbb{R}\}$

(b) $f_2(x) = \dfrac{3}{5x - 2}$는 분모가 0이면 연산할 수 없다. 그런데 $x \in \mathbb{Z}$이고 $5x - 2 = 0$이 되는 정수 x는 존재하지 않으므로 $x \in \mathbb{Z}$일 때 $f_2(x) = \dfrac{3}{5x - 2}$는 연산 가능하다. 그리고 모든 정의역 원소 x는 각각 하나의 실숫값과 대응한다.

$\therefore$ $f_2 : \mathbb{Z} \to \mathbb{R}$일 때, $f_2(x) = \dfrac{3}{5x - 2}$는 함수이다.

$\therefore$ $\text{dom}(f_2) = \mathbb{Z} = \{x \mid x \in \mathbb{Z}\}$, $\text{codom}(f_2) = \mathbb{R} = \{y \mid y \in \mathbb{R}\}$,

$\text{ran}(f_2) = \left\{f(x) \;\middle|\; f(x) = \dfrac{3}{5x - 2}, x \in \mathbb{Z}\right\}$

(c) $x \in \mathbb{Z} - \{0\}$일 때 $x^2 \geq 0$이고 $x^2 \in \mathbb{N}$이 성립한다.

$\therefore$ $f_3 : \mathbb{Z} - \{0\} \to \mathbb{N}$일 때, $f_3(x) = x^2$는 함수이다.

$\therefore$ $\text{dom}(f_3) = \mathbb{Z} = \{x \mid x \in \mathbb{Z} - \{0\}\}$, $\text{codom}(f_3) = \mathbb{N} = \{y \mid y \in \mathbb{N}\}$,

$\text{ran}(f_3) = \{f(x) \mid f(x) = x^2, x \in \text{dom}(f_3)\}$

(d) $x \in \mathbb{N}$이고 $x \leq 3$일 때, $f_4(x) \leq 0$으로 $f_4(x) \not\in \mathbb{N}$이다. 그러므로 $x \in \mathbb{N}$이고 $x \leq 3$인 원상 x는 상을 갖지 않는다.

$\therefore$ $f_4 : \mathbb{N} \to \mathbb{N}$일 때, $f_4(x) = x - 3$는 함수가 아니다.

$x \in \mathbb{N}$이고 $x > 3$인 경우에는 $f_4(x) = x - 3 > 0$이고 $f_4(x) \in \mathbb{N}$이므로 함수이다.

$\therefore$ $\text{dom}(f_4) = \{x \mid x > 3, x \in \mathbb{N}\}$, $\text{codom}(f_4) = \{y \mid y \in \mathbb{N}\} = \mathbb{N}$

$\text{ran}(f_4) = \{f(x) \mid f(x) = x - 3, x \in \text{dom}(f_4)\}$

7.2 함수의 성질

함수의 입력과 출력의 대응 형태에 따라 함수의 성질이 결정된다. 함수의 성질을 알면 정의역과 공역의 관계뿐만 아니라 공역과 치역 간의 포함관계도 알 수 있다. 이는 컴퓨터 및 인공지능 시스템에서 자료의 활용을 계획하는 데 좋은 정보가 된다. 함수는 정의역과 공역의 대응 관계에 따라서 단사함수, 전사함수, 전단사함수로 구분한다.

단사함수

정의 7-3 단사함수(injective function, injection, one-to-one function)

함수 $f: X \to Y$가 있을 때, 임의의 두 정의역 원소 $x_1, x_2 \in X$에 대하여 $x_1 \neq x_2$이면 $f(x_1) \neq f(x_2)$인 함수

$$|\mathrm{dom}(f)| \leq |\mathrm{codom}(f)|,\ |\mathrm{ran}(f)| \leq |\mathrm{codom}(f)|,\ |\mathrm{dom}(f)| = |\mathrm{ran}(f)|$$

정의역의 모든 원소가 각각 서로 다른 상을 가질 때, 즉 서로 다른 공역 원소와 대응할 때 그 함수를 단사함수라고 한다. 그러므로 단사함수의 경우 공역의 원소 개수가 정의역의 원소 개수나 치역의 원소 개수보다 많거나 같아야 하고, 정의역과 치역의 원소 개수가 같아야 한다. 다음 [그림 7-1]은 단사함수를 화살표 선도로 표현한 예이다.

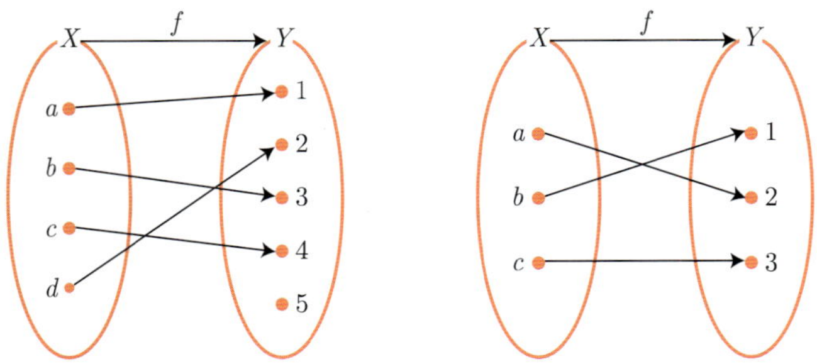

[그림 7-1] 단사함수의 예

어떤 함수가 단사함수임을 판별하려면 정의역의 각 원소가 서로 다른 공역 원소와 대응함을 확인해야 한다. 예를 들어 집합 $A=\{a, b, c\}$와 집합 $B=\{1, 2, 3, 4\}$에 대한 함수의 원상과 상의 순서쌍 집합이 다음과 같다고 하자.

$$f_1 : A \to B\text{일 때, } f_1 = \{(a, 2), (b, 1), (c, 4)\}$$
$$f_2 : A \to B\text{일 때, } f_2 = \{(a, 2), (b, 2), (c, 3)\}$$

함수 f_1의 경우 다음과 같이 정의역 A의 모든 원소가 각각 공역 B의 서로 다른 원소와 대응하므로 단사함수이다.

$$a, b \in A\text{에 대하여, } a \neq b\text{이고 } f_1(a)=2 \neq 1 = f_1(b)$$
$$a, c \in A\text{에 대하여, } a \neq c\text{이고 } f_1(a)=2 \neq 4 = f_1(c)$$
$$b, c \in A\text{에 대하여, } b \neq c\text{이고 } f_1(b)=1 \neq 4 = f_1(c)$$

함수 f_2의 경우 다음과 같이 정의역 A의 원소 a, b가 공역 B의 같은 원소 2에 대응한다. 따라서 함수 f_2는 단사함수가 아니다.

$$a, b \in A\text{에 대하여, } a \neq b\text{이고 } f_2(a)=2 = 2 = f_2(b)$$
$$a, c \in A\text{에 대하여, } a \neq c\text{이고 } f_2(a)=2 \neq 3 = f_2(c)$$
$$b, c \in A\text{에 대하여, } b \neq c\text{이고 } f_2(b)=2 \neq 3 = f_2(c)$$

예제 7-3

다음 함수가 단사함수인지 판별하라.

(a) 집합 $A=\{1, 2, 3, 4\}$와 집합 $B=\{a, b, c, d, e, f\}$에 대하여 $f_1 : A \to B$일 때,
$f_1 = \{(1, a), (2, c), (3, d), (4, b)\}$

(b) 집합 $A=\{a, b, c\}$와 집합 $B=\{x, y, z\}$에 대하여 $f_2 : A \to B$일 때,
$f_2 = \{(a, x), (b, x), (c, x)\}$

(c) $f_3 : \mathbb{N} \to \{0, 1\}$일 때, $f_3 = \begin{cases} 0, & x\text{가 짝수일 때} \\ 1, & y\text{가 홀수일 때} \end{cases}$

(d) $f_4 : \mathbb{Z} \to \mathbb{Z}$일 때, $f_4(x) = x-1$

풀이

(a) $1, 2 \in A$에 대하여 $1 \neq 2$이고 $f_1(1) = a \neq c = f_1(2)$
$1, 3 \in A$에 대하여 $1 \neq 3$이고 $f_1(1) = a \neq d = f_1(3)$
$1, 4 \in A$에 대하여 $1 \neq 4$이고 $f_1(1) = a \neq b = f_1(4)$
$2, 3 \in A$에 대하여 $2 \neq 3$이고 $f_1(2) = c \neq d = f_1(3)$
$2, 4 \in A$에 대하여 $2 \neq 4$이고 $f_1(2) = c \neq b = f_1(4)$
$3, 4 \in A$에 대하여 $3 \neq 4$이고 $f_1(3) = d \neq b = f_1(4)$

∴ 정의역의 모든 원소가 각각 서로 다른 공역 원소와 대응한다.

∴ 함수 f_1은 단사함수이다.

(b) $a, b \in A$에 대하여 $a \neq b$이고 $f_2(a) = x = f_2(b)$

$a, c \in A$에 대하여 $a \neq c$이고 $f_2(a) = x = f_2(c)$

$b, c \in A$에 대하여 $b \neq c$이고 $f_2(b) = x = f_2(c)$

∴ 정의역의 모든 원소가 공역 원소 x와 대응한다.

∴ 함수 f_2는 단사함수가 아니다.

(c) 자연수 집합의 원소 중 $2k(k \in \mathbb{N})$로 표현되는 수는 모두 공역 원소 0과 대응하고, $2k-1(k \in \mathbb{N})$로 표현되는 수는 모두 공역 원소 1과 대응한다. 즉, 하나 이상의 정의역 원소가 하나의 공역 원소와 대응한다.

∴ 함수 f_3는 단사함수가 아니다.

(d) $x_1, x_2 \in \mathbb{Z}$에 대하여 $x_1 \neq x_2$이면 $x_1 - 1 \neq x_2 - 1$이다.

∴ 함수 f_4는 단사함수이다.

전사함수

정의 7-4 전사함수(surjective function, surjection, onto function)

함수 $f: X \to Y$가 있을 때, 모든 공역 원소 $y \in Y$에 대하여 $f(x) = y$인 정의역 원소 $x \in X$가 적어도 하나 이상 존재하는 함수

$$|\mathrm{dom}(f)| \geq |\mathrm{codom}(f)|, \ |\mathrm{ran}(f)| = |\mathrm{codom}(f)|$$

전사함수는 공역의 모든 원소가 하나 이상의 정의역 원소와 대응하는 함수를 말한다. 그러므로 어떤 함수 f가 전사함수이면 정의역의 원소 개수가 공역의 원소 개수보다 같거나 많으며, 공역이 곧 치역이므로 공역과 치역의 원소 개수가 같다. 다음 [그림 7-2]는 전사함수를 화살표 선도로 표현한 예이다.

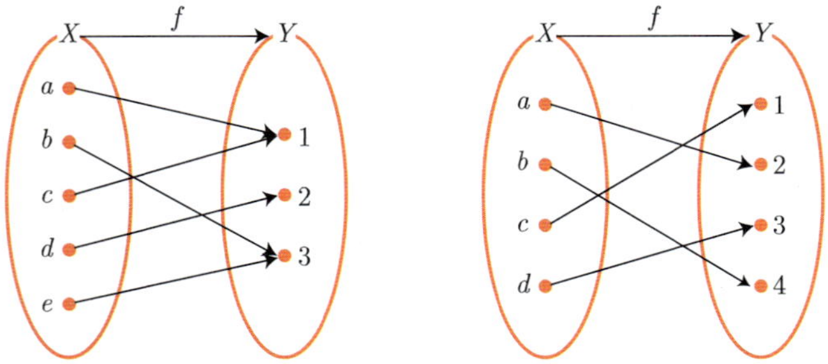

[그림 7-2] 전사함수의 예

어떤 함수가 전사함수인지 판별하려면 공역의 모든 원소가 하나 이상의 정의역 원소와 대응하는지 확인해야 한다. 예를 들어 집합 $A=\{a,b,c,d\}$와 집합 $B=\{1,2,3\}$에 대한 함수의 원상과 상의 순서쌍 집합이 다음과 같다고 하자.

$$f_1 : A \to B\text{일 때, } f_1=\{(a,2),(b,1),(c,1),(d,3)\}$$
$$f_2 : A \to B\text{일 때, } f_2=\{(a,2),(b,1),(c,1),(d,2)\}$$

함수 f_1의 경우 다음과 같이 공역 B의 모든 원소가 각각 정의역 A의 원소와 대응하므로 전사함수이다.

$f_1(b)=f_1(c)=1$이므로, $1\in B$은 $b,c\in A$와 대응한다.
$f_1(a)=2$이므로, $2\in B$는 $a\in A$와 대응한다.
$f_1(d)=3$이므로, $3\in B$은 $d\in A$와 대응한다.

함수 f_2의 경우 다음과 같이 공역 B의 원소 3이 정의역 A의 원소와 대응하지 않는다. 따라서 함수 f_2는 전사함수가 아니다.

$f_2(b)=f_2(c)=1$이므로, $1\in B$은 $b,c\in A$와 대응한다.
$f_2(a)=f_2(d)=2$이므로, $2\in B$는 $a,d\in A$와 대응한다.
$3\in B$의 경우 함수 f_2로 대응되는 집합 A의 원소가 없다.

예제 7-4

다음 함수가 전사함수인지 판별하라.

(a) 집합 $A=\{1,2,3,4\}$와 집합 $B=\{a,b,c,d\}$에 대하여 $f_1 : A\to B$일 때,
$f_1=\{(1,a),(2,c),(3,b),(4,b)\}$

(b) 집합 $A=\{a,b,c,d,e\}$와 집합 $B=\{x,y,z\}$에 대하여 $f_2 : A\to B$일 때,
$f_2=\{(a,x),(b,x),(c,y),(d,z),(e,y)\}$

(c) $f_3 : \mathbb{N}\to\{0,1\}$일 때, $f_3=\begin{cases}0, & x\text{가 짝수일 때}\\ 1, & y\text{가 홀수일 때}\end{cases}$

(d) $f_4 : \mathbb{N}\to\mathbb{Z}$일 때, $f_4(x)=x-1$

풀이

(a) $f_1(1)=a$이므로, $a\in B$는 $1\in A$과 대응한다.
$f_1(3)=f_1(4)=b$이므로, $b\in B$는 $3,4\in A$와 대응한다.
$f_1(2)=c$이므로, $c\in B$는 $2\in A$와 대응한다.
$d\in B$의 경우 함수 f_1으로 대응되는 정의역 A의 원소가 없다.
$\therefore$ 함수 f_1은 전사함수가 아니다.

(b) $f_2(a) = f_2(b) = x$ 이므로, $x \in B$는 $a, b \in A$와 대응한다.

$f_2(c) = f_2(e) = y$ 이므로, $y \in B$는 $c, e \in A$와 대응한다.

$f_2(d) = z$ 이므로, $z \in B$는 $d \in A$와 대응한다.

∴ 공역의 모든 원소가 정의역의 원소와 대응한다.

∴ 함수 f_2는 전사함수이다.

(c) $0 \in B$은 정의역 원소 중 짝수와 대응한다.

$1 \in B$은 정의역 원소 중 홀수와 대응한다.

∴ 공역의 모든 원소가 정의역의 원소와 대응한다.

∴ 함수 f_3는 전사함수이다.

(d) 정의역은 자연수 집합 $\mathbb{N}$으로 이 집합에 속한 원소의 최솟값은 1이다. 그러므로 함수 f_4의 치역은 $f_4(x) \geq 0$이다. 공역의 원소 중 $y < 0$인 원소의 경우 대응되는 정의역 원소가 없다.

∴ 함수 f_4는 전사함수가 아니다.

전단사함수

정의 7-5 전단사함수(bijective funcion, bijection, one-to-one correspondence)

단사함수이면서 전사함수인 함수

$$|\mathrm{dom}(f)| = |\mathrm{codom}(f)|,\ \ |\mathrm{ran}(f)| = |\mathrm{codom}(f)|$$

전단사함수는 정의역의 원소 개수와 공역의 원소 개수가 같으면서, 서로 다른 정의역 원소가 서로 다른 공역 원소와 대응해야 한다. 그래서 전단사함수는 정의역, 공역, 치역의 원소 개수가 모두 같다. 다음 [그림 7-3]은 전단사함수를 화살표 선도로 표현한 예이다.

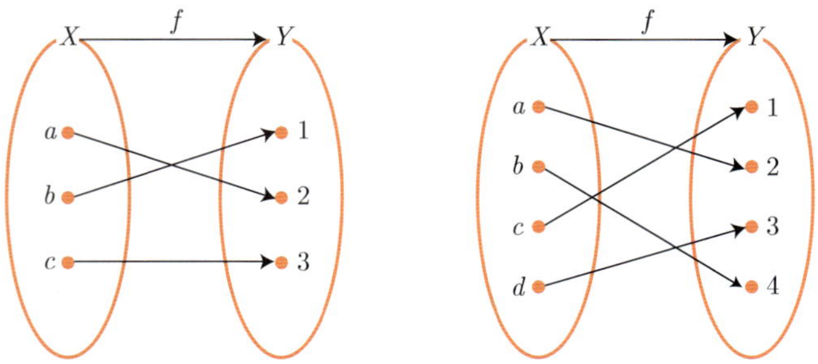

[그림 7-3] 전단사함수의 예

어떤 함수가 전단사함수인지 판별하려면 함수가 단사함수이면서 전사함수인지 확인해야 한다. 예를 들어 집합 $A=\{a, b, c\}$와 집합 $B=\{1, 2, 3\}$에 대한 함수의 원상과 상의 순서쌍 집합이 다음과 같다고 하자.

$$f_1 : A \to B \text{일 때, } f_1 = \{(a, 2), (b, 1), (c, 3)\}$$
$$f_2 : A \to B \text{일 때, } f_2 = \{(a, 2), (b, 1), (c, 1)\}$$

함수 f_1의 경우 다음과 같이 서로 다른 정의역 원소가 서로 다른 공역 원소와 대응하므로 단사함수이다.

$$a, b \in A \text{에 대하여 } a \neq b \text{이고 } f_1(a) = 2 \neq 1 = f_1(b)$$
$$a, c \in A \text{에 대하여 } a \neq c \text{이고 } f_1(a) = 2 \neq 3 = f_1(c)$$
$$b, c \in A \text{에 대하여 } b \neq c \text{이고 } f_1(b) = 1 \neq 3 = f_1(c)$$

또한 다음과 같이 공역 B의 모든 원소가 각각 정의역 A의 원소와 대응하므로 f_1은 전사함수이다.

$$f_1(b) = 1 \text{이므로, } 1 \in B \text{은 } b \in A \text{와 대응한다.}$$
$$f_1(a) = 2 \text{이므로, } 2 \in B \text{는 } a \in A \text{와 대응한다.}$$
$$f_1(c) = 3 \text{이므로, } 3 \in B \text{은 } c \in A \text{와 대응한다.}$$

따라서 함수 f_1은 단사함수이면서 전사함수이므로 전단사함수이다.

함수 f_2의 경우 다음과 같이 정의역 원소 중 같은 공역 원소와 대응하는 원소가 있어 단사함수가 아니다.

$$a, b \in A \text{에 대하여 } a \neq b \text{이고 } f_2(a) = 2 \neq 1 = f_2(b)$$
$$a, c \in A \text{에 대하여 } a \neq c \text{이고 } f_2(a) = 2 \neq 1 = f_2(c)$$
$$b, c \in A \text{에 대하여 } b \neq c \text{이고 } f_2(b) = 1 = 1 = f_2(c)$$

또한 다음과 같이 공역 B의 원소 3이 정의역 A의 원소와 대응하지 않으므로 함수 f_2는 전사함수도 아니다.

$$f_2(b) = f_2(c) = 1 \text{이므로, } 1 \in B \text{은 } b, c \in A \text{와 대응한다.}$$
$$f_2(a) = 2 \text{이므로, } 2 \in B \text{는 } a \in A \text{와 대응한다.}$$
$$3 \in B \text{은 함수 } f_2 \text{로 대응되는 정의역 } A \text{의 원소가 없다.}$$

전단사함수인지 판별할 때 단사함수와 전사함수 중 하나라도 만족하지 않으면 전단사함수가 아니다. 위의 예에서 함수 f_2는 단사함수도, 전사함수도 아니므로 당연히 전단사함수가 아니다.

예제 7-5

다음 함수가 전단사함수인지 판별하라.

(a) 집합 $A=\{1,2,3,4\}$와 집합 $B=\{a,b,c,d\}$에 대하여 $f_1 : A \to B$일 때,

$f_1=\{(1,a),(2,c),(3,d),(4,b)\}$

(b) 집합 $A=\{a,b,c,d\}$와 집합 $B=\{v,w,x,y,z\}$에 대하여 $f_2 : A \to B$일 때,

$f_2=\{(a,w),(b,x),(c,y),(d,z)\}$

(c) 집합 $A=\{a \mid a \geq 0, a \in \mathbb{R}\}$이고 $f_3 : \mathbb{R} \to A$일 때, $f_3(x)=|x|$

(d) $f_4 : \mathbb{Z} \to \mathbb{Z}$일 때, $f_4(x)=x-1$

풀이

(a) $1, 2 \in A$에 대하여 $1 \neq 2$이고 $f_1(1)=a \neq c=f_1(2)$

$1, 3 \in A$에 대하여 $1 \neq 3$이고 $f_1(1)=a \neq d=f_1(3)$

$1, 4 \in A$에 대하여 $1 \neq 4$이고 $f_1(1)=a \neq b=f_1(4)$

$2, 3 \in A$에 대하여 $2 \neq 3$이고 $f_1(2)=c \neq d=f_1(3)$

$2, 4 \in A$에 대하여 $2 \neq 4$이고 $f_1(2)=c \neq b=f_1(4)$

$3, 4 \in A$에 대하여 $3 \neq 4$이고 $f_1(3)=d \neq b=f_1(4)$

$\therefore$ 함수 f_1은 단사함수이다.

$f_1(1)=a$이므로, $a \in B$는 $1 \in A$과 대응한다.

$f_1(4)=b$이므로, $b \in B$는 $4 \in A$와 대응한다.

$f_1(2)=c$이므로, $c \in B$는 $2 \in A$와 대응한다.

$f_1(3)=d$이므로, $d \in B$는 $3 \in A$과 대응한다.

$\therefore$ 함수 f_1은 전사함수이다.

$\therefore$ 함수 f_1은 단사함수이면서 전사함수이므로 전단사함수이다.

(b) $a, b \in A$에 대하여 $a \neq b$이고 $f_2(a)=w \neq x=f_2(b)$

$a, c \in A$에 대하여 $a \neq c$이고 $f_2(a)=w \neq y=f_2(c)$

$a, d \in A$에 대하여 $a \neq d$이고 $f_2(a)=w \neq z=f_2(d)$

$b, c \in A$에 대하여 $b \neq c$이고 $f_2(b)=x \neq y=f_2(c)$

$b, d \in A$에 대하여 $b \neq d$이고 $f_2(b)=x \neq z=f_2(d)$

$c, d \in A$에 대하여 $c \neq d$이고 $f_2(c)=y \neq z=f_2(d)$

$\therefore$ 함수 f_2는 단사함수이다.

$v \in B$의 경우 함수 f_2로 대응되는 정의역 A의 원소가 없다.

$\therefore$ 함수 f_2는 전사함수가 아니다.

$\therefore$ 함수 f_2는 단사함수이지만 전사함수가 아니므로 전단사함수가 아니다.

(c) 집합 A의 모든 원소 $a \in A$는 $f_3(+a) = |+a| = a = |-a| = f_3(-a)$이므로 $+a, -a \in \mathbb{R}$와 대응한다.

$\therefore$ 함수 f_3는 전사함수이다.

$+a, -a \in \mathbb{R}(a \neq 0)$에 대하여 $+a \neq -a$이고 $f_3(+a) = |+a| = a = |-a| = f_3(-a)$이다.

$\therefore$ 함수 f_3는 단사함수가 아니다.

$\therefore$ 함수 f_3는 전사함수이지만 단사함수가 아니므로 전단사함수가 아니다.

(d) 모든 정의역 원소 $x_1, x_2 \in \mathbb{Z}$에 대하여 $x_1 \neq x_2$이면 $f_4(x_1) = x_1 - 1 \neq x_2 - 1 = f_4(x_2)$이다.

$\therefore$ 함수 f_4는 단사함수이다.

모든 공역 원소 $y \in \mathbb{Z}$에 대하여 $f_4(x) = x - 1 = y$로 $x = y + 1$이고, 모든 정수는 덧셈에 대해 닫혀 있으므로 $y + 1 = x \in \mathbb{Z}$이다.

$\therefore$ 함수 f_4는 전사함수이다.

$\therefore$ 함수 f_4는 단사함수이면서 전사함수이므로 전단사함수이다.

7.3 합성함수

삼각함수 공식 중 $\sin(\alpha+\beta)$와 같은 식이 있다. 이 식은 다음과 같이 두 함수 $f(x)$와 $g(x, y)$를 합성한 결과이다.

$$f(x)=\sin(x),\ g(x, y)=x+y \quad \Rightarrow \quad \sin(\alpha+\beta)=f(g(\alpha, \beta))$$

이처럼 최초 입력을 이용해 두 개 이상의 함수를 차례로 연산하여 최종 출력을 내어 입력과 출력을 대응하는 함수를 합성함수라고 한다.

정의 7-6 합성함수(composite function : $g \circ f$)

두 함수 $f: A \rightarrow B$와 $g: B \rightarrow C$가 있을 때, 집합 A의 각 원소를 집합 C의 원소에 대응하는 함수

$$g \circ f=(g \circ f)(x)=g(f(x)),\ x \in A$$

합성관계와 마찬가지로 합성함수를 구하려면 두 함수 사이에 공통으로 사용하는 집합이 있어야 한다. 그 집합은 한 함수에서는 정의역, 다른 함수에서는 공역으로 사용한다. 두 함수 $f: A \rightarrow B$와 $g: B \rightarrow C$가 있을 때 집합 B가 함수 f에서는 공역, 함수 g에서는 정의역으로 사용되므로 함수 f와 g는 합성할 수 있다.

[그림 7-4]의 두 함수 f와 g의 합성을 보면 집합 A의 원소 a가 함수 f에 의해 집합 B의 원소 $f(a)$와 대응하고, 집합 B의 원소 $f(a)$가 함수 g에 의해 집합 C의 원소 $g(f(a))$와 대응한다. 그러므로 함수 f 다음 함수 g 순서로 연산하고, 나중에 연산하는 함수 g를 앞에 위치하여 $g \circ f$로 표기한다.

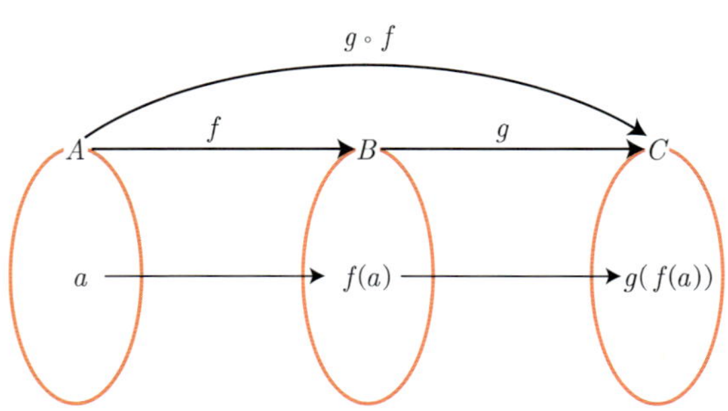

[그림 7-4] 합성함수

또한 합성함수에서 최초로 입력하는 원소를 포함하는 집합이 정의역, 두 함수의 연산 결과인 원소를 포함하는 집합이 공역, 그리고 두 함수의 연산 결과인 원소들의 집합이 치역이다. 그러므로 [그림 7-4]에서 합성함수 $g \circ f$의 정의역은 집합 A, 공역은 집합 C이고 치역은 집합 C의 부분집합이다.

예를 들어 집합 $A=\{1,2,3,4\}$, $B=\{a,b,c\}$, $C=\{w,x,y,z\}$에 대한 다음 함수를 살펴보자.

$$f: A \to B,\quad f=\{(1,a),(2,b),(3,b),(4,c)\}$$
$$g: B \to C,\quad g=\{(a,x),(b,w),(c,z)\}$$
$$h: C \to A,\quad h=\{(w,4),(x,2),(y,1),(z,3)\}$$

이 함수 중 두 개의 함수를 합성한다고 하면 다음 세 가지 합성함수가 가능하다.

$g \circ f = g(f(x))$ ($\because$ 함수 f의 공역 B가 함수 g의 정의역이다.)
$h \circ g = h(g(x))$ ($\because$ 함수 g의 공역 C가 함수 h의 정의역이다.)
$f \circ h = f(h(x))$ ($\because$ 함수 h의 공역 A가 함수 f의 정의역이다.)

그 외의 합성함수 $f \circ g$, $g \circ h$, $h \circ f$는 정의역과 공역이 서로 일치하지 않으므로 구할 수 없다. 위의 합성함수 중 $g \circ f$를 직접 구해보자.

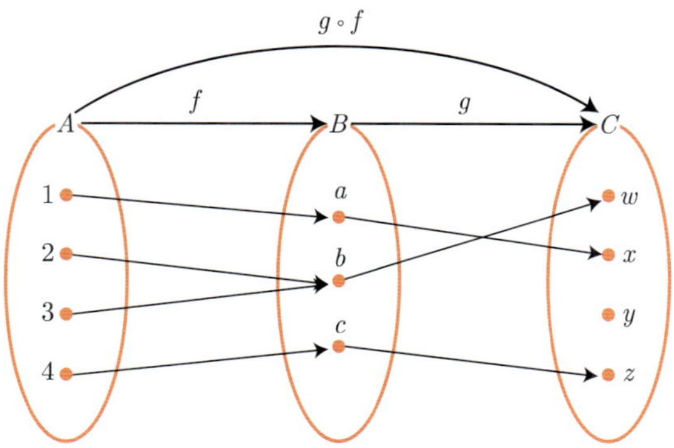

$$g(f(1))=g(a)=x$$
$$g(f(2))=g(b)=w$$
$$g(f(3))=g(b)=w$$
$$g(f(4))=g(c)=z$$
$$\therefore\ g \circ f=\{(1,x),(2,w),(3,w),(4,z)\}$$

합성함수 $g \circ f$의 정의역, 공역, 치역은 다음과 같다.

$$\text{dom}(g \circ f)=A,\quad \text{codom}(g \circ f)=C,\quad \text{ran}(g \circ f)=\{w,x,z\}$$

예제 7-6

세 집합 $A=\{a,b,c,d\}$, $B=\{1,2,3\}$, $C=\{x,y,z\}$에 대해 다음과 같이 정의된 함수 중 두 개의 함수를 합성한다고 할 때, 가능한 모든 합성함수를 구하고 그 합성함수의 정의역, 공역, 치역을 구하라.

$$f: A \to B,\quad f=\{(a,2),(b,3),(c,1),(d,2)\}$$
$$g: B \to C,\quad g=\{(1,z),(2,y),(3,x)\}$$
$$h: B \to A,\quad h=\{(1,b),(2,d),(3,a)\}$$

풀이

가능한 모든 합성함수는 다음과 같다.

$$g \circ f = g(f(x)) \quad (\because \text{ 함수 } f\text{의 공역 } B\text{가 함수 } g\text{의 정의역이다.})$$
$$h \circ f = h(f(x)) \quad (\because \text{ 함수 } f\text{의 공역 } B\text{가 함수 } h\text{의 정의역이다.})$$
$$f \circ h = f(h(x)) \quad (\because \text{ 함수 } h\text{의 공역 } A\text{가 함수 } f\text{의 정의역이다.})$$

• 합성함수 $g \circ f$

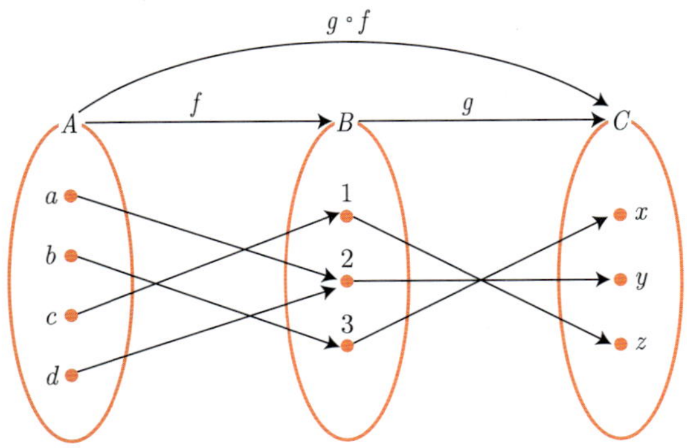

$g(f(a)) = g(2) = y, \quad g(f(b)) = g(3) = x$
$g(f(c)) = g(1) = z, \quad g(f(d)) = g(2) = y$

$\therefore\ g \circ f = \{(a, y), (b, x), (c, z), (d, y)\}$
$\text{dom}(g \circ f) = A$
$\text{codom}(g \circ f) = C$
$\text{ran}(g \circ f) = \{x, y, z\} = C$

• 합성함수 $h \circ f$

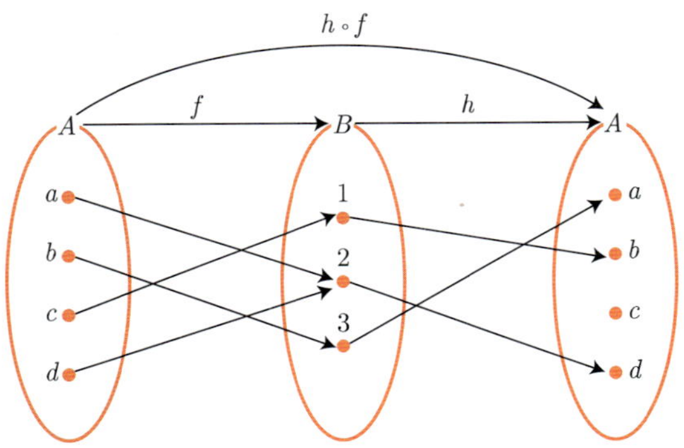

$h(f(a)) = h(2) = d, \quad h(f(b)) = h(3) = a$
$h(f(c)) = h(1) = b, \quad h(f(d)) = h(2) = d$

$\therefore\ h \circ f = \{(a, d), (b, a), (c, b), (d, d)\}$
$\text{dom}(h \circ f) = A$
$\text{codom}(h \circ f) = A$
$\text{ran}(h \circ f) = \{a, b, d\}$

• 합성함수 $f \circ h$

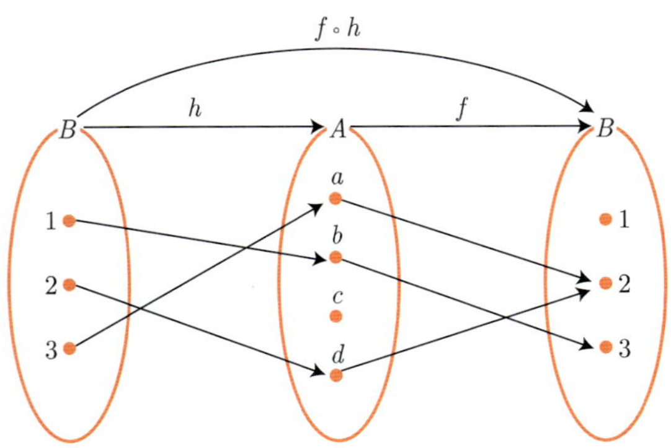

$f(h(1)) = f(b) = 3, \quad f(h(2)) = f(d) = 2$
$f(h(3)) = f(a) = 2$

$\therefore\ f \circ h = \{(1, 3), (2, 2), (3, 2)\}$
$\text{dom}(f \circ h) = B$
$\text{codom}(f \circ h) = B$
$\text{ran}(f \circ h) = \{2, 3\}$

[예제 7-6]에서 구한 합성함수 중 $f \circ h$와 $h \circ f$를 살펴보자. 두 합성함수의 결과는 전혀 다른 순서쌍 원소로 구성되며 정의역, 공역, 치역도 전혀 다르다. 그러므로 합성함수는 교환법칙이 성립하지 않음을 알 수 있다. 이는 하나의 집합에 대한 함수에 대해서도 마찬가지이다. 예를 들어 집합 $A = \{1, 2, 3\}$에 대해 함수 $f : A \to A$와 $g : A \to A$가 다음과 같다고 할 때 합성함수 $g \circ f$와 $f \circ g$를 구하면 두 합성함수의 결과는 전혀 다름을 알 수 있다.

$$f : A \to A,\ f = \{(1, 3), (2, 1), (3, 2)\}$$
$$g : A \to A,\ g = \{(1, 1), (2, 3), (3, 3)\}$$
$$g \circ f = \{(1, 3), (2, 1), (3, 3)\}$$
$$f \circ g = \{(1, 3), (2, 2), (3, 2)\}$$

예제 7-7

다음과 같이 정의된 두 함수에 대하여 주어진 합성함수를 구하라.

$$f : \mathbb{R} \to \mathbb{R},\ f(x) = x^3 + 2x$$
$$g : \mathbb{R} \to \mathbb{R},\ g(x) = x - 5$$

(a) $g \circ f$ (b) $f \circ g$ (c) $f \circ f$ (d) $g \circ g$

풀이

(a) $g \circ f = g(f(x)) = g(x^3 + 2x) = (x^3 + 2x) - 5$

(b) $f \circ g = f(g(x)) = f(x - 5) = (x - 5)^3 + 2(x - 5) = x^3 - 15x^2 + 77x - 135$

(c) $f \circ f = f(f(x)) = f(x^3 + 2x) = (x^3 + 2x)^3 + 2(x^3 + 2x)$
$\quad = x^9 + 6x^7 + 12x^5 + 10x^3 + 4x$

(d) $g \circ g = g(g(x)) = g(x - 5) = (x - 5) - 5 = x - 10$

합성함수의 결합법칙은 성립할까? 네 집합 $A = \{1, 2, 3, 4\}$, $B = \{a, b, c, d, e\}$, $C = \{x, y, z\}$, $D = \{11, 12, 13, 14\}$에 대하여 다음과 같은 세 함수의 합성함수를 구해보자.

$$f : A \to B,\ f = \{(1, c), (2, a), (3, e), (4, b)\}$$
$$g : B \to C,\ g = \{(a, x), (b, y), (c, y), (d, z), (e, z)\}$$
$$h : C \to D,\ h = \{(x, 12), (y, 11), (z, 14)\}$$

세 함수를 합성하여 합성함수 $h \circ g \circ f$를 구하려고 한다. 이 합성함수는 합성함수의 정의에 의해 다음과 같이 합성함수 $g \circ f$와 함수 h를 합성할 수 있다.

$$h \circ g \circ f = h(g(f(x))) = h \circ \underbrace{\underbrace{(g \circ f)}_{①}}_{②}$$

$$h(g(f(1))) = h(g(c)) = h(y) = 11, \quad h(g(f(2))) = h(g(a)) = h(x) = 12$$
$$h(g(f(3))) = h(g(e)) = h(z) = 14, \quad h(g(f(4))) = h(g(b)) = h(y) = 11$$

$\therefore\ h \circ (g \circ f) = \{(1, 11), (2, 12), (3, 14), (4, 11)\}$ … (*)

그러면 다음과 같이 합성함수 $h \circ g$를 함수 f와 합성한 결과는 어떨까?

$$\underbrace{\underbrace{(h \circ g)}_{①} \circ f}_{②} = h(g(y)) \circ f = F \circ f$$

이때 간략한 표현을 위해 $h(g(y)) = F$라고 하자. 우선 합성함수 $h \circ g$를 구하면 다음과 같다.

$$h(g(a)) = h(x) = 12, \quad h(g(b)) = h(y) = 11, \quad h(g(c)) = h(y) = 11$$
$$h(g(d)) = h(z) = 14, \quad h(g(e)) = h(z) = 14$$

$\therefore\ h \circ g = F = \{(a, 12), (b, 11), (c, 11), (d, 14), (e, 14)\}$

이 결과를 함수 f와 합성하여 $(h \circ g) \circ f = F \circ f$를 구하자.

$$F(f(1)) = F(c) = 11, \quad F(f(2)) = F(a) = 12$$
$$F(f(3)) = F(e) = 14, \quad F(f(4)) = F(b) = 11$$

$\therefore\ F \circ f = (h \circ g) \circ f = \{(1, 11), (2, 12), (3, 14), (4, 11)\}$ … (**)

앞에서 구한 $h \circ (g \circ f)$의 결과 (*)와 $(h \circ g) \circ f$의 결과 (**)는 같다. 그러므로 합성함수 $h \circ g \circ f$는 $h \circ (g \circ f)$로 구하든 $(h \circ g) \circ f$로 구하든 결과가 같으며, 이는 합성함수의 결합법칙이 성립함을 보여준다.

예제 7-8

실수 집합 $\mathbb{R}$에 대한 다음 함수에 대해, 주어진 합성함수를 구하여 합성함수의 결합법칙이 성립함을 확인하라.

$$f : \mathbb{R} \to \mathbb{R}, \ f(x) = x - 3$$
$$g : \mathbb{R} \to \mathbb{R}, \ g(x) = 3x^2$$
$$h : \mathbb{R} \to \mathbb{R}, \ h(x) = \frac{x}{2}$$

(a) $h \circ (g \circ f)$

(b) $(h \circ g) \circ f$

풀이

(a) $h \circ (g \circ f) = h(g(f(x))) = h(g(x-3)) = h(3(x-3)^2) = \dfrac{3(x-3)^2}{2}$

(b) $h \circ g = F = h(g(y)) = h(3x^2) = \dfrac{3x^2}{2}$

$F \circ f = F(f(x)) = F(x-3) = \dfrac{3(x-3)^2}{2}$

$\therefore h \circ (g \circ f) = (h \circ g) \circ f$로 결합법칙이 성립함을 알 수 있다.

합성함수의 성질

함수에 대해 단사함수, 전사함수, 전단사함수와 같은 성질을 판별할 수 있듯이, 합성함수도 성질을 판별할 수 있다. 합성함수의 성질은 합성함수를 구성하는 단일 함수의 성질에 따라 결정된다.

정리 7-2 합성함수의 성질

집합 A, B, C에 대한 함수 $f: A \to B$, $g: B \to C$가 있을 때, 합성함수 $g \circ f$의 성질은 다음과 같다.

(a) f와 g가 단사함수이면, $g \circ f$도 단사함수이다.
(b) f와 g가 전사함수이면, $g \circ f$도 전사함수이다.
(c) f와 g가 전단사함수이면, $g \circ f$도 전단사함수이다.
(d) $g \circ f$가 단사함수이면, f도 단사함수이다.
(e) $g \circ f$가 전사함수이면, g도 전사함수이다.
(f) $g \circ f$가 전단사함수이면, f는 단사함수이고 g는 전사함수이다.

증명

합성함수 $g \circ f : A \to C$, $g \circ f = g(f(x))$에서

(a) f가 단사함수이므로 $a_1, a_2 \in A$이고 $a_1 \neq a_2$일 때 $f(a_1), f(a_2) \in B$이고 $f(a_1) \neq f(a_2)$이다. 또한 함수 g가 단사함수이므로 $f(a_1), f(a_2) \in B$이고 $f(a_1) \neq f(a_2)$일 때 $g(f(a_1))$, $g(f(a_2)) \in C$이고 $g(f(a_1)) \neq g(f(a_2))$이다.

$\therefore a_1, a_2 \in A$이고 $a_1 \neq a_2$일 때 $g(f(a_1))$, $g(f(a_2)) \in C$이고 $g(f(a_1)) \neq g(f(a_2))$이다.

$\therefore f$와 g가 단사함수이면, $g \circ f$도 단사함수이다.

(b) g가 전사함수이므로 모든 원소 $c \in C$에 대해 $g(b)=c$를 만족하는 어떤 원소 $b \in B$가 존재한다. 또한 f가 전사함수이므로 모든 원소 $b \in B$에 대해 $f(a)=b$를 만족하는 어떤 원소 $a \in A$가 존재한다.

$\therefore$ $g(f(a))=g(b)=c$로, 모든 원소 $c \in C$에 대해 $g(f(a))=c$를 만족하는 어떤 원소 $a \in A$가 존재한다.

$\therefore$ f와 g가 전사함수이면, $g \circ f$도 전사함수이다.

(c) f와 g가 전단사함수이면, 두 함수 모두 단사함수이면서 전사함수인 경우이므로 (a), (b)에 의해 $g \circ f$는 단사함수이면서 전사함수이다.

$\therefore$ f와 g가 전단사함수이면, $g \circ f$도 전단사함수이다.

(d) $g \circ f$가 단사함수이므로 $a_1, a_2 \in A$이고 $a_1 \neq a_2$일 때 $g(f(a_1))$, $g(f(a_2)) \in C$이고 $g(f(a_1)) \neq g(f(a_2))$이다. 이때 $g \circ f$가 단사함수이므로 $g(f(a_1))$, $g(f(a_2)) \in C$이고 $g(f(a_1)) \neq g(f(a_2))$이 성립하려면 $f(a_1), f(a_2) \in B$이고 $f(a_1) \neq f(a_2)$이어야 한다.

$\therefore$ $a_1, a_2 \in A$이고 $a_1 \neq a_2$일 때 $f(a_1), f(a_2) \in B$이고 $f(a_1) \neq f(a_2)$이다.

$\therefore$ $g \circ f$가 단사함수이면 f도 단사함수이다.

(e) $g \circ f$가 전사함수이므로 모든 원소 $c \in C$에 대해 $g(f(a))=c$를 만족하는 어떤 원소 $a \in A$가 존재한다. 어떤 원소 $a \in A$가 존재하므로 이 a에 대해 $f(a)=b$를 만족하는 어떤 원소 $b \in B$가 존재하고 $g(f(a))=g(b)=c$임을 알 수 있다.

$\therefore$ 모든 원소 $c \in C$에 대해 $g(b)=c$를 만족하는 어떤 원소 $b \in B$가 존재한다.

$\therefore$ $g \circ f$가 전사함수이면, g도 전사함수이다.

(f) $g \circ f$가 전단사함수이면 $g \circ f$가 단사함수이면서 전사함수이므로, (d), (e)에 의해 f는 단사함수이고 g는 전사함수이다.

$\therefore$ $g \circ f$가 전단사함수이면, f는 단사함수이고 g는 전사함수이다. ■

예제 7-9

다음 함수 f, g에 대한 합성함수 $g \circ f$를 구하라. 그리고 함수 f, g의 성질을 이용하여 $g \circ f$의 성질을 판별하고 $g \circ f$의 성질을 별도로 판별하여 두 결과가 같은지 확인하라.

(a) $f: \mathbb{N} \to \mathbb{Z}$, $f(x)=|x|$

$g: \mathbb{Z} \to \mathbb{R}$, $g(x)=\dfrac{x}{7}$

(b) $f: \mathbb{Z} \to \{x \mid x \geq 0, x \in \mathbb{Z}\}$, $f(x)=|x|$

$g: \{x \mid x \geq 0, x \in \mathbb{Z}\} \to \{0, 1\}$, $g(x)=\begin{cases} 0, & x\text{가 짝수일 때} \\ 1, & x\text{가 홀수일 때} \end{cases}$

(c) $f: \mathbb{Z} \to \mathbb{Z}$, $f(x)=-x$

$g: \mathbb{Z} \to \mathbb{Z}$, $g(x)=x-1$

풀이

(a) $g \circ f : \mathbb{N} \to \mathbb{R},\ g \circ f = g(f(x)) = g(|x|) = \dfrac{|x|}{7}$

① 함수 f의 성질

임의의 $a_1, a_2 \in \mathbb{N}$에 대해 $a_1 \neq a_2$일 때 $f(a_1) \neq f(a_2)$이고 $f(a_1), f(a_2) \in \mathbb{N}$으로 $\mathbb{N} \subset \mathbb{Z}$이다.

∴ 함수 f는 단사함수이다.

모든 $b \in \mathbb{Z}$에 대해 $b > 0$인 경우 $f(a) = |a| = b$를 만족하는 $a \in \mathbb{N}$가 존재하지만, $b \leq 0$인 경우에는 $f(a) = |a| = b$를 만족하는 $a \in \mathbb{N}$가 존재하지 않는다.

∴ 함수 f는 전사함수가 아니다.

② 함수 g의 성질

임의의 $a_1, a_2 \in \mathbb{Z}$에 대해 $a_1 \neq a_2$일 때 $g(a_1) \neq g(a_2)$이고 $g(a_1), g(a_2) \in \mathbb{R}$이다.

∴ 함수 g는 단사함수이다.

모든 $b \in \mathbb{R}$에 대해 $b = \dfrac{k}{7}(k \in \mathbb{Z})$인 경우 $g(a) = \dfrac{a}{7} = b$를 만족하는 $a \in \mathbb{Z}$가 존재하지만, 그 외의 경우에는 $g(a) = \dfrac{a}{7} = b$를 만족하는 $a \in \mathbb{Z}$가 존재하지 않는다.

∴ 함수 g는 전사함수가 아니다.

∴ 함수 f와 g가 모두 단사함수이므로 [정리 7-2(a)]에 의해 $g \circ f$는 단사함수이다.

③ 합성함수 $g \circ f : \mathbb{N} \to \mathbb{R},\ g \circ f = g(f(x)) = g(|x|) = \dfrac{|x|}{7}$의 성질

임의의 $a_1, a_2 \in \mathbb{N}$에 대해 $a_1 \neq a_2$일 때 $g(f(a_1)) \neq g(f(a_2))$이고 $g(f(a_1)), g(f(a_2)) \in \mathbb{R}$이다.

∴ 합성함수 $g \circ f$는 단사함수이다.

모든 $b \in \mathbb{R}$에 대해 $b > 0$이면서 $b = \dfrac{k}{7}(k \in \mathbb{Z})$인 경우 $g(f(a)) = \dfrac{|a|}{7} = b$를 만족하는 $a \in \mathbb{N}$가 존재하지만, $b \leq 0$인 경우에는 $g(f(a)) = \dfrac{|a|}{7} = b$를 만족하는 $a \in \mathbb{N}$가 존재하지 않는다.

∴ 합성함수 $g \circ f$는 전사함수가 아니다.

∴ 합성함수 $g \circ f$가 단사함수이므로, [정리 7-2(d)]에 의해 f도 단사함수임을 알 수 있다.

(b) $g \circ f : \mathbb{Z} \to \{0, 1\},\ g \circ f = g(f(x)) = g(|x|) = \begin{cases} 0, & |x|\text{가 짝수일 때} \\ 1, & |x|\text{가 홀수일 때} \end{cases}$

① 함수 f의 성질

임의의 $a, -a \in \mathbb{Z}$에 대해 $a \neq -a$이지만 $f(a) = |a| = a = |-a| = f(-a)$이므로 $f(a) = f(-a)$이다.

∴ 함수 f는 단사함수가 아니다.

모든 $b \in \{x \mid x \geq 0, x \in \mathbb{Z}\}$에 대해 $f(a) = |a| = b$를 만족하는 $a \in \mathbb{Z}$가 존재한다.

$\therefore$ 함수 f는 전사함수이다.

② 함수 g의 성질

임의의 $a_1, a_2 \in \mathbb{Z}$에 대해 $a_1 \neq a_2$이지만 $a_1 = 2k(k \in \mathbb{Z},\ k \geq 0)$이고 $a_2 = 2l(l \in \mathbb{Z},\ l \geq 0)$이면 $g(a_1) = g(a_2) = 0$이다. 또한 $a_1 = 2k+1(k \in \mathbb{Z},\ k \geq 0)$이고 $a_2 = 2l+1$ $(l \in \mathbb{Z},\ l \geq 0)$이면 $g(a_1) = g(a_2) = 1$이다.

$\therefore$ 함수 g는 단사함수가 아니다.

모든 $a \in \{x \mid x \geq 0, x \in \mathbb{Z}\}$는 짝수이거나 홀수이므로, $b \in \{0, 1\}$에 대해 $g(a) = b$를 만족하는 $a \in \{x \mid x \geq 0, x \in \mathbb{Z}\}$가 존재한다.

$\therefore$ 함수 g는 전사함수이다.

$\therefore$ 함수 f와 g가 모두 전사함수이므로, [정리 7-2(b)]에 의해 합성함수 $g \circ f$는 전사함수이다.

③ 합성함수 $g \circ f : \mathbb{Z} \to \{0, 1\}$, $g \circ f = g(f(x)) = g(|x|) = \begin{cases} 0, & |x| \text{가 짝수일 때} \\ 1, & |x| \text{가 홀수일 때} \end{cases}$의 성질

임의의 $a_1, a_2 \in \mathbb{Z}$에 대해 $a_1 \neq a_2$이지만 $a_1 = 2k(k \in \mathbb{Z},\ k \geq 0)$이고 $a_2 = 2l(l \in \mathbb{Z}, l \geq 0)$이면 $g(f(a_1)) = g(f(a_2)) = 0$이다. 또한 $a_1 = 2k+1(k \in \mathbb{Z},\ k \geq 0)$이고 $a_2 = 2l+1$ $(l \in \mathbb{Z},\ l \geq 0)$이면 $g(f(a_1)) = g(f(a_2)) = 1$이다.

$\therefore$ 합성함수 $g \circ f$는 단사함수가 아니다.

모든 $a \in \mathbb{Z}$는 짝수이거나 홀수이므로, $b \in \{0, 1\}$에 대해 $f(a) = b$를 만족하는 $a \in \mathbb{Z}$가 존재한다.

$\therefore$ 합성함수 $g \circ f$는 전사함수이다.

$\therefore$ 합성함수 $g \circ f$가 전사함수이므로 [정리 7-2(e)]에 의해 g도 전사함수임을 알 수 있다.

(c) $g \circ f : \mathbb{Z} \to \mathbb{Z}$, $g \circ f = g(f(x)) = -x-1$

① 함수 f의 성질

임의의 $a_1, a_2 \in \mathbb{Z}$에 대해 $a_1 \neq a_2$일 때 $f(a_1) = -a_1 \neq -a_2 = f(a_2)$이고 $f(a_1), f(a_2) \in \mathbb{Z}$이다.

$\therefore$ 함수 f는 단사함수이다.

모든 $b \in \mathbb{Z}$에 대해 $f(a) = -a = b$를 만족하는 $a \in \mathbb{Z}$가 존재한다.

$\therefore$ 함수 f는 전사함수이다.

② 함수 g의 성질

임의의 $a_1, a_2 \in \mathbb{Z}$에 대해 $a_1 \neq a_2$일 때 $g(a_1) = a_1 - 1 \neq a_2 - 1 = g(a_2)$이고 $g(a_1),\ g(a_2) \in \mathbb{Z}$이다.

$\therefore$ 함수 g는 단사함수이다.

모든 $b \in \mathbb{Z}$에 대해 $g(a) = a - 1 = b$를 만족하는 $a \in \mathbb{Z}$가 존재한다.

$\therefore$ 함수 g는 전사함수이다.

$\therefore$ 함수 f, g가 모두 전단사함수이므로, [정리 7-2(c)]에 의해 합성함수 $g \circ f$는 전단사함수이다.

③ 합성함수 $g \circ f : \mathbb{Z} \to \mathbb{Z}$, $g \circ f = g(f(x)) = -x - 1$의 성질

임의의 $a_1, a_2 \in \mathbb{Z}$에 대해 $a_1 \neq a_2$일 때 $f(a_1) = -a_1 - 1 \neq -a_2 - 1 = f(a_2)$이고 $f(a_1), f(a_2) \in \mathbb{Z}$이다.

$\therefore$ 함수 $g \circ f$는 단사함수이다.

모든 $b \in \mathbb{Z}$에 대하여 $f(a) = -a - 1 = b$를 만족하는 $a \in \mathbb{Z}$가 존재한다.

$\therefore$ 함수 $g \circ f$는 전사함수이다.

$\therefore$ 합성함수 $g \circ f$가 전단사함수이므로 [정리 7-2(f)]에 의해 g가 전사함수임을 알 수 있다.

7.4 함수의 종류

항등함수

정의 7-7　항등함수(identity function : I_A)

집합 A에 대한 함수 $f: A \to A$가 $f(a) = a$로 정의되는 관계

항등함수가 성립하려면 함수의 정의역, 공역, 치역 집합이 모두 상등이어야 한다. 항등함수는 정의역의 원소 x_1, x_2가 $x_1 \neq x_2$일 때 $f(x_1) = x_1 \neq x_2 = f(x_2)$이므로 단사함수이고, 모든 공역의 원소 y에 대하여 $f(x) = y$를 만족하는 정의역 원소 x를 가지므로 전사함수이다. 따라서 항등함수는 전단사함수이다.

집합 $A = \{-1, 0, 1\}$에 대한 함수 $f_1(x) = x$와 $f_2(x) = |x|$를 살펴보자. 각 함수에 대한 순서쌍은 다음과 같다.

$$f_1(x) = x\text{의 경우,}\quad f_1 = \{(-1, -1), (0, 0), (1, 1)\}$$
$$f_2(x) = |x|\text{의 경우,}\quad f_2 = \{(-1, 1), (0, 0), (1, 1)\}$$

함수 f_1의 순서쌍을 보면 모두 정의역 원소 x가 공역의 같은 원소 x에 대응한다. 함수 f_1처럼 함수의 입력값과 출력값이 같은 함수를 항등함수라고 한다. 반면, 함수 f_2의 순서쌍을 보면 정의역 원소 -1이 공역의 다른 원소인 1과 대응한다. 이처럼 하나의 원소라도 다른 출력을 내면 항등함수가 아니다.

예제 7-10

다음 함수 중 항등함수는 무엇인가?

(a) 집합 $A = \{-1, 0, 1\}$에 대한 함수 $f_1 : A \to A$, $f_1(x) = x^2$

(b) 집합 $A = \{-1, 0, 1\}$에 대한 함수 $f_2 : A \to A$, $f_2(x) = x^3$

풀이

(a) 함수 f_1의 순서쌍은 $f_1 = \{(-1, 1), (0, 0), (1, 1)\}$으로, 정의역 원소 -1에 대응하는 공역 원소가 1이다.

∴ 함수 f_1은 항등함수가 아니다.

(b) 함수 f_2의 순서쌍은 $f_2 = \{(-1, -1), (0, 0), (1, 1)\}$로, 정의역 원소가 각각 공역의 같은 원소에 대응한다.
∴ 함수 f_2는 항등함수이다.

정리 7-3 항등함수와의 합성

함수 $f: A \to B$가 있고 집합 A에 대한 항등함수가 I_A, 집합 B에 대한 항등함수가 I_B일 때,

$$f \circ I_A = I_B \circ f = f$$

증명

$a \in A$이고 $b \in B$일 때 $f(a) = b$라고 가정하자. 항등함수 I_A의 경우 $I_A(a) = a$, 항등함수 I_B의 경우는 $I_B(b) = b$이다. 따라서 다음이 성립한다.

$$f \circ I_A = f(I_A(a)) = f(a) = b$$
$$I_B \circ f = I_B(f(a)) = I_B(b) = b$$

그러므로 $f \circ I_A = I_B \circ f = f$가 성립한다. ■

집합 $A = \{1, 2, 3\}$에서 집합 $B = \{a, b, c, d\}$로 가는 함수 $f = \{(1, c), (2, a), (3, d)\}$에 대해 [정리 7-3]이 성립하는지 확인해보자. I_A와 I_B는 다음과 같다.

$$I_A = \{(1, 1), (2, 2), (3, 3)\}, \quad I_B = \{(a, a), (b, b), (c, c), (d, d)\}$$

$f \circ I_A = f(I_A(x))$에 대하여 $f(I_A(1)) = f(1) = c$, $f(I_A(2)) = f(2) = a$, $f(I_A(3)) = f(3) = d$이므로 다음이 성립한다.

$$f \circ I_A = \{(1, c), (2, a), (3, d)\}$$

또한 $I_B \circ f = I_B(f(x))$에 대하여 $I_B(f(1)) = I_B(c) = c$, $I_B(f(2)) = I_B(a) = a$, $I_B(f(3)) = I_B(d) = d$이므로 다음이 성립한다.

$$I_B \circ f = \{(1, c), (2, a), (3, d)\}$$

그러므로 $f \circ I_A = I_B \circ f = f$이다.

역함수

관계 R에 대해 역관계 R^{-1}를 구할 수 있듯이 함수도 역함수를 구할 수 있다.

정의 7-8 **역함수(inverse function : f^{-1})**

전단사함수 $f: A \rightarrow B$에 대해 $B \rightarrow A$로 대응되는 관계
$a \in A,\ b \in B$에 대해 $f(a)=b$일 때, $f^{-1}(b)=a$
($f(a)$: 가역함수, $f^{-1}(b)$: 역함수)

- **가역함수**(invertible function)
  : 전단사함수로 역함수가 존재하는 함수

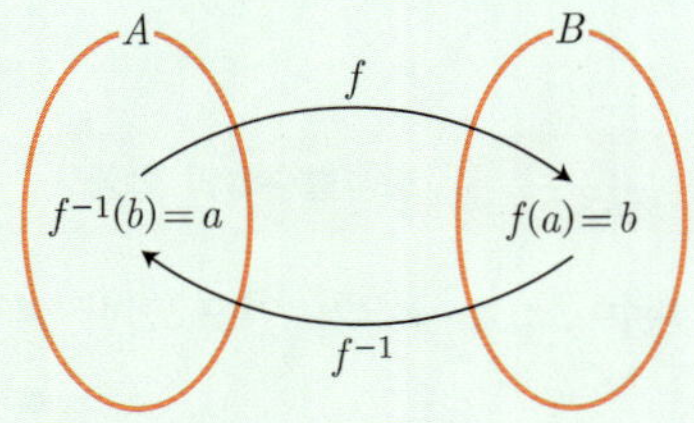

역관계는 모든 관계에 대해 구할 수 있지만, 역함수는 전단사함수에 대해서만 구할 수 있다. [정의 7-8]을 보면 가역함수 f의 정의역인 집합 A는 역함수 f^{-1}의 공역이고 가역함수 f의 공역인 집합 B는 역함수 f^{-1}의 정의역이다. 따라서 함수 f의 어떤 공역 원소가 두 개 이상의 정의역 원소와 대응하거나(f가 단사함수가 아닌 경우), 어떤 정의역 원소와도 대응하지 않는다면(f가 전사함수가 아닌 경우) 함수 f의 역관계 f^{-1}는 함수가 될 수 없으므로 함수 f의 역함수는 존재하지 않는다.

다음 두 함수를 살펴보자.

$$f_1: \{1, 2, 3\} \rightarrow \{a, b, c, d\},\quad f_1 = \{(1, b), (2, c), (3, d)\}$$
$$f_2: \{1, 2, 3\} \rightarrow \{a, b\},\quad f_2 = \{(1, a), (2, b), (3, a)\}$$

단사함수인 f_1의 역함수 f_1^{-1}를 구하려고 한다면, f_1의 공역이 f_1^{-1}의 정의역이 되는데, f_1^{-1}의 정의역 원소 중 a와 대응하는 f_1^{-1}의 공역 원소가 존재하지 않는다. 따라서 f_1^{-1}는 함수가 아니다. 또한 전사함수인 f_2의 역함수 f_2^{-1}를 구하려고 한다면, f_2의 공역이 f_2^{-1}의 정의역이 되는데, f_2의 공역이면서 f_2^{-1}의 정의역 원소 a와 대응하는 공역 원소가 1, 3으로 두 개 존재한다. 따라서 f_2^{-1}는 함수가 아니다. 이처럼 전단사함수가 아닌 함수 f의 역함수 f^{-1}를 구할 때는 f^{-1}가 함수가 아닌 경우가 있으므로 단사함수만 성립하거나 전사함수만 성립하는 함수는 역함수를 구할 수 없다.

반면 전단사함수인 경우에는 함수 f의 공역이 함수 f^{-1}의 정의역이 되더라도 항상 f^{-1}가 함수이므로 역함수를 구할 수 있다.

다음 함수를 살펴보자.

$$f: \{1, 2, 3\} \rightarrow \{a, b, c\},\quad f = \{(1, a), (2, b), (3, c)\}$$

함수 f는 전단사함수이다. 함수 f의 공역인 집합 $\{a, b, c\}$는 역함수 f^{-1}의 정의역이고 f^{-1}의 모든 정의역 원소는 f^{-1}의 공역의 원소와 하나씩 대응하므로 역함수 f^{-1}를 구할 수 있다. 이처럼 전단사함수는 역함수를 구할 수 있는 가역함수이다. 함수 f의 역함수 f^{-1}는 다음과 같다.

$$f^{-1} = \{(a, 1), (b, 2), (c, 3)\}$$

예제 7-11

다음 함수 중 가역함수의 역함수를 구하라.

(a) $f_1 : \{w, x, y, z\} \to \{a, b, c, d\}$, $f_1 = \{(w, d), (x, b), (y, c), (z, a)\}$

(b) $f_2 : \{w, x, y, z\} \to \{a, b, c, d\}$, $f_2 = \{(w, a), (x, a), (y, d), (z, d)\}$

(c) $f_3 : \mathbb{Z} \to \mathbb{Z}$, $f_3(x) = x - 1$

(d) $f_4 : \mathbb{Z} \to \mathbb{Z}$, $f_4(x) = |x|$

풀이

(a) 임의의 $m, n \in \{w, x, y, z\}$에 대해 $m \neq n$이면 $f_1(m) \neq f_1(n)$이므로 함수 f_1은 단사함수이다. 모든 $n \in \{a, b, c, d\}$에 대해 $f(m) = n$을 만족하는 $n \in \{w, x, y, z\}$이 존재하므로 함수 f_1은 전사함수이다.

$\therefore$ 함수 f_1은 전단사함수이므로 가역함수이다.

$\therefore$ 역함수는 $f_1^{-1} = \{(a, z), (b, x), (c, y), (d, w)\}$이다.

(b) $w, x \in \{w, x, y, z\}$에 대해 $w \neq x$이지만 $f_2(w) = a = f_2(x)$이고, $y, z \in \{w, x, y, z\}$에 대해 $y \neq z$이지만 $f_2(y) = d = f_2(z)$이므로 함수 f_2는 단사함수가 아니다.

$b, c \in \{a, b, c, d\}$의 경우 $f_2(m_1) = b$, $f_2(m_2) = c$를 만족하는 $m_1, m_2 \in \{a, b, c, d\}$가 존재하지 않으므로 전사함수가 아니다.

$\therefore$ 함수 f_2는 전단사함수가 아니므로 가역함수가 아니다.

$\therefore$ 역함수 f_2^{-1}를 구할 수 없다.

(c) 임의의 $m, n \in \mathbb{Z}$에 대해 $m \neq n$이면 $f_3(m) = m - 1 \neq n - 1 = f_3(n)$이므로 함수 f_3는 단사함수이다.

모든 $n \in \mathbb{Z}$에 대해 $f(m) = n$을 만족하는 $n \in \mathbb{Z}$이 존재하므로 함수 f_3는 전사함수이다.

$\therefore$ 함수 f_3는 전단사함수이므로 가역함수이다.

$\therefore$ $f_3(x) = x - 1 = y$로 $x = y + 1$이므로 역함수는 $f_3^{-1}(x) = x + 1$이다.

(d) $+x, -x \in \mathbb{Z}$에 대해 $+x \neq -x$이지만 $f_4(+x) = |+x| = x = |-x| = f_4(-x)$이므로 함수 f_4는 단사함수가 아니다.

$n < 0$인 $n \in \mathbb{Z}$에 대해 $f(m) = n$을 만족하는 $m \in \mathbb{Z}$이 존재하지 않으므로 함수 f_4는 전사함수가 아니다.

$\therefore$ 함수 f_4는 전단사함수가 아니므로 가역함수가 아니다.

$\therefore$ 역함수 f_4^{-1}를 구할 수 없다.

앞 장들에서 실수의 역원과 항등원, 행렬의 역행렬과 단위행렬에 관한 내용을 살펴보았다. 그 내용은 다음과 같이 정리할 수 있다.

실수 a의 합에 대한 항등원 : 0	$(\because\ a + 0 = a)$
실수 a의 합의 역원 : $-a$	$(\because\ a - a = 0)$
실수 a의 곱에 대한 항등원 : 1	$(\because\ a \times 1 = a)$
0이 아닌 실수 a의 곱의 역원 : $\dfrac{1}{a}$	$\left(\because\ a \times \dfrac{1}{a} = 1\right)$
가역행렬 A의 단위행렬 : I	$(\because\ AI = IA = A)$
가역행렬 A의 역행렬 : A^{-1}	$(\because\ AA^{-1} = A^{-1}A = I)$

마찬가지로 함수의 경우에도 항등함수와 역함수가 존재한다. [정리 7-3]에서 확인한 것처럼 항등함수는 함수와 연산했을 때 원래 함수 그대로를 결과로 낸다. 역함수는 원래 함수와 연산하면 항등함수를 결과로 내는데, 연산의 순서에 따라 어떤 집합에 대한 항등함수인지가 결정된다. 다음 [정리 7-4]를 참고하자.

정리 7-4　항등함수와 역함수의 관계

전단사함수 $f: A \to B$에 대하여 다음이 성립한다.

(a) $f^{-1} \circ f = I_A$　　　(b) $f \circ f^{-1} = I_B$

증명

$a \in A$, $b \in B$에 대해 $f(a) = b$이면 함수 f는 가역함수(전단사함수)이므로 $f^{-1}(b) = a$이다.

(a) $(f^{-1} \circ f)(a) = f^{-1}(f(a)) = f^{-1}(b) = a$

합성함수 $f^{-1} \circ f$의 최초 입력인 $a \in A$와 출력 a는 같은 원소이므로, $f^{-1} \circ f$는 집합 A에 대한 항등함수 I_A이다.

$\therefore f^{-1} \circ f = I_A$

(b) $(f \circ f^{-1})(b) = f(f^{-1}(b)) = f(a) = b$

합성함수 $f \circ f^{-1}$의 최초 입력인 $b \in B$와 출력 b는 같은 원소이므로, $f \circ f^{-1}$는 집합 B에 대한 항등함수 I_B이다.

$\therefore f \circ f^{-1} = I_B$ ■

정리 7-5 **합성함수의 역함수**

전단사함수 $f: A \to B$, $g: B \to C$에 대하여 다음이 성립한다.

$$(g \circ f)^{-1} = f^{-1} \circ g^{-1}$$

증명

$(g \circ f)^{-1}$는 합성함수 $g \circ f$의 역함수이므로 [정리 7-4(a)]에 의해 $(g \circ f)^{-1} \circ (g \circ f) = I_A$가 성립한다. 여기에 $(g \circ f)^{-1}$ 대신 $f^{-1} \circ g^{-1}$를 대입하여 같은 결과가 나오는지 확인한다.

$$\begin{aligned}(g \circ f)^{-1} \circ (g \circ f) &= (f^{-1} \circ g^{-1}) \circ (g \circ f) \\ &= f^{-1} \circ (g^{-1} \circ g) \circ f && (\because \text{ 결합법칙}) \\ &= f^{-1} \circ (I_B \circ f) && (\because \text{ [정리 7-4(a)]}) \\ &= f^{-1} \circ f && (\because \text{ [정리 7-3]}) \\ &= I_A && (\because \text{ [정리 7-4(a)]})\end{aligned}$$

따라서 $(g \circ f)^{-1} = f^{-1} \circ g^{-1}$가 성립한다. ■

예제 7-12

다음은 [예제 7-11]에서 가역함수로 판별한 함수이다. 각 함수와 역함수를 합성하여 어떤 집합의 합성함수인지 확인하라.

(a) $f_1 : \{w, x, y, z\} \to \{a, b, c, d\}$, $f_1 = \{(w, d), (x, b), (y, c), (z, a)\}$

(b) $f_2 : \mathbb{Z}_A \to \mathbb{Z}_B$, $f_2(x) = x - 1$

풀이

(a) $f_1^{-1} : \{a, b, c, d\} \to \{w, x, y, z\}$, $f_1^{-1} = \{(a, z), (b, x), (c, y), (d, w)\}$이므로 다음이 성립한다.

$$f_1^{-1}(f_1(w)) = f_1^{-1}(d) = w, \quad f_1^{-1}(f_1(x)) = f_1^{-1}(b) = x$$
$$f_1^{-1}(f_1(y)) = f_1^{-1}(c) = y, \quad f_1^{-1}(f_1(z)) = f_1^{-1}(a) = z$$

$$\therefore f_1^{-1} \circ f_1 = I_{\{w, x, y, z\}}$$

$$f_1(f_1^{-1}(a)) = f_1(z) = a, \quad f_1(f_1^{-1}(b)) = f_1(x) = b$$
$$f_1(f_1^{-1}(c)) = f_1(y) = c, \quad f_1(f_1^{-1}(d)) = f_1(w) = d$$

$$\therefore f_1 \circ f_1^{-1} = I_{\{a, b, c, d\}}$$

(b) $f_2^{-1} : \mathbb{Z}_B \to \mathbb{Z}_A$, $f_2^{-1}(x) = x+1$이므로 다음이 성립한다.

$$f_2^{-1}(f_2(x)) = f_2^{-1}(x+1) = (x+1)-1 = x \quad \therefore f_2^{-1} \circ f_2 = I_{\mathbb{Z}_A}$$
$$f_2(f_2^{-1}(x)) = f_2(x+1) = (x+1)-1 = x \quad \therefore f_2 \circ f_2^{-1} = I_{\mathbb{Z}_B}$$

상수함수

정의 7-9 상수함수(constant function)

함수 $f : A \to B$에서 집합 A의 모든 원소가 집합 B의 원소 하나에만 대응하는 관계

$$\forall a \in A, \ \exists b \in B\text{에 대해 } f(a) = b$$

상수함수는 n개의 공역 원소 중 단 하나의 원소만이 정의역의 원소들과 대응하는 함수를 말한다. 그러므로 정의역 원소와 공역 원소가 모두 $n(>1)$개 이상인 상수함수는 단사함수도, 전사함수도 아니다. 만약 정의역 원소는 1개이고 공역 원소가 $n(>1)$개 이상이면 그 상수함수는 단사함수이지만 전사함수는 아니다. 반면 정의역 원소가 $n(>1)$개 이상이고 공역 원소가 1개이면 이 상수함수는 단사함수는 아니고 전사함수이다. 그러므로 정의역 원소와 공역 원소가 모두 1개인 상수함수가 전단사함수이다. 상수함수 $f : A \to B$를 그래프로 표현하면 다음 [그림 7-5]와 같다.

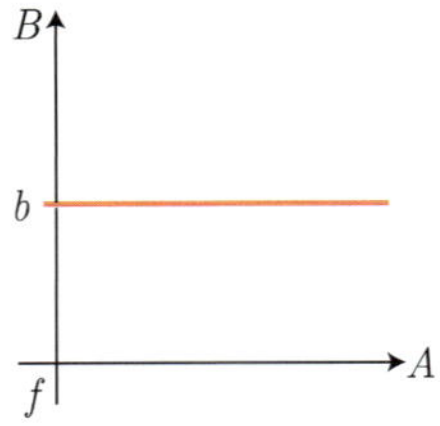

[그림 7-5] 상수함수

예제 7-13

다음 함수 중 상수함수를 찾으라.

(a) $f_1 : \{w, x, y, z\} \to \{a, b, c, d\}$, $f_1 = \{(w, d), (x, a), (y, c), (z, a)\}$

(b) $f_2 : \{w, x, y, z\} \to \{a, b, c, d\}$, $f_2 = \{(w, a), (x, a), (y, a), (z, a)\}$

(c) $f_3 : \mathbb{Z} \to \mathbb{R}$, $f_3(x) = x - 1$

(d) $f_4 : \mathbb{Z} \to \mathbb{R}$, $f_4(x) = 10$

풀이

(a) 함수 f_1의 정의역 원소 중 x, z를 제외하고는 서로 다른 공역 원소와 대응한다.
$\therefore$ 함수 f_1은 상수함수가 아니다.

(b) 함수 f_2의 모든 정의역 원소가 공역 원소 a와 대응한다.
$\therefore$ 함수 f_2는 상수함수이다.

(c) 함수 f_3의 모든 정의역 원소가 서로 다른 공역 원소와 대응한다.
$\therefore$ 함수 f_3는 상수함수가 아니다.

(d) 함수 f_4의 모든 정의역 원소가 공역 원소 10과 대응한다.
$\therefore$ 함수 f_4는 상수함수이다.

특성함수

6장에서 살펴본 관계의 표현 방법 중 하나인 관계행렬 M_R은 관계 R에 순서쌍 원소가 있으면 1, 없으면 0으로 표기하는 방법이다. 함수 중에도 관계행렬처럼 어떤 집합의 조건에 맞는 원소의 존재 유무를 판별하는 함수가 있는데, 이를 특성함수라고 한다. 특성함수는 입력값이 조건에 맞는 원소이면 1, 아니면 0으로 출력하므로 특성함수의 공역은 두 개의 원소 1과 0으로 구성된다.

정의 7-10 특성함수(characteristic function : f_A)

전체집합 U의 부분집합인 A에 대하여 다음과 같은 출력을 갖는 함수

$$f_A(x) = \begin{cases} 1, & x \in A\text{일 때} \\ 0, & x \notin A\text{일 때} \end{cases}$$

[예제 7-9]의 함수 $g : \{x \mid x \geq 0, x \in \mathbb{Z}\} \rightarrow \{0, 1\}$, $g(x) = \begin{cases} 0, & x\text{가 짝수일 때} \\ 1, & x\text{가 홀수일 때} \end{cases}$는 정의역의 원소 중 짝수는 0을 출력하고 홀수는 1을 출력하는 전형적인 특성함수이다.

예제 7-14

전체집합 $U=\{x \mid x$는 알파벳$\}$에 대하여 집합 U의 부분집합 $A=\{x \mid x$는 알파벳 소문자$\}$와 $B=\{x \mid x$는 알파벳 대문자$\}$가 있을 때, 가능한 특성함수를 구하라.

풀이

집합 A에 대한 함수 $f_A(x)=\begin{cases}1, & x\text{가 알파벳 소문자일 때}\\ 0, & x\text{가 알파벳 대문자일 때}\end{cases}$

집합 B에 대한 함수 $f_B(x)=\begin{cases}1, & x\text{가 알파벳 대문자일 때}\\ 0, & x\text{가 알파벳 소문자일 때}\end{cases}$

바닥함수와 천정함수

정의 7-11 **바닥함수(floor function : $\lfloor x \rfloor$) / 최대정수함수(greatest integer function)**

$x\in\mathbb{R}$에 대해 x보다 작거나 같은 정수 중 가장 큰 정수를 구하는 함수

$$\lfloor x \rfloor = n \iff n \le x < n+1,\ n\in\mathbb{Z}$$

정의 7-12 **천정함수(ceiling function : $\lceil x \rceil$) / 최소정수함수(least integer function)**

$x\in\mathbb{R}$에 대해 x보다 크거나 같은 정수 중 가장 작은 정수를 구하는 함수

$$\lceil x \rceil = n \iff n-1 < x \le n,\ n\in\mathbb{Z}$$

바닥함수와 천정함수는 모두 정수형 근삿값을 구하는 함수로, 어떤 실수 a에 가장 가까운 정수를 구한다.

예를 들어 0.15와 -3.54에 대한 바닥함수와 천정함수의 값을 구해보자. $\lfloor 0.15 \rfloor$는 0.15보다 작거나 같은 정수 0, -1, -2, $\cdots$ 중 가장 큰 정수이므로 $\lfloor 0.15 \rfloor=0$이다. $\lceil 0.15 \rceil$는 0.15보다 크거나 같은 정수 1, 2, 3, $\cdots$ 중 가장 작은 정수이므로 $\lceil 0.15 \rceil=1$이다. 또한 $\lfloor -3.54 \rfloor$는 -3.54보다 작거나 같은 정수 -4, -5, -6, $\cdots$ 중 가장 큰 정수인 -4이고, $\lceil -3.54 \rceil$는 -3.54보다 큰 정수 -3, -2, -1, $\cdots$ 중 가장 작은 정수인 -3이다.

그러므로 바닥함수와 천정함수는 모두 함수 $f:\mathbb{R}\to\mathbb{Z}$인 함수이고, 그래프로 표현하면 [그림 7-6], [그림 7-7]과 같다. 그래프를 보면 $k\le x<k+1(k\in\mathbb{Z})$인 모든 $x\in\mathbb{R}$에 대한 바닥함수의 결과는 모두 $k\in\mathbb{Z}$로 동일하고, $k-1<x\le k(k\in\mathbb{Z})$인 모든 $x\in\mathbb{R}$에 대한 천정함수의 결과는 모두 $k\in\mathbb{Z}$로 동일함을 알 수 있다. 결론적으로 바닥함수와 천정함수는 모두 단사함수는 아니고 전사함수이다.

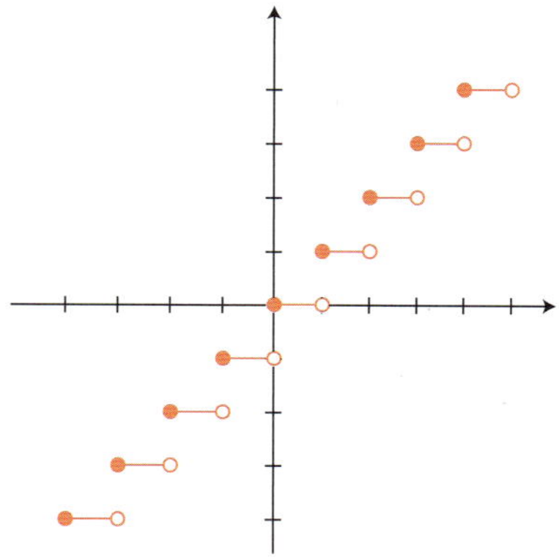

[그림 7-6] 바닥함수 $y=\lfloor x \rfloor$

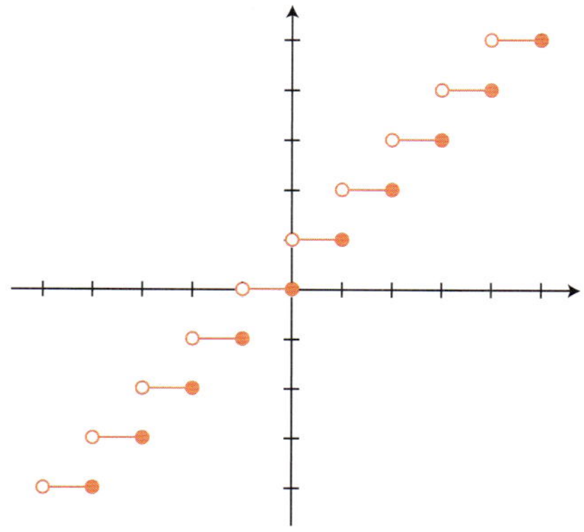

[그림 7-7] 천정함수 $y=\lceil x \rceil$

예제 7-15

다음을 구하라.

(a) $\lceil \pi \rceil$, $\lfloor \pi \rfloor$

(b) $\lceil 7 \rceil$, $\lfloor 7 \rfloor$

(c) $\left\lceil \frac{1}{3}+\left\lceil \frac{1}{2} \right\rceil \right\rceil$, $\left\lfloor \frac{1}{3}+\left\lfloor \frac{1}{2} \right\rfloor \right\rfloor$

(d) $\left\lceil \frac{1}{2}+\left\lfloor \frac{1}{3} \right\rfloor \right\rceil$, $\left\lfloor \frac{1}{2}+\left\lceil \frac{1}{3} \right\rceil \right\rfloor$

(e) $\lceil -6.152 \rceil + \lfloor 4.33 \rfloor$, $\lfloor -6.152 \rfloor + \lceil 4.33 \rceil$

풀이

(a) $\pi=3.141592\cdots$ 이므로 $\lceil \pi \rceil = \lceil 3.141592\cdots \rceil = 4$, $\lfloor \pi \rfloor = \lfloor 3.141592\cdots \rfloor = 3$

(b) $\lceil 7 \rceil = 7 = \lfloor 7 \rfloor$

(c)
$$\left\lceil \frac{1}{3}+\left\lceil \frac{1}{2} \right\rceil \right\rceil = \lceil 0.333\cdots + \lceil 0.5 \rceil \rceil = \lceil 0.333\cdots + 1 \rceil = \lceil 1.333\cdots \rceil = 2$$
$$\left\lfloor \frac{1}{3}+\left\lfloor \frac{1}{2} \right\rfloor \right\rfloor = \lfloor 0.333\cdots + \lfloor 0.5 \rfloor \rfloor = \lfloor 0.333\cdots + 0 \rfloor = \lfloor 0.333\cdots \rfloor = 0$$

(d)
$$\left\lceil \frac{1}{2}+\left\lfloor \frac{1}{3} \right\rfloor \right\rceil = \lceil 0.5 + \lfloor 0.333\cdots \rfloor \rceil = \lceil 0.5+0 \rceil = \lceil 0.5 \rceil = 1$$
$$\left\lfloor \frac{1}{2}+\left\lceil \frac{1}{3} \right\rceil \right\rfloor = \lfloor 0.5 + \lceil 0.333\cdots \rceil \rfloor = \lfloor 0.5+1 \rfloor = \lfloor 1.5 \rfloor = 1$$

(e)
$$\lceil -6.152 \rceil + \lfloor 4.33 \rfloor = -6+4 = -2$$
$$\lfloor -6.152 \rfloor + \lceil 4.33 \rceil = -7+5 = -2$$

7장_핵심요약

CHAPTER 07 연습문제

✔ 문제 해답

01 주어진 관계를 보고 다음 물음에 답하라.

① 집합 $A=\{1,2,3,4\}$에서 집합 $B=\{a,b,c\}$로 가는 관계
$f_1=\{(1,a),(2,b),(3,a),(4,c)\}$

② 집합 $A=\{a,b,c\}$에서 집합 $B=\{w,x,y,z\}$로 가는 관계
$f_2=\{(a,z),(b,x),(b,w),(c,y)\}$

③ 집합 $A=\{w,x,y,z\}$에서 집합 $B=\{1,2,3,4\}$로 가는 관계
$f_3=\{(w,2),(x,1),(y,4),(z,3)\}$

④ 집합 $A=\{1,2,3\}$에서 집합 $B=\{a,b,c\}$로 가는 관계
$f_4=\{(1,c),(2,c)\}$

⑤ 집합 $A=\{1,2,3\}$에서 집합 $B=\{w,x,y,z\}$로 가는 관계
$f_5=\{(1,w),(1,y),(2,w),(2,x)\}$

⑥ 집합 $A=\{1,2,3,4\}$에서 집합 $B=\{w,x,y,z\}$로 가는 관계
$f_6=\{(1,w),(2,x),(3,w),(4,x)\}$

(a) 위 관계에서 함수가 아닌 것을 찾고 그 이유를 설명하라.
(b) 위 관계에서 함수를 찾아 원상과 상을 구하고 정의역, 공역, 치역을 구하라.

02 주어진 관계를 보고 다음 물음에 답하라.

① $f_1:\mathbb{Z}\to\mathbb{Z}$일 때, $f_1(x)=x+1$

② $f_2:\mathbb{Z}\to\mathbb{Z}$일 때, $f_2(x)=\dfrac{x+1}{3}$

③ $f_3:\mathbb{N}-\{1\}\to\mathbb{R}$일 때, $f_3(x)=\dfrac{x+1}{x-1}$

④ $f_4:\mathbb{R}\to\mathbb{R}$일 때, $f_4(x)=\sqrt{2x-1}$

⑤ $f_5:\{a\mid a<0, a\in\mathbb{Z}\}\to\mathbb{N}$일 때, $f_5(x)=|x|$

⑥ $f_6:\mathbb{Z}\to\mathbb{N}$일 때, $f_6(x)=|x|$

(a) 위 관계에서 함수를 찾아 정의역, 공역, 치역을 구하라.
✔(b) 위 관계에서 함수가 아닌 것을 찾아 그 이유를 설명하고, 함수가 될 수 있도록 정의역을 수정하라.

03 다음 함수의 성질을 판별하라.

(a) 집합 $A=\{1,2,3,4,5\}$에서 집합 $B=\{a,b,c\}$로 가는 함수
$f_1=\{(1,c),(2,c),(3,c),(4,c),(5,c)\}$

(b) 집합 $A=\{1,2,3\}$에서 집합 $B=\{a,b,c,d\}$로 가는 함수
$f_2=\{(1,a),(2\,d),(3,b)\}$

(c) 집합 $A=\{1,2,3,4\}$에서 집합 $B=\{a,b,c,d\}$로 가는 함수
$f_3=\{(1,a),(2,b),(3,c),(4,d)\}$

(d) 집합 $A=\{1,2,3,4,5\}$에서 집합 $B=\{a,b,c,d\}$로 가는 함수
$f_4=\{(1,c),(2,b),(3,a),(4,d),(5,a)\}$

04 다음 함수의 성질을 판별하라.

(a) $f_1:\mathbb{Z}\rightarrow\mathbb{R}$일 때, $f_1(x)=\dfrac{3-x}{2}$

(b) $f_2:\mathbb{Z}-\{0\}\rightarrow\mathbb{N}$일 때, $f_2(x)=|x|$

(c) $f_3:\mathbb{R}\rightarrow\mathbb{R}$일 때, $f_3(x)=\dfrac{x}{10}$

(d) $f_4:\mathbb{R}\rightarrow\mathbb{R}$일 때, $f_4(x)=\left|\dfrac{3x+1}{2}\right|$

05 집합 $A=\{1,2,3,4,5\}$, $B=\{a,b,c,d\}$, $C=\{x,y,z\}$에 대한 주어진 함수를 보고 다음 물음에 답하라.

① $f_1:A\rightarrow B$, $f_1=\{(1,b),(2,c),(3,a),(4,a),(5,d)\}$
② $f_2:B\rightarrow C$, $f_2=\{(a,z),(b,x),(c,y),(d,z)\}$
③ $f_3:C\rightarrow B$, $f_3=\{(x,d),(y,a),(z,b)\}$
④ $f_4:A\rightarrow A$, $f_4=\{(1,1),(2,2),(3,3),(4,4),(5,5)\}$
⑤ $f_5:C\rightarrow C$, $f_5=\{(x,y),(y,z),(z,y)\}$

(a) 각 함수의 성질을 판별하라.

(b) 합성 가능한 두 함수를 합성하고, 합성함수의 정의역, 공역, 치역을 구하라.

(c) (b)에서 구한 합성함수의 성질을 판별하라.

(d) (a)에서 판별한 각 함수의 성질에 근거하여 (b)에서 구한 합성함수의 성질을 판별하고 (c)에서 판별한 결과와 같은지 확인하라. (단, 판별 가능한 경우만 구하여 확인하라.)

(e) (c)에서 판별한 합성함수의 성질에 근거하여 각 함수의 성질을 판별하고 (a)에서 판별한 결과와 같은지 확인하라. (단, 판별 가능한 경우만 구하여 확인하라.)

06 주어진 함수를 보고 다음 물음에 답하라.

① $f_1 : \mathbb{N} \to \mathbb{Z} - \{0\}$, $f_1(x) = -(3+x)$
② $f_2 : \mathbb{R} \to \mathbb{Z}$, $f_2(x) = \lceil x - 1 \rceil$
③ $f_3 : \mathbb{R} \to \mathbb{R}$, $f_3(x) = x^2 - \frac{3x}{4}$
④ $f_4 : \mathbb{Z} - \{0\} \to \mathbb{N}$, $f_4(x) = |x|$
⑤ $f_5 : \mathbb{Z} \to \mathbb{Z}$, $f_5(x) = x$

✔(a) 각 함수의 성질을 판별하라.
(b) 합성 가능한 두 함수를 합성하고, 합성함수의 정의역, 공역, 치역을 구하라.
(c) (b)에서 구한 합성함수의 성질을 판별하라.
✔(d) (a)에서 판별한 각 함수의 성질에 근거하여 (b)에서 구한 합성함수의 성질을 판별하고 (c)에서 판별한 결과와 같은지 확인하라. (단, 판별 가능한 경우만 구하여 확인하라.)
(e) (c)에서 판별한 합성함수의 성질에 근거하여 각 함수의 성질을 판별하고 (a)에서 판별한 결과와 같은지 확인하라. (단, 판별 가능한 경우만 구하여 확인하라.)

07 주어진 함수를 보고 다음 물음에 답하라.

① $f_1 : \{1, 2, 3, 4, 5\} \to \{a, b, c\}$, $f_1 = \{(1, a), (2, b), (3, c), (4, a), (5, c)\}$
② $f_2 : \{a, b, c\} \to \{1, 2, 3\}$, $f_2 = \{(a, 3), (b, 3), (c, 3)\}$
③ $f_3 : \{a, b, c, d\} \to \{1, 2, 3, 4, 5\}$, $f_3 = \{(a, 1), (b, 2), (c, 4), (d, 5)\}$
④ $f_4 : \{1, 2, 3\} \to \{a, b, c, d\}$, $f_4 = \{(1, a), (2, c), (3, a)\}$
⑤ $f_5 : \{1, 2, 3, 4\} \to \{a, b, c, d\}$, $f_5 = \{(1, b), (2, c), (3, a), (4, d)\}$
⑥ $f_6 : \{1, 2, 3, 4\} \to \{a, b, c\}$, $f_6 = \{(1, c), (2, a), (3, b), (4, c)\}$

(a) 각 함수의 정의역, 공역, 치역을 구하라.
(b) 각 함수의 성질을 판별하라.
(c) 합성 가능한 두 함수를 합성하고, 합성함수의 정의역, 공역, 치역을 구하라.
(d) (c)에서 구한 합성함수의 성질을 판별하라.
(e) 위 함수 중 가역함수를 찾고 그 역함수와 역함수의 정의역, 공역, 치역을 구하라.
(f) (e)에서 구한 가역함수와 그 역함수를 합성한 결과가 어떤 집합의 항등함수인지 확인하라.

08 주어진 함수를 보고 다음 물음에 답하라.

① $f_1: \mathbb{N} \to \mathbb{N},\ f_1(x) = 3 + x$
② $f_2: \mathbb{R} \to \mathbb{Z},\ f_2(x) = 3$
③ $f_3: \mathbb{Z} \to \mathbb{R},\ f_3(x) = \dfrac{x}{4}$
④ $f_4: \mathbb{Z} \to \mathbb{N} \cup \{0\},\ f_4(x) = |x+1|$
⑤ $f_5(x): \mathbb{R} - \{0\} \to \mathbb{R},\ f_5(x) = \dfrac{2x+1}{x}$

✔(a) 각 함수의 성질을 판별하라.
(b) 합성 가능한 두 함수를 합성하고, 합성함수의 정의역, 공역, 치역을 구하라.
(c) (b)에서 구한 합성함수의 성질을 판별하라.
✔(d) 위 함수 중 가역함수를 찾고 그 역함수와 역함수의 정의역, 공역, 치역을 구하라.
(e) (d)에서 구한 가역함수와 그 역함수를 합성한 결과가 어떤 집합의 항등함수인지 확인하라.
(f) 위 함수 중 상수함수와 특성함수를 판별하라.

09 주어진 함수를 보고 다음 물음에 답하라.

① $f_1: \mathbb{Z} \to \mathbb{R},\ f_1(x) = \dfrac{2x}{5} + 3$
② $f_2: \mathbb{R} \to \mathbb{R},\ f_2(x) = x$
③ $f_3: \mathbb{Z} \to \mathbb{Z},\ f_3(x) = |x| + 2$
④ $f_4: \mathbb{N} \to \mathbb{Z},\ f_4(x) = 3x - 1$
⑤ $f_5: \mathbb{N} \to \{0, 1\},\ f_5(x) = \begin{cases} 1, & x = 3k\,(k \in \mathbb{N}) \\ 0, & x \neq 3k\,(k \in \mathbb{N}) \end{cases}$

(a) 각 함수의 성질을 판별하라.
(b) 합성 가능한 두 함수를 합성하고, 합성함수의 정의역, 공역, 치역을 구하라.
(c) (b)에서 구한 합성함수의 성질을 판별하라.
(d) 위 함수 중 가역함수를 찾고 그 역함수와 역함수의 정의역, 공역, 치역을 구하라.
(e) (d)에서 구한 가역함수와 그 역함수를 합성한 결과가 어떤 집합의 항등함수인지 확인하라.
(f) 위 함수 중 상수함수와 특성함수를 판별하라.

10 주어진 함수를 보고 다음 물음에 답하라.

> ① $f_1 : \{1, 2, 3, 4, 5\} \to \{a, b, c, d, e\}$, $f_1 = \{(1, d), (2, c), (3, a), (4, e), (5, b)\}$
>
> ② $f_2 : \mathbb{Z} \to \mathbb{Z}$, $f_2(x) = x + 1$
>
> ③ $f_3 : \mathbb{Z} - \{0\} \to \mathbb{N}$, $f_3(x) = |x|$
>
> ④ $f_4 : \mathbb{R} \to \mathbb{N} \cup \{0\}$, $f_4(x) = \lceil x - \lfloor x \rfloor \rceil$
>
> ⑤ $f_5 : \mathbb{Z} - \{0\} \to \{0, 1\}$, $f_5(x) = \begin{cases} 1, & |x| \in \mathbb{N} \\ 0, & |x| \notin \mathbb{N} \end{cases}$

(a) 위 함수 중 가역함수를 찾으라.

(b) (a)에서 찾은 가역함수와 그 역함수를 합성한 결과가 어떤 집합의 항등함수인지 확인하라.

(c) 위 함수 중 상수함수와 특성함수를 판별하고 그래프로 나타내라.

11 다음 그래프와 관계를 함수식으로 표현하라.

(a)

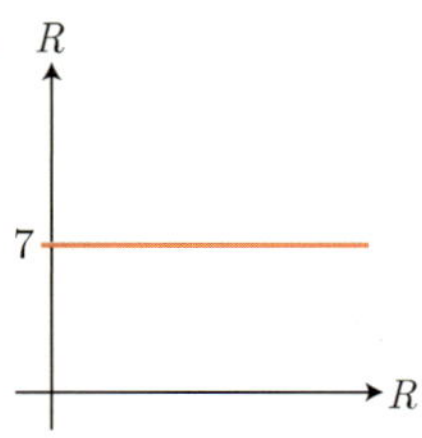

(b)

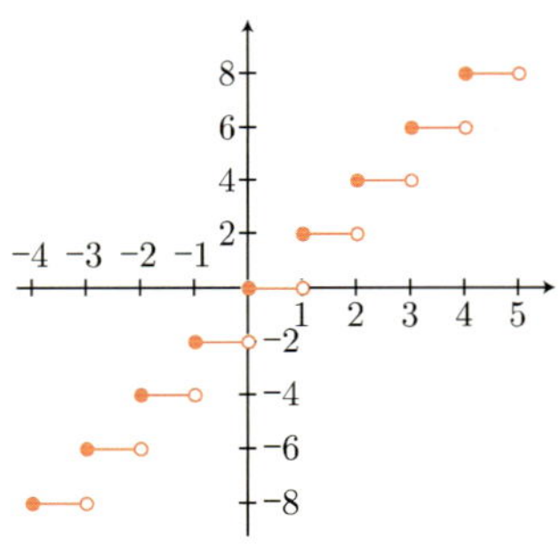

(c)

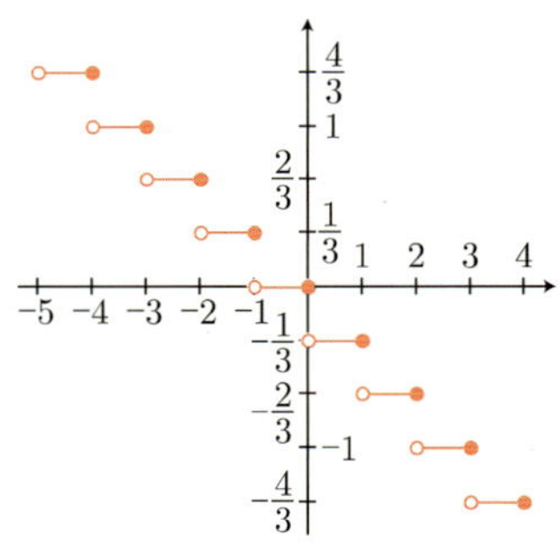

(d) 정수 집합에 대한 관계 $S_1 = \{\cdots, (-7, 0), (-6, 1), (-5, 1), (-4, 1), (-3, 0), (-2, 1), (-1, 1), (0, 1), (1, 0), (2, 1), (3, 1), (4, 1), (5, 0), (6, 1), (7, 1), (8, 1), (9, 0), \cdots\}$

(e) 정수 집합에 대한 관계 $S_2 = \{\cdots, (-5, 0), (-4, 1), (-3, 0), (-2, 1), (-1, 0), (0, 1), (1, 0), (2, 1), (3, 0), (4, 1), (5, 0), \cdots\}$

12 다음을 연산하라.

(a) $\lceil 2.1 \rceil + \lceil 7 \rceil$

(b) $\lfloor 2.1 \rfloor + \lfloor 7 \rfloor$

(c) $\lceil 3.5 + \lceil 8.9 \rceil - \lfloor 2.3 \rfloor \rceil$

(d) $\lfloor 3.5 + \lfloor 8.9 \rfloor - \lceil 2.3 \rceil \rfloor$

(e) $\lceil 6 \rceil - \lfloor 2 \rfloor$

(f) $\lfloor 6 \rfloor - \lceil 2 \rceil$

✔**13** 다음을 연산하라.

(a) $\lfloor -3.586 \rfloor \times \lfloor 7.88 \rfloor$

(b) $\lfloor \lceil 4.23 \rceil \times -3.31 \rfloor$

(c) $\lceil 4 \rceil - \lfloor 3.56 + \lceil -7.2291 \rceil \rfloor$

(d) $\lceil -8 \rceil + \lceil -3.112 \rceil - \lceil 5.61 \rceil$

(e) $\lfloor 5 \rfloor - \lfloor -6.893 \rfloor + \lfloor -3.33 \rfloor$

(f) $\left\lceil \frac{1}{3} - \left\lceil \frac{1}{4} + \left\lfloor \frac{1}{2} \right\rfloor \right\rceil \right\rceil$

14 다음을 연산하라.

(a) $\left\lfloor \frac{2}{5} - \left\lceil \frac{3}{5} - \frac{2}{7} \right\rceil + \left\lfloor \frac{4}{6} \right\rfloor + \frac{1}{5} \right\rfloor$

(b) $\left\lceil \left(\frac{3}{4} - \frac{4}{5}\right) \times \left\lfloor -\frac{3}{5} \right\rfloor + \left\lfloor \frac{6}{7} \right\rfloor \right\rceil$

(c) $\lceil 9.667 \rceil + \lfloor 3.75 - \lceil 7.543 + \lceil 4.33 \rceil \rceil \rfloor$

(d) $\lfloor 9.667 \rfloor + \lceil 3.75 - \lfloor 7.543 + \lfloor 4.33 \rfloor \rfloor \rceil$

(e) $\lceil 8.53 + \lfloor 4.56 + 7.399 - \lfloor 5.46 + \lceil 4 \rceil \rfloor \rfloor \rceil$

(f) $\lfloor 8.53 + \lceil 4.56 + 7.399 - \lceil 5.46 + \lfloor 4 \rfloor \rceil \rceil \rfloor$

CHAPTER 08

그래프

• Contents

지도의 도로 표시나 지하철 노선도, 혹은 조직체 구조도나 생각을 기록하는 마인드맵 등은 복잡하고 어려운 과정이나 구조를 이해하기 쉽도록 그림으로 표현한 것이다. 이러한 표현들의 공통점은 주요 요소를 점으로 표시하고 그 점들 간의 관계를 선으로 표현한다는 것이다. 이처럼 점과 선을 이용해 개념, 구조, 또는 과정 등을 이해하는 데 필요한 주요 요소 간의 관계, 거리, 비용 등을 시각적으로 표현한 도구를 그래프라고 한다.

그래프는 글이나 수식으로는 복잡하고 어렵게 표현되는 것을 그림으로 표현하기 때문에 컴퓨터 시스템의 회로나 네트워크 설계나 구조, 프로그램의 알고리즘, 인공지능의 지식 정보의 파생 과정 및 내용 등을 표현하는 데 효율적이고 효과적으로 활용된다.

이 장에서는 그래프의 형태와 종류, 그래프의 탐색 방법과 노드 간의 관계 등을 학습한다.

학습목표

1. 그래프의 기본 개념과 표기 방법을 이해한다.
2. 다양한 종류의 그래프를 이해한다.
3. 정점, 변, 차수, 영역 사이의 관계를 이해하고 활용한다.
4. 오일러 그래프와 해밀턴 그래프를 구분하고 경로와 회로를 찾는다.
5. 인접행렬과 인접리스트를 이용해 그래프를 표현한다.
6. 최단 경로를 구하는 다익스트라 알고리즘을 이해한다.
7. 깊이 우선 탐색과 너비 우선 탐색을 구별하여 탐색한다.

8.1 그래프의 개념

그래프는 정점과 변으로 표현되기 때문에 정점에 대한 정보와 변에 대한 정보를 정의함으로써 그래프를 정의하고 표현한다. 그래프는 보통 그림 형태로 표현하지만, 집합 표현과 같은 수학적 기호로 표현할 수도 있다.

그래프의 정의와 표현

정의 8-1 **그래프(graph : $G=(V,E)$)**

공집합이 아닌 **정점**(vertex, node)의 집합 V와 서로 다른 정점의 쌍 (v_i, v_j)를 연결하는 **변**(edge)의 집합 E로 구성된 구조

$$G=(V,E)$$
$$V=\{v_1, v_2, \cdots, v_n\}$$
$$E=\{e_1, e_2, \cdots, e_m\}=\{(v_i, v_j), \cdots\},\ 1 \le i, j \le n$$

- 정점 v_i와 v_j는 서로 **인접**(adjacent)한다 : 정점 v_i와 v_j를 연결하는 변이 존재한다.
- 변 e_k는 정점 v_i와 v_j에 **근접**(incident)한다 : 변 e_k는 정점 v_i와 v_j를 연결한다.

[정의 8-1]에서 사용한 기호 표현의 의미는 다음과 같다.

$G=(V,E)$: 정점의 집합 V와 변의 집합 E로 구성되는 그래프 G

$V=\{v_1, v_2, \cdots, v_n\}$: 그래프 G를 구성하는 정점의 집합 V

$E=\{e_1, e_2, \cdots, e_m\}$: 그래프 G를 구성하는 변의 집합 E

$=\{(v_i, v_j), \cdots\}$: 변의 집합 E의 각 원소가 근접하는 정점의 쌍

그래프를 구성하는 각 변에 변의 이름 또는 번호를 부여한다면 $E=\{e_1, e_2, \cdots, e_m\}$처럼 변의 이름이나 번호를 집합의 원소로 사용할 수 있고, 변에 근접하는 정점의 쌍 (v_i, v_j)를 변의 집합의 원소로 사용하기도 한다.

변의 방향성이 없는 경우, 정점의 쌍 (v_1, v_2)와 (v_2, v_1)이 같은 변에 대한 표현이므로 같은 원소로 취급한다. 반면 변의 방향성이 있는 경우에는 6장에서 살펴본 방향그래프처럼 정점의 쌍이 화살표의 시작과 끝의 의미를 포함하는 순서쌍의 의미를 갖는다. 이때 정점의 쌍과 순서쌍을 구분하기 위해 ( ) 대신 $<\ >$ 형태의 괄호를 사용한다. 다음 [그림 8-1]은 정점의 순서쌍 $< v_1, v_2 >$와 $< v_2, v_1 >$이 전혀 다른 변임을 보여준다.

(a) $< v_1, v_2 >$ (b) $< v_2, v_1 >$

[그림 8-1] 방향성이 있는 변의 순서쌍 표현

TIP ‘정점의 쌍’과 ‘순서쌍’의 구분

이 장에서는 ‘정점의 쌍’과 ‘순서쌍’이라는 용어를 구분한다. 6장에서 설명한 것처럼 순서쌍 (a, b)는 순서쌍을 구성하는 원소 a와 b 사이에 순서가 존재함을 보여주는 원소 표현 방법 중 하나이다. 그러나 일반적인 그래프에서 정점 a와 b에 근접하는 변을 표현하는 정점의 쌍 (a, b)는 순서쌍 (a, b)와 달리 정점 a와 b 사이의 순서에 의미가 없다. 그러므로 그래프에서 사용하는 (a, b)에는 ‘순서쌍’이 아닌 ‘정점의 쌍’이라는 용어를 사용한다. 단, 그래프의 정점 a와 b 사이에 순서가 존재하여 $< a, b >$로 표기하는 경우는 ‘정점의 순서쌍’이라는 용어를 사용한다.

[그림 8-2(a)]와 같은 변을 **루프**(loop)라고 하는데, 루프는 하나의 정점에만 인접하는 변으로 [그림 8-2(b)]처럼 펼쳐서 이해해도 된다.

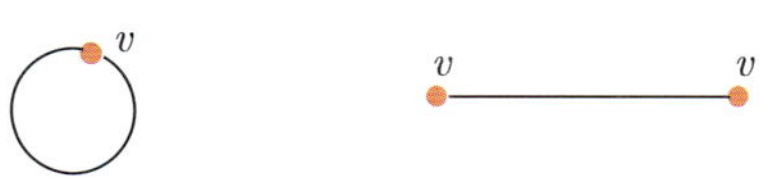

(a) (b)

[그림 8-2] 루프의 표현

오른쪽의 그래프를 수학적 기호로 표현해보자. 이때 필요한 정보를 정리하면 다음과 같다.

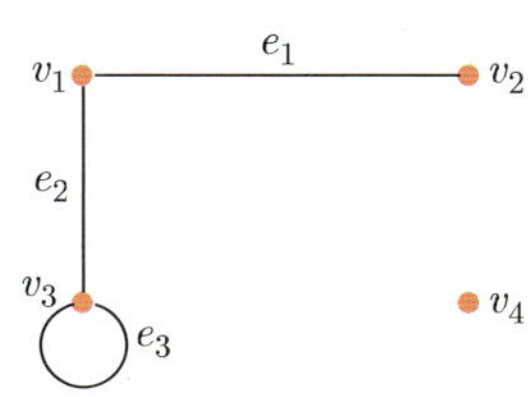

(1) 그래프 G는 정점의 집합 V와 변의 집합 E로 구성된다.
(2) 집합 V는 정점 v_1, v_2, v_3, v_4로 구성된다.
(3) 집합 E는 변 e_1, e_2, e_3로 구성되며 각 변에 대한 정점의 쌍은 다음과 같다.

$$e_1 = (v_1, v_2) \text{ 또는 } (v_2, v_1), \quad e_2 = (v_1, v_3) \text{ 또는 } (v_3, v_1), \quad e_3 = (v_3, v_3)$$

앞과 같이 정리한 내용을 이용해 다음과 같이 표현할 수 있다.

$$G=(V,E)$$
$$V=\{v_1,v_2,v_3,v_4\}$$
$$E=\{e_1,e_2,e_3\}=\{(v_1,v_2),(v_1,v_3),(v_3,v_3)\}=\{(v_2,v_1),(v_3,v_1),(v_3,v_3)\}$$

그래프의 수학적 기호 표현을 이용해 다시 그래프로 표현할 때 원래의 그래프와 같은 그래프가 나와야 한다. 위 그래프에서 정점 v_4의 경우 다른 정점과 연결되는 변이 존재하지 않아서 정점의 쌍이 없지만 정점 집합에는 포함되므로 그래프로 표현할 때에도 반드시 표시해야 한다.

예제 8-1

다음을 보고 수학적 기호는 그래프로, 그래프는 수학적 기호로 나타내라.

(a) $G=(V,E)$

$V=\{a,b,c,d,e,f,g,h\}$

$E=\{e_1,e_2,e_3,e_4,e_5,e_6,e_7,e_8,e_9,e_{10},e_{11},e_{12}\}$

$=\{(a,b),(a,d),(a,e),(b,c),(b,f),(c,d),(c,g),(d,h),(e,f),(e,h),(f,g),(g,h)\}$

(b) $G=(V,E)$

$V=\{v_1,v_2,v_3,v_4,v_5\}$

$E=\{(v_1,v_1),(v_4,v_5)\}$

(c)

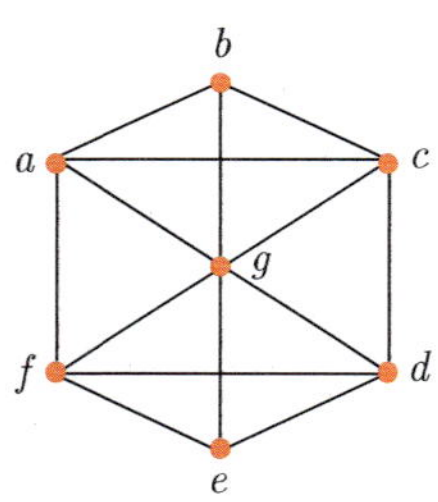

(d)

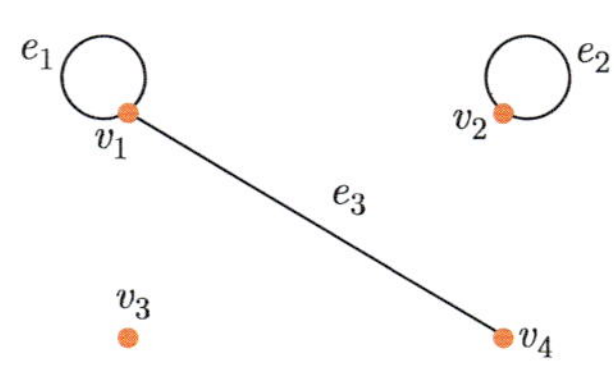

풀이

(a) 각 변의 이름인 $e_1, e_2, \cdots, e_{12}$는 정점의 쌍 집합의 원소와 동일한 순서로 나열했다고 가정하고 그래프에 표시하면 다음과 같다.

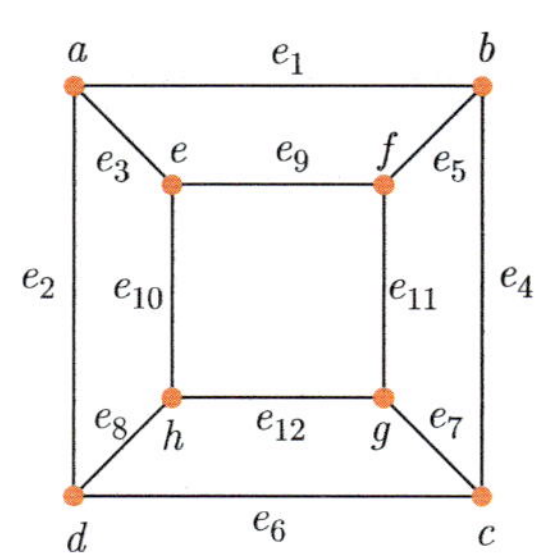

(b) 두 정점 v_2와 v_3의 경우 다른 정점과 연결되는 변이 존재하지 않지만 정점의 집합에 포함되는 원소이므로 그래프에도 표시해야 한다.

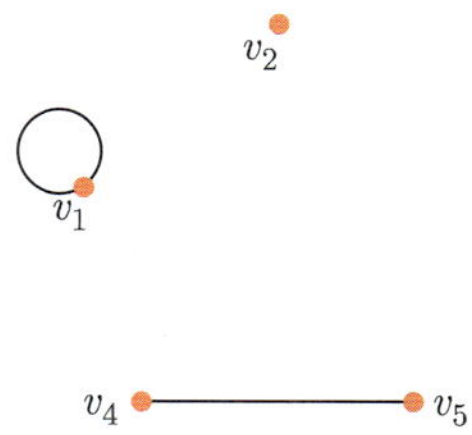

(c) 각 변에 이름이 부여되지 않은 경우, 변의 이름에 대한 집합 표기 없이 근접하는 정점의 쌍 집합으로 표기한다.

$\therefore\ G=(V, E)$

$V=\{a, b, c, d, e, f, g\}$

$E=\{(a,b), (a,c), (a,f), (a,g), (b,c), (b,g), (c,d), (c,g), (d,e), (d,f), (d,g), (e,f),$
$(e,g), (f,g)\}$

(d) (c)와 동일한 방법으로 다음과 같이 표기한다.

$\therefore\ G=(V, E)$

$V=\{v_1, v_2, v_3, v_4\}$

$E=\{(v_1, v_1), (v_2, v_2), (v_1, v_4)\}$

그래프의 형태

정의 8-2 단순그래프(simple graph)

그래프 $G=(V, E)$에서 임의의 두 정점 사이에 오직 하나의 변이 있는 그래프

정의 8-3 다중그래프(multi-graph)

그래프 $G=(V, E)$에서 임의의 두 정점 사이에 두 개 이상의 변이 있는 그래프

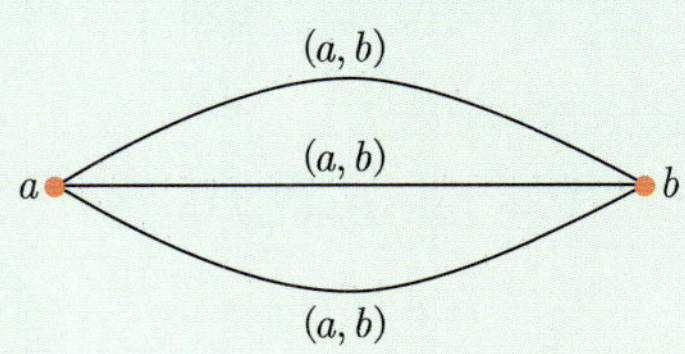

다중그래프는 두 정점 사이에 여러 개의 변이 존재하므로 수학적 기호로 표기할 때 같은 정점의 쌍을 변의 개수만큼 표시해야 한다. [정의 8-3]에 주어진 다중그래프를 수학적 기호로 표기하면 다음과 같다.

$$G=(V,E)$$
$$V=\{a,b\}$$
$$E=\{(a,b),(a,b),(a,b)\}$$

TIP 다중그래프의 변에 대한 집합 표기

4장 '집합'에서 집합은 '중복되지 않는 원소의 모임'이라고 정의했다. 그래프의 표기에서도 이와 같은 정의를 따라야 하지만, 다중그래프의 경우 두 정점에 근접하는 변들을 모두 표기해야 하므로 집합의 정의에 위배될 수밖에 없다.

예제 8-2

다음을 보고 수학적 기호는 그래프로, 그래프는 수학적 기호로 나타내라.

(a) $G=(V,E)$

$V=\{a,b,c,d\}$

$E=\{(a,b),(a,b),(a,d),(b,b),(c,d),(c,d)\}$

(b)

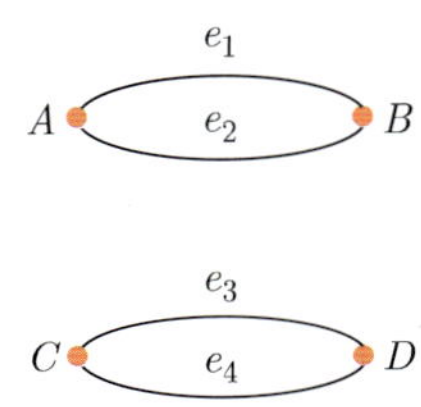

풀이

(a) 변의 집합에 포함된 원소 중 (a,b)와 (c,d)가 2개씩 있다. 이는 정점 a와 b에 근접하는 변이 2개, 정점 c와 d에 근접하는 변이 2개임을 의미한다. 따라서 그래프는 다음과 같다.

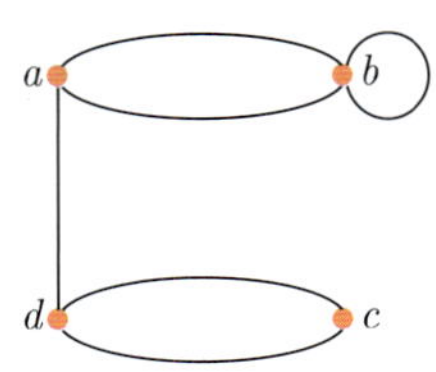

(b) 변의 집합 E에는 정점 A와 B에 근접하는 2개의 변 e_1, e_2와 정점 C와 D에 근접하는 2개의 변 e_3, e_4를 모두 표현해야 한다. 즉, 집합 E에는 같은 정점의 쌍을 2개씩 포함해야 한다.

$\therefore\ G=(V,E)$

$V=\{A,B,C,D\}$

$E=\{e_1,e_2,e_3,e_4\}=\{(A,B),(A,B),(C,D),(C,D)\}$

정의 8-4 **방향그래프(directed graph : $G=<V,E>$)**

그래프를 구성하는 정점 사이에 순서가 존재하여 화살표를 이용해 순서대로 정점을 연결하여 표현하는 그래프

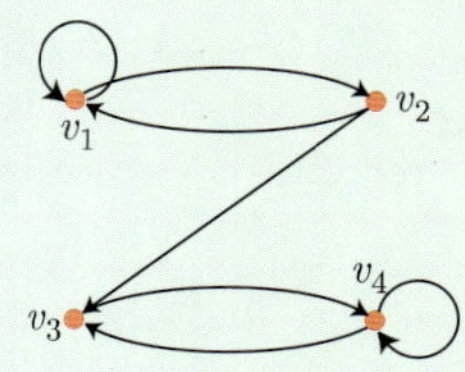

$$G=<V,E>$$
$$V=\{v_1, v_2, \cdots, v_n\}$$
$$E=\{e_1, e_2, \cdots, e_m\}=\{<v_i, v_j>, \cdots\},\ 1 \le i, j \le n$$

일반적인 그래프와 달리 방향그래프는 인접하는 정점 사이에 순서가 있어서 시작하는 정점에서 끝나는 정점의 방향으로 화살표를 실선 대신 표시한다. 두 표기 (v_i, v_j)와 (v_j, v_i)를 같은 변으로 취급하는 일반 그래프와 달리 방향그래프는 $<\ >$를 이용하여 $<v_i, v_j>$나 $<v_j, v_i>$로 나타내어 두 표기를 전혀 다른 변으로 취급한다. [정의 8-4]에 주어진 방향그래프를 수학적 표기로 표현하면 다음과 같다.

$$G=<V,E>$$
$$V=\{v_1, v_2, v_3, v_4\}$$
$$E=\{<v_1, v_1>, <v_1, v_2>, <v_2, v_1>, <v_2, v_3>, <v_3, v_4>, <v_4, v_3>, <v_4, v_4>\}$$

예제 8-3

다음을 보고 수학적 기호는 그래프로, 그래프는 수학적 기호로 나타내라.

(a)

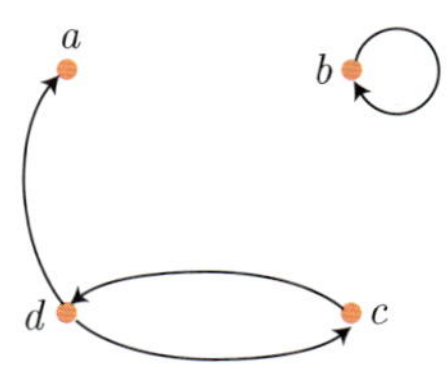

(b) $G=<V,E>$

$V=\{A, B, C\}$

$E=\{e_1, e_2, e_3, e_4\}$

$=\{<A, B>, <A, C>, <B, A>, <C, B>\}$

풀이

(a) 정점 c와 d를 연결하는 화살표는 2개인데, 하나는 정점 c에서 시작하는 화살표이고 다른 하나는 정점 d에서 시작하는 화살표이므로 그 순서에 맞춰 순서쌍을 작성한다.

$\therefore\ G=<V,E>$

$V=\{a, b, c, d\}$

$E=\{<b, b>, <c, d>, <d, a>, <d, c>\}$

(b) 변에 대한 정점의 쌍 중 $<A,B>$와 $<B,A>$가 있다. 두 정점의 쌍은 모두 정점 A와 B에 근접하는 변이지만 표기된 순서가 다르므로 화살표 방향이 다름을 알 수 있다. 따라서 방향그래프는 오른쪽 그림과 같다.

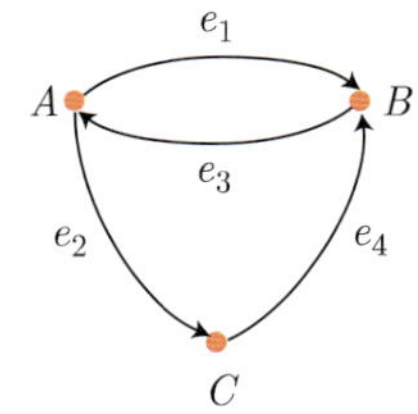

정의 8-5 **가중치그래프(weighted graph)**

그래프 $G=(V,E)$를 구성하는 각 변에 가중치가 부여된 그래프

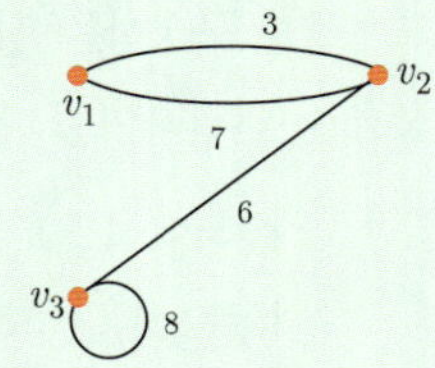

- $W[v_i, v_j]$: 두 정점 v_i와 v_j에 근접하는 변에 부여된 가중치 표기

도로망이나 네트워크를 설계하거나 평가할 때 각 연결선에 교통량이나 통신량 등을 표시하기도 하는데, 이 교통량 또는 통신량이 각 연결선에 대한 가중치의 의미를 갖는다. 이처럼 가중치그래프는 그래프를 평가하는 데 사용할 수 있다. 각 변에 부여된 가중치는 $W[v_i, v_j]=m$과 같이 나타내는데, [정의 8-5]에 주어진 가중치그래프에서 각 변의 가중치를 표기하면 다음과 같다.

$$W[v_1, v_2]=3,\quad W[v_1, v_2]=7,\quad W[v_2, v_3]=6,\quad W[v_3, v_3]=8$$

예제 8-4

다음 가중치그래프에서 각 변의 가중치를 표기하라.

(a)

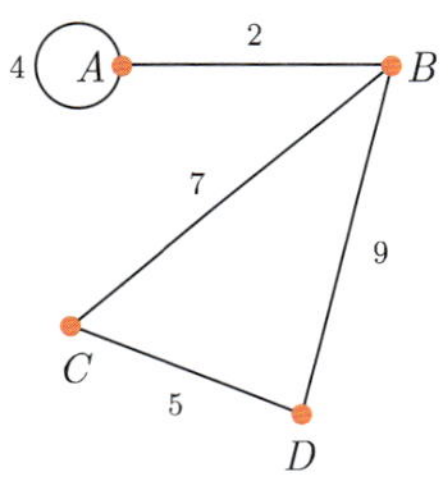

(b)

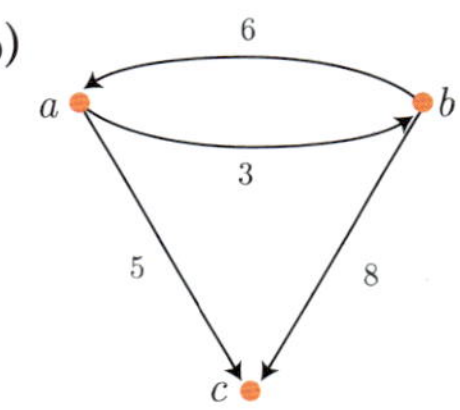

풀이

(a) $W[A,A]=4$

$W[A,B]=2$ 또는 $W[B,A]=2$, $W[B,C]=7$ 또는 $W[C,B]=7$

$W[B,D]=9$ 또는 $W[D,B]=9$, $W[C,D]=5$ 또는 $W[D,C]=5$

(b) $W[a,b]=3$, $W[b,a]=6$, $W[a,c]=5$, $W[b,c]=8$

그래프의 차수

그래프는 정점과 변으로 구성된다. 그러므로 각 정점에 근접하는 변의 개수는 그래프에 대한 다양한 판단을 하는 주요 기준이 된다.

정의 8-6 **차수(degree : $d(v)$)**

정점 v에 근접하는 변의 개수

방향그래프에 대하여,

(a) **외차수**(out-degree : $d_{out}(v)$) : 정점 v를 시작점으로 하는 화살표의 개수 / 진출 차수

(b) **내차수**(in-degree : $d_{in}(v)$) : 정점 v를 끝점으로 하는 화살표의 개수 / 진입 차수

[그림 8-3(a)]의 그래프를 구성하는 각 정점의 차수를 구해보자. (b)는 (a) 그래프를 분해하여 두 개의 그래프로 표현한 것이다.

(b1)은 두 정점 v_1, v_2에 근접하는 변으로 다음과 같이 각 정점에 대한 차수를 구할 수 있다.

$$d(v_1) = 1, \quad d(v_2) = 1$$

(b2)는 정점 v_2에 대한 루프로 다음과 같이 왼쪽에 위치한 정점 v_2의 차수와 오른쪽에 위치한 정점 v_2의 차수를 별도로 구할 수 있다.

$$d(v_2) = 1, \quad d(v_2) = 1$$

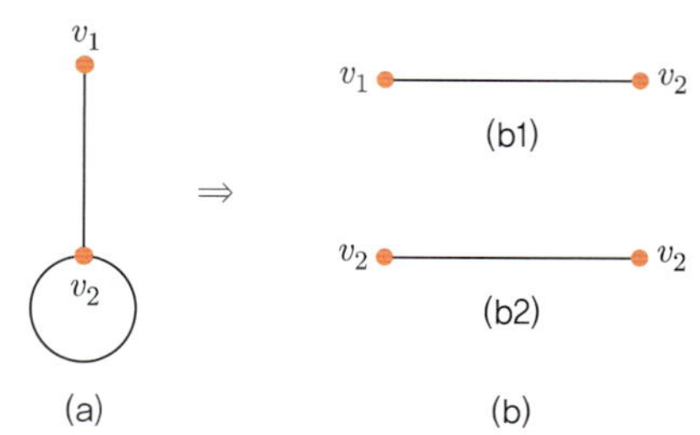

[그림 8-3] 그래프의 차수

결과적으로 (b1)과 (b2)를 이용하여 구한 (a) 그래프의 각 정점의 차수를 정리하면 다음과 같다.

$$d(v_1) = 1, \quad d(v_2) = 3$$

반면, 방향그래프의 경우에는 정점에서 시작하는 화살표 개수와 정점에서 끝나는 화살표 개수를 구분하여 구한다. [예제 8-3(a)]에서 살펴본 다음 [그림 8-4]의 방향그래프의 차수를 구해보자.

정점 a의 경우 정점 a를 끝점으로 하는 화살표만 존재하므로 정점 a의 외차수와 내차수는 다음과 같다.

$$d_{out}(a) = 0, \quad d_{in}(a) = 1$$

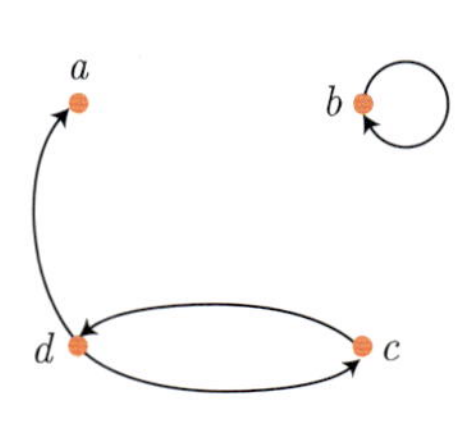

[그림 8-4] 방향그래프의 차수

정점 b의 경우 루프 화살표가 존재하는데 이때 정점 b에서 시작하는 화살표 하나, 정점 b로 끝나는 화살표 하나로 볼 수 있다. 그러므로 정점 b의 외차

수와 내차수는 다음과 같다.

$$d_{out}(b) = 1,\quad d_{in}(b) = 1$$

정점 c의 경우 정점 c에서 시작하는 화살표(정점 d가 끝점), 정점 c로 끝나는 화살표(정점 d가 시작점)가 존재한다. 따라서 정점 c의 외차수와 내차수는 다음과 같다.

$$d_{out}(c) = 1,\quad d_{in}(c) = 1$$

정점 d의 경우 정점 d에서 시작하는 화살표(정점 a와 c가 끝점) 2개와 정점 d로 끝나는 화살표(정점 c가 시작점) 1개가 존재한다. 따라서 정점 d의 외차수와 내차수는 다음과 같다.

$$d_{out}(d) = 2,\quad d_{in}(d) = 1$$

예제 8-5

다음 그래프에서 각 정점의 차수를 구하라.

(a)

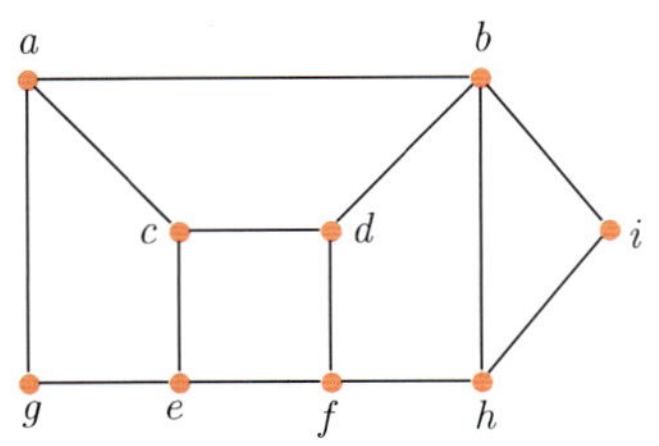

(b)

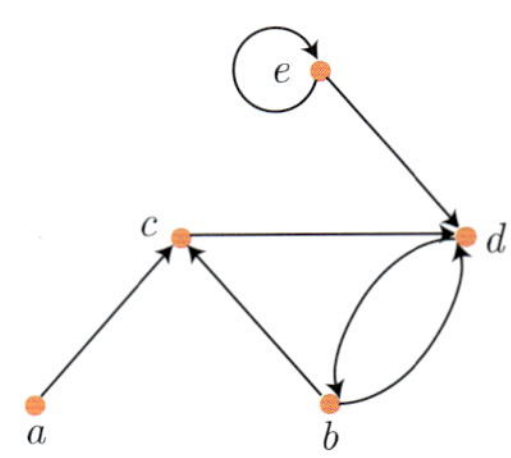

풀이

(a) $d(a) = 3$, $d(b) = 4$, $d(c) = 3$, $d(d) = 3$, $d(e) = 3$,
$d(f) = 3$, $d(g) = 2$, $d(h) = 3$, $d(i) = 2$

(b) $d_{out}(a) = 1$, $d_{in}(a) = 0$, $d_{out}(b) = 2$, $d_{in}(b) = 1$, $d_{out}(c) = 1$, $d_{in}(c) = 2$,
$d_{out}(d) = 1$, $d_{in}(d) = 3$, $d_{out}(e) = 2$, $d_{in}(e) = 1$

다음은 그래프를 구성하는 정점의 차수에 대해 항상 성립하는 정리이다.

정리 8-1 차수에 대한 정리

(a) 그래프 $G = (V, E)$에서 모든 정점의 차수의 합은 변의 개수의 2배이다.

$$\sum_{v \in V} d(v) = 2|E|$$

(b) 그래프 $G = (V, E)$에서 차수가 홀수인 정점의 개수는 짝수이다.

증명

(a) 그래프에서 변 e는 항상 2개의 정점 u, v에 근접한다. 그러므로 변 e는 정점 u의 차수를 구할 때와 정점 v의 차수를 구할 때 두 번 계산된다.

∴ 하나의 변은 정점 2개의 차수를 계산하는 데 항상 중복되므로 모든 정점의 차수의 합은 변의 개수의 2배이다.

(b) 그래프 $G=(V,E)$에서 차수가 짝수인 정점의 집합이 V_e, 차수가 홀수인 정점의 집합을 V_o일 때, (a)에 의해 그래프의 변의 개수는 다음과 같이 구할 수 있다.

$$2|E| = \sum_{v \in V} d(v) = \sum_{v \in V_e} d(v) + \sum_{v \in V_o} d(v) \quad \cdots (*)$$

이때 각 $v \in V_e$에 대하여 $d(v)$가 짝수이므로 $\sum_{v \in V_e} d(v)$는 짝수이다.

$$\sum_{v \in V_e} d(v) = 2k \, (k \in \mathbb{N}) \quad \cdots (**)$$

식 (**)를 이용하여 식 (*)를 다시 작성하면 다음과 같다.

$$\begin{aligned} 2|E| &= \sum_{v \in V} d(v) = \sum_{v \in V_e} d(v) + \sum_{v \in V_o} d(v) \\ &= 2k + \sum_{v \in V_o} d(v) \end{aligned}$$

따라서 $\sum_{v \in V_o} d(v) = 2|E| - 2k = 2(|E| - k)$이므로 $\sum_{v \in V_o} d(v)$도 짝수이다. 그런데 각 $v \in V_o$에 대하여 $d(v)$가 홀수이므로 $\sum_{v \in V_o} d(v)$가 짝수이려면 집합 V_o의 기수($|V_0|$), 즉 집합 V_o에 포함된 정점의 개수가 짝수여야 한다. 그러므로 차수가 홀수인 정점의 개수는 짝수이다. ■

앞에서 예로 들었던 다음 그래프를 이용해 [정리 8-1]의 차수에 대한 정리를 확인해보자.

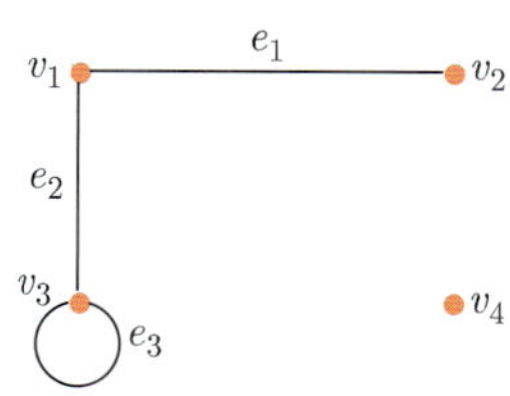

이 그래프를 구성하는 각 정점의 차수는 다음과 같고, 차수가 홀수인 정점의 수는 2개로 짝수 개임을 알 수 있다.

$$d(v_1) = 2, \quad d(v_2) = 1, \quad d(v_3) = 3, \quad d(v_4) = 0$$

또한 이 그래프의 변의 개수는 $|E| = 3$이다. [정리 8-1(a)]의 식에 이 값들을 대입하면 그래프의 모든 정점의 차수의 합은 변의 개수의 2배임을 알 수 있다.

$$\sum_{v \in V} d(v) = d(v_1) + d(v_2) + d(v_3) + d(v_4) = 2 + 1 + 3 + 0 = 6 = 2 \times 3 = 2|E|$$

여기서 이 그래프의 각 정점 중 홀수 차수인 정점은 v_2와 v_3 2개로, 차수가 홀수인 정점은 짝수 개이다. [정리 8-1]을 통해 그래프를 구성하는 정점의 차수의 합은 항상 짝수이고, 홀수 차수인 정점은 짝수 개임을 알았다. 따라서 정점이나 변에 대한 정보가 주어진다고 해서 무조건 그래프인 것이 아니므로, [정리 8-1]을 이용해 그래프인지를 먼저 판별하는 과정이 필요할 수 있음을 기억해야 한다.

예제 8-6

주어진 조건을 이용하여 요구하는 정보를 구하라. 단, 구할 수 없는 경우는 그 이유를 설명하라.

(a) $d(a)=1,\ d(b)=2,\ d(c)=3,\ d(d)=4,\ d(e)=5,\ d(f)=6,\ d(g)=7$일 때, 변의 개수

(b) $d(a)=2,\ d(b)=5,\ d(c)=3,\ d(d)=3,\ d(e)=2$일 때, 변의 개수

(c) 그래프 $G=(V,E)$에서 $|E|=5$일 때, 정점의 차수의 합

(d) 그래프 $G=(V,E)$에서 $\sum_{v\in V_e} d(v)=14,\ |E|=13$일 때, 차수가 홀수인 정점의 차수의 합

풀이

(a) 다음과 같이 차수의 합은 짝수이고 차수가 홀수인 정점의 개수가 4개(a, c, e, g)로 짝수 개이므로 그래프이고 변의 수를 구할 수 있다.

$$\begin{aligned}\sum_{v\in V} d(v) &= d(a)+d(b)+d(c)+d(d)+d(e)+d(f)+d(g)\\ &= 1+2+3+4+5+6+7=28=2\times 14=2|E|\end{aligned}$$

∴ 이 그래프의 변의 개수는 14개이다.

(b) 다음과 같이 차수의 합이 홀수이고 차수가 홀수인 정점의 개수가 3개(b, c, d)로 홀수이므로 그래프가 아니다.

$$\begin{aligned}\sum_{v\in V} d(v) &= d(a)+d(b)+d(c)+d(d)+d(e)+d(f)+d(g)\\ &= 2+5+3+3+2=15\neq 2|E|\end{aligned}$$

∴ 변의 개수를 구할 수 없다.

(c) $2|E|=2\times 5=10=\sum_{v\in V} d(v)$

$\therefore \sum_{v\in V} d(v)=10$

(d) $\sum_{v\in V} d(v)=\sum_{v\in V_e} d(v)+\sum_{v\in V_o} d(v)=14+\sum_{v\in V_o} d(v)=2|E|=2\times 13=26$

$\therefore \sum_{v\in V_o} d(v)=26-14=12$

8.2 그래프의 종류

그래프는 정점과 변이 어떻게 구성되는지에 따라 종류를 구분한다.

부분그래프와 신장부분그래프

정의 8-7 부분그래프(subgraph)

그래프 $G=(V,E)$에 대하여, $V' \subseteq V$이고 $E' \subseteq E$인 정점과 변으로 구성된 $G \neq G'$인 그래프 $G'=(V',E')$

정의 8-8 신장부분그래프(spanning subgraph)

그래프 $G=(V,E)$에 대하여, $V'=V$이고 $E' \subseteq E$인 정점과 변으로 구성된 그래프 $G'=(V',E')$

부분그래프 G'은 어떤 그래프 G에 포함된 정점과 변의 일부 또는 전체로 구성된 그래프이다. [정의 8-7]과 [정의 8-8]의 내용처럼 부분그래프 G'을 구성하는 정점의 집합과 변의 집합은 각각 그래프 G의 정점의 집합과 변의 집합의 부분집합이다. 특히 그래프 G의 모든 정점과 일부 변으로 구성되는 신장부분그래프는 부분그래프의 한 종류이다. 이처럼 부분그래프와 신장부분그래프는 그래프 G의 일부 또는 전체 정점과 변으로 표현되므로 다양한 형태가 존재한다.

예를 들어 [그림 8-5]의 그래프 G가 다음과 같다고 하자.

$$G=(V,E)$$
$$V=\{A,B,C,D\}$$
$$E=\{(A,B),(A,D),(B,C),(B,D)\}$$

그래프 G와 G의 부분그래프, 신장부분그래프를 그리면 다음 [그림 8-5]와 같다.

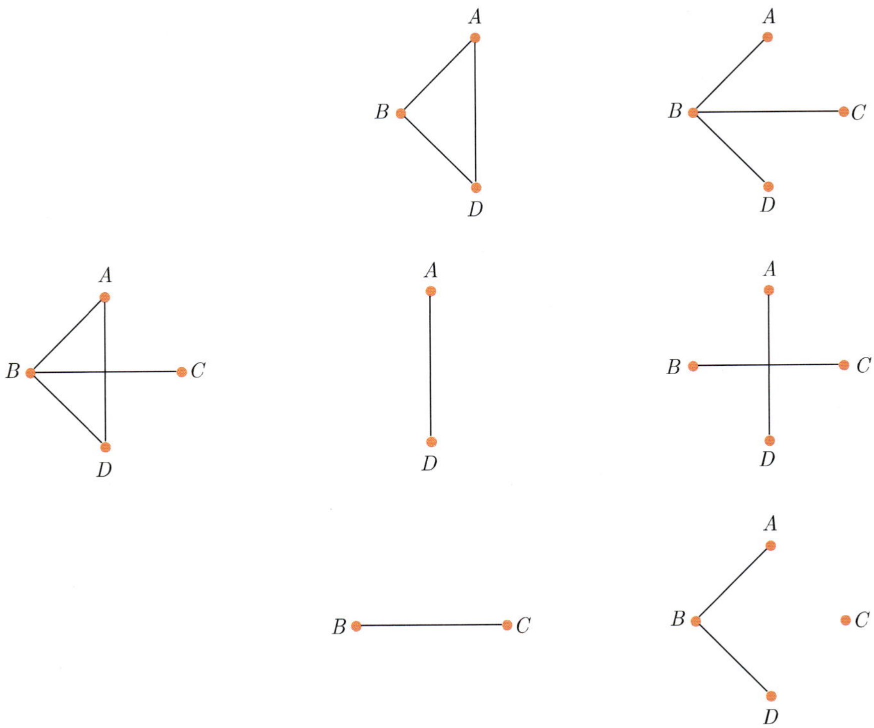

그래프 G G의 부분그래프 G의 신장부분그래프

[그림 8-5] 그래프 G의 부분그래프와 신장부분그래프

G의 부분그래프나 신장부분그래프는 [그림 8-5]에서 구한 것 외에도 다양하다. 부분그래프와 신장부분그래프를 비교해보면 부분그래프는 그래프 G의 일부 정점만을 포함해도 되지만, 신장부분그래프는 반드시 G의 모든 정점을 포함해야 한다.

반면 [그림 8-6]과 같은 그래프는 그래프 G의 변의 집합 E에 변 (A, C)나 (C, D)가 포함되지 않으므로 그래프 G의 부분그래프도, 신장부분그래프도 아니다.

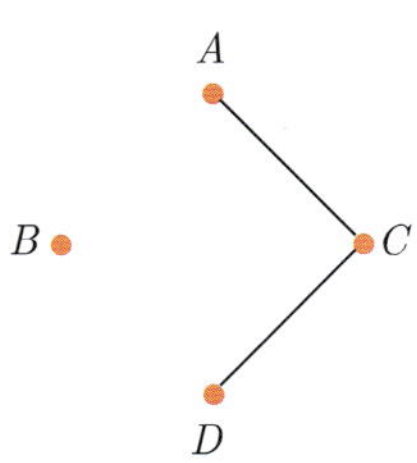

[그림 8-6] 그래프 G와 상관없는 그래프

예제 8-7

오른쪽 그림의 그래프 G를 보고 다음 물음에 답하라.

(a) 그래프 G의 부분그래프를 3개 그려라.

(b) 그래프 G의 신장부분그래프를 3개 그려라.

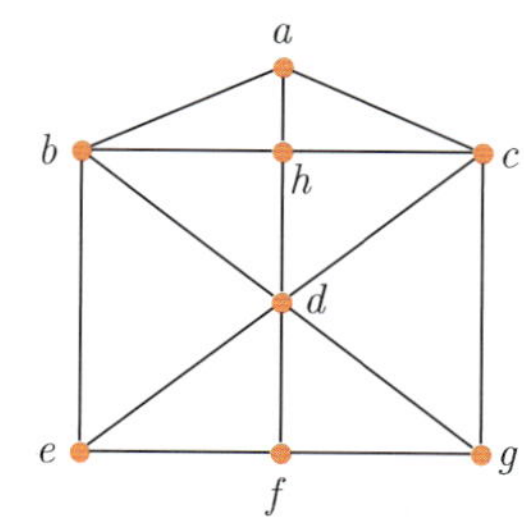

풀이

(a) 그래프 G의 부분그래프는 그래프 G를 구성하는 일부 정점과 일부 변을 이용하여 구한다. 그러므로 부분그래프는 다음 세 가지 말고도 다양한 형태로 그릴 수 있다.

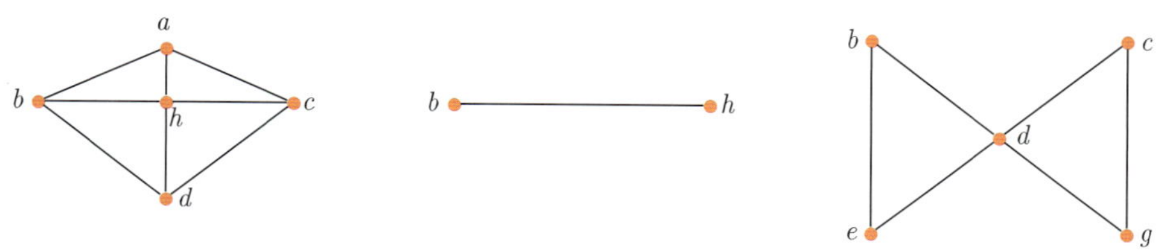

(b) 그래프 G의 신장부분그래프는 그래프 G의 모든 정점과 일부 변을 포함하여 구한다. 그러므로 신장부분그래프는 다음 세 가지 말고도 다양한 형태로 그릴 수 있다.

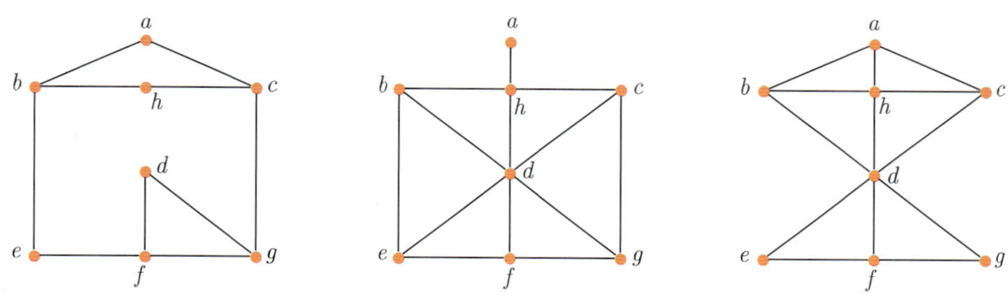

동형그래프

정의 8-9 동형그래프(isomorphic graph)

그래프 $G_1=(V_1, E_1)$과 $G_2=(V_2, E_2)$에 대한 함수 $f: V_1 \rightarrow V_2$가 $u, v \in V_1$에 대하여 $(u, v) \in E_1$이면 $(f(u), f(v)) \in E_2$를 만족하는 전단사함수일 때, 두 그래프 G_1과 G_2

두 그래프 G_1과 G_2가 동형그래프이려면 그래프 G_1의 정점 집합 V_1과 그래프 G_2의 정점 집합 V_2가 상등이고, 그래프 G_1의 변 집합 E_1과 그래프 G_2의 변 집합 E_2가 상등이어야 한다. 그래서 그래프 G_1과 G_2의 수학적 표기는 정확하게 일치한다.

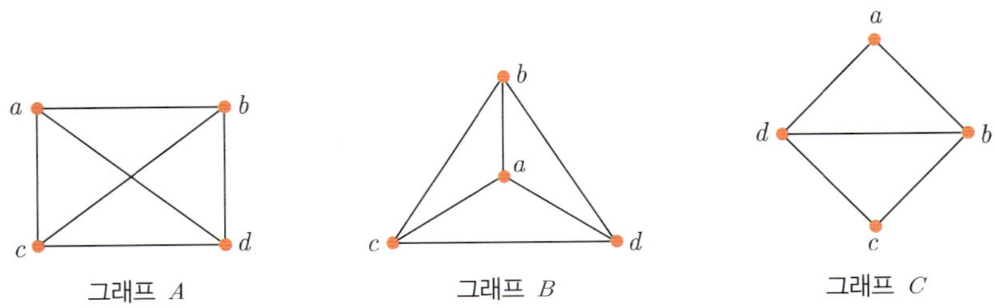

[그림 8-7] 동형그래프인 예와 아닌 예

[그림 8-7]에서 그래프 A, B, C 각각의 정점 집합 V_A, V_B, V_C와 변 집합 E_A, E_B, E_C는 다음과 같다.

$$A = (V_A, E_A),\quad V_A = \{a, b, c, d\},\quad E_A = \{(a, b), (a, c), (a, d), (b, c), (b, d), (c, d)\}$$
$$B = (V_B, E_B),\quad V_B = \{a, b, c, d\},\quad E_B = \{(a, b), (a, c), (a, d), (b, c), (b, d), (c, d)\}$$
$$C = (V_C, E_C),\quad V_C = \{a, b, c, d\},\quad E_C = \{(a, b), (a, d), (b, c), (b, d), (c, d)\}$$

위 내용으로 확인할 수 있는 그래프 A, B, C의 정점 집합과 변 집합 사이의 상등 관계는 다음과 같다.

$$V_A = V_B,\quad V_A = V_C,\quad V_B = V_C$$
$$E_A = E_B,\quad E_A \neq E_C,\quad E_B \neq E_C$$

위 상등 관계에서 알 수 있듯이 그래프 A와 B는 정점 집합과 변 집합이 모두 상등이므로 그래프 A와 B는 동형그래프이다. 하지만 그래프 C는 변 집합이 다른 그래프의 변 집합과 상등이 아니므로 그래프 C는 그래프 A나 B와 상등이 아니다.

예제 8-8

다음 그래프 G의 동형그래프를 판별하라.

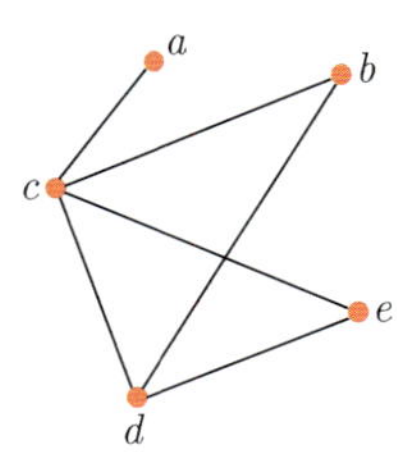

(a)

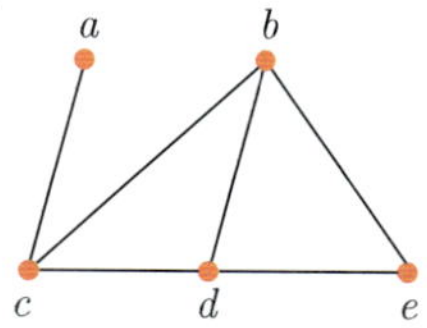

(b)

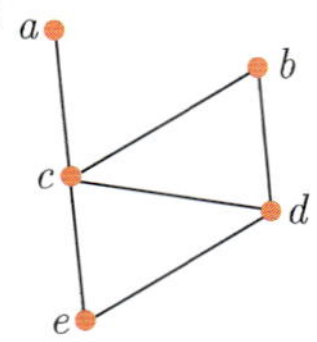

(c)

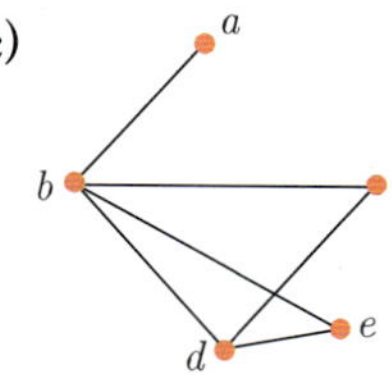

(d)

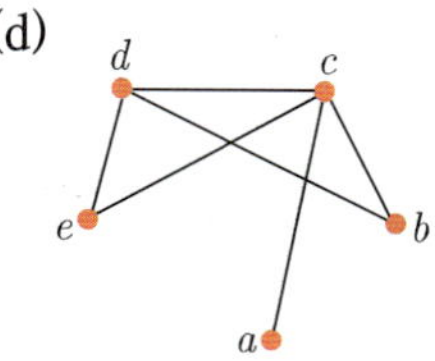

풀이

그래프 G의 수학적 표기는 다음과 같다.

$$G = (V, E)$$
$$V = \{a, b, c, d, e\}$$
$$E = \{(a, c), (b, c), (b, d), (c, d), (c, e), (d, e)\}$$

(a) $G_{(a)} = (V_{(a)}, E_{(a)})$

$V_{(a)} = \{a, b, c, d, e\}$

$E_{(a)} = \{(a, c), (b, c), (b, d), (b, e), (c, d), (d, e)\}$

$V = V_{(a)}$ 이지만 $E \neq E_{(a)}$ 이다.

∴ 그래프 G와 $G_{(a)}$는 동형그래프가 아니다.

(b) $G_{(b)} = (V_{(b)}, E_{(b)})$

$V_{(b)} = \{a, b, c, d, e\}$

$E_{(b)} = \{(a, c), (b, c), (b, d), (c, d), (c, e), (d, e)\}$

$V = V_{(b)}$ 이고 $E = E_{(b)}$ 이다.

∴ 그래프 G와 $G_{(b)}$는 동형그래프이다.

(c) $G_{(c)} = (V_{(c)}, E_{(c)})$

$V_{(c)} = \{a, b, c, d, e\}$

$E_{(c)} = \{(a, b), (b, c), (b, d), (b, e), (c, d), (d, e)\}$

$V = V_{(c)}$ 이고 $E \neq E_{(c)}$ 이다.

∴ 그래프 G와 $G_{(c)}$는 동형그래프가 아니다.

(d) $G_{(d)} = (V_{(d)}, E_{(d)})$

$V_{(d)} = \{a, b, c, d, e\}$

$E_{(d)} = \{(a, c), (b, c), (b, d), (c, d), (c, e), (d, e)\}$

$V = V_{(d)}$ 이고 $E = E_{(d)}$ 이다.

∴ 그래프 G와 $G_{(d)}$는 동형그래프이다.

연결그래프

정의 8-10 연결그래프(connected graph)

그래프 $G=(V, E)$에 포함되는 임의의 정점 u, v 사이에 경로가 있는 그래프

정의 8-11 경로(path)

그래프 $G=(V, E)$에 포함된 임의의 정점 u, v 사이에 가능한 길 중에서 같은 변을 두 번 이상 포함하지 않는 길

- **길**(walk) : 그래프 $G=(V, E)$에서 정점 v_i와 v_{i+1}에 근접하는 변을 e_i라고 할 때, v_1에서 시작하여 $v_k(k>1, k \in \mathbb{N})$에 도착하는 정점과 변의 나열

$$v_1, e_1, v_2, e_2, v_3, \cdots, v_{k-1}, e_{k-1}, v_k \quad \text{또는} \quad v_1 \to v_2 \to \cdots \to v_{k-1} \to v_k$$

연결그래프는 그래프를 구성하는 임의의 정점 사이에 경로가 있어야 한다. 만약 두 정점을 직접 연결하는 변이 존재하지 않더라도 다른 정점과 변을 거쳐서 두 정점이 연결되면 두 정점 간에 경로가 존재하여 연결그래프가 된다. 다음 그림을 살펴보자.

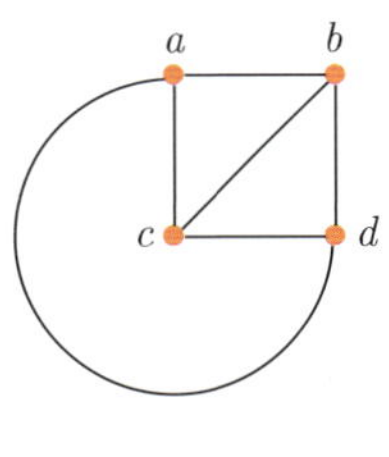

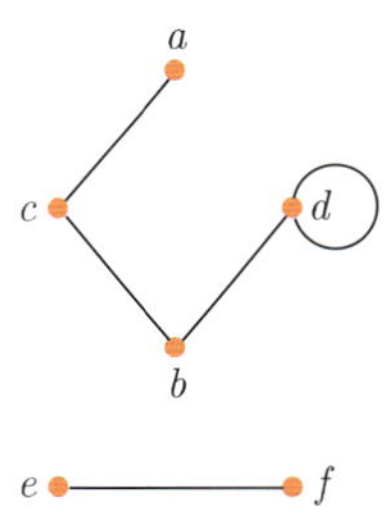

[그림 8-8] 연결그래프인 예와 아닌 예

그래프 A는 모든 정점 사이에 경로가 존재하므로 연결그래프이다. 예를 들어 정점 a와 d 사이에 $a \to d$, $a \to b \to d$, $a \to c \to b \to d$와 같은 경로가 있다. 그러나 그래프 B의 경우 정점 a, b, c, d와 정점 e, f 사이에 경로가 전혀 없다. 그러므로 그래프 B는 연결그래프가 아니다.

예제 8-9

다음 그래프를 보고 연결그래프를 판별하라.

(a)

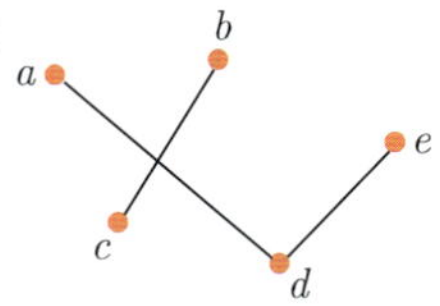

(b)

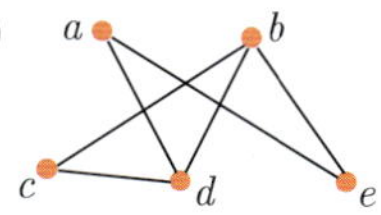

풀이

(a) 정점 a, d, e와 정점 b, c 사이에는 경로가 존재하지 않는다.
$\therefore$ 연결그래프가 아니다.

(b) 그래프에 포함된 모든 정점 사이에 경로가 존재한다. 예를 들어 직접 연결된 변이 없는 정점 d와 e 사이의 경로는 $d \rightarrow c \rightarrow b \rightarrow e$, $d \rightarrow a \rightarrow e$, $d \rightarrow b \rightarrow e$와 같이 다양하다.
$\therefore$ 연결그래프이다.

평면그래프

정의 8-12 평면그래프(planar graph)

연결그래프 $G=(V, E)$를 평면에 그릴 때 정점이 아닌 위치에서는 어떤 변도 교차하지 않도록 그릴 수 있는 그래프

평면그래프는 정점이 아닌 위치에서 서로 다른 변이 교차하지 않도록 그릴 수 있는 모든 그래프를 말한다. 다음 [그림 8-9]의 그래프를 살펴보자. 그래프 A는 모든 변이 정점이 아닌 위치에서는 교차하지 않으므로 당연히 평면그래프이다. 그래프 B는 변 (a, d)와 변 (b, c)가 정점이 아닌 위치에서 교차하고 있으나, 두 변 중 하나를 이동하여 그린 동형그래프(그래프 A)가 평면그래프이다. 그러므로 그래프 B도 평면그래프이다. 그러나 그래프 C는 정점이 아닌 위치에서 교차하는 변 (a, f), (c, d), (b, e)의 위치를 이동해도 정점이 아닌 위치에서 교차할 수 있으므로 평면그래프가 아니다.

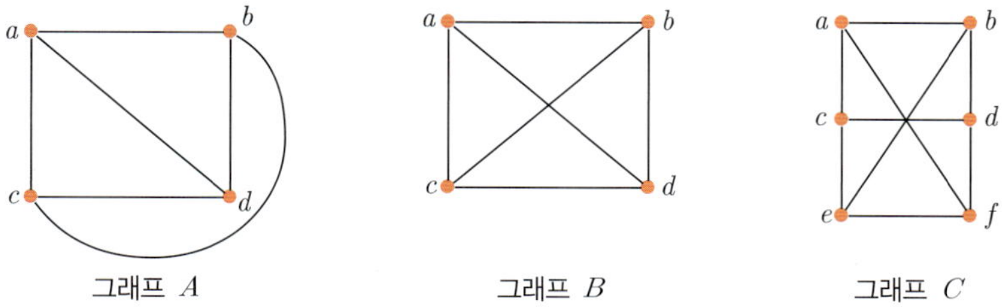

[그림 8-9] 평면그래프인 예와 아닌 예

예제 8-10

주어진 그래프를 보고 다음 물음에 답하라.

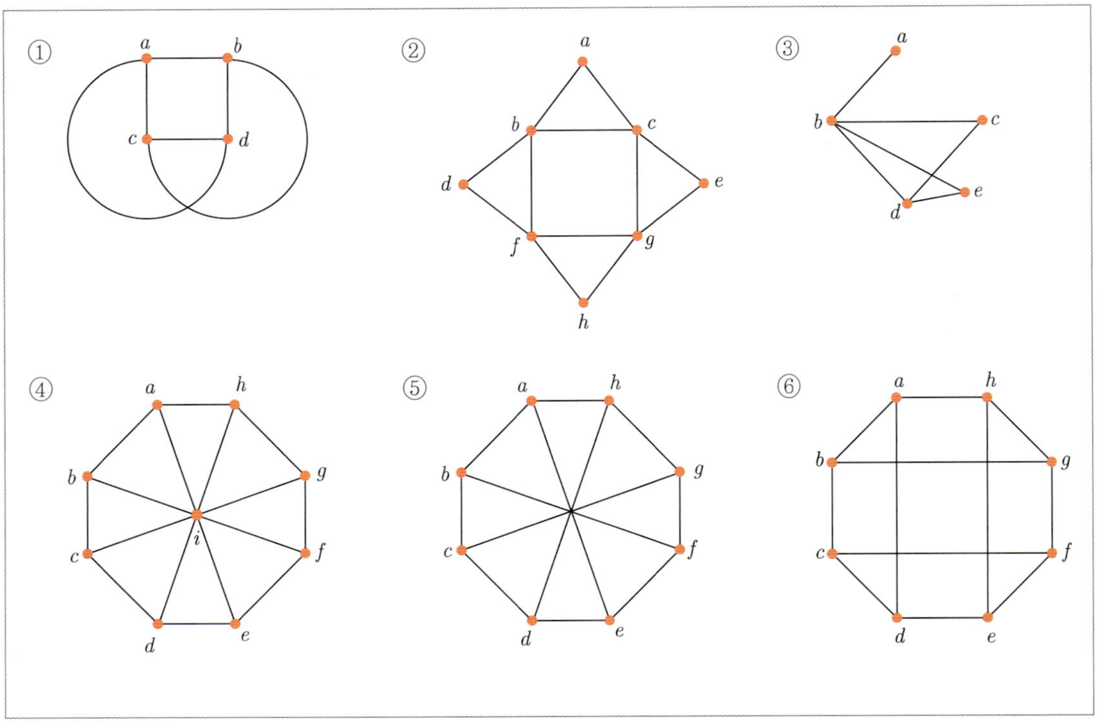

(a) 평면그래프가 아닌 것을 찾고 그 이유를 설명하라.

(b) 평면그래프 중 정점이 아닌 위치에서 변이 교차하는 경우 변이 교차하지 않는 동형그래프를 그려보아라.

풀이

(a) 그래프 ⑤는 변 $(a, e), (b, f), (c, g), (d, h)$가 정점이 아닌 위치에서 교차하며, 변들을 이동하더라도 정점이 아닌 위치에서 교차한다.

∴ 그래프 ⑤는 평면그래프가 아니다.

(b) 평면그래프의 동형그래프는 여기서 제시한 형태 외에도 다양하게 그릴 수 있다. 그래프 ②, ④는 이미 정점이 아닌 위치에서 교차하는 변이 없다.

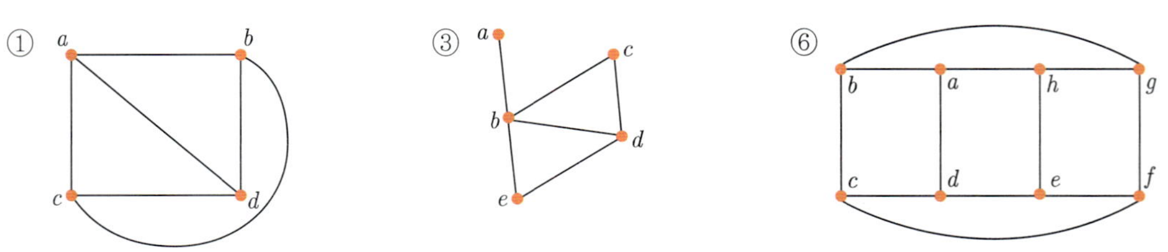

평면그래프에서는 정점과 변에 의해 하나 이상의 영역이 만들어질 수 있다. 만약 평면그래프가 아닌 경우에는 그래프에서 영역을 구할 수 없다. 그러면 평면그래프에서 영역이 무엇인지 [그림 8-10]을 통해 살펴보자.

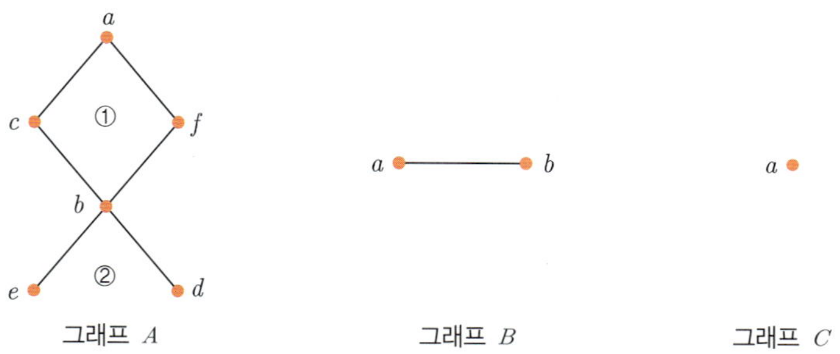

[그림 8-10] 평면그래프의 영역

그래프 A, B, C는 모두 평면그래프로, 영역을 구할 수 있다. 그래프 A에서 영역 ①은 정점 a, b, c, f와 변 $(a, c), (a, f), (b, c), (b, f)$로 만들어진 닫힌 영역이고, 영역 ②는 열린 영역으로 영역 ①의 바깥 영역에 해당한다. 그러므로 그래프 A는 두 개의 영역으로 구성된다. 반면, 그래프 B와 C는 모두 열린 영역으로 구성되어 하나의 영역을 갖는다. 평면그래프의 정점과 변, 영역 사이의 관계를 정리하면 다음과 같다.

정리 8-2 오일러 공식(Euler's formula)

평면그래프 G에서 정점의 수를 v, 변의 수를 e, 영역의 수를 s라고 할 때, 다음 오일러 공식이 성립된다.

$$v - e + s = 2$$

증명

오일러 공식을 증명하기 위해 변의 수를 이용한 수학적 귀납법을 이용한다.

❶ **기본 가정** : $e=1$일 때, 변이 하나인 그래프는 다음과 같이 두 종류이다.

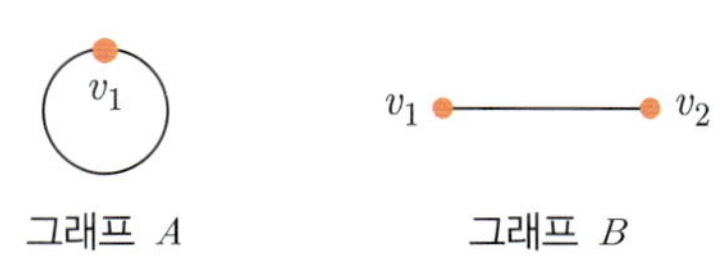

그래프 A : 루프에 의해 닫힌 영역 하나와 그 바깥 영역 하나로 영역이 2개 존재한다.
$v=1,\ e=1,\ s=2 \Rightarrow v-e+s=1-1+2=2$이므로, 오일러 공식이 성립한다.

그래프 B : 열린 영역 1개가 존재한다.
$v=2,\ e=1,\ s=1 \Rightarrow v-e+s=2-1+1=2$이므로, 오일러 공식이 성립한다.

❷ **귀납 가정** : $e=k$일 때, $v-k+s=2$가 성립한다고 가정한다.

❸ **귀납 증명** : $e=k+1$일 때, 평면그래프에 변을 하나 추가하는 방법은 다음과 같이 두 가지 경우가 있다.

(ⅰ) 정점을 하나 추가하여 기존의 정점 하나와 연결하면 $e=k+1$이고 $v'=v+1$이다. 이때 영역의 수는 증가하지 않는다.

$$v'-e+s=(v+1)-(k+1)+s=v-k+s=2 \quad (\because \text{ 귀납 가정 } v-k+s=2)$$

(ⅱ) 기존의 정점 사이에 변을 하나를 추가하면 $e=k+1$이다. 이때 정점의 수는 증가하지 않지만 영역의 수는 하나 증가하여 $s'=s+1$이다.

$$v-e+s'=v-(k+1)+(s+1)=v-k+s=2 \quad (\because \text{ 귀납 가정 } v-k+s=2)$$

∴ 오일러 공식이 성립한다. ■

예제 8-11

다음 그래프를 이용하여 오일러 공식이 성립함을 보여라.

(a)

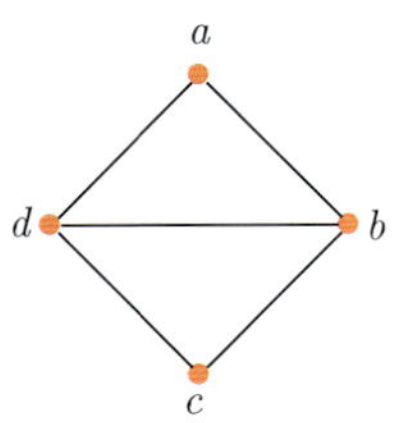

(b)

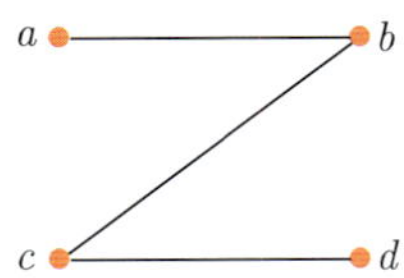

(c)

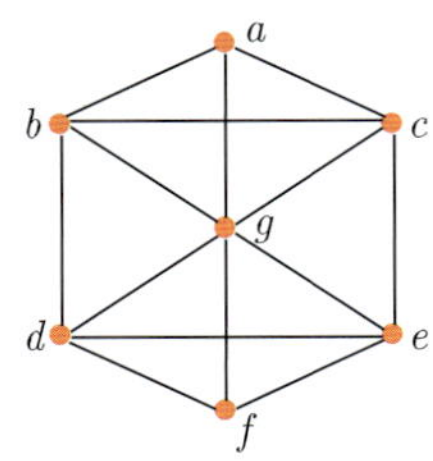

풀이

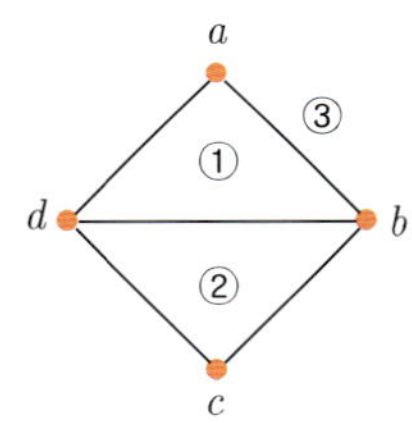

(a) 이 그래프의 정점, 변, 영역의 수는 다음과 같다.

$$v=4,\ e=5,\ s=3 \quad \Rightarrow \quad v-e+s=4-5+3=2$$

∴ 오일러 공식이 성립한다.

(b) 이 그래프는 닫힌 영역이 없어 영역의 수가 1개이므로 정점, 변, 영역의 수는 다음과 같다.

$$v=4,\ e=3,\ s=1 \quad \Rightarrow \quad v-e+s=4-3+1=2$$

∴ 오일러 공식이 성립한다.

(c) 이 평면그래프에 대해 정점이 아닌 위치에서 변들이 교차하지 않는 동형그래프를 그리면 다음과 같다.

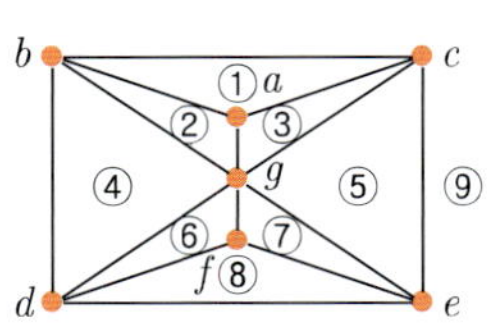

위 그래프의 정점, 변, 영역의 수를 구하면 다음과 같다.

$$v=7,\ e=14,\ s=9 \quad \Rightarrow \quad v-e+s=7-14+9=2$$

∴ 오일러 공식이 성립한다.

[예제 8-11(c)]의 그래프의 경우, 정점이 아닌 위치에서 변이 교차하지 않도록 동형그래프를 그리지 않더라도 정점과 변의 개수와 오일러 공식을 이용해 영역의 수를 구할 수 있다.

정규그래프와 완전그래프

정의 8-13 **정규그래프(regular graph : k-정규그래프)**

그래프 $G=(V, E)$ 내에 있는 모든 정점의 차수가 k로 같은 그래프

$$V=\{v_1, v_2, \cdots, v_n\} \text{일 때, } d(v_1)=d(v_2)=\cdots=d(v_n)=k$$

[그림 8-11]의 두 그래프는 모두 정규그래프이다. 두 그래프의 정점의 차수를 각각 구하면 다음과 같이 모든 정점의 차수가 같기 때문이다.

$$\text{그래프 } A : d(a)=2,\ d(b)=2,\ d(c)=2,\ d(d)=2$$
$$\text{그래프 } B : d(a)=3,\ d(b)=3,\ d(c)=3,\ d(d)=3$$

이처럼 그래프를 구성하는 모든 정점의 차수가 k인 정규그래프를 k-정규그래프라고 표기한다. 따라서 [그림 8-11]의 그래프 A는 2-정규그래프이고 그래프 B는 3-정규그래프이다. 특히 그래프 B는 그래프에 포함된 모든 정점이 다른 정점과 연결되는데, 이러한 그래프를 완전그래프라고 한다.

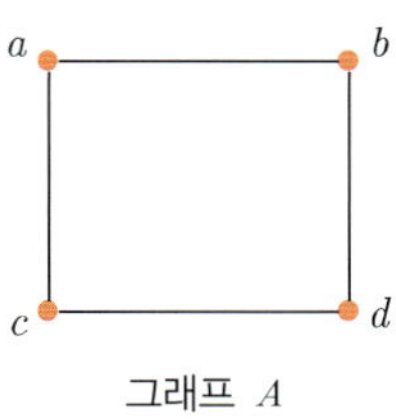

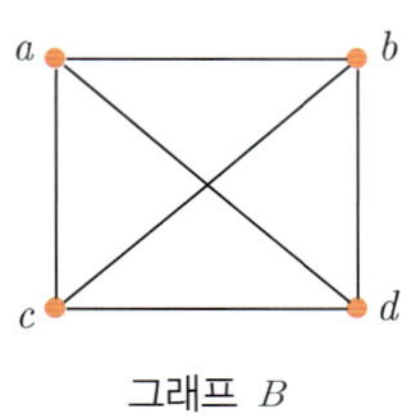

[그림 8-11] 정규그래프와 완전그래프의 예

정의 8-14 **완전그래프(complete graph : K_n)**

그래프 $G=(V, E)$ 내에 있는 모든 정점 사이에 변이 존재하는 그래프

$$|V|=n \text{일 때, } d(v_i)=n-1,\ 1 \le i \le n$$

$|V|=n$일 때 완전그래프에 포함된 모든 정점의 차수는 자신을 제외한 나머지 모든 정점과 근접한 변의 개수 $n-1$이므로 항상 $d(v_i)=n-1$이다. 이때 모든 정점의 차수가 같으므로 완전그래프는 정규그래프이기도 하다. 완전그래프는 그래프에 포함된 정점의 수(n)를 이용하여 K_n으로 표기한다.

[그림 8-11]의 그래프 B를 보면 $|V_B|=4$이고 모든 정점의 차수는 $d_B(v_i)=|V_B|-1=3$임 확인할 수 있다. 그러므로 그래프 B는 3-정규그래프이면서 완전그래프 K_4이다.

예제 8-12

다음 그래프 중 정규그래프와 완전그래프를 구분하고 기호로 나타내라.

(a) 

(b) 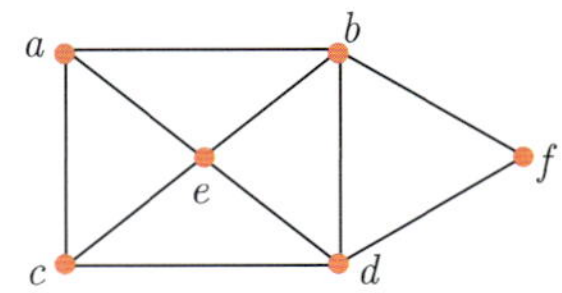

(c) 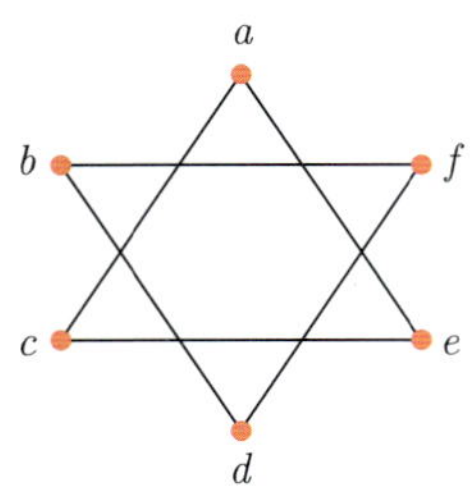

(d) 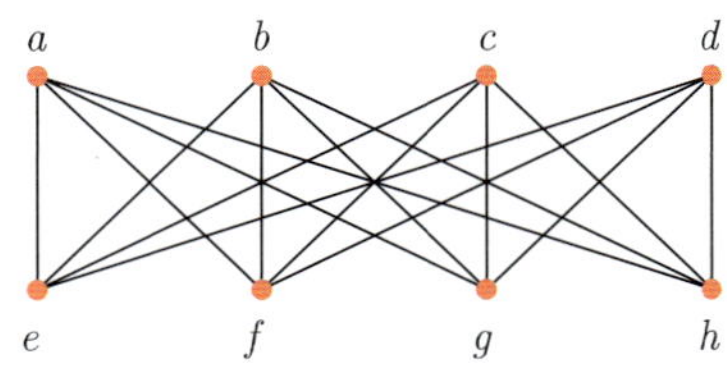

풀이

(a) 그래프를 구성하는 정점의 수는 $|V|=2$이고, 각 정점의 차수는 $d(a)=1$, $d(b)=1$이다. 따라서 모든 정점의 차수가 같다.

∴ 1-정규그래프이다.

모든 정점의 차수가 $d(v)=|V|-1=1$이다.

∴ 완전그래프 K_2이다.

(b) 그래프를 구성하는 정점의 수는 $|V|=6$이고, 각 정점의 차수는 $d(a)=3$, $d(b)=4$, $d(c)=3$, $d(d)=4$, $d(e)=4$, $d(f)=2$이다. 따라서 모든 정점의 차수가 같지는 않다.

∴ 정규그래프가 아니다.

모든 정점의 차수가 $d(v)\neq|V|-1=5$이다.

∴ 완전그래프가 아니다.

(c) 그래프를 구성하는 정점의 수는 $|V|=6$이고, 각 정점의 차수는 $d(a)=2$, $d(b)=2$, $d(c)=2$, $d(d)=2$, $d(e)=2$, $d(f)=2$이다. 따라서 모든 정점의 차수가 같다.

∴ 2-정규그래프이다.

모든 정점의 차수가 $d(v)\neq|V|-1=5$이다.

∴ 완전그래프가 아니다.

(d) 그래프를 구성하는 정점의 수는 $|V|=8$이고, 각 정점의 차수는 $d(a)=4$, $d(b)=4$, $d(c)=4$, $d(d)=4$, $d(e)=4$, $d(f)=4$, $d(g)=4$, $d(h)=4$이다. 따라서 모든 정점의 차수가 같다.

$\therefore$ 4-정규그래프이다.
모든 정점의 차수가 $d(v) \neq |V|-1=7$이다.
$\therefore$ 완전그래프가 아니다.

이분그래프와 완전이분그래프

정의 8-15 **완전이분그래프(complete bipartite graph : $K_{m,n}$ ($|V_1|=m, |V_2|=n$))**

그래프 $G=(V, E)$에서 정점 집합 V가 $V=V_1 \cup V_2$와 $V_1 \cap V_2=\varnothing$을 만족하는 두 집합 V_1과 V_2로 분리되고, 그래프의 **모든** 변이 V_1의 한 정점에서 V_2의 기울기 정점으로 연결되는 그래프

정의 8-16 **이분그래프(bipartite graph)**

그래프 $G=(V, E)$에서 정점 집합 V가 $V=V_1 \cup V_2$와 $V_1 \cap V_2=\varnothing$을 만족하는 두 집합 V_1과 V_2로 분리되고, 그래프의 **어떤** 변이 V_1의 한 정점에서 V_2의 기울기 정점으로 연결되는 그래프

이분그래프와 완전이분그래프는 그래프의 정점 집합을 두 개의 부분집합으로 분할(partition)할 때 한 부분집합의 정점과 다른 부분집합의 정점 사이에만 변이 존재하는 그래프로, 같은 부분집합에 포함된 정점 사이에는 변이 존재해서는 안 된다. 다음 [그림 8-12]의 그래프를 살펴보자.

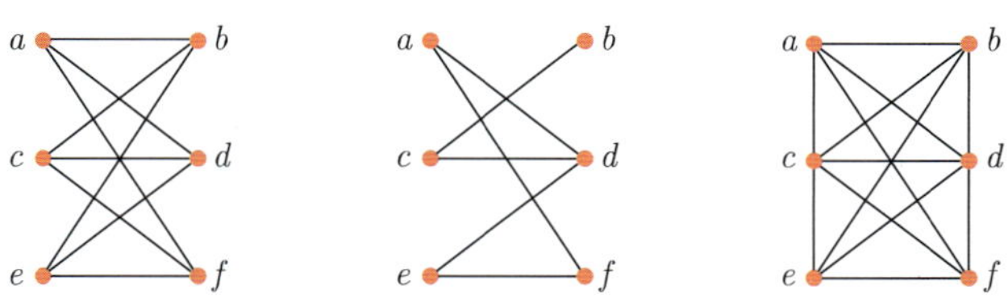

[그림 8-12] 이분그래프, 완전이분그래프인 예와 아닌 예

그래프 A, B, C는 모두 6개의 정점 $V=\{a, b, c, d, e, f\}$로 구성된다. 완전이분그래프와 이분그래프를 판별하기 위해 인접하지 않는 정점끼리 같은 집합으로 구성하여 각 그래프의 정점 집합 V를 분할해보자. 그래프 A와 B의 경우, 정점 집합 V에 포함되는 정점 중 a, c, e 사이와 b, d, f 사이에는 연결선이 존재하지 않으므로 다음과 같이 분할할 수 있다.

$$V=\{V_1, V_2\}=\{\{a, c, e\}, \{b, d, f\}\} \ (V_1 \cup V_2=V, \ \ V_1 \cap V_2=\varnothing)$$

그래프 A는 정점 a와 b, d, f, 정점 c와 b, d, f, 정점 e와 b, d, f 사이에 근접하는 변이 있다. 즉, V_1

의 모든 정점이 각각 V_2의 모든 정점과 근접하는 변을 갖는다. 그러므로 그래프 A는 완전이분그래프이고 $K_{3,3}$로 표기한다.

그래프 B는 정점 a와 d, f, 정점 c와 b, d, 정점 e와 d, f 사이에 근접하는 변이 있다. 즉, V_1의 모든 정점이 V_2의 일부 정점과 근접하는 변을 갖는다. 그러므로 그래프 B는 완전이분그래프는 아니고 이분그래프이다.

그래프 A, B와는 달리 그래프 C의 경우 정점의 집합을 분할하면 같은 부분집합에 포함된 정점 사이에 근접하는 변이 존재한다. 예를 들어 그래프 C의 정점 집합 V를 $V=\{V_1, V_2\}=\{\{a, c, e\}, \{b, d, f\}\}$로 분할한다고 가정할 때, V_1에 포함되는 정점 a와 c 또는 정점 c와 e 사이에 근접하는 변이 존재한다. 따라서 그래프 C는 완전이분그래프도, 이분그래프도 아니다.

예제 8-13

다음 그래프 중 완전이분그래프와 이분그래프를 판별하라.

(a)

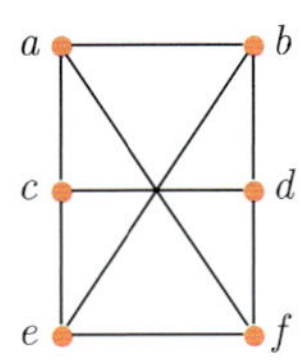

(b)

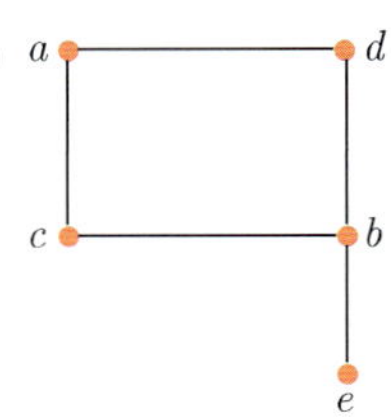

(c)

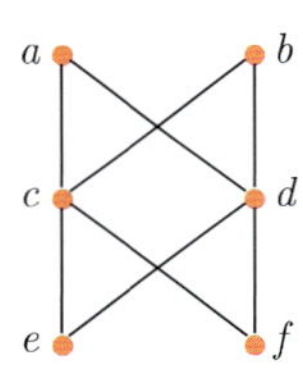

(d)

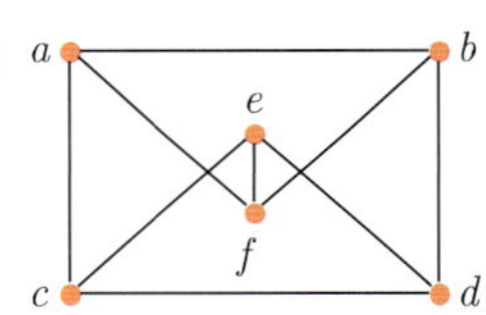

풀이

근접하는 변이 없는 정점들을 하나의 집합으로 분할할 수 있는지 판별하고, 가능한 경우 분할하여 각 집합의 정점 사이에 근접하는 변이 있는지 여부를 판별한다.

(a) 정점 집합 $V=\{a, b, c, d, e, f\}$에서 서로 근접하는 변이 없는 정점을 하나의 집합으로 구성하면 다음과 같이 분할 가능하다.

$$V=\{V_1, V_2\}=\{\{a, d, e\}, \{b, c, f\}\},\quad V_1=\{a, d, e\},\quad V_2=\{b, c, f\}$$

V_1의 모든 정점은 각각 V_2의 모든 정점에 근접하는 변을 갖는다. 즉, V_1의 정점 a와 b, c, f, 정점 d와 b, c, f, 정점 e와 b, c, f 사이에 변이 존재한다.
∴ 완전이분그래프 $K_{3,3}$이다.

(b) 정점 집합 $V = \{a, b, c, d, e\}$에서 서로 근접하는 변이 없는 정점을 하나의 집합으로 구성하면 다음과 같이 분할 가능하다.

$$V = \{V_1, V_2\} = \{\{a, b\}, \{c, d, e\}\}, \quad V_1 = \{a, b\}, \quad V_2 = \{c, d, e\}$$

이 분할에서는 V_1의 원소인 정점 a가 V_2의 원소인 정점 e와 근접하는 변을 갖지 않는다. 이처럼 일부 정점 사이에 근접하는 변이 존재하지 않으므로 완전이분그래프가 아니다.

∴ 이분그래프이다.

(c) 정점 집합 $V = \{a, b, c, d, e, f\}$에서 서로 근접하는 변이 없는 정점을 하나의 집합으로 구성하면 다음과 같이 분할 가능하다.

$$V = \{V_1, V_2\} = \{\{a, b, e, f\}, \{c, d\}\}, \quad V_1 = \{a, b, e, f\}, \quad V_2 = \{c, d\}$$

V_1의 모든 정점은 각각 V_2의 모든 정점에 근접하는 변을 갖는다. 즉, V_1의 정점 a와 c, d, 정점 b와 c, d, 정점 e와 c, d, 정점 f와 c, d 사이에 변이 존재한다.

∴ 완전이분그래프 $K_{4,2}$이다.

(d) 정점 집합 $V = \{a, b, c, d, e, f\}$를 서로 인접하지 않는 정점의 집합으로 분할할 수 없다.

∴ 이분그래프도, 완전이분그래프도 아니다.

8.3 그래프의 표현

지금까지 그래프는 수학적 기호와 그림으로 표현하였지만, 그래프를 이용한 연산이나 데이터의 구조를 나타내기 위해 행렬이나 리스트 형태로 표현하기도 한다.

인접행렬

6장에서 관계를 행렬로 표현하는 관계행렬을 살펴보았다. 이는 관계 집합에 순서쌍 원소가 있는지 없는지를 1과 0으로 표현하는 행렬로 5장에서 다룬 부울행렬의 형태이다. 그래프도 변의 집합 E에 포함된 정점의 쌍의 원소를 이용해 행렬 형태로 표현할 수 있는데, 관계행렬과는 다르게 정점의 쌍의 원소 개수로 표기한다. 즉, 두 정점에 근접하는 변의 수를 행렬 원소로 표기한다.

정의 8-17 인접행렬(adjacency matrix : A_G)

그래프 $G=(V, E)$에서 $|V|=n$일 때, $n\times n$ 행렬 $A_G=[a_{ij}]$

$$a_{ij}=\begin{cases} \text{해당 정점에 근접하는 변의 수}, & (v_i, v_j)\in E \\ 0, & (v_i, v_j)\notin E \end{cases}$$

인접행렬은 하나의 정점 집합에 대한 행렬이므로 항상 정사각행렬이다. 또한 방향이 없는 무방향그래프의 경우 정점의 쌍을 구성하는 정점의 순서에 의미가 없으므로 인접행렬로 표기할 때 주대각 원소를 기준으로 마주보는 원소는 같은 값이다. 즉, 무방향그래프의 인접행렬은 5장에서 살펴본 대칭관계에 대한 행렬 표현과 같다. 반면, 방향그래프는 정점의 쌍을 구성하는 정점의 순서에 의미가 있으므로 주대각 원소를 기준으로 마주보는 원소의 값이 서로 다르다. 다음 [그림 8-13]의 그래프를 살펴보자.

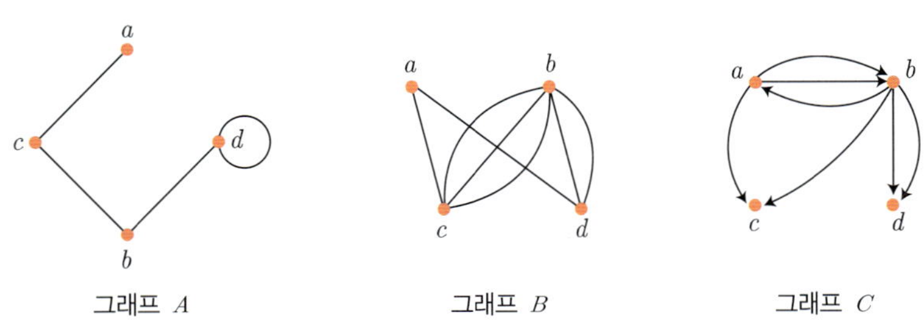

[그림 8-13] 그래프의 인접행렬 표기

그래프 A는 무방향그래프, 그래프 B는 다중 무방향그래프, 그래프 C는 방향그래프이다. 세 그래프는 모두 정점이 4개이므로 인접행렬의 크기는 4×4이다. 그래프 A는 정점들에 근접한 변이 1개씩만 있으므로 인접행렬로 나타내면 다음과 같이 행렬의 원소가 변의 개수 1과 0으로만 표현된다. 특히 행렬의 주대각 원소를 기준으로 마주보는 원소가 같은 값이다.

$$G=(V,E)$$
$$V=\{a,b,c,d\}$$
$$E=\{(a,c),(b,c),(b,d),(d,d)\}$$

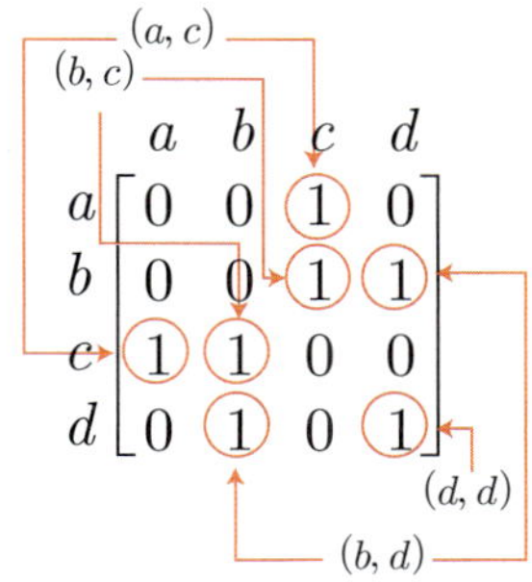

그래프 B는 다중그래프이므로 인접행렬의 원소는 두 정점에 근접하는 변의 개수이며, 그래프 A처럼 주대각 원소를 기준으로 마주보는 원소가 같은 값이다.

$$G=(V,E)$$
$$V=\{a,b,c,d\}$$
$$E=\{(a,c),(a,d),(b,c),(b,c),(b,c),(b,d),(b,d)\}$$

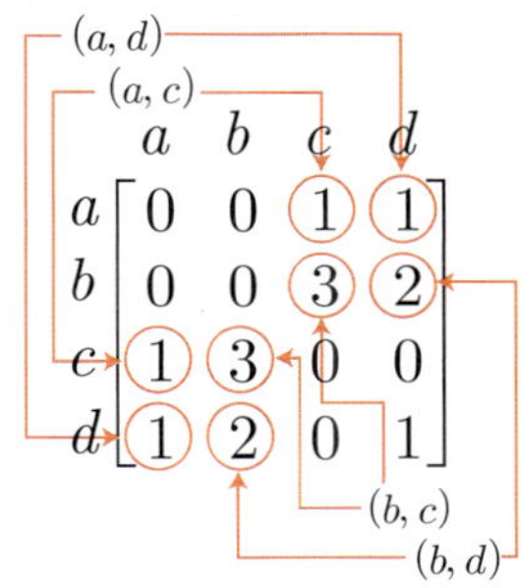

그래프 C는 방향그래프이면서 다중그래프이다. 다중그래프는 정점의 쌍인 원소의 순서에 의미가 있으므로 정점의 쌍에서 시작 정점은 인접행렬의 행 번호로, 끝 정점은 인접행렬의 열 번호로 생각하고 해당 방향의 화살표 개수를 표기한다.

$$G=<V,E>$$
$$V=\{a,b,c,d\}$$
$$E=\{<a,b>,<a,b>,<a,c>,<b,a>,<b,c>,<b,d>,<b,d>\}$$

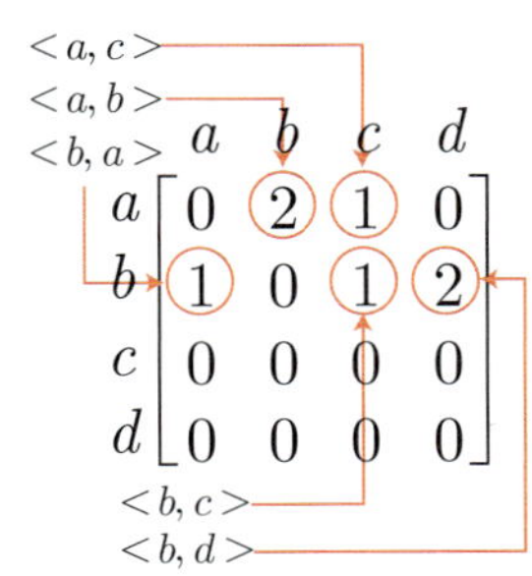

예제 8-14

다음 그래프의 인접행렬을 구하거나, 인접행렬을 그래프로 나타내라.

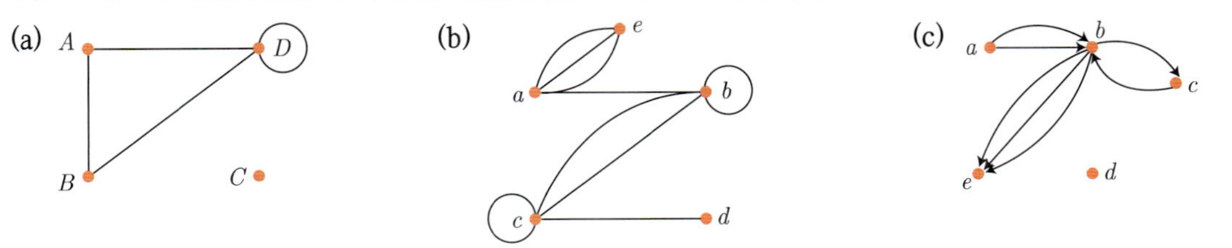

(d) $A_{G_1} = \begin{array}{c} \\ a \\ b \\ c \\ d \end{array}\!\!\begin{array}{c} \begin{array}{cccc} a & b & c & d \end{array} \\ \begin{bmatrix} 1 & 0 & 1 & 1 \\ 0 & 0 & 0 & 1 \\ 1 & 0 & 1 & 1 \\ 1 & 1 & 1 & 0 \end{bmatrix} \end{array}$ (e) $A_{G_2} = \begin{array}{c} \\ A \\ B \\ C \\ D \\ E \end{array}\!\!\begin{array}{c} \begin{array}{ccccc} A & B & C & D & E \end{array} \\ \begin{bmatrix} 1 & 3 & 0 & 1 & 1 \\ 3 & 0 & 2 & 0 & 1 \\ 0 & 2 & 1 & 1 & 0 \\ 1 & 0 & 1 & 0 & 1 \\ 1 & 1 & 0 & 1 & 0 \end{bmatrix} \end{array}$ (f) $A_{G_3} = \begin{array}{c} \\ a \\ b \\ c \\ d \end{array}\!\!\begin{array}{c} \begin{array}{cccc} a & b & c & d \end{array} \\ \begin{bmatrix} 0 & 2 & 1 & 0 \\ 0 & 1 & 2 & 0 \\ 2 & 0 & 1 & 1 \\ 1 & 2 & 0 & 0 \end{bmatrix} \end{array}$

풀이

(a) $G_{(a)} = (V_{(a)}, E_{(a)})$

$V_{(a)} = \{A, B, C, D\}$

$E_{(a)} = \{(A, B), (A, D), (B, D), (D, D)\}$

$\therefore A_{G_{(a)}} = \begin{array}{c} \\ A \\ B \\ C \\ D \end{array}\!\!\begin{array}{c} \begin{array}{cccc} A & B & C & D \end{array} \\ \begin{bmatrix} 0 & 1 & 0 & 1 \\ 1 & 0 & 0 & 1 \\ 0 & 0 & 0 & 0 \\ 1 & 1 & 0 & 1 \end{bmatrix} \end{array}$

(b) $G_{(b)} = (V_{(b)}, E_{(b)})$

$V_{(b)} = \{a, b, c, d, e\}$

$E_{(b)} = \{(a, b), (a, e), (a, e), (a, e), (b, b), (b, c), (b, c),$
$(c,c), (c,d)\}$

$\therefore A_{G_{(b)}} = \begin{array}{c} \\ a \\ b \\ c \\ d \\ e \end{array}\!\!\begin{array}{c} \begin{array}{ccccc} a & b & c & d & e \end{array} \\ \begin{bmatrix} 0 & 1 & 0 & 0 & 3 \\ 1 & 1 & 2 & 0 & 0 \\ 0 & 2 & 1 & 1 & 0 \\ 0 & 0 & 1 & 0 & 0 \\ 3 & 0 & 0 & 0 & 0 \end{bmatrix} \end{array}$

(c) $G_{(c)} = < V_{(c)}, E_{(c)} >$

$V_{(c)} = \{a, b, c, d, e\}$

$E_{(c)} = \{< a, b >, < a, b >, < b, c >, < b, e >,$
$< b, e >, < b, e >, < c, b >\}$

$\therefore A_{G_{(c)}} = \begin{array}{c} \\ a \\ b \\ c \\ d \\ e \end{array}\!\!\begin{array}{c} \begin{array}{ccccc} a & b & c & d & e \end{array} \\ \begin{bmatrix} 0 & 2 & 0 & 0 & 0 \\ 0 & 0 & 1 & 0 & 3 \\ 0 & 1 & 0 & 0 & 0 \\ 0 & 0 & 0 & 0 & 0 \\ 0 & 0 & 0 & 0 & 0 \end{bmatrix} \end{array}$

(d) $G_1 = (V_1, E_1)$

$V_1 = \{a, b, c, d\}$

$E_1 = \{(a,a), (a, c), (a, d), (b, d), (c, c), (c, d)\}$

$\therefore$

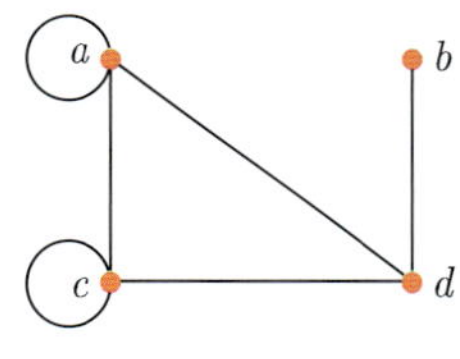

(e) $G_2 = (V_2, E_2)$

$V_2 = \{A, B, C, D, E\}$

$E_2 = \{(A, A), (A, B), (A, B), (A, B), (A, D), (A, E),$
$(B, C), (B, C), (B, E), (C, C), (C, D), (D, E)\}$

$\therefore$

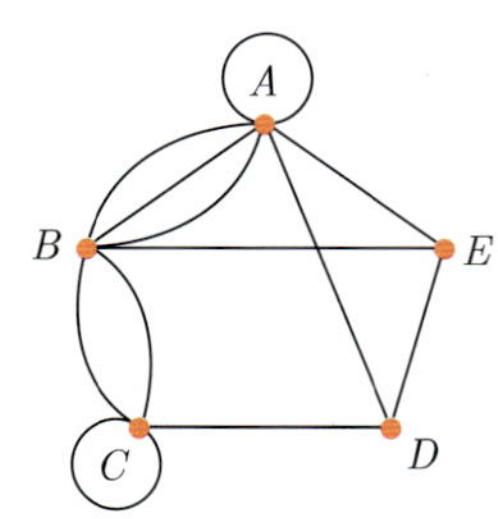

(f) 주어진 인접행렬을 살펴보면 주대각 원소를 기준으로 마주보는 행렬 원소가 같지 않다. 이를 통해 G_3 가 방향그래프임을 알 수 있다.

$$G_3 = < V_3, E_3 >$$
$$V_3 = \{a, b, c, d\}$$
$$E_3 = \{< a, b >, < a, b >, < a, c >, < b, b >, < b, c >, < b, c >, < c, a >, < c, a >, < c, c >, < c, d >, < d, a >, < d, b >, < d, b >\}$$

$\therefore$

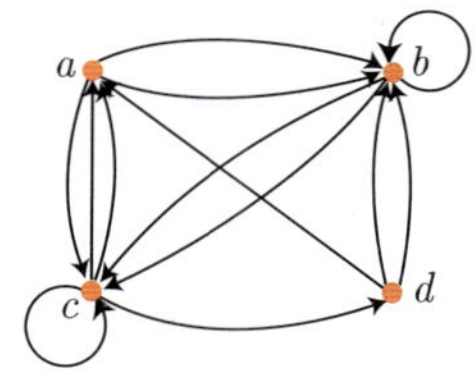

인접리스트

자료 구조 표현의 하나인 연결리스트는 [그림 8-14]와 같이 두 개의 필드(field)로 구성되는 노드(node)들의 연결로 표현된다. 노드의 첫 번째 필드는 데이터 필드로 데이터 값을 저장하는 필드이고, 두 번째 필드는 포인터 필드로 다음에 연결될 노드의 주소를 저장하는 필드이다. 연결리스트는 헤드(head)라는 노드에서 시작하며, 마지막 노드의 포인터 필드에는 더 이상 연결할 노드가 없음을 의미하는 널(null)을 채워서 마무리한다.

데이터	포인터

[그림 8-14] 연결리스트의 노드 구성

연결리스트의 표현을 그래프에 적용한 것을 인접리스트라고 한다.

정의 8-18 인접리스트(adjacency list)

그래프 $G = (V, E)$에 포함되는 각 정점에 인접하는 정점들을 연결리스트로 표현한 것

인접리스트의 헤드는 그래프에 포함되는 모든 정점에 대한 노드로 구성되며, 각 정점에 인접하는 정점의 노드를 연결함으로써 인접리스트를 완성한다. 다중그래프의 경우에는 조금 다른 인접리스트를 사용하므로 여기서는 단순그래프에 대한 인접리스트만 다루도록 한다. 다음 [그림 8-15]의 단순그래프와 방향그래프를 인접리스트로 표현해보자.

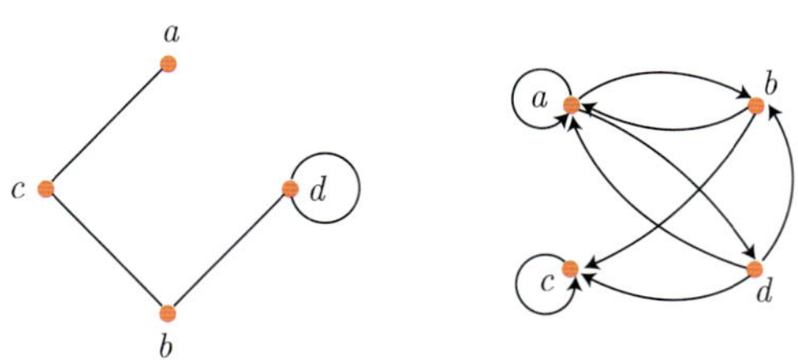

그래프 A 그래프 B

[그림 8-15] 그래프의 인접리스트 표기

그래프 A, B 모두 정점이 4개이므로 인접리스트의 헤드는 4개의 노드로 구성된다. 그래프 A의 인접리스트는 다음과 같이 헤드에 구성된 정점의 노드와 인접한 정점의 정보를 갖는 노드들을 연결하여 완성한다.

$$G=(V,E)$$
$$V=\{a,b,c,d\}$$
$$E=\{(a,c),(b,c),(b,d),(d,d)\}$$

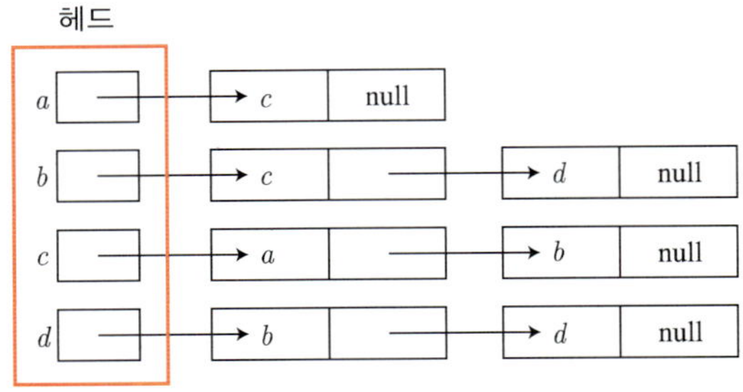

그래프 B는 방향그래프이므로 인접리스트의 헤드에 구성된 각 정점의 노드가 화살표의 시작 정점이 되고 화살표 끝 정점의 정보를 갖는 노드를 연결하여 인접리스트를 완성한다.

$$G=<V,E>$$
$$V=\{a,b,c,d\}$$
$$E=\{<a,a>,<a,b>,<a,d>,<b,a>,<b,c>,<c,c>,<d,a>,<d,b>,<d,c>\}$$

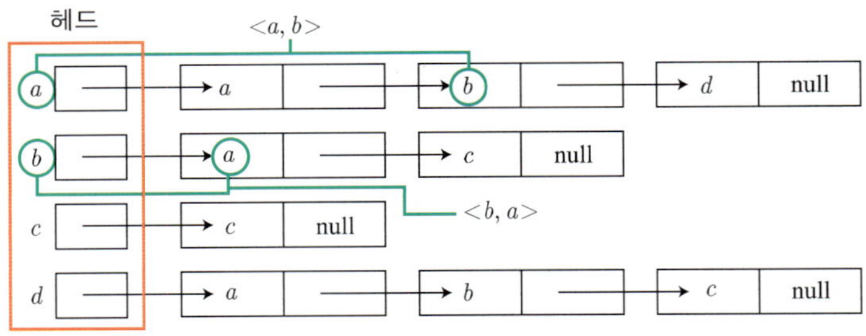

예제 8-15

다음을 보고 그래프는 인접리스트로, 인접리스트는 그래프로 나타내라.

(a)

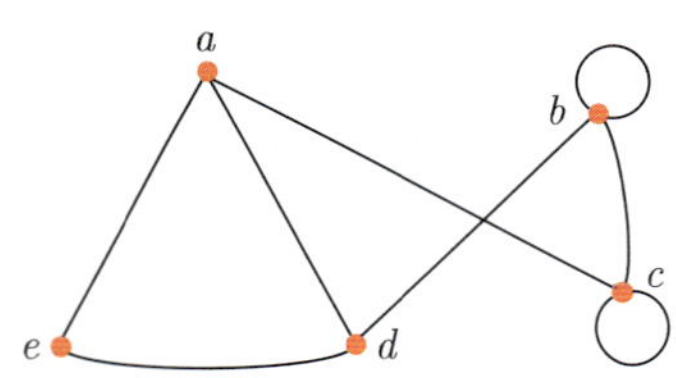

(b)

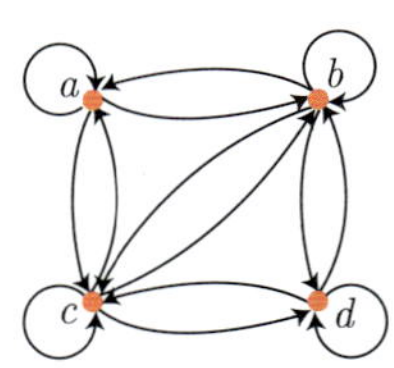

(c) 무방향그래프의 인접리스트

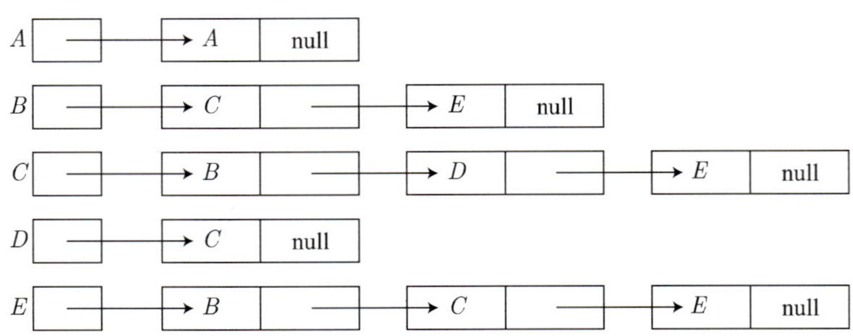

(d) 방향그래프의 인접리스트

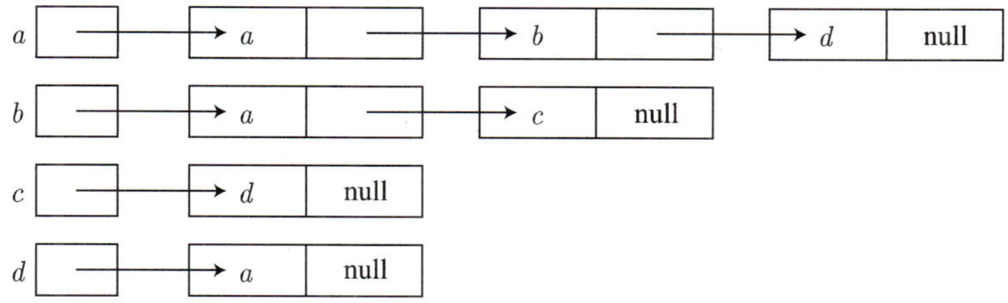

풀이

(a)

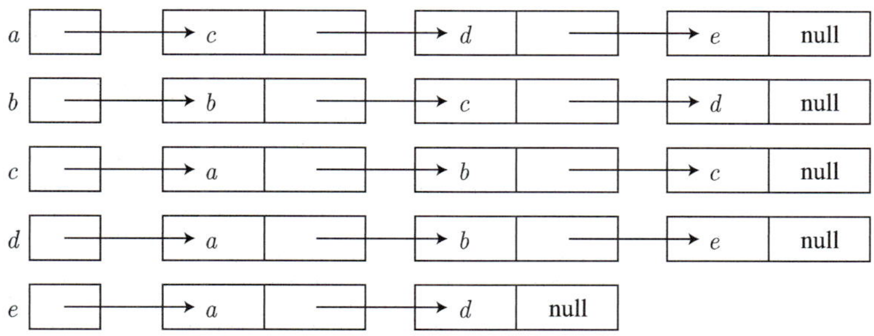

(b)

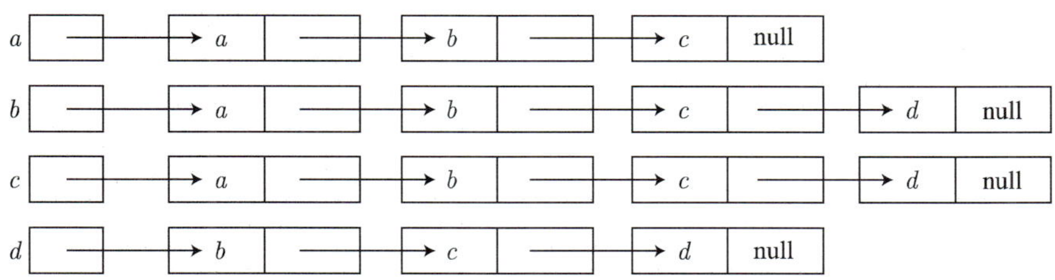

(c)

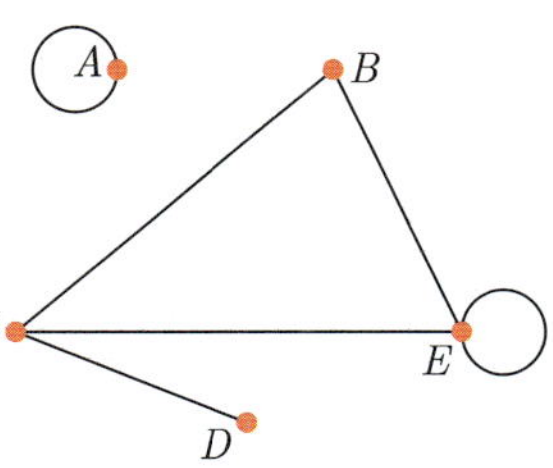

(d)

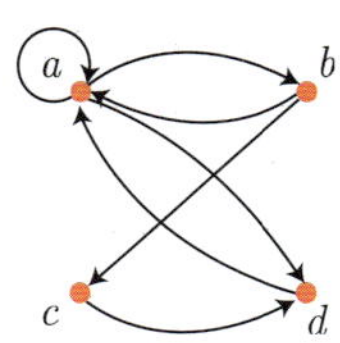

8.4 오일러와 해밀턴

앞에서 공부한 연결그래프에서 길과 경로의 정의를 살펴보았다. 연결그래프에는 하나의 정점에서 다른 정점으로 가는 다양한 길이 존재할 수 있는데, 그 중에서 같은 변을 반복적으로 지나지 않는 길이 경로이다. 경로에 관한 개념을 좀 더 알아보자.

정의 8-19 순환(cycle) / 회로(circuit)

연결그래프에서 시작하는 정점과 끝나는 정점이 같은 경로

정의 8-20 길이(length)

경로 또는 순환을 구성하는 변의 수

한 그래프에 포함되는 임의의 정점에서 다른 정점 혹은 다시 원래의 정점으로 가는 길은 다양하다. 그 중 변을 한 번씩만 지나 다른 정점으로 가는 길은 경로이고, 원래의 정점으로 다시 돌아오는 경로는 순환이다. [그림 8-16]의 그래프에서 구할 수 있는 정점 a에서 시작하는 길의 몇 가지 예는 다음과 같다.

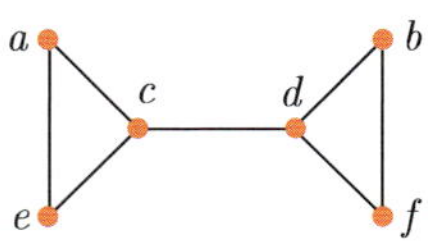

[그림 8-16] 길, 경로, 순환의 예

(1) $a-c-d-f$ (2) $a-e-c-d-b-f$

(3) $a-c-e-a$ (4) $a-e-c-a$

(5) $a-c-d-b-f-d-c-a$

(1)부터 (5)는 모두 [그림 8-16]의 그래프에서 가능한 길이다. 그 중 (1), (2)는 정점 a에서 정점 f까지의 길로 두 번 이상 중복되어 지나는 변이 없으므로 '정점 a에서 정점 f까지의 경로'라고 구분한다. (3)과 (4)는 정점 a에서 시작하여 정점 a로 끝나는 길로 두 번 이상 중복되어 지나는 변이 없고 시작한 정점 a로 다시 돌아오는 길이므로 '정점 a에서 시작하는 순환'이라고 구분한다. (5)는 정점 a에서 시작하여 정점 a로 끝나는 길이지만, 변 (c, d)가 두 번 반복되므로 경로도, 순환도 아닌 길이다. 경로인 (1), (2)와 순환인 (3), (4)는 길이를 구할 수 있는데 각각이 지나는 변의 수는 다음과 같다.

(1) $a-c-d-f$: $(a, c), (c, d), (d, f)$ $\Rightarrow$ 변 3개

(2) $a-e-c-d-b-f$: $(a, e), (e, c), (c, d), (d, b), (b, f)$ $\Rightarrow$ 변 5개

(3) $a-c-e-a$: $(a,c),(c,e),(e,a)$ $\Rightarrow$ 변 3개
(4) $a-e-c-a$: $(a,e),(e,c),(c,a)$ $\Rightarrow$ 변 3개

그러므로 경로 (1)과 순환 (3), (4)의 길이는 3이고, 경로 (2)의 길이는 5이다.

예제 8-16

주어진 그래프를 보고 다음 물음에 답하라.

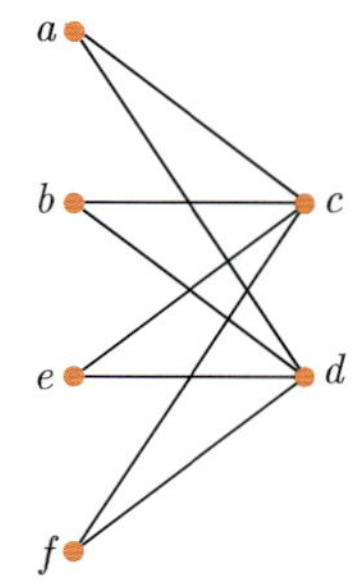

(a) 정점 a에서 정점 f까지의 가능한 경로 중 길이가 가장 짧은 경로를 모두 찾고 그 길이를 구하라.
(b) 정점 a에서 시작하는 가능한 순환 중 길이가 가장 짧은 순환을 모두 찾고 그 길이를 구하라.
(c) 정점 a에서 정점 f까지의 가능한 경로 중 길이가 가장 긴 경로를 모두 찾고 그 길이를 구하라.
(d) 정점 a에서 시작하는 가능한 순환 중 길이가 가장 긴 순환을 모두 찾고 그 길이를 구하라.

풀이

(a) 정점 a에서 정점 f까지의 경로 중 길이가 가장 짧은 경로와 그 길이는 다음과 같다.

$$a-c-f \ \ / \ \ a-d-f \quad (\text{길이 : } 2)$$

(b) 정점 a에서 시작하는 순환 중 길이가 가장 짧은 순환과 그 길이는 다음과 같다.

$$a-c-f-d-a \ \ / \ \ a-d-f-c-a \quad (\text{길이 : } 4)$$

(c) 정점 a에서 정점 f까지의 경로 중 길이가 가장 긴 경로와 그 길이는 다음과 같다.

$$a-c-b-d-e-c-f \ \ / \ \ a-c-e-d-b-c-f$$
$$a-d-b-c-e-d-f \ \ / \ \ a-d-e-c-b-d-f \quad (\text{길이 : } 6)$$

(d) 정점 a에서 시작하는 순환 중 길이가 가장 긴 순환과 그 길이는 다음과 같다.

$$a-c-b-d-e-c-f-d-a \ \ / \ \ a-c-e-d-b-c-f-d-a$$
$$a-d-b-c-e-d-f-c-a \ \ / \ \ a-d-e-c-b-d-f-c-a \quad (\text{길이 : } 8)$$

네트워크의 신호 흐름이나 인공지능의 지식 연결, 하드웨어의 회로 등에서 신호나 지식의 흐름을 어떻게 구성하느냐는 시스템의 성능을 결정하는 주요한 기준 중 하나이다. 이러한 신호나 지식의 흐름을 계획하기 위해 그래프의 경로나 순환 개념을 응용할 수 있다. 그래프에서 경로나 순환을 찾는 대표적인 방법으로 수학자 레온하르트 오일러(Leonhard Euler)와 윌리엄 로언 해밀턴(William Rowan Hamilton)이 제안한 이론이 있다.

오일러 그래프

스위스 출신의 수학자 오일러는 각 지역을 연결하는 길을 한 번씩만 거쳐서 모든 지역을 돌아보고 원래 위치로 돌아오는 문제를 해결하기 위해 오일러 이론을 제안했다.

정의 8-21 **오일러 경로(Eulerian path)**

연결그래프 $G=(V, E)$의 임의의 정점 v에서 시작하여 모든 변을 꼭 한 번씩만 지나는 경로

정의 8-22 **오일러 순환(Eulerian cycle) / 오일러 회로(Eulerian circuit)**

연결그래프 $G=(V, E)$의 임의의 정점 v에서 시작하여 모든 변을 꼭 한 번씩만 지나 다시 정점 v로 돌아오는 경로

- **오일러 그래프**(Eulerian graph) : 오일러 순환을 가지는 그래프

오일러 경로와 오일러 순환은 그래프에 포함된 모든 변을 반드시 한 번씩 지나야 한다. 그러므로 그래프에 따라 오일러 경로나 오일러 순환이 존재할 수도 있고 존재하지 않을 수도 있다. [그림 8-17]의 그래프를 살펴보자.

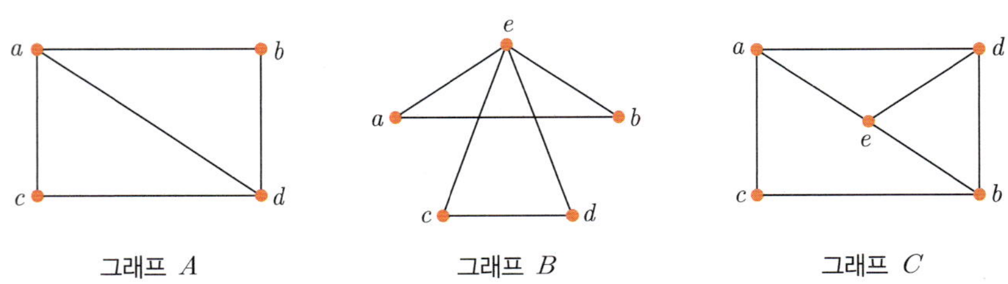

[그림 8-17] 오일러 경로, 오일러 순환이 있는 예와 없는 예

그래프 A의 경우 오일러 경로는 있지만 오일러 순환은 없다. 그래프 A에 포함된 오일러 경로는 다음과 같다.

$a-b-d-c-a-d$ / $a-b-d-a-c-d$ / $a-c-d-b-a-d$ / $a-c-d-a-b-d$
$a-d-b-a-c-d$ / $a-d-c-a-b-d$ / $d-a-b-d-c-a$ / $d-a-c-d-b-a$
$d-b-a-c-d-a$ / $d-b-a-d-c-a$ / $d-c-a-b-d-a$ / $d-c-a-d-b-a$

이 경로들은 정점 a나 정점 d를 두 번씩 지나지만 그래프 A를 구성하는 모든 변을 지나는 길이므로 오일러 경로이다. 오일러 경로에서는 정점 a와 정점 d가 경로의 시작점이거나 끝점이다. 정점 c나 정점 b를 시작점이나 끝점으로 하면 오일러 경로를 찾을 수 없다. 반면, 그래프 A에서의 순환은 최소 1개의 변을 두 번씩 지나야 하므로 오일러 순환은 존재하지 않는다.

그래프 B의 경우에는 오일러 순환과 오일러 경로를 모두 찾을 수 있다. 그래프 B의 정점 a에서 시작하는 오일러 순환은 다음과 같다.

$$a-b-e-c-d-e-a \quad / \quad a-b-e-d-c-e-a$$
$$a-e-c-d-e-b-a \quad / \quad a-e-d-c-e-b-a$$

이 순환들은 그래프 B의 정점 e를 두 번씩 지나지만 모든 변을 한 번씩 지나므로 오일러 순환이다. 따라서 그래프 B는 오일러 그래프이다. 위에서 찾은 그래프 B에서의 오일러 순환은 곧 오일러 경로이기도 하다. 다만, 하나의 정점에서 시작하여 다시 자기 자신으로 돌아가는 오일러 경로(오일러 순환)만 존재하고 다른 정점으로 가는 오일러 경로는 어떤 한 변을 지나지 않기 때문에 찾을 수 없다.

그래프 C의 경우 경로는 최소 하나의 변을 지나지 않고, 순환은 최소 2개의 변을 두 번 지나므로 오일러 경로와 오일러 순환이 모두 존재하지 않는다. 주어진 그래프에 오일러 경로나 오일러 순환이 존재하는지를 판별하는 데 정점의 차수를 활용할 수 있다. 다음 정리를 살펴보자.

정리 8-3 오일러 그래프에 대한 정리

(a) 연결그래프 $G=(V, E)$의 모든 정점의 차수가 짝수인 것과 오일러 그래프는 서로 필요충분조건이다.

(b) 연결그래프 $G=(V, E)$의 정점 중 차수가 홀수인 정점의 수가 0 또는 2개인 것과 그래프에 오일러 경로가 존재하는 것은 서로 필요충분조건이다.

증명

(a) 명제 : 연결그래프 $G=(V, E)$의 모든 정점의 차수가 짝수이다.
$\Leftrightarrow$ 연결그래프 $G=(V, E)$가 오일러 그래프이다.

(i) '연결그래프 $G=(V, E)$의 모든 정점의 차수가 짝수이다.
$\Rightarrow$ 연결그래프 $G=(V, E)$가 오일러 그래프이다.'를 보이자.

❶ $|V|=1$일 때, $v \in V$이고 $d(v)=2m\,(m \in \mathbb{N})$이므로 정점 v에 대한 루프가 m개 존재하고 정점 v에서 시작하는 오일러 순환이 존재한다.
$\therefore$ $|V|=1$일 때, 그래프 G는 오일러 그래프이다.

❷ $|V|=k$일 때, k개의 정점 모두의 차수가 $d(v_i)=2n\,(n \in \mathbb{N},\ 1 \leq i \leq k)$이면 그래프 G는 오일러 그래프라고 가정한다.

❸ $|V|=k+1$일 때, 귀납 가정에서 오일러 그래프라고 가정한 $|V|=k$개이고 각 정점의 차수가 $d(v_i)=2n\,(n \in \mathbb{N},\ 1 \leq i \leq k)$인 그래프 G를 편의상 G_1이라고 하자. 그래프 G_1에 $d(v)=2m\,(m \in \mathbb{N})$인 정점 v 하나로 구성된 그래프 G_2를 연결할 때 각 정점의 차수는 $2p\,(p \in \mathbb{N})$여야 하므로 두 그래프 G_1과 G_2 사이에는 $2q\,(q \in \mathbb{N})$개의 변이 추가되어야 한다. 그러면 오일러 그래프 G_1과 그래프 G_2 사이에 순환이 만들어진다.
$\therefore$ $|V|=k+1$일 때, 그래프 G는 오일러 그래프이다.

∴ 연결그래프 $G=(V, E)$의 모든 정점의 차수가 짝수이면, 연결그래프 $G=(V, E)$는 오일러 그래프이다.

(ii) '연결그래프 $G=(V, E)$가 오일러 그래프이다.
$\Rightarrow$ 연결그래프 $G=(V, E)$의 모든 정점의 차수가 짝수이다.'를 보이자.

연결그래프 $G=(V, E)$가 오일러 그래프이므로 정점 $v \in V$에서 시작하여 정점 v로 끝나는 오일러 순환이 존재하고 이때 $d(v)=2m\,(m \in \mathbb{N})$이다. 또한 오일러 순환에 포함되는 각 정점은 정점으로 들어가는 변과 나오는 변을 갖게 되므로 각 정점의 차수는 짝수이다.

∴ 연결그래프 $G=(V, E)$가 오일러 그래프이면, 연결그래프 $G=(V, E)$의 모든 정점의 차수가 짝수이다.

따라서 명제 "연결그래프 $G=(V, E)$의 모든 정점의 차수가 짝수이다. $\Leftrightarrow$ 연결그래프 $G=(V, E)$는 오일러 그래프이다."는 참(T)이다.

(b) 명제 : 연결그래프 $G=(V, E)$의 정점 중 차수가 홀수인 정점의 수가 0 또는 2개이다.
$\Leftrightarrow$ 연결그래프 $G=(V, E)$가 오일러 경로를 갖는다.

(i) '연결그래프 $G=(V, E)$의 정점 중 차수가 홀수인 정점의 수가 0 또는 2개이다.
$\Rightarrow$ 연결그래프 $G=(V, E)$가 오일러 경로를 갖는다.'를 보이자.

$V=\{v_1, v_2, \cdots, v_k\}$일 때 모든 정점의 차수가 $2m\,(m \in \mathbb{N})$인 경우, 즉 홀수 차수인 정점이 0개인 경우에는 오일러 순환이 존재하여 시작하는 정점에서 끝나는 경로가 만들어진다. 차수가 $2n\,(n \in \mathbb{N})$인 정점 v_1과 v_2를 연결하는 변 (v_1, v_2) 중 하나를 제거하면 두 정점의 차수는 $2n-1$로 홀수가 되므로 그래프 G에서 정점 v_1에서 시작하여 정점 v_2로 끝나거나 정점 v_2에서 시작하여 정점 v_1으로 끝나는 경로가 만들어질 수 있다.

∴ 연결그래프 $G=(V, E)$의 정점 중 차수가 홀수인 정점의 수가 0 또는 2개이면, 연결그래프 $G=(V, E)$는 오일러 경로를 갖는다.

(ii) '연결그래프 $G=(V, E)$가 오일러 경로를 갖는다.
$\Rightarrow$ 연결그래프 $G=(V, E)$의 정점 중 차수가 홀수인 정점의 수가 0 또는 2개이다.'를 보이자.

그래프 G가 오일러 경로를 가지므로 정점 v_1에서 시작하여 정점 v_2로 끝난다면 정점 v_1은 시작하는 변을, 정점 v_2는 끝나는 변을 각각 1개씩 기본적으로 가지므로, 두 정점 v_1, v_2의 차수는 모두 홀수이다. 그리고 두 정점 v_1, v_2를 제외한 나머지 정점은 하나의 변이 들어가고 다른 하나의 변이 나와 변이 정점을 통과하는 형태이므로 차수가 짝수이다. 그러므로 차수가 홀수인 정점은 v_1, v_2 2개뿐이다.

또한 그래프 G가 오일러 경로를 가지므로 정점 v_i에서 시작하여 다시 정점 v_i로 끝나는 경로가 만들어질 수도 있다. 이때 정점 v_i에서 다른 정점으로 나가는 변과 다른 정점으로부터 들어오는 변, 이 2개의 변을 기본적으로 가지므로 정점 v_i의 차수는 짝수이다. 또한 정점 v_i를 제외한 나머지 정점도 모두 들어가는 변과 나가는 변을 가져야 하므로 차수가 짝수이다. 따라서 그래프 G를 구성하는 모든 정점의 차수는 짝수이므로 차수가 홀수인 정점은 0개이다.

∴ 연결그래프 $G=(V, E)$가 오일러 경로를 가지면, 연결그래프 $G=(V, E)$의 정점 중 차수가 홀수인 정점의 수가 0 또는 2개이다.

따라서 명제 "연결그래프 $G=(V,E)$의 정점 중 차수가 홀수인 정점의 수가 0 또는 2개이다. $\Leftrightarrow$ 연결그래프 $G=(V,E)$가 오일러 경로를 갖는다."는 참(T)이다. ■

[그림 8-17]의 세 그래프에 포함된 정점의 차수를 이용하여 오일러 경로나 오일러 순환이 존재하는지 다시 한번 확인해보자.

그래프 A : $d(a)=3,\ d(b)=2,\ d(c)=2,\ d(d)=3$
그래프 B : $d(a)=2,\ d(b)=2,\ d(c)=2,\ d(d)=2,\ d(e)=4$
그래프 C : $d(a)=3,\ d(b)=3,\ d(c)=2,\ d(d)=3,\ d(e)=3$

앞에서 오일러 경로를 구했던 그래프 A에는 차수가 홀수인 정점이 2개 있고, 오일러 순환이 있어 오일러 그래프로 판단했던 그래프 B는 짝수 차수인 정점만 포함한다. 오일러 경로도, 오일러 순환도 구할 수 없었던 그래프 C의 경우 [정리 8-3]의 어느 경우에도 해당하지 않는다.

예제 8-17

다음 그래프에 오일러 경로나 오일러 순환이 존재하는지 확인하고, 존재하는 경우 정점 a에서 시작하는 오일러 경로 또는 오일러 순환을 하나씩 찾으라.

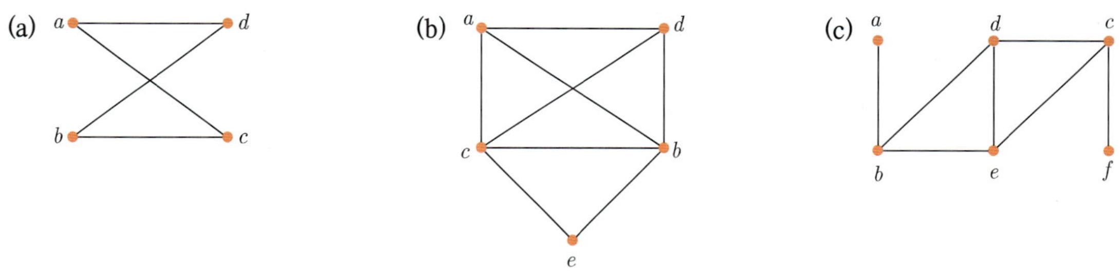

풀이

(a) 각 정점의 차수는 $d(a)=2,\ d(b)=2,\ d(c)=2,\ d(d)=2$로, 모든 정점의 차수가 짝수이다.
∴ [정리 8-3]에 의해 오일러 순환을 갖는 오일러 그래프이며, 오일러 경로와 오일러 순환은 같다.
오일러 순환(오일러 경로)의 예 : $a-d-b-c-a$

(b) 각 정점의 차수는 $d(a)=3,\ d(b)=4,\ d(c)=4,\ d(d)=3,\ d(e)=2$로, 홀수 차수인 정점이 2개이다.
∴ [정리 8-3]에 의해 오일러 경로만 존재한다.
오일러 경로의 예 : $a-c-e-b-d-c-b-a-d$

(c) 각 정점의 차수는 $d(a)=1,\ d(b)=3,\ d(c)=3,\ d(d)=3,\ d(e)=3,\ d(f)=1$로, 모든 정점의 차수가 홀수이다.
∴ [정리 8-3]에 의해 오일러 경로와 오일러 순환이 모두 존재하지 않는다.

해밀턴 그래프

아일랜드 출신의 수학자 해밀턴은 그래프 이론을 이용해 어떤 길을 지나든 상관없이 모든 지역을 반드시 한 번씩만 지나도록 하는 방법을 연구했다. [그림 8-18]처럼 12면체 도형의 임의의 한 정점에서 시작하여 각 정점을 한 번씩 방문하고 시작했던 정점으로 돌아오는 방법을 찾는 것이었다. 해밀턴은 이 연구에서 $17-16-15-14-5-1-6-7-8-2-3-4-12-13-20-19-11-10-9-18-17$이라는 순환을 찾아냈다.

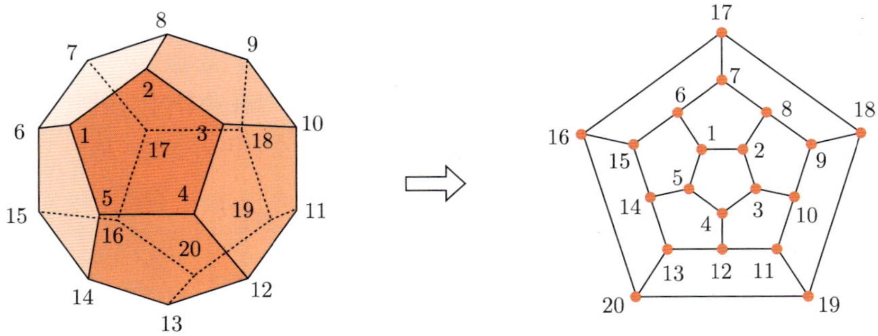

[그림 8-18] 12면체를 표현한 그래프

> **정의 8-23 해밀턴 경로(Hamiltonian path)**
>
> 연결그래프 $G=(V, E)$의 모든 정점을 한 번씩만 지나는 경로

> **정의 8-24 해밀턴 순환(Hamiltonian cycle) / 해밀턴 회로(Hamiltonian circuit)**
>
> 연결그래프 $G=(V, E)$의 임의의 정점 v에서 시작하여 모든 정점을 딱 한 번씩만 지나 정점 v로 다시 돌아오는 경로
>
> - **해밀턴 그래프**(Hamiltonian graph) : 해밀턴 순환을 갖는 그래프

오일러 경로, 오일러 순환과는 다르게 해밀턴 경로, 해밀턴 순환은 같은 변을 몇 번 지나든, 혹은 지나지 않든 상관없이 모든 정점을 반드시 한 번씩만 지나면 된다.

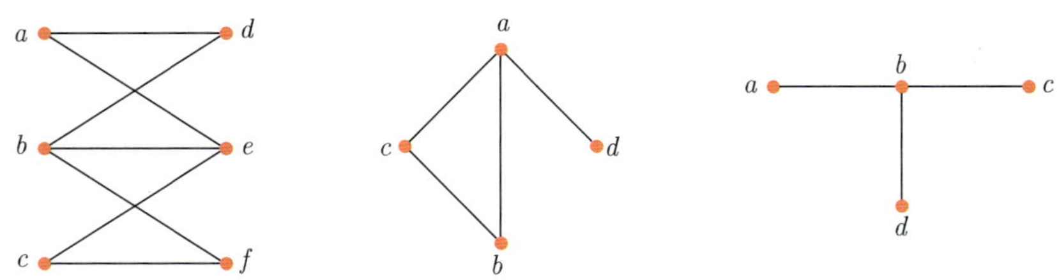

그래프 A　　그래프 B　　그래프 C

[그림 8-19] 해밀턴 경로, 해밀턴 순환이 있는 예와 없는 예

[그림 8-19]의 그래프 A는 해밀턴 경로와 해밀턴 순환이 모두 존재하는 그래프이다. 정점 a에서 시작하는 해밀턴 경로와 해밀턴 순환의 예는 다음과 같다.

해밀턴 경로 : $a-d-b-e-c-f$ / $a-d-b-f-c-e$ / $a-e-c-f-b-d$
해밀턴 순환 : $a-d-b-f-c-e-a$ / $a-e-c-f-b-d-a$

그래프 A에 대한 해밀턴 경로나 순환에서 알 수 있듯이, 그래프를 구성하는 모든 변이 해밀턴 경로나 순환에 반드시 포함될 필요는 없다. 그러나 그래프를 구성하는 모든 정점은 해밀턴 경로나 순환에 반드시 한 번씩 포함되어야 한다. 그래프 B의 경우 다음과 같은 해밀턴 경로가 존재한다.

$$b-c-a-d \;/\; c-b-a-d \;/\; d-a-c-b \;/\; d-a-b-c$$

그러나 그래프 B의 어떤 정점에서 시작하는 순환이든지 정점 a를 두 번은 지나야 하므로 해밀턴 순환은 존재하지 않는다. 그래프 C에 대한 어떤 경로나 순환이든 정점 b를 두 번 포함하므로 해밀턴 경로나 순환이 모두 존재하지 않는다.

예제 8-18

다음 그래프에서 찾을 수 있는 해밀턴 경로나 해밀턴 순환을 하나씩만 찾으라.

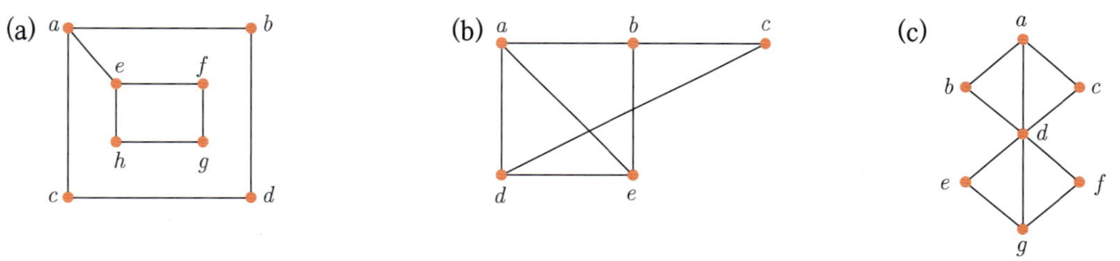

풀이

(a) 해밀턴 경로 : $c-d-b-a-e-h-g-f$
해밀턴 순환 : 정점 e를 두 번씩 지나야 하므로 존재하지 않는다.

(b) 해밀턴 경로 : $a-d-e-b-c$
해밀턴 순환 : $a-e-d-c-b-a$

(c) 해밀턴 경로 : $c-a-b-d-f-g-e$
해밀턴 순환 : 정점 d를 두 번씩 지나야 하므로 존재하지 않는다.

8.5 그래프의 활용

네트워크의 데이터 흐름이나 스케줄링, 논리회로 설계, 정렬, 탐색, 인공지능의 지식 정보 생성 과정 등 그리고 실생활에서 많이 접할 수 있는 도로망 설계나 버스 및 지하철 노선 설계 등과 같이 어떤 문제를 해결하기 위한 모델링 과정에서 그래프 이론은 매우 주요하게 쓰인다. 이러한 모델링에서 최단 경로를 구하거나 정보 탐색을 하는 방법을 알아보자.

최단 경로 문제

지도의 어떤 지역 A에서 다른 지역 B로 이동하는 경로나 네트워크의 어떤 호스트 A에서 다른 호스트 B로 이동하는 경로는 다양할 수 있다. 이렇게 찾을 수 있는 다양한 경로 중에서 가장 효과적인 경로를 선택하여 이동하거나 활용할 것이다. 최단 경로 문제는 이러한 예들처럼 다양한 경로 중 가장 비용이 적게 들고 빠르게 이동할 수 있는 경로를 찾는 문제이다.

정의 8-25 최단 경로 문제(shortest path problem)

$|E| > 0$인 연결그래프 $G=(V, E)$에서 정점 $v_1, v_2 \in V$ 간의 가장 짧은 거리의 경로를 찾는 문제

최단 경로 문제를 고려할 때 일반적으로 가중치 방향그래프를 사용하여 경로에 포함된 가중치의 합을 이용해 최단 거리를 판단하지만, 가중치그래프가 제공되지 않는 경우에는 경로의 길이로 판단한다. 가중치 방향그래프로 최단 거리를 판단할 경우 가중치의 의미는 매우 중요하다. 가중치가 정점 v_1에서 정점 v_2로 가는 비용일 경우 가중치의 합이 가장 작은 경로가 최단 거리이지만, 효과일 경우에는 가중치의 합이 가장 큰 경로가 최단 거리이다. 이 책에서는 가중치의 의미를 비용으로 하고 최단 경로 문제를 다룬다.

[그림 8-20]의 그래프에서 정점 a에서 정점 e로의 최단 경로를 구해보자.

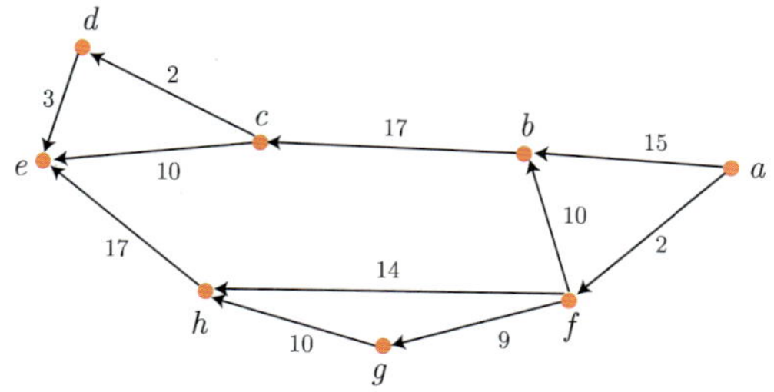

[그림 8-20] 최단 경로 문제의 예

① $a-b-c-d-e$: $15+17+2+3=37$
② $a-b-c-e$: $15+17+10=42$
③ $a-f-b-c-d-e$: $2+10+17+2+3=34$
④ $a-f-b-c-e$: $2+10+17+10=39$
⑤ $a-f-h-e$: $2+14+17=33$
⑥ $a-f-g-h-e$: $2+9+10+17=38$

정점 a에서 정점 e로의 경로는 위에서 본 것처럼 6가지 경로가 존재하며, 각 경로의 가중치도 위와 같다. 전제에서 가중치는 비용이라고 했으므로 [그림 8-20]의 그래프에서 최단 경로는 ⑤이다.

정의 8-26 다익스트라 알고리즘(Dijkstra algorithm)

시작하는 정점으로부터 최단 경로를 갖는 정점을 차례로 탐색하는 최단 경로 탐색 알고리즘

다익스트라 알고리즘은 최단 경로 문제를 해결하는 가장 대표적인 알고리즘으로, 네덜란드의 컴퓨터 과학자 에츠허르 비버 다익스트라(Edsger Wybe Dijkstra)가 제안하였다. 규정된 기호는 아직 없으나 설명을 위해 이 책에서는 다음과 같이 기호를 정의한다. 연결된 가중치 방향그래프 $G=<V, E>$에서 $V=\{v_1, v_2, \cdots, v_n\}$이고 시작 정점을 v_1이라 가정할 때 다음과 같다.

- $C[v_i, v_j]$: 정점 v_i에서 정점 v_j로 가는 각 변의 가중치를 의미한다.
- $D[v_i]$: 시작 정점 v_1에서 정점 v_i까지 이르는 변들의 가중치의 합을 의미하고, 정점 v_1에서 정점 v_i로 가는 경로가 없으면 그 가중치는 ∞로 나타낸다.
- 집합 S : 최단 경로에 선택된 정점의 집합을 S라고 한다.

다익스트라 알고리즘은 시작 정점에서부터 정점을 차례로 탐색하면서 $D[v_i]$가 가장 작은 값이 되는 정점을 집합 S에 반복하여 포함해서 그래프 G의 정점 집합 V와 상등이면($S=V$) 알고리즘이 종료된다. 다익스트라 알고리즘을 이용하여 [그림 8-20]의 그래프의 최단 경로를 찾아보자.

이 그래프에서 각 변의 가중치는 다음과 같다.

$$C[a,b]=15,\quad C[a,f]=2,\quad C[b,c]=17,\quad C[c,d]=2$$
$$C[c,e]=10,\quad C[d,e]=3,\quad C[f,b]=10,\quad C[f,g]=9$$
$$C[f,h]=14,\quad C[g,h]=10,\quad C[h,e]=17$$

(1) 초기 단계

- 탐색 전 정점 집합은 $V_S=\{a,b,c,d,e,f,g,h\}$이다.
- $S=\varnothing$
- 경로 탐색 전이므로 시작 정점에서 다른 정점에 이르는 변의 가중치 합은 모두 ∞로 초기화한다.

$$D[a]=\infty,\quad D[b]=\infty,\quad D[c]=\infty,\quad D[d]=\infty$$
$$D[e]=\infty,\quad D[f]=\infty,\quad D[g]=\infty,\quad D[h]=\infty$$

(2) 시작 정점을 a로 설정

- 탐색 전 정점 집합은 $V_S=\{b,c,d,e,f,g,h\}$이다.
- $S=\{a\}$
- 시작 정점 a에서부터 그래프 G 내의 다른 정점으로 가는 경로의 가중치 합을 계산하면 다음과 같다.

$$D[b]=C[a,b]=15,\quad D[c]=C[a,c]=\infty,\quad D[d]=C[a,d]=\infty$$
$$D[e]=C[a,e]=\infty,\quad D[f]=C[a,f]=2,\quad D[g]=C[a,g]=\infty$$
$$D[h]=C[a,h]=\infty$$

(3) (2)단계에서 가중치의 합이 최소인 변에 해당하는 정점 f를 선택

- 탐색 전 정점 집합은 $V_S=\{b,c,d,e,g,h\}$이다.
- $S=\{a,f\}$
- 정점 f를 추가했으므로 시작 정점 a부터 정점 f를 거쳐 다른 정점으로 가는 경로의 가중치 합을 계산하면 다음과 같다.

$$D[b]=C[a,f]+C[f,b]=12,\quad D[c]=C[a,f]+C[f,c]=\infty$$
$$D[d]=C[a,f]+C[f,d]=\infty,\quad D[e]=C[a,f]+C[f,e]=\infty$$
$$D[f]=C[a,f]=2,\quad D[g]=C[a,f]+C[f,g]=11$$
$$D[h]=C[a,f]+C[f,h]=16$$

$D[b]$의 경우 $<a,b>$의 가중치 15보다 정점 f를 거쳐서 가는 $<a,f>$, $<f,b>$의 가중치 합 12가 작으므로 더 작은 가중치인 12를 고려한다.

(4) (3)단계에서 가중치의 합이 최소인 변에 해당하는 정점 g를 선택

- 탐색 전 정점 집합은 $V_S=\{b,c,d,e,h\}$이다.
- $S=\{a,f,g\}$

- 정점 g를 추가했으므로 시작 정점 a부터 정점 g를 거쳐 다른 정점으로 가는 경로의 가중치 합을 계산하면 다음과 같다.

$$D[b] = C[a,f] + C[f,b] = 12, \quad D[c] = C[a,f] + C[f,g] + C[g,c] = \infty$$
$$D[d] = C[a,f] + C[f,g] + C[g,d] = \infty, \quad D[e] = C[a,f] + C[f,g] + C[g,e] = \infty$$
$$D[f] = C[a,f] = 2, \quad D[g] = C[a,f] + C[f,g] = 11$$
$$D[h] = C[a,f] + C[f,h] = 16$$

$D[h]$의 경우 정점 g를 거쳐서 가는 $< a, f >, < f, g >, < g, h >$의 가중치 합 21보다 $< a, f >$, $< f, h >$의 가중치 합 16이 더 작으므로 더 작은 가중치 16을 고려한다.

(5) (4)단계에서 가중치의 합이 최소인 변에 해당하는 정점 b를 선택
- 탐색 전 정점 집합은 $V_S = \{c, d, e, h\}$이다.
- $S = \{a, f, g, b\}$
- 정점 b를 추가했으므로 시작 정점 a부터 정점 b를 거쳐 다른 정점으로 가는 경로의 가중치 합을 계산하면 다음과 같다.

$$D[b] = C[a,f] + C[f,b] = 12, \quad D[c] = C[a,f] + C[f,b] + C[b,c] = 29$$
$$D[d] = C[a,f] + C[f,b] + C[b,d] = \infty, \quad D[e] = C[a,f] + C[f,b] + C[b,e] = \infty$$
$$D[f] = C[a,f] = 2, \quad D[g] = C[a,f] + C[f,g] = 11$$
$$D[h] = C[a,f] + C[f,h] = 16$$

(6) (5)단계에서 가중치의 합이 최소인 변에 해당하는 정점 h를 선택
- 탐색 전 정점 집합은 $V_S = \{c, d, e\}$이다.
- $S = \{a, f, g, b, h\}$
- 정점 h를 추가했으므로 시작 정점 a부터 정점 h를 거쳐 다른 정점으로 가는 경로의 가중치 합을 계산하면 다음과 같다.

$$D[b] = C[a,f] + C[f,b] = 12, \quad D[c] = C[a,f] + C[f,b] + C[b,c] = 29$$
$$D[d] = C[a,f] + C[f,h] + C[h,d] = \infty, \quad D[e] = C[a,f] + C[f,h] + C[h,e] = 33$$
$$D[f] = C[a,f] = 2, \quad D[g] = C[a,f] + C[f,g] = 11$$
$$D[h] = C[a,f] + C[f,h] = 16$$

(7) (6)단계에서 가중치의 합이 최소인 변에 해당하는 정점 c를 선택
- 탐색 전 정점 집합은 $V_S = \{d, e\}$이다.
- $S = \{a, f, g, b, h, c\}$
- 정점 c를 추가했으므로 시작 정점 a부터 정점 c를 거쳐 다른 정점으로 가는 경로의 가중치 합을 계산하면 다음과 같다.

$D[b] = C[a, f] + C[f, b] = 12$, $D[c] = C[a, f] + C[f, b] + C[b, c] = 29$

$D[d] = C[a, f] + C[f, b] + C[b, c] + C[c, d] = 31$, $D[e] = C[a, f] + C[f, h] + C[h, e] = 33$

$D[f] = C[a, f] = 2$, $D[g] = C[a, f] + C[f, g] = 11$

$D[h] = C[a, f] + C[f, h] = 16$

$D[e]$의 경우 정점 c를 거쳐서 가는 $<a, f>, <f, b>, <b, c>, <c, e>$의 가중치 합 39보다 $<a, f>$, $<f, h>, <h, e>$의 가중치 합 33이 작으므로 더 작은 가중치인 33을 고려한다.

(8) (7)단계에서 가중치의 합이 최소인 변에 해당하는 정점 d를 선택

- 탐색 전 정점 집합은 $V_S = \{e\}$이다.
- $S = \{a, f, g, b, h, c, d\}$
- 정점 d를 추가했으므로 시작 정점 a부터 정점 d를 거쳐 다른 정점으로 가는 경로의 가중치 합을 계산하면 다음과 같다.

$D[b] = C[a, f] + C[f, b] = 12$, $D[c] = C[a, f] + C[f, b] + C[b, c] = 29$

$D[d] = C[a, f] + C[f, b] + C[b, c] + C[c, d] = 31$, $D[e] = C[a, f] + C[f, h] + C[h, e] = 33$

$D[f] = C[a, f] = 2$, $D[g] = C[a, f] + C[f, g] = 11$

$D[h] = C[a, f] + C[f, h] = 16$

$D[e]$의 경우 정점 c를 거쳐서 가는 $<a, f>, <f, b>, <b, c>, <c, e>$의 가중치 합 39나 $<a, f>, <f, b>, <b, c>, <c, d>, <d, e>$의 가중치 합 34보다 $<a, f>, <f, h>$, $<h, e>$의 가중치 합 33이 작으므로 더 작은 가중치인 33을 고려한다.

(9) 더 이상 고려할 가중치가 없으므로 남은 정점 e를 집합 S에 포함한다.

- 탐색 전 정점 집합은 $V_S = \varnothing$이다.
- $S = \{a, f, g, b, h, c, d, e\}$

[그림 8-20]의 그래프에 대한 최단 경로 문제 풀이 과정을 표로 정리하면 다음과 같다.

[표 8-1] 다익스트라 알고리즘을 이용한 최단 경로 탐색 과정(계속)

단계	탐색 전 최단 경로 집합(S)과 남은 정점 집합(V_S)	$D[b]$	$D[c]$	$D[d]$	$D[e]$	$D[f]$	$D[g]$	$D[h]$	최단 경로 정점	탐색 후 최단 경로 집합(S)과 남은 정점 집합(V_S)
(1)	$V_S = \{a, b, c, d, e, f, g, h\}$ $S = \varnothing$	∞	∞	∞	∞	∞	∞	∞	a	$V_S = \{b, c, d, e, f, g, h\}$ $S = \{a\}$
(2)	$V_S = \{b, c, d, e, f, g, h\}$ $S = \{a\}$	15	∞	∞	∞	2	∞	∞	f	$V_S = \{b, c, d, e, g, h\}$ $S = \{a, f\}$
(3)	$V_S = \{b, c, d, e, g, h\}$ $S = \{a, f\}$	12	∞	∞	∞	2	11	16	g	$V_S = \{b, c, d, e, h\}$ $S = \{a, f, g\}$

[표 8-1] 다익스트라 알고리즘을 이용한 최단 경로 탐색 과정

단계	탐색 전 최단 경로 집합(S)과 남은 정점 집합(V_S)	$D[b]$	$D[c]$	$D[d]$	$D[e]$	$D[f]$	$D[g]$	$D[h]$	최단 경로 정점	탐색 후 최단 경로 집합(S)과 남은 정점 집합(V_S)
(4)	$V_S=\{b, c, d, e, h\}$ $S=\{a, f, g\}$	12	∞	∞	∞	2	11	16	b	$V_S=\{c, d, e, h\}$ $S=\{a, f, g, b\}$
(5)	$V_S=\{c, d, e, h\}$ $S=\{a, f, g, b\}$	12	29	∞	∞	2	11	16	h	$V_S=\{c, d, e\}$ $S=\{a, f, g, b, h\}$
(6)	$V_S=\{c, d, e\}$ $S=\{a, f, g, b, h\}$	12	29	∞	33	2	11	16	c	$V_S=\{d, e\}$ $S=\{a, f, g, b, h, c\}$
(7)	$V_S=\{d, e\}$ $S=\{a, f, g, b, h, c\}$	12	29	31	33	2	11	16	d	$V_S=\{e\}$ $S=\{a, f, g, b, h, c, d\}$
(8)	$V_S=\{e\}$ $S=\{a, f, g, b, h, c, d\}$	12	29	31	33	2	11	16	e	$V_S=\varnothing$ $S=\{a, f, g, b, h, c, d, e\}$

이와 같은 과정을 통해 시작 정점으로부터 각 정점까지의 최단 경로를 찾을 수 있다.

정리 8-4 다익스트라 알고리즘

```
Dijkstra( V){
    탐색한 원소 리스트 S에 정점 v_1 추가;
    탐색해야 할 원소 리스트 V_S에 V−{v_1} 원소를 차례로 추가;

    for (v_i∈ V_s){
        D[v_i] = ∞;
    }

    while (v_x∈ V){
        if (min(D[v_x])){
            리스트 S의 마지막에 v_x 추가;
            리스트 V_S에서 v_x 제거;
        }
        for (v_x에 인접한 v_y∈ V){
            D[v_y] = min(D[v_y], D[v_x] + C[v_x, v_y]);
        }
    }
}
```

예제 8-19

다음 그래프에서 시작점이 a인 최단 경로를 다익스트라 알고리즘을 이용해 구하라.

(a)

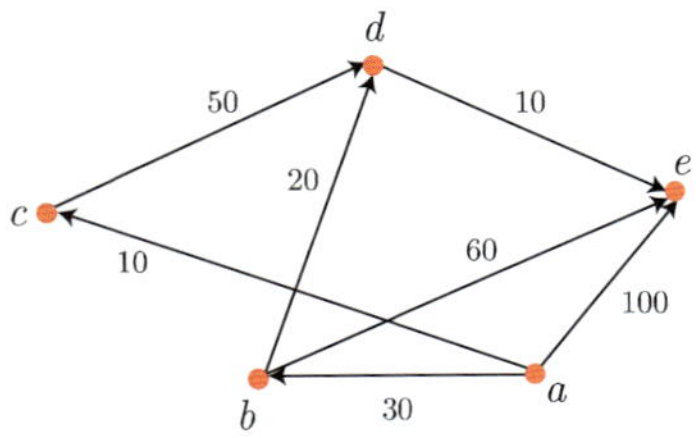

(b)

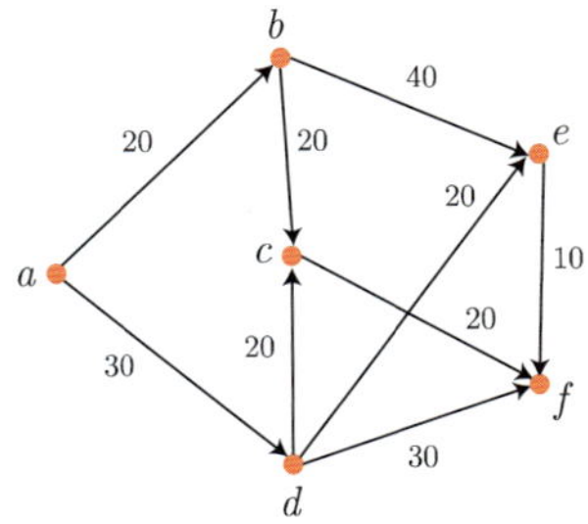

풀이

(a)

단계	탐색 전 최단 경로 집합(S)과 남은 정점 집합(V_S)	$D[b]$	$D[c]$	$D[d]$	$D[e]$	최단 경로 정점	탐색 후 최단 경로 집합(S)과 남은 정점 집합(V_S)
(1)	$V_S = \{a, b, c, d, e\}$ $S = \varnothing$	∞	∞	∞	∞	a	$V_S = \{b, c, d, e\}$ $S = \{a\}$
(2)	$V_S = \{b, c, d, e\}$ $S = \{a\}$	30	10	∞	100	c	$V_S = \{b, d, e\}$ $S = \{a, c\}$
(3)	$V_S = \{b, d, e\}$ $S = \{a, c\}$	30	10	60	100	b	$V_S = \{d, e\}$ $S = \{a, c, b\}$
(4)	$V_S = \{d, e\}$ $S = \{a, c, b\}$	30	10	50	90	d	$V_S = \{e\}$ $S = \{a, c, b, d\}$
(5)	$V_S = \{e\}$ $S = \{a, c, b, d\}$	30	10	50	60	e	$V_S = \varnothing$ $S = \{a, c, b, d, e\}$

(b)

단계	탐색 전 최단 경로 집합(S)과 남은 정점 집합(V_S)	$D[b]$	$D[c]$	$D[d]$	$D[e]$	$D[f]$	최단 경로 정점	탐색 후 최단 경로 집합(S)과 남은 정점 집합(V_S)
(1)	$V_S = \{a, b, c, d, e, f\}$ $S = \varnothing$	∞	∞	∞	∞	∞	a	$V_S = \{b, c, d, e, f\}$ $S = \{a\}$
(2)	$V_S = \{b, c, d, e, f\}$ $S = \{a\}$	20	∞	30	∞	∞	b	$V_S = \{c, d, e, f\}$ $S = \{a, b\}$
(3)	$V_S = \{c, d, e, f\}$ $S = \{a, b\}$	20	40	30	60	∞	d	$V_S = \{c, e, f\}$ $S = \{a, b, d\}$
(4)	$V_S = \{c, e, f\}$ $S = \{a, b, d\}$	20	40	30	50	60	c	$V_S = \{e, f\}$ $S = \{a, b, d, c\}$
(5)	$V_S = \{e, f\}$ $S = \{a, b, d, c\}$	20	40	30	50	60	e	$V_S = \{f\}$ $S = \{a, b, d, c, e\}$
(6)	$V_S = \{f\}$ $S = \{a, b, d, c, e\}$	20	40	30	50	60	f	$V_S = \varnothing$ $S = \{a, b, d, c, e, f\}$

그래프 탐색

그래프에 표시된 모든 지역을 탐색하는 방법은 다양하지만, 시작 정점을 기준으로 일정한 방향으로 탐색하는 방법이 가장 효율적일 수 있다. 대표적인 탐색 방법 두 가지를 알아보자.

정의 8-27 깊이 우선 탐색(DFS : Depth First Search)

연결그래프 $G=(V, E)$에 포함되는 어떤 정점 v_1을 시작 정점으로 할 때, v_1에 인접한 정점 중 아직 탐색하지 않은 정점 v_2를 탐색하고, 정점 v_2에 인접한 정점 중 아직 탐색하지 않은 정점 v_3를 탐색하는 과정을 반복하여 그래프에 포함된 모든 정점을 탐색하는 방법

[정의 8-27]과 같은 방식으로 깊이 우선 탐색을 할 때 다음을 고려해서 그래프에 포함된 정점을 탐색한다.

❶ 어떤 정점 v_n에 인접한 정점이 여러 개인 경우 탐색 기준에 따라 우선적으로 탐색하는 정점이 달라질 수 있다. 이 책에서는 가장 왼쪽에 있는 정점 또는 사전적 순서로 앞에 오는 정점부터 탐색한다.

❷ 어떤 정점 v_n에 인접한 모든 정점을 탐색하면 v_n에 인접하면서 v_n 직전에 탐색한 정점 v_{n-1}로 돌아가 v_{n-1}에 인접하면서 탐색하지 않은 다른 정점 v_{n+1}을 탐색한다. 이를 **백트래킹**(back tracking)이라고 한다.

[그림 8-21]의 그래프에 대한 깊이 우선 탐색은 다음 과정으로 진행한다. 이 그래프에 대해서는 사전적 순서로 앞에 오는 정점부터 탐색한다.

(1) 정점 a에 인접하면서 아직 탐색하지 않은 정점 b, c 중 b를 먼저 탐색 : $a-b$

(2) 정점 b에 인접하면서 아직 탐색하지 않은 정점 d, e 중 d를 먼저 탐색 : $a-b-d$

(3) 정점 d에 인접하면서 아직 탐색하지 않은 정점이 없으므로 정점 b로 백트래킹

(4) 정점 b에 인접하면서 아직 탐색하지 않은 정점 e를 탐색 : $a-b-d-e$

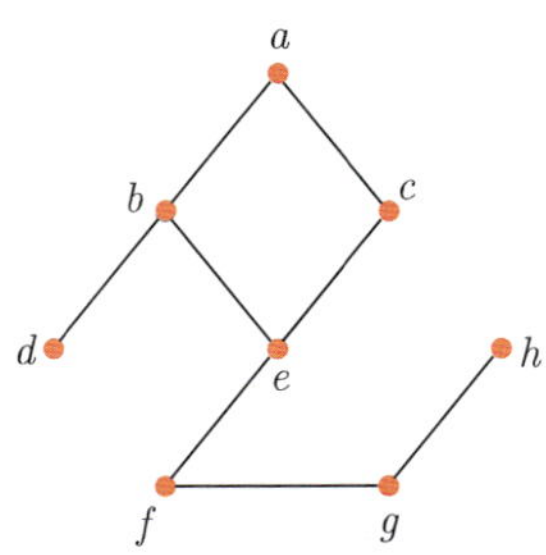

[그림 8-21] 깊이 우선 탐색의 예

(5) 정점 e에 인접하면서 아직 탐색하지 않은 정점 c, f 중 c를 먼저 탐색 : $a-b-d-e-c$

(6) 정점 c에 인접하면서 아직 탐색하지 않은 정점이 없으므로 정점 e로 백트래킹

(7) 정점 e에 인접하면서 아직 탐색하지 않은 정점 f를 탐색 : $a-b-d-e-c-f$

(8) 정점 f에 인접하면서 아직 탐색하지 않은 정점 g를 탐색 : $a-b-d-e-c-f-g$

(9) 정점 g에 인접하면서 아직 탐색하지 않은 정점 h를 탐색 : $a-b-d-e-c-f-g-h$

(10) 정점 h에 인접하면서 아직 탐색하지 않은 정점이 없으므로 정점 g로 백트래킹

(11) 정점 g에 인접하면서 아직 탐색하지 않은 정점이 없으므로 정점 f로 백트래킹

(12) 정점 f에 인접하면서 아직 탐색하지 않은 정점이 없으므로 정점 e로 백트래킹

(13) 정점 e에 인접하면서 아직 탐색하지 않은 정점이 없으므로 정점 b로 백트래킹

(14) 정점 b에 인접하면서 아직 탐색하지 않은 정점이 없으므로 정점 a로 백트래킹

(15) 정점 a에 인접하면서 아직 탐색하지 않은 정점이 없고 시작 정점으로 돌아왔으므로 탐색 종료

[그림 8-21]의 그래프를 깊이 우선 탐색하는 데 사용한 정점과 변을 정리하면 다음 [그림 8-22]와 같은 신장부분그래프이다.

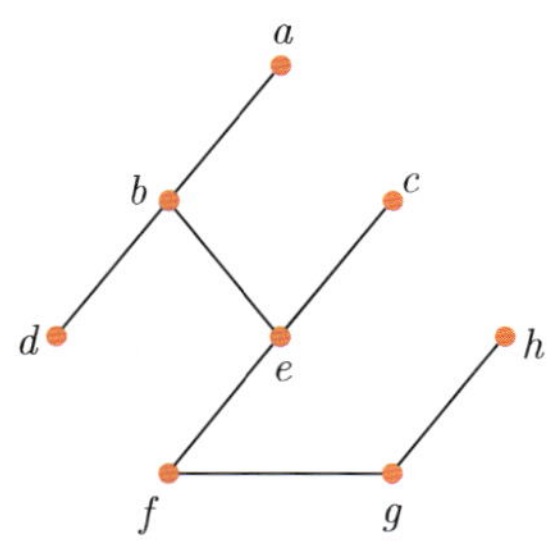

[그림 8-22] 깊이 우선 탐색의 결과

깊이 우선 탐색 과정을 정리하면 다음과 같다.

정리 8-5 깊이 우선 탐색 과정

(a) 시작 정점 v를 탐색한다.

(b) 정점 v에 인접하는 정점 중 탐색하지 않은 정점 v_{sub}를 탐색한다.

(c) 정점 v_{sub}를 정점 v로 하여 (b)를 반복한다.

(d) 더 이상 탐색하지 않은 정점이 없으면 이전에 탐색한 정점을 v로 하여 (b)와 (c)를 반복한다.

(e) 그래프의 모든 정점을 탐색할 때까지 반복한다.

```
DFS( V) {
    탐색한 원소 리스트 S에 정점 v1을 추가;
    탐색해야 할 원소 리스트 VS에 V-{v1} 원소를 차례로 추가;
    searched(v1);
}
```

```
searched(v){
    for (v에 인접한 v_sub가 v_sub∈ V_S){
        탐색한 원소 리스트 S에 정점 v_sub를 추가;
        탐색해야 할 원소 리스트 V_S에서 v_sub를 제거;
        searched(v_sub);
    }
}
```

예제 8-20

다음 그래프에 대해 정점 A에서 시작하여 사전적 순서로 깊이 우선 탐색을 하고, 탐색 결과로 나오는 신장부분그래프를 그려라.

(a)

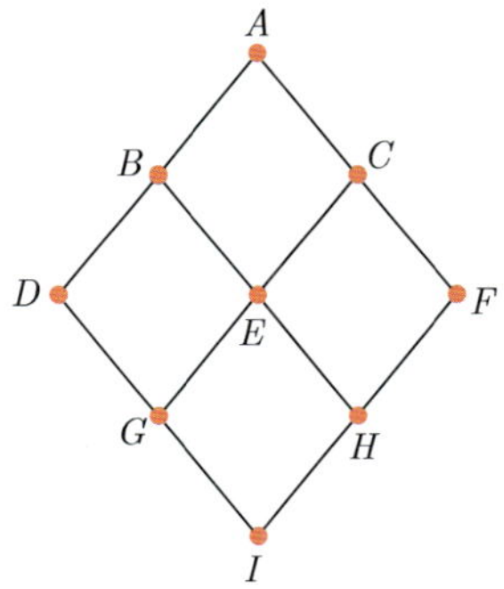

(b)

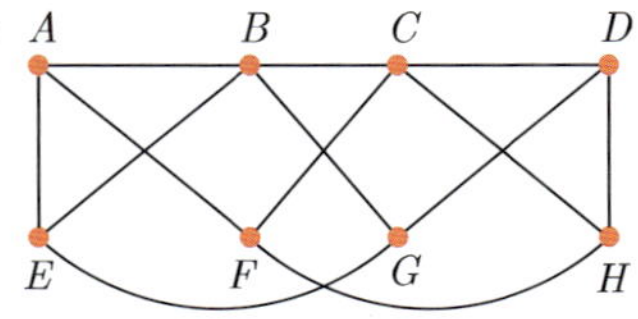

풀이

(a) (1) 정점 A에 인접하면서 아직 탐색하지 않은 정점 B, C 중 B를 탐색 : $A-B$

(2) 정점 B에 인접하면서 아직 탐색하지 않은 정점 D, E 중 D를 탐색 : $A-B-D$

(3) 정점 D에 인접하면서 아직 탐색하지 않은 정점 G를 탐색 : $A-B-D-G$

(4) 정점 G에 인접하면서 아직 탐색하지 않은 정점 E, I 중 E를 탐색 : $A-B-D-G-E$

(5) 정점 E에 인접하면서 아직 탐색하지 않은 정점 C, H 중 C를 탐색 : $A-B-D-G-E-C$

(6) 정점 C에 인접하면서 아직 탐색하지 않은 정점 F를 탐색 : $A-B-D-G-E-C-F$

(7) 정점 F에 인접하면서 아직 탐색하지 않은 정점 H를 탐색 : $A-B-D-G-E-C-F-H$

(8) 정점 H에 인접하면서 아직 탐색하지 않은 정점 I를 탐색
: $A-B-D-G-E-C-F-H-I$

(9) 정점 I에 인접하면서 아직 탐색하지 않은 정점이 없으므로 정점 H로 백트래킹

(10) 정점 H에 인접하면서 아직 탐색하지 않은 정점이 없으므로 정점 F로 백트래킹

(11) 정점 F에 인접하면서 아직 탐색하지 않은 정점이 없으므로 정점 C로 백트래킹

(12) 정점 C에 인접하면서 아직 탐색하지 않은 정점이 없으므로 정점 E로 백트래킹

(13) 정점 E에 인접하면서 아직 탐색하지 않은 정점이 없으므로 정점 G로 백트래킹

(14) 정점 G에 인접하면서 아직 탐색하지 않은 정점이 없으므로 정점 D로 백트래킹

(15) 정점 D에 인접하면서 아직 탐색하지 않은 정점이 없으므로 정점 B로 백트래킹

(16) 정점 B에 인접하면서 아직 탐색하지 않은 정점이 없으므로 정점 A로 백트래킹

(17) 정점 A에 인접하면서 아직 탐색하지 않은 정점이 없고 시작 정점으로 돌아왔으므로 탐색 종료

$\therefore A-B-D-G-E-C-F-H-I$이고, 탐색 결과인 신장부분그래프는 다음과 같다.

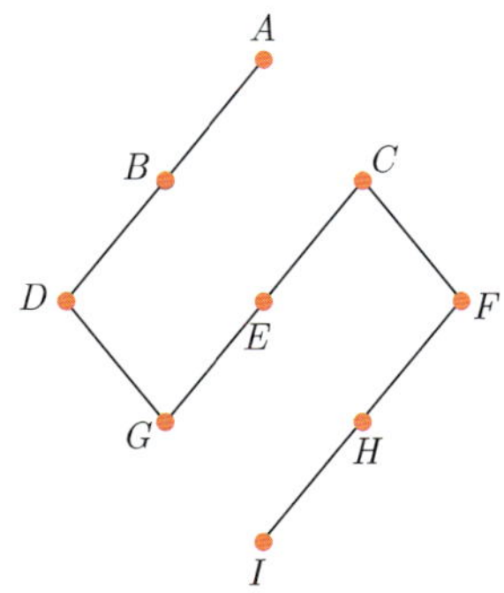

(b) (1) 정점 A에 인접하면서 아직 탐색하지 않은 정점 B, E, F 중 B를 탐색 : $A-B$

(2) 정점 B에 인접하면서 아직 탐색하지 않은 정점 C, E, G 중 C를 탐색 : $A-B-C$

(3) 정점 C에 인접하면서 아직 탐색하지 않은 정점 D, F, H 중 D를 탐색 : $A-B-C-D$

(4) 정점 D에 인접하면서 아직 탐색하지 않은 정점 G, H 중 G를 탐색 : $A-B-C-D-G$

(5) 정점 G에 인접하면서 아직 탐색하지 않은 정점 E를 탐색 : $A-B-C-D-G-E$

(6) 정점 E에 인접하면서 아직 탐색하지 않은 정점이 없으므로 정점 G로 백트래킹

(7) 정점 G에 인접하면서 아직 탐색하지 않은 정점이 없으므로 정점 D로 백트래킹

(8) 정점 D에 인접하면서 아직 탐색하지 않은 정점 H를 탐색 : $A-B-C-D-G-E-H$

(9) 정점 H에 인접하면서 아직 탐색하지 않은 정점 F를 탐색 : $A-B-C-D-G-E-H-F$

(10) 정점 F에 인접하면서 아직 탐색하지 않은 정점이 없으므로 정점 H로 백트래킹

(11) 정점 H에 인접하면서 아직 탐색하지 않은 정점이 없으므로 정점 D로 백트래킹

(12) 정점 D에 인접하면서 아직 탐색하지 않은 정점이 없으므로 정점 C로 백트래킹

(13) 정점 C에 인접하면서 아직 탐색하지 않은 정점이 없으므로 정점 B로 백트래킹

(14) 정점 B에 인접하면서 아직 탐색하지 않은 정점이 없으므로 정점 A로 백트래킹

(15) 정점 A에 인접하면서 아직 탐색하지 않은 정점이 없고 시작 정점으로 돌아왔으므로 탐색 종료

$\therefore A-B-C-D-G-E-H-F$이고, 탐색 결과인 신장부분그래프는 다음과 같다.

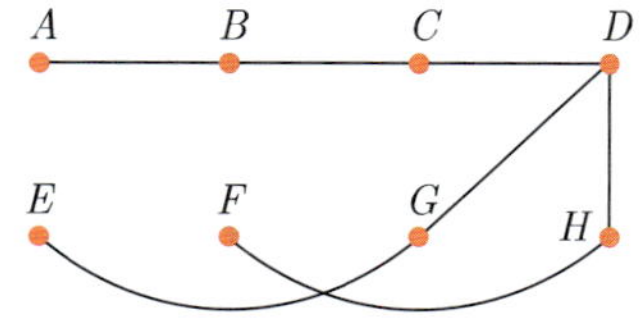

정의 8-28 **너비 우선 탐색(BFS : Breadth First Search)**

연결그래프 $G=(V, E)$에 포함되는 어떤 정점 v_1을 시작 정점으로 할 때, v_1에 인접한 모든 정점을 탐색하고 그 정점 중 하나인 v_2에 인접한 정점을 모두 탐색하는 방식을 반복하여 그래프에 포함된 모든 정점을 탐색하는 방법

[정의 8-28]과 같은 방식으로 너비 우선 탐색을 하면 그래프의 시작 정점 v_1에 인접한 정점 $v_{2_1}, v_{2_2}, \cdots, v_{2_n}$을 모두 탐색한 후 우선 탐색할 정점을 선택하는 기준에 따라 선택된 정점 v_{2_i}에 인접한 정점 $v_{3_1}, v_{3_2}, \cdots, v_{3_m}$을 탐색한다. 그러므로 너비 우선 탐색 방식은 시작 정점에서 가까운 정점을 먼저 탐색하고 멀리 있는 정점일수록 나중에 탐색한다. 이 과정에서 어떤 정점에 인접한 정점 중 우선 탐색할 정점을 선택하는 기준은 그래프의 목적에 따라 달라지는데, 이 책에서는 깊이 우선 탐색과 마찬가지로 가장 왼쪽에 있는 정점 또는 사전적 순서로 앞에 오는 정점부터 탐색한다.

깊이 우선 탐색의 예로 살펴본 [그림 8-21]의 그래프를 이용해 너비 우선 탐색을 수행해보자. 시작 정점은 a로 하며 사전적으로 앞에 오는 정점부터 탐색한다.

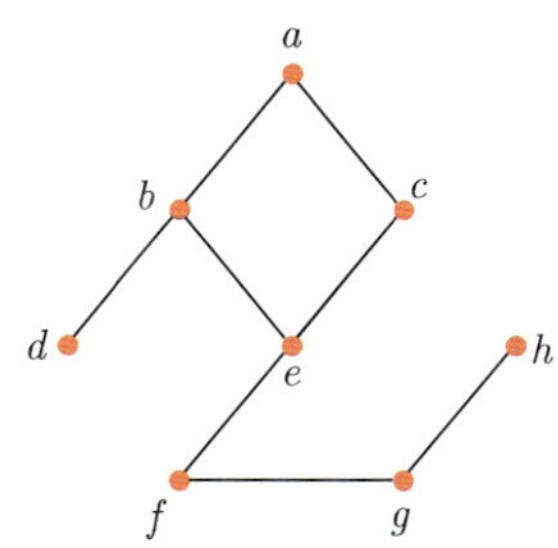

[그림 8-23] 너비 우선 탐색의 예

(1) 정점 a에 인접하면서 아직 탐색하지 않은 정점 b, c 중 b를 탐색
  : $a-b$

(2) 정점 a에 인접하면서 아직 탐색하지 않은 정점 c를 탐색
  : $a-b-c$

(3) 탐색한 정점 b, c 중 먼저 탐색한 정점 b에 인접하면서 아직 탐색하지 않은 정점 d, e 중 정점 d를 탐색 : $a-b-c-d$

(4) 정점 b에 인접하면서 아직 탐색하지 않은 정점 e를 탐색
  : $a-b-c-d-e$

(5) 탐색한 정점 b, c 중 나중에 탐색한 정점 c에 인접하면서 아직 탐색하지 않은 정점은 없음

(6) 탐색한 정점 d, e 중 먼저 탐색한 정점 d에 인접하면서 아직 탐색하지 않은 정점은 없음

(7) 탐색한 정점 d, e 중 나중에 탐색한 정점 e에 인접하면서 아직 탐색하지 않은 정점 f를 탐색
  : $a-b-c-d-e-f$

(8) 정점 f에 인접하면서 아직 탐색하지 않은 정점 g를 탐색 : $a-b-c-d-e-f-g$

(9) 정점 g에 인접하면서 아직 탐색하지 않은 정점 h를 탐색 : $a-b-c-d-e-f-g-h$

(10) 정점 h에 인접하면서 아직 탐색하지 않은 정점이 없고, 더 이상 탐색할 정점이 없으므로 탐색 종료

[그림 8-23]의 그래프를 너비 우선 탐색하는 데 사용한 정점과 변을 정리하면 다음 [그림 8-24]와 같은 신장부분그래프이다.

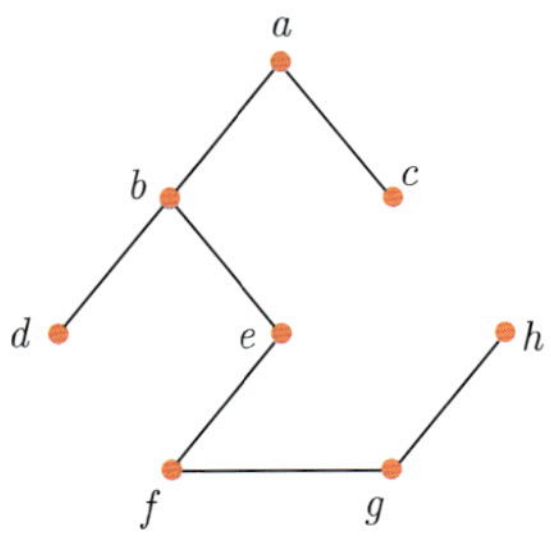

[그림 8-24] 너비 우선 탐색의 결과

너비 우선 탐색 과정을 정리하면 다음과 같다.

정리 8-6 너비 우선 탐색 과정

(a) 시작 정점 v를 탐색한다.

(b) 정점 v에 인접하는 모든 정점 v_{sub}를 하나씩 탐색한다.

(c) 정점 v_{sub}에 인접하는 모든 정점을 탐색한다.

(d) 정점 v_{sub}를 정점 v로 하여 모든 정점을 탐색할 때까지 (b), (c)를 반복한다.

```
BFS( V) {
    탐색한 원소 리스트 S에 정점 v1 추가;
    탐색해야 할 원소 리스트 VS에 v1에 인접하는 정점을 차례로 추가;
    while( VS에 탐색할 원소 존재){
        리스트 S에 정점 vsub∈ VS를 추가
        for(vsub에 인접하는 정점 vx∈ V 존재){
            탐색해야 할 원소 리스트 VS의 끝에 vx 추가
        }
        탐색해야 할 원소 리스트 VS에서 vsub 제거
    }
}
```

예제 8-21

[예제 8-20]에서 깊이 우선 탐색을 했던 두 그래프 (a), (b)에 대해 정점 A에서 시작하여 사전적 순서로 너비 우선 탐색을 하고, 탐색 결과로 나오는 신장부분그래프를 그려라.

풀이

(a) (1) 정점 A에 인접하면서 아직 탐색하지 않은 정점 B, C 중 B를 탐색 : $A-B$

(2) 정점 A에 인접하면서 아직 탐색하지 않은 정점 C를 탐색 : $A-B-C$

(3) 탐색한 정점 B, C 중 먼저 탐색한 정점 B에 인접하면서 아직 탐색하지 않은 정점 D, E 중 D를 탐색 : $A-B-C-D$

(4) 탐색한 정점 B, C 중 먼저 탐색한 정점 B에 인접하면서 아직 탐색하지 않은 정점 E를 탐색 : $A-B-C-D-E$

(5) 탐색한 정점 B, C 중 나중에 탐색한 정점 C에 인접하면서 아직 탐색하지 않은 정점 F를 탐색 : $A-B-C-D-E-F$

(6) 탐색한 정점 D, E, F 중 먼저 탐색한 정점 D에 인접하면서 아직 탐색하지 않은 정점 G를 탐색 : $A-B-C-D-E-F-G$

(7) 탐색한 정점 D, E, F 중 두 번째로 탐색한 정점 E에 인접하면서 아직 탐색하지 않은 정점 H를 탐색 : $A-B-C-D-E-F-G-H$

(8) 탐색한 정점 D, E, F 중 마지막으로 탐색한 정점 F에 인접하면서 아직 탐색하지 않은 정점은 없음

(9) 탐색한 정점 G, H 중 먼저 탐색한 정점 G에 인접하면서 아직 탐색하지 않은 정점 I를 탐색 : $A-B-C-D-E-F-G-H-I$

(10) 탐색한 정점 G, H 중 나중에 탐색한 정점 H에 인접하면서 아직 탐색하지 않은 정점은 없음

(11) 탐색한 정점 I에 인접하면서 아직 탐색하지 않은 정점이 없고, 더 이상 탐색할 정점이 없으므로 탐색 종료

$\therefore$ $A-B-C-D-E-F-G-H-I$이고, 탐색 결과인 신장부분그래프는 다음과 같다.

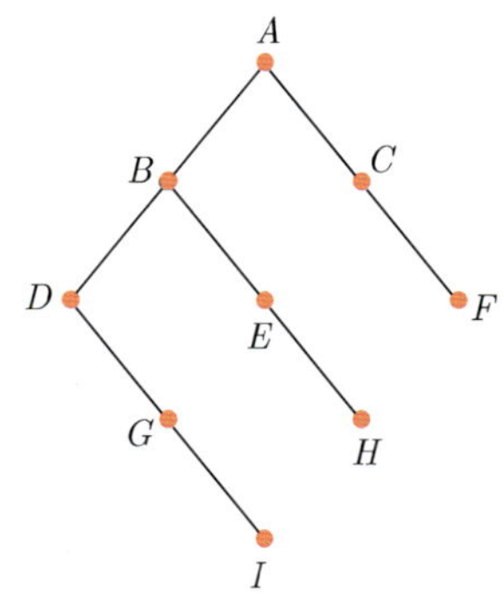

(b) (1) 정점 A에 인접하면서 아직 탐색하지 않은 정점 B, E, F 중 B를 탐색 : $A-B$

(2) 정점 A에 인접하면서 아직 탐색하지 않은 정점 B, E, F 중 E를 탐색 : $A-B-E$

(3) 정점 A에 인접하면서 아직 탐색하지 않은 정점 B, E, F 중 F를 탐색 : $A-B-E-F$

(4) 탐색한 정점 B, E, F 중 가장 먼저 탐색한 정점 B에 인접하면서 아직 탐색하지 않은 정점 C, G 중 C를 탐색 : $A-B-E-F-C$

(5) 탐색한 정점 B, E, F 중 가장 먼저 탐색한 정점 B에 인접하면서 아직 탐색하지 않은 정점 G를 탐색 : $A-B-E-F-C-G$

(6) 탐색한 정점 B, E, F 중 두 번째로 탐색한 정점 E에 인접하면서 아직 탐색하지 않은 정점은 없음

(7) 탐색한 정점 B, E, F 중 마지막으로 탐색한 정점 F에 인접하면서 아직 탐색하지 않은 정점 H를 탐색 : $A-B-E-F-C-G-H$

(8) 탐색한 정점 C, G, H 중 가장 먼저 탐색한 정점 C에 인접하면서 아직 탐색하지 않은 정점 D를 탐색 : $A-B-E-F-C-G-H-D$

(9) 탐색한 정점 C, G, H 중 가장 먼저 탐색한 정점 G에 인접하면서 아직 탐색하지 않은 정점은 없음

(10) 탐색한 정점 C, G, H 중 가장 먼저 탐색한 정점 H에 인접하면서 아직 탐색하지 않은 정점은 없음

(11) 탐색한 정점 D에 인접하면서 아직 탐색하지 않은 정점이 없고, 더 이상 탐색할 정점이 없으므로 탐색 종료

$\therefore$ $A-B-E-F-C-G-H-D$이고, 탐색 결과인 신장부분그래프는 다음과 같다.

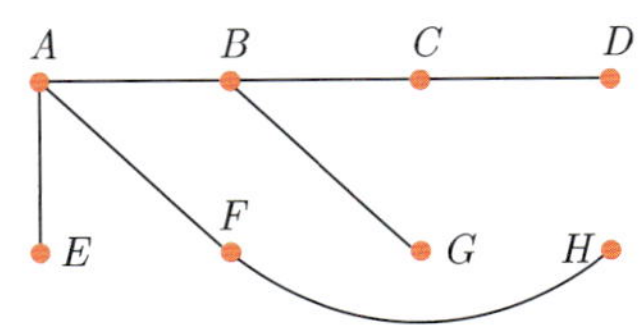

8장_핵심요약

CHAPTER 08 연습문제

✔ 문제 해답

✔ **01** 주어진 그래프를 보고 다음 물음에 답하라.

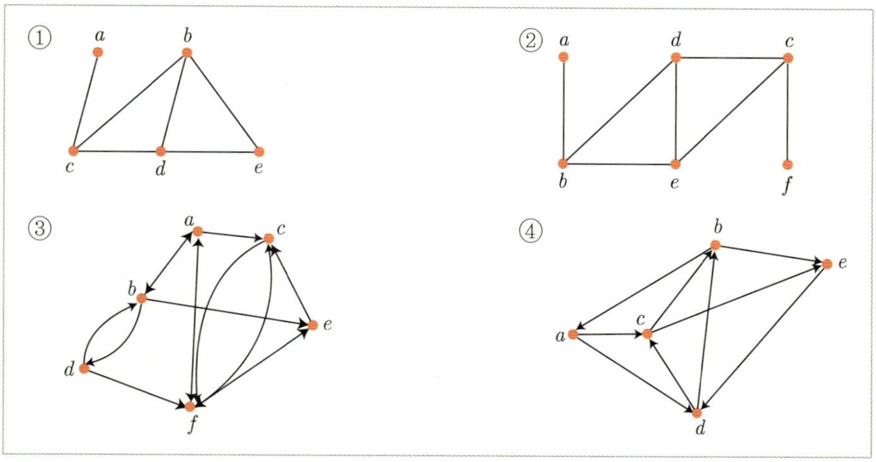

(a) 각 그래프를 수학적 표기로 나타내라.

(b) 각 그래프를 인접행렬로 나타내라.

(c) 가능한 그래프에 대해 인접리스트로 나타내라.

(d) 변의 수를 이용하여 그래프를 구성하는 모든 정점의 차수의 합을 구하라.

(e) 각 정점의 차수를 직접 구하여 정점의 차수의 합을 구하고 (d)의 결과가 같은지 확인하라.

02 주어진 그래프를 보고 다음 물음에 답하라.

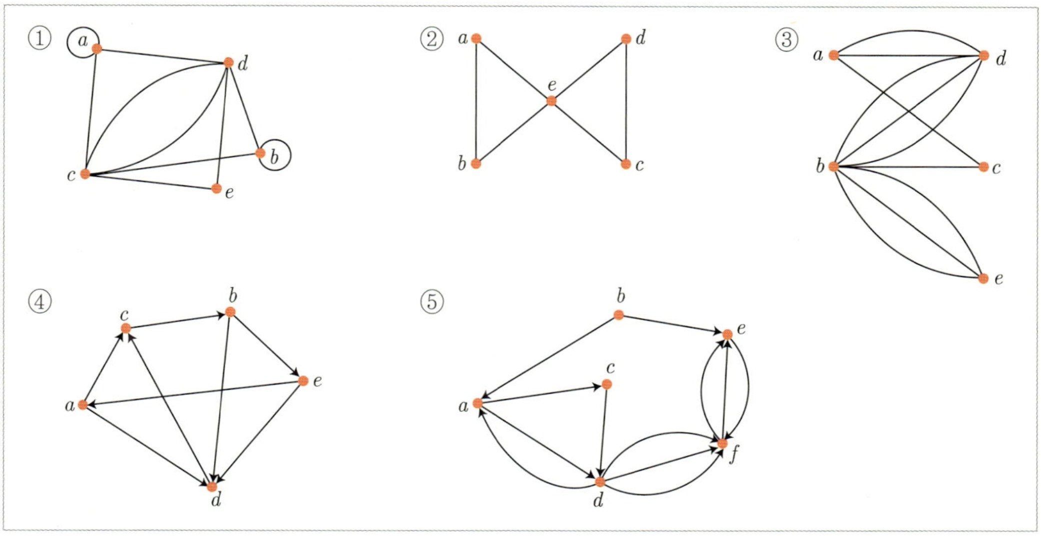

(a) 각 그래프를 수학적 표기로 나타내라.

(b) 각 그래프를 인접행렬로 나타내라.

(c) 가능한 그래프에 대해 인접리스트로 나타내라.

(d) 변의 수를 이용하여 그래프를 구성하는 모든 정점의 차수의 합을 구하라.

(e) 각 정점의 차수를 직접 구하여 정점의 차수의 합을 구하고 (d)의 결과가 같은지 확인하라.

✔**03** 주어진 수학적 표기를 보고 다음 물음에 답하라.

① $G=(V, E)$

$V=\{a, b, c, d\}$

$E=\{(a, b), (a, b), (b, b), (b, c), (c, c), (c, d), (d, b), (d, a), (d, a)\}$

② $G=(V, E)$

$V=\{A, B, C, D\}$

$E=\{(B, C), (B, C), (B, D), (B, D), (C, C), (C, D)\}$

③ $G=<V, E>$

$V=\{a, b, c, d\}$

$E=\{<a, b>, <a, d>, <b, b>, <b, c>, <c, a>, <c, b>, <c, d>,$
$<d, a>, <d, c>, <d, d>\}$

④ $G=<V, E>$

$V=\{v_1, v_2, v_3, v_4, v_5\}$

$E=\{e_1, e_2, e_3, e_4, e_5, e_6, e_7, e_8, e_9, e_{10}, e_{11}\}$
$=\{<v_1, v_2>, <v_1, v_2>, <v_1, v_3>, <v_2, v_1>, <v_2, v_2>, <v_2, v_5>,$
$<v_3, v_1>, <v_3, v_4>, <v_4, v_2>, <v_4, v_3>, <v_5, v_1>, <v_5, v_5>\}$

(a) 각 수학적 표기를 그래프로 나타내라.

(b) 각 수학적 표기를 인접행렬로 나타내라.

(c) 가능한 수학적 표기에 대해 인접리스트로 나타내라.

(d) 각 정점의 차수를 구하여 [정리 8-1(b)]가 성립하는지 확인하라.

04 주어진 수학적 표기를 보고 다음 물음에 답하라.

① $G = (V, E)$

$V = \{a, b, c, d, e\}$

$E = \{(a, b), (a, b), (b, b), (b, c), (b, e), (c, a), (c, e), (d, b), (d, c), (e, d), (e, e)\}$

② $G = (V, E)$

$V = \{a, b, c, d\}$

$E = \{(a, a), (a, c), (b, b), (b, d), (c, b), (c, c), (d, a), (d, d)\}$

③ $G = (V, E)$

$V = \{v_1, v_2, v_3, v_4, v_5\}$

$E = \{e_1, e_2, e_3, e_4, e_5, e_6, e_7\} = \{(v_1, v_1), (v_1, v_2), (v_1, v_4), (v_2, v_3), (v_3, v_4), (v_3, v_3), (v_5, v_5)\}$

④ $G = < V, E >$

$V = \{a, b, c, d, e\}$

$E = \{< a, b >, < a, b >, < a, d >, < b, a >< b, d >, < b, e >, < b, e >, < c, c >, < c, d >, < d, b > < d, c >, < e, a >, < e, e >\}$

⑤ $G = < V, E >$

$V = \{a, b, c, d, e\}$

$E = \{< a, b >, < a, c >, < a, d >, < b, d >< c, a >, < c, c >, < d, b >, < d, c >, < d, d >, < e, a > < e, e >\}$

(a) 각 수학적 표기를 그래프로 나타내라.

(b) 각 수학적 표기를 인접행렬로 나타내라.

(c) 가능한 수학적 표기에 대해 인접리스트로 나타내라.

(d) 각 정점의 차수를 구하여 [정리 8-1(b)]가 성립하는지 확인하라.

05 주어진 인접행렬을 보고 다음 물음에 답하라.

① $A_G = \begin{array}{c} \\ a \\ b \\ c \\ d \\ e \end{array} \begin{array}{c} \begin{array}{ccccc} a & b & c & d & e \end{array} \\ \begin{bmatrix} 1 & 1 & 1 & 0 & 1 \\ 1 & 0 & 0 & 1 & 0 \\ 1 & 0 & 1 & 1 & 1 \\ 0 & 1 & 1 & 1 & 1 \\ 1 & 0 & 1 & 1 & 0 \end{bmatrix} \end{array}$

② $A_G = \begin{array}{c} \\ a \\ b \\ c \\ d \\ e \end{array} \begin{array}{c} \begin{array}{ccccc} a & b & c & d & e \end{array} \\ \begin{bmatrix} 1 & 0 & 2 & 1 & 2 \\ 0 & 0 & 1 & 0 & 1 \\ 2 & 1 & 0 & 3 & 2 \\ 1 & 0 & 3 & 0 & 0 \\ 2 & 1 & 2 & 0 & 1 \end{bmatrix} \end{array}$

③ $A_G = \begin{array}{c} \\ a \\ b \\ c \\ d \\ e \end{array} \begin{array}{c} \begin{array}{ccccc} a & b & c & d & e \end{array} \\ \begin{bmatrix} 1 & 1 & 0 & 0 & 1 \\ 0 & 1 & 1 & 1 & 1 \\ 0 & 1 & 0 & 0 & 1 \\ 1 & 0 & 0 & 0 & 1 \\ 0 & 1 & 1 & 1 & 0 \end{bmatrix} \end{array}$

④ $A_G = \begin{array}{c} \\ a \\ b \\ c \\ d \\ e \end{array} \begin{array}{c} \begin{array}{ccccc} a & b & c & d & e \end{array} \\ \begin{bmatrix} 1 & 2 & 0 & 1 & 0 \\ 1 & 0 & 0 & 0 & 2 \\ 2 & 1 & 0 & 2 & 0 \\ 1 & 1 & 0 & 0 & 1 \\ 0 & 0 & 2 & 0 & 1 \end{bmatrix} \end{array}$

⑤ $A_G = \begin{array}{c} \\ a \\ b \\ c \\ d \\ e \\ f \end{array} \begin{array}{c} \begin{array}{cccccc} a & b & c & d & e & f \end{array} \\ \begin{bmatrix} 0 & 0 & 1 & 0 & 2 & 1 \\ 0 & 0 & 1 & 2 & 1 & 0 \\ 1 & 1 & 0 & 1 & 0 & 0 \\ 0 & 2 & 1 & 0 & 0 & 1 \\ 2 & 1 & 0 & 0 & 0 & 1 \\ 1 & 0 & 0 & 1 & 1 & 0 \end{bmatrix} \end{array}$

(a) 각 인접행렬을 그래프로 나타내라.

(b) 각 인접행렬을 수학적 표기로 나타내라.

(c) 가능한 인접행렬에 대해 인접리스트로 나타내라.

06 주어진 차수를 만족하는 그래프에 대하여 다음 물음에 답하라.

① $d(a)=3,\ d(b)=1,\ d(c)=2,\ d(d)=5,\ d(e)=3$

② $d(a)=1,\ d(b)=6,\ d(c)=4,\ d(d)=2$

③ $d(a)=3,\ d(b)=6,\ d(c)=4,\ d(d)=5,\ d(e)=2,\ d(f)=3,\ d(g)=3$

④ $d(a)=2,\ d(b)=2,\ d(c)=2$

⑤ $d(a)=5,\ d(b)=2,\ d(c)=3,\ d(d)=1,\ d(e)=4$

⑥ $d(a)=1,\ d(b)=5,\ d(c)=2,\ d(d)=6,\ d(e)=8,\ d(f)=4$

⑦ $d(a)=0,\ d(b)=2,\ d(c)=0,\ d(d)=0,\ d(e)=2$

(a) 각 차수를 만족하는 그래프를 구할 수 있는지 판별하라.
(b) 그래프인 경우 변의 수를 모두 구하라.
(c) 그래프 중 연결그래프가 아닌 것을 고르고, 그렇게 판단한 이유를 설명하라.
(d) 그래프 중 연결그래프는 모두 평면그래프라고 가정할 때 그래프를 구성하는 영역의 수를 구하라.
(e) 연결그래프인 그래프 중 오일러 경로나 오일러 순환이 존재하는 그래프를 구하라.

07 주어진 차수를 만족하는 그래프에 대하여 다음 물음에 답하라.

① $d(v_1)=1$, $d(v_2)=6$, $d(v_3)=6$, $d(v_4)=3$, $d(v_5)=2$, $d(v_6)=4$
② $d(v_1)=1$, $d(v_2)=1$, $d(v_3)=1$, $d(v_4)=1$, $d(v_5)=1$
③ $d(v_1)=2$, $d(v_2)=6$, $d(v_3)=6$, $d(v_4)=2$, $d(v_5)=2$
④ $d(v_1)=1$, $d(v_2)=2$, $d(v_3)=5$, $d(v_4)=3$, $d(v_5)=2$, $d(v_6)=6$, $d(v_7)=4$
⑤ $d(v_1)=1$, $d(v_2)=0$, $d(v_3)=1$, $d(v_4)=1$, $d(v_5)=0$, $d(v_6)=0$
⑥ $d(v_1)=4$, $d(v_2)=4$, $d(v_3)=5$, $d(v_4)=5$, $d(v_5)=4$, $d(v_6)=4$, $d(v_7)=4$
⑦ $d(v_1)=3$, $d(v_2)=2$, $d(v_3)=5$, $d(v_4)=3$

(a) 각 차수를 만족하는 그래프를 구할 수 있는지 판별하라.
(b) 그래프인 경우 변의 수를 모두 구하라.
(c) 그래프 중 연결그래프가 아닌 것을 고르고, 그렇게 판단한 이유를 설명하라.
(d) 그래프 중 연결그래프는 모두 평면그래프라고 가정할 때 그래프를 구성하는 영역의 수를 구하라.
(e) 연결그래프인 그래프 중 오일러 경로나 오일러 순환이 존재하는 그래프를 구하라.

[08~10] 〈보기〉의 그래프를 보고 다음 물음에 답하라.

<보기>

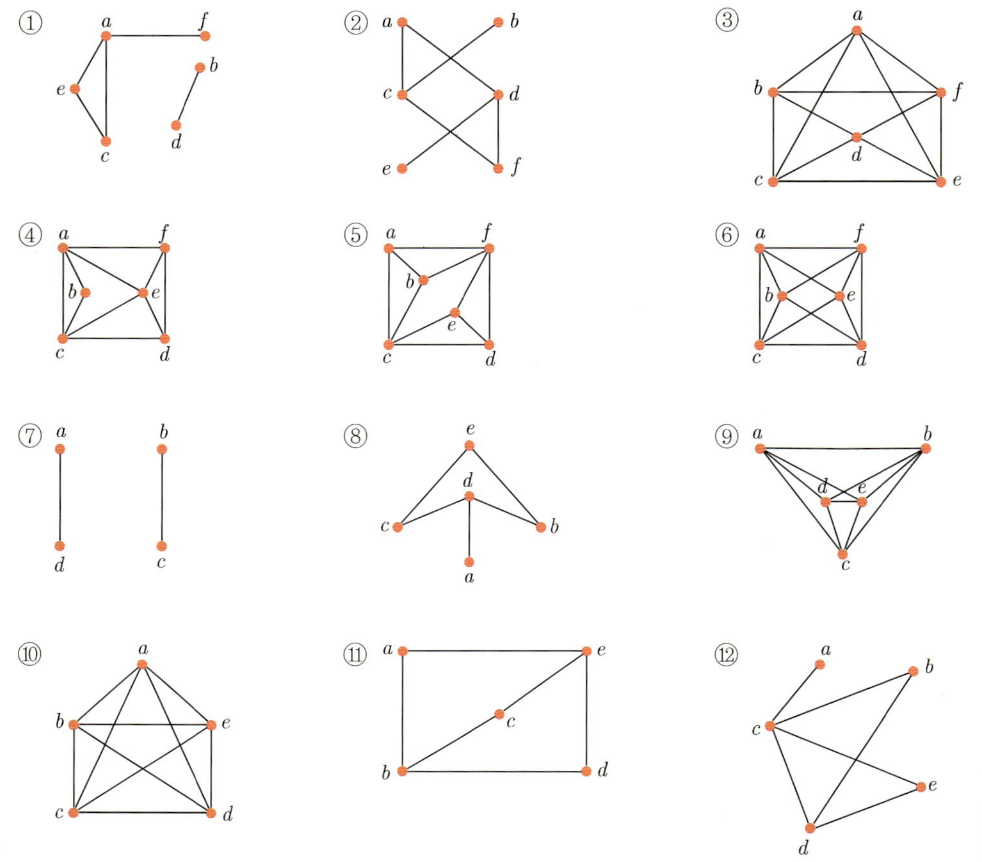

✔08 주어진 그래프 G에 대하여 다음 물음에 답하라.

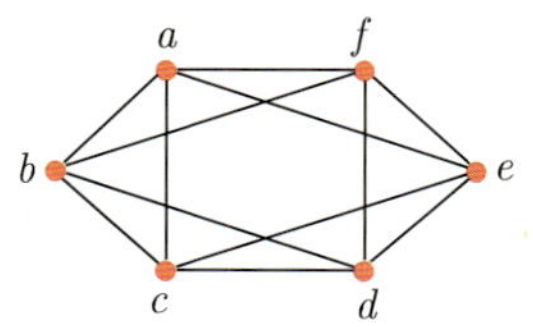

그래프 G

(a) <보기>의 그래프 중 그래프 G의 부분그래프를 모두 찾으라.

(b) <보기>의 그래프 중 그래프 G의 신장부분그래프를 모두 찾으라.

(c) <보기>의 그래프 중 그래프 G의 동형그래프를 모두 찾으라.

✔ **09** <보기>의 그래프에 대하여 다음 물음에 답하라.

(a) 연결그래프를 모두 찾으라.

(b) 평면그래프를 모두 찾고, 각 그래프의 영역의 수를 구하라.

(c) 평면그래프 중 정점이 아닌 위치에서 변이 교차하는 그래프에 대해 변이 교차하지 않는 동형그래프를 구하라.

✔ **10** <보기>의 그래프에 대하여 다음 물음에 답하라.

(a) 정규그래프를 모두 찾고 기호로 나타내라.

(b) 완전그래프를 모두 찾고 기호로 나타내라.

(c) 이분그래프를 모두 찾고 정점 집합의 분할을 구하라.

(d) (c)에서 찾은 이분그래프 중 완전이분그래프를 모두 찾아 기호로 나타내라.

[11~14] 〈보기〉의 그래프를 보고 다음 물음에 답하라.

<보기>

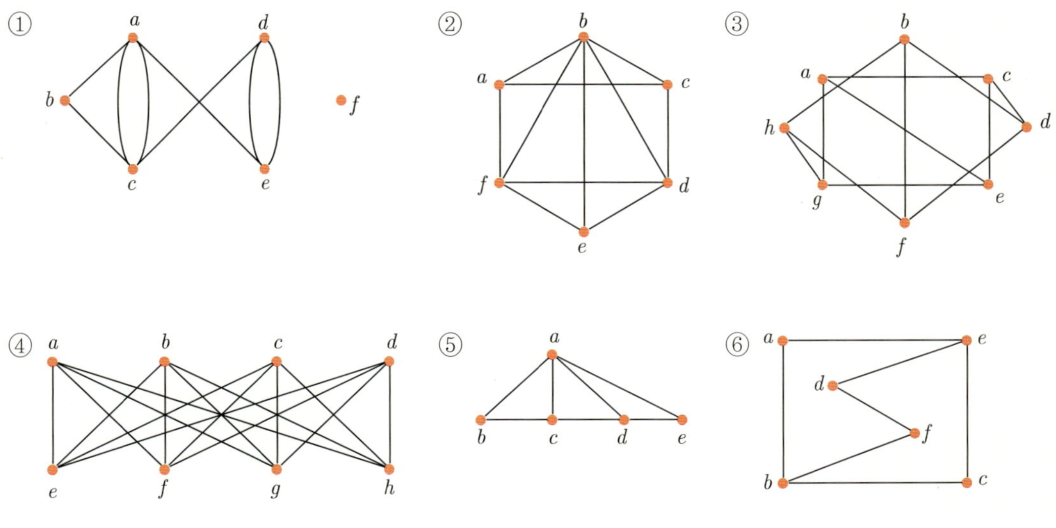

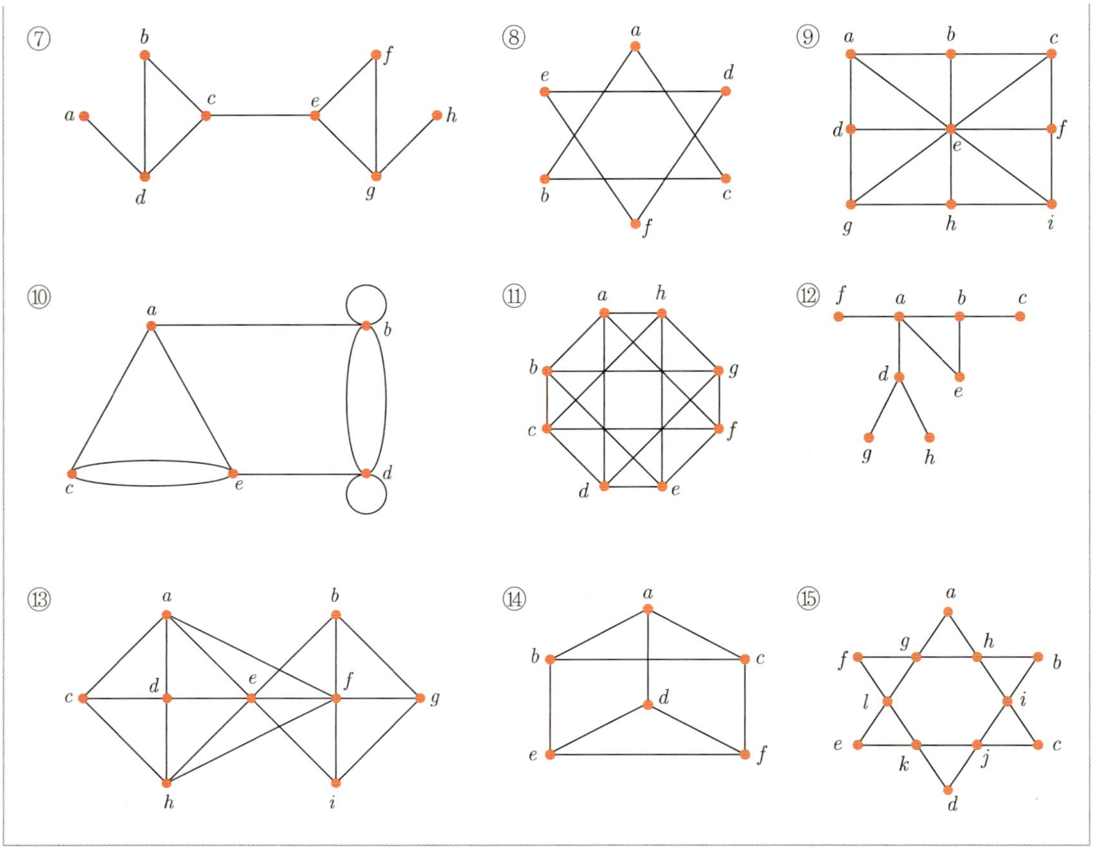

11 <보기>의 그래프를 보고 다음 물음에 답하라.

(a) 각 그래프의 부분그래프를 3개만 그려라.

(b) 각 그래프의 신장부분그래프를 3개만 그려라.

(c) 정규그래프를 모두 찾고, 각각을 기호로 나타내라.

(d) 완전그래프를 모두 찾고, 각각을 기호로 나타내라.

12 <보기>의 그래프를 보고 다음 물음에 답하라.

(a) 연결그래프가 아닌 것을 모두 찾으라.

(b) 평면그래프를 모두 찾고 각 그래프의 영역의 수를 구하라.

(c) 평면그래프 중 정점이 아닌 위치에서 변이 교차하는 그래프에 대해 변이 교차하지 않는 동형그래프를 구하라.

13 <보기>의 그래프 중 연결그래프에 대해 다음 물음에 답하라.

(a) 오일러 경로나 오일러 순환을 갖는 그래프를 찾고 경로의 예를 한 가지씩만 들어라.

(b) 각 그래프에서 가능한 해밀턴 경로나 해밀턴 순환을 찾고 경로의 예를 한 가지씩만 들어라.

14 <보기>의 그래프 중 연결그래프에 대해 다음 물음에 답하라.

(a) 각 그래프에 대해 정점 a에서 시작하여 사전적 순서에 따라 깊이 우선 탐색을 수행하고 결과로 나오는 신장부분그래프를 구하라.

(b) 각 그래프에 대해 정점 a에서 시작하여 사전적 순서에 따라 너비 우선 탐색을 수행하고 결과로 나오는 신장부분그래프를 구하라.

15 주어진 그래프를 보고 다음 물음에 답하라.

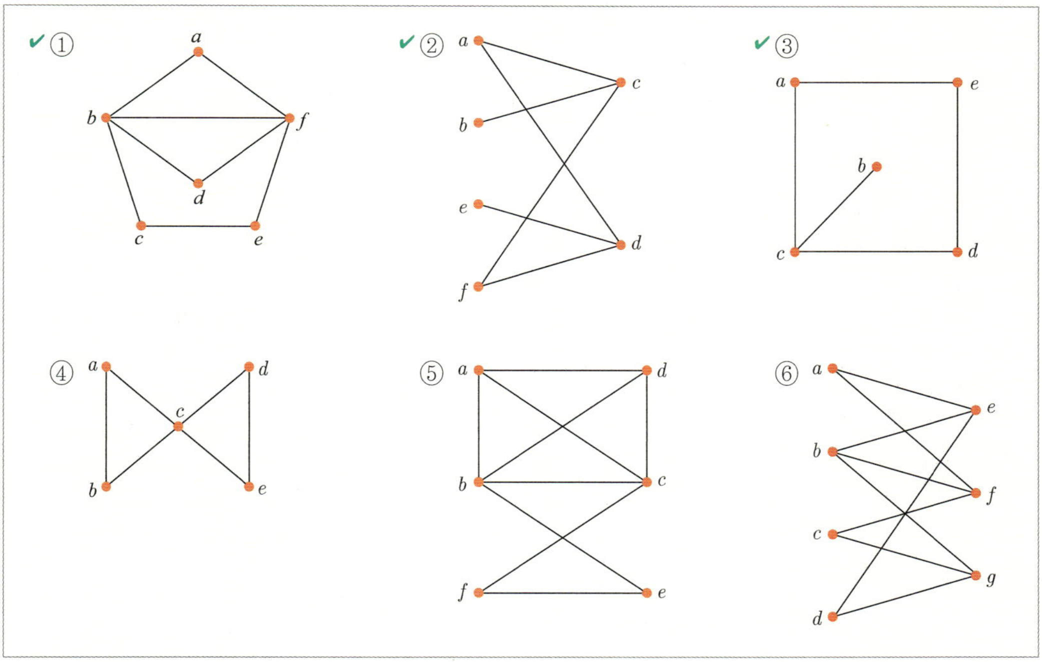

(a) 오일러 경로나 오일러 순환을 갖는 그래프를 찾고, 경로의 예를 한 가지씩만 들어라.

(b) 각 그래프에서 가능한 해밀턴 경로나 해밀턴 순환을 찾고 경로의 예를 한 가지씩만 들어라.

16 주어진 그래프에 대하여 다음 물음에 답하라.

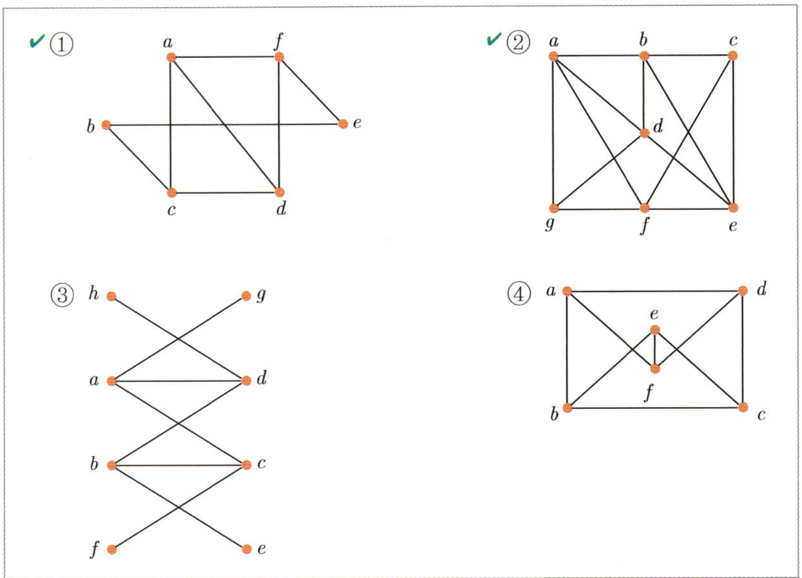

(a) 각 그래프의 정점 a에서 시작하여 사전적 순서로 깊이 우선 탐색을 하여 얻는 신장부분그래프를 구하라.

(b) 각 그래프의 정점 a에서 시작하여 사전적 순서로 너비 우선 탐색을 하여 얻는 신장부분그래프를 구하라.

17 다익스트라 알고리즘을 이용해 다음 그래프의 정점 a에서 시작하는 최단 경로를 찾으라.

(a)

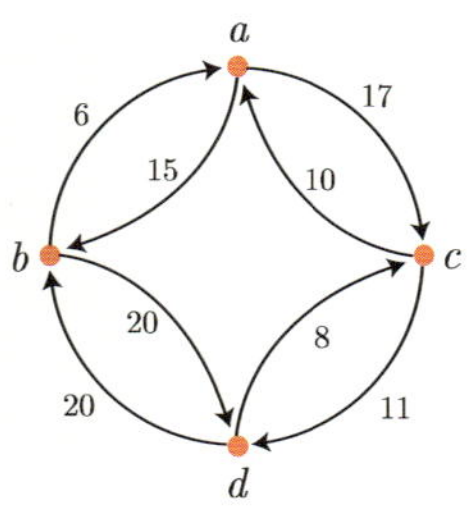

(b)

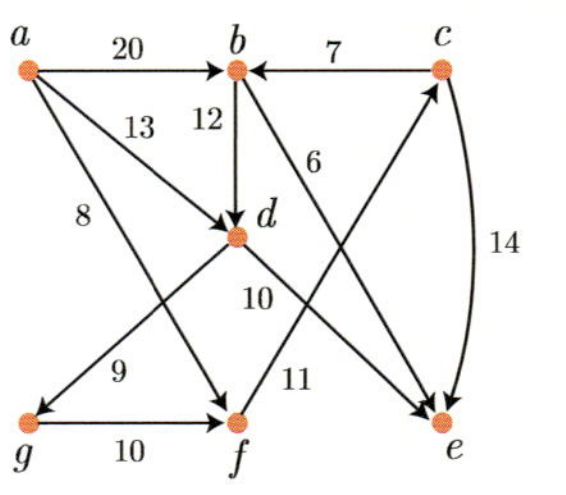

(c)

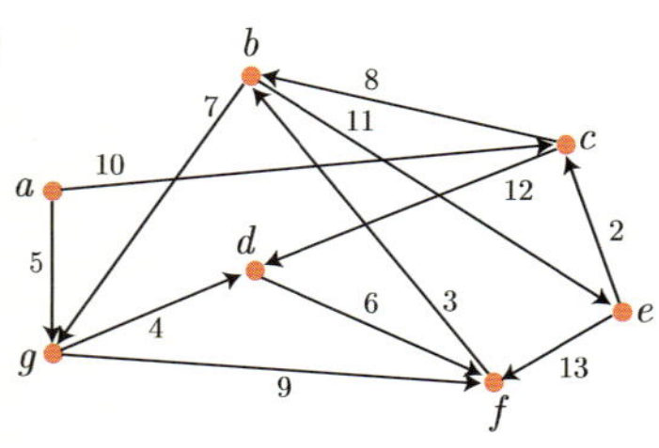

(d)

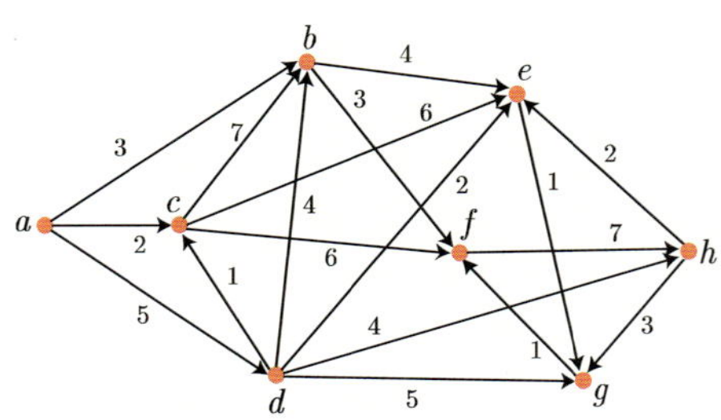

18 다익스트라 알고리즘을 이용해 다음 그래프의 정점 a에서 시작하는 최단 경로를 찾으라.

(a)

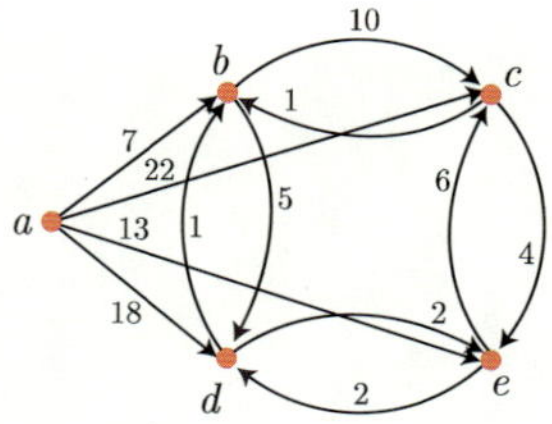

(b)

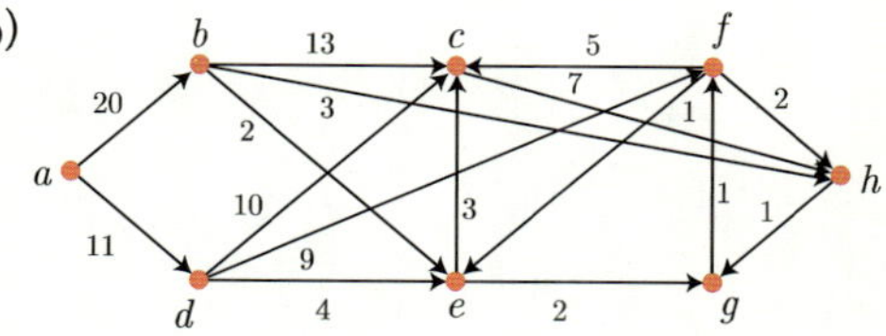

(c)

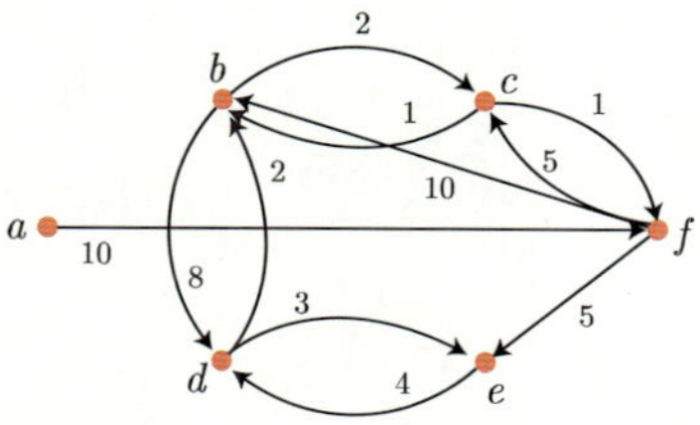

(d)

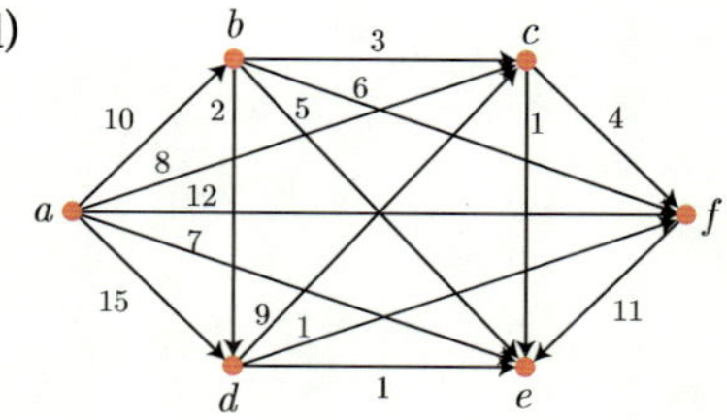

CHAPTER 09

트리

• Contents

가계도나 조직도, 스포츠 시합에서의 토너먼트 표, 윈도우즈 탐색기의 공통점은 어떤 기준으로부터 파생되거나 혹은 그 기준까지 통합되는 과정 및 결과물을 보여주는 형태라는 점이다. 이러한 형태는 뿌리에서부터 자라나 가지들이 뻗는 나무의 모습을 닮았다고 해서 트리 구조라고 한다.

트리 구조는 눈으로 보고 이해하는 데 도움이 될 뿐 아니라 관련 자료를 처리하는 데에도 활용도가 높다. 그래서 인공지능, 데이터베이스, 컴퓨터에서 지식이나 자료에 대한 관계 표현 및 구조 설계, 저장, 연산 등의 처리에 트리 구조가 유용하게 활용된다.

이 장에서는 트리에 대한 개념과 그 활용에 대해 알아본다.

학습목표

1. 트리의 개념과 구성을 이해한다.
2. 이진트리 개념을 이해하고 구현한다.
3. 이진트리의 순회 방식을 이해하고 표현한다.
4. 이진탐색트리를 이용하여 원소들을 이진트리로 구현할 수 있다.
5. 다양한 트리 탐색 알고리즘을 이용할 수 있다.

9.1 트리의 개념

나무가 땅에 뿌리를 박고 자라나 가지를 뻗어나가는 듯한 모양을 그대로 적용하여 자료의 구조나 처리 흐름 등을 표현하기 위해 트리를 사용한다. 트리에 대한 개념을 정리해보자.

정의 9-1 트리(tree : T)

루트(root)라고 하는 특별한 노드(node)에서 시작하는 그래프로, 그래프의 정점에 해당하는 노드 u, v 사이에 u에서 v로 가는 단순 경로가 존재하는 비순환의 연결그래프

정의 9-2 노드(node)

트리인 그래프 T를 구성하는 정점

정의 9-3 루트노드(root node)

트리인 그래프 T의 가장 높은 곳에 위치하는 정점으로, 트리 T의 시작 노드

트리는 루트노드에서 시작하여 하나 이상의 노드가 연결되며 구성된다. 이때 노드들은 비선형적이며 비순환적인 경로로 연결되어야만 트리라고 정의할 수 있다. 그래프에서 '비순환' 경로는 정점 u에서 v로 가는 경로는 존재하지만, 다시 u로 돌아오는 경로는 없는 경우이다. 그러므로 트리에서도 노드 u에서 노드 v로 가는 경로만 존재해야 한다.

또한 '비선형'이란 '선형'과 달리 하나 이상의 다양한 결과가 예측될 수 있는 형태이다. 예를 들어 $x+7=10$이면 $x=3$으로 단일한 결과만 존재하여 '선형적인 형태'이다. 그러나 $x^2-3=1$의 경우에는 해가 2개 존재하므로 단일한 결과가 아니다. 이는 '비선형적인 형태'이다. 트리도 하나의 노드에 하나 이상의 노드가 연결되는 형태이므로 비선형적인 형태를 갖는다.

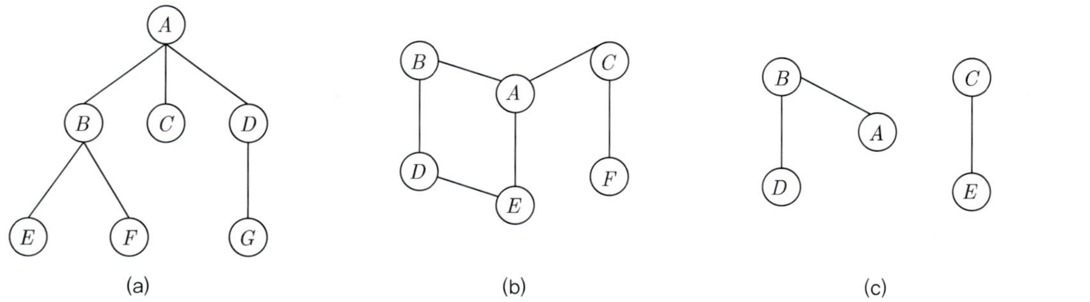

[그림 9-1] 트리와 트리가 아닌 그래프의 예

[그림 9-1]의 그래프 중 (b)는 노드 A, B, D, E 사이에 순환이 존재하고, (c)는 연결그래프가 아니므로 트리가 아니다. 반면 (a)는 모든 노드 사이에 경로가 존재하는 연결그래프이고 존재하는 모든 경로는 순환이 아니므로 트리이다. 또한 노드 A나 B와 같이 한 노드에 대해 하나 이상의 하위 노드들이 연결되어 있으므로 비선형적이다.

주어진 그래프 T에 대해 다음 명제가 모두 참(T)이면 그래프 T를 트리라고 판단할 수 있다.

❶ 그래프 T는 연결그래프이다.
❷ 그래프 T에는 순환이 존재하지 않는다.
❸ 그래프 T는 비선형적이다.

예제 9-1

다음 중 트리인 것과 트리가 아닌 것을 구분하고 그 이유를 써라.

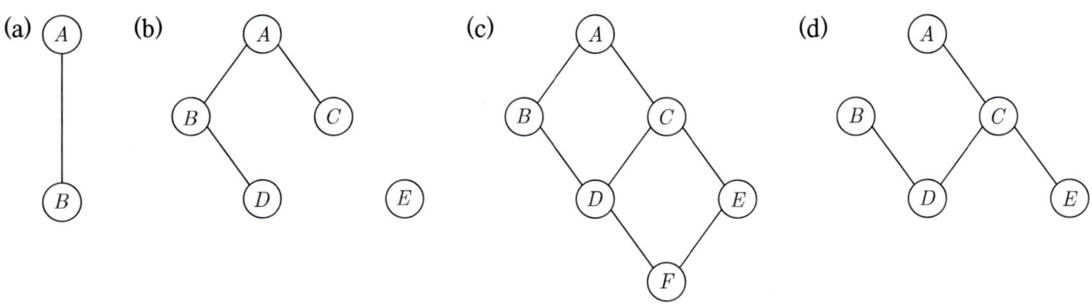

풀이

(a) 연결그래프이며 노드 사이에 순환이 존재하지 않는다.
$\therefore$ 트리이다.

(b) 노드 E가 다른 노드와 연결되지 않으므로 연결그래프가 아니다.
$\therefore$ 트리가 아니다.

(c) 연결그래프이지만 모든 노드 사이에 순환이 존재한다.

∴ 트리가 아니다.

(d) 연결그래프이며 노드 사이에 순환이 존재하지 않는다.

∴ 트리이다.

트리를 구성하는 요소들을 이해하기 위해 다음 [그림 9-2]의 트리 T를 살펴보자.

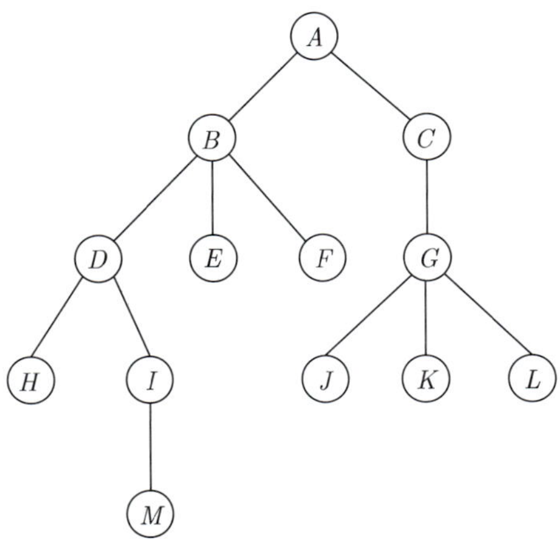

[그림 9-2] 트리의 예

[정의 9-2], [정의 9-3]에서 노드와 루트노드를 설명하였다. [그림 9-2]의 트리 T에서 노드는 A, B, C, D, E, F, G, H, I, J, K, L, M이고 루트노드는 A이다. 그 외의 개념을 정리해보자.

정의 9-4 **부모노드(parent node)**

트리인 그래프 T를 구성하는 임의의 노드의 한 단계 상위 노드

[그림 9-2]의 트리 T에서 노드 A부터 M의 부모노드는 다음과 같다.

노드 A의 부모노드 : 없음

노드 B, C의 부모노드 : A

노드 D, E, F의 부모노드 : B

노드 G의 부모노드 : C

노드 H, I의 부모노드 : D

노드 J, K, L의 부모노드 : G

노드 M의 부모노드 : I

정의 9-5 **자식노드(child node)**

트리인 그래프 T를 구성하는 임의의 노드의 한 단계 하위 노드

[그림 9-2]의 트리 T에서 노드 A부터 M의 자식노드는 다음과 같다.

노드 A의 자식노드 : B, C
노드 B의 자식노드 : D, E, F
노드 C의 자식노드 : G
노드 D의 자식노드 : H, I
노드 E의 자식노드 : 없음
노드 F의 자식노드 : 없음
노드 G의 자식노드 : J, K, L
노드 H의 자식노드 : 없음
노드 I의 자식노드 : M
노드 J의 자식노드 : 없음
노드 K의 자식노드 : 없음
노드 L의 자식노드 : 없음
노드 M의 자식노드 : 없음

정의 9-6 **형제노드(sibling node)**

트리인 그래프 T를 구성하는 임의의 노드와 부모가 같은 노드

[그림 9-2]의 트리 T에서 노드 A부터 M의 형제노드는 다음과 같다.

노드 A의 형제노드 : 없음
노드 B의 형제노드 : C
노드 C의 형제노드 : B
노드 D의 형제노드 : E, F
노드 E의 형제노드 : D, F
노드 F의 형제노드 : D, E
노드 G의 형제노드 : 없음
노드 H의 형제노드 : I
노드 I의 형제노드 : H
노드 J의 형제노드 : K, L
노드 K의 형제노드 : J, L
노드 L의 형제노드 : J, K
노드 M의 형제노드 : 없음

정의 9-7 **리프노드(leaf node)**

트리인 그래프 T를 구성하는 노드 중 자식노드가 없는 노드

[그림 9-2]의 트리 T에서 노드 A부터 M 중 노드 E, F, H, J, K, L, M은 자식노드가 없으므로 리프노드이다.

정의 9-8 **중간노드(internal node)**

트리인 그래프 T를 구성하는 노드 중 루트노드나 리프노드가 아닌 노드

[그림 9-2]의 트리 T에서 노드 A부터 M 중 루트노드 A와 리프노드 E, F, H, J, K, L, M을 제외한 나머지 노드 B, C, D, G, I가 중간노드이다.

정의 9-9 **조상노드(ancestor node)**

트리인 그래프 T의 루트노드부터 임의의 한 노드에 이르는 경로에 포함된 모든 노드

[그림 9-2]의 트리 T에서 노드 A부터 M의 조상노드는 다음과 같다.

노드 A의 조상노드 : 없음
노드 B, C의 조상노드 : A
노드 D, E, F의 조상노드 : A, B
노드 G의 조상노드 : A, C
노드 H, I의 조상노드 : A, B, D
노드 J, K, L의 조상노드 : A, C, G
노드 M의 조상노드 : A, B, D, I

정의 9-10 **자손노드(descendant node)**

트리인 그래프 T의 임의의 한 노드에서 리프노드에 이르는 경로에 포함된 모든 노드

[그림 9-2]의 트리 T에서 노드 A부터 M의 자손노드는 다음과 같다.

노드 A의 자손노드 : B, C, D, E, F, G, H, I, J, K, L, M
노드 B의 자손노드 : D, E, F, H, I, M
노드 C의 자손노드 : G, J, K, L
노드 D의 자손노드 : H, I, M
노드 E의 자손노드 : 없음
노드 F의 자손노드 : 없음
노드 G의 자손노드 : J, K, L
노드 H의 자손노드 : 없음
노드 I의 자손노드 : M
노드 J의 자손노드 : 없음
노드 K의 자손노드 : 없음
노드 L의 자손노드 : 없음
노드 M의 자손노드 : 없음

정의 9-11 **서브트리(subtree)**

트리인 그래프 T의 임의의 한 노드를 루트로 하는 트리

[정의 9-11]에 따라 트리에 포함된 모든 노드는 서브트리의 루트가 될 수 있다. 그러므로 [그림 9-3]에서와 같이 리프노드가 루트인 서브트리는 노드 하나로 구성된 트리가 된다.

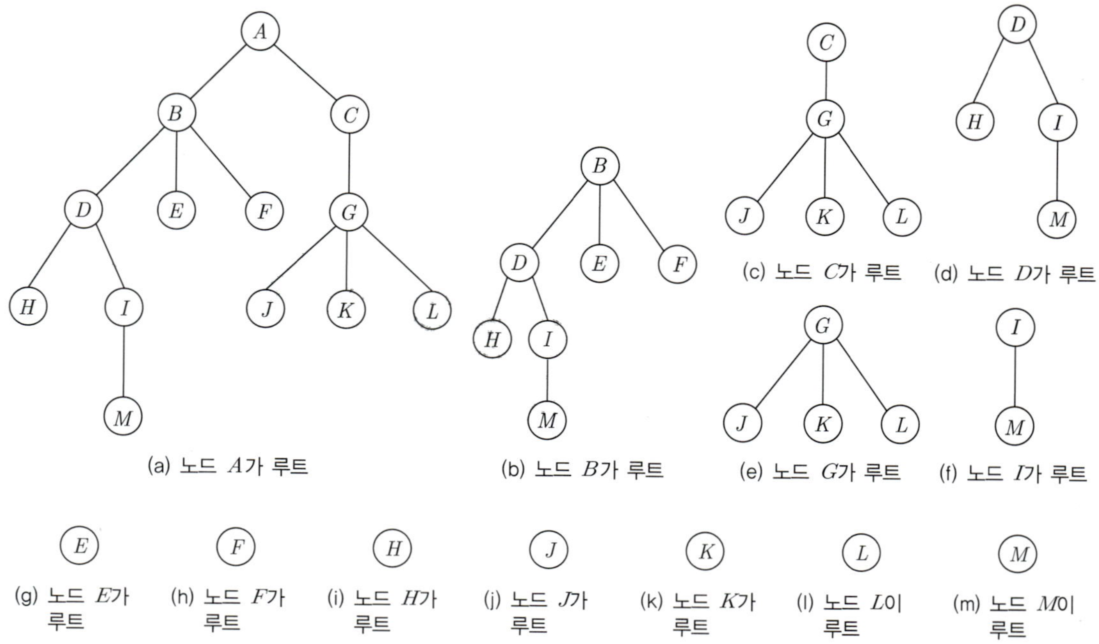

[그림 9-3] [그림 9-2]의 트리 T에서 가능한 서브트리

정의 9-12 차수(degree)

트리인 그래프 T의 임의의 한 노드에 포함된 자식노드의 개수

차수는 자손노드의 개수가 아닌 자식노드의 개수임에 주의한다. 그러므로 [그림 9-2]의 트리 T를 구성하는 각 노드의 차수는 다음과 같다.

노드 A의 차수 : 2(자식노드 B, C)
노드 B의 차수 : 3(자식노드 D, E, F)
노드 C의 차수 : 1(자식노드 G)
노드 D의 차수 : 2(자식노드 H, I)
노드 E의 차수 : 0(자식노드 없음)
노드 F의 차수 : 0(자식노드 없음)
노드 G의 차수 : 3(자식노드 J, K, L)
노드 H의 차수 : 0(자식노드 없음)
노드 I의 차수 : 1(자식노드 M)
노드 J의 차수 : 0(자식노드 없음)
노드 K의 차수 : 0(자식노드 없음)
노드 L의 차수 : 0(자식노드 없음)
노드 M의 차수 : 0(자식노드 없음)

정의 9-13 **레벨(level)**

트리인 그래프 T의 루트노드를 레벨 0으로 시작하여 자식노드로 한 단계씩 내려갈 때마다 하나씩 증가하는 단계

[그림 9-2]의 트리 T의 각 레벨은 다음 그림과 같다.

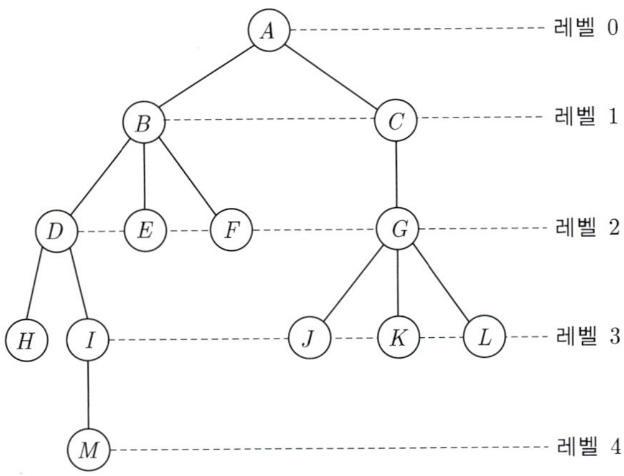

[그림 9-4] [그림 9-2]의 트리 T의 레벨

정의 9-14 **높이(height) / 깊이(depth)**

트리인 그래프 T의 최대 레벨

[그림 9-2]의 트리 T의 최대 레벨은 4이므로 높이(깊이)는 4이다.

정의 9-15 **포레스트(forest)**

트리인 그래프 T에서 루트노드를 제거하여 얻은 서브트리

[그림 9-2]의 트리 T에서 루트노드를 제거하면 다음 [그림 9-5]와 같이 두 개의 서브트리가 남고, 두 트리는 각각 트리 T의 포레스트이다.

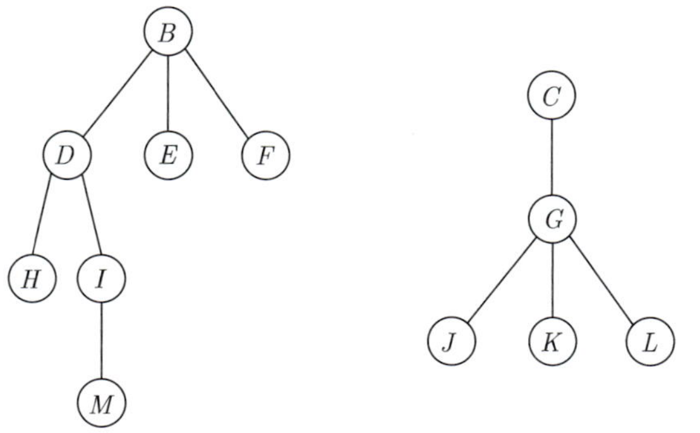

[그림 9-5] [그림 9-2]의 트리 T에 포함된 포레스트

예제 9-2

주어진 트리 T를 보고 다음 물음에 답하라.

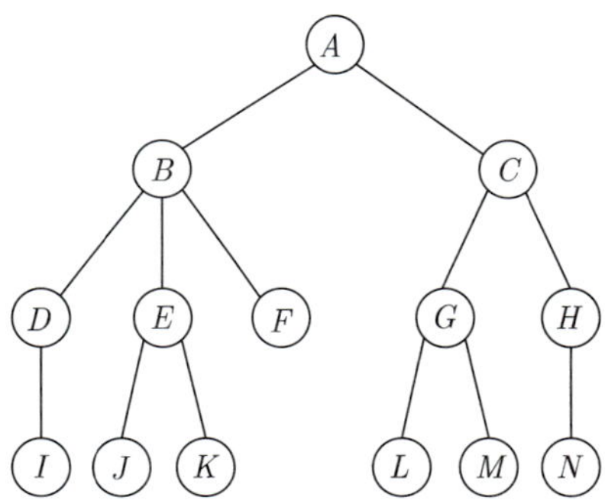

(a) 트리 T를 구성하는 모든 노드

(b) 트리 T의 루트노드

(c) 트리 T의 각 레벨에 속하는 노드

(d) 트리 T의 높이(깊이)

(e) 트리 T의 리프노드

(f) 트리 T의 중간노드

(g) 트리 T의 포레스트

(h) 트리 T에서 차수가 가장 높은 노드

(i) 트리 T에서 차수가 같은 모든 노드

(j) 노드 C의 자손노드

(k) 노드 K의 조상노드

(l) 노드 F의 형제노드

(m) 노드 B의 자식노드

(n) 노드 J의 부모노드

(o) 트리 T에서 가능한 모든 서브트리

풀이

(a) 트리 T를 구성하는 노드는 노드 A, B, C, D, E, F, G, H, I, J, K, L, M, N이다.

(b) 트리 T의 루트노드는 노드 A이다.

(c) 레벨 0 : 노드 A
　　레벨 1 : 노드 B, C
　　레벨 2 : 노드 D, E, F, G, H
　　레벨 3 : 노드 I, J, K, L, M, N

(d) 최대 레벨이 3이므로 높이(깊이)는 3이다.

(e) 트리 T의 리프노드는 노드 F, I, J, K, L, M, N이다.

(f) 트리 T의 중간노드는 노드 B, C, D, E, G, H이다.

(g) 트리 T의 포레스트는 다음과 같다.

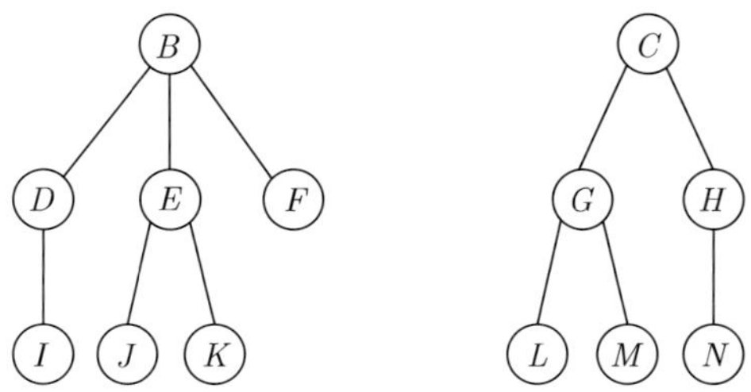

(h) 차수가 가장 높은 노드는 차수가 3인 노드 B이다.

(i) 차수 0 : 노드 F, I, J, K, L, M, N
　　차수 1 : 노드 D, H
　　차수 2 : 노드 A, C, E, G
　　차수 3 : 노드 B

(j) 노드 C의 자손노드는 노드 G, H, L, M, N이다.

(k) 노드 K의 조상노드는 노드 A, B, E이다.

(l) 노드 F의 형제노드는 노드 D, E이다.

(m) 노드 B의 자식노드는 노드 D, E, F이다.

(n) 노드 J의 부모노드는 노드 E이다.

(o) 트리 T에서 가능한 모든 서브트리는 다음과 같다.

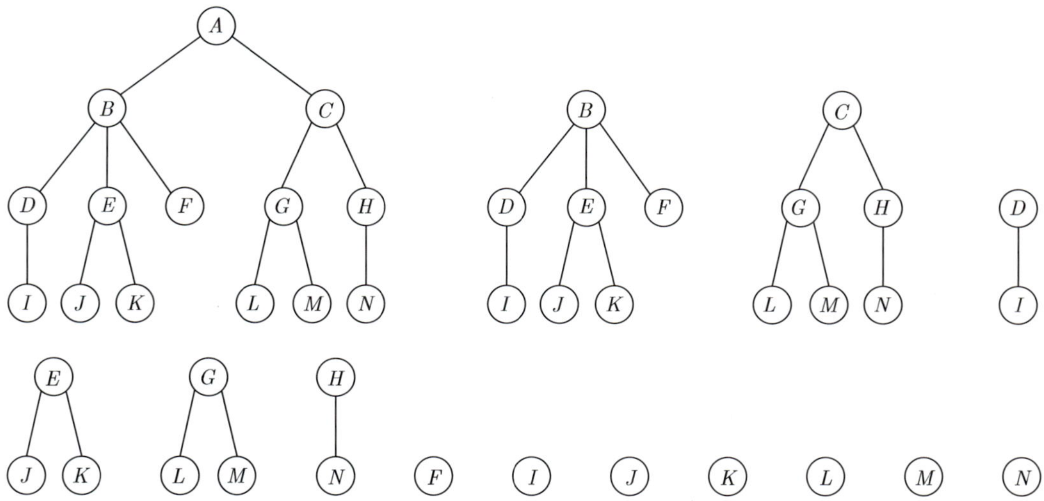

트리에서의 노드와 변의 관계는 다음 정리와 같다.

정리 9-1 트리의 노드와 변에 대한 정리

트리에서 노드의 수를 v, 변의 수를 e라고 하면 $e = v - 1$이다.

증명

수학적 귀납법으로 증명한다.

❶ $v = 1$이면, 노드에 연결된 변이 존재하지 않으므로 $e = v - 1 = 1 - 1 = 0$이 성립한다.

❷ $v < k (k \in \mathbb{N})$일 때, $e = v - 1$이 성립한다고 가정한다.

❸ $v = k$일 때, 위 정리가 성립하는지 증명한다.
k개의 노드를 갖는 트리 T에서 임의의 변 e^*를 제거하면 두 개의 트리 T_1과 T_2로 분리할 수 있다.

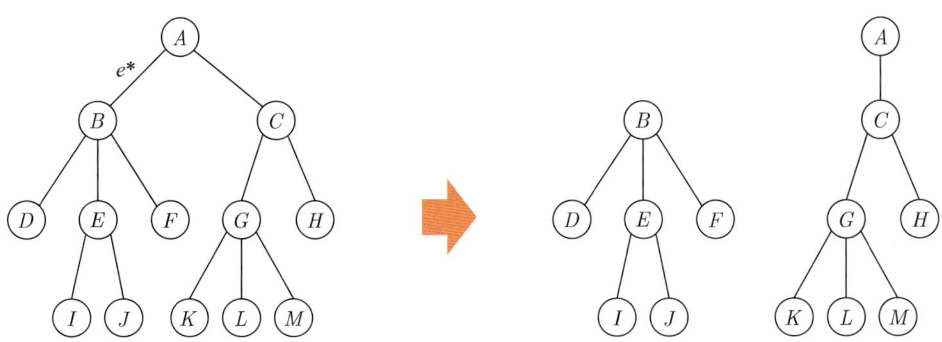

트리 T 트리 T_1 트리 T_2

각 트리의 노드 수를 $v(T)$, $v(T_1)$, $v(T_2)$, 변의 수를 $e(T)$, $e(T_1)$, $e(T_2)$라고 하면, $v(T_1) < k$이고 $v(T_2) < k$이므로 ❷의 가정에 의해 다음이 성립한다.

$$e(T_1) = v(T_1) - 1, \quad e(T_2) = v(T_2) - 1$$

또한 $v(T) = v(T_1) + v(T_2)$이고, T_1과 T_2는 T에서 변을 하나 제거하여 구한 트리이므로 다음이 성립한다.

$$\begin{aligned} e(T) &= e(T_1) + e(T_2) + 1 \\ &= [v(T_1) - 1] + [v(T_2) - 1] + 1 \\ &= v(T_1) + v(T_2) - 1 \\ &= v(T) - 1 \end{aligned}$$

$\therefore\ e = v - 1$ ■

예제 9-3

다음을 구하라.

(a) 노드의 수가 17개인 트리 T_1을 구성하는 변의 수

(b) 변의 수가 22개인 트리 T_2를 구성하는 노드의 수

풀이

(a) $v = 17$이므로 $e = v - 1 = 17 - 1 = 16$이다.

$\therefore$ 트리 T_1를 구성하는 변의 수는 16개이다.

(b) $e = 22$이므로 $22 = v - 1$이다.

$\therefore$ 트리 T_2를 구성하는 노드의 수는 23개이다.

정리 9-2 트리에 대한 정리

v개의 정점을 갖는 연결그래프 T에 대해 다음 명제들은 동치이다.

(a) 그래프 T는 트리이다.

(b) 그래프 T의 변의 수는 $v - 1$개이다.

(c) 그래프 T에서 변 하나를 제거하면 연결그래프가 아니다.

(d) 그래프 T에 속하는 서로 다른 정점 u, w에 대해 정점 u에서 w로 가는 유일한 경로가 존재한다.

9.2 이진트리

트리에서 부모노드가 가질 수 있는 자식노드의 수는 제한이 없다. 그러나 컴퓨터 과학에서는 단순하고 명확하게 연산, 탐색, 정렬하기 위해 자식노드의 수를 2개로 제한해 표현하기도 하는데, 이러한 트리를 이진트리라고 한다.

정의 9-16 이진트리(binary tree)

트리인 그래프 T를 구성하는 각 노드의 최대 차수가 2인 트리

어떤 트리의 최대 차수가 n이라면 n**항트리**(n-ary tree)라고 하는데 앞에서 예로 살펴본 [그림 9-2]의 트리 T는 최대 차수가 3이므로 3항트리라고 한다. 이처럼 이진트리는 노드의 최대 차수가 2인 트리이므로 부모노드가 가질 수 있는 자식노드는 없거나, 한 개 또는 두 개여야 한다. [그림 9-6]은 모든 노드가 자식노드를 2개 이하로 갖는 이진트리의 예이다.

이진트리는 노드의 구성에 따라 구분할 수 있다.

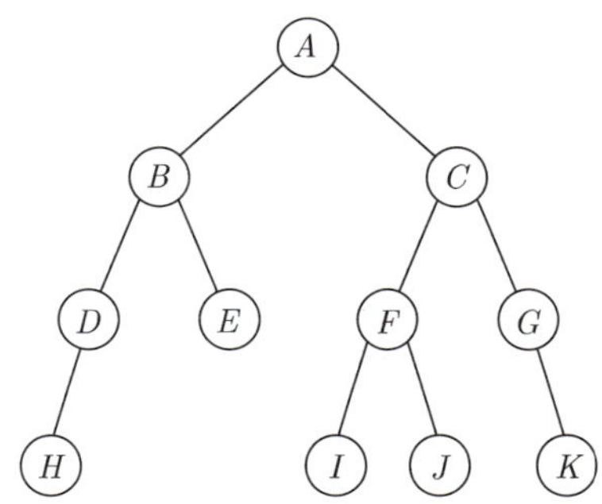

[그림 9-6] 이진트리의 예

정의 9-17 완전이진트리(complete binary tree)

높이가 h일 때 레벨 0부터 $h-1$까지의 모든 부모노드의 차수가 2이고, 레벨 h는 레벨 $h-1$의 왼쪽부터 노드가 2개씩 채워져 있는 트리

[그림 9-7]에 있는 두 트리는 모든 부모노드의 최대 차수가 2이므로 이진트리이다. (a)의 경우 모든 부모노드는 차수가 2로 자식노드를 2개씩 갖고, 마지막 레벨인 레벨 3의 노드는 레벨 2의 가장 왼쪽 노드인 노드 D의 자식노드이므로 레벨 3의 노드들은 왼쪽부터 채워져 있다. 그러므로 트리 (a)는 완전이진트리이다.

하지만 (b)의 경우 레벨 1의 노드 중 노드 C가 왼쪽 자식노드 하나만 가지므로 차수가 1이고, 레벨 2의 노드 중 가장 왼쪽에 있는 노드가 아닌 노드 F가 자식노드를 하나만 가지므로 완전이진트리가 아니다.

마찬가지로 [그림 9-6]의 이진트리는 마지막 레벨이 왼쪽부터 노드가 2개씩 채워져 있지 않으므로 완전이진트리가 아니다.

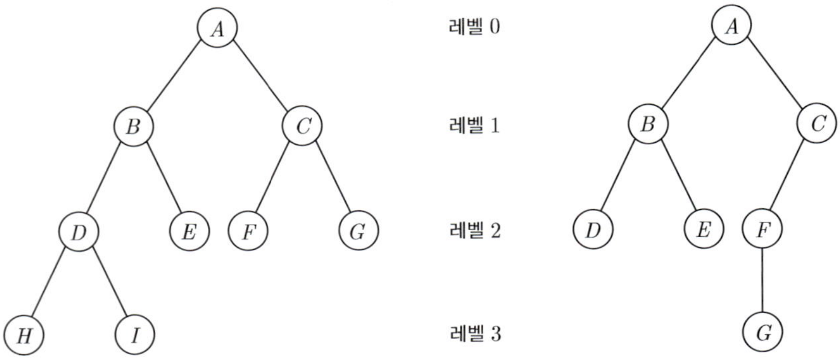

(a) 완전이진트리 (b) 완전이진트리가 아닌 트리

[그림 9-7] 완전이진트리와 완전이진트리가 아닌 예

오른쪽 [그림 9-8]의 트리는 완전이진트리일까? 이에 대해서는 아직까지 의견이 분분하다. [그림 9-8]의 경우 마지막 레벨의 노드가 왼쪽부터 채워져 있으나 노드 E의 차수가 2가 아니므로 완전이진트리가 아니며 [그림 9-7(a)]처럼 반드시 모든 부모노드의 차수가 2인 경우만 완전이진트리라는 의견과, 그래도 마지막 레벨의 노드가 왼쪽부터 채워져 있으므로 완전이진트리라고 정의하는 의견이 있다. 이 책에서는 전자의 의견을 따라 완전이진트리를 정의한다. 그러므로 [그림 9-8]은 완전이진트리가 아닌 것으로 판단한다.

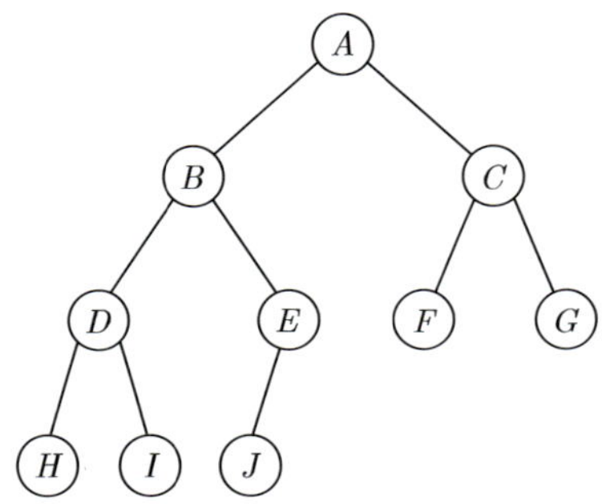

[그림 9-8] 완전이진트리가 아닌 예

정의 9-18 **포화이진트리(full binary tree)**

높이가 h일 때 레벨 0부터 $h-1$까지의 모든 노드의 차수가 2인 트리

포화이진트리는 완전이진트리의 한 종류로, 오른쪽 [그림 9-9]와 같이 트리의 마지막 리프노드까지 모두 2개씩 노드가 채워져 있는 트리를 말한다.

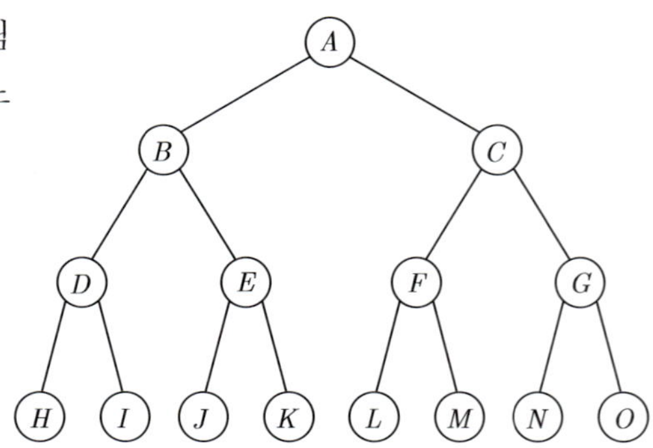

[그림 9-9] 포화이진트리

정의 9-19 **편향이진트리(skewed binary tree)**

왼쪽이나 오른쪽 서브트리만 갖는 트리

다음 [그림 9-10]과 같이 한쪽 방향으로만 노드를 갖는 트리를 편향이진트리라고 한다.

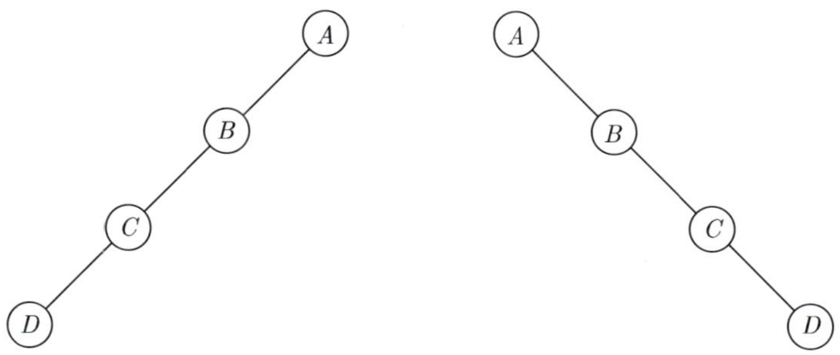

[그림 9-10] 편향이진트리

예제 9-4

주어진 트리를 보고 다음 물음에 답하라.

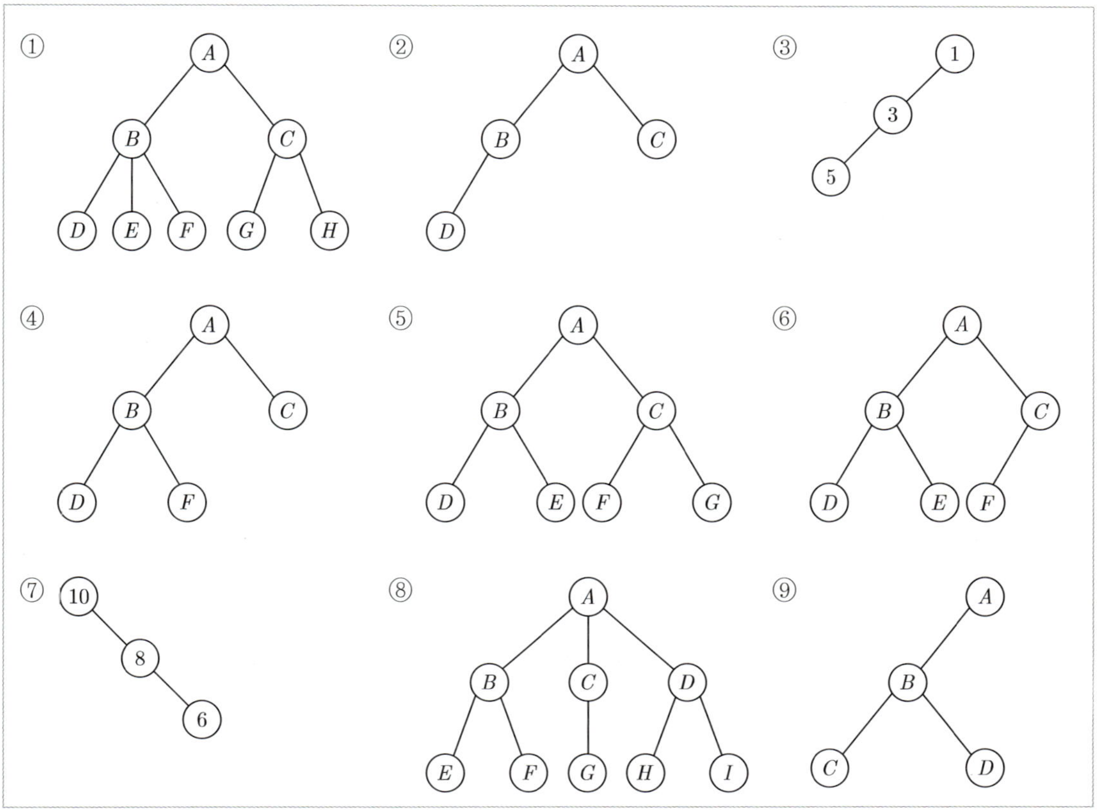

(a) 이진트리를 모두 찾으라.
(b) 완전이진트리를 모두 찾으라.
(c) 포화이진트리를 모두 찾으라.
(d) 편향이진트리를 모두 찾으라.

풀이

(a) ① 노드 B의 차수가 3으로 2 이하가 아니다. ∴ 이진트리가 아니다.
⑧ 루트노드 A의 차수가 3으로 2 이하가 아니다. ∴ 이진트리가 아니다.
①, ⑧을 제외한 나머지 트리에서 노드의 최대 차수는 2 이하이므로 이진트리이다.
∴ 이진트리는 ②, ③, ④, ⑤, ⑥, ⑦, ⑨이다.

(b) ② 노드 B의 차수가 1이다. ∴ 완전이진트리가 아니다.
③ 모든 노드의 차수가 1이다. ∴ 완전이진트리가 아니다.
⑥ 노드 C의 차수가 1이다. ∴ 완전이진트리가 아니다.
⑦ 모든 노드의 차수가 1이다. ∴ 완전이진트리가 아니다.
⑨ 루트노드 A의 차수가 1이다. ∴ 완전이진트리가 아니다.
④, ⑤는 모든 부모노드의 차수가 2이다. ∴ 완전이진트리이다.
∴ 완전이진트리는 ④, ⑤이다.

(c) ④ 노드 C의 차수는 2가 아니다. ∴ 포화이진트리가 아니다.
⑤ 레벨 0부터 1까지의 모든 노드의 차수가 2이다. ∴ 포화이진트리이다.
∴ 포화이진트리는 ⑤이다.

(d) ③은 왼쪽으로만, ⑦은 오른쪽으로만 노드를 가진다.
∴ 편향이진트리는 ③, ⑦이다.
참고로 ⑨는 노드 B가 양쪽으로 자식노드를 가지므로 편향이진트리가 아니다.

이진트리는 부모노드가 가질 수 있는 자식노드의 수가 최대 2개이므로 노드의 수를 예측할 수 있다. 이진트리가 가질 수 있는 노드 수를 정리하면 다음과 같다.

정리 9-3 이진트리의 노드 수

(a) 이진트리의 레벨 k에서 가질 수 있는 최대 노드 수 : 2^k개
(b) 높이가 h인 이진트리가 가질 수 있는 최대 노드 수 : $2^{h+1}-1$개
(c) 높이가 h인 이진트리가 가질 수 있는 최소 노드 수 : $h+1$개

증명

수학적 귀납법을 이용해 증명한다.

(a) ❶ **기본 가정** : $k=0$일 때, $2^0=1$로 레벨 0에서는 루트노드 1개가 있으므로 성립한다.

❷ **귀납 가정** : $k=n$일 때, 최대 2^n개의 노드가 있다고 가정하자.

❸ **귀납 증명** : $k=n+1$일 때, 최대 2^{n+1}개의 노드가 있는지 증명하자.

하나의 노드가 가질 수 있는 최대 자식노드 수는 2개이다. 귀납 가정에서 레벨이 n일 때 최대 2^n개의 노드가 있다고 가정했으므로, 레벨 n의 각 노드가 모두 자식노드를 2개 갖는다고 가정하면 레벨 $n+1$의 최대 노드 수는 $2 \cdot 2^n = 2^{n+1}$개이다. 그러므로 $k=n+1$일 때, 최대 2^{n+1}개의 노드를 가진다.

∴ 이진트리의 레벨 k에서 가질 수 있는 최대 노드 수는 2^k개이다.

(b) ❶ **기본 가정** : $h=0$일 때, $2^{0+1}-1=1$로 레벨 0에서는 루트노드 1개가 있으므로 성립한다.

❷ **귀납 가정** : $h=n$일 때, $2^{n+1}-1$개의 노드가 있다고 가정하자.

❸ **귀납 증명** : $h=n+1$일 때, 최대 $2^{(n+1)+1}-1$개의 노드가 있는지 확인한다.

(a)에서 레벨 k에서의 최대 노드 수는 2^k개라고 한 정리를 이용하면 레벨 $n+1$에서의 최대 노드 수는 2^{n+1}개이고, 귀납 가정에서 성립한다고 가정한 높이 $n(h=n)$까지의 최대 노드 수와 더하면 높이 $n+1$까지의 최대 노드 수 $2^{(n+1)+1}-1$을 구할 수 있다.

$$\underbrace{(2^{n+1}-1)}_{\text{높이 } h=n\text{일 때, 최대 노드 수}} + \underbrace{2^{n+1}}_{\text{레벨 } n+1\text{에서의 최대 노드 수}} = \underbrace{2 \cdot 2^{n+1}-1 = 2^{(n+1)+1}-1}_{\text{높이 } h=n+1\text{일 때, 최대 노드 수}}$$

∴ 높이가 h인 이진트리가 가질 수 있는 최대 노드 수는 $2^{h+1}-1$개이다.

(c) ❶ **기본 가정** : $h=0$일 때, $0+1=1$로, 레벨 0에서 루트노드 1개가 있으므로 성립한다.

❷ **귀납 가정** : $h=n$일 때, 최소 $n+1$개의 노드가 있다고 가정하자.

❸ **귀납 증명** : $h=n+1$일 때, 최소 $(n+1)+1$개의 노드가 있는지 확인한다.

이진트리가 각 레벨에서 가지는 최소 노드 수는 1개이다. 귀납 가정에서 높이가 $h=n$일 때 최소 노드 수가 $n+1$개였으므로 높이가 $h=n+1$일 때 최소 노드 수는 $(n+1)+1$개이다.

∴ 높이가 h인 이진트리가 가질 수 있는 최소 노드 수는 $h+1$개이다. ■

예제 9-5

다음 물음에 답하라.

(a) 전체 노드 수가 67개인 이진트리의 높이를 구하고, 모든 노드가 왼쪽부터 채워진다고 가정할 때 이 이진트리의 종류를 판단하라.

(b) 높이가 3인 이진트리의 최소 노드 수를 구하고, 모든 노드가 왼쪽부터 채워진다고 가정할 때 이 이진트리의 종류를 판단하라.

(c) 높이가 5인 이진트리에서 레벨 3이 가질 수 있는 최대 노드 수는 몇 개인가?

(d) 높이가 4인 포화이진트리의 총 노드 수는 몇 개인가?

풀이

(a) 높이가 h일 때 이진트리가 가질 수 있는 최대 노드 수는 $2^{h+1}-1$개이다. $2^{h+1}-1=63$일 때 $2^{h+1}=64$이므로 $h+1=6$이고 따라서 $h=5$이다. 그러므로 레벨 5까지의 노드 수가 63개인 포화이진트리이다. 그런데 전체 노드 수는 67개이므로 레벨 6에서 남은 4개의 노드가 왼쪽부터 채워진다.

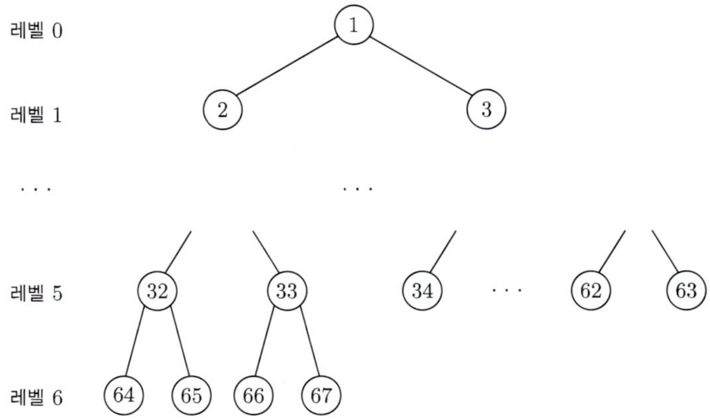

∴ 높이 6인 완전이진트리이다.

(b) 높이가 h일 때 이진트리가 가질 수 있는 최소 노드 수는 $h+1$개이므로 높이가 3인 이진트리가 가질 수 있는 최소 노드 수는 4개이다. 그러므로 모든 노드가 왼쪽부터 채워지면서 높이가 3인 이진트리는 왼쪽 편향이진트리이다.

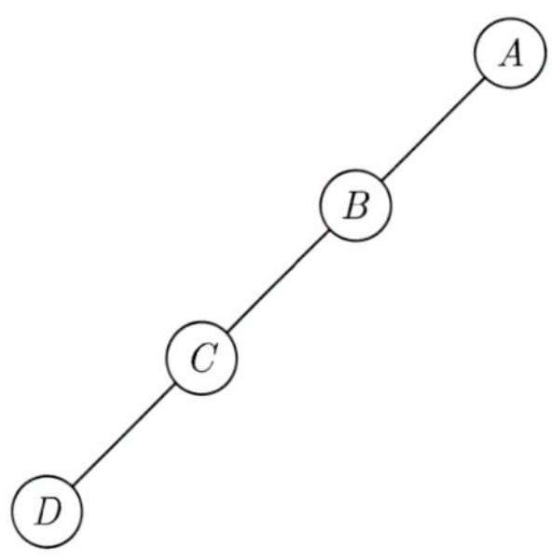

∴ 노드 4개를 갖는 왼쪽 편향이진트리이다.

(c) 이진트리의 레벨 k에서 가질 수 있는 최대 노드 수는 2^k개이다.

∴ 이진트리의 레벨 3에서 가질 수 있는 최대 노드 수는 $2^3=8$개이다.

(d) 높이가 4인 포화이진트리이므로 레벨 4까지 모든 노드가 채워진 형태의 이진트리이다.

따라서 높이가 h인 이진트리가 가질 수 있는 최대 노드 수 $2^{h+1}-1$을 구한다.

∴ 높이가 4인 포화이진트리의 총 노드 수는 $2^{4+1}-1=31$개이다.

이진트리의 구현

그래프 형태로 구현하여 확인할 수 있는 이진트리는 연산을 하거나 시스템으로 구현하기 위해 배열이나 연결리스트와 같은 자료 구조 형태로 표현하기도 한다.

■ 배열로 구현한 이진트리

높이가 h인 완전이진트리는 다음 전제에 따라 1차원 배열로 구현할 수 있다.

❶ 루트노드의 인덱스를 1로 하여 각 노드에 인덱스 번호를 부여한다.
❷ 형제노드 중 왼쪽 노드의 인덱스 번호가 오른쪽 노드보다 앞선다.

일반적으로 자료구조에서 배열의 인덱스는 0부터 시작이지만 루트노드의 인덱스는 1이므로 배열에서 인덱스가 0인 자리는 빈자리가 된다.

다음 [그림 9-11]은 완전이진트리를 배열로 구현한 것이다.

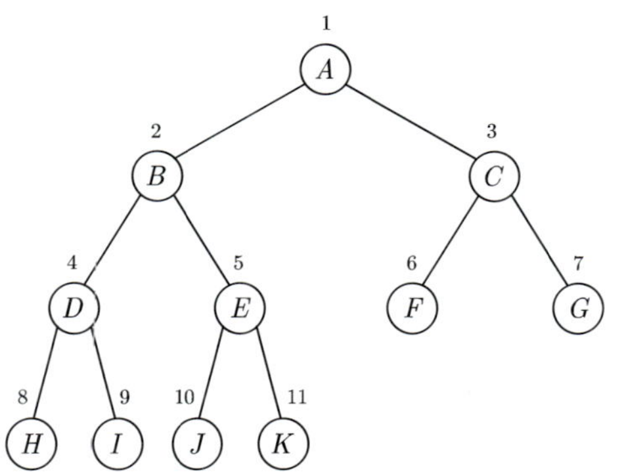

0	
1	A
2	B
3	C
4	D
5	E
6	F
7	G
8	H
9	I
10	J
11	K

[그림 9-11] 배열로 구현한 완전이진트리

이렇게 배열로 구현한 이진트리의 각 노드에 부여된 인덱스에는 다음 [정리 9-4]와 같은 규칙이 있다.

정리 9-4 노드의 인덱스(index)

(a) 부모노드의 인덱스가 n일 때, 왼쪽 자식노드의 인덱스 : $2n$
오른쪽 자식노드의 인덱스 : $2n+1$

(b) 자식노드의 인덱스가 n일 때, 부모노드의 인덱스 : $\left\lfloor \frac{n}{2} \right\rfloor$

[정리 9-4]의 규칙을 이용하면 부모노드나 자식노드의 인덱스를 이용하여 목적하는 노드를 탐색할 수 있다. [그림 9-11]의 트리에서 노드 B의 자식노드를 탐색해보자.

- 노드 B의 인덱스 : 2
- 노드 B의 왼쪽 자식노드의 인덱스 : $2 \times 2 = 4$
- 노드 B의 오른쪽 자식노드의 인덱스 : $2 \times 2 + 1 = 5$
- 배열에서 인덱스 4에 해당하는 노드 : D
- 배열에서 인덱스 5에 해당하는 노드 : E

또한 노드 G의 부모노드의 인덱스를 탐색하면 다음과 같다.

- 노드 G의 인덱스 : 7
- 노드 G의 부모노드의 인덱스 : $\left\lfloor \frac{7}{2} \right\rfloor = 3$
- 배열에서 인덱스 3에 해당하는 노드 : C

완전이진트리에서 노드를 삽입하거나 삭제할 때 배열을 이용하는 경우 어떻게 진행되는지 살펴보자. 완전이진트리에 노드 X를 삽입하는 경우 다음과 같은 과정을 거쳐야 한다.

❶ 배열에서 노드 X를 삽입하려는 위치에 해당하는 인덱스 i에 노드가 있는지 확인한다.
❷ 인덱스 i부터 그 이후에 있는 모든 노드의 인덱스를 1씩 증가시키며 노드를 이동한다.
❸ 인덱스 i에 노드 X를 삽입한다.

다음 [그림 9-12]는 [그림 9-11]의 완전이진트리의 인덱스 5 위치에 노드 N을 추가하는 과정이다.

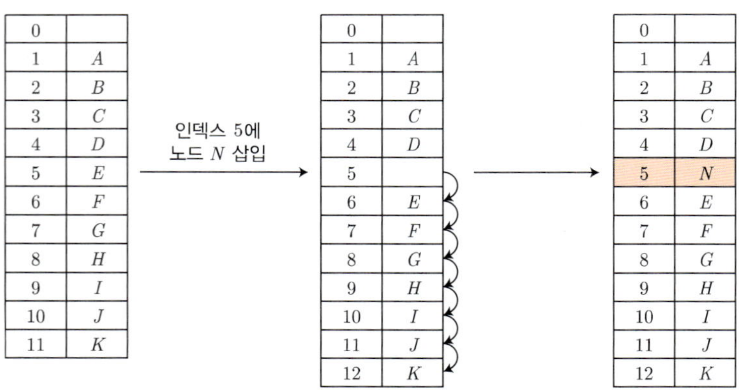

[그림 9-12] [그림 9-11]의 배열에 노드 N 삽입

노드를 삭제하는 경우도 비슷한 과정을 거친다. 다음은 트리에서 노드 X를 삭제하는 경우의 과정이다.

❶ 배열에서 노드 X가 위치한 인덱스 i를 확인한 후 노드 X를 삭제한다.
❷ 인덱스 $i+1$ 위치에 있는 노드부터 인덱스를 1씩 줄여가며 노드를 이동한다.

다음 [그림 9-13]은 [그림 9-12]에서 삽입한 노드 N을 삭제하는 과정이다.

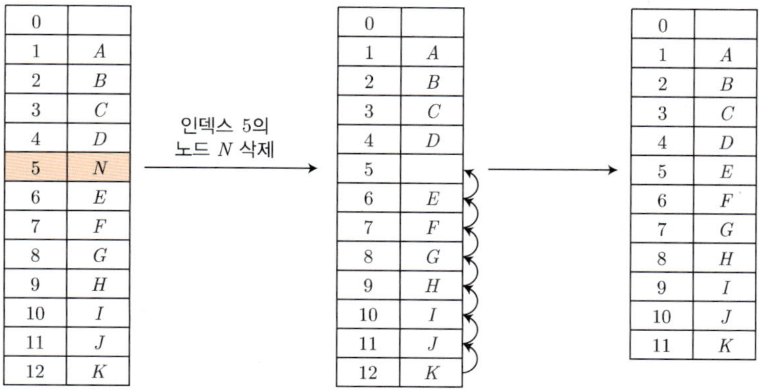

[그림 9-13] [그림 9-12]의 배열에서 노드 N 삭제

지금까지 공부한 것처럼 완전이진트리나 포화이진트리를 배열로 구현하는 경우 배열이 차지하는 메모리의 낭비 없이 구현할 수 있다. 그러나 편향이진트리를 포함한 일반 이진트리의 경우 배열이 차지하는 메모리의 낭비가 있을 수 있다. 다음 [그림 9-14]를 통해 메모리가 낭비되는 이유를 살펴보자.

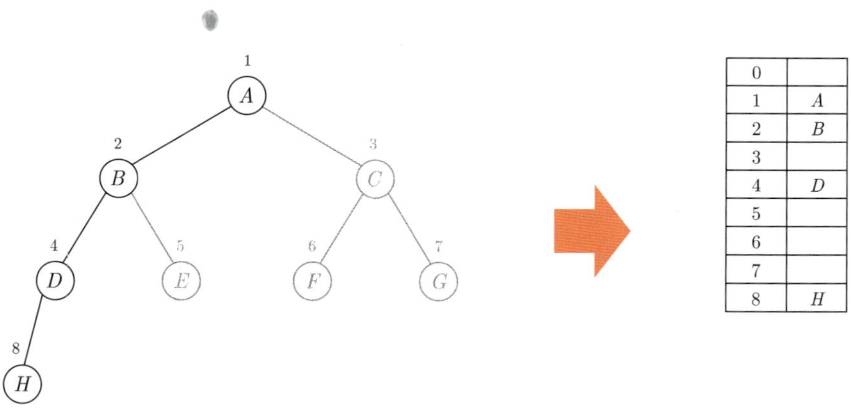

[그림 9-14] 배열로 구현한 편향이진트리

[그림 9-14]는 노드 A, B, D, H로 구성된 왼쪽 편향이진트리를 배열로 구현한 것이다. 비록 편향이진트리더라도 완전이진트리에 부여한 인덱스 번호를 적용하므로 트리를 구성하지 않는 노드(C, E, F, G)의 인덱스 번호는 사용하지 않는다. 그러므로 배열에서 편향이진트리를 구성하는 노드 A, B, D, H에 해당하는 인덱스 위치에만 정보가 채워지고 나머지 인덱스는 비어 있는 상태로 배열이 구성되므로 메모리 낭비가 발생한다. 이처럼 완전이진트리나 포화이진트리를 제외하고는 트리를 배열로 구현하는 경우 메모리 낭비가 발생할 수 있다.

예제 9-6

이진트리는 배열로, 배열은 이진트리로 표현하라.

(a)

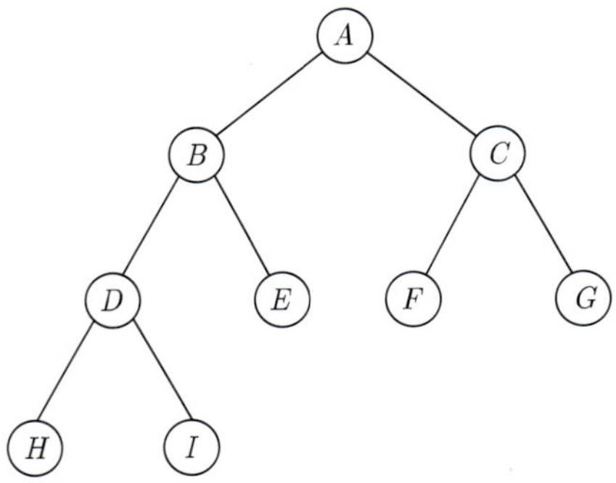

(b)

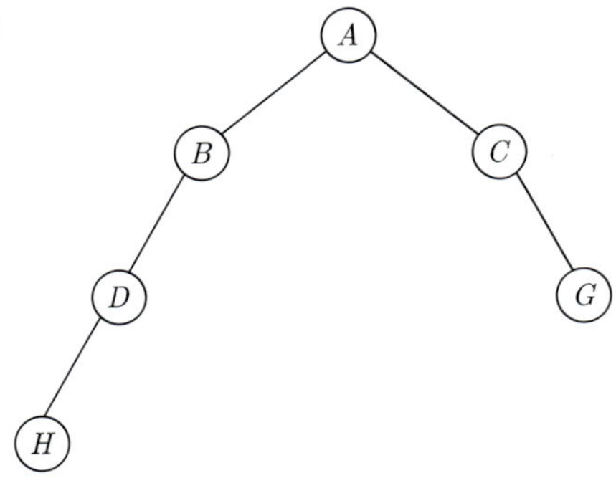

(c)

0	
1	A
2	B
3	C
4	
5	E
6	F
7	
8	
9	
10	J
11	K

(d)

0	
1	A
2	B
3	C
4	D
5	E
6	F

풀이

(a)

0	
1	A
2	B
3	C
4	D
5	E
6	F
7	G
8	H
9	I

(b)

0	
1	A
2	B
3	C
4	D
5	
6	
7	G
8	H

(c)

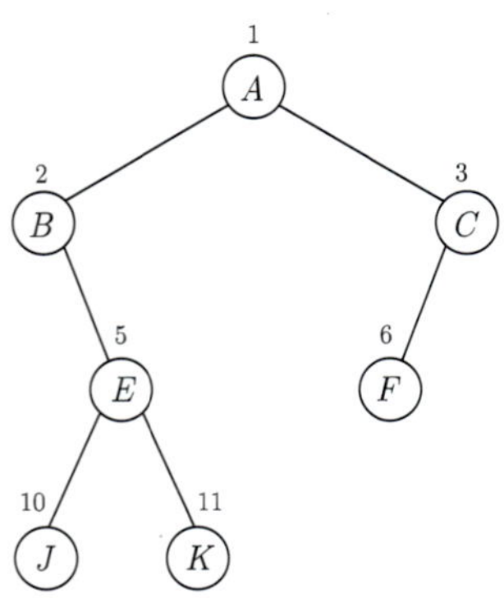

(d)

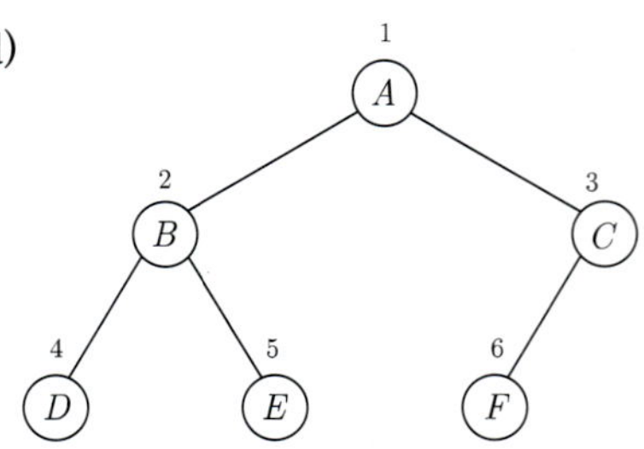

■ 연결리스트로 구현한 이진트리

8장에서 그래프를 구성하는 어떤 정점에 인접하는 정점들을 포인터로 연결하는 인접리스트를 공부했다. 인접리스트처럼 트리의 부모노드와 자식노드를 포인터로 연결하여 구현하는 것이 이진트리에 대한 연결리스트이다. 연결리스트를 이용해 이진트리를 구현하면 배열처럼 부모노드와 자식노드가 모두 연속된 메모리 영역에 저장되지 않아도 포인터를 이용해 노드와 노드를 연결할 수 있어 배열에서 발생하는 메모리 낭비 문제를 해결할 수 있다. 또한 노드의 삽입과 삭제의 경우에도 삽입이나 삭제가 일어날 때마다 노드의 메모리 내에서 이동이 있는 배열과는 달리 각 노드의 포인터 정보만 변경하면 되므로 삽입 또는 삭제의 과정이 간단하다. 그러므로 트리를 배열로 구현하는 방법보다 연결리스트로 구현하는 방법을 더 효율적으로 평가한다. 이진트리를 연결리스트로 구현할 때 연결리스트 노드의 구성은 다음 [그림 9-15]와 같다.

왼쪽 자식 노드의 포인터	데이터	오른쪽 자식 노드의 포인터

[그림 9-15] 연결리스트 노드 구성

연결리스트의 노드에서 더 이상 자식노드를 갖지 않을 때는 인접리스트에서처럼 노드의 포인터 영역에 null이 입력된다. [그림 9-11]의 완전이진트리와 [그림 9-14]의 왼쪽 편향이진트리를 연결리스트로 표현하면 [그림 9-16], [그림 9-17]과 같다.

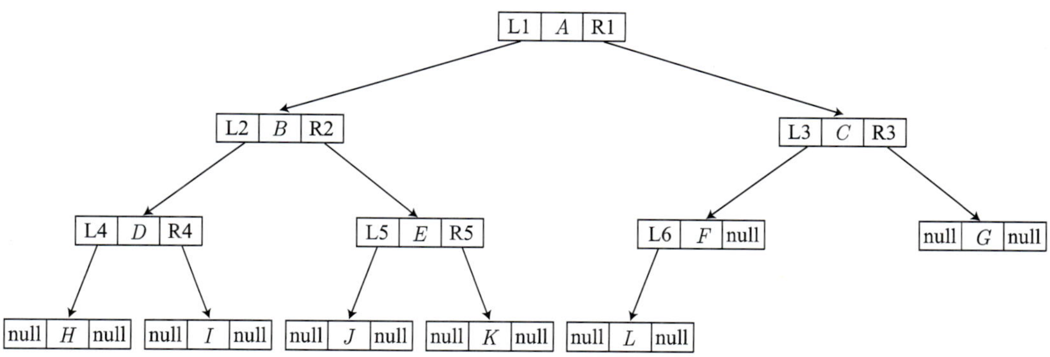

[그림 9-16] 연결리스트로 구현한 완전이진트리

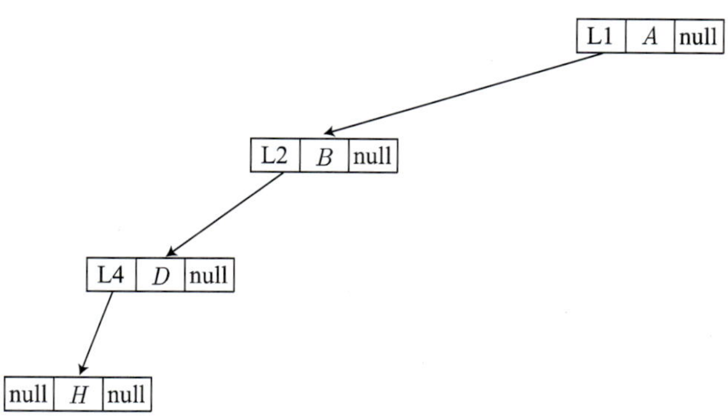

[그림 9-17] 연결리스트로 구현한 편향이진트리

예제 9-7

다음 이진트리를 연결리스트로 표현하라.

(a)

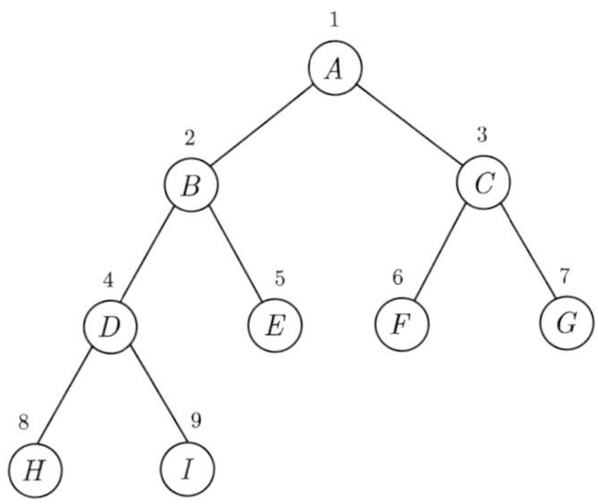

(b)

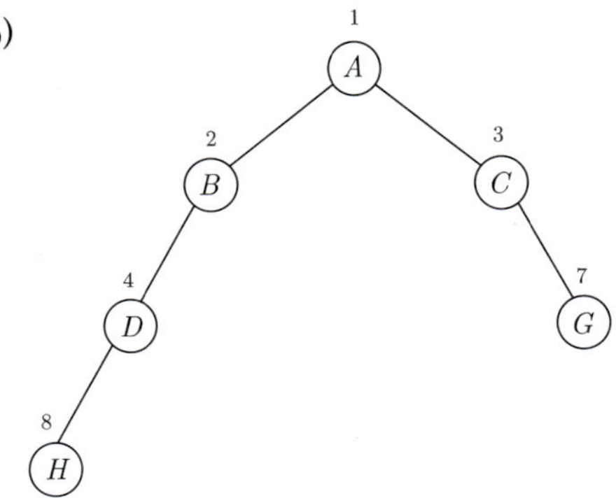

풀이

(a)

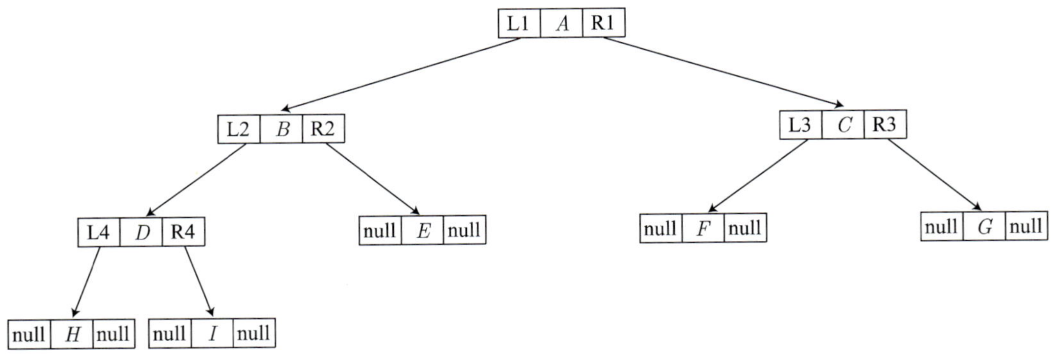

(b)

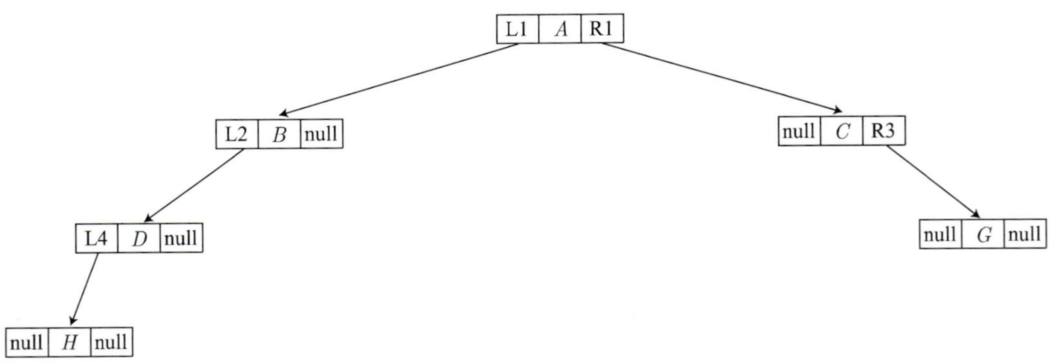

이진트리의 순회

8장에서 오일러 경로나 해밀턴 경로, 또는 깊이 우선 탐색이나 너비 우선 탐색과 같이 그래프를 구성하는 모든 정점을 탐색하는 방법을 공부했다. 트리에서도 트리를 구성하는 모든 노드를 한 번씩 방문하는 방법을 다루는데 이를 **순회**(traversal)라고 한다. 트리의 순회는 다음 규칙을 따른다.

❶ 항상 루트노드에서 시작한다.
❷ 노드의 데이터를 읽기 전에 노드가 존재하는지 먼저 탐색한다.
❸ 형제노드 중 왼쪽 노드를 먼저 탐색한다.

순회하는 서브트리의 루트노드를 언제 방문하느냐에 따라 전위순회, 중위순회, 후위순회로 구분한다.

정의 9-20 전위순회(preorder traversal)

부모노드 - 왼쪽 자식노드 - 오른쪽 자식노드 순으로 탐색하는 순회 방식

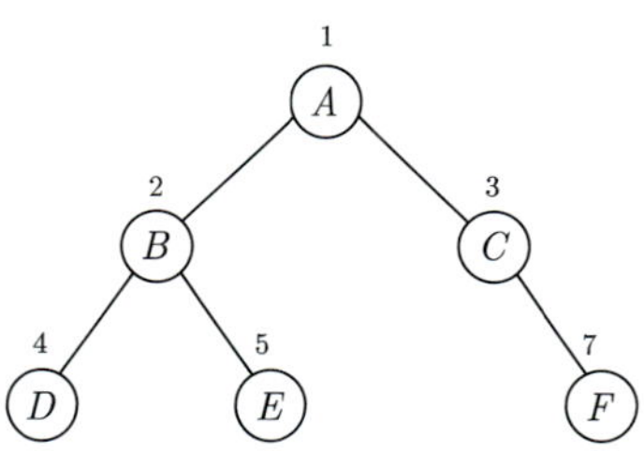

[그림 9-18] 트리에 대한 전위순회의 예

[그림 9-18]의 트리를 전위순회해보자.

(1) 루트노드 1 탐색 - 노드 1에 데이터가 존재하는지 확인 및 방문 - 노드 1의 데이터 A를 읽는다 : A
(2) 노드 1의 왼쪽 자식노드 2 탐색 - 노드 2에 데이터가 존재하는지 확인 및 방문 - 노드 2의 데이터 B를 읽는다 : $A-B$
(3) 노드 2의 왼쪽 자식노드 4 탐색 - 노드 4에 데이터가 존재하는지 확인 및 방문 - 노드 4의 데이터 D를 읽는다 : $A-B-D$
(4) 노드 4의 왼쪽 자식노드 8 탐색 - 노드 8에 데이터가 없음을 확인
(5) 노드 4의 오른쪽 자식노드 9 탐색 - 노드 9에 데이터가 없음을 확인
(6) 노드 4의 부모노드 2로 백트래킹
(7) 노드 2의 오른쪽 자식노드 5 탐색 - 노드 5에 데이터가 존재하는지 확인 및 방문 - 노드 5의 데이터 E를 읽는다 : $A-B-D-E$

(8) 노드 5의 왼쪽 자식노드 10 탐색 - 노드 10에 데이터가 없음을 확인

(9) 노드 5의 오른쪽 자식노드 11 탐색 - 노드 11에 데이터가 없음을 확인

(10) 노드 4의 부모노드 2로 백트래킹

(11) 노드 2의 부모노드 1로 백트래킹

(12) 노드 1의 오른쪽 자식노드 3 탐색 - 노드 3에 데이터가 존재하는지 확인 및 방문 - 노드 3의 데이터 C를 읽는다 : $A-B-D-E-C$

(13) 노드 3의 왼쪽 자식노드 6 탐색 - 노드 6에 데이터가 없음을 확인

(14) 노드 3의 오른쪽 자식노드 7 탐색 - 노드 7에 데이터가 존재하는지 확인 및 방문 - 노드 7의 데이터 F를 읽는다 : $A-B-D-E-C-F$

(15) 노드 7의 왼쪽 자식노드 14 탐색 - 노드 14에 데이터가 없음을 확인

(16) 노드 7의 오른쪽 자식노드 15 탐색 - 노드 15에 데이터가 없음을 확인

(17) 노드 7의 부모노드 3으로 백트래킹

(18) 노드 3의 부모노드 1로 백트래킹

(19) 순회 종료

그러므로 [그림 9-18]의 트리에 대한 전위순회 결과는 $A-B-D-E-C-F$이다.

예제 9-8

다음 이진트리를 전위순회하라.

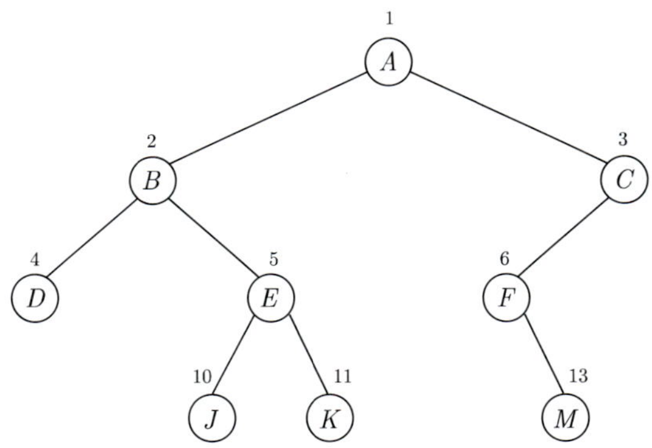

풀이

(1) 루트노드 1 탐색 - 노드 1에 데이터가 존재하는지 확인 및 방문 - 노드 1의 데이터 A를 읽는다 : A

(2) 노드 1의 왼쪽 자식노드 2 탐색 - 노드 2에 데이터가 존재하는지 확인 및 방문 - 노드 2의 데이터 B를 읽는다 : $A-B$

(3) 노드 2의 왼쪽 자식노드 4 탐색 - 노드 4에 데이터가 존재하는지 확인 및 방문 - 노드 4의 데이터 D를 읽는다 : $A-B-D$

(4) 노드 4의 왼쪽 자식노드 8 탐색 - 노드 8에 데이터가 없음을 확인

(5) 노드 4의 오른쪽 자식노드 9 탐색 – 노드 9에 데이터가 없음을 확인

(6) 노드 4의 부모노드 2로 백트래킹

(7) 노드 2의 오른쪽 자식노드 5 탐색 – 노드 5에 데이터가 존재하는지 확인 및 방문 – 노드 5의 데이터 E를 읽는다 : $A-B-D-E$

(8) 노드 5의 왼쪽 자식노드 10 탐색 – 노드 10에 데이터가 존재하는지 확인 및 방문 – 노드 10의 데이터 J를 읽는다 : $A-B-D-E-J$

(9) 노드 10의 왼쪽 자식노드 20 탐색 – 노드 20에 데이터가 없음을 확인

(10) 노드 10의 오른쪽 자식노드 21 탐색 – 노드 21에 데이터가 없음을 확인

(11) 노드 10의 부모노드 5로 백트래킹

(12) 노드 5의 오른쪽 자식노드 11 탐색 – 노드 11에 데이터가 존재하는지 확인 및 방문 – 노드 11의 데이터 K를 읽는다 : $A-B-D-E-J-K$

(13) 노드 11의 왼쪽 자식노드 22 탐색 – 노드 22에 데이터가 없음을 확인

(14) 노드 11의 오른쪽 자식노드 23 탐색 – 노드 23에 데이터가 없음을 확인

(15) 노드 11의 부모노드 5로 백트래킹

(16) 노드 5의 부모노드 2로 백트래킹

(17) 노드 2의 부모노드 1로 백트래킹

(18) 노드 1의 오른쪽 자식노드 3 탐색 – 노드 3에 데이터가 존재하는지 확인 및 방문 – 노드 3의 데이터 C를 읽는다 : $A-B-D-E-J-K-C$

(19) 노드 3의 왼쪽 자식노드 6 탐색 – 노드 6에 데이터가 존재하는지 확인 및 방문 – 노드 6의 데이터 F를 읽는다 : $A-B-D-E-J-K-C-F$

(20) 노드 6의 왼쪽 자식노드 12 탐색 – 노드 12에 데이터가 없음을 확인

(21) 노드 6의 오른쪽 자식노드 13 탐색 – 노드 13에 데이터가 존재하는지 확인 및 방문 – 노드 13의 데이터 M을 읽는다 : $A-B-D-E-J-K-C-F-M$

(22) 노드 13의 왼쪽 자식노드 26 탐색 – 노드 26에 데이터가 없음을 확인

(23) 노드 13의 오른쪽 자식노드 27 탐색 – 노드 27에 데이터가 없음을 확인

(24) 노드 13의 부모노드 6으로 백트래킹

(25) 노드 6의 부모노드 3으로 백트래킹

(26) 노드 3의 오른쪽 자식노드 7 탐색 – 노드 7에 데이터가 없음을 확인

(27) 노드 3의 부모노드 1로 백트래킹

(28) 순회 종료

∴ 전위순회 결과는 $A-B-D-E-J-K-C-F-M$이다.

정의 9-21 **중위순회(inorder traversal)**

왼쪽 자식노드 – 부모노드 – 오른쪽 자식노드 순으로 탐색하는 순회 방식

[그림 9-18]의 트리를 중위순회해보자.

(1) 루트노드 1 방문
(2) 노드 1의 왼쪽 자식노드 2 탐색 – 노드 2에 데이터가 존재하는지 확인 및 방문
(3) 노드 2의 왼쪽 자식노드 4 탐색 – 노드 4에 데이터가 존재하는지 확인 및 방문
(4) 노드 4의 왼쪽 자식노드 8 탐색 – 노드 8에 데이터가 없음을 확인
(5) 노드 4의 데이터 D를 읽는다 : D
(6) 노드 4의 오른쪽 자식노드 9 탐색 – 노드 9에 데이터가 없음을 확인
(7) 노드 4의 부모노드 2로 백트래킹 – 노드 2의 데이터 B를 읽는다 : $D-B$
(8) 노드 2의 오른쪽 자식노드 5 탐색 – 노드 5에 데이터가 존재하는지 확인 및 방문
(9) 노드 5의 왼쪽 자식노드 10 탐색 – 노드 10에 데이터가 없음을 확인
(10) 노드 5의 데이터 E를 읽는다 : $D-B-E$
(11) 노드 5의 오른쪽 자식노드 11 탐색 – 노드 11에 데이터가 없음을 확인
(12) 노드 5의 부모노드 2로 백트래킹
(13) 노드 2의 부모노드 1로 백트래킹 – 노드 1의 데이터 A를 읽는다 : $D-B-E-A$
(14) 노드 1의 오른쪽 자식노드 3 탐색 – 노드 3에 데이터가 존재하는지 확인 및 방문
(15) 노드 3의 왼쪽 자식노드 6 탐색 – 노드 6에 데이터가 없음을 확인
(16) 노드 3의 데이터 C를 읽는다 : $D-B-E-A-C$
(17) 노드 3의 오른쪽 자식노드 7 탐색 – 노드 7에 데이터가 존재하는지 확인 및 방문
(18) 노드 7의 왼쪽 자식노드 14 탐색 – 노드 14에 데이터가 없음을 확인
(19) 노드 7의 데이터 F를 읽는다 : $D-B-E-A-C-F$
(20) 노드 7의 오른쪽 자식노드 15 탐색 – 노드 15에 데이터가 없음을 확인
(21) 노드 7의 부모노드 3으로 백트래킹
(22) 노드 3의 부모노드 1로 백트래킹
(23) 순회 종료

그러므로 [그림 9-18]의 트리에 대한 중위순회 결과는 $D-B-E-A-C-F$이다.

예제 9-9

[예제 9-8]의 이진트리를 중위순회하라.

풀이

(1) 루트노드 1 방문

(2) 노드 1의 왼쪽 자식노드 2 탐색 - 노드 2에 데이터가 존재하는지 확인 및 방문
(3) 노드 2의 왼쪽 자식노드 4 탐색 - 노드 4에 데이터가 존재하는지 확인 및 방문
(4) 노드 4의 왼쪽 자식노드 8 탐색 - 노드 8에 데이터가 없음을 확인
(5) 노드 4의 데이터 D를 읽는다 : D
(6) 노드 4의 오른쪽 자식노드 9 탐색 - 노드 9에 데이터가 없음을 확인
(7) 노드 4의 부모노드 2로 백트래킹 - 노드 2의 데이터 B를 읽는다 : $D-B$
(8) 노드 2의 오른쪽 자식노드 5 탐색 - 노드 5에 데이터가 존재하는지 확인 및 방문
(9) 노드 5의 왼쪽 자식노드 10 탐색 - 노드 10에 데이터가 존재하는지 확인 및 방문
(10) 노드 10의 왼쪽 자식노드 20 탐색 - 노드 20에 데이터가 없음을 확인
(11) 노드 10의 데이터 J를 읽는다 : $D-B-J$
(12) 노드 10의 오른쪽 자식노드 21 탐색 - 노드 21에 데이터가 없음을 확인
(13) 노드 10의 부모노드 5로 백트래킹 - 노드 5의 데이터 E를 읽는다 : $D-B-J-E$
(14) 노드 5의 오른쪽 자식노드 11 탐색 - 노드 11에 데이터가 존재하는지 확인 및 방문
(15) 노드 11의 왼쪽 자식노드 22 탐색 - 노드 22에 데이터가 없음을 확인
(16) 노드 11의 데이터 K를 읽는다 : $D-B-J-E-K$
(17) 노드 11의 오른쪽 자식노드 23 탐색 - 노드 23에 데이터가 없음을 확인
(18) 노드 11의 부모노드 5로 백트래킹
(19) 노드 5의 부모노드 2로 백트래킹
(20) 노드 2의 부모노드 1로 백트래킹 - 노드 1의 데이터 A를 읽는다 : $D-B-J-E-K-A$
(21) 노드 1의 오른쪽 자식노드 3 탐색 - 노드 3에 데이터가 존재하는지 확인 및 방문
(22) 노드 3의 왼쪽 자식노드 6 탐색 - 노드 6에 데이터가 존재하는지 확인 및 방문
(23) 노드 6의 왼쪽 자식노드 12 탐색 - 노드 12에 데이터가 없음을 확인
(24) 노드 6의 데이터 F를 읽는다 : $D-B-J-E-K-A-F$
(25) 노드 6의 오른쪽 자식노드 13 탐색 - 노드 13에 데이터가 존재하는지 확인 및 방문
(26) 노드 13의 왼쪽 자식노드 26 탐색 - 노드 26에 데이터가 없음을 확인
(27) 노드 13의 데이터 M을 읽는다 : $D-B-J-E-K-A-F-M$
(28) 노드 6의 부모노드 3으로 백트래킹 - 노드 3의 데이터 C를 읽는다
: $D-B-J-E-K-A-F-M-C$
(29) 노드 3의 오른쪽 자식노드 7 탐색 - 노드 7에 데이터가 없음을 확인
(30) 노드 3의 부모노드 1로 백트래킹
(31) 순회 종료

∴ 중위순회 결과는 $D-B-J-E-K-A-F-M-C$이다.

정의 9-22 **후위순회(postorder traversal)**

왼쪽 자식노드 – 오른쪽 자식노드 – 부모노드 순으로 탐색하는 순회 방식

[그림 9-18]의 트리를 후위순회해보자.

(1) 루트노드 1 방문
(2) 노드 1의 왼쪽 자식노드 2 탐색 – 노드 2에 데이터가 존재하는지 확인 및 방문
(3) 노드 2의 왼쪽 자식노드 4 탐색 – 노드 4에 데이터가 존재하는지 확인 및 방문
(4) 노드 4의 왼쪽 자식노드 8 탐색 – 노드 8에 데이터가 없음을 확인
(5) 노드 4의 오른쪽 자식노드 9 탐색 – 노드 9에 데이터가 없음을 확인
(6) 노드 4의 데이터 D를 읽는다 : D
(7) 노드 4의 부모노드 2로 백트래킹
(8) 노드 4의 오른쪽 자식노드 5 탐색 – 노드 5에 데이터가 존재하는지 확인 및 방문
(9) 노드 5의 왼쪽 자식노드 10 탐색 – 노드 10에 데이터가 없음을 확인
(10) 노드 5의 오른쪽 자식노드 11 탐색 – 노드 11에 데이터가 없음을 확인
(11) 노드 5의 데이터 E를 읽는다 : $D-E$
(12) 노드 5의 부모노드 2로 백트래킹 – 노드 2의 데이터 B를 읽는다 : $D-E-B$
(13) 노드 2의 부모노드 1로 백트래킹
(14) 노드 1의 오른쪽 자식노드 3 탐색 – 노드 3에 데이터가 존재하는지 확인 및 방문
(15) 노드 3의 왼쪽 자식노드 6 탐색 – 노드 6에 데이터가 없음을 확인
(16) 노드 3의 오른쪽 자식노드 7 탐색 – 노드 7에 데이터가 존재하는지 확인 및 방문
(17) 노드 7의 왼쪽 자식노드 14 탐색 – 노드 14에 데이터가 없음을 확인
(18) 노드 7의 오른쪽 자식노드 15 탐색 – 노드 15에 데이터가 없음을 확인
(19) 노드 7의 데이터 F를 읽는다 : $D-E-B-F$
(20) 노드 7의 부모노드 3으로 백트래킹 – 노드 3의 데이터 C를 읽는다 : $D-E-B-F-C$
(21) 노드 3의 부모노드 1로 백트래킹 – 노드 1의 데이터 A를 읽는다 : $D-E-B-F-C-A$
(22) 순회 종료

그러므로 [그림 9-18]의 트리에 대한 후위순회 결과는 $D-E-B-F-C-A$이다.

예제 9-10

[예제 9-8]의 이진트리를 후위순회하라.

풀이

(1) 루트노드 1 방문
(2) 노드 1의 왼쪽 자식노드 2 탐색 – 노드 2에 데이터가 존재하는지 확인 및 방문

(3) 노드 2의 왼쪽 자식노드 4 탐색 - 노드 4에 데이터가 존재하는지 확인 및 방문
(4) 노드 4의 왼쪽 자식노드 8 탐색 - 노드 8에 데이터가 없음을 확인
(5) 노드 4의 오른쪽 자식노드 9 탐색 - 노드 9에 데이터가 없음을 확인
(6) 노드 4의 데이터 D를 읽는다 : D
(7) 노드 4의 부모노드 2로 백트래킹
(8) 노드 2의 오른쪽 자식노드 5 탐색 - 노드 5에 데이터가 존재하는지 확인 및 방문
(9) 노드 5의 왼쪽 자식노드 10 탐색 - 노드 10에 데이터가 존재하는지 확인 및 방문
(10) 노드 10의 왼쪽 자식노드 20 탐색 - 노드 20에 데이터가 없음을 확인
(11) 노드 10의 오른쪽 자식노드 21 탐색 - 노드 21에 데이터가 없음을 확인
(12) 노드 10의 데이터 J를 읽는다 : $D-J$
(13) 노드 10의 부모노드 5로 백트래킹
(14) 노드 5의 오른쪽 자식노드 11 탐색 - 노드 11에 데이터가 존재하는지 확인 및 방문
(15) 노드 11의 왼쪽 자식노드 22 탐색 - 노드 22에 데이터가 없음을 확인
(16) 노드 11의 오른쪽 자식노드 23 탐색 - 노드 23에 데이터가 없음을 확인
(17) 노드 11의 데이터 K를 읽는다 : $D-J-K$
(18) 노드 11의 부모노드 5로 백트래킹 - 노드 5의 데이터 E를 읽는다 : $D-J-K-E$
(19) 노드 5의 부모노드 2로 백트래킹 - 노드 2의 데이터 B를 읽는다 : $D-J-K-E-B$
(20) 노드 2의 부모노드 1로 백트래킹
(21) 노드 1의 오른쪽 자식노드 3 탐색 - 노드 3에 데이터가 존재하는지 확인 및 방문
(22) 노드 3의 왼쪽 자식노드 6 탐색 - 노드 6에 데이터가 존재하는지 확인 및 방문
(23) 노드 6의 왼쪽 자식노드 12 탐색 - 노드 12에 데이터가 없음을 확인
(24) 노드 6의 오른쪽 자식노드 13 탐색 - 노드 13에 데이터가 존재하는지 확인 및 방문
(25) 노드 13의 왼쪽 자식노드 26 탐색 - 노드 26에 데이터가 없음을 확인
(26) 노드 13의 오른쪽 자식노드 27 탐색 - 노드 27에 데이터가 없음을 확인
(27) 노드 13의 데이터 M을 읽는다 : $D-J-K-E-B-M$
(28) 노드 13의 부모노드 6으로 백트래킹 - 노드 6의 데이터 F를 읽는다
: $D-J-K-E-B-M-F$
(29) 노드 6의 부모노드 3으로 백트래킹
(30) 노드 3의 오른쪽 자식노드 7 탐색 - 노드 7에 데이터가 없음을 확인
(31) 노드 3의 데이터 C를 읽는다 : $D-J-K-E-B-M-F-C$
(32) 노드 3의 부모노드 1로 백트래킹 - 노드 1의 데이터 A를 읽는다
: $D-J-K-E-B-M-F-C-A$
(33) 순회 종료

∴ 후위순회 결과는 $D-J-K-E-B-M-F-C-A$이다.

■ 순회를 이용한 수식 표현

트리의 순회는 컴퓨터에서 수식을 표기하고 이해하는 데 활용되기도 한다. 우선 수식을 이진트리로 표현해보자. 수식 $(a+b)\times(c-d)$는 다음과 같은 순서로 수행한다.

(1) 변수 a, b, c, d에 값을 입력
(2) $a+b$를 계산
(3) $c-d$를 계산
(4) $(a+b)\times(c-d)$를 계산

수식을 이진트리로 표현할 때는 가장 먼저 수행하는 작업을 리프노드에 위치시키고, 가장 마지막에 수행하는 작업을 루트노드에 위치시킨다고 생각하면 된다. 그러므로 수식 $(a+b)\times(c-d)$에서 (1)번 작업인 각 변수에 값을 입력하는 내용을 모두 리프노드에 표시하고, 가장 마지막에 하는 (4)번 작업인 × 연산을 루트노드에 표시하면 오른쪽 [그림 9-19]와 같이 이진트리가 완성된다.

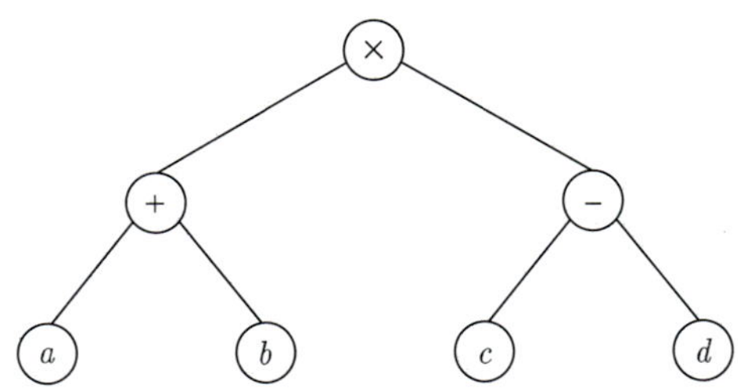

[그림 9-19] $(a+b)\times(c-d)$의 이진트리 표현

이제 트리로 표현된 연산식을 전위순회, 중위순회, 후위순회의 방식으로 읽어낼 수 있다.

전위순회 : × + a b − c d
중위순회 : a + b × c − d
후위순회 : a b + c d − ×

예제 9-11

식 $(x/y)+(w-z)\times v$를 이진트리로 표현하고 전위순회, 중위순회, 후위순회의 방식으로 표기하라.

풀이

$(x/y)+(w-z)\times v$의 연산 순서는 다음과 같다.

(1) 변수 x, y에 값을 입력
(2) (x/y)를 계산
(3) 변수 w, z에 값을 입력
(4) $(w-z)$를 계산
(5) 변수 v에 값을 입력
(6) $(w-z)\times v$를 계산
(7) $(x/y)+(w-z)\times v$를 계산

이 연산 순서대로 이진트리를 나타내면 다음과 같다.

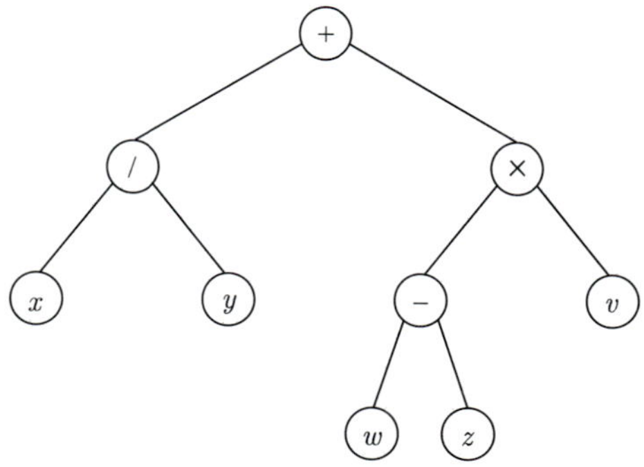

전위순회 : $+ \ / \ x \ y \ \times \ - \ w \ z \ v$
중위순회 : $x \ / \ y \ + \ w \ - \ z \ \times \ v$
후위순회 : $x \ y \ / \ w \ z \ - \ v \ \times \ +$

이진탐색트리

수많은 데이터 중 원하는 데이터를 찾아가는 과정을 **탐색**(search)이라고 한다. 탐색은 데이터의 정렬 방식이나 탐색 기준에 따라 그 방법이 달라지는데, 어떤 기준 또는 **키**(key)를 정하고 그 키를 이용해 탐색해 가는 방법을 이진탐색이라 하며, 이 탐색을 도와주는 트리를 이진탐색트리라고 한다.

정의 9-23 이진탐색(binary search)

탐색을 위한 일정 기준을 가지고 대상 데이터를 탐색하는 방법

정의 9-24 이진탐색트리(binary search tree)

노드로 표현되는 데이터에 대한 기준에 따라 노드의 위치를 탐색할 수 있는 트리

탐색을 위해 이진탐색트리를 구현하는 규칙은 다음과 같다.

❶ 트리에서 탐색되는 모든 원소는 서로 다른 유일키를 갖는다.
❷ 왼쪽 서브트리에 있는 원소들의 키는 그 루트의 키보다 작거나 앞선 순서를 갖는다.
❸ 오른쪽 서브트리에 있는 원소들의 키는 그 루트의 키보다 크거나 뒤의 순서를 갖는다.

예를 들어 15, 12, 13, 21, 18, 10, 24, 22, 7, 11, 25가 주어질 때 이 값들을 탐색하기 위해 이진 탐색트리로 구성해보자.

(1) 15 입력 : 루트노드

(2) 12 입력

① 트리의 유일키인 루트노드 15보다 작다.
: 15의 왼쪽 자식노드

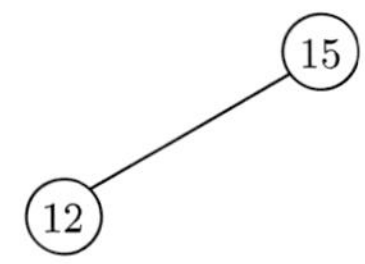

(3) 13 입력

① 트리의 유일키인 루트노드 15보다 작다.
: 15의 왼쪽 서브트리 탐색

② 왼쪽 서브트리의 유일키인 12보다 크다.
: 12의 오른쪽 자식노드

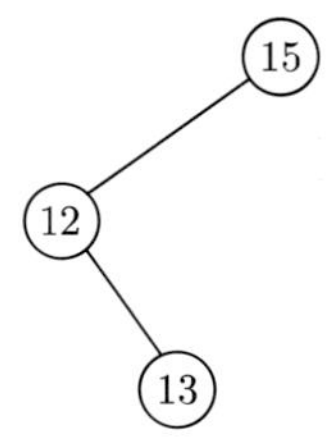

(4) 21 입력

① 트리의 유일키인 루트노드 15보다 크다.
: 15의 오른쪽 자식노드

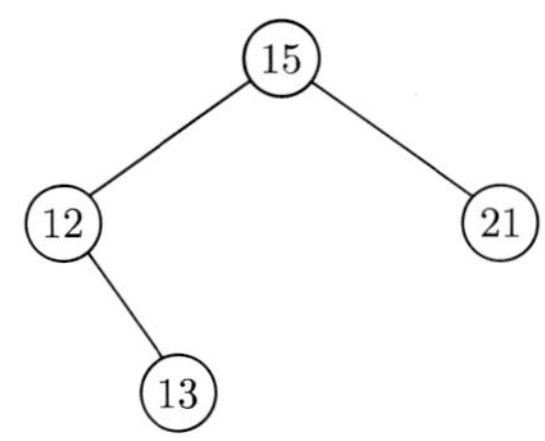

(5) 18 입력

① 트리의 유일키인 루트노드 15보다 크다
: 15의 오른쪽 서브트리 탐색

② 오른쪽 서브트리의 유일키인 21보다 작다.
: 21의 왼쪽 자식노드

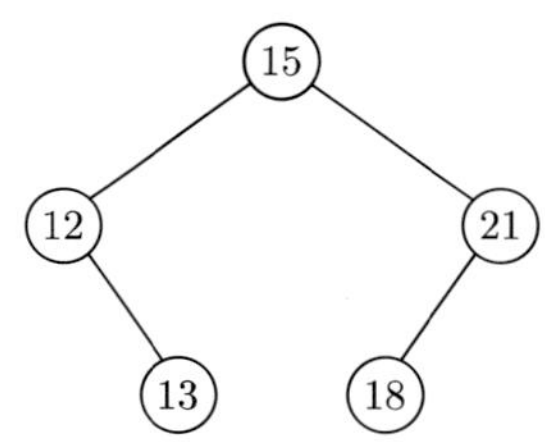

(6) 10 입력

① 트리의 유일키인 루트노드 15보다 작다.
: 15의 왼쪽 서브트리 탐색

② 왼쪽 서브트리의 유일키인 12보다 작다.
: 12의 왼쪽 자식노드

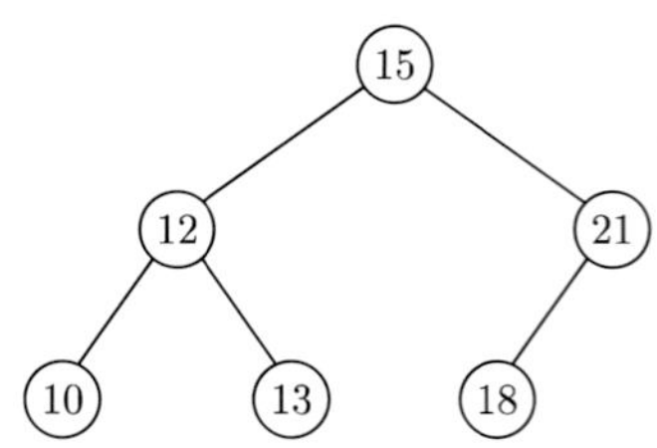

(7) 24 입력

① 트리의 유일키인 루트노드 15보다 크다.
: 15의 오른쪽 서브트리 탐색

② 오른쪽 서브트리의 유일키인 21보다 크다.
: 21의 오른쪽 자식노드

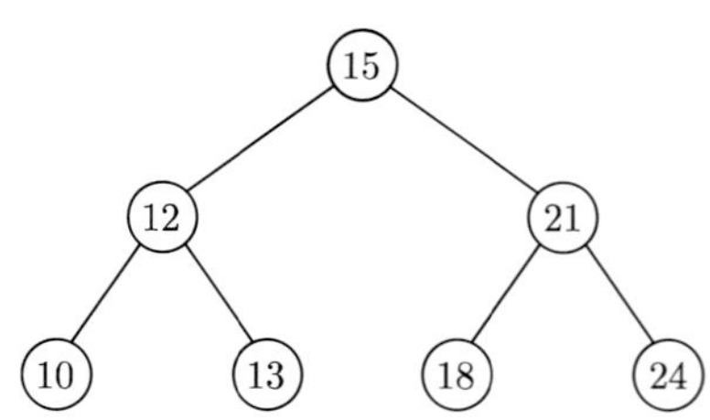

(8) 22 입력

① 트리의 유일키인 루트노드 15보다 크다.
: 15의 오른쪽 서브트리 탐색

② 오른쪽 서브트리의 유일키인 21보다 크다.
: 21의 오른쪽 서브트리 탐색

③ 오른쪽 서브트리의 유일키인 24보다 작다.
: 24의 왼쪽 자식노드

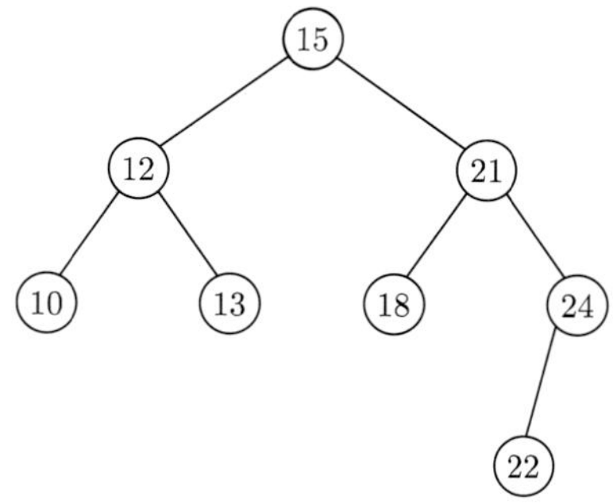

(9) 7 입력

① 트리의 유일키인 루트노드 15보다 작다.
: 15의 왼쪽 서브트리 탐색

② 왼쪽 서브트리의 유일키인 12보다 작다.
: 12의 왼쪽 서브트리 탐색

③ 왼쪽 서브트리의 유일키인 10보다 작다.
: 10의 왼쪽 자식노드

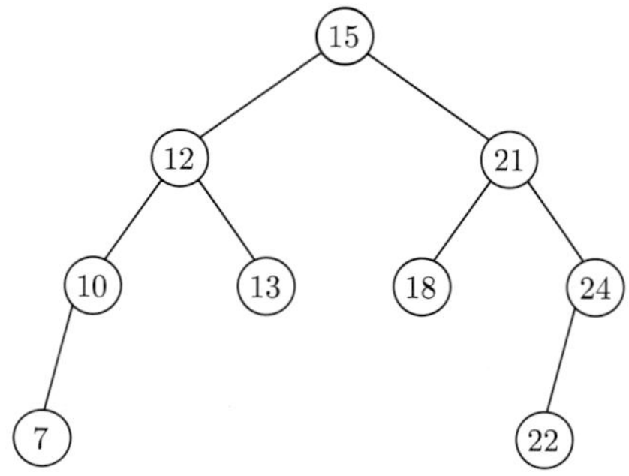

(10) 11 입력

① 트리의 유일키인 루트노드 15보다 작다.
: 15의 왼쪽 서브트리 탐색

② 왼쪽 서브트리의 유일키인 12보다 작다.
: 12의 왼쪽 서브트리 탐색

③ 왼쪽 서브트리의 유일키인 10보다 크다.
: 10의 오른쪽 자식노드

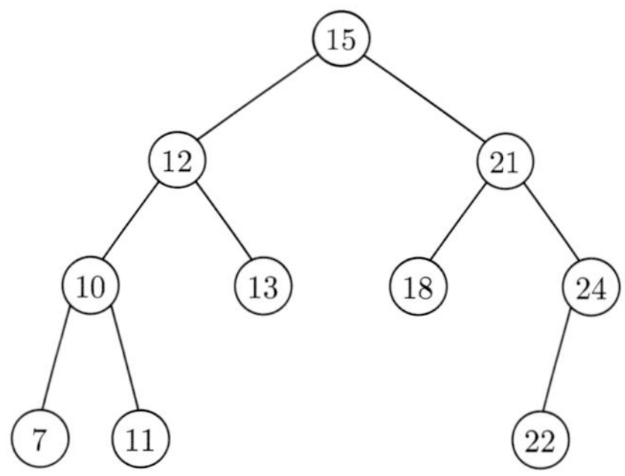

(11) 25 입력

① 트리의 유일키인 루트노드 15보다 크다.
: 15의 오른쪽 서브트리 탐색

② 오른쪽 서브트리의 유일키인 21보다 크다.
: 21의 오른쪽 서브트리 탐색

③ 오른쪽 서브트리의 유일키인 24보다 크다.
: 24의 오른쪽 자식노드

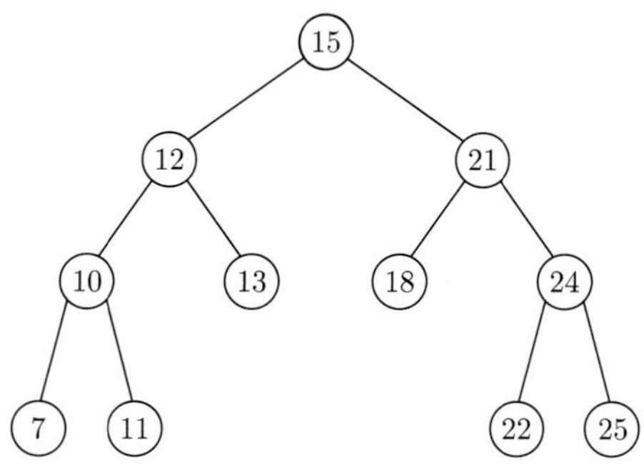

이렇게 완성된 이진탐색트리는 루트노드 15는 15보다 작은 값들로 구성된 왼쪽 서브트리, 15보다 큰 값들로 구성된 오른쪽 서브트리를 갖는다. 그래서 15는 두 서브트리를 구분하는 유일키이다. 역시 왼쪽 서브트리의 경우 서브트리의 루트노드인 12는 12보다 작은 값들로 구성된 왼쪽 서브트리와 12보다 큰 값들로 구성된 오른쪽 서브트리를 갖는다. 그러므로 12는 이 두 서브트리를 구분하는 유일키이고 15보다 작은 값들을 탐색할 수 있다. 반대로 15보다 큰 값들은 21이 유일키일 것이다.

이 이진탐색트리에서 18을 탐색해보자.

① 18은 이 트리의 루트노드이면서 유일키인 15보다 크다.
  : 15의 오른쪽 서브트리 탐색
② 18은 오른쪽 서브트리의 루트노드이면서 유일키인 21보다 작다.
  : 21의 왼쪽 서브트리 탐색
③ 18은 오른쪽 서브트리의 루트노드이다.
④ 탐색을 종료한다.

예제 9-12

다음 물음에 답하라.

(a) 18, 10, 25, 20, 14, 8, 23, 17, 29를 입력할 때 이진탐색트리를 구성하라.

(b) (a)에서 구성한 이진탐색트리에서 23을 탐색하라.

풀이

(a) (1) 18 입력 : 루트노드

(2) 10 입력
  ① 트리의 유일키인 루트노드 18보다 작다.
    : 18의 왼쪽 자식노드

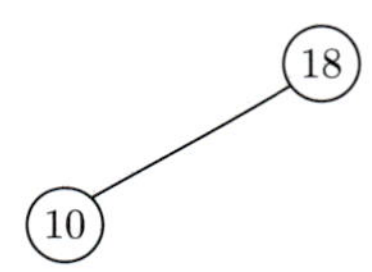

(3) 25 입력
  ① 트리의 유일키인 루트노드 18보다 크다.
    : 18의 오른쪽 자식노드

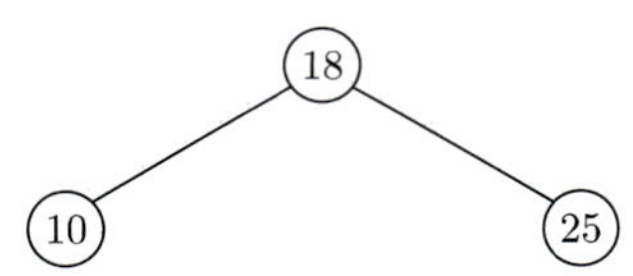

(4) 20 입력
  ① 트리의 유일키인 루트노드 18보다 크다.
    : 18의 오른쪽 서브트리 탐색
  ② 오른쪽 서브트리의 유일키인 25보다 작다.
    : 25의 왼쪽 자식노드

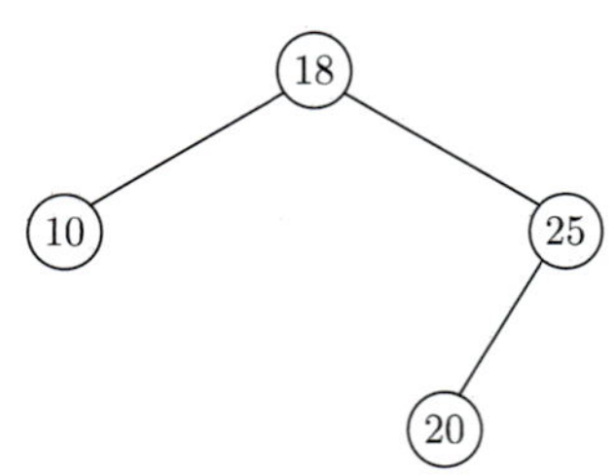

(5) 14 입력
  ① 트리의 유일키인 루트노드 18보다 작다
    : 18의 왼쪽 서브트리 탐색
  ② 왼쪽 서브트리의 유일키인 10보다 크다.
    : 10의 오른쪽 자식노드

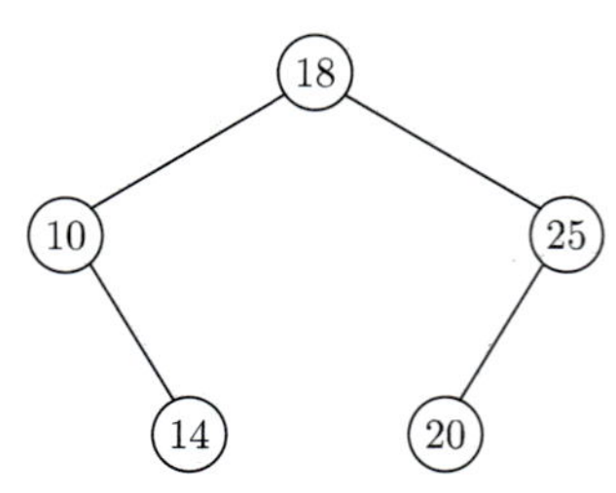

(6) 8 입력

① 트리의 유일키인 루트노드 18보다 작다.
: 18의 왼쪽 서브트리 탐색

② 왼쪽 서브트리의 유일키인 10보다 작다.
: 10의 왼쪽 자식노드

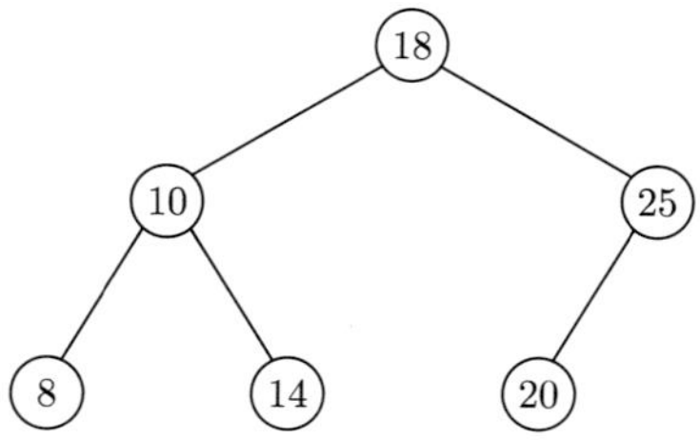

(7) 23 입력

① 트리의 유일키인 루트노드 18보다 크다.
: 18의 오른쪽 서브트리 탐색

② 오른쪽 서브트리의 유일키인 25보다 작다.
: 25의 왼쪽 서브트리 탐색

③ 왼쪽 서브트리의 유일키인 20보다 크다.
: 20의 오른쪽 자식노드

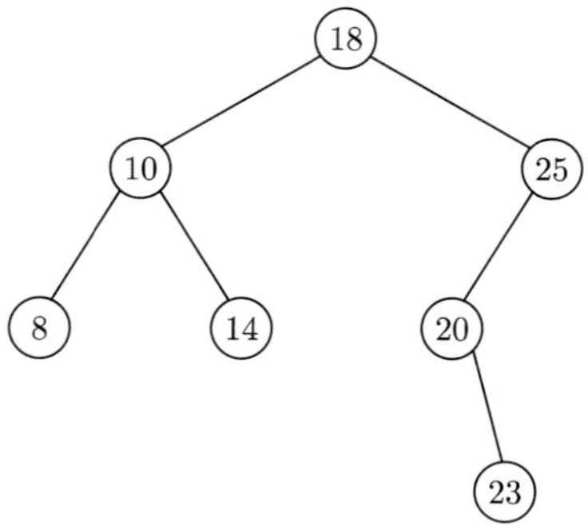

(8) 17 입력

① 트리의 유일키인 루트노드 18보다 작다.
: 18의 왼쪽 서브트리 탐색

② 왼쪽 서브트리의 유일키인 10보다 크다.
: 10의 오른쪽 서브트리 탐색

③ 오른쪽 서브트리의 유일키인 14보다 크다.
: 14의 오른쪽 자식노드

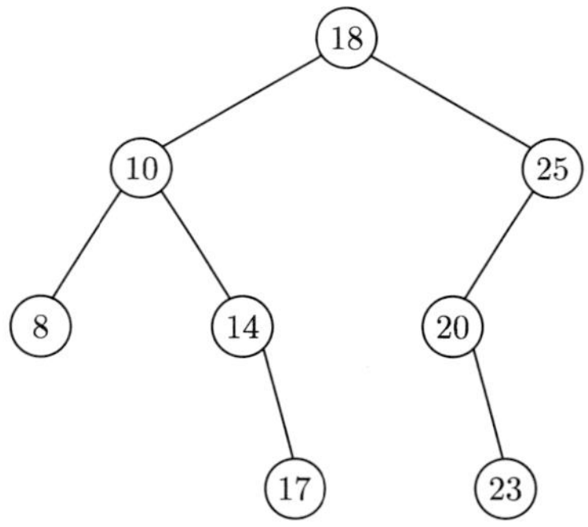

(9) 29 입력

① 트리의 유일키인 루트노드 18보다 크다.
: 18의 오른쪽 서브트리 탐색

② 오른쪽 서브트리의 유일키인 25보다 크다.
: 25의 오른쪽 자식노드

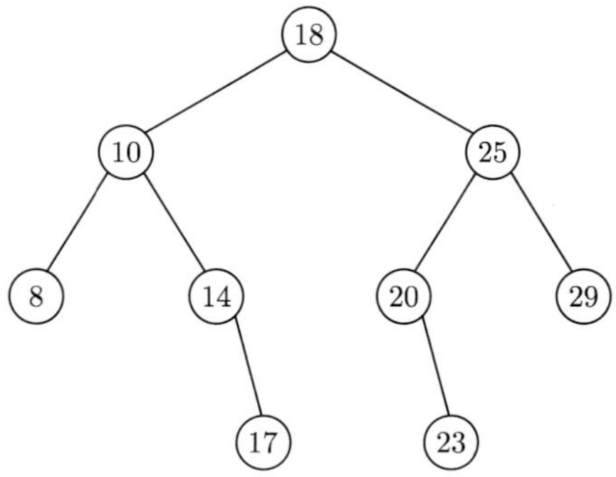

(b) ① 23은 이 트리의 루트노드이면서 유일키인 18보다 크다.
: 18의 오른쪽 서브트리 탐색

② 23은 오른쪽 서브트리의 루트노드이면서 유일키인 25보다 작다.
: 25의 왼쪽 서브트리 탐색

③ 23은 왼쪽 서브트리의 루트노드이면서 유일키인 20보다 크다
: 20의 오른쪽 서브트리 탐색

④ 23은 오른쪽 서브트리의 루트노드이다.

⑤ 탐색을 종료한다.

9.3 트리의 활용

트리에 대한 [정의 9-1]에도 표현된 것처럼 트리는 그래프의 한 종류이다. 그래프에서 공부한 깊이 우선 탐색 및 너비 우선 탐색 방법을 활용하거나 그래프의 신장부분그래프 개념과 최단 경로 문제를 트리에 적용하여 탐색할 수 있다. 그뿐 아니라 트리는 데이터를 압축하기 위한 방법으로도 사용된다. 이 절에서는 트리 탐색의 새로운 방법인 최소신장트리와 데이터 압축 방법인 허프만 알고리즘을 알아본다.

최소신장트리

8장 '그래프'에서 하나의 그래프를 구성하는 정점과 변을 이용해 다양한 형태의 부분그래프를 유도하는 신장부분그래프와 그래프를 구성하는 정점 간의 최단 경로를 찾아내는 방법을 공부했다. 이 방법을 이용해 그래프의 모든 정점을 탐색하면서 순환이 발생하지 않는 다양한 형태의 트리를 유도할 수 있다.

정의 9-25 **신장트리(spanning tree)**

그래프 G의 모든 정점을 노드로 포함하는 트리 T

신장트리 T는 하나의 그래프 G에서 유도될 수 있는 다양한 형태의 트리로, 그래프를 구성하는 모든 정점은 루트노드가 될 수 있으며 부모노드와 자식노드를 연결하는 변은 그래프 G에도 포함되는 변이어야 한다. 다음 [그림 9-20]은 그래프 G에서 노드 A를 루트노드로 선택할 때 만들 수 있는 신장트리의 예이다.

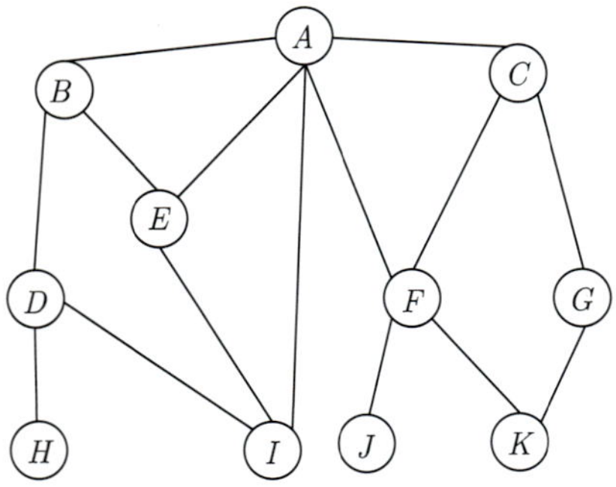

그래프 G

[그림 9-20] 그래프 G에 대한 신장트리 T의 예(계속)

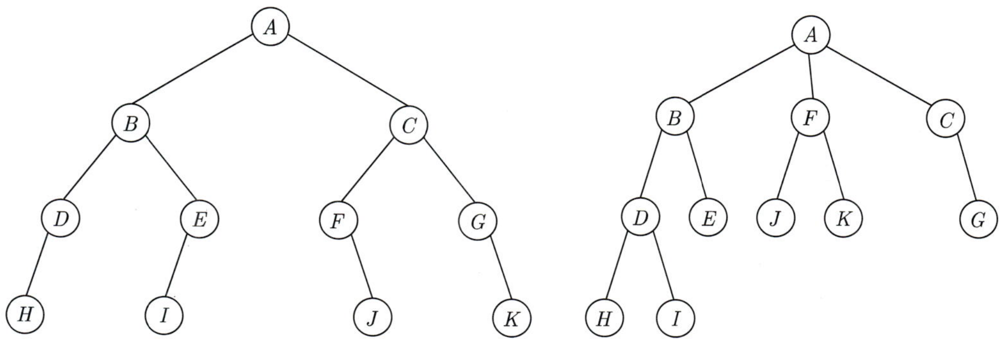

[그림 9-20] 그래프 G에 대한 신장트리 T의 예

이처럼 주어진 그래프에서 트리를 유도할 때 트리가 활용되는 목적에 따라 다양한 형태의 트리가 만들어질 수 있다. 특히 가중치그래프가 주어진 경우에는 각 노드를 탐색하는 비용이 최소가 되는 변들을 선택하여 트리를 구성할 수도 있다.

정의 9-26 최소신장트리(minimum spanning tree)

그래프 G의 모든 정점을 노드로 포함하면서 노드 간의 비용을 최소로 하는 트리 T

그래프에서 최소 비용을 갖는 트리를 구성하는 대표적인 알고리즘으로 프림 알고리즘과 크루스칼 알고리즘이 있다.

■ 프림 알고리즘(Prim algorithm)

프림 알고리즘의 과정은 다음과 같다.

❶ v개의 정점을 포함하는 그래프 G에서 임의의 정점을 노드로 선택한다.
❷ 선택한 노드에 연결된 모든 변들 중 가중치가 가장 작은 변을 선택한다.
  : 가중치가 같은 변이 2개 이상 있을 경우 임의로 하나를 선택한다.
  : 순환이 형성되는 경우에는 그 변을 선택하지 않는다.
❸ 선택한 변이 $v-1$개가 될 때까지 ❷의 과정을 반복한다.

[그림 9-21]과 같이 6개의 노드를 갖는 그래프 G를 프림 알고리즘의 규칙을 이용해 최소신장트리로 만들어보자. 각 변에 부여된 가중치는 비용이다.

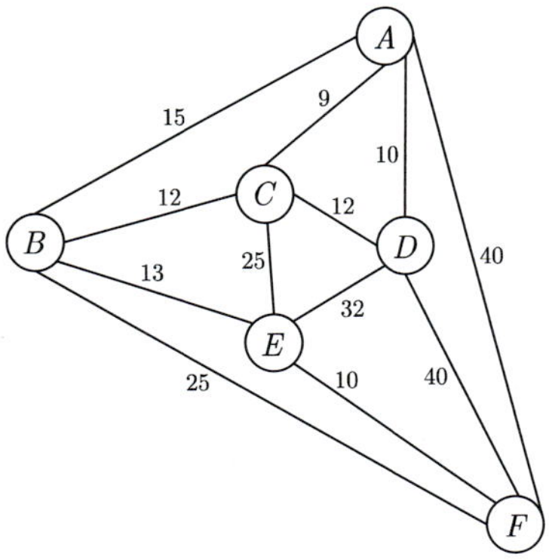

[그림 9-21] 프림 알고리즘의 예

(1) 임의의 노드 A를 선택한다. 노드 A에 연결된 변과 노드들은 점선으로 표시된 것과 같다. 이 중 가중치가 가장 작은 변인 노드 A, C를 연결하는 변과 해당 노드를 선택한다. (노드 : 2개, 변 : 1개)

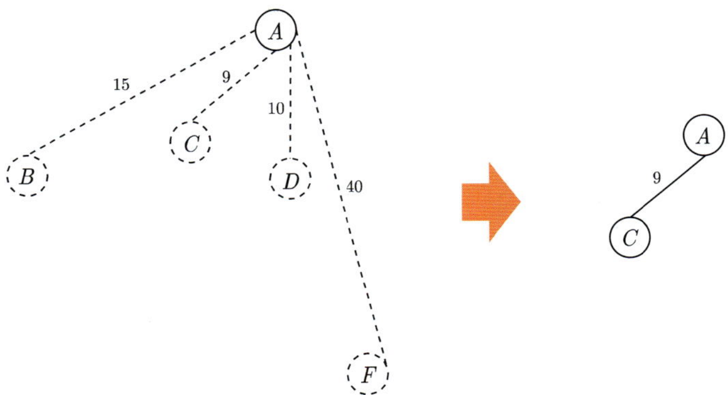

(2) 노드 A, C와 연결된 변과 노드는 점선으로 표시된 것과 같다. 이 중 가중치가 가장 작은 변인 노드 A, D를 연결하는 변을 선택하여 노드 A와 노드 C, D를 연결한다. (노드 : 3개, 변 : 2개)

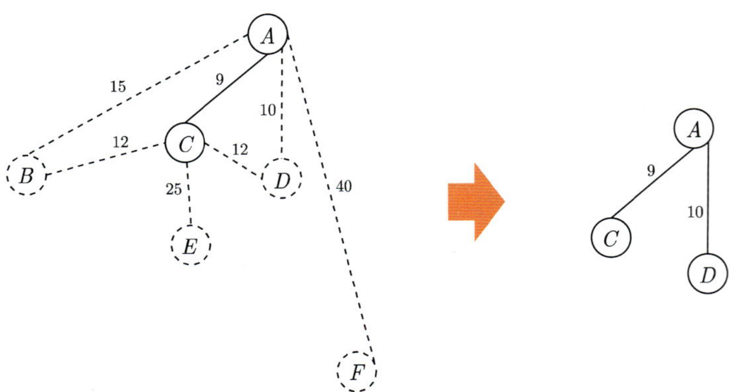

(3) 노드 A, C, D와 연결된 변과 노드는 점선으로 표시된 것과 같다. 이 중 가중치가 가장 작은 변은 노드 C, B를 연결하는 변과 노드 C, D를 연결하는 변이고 두 변의 가중치는 12로 같다. 그런데 노드 C, D를 연결하는 변을 선택하면 노드 A, C, D 사이에 순환이 형성되므로 선택할 수 없다.

따라서 노드 C, B를 연결하는 변을 선택해 노드 A, B, C, D를 연결한다. (노드 : 4개, 변 : 3개)

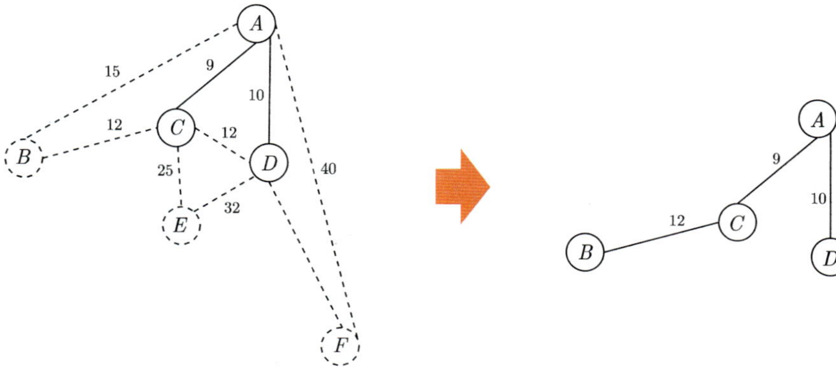

(4) 노드 A, B, C, D와 연결된 변과 노드는 점선으로 표시된 것과 같다. 이 중 (3)에서 순환이 형성되어 선택하지 않은 노드 C, D를 연결하는 변은 제외했다. 점선으로 표시된 변 중 가중치가 가장 작은 변인 노드 B, E를 연결하는 변을 선택해 노드 A, B, C, D, E를 연결한다. (노드 : 5개, 변 : 4개)

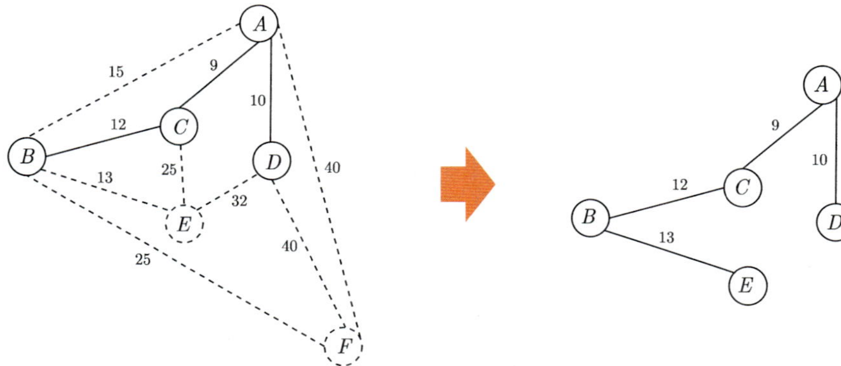

(5) 노드 A, B, C, D, E와 연결된 변과 노드는 점선으로 표시된 것과 같다. 이 중 가중치가 가장 작은 변인 노드 E, F를 연결하는 변을 선택해 노드 A, B, C, D, E, F를 연결한다. (노드 : 6개, 변 : 5개)

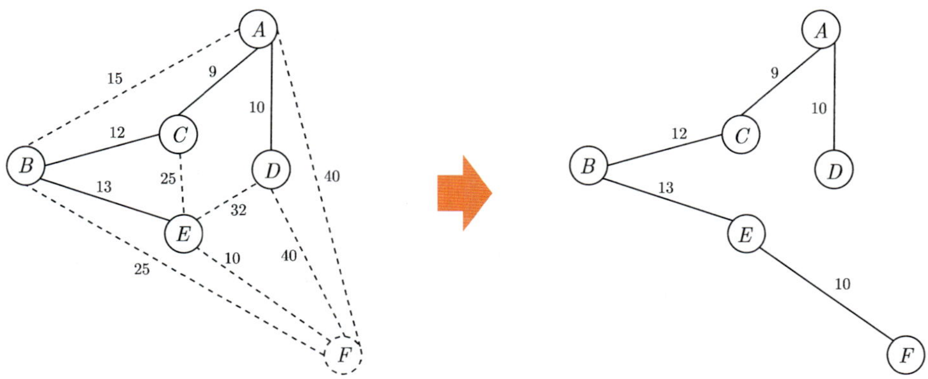

(6) 최소신장트리의 변의 수(5)가 노드 수$-1(6-1)$이므로 실행을 종료한다. 완성된 최소신장트리의 가중치는 $9+10+12+13+10=54$이다.

프림 알고리즘을 정리하면 다음과 같다.

정리 9-5 프림 알고리즘

```
Prim(v개의 노드를 갖는 가중치그래프 G){
    최소신장트리를 구성하는 변의 리스트 T에 smallest(W[v_i, v_j])에 해당하는 변 e_i 추가
    최소신장트리를 구성하는 노드 리스트 N에 리스트 T에 포함된 변과 연결되는 정점들 v_i, v_j 추가
    while(e ≤ v−1){
        if(smallest(W[v_i, v_j], v_i, v_j ∈ 리스트 N)){
            if(not(e_i ∈ 리스트 T와 (v_i, v_j)로 순환 발생)){
                리스트 T에 선택된 변 (v_i, v_j) 추가;
                리스트 N에 노드 v_i, v_j 추가;
                weight += W[v_i, v_j];
                e++;
            }
        }
    }
}
```

예제 9-13

다음 그래프 G를 보고 프림 알고리즘을 이용해 최소신장트리를 작성하고 트리의 가중치를 구하라. (부여된 가중치는 비용이다.)

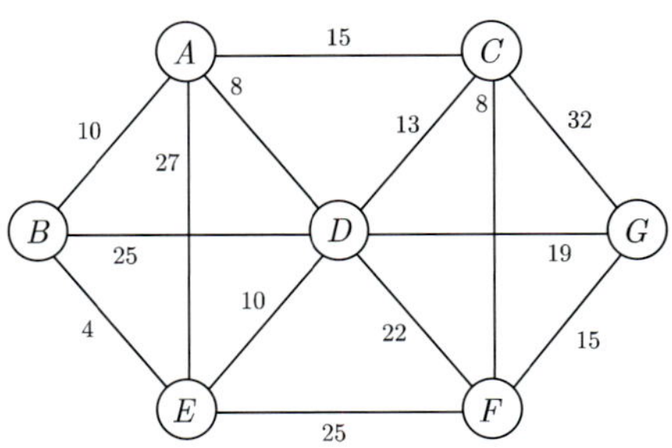

풀이

(1) 임의의 노드 B를 선택한다. 노드 B에 연결된 변과 노드들은 점선으로 표시된 것과 같다. 이 중 가중치가 가작 작은 변인 노드 B, E를 연결하는 변과 노드를 선택한다. (노드 : 2개, 변 : 1개)

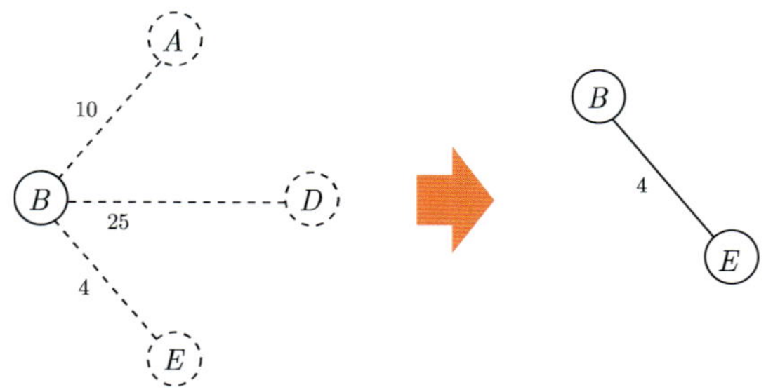

(2) 노드 B, E와 연결된 변과 노드는 점선으로 표시된 것과 같다. 이 중 가중치가 가장 작은 변은 노드 A, B를 연결하는 변과 노드 D, E를 연결하는 변이다. 둘 중 하나만 선택해 노드 A, B, E 또는 노드 B, D, E를 연결한다. (노드 : 3개, 변 : 2개)

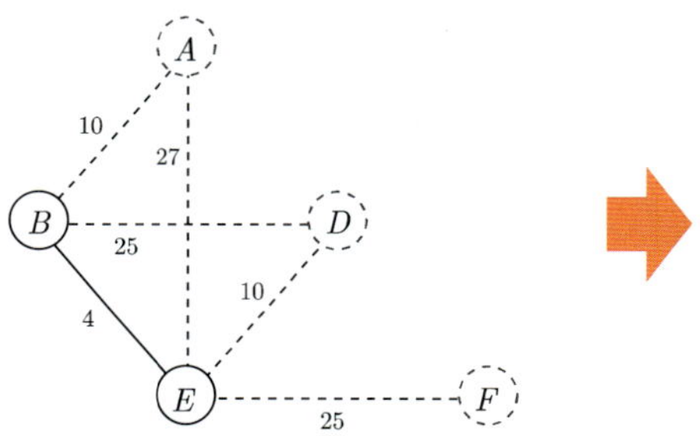

① 노드 A, B를 연결하는 변을 선택한 경우

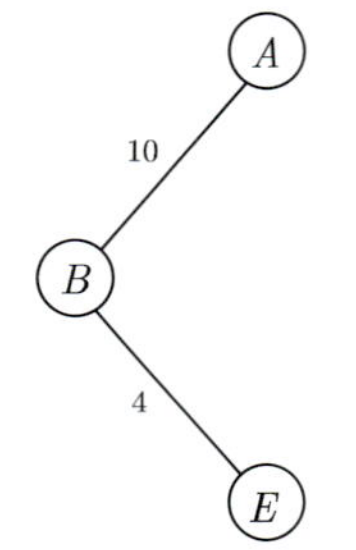

② 노드 D, E를 연결하는 변을 선택한 경우

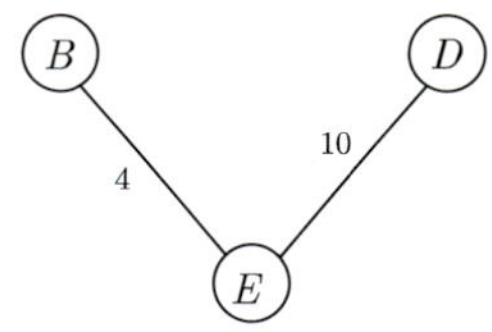

(3) 노드 A, B, E 또는 노드 B, D, E에 연결된 변과 노드들은 점선으로 표시된 것과 같다. (노드 사이에 순환이 형성되는 변은 제거했다.) 이 중 가중치가 가장 작은 변인 노드 A, D를 연결하는 변을 선택해 노드 A, B, D, E를 연결한다. (노드 : 4개, 변 : 3개)

① 노드 A, B를 연결하는 변을 선택한 경우

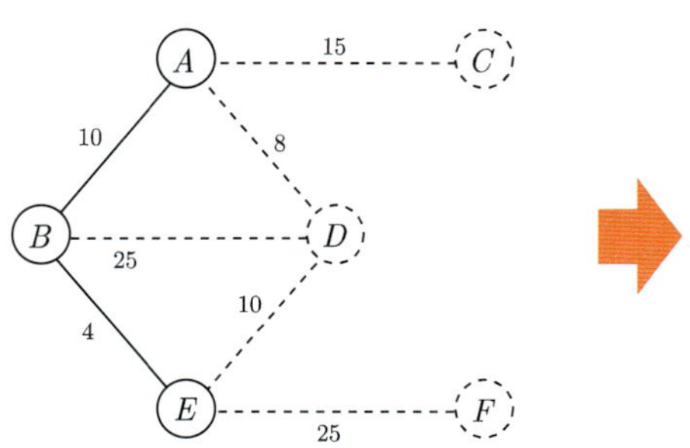

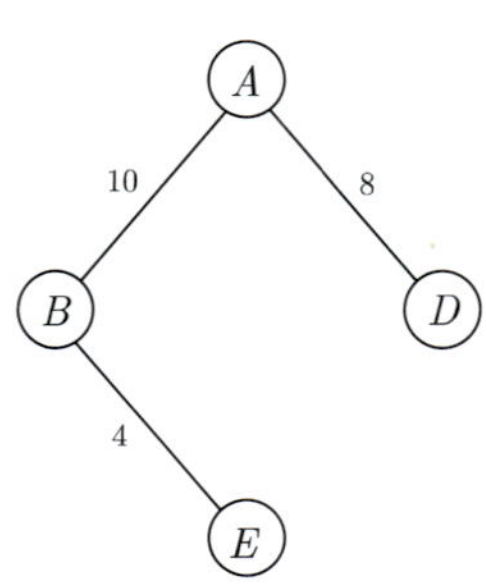

② 노드 D, E를 연결하는 변을 선택한 경우

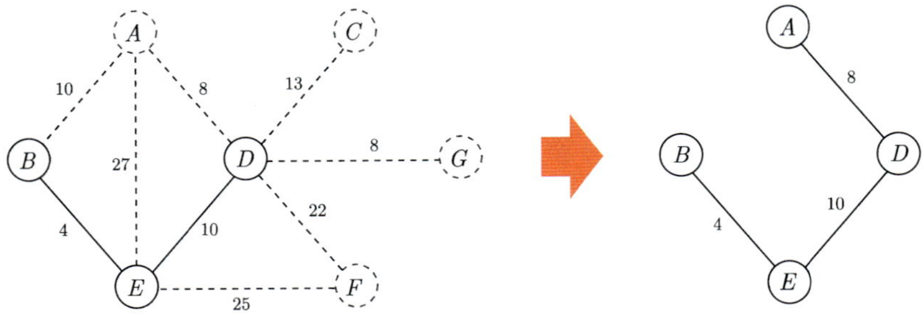

(4) 노드 A, B, D, E에 연결된 변과 노드들은 점선으로 표시된 것과 같다. (노드 사이에 순환이 형성되는 변은 제거했다.) 이 중 가중치가 가장 작은 변인 노드 D, C를 연결하는 변을 선택해 노드 A, B, C, D, E를 연결한다. (노드 : 5개, 변 : 4개)

① 노드 A, B를 연결하는 변을 선택한 경우

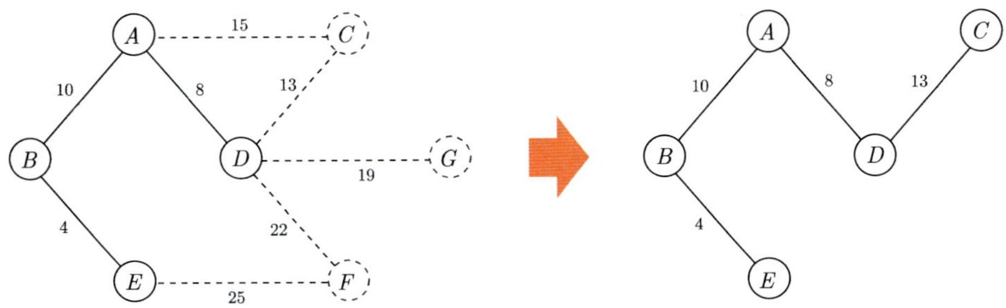

② 노드 D, E를 연결하는 변을 선택한 경우

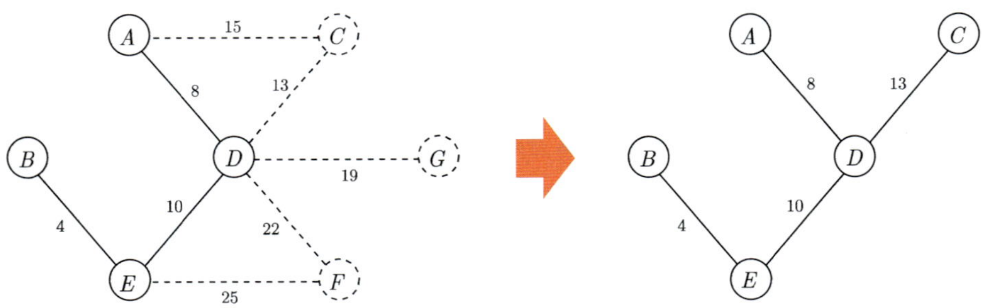

(5) 노드 A, B, C, D, E에 연결된 변과 노드들은 점선으로 표시된 것과 같다. (노드 사이에 순환이 형성되는 변은 제거했다.) 이 중 가중치가 가장 작은 변인 노드 C, F를 연결하는 변을 선택해 노드 A, B, C, D, E, F를 연결한다. (노드 : 6개, 변 : 5개)

① 노드 A, B를 연결하는 변을 선택한 경우

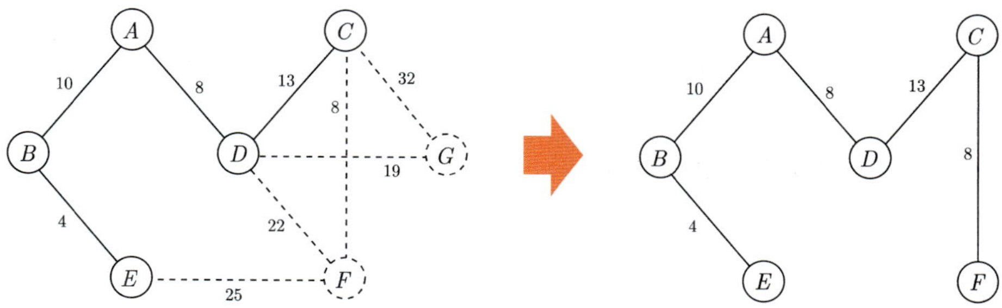

② 노드 D, E를 연결하는 변을 선택한 경우

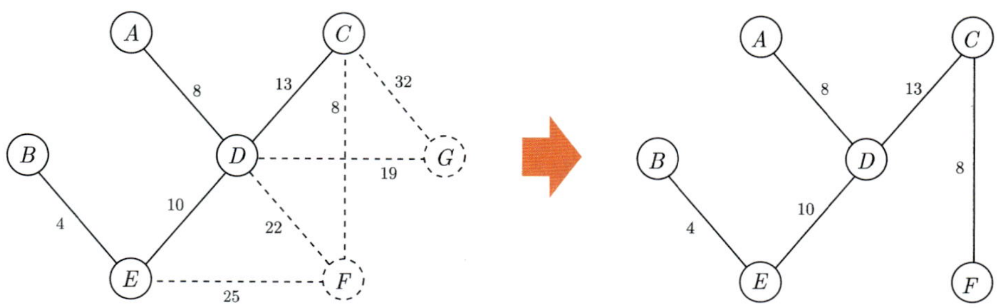

(6) 노드 A, B, C, D, E, F에 연결된 변과 노드들은 점선으로 표시된 것과 같다. (노드 사이에 순환이 형성되는 변은 제거했다.) 이 중 가중치가 가장 작은 변인 노드 F, G를 연결하는 변을 선택해 노드 A, B, C, D, E, F, G를 연결한다. (노드 : 7개, 변 : 6개)

① 노드 A, B를 연결하는 변을 선택한 경우

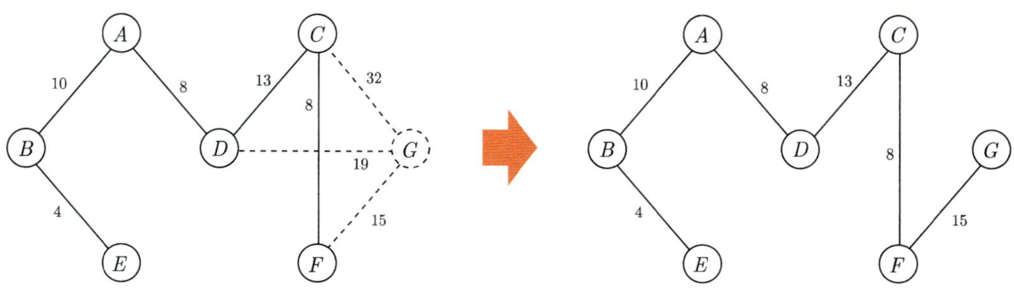

② 노드 D, E를 연결하는 변을 선택한 경우

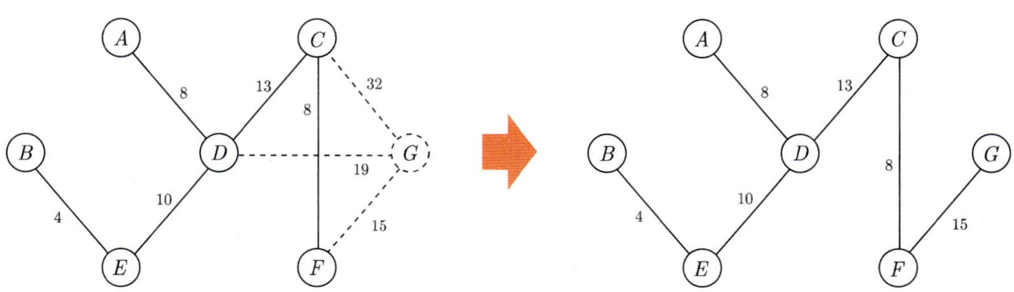

(7) 최소신장트리의 변의 수(6)가 노드 수$-1(7-1)$이므로 실행을 종료한다. 완성된 최소신장트리의 가중치는 $8+10+4+13+8+15=58$이다.

■ 크루스칼 알고리즘(Kruskal algorithm)

크루스칼 알고리즘의 실행 규칙은 다음과 같다.

1. 노드 수가 v개인 그래프에서 가중치가 가장 작은 변을 차례로 선택한다.
2. 가중치가 같은 변은 모두 선택한다.
3. 노드 사이에 순환이 형성되는 경우 그 변을 선택하지 않는다.
4. 선택된 변이 $v-1$개가 되면 종료한다.

[그림 9-21]의 노드가 6개인 그래프 G를 크루스칼 알고리즘을 이용해 최소신장트리로 만들기 위해 각 변의 가중치를 정리하면 다음 [표 9-1]과 같다.

[표 9-1] [그림 9-21]의 그래프 G의 각 변의 가중치

노드 연결	가중치	노드 연결	가중치
$A-B$	15	$A-C$	9
$A-D$	10	$A-F$	40
$B-C$	12	$B-E$	13
$B-F$	25	$C-D$	12
$C-E$	25	$D-E$	32
$D-F$	40	$E-F$	10

[표 9-1]의 정보를 크루스칼 알고리즘에 적용하여 최소신장트리를 만들어보자.

(1) [표 9-1]에서 가중치가 가장 작은 변인 노드 A, C를 연결하는 변을 선택한다. (노드 : 2개, 변 : 1개)

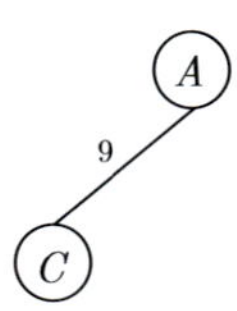

노드 연결	가중치	노드 연결	가중치
$A-B$	15	~~$A-C$~~	~~9~~
$A-D$	10	$A-F$	40
$B-C$	12	$B-E$	13
$B-F$	25	$C-D$	12
$C-E$	25	$D-E$	32
$D-F$	40	$E-F$	10

(2) 남은 변 중 가중치가 가장 작은 변인 노드 A, D를 연결하는 변과 노드 E, F를 연결하는 변을 선택한다. (노드 : 5개, 변 : 3개)

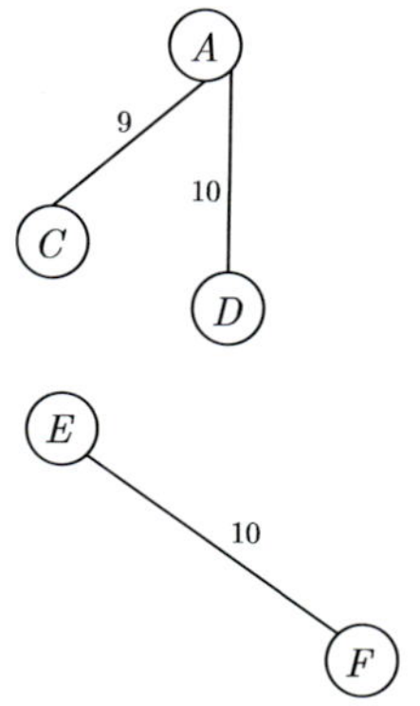

노드 연결	가중치	노드 연결	가중치
$A-B$	15	~~$A-C$~~	~~9~~
~~$A-D$~~	~~10~~	$A-F$	40
$B-C$	12	$B-E$	13
$B-F$	25	$C-D$	12
$C-E$	25	$D-E$	32
$D-F$	40	~~$E-F$~~	~~10~~

(3) 남은 변 중 가중치가 가장 작은 변은 노드 B, C를 연결하는 변과 노드 C, D를 연결하는 변인데, 노드 C, D를 연결하는 변은 노드 A, C, D 사이에 순환을 형성하므로 선택하지 않는다. 그러므로 노드 B, C를 연결하는 변을 선택한다. (노드 : 6개, 변 : 4개)

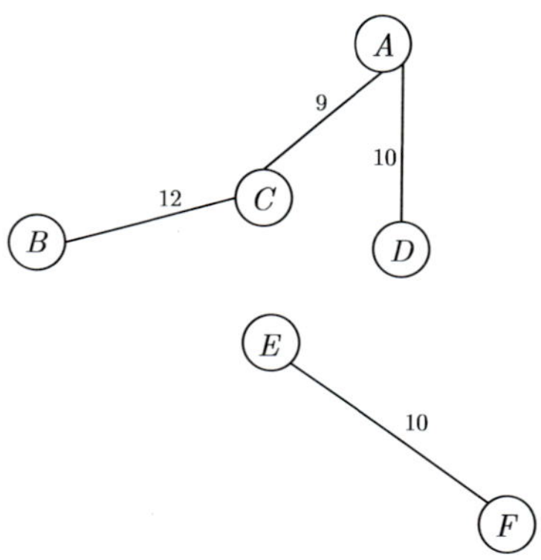

노드 연결	가중치	노드 연결	가중치
$A-B$	15	~~$A-C$~~	~~9~~
~~$A-D$~~	~~10~~	$A-F$	40
~~$B-C$~~	~~12~~	$B-E$	13
$B-F$	25	~~$C-D$~~	~~12~~
$C-E$	25	$D-E$	32
$D-F$	40	~~$E-F$~~	~~10~~

(4) 남은 변 중 가중치가 가장 작은 변인 노드 B, E를 연결하는 변을 선택한다. (노드 : 6개, 변 : 5개)

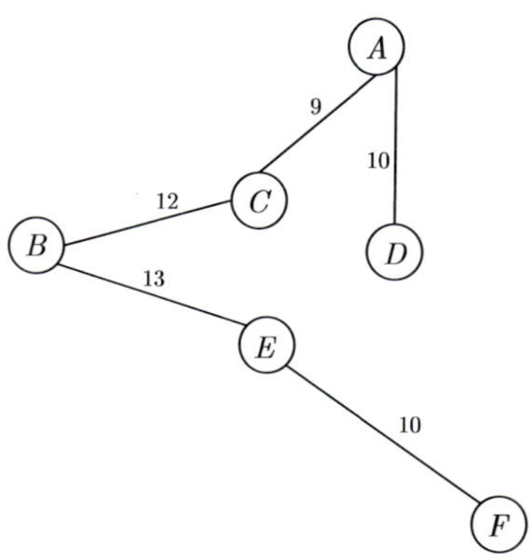

노드 연결	가중치	노드 연결	가중치
$A-B$	15	~~$A-C$~~	~~9~~
~~$A-D$~~	~~10~~	$A-F$	40
~~$B-C$~~	~~12~~	~~$B-E$~~	~~13~~
$B-F$	25	~~$C-D$~~	~~12~~
$C-E$	25	$D-E$	32
$D-F$	40	~~$E-F$~~	~~10~~

(5) 최소신장트리의 변의 수(5)가 노드 수$-1(6-1)$이므로 실행을 종료한다. 완성된 최소신장트리의 가중치는 $9+10+12+13+10=54$이다.

크루스칼 알고리즘을 정리하면 다음과 같다.

정리 9-6 크루스칼 알고리즘

```
Kruskal(v개의 노드를 갖는 가중치그래프 G){
    가중치 리스트 W에 그래프 G에 연결된 모든 변의 가중치 W[v_i, v_j]로 초기화
    최소신장트리를 구성하는 변의 리스트 T 선언
    최소신장트리를 구성하는 노드 리스트 N 선언
    while(e ≤ v-1){
        if(smallest( W[v_i, v_j]∈리스트 W)){
            if(not(e_i∈리스트 T와 (v_i, v_j)로 순환 발생)){
                리스트 T에 선택된 변 (v_i, v_j) 추가;
                리스트 N에 노드 v_i, v_j 추가;
                가중치 리스트 W에서 W[v_i, v_j] 삭제;
                weight += W[v_i, v_j];
                e++;
            }
        }
    }
}
```

예제 9-14

[예제 9-13]의 그래프 G를 보고 크루스칼 알고리즘을 이용해 최소신장트리를 작성하고 트리의 가중치를 구하라. (부여된 가중치는 비용이다.)

풀이

그래프의 각 변의 가중치를 정리하면 다음과 같다.

노드 연결	가중치	노드 연결	가중치
$A-B$	10	$A-C$	15
$A-D$	8	$A-E$	25
$B-D$	25	$B-E$	4
$C-D$	13	$C-F$	8
$C-G$	32	$D-E$	10
$D-F$	22	$D-G$	19
$E-F$	25	$F-G$	15

(1) 표에서 가중치가 가장 작은 변인 노드 B, E를 연결하는 변을 선택한다. (노드 : 2개, 변 : 1개)

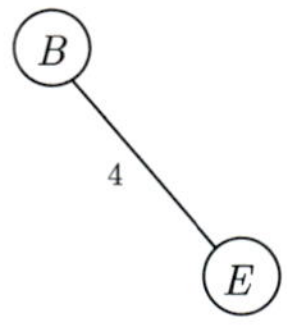

노드 연결	가중치	노드 연결	가중치
$A-B$	10	$A-C$	15
$A-D$	8	$A-E$	25
$B-D$	25	~~$B-E$~~	~~4~~
$C-D$	13	$C-F$	8
$C-G$	32	$D-E$	10
$D-F$	22	$D-G$	19
$E-F$	25	$F-G$	15

(2) 남은 변 중 가중치가 가장 작은 변인 노드 A, D를 연결하는 변과 노드 C, F를 연결하는 변을 선택한다. (노드 : 6개, 변 : 3개)

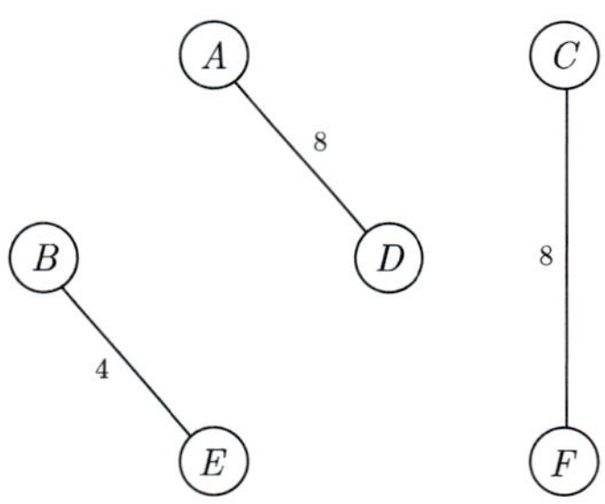

노드 연결	가중치	노드 연결	가중치
$A-B$	10	$A-C$	15
~~$A-D$~~	~~8~~	$A-E$	25
$B-D$	25	~~$B-E$~~	~~4~~
$C-D$	13	~~$C-F$~~	~~8~~
$C-G$	32	$D-E$	10
$D-F$	22	$D-G$	19
$E-F$	25	$F-G$	15

(3) 남은 변 중 가중치가 가장 작은 변은 노드 A, B를 연결하는 변과 노드 D, E를 연결하는 변인데, 두 변을 모두 선택하면 노드 A, B, D, E 사이에 순환이 생긴다. 그러므로 노드 A, B를 연결하는 변과 노드 D, E를 연결하는 변 중 하나만 선택하여 연결한다. (노드 : 6개, 변 : 4개)

① 노드 A, B를 연결하는 변을 선택한 경우

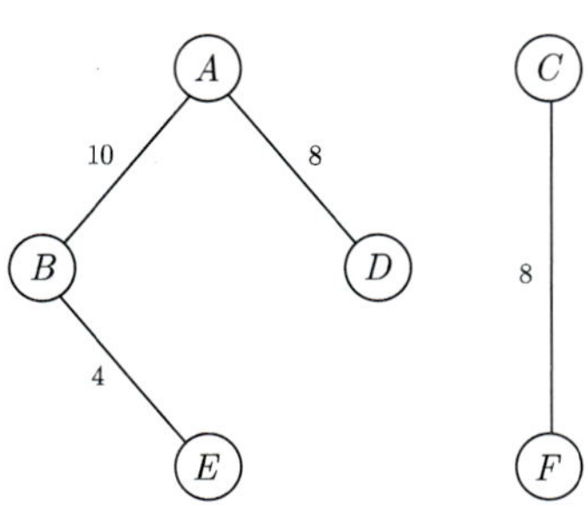

② 노드 D, E를 연결하는 변을 선택한 경우

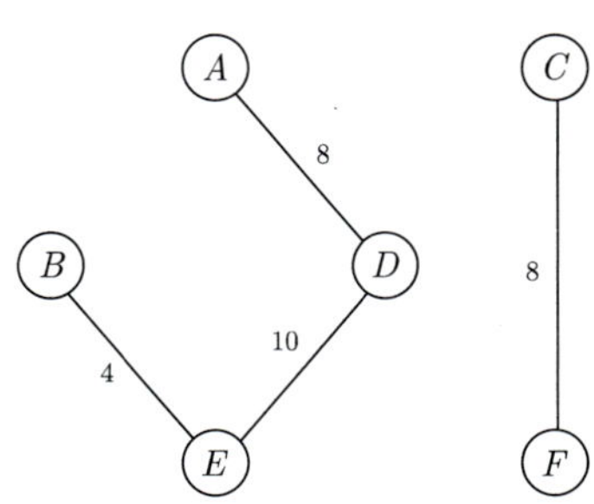

노드 연결	가중치	노드 연결	가중치
~~$A-B$~~	~~10~~	$A-C$	15
~~$A-D$~~	~~8~~	$A-E$	25
$B-D$	25	~~$B-E$~~	~~4~~
$C-D$	13	~~$C-F$~~	~~8~~
$C-G$	32	~~$D-E$~~	~~10~~
$D-F$	22	$D-G$	19
$E-F$	25	$F-G$	15

(4) 남은 변 중 가중치가 가장 작은 변인 노드 C, D를 연결하는 변을 선택한다. (노드 : 6개, 변 : 5개)

① 노드 A, B를 연결하는 변을 선택한 경우

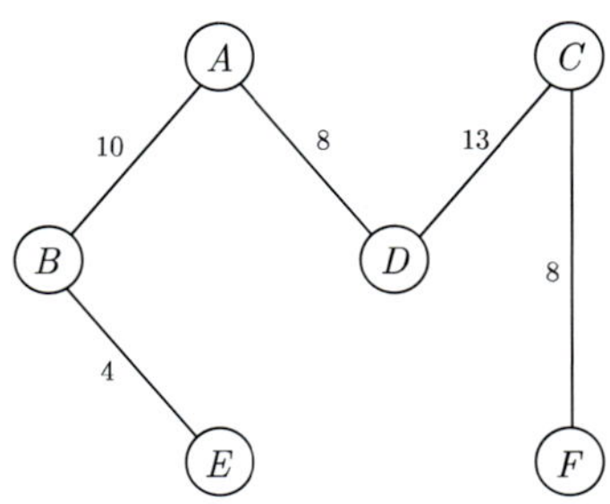

② 노드 D, E를 연결하는 변을 선택한 경우

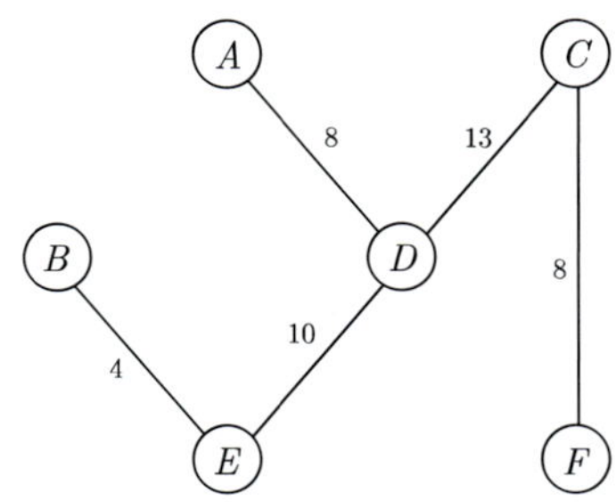

노드 연결	가중치	노드 연결	가중치
~~$A-B$~~	~~10~~	$A-C$	15
~~$A-D$~~	~~8~~	$A-E$	25
$B-D$	25	~~$B-E$~~	~~4~~
~~$C-D$~~	~~13~~	~~$C-F$~~	~~8~~
$C-G$	32	~~$D-E$~~	~~10~~
$D-F$	22	$D-G$	19
$E-F$	25	$F-G$	15

(5) 남은 변 중 가중치가 가장 작은 변은 노드 A, C를 연결하는 변과 노드 F, G를 연결하는 변인데, 이 중 노드 A, C를 연결하는 변을 선택하면 노드 A, C, D 사이에 순환이 생긴다. 그러므로 노드 A, C를 연결하는 변은 제외하고 노드 F, G를 연결하는 변을 선택해 연결한다. (노드 : 7개, 변 : 6개)

① 노드 A, B를 연결하는 변을 선택한 경우

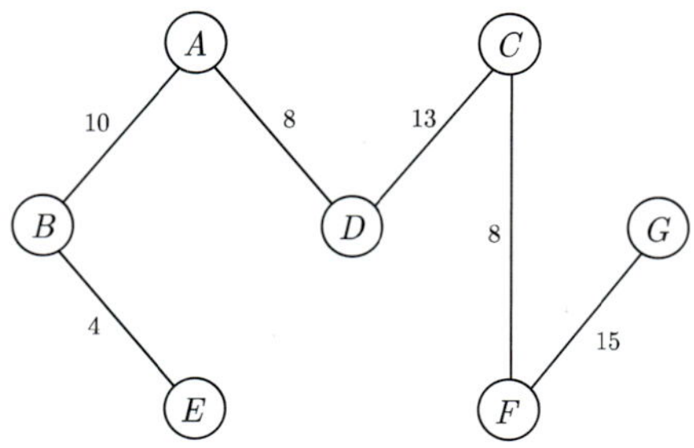

② 노드 D, E를 연결하는 변을 선택한 경우

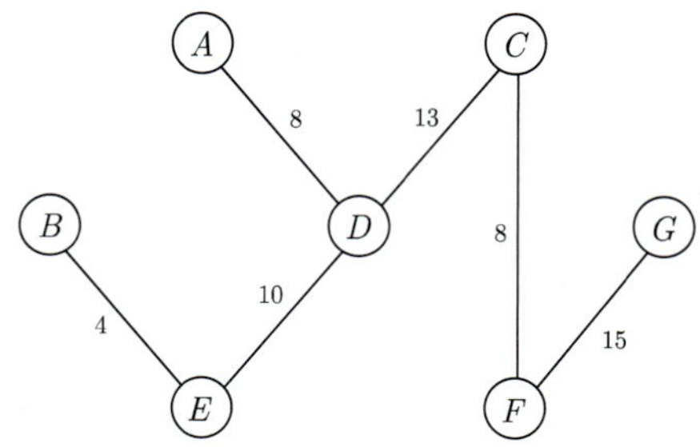

노드 연결	가중치	노드 연결	가중치
~~$A-B$~~	~~10~~	~~$A-C$~~	~~15~~
~~$A-D$~~	~~8~~	$A-E$	25
$B-D$	25	~~$B-E$~~	~~4~~
~~$C-D$~~	~~13~~	~~$C-F$~~	~~8~~
$C-G$	32	~~$D-E$~~	~~10~~
$D-F$	22	$D-G$	19
$E-F$	25	~~$F-G$~~	~~15~~

(6) 최소신장트리의 변의 수(6)가 노드 수$-1(7-1)$이므로 실행을 종료한다. 완성된 최소신장트리의 가중치는 $4+8+8+10+13+15=58$이다.

허프만 알고리즘

컴퓨터에서 문자 데이터를 표현할 때 7비트의 ASCII코드를 사용한다. 컴퓨터에서 별다른 조치 없이 문자열을 저장한다면, 문자의 발생 빈도에 상관없이 각 문자는 언제나 동일한 길이의 비트를 사용한다. 그러므로 하나의 파일 내에서 동일한 문자가 반복되든 그렇지 않든 간에 문자 수만큼 비트 수가 늘어난다. 즉, 파일 안에 문자가 10개 있으면 70비트를 차지하고, 20개 있으면 140비트를 차지한다. 같은 문자로만 10개 또는 20개가 있다고 해도 마찬가지로 70비트, 140비트의 메모리를 차지한다.

만약 문자의 발생 빈도에 따라 할당하는 비트 수를 조절한다면 차지하는 메모리 공간을 줄일 수 있지 않을까? 다시 말해 파일 내에서 발생 빈도가 높은 문자에 적은 비트를 할당하고 발생 빈도가 낮은 문자에 많은 비트를 할당한다면 파일의 용량을 줄일 수 있을 것이다. 이렇게 파일 크기를 줄이는 방법을 데이터 압축(data compression)이라고 하는데, 여기에서는 대표적인 데이터 압축 방법인 허프만 알고리즘을 살펴본다.

정의 9-27 허프만 알고리즘(Huffman algorithm)

발생 빈도가 높은 문자에는 적은 비트를 할당하고 발생 빈도가 낮은 문자에는 많은 비트를 할당하는 알고리즘

(a) 발생 빈도가 가장 낮은 두 문자를 선택하여 하나의 이진트리를 생성한다.
  ① 왼쪽 노드에 빈도 수가 낮은 문자를, 오른쪽 노드에 빈도 수가 높은 문자를 위치시킨다.
  ② 빈도 수가 같은 경우는 사전적으로 앞에 오는 문자를 왼쪽에 위치시킨다.
  ③ 두 문자의 빈도 수의 합을 그 문자들의 부모노드로 한다.
(b) (a)의 과정을 모든 문자가 하나의 이진트리로 묶일 때까지 반복한다.
(c) 생성된 이진트리의 왼쪽 노드에는 0, 오른쪽 노드에는 1을 부여한다.
(d) 루트부터 해당 문자까지의 0 또는 1을 순서대로 나열한다.

한 파일에 포함된 문자의 빈도 수가 다음 [표 9-2]와 같을 때, 만약 허프만 알고리즘을 통한 압축 없이 이 문자들을 메모리에 저장하면 $(15+8+23+8+30+2+17+5+2)\times 7 = 770$ 비트가 필요할 것이다. 허프만 알고리즘을 이용해 압축해보자.

[표 9-2] 문자의 빈도 수

문자	b	e	g	j	l	o	s	u	z
빈도 수	15	8	23	8	30	2	17	5	2

(1) 빈도 수가 가장 낮은 문자는 o와 z이다. 두 문자의 빈도 수가 같고 o가 z보다 사전적 순서가 앞이므로 o를 왼쪽 노드, z를 오른쪽 노드로 한다.

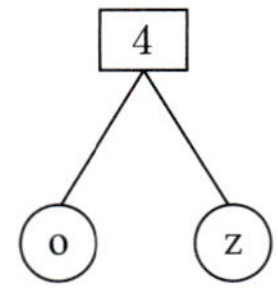

문자	b	e	g	j	l	s	u	o/z
빈도 수	15	8	23	8	30	17	5	4

(2) 다음으로 빈도 수가 가장 낮은 문자는 (1)에서 만든 o/z 서브트리와 u이다. u의 빈도 수가 o/z 서브트리보다 높으므로 오른쪽 노드로 한다.

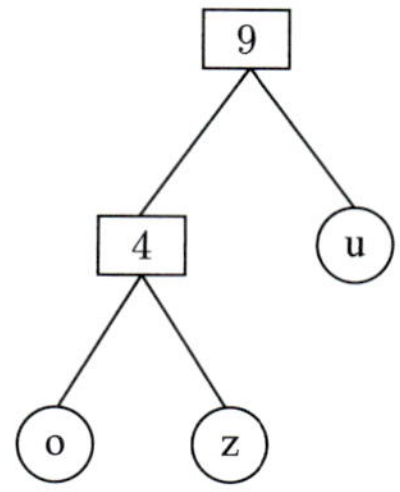

문자	b	e	g	j	l	s	o/z/u
빈도 수	15	8	23	8	30	17	9

(3) 다음으로 빈도 수가 낮은 문자는 e와 j이다. 그러므로 (2)에서 만든 o/z/u 서브트리와 별도로 서브트리가 만들어진다.

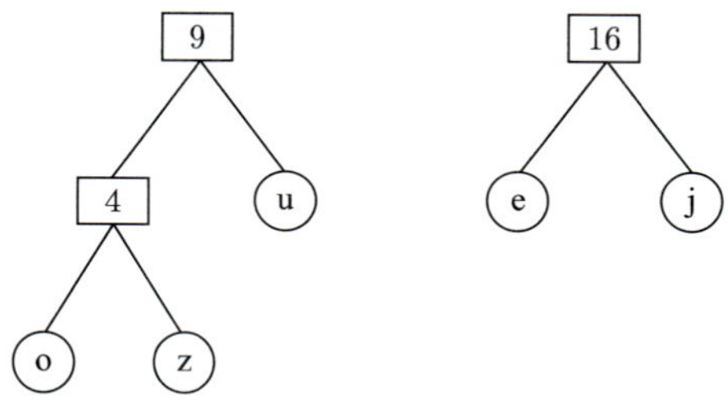

문자	b	g	l	s	e/j	o/z/u
빈도 수	15	23	30	17	16	9

(4) 다음으로 빈도 수가 낮은 문자는 b와 o/z/u 서브트리이다. b의 빈도 수가 o/z/u 서브트리보다 높으므로 오른쪽 노드에 위치시킨다.

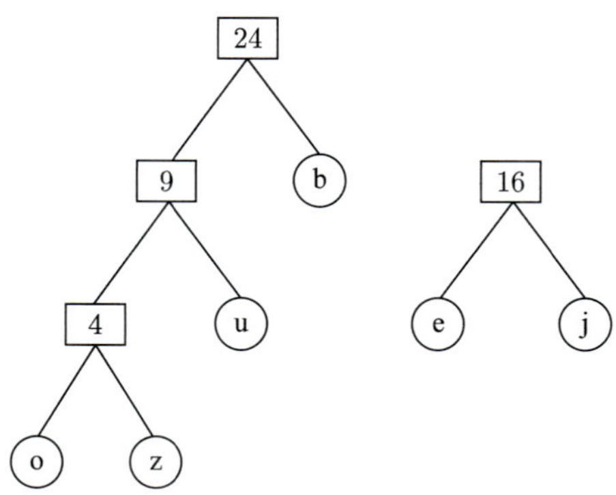

문자	g	l	s	e/j	o/z/u/b
빈도 수	23	30	17	16	24

(5) 다음으로 빈도 수가 낮은 문자는 s와 e/j 서브트리이다. e/j 서브트리의 빈도 수가 더 낮으므로 왼쪽 서브트리로 하고 s를 오른쪽 노드에 위치시킨다.

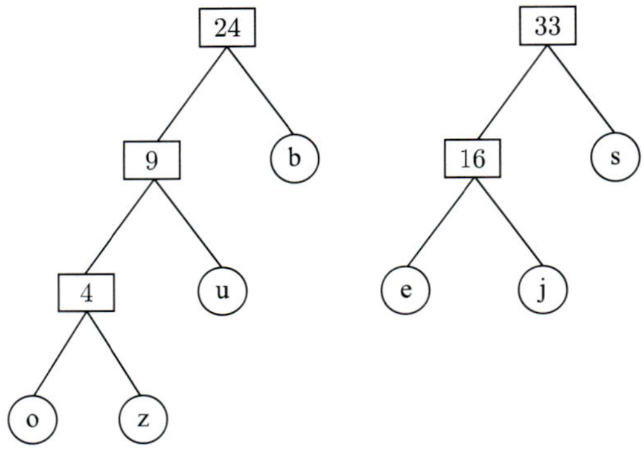

문자	g	l	e/j/s	o/z/u/b
빈도 수	23	30	33	24

(6) 다음으로 빈도 수가 낮은 문자는 g와 o/z/u/b 서브트리이다. g의 빈도 수가 더 낮으므로 왼쪽 노드에 위치시키고 o/z/u/b 서브트리는 오른쪽 서브트리로 한다.

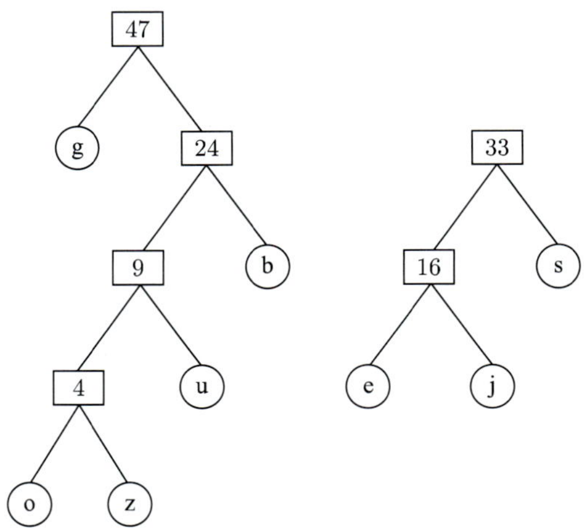

문자	l	e/j/s	g/o/z/u/b
빈도 수	30	33	47

(7) 다음으로 빈도 수가 낮은 문자는 l과 e/j/s 서브트리이다. l의 빈도 수가 더 낮으므로 l을 왼쪽 노드에 위치시키고, e/j/s 서브트리를 오른쪽 서브트리로 한다.

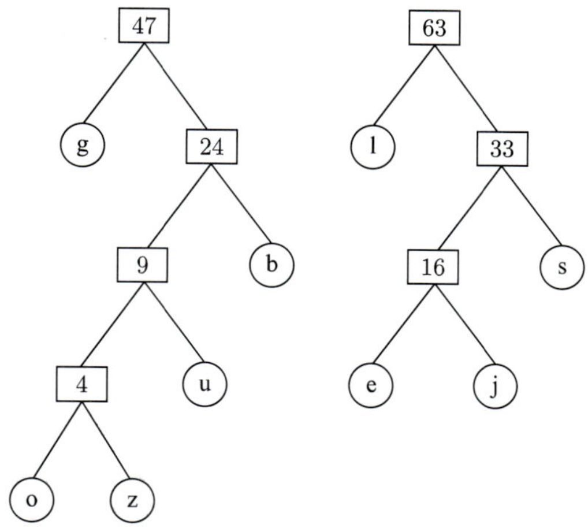

문자	l/e/j/s	g/o/z/u/b
빈도 수	63	47

(8) 이제 두 서브트리를 하나의 루트노드로 연결한다. 두 서브트리 중 l/e/j/s 서브트리의 빈도 수가 더 낮으므로 왼쪽 서브트리로 하고 g/o/z/u/b 서브트리는 오른쪽 서브트리로 한다.

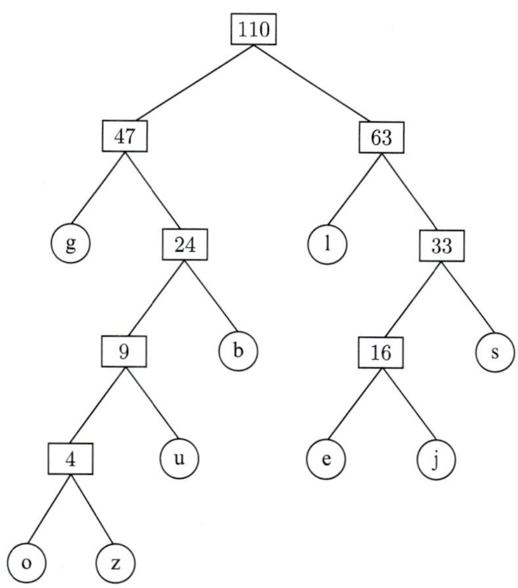

(9) 각 서브트리마다 왼쪽 노드는 0을, 오른쪽 노드는 1을 부여한다.

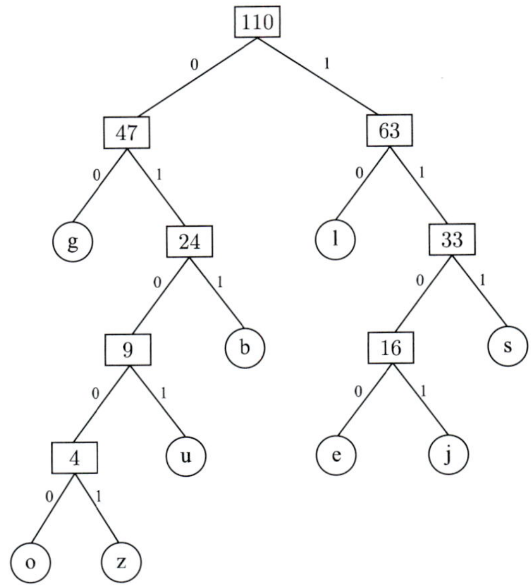

(10) (9)의 결과를 이용해 각 문자에 코드를 부여한다. 예를 들면 트리의 레벨 2에 위치한 g의 경우 루트 노드부터 부여된 값을 따라오면 00의 코드를 갖는다. 이러한 원리로 각 문자에 부여된 코드를 허프만 코드라고 하고 결과는 다음과 같다.

트리 레벨	2		3		4			5	
문자	g	l	b	s	u	e	j	o	z
허프만 코드	00	10	011	111	0101	1100	1101	01000	01001

앞에서 압축 전에 주어진 빈도 수대로 메모리에 저장하면 770비트를 차지하는 것을 확인했다. 허프만 알고리즘을 이용해 구한 허프만 코드로 저장할 때 차지하는 메모리 공간은 거의 반으로 줄어든다.

문자 :	b	e	g	j	l	o	s	u	z
비트 수 :	3	4	2	4	2	5	3	4	5
빈도 수 :	15	8	23	8	30	2	17	5	2

$(3\times15)+(4\times8)+(2\times23)+(4\times8)+(2\times30)+(5\times2)+(3\times17)+(4\times5)+(5\times2)$

$=45+32+46+32+60+10+51+20+10=306$비트

그러면 위에서 구한 허프만 코드를 이용해 문자열 jguejozglbszesu를 코드로 작성해보자.

j	g	u	e	j	o	z	g	l	b	s	z	e	s	u
1101	00	0101	1100	1101	01000	01001	00	10	011	111	01001	1100	111	0101

그러므로 문자열 jguejozglbszesu의 허프만 코드 표현은 다음과 같다.

110100010111001101010000100100100111110100111001110101

또한 허프만 코드 1101000101110011010100001001001001111101001110011110101만 주어질 경우 어떤 문자열로 구성되는지도 허프만 코드표를 참고하며 문자를 찾을 수 있다.

예제 9-15

파일 내의 문자 빈도가 다음과 같을 때 다음 물음에 답하라.

문자	a	b	c	d	e	f	g	h	i
빈도 수	5	7	13	9	16	2	7	10	4

(a) 허프만 알고리즘을 따라 허프만 트리를 만들어라.
(b) 각 문자에 대한 허프만 코드를 작성하라.
(c) (b)의 허프만 코드를 이용해 문자열 baeefcceehhibdgbgb를 코드로 작성하라.
(d) (b)의 허프만 코드를 이용해 0000011110000110110001110101100100111111011 코드에 대응하는 문자열을 작성하라.

풀이

(a) (1) 가장 빈도 수가 낮은 문자는 f와 i이다. f의 빈도 수가 더 낮으므로 왼쪽 노드에, i를 오른쪽 노드에 위치시킨다.

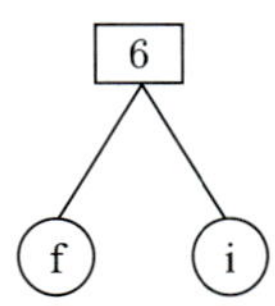

문자	a	b	c	d	e	g	h	f/i
빈도 수	5	7	13	9	16	7	10	6

(2) 다음으로 빈도 수가 낮은 문자는 a와 f/i 서브트리이다. a의 빈도 수가 더 낮으므로 a를 왼쪽 노드에 위치시키고, f/i 서브트리를 오른쪽 서브트리로 한다.

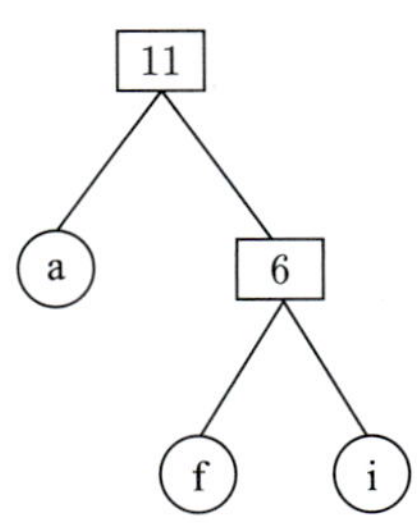

문자	b	c	d	e	g	h	a/f/i
빈도 수	7	13	9	16	7	10	11

(3) 다음으로 빈도 수가 낮은 문자는 b와 g이다. 두 문자의 빈도 수가 같으므로 사전적으로 앞에 오는 b를 왼쪽 노드에, g를 오른쪽 노드에 위치시킨다.

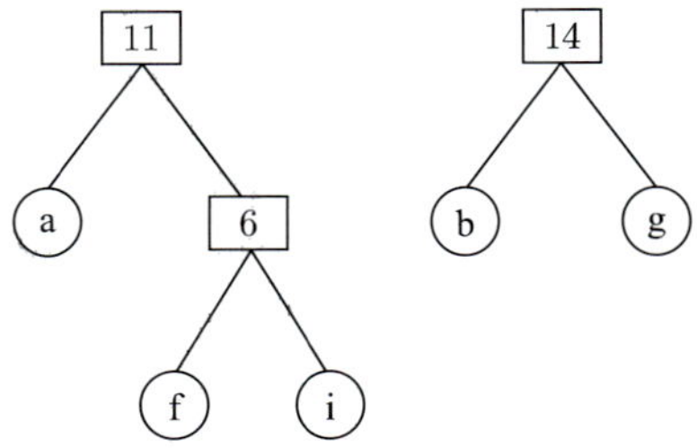

문자	c	d	e	h	b/g	a/f/i
빈도 수	13	9	16	10	14	11

(4) 다음으로 빈도 수가 낮은 문자는 d와 h이다. d의 빈도 수가 더 낮으므로 d를 왼쪽 노드에, h를 오른쪽 노드에 위치시킨다.

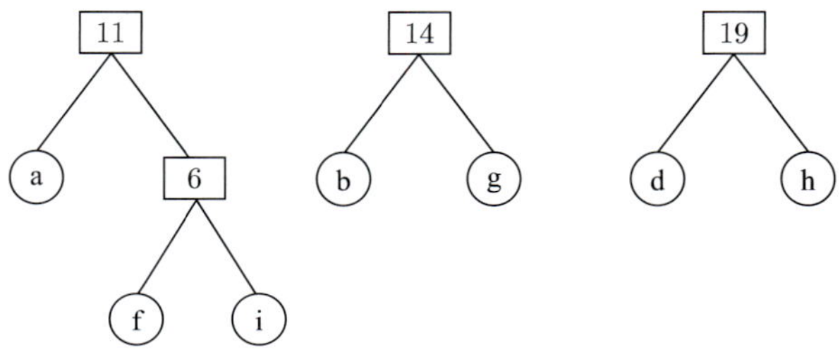

문자	c	e	d/h	b/g	a/f/i
빈도 수	13	16	19	14	11

(5) 다음으로 빈도 수가 낮은 문자는 c와 a/f/i 서브트리이다. a/f/i 서브트리의 빈도 수가 더 낮으므로 왼쪽 서브트리로 하고, c는 오른쪽 노드에 위치시킨다.

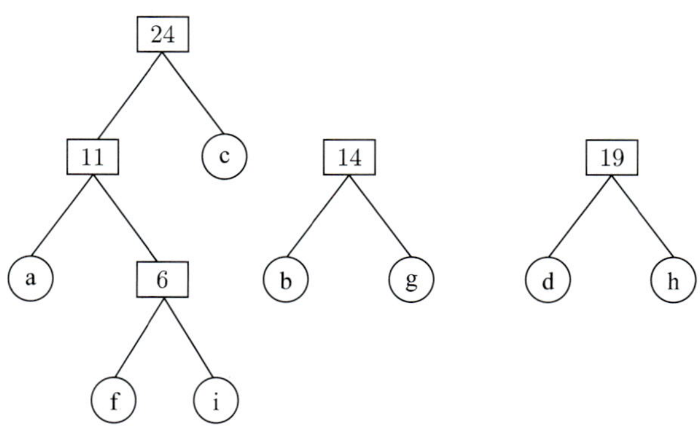

문자	e	d/h	b/g	a/f/i/c
빈도 수	16	19	14	24

(6) 다음으로 빈도 수가 낮은 문자는 e와 b/g 서브트리이다. b/g 서브트리의 빈도 수가 더 낮으므로 왼쪽 서브트리로 하고, e는 오른쪽 노드에 위치시킨다.

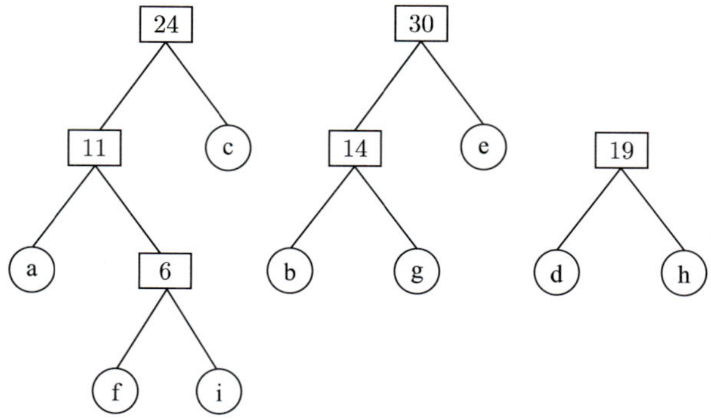

문자	d/h	b/g/e	a/f/i/c
빈도 수	19	30	24

(7) 다음으로 빈도 수가 낮은 서브트리는 d/h 서브트리와 a/f/i/c 서브트리이다. d/h 서브트리의 빈도 수가 더 낮으므로 왼쪽 서브트리로 하고 a/f/i/c 서브트리는 오른쪽 서브트리로 한다.

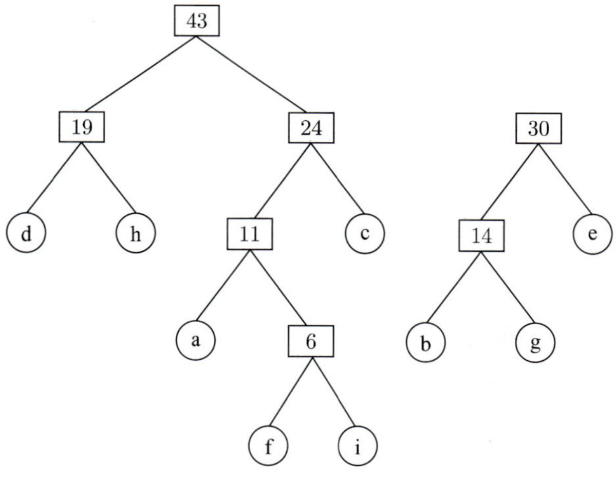

문자	b/g/e	d/h/a/f/i/c
빈도 수	30	43

(8) 남은 두 서브트리를 루트노드로 연결한다. b/g/e 서브트리의 빈도 수가 더 낮으므로 b/g/e 서브트리를 왼쪽 서브트리로 하고, d/h/a/f/i/c 서브트리를 오른쪽 서브트리로 한다.

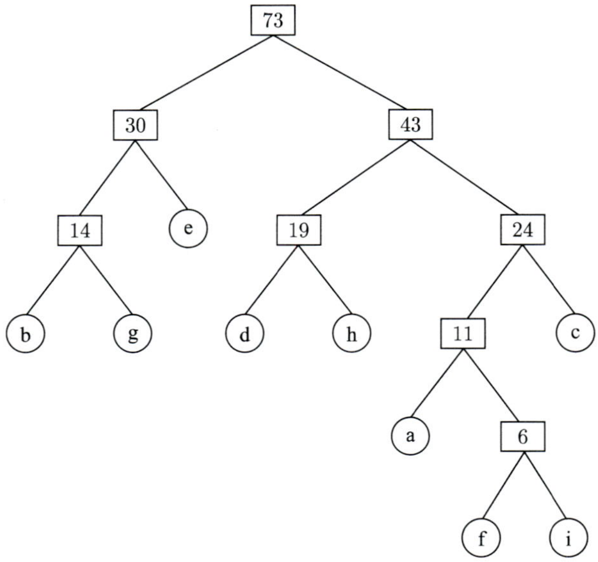

(b) (a)에서 구한 트리의 각 노드에 0과 1을 부여한다.

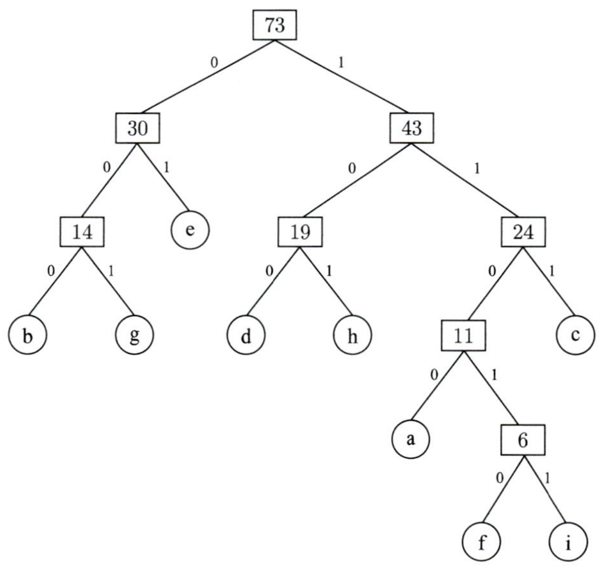

위 결과를 이용해 각 문자에 코드를 부여한다.

트리 레벨	2		3				4	5	
문자	e	b	g	d	h	c	a	f	i
허프만 코드	01	000	001	100	101	111	1100	11010	11011

(c) (b)에서의 허프만 코드를 이용해 문자열 baeefcceehhibdgbgb를 코드로 작성하면 다음과 같다.

b	a	e	e	f	c	c	e	e	h	h	i	b	d	g	b	g	b
000	1100	01	01	11010	111	111	01	01	101	101	11011	000	100	001	000	001	000

∴ 문자열 baeefcceehhibdgbgb의 허프만 코드는 다음과 같다.

0001100010111010111111010110110111011000100001000001000

(d) 000001111000011011000111010110010011111011을 문자로 바꾸려면, 앞에서부터 차례로 허프만 코드표에 대응하는 코드가 있는지를 확인하면 된다.

① 000으로 구성된 문자는 b (허프만 코드표에 0 또는 00으로 구성된 문자 없음)

000	001111000011011000111010110010011111011
b	

② 001로 시작되는 문자는 g

000	001	111000011011000111010110010011111011
b	g	

③ 111 세 개가 연속되는 문자는 c (허프만 코드표에 1 또는 11로 구성된 문자 없음)

000	001	111	000011011000111010110010011111011
b	g	c	

④ 000 세 개가 연속되는 문자는 b

000	001	111	000	011011000111010110010011111011
b	g	c	b	

⑤ 01로 구성된 문자는 e

000	001	111	000	01	1011000111010110010011111011
b	g	c	b	e	

⑥ 101로 구성된 문자는 h (허프만 코드표에 1 또는 10으로 구성된 문자 없음)

000	001	111	000	01	101	1000111010110010011111011
b	g	c	b	e	h	

⑦ 100으로 구성된 문자는 d

000	001	111	000	01	101	100	0111010110010011111011
b	g	c	b	e	h	d	

⑧ 01로 구성된 문자는 e

000	001	111	000	01	101	100	01	11010110010011111011
b	g	c	b	e	h	d	e	

⑨ 11010으로 구성된 문자는 f (허프만 코드표에 1, 11, 110, 1101로 구성된 문자 없음)

000	001	111	000	01	101	100	01	11010	110010011111011
b	g	c	b	e	h	d	e	f	

⑩ 1100으로 구성된 문자는 a

000	001	111	000	01	101	100	01	11010	1100	10011111011
b	g	c	b	e	h	d	e	f	a	

⑪ 100으로 구성된 문자는 d

000	001	111	000	01	101	100	01	11010	1100	100	11111011
b	g	c	b	e	h	d	e	f	a	d	

⑫ 111로 구성된 문자는 c

000	001	111	000	01	101	100	01	11010	1100	100	111	11011
b	g	c	b	e	h	d	e	f	a	d	c	

⑬ 11011로 구성된 문자는 i

000	001	111	000	01	101	100	01	11010	1100	100	111	11011
b	g	c	b	e	h	d	e	f	a	d	c	i

∴ 00000111110000011011000111010110010011111011을 문자열로 바꾸면 bgcbehdefadci이다.

9장_핵심요약

CHAPTER 09 연습문제

✔ 문제 해답

[01~02] 주어진 그래프를 보고 다음 물음에 답하라.

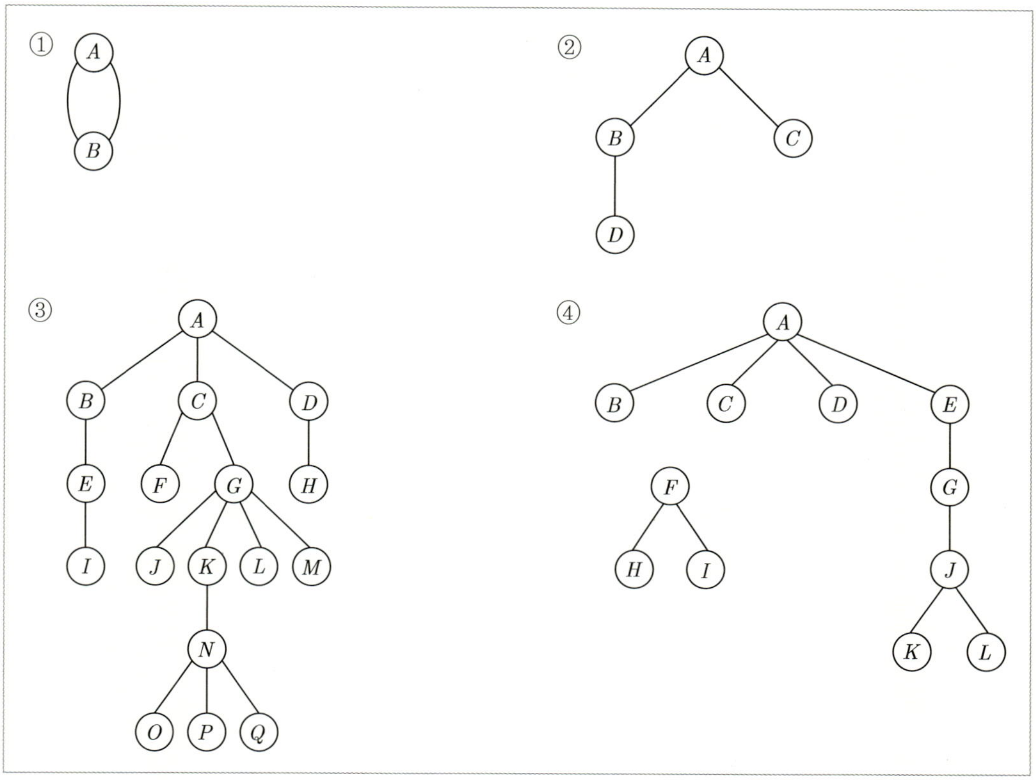

01 위 그래프를 보고 다음 물음에 답하라.

(a) 위 그래프 중 트리가 아닌 것은 무엇이며 그렇게 답한 이유는 무엇인가?

(b) 위 그래프 중 트리인 그래프의 노드 수를 파악하고, 노드 수를 이용해 변의 수를 구한 뒤 실제 트리를 구성하는 변의 수와 같은지 확인하라.

(c) 위 그래프 중 트리인 그래프에 대해 각 트리의 높이를 구하라.

(d) 위 그래프 중 트리인 그래프에 대해 각 트리의 포레스트와 서브트리를 모두 구하라.

✔**02** 위 그래프 중 트리인 그래프에 대해 다음 물음에 답하라.

(a) 각 트리의 루트노드와 리프노드를 구분하라.

(b) 각 트리의 중간노드를 모두 구분하라.

(c) 각 트리를 구성하는 모든 노드의 부모노드, 자식노드, 형제노드를 구분하라.

(d) 각 트리를 구성하는 모든 노드의 조상노드, 자손노드를 구분하라.

(e) 각 트리의 모든 레벨을 구성하는 노드를 모두 구하라.

(f) 각 트리에서 차수가 가장 높은 노드와 가장 낮은 노드를 구하라.

✔03 주어진 그래프를 보고 다음 물음에 답하라.

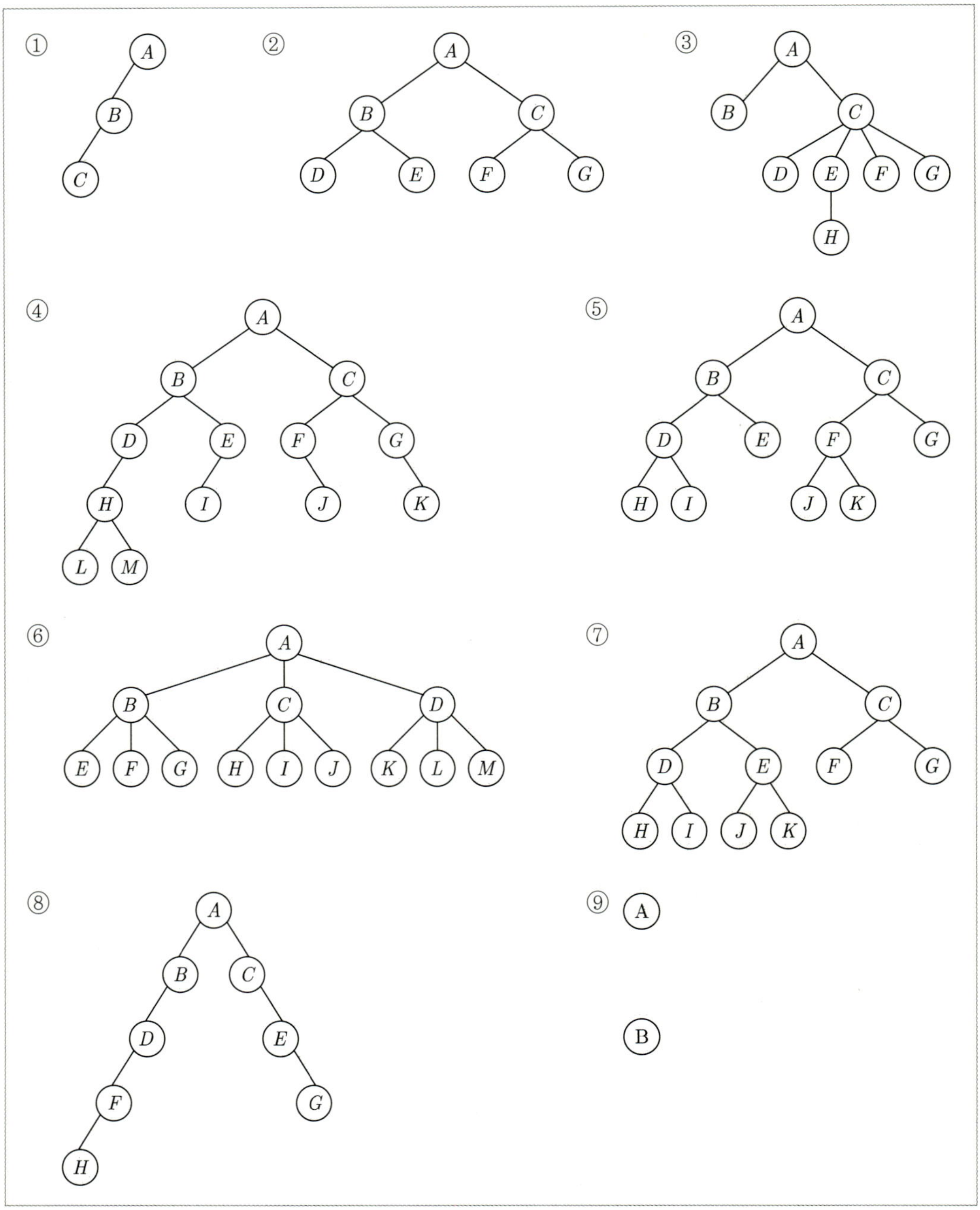

(a) 위 그래프 중 트리가 아닌 것은 무엇이며 그렇게 답한 이유는 무엇인가?
(b) 위 그래프 중 편향이진트리는 무엇인가?
(c) 위 그래프 중 완전이진트리는 무엇인가?
(d) 위 그래프 중 포화이진트리는 무엇인가?
(e) 위 그래프 중 이진트리에 대해 배열과 연결리스트로 표현하라.
(f) 위 그래프 중 이진트리에 대해 전위순회, 중위순회, 후위순회한 결과를 구하라.

04 주어진 그래프를 보고 다음 물음에 답하라.

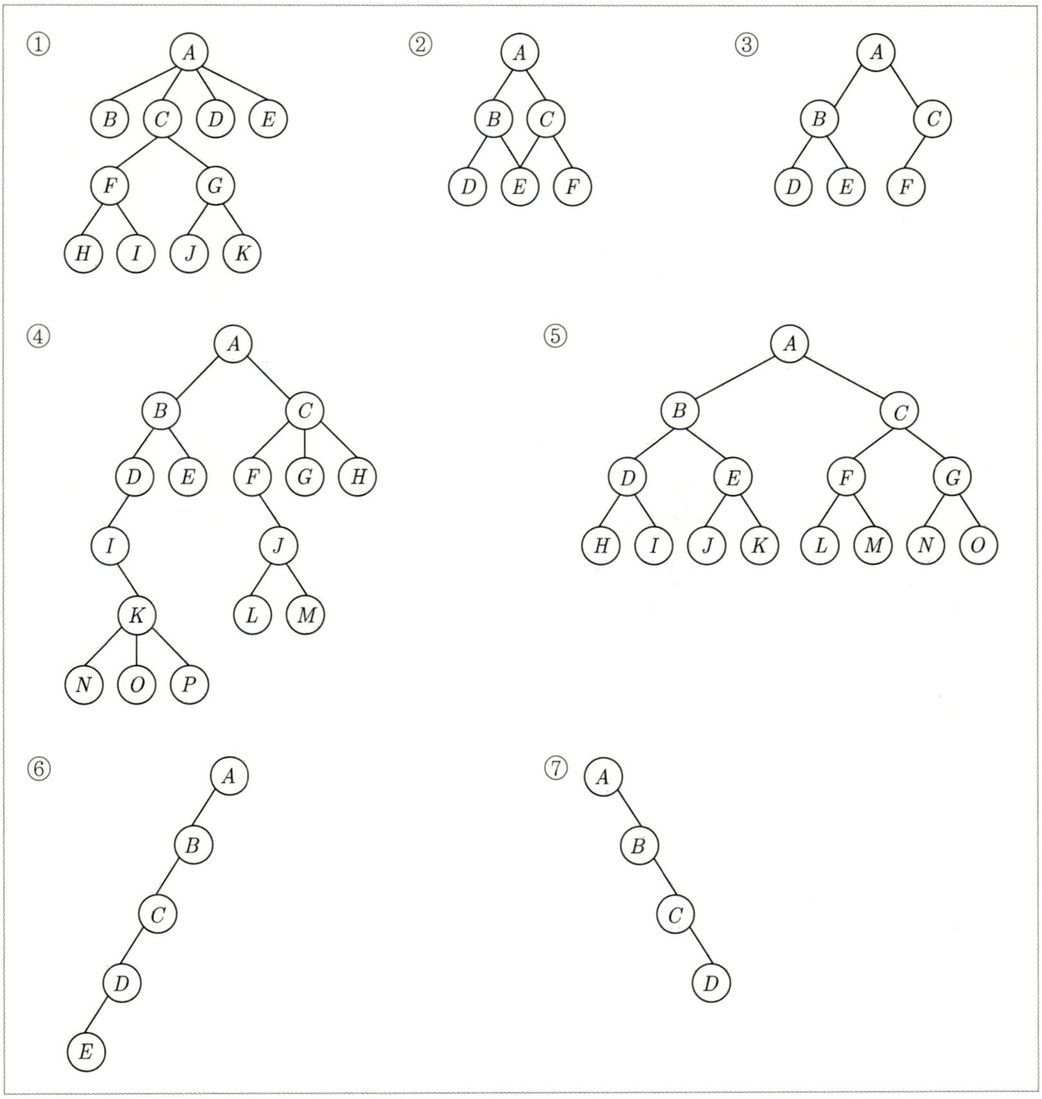

(a) 위 그래프 중 트리가 아닌 것은 무엇이며 그렇게 답한 이유는 무엇인가?
(b) 위 그래프 중 이진트리를 모두 구하라.
(c) 이진트리 중 완전이진트리를 모두 구하라.
(d) 이진트리 중 포화이진트리를 모두 구하라.
(e) 이진트리 중 편향이진트리를 모두 구하라.
(f) 이진트리를 배열과 연결리스트로 표현하라.
(g) 이진트리에 대해 전위순회, 중위순회, 후위순회한 결과를 구하라.

05 다음 물음에 답하라.

(a) 높이가 6인 이진트리가 가질 수 있는 최대 노드 수와 최소 노드 수는 각각 몇 개인가?
(b) 높이가 6인 이진트리에서 레벨 3의 최대 노드 수와 최소 노드 수는 각각 몇 개인가?
(c) 높이가 6인 완전이진트리의 최대 노드 수와 최소 노드 수는 각각 몇 개인가?
(d) 높이가 8인 포화이진트리의 마지막 레벨의 노드 수는 몇 개인가?

✔**06** 주어진 조건을 보고 다음 물음에 답하라.

① 각 레벨이 모두 최소 노드 수를 갖는 높이가 3인 이진트리
② 각 레벨이 모두 최대 노드 수를 갖는 높이가 3인 이진트리
③ 모든 레벨이 왼쪽부터 채워져 있고 부모노드가 반드시 2개의 자식노드를 가지며, 높이가 5이고 마지막 레벨의 노드 수가 8개인 트리
④ 모든 레벨이 왼쪽부터 채워져 있고 부모노드가 반드시 2개의 자식노드를 가지며, 높이가 4이고 마지막 레벨의 노드 수가 16개인 트리
⑤ 모든 레벨이 왼쪽부터 채워져 있고 부모노드가 반드시 2개의 자식노드를 가지며, 높이가 7이고 마지막 레벨의 노드 수가 120개인 트리

(a) 각 트리의 종류는 무엇인가?
(b) 각 트리의 총 노드 수를 구하라.

07 주어진 조건을 보고 다음 물음에 답하라.

> ① 부모노드인 모든 노드가 최소 수의 자식 노드를 가지며, 총 노드 수가 160개인 이진트리
> ② 모든 레벨이 왼쪽부터 채워져 있고 부모노드가 반드시 2개의 자식노드를 가지며, 총 노드 수가 63개인 트리
> ③ 모든 레벨이 왼쪽부터 채워져 있고 부모노드가 반드시 2개의 자식노드를 가지며, 총 노드 수가 365개인 트리

(a) 각 트리의 높이를 구하라.
(b) 각 트리의 마지막 레벨의 노드 수를 구하라.
(c) 각 트리의 종류는 무엇인가?

08 다음 물음에 답하라.

(a) 마지막 레벨의 노드 수가 32개인 포화이진트리의 높이와 총 노드 수를 구하라.
(b) 완전이진트리에서 노드 인덱스가 27인 노드의 부모노드의 인덱스와 자식노드 인덱스를 구하라.
(c) 높이가 6인 포화이진트리의 전체 노드 수와 변의 수를 구하라.
(d) 전체 노드 수가 163개인 완전이진트리의 높이와 마지막 레벨의 노드 수를 구하라.

✔**09** 높이가 7인 이진트리가 있다. 이 트리의 각 레벨의 노드는 왼쪽부터 채워져 있을 때, 다음 물음에 답하라.

(a) 이 이진트리가 포화이진트리일 때, 노드 수와 변의 수를 구하라.
(b) 이 이진트리가 편향이진트리일 때, 노드 수와 변의 수를 구하라.
(c) 이 이진트리의 레벨 4의 최소 노드 수와 최대 노드 수를 구하라.

10 높이가 10인 완전이진트리에 대해 다음 물음에 답하라.

(a) 이 완전이진트리의 레벨 5의 노드 수를 구하라.
(b) 노드 인덱스 43이 레벨 몇에 위치하는가?
(c) 이 완전이진트리의 가장 마지막 레벨의 첫 번째 노드의 인덱스를 구하라.
(d) 이 완전이진트리가 최대 노드 수를 가질 때 마지막 노드의 인덱스를 구하라.

11 전체 노드 수가 73개인 이진트리가 있다. 이 트리의 각 레벨의 노드는 왼쪽부터 채워져 있고 부모노드인 노드는 모두 최대 수의 자식노드를 가질 때, 다음 물음에 답하라.

(a) 이 이진트리의 높이를 구하라.

(b) 이 이진트리의 마지막 레벨의 노드 수를 구하라

(c) 이 이진트리의 종류를 판단하라.

(d) 이 이진트리의 레벨 3의 노드 수를 구하라.

12 마지막 레벨의 수가 64개인 이진트리가 있다. 이 트리의 각 레벨의 노드는 왼쪽부터 채워져 있고 부모노드인 노드들은 모두 최대 수의 자식노드를 가질 때, 다음 물음에 답하라.

(a) 이 이진트리의 높이를 구하라.

(b) 이 이진트리의 종류를 판단하라.

(c) 이 이진트리의 총 노드 수와 변의 수를 구하라.

✔**13** 다음 식을 이진트리로 표현하고 전위순회, 중위순회, 후위순회한 결과를 구하라. (단, 각 연산의 우선순위를 따른다.)

(a) $[(3u-w)/(2x+y)]\times(-z)$

(b) $v\times(w+2x)-3y/z$

(c) $\{\neg(p\vee q)\wedge(\neg r\vee s)\}\rightarrow t$

(d) $\{\neg p\wedge\neg(q\wedge r)\}\vee\{(\neg s\vee t)\rightarrow\neg(p\vee t)\}$

14 다음 식을 이진트리로 표현하고 전위순회, 중위순회, 후위순회한 결과를 구하라. (단, 각 연산의 우선순위를 따른다.)

(a) $\{(a+b)/c\}\times(d-e)$

(b) $\overline{(A\cap B)}\times\{(B\cup C)-(A\oplus C)\}$

(c) $\{q\vee(\neg p\rightarrow\neg s)\}\leftrightarrow\{\neg(p\vee q\wedge r)\oplus s\}$

(d) $(kAB)^{-1}+(C-D)\times(E+F)$ (A, B, C, D, E, F는 행렬)

✔**15** 다음과 같은 데이터가 차례로 입력될 때, 주어진 물음에 답하라.

> ① 42, 65, 19, 50, 31, 4, 22, 73, 63, 58
> ② n, y, i, a, u, z, k, t, e, j, q, o, c, l
> ③ tree, node, leaf, siblings, child, subtree, parent, degree, ancestor, level, descendant, internal

(a) 각 데이터에 대한 이진탐색트리를 작성하라.
(b) 다음을 이진탐색하라.

(i) 31　(ii) 4　(iii) 58
(iv) l　(v) q　(vi) x
(vii) descendant　(viii) child　(ix) subtree

16 다음과 같은 데이터가 차례로 입력될 때, 주어진 물음에 답하라.

> ① R, H, N, Y, A, U, F, C, W, O, E, Z, K, L
> ② 77, 98, 31, 55, 23, 81, 100, 26, 76, 85, 13, 49, 90
> ③ Discrete, Math, All, After, Tree, Complete, Use, Zero, Baseline, Postorder, Inorder, Kruskal, Prim

(a) 각 데이터에 대한 이진탐색트리를 작성하라.
(b) 다음을 이진탐색하라.

(i) L　(ii) N　(iii) C
(iv) 55　(v) 90　(vi) 23
(vii) Baseline　(viii) Kruskal　(ix) Zero

✔ **17** 주어진 그래프를 보고 다음 물음에 답하라.

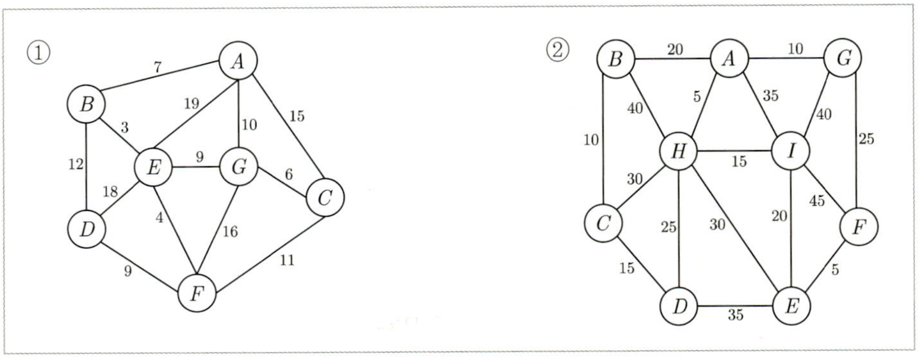

(a) 프림 알고리즘을 이용해 두 그래프의 최소신장트리를 작성하고 최소 가중치를 구하라.

(b) 크루스칼 알고리즘을 이용해 두 그래프의 최소신장트리를 작성하고 최소 가중치를 구하라.

18 주어진 그래프를 보고 다음 물음에 답하라.

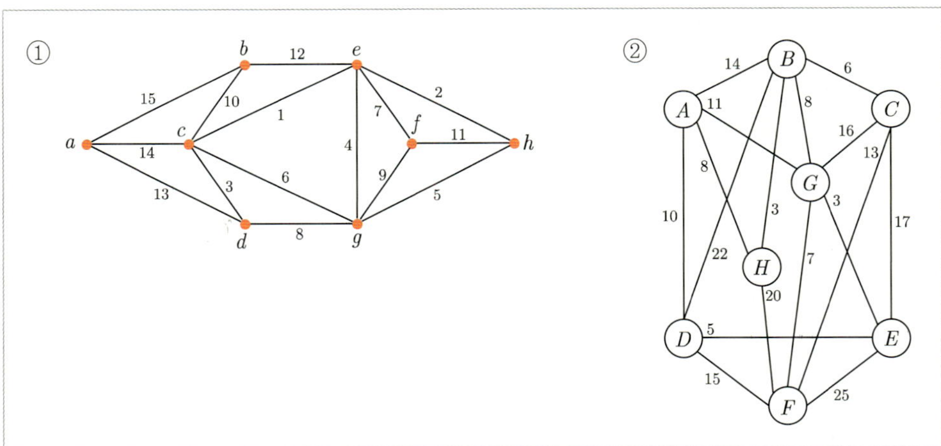

(a) 프림 알고리즘을 이용해 두 그래프의 최소신장트리를 작성하고 최소 가중치를 구하라.

(b) 크루스칼 알고리즘을 이용해 두 그래프의 최소신장트리를 작성하고 최소 가중치를 구하라.

19 어떤 문자열 파일에 빈도 수가 다음과 같은 문자들이 구성되어 있다. 다음 물음에 답하라.

문자	a	d	g	j	m	o	s	v	x	z
빈도 수	3	15	20	8	3	11	7	12	18	9

(a) 7비트의 ASCII코드로 저장한다면, 이 문자열 파일이 차지하는 메모리의 크기는 얼마인가?

(b) 허프만 알고리즘을 이용해 각 문자의 허프만 트리를 작성하라.

(c) (b)에서 구한 허프만 트리를 이용해 위 문자들 각각에 대한 허프만 코드를 작성하라.

(d) (b)에서 구한 허프만 코드로 저장한다면, 이 문자열 파일이 차지하는 메모리의 크기는 얼마인가?

(e) (c)에서 구한 허프만 코드를 이용해 다음 코드에 대응하는 문자열을 작성하라.

(i) 1101110101110001100001000101001000101011111

(ii) 01000100000000111110101101001010000000010110110110000100101010111011011100

(f) (c)에서 구한 허프만 코드를 이용해 다음 문자열의 허프만 코드를 구하라.

(i) addmomssvxgzjzxx

(ii) jjmosvaxzgvaxmddosg

20 주어진 문자와 빈도 수에 대하여 다음 물음에 답하라.

문자	o	p	q	r	s	t	u
빈도 수	10	3	8	5	13	3	7

(a) 허프만 알고리즘에 따라 허프만 트리를 작성하라.

(b) 각 문자에 대한 허프만 코드를 작성하라.

(c) (b)에서 구한 허프만 코드를 이용해 다음 허프만 코드에 해당하는 문자열을 구하라.

(i) 0111111101001101100000100111010110

(ii) 1100110111000101100001110110101110010100110

(d) (b)에서 구한 허프만 코드를 이용해 다음 문자열의 허프만 코드를 구하라.

(i) ossopqrqtuso

(ii) uupqqqrrstpososurtp

CHAPTER 10

부울대수

• Contents

컴퓨터 시스템은 0과 1로 표현되는 비트의 집합을 연산하는 방식으로 운영된다. 그래서 컴퓨터 시스템을 구성하는 여러 물리 장치는 이러한 비트를 저장하고 연산하는 데 적합하도록 회로가 구성된다. 컴퓨터 시스템이 연산하는 것을 함수로 표현하고 그 함수를 회로로 설계하기 위해서는 특별한 연산과 표현 방식이 필요하다. 이처럼 컴퓨터 시스템을 포함한 여러 디지털 장치의 회로를 분석하고 설계하기 위해 회로의 기능을 함수로 표현하는 것을 부울대수라고 한다.

이 장에서는 컴퓨터 시스템의 연산 방식과 설계 표현에 해당하는 부울대수에 대해 알아본다. 이를 위해 부울대수에서 사용하는 연산자와 연산 법칙을 이해하여 부울함수를 구성해보고, 그에 따른 회로도를 그려본다.

학습목표

1. 디지털 회로 설계를 위한 부울대수의 기본 개념을 이해한다.
2. 부울대수의 기본 연산을 이해하고 연산을 통한 부울함수의 결과인 진리표를 이해한다.
3. 부울함수의 표현 방식을 이해하고 활용한다.
4. 부울함수에 대응되는 논리회로를 그려본다.

10.1 부울대수의 개념

부울(Boolean)이라는 용어는 이미 5장에서 언급한 바 있다. 이는 0/1, 참(T)/거짓(F), ON/OFF와 같이 2진의 값을 표현하는 용어로, 영국의 수학자 조지 부울(George Boole)의 이름에서 비롯한 용어이다.

정의 10-1 부울대수(Boolean algebra) / 논리대수(logic algebra)

2진의 값인 부울값(0 또는 1)을 이용해 논리 동작을 표현하는 대수

부울대수는 부울값, 부울변수, 부울 연산자를 이용해 부울함수로 회로의 동작을 형식화한다.

정의 10-2 부울값(Boolean value)

디지털신호, 0 또는 1

정의 10-3 부울변수(Boolean variable)

부울값을 받는 변수

정의 10-4 부울함수(Boolean function, n차 부울함수 : $f(x_1, x_2, \cdots, x_n)$)

n개의 부울변수와 부울 연산자로 구성된 식

부울함수에서 부울변수의 값을 연산하는 부울 연산자에는 부울보수, 부울합, 부울곱이 있다.

정의 10-5 부울보수(Boolean complement : A' 또는 $\overline{A}$)

부울변수의 값을 반전시키는 단항 연산자

$$0' = \overline{0} = 1, \quad 1' = \overline{1} = 0$$

정의 10-6 **부울합(Boolean addition : $A+B$)**

부울변수의 값을 더하는 이항 연산자
부울변수의 값 중 하나라도 1이면 그 결과가 1이 되는 연산

$$0+0=0,\quad 0+1=1,\quad 1+0=1,\quad 1+1=1$$

정의 10-7 **부울곱(Boolean multiplication : $A \cdot B$ 또는 AB)**

부울변수의 값을 곱하는 이항 연산자
부울변수의 값이 모두 1인 경우에만 그 결과가 1이 되는 연산

$$0 \cdot 0=0,\quad 0 \cdot 1=0,\quad 1 \cdot 0=0,\quad 1 \cdot 1=1$$

부울 연산자의 정의를 살펴보면 2장 '명제와 논리'에서 공부한 논리 연산자와 유사하다는 것을 알 수 있다. 부울보수는 논리 연산자의 부정 연산자(NOT)와, 부울합은 논리합 연산자(OR)와, 그리고 부울곱은 논리곱 연산자(AND)와 같은 형식의 연산자이다. 논리 연산과 마찬가지로 부울 연산자의 우선순위에 따라 부울 연산을 하며 그 우선순위는 [표 10-1]과 같다.

[표 10-1] 부울 연산자의 우선순위

우선순위	연산자
최고 ↕ 최저	부울보수(′ / ¯) 부울곱(•) 부울합(+)

예제 10-1

다음 부울식의 값을 구하라.

(a) $\overline{1+0}$

(b) $0 \cdot \overline{1}$

(c) $(0 \cdot 1)+\overline{1+0}$

(d) $\overline{(0+1) \cdot 0}$

풀이

(a) $\overline{1+0}=\overline{1}=0$

(b) $0 \cdot \overline{1}=0 \cdot 0=0$

(c) $(0 \cdot 1)+\overline{1+0}=0+\overline{1+0}=0+\overline{1}=0+0=0$

(d) $\overline{(0+1) \cdot 0}=\overline{1 \cdot 0}=\overline{0}=1$

부울변수로 구성된 부울함수는 입력한 값에 따라 출력되는 값이 달라질 수 있으므로 결과를 진리표로 확인한다. 예를 들어 2차 부울함수 $f(x, y) = xy + \overline{x}y$에 대하여 부울변수 x, y에 입력한 값에 따른 결과를 확인하는 진리표는 다음과 같다.

[표 10-2] 부울함수 $f(x, y) = xy + \overline{x}y$의 진리표

		①	②		③
x	y	$\overline{x}$	xy	$\overline{x}y$	$f(x, y) = xy + \overline{x}y$
0	0	1	0	0	0
0	1	1	0	1	1
1	0	0	0	0	0
1	1	0	1	0	1

예제 10-2

다음 부울함수에 대한 진리표를 구하라.

(a) $f(x, y) = x + \overline{y}$

(b) $f(x, y, z) = x + \overline{x}yz + \overline{y}\,\overline{z}$

풀이

(a)

		①	②
x	y	$\overline{y}$	$f(x, y) = x + \overline{y}$
0	0	1	1
0	1	0	0
1	0	1	1
1	1	0	1

(b)

			①			②		③
x	y	z	$\overline{x}$	$\overline{y}$	$\overline{z}$	$\overline{x}yz$	$\overline{y}\,\overline{z}$	$f(x, y, z) = x + \overline{x}yz + \overline{y}\,\overline{z}$
1	1	1	0	0	0	0	0	1
1	1	0	0	0	1	0	0	1
1	0	1	0	1	0	0	0	1
1	0	0	0	1	1	0	1	1
0	1	1	1	0	0	1	0	1
0	1	0	1	0	1	0	0	0
0	0	1	1	1	0	0	0	0
0	0	0	1	1	1	0	1	1

부울대수법칙

2장 '명제와 논리'에서 두 개의 논리식의 진릿값이 같은 경우 이 두 논리식은 '동치'라 하고, 필요에 따라 서로 대체하여 사용할 수 있었다. 부울대수에서도 마찬가지로 두 부울함수의 결괏값이 같다면 두 함수는 서로 대체하여 사용할 수 있다. 이러한 특징을 이용해 부울변수의 연산관계를 규정하는 규칙을 부울대수법칙이라 하며 다음 [표 10-3]과 같다.

[표 10-3] 부울대수법칙

부울대수법칙		법칙 이름
$x+x=x$	$x \cdot x=x$	**멱등법칙**(idempotent law)
$x+0=x$	$x \cdot 1=x$	**항등법칙**(identity law)
$x+1=1$	$x \cdot 0=0$	**지배법칙**(domination law)
$x+y=y+x$	$xy=yx$	**교환법칙**(commutative law)
$\overline{(\overline{x})}=x$		**이중 보수법칙**(double complement law)
$x+\overline{x}=1$	$x \cdot \overline{x}=0$	**보수법칙**(complement law)
$(x+y)+z=x+(y+z)$	$(xy)z=x(yz)$	**결합법칙**(associative law)
$x \cdot (y+z)=xy+xz$	$x+yz=(x+y) \cdot (x+z)$	**분배법칙**(distributive law)
$\overline{x+y}=\overline{x}\,\overline{y}$	$\overline{xy}=\overline{x}+\overline{y}$	**드 모르간의 법칙**(De Morgan's law)
$x+xy=x$	$x(x+y)=x$	**흡수법칙**(absorption law)
$\overline{0}=1$	$\overline{1}=0$	**1과 0의 법칙**

논리적 동치법칙에서 유의해야 했던 결합법칙과 분배법칙은 부울대수법칙에서도 구분해야 한다. 괄호 안의 연산자가 같은 경우는 결합법칙, 다른 경우는 분배법칙을 적용해야 한다.

- **결합법칙을 적용해야 하는 경우**

$$(x+y)+z \quad \text{또는} \quad (x \cdot y) \cdot z$$

같은 부울 연산자 / 같은 부울 연산자

- **분배법칙을 적용해야 하는 경우**

$$(x+y) \cdot z \quad \text{또는} \quad (x \cdot y)+z$$

다른 부울 연산자 / 다른 부울 연산자

부울대수법칙 중 드 모르간의 법칙 $\overline{x+y}=\overline{x}\,\overline{y}$를 진리표로 증명해보자.

[표 10-4] $\overline{x+y}=\overline{x}\,\overline{y}$의 진리표

x	y	$\overline{x}$	$\overline{y}$	$x+y$	$\overline{x+y}$	$\overline{x}\,\overline{y}$
0	1	1	0	1	0	0
0	0	1	1	0	1	1
1	1	0	0	1	0	0
1	0	0	1	1	0	0

진리표에서 볼 수 있는 것처럼 부울변수 x, y의 입력값에 따른 $\overline{x+y}$와 $\overline{x}\,\overline{y}$의 출력값이 같다. 그러므로 두 부울함수는 동치이다.

그러면 이번에는 두 부울함수의 동치 여부를 부울대수법칙을 이용해 증명해보자. 드 모르간의 법칙을 증명하기 위해 보수법칙을 활용할 수 있는데, 보수법칙은 $x\cdot\overline{x}=0$이므로 $\overline{x+y}\cdot(x+y)=0$도 성립한다. 그러므로 $\overline{x+y}=\overline{x}\,\overline{y}$의 양변에 $(x+y)$를 부울곱했을 때 같은 결과가 나오는지 확인함으로써 드 모르간의 법칙이 성립함을 증명한다.

$$\begin{aligned}\overline{x+y}\cdot(x+y) &= \overline{x}\,\overline{y}(x+y) \\ &= \overline{x}\,\overline{y}x+\overline{x}\,\overline{y}y && (\because \text{ 분배법칙}) \\ &= \overline{x}x\overline{y}+\overline{x}\,\overline{y}y && (\because \text{ 교환법칙}) \\ &= 0\cdot\overline{y}+\overline{x}\cdot 0 && (\because \text{ 보수법칙}) \\ &= 0+0 && (\because \text{ 지배법칙}) \\ &= 0 && (\because \text{ 멱등법칙})\end{aligned}$$

위 증명 과정을 통해 알 수 있는 것처럼 $\overline{x+y}\cdot(x+y)=\overline{x}\,\overline{y}(x+y)=0$이 성립하므로 드 모르간의 법칙 $\overline{x+y}=\overline{x}\,\overline{y}$가 성립한다.

예제 10-3

부울대수법칙을 이용해 다음을 증명하라.

(a) $x\cdot x=x$ (b) $x+1=1$ (c) $x(x+y)=x$

풀이

(a)
$$\begin{aligned}x\cdot x &= xx+0 && (\because \text{ 항등법칙}) \\ &= xx+x\overline{x} && (\because \text{ 보수법칙}) \\ &= x(x+\overline{x}) && (\because \text{ 분배법칙}) \\ &= x\cdot 1 && (\because \text{ 보수법칙}) \\ &= x && (\because \text{ 항등법칙})\end{aligned}$$

$$\begin{aligned}(b)\ x+1 &= x+(x+\overline{x}) && (\because \text{ 보수법칙})\\ &= (x+x)+\overline{x} && (\because \text{ 결합법칙})\\ &= x+\overline{x} && (\because \text{ 멱등법칙})\\ &= 1 && (\because \text{ 보수법칙})\end{aligned}$$

$$\begin{aligned}(c)\ x(x+y) &= xx+xy && (\because \text{ 분배법칙})\\ &= x+xy && (\because \text{ 멱등법칙})\\ &= x(1+y) && (\because \text{ 분배법칙})\\ &= x\cdot 1 && (\because \text{ 지배법칙})\\ &= x && (\because \text{ 항등법칙})\end{aligned}$$

부울대수법칙을 이용하면 복잡한 부울함수를 간단한 부울함수 형태로 바꿀 수 있다. 복잡한 부울함수를 간단한 형태로 바꾸는 것은 복잡한 회로를 단순화하는 것과 같은 의미로 회로의 설계, 유지, 관리 등을 단순화하는 것까지 영향을 준다.

부울대수법칙을 이용해 부울함수 $xy+x\overline{z}+y\overline{z}+x\overline{y}+\overline{y}\,\overline{z}+\overline{x}\,\overline{z}+xz$의 동치에 해당하는 간단한 부울함수를 구해보자.

$$\begin{aligned}xy+x\overline{z}+y\overline{z}+x\overline{y}+\overline{y}\,\overline{z}+\overline{x}\,\overline{z}+xz &= xy+x\overline{y}+x\overline{z}+xz+y\overline{z}+\overline{y}\,\overline{z}+\overline{x}\,\overline{z} && (\because \text{ 교환법칙})\\ &= x(y+\overline{y})+x(\overline{z}+z)+\overline{z}(y+\overline{y})+\overline{x}\,\overline{z} && (\because \text{ 분배법칙})\\ &= x\cdot 1+x\cdot 1+\overline{z}\cdot 1+\overline{x}\,\overline{z} && (\because \text{ 보수법칙})\\ &= x+x+\overline{z}+\overline{x}\,\overline{z} && (\because \text{ 항등법칙})\\ &= x+\overline{z}+\overline{x}\,\overline{z} && (\because \text{ 멱등법칙})\\ &= x+(\overline{z}+\overline{x}\,\overline{z}) && (\because \text{ 결합법칙})\\ &= x+\overline{z} && (\because \text{ 흡수법칙})\end{aligned}$$

$xy+x\overline{z}+y\overline{z}+x\overline{y}+\overline{y}\,\overline{z}+\overline{x}\,\overline{z}+xz$와 같이 복잡한 부울함수를 $x+\overline{z}$와 같은 간단한 부울함수로 대신 사용할 수 있다.

예제 10-4

부울대수법칙을 이용해 다음 부울식이 성립함을 증명하라.

(a) $xy+\overline{x}y+\overline{x}y=y$

(b) $xyz+xy\overline{z}+x\overline{y}z+\overline{x}yz+\overline{x}y\overline{z}+\overline{x}\,\overline{y}z=y+z$

(c) $xz+x\overline{y}z+\overline{x}z=z$

(d) $xz+\overline{x}y+\overline{x}z+yz+x\overline{y}z+\overline{x}\,\overline{y}z=\overline{x}y+z$

풀이

(a)
$$\begin{aligned}
xy+\overline{x}\,y+\overline{x}\,y &= y(x+\overline{x})+\overline{x}\,y && (\because \text{ 분배법칙})\\
&= y\cdot 1+\overline{x}\,y && (\because \text{ 보수법칙})\\
&= y+\overline{x}\,y && (\because \text{ 항등법칙})\\
&= y && (\because \text{ 흡수법칙})
\end{aligned}$$

(b)
$$\begin{aligned}
xyz+xy\overline{z}+x\overline{y}z+\overline{x}yz+\overline{x}y\overline{z}+\overline{x}\,\overline{y}z &= xyz+xy\overline{z}+x\overline{y}z+\overline{x}\,\overline{y}z\\
&\quad +\overline{x}yz+\overline{x}y\overline{z} && (\because \text{ 교환법칙})\\
&= xy(z+\overline{z})+\overline{y}z(x+\overline{x})\\
&\quad +\overline{x}y(z+\overline{z}) && (\because \text{ 분배법칙})\\
&= xy\cdot 1+\overline{y}z\cdot 1+\overline{x}y\cdot 1 && (\because \text{ 보수법칙})\\
&= xy+\overline{y}z+\overline{x}y && (\because \text{ 항등법칙})\\
&= xy+\overline{x}y+\overline{y}z && (\because \text{ 교환법칙})\\
&= y(x+\overline{x})+\overline{y}z && (\because \text{ 분배법칙})\\
&= y\cdot 1+\overline{y}z && (\because \text{ 보수법칙})\\
&= y+\overline{y}z && (\because \text{ 항등법칙})\\
&= (y+\overline{y})\cdot(y+z) && (\because \text{ 분배법칙})\\
&= 1\cdot(y+z) && (\because \text{ 보수법칙})\\
&= y+z && (\because \text{ 항등법칙})
\end{aligned}$$

(c)
$$\begin{aligned}
xz+x\overline{y}z+\overline{x}z &= xz(1+\overline{y})+\overline{x}z && (\because \text{ 분배법칙})\\
&= xz\cdot 1+\overline{x}z && (\because \text{ 지배법칙})\\
&= xz+\overline{x}z && (\because \text{ 항등법칙})\\
&= z(x+\overline{x}) && (\because \text{ 분배법칙})\\
&= z\cdot 1 && (\because \text{ 보수법칙})\\
&= z && (\because \text{ 항등법칙})
\end{aligned}$$

(d)
$$\begin{aligned}
xz+\overline{x}y+\overline{x}z+yz+x\overline{y}z+\overline{x}\,\overline{y}z &= xz+x\overline{y}z+\overline{x}y+\overline{x}z+\overline{x}\,\overline{y}z+yz && (\because \text{ 교환법칙})\\
&= xz(1+\overline{y})+\overline{x}y+\overline{x}z(1+\overline{y})+yz && (\because \text{ 분배법칙})\\
&= xz\cdot 1+\overline{x}y+\overline{x}z\cdot 1+yz && (\because \text{ 지배법칙})\\
&= xz+\overline{x}y+\overline{x}z+yz && (\because \text{ 항등법칙})\\
&= \overline{x}y+xz+\overline{x}z+yz && (\because \text{ 교환법칙})\\
&= \overline{x}y+z(x+\overline{x})+yz && (\because \text{ 분배법칙})\\
&= \overline{x}y+z\cdot 1+yz && (\because \text{ 보수법칙})\\
&= \overline{x}y+z+yz && (\because \text{ 항등법칙})\\
&= \overline{x}y+(z+yz) && (\because \text{ 결합법칙})\\
&= \overline{x}y+z && (\because \text{ 흡수법칙})
\end{aligned}$$

10.2 부울함수의 표현

부울함수는 n개의 부울변수와 부울 연산자로 구성되어 부울변수에 2진의 값 0 또는 1이 입력되고 출력되는 식이다. 그래서 부울함수는 디지털 논리회로를 수식적으로 표현하여 논리회로를 설계하는 데 활용된다. 이 부울함수를 최소항 또는 최대항으로 구성된 정규식으로 표준화하면 설계의 활용도를 더욱 높일 수 있다. 이 정규식을 이해하기 위한 몇 가지 용어를 알아보도록 하자.

정의 10-8 리터럴(literal)

부울변수와 부울보수 연산을 한 부울변수 모두를 일컫는 말

부울함수에서 부울곱과 부울합 연산에 쓰이는 리터럴은 부울함수를 구성하는 기본 부울변수뿐 아니라 부울보수 연산을 한 부울변수도 포함한다. 예를 들어 부울함수 $f(x, y)$는 부울변수 x, y로 구성되는 2차 부울함수로 x, y 외에 $\overline{x}$와 $\overline{y}$가 리터럴이 될 수 있다. 그러므로 n개의 부울변수로 구성되는 n차 부울함수에서 사용할 수 있는 리터럴은 $2n$개이다. 다음 부울함수들을 살펴보자.

(1) $f(x, y) = \overline{x} + y$

(2) $f(w, x, y, z) = \overline{w}\,\overline{x}\,\overline{y}\,\overline{z} + w + x\overline{y} + wy\overline{z} + x\overline{z}$

(1)의 2차 부울함수의 경우 사용 가능한 리터럴이 x, y, $\overline{x}$, $\overline{y}$로 4개가 있고, 이 중 $\overline{x}$, y가 이 부울함수의 리터럴로 사용되었다. (2)는 4차 부울함수로 w, x, y, z, $\overline{w}$, $\overline{x}$, $\overline{y}$, $\overline{z}$와 같이 8개의 사용 가능한 리터럴이 있고, 이 중 w, x, y, $\overline{w}$, $\overline{x}$, $\overline{y}$, $\overline{z}$와 같은 7개의 리터럴이 연산에 사용되었다.

정의 10-9 정규형(normal form)

부울함수를 구성하는 항을 부울합이나 부울곱으로 나타낸 함수 형태

(a) **논리합 정규형**(DNF, Disjunctive Normal Form)
부울곱으로 연산된 항을 부울합으로 연산하는 함수 형태

(b) **논리곱 정규형**(CNF, Conjunctive Normal Form)
부울합으로 연산된 항을 부울곱으로 연산하는 함수 형태

우리가 다루는 모든 부울함수는 리터럴을 부울곱 또는 부울합으로 전개하기 때문에 모두 정규형에 해당한다. 다음은 모두 정규형이다.

(1) $f(x, y, z) = xy + \overline{x}yz + x\overline{y} + \overline{z}$

(2) $f(x, y, z) = (x + \overline{z})(\overline{x} + y + z)\overline{y}$

(1)의 부울함수는 리터럴을 부울곱으로 연산한 항들을 부울합으로 연결하여 표현한 것으로 DNF라고 하고, (2)의 부울함수는 리터럴을 부울합으로 연산한 항을 부울곱으로 연결하여 표현한 것으로 CNF라고 한다.

정의 10-10 최소항(minterm)

DNF인 n차 부울함수 $f(x_1, x_2, \cdots, x_n)$를 구성하는 항들 중에서 리터럴 n개의 부울곱으로 구성된 항

정의 10-11 최대항(maxterm)

CNF인 n차 부울함수 $f(x_1, x_2, \cdots, x_n)$를 구성하는 항들 중에서 리터럴 n개의 부울합으로 구성된 항

n차 부울함수의 최소항이나 최대항을 구성하는 리터럴은 서로 다른 부울변수에 대한 것이어야 한다. 즉, xx, $x\overline{x}$, $\overline{x}\,\overline{x}$ 나 $x + x$, $x + \overline{x}$, $\overline{x} + \overline{x}$ 처럼 같은 부울변수에 대한 리터럴들로 구성된 것은 최소항 또는 최대항이라고 하지 않는다. 만약 부울함수 $f(x, y)$가 있다면, 이 함수를 구성할 수 있는 최소항은 xy, $x\overline{y}$, $\overline{x}y$, $\overline{x}\,\overline{y}$ 로 4개이고, 최대항은 $x + y$, $x + \overline{y}$, $\overline{x} + y$, $\overline{x} + \overline{y}$ 로 4개이다. 그러므로 n차 부울함수에서 사용될 수 있는 최소항 또는 최대항의 개수는 2^n개이다.

예제 10-5

다음 부울함수에 대해 정규형의 종류를 판별하고 최소항 또는 최대항을 구별하라.

(a) $f(x, y, z) = x\overline{y} + y\overline{z} + xyz + \overline{x}\,\overline{z} + \overline{x}\,\overline{y}z$

(b) $f(w, x, y, z) = w\overline{y}\,\overline{z} + wxz + \overline{w}x\overline{y}z + xy + \overline{x}y\overline{z} + w\overline{x}\,\overline{y}z + wxyz$

(c) $f(x, y, z) = (x + y)(\overline{x} + y + \overline{z})(\overline{y} + z)$

(d) $f(w, x, y, z) = (\overline{w} + x + \overline{y} + z)(\overline{w} + \overline{x} + \overline{y} + z)(w + x + \overline{y} + \overline{z})(\overline{w} + x + y + z)(w + \overline{x}$
$+ y + \overline{z})$

풀이

(a) 부울곱으로 리터럴을 연산한 항들이 부울합으로 연결되어 있으므로 DNF로, 최소항을 찾을 수 있고 부울변수 x, y, z가 사용되는 3차 부울함수이므로, 최소항은 3개의 리터럴로 구성되어야 한다.
$\therefore$ DNF인 부울함수 $f(x, y, z)$를 구성하는 항들 중 xyz, $\overline{x}\,\overline{y}z$가 최소항이다.

(b) 부울곱으로 리터럴을 연산한 항들이 부울합으로 연결되어 있으므로 DNF로, 최소항을 찾을 수 있고 부울변수 w, x, y, z가 사용되는 4차 부울함수이므로, 최소항은 4개의 리터럴로 구성되어야 한다.
$\therefore$ DNF인 부울함수 $f(w, x, y, z)$를 구성하는 항들 중 $\overline{w}x\overline{y}z$, $w\overline{x}\,\overline{y}z$, $wxyz$가 최소항이다.

(c) 부울합으로 리터럴을 연산한 항들이 부울곱으로 연결되어 있으므로 CNF로, 최대항을 찾을 수 있고 부울변수 x, y, z가 사용되는 3차 부울함수이므로, 최대항은 3개의 리터럴로 구성되어야 한다.
$\therefore$ CNF인 부울함수 $f(x, y, z)$를 구성하는 항들 중 $\overline{x}+y+\overline{z}$가 최대항이다.

(d) 부울합으로 리터럴을 연산한 항들이 부울곱으로 연결되어 있으므로 CNF로, 최대항을 찾을 수 있고 부울변수 w, x, y, z가 사용되는 4차 부울함수이므로, 최대항은 4개의 리터럴로 구성되어야 한다.
$\therefore$ CNF인 부울함수 $f(w, x, y, z)$를 구성하는 항들 중 $\overline{w}+x+\overline{y}+z$, $\overline{w}+\overline{x}+\overline{y}+z$, $w+x+\overline{y}+\overline{z}$, $\overline{w}+x+y+z$, $w+\overline{x}+y+\overline{z}$가 최대항이다.

최소항과 최대항의 관계는 서로 보수의 관계를 갖는다. 드 모르간의 법칙을 통해 둘의 관계를 알 수 있는데, 예를 들어 xy와 $\overline{x}+\overline{y}$의 관계는 다음과 같다.

$$\overline{xy} = \overline{x \cdot y} = \overline{x}+\overline{y}$$

그러므로 최소항으로 구성된 부울함수에 대한 보수를 구하면 최대항으로 구성된 부울함수를 구할 수 있다.

[표 10-5] 2변수 최소항과 최대항

x	y	최소항
0	0	$\overline{x}\,\overline{y}$
0	1	$\overline{x}y$
1	0	$x\overline{y}$
1	1	xy

[표 10-6] 3변수 최소항과 최대항

x	y	z	최소항	최대항
0	0	0	$\overline{x}\,\overline{y}\,\overline{z}$	$x+y+z$
0	0	1	$\overline{x}\,\overline{y}\,z$	$x+y+\overline{z}$
0	1	0	$\overline{x}\,y\,\overline{z}$	$x+\overline{y}+z$
0	1	1	$\overline{x}\,yz$	$x+\overline{y}+\overline{z}$
1	0	0	$x\,\overline{y}\,\overline{z}$	$\overline{x}+y+z$
1	0	1	$x\,\overline{y}\,z$	$\overline{x}+y+\overline{z}$
1	1	0	$xy\,\overline{z}$	$\overline{x}+\overline{y}+z$
1	1	1	xyz	$\overline{x}+\overline{y}+\overline{z}$

[표 10-7] 4변수 최소항과 최대항

w	x	y	z	최소항	최대항
0	0	0	0	$\overline{w}\,\overline{x}\,\overline{y}\,\overline{z}$	$w+x+y+z$
0	0	0	1	$\overline{w}\,\overline{x}\,\overline{y}\,z$	$w+x+y+\overline{z}$
0	0	1	0	$\overline{w}\,\overline{x}\,y\,\overline{z}$	$w+x+\overline{y}+z$
0	0	1	1	$\overline{w}\,\overline{x}\,yz$	$w+x+\overline{y}+\overline{z}$
0	1	0	0	$\overline{w}\,x\,\overline{y}\,\overline{z}$	$w+\overline{x}+y+z$
0	1	0	1	$\overline{w}\,x\,\overline{y}\,z$	$w+\overline{x}+y+\overline{z}$
0	1	1	0	$\overline{w}\,xy\,\overline{z}$	$w+\overline{x}+\overline{y}+z$
0	1	1	1	$\overline{w}\,xyz$	$w+\overline{x}+\overline{y}+\overline{z}$
1	0	0	0	$w\,\overline{x}\,\overline{y}\,\overline{z}$	$\overline{w}+x+y+z$
1	0	0	1	$w\,\overline{x}\,\overline{y}\,z$	$\overline{w}+x+y+\overline{z}$
1	0	1	0	$w\,\overline{x}\,y\,\overline{z}$	$\overline{w}+x+\overline{y}+z$
1	0	1	1	$w\,\overline{x}\,yz$	$\overline{w}+x+\overline{y}+\overline{z}$
1	1	0	0	$wx\,\overline{y}\,\overline{z}$	$\overline{w}+\overline{x}+y+z$
1	1	0	1	$wx\,\overline{y}\,z$	$\overline{w}+\overline{x}+y+\overline{z}$
1	1	1	0	$wxy\,\overline{z}$	$\overline{w}+\overline{x}+\overline{y}+z$
1	1	1	1	$wxyz$	$\overline{w}+\overline{x}+\overline{y}+\overline{z}$

최소항이나 최대항을 이용하면 부울함수를 표준화할 수 있다. 앞에서 설명한 것처럼 부울함수를 표준화하면 회로를 설계하고 평가하는 데 활용도가 높아진다.

정의 10-12 최소항 전개

DNF인 부울함수를 구성하는 모든 항이 최소항으로 전개되어 표준화된 형태

정의 10-13 최대항 전개

CNF인 부울함수를 구성하는 모든 항이 최대항으로 전개되어 표준화된 형태

다음 부울함수를 살펴보자.

(1) $f(x, y) = x + \overline{x}\,\overline{y}$

(2) $f(x, y) = x\,\overline{y} + \overline{x}\,y$

(3) $f(x, y) = \overline{x}\,(x + y)$

(4) $f(x, y) = (x + y)(\overline{x} + \overline{y})$

2차 부울함수 중 (1), (2)는 DNF 부울함수로 (1)은 함수를 구성하는 항들 중 x를 구성하는 리터럴이 1개로 최소항이 아니어서 최소항 전개 부울함수가 아니고, (2)는 모든 항이 최소항이므로 최소항 전개 부울함수이다. (3), (4)는 CNF 부울함수로 (3)은 함수를 구성하는 항들 중 $\overline{x}$를 구성하는 리터럴이 1개로 최대항이 아니어서 최대항 전개 부울함수가 아니고, (4)는 모든 항이 최대항이므로 최대항 전개 부울함수이다.

앞에서 설명한 것처럼 최소항과 최대항 사이에는 보수의 관계가 있다. 이 점을 기억하며 이 장에서는 최소항에 대해서만 다룬다. 이제 주어진 DNF 부울함수에 대해 최소항 전개로 표준화하는 방법들과 반대로 최소항 전개로 표준화된 부울함수를 간략화하는 방법들을 살펴보자.

DNF 부울함수에 대한 최소항 전개

■ 부울대수법칙을 이용한 최소항 전개

부울대수법칙으로 다음 과정에 따라 부울함수를 최소항 전개로 표준화할 수 있다.

❶ 주어진 부울함수의 각 항에 포함되지 않은 부울변수를 파악한다.
❷ 파악된 부울변수에 대해 부울곱에 대한 항등법칙과 부울합에 대한 보수법칙을 적용하여 각 항에 없는 부울변수를 추가한다.

다음 DNF 부울함수를 살펴보자.

$$f(x,y,z) = \underbrace{x}_{①} + \underbrace{\overline{y}z}_{②} + \underbrace{\overline{x}\,\overline{z}}_{③}$$

이 부울함수를 구성하는 항들은 모두 최소항이 아니다.

①항은 y, z에 대한 리터럴(y 또는 $\overline{y}$, z 또는 $\overline{z}$)이 없다.

$$x = \underbrace{x \cdot 1 \cdot 1}_{\text{부울곱에 대한 항등법칙}} = \underbrace{x(y+\overline{y})(z+\overline{z})}_{\text{부울합에 대한 보수법칙}}$$

②항은 x에 대한 리터럴(x 또는 $\overline{x}$)이 없다.

$$\overline{y}z = \underbrace{1 \cdot \overline{y}z}_{\text{부울곱에 대한 항등법칙}} = \underbrace{(x+\overline{x})\overline{y}z}_{\text{부울합에 대한 보수법칙}}$$

③항은 y에 대한 리터럴(y 또는 $\overline{y}$)이 없다.

$$\overline{x}\,\overline{z} = \underbrace{\overline{x}\,\overline{z} \cdot 1}_{\text{부울곱에 대한 항등법칙}} = \underbrace{\overline{x}\,\overline{z}(y+\overline{y})}_{\text{부울합에 대한 보수법칙}}$$

$$\begin{aligned}
\therefore\ f(x,y,z) &= x+\bar{y}z+\bar{x}\bar{z} \\
&= x\cdot 1\cdot 1+1\cdot \bar{y}z+\bar{x}\bar{z}\cdot 1 && (\because\ \text{항등법칙}) \\
&= x(y+\bar{y})(z+\bar{z})+(x+\bar{x})\bar{y}z+\bar{x}\bar{z}(y+\bar{y}) && (\because\ \text{보수법칙}) \\
&= xyz+xy\bar{z}+x\bar{y}z+x\bar{y}\bar{z}+x\bar{y}z+\bar{x}\bar{y}z+\bar{x}y\bar{z}+\bar{x}\bar{y}\bar{z} && (\because\ \text{분배법칙}) \\
&= xyz+xy\bar{z}+x\bar{y}z+x\bar{y}\bar{z}+\bar{x}\bar{y}z+\bar{x}y\bar{z}+\bar{x}\bar{y}\bar{z} && (\because\ \text{멱등법칙})
\end{aligned}$$

그러므로 $f(x,y,z)=x+\bar{y}z+\bar{x}\bar{z}$의 최소항 전개는 다음과 같다.

$$f(x,y,z)=xyz+xy\bar{z}+x\bar{y}z+x\bar{y}\bar{z}+\bar{x}\bar{y}z+\bar{x}y\bar{z}+\bar{x}\bar{y}\bar{z}$$

예제 10-6

부울대수법칙을 이용해 다음 정규형 부울함수를 최소항 전개 부울함수로 표준화하라.

(a) $f(x,y)=x+\bar{y}$ (b) $f(x,y,z)=\bar{x}+x\bar{y}+z$ (c) $f(x,y,z)=x+y+\bar{z}$

풀이

(a) $f(x,y)$의 첫 번째 항에는 y에 대한 리터럴(y 또는 $\bar{y}$), 두 번째 항에는 x에 대한 리터럴(x 또는 $\bar{x}$)이 없다.

$$\begin{aligned}
f(x,y) &= x+\bar{y}=x\cdot 1+1\cdot \bar{y} && (\because\ \text{항등법칙}) \\
&= x(y+\bar{y})+(x+\bar{x})\bar{y} && (\because\ \text{보수법칙}) \\
&= xy+x\bar{y}+x\bar{y}+\bar{x}\bar{y} && (\because\ \text{분배법칙}) \\
&= xy+x\bar{y}+\bar{x}\bar{y} && (\because\ \text{멱등법칙})
\end{aligned}$$

$\therefore\ f(x,y)=x+\bar{y}$의 최소항 전개는 $f(x,y)=xy+x\bar{y}+\bar{x}\bar{y}$이다.

(b) $f(x,y,z)$의 첫 번째 항에는 y,z에 대한 리터럴(y 또는 $\bar{y}$, z 또는 $\bar{z}$), 두 번째 항에는 z에 대한 리터럴(z 또는 $\bar{z}$), 세 번째 항에는 x,y에 대한 리터럴(x 또는 $\bar{x}$, y 또는 $\bar{y}$)이 없다.

$$\begin{aligned}
f(x,y,z) &= \bar{x}+x\bar{y}+z=\bar{x}\cdot 1\cdot 1+x\bar{y}\cdot 1+1\cdot 1\cdot z && (\because\ \text{항등법칙}) \\
&= \bar{x}(y+\bar{y})(z+\bar{z})+x\bar{y}(z+\bar{z})+(x+\bar{x})(y+\bar{y})z && (\because\ \text{보수법칙}) \\
&= \bar{x}yz+\bar{x}y\bar{z}+\bar{x}\bar{y}z+\bar{x}\bar{y}\bar{z}+x\bar{y}z+x\bar{y}\bar{z}+xyz \\
&\quad +x\bar{y}z+\bar{x}yz+\bar{x}\bar{y}z && (\because\ \text{분배법칙}) \\
&= \bar{x}yz+\bar{x}y\bar{z}+\bar{x}\bar{y}z+\bar{x}\bar{y}\bar{z}+x\bar{y}z+x\bar{y}\bar{z}+xyz && (\because\ \text{멱등법칙})
\end{aligned}$$

$\therefore\ f(x,y,z)=\bar{x}+x\bar{y}+z$의 최소항 전개는 $f(x,y,z)=\bar{x}yz+\bar{x}y\bar{z}+\bar{x}\bar{y}z+\bar{x}\bar{y}\bar{z}+x\bar{y}z+x\bar{y}\bar{z}+xyz$이다.

(c) $f(x, y, z)$의 첫 번째 항에는 y, z에 대한 리터럴(y 또는 $\overline{y}$, z 또는 $\overline{z}$), 두 번째 항에는 x, z에 대한 리터럴(x 또는 $\overline{x}$, z 또는 $\overline{z}$), 세 번째 항에는 x, y에 대한 리터럴(x 또는 $\overline{x}$, y 또는 $\overline{y}$)이 없다.

$$
\begin{aligned}
f(x, y, z) &= x + y + \overline{z} = x \cdot 1 \cdot 1 + 1 \cdot y \cdot 1 + 1 \cdot 1 \cdot \overline{z} && (\because \text{ 항등법칙}) \\
&= x(y+\overline{y})(z+\overline{z}) + (x+\overline{x})y(z+\overline{z}) + (x+\overline{x})(y+\overline{y})\overline{z} && (\because \text{ 보수법칙}) \\
&= xyz + xy\overline{z} + x\overline{y}z + x\overline{y}\,\overline{z} + xyz + xy\overline{z} \\
&\quad + \overline{x}yz + \overline{x}y\overline{z} + xy\overline{z} + x\overline{y}\,\overline{z} + \overline{x}y\overline{z} + \overline{x}\,\overline{y}\,\overline{z} && (\because \text{ 분배법칙}) \\
&= xyz + xy\overline{z} + x\overline{y}z + x\overline{y}\,\overline{z} + \overline{x}yz + \overline{x}y\overline{z} + \overline{x}\,\overline{y}\,\overline{z} && (\because \text{ 멱등법칙})
\end{aligned}
$$

$\therefore$ $f(x, y, z) = x + y + \overline{z}$의 최소항 전개는 $f(x, y, z) = xyz + xy\overline{z} + x\overline{y}z + x\overline{y}\,\overline{z} + \overline{x}yz + \overline{x}y\overline{z} + \overline{x}\,\overline{y}\,\overline{z}$이다.

■ 최소항표를 이용한 최소항 전개

최소항표를 이용해 n차 부울함수를 최소항 전개 부울함수로 표준화하려면 다음과 같은 규칙을 따른다.

❶ n변수 최소항표에서 부울함수를 구성하는 항을 포함하는 최소항은 모두 1로 표시한다.
❷ 1로 표시한 최소항을 모두 부울합으로 전개한다.

최소항표를 이용해 앞에서 예로 들었던 정규형 부울함수의 최소항 전개 부울함수를 구해보자.

$$f(x, y, z) = \underbrace{x}_{①} + \underbrace{\overline{y}z}_{②} + \underbrace{\overline{x}\,\overline{z}}_{③}$$

$f(x, y, z)$는 3차 부울함수이므로 3변수 최소항표를 이용한다. [표 10-8]의 3변수 최소항표에서 부울함수 $f(x, y, z)$를 구성하는 항을 포함하는 최소항을 모두 1로 표기하고 그 옆에 각 항의 번호를 표기하였다.

[표 10-8] 부울함수 $f(x, y, z) = x + \overline{y}z + \overline{x}\,\overline{z}$의 최소항표

x	y	z	최소항	$f(x, y, z)$	항 번호
0	0	0	$\overline{x}\,\overline{y}\,\overline{z}$	1	③
0	0	1	$\overline{x}\,\overline{y}z$	1	②
0	1	0	$\overline{x}y\overline{z}$	1	③
0	1	1	$\overline{x}yz$		
1	0	0	$x\overline{y}\,\overline{z}$	1	①
1	0	1	$x\overline{y}z$	1	①/②
1	1	0	$xy\overline{z}$	1	①
1	1	1	xyz	1	①

위의 최소항표에서 1로 표시된 최소항을 모두 부울합으로 다음과 같이 전개하면 $f(x, y, z)$의 최소항 전개 부울함수이다.

$$f(x, y, z) = xyz + xy\overline{z} + x\overline{y}z + x\overline{y}\,\overline{z} + \overline{x}\,\overline{y}z + \overline{x}y\overline{z} + \overline{x}\,\overline{y}\,\overline{z}$$

예제 10-7

최소항표를 이용해 [예제 10-6]의 정규형 부울함수를 최소항 전개 부울함수로 표준화하라.

(a) $f(x, y) = x + \overline{y}$ (b) $f(x, y, z) = \overline{x} + x\overline{y} + z$ (c) $f(x, y, z) = x + y + \overline{z}$

풀이

(a) 2차 부울함수이므로 2변수 최소항표를 이용한다.

x	y	최소항	$f(x, y)$	항 번호
0	0	$\overline{x}\,\overline{y}$	1	②
0	1	$\overline{x}y$		
1	0	$x\overline{y}$	1	①/②
1	1	xy	1	①

$$f(x, y) = \underbrace{x}_{①} + \underbrace{\overline{y}}_{②}$$

$\therefore f(x, y) = x + \overline{y}$의 최소항 전개는 $f(x, y) = xy + x\overline{y} + \overline{x}\,\overline{y}$이다.

(b) 3차 부울함수이므로 3변수 최소항표를 이용한다.

x	y	z	최소항	$f(x, y, z)$	항 번호
0	0	0	$\overline{x}\,\overline{y}\,\overline{z}$	1	①
0	0	1	$\overline{x}\,\overline{y}z$	1	①/③
0	1	0	$\overline{x}y\overline{z}$	1	①
0	1	1	$\overline{x}yz$	1	①/③
1	0	0	$x\overline{y}\,\overline{z}$	1	②
1	0	1	$x\overline{y}z$	1	②/③
1	1	0	$xy\overline{z}$		
1	1	1	xyz	1	③

$$f(x, y, z) = \underbrace{\overline{x}}_{①} + \underbrace{x\overline{y}}_{②} + \underbrace{z}_{③}$$

$\therefore f(x, y, z) = \overline{x} + x\overline{y} + z$의 최소항 전개는 $f(x, y, z) = \overline{x}yz + \overline{x}y\overline{z} + \overline{x}\,\overline{y}z + \overline{x}\,\overline{y}\,\overline{z} + x\overline{y}z$ $+ x\overline{y}\,\overline{z} + xyz$이다.

(c) 3차 부울함수이므로 3변수 최소항표를 이용한다.

x	y	z	최소항	$f(x, y, z)$	항 번호
0	0	0	$\overline{x}\,\overline{y}\,\overline{z}$	1	③
0	0	1	$\overline{x}\,\overline{y}\,z$		
0	1	0	$\overline{x}\,y\,\overline{z}$	1	②/③
0	1	1	$\overline{x}\,yz$	1	②
1	0	0	$x\overline{y}\,\overline{z}$	1	①/③
1	0	1	$x\overline{y}\,z$	1	①
1	1	0	$xy\,\overline{z}$	1	①/②/③
1	1	1	xyz	1	①/②

$$f(x, y, z) = \underset{①}{\underline{x}} + \underset{②}{\underline{y}} + \underset{③}{\underline{\overline{z}}}$$

$\therefore$ $f(x, y, z) = x + y + \overline{z}$ 의 최소항 전개는 $f(x, y, z) = xyz + xy\overline{z} + x\overline{y}\,z + x\overline{y}\,\overline{z} + \overline{x}\,yz + \overline{x}\,y\overline{z} + \overline{x}\,\overline{y}\,\overline{z}$ 이다.

최소항 전개 부울함수의 간략화

■ 부울대수법칙을 이용한 간략화

앞에서 두 부울함수가 동치임을 보이는 데 부울대수법칙을 이용했다. 최소항 전개 부울함수를 간략화하는 데에도 같은 방식을 이용한다.

예제 10-8

[예제 10-6], [예제 10-7]에서 구한 표준화된 정규형 부울함수를 부울대수법칙을 이용해 간단히 하라.

(a) $f(x, y) = xy + x\overline{y} + \overline{x}\,\overline{y}$

(b) $f(x, y, z) = \overline{x}\,yz + \overline{x}\,y\,\overline{z} + \overline{x}\,\overline{y}\,z + \overline{x}\,\overline{y}\,\overline{z} + x\,\overline{y}\,z + x\,\overline{y}\,\overline{z} + xyz$

(c) $f(x, y, z) = xyz + xy\,\overline{z} + x\,\overline{y}z + x\,\overline{y}\,\overline{z} + \overline{x}\,yz + \overline{x}\,y\,\overline{z} + \overline{x}\,\overline{y}\,\overline{z}$

풀이

(a)
$$\begin{aligned} f(x, y) &= xy + x\overline{y} + \overline{x}\,\overline{y} \\ &= x(y + \overline{y}) + \overline{x}\,\overline{y} && (\because \text{ 분배법칙}) \\ &= x \cdot 1 + \overline{x}\,\overline{y} && (\because \text{ 보수법칙}) \\ &= x + \overline{x}\,\overline{y} && (\because \text{ 항등법칙}) \\ &= (x + \overline{x})(x + \overline{y}) && (\because \text{ 분배법칙}) \end{aligned}$$

$$= 1 \cdot (x + \overline{y}) \qquad (\because \text{ 보수법칙})$$

$$= x + \overline{y} \qquad (\because \text{ 항등법칙})$$

(b) $f(x, y, z) = \overline{x}\,yz + \overline{x}\,y\,\overline{z} + \overline{x}\,\overline{y}\,z + \overline{x}\,\overline{y}\,\overline{z} + x\,\overline{y}\,z + x\,\overline{y}\,\overline{z} + xyz$

$$= \overline{x}\,y(z + \overline{z}) + \overline{x}\,\overline{y}(z + \overline{z}) + x\,\overline{y}(z + \overline{z}) + xyz \qquad (\because \text{ 분배법칙})$$

$$= \overline{x}\,y \cdot 1 + \overline{x}\,\overline{y} \cdot 1 + x\,\overline{y} \cdot 1 + xyz \qquad (\because \text{ 보수법칙})$$

$$= \overline{x}\,y + \overline{x}\,\overline{y} + x\,\overline{y} + xyz \qquad (\because \text{ 항등법칙})$$

$$= \overline{x}(y + \overline{y}) + x\,\overline{y} + xyz \qquad (\because \text{ 분배법칙})$$

$$= \overline{x} \cdot 1 + x\,\overline{y} + xyz \qquad (\because \text{ 보수법칙})$$

$$= \overline{x} + x\,\overline{y} + xyz \qquad (\because \text{ 항등법칙})$$

$$= \overline{x} + x(\overline{y} + yz) \qquad (\because \text{ 분배법칙})$$

$$= \overline{x} + x\{(\overline{y} + y)(\overline{y} + z)\} \qquad (\because \text{ 분배법칙})$$

$$= \overline{x} + x\{1 \cdot (\overline{y} + z)\} \qquad (\because \text{ 보수법칙})$$

$$= \overline{x} + x(\overline{y} + z) \qquad (\because \text{ 항등법칙})$$

$$= (\overline{x} + x)(\overline{x} + \overline{y} + z) \qquad (\because \text{ 분배법칙})$$

$$= 1 \cdot (\overline{x} + \overline{y} + z) \qquad (\because \text{ 보수법칙})$$

$$= \overline{x} + \overline{y} + z \qquad (\because \text{ 항등법칙})$$

[예제 10-6], [예제 10-7]의 (b) $f(x, y, z) = \overline{x} + x\,\overline{y} + z$는 다음과 같은 과정으로 간략히 하면 위의 결과와 같은 결과가 나온다.

$$f(x, y, z) = \overline{x} + x\,\overline{y} + z$$

$$= (\overline{x} + x)(\overline{x} + \overline{y}) + z \qquad (\because \text{ 분배법칙})$$

$$= 1 \cdot (\overline{x} + \overline{y}) + z \qquad (\because \text{ 보수법칙})$$

$$= \overline{x} + \overline{y} + z \qquad (\because \text{ 항등법칙})$$

(c) $f(x, y, z) = xyz + xy\,\overline{z} + x\,\overline{y}z + x\,\overline{y}\,\overline{z} + \overline{x}\,yz + \overline{x}\,y\,\overline{z} + \overline{x}\,\overline{y}\,\overline{z}$

$$= xy(z + \overline{z}) + x\,\overline{y}(z + \overline{z}) + \overline{x}\,y(z + \overline{z}) + \overline{x}\,\overline{y}\,\overline{z} \qquad (\because \text{ 분배법칙})$$

$$= xy \cdot 1 + x\,\overline{y} \cdot 1 + \overline{x}\,y \cdot 1 + \overline{x}\,\overline{y}\,\overline{z} \qquad (\because \text{ 보수법칙})$$

$$= xy + x\,\overline{y} + \overline{x}\,y + \overline{x}\,\overline{y}\,\overline{z} \qquad (\because \text{ 항등법칙})$$

$$= x(y + \overline{y}) + \overline{x}\,y + \overline{x}\,\overline{y}\,\overline{z} \qquad (\because \text{ 분배법칙})$$

$$= x \cdot 1 + \overline{x}\,y + \overline{x}\,\overline{y}\,\overline{z} \qquad (\because \text{ 보수법칙})$$

$$= x + \overline{x}\,y + \overline{x}\,\overline{y}\,\overline{z} \qquad (\because \text{ 항등법칙})$$

$$= x + \overline{x}(y + \overline{y}\,\overline{z}) \qquad (\because \text{ 분배법칙})$$

$$= x + \overline{x}\{(y + \overline{y})(y + \overline{z})\} \qquad (\because \text{ 분배법칙})$$

$$
\begin{aligned}
&= x+\overline{x}\{1\cdot(y+\overline{z})\} && (\because \text{ 보수법칙})\\
&= x+\overline{x}(y+\overline{z}) && (\because \text{ 항등법칙})\\
&= (x+\overline{x})\{x+(y+\overline{z})\} && (\because \text{ 분배법칙})\\
&= 1\cdot\{x+(y+\overline{z})\} && (\because \text{ 보수법칙})\\
&= x+y+\overline{z} && (\because \text{ 항등법칙})
\end{aligned}
$$

■ **카르노맵을 이용한 간략화**

최소항 전개로 표준화된 정규형 n차 부울함수를 만들기 위해 n변수 최소항표를 사용했다. 그 표를 역이용하는 방식이 모리스 카르노(Maurice Karnaugh)가 제시한 카르노맵이다.

정의 10-14 카르노맵(Karnaugh map)

부울함수를 단순화하기 위해 부울변수의 상호관계를 표현한 표

카르노맵은 부울함수에 있는 리터럴들의 조합을 2차원 평면에 표시하고 연관된 변수들이 가지는 공통 변수를 찾아내는 방식이다. n차 부울함수에 대해 2^n개의 리터럴 조합이 가능하므로 2^n개의 셀(cell)을 갖는 카르노맵을 작성할 수 있다. 다음은 2차, 3차, 4차 부울함수에 대한 카르노맵이다.

[표 10-9] 2변수 카르노맵

x \ y	y	$\overline{y}$
x	xy	$x\overline{y}$
$\overline{x}$	$\overline{x}y$	$\overline{x}\,\overline{y}$

[표 10-10] 3변수 카르노맵

x \ yz	yz	$\overline{y}z$	$\overline{y}\,\overline{z}$	$y\overline{z}$
x	xyz	$x\overline{y}z$	$x\overline{y}\,\overline{z}$	$xy\overline{z}$
$\overline{x}$	$\overline{x}yz$	$\overline{x}\,\overline{y}z$	$\overline{x}\,\overline{y}\,\overline{z}$	$\overline{x}y\overline{z}$

[표 10-11] 4변수 카르노맵

wx \ yz	yz	$\overline{y}z$	$\overline{y}\,\overline{z}$	$y\overline{z}$
wx	$wxyz$	$wx\overline{y}z$	$wx\overline{y}\,\overline{z}$	$wxy\overline{z}$
$\overline{w}x$	$\overline{w}xyz$	$\overline{w}x\overline{y}z$	$\overline{w}x\overline{y}\,\overline{z}$	$\overline{w}xy\overline{z}$
$\overline{w}\,\overline{x}$	$\overline{w}\,\overline{x}yz$	$\overline{w}\,\overline{x}\,\overline{y}z$	$\overline{w}\,\overline{x}\,\overline{y}\,\overline{z}$	$\overline{w}\,\overline{x}y\overline{z}$
$w\overline{x}$	$w\overline{x}yz$	$w\overline{x}\,\overline{y}z$	$w\overline{x}\,\overline{y}\,\overline{z}$	$w\overline{x}y\overline{z}$

5차 이상의 부울함수의 경우에는 카르노맵이 2개 필요하거나 **퀸-맥클러스키**(Quine-MaCluskey) 방식을 이용해야 한다. 이 절에서는 하나의 카르노맵을 이용한 간략화 방법만 다룬다.

카르노맵을 작성할 때 변수의 나열을 주의해야 하는데 상하좌우로 위치한 리터럴 조합 사이에 공통 리터럴 하나가 반드시 있어야 한다. [그림 10-1]의 4변수 카르노맵을 예로 살펴보자.

wx \ yz	yz	$\overline{y}z$	$\overline{y}\,\overline{z}$	$y\overline{z}$
wx	$wxyz$	$wx\overline{y}z$	$wx\overline{y}\,\overline{z}$	$wxy\overline{z}$
$\overline{w}x$	$\overline{w}xyz$	$\overline{w}x\overline{y}z$	$\overline{w}x\overline{y}\,\overline{z}$	$\overline{w}xy\overline{z}$
$\overline{w}\,\overline{x}$	$\overline{w}\,\overline{x}yz$	$\overline{w}\,\overline{x}\,\overline{y}z$	$\overline{w}\,\overline{x}\,\overline{y}\,\overline{z}$	$\overline{w}\,\overline{x}y\overline{z}$
$w\overline{x}$	$wxyz$	$wx\overline{y}z$	$wx\overline{y}\,\overline{z}$	$wxy\overline{z}$

[그림 10-1] 4변수 카르노맵

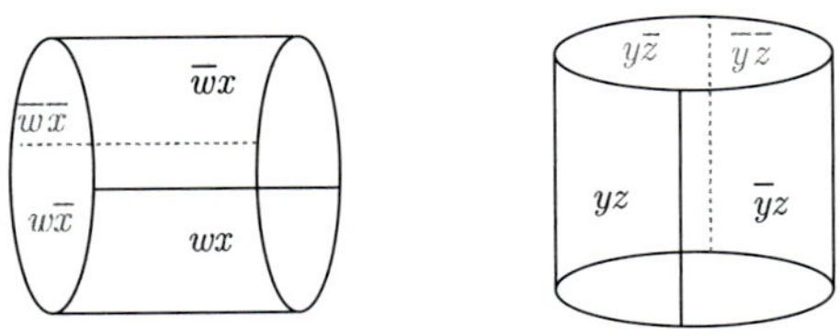

[그림 10-2] 카르노맵의 인접

행 제목은 $wx, \overline{w}x, \overline{w}\,\overline{x}, w\overline{x}$ 의 순서로 나열되어 있으며 wx와 $\overline{w}x$ 사이에는 리터럴 x, $\overline{w}x$와 $\overline{w}\,\overline{x}$ 사이에는 리터럴 $\overline{w}$, $\overline{w}\,\overline{x}$ 와 $w\overline{x}$ 사이에는 리터럴 $\overline{x}$ 가 공통으로 포함된다. 카르노맵은 [그림 10-2]처럼 첫 번째 행과 마지막 행이 서로 인접한다고 간주하기 때문에 첫 번째 행의 제목 wx와 마지막 행의 제목 $w\overline{x}$는 서로 인접해있고 wx와 $w\overline{x}$ 사이에는 리터럴 w가 공통으로 포함된다. 열 제목에 대해서도 마찬가지로 $yz, \overline{y}z, \overline{y}\,\overline{z}, y\overline{z}$ 도 인접하는 열 제목들 사이에 공통된 리터럴이 포함되며 첫 번째 열과 마지막 열도 서로 인접하는 것으로 간주한다.

이러한 방식으로 작성된 카르노맵을 이용하여 부울함수를 간략히 하는 방법은 다음과 같다.

❶ n차 부울함수에 대응하는 n변수 카르노맵을 작성한다.
❷ 부울함수에 있는 각 항에 대응하는 카르노맵의 셀에 1을 표시한다.
❸ 상하좌우로 인접하는 1들을 $2^n, 2^{n-1}, 2^{n-2}, \cdots$ 개의 순으로 묶는다.
❹ 묶음에 있는 공통 리터럴을 논리합으로 전개한다.

'인접하는 1'이라는 것은 반드시 상하좌우로 위치한 1이어야만 한다. [그림 10-3]과 같이 1들이 대각선 방향으로 위치한 경우는 인접하는 것이 아니다.

x \ y	y	$\bar{y}$
x	1	
$\bar{x}$		1

x \ yz	yz	$y\bar{z}$	$\bar{y}\bar{z}$	$\bar{y}z$
x	1		1	
$\bar{x}$		1		1

wx \ yz	yz	$y\bar{z}$	$\bar{y}\bar{z}$	$\bar{y}z$
wx	1		1	
$w\bar{x}$		1		1
$\bar{w}\bar{x}$	1		1	
$\bar{w}x$		1		1

[그림 10-3] 1이 인접하지 않는 카르노맵의 예

또한 카르노맵은 첫 번째 행 또는 열과 마지막 행 또는 열은 서로 인접하는 것으로 간주한다고 했다. 그러므로 다음 [그림 10-4]와 같이 1들이 위치한 경우 1들은 모두 인접하는 것으로 간주한다.

x \ yz	yz	$y\bar{z}$	$\bar{y}\bar{z}$	$\bar{y}z$
x	1			1
$\bar{x}$	1			1

wx \ yz	yz	$y\bar{z}$	$\bar{y}\bar{z}$	$\bar{y}z$
wx	1			1
$w\bar{x}$				
$\bar{w}\bar{x}$				
$\bar{w}x$	1			1

wx \ yz	yz	$y\bar{z}$	$\bar{y}\bar{z}$	$\bar{y}z$
wx	1			1
$w\bar{x}$	1			1
$\bar{w}\bar{x}$	1			1
$\bar{w}x$	1			1

[그림 10-4] 1이 인접하는 카르노맵의 예

카르노맵을 이용한 부울함수 간략화 방법의 ❸단계에서 고려해야 하는 점은 다음과 같다.

(1) 인접한 1을 $2^n, 2^{n-1}, 2^{n-2}, \cdots$ 개의 순으로 묶을 때는 1을 가장 많이 묶을 수 있는 경우부터 고려하고, 더 이상 묶을 수 없으면 적은 수로 줄여가며 묶는다.
(2) 셀에 표시된 1은 어느 묶음에든 포함되어야 한다.
(3) 최대한 중복을 피해서 묶어야 하지만, 경우에 따라 하나의 1이 둘 이상의 묶음에 중복될 수도 있다.

다음과 같은 카르노맵을 살펴보자. (설명의 편의를 위해 각 셀에 번호를 붙였다.)

wx \ yz	yz	$y\overline{z}$	$\overline{y}\,\overline{z}$	$\overline{y}z$
wx	① 1	② 1	③ 1	④
$w\overline{x}$	⑤ 1	⑥ 1	⑦ 1	⑧ 1
$\overline{w}\,\overline{x}$	⑨	⑩	⑪ 1	⑫
$\overline{w}x$	⑬	⑭	⑮	⑯

위 카르노맵은 4변수 카르노맵이므로 4차 부울함수 $f(w, x, y, z)$를 간략하기 위한 것이며, 1로 표시된 부분은 이 부울함수 $f(w, x, y, z)$를 구성하는 최소항이다. 다음 과정으로 부울함수를 간략히 정리해보자.

(1) 4변수이므로 $2^4 = 16$개로 묶을 수 있는지를 확인하면 묶을 수 없음을 알 수 있다.

(2) $2^{4-1} = 2^3 = 8$개로 묶을 수 있는지를 확인하면 묶을 수 없음을 알 수 있다.

(3) $2^{4-2} = 2^2 = 4$개로 묶을 수 있는지를 확인하면 셀 ①, ②, ⑤, ⑥과 셀 ②, ③, ⑥, ⑦, 그리고 셀 ⑤, ⑥, ⑦, ⑧을 묶을 수 있다. 이때 셀 ②, ⑤, ⑥, ⑦의 경우 두 개 이상의 묶음에 포함되기는 하지만 다른 묶음에 포함되지 않은 셀 ①, ③, ⑧을 묶기 위해 필요하기 때문에 중복하여 묶음에 포함시킬 수 있다.

wx \ yz	yz	$y\overline{z}$	$\overline{y}\,\overline{z}$	$\overline{y}z$
wx	① 1	② 1	③ 1	④
$w\overline{x}$	⑤ 1	⑥ 1	⑦ 1	⑧ 1
$\overline{w}\,\overline{x}$	⑨	⑩	⑪ 1	⑫
$\overline{w}x$	⑬	⑭	⑮	⑯

(4) $2^{4-3} = 2^1 = 2$개로 묶을 수 있는지를 확인하면 셀 ⑦, ⑪을 묶을 수 있다. 여기서 셀 ⑦의 경우 이미 다른 묶음에 포함된 셀이지만, 셀 ⑪을 위해 중복하여 묶음에 포함시켰다.

wx \ yz	yz	$y\overline{z}$	$\overline{y}\,\overline{z}$	$\overline{y}z$
wx	① 1	② 1	③ 1	④
$w\overline{x}$	⑤ 1	⑥ 1	⑦ 1	⑧ 1
$\overline{w}\,\overline{x}$	⑨	⑩	⑪ 1	⑫
$\overline{w}x$	⑬	⑭	⑮	⑯

(5) 이제 더 이상 묶을 1이 없으므로 각 묶음에 포함된 공통 리터럴들을 구하면 다음과 같다.

셀 ①, ②, ⑤, ⑥의 묶음 : wy 　　셀 ②, ③, ⑥, ⑦의 묶음 : $w\bar{z}$

셀 ⑤, ⑥, ⑦, ⑧의 묶음 : $w\bar{x}$ 　　셀 ⑦, ⑪의 묶음 : $\bar{x}\,\bar{y}\,\bar{z}$

그러므로 정규형 부울함수를 간략화한 부울함수는 $f(w, x, y, z) = w\bar{x} + wy + w\bar{z} + \bar{x}\,\bar{y}\,\bar{z}$ 이다.

이번에는 다른 카르노맵을 살펴보자.

wx \ yz	yz	$y\bar{z}$	$\bar{y}\bar{z}$	$\bar{y}z$
wx	①	② 1	③ 1	④
$w\bar{x}$	⑤	⑥ 1	⑦ 1	⑧ 1
$\bar{w}\bar{x}$	⑨	⑩	⑪	⑫ 1
$\bar{w}x$	⑬	⑭	⑮	⑯

(1) 4변수이므로 $2^4 = 16$개로 묶을 수 있는지를 확인하면 묶을 수 없음을 알 수 있다.

(2) $2^{4-1} = 2^3 = 8$개로 묶을 수 있는지를 확인하면 묶을 수 없음을 알 수 있다.

(3) $2^{4-2} = 2^2 = 4$개로 묶을 수 있는지를 확인하면 셀 ②, ③, ⑥, ⑦을 묶을 수 있다.

wx \ yz	yz	$y\bar{z}$	$\bar{y}\bar{z}$	$\bar{y}z$
wx	①	② 1	③ 1	④
$w\bar{x}$	⑤	⑥ 1	⑦ 1	⑧ 1
$\bar{w}\bar{x}$	⑨	⑩	⑪	⑫ 1
$\bar{w}x$	⑬	⑭	⑮	⑯

(4) $2^{4-3} = 2^1 = 2$개로 묶을 수 있는지를 확인하면 셀 ⑧, ⑫를 묶을 수 있다.

wx \ yz	yz	$y\bar{z}$	$\bar{y}\bar{z}$	$\bar{y}z$
wx	①	② 1	③ 1	④
$w\bar{x}$	⑤	⑥ 1	⑦ 1	⑧ 1
$\bar{w}\bar{x}$	⑨	⑩	⑪	⑫ 1
$\bar{w}x$	⑬	⑭	⑮	⑯

여기서 다음과 같이 셀 ⑦, ⑧을 묶는 또 하나의 묶음이 나올 수 있다고 주장할 수도 있다.

wx \ yz	yz	$y\bar{z}$	$\bar{y}\bar{z}$	$\bar{y}z$
wx	①	② 1	③ 1	④
$w\bar{x}$	⑤	⑥ 1	⑦ 1	⑧ 1
$\bar{w}\bar{x}$	⑨	⑩	⑪	⑫ 1
$\bar{w}x$	⑬	⑭	⑮	⑯

그러나 셀 ⑦이나 ⑧의 경우 이미 다른 묶음에 포함되어 있으며 묶음에 포함되지 않은 다른 셀들을 위해 필요한 경우도 아니므로 셀 ⑦, ⑧을 묶는 묶음은 없어도 된다. 그러므로 이 카르노맵에 대해서는 셀 ②, ③, ⑥, ⑦의 묶음과 셀 ⑧, ⑫의 묶음이 있으면 정규형 부울함수를 간략화한 형태를 구할 수 있다.

셀 ②, ③, ⑥, ⑦의 묶음 : $w\bar{z}$　　　셀 ⑧, ⑫의 묶음 : $\bar{x}\bar{y}z$

그러므로 정규형 부울함수에 대한 간략화한 부울함수는 $f(w, x, y, z) = w\bar{z} + \bar{x}\bar{y}z$이다.

다른 카르노맵을 살펴보자.

wx \ yz	yz	$y\bar{z}$	$\bar{y}\bar{z}$	$\bar{y}z$
wx	①	② 1	③ 1	④
$w\bar{x}$	⑤	⑥ 1	⑦ 1	⑧
$\bar{w}\bar{x}$	⑨	⑩	⑪	⑫ 1
$\bar{w}x$	⑬	⑭	⑮	⑯

이 경우는 셀 ②, ③, ⑥, ⑦을 하나로 묶고 나면 셀 ⑫만 남으며 셀 ⑫의 경우 셀 ②, ③, ⑥, ⑦과 인접하지 않는다. 그러므로 다음 그림과 같이 묶이게 되며 간략화한 부울함수는 셀 ②, ③, ⑥, ⑦의 묶음에 대한 최소항과 셀 ⑫에 대한 최소항의 부울합 전개로 구할 수 있다.

wx \ yz	yz	$y\bar{z}$	$\bar{y}\bar{z}$	$\bar{y}z$
wx	①	② 1	③ 1	④
$w\bar{x}$	⑤	⑥ 1	⑦ 1	⑧
$\bar{w}\bar{x}$	⑨	⑩	⑪	⑫ 1
$\bar{w}x$	⑬	⑭	⑮	⑯

$$f(w, x, y, z) = w\bar{z} + \bar{w}\bar{x}\bar{y}z$$

마지막으로 다음과 같이 카르노맵의 모든 셀이 1로 채워진 부울함수는 부울상수 1이다.

wx \ yz	yz	$y\overline{z}$	$\overline{y}\,\overline{z}$	$\overline{y}z$
wx	① 1	② 1	③ 1	④ 1
$w\overline{x}$	⑤ 1	⑥ 1	⑦ 1	⑧ 1
$\overline{w}\,\overline{x}$	⑨ 1	⑩ 1	⑪ 1	⑫ 1
$\overline{w}x$	⑬ 1	⑭ 1	⑮ 1	⑯ 1

$f(w, x, y, z) = 1$

예제 10-9

[예제 10-6], [예제 10-7]에서 구한 표준화된 정규형 부울함수를 카르노맵을 이용해 간단히 하라.

(a) $f(x, y) = xy + x\overline{y} + \overline{x}\,\overline{y}$

(b) $f(x, y, z) = \overline{x}yz + \overline{x}y\overline{z} + \overline{x}\,\overline{y}z + \overline{x}\,\overline{y}\,\overline{z} + x\overline{y}z + x\overline{y}\,\overline{z} + xyz$

(c) $f(x, y, z) = xyz + xy\overline{z} + x\overline{y}z + x\overline{y}\,\overline{z} + \overline{x}yz + \overline{x}y\overline{z} + \overline{x}\,\overline{y}\,\overline{z}$

풀이

(a) 2차 부울함수이므로 2변수 카르노맵을 사용한다.

x \ y	y	$\overline{y}$
x	1	1
$\overline{x}$	ⓐ	ⓑ 1

ⓐ 묶음의 공통 리터럴 : x

ⓑ 묶음의 공통 리터럴 : $\overline{y}$

$\therefore\ f(x, y) = x + \overline{y}$

(b) 3차 부울함수이므로 3변수 카르노맵을 사용한다.

x \ yz	yz	$y\overline{z}$	$\overline{y}\,\overline{z}$	$\overline{y}z$
x	1	ⓐ	ⓑ 1	ⓒ 1
$\overline{x}$	1	1	1	1

ⓐ 묶음의 공통 리터럴 : $\overline{x}$

ⓑ 묶음의 공통 리터럴 : $\overline{y}$

ⓒ 묶음의 공통 리터럴 : z

$\therefore\ f(x, y, z) = \overline{x} + \overline{y} + z$

(c) 3차 부울함수이므로 3변수 카르노맵을 사용한다.

x \ yz	yz	$y\overline{z}$	$\overline{y}\,\overline{z}$	$\overline{y}z$
x	1	1	1	1
$\overline{x}$	ⓑ 1	1	1 ⓒ	ⓐ

ⓐ 묶음의 공통 리터럴 : x

ⓑ 묶음의 공통 리터럴 : y

ⓒ 묶음의 공통 리터럴 : $\overline{z}$

$\therefore\ f(x, y, z) = x + y + \overline{z}$

카르노맵은 표준화된 정규형 부울함수가 아니더라도 부울함수를 간략화하는 데 사용할 수 있다. 정규형 부울함수에 포함된 항에 해당하는 모든 셀에 1을 표시한 후 카르노맵 규칙대로 묶어서 간단히 정리하면 된다. 다음 정규형 부울함수를 예로 살펴보자.

$$f(x, y, z) = x + yz + xy\overline{z}$$

3차 부울함수이므로 3변수 카르노맵을 사용한다.

$$f(x, y, z) = \underbrace{x}_{ⓐ} + \underbrace{yz}_{ⓑ} + \underbrace{xy\overline{z}}_{ⓒ}$$

부울함수 $f(x,y,z)$의 ⓐ항이 포함된 셀 ①, ②, ③, ④, ⓑ항이 포함된 셀 ①, ⑤, 그리고 ⓒ항에 해당하는 셀 ②에 1로 표기한다. 물론 셀 ①, ②는 중복되는 항이므로 한 번만 표기하면 된다. 표기한 내용을 카르노맵 규칙에 따라 묶으면 다음과 같다.

x \ yz	yz	$y\overline{z}$	$\overline{y}\,\overline{z}$	$\overline{y}z$
x	① 1	② 1	③ 1	④ 1 ⓐ
$\overline{x}$	⑤ 1 ⓑ	⑥	⑦	⑧

각 묶음의 공통 리터럴은 다음과 같다.

ⓐ 묶음의 공통 리터럴 : x　　　ⓑ 묶음의 공통 리터럴 : yz

그러므로 부울함수 $f(x, y, z) = x + yz + xy\overline{z}$에 대해 간략화된 부울함수는 $f(x, y, z) = x + yz$이다.

예제 10-10

카르노맵을 이용해 다음 부울함수를 간략화하라.

(a) $f(x, y) = x\overline{y} + y$

(b) $f(x, y, z) = x + \overline{x}z$

(c) $f(w, x, y, z) = \overline{y}z + wyz + wxy + y\overline{z}$

풀이

(a) 2차 부울함수이므로 2변수 카르노맵을 사용한다.

x \ y	y	$\overline{y}$
x	1	1 ⓐ
$\overline{x}$	1 ⓑ	

ⓐ 묶음의 공통 리터럴 : x

ⓑ 묶음의 공통 리터럴 : y

$\therefore\ f(x, y) = x + y$

(b) 3차 부울함수이므로 3변수 카르노맵을 사용한다.

x \ yz	yz	$y\overline{z}$	$\overline{y}\,\overline{z}$	$\overline{y}z$
x	1	1	1	1
$\overline{x}$	1			1

ⓐ 묶음의 공통 리터럴 : x

ⓑ 묶음의 공통 리터럴 : z

$\therefore f(x, y, z) = x + z$

(c) 4차 부울함수이므로 4변수 카르노맵을 사용한다.

wx \ yz	yz	$y\overline{z}$	$\overline{y}\,\overline{z}$	$\overline{y}z$
wx	1	1		1
$w\overline{x}$	1	1		1
$\overline{w}\,\overline{x}$		1		1
$\overline{w}x$		1		1

ⓐ 묶음의 공통 리터럴 : $\overline{y}z$

ⓑ 묶음의 공통 리터럴 : $y\overline{z}$

ⓒ−1 묶음의 공통 리터럴 : wy

ⓒ−2 묶음의 공통 리터럴 : wz

$$\therefore f(w, x, y, z) = \overline{y}z + y\overline{z} + wy$$
$$= \overline{y}z + y\overline{z} + wz$$

[예제 10−10(c)]에서 ⓒ−1과 ⓒ−2 묶음은 둘 중 하나만 선택해도 카르노맵에 표기한 모든 1이 묶음에 포함된다. 그러므로 (c)의 $f(w, x, y, z) = \overline{y}z + wyz + wxy + y\overline{z}$를 간략화한 결과는 $f(w, x, y, z) = \overline{y}z + y\overline{z} + wy$와 $f(w, x, y, z) = \overline{y}z + y\overline{z} + wz$로 두 가지가 나올 수 있다.

10.3 논리 게이트

건물을 짓기 위해 설계도가 필요하듯이, 디지털 회로를 만들기 위해서는 정확한 연산 과정을 표현하는 논리회로가 필요하다. 연산 과정은 앞에서 공부한 부울함수를 이용해 정의하며 이를 논리회로로 표현할 때는 논리 게이트를 이용한다.

정의 10-15 논리 게이트(logic gate)

부울대수를 물리적 장치로 구현한 것

논리 게이트는 논리회로를 구성하는 기본 소자로, 하나 이상의 2진 정보를 입력받아 하나의 2진 정보를 출력한다. 기본 게이트로 NOT, AND, OR 게이트가 있고 그 밖에 NAND, NOR, XOR, XNOR 게이트가 있다.

■ NOT 게이트

하나의 입력을 받아 부울보수 연산 후 하나의 출력을 낸다.

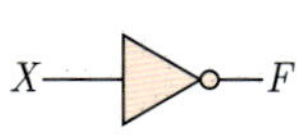

입력	출력
X	F
0	1
1	0

[그림 10-5] NOT 게이트와 출력 결과

■ AND 게이트

두 개의 입력을 받아 부울곱 연산 후 하나의 출력을 낸다.

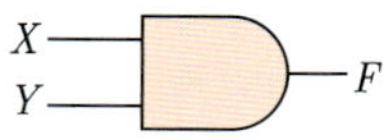

입력		출력
X	Y	F
0	0	0
0	1	0
1	0	0
1	1	1

[그림 10-6] AND 게이트와 출력 결과

■ OR 게이트

두 개의 입력을 받아 부울합 연산 후 하나의 출력을 낸다.

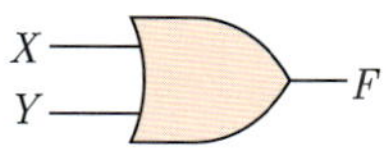

입력		출력
X	Y	F
0	0	0
0	1	1
1	0	1
1	1	1

[그림 10-7] OR 게이트와 출력 결과

■ NAND 게이트

AND 게이트와 NOT 게이트를 결합한 논리소자로, 두 개의 입력을 받아 부울곱 연산 후 부울보수한 결과를 출력한다.

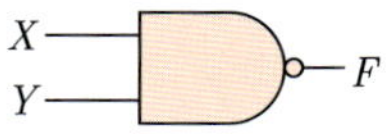

입력		출력
X	Y	F
0	0	1
0	1	1
1	0	1
1	1	0

[그림 10-8] NAND 게이트와 출력 결과

■ NOR 게이트

OR 게이트와 NOT 게이트를 결합한 논리소자로, 두 개의 입력을 받아 부울합 연산 후 부울보수한 결과를 출력한다.

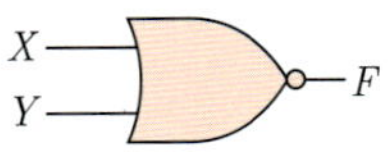

입력		출력
X	Y	F
0	0	1
0	1	0
1	0	0
1	1	0

[그림 10-9] NOR 게이트와 출력 결과

■ XOR 게이트

XOR 게이트는 eXclusive OR 연산자 ⊕에 대한 논리소자이다. XOR은 다음과 같은 연산식을 표현하는 연산자로, 두 개의 같은 값을 입력하면 0을, 다른 값을 입력하면 1을 출력한다.

$$X \oplus Y = X'Y + XY'$$

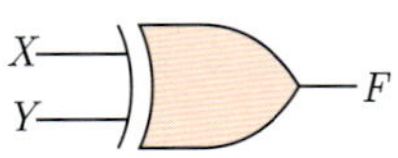

입력		출력
X	Y	F
0	0	0
0	1	1
1	0	1
1	1	0

[그림 10-10] XOR 게이트와 출력 결과

■ XNOR 게이트

XOR 게이트와 NOT 게이트를 결합한 논리소자로, 두 개의 입력을 받아 XOR 연산 후 부울보수한 결과를 출력한다.

$$\begin{aligned} X \odot Y &= (X \oplus Y)' = (X'Y + XY')' \\ &= (X'Y)' \cdot (XY')' && (\because \text{ 드 모르간의 법칙}) \\ &= (X + Y')(X' + Y) && (\because \text{ 드 모르간의 법칙}) \\ &= XX' + XY + X'Y' + Y'Y && (\because \text{ 분배법칙}) \\ &= 0 + XY + X'Y' + 0 && (\because \text{ 보수법칙}) \\ &= XY + X'Y' && (\because \text{ 항등법칙}) \end{aligned}$$

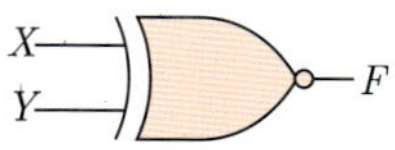

입력		출력
X	Y	F
0	0	1
0	1	0
1	0	0
1	1	1

[그림 10-11] XNOR 게이트와 출력 결과

부울함수 $f(x, y) = (x + \overline{y})(\overline{x} + y)$를 논리회로로 나타내보자.

(1) 괄호 안에 있는 각 변수 x, y에 대한 부울보수 연산을 게이트로 표시한다.

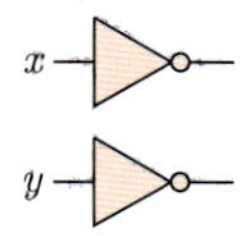

(2) 괄호 안의 각 리터럴들의 부울합 연산에 대한 게이트를 표시한다. 각 부울변수 x, y에 대한 리터럴의 입력선은 다음 그림과 같이 점을 이용해 연결선으로 표시할 수 있다.

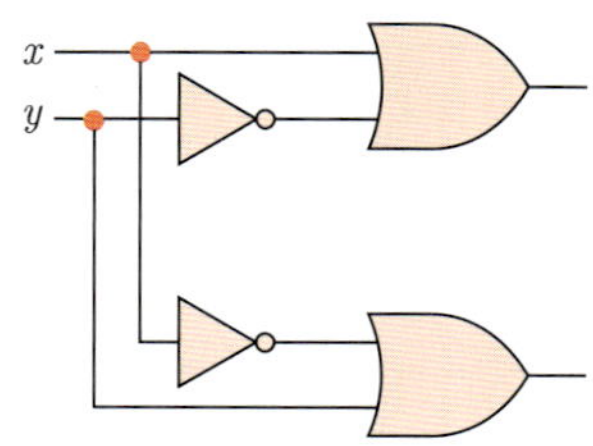

(3) 부울합으로 연산한 두 최대항의 부울곱 연산에 대한 게이트를 표시하고 출력 f로 마무리한다.

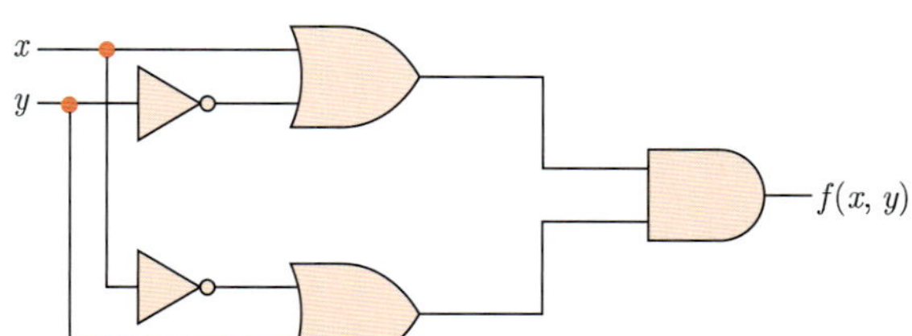

이번에는 $f(x, y) = (x + \overline{y})(\overline{x} + y)$를 부울대수법칙을 이용해 DNF로 표현한 뒤 논리회로로 나타내보자.

$$
\begin{aligned}
f(x, y) &= (x + \overline{y})(\overline{x} + y) \\
&= x\overline{x} + \overline{y}\,\overline{x} + xy + \overline{y}y && (\because \text{ 분배법칙}) \\
&= 0 + \overline{y}\,\overline{x} + xy + 0 && (\because \text{ 보수법칙}) \\
&= \overline{y}\,\overline{x} + xy && (\because \text{ 항등법칙}) \\
&= \overline{x}\,\overline{y} + xy && (\because \text{ 교환법칙})
\end{aligned}
$$

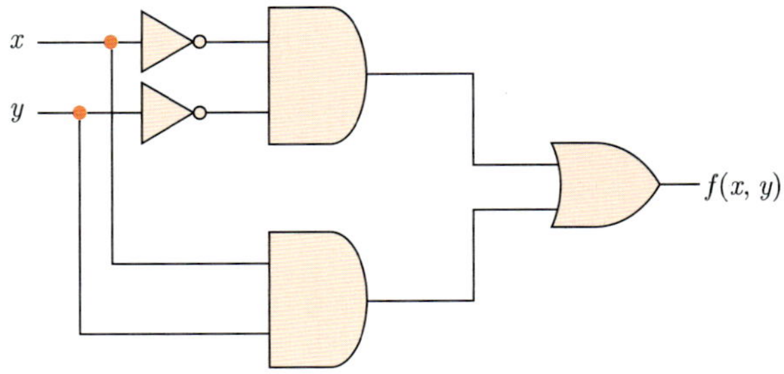

또한 $f(x, y) = \overline{x}\,\overline{y} + xy = x \odot y$이므로 다음과 같이 나타낼 수도 있다.

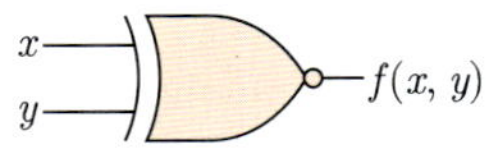

이번에는 반대로 주어진 논리회로를 보고 부울함수로 표현해보자.

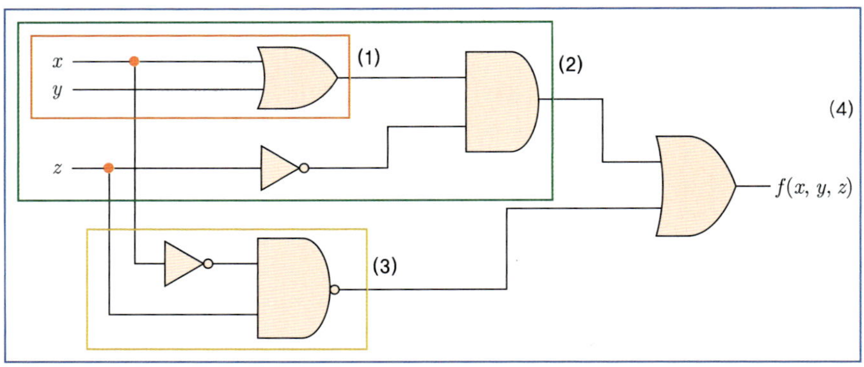

이 논리회로에서 입력에 사용되는 부울변수는 x, y, z 3개이므로 3차 부울함수에 대한 논리회로임을 알 수 있다.

(1) 리터럴 x, y를 부울합 연산한다. : $x + y$

(2) (1)의 연산과 리터럴 $\overline{z}$를 부울곱 연산한다. : $(x + y) \cdot \overline{z}$

(3) 리터럴 $\overline{x}$와 z를 NAND 연산한다. NAND 연산은 두 리터럴을 부울곱 연산한 후 그 결과를 부울보수 연산한 것이다. : $\overline{\overline{x} \cdot z}$

(4) (2)의 연산과 (3)의 연산을 부울합 연산한다. : $(x + y) \cdot \overline{z} + \overline{\overline{x} \cdot z}$

그러므로 이 논리회로에 대한 부울함수는 $f(x, y, z) = (x + y) \cdot \overline{z} + \overline{\overline{x} \cdot z}$ 이다.

예제 10-11

다음 부울함수를 논리회로로 표현하라.

(a) $f(x, y) = x\overline{y} + y$

(b) $f(x, y, z) = x + z(\overline{x} + \overline{y})$

(c) $f(w, x, y, z) = z(\overline{y} + wy) + \overline{wx + y}$

풀이

(a)

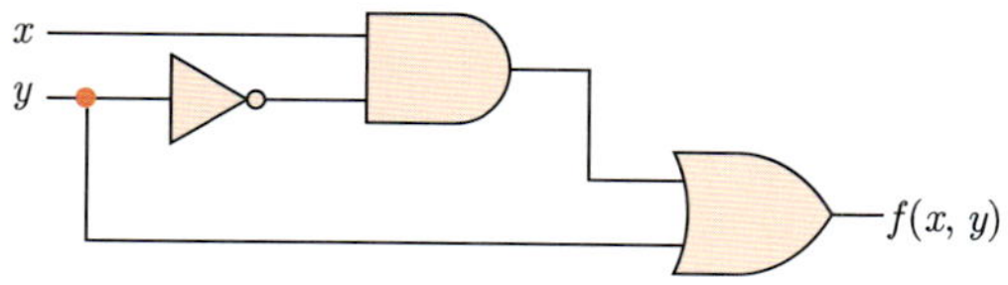

(b)

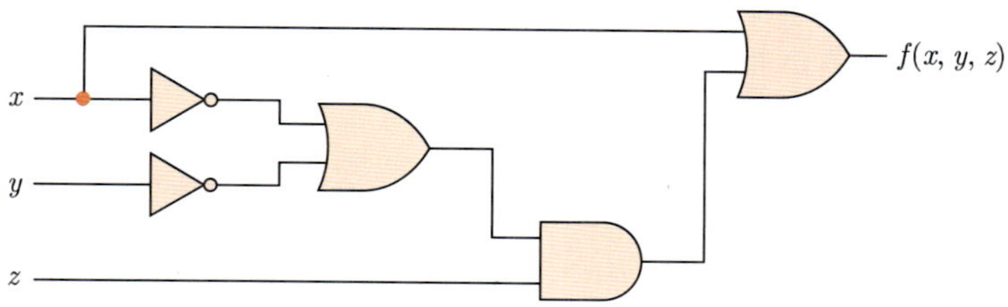

(c)

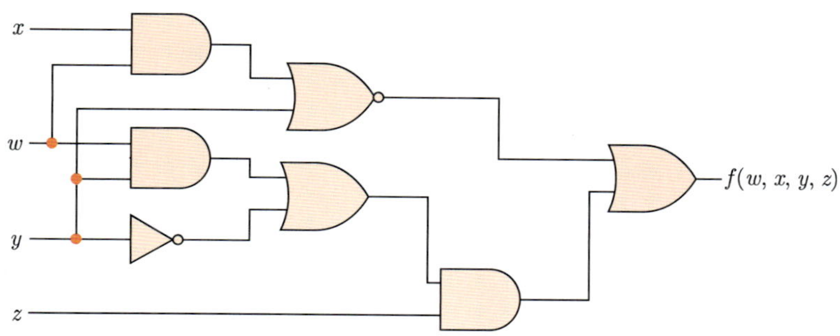

예제 10-12

[예제 10−11]의 부울함수를 DNF로 간략히 한 후 논리회로로 나타내라.

(a) $f(x, y) = x\overline{y} + y$

(b) $f(x, y, z) = x + z(\overline{x} + \overline{y})$

(c) $f(w, x, y, z) = z(\overline{y} + wy) + \overline{wx + y}$

풀이

(a) $f(x, y) = x\overline{y} + y = (x+y)(\overline{y}+y)$

$= (x+y) \cdot 1 = x + y$

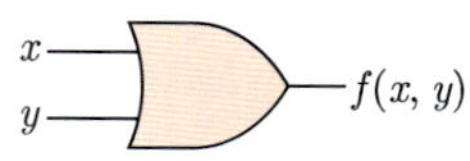

(b) $f(x, y, z) = x + z(\overline{x} + \overline{y})$

$= (x+z)\{x + (\overline{x} + \overline{y})\}$

$= (x+z)\{(x + \overline{x}) + \overline{y}\}$

$= (x+z)(1 + \overline{y})$

$= (x+z) \cdot 1 = x + z$

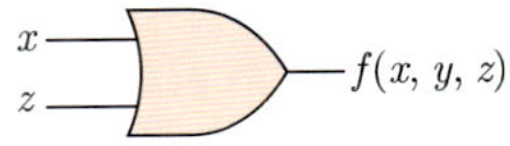

(c) $f(w, x, y, z) = z(\bar{y} + wy) + \overline{wx + y}$

$= z(\bar{y} + wy) + \overline{wx} \cdot \bar{y}$

$= z(\bar{y} + wy) + (\bar{w} + \bar{x})\bar{y}$

$= z\{(\bar{y} + w)(\bar{y} + y)\} + (\bar{w} + \bar{x})\bar{y}$

$= z\{(\bar{y} + w) \cdot 1\} + (\bar{w} + \bar{x})\bar{y}$

$= z(\bar{y} + w) + (\bar{w} + \bar{x})\bar{y} = \bar{y}z + wz + \bar{w}\,\bar{y} + \bar{x}\,\bar{y}$

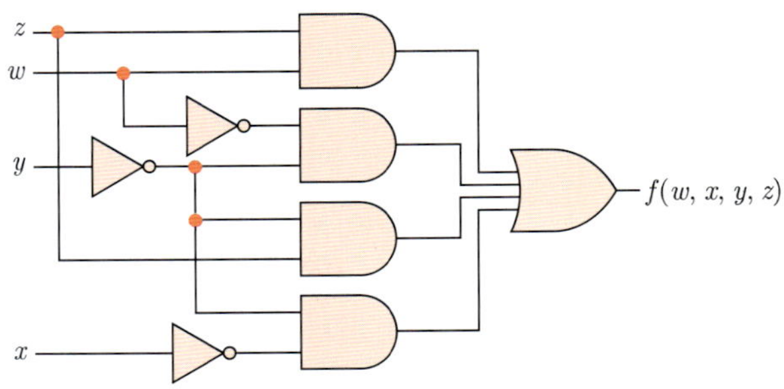

예제 10-13

다음 논리회로에 대한 부울함수를 구하라.

(a)

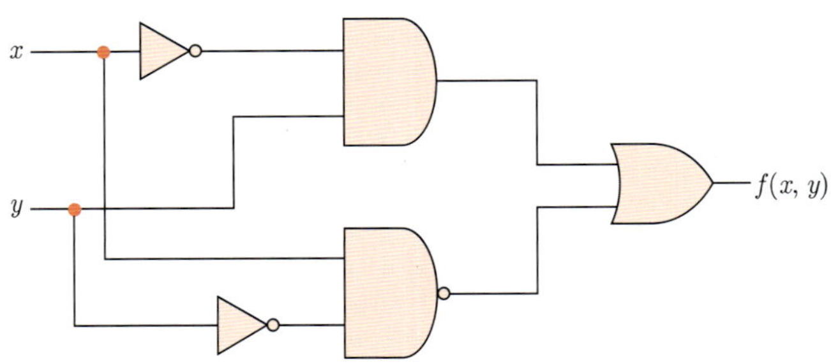

(b)

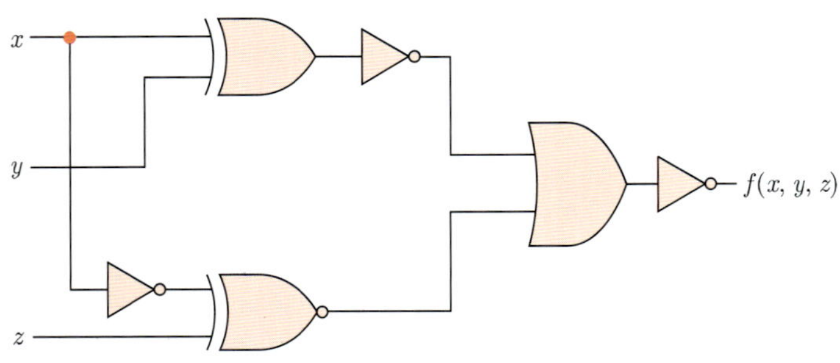

풀이

(a)

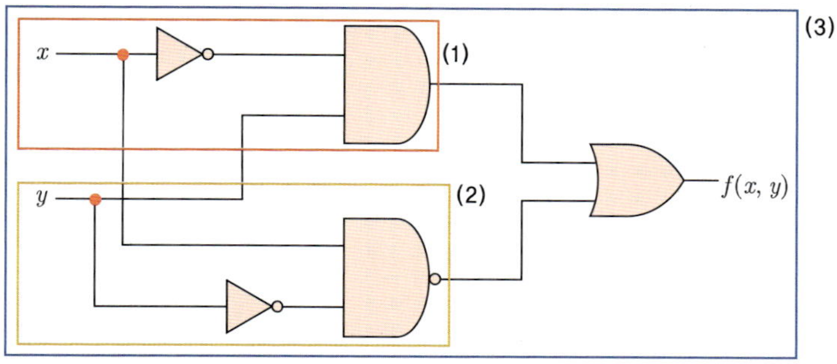

각 묶음을 식으로 표현하면 (1) $\overline{x}\,y$, (2) $\overline{x\,\overline{y}}$, (3) $\overline{x}\,y+\overline{x\,\overline{y}}$ 이다.

$\therefore\ f(x, y)=\overline{x}\,y+\overline{x\,\overline{y}}$

(b)

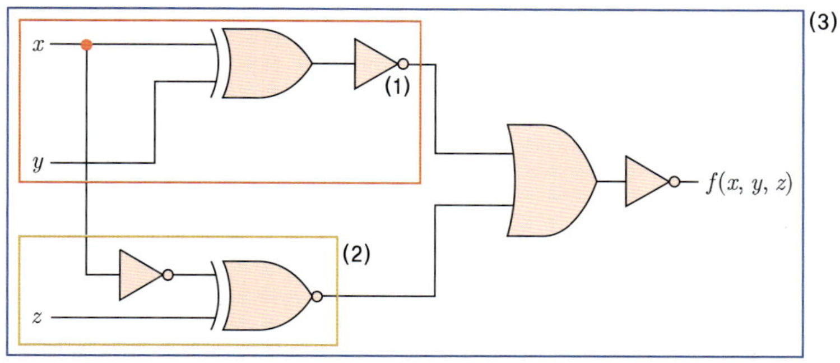

각 묶음을 식으로 표현하면 (1) $\overline{x\oplus y}$, (2) $\overline{x}\odot z$, (3) $\overline{\overline{x\oplus y}+(\overline{x}\odot z)}$ 이다.

$\therefore\ f(x,y,z)=\overline{\overline{x\oplus y}+(\overline{x}\odot z)}$

10장_핵심요약

CHAPTER 10 연습문제

✔ 문제 해답

✔01 주어진 부울식을 보고 다음 물음에 답하라.

① $(w+y+z)(x+\overline{y}+\overline{z})$	② $wx+\overline{w}z+y(\overline{x}+w\overline{z})$	③ $x+\overline{y}+z$
④ $x+\overline{y}$	⑤ $x+x\overline{z}+\overline{x}y+\overline{x}y\overline{z}$	⑥ $x\overline{y}z+\overline{x}\,\overline{y}\,\overline{z}+\overline{x}yz$

(a) 각 부울함수는 몇 차 부울함수인가?

(b) DNF 부울함수를 모두 골라라.

(c) CNF 부울함수를 모두 골라라.

(d) 최소항 전개 DNF 부울함수를 모두 골라라.

(e) 최대항 전개 CNF 부울함수를 모두 골라라.

02 주어진 부울식을 보고 다음 물음에 답하라.

① $(x+y)+\overline{x}\,\overline{y}$	② $\overline{x}y+x\overline{y}$	③ $w\overline{x}y\overline{z}+\overline{w}\,\overline{x}\,\overline{y}z+\overline{w}x\overline{y}\,\overline{z}$
④ $(x+\overline{y})(\overline{x}+y)$	⑤ $(\overline{x}+y+z)(x+y+\overline{z})$	⑥ $w+x+y+z$

(a) 각 부울함수는 몇 차 부울함수인가?

(b) DNF 부울함수를 모두 골라라.

(c) CNF 부울함수를 모두 골라라.

(d) 최소항 전개 DNF 부울함수를 모두 골라라.

(e) 최대항 전개 CNF 부울함수를 모두 골라라.

✔03 다음 부울함수의 진리표를 구하라.

(a) $f(x,y)=x+\overline{y}$

(b) $f(x,y)=x+\overline{x}y+\overline{y}$

(c) $f(x,y)=x(\overline{y}+xy)+y(\overline{x}+\overline{x}\,\overline{y})$

(d) $f(x,y,z)=\overline{x}\,\overline{y}+\overline{x}\,\overline{z}+xy+xz$

(e) $f(x,y,z)=xyz+\overline{z}+\overline{x}y+\overline{x}y\overline{z}$

(f) $f(x,y,z)=\overline{x}y\overline{z}+xy\overline{z}+x\overline{y}$

04 다음 부울함수의 진리표를 구하라.

(a) $f(x, y) = \overline{x}\,\overline{y} + xy$

(b) $f(x, y) = \overline{x} + xy$

(c) $f(x, y) = \overline{xy} + \overline{x + \overline{y}}$

(d) $f(x, y, z) = \overline{x}\,y\,\overline{z} + xy\,\overline{z} + xyz$

(e) $f(x, y, z) = x(\overline{y} + z) + \overline{xy} + \overline{z}$

(f) $f(x, y, z) = xy\,\overline{z} + z(\overline{x} + y\,\overline{z})$

(g) $f(x, y, z) = x + \overline{y}\,(x\,\overline{z} + \overline{x}) + \overline{x}\,z$

05 주어진 부울식을 보고 다음 물음에 답하라.

① $x + \overline{x}\,y = x + y$	② $x(\overline{x} + y) = xy$	③ $(x + y) + \overline{x}\,\overline{y} = 1$
④ $(x + y)\overline{x}\,\overline{y} = 0$	⑤ $xy + (\overline{x} + \overline{y}) = 1$	⑥ $(\overline{x} + \overline{y})xy = 0$

(a) 진리표를 이용해 각 부울식이 성립함을 증명하라.

(b) 부울대수법칙을 이용해 각 부울식이 성립함을 증명하라.

06 주어진 부울식을 보고 다음 물음에 답하라.

① $f(x,y) = xy + \overline{x}\,y + x\,\overline{y} = x + y$

② $f(x,y) = x\,\overline{y} + \overline{x}\,y + \overline{x}\,\overline{y} = \overline{x} + \overline{y}$

③ $f(x,y,z) = xy + \overline{y} + \overline{x}\,z = x + \overline{y} + z$

④ $f(x,y,z) = x\,\overline{z} + x\,\overline{y} + \overline{x}\,y + \overline{x}\,\overline{y} + \overline{x}\,yz = \overline{x} + \overline{y} + \overline{z}$

⑤ $f(x,y,z) = xz + \overline{x}\,z + \overline{y}\,\overline{z} = \overline{y} + z$

⑥ $f(x,y,z) = xyz + \overline{y}\,\overline{z} + \overline{y}\,z = xz + \overline{y}$

(a) 진리표를 이용해 각 부울식이 성립함을 증명하라.

(b) 부울대수법칙을 이용해 각 부울식이 성립함을 증명하라.

07 주어진 부울식을 보고 다음 물음에 답하라.

① $xy + xz + x\bar{y}\bar{z} = x$

② $xy + yz + \bar{x}z + xz + \bar{x}y\bar{z} = y + z$

③ $xy + x\bar{z} + y\bar{z} + x\bar{y} + \bar{y}\bar{z} + \bar{x}\bar{z} + xz = x + \bar{z}$

④ $(x + y)(y + z)(z + x) = xy + yz + xz$

⑤ $wy + xy + wz + xz = (w + x)(y + z)$

⑥ $wxz + \bar{x}y + xz + \bar{x}z + \bar{x}\bar{y}\bar{z} = \bar{x} + z$

(a) 진리표를 이용해 각 부울식이 성립함을 증명하라.

(b) 부울대수법칙을 이용해 각 부울식이 성립함을 증명하라.

08 주어진 부울함수를 보고 다음 물음에 답하라.

① $f(x, y) = x + \bar{y}$

② $f(x, y) = y$

③ $f(x, y, z) = \bar{x} + x\bar{z} + y$

④ $f(x, y, z) = xy + z$

⑤ $f(x, y, z) = x + y + z$

⑥ $f(x, y, z) = \bar{x} + \bar{z}$

(a) 부울대수법칙을 이용해 각 부울함수를 최소항 전개 부울함수로 만들어라.

(b) 최소항표를 이용해 각 부울함수를 최소항 전개 부울함수로 만들고, (a)와 같은 결과가 나오는지 확인하라.

09 주어진 부울함수를 보고 다음 물음에 답하라.

① $f(x, y, z) = xy + x\bar{z}$

② $f(x, y, z) = \bar{y}\bar{z}$

③ $f(w, x, y, z) = w + \bar{y}$

④ $f(w, x, y, z) = wy + \bar{x}z$

⑤ $f(w, x, y, z) = wxyz + \bar{x}y\bar{z}$

⑥ $f(w, x, y, z) = wx\bar{y} + w\bar{y}\bar{z} + xy\bar{z}$

(a) 부울대수법칙을 이용해 각 부울함수를 최소항 전개 부울함수로 만들어라.

(b) 최소항표를 이용해 각 부울함수를 최소항 전개 부울함수로 만들고, (a)와 같은 결과가 나오는지 확인하라.

10 주어진 부울함수를 보고 다음 물음에 답하라.

① $f(x, y) = \overline{x}\,y + xy$

② $f(x, y) = x\,\overline{y} + xy + \overline{x}\,y$

③ $f(x, y, z) = xyz + xy\,\overline{z} + \overline{x}\,y\,\overline{z} + \overline{x}\,yz + \overline{x}\,\overline{y}\,z$

④ $f(x, y, z) = xyz + xy\,\overline{z} + x\,\overline{y}\,\overline{z} + \overline{x}\,yz + \overline{x}\,y\,\overline{z} + \overline{x}\,\overline{y}\,\overline{z} + \overline{x}\,\overline{y}\,z$

⑤ $f(w, x, y, z) = wxyz + wxy\,\overline{z} + w\,\overline{x}\,\overline{y}\,\overline{z} + w\,\overline{x}\,\overline{y}\,z + \overline{w}\,\overline{x}\,yz + \overline{w}\,xyz$

⑥ $f(w, x, y, z) = wxyz + wx\,\overline{y}\,z + w\,\overline{x}\,\overline{y}\,\overline{z} + \overline{w}\,\overline{x}\,\overline{y}\,\overline{z} + \overline{w}\,\overline{x}\,\overline{y}\,z + \overline{w}\,xyz + \overline{w}\,x\,\overline{y}\,\overline{z}$
$+ \overline{w}\,x\,\overline{y}\,z$

(a) 부울대수법칙을 이용해 각 부울함수를 간략화하라.

(b) 카르노맵을 이용해 각 부울함수를 간략화하고, (a)와 같은 결과가 나오는지 확인하라.

11 주어진 부울함수를 보고 다음 물음에 답하라.

① $f(x, y, z) = xz + \overline{x}\,\overline{y} + \overline{x}\,\overline{z} + yz$

② $f(x, y, z) = \overline{x}\,y + \overline{y}\,\overline{z} + yz + \overline{y}\,z$

③ $f(x, y, z) = x\,\overline{y} + y\,\overline{z} + xyz + \overline{x}\,\overline{z} + \overline{x}\,\overline{y}\,z$

④ $f(w, x, y, z) = wyz + \overline{w}\,z + \overline{x}\,y + wz$

⑤ $f(w,x,y,z) = w\,\overline{y}\,\overline{z} + wxz + \overline{w}\,x\,\overline{y}\,z + \overline{x}\,y\,\overline{z} + w\,\overline{x}\,\overline{y}\,z + \overline{w}\,xz + xy\,\overline{z}$

⑥ $f(w, x, y, z) = w\,\overline{x}\,z + \overline{w}\,\overline{x}\,z + wx\,\overline{z} + \overline{w}\,x\,\overline{z} + wxy$

(a) 부울대수법칙을 이용해 각 부울함수를 간략화하라.

(b) 카르노맵을 이용해 각 부울함수를 간략화하고, (a)와 같은 결과가 나오는지 확인하라.

12 주어진 부울함수를 보고 다음 물음에 답하라.

① $f(x, y) = x\overline{y} + \overline{x + y}$	② $f(x, y, z) = \overline{xy + xz} + \overline{x}\,\overline{y}\,z$
③ $f(x, y, z) = x\overline{y} + xyz$	④ $f(x, y, z) = \overline{x} + xy + x\overline{z} + x\overline{y}\,\overline{z}$
⑤ $f(w, x, y, z) = \{w\overline{x}(y + xz) + \overline{w}\,\overline{x}\}\overline{y}$	⑥ $f(w, x, y, z) = wx + \overline{\overline{x\,z}} + (y + \overline{z})$

(a) 각 부울함수에 대한 논리회로를 그려라.

(b) 부울대수법칙을 이용해 각 부울함수를 간략화하고, 간략화된 논리회로를 그려라.

13 주어진 부울함수를 보고 다음 물음에 답하라.

① $f(x, y) = \overline{x} + \overline{y}$	② $f(x, y) = xy + \overline{y}$
③ $f(x, y, z) = z(x + y) + (\overline{x} + z)\overline{y + z}$	④ $f(x, y, z) = \overline{x} + \overline{yz} + \overline{\overline{y}(x + z)}$
⑤ $f(w, x, y, z) = w\{xy(z + \overline{y}) + \overline{x}\,\overline{z}\}$	⑥ $f(w, x, y, z) = \overline{wyz + x\overline{z}} + x\overline{y}$

(a) 각 부울함수에 대한 논리회로를 그려라.

(b) 부울대수법칙을 이용해 각 부울함수를 간략화하고, 간략화된 논리회로를 그려라.

14 주어진 부울함수를 보고 다음 물음에 답하라.

① $f(x, y) = x\overline{y} + \overline{x}\,\overline{y} + \overline{x}y$

② $f(x, y, z) = xyz + xy\overline{z} + \overline{x}y\overline{z} + \overline{x}\,\overline{y}\,\overline{z}$

③ $f(x, y, z) = xyz + xy\overline{z} + \overline{x}yz + \overline{x}\,\overline{y}z$

④ $f(x, y, z) = xy\overline{z} + x\overline{y}\,\overline{z} + \overline{x}yz + \overline{x}y\overline{z} + \overline{x}\,\overline{y}z + \overline{x}\,\overline{y}\,\overline{z}$

⑤ $f(w, x, y, z) = wxyz + wx\overline{y}z + w\overline{x}yz + w\overline{x}y\overline{z} + w\overline{x}\,\overline{y}\,\overline{z} + w\overline{x}\,\overline{y}z + \overline{w}\,\overline{x}y\overline{z} +$
$+ \overline{w}\,\overline{x}\,\overline{y}\,\overline{z} + \overline{w}xyz + \overline{w}x\overline{y}z$

(a) 각 최소화 전개 부울함수의 논리회로를 그려라.

(b) 부울대수법칙을 이용해 각 최소화 전개 부울함수를 간략화한 후 논리회로를 그려라.

15 다음 논리회로를 보고 출력식을 유도하라.

(a)

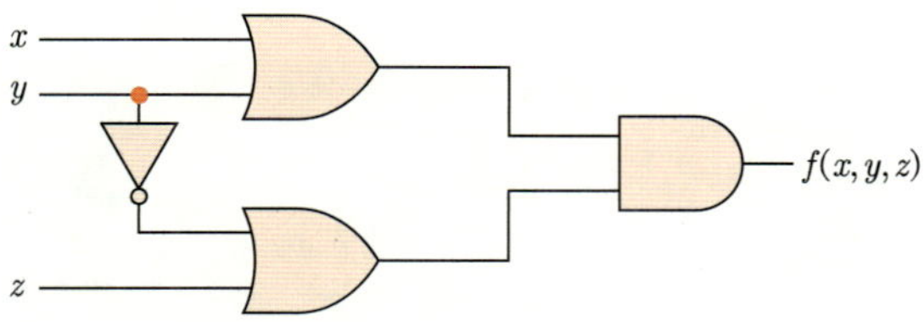

(b)

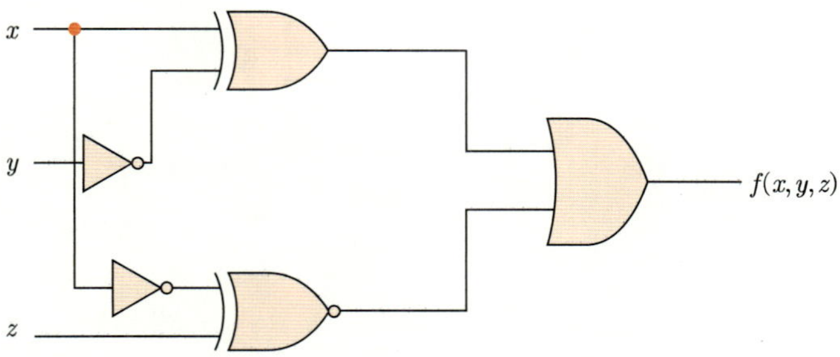

(c)

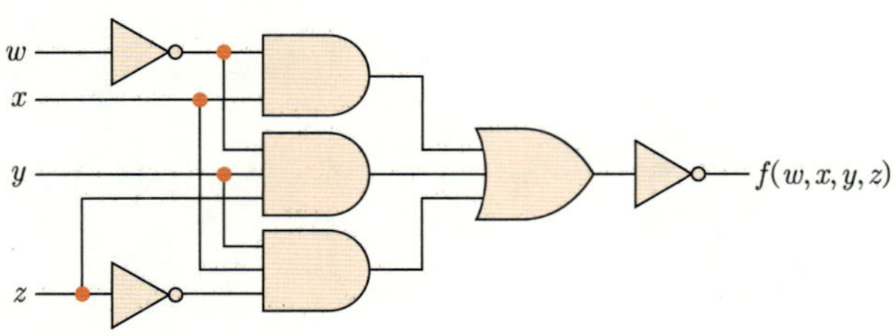

(d)

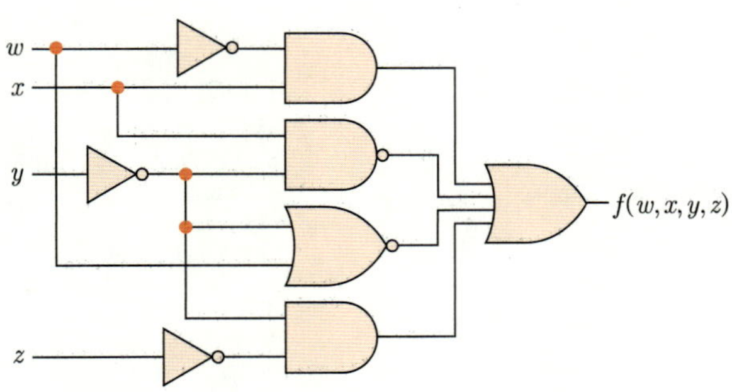

(e)

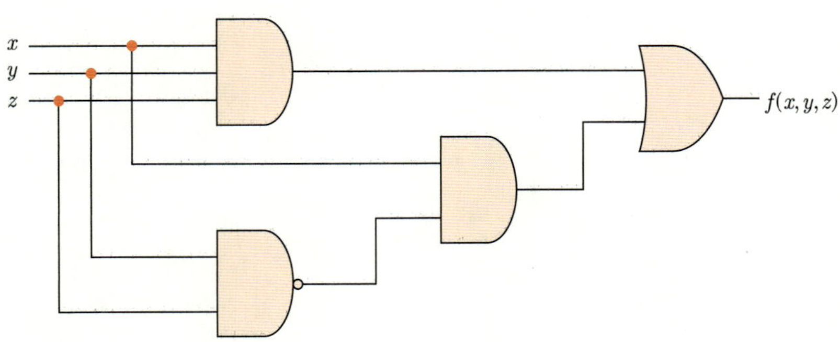

CHAPTER 11

순열, 조합, 확률

• Contents

일상에서 행사에 참여할 사람의 수, 하나의 상자에 담을 사과의 수 등과 같이 어떤 일이 발생할 경우의 수를 생각해보는 경우가 있다. 이처럼 컴퓨터 시스템에서도 프로그램의 실행 횟수가 몇 번인지, 서버에 접속하는 횟수가 몇 번인지, 접속자의 수는 몇 명인지 등과 같이 시스템에서 발생할 수 있는 여러 상황을 숫자로 예측해보기도 한다. 이러한 경우의 수 예측은 시스템의 효율을 높이는 방법을 찾는 데에 도움이 된다.

이 장에서는 사건의 논리적 발생 가능성을 확인하는 방법에 대해 알아본다.

학습목표

1. 사건이 일어나는 특징에 따른 경우의 수를 구할 수 있다.
2. 조합을 이용해 이항식을 전개할 수 있다.
3. 사건에 대한 경우의 수를 이용해 사건이 일어날 확률을 구할 수 있다.
4. 주어진 조건에 따른 확률을 구할 수 있다.
5. 사건에서 발생하는 값에 따른 확률을 구하고 평균을 구할 수 있다.

11.1 합의 법칙과 곱의 법칙

경우의 수를 확인하는 가장 기본적인 방법은 발생 가능한 경우를 나열해 그 수를 세는 것이다. 이때 한 가지 사건의 발생 가능성은 그 수를 세는 것이 간단하지만 두 개 이상의 사건이 발생 가능한 경우를 고려할 때에는 각 사건이 별도로 발생하는지, 서로 연관되어 발생하는지에 따라 세는 방법이 달라진다. 예를 들어 전혀 연관관계가 없는 별개의 두 서버 A와 B가 있을 때 서버 A에 접속하는 접속자 수와 서버 B에 접속하는 접속자 수는 각기 다른 서버에 발생하는 사건이므로 별도의 사건이다. 그러나 네트워크 계층에서 서버 B가 서버 A의 하위 서버인 경우 서버 A에 접속하는 접속자 수는 서버 B의 접속자 수와 연관이 있다. 그러므로 둘 이상의 사건이 별도로 발생하는지, 연관되어 발생하는지에 따라 경우의 수를 구하는 방법은 달라진다.

정의 11-1 합의 법칙(rule of sum)

두 사건 A, B의 경우의 수가 각각 $|A|=m$, $|B|=n$, $|A\cap B|=l$일 때, 사건 A 또는 사건 B가 일어날 경우의 수

$$|A\cup B|=|A|+|B|-|A\cap B|=m+n-l$$

합의 법칙은 집합에서 공부했던 합집합의 기수를 구하는 방식과 같다. 전체집합 $U=\{u\,|\,1\le u\le 10,\ u\in\mathbb{N}\}$를 이용한 다음 예를 살펴보자.

(1) 집합 $A=\{a\,|\,a\le 5, a\in U\}$ 또는 집합 $B=\{b\,|\,b>5, b\in U\}$의 원소의 수

(2) 집합 $A=\{a\,|\,a\le 5, a\in U\}$ 또는 집합 $B=\{b\,|\,b\ge 5, b\in U\}$의 원소의 수

(1)의 경우 집합 A에 포함되는 원소의 수는 5개, 집합 B에 포함되는 원소의 수 또한 5개, 그리고 두 집합에 공통으로 포함되는 원소는 존재하지 않으므로 0개이다($A\cap B=\varnothing$). 그러므로 집합 A 또는 B에 포함되는 원소 개수는 다음과 같다.

$$|A\cup B|=|A|+|B|-|A\cap B|=5+5-0=10$$

(2)의 경우 집합 A에 포함되는 원소의 수는 5개, 집합 B에 포함되는 원소의 수는 6개이고 두 집합 사이에 5가 공통으로 포함되므로 집합 A, B의 교집합의 원소의 수는 1개이다. 그러므로 집합 A 또는 B에

포함되는 원소의 수는 다음과 같다.

$$|A \cup B| = |A| + |B| - |A \cap B| = 5 + 6 - 1 = 10$$

집합 A나 집합 B를 각각 '사건'이라고 하면 각 집합의 기수 $|A|$나 $|B|$는 그 사건이 일어날 경우의 수가 된다. 그러므로 사건 A와 B에서 공통적으로 일어나는 사건이 없다면 $A \cap B = \varnothing$ 이므로 $|A \cup B| = |A| + |B|$로 경우의 수를 구할 수 있고, 사건 A와 B에서 공통적으로 일어나는 사건이 하나 이상 있다면 $A \cap B \neq \varnothing$ 이므로 $|A \cup B| = |A| + |B| - |A \cap B|$로 경우의 수를 구할 수 있다.

예제 11-1

다음 사건이 발생할 경우의 수를 구하라.

(a) 식당에 빵 5가지, 우유 2가지, 주스 4가지, 과일 5가지가 있다. 종류에 상관없이 한 가지만 선택할 수 있다면 선택의 경우의 수는 총 몇 가지인가?

(b) 어느 지역에 두 개의 서점 A, B가 있다. 서점 A에는 이산수학 관련 서적이 10가지 종류가 있고 이 중 7가지는 서점 A에서만 구매할 수 있다. 또한 서점 B에는 9가지 종류의 이산수학 관련 서적이 있으며 이 중 6가지는 서점 B에서만 구매할 수 있다. 그러면 두 서점에서 구매할 수 있는 이산수학 서적의 종류는 모두 몇 가지인가?

풀이

(a) 빵, 우유, 주스, 과일에 대한 집합과 기수는 다음과 같다.

$$A = \{a \mid a \in \text{빵}\},\quad |A| = 5 \qquad B = \{b \mid b \in \text{우유}\},\quad |B| = 2$$
$$C = \{c \mid c \in \text{주스}\},\quad |C| = 4 \qquad D = \{d \mid d \in \text{과일}\},\quad |D| = 5$$

이 중 종류에 상관없이 한 가지만 선택할 수 있으므로 경우의 수는 다음과 같다.

$$|A| + |B| + |C| + |D| = 5 + 2 + 4 + 5 = 16\text{가지}$$

(b) 서점 A, B에 대한 집합과 기수는 다음과 같다.

$$A = \{a \mid a \in \text{서점 A에서 보유한 이산수학 서적의 종류}\},\quad |A| = 10$$
$$B = \{b \mid b \in \text{서점 B에서 보유한 이산수학 서적의 종류}\},\quad |B| = 9$$

각 서점에서만 구매할 수 있는 이산수학 서적의 종류가 각각 7가지, 6가지이므로 나머지 3가지는 서점 A, B 모두에서 구매할 수 있다. 그러므로 $|A \cap B| = 3$이다. 이 두 서점에서 구매할 수 있는 이산수학 서적의 종류는 다음과 같다.

$$|A| + |B| - |A \cap B| = 10 + 9 - 3 = 16\text{종류}$$

두 사건이 별개로 발생하는 경우의 수는 합의 법칙을 이용해 구하지만 두 사건이 동시에 일어나는 경우는 곱의 법칙을 이용해 경우의 수를 구할 수 있다.

정의 11-2 **곱의 법칙(rule of product)**

두 사건 A, B의 경우의 수가 각각 $|A|=m$, $|B|=n$일 때, 사건 A와 사건 B가 동시에 일어날 경우의 수

$$|A\times B|=|A|\times|B|=m\times n$$

예를 들어 어떤 사람이 키보드와 CPU를 구입한다면 키보드를 사는 사건과 CPU를 사는 사건이 동시에 일어난다. 이런 경우에 대한 경우의 수는 곱의 법칙으로 구할 수 있다. 만약 마음에 드는 키보드가 3종류, CPU가 4종류라면 다음과 같은 경우가 만들어질 것이다.

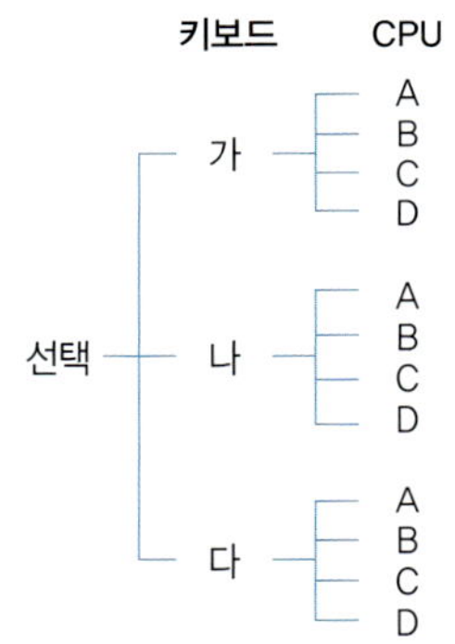

그러므로 3종류의 키보드 중 하나와 4종류의 CPU 중 하나를 선택하는 경우의 수는 다음과 같다.

$$|A\times B|=|A|\times|B|=3\times 4=12\text{가지}$$

예제 11-2

다음 사건이 발생할 경우의 수를 구하라.

(a) 식당에 빵 5가지, 우유 2가지, 주스 4가지, 과일 5가지가 있다. 각 종류당 하나씩 선택하는 경우의 수는 총 몇 가지인가?

(b) 어느 지역에 두 개의 서점 A, B가 있다. 서점 A에서 구매할 수 있는 서로 다른 종류의 서적이 10권이고, 서점 B에서 구매할 수 있는 서로 다른 종류의 서적이 9권이 있다. 이 두 서점 각각에서 한 권씩 서적을 구매한다면 가능한 경우의 수는 몇 가지인가?

풀이

(a) 빵, 우유, 주스, 과일에 대한 집합과 기수는 다음과 같다.

$$A=\{a|a\in \text{빵}\},\quad |A|=5 \qquad B=\{b|b\in \text{우유}\},\quad |B|=2$$
$$C=\{c|c\in \text{주스}\},\quad |C|=4 \qquad D=\{d|d\in \text{과일}\},\quad |D|=5$$

각 집합에서 하나씩 선택할 수 있으므로 경우의 수는 다음과 같다.

$$|A|\times|B|\times|C|\times|D|=5\times2\times4\times5=200\text{가지}$$

(b) 서점 A, B에 대한 집합과 기수는 다음과 같다.

$$A=\{a|a\in \text{서점 A에서 구매할 수 있는 이산수학 서적의 종류}\},\quad |A|=10$$
$$B=\{b|b\in \text{서점 B에서 구매할 수 있는 이산수학 서적의 종류}\},\quad |B|=9$$

이 두 서점에서 각각 한 권씩 서적을 구매한다면 가능한 경우의 수는 다음과 같다.

$$|A|\times|B|=10\times9=90\text{종류}$$

11.2 순열

하나의 집합에서 둘 이상의 원소를 선택하는 경우의 수도 생각해볼 수 있다. 이러한 경우 서로 다른 두 개 이상의 원소를 선택하여 나열하는 경우를 생각해볼 수도 있고, 같은 원소를 두 번 이상 선택하여 나열한 경우를 생각해볼 수도 있다. 어떠한 경우든 어떤 원소를 순서에 의미를 두고 나열하는 것을 순열이라고 한다.

정의 11-3　순열(permutation : ${}_nP_r$)

서로 다른 n개의 원소 중 중복하지 않고 r개를 선택하여 순서대로 나열한 것

- 순열의 수 : ${}_nP_r = n \cdot (n-1) \cdot (n-2) \cdot \cdots \cdot (n-r+1)$　$(n \in \mathrm{N},\ 0 \leq r \leq n)$

예를 들어 1, 2, 3, 4가 쓰여 있는 숫자 카드가 4장 있다고 하자. 카드 4장 중 서로 다른 숫자 카드 3장을 나열해 만들 수 있는 세 자릿수가 몇 개인지를 구해보면 다음과 같다. 다음 도표는 백의 자리부터 선택한 경우를 도표로 나타낸 것이다.

이 풀이를 위해 주어진 4장의 숫자 카드들 중 3장을 선택해야 하는데, 앞의 도표에서 알 수 있듯이 3장의 숫자 카드를 선택하는 과정에서 한 번 선택한 카드는 제외하고 남은 숫자 카드들 중에서 나머지 숫자를 선택해야 '서로 다른', 즉 '중복하지 않는' 숫자의 나열이 된다. 또한 각 자리마다 '백의 자리', '십의 자리', '일의 자리'와 같은 의미가 부여되어 3개의 숫자가 나열된다. 이처럼 '중복되지 않고', '나열 순서에 의미가 있는' 나열을 순열이라고 한다.

그러면 이 순열의 수는 나열된 각 자리에서 선택 가능한 원소의 수의 곱이라고 생각하면 된다. 위의 예에서 각 자리에서 선택할 수 있는 원소의 수는 다음과 같다.

백의 자리에서 선택할 수 있는 원소의 수 : 4개
십의 자리에서 선택할 수 있는 원소의 수 : 3개
일의 자리에서 선택할 수 있는 원소의 수 : 2개

그러므로 1, 2, 3, 4가 쓰여 있는 4장의 숫자 카드들 중 서로 다른 3장의 카드를 선택해 나열할 수 있는 세 자릿수의 개수는 다음과 같다.

$$4 \times 3 \times 2 = {}_4P_3 = 24\text{개}$$

예제 11-3

다음 사건이 발생할 경우의 수를 구하라.

(a) 회원이 30명인 모임에서 임원단을 뽑으려고 한다. 직책을 겸임하지 않는다는 가정 하에 회장, 부회장, 총무를 각각 한 명씩 차례로 선출한다고 하면 가능한 임원단의 수는 몇 가지인가?

(b) 20가지의 음식 재료가 있다. 애피타이저, 메인 디시, 사이드 디시, 디저트를 이 재료들 중 서로 다른 재료를 이용해 만들어야 한다. 나올 수 있는 음식 세트의 종류는 몇 가지인가?

풀이

(a) 회장으로 선출될 수 있는 회원 수는 30명, 부회장으로 선출될 수 있는 회원 수는 29명, 총무로 선출될 수 있는 회원 수는 28명이다.

$\therefore\ {}_{30}P_3 = 30 \times 29 \times 28 = 24360$가지

(b) 애피타이저로 선택될 수 있는 재료 수는 20가지, 메인 디시로 선택될 수 있는 재료 수는 19가지, 사이드 디시로 선택될 수 있는 재료 수는 18가지, 디저트로 선택될 수 있는 재료 수는 17가지이다.

$\therefore\ {}_{20}P_4 = 20 \times 19 \times 18 \times 17 = 116280$가지

순열에 관련된 공식은 다음과 같이 정리할 수 있다.

정리 11-1 순열에 관한 공식

(a) ${}_nP_r = n \cdot (n-1) \cdot (n-2) \cdot \cdots \cdot (n-r+1) = \frac{n!}{(n-r)!}$

(b) ${}_nP_n = n!$

(c) ${}_nP_0 = \frac{n!}{(n-0)!} = 1$ ※ $0! = 1$

서로 다른 다섯 권의 전공책이 있을 때 다음 경우의 수를 생각해보자.

(1) 3명의 학생이 차례로 한 권씩 가져간다고 할 때의 경우의 수
(2) 5명의 학생이 차례로 한 권씩 가져간다고 할 때의 경우의 수
(3) 어느 학생도 책을 가져가지 않았다고 할 때의 경우의 수

(1)의 경우는 1번 학생이 다섯 권 중 한 권을 선택하면 2번 학생은 나머지 네 권 중 한 권을, 3번 학생은 또 나머지 세 권 중 한 권을 선택한다. 이에 대한 순열의 수는 [정리 11-1(a)]에 대입하여 다음과 같이 구할 수 있다.

$${}_5P_3 = 5 \times 4 \times 3 = \frac{5!}{(5-3)!} = 60\text{가지}$$

(2)의 경우는 [정리 11-1(b)]에 정의된 공식에 대입하여 다음과 같이 구할 수 있다.

$${}_5P_5 = 5 \times 4 \times 3 \times 2 \times 1 = 5! = 120\text{가지}$$

(3)의 경우는 모든 학생이 책을 한 권도 가져가지 않는 한 가지 경우만 발생하므로 [정리 11-1(c)]의 공식에 대입하여 다음과 같이 구할 수 있다.

$${}_5P_0 = \frac{5!}{(5-0)!} = 1\text{가지}$$

예제 11-4

'frame'의 모든 문자를 이용한 순열을 구하려고 한다.
(a) 'frame'을 구성하는 5개의 문자들을 모두 한 번씩 이용해 만들 수 있는 단어는 몇 개인가?
(b) 'frame'을 구성하는 5개의 문자들을 모두 한 번씩 이용해 만든 단어 중 'mfera'는 사전적 순서로 몇 번째 단어인가?
(c) 'frame'을 구성하는 5개의 문자들을 모두 한 번씩 이용해 만든 단어 중 모음끼리 이웃하지 않게 나열한 경우의 수는 몇 가지인가?

풀이

(a) 문자 5개 중 5개를 선택하는 순열이다.

$$\therefore\ {}_5P_5 = \frac{5!}{(5-5)!} = \frac{5!}{0!} = \frac{5!}{1} = 5! = 5\times4\times3\times2\times1 = 120\text{개}$$

(b) ① 'a****' : a를 제외한 4개의 문자들 중 4개를 선택하여 나열한 단어이므로 ${}_4P_4 = 4!$

② 'e****' : e를 제외한 4개의 문자들 중 4개를 선택하여 나열한 단어이므로 ${}_4P_4 = 4!$

③ 'f****' : f를 제외한 4개의 문자들 중 4개를 선택하여 나열한 단어이므로 ${}_4P_4 = 4!$

④ 'ma***' : m, a를 제외한 3개의 문자들 중 3개를 선택하여 나열한 단어이므로 ${}_3P_3 = 3!$

⑤ 'me***' : m, e를 제외한 3개의 문자들 중 3개를 선택하여 나열한 단어이므로 ${}_3P_3 = 3!$

⑥ 'mfa**' : m, f, a를 제외한 2개의 문자들 중 2개를 선택하여 나열한 단어이므로 ${}_2P_2 = 2!$

⑦ 'mfea*' : m, f, e, a를 제외한 1개의 문자들 중 r로 완성되는 단어이므로 1

⑧ 'mfera' : 1

$$\begin{aligned}\therefore\ {}_4P_4 + {}_4P_4 + {}_4P_4 + {}_3P_3 + {}_3P_3 + {}_2P_2 + 1 + 1 &= 4! + 4! + 4! + 3! + 3! + 2! + 1 + 1 \\ &= 24 + 24 + 24 + 6 + 6 + 2 + 1 + 1 = 88\text{번째}\end{aligned}$$

(c) 모음(a, e)끼리 이웃하지 않으려면 우선 자음(f, m r)을 나열하고 그 사이(*)에 모음을 나열하는 방법으로 생각할 수 있다.

* 자음 * 자음 * 자음 *

① 3개의 자음을 나열하므로 ${}_3P_3$

② 3개의 자음 사이에 모음을 나열할 수 있는 자리 4개 중에서 2개의 자리를 선택하여 모음을 나열하므로 ${}_4P_2$

$$\therefore\ {}_3P_3 \times {}_4P_2 = 3! \times \frac{4!}{(4-2)!} = 3\times2\times1\times4\times3 = 72\text{가지}$$

중복순열

앞에서 다룬 순열의 경우 서로 다른 두 개의 원소를 순서에 의미를 두고 나열하는 것으로 한번 선택된 원소는 다시 선택하지 않는다. 그러나 선택했던 원소를 다시 선택하여 나열하는 방법도 있을 수 있다. 그러면 순열의 경우의 수도 달라질 것이다. 이러한 나열을 중복순열이라고 한다.

정의 11-4 **중복순열(permutation with repetition : ${}_n\prod_r$)**

서로 다른 n개의 원소 중 r개를 중복을 허용하며 선택하여 순서대로 나열한 것

- 중복순열의 수 : ${}_n\prod_r = n^r \quad (n \in \mathbb{N},\ 0 \leq r \leq n)$

앞에서 예로 들었던 1, 2, 3, 4가 쓰여 있는 4장의 숫자 카드의 예로 중복순열을 이해해보자. 순열은 이 4장의 카드들 중 서로 다른 숫자 카드 3장을 나열한 것이었지만, 중복순열은 '서로 다른'이라는 전제가 필요 없다. 이 4장의 숫자 카드들을 이용해 중복을 허용하며 만들 수 있는 세 자릿수가 몇 개인가를 구해보면 다음과 같다. 순열과 마찬가지로 백의 자리부터 선택한다.

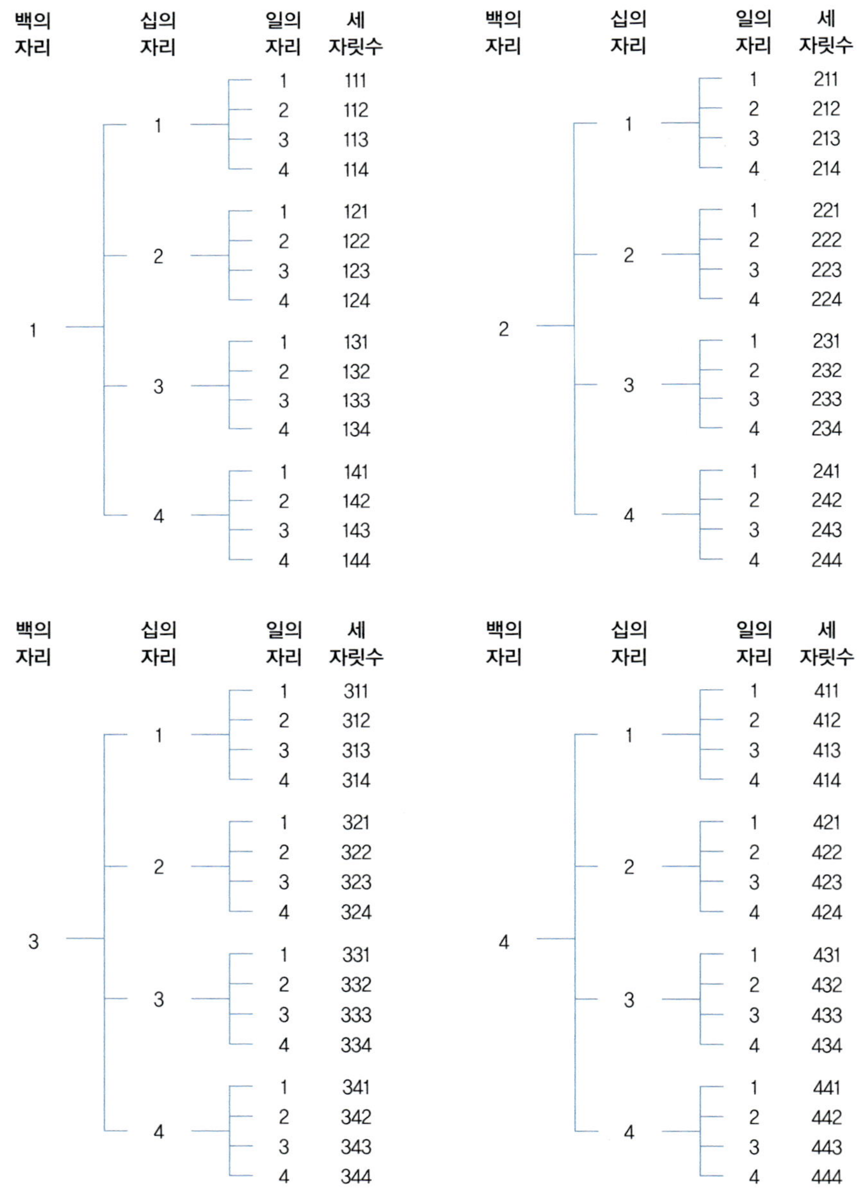

이 풀이를 통해 알 수 있듯이 중복을 허용하기 위해 백의 자리에서 선택했던 숫자 카드를 다시 십의 자리의 선택 범위에 포함시키고, 일의 자리의 선택 범위에도 포함시켜서 숫자들을 나열하여 중복순열의 결과를 얻는다. 그러면 세 자릿수의 각 자리에서 선택할 수 있는 원소의 수는 모두 4개이므로 이 중복순열의 경우의 수는 다음과 같다.

$$4 \times 4 \times 4 = 4^3 = {}_4\prod_3 = 64\text{개}$$

예제 11-5

다음 사건이 발생할 경우의 수를 구하라.

(a) 회원이 30명인 모임에서 임원단을 뽑으려고 한다. 직책을 겸임할 수 있다는 가정 하에 회장, 부회장, 총무를 차례로 선출한다고 하면 가능한 임원단의 수는 몇 가지인가?

(b) 20가지의 음식 재료가 있다. 이 재료를 이용해 애피타이저, 메인 디시, 사이드 디시, 디저트를 만들어야 한다. 각 디시별로 20가지의 재료들 중 한 가지를 선택하여 만든다면 나올 수 있는 세트의 종류는 몇 가지인가?

풀이

(a) 회장으로 선출될 수 있는 회원 수는 30명, 부회장으로 선출될 수 있는 회원 수는 30명, 총무로 선출될 수 있는 회원 수는 30명이다.

$\therefore\ {}_{30}\prod_3 = 30^3 = 27000$가지

(b) 애피타이저로 선택될 수 있는 재료 수는 20가지, 메인 디시로 선택될 수 있는 재료 수는 20가지, 사이드 디시로 선택될 수 있는 재료 수는 20가지, 디저트로 선택될 수 있는 재료 수는 20가지이다.

$\therefore\ {}_{20}\prod_4 = 20^4 = 160000$가지

예제 11-6

'frame'의 모든 문자를 이용하여 중복을 허용하는 순열을 구하려고 할 때, 다음 물음에 답하라.

(a) 'frame'을 구성하는 5개의 문자들 중에서 5개를 선택해 만들 수 있는 단어는 몇 개인가?

(b) 'frame'을 구성하는 5개의 문자들 중에서 5개를 선택해 만든 단어들 중 'mfera'는 사전적 순서로 몇 번째 단어인가?

(c) 'frame'을 구성하는 5개의 문자들 중에서 5개를 선택해 만든 단어들 중 모음끼리 이웃하지 않게 나열한 경우의 수는 몇 가지인가?

풀이

(a) 문자 5개 중 5개를 선택하는 중복순열이다.

$\therefore\ {}_5\Pi_5 = 5^5 = 3125$가지

(b) ① 'a****' : 5개의 문자들 중 4개를 선택하여 나열한 단어이므로 ${}_5\Pi_4$

② 'e****' : 5개의 문자들 중 4개를 선택하여 나열한 단어이므로 ${}_5\Pi_4$

③ 'f****' : 5개의 문자들 중 4개를 선택하여 나열한 단어이므로 ${}_5\Pi_4$

④ 'ma***' : 5개의 문자들 중 3개를 선택하여 나열한 단어이므로 ${}_5\Pi_3$

⑤ 'me***' : 5개의 문자들 중 3개를 선택하여 나열한 단어이므로 ${}_5\Pi_3$

⑥ 'mfa**' : 5개의 문자들 중 2개를 선택하여 나열한 단어이므로 ${}_5\Pi_2$

⑦ 'mfea*' : 5개의 문자들 중 1개를 선택하여 나열한 단어이므로 ${}_5\Pi_1$

⑧ 'mfee*' : 5개의 문자들 중 1개를 선택하여 나열한 단어이므로 ${}_5\Pi_1$

⑨ 'mfef*' : 5개의 문자들 중 1개를 선택하여 나열한 단어이므로 ${}_5\Pi_1$

⑩ 'mfem*' : 5개의 문자들 중 1개를 선택하여 나열한 단어이므로 ${}_5\Pi_1$

⑪ 'mfera' : 1

$\therefore\ {}_5\Pi_4 + {}_5\Pi_4 + {}_5\Pi_4 + {}_5\Pi_3 + {}_5\Pi_3 + {}_5\Pi_2 + {}_5\Pi_1 + {}_5\Pi_1 + {}_5\Pi_1 + {}_5\Pi_1 + 1$

$= 5^4 + 5^4 + 5^4 + 5^3 + 5^3 + 5^2 + 5^1 + 5^1 + 5^1 + 5^1 + 1$

$= 625 + 625 + 625 + 125 + 125 + 25 + 5 + 5 + 5 + 5 + 1 = 2171$번째

(c) [예제 11-4]의 풀이와 마찬가지로 모음(a, e)끼리 이웃하지 않으려면 우선 자음(f, m r)을 나열하고 그 사이(*)에 모음을 나열하는 방법을 생각할 수 있다.

* 자음 * 자음 * 자음 *

단, 순열과는 달리 4개의 * 자리 중 서로 다른 두 자리에 같은 문자가 나열될 수 있으므로 2개의 모음들 중 2개를 선택하는 것과 4개의 * 자리들 중 2개를 선택하는 것을 모두 고려해야 한다.

① 자음 3개 중 3개를 중복을 허용하며 선택하여 나열하므로 ${}_3\Pi_3$

② 모음 2개 중 2개를 중복을 허용하며 선택하여 나열하므로 ${}_2\Pi_2$

③ * 자리 4개 중 서로 다른 2개를 선택하므로 ${}_4P_2$

$\therefore\ {}_3\Pi_3 \times {}_2\Pi_2 \times {}_4P_2 = 3^3 \times 2^2 \times \frac{4!}{(4-2)!} = 27 \times 4 \times 4 \times 3 = 1296$가지

중복순열은 선택했던 원소를 다시 선택할 수 있기 때문에 원소의 수보다 더 많은 원소를 이용한 순열을 구할 수도 있다. 예를 들어 1, 2, 3, 4가 쓰여 있는 4장의 숫자 카드를 이용해 여섯 자릿수를 만들 수도

있다. 여섯 자릿수이므로 십만 자리부터 일의 자리까지 4장의 숫자 카드 모두를 중복을 허용하며 사용할 수 있다. 그러므로 1, 2, 3, 4가 쓰여 있는 숫자 카드 4장으로 만들 수 있는 여섯 자릿수에 대한 경우의 수는 다음과 같다.

$$_4\prod_6 = 4^6 = 4096\text{가지}$$

예제 11-7

어떤 도서관은 7가지 분야에 관한 책들을 소장하고 있다. 각 분야별로 소장된 책의 수는 고려하지 않는다고 할 때, 다음 물음에 답하라.

(a) 4명의 학생들이 7가지 분야 중 서로 다른 분야에서만 책을 대출할 수 있다. 이 경우의 수를 구하라.

(b) 4명의 학생들이 모두 한 분야 이상에서 대출할 수 있으며, 어떤 분야는 학생 4명이 모두 대출할 수도 있다. 이 경우의 수를 구하라.

(c) 도서관에 있는 7개의 분야 모두가 대출되어야 한다. 도서관의 책들을 대출할 수 있는 학생이 4명 있을 때, 이 경우의 수를 구하라.

풀이

(a) 7개의 분야 중 4개의 분야를 선택하는 순열이다.

$$\therefore\ _7P_4 = \frac{7!}{(7-4)!} = 7\times6\times5\times4 = 840\text{가지}$$

(b) 7개의 분야 중 4개의 분야를 중복을 허용하여 선택하는 순열이다.

$$\therefore\ _7\prod_4 = 7^4 = 2401\text{가지}$$

(c) 4명의 학생이 7개의 분야 중 선택하는 순열로 학생 한 명이 하나 이상의 분야를 선택할 수 있기 때문에 중복순열이다.

$$\therefore\ _4\prod_7 = 4^7 = 16384\text{가지}$$

같은 원소를 나열하는 순열

순열과 중복순열은 숫자 카드나 단어를 구성하는 스펠링과 같은 순열의 대상이 되는 원소들이 모두 다르다는 전제가 있다. 그러나 순열의 대상이 되는 원소들이 같은 원소를 포함하는 경우도 있는데, 예를 들어 'interrelationship'이라는 단어는 i가 세 번, e, n, r, t가 각각 두 번씩 포함되어 있다. 이렇게 같은 문자들이 포함된 원소들을 이용해 순열을 구한다면 구한 순열 중에는 같은 단어들이 포함될 수 있다. 그러므로 순열의 대상에 같은 원소들이 포함되었을 때는 다음과 같이 순열을 구한다.

정의 11-5 **같은 원소를 포함하는 집합에 대한 순열**

n개의 원소 중에서 같은 원소들이 각각 p개, q개, r개, $\cdots$, s개 있을 때, n개의 원소를 순서대로 나열한 것

$$\frac{n!}{p!\times q!\times r!\times\cdots\times s!}\quad(p+q+r+\cdots+s=n)$$

5장의 문자 카드에 각각 a, b, b, b, c가 쓰여져 있을 때 이 문자 카드 모두를 이용해 만들 수 있는 단어는 몇 개인지 구해보자. 문자 카드 중 b는 3장이므로 각각 b1, b2, b3로 구분해서 다섯 글자의 단어를 구한다면, 5개의 원소에서 5개를 선택하여 나열하는 것이므로 ${}_5P_5=5!$로 구할 수 있다. 그러나 b1, b2, b3로 구분은 했으나 b1b2b3든, b2b1b3든, 모두 bbb의 나열이 된다. 그러므로 5개의 원소를 나열한 경우의 수에서 b1, b2, b3 3장의 카드를 나열하는 경우의 수 ${}_3P_3=3!$만큼 제외해야 한다. 그러므로 5장의 문자 카드에 각각 a, b, b, b, c를 모두 나열해 만들 수 있는 단어의 수는 다음과 같다.

$$\frac{5!}{3!\times1!\times1!}=20\text{개}$$

예제 11-8

10장의 문자 카드에 W가 3장, X가 4장, Y가 2장, Z가 1장 있을 때, 주어진 카드 10장을 모두 이용해 만들 수 있는 단어의 수를 구하라.

풀이

$$\frac{10!}{3!\times4!\times2!\times1!}=\frac{10\times9\times8\times7\times6\times5\times4\times3\times2\times1}{3\times2\times1\times4\times3\times2\times1\times2\times1\times1}=12600\text{개}$$

예제 11-9

다음 그림을 보고 A에서 B까지 이동하는 최단 경로의 경우의 수를 구하라.

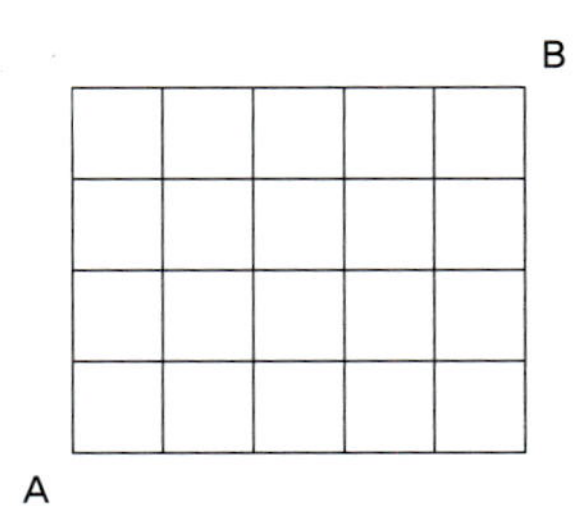

풀이

A에서 B로 이동하는 각 구간을 표시하면 다음과 같다.

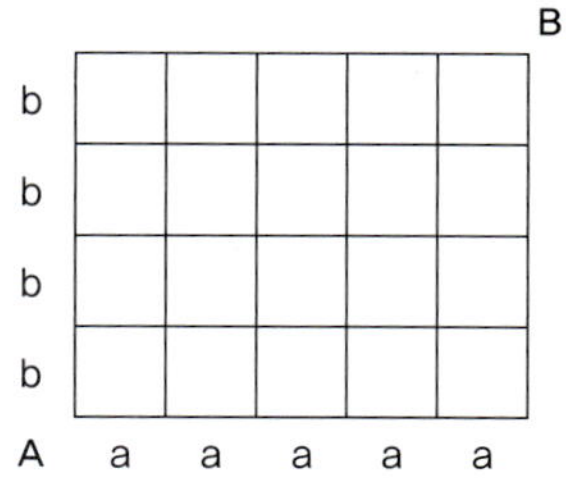

A에서 B로 이동하는 최단 경로는 a 구간을 5번, b 구간을 4번 거쳐야 한다. 그러므로 이러한 경로의 수는 5개의 a와 4개의 b를 가지는 집합의 원소를 나열하는 방법과 같다.

$$\therefore \frac{9!}{5!\times 4!}=\frac{9\times 8\times 7\times 6\times 5\times 4\times 3\times 2\times 1}{5\times 4\times 3\times 2\times 1\times 4\times 3\times 2\times 1}=126\text{가지}$$

11.3 조합

순열의 경우 나열의 순서에 의미를 부여한다. 그래서 순열의 예에서 123과 213은 서로 다른 나열로 판단했다. 하지만 나열의 순서에 의미를 두지 않는다면 123과 213은 같은 나열이 된다. 이렇게 순서에 의미를 두지 않는 나열을 조합이라고 한다.

정의 11-6 조합(combination : ${}_nC_r$)

서로 다른 n개의 원소 중 중복하지 않고 r개를 선택하여 순서에 의미를 두지 않고 나열한 것

- 조합의 수 : ${}_nC_r = \dfrac{{}_nP_r}{r!} = \dfrac{n!}{r!(n-r)!}$

1, 2, 3, 4가 쓰여 있는 숫자 카드 4장의 예로 세 자릿수를 만드는 조합을 구해보자.

백의 자리	십의 자리	일의 자리	세 자릿수	
1	2	3	123	①
		4	124	②
	3	2	132	①
		4	134	③
	4	2	142	②
		3	143	③

백의 자리	십의 자리	일의 자리	세 자릿수	
2	1	3	213	①
		4	214	②
	3	1	231	①
		4	234	④
	4	1	241	②
		3	243	④

백의 자리	십의 자리	일의 자리	세 자릿수	
3	1	2	312	①
		4	314	③
	2	1	321	①
		4	324	④
	4	1	341	③
		2	342	④

백의 자리	십의 자리	일의 자리	세 자릿수	
4	1	2	412	②
		3	413	③
	2	1	421	②
		3	423	④
	3	1	431	③
		2	432	④

위의 도표에서 같은 원 번호로 쓰여 있는 숫자는 같은 조합으로 정의한다. 예를 들어 ①에 해당하는 123,

132, 213, 231, 312, 321은 같은 조합으로 경우의 수는 1개이다. 그러므로 1, 2, 3, 4가 쓰여 있는 숫자 카드 4장으로 세 자릿수를 만드는 조합에 대한 경우의 수는 다음과 같다.

$$ {}_4C_3 = \frac{{}_4P_3}{3!} = \frac{4\times3\times2}{3\times2\times1} = 4\text{개} $$

예제 11-10

다음 사건이 발생할 경우의 수를 구하라.

(a) 회원이 30명인 모임에서 직책을 구분하지 않고 3명으로 구성된 임원단을 뽑으려고 한다. 가능한 임원단의 수는 몇 가지인가?

(b) 20가지의 음식 재료가 있다. 이 재료들 중 4가지를 선택해 만들 수 있는 요리는 몇 가지인가?

풀이

(a) 직책을 구분하지 않으므로 30명 중 3명을 선택하는 경우의 수를 구한다.

$$ \therefore\ {}_{30}C_3 = \frac{{}_{30}P_3}{3!} = \frac{30\times29\times28}{3\times2\times1} = 4060\text{가지} $$

(b) 20가지 음식 재료 중 4가지를 선택하는 경우의 수를 구한다.

$$ \therefore\ {}_{20}C_4 = \frac{{}_{20}P_4}{4!} = \frac{20\times19\times18\times17}{4\times3\times2\times1} = 4845\text{가지} $$

조합에 관한 공식을 간단히 정리하면 다음과 같다.

정리 11-2 조합에 관한 공식

(a) $$ {}_nC_r = \frac{{}_nP_r}{r!} = \frac{n!}{(n-r)!}\times\frac{1}{r!} = \frac{n!}{r!(n-r)!} = \frac{n!}{[n-(n-r)]!}\times\frac{1}{(n-r)!} = \frac{{}_nP_{n-r}}{(n-r)!} = {}_nC_{n-r} $$

(b) $$ {}_nC_0 = \frac{{}_nP_0}{0!} = {}_nP_0 = \frac{n!}{(n-0)!} = 1 = \frac{n!}{0!}\times\frac{1}{n!} = \frac{n!}{(n-n)!}\times\frac{1}{n!} = \frac{{}_nP_n}{n!} = {}_nC_n $$

예제 11-11

남자회원 13명, 여자회원 10명이 모인 동아리에서 대표자 그룹을 뽑으려고 한다.

(a) 남자 3명, 여자 3명이 뽑힐 경우는 몇 가지인가?

(b) 5명의 대표를 뽑았을 때, 남자회원 또는 여자회원이 적어도 1명 포함되는 경우는 몇 가지인가?

(c) 6명의 대표를 뽑을 때, A 남자회원과 B 여자회원이 동시에 뽑힐 경우는 몇 가지인가?

풀이

(a) 남자회원이 3명 뽑힐 경우와 여자회원이 3명 뽑힐 경우의 수를 곱의 법칙으로 연산한다.

① 남자회원 13명 중 3명이 뽑힐 경우의 수는 ${}_{13}C_3$이다.

② 여자회원 10명 중 3명이 뽑힐 경우의 수는 ${}_{10}C_3$이다.

$$\therefore\ {}_{13}C_3\times{}_{10}C_3=\frac{{}_{13}P_3}{3!}\times\frac{{}_{10}P_3}{3!}=\frac{13!}{3!(13-3)!}\times\frac{10!}{3!(10-3)!}$$
$$=\frac{13\times12\times11\times\cdots\times3\times2\times1}{3\times2\times1\times10\times9\times\cdots\times2\times1}\times\frac{10\times9\times8\times\cdots\times3\times2\times1}{3\times2\times1\times7\times6\times\cdots\times2\times1}$$
$$=34320\text{가지}$$

(b) 모든 조합에서 대표자 그룹이 모두 여자이거나 모두 남자인 경우를 제외한다.

① 전체 23명으로 구성할 수 있는 대표자 그룹의 경우의 수는 ${}_{23}C_5$이다.

② 남자회원 13명 중 대표자 그룹으로 5명이 뽑힐 경우의 수는 ${}_{13}C_5$이다.

③ 여자회원 10명 중 대표자 그룹으로 5명이 뽑힐 경우의 수는 ${}_{10}C_5$이다.

$$\therefore\ {}_{23}C_5-({}_{13}C_5+{}_{10}C_5)=\frac{{}_{23}P_5}{5!}-\left(\frac{{}_{13}P_5}{5!}+\frac{{}_{10}P_5}{5!}\right)$$
$$=\frac{23!}{5!(23-5)!}-\left(\frac{13!}{5!(13-5)!}+\frac{10!}{5!(10-5)!}\right)$$
$$=\frac{23\times22\times\cdots\times2\times1}{5\times4\times3\times2\times1\times18\times17\times\cdots\times2\times1}$$
$$-\left(\frac{13\times12\times\cdots\times2\times1}{5\times\cdots\times1\times8\times7\times\cdots\times2\times1}+\frac{10\times9\times\cdots\times2\times1}{5\times\cdots\times1\times5\times\cdots\times1}\right)$$
$$=33649-(1287+252)=32110\text{가지}$$

(c) 6명 중 A 남자회원과 B 여자회원이 포함된 경우이므로 두 명을 제외한 나머지 21명 중 4명을 뽑는 조합을 구한다.

$$\therefore\ {}_{21}C_4=\frac{{}_{21}P_4}{4!}=\frac{21!}{4!(21-4)!}=\frac{21\times20\times\cdots\times2\times1}{4\times\cdots\times1\times17\times16\times\cdots\times2\times1}=5985\text{가지}$$

조합을 이용하면 원소들을 그룹으로 나누는 경우의 수를 구할 수도 있다.

정리 11-3 원소들을 그룹 짓는 조합 공식

서로 다른 n개의 원소를 p개, q개, $\cdots$, r개로 하여 k개의 그룹으로 나누는 방법의 수 $(p+q+\cdots+r=n)$

(a) k개의 각 그룹을 구성하는 원소의 수가 서로 다를 때 $(p\neq q\neq r\neq\cdots\neq s)$

$${}_nC_p\times{}_{n-p}C_q\times\cdots\times{}_rC_r$$

(b) k개의 그룹 중 i개의 그룹의 원소 수만 같을 때

$$_{n}C_{p} \times _{n-p}C_{q} \times \cdots \times _{r}C_{r} \times \frac{1}{i!}$$

(c) k개의 각 그룹을 구성하는 원소의 수가 모두 같을 때 $(p = q = r = \cdots = s)$

$$_{n}C_{p} \times _{n-p}C_{q} \times \cdots \times _{r}C_{r} \times \frac{1}{k!}$$

예제 11-12

학생이 15명 있을 때, 다음과 같이 나누는 경우의 수를 구하라.

(a) 5명, 4명, 3명, 2명, 1명으로 나누는 경우

(b) 4명씩 두 그룹, 2명씩 세 그룹, 1명의 한 그룹으로 나누는 경우

(c) 5명씩 세 그룹으로 나누는 경우

풀이

(a) 15명에서 5명으로 한 그룹을 만들고, 남은 10명에서 4명, 남은 6명에서 3명, 남은 3명에서 2명과 1명의 그룹으로 만드는 경우이다. 그룹마다 구성되는 인원수가 다르므로 [정리 11-3(a)]의 식을 이용해 구한다.

$$\therefore\ _{15}C_{5} \times _{10}C_{4} \times _{6}C_{3} \times _{3}C_{2} \times _{1}C_{1}$$
$$= \frac{_{15}P_{5}}{5!} \times \frac{_{10}P_{4}}{4!} \times \frac{_{6}P_{3}}{3!} \times \frac{_{3}P_{2}}{2!} \times \frac{_{1}P_{1}}{1!}$$
$$= \frac{15!}{5!(15-5)!} \times \frac{10!}{4!(10-4)!} \times \frac{6!}{3!(6-3)!} \times \frac{3!}{2!(3-2)!} \times \frac{1!}{1!(1-1)!} = 37837800\text{가지}$$

(b) 인원수가 같은 그룹은 각각 두 그룹(인원수 4명)과 세 그룹(인원수 2명)이 있으므로 [정리 11-3(b)]의 식을 이용해 구한다.

$$\therefore\ _{15}C_{4} \times _{11}C_{4} \times _{7}C_{2} \times _{5}C_{2} \times _{3}C_{2} \times _{1}C_{1} \times \frac{1}{2!} \times \frac{1}{3!}$$
$$= \frac{_{15}P_{4}}{4!} \times \frac{_{11}P_{4}}{4!} \times \frac{_{7}P_{2}}{2!} \times \frac{_{5}P_{2}}{2!} \times \frac{_{3}P_{2}}{2!} \times \frac{_{1}P_{1}}{1!} \times \frac{1}{2!} \times \frac{1}{3!}$$
$$= \frac{15!}{4!(15-4)!} \times \frac{11!}{4!(11-4)!} \times \frac{7!}{2!(7-2)!} \times \frac{5!}{2!(5-2)!} \times \frac{3!}{2!(3-2)!} \times \frac{1!}{1!(1-1)!}$$
$$\times \frac{1}{2!} \times \frac{1}{3!} = 23648625\text{가지}$$

(c) 그룹마다 5명씩 같은 인원수를 포함하므로 [정리 11-3(c)]의 식을 이용해 구한다.

$$\therefore\ {}_{15}C_5 \times {}_{10}C_5 \times {}_5C_5 \times \frac{1}{3!} = \frac{{}_{15}P_5}{5!} \times \frac{{}_{10}P_5}{5!} \times \frac{{}_5P_5}{5!} \times \frac{1}{3!}$$

$$= \frac{15!}{5!(15-5)!} \times \frac{10!}{5!(10-5)!} \times \frac{5!}{5!(5-5)!} \times \frac{1}{3!} = 126126 \text{가지}$$

중복조합

조합의 경우 한 번 선택한 원소는 중복하여 선택하지 않는다. 하지만 선택한 원소를 다시 선택하여 조합을 만들 수도 있을 것이다. 그러한 조합을 중복조합이라고 한다.

정의 11-7 **중복조합(combination with repetition : ${}_nH_r$)**

서로 다른 n개의 원소 중 중복을 허락하여 r개를 선택해서 순서에 의미를 두지 않고 나열한 것

- 중복조합의 수 : ${}_nH_r = {}_{n+r-1}C_r$

1, 2, 3, 4가 쓰여 있는 숫자 카드 4장을 이용해 중복조합으로 세 자릿수를 만들어보자.

백의 자리	십의 자리	일의 자리	세 자릿수	
1	1	1	111	①
		2	112	②
		3	113	③
		4	114	④
	2	1	121	②
		2	122	⑤
		3	123	⑥
		4	124	⑦
	3	1	131	③
		2	132	⑥
		3	133	⑧
		4	134	⑨
	4	1	141	④
		2	142	⑦
		3	143	⑨
		4	144	⑩

백의 자리	십의 자리	일의 자리	세 자릿수	
2	1	1	211	②
		2	212	⑤
		3	213	⑥
		4	214	⑦
	2	1	221	⑤
		2	222	⑪
		3	223	⑫
		4	224	⑭
	3	1	231	⑥
		2	232	⑫
		3	233	⑬
		4	234	⑮
	4	1	241	⑦
		2	242	⑭
		3	243	⑮
		4	244	⑯

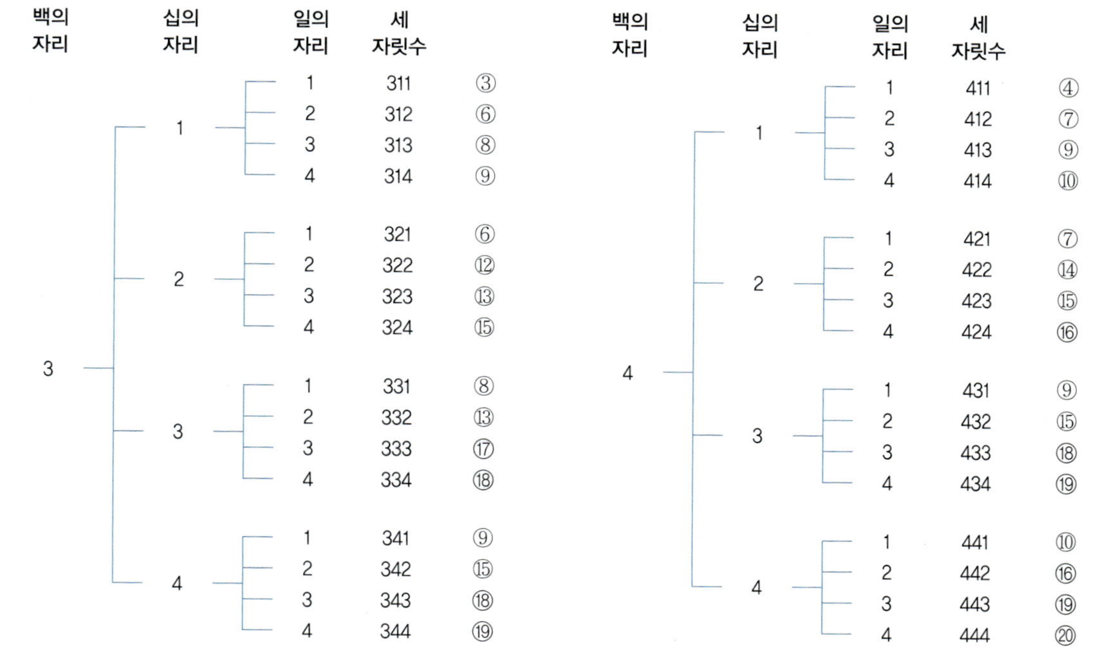

도표에서 확인할 수 있듯이 중복조합은 선택했던 숫자를 다시 선택하는 방식으로 세 자릿수를 만들었다. 또한 같은 원 번호로 쓰여있는 숫자들은 같은 조합으로 정의하기 때문에 하나의 조합으로 생각하면 된다. 그러므로 ②로 표시된 112, 121, 211은 같은 조합으로 판단한다. 이러한 개념에 따라 1, 2, 3, 4의 4장의 숫자 카드를 이용한 세 자릿수 중복조합의 경우의 수는 다음과 같이 구할 수 있다.

$$_4H_3 = {}_{4+3-1}C_3 = \frac{_6P_3}{3!} = \frac{6!}{3!(6-3)!} = \frac{6\times5\times4\times3\times2\times1}{3\times2\times1\times3\times2\times1} = 20\text{개}$$

예제 11-13

다음 사건이 발생할 경우의 수를 구하라.

(a) 회원이 30명인 모임에서 직책을 구분하지 않고 최소 1명에서 최대 3명으로 구성된 임원단을 뽑으려고 한다. 세 번 투표를 진행한다고 가정할 때, 가능한 임원단의 수는 몇 가지인가?

(b) 20가지의 음식 재료가 있다. 이 재료를 이용해 4가지 요리를 만든다고 할 때 요리마다 한 종류의 재료만 사용해야 한다면 만들 수 있는 요리는 몇 가지인가?

풀이

(a) 직책을 구분하지 않고 최소 1명에서 최대 3명까지 임원단에 포함하고 세 번의 투표를 진행한다고 했으므로 매 투표 때마다 이미 임원단에 포함된 사람이 다시 임원 후보가 될 수도 있다. 그러므로 중복조합으로 경우의 수를 구한다.

$$\therefore\ _{30}H_3 = {}_{30+3-1}C_3 = \frac{_{32}P_3}{3!} = \frac{32!}{3!(32-3)!} = \frac{32\times31\times30\times\cdots\times2\times1}{3\times2\times1\times29\times28\times\cdots\times2\times1} = 4960\text{가지}$$

(b) 20가지의 재료를 이용해 4가지 요리를 만들어야 하며, 요리마다 한 종류의 재료만 사용할 수 있다. 그러면 요리마다 다른 재료를 사용할 수도 있지만, 4가지 요리 모두 같은 재료를 이용해 만들 수도 있다. 그러므로 중복조합으로 경우의 수를 구한다.

$$\therefore\ {}_{20}H_4 = {}_{20+4-1}C_4 = \frac{{}_{23}P_4}{4!} = \frac{23!}{4!(23-4)!} = \frac{23\times22\times21\times\cdots\times2\times1}{4\times3\times2\times1\times19\times18\times\cdots\times2\times1}$$

$= 8855$가지

조합의 대상인 원소 중 같은 원소가 하나 이상 포함되는 경우가 있을 수 있다. 순열은 그런 경우에 대한 공식이 있었지만 조합은 특별한 공식이 없다. 그러므로 조합과 순열을 적절히 이용하여 구해야 한다. 다음 예제를 통해 조합과 순열을 활용하는 것을 이해해보자.

예제 11-14

a, a, a, b, b, c, d, e, e, e의 10개의 문자 중에 5개를 선택해 만들 수 있는 조합과 순열을 구하라.

풀이

문자의 종류는 a, b, c, d, e로 5가지이지만 a는 3개, b는 2개, e는 3개로 같은 문자들을 포함하고 있다. 주어진 10개의 문자에서 5개를 선택했을 때 가능한 경우의 수는 다음과 같다.

① 두 종류의 문자로 이루어진 경우 예 a a a b b

- 조합 : a가 3개일 때, b 2개 또는 e 2개를 선택한다.
  e가 3개일 때, b 2개 또는 a 2개를 선택한다.

$$\therefore\ ({}_2C_2 + {}_2C_2)\times2 = \left(\frac{{}_2P_2}{2!} + \frac{{}_2P_2}{2!}\right)\times2 = \left(\frac{2!}{2!(2-2)!} + \frac{2!}{2!(2-2)!}\right)\times2 = 4$$

- 순열 : 같은 문자 3개+2개로 구성된 문자열을 나열하는 방법은 $\frac{5!}{3!2!}$이다.

$$\therefore\ ({}_2C_2 + {}_2C_2)\times2\times\frac{5!}{3!2!} = 4\times10 = 40$$

② 같은 문자 3개, 서로 다른 문자 2개로 이루어진 경우 예 a a a * # 등

- 조합 : a가 3개일 때, 나머지 두 문자는 b, c, d, e 중 2개를 선택한다.
  e가 3개일 때, 나머지 두 문자는 a, b, c, d 중 2개를 선택한다.

$$\therefore\ {}_4C_2\times2 = \frac{{}_4P_2}{2!}\times2 = \frac{4!}{2!(4-2)!}\times2 = 12$$

- 순열 : 같은 문자 3개+서로 다른 문자 2개로 구성된 문자열을 나열하는 방법은 $\frac{5!}{3!}$이다.

$$\therefore\ {}_4C_2\times2\times\frac{5!}{3!} = \frac{{}_4P_2}{2!}\times2\times\frac{5!}{3!} = \frac{4!}{2!(4-2)!}\times2\times\frac{5!}{3!} = 240$$

③ 같은 문자 2개, 서로 다른 문자 3개로 이루어진 경우 예 a a * # @

- 조합 : a가 2개일 때, 나머지 세 문자는 b, c, d, e 중 3개를 선택한다.
  b가 2개일 때, 나머지 세 문자는 a, c, d, e 중 3개를 선택한다.
  e가 2개일 때, 나머지 세 문자는 a, b, c, d 중 3개를 선택한다.

  $$\therefore\ {}_4C_3 \times 3 = \frac{{}_4P_3}{3!} \times 3 = \frac{4!}{3!(4-3)!} \times 3 = 12$$

- 순열 : 같은 문자 2개 + 서로 다른 문자 3개로 구성된 문자열을 나열하는 방법은 $\frac{5!}{2!}$ 이다.

  $$\therefore\ {}_4C_3 \times 3 \times \frac{5!}{2!} = \frac{{}_4P_3}{3!} \times 3 \times \frac{5!}{2!} = \frac{4!}{3!(4-3)!} \times 3 \times \frac{5!}{2!} = 720$$

④ 같은 문자가 2개씩인 두 가지와 다른 문자 1개로 이루어진 경우 예 a a b b *

- 조합 : a가 2개, b가 2개이면, 나머지 한 문자는 c, d, e 중 1개를 선택한다.
  a가 2개, e가 2개이면, 나머지 한 문자는 b, c, d 중 1개를 선택한다.
  b가 2개, e가 2개이면, 나머지 한 문자는 a, c, d 중 1개를 선택한다.

  $$\therefore\ {}_3C_1 \times 3 = \frac{{}_3P_1}{1!} \times 3 = \frac{3!}{1!(3-1)!} \times 3 = 9$$

- 순열 : 같은 문자 2개 + 같은 문자 2개 + 다른 문자 1개로 구성된 문자열을 나열하는 방법은 $\frac{5!}{2!2!}$ 이다.

  $$\therefore\ {}_3C_1 \times 3! \times \frac{5!}{2!2!} = \frac{{}_3P_1}{1!(3-1)!} \times 3 \times \frac{5!}{2!2!} = 270$$

⑤ 서로 다른 문자 5개로 이루어진 경우 예 a b c d e

- 조합 : a, b, c, d, e 중 5개를 선택한다.

  $$\therefore\ {}_5C_5 = 1$$

- 순열 : 5개의 서로 다른 문자열을 나열하는 방법은 5!이다.

  $$\therefore\ {}_5C_5 \times 5! = 120$$

∴ 조합 : $4 + 12 + 12 + 9 + 1 = 38$가지
순열 : $40 + 240 + 720 + 270 + 120 = 1390$가지

이항정리

차수가 큰 이항식을 푸는 것은 복잡한 일이다. 예를 들어 $(a+b)^{10}$의 경우 다음과 같은 최종 전개식을 얻기 위해 많은 연산을 반복해야 한다.

$$(a+b)^{10} = a^{10}b^0 + 10a^9b^1 + 45a^8b^2 + \cdots + 45a^2b^8 + 10a^1b^9 + a^0b^{10}$$

그러나 전개식의 각 항을 잘 살펴보면 a와 b 두 개의 문자를 이용해 문자 10개를 조합하는 것임을 알 수 있다. 예를 들어 첫 번째 항 $a^{10}b^0$은 10개의 문자 조합을 위해 a만 10개 선택하고 b는 선택하지 않은 것을 의미한다. 그러므로 $a^{10}b^0$에 대한 경우의 수는 ${}_{10}C_{10}=1$이다. 세 번째 항 a^8b^2은 10개의 문자 조합을 위해 a 8개, b 2개를 선택한 것을 의미하므로 ${}_{10}C_8 \times {}_2C_2 = 45$이다. 이러한 경우의 수는 n차수 이항식을 풀었을 때 각 항의 계수(coefficient)가 된다.

정의 11-8 이항정리(binomial theorem)

n차 이항식 $(a+b)^n$의 각 항의 이항계수를 구하는 정리

$$(a+b)^n = \sum_{k=0}^{n} {}_nC_k a^{n-k}b^k$$

- ${}_nC_r$: **이항계수**(binomial coefficient)

예제 11-15

다음 식을 이항정리를 이용해 전개하라.

(a) $(a+b)^6$ (b) $(x+2)^4$ (c) $(3a-2b)^7$

풀이

(a) $(a+b)^6 = \sum_{k=0}^{6} {}_6C_k a^{6-k}b^k$

$$= {}_6C_0a^{6-0}b^0 + {}_6C_1a^{6-1}b^1 + {}_6C_2a^{6-2}b^2 + {}_6C_3a^{6-3}b^3 + {}_6C_4a^{6-4}b^4 + {}_6C_5a^{6-5}b^5 + {}_6C_6a^{6-6}b^6$$

$$= {}_6C_0a^6 + {}_6C_1a^5b + {}_6C_2a^4b^2 + {}_6C_3a^3b^3 + {}_6C_4a^2b^4 + {}_6C_5a^1b^5 + {}_6C_6b^6$$

$$= \frac{6!}{0!(6-0)!}a^6 + \frac{6!}{1!(6-1)!}a^5b + \frac{6!}{2!(6-2)!}a^4b^2 + \frac{6!}{3!(6-3)!}a^3b^3 + \frac{6!}{4!(6-4)!}a^2b^4 + \frac{6!}{5!(6-5)!}a^1b^5 + \frac{6!}{6!(6-6)!}b^6$$

$$= \frac{6!}{0!6!}a^6 + \frac{6!}{1!5!}a^5b + \frac{6!}{2!4!}a^4b^2 + \frac{6!}{3!3!}a^3b^3 + \frac{6!}{4!2!}a^2b^4 + \frac{6!}{5!1!}a^1b^5 + \frac{6!}{6!0!}b^6$$

$$= a^6 + 6a^5b + 15a^4b^2 + 20a^3b^3 + 15a^2b^4 + 6a^1b^5 + b^6$$

(b) $(x+2)^4 = \sum_{k=0}^{4} {}_4C_k x^{4-k} 2^k$

$$= {}_4C_0 x^{4-0}2^0 + {}_4C_1 x^{4-1}2^1 + {}_4C_2 x^{4-2}2^2 + {}_4C_3 x^{4-3}2^3 + {}_4C_4 x^{4-4}2^4$$

$$= {}_4C_0 x^4 + {}_4C_1 x^3 \cdot 2 + {}_4C_2 x^2 \cdot 4 + {}_4C_3 x^1 \cdot 8 + {}_4C_4 \cdot 16$$

$$= \frac{4!}{0!(4-0)!}x^4 + \frac{4!}{1!(4-1)!}x^3 \cdot 2 + \frac{4!}{2!(4-2)!}x^2 \cdot 4 + \frac{4!}{3!(4-3)!}x \cdot 8 + \frac{4!}{4!(4-4)!} \cdot 16$$

$$= \frac{4!}{0!4!}x^4 + \frac{4!}{1!3!}x^3 \cdot 2 + \frac{4!}{2!2!}x^2 \cdot 4 + \frac{4!}{3!1!}x \cdot 8 + \frac{4!}{4!0!} \cdot 16$$

$$= x^4 + 4x^3 \cdot 2 + 6x^2 \cdot 4 + 4x \cdot 8 + 16$$

$$= x^4 + 8x^3 + 24x^2 + 32x + 16$$

(c) $(3a-2b)^7 = \sum_{k=0}^{7} {}_7C_k (3a)^{7-k}(-2b)^k$

$$= {}_7C_0(3a)^{7-0}(-2b)^0 + {}_7C_1(3a)^{7-1}(-2b)^1 + {}_7C_2(3a)^{7-2}(-2b)^2 + {}_7C_3(3a)^{7-3}(-2b)^3 + {}_7C_4(3a)^{7-4}(-2b)^4 + {}_7C_5(3a)^{7-5}(-2b)^5 + {}_7C_6(3a)^{7-6}(-2b)^6 + {}_7C_7(3a)^{7-7}(-2b)^7$$

$$= {}_7C_0(3a)^7 + {}_7C_1(3a)^6(-2b)^1 + {}_7C_2(3a)^5(-2b)^2 + {}_7C_3(3a)^4(-2b)^3 + {}_7C_4(3a)^3(-2b)^4 + {}_7C_5(3a)^2(-2b)^5 + {}_7C_6(3a)^1(-2b)^6 + {}_7C_7(-2b)^7$$

$$= \frac{7!}{0!(7-0)!}(3a)^7 + \frac{7!}{1!(7-1)!}(3a)^6(-2b)^1 + \frac{7!}{2!(7-2)!}(3a)^5(-2b)^2 + \frac{7!}{3!(7-3)!}(3a)^4(-2b)^3 + \frac{7!}{4!(7-4)!}(3a)^3(-2b)^4 + \frac{7!}{5!(7-5)!}(3a)^2(-2b)^5 + \frac{7!}{6!(7-6)!}(3a)^1(-2b)^6 + \frac{7!}{7!(7-7)!}(-2b)^7$$

$$= (3a)^7 + \frac{7!}{1!6!}(3a)^6(-2b)^1 + \frac{7!}{2!5!}(3a)^5(-2b)^2 + \frac{7!}{3!4!}(3a)^4(-2b)^3 + \frac{7!}{4!3!}(3a)^3(-2b)^4 + \frac{7!}{5!2!}(3a)^2(-2b)^5 + \frac{7!}{6!1!}(3a)^1(-2b)^6 + \frac{7!}{7!0!}(-2b)^7$$

$$= (3a)^7 + 7(3a)^6(-2b)^1 + 21(3a)^5(-2b)^2 + 35(3a)^4(-2b)^3 + 35(3a)^3(-2b)^4 + 21(3a)^2(-2b)^5 + 7(3a)^1(-2b)^6 + (-2b)^7$$

$$= 2187a^7 - 10206a^6b + 20412a^5b^2 - 22680a^4b^3 + 15120a^3b^4 - 6048a^2b^5 + 1344ab^6 - 128b^7$$

이러한 이항계수를 수학자 블레즈 파스칼(Blaise Pascal)은 **파스칼의 삼각형**(Pascal's triangle)으로 정리했다.

정리 11-4 파스칼의 삼각형 정리

(a) 모든 전개식의 첫 번째 항과 마지막 항은 1이다.

(b) 바로 윗줄의 왼쪽과 오른쪽 숫자를 더해서 다음 줄의 계수를 구한다.

: ${}_{n-1}C_{r-1} + {}_{n-1}C_r = {}_nC_r$

$n=0$	1
$n=1$	1 1
$n=2$	1 2 1
$n=3$	1 3 3 1
$n=4$	1 4 6 4 1
$n=5$	1 5 10 10 5 1
$n=6$	1 6 15 20 15 6 1
$n=7$	1 7 21 35 35 21 7 1
$n=8$	1 8 28 56 70 56 28 8 1
…	

예제 11-16

[예제 11-15]의 식을 파스칼의 삼각형을 이용해 전개하라.

(a) $(a+b)^6$　　(b) $(x+2)^4$　　(c) $(3a-2b)^7$

풀이

(a) 파스칼의 삼각형의 $n=6$ 단계의 이항계수를 이용한다.

$\therefore\ (a+b)^6 = a^6 + 6a^5b + 15a^4b^2 + 20a^3b^3 + 15a^2b^4 + 6ab^5 + b^6$

(b) 파스칼의 삼각형의 $n=4$ 단계의 이항계수를 이용한다.

$\therefore\ (x+2)^4 = x^4 + 4x^3 \cdot 2 + 6x^2 \cdot 2^2 + 4x \cdot 2^3 + 2^4 = x^4 + 8x^3 + 24x^2 + 32x + 16$

(c) 파스칼의 삼각형의 $n=7$단계의 이항계수를 이용한다.

$$\begin{aligned}\therefore\ (3a-2b)^7 &= \{3a+(-2b)\}^7 \\ &= (3a)^7+7(3a)^6(-2b)+21(3a)^5(-2b)^2+35(3a)^4(-2b)^3 \\ &\quad +35(3a)^3(-2b)^4+21(3a)^2(-2b)^5+7(3a)(-2b)^6+(-2b)^7 \\ &= 3^7a^7+7\cdot 3^6\cdot(-2)a^6b+21\cdot 3^5\cdot(-2)^2a^5b^2+35\cdot 3^4\cdot(-2)^3a^4b^3 \\ &\quad +35\cdot 3^3\cdot(-2)^4a^3b^4+21\cdot 3^2\cdot(-2)^5a^2b^5+7\cdot 3\cdot(-2)^6ab^6+(-2)^7b^7 \\ &= 2187a^7-10206a^6b+20412a^5b^2-22680a^4b^3+15120a^3b^4-6048a^2b^5 \\ &\quad +1344ab^6-128b^7\end{aligned}$$

11.4 확률

어떤 사건이 일어날 가능성을 확률이라고 한다. 즉, 전체 사건 S가 있을 때 S 내에 존재하는 사건들 중 특정 사건 A가 발생하는 비율을 말한다. 이때 전체 사건 S는 특정 사건 A에 대한 표본공간이라 하고, 특정사건 A가 일어날 확률은 1을 초과할 수 없다.

정의 11-9 **표본공간(sample space : S)**

어떠한 시행을 했을 때 일어날 수 있는 모든 사건

정의 11-10 **확률(probability : $P(A)$)**

표본공간 S 중에서 특정 사건 A가 일어날 가능성

$$P(A) = \frac{|A|}{|S|}$$

$$(0 \le P(A) \le 1,\ P(S) = 1,\ P(\varnothing) = 0)$$

주사위 하나를 던진다고 가정해보자. 주사위를 던져서 나올 수 있는 모든 숫자는 주사위를 던져서 발생할 수 있는 전체 사건, 즉 표본공간으로 $S = \{1, 2, 3, 4, 5, 6\}$이다. 그러므로 이 사건의 표본공간의 원소의 수는 6이며 이것은 표본공간의 경우의 수가 된다. 특정 사건은 주어진 표본공간의 부분집합으로, 특정 사건 $A = \{1\}$는 주사위 하나를 던져서 1이 나오는 사건을 의미하고 그 경우의 수는 1이다. 또한 $A = \{2, 5, 6\}$는 주사위 하나를 던져서 2나 5 또는 6이 나오는 사건을 말하며 그 경우의 수는 3이다. 이에 근거해 주사위를 한 번 던져서 1이 나올 확률은 1이 나오는 경우의 수를 표본공간의 경우의 수로 나누어 구할 수 있으므로 $\frac{1}{6}$이다. 그리고 2, 5, 6이 나올 확률은 $\frac{3}{6} = \frac{1}{2}$이다.

예제 11-17

주사위 2개를 동시에 던질 때, 다음 물음에 답하라.

(a) 이 사건의 표본공간과 표본공간의 경우의 수를 구하라.

(b) 사건 A가 2개의 주사위를 던져서 나오는 숫자의 합이 7 이하인 사건일 때, 그 확률을 구하라.

(c) 사건 B가 2개의 주사위를 던져서 나오는 숫자의 곱이 짝수가 나오는 사건일 때, 그 확률을 구하라.

풀이

(a) 각 주사위에서 발생 가능한 모든 경우는 $S_1 = \{1, 2, 3, 4, 5, 6\}$, $S_2 = \{1, 2, 3, 4, 5, 6\}$로 2개의 주사위를 동시에 던질 때 발생할 수 있는 모든 사건은 S_1과 S_2의 곱집합으로 구할 수 있다. 그러므로 이 사건의 표본공간과 그 경우의 수는 다음과 같다.

$$\therefore\ S = \{(1,1),(1,2),(1,3),(1,4),(1,5),(1,6),(2,1),(2,2),(2,3),(2,4),(2,5),(2,6),\\(3,1),(3,2),(3,3),(3,4),(3,5),(3,6),(4,1),(4,2),(4,3),(4,4),(4,5),(4,6),\\(5,1),(5,2),(5,3),(5,4),(5,5),(5,6),(6,1),(6,2),(6,3),(6,4),(6,5),(6,6)\}$$

$$|S| = |S_1| \times |S_2| = 6 \times 6 = 36$$

(b) 표본공간 S에서 순서쌍의 합이 7 이하인 원소들로 사건 A의 집합을 구성할 수 있다.

$$A = \{(1,1),(1,2),(1,3),(1,4),(1,5),(1,6),(2,1),(2,2),(2,3),(2,4),(2,5),\\(3,1),(3,2),(3,3),(3,4),(4,1),(4,2),(4,3),(5,1),(5,2),(6,1)\}$$

$$|A| = 21$$

$$\therefore\ P(A) = \frac{21}{36} = \frac{7}{12}$$

(c) 표본공간 S에서 순서쌍의 곱이 짝수인 원소들로 사건 B의 집합을 구성할 수 있다.

$$B = \{(1,2),(1,4),(1,6),(2,1),(2,2),(2,3),(2,4),(2,5),(2,6),(3,2),(3,4),(3,6),\\(4,1),(4,2),(4,3),(4,4),(4,5),(4,6),(5,2),(5,4),(5,6),(6,1),(6,2),(6,3),\\(6,4),(6,5),(6,6)\}$$

$$|B| = 27$$

$$\therefore\ P(B) = \frac{27}{36} = \frac{3}{4}$$

예제 11-18

주머니에 흰 공 6개, 파란 공 4개, 노란 공 3개, 빨간 공 5개가 있을 때, 이 중 4개를 꺼내려고 한다.

(a) 표본공간의 경우의 수를 구하라.

(b) 꺼낸 공이 빨간 공 2개, 노란 공 2개일 확률을 구하라.

(c) 꺼낸 공이 모두 흰 공일 확률을 구하라.

풀이

(a) 주머니 속에 있는 공 18개 중에서 4개를 순서 없이 선택하는 경우이다.

$$\therefore\ {}_{18}C_4 = \frac{18!}{4!(18-4)!} = 3060\text{가지}$$

(b) 빨간 공 5개 중 2개를 선택하는 경우의 수 : $_5C_2 = \frac{5!}{2!(5-2)!} = 10$가지

노란 공 3개 중 2개를 선택하는 경우의 수 : $_3C_2 = \frac{3!}{2!(3-2)!} = 3$가지

빨간 공 2개와 노란 공 2개를 선택하는 경우의 수 : $_5C_2 \times {}_3C_2 = 10 \times 3 = 30$가지

$\therefore\ P(A) = \frac{30}{3060} = \frac{1}{102}$

(c) 흰 공 6개 중 4개를 선택하는 경우의 수 : $_6C_4 = \frac{6!}{4!(6-4)!} = 15$가지

$\therefore\ P(A) = \frac{15}{3060} = \frac{1}{204}$

확률의 덧셈 정리

두 사건 A, B가 독립적으로 일어날 때 두 사건의 확률을 구하려면 덧셈 정리를 이용한다. 두 사건이 독립적으로 일어나더라도 동시에 일어날 수도 있고 그렇지 않을 수도 있다. 두 사건 A, B가 독립적이지만 동시에 일어나지 않으면 두 사건 A, B는 '**배반사건**(exclusive event)'이라고 한다.

정의 11-11 확률의 덧셈 정리

독립적인 사건 A 또는 B(또는 C)가 일어날 사건의 확률

(a) 두 사건 A, B가 동시에 일어나는 경우

: $P(A \cup B) = P(A) + P(B) - P(A \cap B)$

세 사건 A, B, C가 동시에 일어나는 경우

: $P(A \cup B \cup C) = P(A) + P(B) + P(C) - P(A \cap B) - P(A \cap C) - P(B \cap C) + P(A \cap B \cap C)$

(b) 두 사건 A, B가 동시에 일어나지 않는 경우(두 사건 A, B가 배반사건)

: $P(A \cup B) = P(A) + P(B)$

세 사건 A, B, C가 동시에 일어나지 않는 경우(세 사건 A, B, C가 배반사건)

: $P(A \cup B \cup C) = P(A) + P(B) + P(C)$

두 사건 A, B가 배반사건이 아닌 경우, 즉 두 사건이 독립적이지만 동시에 일어날 수 있는 경우의 예로 주사위를 던졌을 때 3보다 크면서 짝수의 눈이 나올 확률을 구하는 상황이 있다. 이때 3보다 큰 수 중 짝수는 4, 6이 있으므로 동시에 일어날 수 있는 경우에 해당한다. 반대로 두 사건 A, B가 배반사건인

경우의 예는 10명의 회원 중 A형이 3명, B형이 3명, AB형이 2명, O형이 2명일 때, 혈액형이 A형이거나 O형인 회원을 뽑을 확률을 구하는 것이다. A형이면서 O형인 사람은 있을 수 없으므로 이 경우는 배반사건에 해당한다.

예제 11-19

1부터 10까지의 카드 중에서 카드를 뽑았을 때 다음 확률을 구하라.

(a) 1장의 카드를 뽑았을 때, 홀수이거나 5보다 큰 수일 확률을 구하라.

(b) 2장의 카드를 뽑았을 때, 모두 홀수이거나 짝수일 확률을 구하라.

풀이

(a) 10장 중 1장을 뽑는 표본공간의 경우의 수는 ${}_{10}C_1 = 10$가지이다.

① 홀수를 뽑는 사건 $A = \{1, 3, 5, 7, 9\}$ 중 하나를 뽑을 경우의 수는 ${}_5C_1 = 5$가지이다.

$\therefore$ 홀수를 뽑을 확률은 $P(A) = \dfrac{5}{10} = \dfrac{1}{2}$이다.

② 5보다 큰 수를 뽑는 사건 $B = \{6, 7, 8, 9, 10\}$ 중 하나를 뽑을 경우의 수는 ${}_5C_1 = 5$가지이다.

$\therefore$ 5보다 큰 수를 뽑을 확률은 $P(B) = \dfrac{5}{10} = \dfrac{1}{2}$이다.

③ 홀수이면서 5보다 큰 수를 뽑는 사건 $A \cap B = \{7, 9\}$ 중 하나를 뽑을 경우의 수 ${}_2C_1 = 2$가지이다.

$\therefore$ 홀수이면서 5보다 큰 수를 뽑을 확률은 $P(A \cap B) = \dfrac{2}{10} = \dfrac{1}{5}$이다.

$$\therefore P(A \cup B) = P(A) + P(B) - P(A \cap B) = \frac{1}{2} + \frac{1}{2} - \frac{1}{5} = 1 - \frac{1}{5} = \frac{5}{5} - \frac{1}{5} = \frac{4}{5}$$

(b) 10장 중 2장을 뽑는 표본공간의 경우의 수는 ${}_{10}C_2 = \dfrac{10!}{2!(10-2)!} = 45$가지이다.

2장 모두 홀수를 뽑는 사건 A와 2장 모두 짝수를 뽑는 사건 B는 동시에 일어날 수 없으므로 사건 A와 B는 배반사건이다.

① 사건 A가 일어날 경우의 수는 $1, 3, 5, 7, 9$의 5장의 카드들 중 2장을 뽑는 경우의 수이다.

$\therefore {}_5C_2 = \dfrac{5!}{2!(5-2)!} = 10$가지

② 사건 B가 일어날 경우의 수는 $2, 4, 6, 8, 10$의 5장의 카드들 중 2장을 뽑는 경우의 수이다.

$\therefore {}_5C_2 = \dfrac{5!}{2!(5-2)!} = 10$가지

$$\therefore P(A \cup B) = P(A) + P(B) = \frac{{}_5C_2}{{}_{10}C_2} + \frac{{}_5C_2}{{}_{10}C_2} = \frac{10}{45} + \frac{10}{45} = \frac{20}{45} = \frac{4}{9}$$

정의 11-12 여사건(complementary event : A^c)

사건 A가 일어나지 않는 경우

$$P(A^c) = 1 - P(A), \quad P(A) + P(A^c) = 1$$

어떤 사건 A가 일어날 때, 반대로 그 사건이 일어나지 않는 경우도 고려할 수 있다. 사건 A와 그 사건이 일어나지 않는 사건 A^c은 동시에 일어나지 않으므로 서로 배반사건이다.

예제 11-20

주머니 속에 ○가 적힌 카드가 8장, △가 적힌 카드가 5장, ×가 적힌 카드가 7장 들어 있을 때 다음 물음에 답하라.

(a) 이 중에서 4장의 카드를 뽑을 때, 카드 4장이 모두 △가 적힌 카드가 아닐 확률을 구하라.

(b) 이 중에서 2장의 카드를 뽑을 때, 적어도 하나가 ○가 적힌 카드일 확률을 구하라.

풀이

(a) 20장 중 4장을 뽑는 표본공간의 경우의 수는 ${}_{20}C_4 = \dfrac{20!}{4!(20-4)!} = 4845$가지이다.

뽑은 카드 4장 모두 △가 적힌 카드일 사건을 사건 A라 하면, 사건 A의 경우의 수는 ${}_5C_4 = \dfrac{5!}{4!(5-4)!} = 5$가지이다.

$\therefore$ 사건 A의 확률은 $P(A) = \dfrac{{}_5C_4}{{}_{20}C_4} = \dfrac{5}{4845} = \dfrac{1}{969}$이다.

사건 A의 여사건은 4장의 카드 모두 △가 적힌 카드가 아닐 사건이다.

$\therefore$ 사건 A가 아닐 확률, 즉 카드 4장이 모두 △가 적힌 카드가 아닐 확률은

$P(A^c) = 1 - P(A) = 1 - \dfrac{1}{969} = \dfrac{968}{969}$이다.

(b) 20장 중 2장을 뽑는 표본공간의 경우의 수는 ${}_{20}C_2 = \dfrac{20!}{2!(20-2)!} = 190$가지이다.

적어도 하나가 ○가 적힌 카드가 아니려면 2장의 카드가 모두 △나 ×를 포함해야 한다. 2장의 카드가 모두 △나 ×를 포함하는 사건을 사건 B라 하면, 사건 B의 경우의 수는 ${}_{12}C_2 = \dfrac{12!}{2!(12-2)!} = 66$가지이다.

$\therefore$ 사건 B의 확률은 $P(B) = \dfrac{66}{190} = \dfrac{33}{95}$이다.

사건 B의 여사건은 2장의 카드 중 하나는 △와 ×를 모두 포함하지 않는 사건, 즉 2장의 카드 중 하나는 ○가 적힌 카드인 사건이다.

$\therefore$ 사건 B가 아닐 확률, 즉 2장의 카드 중 적어도 하나는 ○가 적힌 카드일 확률은

$P(B^c) = 1 - P(B) = 1 - \frac{33}{95} = \frac{62}{95}$ 이다.

조건부확률

확률에서 두 사건 A, B가 동시에 일어나는 경우는 세 가지 관점에서 생각해볼 수 있다.

(1) 사건 A와 B가 동시에 일어나는 경우
(2) 사건 A가 일어난 상황에서 사건 B가 일어나는 경우
(3) 사건 B가 일어난 상황에서 사건 A가 일어나는 경우

세 가지 경우는 모두 다른 표본공간에서 일어나는 사건이다. (1)은 사건 A, B 모두에 의해 가능한 표본공간 S에서 사건 A, B가 동시에 일어나는 경우이고, (2)는 표본공간 A에서 사건 B가 일어나는 경우, (3)은 표본공간 B에서 사건 A가 일어나는 경우를 말한다. (2), (3)과 같은 경우처럼 다른 표본공간의 조건 하에서 어떤 사건이 일어나는 확률을 조건부확률이라고 한다.

정의 11-13 조건부확률(conditional probability : $P(B|A)$

확률이 0이 아닌 두 사건 A, B에 대해 사건 A가 일어났다고 가정했을 때, 사건 B가 일어날 확률

$$P(B|A) = \frac{P(A \cap B)}{P(A)}$$

예를 들어 2개의 주사위를 던졌을 때 나오는 두 수의 합이 짝수인 사건을 A, 두 수의 곱이 10보다 크거나 같은 사건을 B라고 하자. 2개의 주사위를 던졌을 때 발생할 수 있는 모든 경우의 수, 즉 표본공간의 수는 $6 \times 6 = 36$개이고 사건 A와 사건 B는 각각 다음과 같다.

$$\begin{aligned} A = \{&(1,1),(1,3),(1,5),(2,2),(2,4),(2,6),(3,1),(3,3),(3,5),\\ &(4,2),(4,4),(4,6),(5,1),(5,3),(5,5),(6,2),(6,4),(6,6)\} \end{aligned}$$

$$\begin{aligned} B = \{&(2,5),(2,6),(3,4),(3,5),(3,6),(4,3),(4,4),(4,5),(4,6),\\ &(5,2),(5,3),(5,4),(5,5),(5,6),(6,2),(6,3),(6,4),(6,5),(6,6)\} \end{aligned}$$

그러면 사건 A와 B 각각이 일어날 확률은 다음과 같이 구할 수 있다.

사건 A의 경우의 수 : $|A| = 18$ $\quad \therefore P(A) = \frac{18}{36} = \frac{1}{2}$

사건 B의 경우의 수 : $|B| = 19$ $\quad \therefore P(B) = \frac{19}{36}$

사건 A, B가 동시에 일어날 확률을 구해보자. 우선 사건 A, B가 동시에 일어나는 경우는 두 수의 합이 짝수이면서 두 수의 곱이 10보다 크거나 같은 것, 즉 $A \cap B$를 말한다. 그러한 경우는 다음과 같이 9가지가 있다.

$$A \cap B = \{(2,6),(3,5),(4,4),(4,6),(5,3),(5,5),(6,2),(6,4),(6,6)\}$$

그러므로 두 수의 합이 짝수이면서 두 수의 곱이 10보다 크거나 같을 확률은 다음과 같다.

$$P(A \cap B) = \frac{9}{36} = \frac{1}{4}$$

이번에는 사건 A가 일어났을 때 사건 B가 일어날 확률을 구해보자. 이 사건은 두 수의 합이 짝수인 사건 A 중에서 두 수의 곱이 10보다 크거나 같은 사건 B의 원소들을 생각하면 된다.

$$B|A = \{(2,6),(3,5),(4,4),(4,6),(5,3),(5,5),(6,2),(6,4),(6,6)\}$$

그러므로 사건 A가 일어났을 때 사건 B가 일어나는 경우의 확률은 사건 A의 경우와 사건 A와 B가 동시에 일어나는 $A \cap B$의 경우를 이용해 다음과 같이 구할 수 있다.

$$P(B|A) = \frac{|A \cap B|}{|A|} = \frac{9}{18} = \frac{1}{2} = \frac{P(A \cap B)}{P(A)} = \frac{\frac{1}{4}}{\frac{1}{2}}$$

반대로 사건 B가 일어났을 때 사건 A가 일어날 확률을 구해보자. 두 수의 곱이 10보다 크거나 같은 사건 B 중에서 두 수의 합이 짝수인 사건 A의 원소를 고려하면 된다.

$$A|B = \{(2,6),(3,5),(4,4),(4,6),(5,3),(5,5),(6,2),(6,4),(6,6)\}$$

그러므로 사건 B가 일어났을 때 사건 B가 일어나는 경우의 확률은 사건 B의 경우와 사건 A와 B가 동시에 일어나는 $A \cap B$의 경우를 이용해 구한다.

$$P(A|B) = \frac{|A \cap B|}{|B|} = \frac{9}{19} = \frac{P(A \cap B)}{P(B)} = \frac{\frac{1}{4}}{\frac{19}{36}}$$

정리하면 조건부확률은 여러 사건이 동시에 일어나는 조건에서 특정 사건이 일어나는 경우의 확률을 구하는 것이다.

예제 11-21

하트가 그려진 카드 10장, 다이아몬드가 그려진 카드 5장이 있을 때 차례대로 3장의 카드를 뽑으려고 한다. 세 번째로 뽑은 카드가 하트일 때, 첫 번째로 뽑은 카드도 하트일 확률을 구하라.

풀이

첫 번째 카드가 하트일 경우를 사건 A, 세 번째 카드가 하트일 경우를 사건 B라고 하자. 그러면 첫 번째 카드와 세 번째 카드가 모두 하트인 경우는 $A \cap B$이다.

① 세 번째 카드가 하트일 경우는 (하트, 하트, 하트), (하트, 다이아몬드, 하트), (다이아몬드, 하트, 하트), (다이아몬드, 다이아몬드, 하트)이다. 그러므로 세 번째 카드가 하트일 확률은 다음과 같다.

$$\begin{aligned} P(B) &= \left(\frac{10}{15} \cdot \frac{9}{14} \cdot \frac{8}{13}\right) + \left(\frac{10}{15} \cdot \frac{5}{14} \cdot \frac{9}{13}\right) + \left(\frac{5}{15} \cdot \frac{10}{14} \cdot \frac{9}{13}\right) + \left(\frac{5}{15} \cdot \frac{4}{14} \cdot \frac{10}{13}\right) \\ &= \frac{24}{91} + \frac{15}{91} + \frac{15}{91} + \frac{20}{273} = \frac{72+45+45+20}{273} = \frac{182}{273} = \frac{2}{3} \end{aligned}$$

② 첫 번째 카드와 세 번째 카드가 모두 하트일 경우는 (하트, 하트, 하트), (하트, 다이아몬드, 하트)로 그 확률은 다음과 같다.

$$P(A \cap B) = \left(\frac{10}{15} \cdot \frac{9}{14} \cdot \frac{8}{13}\right) + \left(\frac{10}{15} \cdot \frac{5}{14} \cdot \frac{9}{13}\right) = \frac{24}{91} + \frac{15}{91} = \frac{39}{91} = \frac{3}{7}$$

세 번째로 뽑은 카드가 하트일 때 첫 번째로 뽑은 카드도 하트일 확률 $P(A|B)$는 첫 번째 카드와 세 번째 카드 모두가 하트인 경우 중 첫 번째 카드가 하트인 경우의 확률을 말한다.

$$\therefore\ P(A|B) = \frac{P(A \cap B)}{P(B)} = \frac{\frac{3}{7}}{\frac{2}{3}} = \frac{9}{14}$$

11.5 확률분포

2개의 주사위를 던졌을 때 두 수의 합이 5일 확률과 7일 확률은 다르다. 이는 '2개의 주사위를 던졌을 때 그 수의 합이 x인 사건의 확률 p'라는 식에 5 또는 7과 같은 값을 이 식의 x에 입력하여 확률 p를 출력값으로 구하는 함수 형태로 볼 수 있다. 그러면 5나 7과 같은 특정 입력값 뿐 아닌 표본집단에 포함되는 모든 원소들과 그 확률 간의 대응 관계와 분포를 확인할 수 있다.

정의 11-14　확률변수(random variable : X)

확률을 구할 수 있는 사건에서 그 확률에 대응하는 특정 값에 대한 변수

(a) **이산확률변수**(discrete random variable) : 입력값이 0, 1, 2, 3, ⋯과 같이 이산적인 값인 변수

(b) **연속확률변수**(continuous random variable) : 입력값이 연속된 범위에 포함되는 값인 변수

정의 11-15　확률분포(probability distribution)

표본집단에 포함되는 각 원소와 그 확률 간의 대응 관계

정의 11-16　확률질량함수(probability mass function : $P(X=x_i)=p_i$)

확률변수에 대응하는 확률을 나타내는 식 (단, $i=1, 2, \cdots, n$)

2개의 주사위를 던졌을 때 나오는 두 수의 합에 대한 확률분포를 구하기 위해 두 수의 합을 X라 하면 그에 대한 경우의 수는 다음과 같다.

$X=2$인 경우, (1, 1)　∴ 1가지

$X=3$인 경우, (1, 2), (2, 1)　∴ 2가지

$X=4$인 경우, (1, 3), (2, 2), (3, 1)　∴ 3가지

$X=5$인 경우, (1, 4), (2, 3), (3, 2), (4, 1)　∴ 4가지

$X=6$인 경우, (1, 5), (2, 4), (3, 3), (4, 2), (5, 1)　∴ 5가지

$X=7$인 경우, (1, 6), (2, 5), (3, 4), (4, 3), (5, 2), (6, 1)　∴ 6가지

$X=8$인 경우, (2, 6), (3, 5), (4, 4), (5, 3), (6, 2) ∴ 5가지

$X=9$인 경우, (3, 6), (4, 5), (5, 4), (6, 3) ∴ 4가지

$X=10$인 경우, (4, 6), (5, 5), (6, 4) ∴ 3가지

$X=11$인 경우, (5, 6), (6, 5) ∴ 2가지

$X=12$인 경우, (6, 6) ∴ 1가지

2개의 주사위를 던져서 나오는 눈의 경우의 수는 36개$(=6\times6)$이므로 사건 X에 대한 확률분포는 다음과 같다.

$$P(X=2)=\frac{1}{36} \quad P(X=3)=\frac{1}{18} \quad P(X=4)=\frac{1}{12} \quad P(X=5)=\frac{1}{9}$$
$$P(X=6)=\frac{5}{36} \quad P(X=7)=\frac{1}{6} \quad P(X=8)=\frac{5}{36} \quad P(X=9)=\frac{1}{9}$$
$$P(X=10)=\frac{1}{12} \quad P(X=11)=\frac{1}{18} \quad P(X=12)=\frac{1}{36}$$

이 결과를 관찰하여 확률질량함수를 구하면 다음과 같다.

$$P(X=x)=\begin{cases}\dfrac{(x-1)}{36}, & 2\le x\le 7\\ \dfrac{(13-x)}{36}, & 8\le x\le 12\end{cases}$$

예제 11-22

파란 공 6개, 흰 공 4개가 들어있는 주머니에서 3개의 공을 꺼냈을 때 흰 공이 2개 이상 뽑힐 사건을 X라고 하자. 이때의 확률분포와 확률질량함수를 구하라.

풀이

주머니에서 3개의 공을 꺼냈을 때의 전체 경우의 수는 ${}_{10}C_3=\dfrac{10!}{3!(10-3)!}=120$가지이다. 3개의 공 중 흰 공이 2개 이상 뽑힐 경우는 흰 공 2개와 파란 공 1개가 뽑히거나 흰 공만 3개 뽑히는 경우이다.

① $X=2$인 경우 : 흰 공 4개 중 2개, 파란 공 6개 중에 1개를 꺼내는 경우의 수는 ${}_6C_1\times{}_4C_2$이다.

$$\therefore\ P(X=2)=\frac{{}_6C_1\times{}_4C_2}{{}_{10}C_3}=\frac{3}{10}$$

② $X=3$인 경우 : 흰 공 4개 중 3개를 꺼내는 경우의 수는 ${}_4C_3$이다.

$$\therefore\ P(X=3)=\frac{{}_4C_3}{{}_{10}C_3}=\frac{1}{30}$$

$\therefore\ P(X\ge 2)=P(X=2\text{ or }X=3)=P(X=2)+P(X=3)=\dfrac{3}{10}+\dfrac{1}{30}=\dfrac{1}{3}$

∴ 확률질량함수는 $P(X=x)=\dfrac{{}_6C_{3-x}\times{}_4C_x}{{}_{10}C_3}$이다. (단, $x=0,1,2,3$)

확률분포의 평균과 분산

어떤 사건이 일어날지에 대한 예측은 확률분포의 평균을 이용해 구할 수 있다.

정의 11-17 기댓값(expected value : $E(X)$)

확률분포의 평균

$$E(X) = x_1p_1 + x_2p_2 + \cdots + x_np_n$$

(x_i : 확률변수 X에 대입되는 값, p_i : 각 x_i에 대한 확률)

앞에서 예로 들었던 2개의 주사위를 던졌을 때 나오는 두 수의 합에 대한 기댓값을 구해보자. 2개의 주사위를 던져서 나오는 눈의 합에 대한 확률분포는 다음과 같았다.

$$P(X=2)=\frac{1}{36} \quad P(X=3)=\frac{1}{18} \quad P(X=4)=\frac{1}{12} \quad P(X=5)=\frac{1}{9}$$

$$P(X=6)=\frac{5}{36} \quad P(X=7)=\frac{1}{6} \quad P(X=8)=\frac{5}{36} \quad P(X=9)=\frac{1}{9}$$

$$P(X=10)=\frac{1}{12} \quad P(X=11)=\frac{1}{18} \quad P(X=12)=\frac{1}{36}$$

이 확률분포와 확률변수의 입력값을 이용해 확률분포의 평균을 구하면 이 사건의 기댓값을 구할 수 있다.

$$\begin{aligned} E(X) &= 2\times\frac{1}{36}+3\times\frac{1}{18}+4\times\frac{1}{12}+5\times\frac{1}{9}+6\times\frac{5}{36}+7\times\frac{1}{6} \\ &\quad +8\times\frac{5}{36}+9\times\frac{1}{9}+10\times\frac{1}{12}+11\times\frac{1}{18}+12\times\frac{1}{36} \\ &= \frac{1}{18}+\frac{1}{6}+\frac{1}{3}+\frac{5}{9}+\frac{5}{6}+\frac{7}{6}+\frac{10}{9}+1+\frac{5}{6}+\frac{11}{18}+\frac{1}{3} \\ &= \frac{1+3+6+10+15+21+20+18+15+11+6}{18} = \frac{126}{18} = 7 \end{aligned}$$

즉, 2개의 주사위를 던졌을 때 나오는 두 수의 합에 대한 기댓값은 7이다.

예제 11-23

[예제 11-22]에서 구한 파란 공 6개, 흰 공 4개가 들어있는 주머니에서 3개의 공을 꺼냈을 때 흰 공이 2개 이상 뽑힐 사건에 대한 확률분포를 이용해 이 사건이 일어날 기댓값을 구하라.

풀이

파란 공 6개, 흰 공 4개가 들어있는 주머니에서 3개의 공을 꺼냈을 때 흰 공이 2개 이상 뽑힐 경우에 대한 확률분포는 다음과 같았다.

$$P(X=2)=\frac{{}_6C_1\times{}_4C_2}{{}_{10}C_3}=\frac{3}{10},\quad P(X=3)=\frac{{}_4C_3}{{}_{10}C_3}=\frac{1}{30}$$

그러므로 사건 X에 대한 기댓값은 $E(X)=2\times\frac{3}{10}+3\times\frac{1}{30}=\frac{6}{10}+\frac{3}{30}=\frac{21}{30}=\frac{7}{10}$ 이다.

기댓값을 알면 사건에 포함되는 값들의 편차나 분산도 알 수 있다.

정의 11-18 편차(deviation)

사건 X가 가지는 각 값 x_i와 기댓값의 차이

$$x_i-E(X)$$

정의 11-19 분산(variance : $V(X)$)

확률변수 X의 기댓값이 $E(X)$일 때, 기댓값에서 X의 값들이 얼마나 떨어져 있는지를 보여주는 값

$$V(X)=E(\{X-E(X)\}^2)=\{x_1-E(X)\}^2p_1+\{x_2-E(X)\}^2p_2+\cdots+\{x_n-E(X)\}^2p_n$$

($V(X)\geq 0$, x_i : 확률변수 X에 대입되는 값, p_i : 각 x_i에 대한 확률)

정의 11-20 표준편차(standard deviation : $D(X)$ 또는 $\sigma(X)$)

분산의 음이 아닌 제곱근

$$D(X)=\sigma(X)=\sqrt{V(X)}$$

편차를 이용해 구하는 분산과 표준편차는 자료의 변화 정도를 확인하는 좋은 지표가 된다.

앞에서 예로 들었던 2개의 주사위를 던졌을 때 나오는 두 수의 합에 대한 편차, 분산, 표준편차를 구해보자. 주사위 2개를 던져서 나오는 눈의 합에 대한 확률분포와 기댓값 7을 이용해 편차를 구하면 다음과 같다.

$X=2$인 경우, $2-7=-5$ $\quad$ $X=3$인 경우, $3-7=-4$

$X=4$인 경우, $4-7=-3$ $\quad$ $X=5$인 경우, $5-7=-2$

$X=6$인 경우, $6-7=-1$ $\quad$ $X=7$인 경우, $7-7=0$

$X=8$인 경우, $8-7=1$ $\quad$ $X=9$인 경우, $9-7=2$

$X=10$인 경우, $10-7=3$ $\quad$ $X=11$인 경우, $11-7=4$

$X=12$인 경우, $12-7=5$

이 편차들을 이용해 분산을 구하면 다음과 같다.

$$\begin{aligned} V(X) &= (2-7)^2\frac{1}{36} + (3-7)^2\frac{1}{18} + (4-7)^2\frac{1}{12} + (5-7)^2\frac{1}{9} + (6-7)^2\frac{5}{36} \\ &\quad + (7-7)^2\frac{1}{6} + (8-7)^2\frac{5}{36} + (9-7)^2\frac{1}{9} + (10-7)^2\frac{1}{12} + (11-7)^2\frac{1}{18} + (12-7)^2\frac{1}{36} \\ &= \frac{25}{36} + \frac{8}{9} + \frac{3}{4} + \frac{4}{9} + \frac{5}{36} + 0 + \frac{5}{36} + \frac{4}{9} + \frac{3}{4} + \frac{8}{9} + \frac{25}{36} \\ &= \frac{25+32+27+16+5+5+16+27+32+25}{36} = \frac{210}{36} = \frac{35}{6} \end{aligned}$$

따라서 표준편차는 분산의 음이 아닌 제곱근이므로 $D(X) = \sqrt{\frac{35}{6}}$ 이다.

예제 11-24

[예제 11-22], [예제 11-23]에서 구한 확률분포와 기댓값을 이용해 표준편차를 구하라.

풀이

확률분포와 기댓값은 다음과 같았다.

$$P(X=2) = \frac{{}_6C_1 \times {}_4C_2}{{}_{10}C_3} = \frac{3}{10}, \quad P(X=3) = \frac{{}_4C_3}{{}_{10}C_3} = \frac{1}{30}$$

$$E(X) = \frac{7}{10}$$

표준편차를 구하려면 편차와 분산을 구해야 한다. 편차는 각각 $2 - \frac{7}{10}$, $3 - \frac{7}{10}$ 이므로 이를 이용해 분산을 구해보자.

$$V(X) = \left(2 - \frac{7}{10}\right)^2 \frac{3}{10} + \left(3 - \frac{7}{10}\right)^2 \frac{1}{30} = \frac{507}{1000} + \frac{529}{3000} = \frac{2050}{3000} = \frac{41}{60}$$

∴ 표준편차는 $D(X) = \sqrt{\frac{41}{60}}$ 이다.

11장_핵심요약

CHAPTER 11 연습문제

✔ 문제 해답

✔**01** 한 학과에서 학생회장을 뽑으려고 한다. 학생회장의 자격은 2학년부터 4학년 중 학점이 3.0 이상인 학생이다. 이 학과에서 각 학년의 학생 중 학점이 3.0 이상인 학생은 1학년 55명 중 16명, 2학년 35명 중 22명, 3학년 50명 중 28명, 4학년 42명 중 18명이다. 학생회장에 지원 가능한 학생의 수는 몇 명인가?

02 10원짜리 5개, 50원짜리 10개, 100원짜리 7개, 500원짜리 3개가 있을 때 각 동전을 적어도 1개씩 이용하여 지불하는 방법의 경우의 수는 몇 가지인가?

✔**03** 두 학교 A, B에서 7전 4선승제로 우승팀을 가리는 야구시합을 하려고 한다. 3회전까지 B 학교가 1승 2패의 성적을 거두고 있다고 가정할 때, 우승팀이 결정되기까지 몇 가지의 경우가 있을까?

04 어떤 시스템에서 한 자리 또는 두 자리로 구성된 ID를 만들 수 있다. 이때 첫 번째 자리는 대소문자 구분 없이 무조건 영문자여야 하고, 두 번째 자리는 대소문자 구분 없이 영문자이거나 숫자여야 한다. 이 시스템에서 만들 수 있는 ID의 수는 모두 몇 가지인가?

✔**05** 10명의 학생들 중 3명의 학생이 각각 금, 은, 동메달을 받는다. 8번 학생이 금메달, 3번 학생이 은메달을 받았을 때 나머지 학생들 중에 동메달을 받는 경우는 모두 몇 가지인가?

06 2권의 이산수학 책과 4권의 프로그래밍 책이 있다. 이 책들을 책장에 모두 진열할 때 이산수학 책을 이웃하게 진열하는 경우는 몇 가지인가?

✓ **07** 0부터 6까지의 정수를 이용해 각 자리가 서로 다른 네 자릿수를 만들려고 한다. 다음 물음에 답하라.

(a) 2가 천의 자리에 오는 경우는 몇 가지인가?

(b) 짝수는 몇 가지인가?

(c) 6이 백의 자리, 1이 십의 자리에 오는 경우는 몇 가지인가?

08 0부터 6까지의 정수를 중복적으로 이용하여 네 자릿수를 만들려고 한다. 다음 물음에 답하라.

(a) 2가 천의 자리에 오는 경우는 몇 가지인가?

(b) 짝수는 몇 가지인가?

(c) 6이 백의 자리, 1이 십의 자리에 오는 경우는 몇 가지인가?

✓ **09** 7명의 학생에게 5권의 책을 나눠주는 방법은 몇 가지인가?

10 *, #, @에서 중복을 허락하여 5개를 나열하면 몇 가지 경우가 있겠는가?

✓ **11** 문자카드 A 2장, B 5장, C 7장을 나열하는 방법은 몇 가지인가?

12 학생 6명 중 무작위로 3명을 뽑으려고 할 때 경우의 수는 몇 가지인가?

✓ **13** 숫자카드 0이 2장, 1이 3장, 2가 1장, 3이 2장 있을 때, 이를 이용해 일곱 자릿수를 만들려고 한다. 다음 물음에 답하라.

(a) 만들 수 있는 일곱 자릿수는 몇 가지인가?

(b) 일의 자리가 2인 경우는 몇 가지인가?

14 mathematics의 모든 문자를 이용해 나열한 순열 중 a가 가장 앞에 오고 t가 가장 뒤에 오는 경우는 몇 가지인가?

✔**15** 'rollypopcorn'이라는 단어에서 문자 4개를 선택하여 만들 수 있는 조합과 순열을 구하라.

16 1, 2, 3, 4, 5를 중복을 허용하여 나열한 네 자리의 정수를 구성하는 각 자릿수의 합이 15인 것은 몇 개인가?

✔**17** 1부터 15까지의 정수 중에서 서로 다른 세 숫자를 뽑아 만든 조합 중, 세 숫자의 곱이 짝수인 조합의 수는 몇 가지인가?

18 1부터 50까지의 정수 중 3개의 서로 다른 정수를 뽑을 때, 다음을 구하라.

(a) 그 3개의 숫자의 합이 짝수인 경우의 수

(b) 그 3개의 숫자의 합이 3의 배수인 경우의 수

✔**19** 어떤 기관에 150명의 직원이 있고 m개의 업무 수행이 가능하다고 한다. 각 업무에는 24명의 직원이 배치될 것이다. 이 기관의 직원 150명 중 6명을 대표로 뽑는다고 할 때, 6명이 모두 같은 업무에 배치되어 있다면 업무 수 m은 몇 개인가?

20 20명을 그룹 지으려고 한다. 다음 물음에 답하라.

(a) 7명, 6명, 4명, 3명으로 그룹 짓는 경우는 몇 가지인가?

(b) 4명씩 그룹 짓는 경우는 몇 가지인가?

(c) 4명씩 3그룹, 3명씩 2그룹, 2명씩 1그룹으로 그룹 짓는 경우는 몇 가지인가?

21 15명이 후보자 3명에게 투표하려고 한다. 1인 1투표를 원칙으로 하며 기권이나 무효표는 없다고 할 때, 다음 물음에 답하라.

(a) 기명투표의 경우의 수를 구하라.

(b) 무기명투표의 경우의 수를 구하라.

22 다음을 전개하라.

(a) $(x+y)^4$ (b) $(3a-2b)^5$ (c) $(-x+y)^8$

(d) $(-2x-5y)^{11}$ (e) $(3a+2b)^{15}$ (f) $(-4x-5y)^{15}$

23 다음 물음에 답하라.

(a) $(-4a+2b)^6$에서 a^4을 갖는 항의 계수를 구하라.

(b) $(-4a+2b)^6$에서 b^4을 갖는 항의 계수를 구하라.

(c) $(5a-8b)^{15}$에서 a^{10}을 갖는 항의 계수를 구하라.

(d) $(5a-8b)^{15}$에서 b^7을 갖는 항의 계수를 구하라.

24 1부터 6까지의 숫자가 적힌 카드가 있다. 한 번에 3장을 꺼내어 더한 숫자가 짝수일 확률과 홀수일 확률을 각각 구하라.

25 '가, 나, 다, 라, 마' 5개의 문자를 일렬로 배열하려고 할 때, 다음 확률을 구하라.

(a) '다'가 가장 처음에 올 확률

(b) '가'와 '라'가 이웃하게 배열될 확률

(c) '나'와 '마'가 이웃하지 않게 배열될 확률

26 A, B, C, D, E 5명의 친구들이 서로 자동차를 바꿔 타려고 한다. 추첨을 통해 자동차를 선택한다고 할 때, 다음 확률을 구하라.

(a) B가 자신의 차를 몰게 될 확률

(b) 5명 모두가 자신의 차가 아닌 다른 차를 몰게 될 확률

✔**27** a, a, b, b, c, d, e, f, g, h, i를 나열할 때 같은 문자가 이웃하지 않을 확률을 구하라.

28 10장의 카드 중 2장의 카드에 별 그림이 그려져 있고 나머지 카드에는 아무것도 그려져 있지 않다. 다음 두 가지 경우의 확률 중 어느 것이 더 큰지 비교하라.

(a) 10장의 카드 중 1장을 선택했을 때, 별 그림 카드가 선택될 확률

(b) 10장의 카드를 별 그림 카드가 한 장씩 포함하도록 6장과 4장으로 나누고 두 묶음 중 한 묶음에서 카드 1장을 뽑았을 때, 별 그림 카드가 선택될 확률

✔**29** 하트가 그려진 카드 5장, 다이아몬드가 그려진 카드 3장이 있다. 카드를 1장 뽑고 확인한 뒤 섞은 후 다시 뽑는 방식으로 두 번 뽑았다. 다이아몬드가 그려진 카드가 나올 모든 경우의 수를 X라고 할 때 다음을 구하라.

(a) 확률분포와 확률질량함수

(b) 기댓값

(c) 표준편차

30 주사위 1개를 세 번 던져서 나오는 수로 백의 자리, 십의 자리, 일의 자리를 만든다면 세 자릿수의 기댓값은 얼마인가?

CHAPTER

12 알고리즘

• Contents

건물을 짓기 위해서는 처음부터 땅을 파고 기둥을 세우는 것이 아닌 건물에 필요한 모든 공간과 부속에 대한 상세한 사항을 고려하여 자세한 설계도를 작성한다. 설계도는 설계하는 사람 또는 회사에 따라 다양하게 작성될 수 있으며, 선택된 설계도에 따라 시공되는 기간 및 효율성과 완공된 건물에 대한 평가까지도 달라진다.

컴퓨터를 이용한 문제 해결 과정은 입력, 처리, 출력까지 필요한 모든 명령으로 구성된다. 이처럼 문제 해결에 필요한 모든 세부사항을 고려하여 필요한 명령들이 나열된 것을 알고리즘이라고 한다. 알고리즘 또한 명령을 나열하는 작성자에 따라 나열 순서가 달라질 수 있다. 그러므로 명령들이 어떤 순서로, 어떤 논리를 근거로 나열되느냐에 따라 명령 수행 시간과 효율성, 그리고 실행 결과까지도 달라질 수 있다.

이 장에서는 알고리즘의 개념을 이해하고 알고리즘의 성능을 판단하는 방법의 하나인 복잡도 계산 방법과 다양한 알고리즘의 종류를 알아본다.

학습목표

1. 알고리즘의 개념을 이해한다.
2. 알고리즘의 효율성을 판별하기 위한 복잡도를 이해한다.
3. 알고리즘의 종류를 이해한다.

12.1 알고리즘의 개념과 표현

어떤 문제를 해결하기 위해서는 무조건 시도해보기보다는 계획을 세우고 실행하는 것이 효율적이다. 컴퓨터 시스템을 이용해 문제를 해결하기 위해 세우는 계획을 알고리즘이라고 한다.

정의 12-1 **알고리즘(algorithm)**

문제 해결을 위한 체계적인 명령의 나열

알고리즘은 입력부터 출력에 이르기까지 모든 단계를 포함하는 것으로, 하나의 문제에 대해 다양한 알고리즘이 나올 수 있어 가장 효과적인 알고리즘을 선택하는 것이 중요하다. 효과적인 알고리즘은 다음 [정리 12-1]과 같은 특성을 갖는다.

정리 12-1 **효과적인 알고리즘의 특성**

(a) **입력**(input) : 문제와 관련된 입력이 반드시 존재해야 한다.
(b) **출력**(output) : 입력을 처리한 출력(결과)이 반드시 존재해야 한다.
(c) **정확성**(correctness) : 입력을 이용한 문제 해결 과정과 출력은 논리적이고 정확해야 한다.
(d) **유한성**(finiteness) : 입력은 제한된 개수의 명령 단계를 거쳐 출력을 내고 반드시 종료되어야 한다.
(e) **효율성**(effectiveness) : 문제 해결 과정이 효율적이어야 한다.
(f) **일반성**(generality) : 같은 유형의 문제에 대해 항상 적용될 수 있어야 한다.
(g) **확정성**(definiteness) : 같은 입력에 대해 출력이 항상 확정적이어야 한다.

유머로 '코끼리를 냉장고에 넣는 방법'을 다음과 같이 설명한다.

냉장고문을 연다.
코끼리를 냉장고에 넣는다.
냉장고 문을 닫는다.

우스갯소리이기는 하지만 위와 같은 설명도 하나의 알고리즘이다. 이처럼 알고리즘을 서술 문장으로 표현할 수도 있지만 순서도나 의사코드와 같은 방식으로 표현할 수도 있다.

정의 12-2 순서도(flow chart)

명령의 종류와 기능에 따라 도표를 만들고 명령 순서대로 도표를 나열해 표현하는 방식

정의 12-3 의사코드(pseudo-code)

일반적인 언어와 프로그램 코드를 적절히 이용해 명령들을 나열하는 방식

[그림 12-1]은 1부터 10까지의 합을 구하는 과정을 순서도와 의사코드로 표현한 것이다.

순서도	의사코드

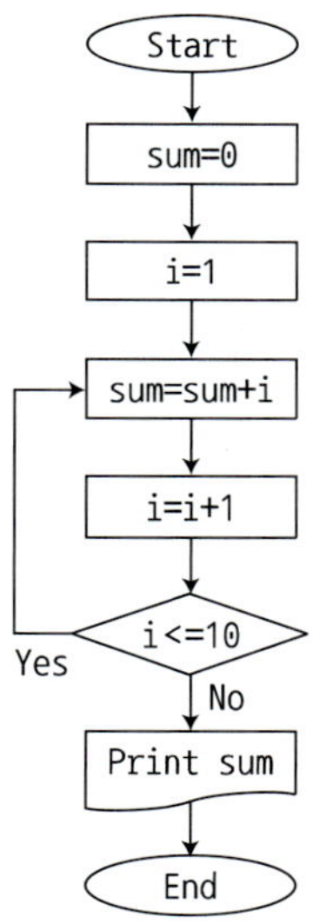


```
algorithm sum1to10(){
    sum=0;
    i=1;
    while i<=10
        sum = sum + i;
        i=i+1;
    endwhile
    print sum;
}
```

[그림 12-1] 순서도와 의사코드

예제 12-1

다음 알고리즘의 내용을 설명하고 결과를 알아내라.

(a)

```
algorithm A( ){
    i = 0;
    while i <= 20
        x = 1;
        x = x + 1;
        if i < 20 then
            x = 10;
        else
            x = 0;
        endif
        i = i+2;
    endwhile
    print i, x;
}
```

(b)

```
algorithm B( ){
    i = 1;
    x = 0;
    while i <= n
        x = x + 1;
        i = i + 1;
    endwhile
    print i, x;
}
```

(c)

```
algorithm C(a, b, c){
    x = a;
    if b > x then
        x = b;
    endif
    if c > x then
        x = c;
    endif
    print x;
}
```

풀이

(a) i가 0부터 20까지 반복되는 동안 x의 값을 갱신하는 알고리즘이다. 이 알고리즘은 i가 0부터 18이 될 때까지는 x = 10이었다가 i = 20일 때 x = 0이 된다. 그리고 마지막으로 i가 2 증가하여 i = 22이면 더 이상 루프의 조건(i <= 20)에 맞지 않으므로 반복문을 빠져나와 결과를 출력하고 종료한다. 이 알고리즘은 i = 0, x = 1이라는 입력을 받아 유한하게 명령을 실행하고 i = 22, x = 0이라는 정확한 출력을 내며 종료한다.

∴ 이 알고리즘의 결과는 i = 22, x = 0이다.

(b) 반복문의 조건에 사용되는 n의 값을 알 수 없으므로 반복되지 않거나 무한 반복한다. 이 알고리즘은 유한적이고 논리적인 명령을 실행할 수 없다.

∴ 정확한 출력을 얻을 수 없으므로 알고리즘이라고 할 수 없다.

(c) a, b, c의 값을 함수 외부에서 입력받아 가장 큰 수를 판별하는 알고리즘이다.

∴ a, b, c 중 가장 큰 값을 출력한다.

12.2 알고리즘의 효율성

하나의 문제를 해결하기 위해 작성될 수 있는 다양한 알고리즘 중 효율성이 가장 좋은 알고리즘을 선택하기 위해 알고리즘의 수행 시간, 차지하는 기억 공간 등의 비용을 기준으로 삼는다. 알고리즘에 대한 이러한 비용을 복잡도라고 한다.

알고리즘의 복잡도

정의 12-4 **복잡도(complexity)**

알고리즘 수행 시 필요한 시간 또는 공간에 대한 비용
(a) **시간 복잡도**(time complexity) : 프로그램이 수행되는 시간
(b) **공간 복잡도**(space complexity) : 프로그램이 차지하는 기억 공간

알고리즘의 복잡도는 비용이므로 낮을수록 효율적이라고 판단한다. 즉, 수행 시간이 짧거나 기억 공간을 적게 사용하는 알고리즘을 효율적인 알고리즘이라고 판단하는 것이다. 최근에는 하드웨어 기술의 발달로 기억 장치에 대한 비용이 줄어듦에 따라 알고리즘이 수행되면서 차지하는 기억 공간에 대한 평가보다는 수행 시간의 단축에 대해 더 고려한다. 그래서 일반적으로 '알고리즘의 복잡도'라고 하면 시간 복잡도를 의미한다.

또한 알고리즘의 복잡도는 최종 결과를 출력하는 데 필요한 실행 횟수에 따라 다음 세 가지 경우로 구분할 수 있다.

- 최상의 경우(best case) : 1회 실행으로 결과를 출력하는 경우
- 최악의 경우(worst case) : 최대 횟수 실행으로 결과를 출력하는 경우
- 평균의 경우(average case) : 평균적인 횟수 실행으로 결과를 출력하는 경우

'최상의 경우'는 가장 만족스러운 알고리즘을 의미하지만 복잡도를 이용해 알고리즘을 평가할 때 의미 있는 기준은 아니다. '평균의 경우'는 연산 횟수의 평균을 찾아야 하는데 그러기 위해서 많은 자료를 수집해야만 한다. 그래서 일반적으로 '최악의 경우'를 기준으로 하여 알고리즘의 복잡도를 구하고 평가한다. 이

장에서는 '최악의 경우'의 복잡도를 구할 것이다.

알고리즘의 복잡도는 'Big-O 표기법'을 이용한다.

정의 12-5 **Big-O 표기법 : $f(n) = O(g(n))$**

함수 $f(n)$과 $g(n)$이 $n > k(k \geq 0)$일 때 항상 $|f(n)| \leq c \cdot |g(n)|(c > 0)$을 만족하는 c와 k가 존재할 때의 표기

예를 들어 함수 $f(n) = 2n+1$의 복잡도를 구하기 위해서 함수 $f(n) = 2n+1$에 대하여 $|f(n)| \leq c \cdot |g(n)|$을 만족하는 함수 $g(n)$을 유도해보자. 함수 $g(n)$의 차수는 함수 $f(n)$의 차수 이상의 차수가 될 수 있기 때문에 같은 차수에서 함수 유도를 시작한다. 함수 $f(n)$은 $n \geq 1$일 때 $f(n) = 2n+1 \leq 2n+n = 3n$을 만족한다. 따라서 $f(n) \leq 3n$으로 $c = 3$, $k = 1$이 존재하므로 $f(n)$은 $O(n)$의 복잡도를 갖는다.

예제 12-2

다음 함수의 복잡도를 구하라.

(a) $f(n) = n$ (b) $f(n) = 10n^2 - 3n + 2$ (c) $f(n) = 10^{10}\log_{10}n$ (d) $f(n) = n!$

풀이

(a) $n \geq 0$일 때 $f(n) = n \leq n$이 성립하므로 $c = 1$, $k = 0$이 존재한다.
$\therefore$ $f(n)$의 복잡도는 $O(n)$이다.

(b) $n \geq 1$일 때 $f(n) = 10n^2 - 3n + 2 \leq 10n^2 + 3n^2 + 2n^2 = 15n^2$이 성립하므로 $c = 15$, $k = 1$이 존재한다.
$\therefore$ $f(n)$의 복잡도는 $O(n^2)$이다.

(c) $n \geq 1$일 때 $f(n) = 10^{10}\log_{10}n \leq 10^{10}\log_{10}n$이 성립하므로 $c = 10^{10}$, $k = 1$이 존재한다.
$\therefore$ $f(n)$의 복잡도는 $O(\log_{10}n)$이다.

(d) $n \geq 1$일 때 $f(n) = n! = 1 \cdot 2 \cdot \cdots \cdot (n-1) \cdot n \leq n \cdot n \cdot \cdots \cdot n = n^n$이 성립하므로 $c = 1$, $k = 1$이 존재한다.
$\therefore$ $f(n)$의 복잡도는 $O(n^n)$이다.

알고리즘을 표현하는 다양한 함수에 대한 대표적인 복잡도 간의 관계는 다음 [정리 12-2]와 같다.

정리 12-2 복잡도 간의 관계

$$O(1) < O(\log_2 n) < O(n) < O(n\log_2 n) < O(n^2) < O(n^3) < O(2^n)$$

(a) $O(1)$: **상수 복잡도**(constant complexity)
(b) $O(\log_2 n)$: **로그 복잡도**(logarithmic complexity)
(c) $O(n)$: **선형 복잡도**(linear complexity)
(d) $O(n\log n)$: $\boldsymbol{n\log n}$ **복잡도**
(e) $O(n^2)$: **2차 복잡도**(quadratic complexity)
(f) $O(n^3)$: **3차 복잡도**(cubic complexity)
(g) $O(2^n)$: **지수 복잡도**(exponential complexity)

상수 복잡도 $O(1)$은 상수함수에 대한 복잡도로, 함수 실행 시간이 입력의 수와 상관없음을 의미한다. 그리고 상수 복잡도에서 지수 복잡도로 갈수록 입력의 수에 따라 수행 시간이 증가하는 것을 알 수 있다.

알고리즘에 대한 복잡도를 구하기 위해서는 알고리즘에서 수행되는 연산의 횟수를 파악해 함수로 표현할 수 있어야 한다. 여기서 복잡도를 파악하기 위해 고려되어야 하는 연산은 산술 및 비교연산, 입출력문, return 문과 같은 순수한 실행문으로 변수의 선언 및 초기화는 이에 포함되지 않는다. 특히 산술연산의 경우 하나의 식 내에 포함된 연산자의 수만큼 실행된다고 가정하여 연산 횟수를 파악한다. 예를 들어 $(a+b)/c+1$의 경우 다음과 같은 순서로 연산되므로 실행 횟수는 3회이다.

$$x = a+b \qquad y = x/c \qquad z = y+1$$

오른쪽 알고리즘의 연산 횟수를 알아보자. 고려해야 하는 연산 횟수는 변수의 선언 및 초기화 등은 제외하고 알고리즘의 4번 라인에서 실행되는 `x += 1;`만 고려한다. 그런데 이 연산은 `0`부터 `n`까지 반복하는 반복문 안에 포함된 실행문이므로 `n+1`회 수행된다. 그러므로 이 알고리즘의 연산 횟수를 함수로 표현하면 $f(n) = n+1$이고 이에 대한 복잡도는 다음과 같이 유도할 수 있다.

```
1  algorithm(int n){
2    x = 0;
3    for i=0 to n
4      x += 1;
5    next i
6  }
```

$$n \ge 1\text{일 때,} \quad f(n) = n+1 \le n+n = 2n$$

그러므로 $c = 2$, $k = 1$이 존재하고 $f(n)$의 복잡도, 즉 이 알고리즘의 복잡도는 $O(n)$이다.

예제 12-3

다음과 같은 알고리즘이 주어졌을 때, 알고리즘의 복잡도를 구하라.

(a)

```
1  algorithm A( ){
2    i = 0;
3    print i;
4  }
```

(b)

```
1  algorithm B(int n){
2    x = 0;
3    for i=0 to n
4      x = (x + (3 * i)) / 10;
5    next i
6  }
```

(c)

```
1  algorithm C(int n){
2    x = 0;
3    for i=0 to n
4      for j=0 to n
5        x += 1;
6      next j
7    next i
8  }
```

풀이

(a) 실행 횟수를 고려할 수 있는 실행문은 3번 라인의 `print i;`뿐이므로 1회 실행된다. 그러므로 실행 횟수를 함수로 표현하면 $f(n)=1$로 표현된다.

$\therefore$ $f(n)$의 복잡도는 $O(1)$이다.

(b) 실행 횟수를 고려할 수 있는 실행문은 4번 라인의 `x = (x + (3 * i)) / 10;`으로, 이 연산식 안에는 +, *, /의 3가지 연산이 포함되므로 3회의 실행을 한다. 그런데 4번 라인은 0부터 n까지의 반복문 안에 포함되므로 각 연산은 모두 n+1회씩 실행된다. 그러므로 이 알고리즘의 실행 횟수를 함수로 표현하면 $f(n)=3(n+1)$이다. 이 함수는 $n \geq 1$일 때 $f(n)=3n+3 \leq 3n+3n=6n$으로 $c=6$, $k=1$이 존재한다.

$\therefore$ $f(n)$의 복잡도는 $O(n)$이다.

(c) 실행 횟수를 고려할 수 있는 실행문은 5번 라인의 `x += 1;`인데 이 실행문은 중첩 루프 안에 포함된 실행문이다. 변수 j에 대한 루프는 0부터 n까지 n+1회 반복되는데, 이 루프는 변수 i에 대한 루프 안에 포함되는 루프로 변수 i에 대한 루프가 1회 실행될 때 변수 j에 대한 루프가 n+1회 실행된다. 그러므로 이 루프들 안에 포함되는 5번 라인은 $(n+1)^2$만큼 실행될 것이다. 이 실행 횟수를 함수로 표현하면 $f(n)=(n+1)^2$이다. 이 함수는 $n \geq 1$일 때 $f(n)=(n+1)^2=n^2+2n+1 \leq n^2+2n^2+n^2=4n^2$으로 $c=4$, $k=1$이 존재한다.

$\therefore$ $f(n)$의 복잡도는 $O(n^2)$이다.

12.3 다양한 알고리즘

이 절에서는 체계적으로 정리된 알고리즘들을 소개한다.

유클리드 알고리즘

정의 12-6 유클리드 알고리즘(Euclidean algorithm : $GCD(a, b)$)

두 양의 정수 a, b의 공약수 중 최대공약수를 찾는 알고리즘

양의 정수 a, b 각각이 어떤 양의 정수 k와 $k|a$, $k|b$의 관계가 있을 때, 양의 정수 k는 정수 a, b에 공통으로 포함된 약수이다. 이러한 양의 정수 k를 공약수라고 하며, 정수 a, b의 공약수들 중 가장 큰 값을 최대공약수라고 한다. 이 최대공약수를 구하는 알고리즘을 유클리드 알고리즘이라 하는데, 이 알고리즘을 유도하기 위해 다음 [정리 12-3]을 이해해야 한다.

정리 12-3 최대공약수에 대한 정리

양의 정수 a, $b(a > b)$에 대해 $r = a \bmod b (0 \leq r < b)$가 성립한다면 다음이 성립한다.

$$GCD(a, b) = GCD(b, r)$$

증명

$r = a \bmod b$가 성립한다면 다음이 성립한다. (q는 몫이고 양의 정수)

$$a = bq + r \quad \cdots \quad ①$$

어떤 양의 정수 k를 a, b의 공약수라고 하면 다음이 성립한다. (m, n은 양의 정수)

$$a = km \quad \cdots \quad ②$$
$$b = kn \quad \cdots \quad ③$$

식 ①의 bq에 식 ③을 대입하면 다음과 같다. (l은 양의 정수, $l = nq$)

$$bq = knq = kl \quad \cdots \quad ④$$

이제 식 ②, ④를 식 ①에 대입하여 나머지 r에 대한 식을 구할 수 있다.

$$r = a - bq = km - kl = k(m - l) \quad \cdots \quad ⑤$$

식 ⑤에서 알 수 있듯이 정수 k는 나머지 r의 약수이기도 하다. 그러므로 정수 k는 a, b, bq, r의 공약수로 a, b의 공약수 집합과 b, r의 공약수 집합은 같은 집합이다.

$\therefore\ GCD(a, b) = GCD(b, r)$ ■

최대공약수에 대한 정리 $GCD(a, b) = GCD(b, r)$에 의해 $r = 0$이 됐을 때 b의 값이 두 정수 a, b의 최대공약수가 된다.

예를 들어 150과 165의 최대공약수를 구해보자.

$$\begin{aligned} GCD(150, 165) &= GCD(165, 150) \\ &= GCD(150, 15) \quad (\because\ 165 \bmod 150 = 15) \\ &= GCD(15, 0) \quad\ \ (\because\ 150 \bmod 15 = 0) \end{aligned}$$

$GCD(b, r)$에서 $r = 0$이므로 $b = 15$가 150과 165의 최대공약수이다.

예제 12-4

다음 두 수의 최대공약수를 구하라.

(a) 1020, 816 (b) 927, 1125 (c) 2592, 3870

풀이

(a) $$\begin{aligned} GCD(1020, 816) &= GCD(816, 204) \quad (\because\ 1020 \bmod 816 = 204) \\ &= GCD(204, 0) \quad\ \ (\because\ 816 \bmod 204 = 0) \end{aligned}$$

$\therefore$ 1020과 816의 최대공약수는 204이다.

(b) $$\begin{aligned} GCD(927, 1125) &= GCD(1125, 927) \\ &= GCD(927, 198) \quad (\because\ 1125 \bmod 927 = 198) \\ &= GCD(198, 135) \quad (\because\ 927 \bmod 198 = 135) \\ &= GCD(135, 63) \quad (\because\ 198 \bmod 135 = 63) \\ &= GCD(63, 9) \quad (\because\ 135 \bmod 63 = 9) \\ &= GCD(9, 0) \quad (\because\ 63 \bmod 9 = 0) \end{aligned}$$

$\therefore$ 927과 1125의 최대공약수는 9이다.

(c) $$\begin{aligned} GCD(2592, 3870) &= GCD(3870, 2592) \\ &= GCD(2592, 1278) \quad (\because\ 3870 \bmod 2592 = 1278) \\ &= GCD(1278, 36) \quad (\because\ 2592 \bmod 1278 = 36) \end{aligned}$$

$$= GCD(36, 18) \qquad (\because\ 1278 \bmod 36 = 18)$$
$$= GCD(18, 0) \qquad (\because\ 36 \bmod 18 = 0)$$

$\therefore$ 2592와 3870의 최대공약수는 18이다.

[정리 12-3]의 내용을 기반으로 유클리드 알고리즘을 작성하면 [알고리즘 12-1]과 같다.

```
1   algorithm gcd(a, b){
2       if a < b then
3          tmp = a;
4          a = b;
5          b = tmp;
6       endif
7       while b ≠ 0
8          r = a mod b;
9          a = b;
10         b = r;
11      endwhile
12      return a;
13  }
```

[알고리즘 12-1] 유클리드 알고리즘

이 알고리즘의 복잡도를 구하기 위해 각 실행문의 실행 횟수를 고려해보자.

- 3~5번 라인 : a > b라면 한 번도 실행되지 않지만, a < b이면 각 라인이 1회씩 실행되어 총 3회 실행된다.
- 8~10번 라인 : b ≠ 0인 동안 반복되는 문장으로 그 횟수는 입력된 a, b에 따라 달라지기 때문에 **라메의 정리**(Lamé's theorem)[1]에 의해 $5(\log_{10}b+1)$보다 작거나 같다.
- 12번 라인 : 1회 실행된다.

그러므로 이 알고리즘에 대한 실행 횟수 함수는 $f(n)=5(\log_{10}b+1)+4=5\log_{10}b+9$이다. 그러므로 유클리드 알고리즘의 복잡도는 $O(\log_{10}b)$이다.

재귀 알고리즘

정의 12-7 재귀 알고리즘(recursive algorithm)

어떤 함수가 자기 자신을 다시 호출해 사용하는 알고리즘

함수 $f(n)$이 $f(n)$ 내에서 $f(n)$을 호출하여 결과를 구하는 방법을 재귀라고 한다. 수열을 이용한 계산은 이러한 재귀적인 방법을 이용하는 대표적인 예이다.

1 유클리드 알고리즘을 이용해 두 정수 a, $b(a>b)$의 최대공약수를 구하는 데에 k단계를 거친다면, $k \le 5(\log_{10}b+1)$이라는 정리

함수 $f(n)=n!$을 예로 들어보자.

$$f(n)=n!=n\cdot(n-1)\cdot\cdots\cdot2\cdot1=n(n-1)!$$

위 전개에서 알 수 있듯이 $n!$은 n과 $(n-1)!$의 곱으로 함수 $f(n)$에서 $f(n-1)$을 다시 호출한 것과 같다. 이 함수에 대한 재귀 알고리즘은 다음과 같다.

```
1  algorithm factorial(n){
2     if n <= 1 then
3        return 1;
4     else
5        return n * factorial(n-1);
6     end if
7  }
```

[알고리즘 12-2] 팩토리얼 알고리즘

- 3번 라인 : n <= 1일 때, 1회 실행된다.
- 5번 라인 : n > 1인 동안 factorial(n)이 n-1회 호출되어 n과의 곱을 실행한다.

따라서 이 알고리즘의 실행 횟수 함수는 $f(n)=n$이므로 복잡도는 $O(n)$이다.

예제 12-5

다음 함수들의 재귀 알고리즘을 작성하고 복잡도를 구하라.

(a) $\begin{cases} f(0)=1 \\ f(n)=1+f(n-1), & n\geq1 \end{cases}$

(b) $\begin{cases} f(1)=1 \\ f(2)=1 \\ f(n)=f(n-1)+f(n-2), & n\geq3 \end{cases}$

풀이

(a) 함수를 전개하면 다음과 같다.

$$\begin{aligned} &f(0)=1 \\ &f(1)=1+f(0)=1+1=2 \\ &f(2)=1+f(1)=1+\{1+f(0)\}=1+1+1=3 \\ &\qquad\qquad\cdots \end{aligned}$$

즉, 1을 $n+1$회 더하는 함수이다. 이를 재귀 알고리즘으로 작성하면 다음과 같다.

```
1  algorithm sum(n){
2     if n = 0 then
3        return 1;
4     else
5        return 1 + sum(n-1);
6     endif
7  }
```

- 3번 라인 : n = 0일 때, 1회 실행된다.
- 5번 라인 : n > 0일 동안 sum(n)이 n회 호출되어 1과의 합을 실행한다. 즉, 총 n+1회 실행된다.

∴ 실행 횟수 함수는 $f(n)=n+2$이고, 복잡도는 $O(n)$이다.

(b) 이 함수는 피보나치수열을 이용해 합을 구하는 함수이다. 이를 재귀 알고리즘으로 작성하면 다음과 같다.

```
1  algorithm fibonacci(n){
2      if n = 1 or n = 2 then
3          return 1;
4      else
5          return fibonacci(n-1) + fibonacci(n-2);
6      endif
7  }
```

- 3번 라인 : n = 1, n = 2일 때 각각 1회씩 호출된다.
- 5번 라인 : n > 2인 동안 fibonacci(n)이 n-1과 n-2에 대해 1회씩 호출되어 합을 실행한다.

이 피보나치 수열에 대한 재귀 알고리즘은 하나의 함수 결과를 얻기 위해 두 개의 재귀 함수를 호출한다.
∴ 실행 횟수 함수는 $f(n) = 2^n$이고, 복잡도는 $O(2^n)$이다.

탐색 알고리즘

원소의 집합에서 특정 원소를 찾는 작업을 탐색이라고 한다. 대표적인 탐색 알고리즘에는 순차탐색 알고리즘과 이진탐색 알고리즘이 있다.

정의 12-8 **순차탐색 알고리즘(sequential search algorithm) / 선형탐색 알고리즘(linear search algorithm)**

원소 집합의 처음부터 하나씩 비교하며 탐색하는 알고리즘

순차탐색 알고리즘은 탐색해야 하는 원소들 중 첫 번째 원소부터 하나씩 비교해 가면서 목표하는 원소를 찾는 방식이다. 그래서 일반적으로 집합 내 원소들이 정렬되어 있지 않은 경우에 사용하는 탐색 방식이다.

다음과 같은 집합 원소들이 있다고 할 때 원소 J의 인덱스를 순차탐색을 이용해 찾아보자.

인덱스	0	1	2	3	4	5	6	7	8	9
원소	H	E	A	I	G	J	B	F	C	D

(1) 인덱스 0의 H와 J 비교 : H $\neq$ J ∴ 다음 인덱스 탐색
(2) 인덱스 1의 E와 J 비교 : E $\neq$ J ∴ 다음 인덱스 탐색
(3) 인덱스 2의 A와 J 비교 : A $\neq$ J ∴ 다음 인덱스 탐색
(4) 인덱스 3의 I와 J 비교 : I $\neq$ J ∴ 다음 인덱스 탐색
(5) 인덱스 4의 G와 J 비교 : G $\neq$ J ∴ 다음 인덱스 탐색
(6) 인덱스 5의 J와 J 비교 : J = J ∴ 탐색 종료

그러므로 이 원소 집합에서 원소 J의 인덱스는 5임을 알 수 있다.

이처럼 순차탐색 알고리즘은 정렬되어 있지 않은 원소 집합 내에서 특정 원소를 찾기 위해 첫 번째 원소와 목표하는 원소를 일일이 비교하여 찾게 되는 방식이다. 순차탐색 알고리즘은 다음과 같다.

```
algorithm seq_search(int arr[], int key, int n){
    int i;
    for i = 0 to n-1
        if arr[i] == key then
            return i;
        endif
    next i
    return -1;
}
```

[알고리즘 12-3] 순차탐색 알고리즘

순차탐색 알고리즘의 복잡도는 arr[] 안에서 key의 존재 유무를 모두 고려하여 구해볼 수 있다. 즉, key가 arr[0]에 있다면 한 번 탐색하고 종료하지만, arr[n-1]에 있다면 n개의 원소를 모두 탐색하고 종료한다. 그러므로 탐색 횟수가 가장 많은 경우는 arr[] 안에 key가 없다면 n개의 원소를 모두 탐색하고도 key를 찾을 수 없는 경우이다. n개의 원소를 탐색해야 하기 때문에 실행 횟수는 $f(n)=n$이므로 순차탐색 알고리즘의 복잡도는 $O(n)$이다.

예제 12-6

[알고리즘 12-3]에 주어진 순차탐색 알고리즘과 다음 원소 집합 arr을 이용해 주어진 key의 인덱스를 구하라.

인덱스(i)	0	1	2	3	4	5	6	7	8	9
원소(arr[i])	5	10	13	19	22	26	31	40	43	48

(a) key=5 (b) key=13 (c) key=31

풀이

(a)

i	arr[i]와 key 비교
0	=

∴ key=5의 인덱스 : 0

(b)

i	arr[i]와 key 비교
0	≠
1	≠
2	=

∴ key=13의 인덱스 : 2

(c)

i	arr[i]와 key 비교
0	$\neq$
1	$\neq$
2	$\neq$
3	$\neq$
4	$\neq$
5	$\neq$
6	$=$

$\therefore$ key=31의 인덱스 : 6

정의 12-9 **이진탐색 알고리즘(binary search algorithm)**

원소 집합을 반으로 나누어 기준을 정하고 그 기준과 특정 원소를 비교하는 방법을 반복하여 탐색 범위를 좁혀가며 원소를 탐색하는 알고리즘

• 기준을 정하는 규칙 : $\left\lfloor \frac{l+r}{2} \right\rfloor$ (l : 왼쪽 인덱스, r : 오른쪽 인덱스)

이진탐색 알고리즘은 원소 집합의 중간에 위치한 원소와 찾으려는 원소를 비교하는 과정을 반복하면서 목표하는 원소를 찾기 때문에 이진탐색을 하기 위한 원소의 집합은 탐색하기 전에 정렬되어 있어야 한다.

다음과 같은 집합 원소들이 있다고 할 때 원소 J의 인덱스를 이진탐색을 이용해 찾아보자.

인덱스	0	1	2	3	4	5	6	7	8	9
원소	A	B	C	D	E	F	G	H	I	J

(1) 왼쪽 인덱스 l은 0, 오른쪽 인덱스 r은 9이므로 기준은 $\left\lfloor \frac{0+9}{2} \right\rfloor = 4$이다.
인덱스 4의 E는 J보다 사전적으로 앞에 오는 문자이다.
$\therefore$ 인덱스 5 이후의 원소들을 탐색한다.

(2) 왼쪽 인덱스 l은 5, 오른쪽 인덱스 r은 9이므로 기준은 $\left\lfloor \frac{5+9}{2} \right\rfloor = 7$이다.
인덱스 7의 H는 J보다 사전적으로 앞에 오는 문자이다.
$\therefore$ 인덱스 8 이후의 원소들을 탐색한다.

(3) 왼쪽 인덱스 l은 8, 오른쪽 인덱스 r은 9이므로 기준은 $\left\lfloor \frac{8+9}{2} \right\rfloor = 8$이다.
인덱스 8의 I는 J보다 사전적으로 앞에 오는 문자이다.
$\therefore$ 인덱스 9 이후의 원소들을 탐색한다.

(4) 왼쪽 인덱스 l은 9, 오른쪽 인덱스 r은 9이므로 기준은 $\left\lfloor \frac{9+9}{2} \right\rfloor = 9$이다.
인덱스 9의 J가 목표하던 원소이다.
$\therefore$ 탐색 종료

이진탐색 알고리즘을 이용해 원소 집합 내에서 J의 인덱스가 9임을 찾아냈다.

이렇게 이진탐색 알고리즘은 정렬된 원소 집합의 중앙에 있는 원소를 찾아 비교해가면서 목표하는 원소의 인덱스를 찾는 방식이다. 이진탐색 알고리즘은 다음과 같다.

```
algorithm binary_search(int arr[], int key, int n){
    int left = 0;
    int right = n-1;
    int mid;
    while (left <= right)
        mid = (left + right) / 2;
        if arr[mid] < key then
            left = mid + 1;
        else if arr[mid] > key then
            right = mid - 1;
        else
            return mid;
        end if
    endwhile
    return -1;
}
```

[알고리즘 12-4] 이진탐색 알고리즘

이진탐색은 9장 '트리'에서 공부한 이진탐색트리를 이용하여 탐색하는 방법이다. 그러므로 이진탐색 알고리즘의 최대 실행 횟수를 구하려면 다음 2가지의 이진트리의 성질을 기억해야 한다.

❶ 이진탐색트리의 루트부터 한 레벨씩 내려갈 때마다 탐색할 노드의 수는 반으로 줄어든다.
❷ 이진탐색트리를 구성하는 노드의 수 n은 최대 $2^{h+1}-1$개이다. (h : 트리의 높이)

위의 성질에서 이진탐색트리의 노드 수 n은 곧 이진탐색 알고리즘에서 탐색해야 하는 원소의 수로, 성질 ❶은 전체 원소 n개를 탐색해야 하는 이진탐색 알고리즘에서 탐색을 한 단계씩 실행할 때마다 탐색할 원소의 수가 반으로 줄어드는 것과 같다. 그러므로 성질 ❷의 내용을 이용해 이진탐색 알고리즘의 최대 실행 횟수를 구할 수 있다. 연산 이해의 편의를 위해 $h+1$을 H로 치환하면 다음과 같다.

$$n \le 2^H - 1 \quad \Rightarrow \quad n+1 \le 2^H \quad \Rightarrow \quad \log_2(n+1) \le H$$
$$\therefore \ \log_2(n+1) \le H \le \log_2(n+1)+1$$

그러므로 이진탐색 알고리즘의 최대 실행 횟수는 $f(n) = \log_2 n + 1$ 이고 복잡도는 $O(\log_2 n)$ 임을 알 수 있다.

예제 12-7

[알고리즘 12-4]에 주어진 이진탐색 알고리즘과 다음 원소 집합 arr을 이용해 주어진 key의 인덱스를 구하라.

인덱스(i)	0	1	2	3	4	5	6	7	8	9
원소(arr[i])	5	10	13	19	22	26	31	40	43	48

(a) key=5 (b) key=13 (c) key=31

풀이

[알고리즘 12-4]에서 mid, left, right는 각각 다음을 의미한다.

mid : 탐색하려는 원소 집합의 중앙 인덱스
left : 탐색하려는 원소 집합의 시작 인덱스
right : 탐색하려는 원소 집합의 마지막 인덱스

(a)

실행 횟수	mid	arr[mid]	arr[mid]와 key 비교	left	right	arr[left]와 arr[right] 비교
0	–	–	–	0	9	<
1	4	22	>	0	3	<
2	1	10	>	0	0	=
3	0	5	=	–	–	–

∴ key=5의 인덱스 : 0

(b)

실행 횟수	mid	arr[mid]	arr[mid]와 key 비교	left	right	arr[left]와 arr[right] 비교
0	–	–	–	0	9	<
1	4	22	>	0	3	<
2	1	10	<	2	3	<
3	2	13	=	–	–	–

∴ key=13의 인덱스 : 2

(c)

실행 횟수	mid	arr[mid]	arr[mid]와 key 비교	left	right	arr[left]와 arr[right] 비교
0	–	–	–	0	9	<
1	4	22	<	5	9	<
2	7	40	>	5	6	<
3	5	26	<	6	6	=
4	6	13	=	–	–	–

∴ key=31의 인덱스 : 6

정렬 알고리즘

사전의 용어들처럼 어떤 기준에 따라 원소가 나열되는 것을 정렬이라고 한다. 정렬된 원소는 탐색이나 처리 순서를 결정할 때 유용하게 쓰인다. 실제로 컴퓨터에서 데이터 정렬 여부 혹은 정렬 방식에 따라 처리 속도와 결과가 달라지기도 한다. 이 절에서는 오름차순으로 정렬하도록 한다.

정의 12-10 버블정렬(bubble sort)

인접하는 2개의 원소를 비교해 기준에 따라 순서를 바꾸는 방식

버블정렬은 집합 A의 원소 n개 중 첫 번째 원소 $A[0]$과 $A[1]$을 비교해서 작은 값을 $A[0]$의 자리에, 큰 값을 $A[1]$의 자리에 위치하도록 정렬하고, $A[1]$과 $A[2]$를 비교해서 같은 방식으로 정렬한다. 이러한 방식을 $A[0]$에 가장 작은 값, $A[n]$에 가장 큰 값이 위치할 때까지 반복한다. 버블정렬의 k단계에서는 원소 간의 비교를 $n-k$번 한다. 버블정렬을 이용해 다음과 같이 나열된 원소들을 오름차순으로 정렬해보자.

인덱스	0	1	2	3	4
원소	16	3	7	4	10

- 1단계

(1) 원소 $A[0](=16) > A[1](=3)$ ∴ 인덱스 0의 원소와 1의 원소를 바꾼다.

인덱스	0	1	2	3	4
원소	3	16	7	4	10

(2) 원소 $A[1](=16) > A[2](=7)$ ∴ 인덱스 1의 원소와 2의 원소를 바꾼다.

인덱스	0	1	2	3	4
원소	3	7	16	4	10

(3) 원소 $A[2](=16) > A[3](=4)$ ∴ 인덱스 2의 원소와 3의 원소를 바꾼다.

인덱스	0	1	2	3	4
원소	3	7	4	16	10

(4) 원소 $A[3](=16) > A[4](=10)$ ∴ 인덱스 3의 원소와 4의 원소를 바꾼다.

인덱스	0	1	2	3	4
원소	3	7	4	10	16

• **2단계**

(1) 원소 $A[0](=3) < A[1](=7)$ ∴ 인덱스 0의 원소와 1의 원소는 그대로 유지한다.

인덱스	0	1	2	3	4
원소	3	7	4	10	16

(2) 원소 $A[1](=7) > A[2](=4)$ ∴ 인덱스 1의 원소와 2의 원소를 바꾼다.

인덱스	0	1	2	3	4
원소	3	4	7	10	16

(3) 원소 $A[2](=7) < A[3](=10)$ ∴ 인덱스 2의 원소와 3의 원소는 그대로 유지한다.

인덱스	0	1	2	3	4
원소	3	4	7	10	16

• **3단계**

(1) 원소 $A[0](=3) < A[1](=4)$ ∴ 인덱스 0의 원소와 1의 원소는 그대로 유지한다.

인덱스	0	1	2	3	4
원소	3	4	7	10	16

(2) 원소 $A[1](=4) < A[2](=7)$ ∴ 인덱스 1의 원소와 2의 원소는 그대로 유지한다.

인덱스	0	1	2	3	4
원소	3	4	7	10	16

- **4단계**

(1) 원소 $A[0](=3)\ <\ A[1](=4)$ ∴ 인덱스 0의 원소와 1의 원소는 그대로 유지한다.

인덱스	0	1	2	3	4
원소	3	4	7	10	16

이렇게 집합 A의 모든 원소가 정렬되었다. 이처럼 버블정렬은 앞뒤 원소를 하나씩 비교하면서 정렬하므로 이해는 쉽지만 원소의 수가 많으면 그만큼 효율이 떨어지는 단점이 있다. 다음 [알고리즘 12-5]는 버블정렬 알고리즘이다.

```
algorithm bubble(int arr[], int n){
    int i, j;
    int tmp;
    for i = 1 to n-1
        for j = 1 to n-i
            if arr[j-1] > arr[j] then
                tmp = arr[j-1];
                arr[j-1] = arr[j];
                arr[j] = tmp;
            endif
        next j
    next i
}
```

[알고리즘 12-5] 버블정렬 알고리즘

루프 내의 조건문은 i = 1일 때 j에 대한 루프 내의 3개의 실행문들이 각각 n-1회(단, if의 조건문이 항상 참일 때), i = 2일 때 j에 대한 루프 내의 3개의 실행문들이 각각 n-2회(단, if의 조건문이 항상 참일 때) 수행된다. 이에 따라 이 알고리즘의 전체 연산 실행 횟수는 다음과 같다.

$$f(n) = 3\{(n-1)+(n-2)+\cdots+2+1\} = \frac{3n(n-1)}{2}$$

그러므로 버블정렬 알고리즘의 복잡도는 $O(n^2)$이다.

예제 12-8

[알고리즘 12-5]의 버블정렬 알고리즘을 이용해 다음과 같이 나열된 원소들을 오름차순으로 정렬하라.

인덱스	0	1	2	3	4
원소	12	8	19	7	2

풀이

• **1단계**

(1) 원소 $A[0](=12) > A[1](=8)$ ∴ 인덱스 0의 원소와 1의 원소를 바꾼다.

인덱스	0	1	2	3	4
원소	8	12	19	7	2

(2) 원소 $A[1](=12) < A[2](=19)$ ∴ 인덱스 1의 원소와 2의 원소는 그대로 유지한다.

인덱스	0	1	2	3	4
원소	8	12	19	7	2

(3) 원소 $A[2](=19) > A[3](=7)$ ∴ 인덱스 2의 원소와 3의 원소를 바꾼다.

인덱스	0	1	2	3	4
원소	8	12	7	19	2

(4) 원소 $A[3](=19) > A[4](=2)$ ∴ 인덱스 3의 원소와 4의 원소를 바꾼다.

인덱스	0	1	2	3	4
원소	8	12	7	2	19

• **2단계**

(1) 원소 $A[0](=8) < A[1](=12)$ ∴ 인덱스 0의 원소와 1의 원소는 그대로 유지한다.

인덱스	0	1	2	3	4
원소	8	12	7	2	19

(2) 원소 $A[1](=12) > A[2](=7)$ ∴ 인덱스 1의 원소와 2의 원소를 바꾼다.

인덱스	0	1	2	3	4
원소	8	7	12	2	19

(3) 원소 $A[2](=7) > A[3](=2)$ ∴ 인덱스 2의 원소와 3의 원소를 바꾼다.

인덱스	0	1	2	3	4
원소	8	7	2	12	19

• **3단계**

(1) 원소 $A[0](=8) > A[1](=7)$ ∴ 인덱스 0의 원소와 1의 원소를 바꾼다.

인덱스	0	1	2	3	4
원소	7	8	2	12	19

(2) 원소 $A[1](=8)$ > $A[2](=2)$ ∴ 인덱스 1의 원소와 2의 원소를 바꾼다.

인덱스	0	1	2	3	4
원소	7	2	8	12	19

• **4단계**

(1) 원소 $A[0](=7)$ > $A[1](=2)$ ∴ 인덱스 0의 원소와 1의 원소를 바꾼다.

인덱스	0	1	2	3	4
원소	2	7	8	12	19

∴ 정렬된 결과는 다음과 같다.

인덱스	0	1	2	3	4
원소	2	7	8	12	19

정의 12-11 **삽입정렬(insertion sort)**

원소 집합 중 가장 첫 번째 원소를 이미 정렬된 원소라고 가정하여 그 다음 원소부터 정렬된 원소를 기준으로 적절한 위치에 삽입하는 방식

삽입정렬은 집합 A의 n개의 원소들 중 첫 번째 원소 $A[0]$을 정렬된 원소로 가정하고 원소 $A[1]$부터 원소 $A[0]$과 비교하여 적당한 위치에 삽입하는 방식으로 시작한다. 정렬된 원소가 2개 이상일 경우 정렬할 원소를 정렬된 모든 원소와 비교해야 한다. 그러므로 정렬된 원소가 k개이면 k번 비교한다.

삽입정렬을 이용해 다음과 같이 나열된 원소들을 오름차순으로 정렬해보자. $A[0]$의 원소 16은 이미 정렬되었다고 가정한다.

인덱스	0	1	2	3	4
원소	16	3	7	4	10
정렬 여부	sorted	unsorted			

• **1단계** : 정렬할 원소는 $A[1](=3)$

(1) $A[0](=16)$ > 정렬할 원소 3 ∴ 인덱스 1에 16을 삽입한다.

인덱스	0	1	2	3	4
원소	16	16	7	4	10

(2) 더 비교할 정렬된 원소가 없으므로 인덱스 0에 3을 삽입한다.

인덱스	0	1	2	3	4
원소	3	16	7	4	10
정렬 여부	sorted		unsorted		

• **2단계** : 정렬할 원소는 $A[2](=7)$

(1) $A[1](=16)$ > 정렬할 원소 7 ∴ 인덱스 2에 16을 삽입한다.

인덱스	0	1	2	3	4
원소	3	16	16	4	10

(2) $A[0](=3)$ < 정렬할 원소 7 ∴ 그대로 유지한다.

(3) 더 비교할 정렬된 원소가 없으므로 인덱스 1에 7을 삽입한다.

인덱스	0	1	2	3	4
원소	3	7	16	4	10
정렬 여부	sorted			unsorted	

• **3단계** : 정렬할 원소는 $A[3](=4)$

(1) $A[2](=16)$ > 정렬할 원소 4 ∴ 인덱스 3에 16을 삽입한다.

인덱스	0	1	2	3	4
원소	3	7	16	16	10

(2) $A[1](=7)$ > 정렬할 원소 4 ∴ 인덱스 2에 7을 삽입한다.

인덱스	0	1	2	3	4
원소	3	7	7	16	10

(3) $A[0](=3)$ < 정렬할 원소 4 ∴ 그대로 유지한다.

(4) 더 비교할 정렬된 원소가 없으므로 인덱스 1에 4를 삽입한다.

인덱스	0	1	2	3	4
원소	3	4	7	16	10
정렬 여부	sorted				unsorted

• **4단계** : 정렬할 원소는 $A[4](=10)$

(1) $A[3](=16)$ > 정렬할 원소 10 ∴ 인덱스 4에 16을 삽입한다.

인덱스	0	1	2	3	4
원소	3	4	7	16	16

(2) $A[2](=7)$ < 정렬할 원소 10 $\therefore$ 그대로 유지한다.

(3) $A[1](=4)$ < 정렬할 원소 10 $\therefore$ 그대로 유지한다.

(4) $A[0](=3)$ < 정렬할 원소 10 $\therefore$ 그대로 유지한다.

(5) 더 비교할 정렬된 원소가 없으므로 인덱스 3에 10을 삽입한다.

인덱스	0	1	2	3	4
원소	3	4	7	10	16
정렬 여부	sorted				

이와 같은 과정으로 집합 A의 모든 원소를 정렬하는 것이 삽입정렬이다. 다음 [알고리즘 12-6]은 삽입정렬 알고리즘이다.

```
1  algorithm insertion(int arr[], int n){
2      int i, j;
3      int t, tmp;
4      for i = 1 to n-1
5          tmp = arr[i];
6          j = i - 1;
7          t = i;
8          while (j >= 0)
9              if arr[j] > tmp then
10                 arr[j+1]=arr[j];
11                 t = j;
12             endif
13             j = j - 1;
14         endwhile
15         arr[t] = tmp;
16     next i
17 }
```

[알고리즘 12-6] 삽입정렬 알고리즘

for 루프 내의 실행문 중 5~7번 라인과 15번 라인은 n-1회 실행되고 while 루프 내의 실행문에 해당하는 9~13번 라인은 i = k일 때 k회 반복된다. 이에 따라 전체 연산 실행 횟수는 다음과 같다.

$$f(n) = 4(n-1) + \{1 + 2 + \cdots + (n-2) + (n-1)\} = 4(n-1) + \frac{n(n-1)}{2} = \frac{(n-1)(n+8)}{2}$$

그러므로 삽입정렬 알고리즘의 복잡도는 $O(n^2)$이다.

예제 12-9

[알고리즘 12-6]의 삽입정렬 알고리즘을 이용해 다음과 같이 나열된 원소들을 오름차순으로 정렬하라.

인덱스	0	1	2	3	4
원소	12	8	19	7	2

풀이

인덱스	0	1	2	3	4
원소	12	8	19	7	2
정렬 여부	sorted	unsorted			

- **1단계** : 정렬할 원소는 $A[1](=8)$

(1) $A[0](=12) >$ 정렬할 원소 8　　∴ 인덱스 1에 12를 삽입한다.

인덱스	0	1	2	3	4
원소	12	12	19	7	2

(2) 더 비교할 정렬된 원소가 없으므로 인덱스 0에 8을 삽입한다.

인덱스	0	1	2	3	4
원소	8	12	19	7	2
정렬 여부	sorted		unsorted		

- **2단계** : 정렬할 원소는 $A[2](=19)$

(1) $A[1](=12) <$ 정렬할 원소 19　　∴ 그대로 유지한다.

(2) $A[0](=8) <$ 정렬할 원소 19　　∴ 그대로 유지한다.

인덱스	0	1	2	3	4
원소	8	12	19	7	2
정렬 여부	sorted			unsorted	

- **3단계** : 정렬할 원소는 $A[3](=7)$

(1) $A[2](=19) >$ 정렬할 원소 7　　∴ 인덱스 3에 19를 삽입한다.

인덱스	0	1	2	3	4
원소	8	12	19	19	2

(2) $A[1](=12)$ > 정렬할 원소 7　　　∴ 인덱스 2에 12를 삽입한다.

인덱스	0	1	2	3	4
원소	8	12	12	19	2

(3) $A[0](=8)$ > 정렬할 원소 7　　　∴ 인덱스 1에 8을 삽입한다.

인덱스	0	1	2	3	4
원소	8	8	12	19	2

(4) 더 비교할 정렬된 원소가 없으므로 인덱스 0에 7을 삽입한다.

인덱스	0	1	2	3	4
원소	7	8	12	19	2
정렬 여부	sorted				unsorted

• **4단계** : 정렬할 원소는 $A[4](=2)$

(1) $A[3](=19)$ > 정렬할 원소 2　　　∴ 인덱스 4에 19를 삽입한다.

인덱스	0	1	2	3	4
원소	7	8	12	19	19

(2) $A[2](=12)$ > 정렬할 원소 2　　　∴ 인덱스 3에 12를 삽입한다.

인덱스	0	1	2	3	4
원소	7	8	12	12	19

(3) $A[1](=8)$ > 정렬할 원소 2　　　∴ 인덱스 2에 8을 삽입한다.

인덱스	0	1	2	3	4
원소	7	8	8	12	19

(4) $A[0](=7)$ > 정렬할 원소 2　　　∴ 인덱스 1에 7을 삽입한다.

인덱스	0	1	2	3	4
원소	7	7	8	12	19

(5) 더 비교할 정렬된 원소가 없으므로 인덱스 0에 2를 삽입한다.

인덱스	0	1	2	3	4
원소	2	7	8	12	19
정렬 여부	sorted				

∴ 정렬된 결과는 다음과 같다.

인덱스	0	1	2	3	4
원소	2	7	8	12	19

정의 12-12 퀵정렬(quick sort)

기준값을 두고 그 기준값보다 큰 값과 작은 값으로 나누어 각 집합을 정렬하는 방식

퀵정렬은 단계마다 **피벗**(pivot)이라고도 하는 기준값을 정하고 그 기준값보다 작은 원소와 큰 원소를 구분하는 과정을 반복하면서 정렬하는 방식이다. 그래서 기준값보다 큰 원소의 인덱스와 기준값보다 작은 원소의 인덱스를 찾아서 서로 위치를 교환한다. 퀵정렬의 과정은 다음과 같다. 단, 오름차순 정렬을 예로 하여 설명하였다.

❶ 주어진 원소들의 가장 앞에서부터 탐색하여 기준값보다 큰 원소의 인덱스를 찾는다.
❷ 주어진 원소들의 가장 뒤에서부터 역으로 탐색하여 기준값보다 작은 원소의 인덱스를 찾는다.
❸ ❶에서 찾은 원소의 인덱스가 ❷에서 찾은 원소의 인덱스보다 작으면 서로 교환한다.
❹ ❶에서 원소를 찾을 수 없거나 ❶에서 찾은 원소의 인덱스가 ❷에서 찾은 원소의 인덱스보다 크고 ❷에서 찾은 원소의 인덱스가 기준값의 인덱스보다 크면, ❷에서 탐색된 인덱스의 원소와 기준값을 교환한다.
❺ ❷에서 원소를 찾을 수 없거나 ❷에서 찾은 원소의 인덱스가 기준값보다 작은 경우 다른 기준값으로 변경한다.

여기서 다루는 예에서는 기준값을 집합 내의 첫 번째 원소로 정하기로 한다.

다음과 같이 나열된 원소들을 퀵정렬을 이용해 오름차순으로 정렬해보자. 이 정렬의 기준값은 $A[0]$으로 한다.

인덱스	0	1	2	3	4
원소	7	3	16	4	10

- **1단계** : 기준값은 $A[0](=7)$

(1) 원소들의 앞에서부터 순서대로 탐색하여 기준값보다 큰 원소를 찾는다.

$$A[1](=3) < A[0](=7), \qquad A[2](=16) > A[0](=7)$$

기준값보다 큰 원소(16)의 인덱스는 2이다.

(2) 원소들의 뒤에서부터 탐색하여 기준값보다 작은 원소를 찾는다.

$$A[4](=10) > A[0](=7), \qquad A[3](=4) < A[0](=7)$$

기준값보다 작은 원소(4)의 인덱스는 3이다.

∴ 기준값보다 큰 원소(16)의 인덱스(2)가 작은 원소(4)의 인덱스(3)보다 작으므로 두 원소를 교환한다.

기준값	P				
인덱스	0	1	2	3	4
원소	7	3	4	16	10

• **2단계** : 기준값은 $A[0](=7)$

(1) 원소들의 앞에서부터 순서대로 탐색하여 기준값보다 큰 원소를 찾는다.

$$A[1](=3) < A[0](=7), \qquad A[2](=4) < A[0](=7)$$
$$A[3](=16) > A[0](=7)$$

기준값보다 큰 원소(16)의 인덱스는 3이다.

(2) 원소들의 뒤에서부터 탐색하여 기준값보다 작은 원소를 찾는다.

$$A[4](=10) > A[0](=7), \qquad A[3](=16) > A[0](=7)$$
$$A[2](=4) < A[0](=7)$$

기준값보다 작은 원소(4)의 인덱스는 2이다.

∴ 기준값보다 큰 원소(16)의 인덱스(3)가 작은 원소(4)의 인덱스(2)보다 크고, 작은 원소(4)의 인덱스(2)가 기준값(7)의 인덱스(0)보다 크므로 기준값보다 작은 원소(4)와 기준값(7)을 교환한다.

기준값	P				
인덱스	0	1	2	3	4
원소	4	3	7	16	10

• **3단계** : 기준값은 $A[0](=4)$

(1) 원소들의 앞에서부터 순서대로 탐색하여 기준값보다 큰 원소를 찾는다.

$$A[1](=3) < A[0](=4), \qquad A[2](=7) > A[0](=4)$$

기준값보다 큰 원소(7)의 인덱스는 2이다.

(2) 원소들의 뒤에서부터 탐색하여 기준값보다 작은 원소를 찾는다.

$$A[4](=10) > A[0](=4), \quad A[3](=16) > A[0](=4)$$
$$A[2](=7) > A[0](=4), \quad A[1](=3) < A[0](=4)$$

기준값보다 작은 원소(3)의 인덱스는 1이다.

∴ 기준값보다 큰 원소(7)의 인덱스(2)가 작은 원소(3)의 인덱스(1)보다 크고, 작은 원소(3)의 인덱스(1)가 기준값(4)의 인덱스(0)보다 크므로 기준값보다 작은 원소(3)와 기준값(4)을 교환한다.

기준값	P				
인덱스	0	1	2	3	4
원소	3	4	7	16	10

• **4단계** : 기준값은 $A[0](=3)$

(1) 원소들의 앞에서부터 순서대로 탐색하여 기준값보다 큰 원소를 찾는다.

$$A[1](=4) > A[0](=3)$$

기준값보다 큰 원소(4)의 인덱스는 1이다.

(2) 원소들의 뒤에서부터 탐색하여 기준값보다 작은 원소를 찾는다.

$$A[4](=10) > A[0](=3), \quad A[3](=16) > A[0](=3)$$
$$A[2](=7) > A[0](=3), \quad A[1](=4) > A[0](=3)$$

기준값보다 작은 원소를 찾을 수 없다.

∴ 기준값보다 작은 원소를 찾을 수 없으므로 기준값을 $A[1]$로 변경한다.

기준값		P			
인덱스	0	1	2	3	4
원소	3	4	7	16	10

• **5단계** : 기준값은 $A[1](=4)$

(1) 정렬되지 않은 남은 원소들의 앞에서부터 순서대로 탐색하여 기준값보다 큰 원소를 찾는다.

$$A[2](=7) > A[1](=4)$$

기준값보다 큰 원소(7)의 인덱스는 2이다.

(2) 원소들의 뒤에서부터 탐색하여 기준값보다 작은 원소를 찾는다.

$$A[4](=10) > A[1](=4), \quad A[3](=16) > A[1](=4)$$
$$A[2](=7) > A[1](=4)$$

기준값보다 작은 원소를 찾을 수 없다.

∴ 기준값보다 작은 원소를 찾을 수 없으므로 기준값을 $A[2]$로 변경한다.

기준값			P		
인덱스	0	1	2	3	4
원소	3	4	7	16	10

- **6단계** : 기준값은 $A[2](=7)$

(1) 남은 원소들의 앞에서부터 순서대로 탐색하여 기준값보다 큰 원소를 찾는다.

$$A[3](=16) > A[2](=7)$$

기준값보다 큰 원소(16)의 인덱스는 3이다.

(2) 원소들의 뒤에서부터 탐색하여 기준값보다 작은 원소를 찾는다.

$$A[4](=10) > A[2](=7), \qquad A[3](=16) > A[2](=7)$$

기준값보다 작은 원소를 찾을 수 없다.

∴ 기준값보다 작은 원소를 찾을 수 없으므로 기준값을 $A[3]$으로 변경한다.

기준값				P	
인덱스	0	1	2	3	4
원소	3	4	7	16	10

- **7단계** : 기준값은 $A[3](=16)$

(1) 남은 원소들의 앞에서부터 순서대로 탐색하여 기준값보다 큰 원소를 찾는다.

$$A[4](=10) < A[3](=16)$$

기준값보다 큰 원소를 찾을 수 없다.

(2) 원소들의 뒤에서부터 탐색하여 기준값보다 작은 원소를 찾는다.

$$A[4](=10) < A[3](=16)$$

기준값보다 작은 원소(10)의 인덱스는 4이다.

∴ 기준값보다 큰 원소를 찾을 수 없으므로 기준값보다 작은 원소(10)와 기준값(16)을 교환한다.

기준값	sorted			P	
인덱스	0	1	2	3	4
원소	3	4	7	10	16

- **8단계** : 기준값은 $A[3](=10)$

(1) 남은 원소들의 앞에서부터 순서대로 탐색하여 기준값보다 큰 원소를 찾는다.

$$A[4](=16) > A[3](=10)$$

기준값보다 큰 원소(16)의 인덱스는 4이다.

(2) 원소들의 뒤에서부터 탐색하여 기준값보다 작은 원소를 찾는다.

$$A[4](=16) > A[3](=10), \qquad A[2](=7) < A[3](=10)$$

기준값보다 작은 원소(7)의 인덱스는 2이다.

∴ 기준값보다 큰 원소(16)의 인덱스(4)가 기준값의 인덱스(3)보다 크고 작은 원소(7)의 인덱스(2)가 기준값의 인덱스(3)보다 작으므로 기준값을 $A[4]$로 변경한다.

기준값	sorted				P
인덱스	0	1	2	3	4
원소	3	4	7	10	16

더 이상 정렬할 원소가 없으므로 정렬을 종료한다.

이 과정으로 원소를 정렬하는 퀵정렬의 알고리즘은 다음 [알고리즘 12-7]과 같다. 이 알고리즘은 기준값을 가장 첫 번째 원소로 정한다.

```
algorithm quick(int arr[], int left, int right){
    int p;
    int tmp;
    if left < right then
        p = arr[left];
        i = left;
        j = right + 1;
        do
            do
                i = i + 1;
            while(arr[i] < p);
            do
                j = j - 1 ;
            while(arr[j] > p);
            if i < j then
                tmp = arr[i];
                arr[i] = arr[j];
                arr[j] = tmp;
            endif
        while(i < j);
        tmp = arr[left];
```

[알고리즘 12-7] 퀵정렬 알고리즘(계속)

```
        arr[left] = arr[j];
        arr[j] = tmp;
        quick(arr, left, j-1);
        quick(arr, j+1, right);
    endif
}
```

[알고리즘 12-7] 퀵정렬 알고리즘

퀵정렬은 기준값을 어떻게 정하느냐에 따라 복잡도가 달라질 수 있다. 최적으로 기준값이 선택된 경우에는 복잡도가 $O(n\log n)$이지만, 최악으로 기준값이 선택된 경우에는 복잡도가 $O(n^2)$이다.

예제 12-10

[알고리즘 12-7]의 퀵정렬 알고리즘을 이용해 다음과 같이 나열된 원소들을 오름차순으로 정렬하라.

인덱스	0	1	2	3	4
원소	12	8	19	7	2

풀이

기준값	P				
인덱스	0	1	2	3	4
원소	12	8	19	7	2

- **1단계** : 기준값은 $A[0](=12)$

$$A[1](=8) < A[0](=12), \qquad A[2](=19) > A[0](=12)$$

기준값보다 큰 원소(19)의 인덱스는 2이다.

$$A[4](=2) < A[0](=12)$$

기준값보다 작은 원소(2)의 인덱스는 4이다.

∴ 기준값보다 큰 원소(19)의 인덱스(2)보다 기준값보다 작은 원소(2)의 인덱스(4)가 크므로 $A[2]$의 원소와 $A[4]$의 원소를 교환한다.

기준값	P				
인덱스	0	1	2	3	4
원소	12	8	2	7	19

• **2단계** : 기준값은 $A[0](=12)$

$$A[1](=8) < A[0](=12), \quad A[2](=2) < A[0](=12)$$
$$A[3](=7) < A[0](=12), \quad A[4](=19) > A[0](=12)$$

기준값보다 큰 원소(19)의 인덱스는 4이다.

$$A[4](=19) > A[0](=12), \quad A[3](=7) < A[0](=12)$$

기준값보다 작은 원소(7)의 인덱스는 3이다.

∴ 기준값보다 큰 원소(19)의 인덱스(4)가 기준값보다 작은 원소(7)의 인덱스(3)보다 크므로 기준값보다 작은 원소(7)와 기준값(12)을 교환한다.

기준값	P				
인덱스	0	1	2	3	4
원소	7	8	2	12	19

• **3단계** : 기준값은 $A[0](=7)$

$$A[1](=8) > A[0](=7)$$

기준값보다 큰 원소(8)의 인덱스는 1이다.

$$A[4](=19) > A[0](=7), \quad A[3](=12) > A[0](=7)$$
$$A[2](=2) < A[0](=7)$$

기준값보다 작은 원소(2)의 인덱스는 2이다.

∴ 기준값보다 큰 원소(8)의 인덱스(1)보다 기준값보다 작은 원소(2)의 인덱스(2)가 크므로 $A[1]$의 원소와 $A[2]$의 원소를 교환한다.

기준값	P				
인덱스	0	1	2	3	4
원소	7	2	8	12	19

• **4단계** : 기준값은 $A[0](=7)$

$$A[1](=2) < A[0](=7), \quad A[2](=8) > A[0](=7)$$

기준값보다 큰 원소(8)의 인덱스는 2이다.

$$A[4](=19) > A[0](=7), \quad A[3](=12) > A[0](=7)$$
$$A[2](=8) > A[0](=7), \quad A[1](=2) < A[0](=7)$$

기준값보다 작은 원소(2)의 인덱스는 1이다.

∴ 기준값보다 큰 원소(8)의 인덱스(2)가 기준값보다 작은 원소(2)의 인덱스(1)보다 크므로 기준값보다 작은 원소(2)와 기준값(7)을 교환한다.

기준값	P				
인덱스	0	1	2	3	4
원소	2	7	8	12	19

- **5단계** : 기준값은 $A[0](=2)$

$$A[1](=7) > A[0](=2)$$

기준값보다 큰 원소(7)의 인덱스는 1이다.

$$A[4](=19) > A[0](=2), \quad A[3](=12) > A[0](=2)$$
$$A[2](=8) > A[0](=2), \quad A[1](=7) > A[0](=2)$$

기준값보다 작은 원소를 찾을 수 없다.

∴ 기준값을 $A[1]$로 변경한다.

기준값		P			
인덱스	0	1	2	3	4
원소	2	7	8	12	19

5단계의 과정을 기준값이 $A[4]$가 될 때까지 반복하면 모든 원소가 정렬된 것을 확인할 수 있다.

∴ 정렬된 결과는 다음과 같다.

인덱스	0	1	2	3	4
원소	2	7	8	12	19

정의 12-13 합병정렬(merge sort)

원소의 집합을 비슷한 크기로 반복해서 나눈 뒤, 나누어진 집합을 정렬해가며 합병하는 방식

합병정렬에서는 원소 집합을 비슷한 크기의 두 집합으로 분할하는 과정을 각 집합의 원소가 하나가 될 때까지 반복한다. 그러면 이 분할 결과는 각 원소가 리프노드로 구성된 이진트리의 형태가 된다. 이 이진트리에서 형제노드끼리 정렬하며 하나의 집합이 될 때까지 합병하면 정렬된 집합을 얻게 된다.

다음과 같이 나열된 원소들을 합병정렬을 이용해 정렬해보자.

인덱스	0	1	2	3	4
원소	16	3	7	4	10

- **1단계** : 주어진 5개의 원소를 3개 또는 2개로 분할하는 것을 시작으로 각 원소가 리프노드가 될 때까지 분할하여 이진트리를 만든다.

- **2단계** : 이진트리의 리프노드부터 오름차순으로 정렬하며 하나의 집합으로 만든다.

(1) 레벨 3 : 16 > 3 ∴ 3, 16의 순으로 나열한다.

(2) 레벨 2 : 16 > 7 > 3　　　　　　∴ 3, 7, 16의 순으로 나열한다.

10 > 4　　　　　　∴ 그대로 유지한다.

레벨 0

인덱스	0	1	2	3	4
원소	16	3	7	4	10

레벨 1

인덱스	0	1	2
원소	3	7	16

인덱스	3	4
원소	4	10

레벨 2

~~인덱스~~	~~0~~	~~1~~
~~원소~~	~~3~~	~~16~~

~~인덱스~~	~~2~~
~~원소~~	~~7~~

~~인덱스~~	~~3~~
~~원소~~	~~4~~

~~인덱스~~	~~4~~
~~원소~~	~~10~~

(3) 레벨 1 : 16 > 10 > 7 > 4 > 3　　∴ 3, 4, 7, 10, 16의 순으로 나열한다.

레벨 0

인덱스	0	1	2	3	4
원소	3	4	7	10	16

레벨 1

~~인덱스~~	~~0~~	~~1~~	~~2~~
~~원소~~	~~3~~	~~7~~	~~16~~

~~인덱스~~	~~3~~	~~4~~
~~원소~~	~~4~~	~~10~~

합병정렬 알고리즘은 다음 [알고리즘 12-8]과 같다.

```
algorithm merge(int arr[], int left, int middle, int right){
    int tmp[];
    int i = left;
    int j = middle + 1;
    int k = left;
    int x;
    while (i <= middle && j <= right)
        if arr[i] <= arr[j] then
            tmp[k] = arr[i];
            i = i + 1;
        else
            tmp[k] = arr[j];
            j = j + 1;
        endif
        k = k + 1;
    endwhile
    if i > middle then
        for x = j to right
            tmp[k] = arr[x];
            k = k + 1;
        next x
    else
        for x = i to middle
            tmp[k] = arr[x];
            k = k + 1;
        next x
    endif
    for x = left to right
        arr[x] = tmp[x];
    next x
}

algorithm mergeSort(int arr[], int left, int right){
    int middle;
    if left < right then
        middle = (left + right) / 2
        mergeSort(arr, left, middle);
        mergeSort(arr, middle+1, right);
        merge(arr, left, middle, right);
    endif
}
```

[알고리즘 12-8] 합병정렬 알고리즘

합병정렬 알고리즘은 퀵정렬 알고리즘과 마찬가지로 원소의 수에 따라 정렬, 합병하는 연산의 횟수가 결정된다. 그러므로 합병정렬 알고리즘의 복잡도는 $O(n \log n)$이다.

예제 12-11

합병정렬 알고리즘을 이용해 다음과 같이 나열된 원소들을 오름차순으로 정렬하라.

인덱스	0	1	2	3	4
원소	12	8	19	7	2

풀이

• **1단계** : 각 원소가 리프노드가 될 때까지 분할한다.

• **2단계** : 이진트리의 리프노드부터 오름차순으로 정렬하며 하나의 집합으로 만든다.

(1) 레벨 3 : 12 > 8 　　　　　∴ 8, 12의 순으로 나열한다.

(2) 레벨 2 : 19 > 12 > 8　　　　　∴ 그대로 유지한다.
7 > 2　　　　　∴ 2, 7의 순으로 나열한다.

레벨 0

인덱스	0	1	2	3	4
원소	12	8	19	7	2

레벨 1

인덱스	0	1	2
원소	8	12	19

인덱스	3	4
원소	2	7

레벨 2

~~인덱스~~	~~0~~	~~1~~
~~원소~~	~~8~~	~~12~~

~~인덱스~~	~~2~~
~~원소~~	~~19~~

~~인덱스~~	~~3~~
~~원소~~	~~7~~

~~인덱스~~	~~4~~
~~원소~~	~~2~~

(3) 레벨 1 : 19 > 12 > 8 > 7 > 2　　　∴ 2, 7, 8, 12, 19의 순으로 나열한다.

레벨 0

인덱스	0	1	2	3	4
원소	2	7	8	12	19

레벨 1

~~인덱스~~	~~0~~	~~1~~	~~2~~
~~원소~~	~~8~~	~~12~~	~~19~~

~~인덱스~~	~~3~~	~~4~~
~~원소~~	~~2~~	~~7~~

∴ 정렬된 결과는 다음과 같다.

인덱스	0	1	2	3	4
원소	2	7	8	12	19

12장_핵심요약

CHAPTER 12 연습문제

✔ 문제 해답

01 다음에 관련한 알고리즘을 작성하라.

(a) 초등학교 입학부터 대학교 졸업까지 일반적인 과정에 대한 알고리즘

(b) 지하철을 이용해 홍대입구역에서 강남구청역까지 최소 환승으로 가는 과정에 대한 알고리즘

(c) 휴대폰의 문자 도착 알림이 왔다. 문자를 확인하고 답장을 보내는 알고리즘

(d) 커피전문점에서 음료를 선택하여 사는 알고리즘

02 다음에 관련한 알고리즘을 작성하라.

✔(a) 두 정수 a, b 중 큰 수를 출력하는 알고리즘

✔(b) 두 정수 a, b를 이용해 a가 b보다 크면 두 수를 더하고, 작으면 큰 수에서 작은 수를 빼고, 같으면 결과를 0으로 하여 리턴하는 알고리즘

✔(c) 두 정수를 변수 a, b에 입력받아 변수의 값을 서로 바꾸는 알고리즘

(d) 두 정수 a, b를 이용해 a부터 b까지의 합을 구하여 리턴하는 알고리즘

(e) 1보다 큰 정수 n을 입력받아 1부터 n 사이의 짝수와 홀수를 분류하는 알고리즘

(f) 두 개의 $a \times b$ 행렬 A, B의 합, 차를 구하는 알고리즘

(g) 두 개의 $n \times n$ 행렬 A, B의 곱을 구하는 알고리즘

✔**03** 다음 함수에 대한 복잡도가 성립하는지를 판별하라.

(a) $f(n) = 3\log n$, $O(n)$

(b) $f(n) = \dfrac{n^4 + 2n^2 + 1}{n^2 + 1}$, $O(n^2)$

(c) $f(n) = \dfrac{n^3 + 2}{n + 1}$, $O(1)$

(d) $f(n) = \sqrt{n}$, $O(1)$

(e) $f(n) = \log n + 2n^2$, $O(n)$

04 다음 함수에 대한 복잡도가 성립하는지를 판별하라.

(a) $f(n) = 2n^2 + 1$, $O(n^2)$

(b) $f(n) = n!$, $O(n)$

(c) $f(n) = \log_5 n$, $O(n)$

(d) $f(n) = 2$, $O(1)$

(e) $f(n) = \dfrac{n^3 + 1}{n^2}$, $O(n)$

(f) $f(n) = 3n + 2\sqrt{n}$, $O(\log n)$

05 다음 함수들의 복잡도를 구하고, 복잡도가 성립하게 하는 c와 k도 구하라.

(a) $f(n) = n + 3$

(b) $f(n) = \frac{3}{2n}$

(c) $f(n) = 3 + \frac{1}{2n}$

(d) $f(n) = n^2 + 5n + \frac{1}{2}$

(e) $f(n) = n^3 + 7n$

(f) $f(n) = \log n + n \log n$

06 다음 함수들의 복잡도를 구하고, 복잡도가 성립하게 하는 c와 k도 구하라.

(a) $f(n) = n^2 + n + 3$

(b) $f(n) = \frac{n^4 + 2n^2}{n}$

(c) $f(n) = n + n^2 \log n$

(d) $f(n) = \log(n + 3)$

(e) $f(n) = n^2 + 2^n$

(f) $f(n) = 3n! + 2^{3n}$

07 다음 알고리즘의 연산 횟수와 복잡도를 구하라.

(a)

```
algorithm A(int k) {
    return k+1;
}
```

(b)

```
algorithm B(int k) {
    x = 0;
    input n;
    x = k + n;
    print x;
}
```

(c)

```
algorithm C(int n){
  x = 0;
  if n > 10 then
    x += n;
  endif
  return x;
}
```

(d)

```
algorithm D(int n){
  x = 0;
  input j;
  for i=0 to n
    if j > n then
      x += j;
  next i
  return x;
}
```

(e)

```
algorithm E(int arr[ ]){
    m = arr[0];
    for i=1 to n-1
        if(m > arr[i])
            m = arr[i];
        endif
    next i
    return m;
}
```

08 다음 알고리즘의 연산 횟수와 복잡도를 구하라.

(a)

```
algorithm A(int n){
    int a = 0;
    int i, j;
    for i = 0 to n-1
        for j=3 to n+1
            a = a + j;
            print a;
        next j
    next i
}
```

(b)

```
algorithm B(int n){
  x = 0;
  for i=0 to n
    for j=0 to n
      x = j + (i * x);
    next j
  next i
}
```

(c)

```
algorithm C( ){
    a = 0;
    for i = 1 to n
        for j = 1 to i
            a = a + i * (i - j+1);
        next j
    next i
}
```

(d)

```
algorithm D(int n){
    int a = 0;
    int i, j;
    for i = 0 to n-1
        for j=1 to i+1
            a = (a + j * i) / j;
        next j
    next i
}
```

(e)

```
algorithm E(int n){
    int a = 0;
    int i, j;
    for i = 0 to n-1
        for j=3 to n+1
            if a > i then
                print a;
            endif
            a = a + j;
        next j
    next i
}
```

09 유클리드 알고리즘을 이용해 다음의 최대공약수를 구하라.

(a) 162, 102 (b) 255, 165 (c) 338, 402 (d) 123, 469
(e) 1155, 165 (f) 432, 3888 (g) 1353, 738 (h) 1263, 7578

10 다음 재귀 알고리즘을 보고 함수식을 유도하고, 복잡도를 구하라.

(a)

```
algorithm A(int n) {
    if n != 1 then
        return 4+A(n-1);
    else
        return 2;
    endif
}
```

(b)

```
algorithm B(int n){
    if n != 1 then
        return 3 * B(n-1);
    else
        return 3;
    endif
}
```

(c)

```
algorithm C(int n) {
    if n >= 2 then
        return C(n-1);
    else
        return 1;
    endif
}
```

(d)

```
algorithm D(int n){
    if n > 2 then
        return  D(n-2)* D(n-1);
    else
        return 3;
    endif
}
```

11 다음 재귀 함수식을 보고 재귀 알고리즘을 작성하고 복잡도를 구하라.

✓(a) $\begin{cases} f(0) = 1 \\ f(n) = nf(n-1), & n \geq 1 \end{cases}$

✓(b) $\begin{cases} f(1) = 0 \\ f(n) = f(n-1), & n \geq 2 \end{cases}$

(c) $\begin{cases} f(1) = 0 \\ f(2) = 1 \\ f(n) = n + f(n-2), & n > 2 \end{cases}$

(d) $\begin{cases} f(1) = 1 \\ f(2) = 1 \\ f(n) = f(n-2), & n > 2 \end{cases}$

(e) $\begin{cases} f(1) = 1 \\ f(2) = 1 \\ f(n) = f(n-1) \cdot f(n-2), & n > 2 \end{cases}$

✓**12** [알고리즘 12-1] 유클리드 알고리즘을 재귀 알고리즘으로 작성하라.

13 [알고리즘 12-4] 이진탐색 알고리즘을 재귀 알고리즘의 형식으로 작성하라.

✓**14** 각 집합에서 B를 찾으려고 한다. 모든 인덱스는 0부터 시작한다.

✓① {C, K, O, A, M, R, B, L, X, P}	✓② {J, I, H, G, F, E, D, C, B, A}
③ {J, K, A, P, B, X, C, E, W, L}	④ {P, Q, B, Y, L, A, M, Z, E, I}
⑤ {A, B, E, I, L, M, P, Q, Y, Z}	

(a) 순차탐색 알고리즘을 이용해 각 집합에서 B의 인덱스를 찾으라.

(b) 이진탐색 알고리즘을 이용해 각 집합에서 B의 인덱스를 찾으라.

✔**15** 다음 집합 내의 원소들을 정렬하려고 한다.

✔① {11, 7, 3, 15, 9, 2, 20, 4, 18, 10}
✔② {N, L, O, A, G, E, V, P, J, M}
③ {H, X, I, P, J, L, A, B, E, M}
④ {60, 32, 10, 23, 78, 44, 19, 26}
⑤ {quick, index, bubble, binary, recursion, euclidean, algorithm, insertion, merge}

(a) 버블정렬 알고리즘을 이용해 각 집합의 원소들을 정렬하라.
(b) 삽입정렬 알고리즘을 이용해 각 집합의 원소들을 정렬하라.
(c) 퀵정렬 알고리즘을 이용해 각 집합의 원소들을 정렬하라.
(d) 합병정렬 알고리즘을 이용해 각 집합의 원소들을 정렬하라.

찾아보기

ㄷ

ㄹ

ㅁ

ㅂ

찾아보기

ㅅ

ㅇ

찾아보기

찾아보기

숫자

영문